鳥学大全

秋篠宮文仁＋西野嘉章［編］

…………

火山弾には黒い影
その妙好《みやうこう》の火口丘には
幾條かの軌道のあと
鳥の聲!
鳥の聲!
海抜六千八百尺の
月明をかける鳥の聲、
鳥はいよいよしつかりとなき
私はゆつくりと踏み
月はいま二つに見える
やつぱり疲れからの乱視なのだ

…………

宮澤賢治『東岩手火山』(一九二二年九月一八日)より

東京大学創立百三十周年記念特別展示
「鳥のビオソフィア――山階コレクションへの誘い」展

鳥学大全

秋篠宮文仁＋西野嘉章［編］

東京大学出版会

組織一覧

実行委員会

秋篠宮文仁（財団法人山階鳥類研究所総裁／東京大学総合研究博物館特任研究員）
島津久永（財団法人山階鳥類研究所理事長）
山岸　哲（財団法人山階鳥類研究所所長）
林　良博（東京大学総合研究博物館館長／財団法人山階鳥類研究所副所長）
西野嘉章（東京大学総合研究博物館研究部主任）
高槻成紀（麻布大学獣医学部動物応用科学科教授）

協力機関

財団法人進化生物学研究所
東京農業大学「食と農」の博物館
生き物文化誌学会
家禽資源研究会

作品・資料提供

日本農産工業株式会社和鶏館
東京農業大学「食と農」の博物館
財団法人進化生物学研究所
家禽資源研究会
横浜美術館
株式会社岩波書店
株式会社平凡社

Organization of the Exhibition

Exhibition Committee:

Akishinonomiya Fumihito (President, Yamashina Institute for Ornithology; Researcher Extraordinary, The University Museum, The University of Tokyo)
Hisanaga Shimazu (Chairman of the Board of Directors, Yamashina Institute for Ornithology)
Satoshi Yamagishi (Director General, Yamashina Institute for Ornithology)
Yoshihiro Hayashi (Director General, The University Museum, The University of Tokyo; Deputy Director General, Yamashina Institute for Ornithology)
Yoshiaki Nishino (Director of the Research Department, The University Museum, The University of Tokyo)
Seiki Takatsuki (Professor, Department of Animal Science and Biotechnology, School of Veterinary Medicine, Azabu University)

Associate Organizations to the exhibition:

The Research Institute of Evolutionary Biology
Food and Agriculture Museum, Tokyo University of Agriculture
The Society of Biosophia Studies
The Society of Domestic Fauna Studies

Lenders to the exhibition:

Wakei Museum, Nosan Corporation
Food and Agriculture Museum, Tokyo University of Agriculture
The Research Institute of Evolutionary Biology
The Society of Domestic Fauna Studies
Yokohama Museum of Art
Iwanami Shoten, Publishers
Heibonsha Limited, Publishers

緒言

平成十九年度は東京大学創立百三十年にあたる。この節目の年度に、東京大学総合研究博物館が財団法人山階鳥類研究所と共催して特別展示「鳥のビオソフィア――山階コレクションへの誘い」を実施できたことは、東京大学の鳥学《とりがく》に新風を吹き込んだだけにとどまらず、日本の学術に「真の協働とは何か」を示す、好例を提示することができたのではないかと思う。

東京大学には、百三十年の研究教育を通して六百万点を超える標本が蓄積されてきたが、不思議なほど鳥類標本が少ない。これは東京大学に鳥類標本を扱う教育研究者が多くなかったことによるものと思われるが、それにしても少なすぎる。おそらくその真の理由は、六万九千点もの標本を有する山階鳥類研究所の存在があまりにも大きく、それゆえ東京大学は標本蒐集を放棄せざるをえなかったのではないだろうか。東京大学の先達は、財団法人山階鳥類研究所の後塵を拝することを潔しとしなかったのであろう。

鳥の剥製標本は美しい。このことが、東京大学において鳥の剥製標本を積極的に蒐集することを妨げた理由の一つであるかもしれない。かなり長い間、科学的であることと美術的であることとが背反することであるように考える大学人が少なくなかったように思える。美しい剥製標本を蒐集するのは、趣味人のすることであって、科学者のすることではないという、狭量なこころの大学人が大勢を占めていた時代、それに逆らって標本を蒐集するのが容易でなかったことは理解できる。

そうした時代背景にあっても、財団法人山階鳥類研究所は標本を蒐集・整理・保存することを怠ることはなかった。もちろん厳しい財政基盤のもとで標本蒐集・整理が滞った時期もあったに違いない。しかし財団法人山階鳥類研究所は標本を維持し続けるという旗を降ろさなかった。今回の特別展示が実施できたのは、そうした財団法人山階鳥類研究所の地道な努力の成果であることを忘れてはならない。

東京大学から見た今回の特別展示の意義は、そうした財団法人山階鳥類研究所の努力に敬意を払いつつ、新たな協働の道を模索することではないかと思う。『鳥学《とりがく》大全』という大それた本の出版を企画したのも、鳥学において東京大学はいまだに揺籃期にあるという謙虚な認識のもとに、新たな一歩を踏み出す決意を示そうとしたことにある。

ところで、「鳥のビオソフィア——山階コレクションへの誘い」は、私たちに何を語りかけるのであろうか。鳥という生き物のもつ魅力であろうか。その魅力にとりつかれた研究者の生きざまであろうか。危機にある生物多様性の重要性であろうか。それとも科学の枠、美術の枠を越えた新たな価値の創造の必要性であろうか。

それは展示をご覧になられ、この『鳥学大全』を手にとられた方が自由に感じていただくことであるが、そのような展示・出版を可能とした人々の努力に、こころから謝意を表したい。

東京大学総合研究博物館長
財団法人山階鳥類研究所副所長
林 良博

はじめに

このたび東京大学創立百三十周年記念事業の一環として、東京大学総合研究博物館と財団法人山階鳥類研究所が共催して特別展示「鳥のビオソフィア――山階コレクションへの誘い」を開催できることは、双方の研究機関にとって大きな喜びである。

本書『鳥学大全』は、この特別展示を機会に展示物図録としての役割とともに、鳥についてのさまざまな事柄を知っていただくことを目的として作成した書籍、鳥学への導入書のひとつである。

ここでひとつ断っておかなければいけないのは、本書の題名が「ちょうがく大全」ではなく「とりがく大全」だということである。「ちょうがく」は近年あまり使われなくなっているが、以前は鳥についての研究分野である鳥類学（Ornithology）と同義でふつうに用いられていた言葉である。そして、この言葉からは自然科学、なかでも生物学を中心とした野鳥の研究領域との印象を強く受ける。しかし、鳥についての研究には、鶏や家鴨などの家禽もふくまれるし生物学に特化したもののみでもない。

たとえば、民族鳥類学（Ethnoornithology）という分野がある。民族生物学の一領域だが、当該民族集団において鳥がどのように認識されているかを調べたり、民族内における鳥各種の系統的もしくは分類的な位置づけを文化の脈絡からおこなったりする。そこには鳥を種としてみた生物学的な普遍性はないが、民族ごとに保有する個別論としての鳥が浮き彫りにされてくる感がある。

また、芸術のなかにも鳥は題材として扱われている。日本の花鳥画と西洋の博物画がどのように違うのかを考えてみるのもよいだろうし、音楽のなかで鳥がどのように表現されているかを調べてみるのもおもしろい。さらに芸術とはいえないかもしれないが、造形物としての鳥が果たした役割もある。わが国の古墳からは多数の鳥が木器として出土しているし、エジプトの埋葬品のなかにはアフリカクロトキのフィギュアがある。いずれも神聖な鳥として埋葬されたのだろう。

ごくわずかな例をあげたが、このように見ていくと鳥がさまざまなかたちで私たちと関わっていることがよくわかる。もちろん害を与えていることも多々あるだろう。ゴミ集積場のカラスがよい例である。また冬に流行るインフルエンザも、元をただせば渡り鳥と関係がある。しかし善し悪しは別にして、これらすべての事象を鳥学として表現できないかと考えたとき、編者等には自然と本書の発想が出てきた。つまり、鳥類学である「ちょうがく」ではなく鳥の学問である「とりがく」を集積しようと。

そのようなことから、本書はできうるかぎり多様な分野の執筆者を募って書かれた本となっている。残念ながら収録できなかった項目も多々あるし、各々の文章が独立していて散漫な印象をもたれる方がいるかもしれない。しかし、まずは興味の赴くままに読んでいただき、鳥の楽しさにふれていただければ幸いである。

財団法人山階鳥類研究所総裁
東京大学総合研究博物館特任研究員
秋篠宮文仁

東京大学創立百三十周年記念特別展示「鳥のビオソフィア——山階コレクションへの誘い」展

鳥学大全

秋篠宮文仁＋西野嘉章［編］

目次

総論

序説——鳥、あの奇矯なる生き物をめぐって｜西野嘉章……18
鳥類図譜の系譜｜荒俣宏……31
鶏の家禽化｜秋篠宮文仁……44

語源・神話・伝承

鳥占と古代文字｜白川静……72
南方の守神　朱雀の誕生｜平勢隆郎……86
アジア・オセアニアにおける鳥人の表象と文化｜秋道智彌……112
考古学にみる鳥の象形——神話の鳥と鳥形埴輪｜賀来孝代……124
考古資料から見た日本の鳥信仰｜椙山林継……137
中世ヨーロッパにおける鳥の表象｜金沢百枝……142

文化誌

中国の家禽飼育誌——家禽をやしなう多様な意味｜菅豊……162
野鶏と人の文化誌｜高田勝＋大島新人……174
日本古代史料における鳥類誌｜谷川愛……186
将軍の鷹狩と大名——「御鷹之鳥」をめぐる諸儀礼｜大友一雄……246
鷹と人のこぼれ話——よくわからないことを中心に｜波多野幾也……260

図譜・美術

「鳥の人」ジョン・グールドと『ハチドリ科鳥類図譜』｜黒田清子……276
鳥の飛翔——レオナルドの手稿から五百年｜河内啓二……295
若冲の鶏｜佐藤康宏……304
東京大学総合研究博物館所蔵　河辺華挙筆「鳥類写生図」｜加藤弘子……317
花鳥画と博物画｜上村淳之……332
ブランクーシの「空間の鳥」｜中原佑介……339

驚異

マダガスカルの絶滅鳥エピオルニスの骨格と卵殻に基づく総合研究―吉田 彰……346
四本足のニワトリ―土岐田昌和……355
象鳥はどのように生き、滅んだか―吉田邦夫……359
異形のニワトリ―山本義雄……371

形態

飛行と歩行―藤田祐樹……376
恐竜はいつどのようにして鳥になったのか―真鍋 真……387
飛ぶための意匠―遠藤秀紀……398
鳥とコウモリの飛翔適応における大きな違い―本川雅治……411
メンフクロウの音源定位―小西正一……417

生態

鳥の社会―つがい関係と配偶者選び―上田恵介……424
鳥の彩り―鳥の視覚と羽の色―針山孝彦……437
鳥のディスプレイ―クジャクの求愛から擬傷まで―長谷川寿一……449
鳥類の多様性はどのように生じたのか―山岸 哲……456
果実は人の為ならず―鳥の果たすもう一つの役割―高槻成紀……467

保全活動

アホウドリ―絶滅危機からの再生―長谷川 博……476
コウノトリを再び大空へ―池田 啓+大迫義人……480
トキ―近辻宏帰……490
保全活動―ヤンバルクイナ―尾崎清明……495

山階鳥類研究所

鳥類標本―山崎剛史……510
山階鳥類研究所のコレクション―鶴見みや古……514

展示物リスト……531

補遺

鳥学略年表 高橋あゆみ+丹野美佳［編］……600
初期鳥学者評伝……617
日本鳥学会略史……627
参考文献……629

［例言］

一、本書は、東京大学総合研究博物館と財団法人山階鳥類研究所が共同開催する東京大学創立百三十周年記念特別展示「鳥のビオソフィア——山階コレクションへの誘い」展（於東京大学総合研究博物館、二〇〇八年三月一五日—五月一八日）の図録として出版されるものである。

一、展覧会の実現ならびに本書の出版あたっては、東京農業大学「食と農」の博物館、財団法人進化生物学研究所をはじめ、生き物文化誌学会、家禽資源研究会、日本農産工業株式会社和鶏館、旭硝子株式会社など、多くの学内外の機関、企業、個人より、多大なご協力とご支援を賜った。ここに改めて、記して御礼を申し述べたい。

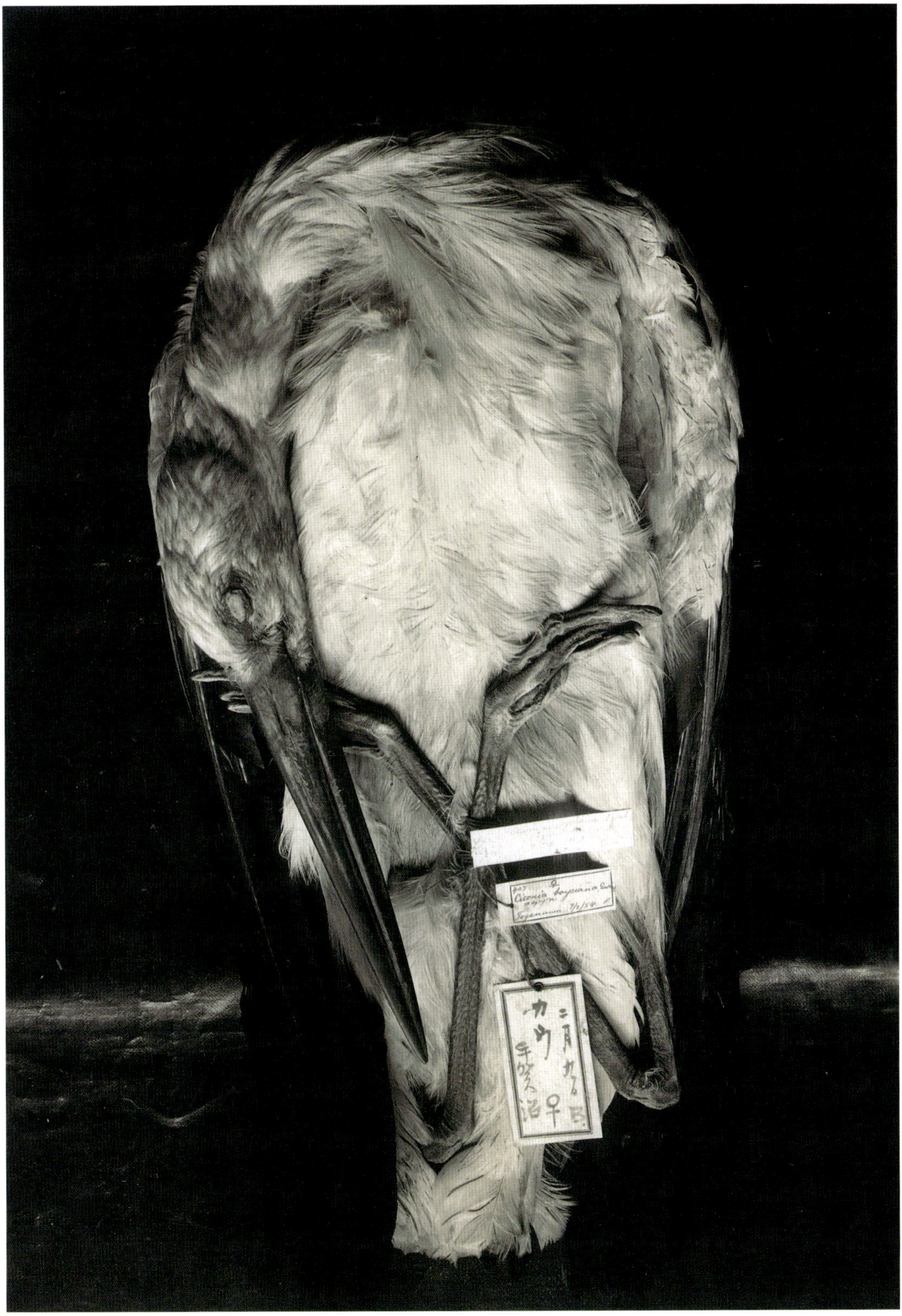

コウノトリ(*Ciconia boyciana*)、年代未詳、縦15.3　横10.9、ゼラチン・シルヴァー・プリント、
総合研究博物館研究部蔵(東京帝国大学理科大学動物学教室旧蔵)｜

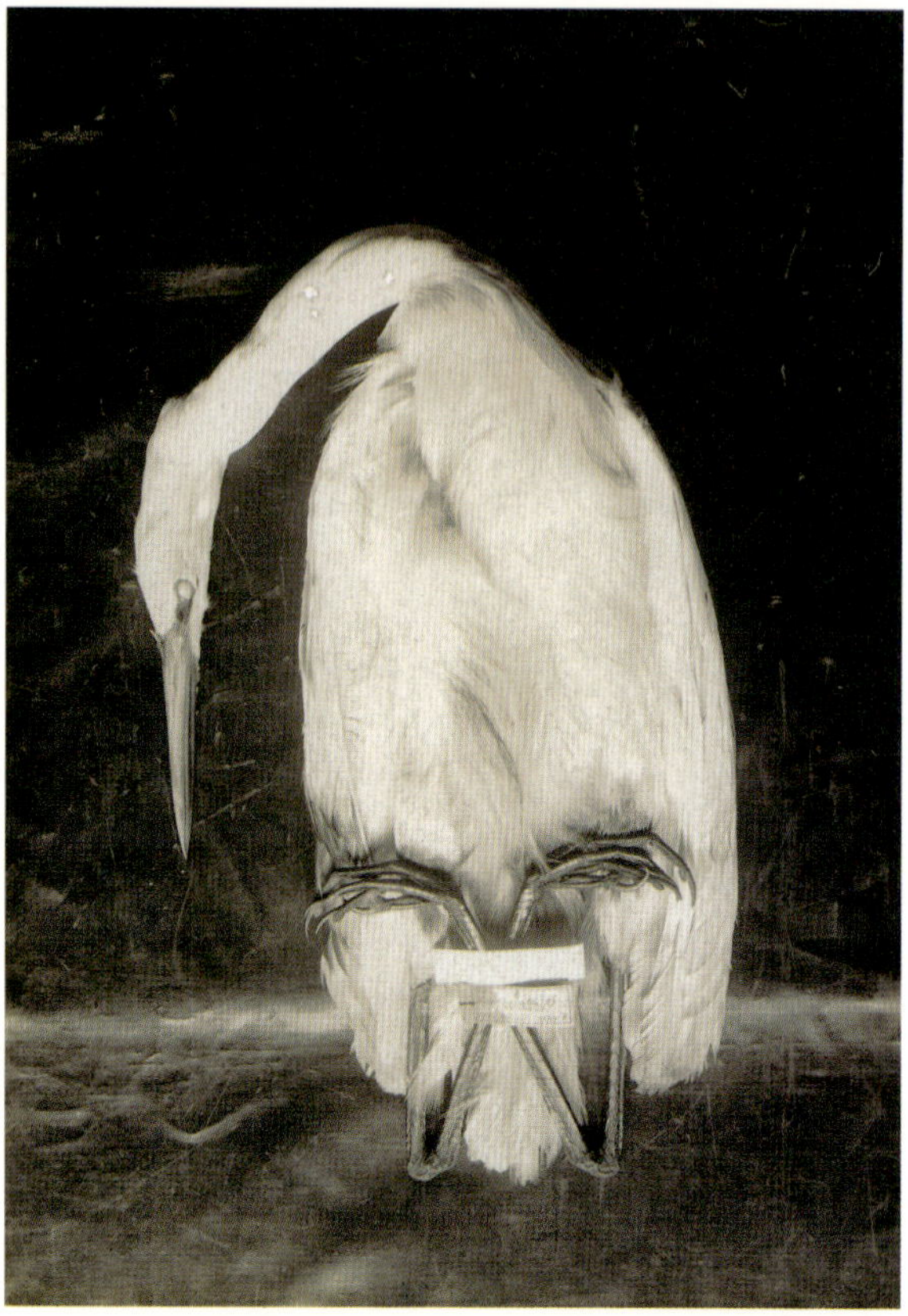

ダイサギ（*Ardea alba*）、年代未詳、縦15.3　横10.9、ゼラチン・シルヴァー・プリント、総合研究博物館研究部蔵（東京帝国大学理科大学動物学教室旧蔵）｜**092**

ノガン（*Otis tarda*）、年代未詳、縦15.3　横10.9、ゼラチン・シルヴァー・プリント、総合研究博物館研究部蔵（東京帝国大学理科大学動物学教室旧蔵）｜**093**

ノガン（*Otis tarda*）、年代未詳、縦15.3 横10.9、ゼラチン・シルヴァー・プリント、総合研究博物館研究部蔵（東京帝国大学理科大学動物学教室旧蔵）｜**094**

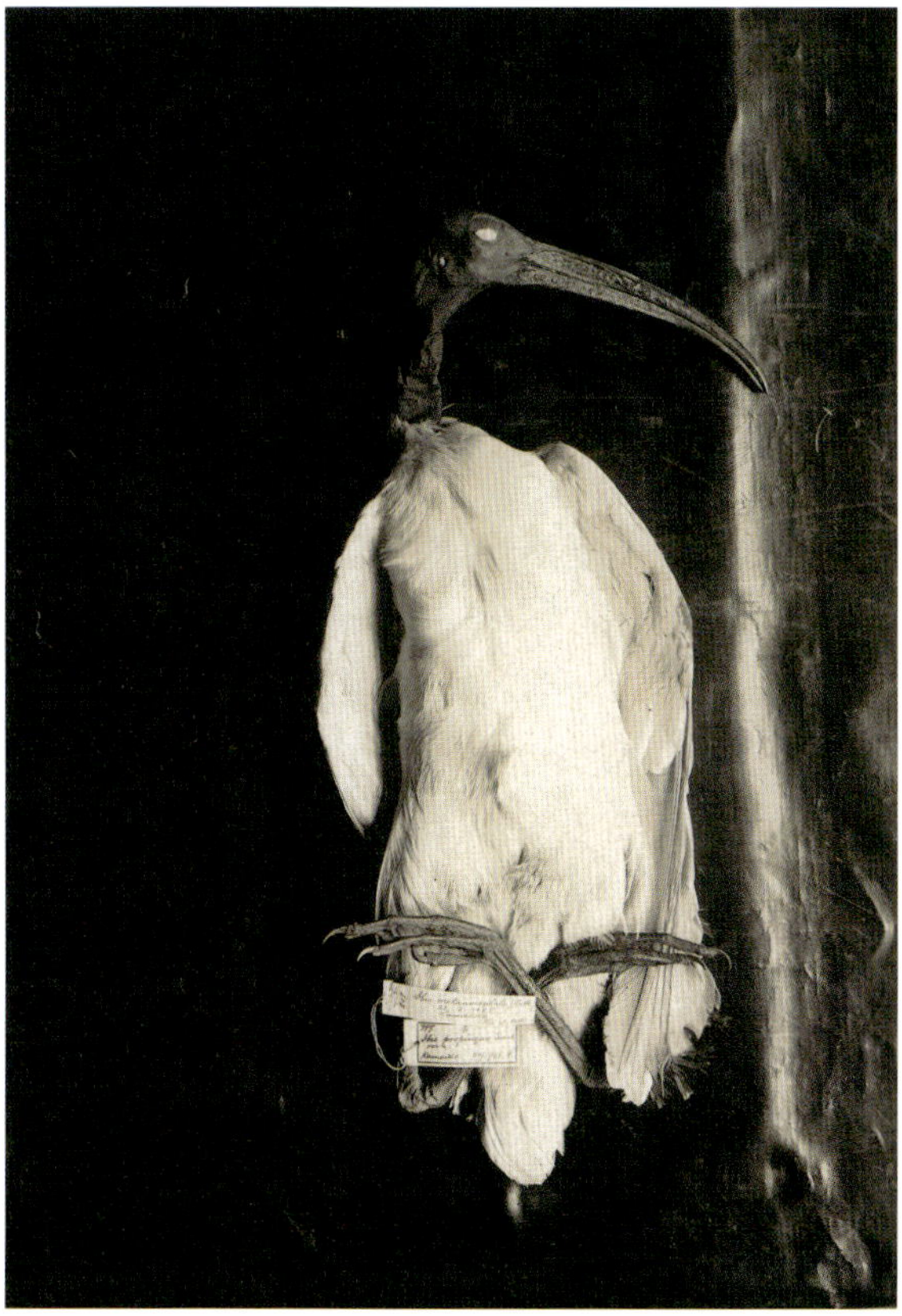

クロトキ（*Threskiornis melanocephalus*）、年代未詳、縦15.3 横10.9、ゼラチン・シルヴァー・プリント、総合研究博物館研究部蔵（東京帝国大学理科大学動物学教室旧蔵）｜**095**

オナガドリ(*Gallus gallus* var. *domesticus*)、年代未詳、縦9.2　横13.4、ゼラチン・シルヴァー・プリント、
総合研究博物館研究部蔵(東京帝国大学理科大学動物学教室旧蔵)｜**100**

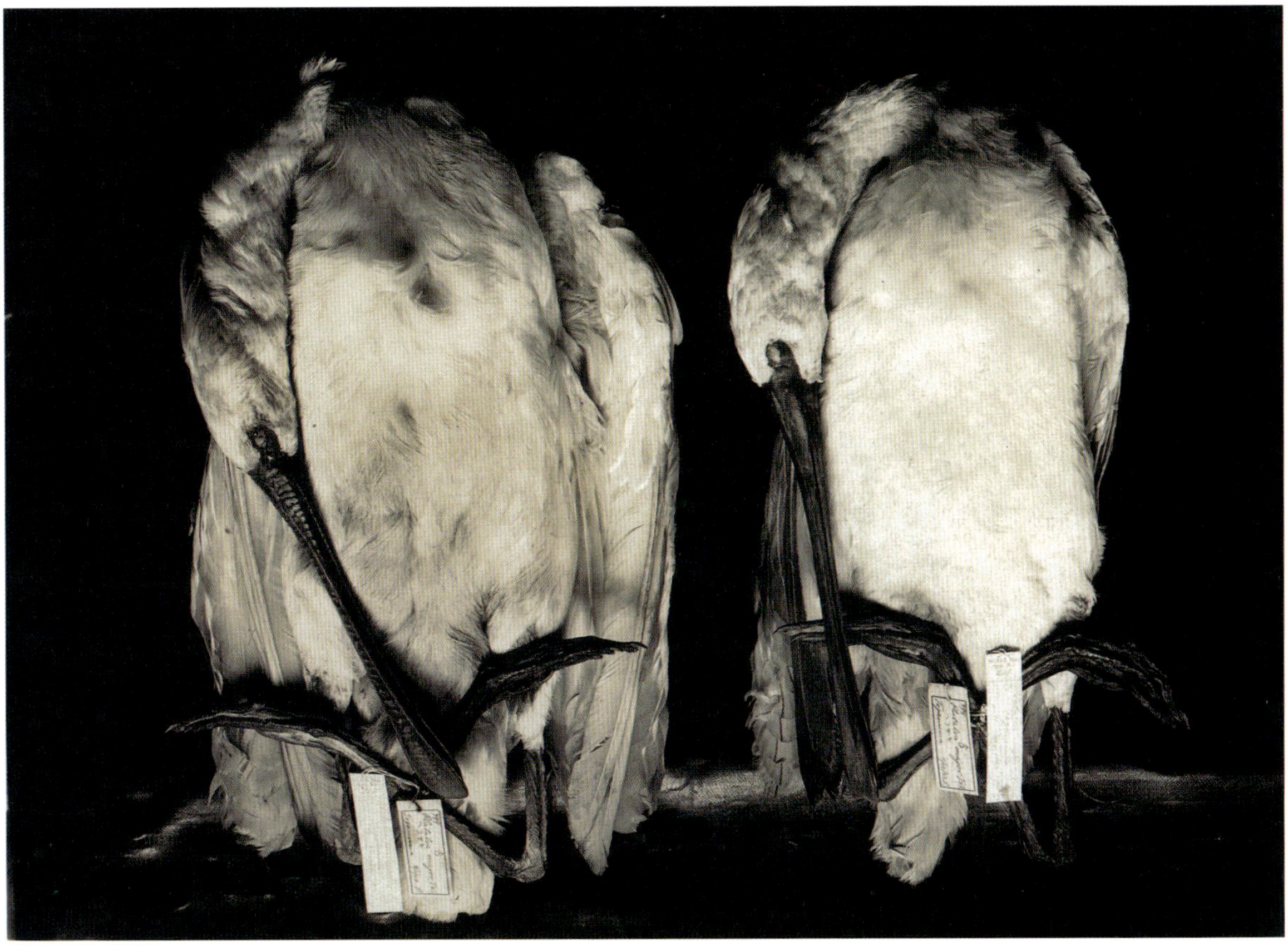

ヘラサギ（*Platalea leucorodia*）、年代未詳、縦10.9　横15.3、ゼラチン・シルヴァー・プリント、
総合研究博物館研究部蔵（東京帝国大学理科大学動物学教室旧蔵）｜

ナベコウ（*Ciconia nigra*）、年代未詳、縦15.3　横10.9、ゼラチン・シルヴァー・プリント、
総合研究博物館研究部蔵（東京帝国大学理科大学動物学教室旧蔵）｜**098**

トキ（*Nipponia nippon*）、年代未詳、縦15.3　横10.9、ゼラチン・シルヴァー・プリント、
総合研究博物館研究部蔵（東京帝国大学理科大学動物学教室旧蔵）｜**096**

上：長尾鶏（*Gallus gallus* var. *domesticus*）、年代未詳、縦12.7　横16.5、ゼラチン・シルヴァー・プリント、総合研究博物館研究部蔵（東京帝国大学理科大学動物学教室旧蔵）｜**101**

下：ルリカケス（*Garrulus lidthi*）、年代未詳、縦10.8　横15.5、ゼラチン・シルヴァー・プリント、総合研究博物館研究部蔵（東京帝国大学理科大学動物学教室旧蔵）｜**102**

上：ルリカケス（*Garrulus lidthi*）、年代未詳、縦10.8 横15.3、ゼラチン・シルヴァー・プリント、
総合研究博物館研究部蔵（東京帝国大学理科大学動物学教室旧蔵）｜**103**

下：ルリカケス（*Garrulus lidthi*）、年代未詳、縦10.8 横15.4、ゼラチン・シルヴァー・プリント、
総合研究博物館研究部蔵（東京帝国大学理科大学動物学教室旧蔵）｜**106**

鶏（*Gallus gallus* var. *domesticus*）、年代未詳、縦10.6 横14.3、ゼラチン・シルヴァー・プリント、
総合研究博物館研究部蔵（東京帝国大学理科大学動物学教室旧蔵）｜**104**

鳥の巣、年代未詳、縦10.5　横15.3、ゼラチン・シルヴァー・プリント、総合研究博物館研究部蔵（東京帝国大学理科大学動物学教室旧蔵）

奇形鶏（*Gallus gallus* var. *domesticus*）、年代未詳、縦16.5　横12.0、ゼラチン・シルヴァー・プリント、
硝子板装、総合研究博物館研究部蔵（東京帝国大学理科大学動物学教室旧蔵）｜**114**

奇形鶏(*Gallus gallus var. domesticus*)、年代未詳、縦16.5　横12.0、ゼラチン・シルヴァー・プリント、硝子板装、総合研究博物館研究部蔵(東京帝国大学理科大学動物学教室旧蔵)｜**117**

上：去勢鶏（*Gallus gallus* var. *domesticus*）雄、年代未詳、縦12.0 横16.5、ゼラチン・シルヴァー・プリント、硝子板装、総合研究博物館研究部蔵（東京帝国大学理科大学動物学教室旧蔵）｜**115**

下：間性鶏（*Gallus gallus* var. *domesticus*）、年代未詳、縦12.0 横16.5、ゼラチン・シルヴァー・プリント、硝子板装、総合研究博物館研究部蔵（東京帝国大学理科大学動物学教室旧蔵）｜**116**

上：蹴爪のない鶏（シャモ）（*Gallus gallus* var. *domesticus*）雄、年代未詳、縦12.0　横16.5、ゼラチン・シルヴァー・プリント、硝子板装、総合研究博物館研究部蔵（東京帝国大学理科大学動物学教室旧蔵）｜**119**

下：金色セブライト（*Gallus gallus* var. *domesticus*）雌、年代未詳、縦12.0　横16.5、ゼラチン・シルヴァー・プリント、硝子板装、総合研究博物館研究部蔵（東京帝国大学理科大学動物学教室旧蔵）｜**120**

雌羽をもつ雄の金色セブライト（*Gallus gallus* var. *domesticus*）、年代未詳、縦12.0　横16.5、ゼラチン・シルヴァー・プリント、硝子板装、
総合研究博物館研究部蔵（東京帝国大学理科大学動物学教室旧蔵）｜**122**

総論

西野嘉章
荒俣 宏
秋篠宮文仁

序説――鳥、あの奇矯なる生き物をめぐって

西野嘉章　東京大学総合研究博物館

本書は、東京大学創立百三十周年を記念して、財団法人山階鳥類研究所と東京大学総合研究博物館が共同で開催する特別展示「鳥のビオソフィア――山階コレクションへの誘い」の図録として出版されるものであり、「鳥学の現在」として括られる各種の研究課題を、俯瞰的に眺め直すことに眼目が置かれている。表題に『鳥学大全』と冠したのは、独り自然科学だけに限ることなく、しかしだからといって人文科学にも偏らない、むしろ自然と文化の両方に跨る博物誌的な立場から、鳥をめぐる研究の現状を、いまいちど包括的に吟味してみたいと考えたからにほかならない。

こうした文理融合型の課題設定は、それ自体、特段に目新しいものではない。総合研究博物館もまた、一九九六年の改組拡充からこのかた、旧来の学問分野の隔てを超える研究を実践すべく、総力を挙げて取り組んできた。館の公開事業の一つである展覧会について言えば、二〇〇一年の特別展示「真贋のはざま」は、オリジナルとコピーの相関や機能について、美術における作品制作からDNAによる生命複製まで、自然・人間・社会に跨る広汎な射程に亘って検証しようとする試みであったし、二〇〇三年の特別展示「シーボルトの二十一世紀」は、日本近世史に大きな足跡を残したフランツ・フォン・シーボルトの功績を、自然誌と文化誌の両面から照射しようとするものであった。

近世の到来とともに、西洋でにわかに顕在化し始めた学問の専門分化は、たしかに知の体系化作業を促す動因にもなったが、また同時に、人の知をその総体として眺めたとき、その細分化を徒に加速させ、ヒトの「生物知」(ビオソフィア)に機能不全をもたらす結果になった。いまや、そうした傾向に歯止めが利かなくなり、本来なら、一個の全体世界として把握されるべき人と、自然の絆が、眼に見えて脆弱なものとなり、すでに復元しがたい状態にまで至ろうとしている――総

合研究博物館は、そうした危機感に駆られて、あらたな「生物知」の復元を、改組以来十年に亘って模索し続けてきたのである。

今回、こうした統合知回復の可能性について、改めて一般の注意を喚起しようとするには訳がある。二〇〇七年一月、博物館において館長林良博先生主宰による「生き物文化誌」セミナーが始められた。いまや館の月例行事ともなっているが、このセミナーには、毎回さまざまな分野の研究者が集い、ゲスト・スピーカーの発表について自由活発な談論を交わす。参加者は野外派と机上派、造形派と解析派、還元派と統合派など、各自の活動域も立脚点もそれぞれに異なる。となれば、当然のこととはいえ、なにか結論めいた事柄を導き出そうということにはならない。むしろ、分野の隔て、手法の違いを超えて、多角的な視点から、生き物をめぐるさまざまな事象について論を交わすことに、参加者の関心が注がれる。それがために議論は熱を帯び、つねに留まるところを知らないが、しかし、そうした会合からなにか果実が実らぬでもない。

このセミナーで当初から中心的な論題の一つとされていたのが「鳥」である。周知の通り、鳥は数多ある生き物のなかで、古くから人と関わりの深い動物であった。当然のことながら、鳥をめぐる議論は、人間の生活や思考のあり方と深く関わる。それだけでなく、生き物としての鳥、それ自体の存在のユニークさもないではない。そのため、人と自然の関わりを、一個の総体として把握し直すうえで、格好の研究材料と言うことができる。動物学からアートまで、幅広い議論の展開を可能とする「鳥」――これを議論の俎上に載せることは、統合知回復の可能性を素めるうえで、一つの契機になりうるのではないか、そのようにわれわれは考えたのである。

というわけで、鳥をめぐる学術的論説は、鳥それ自体の動物進化論・形態機能論的な議論から、歴史・民俗・宗教・社会・美術など、文字通り人間文化全体と関わる人文・社会学的な議論まで、広範囲に及ぶ。換言するなら、「生ける自然」としての鳥、「人為的作物」としての鳥、「文化財」としての鳥、「驚異」としての鳥、「神話」としての鳥、「標本」としての鳥、「観念」としての鳥、「図像」としての鳥、「資源」としての鳥、「食材」としての鳥など、論点の立て方は如何ようにもなりうる。かくして、鳥学の現在は「生き物文化誌」の格好の題材とされるに至った。

「生き物」としての鳥

一般に、鳥は爬虫類から進化したと考えられている。なかには走鳥類のように飛行できないものもいるが、多くは空中を自由に飛び回ることができる。脊椎をもつという意味で重たい生き物でありながら、進化の過程でその骨格を特殊化し、多くの脊椎動物の持ち合わせぬ特異な能力すなわち、飛行する力を身につけた。骨を軽量化し、その交連構造を変形し、爬虫類の鱗を羽毛に代え、翼を得た鳥は、活動の汎図を飛躍的に拡大した。湖沼や大洋を越えて渡りを行うことができるし、極端な場合には、キョクアジサシのように、南極圏と北極圏のあいだを季節に応じて移動することもできる。飛行能力の獲得は、行動域の拡大にもつながった。鳥は自らを環境に適応させ、条件次第で水圏、陸圏、気圏を自由に行き交うことができる。ペンギンのように走ったり泳いだりするものがいるかと思えば、アマツバメのように大方を空中で過ごすものもいる。またオオミズナギドリのように、空中だけでなく、水上、陸上、地中など、全領域に活動範囲を広げたものまでいる。

鳥は飛行用の強靱な翼を得たかわりに、手の機能の大半を失った。とはいえ、それを補って余りあるものがある。飛行を統べるのに良く発達した小脳と、捕食用ツールその他として機能する多目的な嘴である。また、色彩感覚、立体視力、図形認識、記憶力、動態視力の各能力において、鳥は他の動物に優ると言われている。鳥は紫外線を含む広汎な色感官を通じて外界を認識する。昆虫が形と色の両方を擬態するのは、外敵である鳥の眼から自らの身を護るためであり、植物が果実を色づけるのは、種子拡散者である鳥の眼にその存在を訴求するためである。視感覚については、フクロウのように両眼視野を拡大し、立体視力を発達させ、暗闇でも狩りを行えるよう耳の機能を進化させた鳥もいる。各種の潜在能力は、外観の多様性、色彩の豊饒性、形態の審美性に反映されており、その捕食戦略、求愛行動、集団生活に特異性を付与していると考えられる。

鳥は個体から集団まで、幅広い生活形態を有する。集団は個体から家族、小グループ、大群体まで多岐にわたり、それらの存在様態は年齢、季節、地域に応じて変化する。雌雄選択、営巣、繁殖、託卵、擬態、冬眠、育雛など、生存の多様な局面において、固有の「生物知」(ビオソフィア)を働かせているのである。たとえば、求愛行動であるが、鳥のそれは色感覚を介して行われる。雌雄の役割を逆転させたミフウズラのような例外的事例もなくはないが、一般には雄のほうが雌より羽色も派手である。雌雄選択の駆け引きの必要から、雄は雌への訴求に効果的な色を身に纏おうとするからである。角を立派に見せたり、鬣を膨らませたりすることで、量塊感を増大させようとする、哺乳類の雄の戦略選択と異なる「生物知」を、そこに認めることができる。卵殻についても同様である。鳥の卵殻は、大きさはもとより、色も斑も紋もさまざまである。が、それらは美しく装うためのものではない。ときに外敵から身を護るための保護色となり、ときに自身の卵を他鳥のそれと識別するための視標識になる。托卵される鳥は卵紋を発達させ、托卵する鳥は宿主の卵に似た卵紋を生もうと努める。この駆け引きもまた、鳥ならではの「生物知」なのである。

多くの生き物のなかで、とくに鳥の存在を際立たせているのは、人間文化との関わりの深さである。鳥は、古くからドメスティケーション（家禽化）の進められた動物種である。そのため、自然界と人間界の両方にその活動域の跨るものも少なくない。そのことは、鳥を指し示すことばの多様性によって確かめられる。日本語には、鳥、禽、酉、鶏など、すぐに思いつく漢字がいくつもある。こうした漢字の起源は中国最古の文字文化にまで遡る。もちろん、ことは東アジアの漢字文化圏のみに限らない。文明の栄えたところでは、ほとんど例外なく、鳥と関わりのある文字や図像や事物が、文化の最古層に残されているからである。鳥をめぐる議論が、独り自然誌にとどまらず、地域文化や歴史伝統との関わりという文化的位相にまで遡及せねばならぬ理由もそこにある。というよりむしろ、人間文化の諸相のなかに鳥の存在によって支えられてきた部分が少なからず存在する、というのが実態なのである。

「生ける文化財」としての鳥

人間中心の論に立つならば、たしかに、好ましくない鳥、あるいはそのようにみなさねばならない鳥が、いなくはないのかもしれない。しかし、他方でまた、つねに有用な生き物であり続けている鳥もいる。もっとも、首肯しやすいのは、食材としての鳥であろう。ニワトリ、ウズラ、アヒル、ハト、ガチョウといった鳥類は、早くから家禽化され、食用に役立てられてきた。あるときは食肉として美味しいというだけで、またあるときは生活の営みの妨げになるからというだけで、どれだけ多くの鳥類が絶滅の憂き目にあったことか。人の論理とは、つねに身勝手なものなのである。とはいえ、このことを食肉生産の問題だけに限れば、人と鳥との関わりは単純であり、これは昔からなに一つ変わらずにある。

しかし、鳥の有用性を食べ物だけに還元してはならない。試みに、家禽化の歴史に想いを馳せてみるがよい。ニワトリの起源については、たしかに単元説ほかいくつかの議論がある。しかし、四種のヤケイを元種として、それらから百五十品種以上のニワトリが作育されたというのは、紛れもない事実である。オナガドリ、軍鶏(シャモ)、さらには各種のバンタム品種など、鑑賞用、品評用、競技用に特化されたニワトリの存在は、作種の動因がかならずしも食肉用という差し迫った必要性に拠っていなかったこと、それ以外の動因に拠る場合のありえたことを物語っている。すなわち、必要に駆られた有用性・合目的性だけで推し量りがたいもの、それを超えているという意味で「文化」と呼んでよいものが、ニワトリの現在を形成しているのである。この意味で、ニワトリの「文化」は金魚、鯉、朝顔、盆栽などのそれと近しい関係にある。これらはどれも人為的に作り上げられた「自然」であり、それを特定の価値体系にもとづいて愛でようとする、人の趣味の、さもなければ時代の嗜好の所産にほかならない。面白いことに、それぞれの趣味の展開史は見事に重なり合う。近世以降の日本人の美意識や品評観がそこに示されているのである。

ことは独りニワトリにのみ限らないが、文化的な属性を帯びた鳥類を作種し、飼育するにあたっては、ケージ、餌、気温などの外的な枠組みを含む、特殊化された周辺環境と専業化された管理体制が不可欠である。そのことを踏まえ、家禽類の存在意義を推し量るには、地域や民族の文化的な偏向にまで思いを致さねばならない。「土佐のオナガドリ」をはじめ、国内には人為的に作種されたニワトリが三十品種以上存在し、それらニホンニワトリのうちの十七品種が国の特別天然記念物に指定されている。それらの系統管理には膨大な手間を要する。とはいえ、地域固有の品種として定着しているものは、遺伝資源としてもかけがえがない。人為的に作種され、かつまた確かな系統管理下に置かれている鳥類は、自然界の生き物であると同時に、その存在を取り巻く外的な管理環境・品評体系の随伴された「生ける文化財」なのである。それら人工品種の系統保存のために、どれほど多くの時間と労力が傾けられてきたことだろうか。近年、世界各国の畜産関係者のあいだでは、在来の家畜や家禽の減少・絶滅を危惧する声が高まっている。それら系統保存された家畜や家禽は、将来の品種改良のための遺伝子的な「原資」という意味において貴重であるというだけでなく、人が「自然」をどのように飼い慣らし、自らの世界に抱き込んできたのかを如実に示す歴史的証拠物としても意味がある。すなわち、「文化モード」の指標としても、かけがえのないものなのである。

本書のなかで、鳥に関する古文献が再検討される意味もそこにある。たとえば、日本の上古文献の一つである『延喜式』では、その「祥瑞の部」に鳥をめぐる興味深い言及がいくつも見出される。流れ星の出現、日月の蝕といった怪異現象、人魚や物の怪の出没と並んで、鳳凰や丹頂など吉兆としての鳥の出現について、多くの記述が割かれているのである。古代人にとっては、稀少な鳥、奇態な鳥、特異な鳥の出現が、治世の指針を決めるうえで大きな意味をもっていた。上古文献にそのことが記されている。鳥を吉兆の占いに用いたという例も枚挙にいとまない。こうした古文献渉猟からわかるのは、当時の人々が現代のわれわれからは想像のつかぬほど鳥に畏れを抱いていたという事実である。天空を天駈ける鳥は、それらの多くが敬いの対象であり、同時にまた禁忌《タブー》でもあった。そのことは、ある特定の鳥類が、国家的・世俗的・宗教的な権威と結びつけられてきたという事実とも、決して無関係ではない。

祭祀や朴宣においては、稀少な鳥の出現や、鳥の奇妙な振舞いが、宣告の根拠とされたわけであるが、人がより能動的・方法的に鳥を用いるケースもなくはない。鳥を競い合いの場に連れ出すというのがそれである。たとえば、闘鶏や闘声は、鳥どうしを闘わせ、その結果をもって祭祀や儀礼に充てようとする行いである。東アジアではタイの地域文化にその起源が遡るとされる闘鶏は、早くから欧米にも競技的な文化、地域的な儀礼として伝えられ、今日では世界の各地に伝統的な文化遺産の一つとして定着をみている。鳥の競い合いという「文化モード」は、長尾鶏、鶯、文鳥、十姉妹など、観賞用の鳥の飼育においても、品評会のかたちで存続している。

また、鵜飼いや鷹狩りのように鳥を使って他の動物を捕らえたり、同種の鳥をおとりにして他の鳥を捕らえる捕獲法も、鳥の「文化モード」として世界各地に分布している。鵜飼いはどうやら東アジア固有のもののようであるが、鷹を操り、狩りをする鷹匠文化は、もとより一部の特権階級の専有物であったといえ、広くユーラシアからヨーロッパ・アラブ世界まで、それこそグローバルな広がりを有している。鷹狩りに関わる伝統的なプロトコールは、独り文化誌研究の枠組みでは収まり切らぬほど、幅広く、多様である。

「神話」としての鳥

鳥は人間にとって貴重な食材であった。鳥が呪術の対象とされてきたのは、そのこととも無縁でない。事実、世界各地の宗教儀礼において、鳥、あるいは鳥の似姿は、あるいはまた鳥のように天駈けるもののイメージは、重要な役割を担わされてきた。語源論、儀礼論、さらには象徴学の対象となる鳥は、食肉の対象となるリアルな存在としての鳥である。鳥は、宗教現象学的な意味で、つねに肯定的な存在として位置づけられてきた。それは肉として食されることが、死と再生の儀礼を倣びすることにつながるからである。

ヴァールブルク(ウォーバーグ)学派の泰斗ルドルフ・ウィトカウアーは一九三九年に公刊された論文「鷲と蛇のシンボリスム」のなかで、天と地、光明と暗黒など、二元論的な象徴学を担う、猛禽類と爬虫類の「対」象徴が、古代バビロニアを起点として、以後、世界各地に伝播していく過程を、人類学、考古学、文献学、語源学、美術史学の成果を協働させながら、実証的に跡づけてみせている。猛禽類をめぐる、この普遍象徴学の遍在性は、人間にとって、鳥の存在のなんたるかを物語っている。以下、ウィトカウアーの論考に拠りながら、鳥の神話地誌を振り返ってみよう。

古くは紀元前四千年紀のエラム・メソポタミア文化において、太陽を象徴する鷲が陶器の装飾に姿を現す。これはゆっくりと東漸し、紀元前三千年にはハラッパーを中心とする、初期インダス文明の宝飾品に移住する。紀元前三千年紀シュメール人の街ラガシュの神ニンギルスは、獅子の頭をもつ鷲イムギ(あるいはイムドゥグド)を持ち物《アトリビュー》にしていたという。紀元前二五〇〇年頃のグデア王碑文にも語られているが、イムギは「蒼穹に輝ける」神々しい鳥であり、暗闇を象徴する大蛇をうち負かす。同種の神話はエタナ神話でも語られている。夜の蛇との戦いで劣勢に立たされている鳥を助けたエタナは、その返礼として、光の鳥である鷲によって天空に運ばれる。英雄が鷲によって天に運ばれるという筋立ては、古代ローマのガニュメデス神話の祖型でもある。

エジプトでも西アジアと同様、鳥は太陽の象徴の意を託されている。もっとも、エジプトの場合、その多くは鷲でなく鷹であった。ファラオは鷹ホルスに化けた神ラーの直系であり、死後ホルスに転じて天へ昇る。皇帝が鷲の背に跨って天空を目指す、古代ローマの皇帝神格図像の原型は、このエジプトのファラオ信仰に遡る。こうした文化圏にあっては、鷲、あるいは鷹は、眼を損じることなく太陽を凝視することのできる唯一の鳥とされ、神託と予言を司る。紀元前二千年紀から同一千年紀にかけては、エジプトのファラオ信仰に起源を有する有翼円盤モティーフが、ヒッタイト、アッシリア、ペルシアなど、西アジア一円に見出される。それらは太陽神アッシュール、光明神アフラ・マズダーなど、場所や時代に応じて姿を変えるが、しかし、闇や悪の神格(蛇や龍)と対をなす、光や善の神格(鷲や鷹)の象徴としてつねに機能している。

この象徴図像は西方へ伝播し、ヘレニズム=ローマの太陽神ヘリオスの図像として継承される。東方ではイソップ(アイソポス)の寓話で鷲と蛇の闘いが語られており、インドにおいては、それが猛禽ガルーダと大蛇ナーガの闘いのかたちをとる。ガルーダは太陽神ヴィシュヌの担い手である。そのほかインドの文献には「美しい鳥」を意味するスパルナが登場し、インドラと火神アグニもまたガルーダと同じ鷲の姿をとる。ギリシア=仏教の融合したガンダーラ美術には、このガルーダ=ナーガの闘いのモティーフがしばしば見出される。

ウィトカウアーによると、鷲と蛇の「対」象徴は、インドから、さらに北方、東方、南方に拡散伝播していったという。中国には仏教とともに持ち込まれ、そこから朝鮮半島を経て日本へ。インド文明の伝播の波に乗って、フィリピン、スマトラ、ボルネオへ。インドの影響がとくに強かったジャワ島では、初代大王アイルランガがガルーダに跨って大蛇ナーガを鷲掴みにしている。その姿は、ゼウスの鷲に跨るかたちで神格化されたローマ皇帝の姿形によく似ているという。

オセアニア地域では、メラネシアとポリネシアに、やはり太陽的な属性を有する鳥の信仰がある。ニューギニアから、ニューアイルランド、ニュージーランドでは、鳥が死者のトーテムとして扱われることが多く、その鳥によって征服される悪霊は、蛇やトカゲなどの爬虫類によって示される。ニュージーランドのマオリ族に見られる儀礼のなかにも、「マヌ・オ・テ・ラ(太陽の中の鳥)」と呼ばれる鳥が登場する。

鷲に代表される鳥類を、太陽や光明、あるいは善と結びつける象徴学の分布は、これだけにとどまらない。西アジアに興った象徴遺産は、イラン高原と小アジアを経て、スキタイ文明から、かたやドナウ河沿いにドイツ東部へ、かたやアジア中北部のステップ地帯、ウラル南部へと伝播するからである。モンゴル族の国家では、悪い蛇を退治する英雄オチルヴァニ(菩薩・ボーデオサツトヴァ)が山(世界山)に入り、霊鳥ガリーデ(ガルーダ)に姿を変える。シベリア北部のヤクート族のあいだでは、太陽を統べる鳥が「タニャーラ（護り神）」と呼ばれ、光明の司、世界の創造主は「アイユ」と呼ばれる。

鷲を太陽と結びつける象徴学は、日本のアイヌ、シベリア東部のヤクート、満州＝ツングース、モンゴル＝ブリヤート、トルコ、ヨーロッパ＝フィンなど、ウラル＝アルタイ系部族とフィン＝ウゴル系部族の各神話に共通のものである。この象徴学においては、北ヨーロッパも同様の文化圏に属している。鷲の姿をとって「世界樹」に棲むオーディンについて語るゲルマン神話、あるいは紀元一千年紀以降に成立したとされる北方叙事詩にも、鷲と太陽信仰の結びつきが認められるからである。

霊鳥に関する信仰は、ユーラシア大陸の文化圏とベーリング海峡を挟んだ北米大陸のそれとの民族学的な一衣帯水性を示す論拠の一つとされている。シベリア北東部のチュクチ族には、トナカイや人、さらにはシカやクジラを補食するという巨鳥ノガの伝承が残されているが、北米アラスカにも同様のものがある。禁忌《タブー》としてのカミナリ鳥や太陽鳥としての大カラスに関する伝承は、アジア北東部からアメリカ北西部の広い地域に広がっている。北米インディアンが鷲をトーテムとして信仰していることはよく知られているし、ヴァンクーヴァーに住むインディアンの一部族クワキウトルでも、カミナリ鳥が鳥類界の頂点に君臨している。この鳥は、興味深いことに、水蛇との闘いで窮地に立たされたとき人間に救われたといわれるが、その恩返しの挿話はイソップ寓話のそれと驚くほどよく似ている。

鷲を太陽信仰と結びつける象徴学は、北米大陸から中米を介して南米にまで浸透している。メキシコのアステカ文明、ペルーのインカ文明でも、光明と暗闇によって織りなされる宇宙開闢譚のなかにあって、鷹が重要な役割を演じたとされているからである。

地中海文化圏に興った古典期以降のヨーロッパ文化についてはもはや触れないが、西アジアからかたやインドを経てポリネシアへ、かたやスキタイを経てユーラシア東部、さらにシベリア北東部からベーリング海峡を経て北米から中南米へという、地球規模の象徴伝播を辿るなかで、鷲や鷹など、猛禽類が「王権の鳥にしてまた予言の鳥であり、呪術の鳥にして占事の鳥であり、太陽の持ち物《アトリビュー》にしてまた復活の象徴であり得る」ことは、上記のような鳥類地誌学からも容易に理解できる。

もちろん、ことは爬虫類を補食する猛禽類にのみ限らない。後述する通り、ガルーダやノガといった巨大鳥、あるいは鳳凰のような幻鳥、さらには世界《コスモス》を内包する卵殻についても、鳥をめぐる神話の遍在性を跡づけることは可能である。時代、民族、地域などの違いはあっても、それらの多くが創世神話と関係づけられる点は興味深い。

「驚異」としての鳥

鳥学の研究対象は、現生種のみに限らない。時の流れを取り入れた視点、すなわち時間軸に沿ったかたちで「鳥＝自然遺産」を考察する、という視点からのアプローチも可能だからである。この場合、遠く隔たった過去における「鳥＝自然遺産」は、すでに人間文化の枠組みにおいて再検討されるべき「鳥＝文化遺産」となる。もっとも、実際の研究の現場にあっては、そうした範疇論が意味をもたないケースもある。現生種の共時的な把握法を「分類学」、種の進化の通事的な把握法を「系統学」とするなら、その両者を同時並行的に推し進める系統分類学的な体系化こそが必要とされるに違いないからである。とはいえ、分類学にせよ、系統学にせよ、さらには系統分類学にせよ、現在の理学系・農学系研究環境にあっては、自然史研究者の作業仮説として用いられてはいても、そこに文化史的な論点や知見を統合しがたいという難点がある。そうした問題を回避するため、「自然遺産＝文化遺産」の作業仮説が必要とされる事例もなくはない。

たとえば、すでに地上から姿を消してしまった絶滅鳥に関する研究はそれに該当する。絶滅鳥は生物種としては紛れもない「自然遺産」である。が同時に、その生存の痕跡としてわれわれの手許に残されている遺物は「文化遺産」であり、しかもそれらの多くは歴史的な文化財として位置づけられるべき質のものなのである。したがって、絶滅鳥の研究は、動物学の一分野としての分類学や系統学の領域にのみにとどまらず、考古学、文献学、民俗学など、人文諸科学を含む幅広い分野との協働を必要とする。ならば、既存の学問分野の壁を突破するという意味も込めて、「自然」でもない「文化」でもない、「驚異」という視点から絶滅鳥を顧みてはどうか。

絶滅した鳥類の、なかでも巨大な走鳥類は、まさに自然の驚異と呼ぶに相応しい。その典型が、マダガスカル島に生息していたとされるエピオルニス属であり、これは「象鳥」の異名をとる。身の丈が三メートル、体重が四百五十キロを超えていたと想像される巨鳥《エピ・オルニス》である。たしかに、背丈だけについて言えば、現生種のダチョウの二・五メートルより勝っているものの、ニュージーランドの絶滅種モアの三・五メートルを超えるところまではいかない。しかし、重さにおいては間違いなく超弩級である。しかもエピオルニス属の、なかでも最大とされるエピオルニス・マクシムスのものとされる卵殻のなかには、長径が三十三センチに達するものも実在している。そのため、エピオルニス属は人類と接触した可能性のある最重鳥類とされ、「象」に見立てられたというわけである。

もっとも、「人類と接触した可能性」というのも、およそ不確かなものにすぎない。仏人旅行家のエティエンヌ・ド・フラクールが一六六一年に刊行した『大マダガスカル島史』のなかに、「ダチョウのような卵を産む大きな鳥」で現地名「ヴォロンパトラ（森の鳥）」と呼ばれるものがいるという記録が、自然誌研究者の手にする文献のなかに、唯一残されているにすぎないからである。現在もなおマダガスカル島には巨大な鳥類に関わる伝承があるというが、それもまた、とどのつまりは「伝承」にすぎず、存在を確証づける決め手にはならない。

ならば、人文学研究者の扱う古文献においてはどうなのか。パリの国立図書館にある写本二八一〇番のなかに、古い記録が残されている。この大型の彩飾写本は、十五世紀初頭にブルゴーニュのジャン無畏公《サン・プール》のために制作されたもので、マルコ・ポーロの『東方見聞録』を収録した、俗に「驚異の書」と総称される写本群の一つである。件の写本のなかでマルコ・ポーロは、モグダシオ（マダガスカル）島の島民に聞かされた話として、象を鷲掴みにし、空中高く吊り上げ、地上に叩き落として、その残骸を餌食として平らげる「巨大な鷲」のことを紹介している。アジア圏では太陽を象徴する怪鳥ロックとして広く知られるものであるが、ヴェネツィア生まれの旅行家はそれを、サン・マルコ大聖堂北側ファサードの浮彫にある、鉤爪をもったグリフォンの姿で思い浮かべた。だから、「鷲」に見立てたというわけである。

象を吊り上げる怪鳥ロックは、インドの太陽鳥ガルーダにその神話的な起源を有する。ガルーダが冥界に棲むナーガを退治する話は、先述の通りであるが、サンスクリット語の「ナーガ」には象の意味もある。インドの二大叙事詩である『マハーバーラタ』と『ラーマーヤナ』がともに、ガルーダが象と亀を空中に連れ去る場面を語っているのはそのためである。「象《ナーガ》」を鷲掴みするガルーダは、インドからペルシアを介してアラブ世界にもたらされることになるが、その間にペルシア＝アラビア語の「シムルグ（奇跡鳥）」（simurgh）と重なり、その語尾の「ルフ」（rukh）が転じて「ロック」（roc）となった。怪鳥ロックに関する物語は、十三世紀のカズヴィーニーの地理学書や十五世紀のイブン・アルワルディーの博物学書など、アラブの学術文献に登場するだけでなく、十四世紀中葉の旅行家イブン・バットゥータの旅行記、さらにはアラブの聖霊物語や「シンドバードの冒険」の挿話として、広く知られることになったのである。

怪鳥ロックに関する伝承は、「東方の驚異」としてアラブ世界からヨーロッパにも伝えられた。上記のパリ国立図書館写本二八一〇番でも、空想旅行家のジョン・マンデヴィルがバカリイ(バクトリア)に居るとしている。ルドルフ・ウィトカウアーによると、マルコ・ポーロより百年ほど早く、トゥデラのラビ・ベニヤミンが同様の奇譚を記してドイツに伝えたのをはじめ、修道士ヨルダヌスの一三二〇年頃の旅行記、ニッコロ・コンティの一四二〇―四四年のそれなど、多くの歴史的文献に登場するという。なかで、とくに興味深いのは、ヴェネツィアの修道士フラ・マロウが一四五九年に公刊した世界地図の題辞である。なぜなら、一四二〇年に船乗りたちが喜望峰の近くで「象やその他の大きな動物をさらうという噂」のあるロック鳥の卵を見つけたという記述が、そこに見出されるからである。マダガスカル南部の一地域では、いまでもエピオルニスの卵殻片が大量に見出されるが、題辞の内容はそのこととはたして無関係なのであろうか。

怪鳥ロックに関する伝承がインドからアラブにかけて広汎に分布しているという歴史的な事実を踏まえるなら、その存在を確信させるに足る、巨きな鳥類が、自然界のどこかに実在すると考えるほうが自然である。博物学者ウリッセ・アルドロヴァンディは一五九九年刊行の『鳥類学』のなかで、ロックを「伝説上の鳥」としながらも、その存在をうち消してはいない。「鷲というよりは、むしろ鳩の嘴をもっている」と書くことで、その存在を首肯しようとさえしているのである。

以上、ウィトカウアーの道案内に従って、古文献に登場する怪鳥ロック伝承を見てきたが、マダガスカルに棲息していた巨大な絶滅鳥が、伝承や旅行記で語られる怪鳥であることを保証するものはどこにもない。またその伝で言えば、『大マダガスカル島史』で語られる「大きな鳥」でさえ、それがエピオルニス属を指しているのか否か、判断材料はなにもない。もっとも、エピオルニスの俗称「象鳥」には、象のように大きくて重たい鳥の意だけでなく、「象をも吊り上げる」とされた怪鳥ロックの伝承が含意されているのではないか、そのように思いたくもなる。ことによると、近年、マダガスカルの鳥類学調査でその存在が明らかになりつつある、巨大猛禽ステファノスタス属がロック鳥の正体であった可能性も否定できない。いまだ一部の骨格化石しか発見されていないとはいえ、ステファノスタスの翼開長は三メートルにも及ぶと考えられており、大きさが現生鳥類最大のコンドルを超えていたのではないかとみる研究者もいるからである。

マダガスカルの南部では、骨や卵殻など、エピオルニス属の遺物が多く発見されている。しかし、それらに関する研究はいまだ緒についたばかりである。大型と推定されるものとそうでないもの、といった基本分類さえ確定できていないばかりか、絶滅の時期も、その理由も解明されていないからである。もっとも、遺物に関する放射性年代測定データの蓄積が進めば、棲息時期を特定することは、そう難しいことではない。

とはいえ、この巨大鳥については謎が深く、今後の研究に期待されることもそれだけ多い。絶滅したとはいえ、恐竜より大きな卵を産む種属としての進化・生存戦略がどのようなものであったのか。あるいは生態、あるいは人類との接触、さらにはその結果もたらされた絶滅の経緯など、エピオルニスに関する研究には、生理学、生化学、遺伝学、形態学、年代学、植物学、民俗学、文献学など、多角的な研究の実践と、個々の研究成果の統合的評価が不可欠である。この意味においては、今回の展覧会のタイトルに掲げた「ビオソフィア」を、「生存するために生き物が有している知恵」(=生物知)でなしに、「生き物に関して人間が有している知識」(=生物学)と解さねばならないのである。

註記

鳥に関する動物生態学・形態機能学的な諸側面については、麻布大学獣医学部動物応用科学科教授高槻成紀先生から貴重なご助言を頂いた。ニワトリ文化誌ならびにエピオルニス研究誌に関しては、秋篠宮文仁・柿澤亮三・マイケル&ビクトリア・ロバーツ『欧州家禽図鑑』平凡社、一九九四年、C. A. Finsterbusch, *Cock Fighting all over the world*, Beech Publishing House, 1994 等々の文献ほか、秋篠宮文仁殿下より貴重な資料ならびに御助言を賜った。この場を借りて、秋篠宮文仁殿下、高槻先生に心より感謝申し上げたい。また、鳥をめぐる神話・伝承の史的展開の項は、Rudolf Wittkower, *Allegory and the Migration of Symbols*, Thames and Hudson Ltd., London / Westview Press Inc., 1977〔ルドルフ・ウィトカウアー『アレゴリーとシンボル——図像の東西交渉史』大野芳材+西野嘉章訳、平凡社、一九九一年〕所収の諸論文に依拠している。煩雑になるのを避けるため、個々に註記を付さなかったが、ウィトカウアーの偉大な学術的達成に対し、ここに記して、特段の敬意と感謝を申し述べたい。

鳥類図譜の系譜

荒俣 宏 博物学者

はじめに──文明と動物画の発明

人間は文明揺籃の時代から動物とかかわり、生きるための糧としてきた。その関係のうちで、もっとも思いがけない事情のひとつは、まだ仮説ではあるが、絵画の発生に動物がかなりかかわっているのではないか、という問題である。周知のごとく、穴居時代の人間が描いた洞窟画には、たくさんの動物が描かれている。ニューヨーク自然史博物館の壁に描かれたチャールズ・ナイトの絵「クロマニオンの画家」は、その意味で象徴的といえる。ナイトの壁画は、暗い洞窟の中で火を点したクロマニオンの男たちが、狩の獲物らしいマンモスの絵を岩壁に描いている光景を再現している。ナイトによれば、クロマニオンは美術を誕生させたのである。かれらはこの絵に儀式を施し、本物のマンモスが仕留められるように祈った。絵は、かれらにとって本物のマンモスへ作用を及ぼす媒体だったといえる。これに対し、ネアンデルタールは今のところ洞窟画などの「絵画」が発見されていないといわれる。絶滅したネアンデルタールと現生人との運命の分かれ道に、もし、絵を描ける能力が関係しているとしたら、これは検証に値する重要なテーマではないだろうか。

動物を支配する実践的な技術も生まれる

動物を人間の思いどおりに捕獲する技術としてのマジカルな「絵」は、やがて実践的な技術に次の役目を譲った。実際に捕獲した動物を、飼いならし、使役することである。すでに古代ローマには、動物を狩るばかりでなく生きた個体を集め供給する職業が成立していた。この職業を成立させたのは、鳥占いなどギリシア以来の神聖な需要に加え、ローマならではの俗っぽい需要があった。ひとつは、飽くことなき美食に奉仕するための食材としてだが、ほかにペット用と見世物用に動物をもとめる人たちがいた。たとえばアウグストゥス皇帝は異国の動物を飼育するのが趣味で、アザラシ、ワシタカ類、ワニ、ニシキヘビ、そしてサイを集めさせている。さらに、ローマでは庶民に娯楽を提供する必要から、動物同士の闘いが開催された。円形劇場を舞台として、ライオンとクマ、サイとトラ、ゾウとサイ、そして人間もライオンなど猛獣と格闘した。ふつうは剣闘士が武器を持って闘ったが、キリスト教徒も罰として武器なしの裸体で闘わされた。興味ぶかいのは、この俗っぽい需要に対し、キケロなどの識者が批判を加え、動物虐待に反対する立場から、こうした不健康な見世物はヒトの心に有害な効果をもたらすと警告したことだろう。動物愛護の思想もここに生まれたのである。

もうひとつ、動物に芸を仕込んで楽しむ習慣も、古代ローマ時代にほぼ定着した。サルにアルファベットを選ばせたり、楽器を演奏させたり、ゾウに逆立ちをさせたりするほかに、ワシに子どもをつかませて空中に飛び上がらせる芸も存在したから、鳥も人間の手のうちにはいったといえるだろう。

動物とのかかわりを情報化する

こうした直接的な関係を基にして、人類はおそらく二千五百年ほど前から、言語という形式の情報集成を作りはじめた。わたしたちは鳥類の分野におけるそのような集成を、鳥類誌と呼ぶ。

鳥類誌の最初の集成は、古代ギリシアの哲学者アリストテレスによって実現された。生徒であったアレクサンドロス大王が東方遠征の際にもたらした多くの異国生物とその情報に刺激されたうえでの業績だったと思われる。アリストテレスが書き残した知見はさまざまに引用されて庶民にまでひろまったが、初期キリスト教の普及とともにひろがった有力な一書が、三世紀頃アレキサンドリアで編纂された『フィシオロゴス(動物寓意譚)』である。その内容は動物の習性を解説するかたわら人間の徳や生き方を教えるテクストとして使用されたため、西洋では聖書に次いで広く読まれ、聖書よりもおもしろい読み物といわれた。鳥類を含む約百六十種もの動物があつかわれたこの書物は、『イソップ寓話集』やプリニウス『博物誌』などの人気作品にも再活用され、世界へと浸透していった。

ところで、鳥類に関するそれら先駆けの書物には、人と鳥との関係の具合によってその情報源がさまざまに区分けされる。今、その実例を見ると、

一、神聖な情報―鳥はトーテムとして崇拝された動物であり、氏族の祖先を鳥と考える習慣が世界中に存在した。多くの地域で信仰された鳥神は知恵に勝れ、力が強かった。エジプトの光の神ホルスはハヤブサであり、トートはトキであった。ナポレオン皇帝の命により制作された大作『エジプト誌』の鳥類図譜パートにも、トキの図は聖刻文字の碑板を付して描かれている。中国でも情報や知識の基盤である漢字は、鳥がつける足跡の形をヒントに創案されたことになっており、神聖な動物とされた。鳥は文明をもたらす知の神だった。日本ではアマテラス女神が岩戸に身を隠したときに鳴いたといわれる常世長鳴鳥すなわちニワトリを飼っていた土師氏は、墓造りの有力氏族であった。

二、自然と変化を知る情報―古代では、鳥は世界的に占術に活用された。不吉な前兆をあらわす英語オーメン(ormen)は、鳥を意味するオルニス(ornis)というギリシア語に由来する。日本人は古来、キジが地震の前に暴れることを知り、自身を予告する鳥と考えていた。ギリシアでは鳥の飛翔方向や鳴き方に前兆を読む「鳥占い官」が存在した。この存在はローマにも受け継がれ、ローマ建国の際ロムルスとレムスのどちらを最初の支配者にするか決定する際、用いられた判定法は鳥占いであった。中国や日本でもニワトリが同様な占いに用いられた。したがって、鳥にかかわる知見の一部には、鳥占いに由来する観察や理解が含まれている。これは、鳥が渡りや繁殖期の泣き声など多くの季節に関する先駆け情報を提示してくれたからだと思われる。ユダヤ伝説にも、前十世紀に君臨したダヴィデ王の子ソロモン王は魔法の指輪を持ち、鳥と話ができた。北欧ヴォルスング伝説でも、シグルドは自分が退治したドラゴンの知を味わったせいで、鳥の言葉が理解できるようになった。

三、飼育養殖関係の情報―鳥類は古くから食用に供された関係で、家畜史や料理史に関係する動物だった。たとえば

ニワトリは古代では食用でなく神聖な占いの鳥であったが、家畜化が早く進み、すでに古代エジプトでは卵の人工孵化が行われていた。その卵は滋味があり栄養に富んでいるため、薬とされるほどの食品であった。アレクサンドロス大王の東洋遠征によってギリシアにもたらされたクジャクも、プリニウスによれば、ローマの美食家に目をつけられ、前一世紀にはマルクス・アウフィディウス・ルルコがクジャクを太らせる養殖術を開発して、食用品種の事業化に成功したという。また、クリスマスの食べものとして定着したシチメンチョウは、トルコから輸入されたアメリカ産の原種がヨーロッパで食肉用に飼育改良されたもので、コロンブス以降わずか百年余で、肉の硬いクジャクにかわり、鳥料理の王様になった。日本ではキジやツルが貴族の食卓に出る高級料理であった。

などなど、興味深い分野に満ち溢れている。

活版印刷術の開発と図鑑の成立

こうした長い関係史が形成されたのち、十五世紀頃グーテンベルクによる印刷術の発明を契機に近代的な鳥類誌が発生する。記述あるいは目録づくりの学問である博物学のもっとも大きな要望は、生物自体のサンプルすなわち標本を開示することと、その標本のコピーを人々に提供することであった。正確なサンプルが得られず、誤った種が代用されることは、博物学の成果と信頼を根底から揺るがすことになりかねない。とはいえ、サンプルの保存は種によってはきわめて困難であったため、近代博物誌に採用されたサンプルは、保存性のよい絵図に置き換えられた。この場合、絵図は正確なコピーでなければならず、そのために写生という美術上の新しい試みがなされ、ときによっては解剖をおこなって内部の構造を調べることさえ実行された。また、そうしてできあがる原図を正確に複写する版画技法も、併行して発達した。ある意味で、博物誌の図譜は、美術史と印刷史のうえでも特別な関心を払われるべき存在であったが、直接的には美術というよりも博物標本の代用という役割が勝っていたために、図譜の歴史と変遷に注目する研究は、なんと二十世紀後半に本格化するのを待たねばならなかった。ここでは、その博物図譜から鳥類の分野に限って、主だった経緯を語ることにする。

木版による鳥類図譜の挑戦

鳥類誌がそれまでの本草・医学の一分野から独立して記述されるようになるのは、前に書いたように十五世紀後半から十六世紀前半にかけてである。きっかけは、印刷術の発明にも直接関係のある宗教問題であった。大学の学問の枠組みを縛っていたローマ・カトリックの権威が揺らぎ、プロテスタントと呼ばれる新しい勢力が生まれると、かれらの下でそれまでカトリックの学者たちが省みなかった知識の探究が始まった。鳥類誌の最初の研究者は、それまでの学問の枠組みに従って医者を職とするものが多かったけれど、その発想は古くなかった。自然を研究することは、聖書を研究する以上に実り多い作業であると、信念をもって主張できたからである。当時のプロテスタント活動地域であったドイツを中心にして、スイス、イギリスなどで鳥類の研究がスタートした。この新たな動きに対してカトリックの側も呼応せざるをえなくなった、フランスのアンリ一世は古いソルボンヌ大学ではあつかわない新しい学問の拠点として、のちに「コレージュ・ド・フランス」と呼ばれる施設を創立した。

そのなかにあって、「最初の偉大な鳥類誌」と評価されるのが、フランスの医師で旅行家のピエール・ブロン（一五一七—六四）が著した『鳥の自然史（*L'histoire de la nature des oyseaux*）』（一五五五）だった。ブロン自身が「これだけリアルな鳥の肖像画を収めた書物はかつて制作されたことがなかった」と誇ったように、装飾性をほぼ捨てたうえに生態や行動をも写した博物画になっている。木版画だが大判で美しい刷り上がりは、いよいよ標本の代用となる博物画の誕生を実感させた。残念なことに、ブロンはパリ郊外のブローニュの森で追いはぎに殺害され、若くして亡くなった。

つづいて、スイス、チューリヒ出身の医学教授コンラート・ゲスナー（一五一六—六五）が現れ、自然を敬愛するプロテスタント精神と、ギリシア語・ラテン語・フランス語・英語・イタリア語・アラビア語の語学力をもって、疫病のため生地チューリヒに没するまで、自然研究と著述をつづけた。近代動物誌の古典『動物誌（*Historia animalium*）』（四巻、初版一五五一—五八）は、第三巻を鳥類にあて、それまで蓄積された鳥に関する博物誌をまとめたうえに、当時としてはもっとも精密に写生した鳥の絵を二百六十三点の木版画で収録している。ほとんどは墨一色の版画だが、特別に手彩色した豪華なカラー版も存在する。いま、「精密な写生」と書いたが、この本のすばらしい挿絵は現代人から見ると、空想的でデタラメな鳥の図としか思えないものも多い。しかし、それは生体や剥製を写生したからではなく、各地に保存されていた歴史的な原画をも極力精密に「写生」したからである。デタラメなのは、原画がそうだったからなのだ。当時は、異国の動植物の実物にめぐり合えるチャンスは少なかった。それを補ったのが、残されていた絵図だった。あの有名なデューラーの「インドサイ」の図も、ゲスナーの指揮により原画に忠実な複写になっている。反面、ダチョウやシチメンチョウ、クジャクなど珍奇な異国の鳥でも、生体を写生できたものはリアルに描かれている。また、ニューギニア産のフウチョウは、剥製状態の姿を精密に描いており、鳥類の部には例が見えないものの、架空の怪物の場合は、それを描いた恐ろしい原画をあえて忠実に再現している。ゲスナーは怪物の多くがまがいものだと知っていたが、過去の情報を修正することなく尊重した。

いっぽう、カトリックの学問の牙城ボローニャの哲学教授ウリッセ・アルドロヴァンディ(一五二二―一六〇五)は、海賊や災害によって何度も死にかけながら世界を巡礼しつづけた信仰の人だったが、この旅行を通じて世界の自然を直接眺めたことが自然への関心へとつながった。のちに新大陸アメリカの自然に大きな魅惑を感じて、博物学者で構成したアメリカ探検船団を組織しようと奔走もした。もしこれが実現していたら、史上最初の本格的な博物探検航海になっていたはずだ。後半生はボローニャ大学の教授として莫大な標本と博物図をコレクションした。かれは今日、ゲスナーが試みた過去の原図や所見の忠実な(そして無批判な)編纂という仕事を拡大しただけのように評されるが、それは不公平である。かれはニワトリ卵の発生を実験的に研究し、卵のからを切りあけて内部の状態を観察した。その結果、心臓の発生がごく初期におこなわれることを確認し、アリストテレス動物学の正確性を証明している。筆者はボローニャでかれのコレクションと原画を見る機会を得たことがある。細工による怪物標本も混じっていて興味は尽きなかったが、圧巻はヴェラムに描かれた彩色画の合本だった。背景をつけた彩色図の余白に解説を加えたもので、それまでの装飾画や油絵と異なり、あきらかに説明や記録を目的とした「図解」になっている。原画には、しばしば挿絵に見かけるような枠線も引かれていない。ゲスナーが自分で図を描いたと思われるのに対し、アルドロヴァンディは自費で絵師を雇い、指導しながら写生させている。十三巻に及ぶ博物図誌の集大成『全著作集(*Opera omnia*)』(一五九九―一六六七、全図版数四千五百)は、鳥類から怪物まで網羅した大作だが、生前に出版できたのは鳥類編の一部だけだった。しかし、画期的なのは、ゲスナーが各種をアルファベット順に配列したのに対し、鳥類を、一猛禽類、二野生と家禽のキジ類（砂浴びだけする仲間）、三ハト・スズメ類（砂浴びも水浴びもする仲間）、四果実食と蟲食の鳴禽類、五水禽類に区分したことである。かくて鳥の博物誌は分類別に記述されるようになる。

十八世紀博物図譜の新たな発展

ゲスナーやアルドロヴァンディの超人的ながんばりによって成立した鳥類図譜の時代には、二つの大きな限界が存在した。ひとつは挿絵の複写方法が木版画主体であったこと。木版画は細い精密な線を表現することが苦手であり、哺乳類や鳥類の毛、羽を緻密に描きだすことが不可能であった。ふたつめは彩色が不十分であったこと。自然の色彩というものの再現法が分からなかった事情に加え、たくさんの色絵具を用意することも困難だったためである。しかし、銅版画が開発され、出版用の挿絵に使用できるようになったことで、状況は変化した。木版画が基本的に粗い凸版（陽刻）であるのに対し、銅版画のほうは精密な凹版（陰刻）に近い彫りこみをおこなうので、印刷のとき活字部分との相性が悪いことから、銅版画を別刷りの一枚絵（全頁挿絵）とされたことも幸いした。別刷りなので、彩色も別工程でおこなうことができたからだ。銅版画の挿絵は十七―十八世紀以後、挿絵技法として木版画を駆逐するほどの発展をたどることになる。

その先駆けになったのが、江戸時代の日本にも将来されて翻訳さえ試みられたスコットランド人ヨハン・ヨンストン（一六〇三―七五）の『鳥獣蟲魚図譜（*Historiae naturalis*）』（初版一六五七）だった。鳥の巻はハチドリ、オオハシなどのアメリカ産も言及され、まるでカタログのように多数の鳥図を縮小して一頁に収めるという銅版画でしかできない試みも実現させた。六十二頁に及ぶ挿絵は平賀源内らに西洋博物画の写実的な画法を教え、やや遅れて発展する江戸の博物図譜制作に刺激を与えた。

また、鳥類を自然の序列に適う配列法で分類しようとするイギリスの鳥学者ウイリアム・ウイラビー（一六三五―七二）とジョン・レイ（一六二七―一七〇五）が、『ウイラビー氏鳥学誌（*The ornithology of Francis Willughby*）』（初版一六七八）と題した七十八図の銅版画を収録する三巻本を出版した。分類の必要性を意識した図誌の誕生である。図版の質もヨンストンよりさらに精密で、特徴を描きだす工夫も見られる。とくに、鳥本体を大きく描き、止まり木や切り株を現実にはありえないほど小さくして見やすさを増大させる描法は、以降に制作される鳥図の定型となった。

銅版画は木版画よりは彫刻が容易で、また金属板を用いるためたくさんの枚数を刷ることができる。この挿絵メディアは図鑑の出版に大きな改革をもたらしたが、高価なことと技術習得が難しいことがネックであった。それゆえ、実際の制作は銅版画職人と印刷工が手がけた。しかし、世界航海の技術が進歩し、博物探検が個人の力で実現できるようになると、未知の世界から新種生物を採集し、その成果を自力で図鑑化しようという「ナチュラリスト」が出現してきた。そのなかで先駆的な業績をあげたのは、イギリス人博物学者マーク・ケーツビー（一六八三—一七四九）であった。かれは北米の南部を探検してたくさんの生物を採集し、『カロライナ・フロリダ・バハマ諸島自然誌（*The natural history of Carolina, Florida and the Bahama Islands*）』（初版一七三一—四三）を著した。ただし、まだ世界に知られていないアメリカの生物を紹介するには図鑑も付さなければならない。ところが、銅版画は莫大なコストがかかる。思案の末に、かれは自分で銅版画（エッチング）の技法を学び、自ら描いた図を自力で刷り上げる決心を固めた。しかも、絵の枚数をなるべく減らすために、一図のなかに極力たくさんの生物を描きこむデザインを開発した。鳥を中心にして、植物、昆虫、魚、ヘビなどを縮尺をたがえて一緒に描きこんだのだ。それはできあがってみるとなんともこの世離れしたデザイン画面になった。ケーツビーにこの工夫を伝授されて世界の動物を図解するプロジェクトを推進したジョージ・エドワーズ（一六九四—一七七三）も、興味深い鳥類図譜を刊行している。

博物学の大系化と動物画の発展

さて、個人的な博物探検が可能になるに連れて、かれらが発見した生き物を大自然の全体像にあてはめて総合する仕事の重要度が、一気に増してきた。とりわけ、すべての生物の序列を何らかの形で整理統合する分類学の確立が急務となった。この要請に応えたのが、現在使用されている「二名法」と呼ばれる分類学の創設者、カルル・フォン・リンネだった。それは一種の記憶術としても有効な方法であり、女性にも理解しやすかったため、リンネ分類学によって整頓された博物学は、知的な市民の新しい話題となった。この傾向をさらに推進したのが、挿絵であった。リンネ式分類の基準となる特質、たとえば植物のおしべとめしべ、動物の歯や四肢の特徴が図解され、各グループを代表する種の正確な図が描かれるようになる。鳥類図譜では、リンネ『自然の大系』第十二版に示された分類に従い図鑑化されたマルティヌス・ホッタイン編『リンネ自然誌(*Naturlyke historie*)』(オランダ版一七六一—八五)などがある。ホッタインの編纂書は日本にもはいり、江戸時代の分類学を進歩させた。

しかしなお、生物の序列やグルーピングの方法が「人工的」あるいは「便宜的」でありすぎるという「自然礼賛派」ロマンティストの根強い批判は、存在しつづけた。フランスの王立植物園にあって、ここを植物と動物の研究センターに発展させようとするジョルジュ・ビュフォン(一七〇七—八八)は、リンネとは違う生物の分類目録を示した。ビュフォンは、若いときに恋愛による決闘沙汰を引き起こすなど噂の人物であったが、物理学者モーペルチュイに学んでニュートンの学説に傾倒し、新しい科学精神を身につけた。恩師モーペルチュイが地球の緯度観測のために極地へ探検に赴いた折も折、王立植物園園長が死去したため、後任として有力だったモーペルチュイらのライヴァルを押しのけて、ビュフォンは新しい園長に任命された。かれは古臭い植物園の事業を一新し、自然科学の拠点に変えるプロジェクトを立ち上げた。そのもっとも成功した事業が、『一般と個別の自然史(*Histoire naturelle, générale et particulière*)』(四十四巻、一七四九—一八〇四)である。ここで書名を自然誌ではなく自然史と訳したことに注目してほしい。ビュフォンはニュートンやモーペルチュイにならって、自然の歴史を「天体としての地球の歴史」の一部に位置づけ、岩石や大気の起源、生命の発生、絶滅の問題、人間の文明、寿命、などグランドスケールの視点で解明しようとした。生物は変化する！……かもしれない、と。かれは、地球の「歴史」を軸とし、リンネの数合わせ的な分類学を無視し、真に生物進化論が語れるだけのスケールを誕生させた。そして、この書物のハイライトとして豪華な銅版画を多数添付したのである。もともと装飾画家であったド・セーヴという絵師に原画を描かせたことで、その画面は黄色い「額縁」を付した歴史画のような体裁を整えた。背景が詳しく、しかも優雅に描きこまれ、主役の動物たちは将軍や貴婦人の肖像のように堂々としている。この絵柄を別の目で見れば、王の間に飾られた剝製のスケッチにも見えた。この挿絵は動物園のイメージとも重なり、十八世紀後半を席捲する博物図像となった。鳥類については、ビュフォンも別建てで豪華な大型彩色図入り刊本を出版している。かれが用いた生物の配列は、家畜を最初に、つづいて野生種を後に並べる手法だった。ただ、人間との関係が近いものを優先するというアプローチは、分類法としては成功したといえない。

博物図譜の黄金時代が到来する

ビュフォンが改革した王立植物園は、フランス革命を経て「ジャルダン・デ・プラント」(一七九三年からは国立自然史博物館に変更)と名を変え、ラセペード伯爵(魚類、鯨学)、ジョフロア・サン・ティエール(動物学)、ラマルク(下等動物学)、キュヴィエ(比較解剖学)という学説も個性も異なる四人の後継者の下で、最高水準の研究施設となった。すでにこの植物園がヴェルサイユにあった当時から、園内に飼育された珍しい動物の写生図が記録されるようになっていたが、革命後も写生図の作成は持続され、通称「ヴェラム写生図(velin)」が蓄積されていった。これを基に、キュヴィエはラセペードと共著で、この写生図を銅版で刷り上げた動物図鑑『国立自然史博物館動物園誌(*La Ménagerie du Museum National d'Histoire Naturelle*)』(一八〇〇―〇一)を刊行した。大判紙に精密な銅版画を刷り上げたみごとなもので、背景はビュフォンの著作に従い石造の建物や動物園内の風景などを配した優雅な構成だった。ごく少数は彩色刷りがおこなわれ、ダチョウの図などが収録された。

このような国立自然史博物館の図鑑刊行事業と時を同じくして、一人の冒険博物学者が鳥類に関する空前絶後の彩色図鑑を多数出版するようになる。この冒険家はフランソワ・ルヴァイヤン(一七五三―一八二四)といい、二度にわたりアフリカを探検し鳥類を収集した結果を基に、十八世紀末にバルトロッツィという美術家が開発した点刻銅版画の技法を用いた機械彩色印刷の図譜『アフリカ産鳥類の自然史(*Histoire Naturelle Des Oiseaux d'Afrique*)』(一七九六―一八〇八)を刊行した。かれは矢次ぎ早に二種の大冊『インコ・オウムの自然史(*Histoire Naturelle des Perroquets*)』(一八〇一―〇五)、『フウチョウその他の自然史(*Histoire Naturelle des Oiseaux de Paradis et des Rolliers, suive de celle des Toucans et des Barbus*)』(一八〇一―〇六)を世に問い、博物図譜のブームをフランス国内に惹起させた。なぜなら、点刻銅版画の超絶的な仕上がりは、これまで不可能だった鳥の羽の鮮やかで柔らかい感触を再現できるほどすばらしかったからだった。この新図鑑に注目したのが、学問と美術の水準の高さを世界に示してヨーロッパ随一の文明国をめざしたナポレオン・ボナパルトだった。かれはジョフロア・サン・ティレール(キュヴィエは断った)はじめ百七十名に及ぶ学者や絵師を引き連れてエジプトへ軍事遠征し、カイロに「エジプト科学研究所」を開設、多くの収集品を集め、それらの研究成果を『エジプト誌(*Description de L'Égypte*)』(初版一八〇九—一三—三〇)にまとめた。版型がなんと約五〇×七〇センチメートルという大判十一巻からなる図録(収録銅版画数三千枚)、およびテクスト九巻を加えた一大事業だった。特筆すべきは鳥類を描いた十四枚の図録で、ルヴァイヤンの図譜にも原画を提供したジャック・バラバンが原図を担当し、「世界最高の鳥図版」と評される。ナポレオンはこの刊行物を近隣諸国の厳守に寄贈する計画をもち、特別に彩色刷りをおこなったごく少数の特別版も存在する。

さらに『エジプト誌』の偉業は、十九世紀にはいり次々に実行されるフランス海軍による測量と植民地調査を兼ねた世界探検航海へも、多大な影響を及ぼした。これらの航海記録にも、驚くべき緻密さをそなえた博物画が多数収録され、航海記録の勝ちを高らしめたからだった。フランスが実施した世界探検航海はライヴァル国イギリスはじめ多くの近隣地方でも実施されたが、こと博物図録に関しては、フランスに匹敵する出版をおこないえた国はどこにもない。一八二二—二五年におこなわれたデュペリ指揮による『コキーユ号世界周航記録(*Voyage autour du Monde entrepris par ordre du gouvernement sur la Corvette La Coquille*)』(一八二六—二九)、一八二六—二九年に実行されたデュモン・デュルヴィル指揮による『アストロラブ号発見航海記(*Voyage de découvertes de l'Astrolabe*)』(一八三〇—三五)には、航海で新発見された熱帯産の美しい鳥たちが彩色銅版画により活写されており、きわめて美しい。この時期のフランスでは台座に置いたポーズを取る鳥という図柄が採用されたため、背景は消失したが、羽の一枚一枚まで逃さない細密さは信じがたいほどである。

フランスに独占された博物図の黄金時代だが、新興国アメリカでこれに対抗する出版企画を立てる人物が現れた。肖像画家として生計を立てるアマチュアのナチュラリスト、ジョン・ジェームス・オーデュボン(一七八五—一八五一)である。かれは北米産の鳥類をすべて原寸大で描く図鑑を刊行する試みに挑み、いまや世界でもっとも高価な図鑑といわれる超大型鳥図鑑『アメリカの鳥類(*The Birds of America*)』(一八二七—三八)を刊行した。その大きさは判型で約九〇×六〇センチメートルほどもある。銅版画の技法は水彩画の複写に便利なアクアティントが主に使われている。この技法は、詳細を極めるニューオリンズやルイジアナなどの風景を彫りこむのに適していた。オーデュボンの図版は、ちょうど野外観察で双眼鏡を覗いたときのような、自然環境で見られる鳥たちの営みやドラマが再現されている。さながら秋田蘭画の世界を見るかのような東洋的な自然観でもある。この大作はペリー提督を通じ、江戸時代の日本にも舶来されたが、現物はいま行方が分かっていない。

石版画の登場と歴史の終焉

キャプテン・クックの第一回探検航海に博物学者ジョゼフ・バンクスを同乗させて以来、第二回航海には鳥類に詳しい博物学者ラインホルト父子を乗せるなど、博物探検でフランスと覇を競ったイギリスでは、十九世紀半ばにかけて鳥類図譜の革命がおこった。それは、石版画の活用である。石版は銅版のように金属板に線を彫刻する必要がなく、画家が直接石版の上に絵を描きこむことができる。その原画を化学処理してインクが乗るようにしたのである。十八世紀末にドイツで開発されたこの技術をいちはやく導入したイギリスでは、すでに流行していた風景画や水彩画を複写するのに用いられた。線ではなく面の表現が可能だったので、空や森のような広々とした空間を再現しやすいメディアだったのである。

この石版画を活用すれば、画家が同時に印刷をおこなうことも可能になった。このとき登場したのが、のちにノンセンス詩人として有名になるエドワード・リア（一八一二—八八）である。リアは若くして画才を発揮し、博物画とりわけ鳥類画と風景画を描いた。この画題が必然的に石版技術へとかれを導き、若くして野心的な企画を立ち上げる契機となった。貧しかったかれは独力で、動物園に見られる鳥類を写生し図鑑を作成する事業を思いついたが、鳥類といっても範囲が広すぎた。そこで、美しいインコ類だけをあつかった専門図鑑『インコ・オウム科図譜（*Illustrations of the Family of Psittacidae, or Parrots*）』（一八三〇—三二）を売り出すことにした。それも石版を用いて自力で制作し、鳥を原寸に近く描ける大型フォリオ判としたのである。このときリアはわずか十八歳の青年であった。この企画は四十二図までいって挫折し、リア自身も目を悪くして細密画が描けなくなり、のちに風景画とノンセンス詩の創作に移ったが、このフォーマットは博物図鑑製作者として最大の成功を収める巨人ジョン・グールド（一八〇四—八一）に引き継がれた。

ジョン・グールドはロンドン動物学協会のもとで剥製作りに従事していたが、リンネ式二名法をもちいて記述したヒマラヤ地域の鳥類図鑑を一九二九年に出版した。図を担当したのは、わずか二年前に結婚した若妻エリザベスだった。彼女はすばらしい博物画の才能を有し、夫とともに鳥類捕獲のため外国にまで遠征し、一八四一年にオーストラリアで病死した。グールドは妻を失ったのちも、美しい外国の鳥にかかわる図鑑を制作しつづけ、生涯にフォリオ判四十一冊を刊行、収めた石版画は三千枚に達する。グールドの図譜は、なによりも風景画を愛する国民に似つかわしい背景の魅力にある。美しい鳥をひきたてるかのように、産地、生息環境、生きるための営みや戦い、食事をする様子などを描きこんでいる。それは擬人化の要素を備えてもおり、図鑑という枠を超えて、ヴィクトリア時代の庶民に愛された。かれの傑作には、地域別モノグラフとして初めてオーストラリアをあつかった『オーストラリアの鳥類(*The Birds of Australia*)』(一八四〇―四八、補巻一八五一―六九)、日本の鳥類も多く取り上げた『アジアの鳥類(*The Birds of Asia*)』(一八五〇―八三)など、また色鮮やかな熱帯の鳥のモノグラフ類『オオハシ科鳥類モノグラフ(*A Monograph of the Ramphastidae, or Family of Toucans*)』(初版一八三四、再版一八五二―五四)、『ハチドリ科鳥類モノグラフ(*A Monograph of the Trochilidae or Family of Humming-Birds*)』(一八四九―六一、補巻一八八〇―一九〇七)などを数える。

石版による鳥類図譜の出版は十九世紀後半まで継続したのち、機械印刷や写真を用いたものに圧迫され、残念ながらその命脈を絶った。日本の事情について記述する余裕がなくなったが、鳥の図鑑の歴史を概略ながら眺望してみた。

鶏の家禽化

秋篠宮文仁　東京大学総合研究博物館特任研究員／山階鳥類研究所総裁

私たちは動物園や養鶏場にでも行かないかぎり、ふだん鶏を見る機会はあまりない。最近では、学校などでも鳥インフルエンザの影響から飼うことを控えているという話も聞く。しかし、それでも鶏はきわめて身近に存在している家畜・家禽のひとつといってよいだろう。肉や卵は頻繁に食卓に供されているし、鶏が登場する神話や民話も多い。また、鶏を表現した絵画や装飾品、民芸品が日本をふくめて世界各地に存在する。ところが、鶏とは何かについては、意外と知られていない気がする。本稿では私たちが知っているようで知らないその鶏について、家禽化を中心に話を進めてみることにしたい。

家畜化・家禽化の定義

本稿を始めるにあたり、家畜や家禽、そして家畜化もしくは家禽化をある程度定義しておく必要があるだろう。ここでは複雑になることを避けるために家畜と家禽をあわせて一括りに家畜として記すことにしたいが、いずれの場合においても、人間が作った動物であることには変わりない。では、家畜そして家畜化の定義とは何だろうか。

これについて生物学的な視点においては、生殖が人の管理のもとにある動物を家畜というのが一般的な認識である[1]。したがって人間が生殖をコントロールしていない鵜飼用の鵜や鷹狩用の鷹は、そのつど捕獲をして訓練をおこなって狩猟に用いていることが多いため、家畜とはいえない。

しかし、これによってすべての家畜を説明できるかというとそうでもない。生殖を人間が制御しているものを家畜というのならば、現在野生復帰に向けて準備が進んでいる朱鷺をはじめ、動物園で飼育されている多くの動物が家畜の範疇に入ることになりはしないだろうか。そのように考えていくと、生殖を人間が管理しながら、さらに別の要素が家畜の定義には必要になる。はたしてそれは何かと問われると、明確な答えを返すことは難しい。あくまで人間側からの視点であるが、ひとついえることは、人間が暮らしていくなかでその社会システムのなかに組み込まれ、何らかの役割を担っているもの、となるように思う。すなわち人間が生殖を管理し、なおかつ人間社会のシステムにおいて役割を果たしている動物が家畜といえるのだろう。

それでは、家畜化とは何であろうか。野澤謙氏と西田隆雄氏は、動物が受ける自然淘汰の圧力が人為淘汰の圧力によって徐々に置き換えられていく過程と定義している[図1][2]。また、デイヴィッド・ハリス氏は、動物利用システムの分類と進化モデルを示し、捕食段階から囲い込み段階を経て家畜化段階へと移行する段階的モデルを提唱している[図2]。そして、家畜化段階への移行に従って食用としての野生動物依存度が減少し、その逆に家畜依存度が高まるとしている[3]。

ここに示した二つの家畜化の定義は非常にわかりやすく、誰にとっても受け入れやすいものである

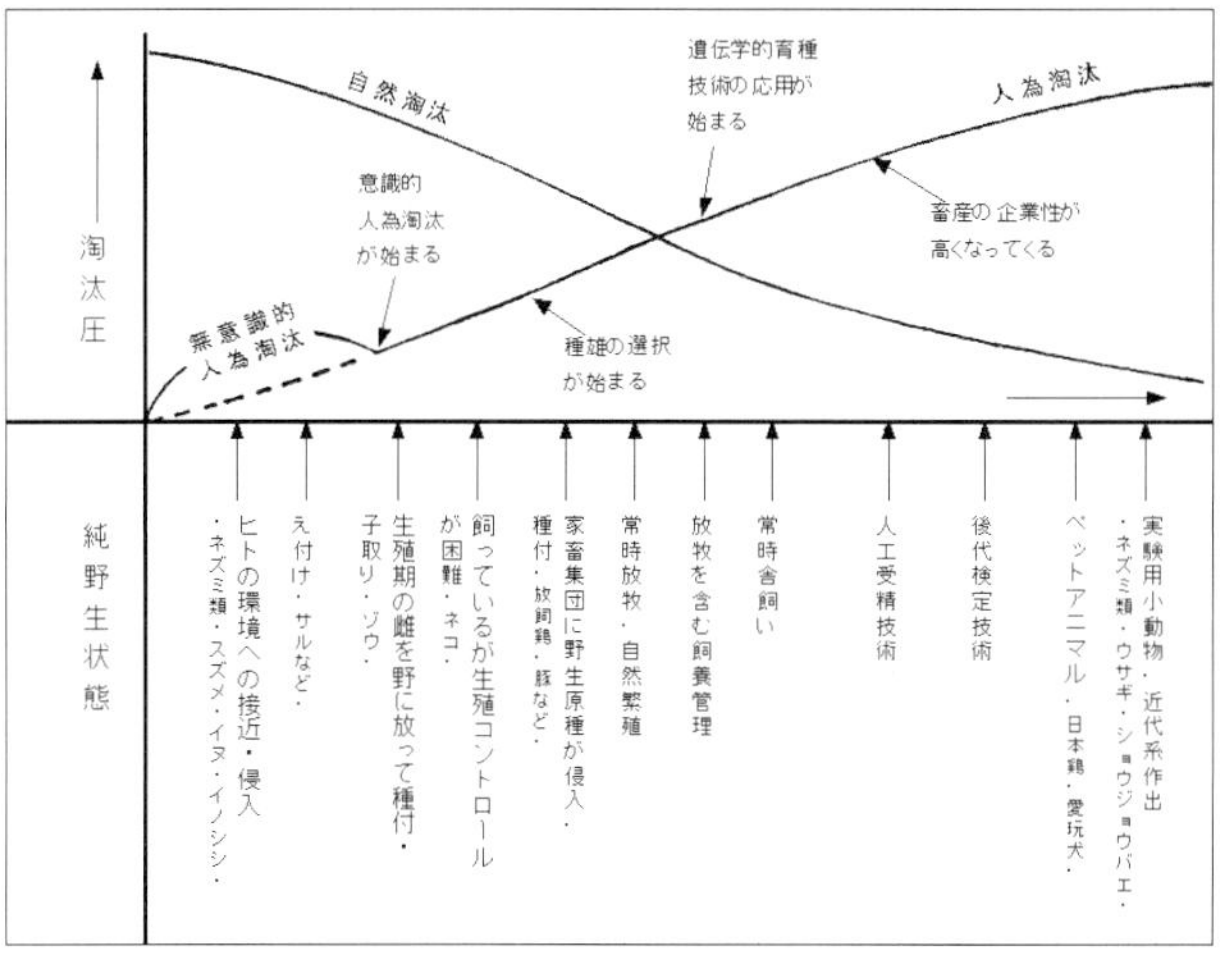

図1　家畜化の種々の段階（野澤・西田、1981より）

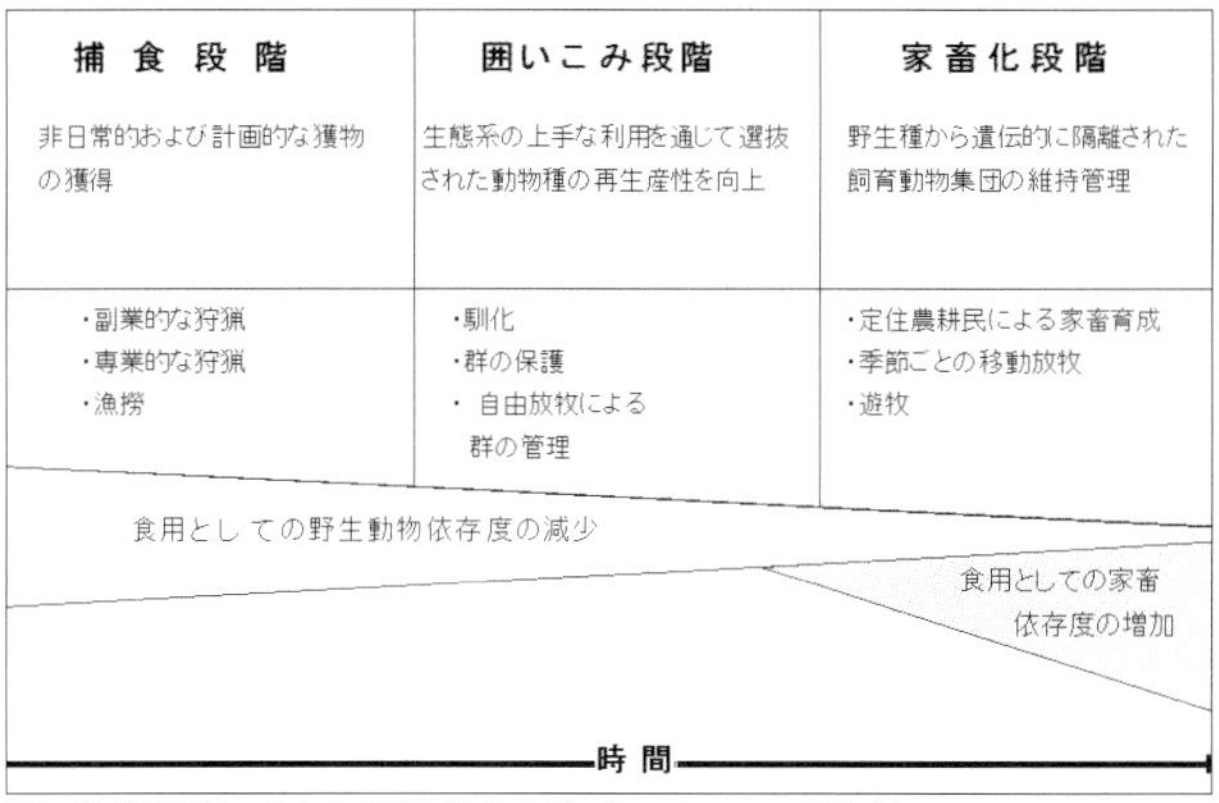

図2　動物利用システムの分類と進化モデル（Harris, 1996を改変）

が、あくまで動物全体としての家畜化モデルであり、はたして各論的に鶏の家禽化のモデルとしても当てはまるかは、この後に考えていくことにしたい。

話を進めるにあたってもうひとつ確認をしておかなければいけないことがある。それは家畜化と品種化の違いである。一般的に家畜化といわれているもののなかには家畜化と品種化の二つの要素が入っている。おそらく、野澤氏・西田氏そしてハリス氏のモデルにもその双方が入っているといって間違いないだろう。しかし、家畜化と品種化は完全に分けて考える必要がある。すなわち、家畜化が野生種から家畜になるまでをあらわした言葉であるとするならば、品種化はいったん家畜になってからさまざまな種類、すなわち品種へと固定されていく過程といえるのである。鶏のように形態的そして色彩的多様性があるものについては、いったん家禽になってからの変化も重要視する必要がある。したがって、本稿においてはできるかぎり家畜化と品種化を分けて使うこととする。なお、ここにおける家畜もしくは家畜化は、あくまでも鶏を対象としているため、これ以降は家禽、家禽化を用いることとしたい。

鶏の祖先を探す

ときおり「野生の鶏がいるのか」、と聞かれて驚くことがある。鶏は家禽すなわち人間が作った鳥であるから、当然もととなった野生の原種が存在する。いわゆる「野鶏」と呼ばれるものがそれにあたり、その原種からある一定の過程を経て多種多様な鶏が作出されている。卵用の白色レグホーン、薬になるといわれる烏骨鶏《ウコッケイ》、愛玩用の矮鶏《チャボ》、闘鶏に使われる軍鶏《シャモ》、そして日本の特別天然記念物に指定されている尾長鶏など、形の違いからいえば、自然界における現在の分類学的視点では種の違いどころか属の違いにも見えるこれらの鶏すべてに野生の祖先がいるのである。

野鶏とはキジの仲間、すなわちキジ科に分類されるもので、現存するものには、赤色野鶏（*Gallus gallus*）、灰色野鶏（*Gallus sonnerati*）、緑襟《アオエリ》野鶏（*Gallus varius*）、セイロン野鶏（*Gallus lafayettei*）の四種類がある［図3］。そして、赤色野鶏には五つの亜種があるといわれている[4]。この五つの亜種とは、コーチシナ亜種（*Gallus gallus gallus*）、ビルマ亜種（*Gallus gallus spadiceus*）、インド亜種（*Gallus gallus murghi*）、トンキン亜種（*Gallus gallus jbouillei*）、そしてジャワ亜種（*Gallus gal-*

lus bankiva)である。

図4を参照していただきたい。それぞれの分布域はおおまかに、赤色野鶏が海南島、中国南部と東南アジア(カリマンタンを除く)全般から南アジアにかけての広範な地域、灰色野鶏がインドやパキスタンをはじめとする南アジア、緑襟野鶏がジャワ島と小スンダ列島、そしてセイロン野鶏がスリランカである。[5]

それでは、これらのなかからどの種類の野鶏が鶏の起源となったのだろうか。進化論で有名なチャールズ・ダーウィン氏は、著書である『家畜・栽培植物の変異』で、自然生息地においても飼育下においても鶏と自由に交配し、繁殖力がある雑種を作ることが可能なものは赤色野鶏であるとの理由から、赤色野鶏単一起源説(単元説)を提唱した。[6] この単元説を支持する研究者がきわめて多いいっぽう、鶏の形状は多様であること、頭骨の後方にある大後頭孔の形状がコーチンなどの

図3　4種類の野鶏　上段　左：灰色野鶏、右：赤色野鶏　下段　左：緑襟野鶏、右：セイロン野鶏

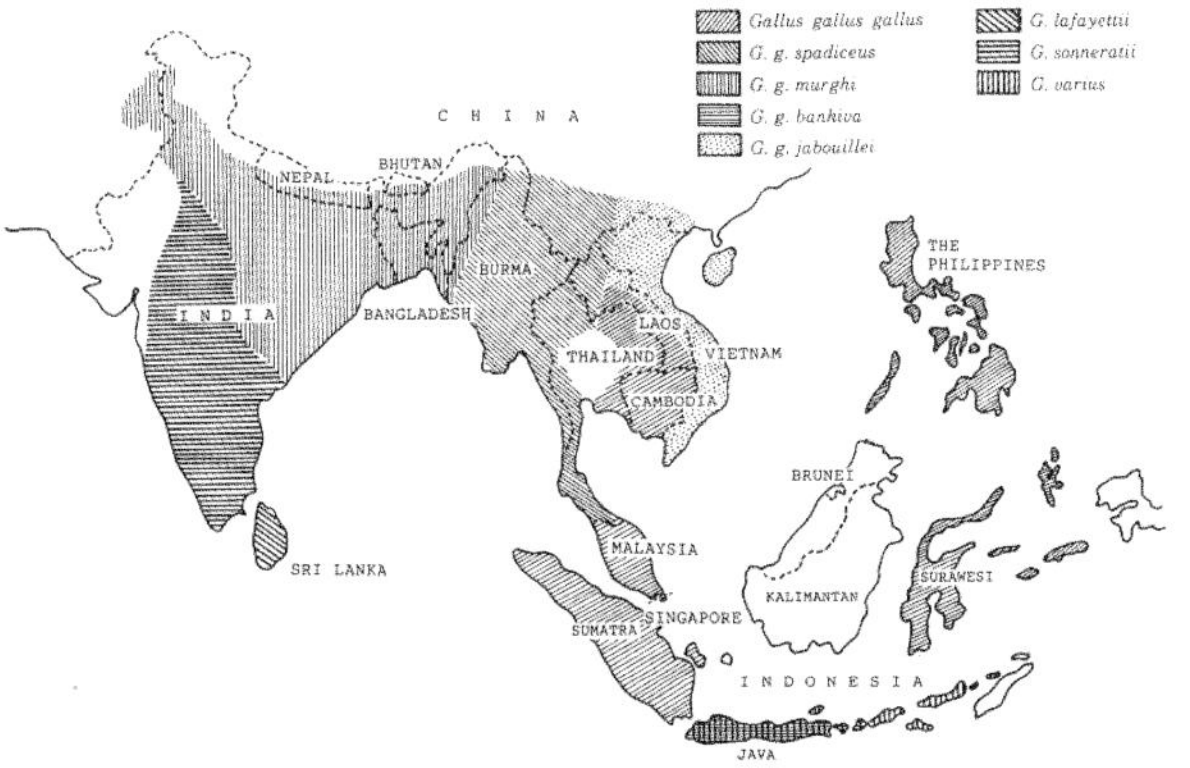

図4　4種類の野鶏ならびに赤色野鶏5亜種の分布図(Nishida et al., 1992より)

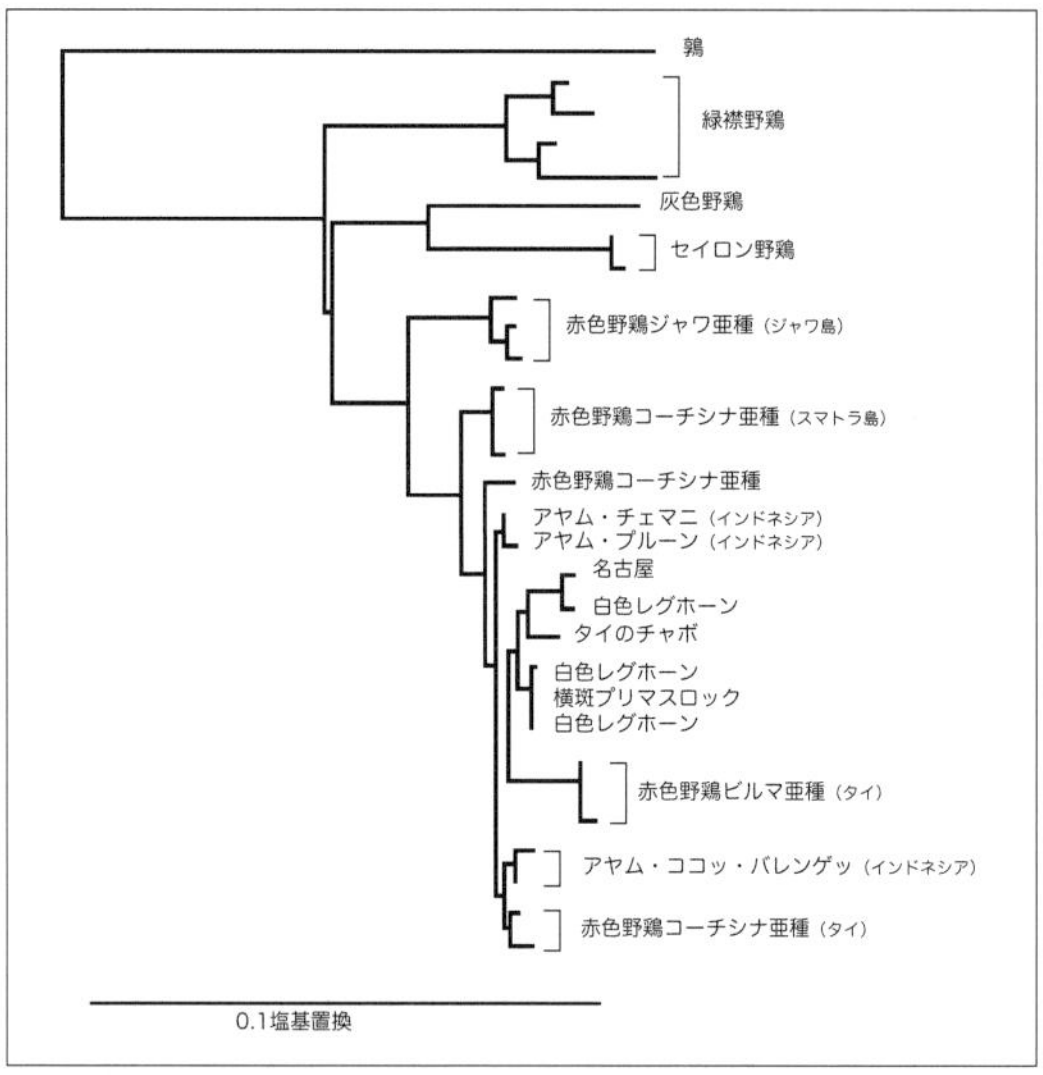

図5 野鶏4種類と家禽化された鶏の系統関係を示す樹上図
（Akishinonomiya et al., 1996を改変）

アジア系肉用種と赤色野鶏では異なること、他の野鶏も鶏と交雑をして繁殖が可能な雑種ができることなどを根拠に、赤色野鶏以外の野鶏も鶏を作るにあたって寄与したとする多元説を唱える人たちもいる。ウイリアム・ティゲットメイヤー、フレデリック・ハット、アレサンドロ・ギジの各氏などがそれにあたる[7][8][9]。

このように、かつては交雑を試みたり、頭骨の形態を比較したりすることなどから、鶏の単元・多元が議論されてきた。しかし、現在ではＤＮＡの情報など分子生物学的な側面からこれらのことを知ることができる。筆者もかねてから鶏の起源を知りたいと思っていたひとりであり、ミトコンドリアＤＮＡの調節領域（Ｄループ）という変異の多い箇所を用いて、四種類の野鶏と鶏との比較を試みたことがある。ミトコンドリアＤＮＡは、母系遺伝をすることが知られているので、あくまで母方の祖先という条件つきではあるが、いくつかの興味深いことがわかった。そのひとつは、鶏の祖先は、ダーウィン氏が考えていたように、赤色野鶏のみに由来しており、しかも先に記したコーチシナ亜種もしくはビルマ亜種から作られたのではないか、ということである〔図5〕[10]。

もうひとつ面白いことは、鶏が作られた地域である。図5を見ていただくとよくわかると思うが、赤色野鶏がいくつかのまとまりに分かれている。それぞれのまとまりをクラスターと称するが、白色レグホーンや横斑プリマスロック、ナゴヤ（商品名は名古屋コーチン）をはじめとするすべての鶏がコーチシナ亜種とビルマ亜種と同じクラスターに入っている。ここで使用した赤色野鶏の資料はほとんどがタイのものを使用しているから、おそらく鶏が作られたのは、タイやその近隣の地域であることが推測できる。さらにいえば、図5の「アヤム」で始まる名称の種類はインドネシアの在来鶏であるが、これらも他の鶏と同じクラスターの一員である。しかしインドネシアのスマトラ島の赤色野鶏は、東南アジア大陸部と同じコーチシナ亜種に分類されているが別の集団であり、インドネシア在来鶏が東南アジア大陸部に由来していることがわかる。なお、完全に独立したクラスターを形成しているジャワ亜種は、とても亜種の違いとは思えないほど遺伝的に離れている。

今まで述べたことは、遺伝学的側面からの祖先探しであるが、考古学的資料の分析からも、これに近い説が唱えられている。

つい最近まで鶏の最古の記録は、インダス文明のモエンジョ・ダロ(前二五〇〇年頃)からの出土品であるとされてきた。発掘されたもののなかに、鶏を表した印章、粘土像そして骨があったからである。[11] 実際、筆者も同じインダス文明のハラッパーの遺跡から出土した粘土像を見たことがあるが、まぎれもなく鶏を表現したものであった。

しかし一九八八年に、考古学者バーバラ・ウエスト氏と周本雄氏が新たな家禽化の地を提唱した。ウエスト氏と周氏は、中国河南省新鄭県裴李崗と河北省武安県磁山の両遺跡から出土した鶏の骨が放射性炭素分析により、紀元前六〇〇〇年頃のものであるとした。そして起源一世紀までの中国における鶏の遺存体が発見されている十八箇所中十六箇所までがモエンジョ・ダロをはじめとするインダス文明よりも古いという論文を発表した。[12]

そのなかで両氏は、鶏が東南アジアで家禽化された後に北上し、中国において家禽としての鶏の成立が起こったと記している。ここでは鶏の起源を東南アジア大陸部には限定していないが、遺伝学と考古学の結果が、ある意味一致した結論になったといえる。

このように見ていくと、鶏の祖先探求は非常に円滑に進んだようにみえる。しかし、筆者がおこなった仕事からすでに十年以上を経過していること、また、使用した野鶏の資料(筋肉の断片)は送付してもらったもので生体を自ら確認をしていないことを鑑みると、今後新たな結果が出てくることは容易に想像できる。鶏がコーチシナ亜種とビルマ亜種から派生したとの見解を示したが、残りのトンキン亜種とインド亜種がふくまれていない。インダス文明ではないが、東南アジア以外の地域から最初の鶏が出現した可能性は大いにあるし、複数の地域において並行して鶏が作られたことも考えうることである。現に劉益平氏らは、数多くの資料を用いたミトコンドリアDNAの解析から、雲南や中国南部、南西部ならびにその近隣地域(ベトナム、ミャンマー、タイなど)、そしてインド亜大陸など、鶏の起源地が複数に及ぶであろうことを提示している。[13]

また、広島大学の西堀正英氏のグループは、採取地の状況から鶏との雑種の可能性が高いとしながらも、東京都多摩動物公園、ラオス動物園、インドのデリー国立公園で入手した灰色野鶏の資料を解析し、鶏の作出に灰色野鶏が関与した可能性があるかもしれないことを示唆している[14]。今後は、ミトコンドリアのみならず、核ＤＮＡをもふくめた解析がまたれるところである。

亜種の妥当性

家禽化の発祥地を考えるうえで、亜種の問題はかなり重要な位置を占める。インドとトンキンの二つの亜種を視野に入れていないものの、鶏はコーチシナ亜種とビルマ亜種から派生した可能性が高いと先に記した。しかし、亜種とはいったい何であろうか。馬渡峻輔氏は「地理的に連続する個体群が形質の不連続によっていくつかの個体群集団に分かれる場合」と定義している[15]。これを赤色野鶏に当てはめてみると、今までに筆者が見た標本個体においては、個体群の形質はどの亜種にも帰属しないものが多くあるという印象が強い。つまり、形質が連続的に変化しているのである。

赤色野鶏で亜種を区別するとき、最も典型的な特徴として用いられる形質は耳朶の色である。赤色か白色かが基準になる。その点に注目をすると、二つの亜種が混在している地域では、かならずしも赤と白に分けることはできず、中間的な色、つまりは赤とも白ともつかないものが結構多い。実際、中国科学院昆明動物研究所を訪れたおり、ビルマ亜種とトンキン亜種について、鳥類担当の研究員に尋ねてみたが、中間的な特徴をもつものが多いため亜種判別は難しく、分子レベルでの調査がおこなわれないかぎり判断はできないとのことであった。平素から多くの個体を見ているはずの人間でも、分布が重なっている場所のものだと亜種の違いはよくわからないのである。互いに交雑しているものも多々あるのだろう。ましてや東南アジア大陸部と島嶼部のような地理的バリアを考慮せずに、耳朶の色彩や羽色などわずかな形質のみで亜種を決めるのはきわめて危険というほかない。

赤色野鶏における唯一の例外は、ジャワ亜種である。これについては、地理的にも隔離されているし、形態的に他の赤色野鶏とはかなり異なっている。頸羽の形状もひと目でわかるほど違う。そしてミトコンドリアＤＮＡの指標でも他とは大きく離れたクラスターに属する。もしかすると、別種として扱うのが適当かとも思えてくる。

このようにみていくと、亜種という分類階級は、便宜上ならば問題はないが、少なくとも系統学的なものではありえそうもない。とりあえずは型(タイプ)として考えるのが妥当といえそうだ。

野鶏から家禽へ——家禽化

人は何故野鶏を家禽にしたのだろうか。当然、何らかの理由がないかぎり鶏を作る必要はなかったはずである。ふつうには、肉や卵を食べるため、すなわち経済動物としての鶏を作ることを目的にしたと思われがちであるが、はたしてそうなのか。もちろん、タイム・マシンにでも乗って、過去の様子を見聞する以外に真実を知るすべはないが、現在の技術では不可能な話である。ここでは今までにいわれていることから初期の家禽化について少し考えてみたい。

一般論として、人が動物を家畜にする場合、人間には何らかの動機があったと考えられる。おそらく食用など経済的利益の向上もあっただろうし、神事などの宗教儀礼に用いることを思ったかもしれない。また、他の人とは異なるものを所有することから、ある種シンボル的な存在を考えたこともあっただろう。

いっぽう、人がいくら家畜を作りたいという願望を抱いていたとしても、動物側に家畜になるための潜在的な能力がなければ家畜化は成功しない。よくいわれることとして、家畜になった多くの動物が群れを作る習性をもつということがある。また、人間社会への適応という意味から、いかなる環境にでも対応できる力も必要になろう。さらにいえば、馴化のしやすさは、やはり必要だろう。

これらのことは、馴化のしやすさ以外は野鶏に対しても当てはまりそうだ。野鶏を家禽化しようとしたと思しき要因を以下に列挙してみよう。

報晨・闘鶏・占い

経済地理学者であり民族学者のエドゥアルト・ハーン氏は、報晨と闘鶏を家禽化の要因としてあげている[16]。また、東洋学者のベルトルト・ラウファー氏は、占いを鶏飼養の原初的状態であるとしている。[17] 闘鶏は吉凶の占いなどに用いられることがあることから、ハーン氏とラウファー氏の見解はその意味では近いといえそうである。もっとも、ハーン氏は『先史学事典』(エーベルト編)に「雄鳥が時計あるいは闘鶏として人間に奉仕するようになったのか否かについては、より古い文献には記載がないために決定ができない」としているから、あくまで推測によるものと認識しておく必要がある。[18]

意外と思われるかもしれないが、ハーン氏やラウファー氏に近い見解を提示している例はしばしば見られる。たとえば、カール・サウアー氏は、体重が約二〇ポンド(約〇・九キロ)で、一年間に四個から七個の卵を産み、神経質でかつ捕まえにくく、居住地に近づかない野鶏が家禽になったのは経済的な動機ではないとし、マレー諸島とインドでは、鶏の伝統的な用途は闘鶏と儀礼であると主張している。[19] そして、ロイ・クロフォード氏も、考古学と歴史学の資料から、宗教、信仰、装飾品、闘鶏などの文化的事象が家禽化の目的であり、食への利用はそれらよりも時期を経てからおこなわれるようになったと記している。[20]

これらの事柄は、家禽化の要因として比較的主流な意見である。ただ、何故報晨や闘鶏そして占いがあげられているのかわかりにくい。そこで、少しばかり筆者の経験を交えて補足をしておくことにしたい。

ハーン氏のいう報晨、すなわち鶏が時を知らせる役目を担っていたとのことは、赤色野鶏が未明に鳴き始める時間が比較的一定していることから考えうることである。筆者は以前タイのカオ・アーンルーナイ国立公園に泊まったことがある。この公園には野鶏が多数生息しているが、宿泊場所の近くにいる野鶏十羽ほどが鶏鳴を轟かせ始めたのは、午前五時半少し前である。もちろん、一羽二羽が深夜に鳴いてはいたが、まとまった鳴き声が聞こえる時間はおおむねこの時間帯で一定しているという。

つぎに闘鶏である。これまで述べてきたように、闘鶏を原初の家禽化理由として考えている人はかなり多い。古い記録では、モエンジョ・ダロから、野鶏と思しき印章とともに闘鶏を彷彿させる鶏の印章が出土している。[21] また、時代は十二世紀と比較的新しいが、カンボジアのバイヨン寺院第一廻廊にあるレリーフには、二人の男性が鶏を抱えて対峙している姿が彫られている。このような闘鶏をモチーフとしたデザインはさまざまな場所にある。そして、東南アジアを旅すれば各地に闘鶏の習慣が残っている。筆者も闘鶏をおこなっている人たちと話をしたことがあるが、彼らの闘鶏そして自分たちが飼っている鶏に対しての思い入れは相当なものである。そのなかには、娯楽もしくはスポーツの一種としておこなっているものもあれば、本来のバリの闘鶏のように神事としておこなっているものもある。筆者にはまだ古《いにしえ》の人々が闘鶏をどのような事由でおこなっていたのか判断がつかないでいるが、野鶏が本来もつ闘争性の激しさには他のキジ類以上のものがあり、闘鶏をさせるのであれば適した種類と考えられる。

最後にラウファー氏の説にある占いについてだが、先述のように、おそらく闘鶏もこのなかに入っているのだろう。有名なところでは、タイのアユッタヤー王朝第十九代のナレースワン大王(一五五五―一六〇五)が、ビルマのペグーで人質になっていた幼少時にビルマの副王と闘鶏で戦況を占う闘鶏をおこなったという話が伝えられている。しかし、筆者がタイやラオスなどで占いについて聞いたかぎりで占いとしての闘鶏はまだなく、ほとんどが鶏の頭骨や大腿骨、卵を利用したものである。とくに大腿骨の栄養孔に小さい竹籤のようなものを刺して、その開き具合などを比較して占う方法は、さまざまな少数民族のあいだでおこなわれている。ポンラワット・プラパットーン氏が紹介したタム・ナーイとよばれるラーンナー・タイ文字で書かれたルア族の古いテクストには、百六十とおりの大腿骨占いの図が記されており、いかに鶏占いが人々のあいだに浸透しているかがよくわかる。[22] もちろん、広く人々のあいだでおこなわれているからといって即家禽化の要因に結びつけることはできないが、占いもふくめて呪術的な事柄が何らか関係した可能性は否定できない。

五色

このような視点とは異なって興味深い説を展開しているのは、陰陽五行や易研究で著名な民俗学者の吉野裕子氏である。氏は鶏の祖先である赤色野鶏がもつ色彩に注目した。すなわち、赤色野鶏は、鶏冠の赤、頸羽の黄、尾羽の黒と青(黒い羽に光輝色の青色が混じっている状態)、そして蓑羽付近に少しだけ見られる白い羽毛の五色を有する鳥となる。五色とは、五行の基本となる木火土金水の五気の色であり、五気は、天地と陰陽の二元の交合から産まれ、その根本は太極となる。このように五色を備えた赤色野鶏は、宇宙の根源である太極の象徴として崇敬の対象となったのではないかとしている。[23]
吉野氏が提唱する五色について、残念ながら筆者には深い理解はないが、赤色野鶏がもつ色彩と家禽化の動機に注目している研究者が少なからずいることは確かである。

シンボル
　赤色野鶏の羽色と関係するかもしれないが、権力の象徴など何らかのシンボルとして飼い始められた可能性も要因のひとつとして考えられる。あくまで現状からの推察であるとともに私見ではあるが、政治的中心地には確立された品種としての鶏が存在することが多いように思える。

　話題が原初の家禽化から少し脱線するが、中国雲南省のシップソーンパンナーで飼われている鶏を例にあげてみよう。シップソーンパンナーは、行政的には西双版納傣《シーサンパンナータイ》族自治州である[24]。その名のとおり、タイ族なかでもタイ・ルー族が主たる民族であり、十三世紀以降はムアンとよばれる盆地国家を形成していた。そして、それ以外の多数の少数民族を従属させていた歴史をもつ[25]。

　筆者がこの地域を訪れたときに興味深かったのは、かつて王国を築いていたタイ族と従属させられていたハニ族の鶏の違いである。タイがタイ・カダイ語族でハニがチベット・ビルマ語族であるから、鶏の呼称が異なることは不思議ではない。しかし、車窓から眺めていると、ある地点から鶏の種類が変わるのである。具体的にいえば、途中までは現地でカイ・トーとよばれる軍鶏型の鶏がほとんどだが、ある地点を境にカイ・トーがまったくいなくなる。その場所を確認すると、タイ族とハニ族の境界であることがわかった。ハニ族の村で飼われているのは、カイ・トーとは異なり、品種としての固定がそれほどなされていないふつうの鶏である。このことは、タイ族とハニ族の社会的な重層構造に起因するものといえそうである。少々穿った見方かもしれないが、ドミナントたるタイ族は他の民族とは違う鶏を飼うことにより、ある意味権威を主張していたといえるかもしれない。もしくは、かつてハニ族がタイ族の王国(土候国)の支配下にあった時代には、タイ族以外は王国文化のなかの鶏であるカイ・トーを飼うことが許されなかったとも考えうる[26]。

　このような例はインドネシアでも見ることができる。ジャワ島では、アヤム・ブキサールという緑襟野鶏の雄と地鶏の雌との種間雑種が作られている。十六世紀後半のイスラム・マタラムの象徴で王家の王子以外は飼うことが許されなかった鶏である。そして、インドネシアでは王国のシンボルとまではいかなくとも地域や民族の象徴としての特別な鶏が存在している。

　以上述べたことは現在の鶏品種からの推論であるが、シンボル的な考え方は野鶏を家禽化したときにもあったのではないだろうか。原初的家禽化の地には、おそらく数多の鳥が棲息していただろう。そのなかから、羽色で特徴を有する赤色野鶏が象徴的に飼われるようになった可能性はあるように思う。もしかすると、その赤い色彩から太陽信仰とも関係があるのかもしれない。

囮

現在は、多くの地域で野鶏の狩猟は禁止されている。しかし、かつて狩猟をした経験をもつ人から話を聞いてみると、いくつもある狩猟方法のなかでも囮猟は、広域に見ることができるもののひとつである。詳細は本書のなかで高田勝氏と大島新人氏の論考に記述があるので譲ることにしたいが、野鶏を捕獲するために囮用として家禽化をおこなった可能性は否定できない。というのも目的は何であれ、捕獲すること自体が必要な場合、捕獲手段のため囮が有効であれば、当然自分の手元に置いて利用することが考えられるからである。

筆者が知るかぎり、囮とされているものには野鶏と鶏を交配したものや、鶏のなかでも野鶏と同じくらいの体格と羽色を有するものが多い。また北部ラオスでは、焼き畑の出づくり小屋に雌鶏を持参して放飼し、野鶏との交雑種を囮用として意図的に作っているとの情報がある。

食用

最後に、誰もが思い浮かべやすい食用説について触れてみよう。食用起源について、最も適切な表現をしているのは、野澤謙氏と西田隆雄氏である。両氏は、東南アジアにおいて、野鶏の捕獲が盛んにおこなわれているが、目的は食用であり闘鶏の改良などではなく、野鶏を捕獲して食として利用するようになる過程において、ときとして闘争性に注目するようになったのではないかとしている[27]。つまり、経済的・実用的な動機が最初にあり、その後にさまざまな利用法が出現すると考えるのが自然だという見解であろう。

たしかに、紹介をした食用説は現代の日本人の目からすれば、誰でもが納得しそうな説である。しかし、食用が目的であるのならば、人々が赤色野鶏のみを飼うようになったのは何故だろう。赤色野鶏は非常に神経質でその飼育は難しいという。また、キジ科の鳥で赤色野鶏と同じくらい、もしくはより大きくなる鳥は同所的に存在している。捕獲の難易度は別にして、経済効率だけを考えれば、馴化しやすくより大きなものを飼養したとしてもおかしくないはずである。

今までに考えられている家禽化の要因について、私見を交えて記してみた。先述したように、過去に遡ってみないかぎり、これらの議論は想像の域を脱することができない。また、鶏発祥の地が複数であれば、かならずしもひとつだけの理由ではないことも考えられる。しかし、文字資料や口承のなかには鶏起源伝説が残されていたりするし、発祥の可能性のある地域をくまなく歩きながら調べれば、多少なりとも関連する情報を収集することができるかもしれない。そのようなことをしながら、少しでも蓋然性のある仮説を立ててみることは、家禽化を考えるうえで必要なことであると考えている。

野鶏と人との出会いの場——狩猟モデルと焼き畑モデル

人が野鶏を家禽化しようと思うには、まず野鶏と人との接点がなくてはならない。しかも、大自然のなかを歩いていて偶然に見かけるといった程度ではなく、かなり頻繁に出会う機会がなければならない。その機会の代表的なものとは、おそらく狩猟と焼畑になるだろう。その二つを仮に狩猟モデルと焼畑モデルとして、以下に記すことにする。

狩猟モデル

人が野鶏と出会う場として、真っ先に思い浮かぶのは狩猟ではないだろうか。鳥獣の狩猟をしていれば、当然それらのなかには野鶏もいるはずである。野鶏は地上性の鳥なので、他の鳥類よりも目につくことが多かったとも考えられる。筆者も、タイやラオス、シップソーンパンナー、そしてインドネシアにおいて、野鶏猟の話を頻繁に聞く機会があり、狩猟の対象としてはかなり一般的なものであるとの印象を受けた。

野鶏を捕獲するためには囮の鶏を使用したり、竹製もしくは金属製の呼び笛で野鶏の鳴き真似をしたりする。野鶏がその声に誘われて出てきたところを弩で射るか、くくり罠や鳥もちを用いて捕獲をする。シップソーンパンナーのチノー族の村を訪れたときに聞いた話では、捕獲した野鶏は食用や、羽根がきれいなために祭りのときに身体につける飾りとして使ったという。筆者が家屋を見せてもらったときには、入口や天井部分に羽根が飾ってあり、いかにも狩猟をしていた民であることを感じさせるものであった。このように、狩猟が野鶏と人とをつなげた可能性は大いに考えられる。そして、もし生かしたままで野鶏を捕獲することができれば、あわよくば飼うことができたかもしれない。

焼畑モデル

もうひとつのモデルは焼き畑である。筆者が訪れたシップソーンパンナーや北部ラオスを車で走っていると、焼き畑の光景をよく目にする。

焼畑は当然作物を生産するためにおこなわれるが、焼いた後に畑を耕すことで、土中の虫やミミズなどの捕食が容易になるからだろうか、多くの動物が集まる場所になる。そのようなところに、野鶏も餌を求めてやって来る。また、意図的か偶然かはまだわからないが、野鶏と人の双方にとって食用となるクワ科イチヂク属(*Ficus*)の樹木を伐採せずに残しておいたという話もある[28]。

このようにしてみると、収穫などで畑へ出るときに、野鶏が人と接触する機会がしばしばあることが想像できる。人の居住地である村と野鶏が棲む山とのエコトーンである焼畑では、人が野鶏をはじめとしたさまざまな動物と出会う場所になったことだろう。

家禽化段階から品種化段階へ

品種化諸考

先に述べた原初的家禽化の要因が適切であるか否かは別として、何らかの要因によって野鶏から家鶏となった鶏は、その後人の手によって世界の各地へと移動した。そして、それぞれの場所で合目的に性能や形を変化させていったと考えられる。

興味深い例をひとつあげてみたい。初期の伝播地のひとつとして考えられているエジプトでは、第十八王朝五代王のトトメス三世（在位前一四九〇―前一四三六頃）の年代記のなかに、毎日卵を産む鶏が記されているという[29]。現在の産卵鶏の能力から推測して、この当時毎日卵を産む鶏が実在したとは思えないし、卵を食利用したのかそれとも宗教的崇拝の対象にしたのかもわかっていない。しかし、少なくとも年に数個（多くても十個以下）を産んで抱卵にはいってしまう赤色野鶏に比べると、巣にもつかずに比較にならないほど多くの卵を産んだ鶏が存在したことはありえただろう。

性能の向上もさることながら、形の変異も多様であり、家畜のなかでも犬に次ぐくらいの多様性がある。図6を見ていただくとわかるように、私たちのイメージとして、いわゆる鶏の形をした白色レグホーンから毛冠をもったウーダン、糸毛の烏骨鶏、直立型の軍鶏など、それぞれの品種は、野生動物に例えれば、とても同種内の変異とは思えないほど異なっ

図6 赤色野鶏から作出された特徴的な鶏品種（『鶏と人』『欧州家禽図鑑』より）

図7 コーチンとブラマの40年間における体型の変化（Tegetmeier, 1893より）
上：1850年英国へ導入された当時と1890年に展示されたコーチン 下：1850年米国で作出された当時と1890年に展示されたブラマ

ている。ここに図示した以外にも、産肉のため増体性に力点をおいたブロイラーなど機能面を重視した品種も多くある。

このように、いったん家禽となったものからさまざまな品種へと分化していくことを、家禽化とは別に品種化という言葉を使ってよいだろう。現在見られる種類の品種化は、欧州と米国においておこなわれたものが多い。たとえば、中国原産のコーチンやインド原産とされるブラマなどは、英国や米国に導入される前は、現在のような形態はしていなかったと推測できる。もっとも、ブラマについてはインド原産ではなく、米国で作出された品種という説があるので、初期のブラマといったほうが適切かもしれない。

ティゲットメイヤー氏の著作に掲載されていたイラストを見ていただきたい[図7][30]。コーチン、ブラマ両品種の一八五〇年と一八九〇年の姿が描かれている。卵用や肉用などの実用鶏としての価値については、種々の見解があるので機能云々についていうつもりはないが、少なくとも四十年のあいだにフォルムが相当に変化していることがわかる。これらは、品種化の典型的な事例とみてよいだろう。

先に合目的という言葉を使ったが、これはかならずしも経済性の追求だけではない。愛玩や鑑賞の対象となったものも多数いる。コーチンやブラマも、元来は経済鶏としての需要に応えるための品種改良であったのかもしれないが、初期の品種改良以後は観賞用の種類としての改良に重きがおかれた例のひとつといえそうだ。

もう少し、観賞や愛玩用に改良された例を見てみよう。再度図6を参照していただきたい。示されている品種は赤色野鶏を中心として反時計回りに、ウーダン（フランス）、コーチン（中国）、烏骨鶏（中国）、白色レグホーン（イタリア）、軍鶏（東南アジア）、アヤム・プルーン（インドネシア）である（括弧内は起源地と考えられている地域もしくは国を示す）。この図の鶏たちを見ると、現状では白色レグホーン以外、ほとんど経済目的の品種としては使われていない。

このなかから代表的なものを二種類あげてみよう。赤色野鶏の左隣にいるウーダンは、元来肉用として改良され、その後に卵肉兼用となった種類である。しかし、現在では私たちにとって馴染み深い、もしくは私たちの食に供される多くの鶏の原種となっているロードアイランド・レッドやプリマスロックのような実用鶏として扱われてはいない。むしろ毛冠の愛らしさが人気をよび、愛好家が観賞用もしくは愛玩用に飼養しているように思える。赤色野鶏の右隣にいるアヤム・プルーンは、インドネシアとくにジャワ島では非常に有名な鶏のひとつである。大変立派な体躯をしており、その大格性からか、かつてはジャワ島のチアンジュールで貴族の象徴として飼われていたものである。また長鳴性を有し、現在では声を楽しむことが飼育の目的のひとつになっている[31]。

これらの鶏たちは、かなりの年月を費やして固定されてきた品種と考えてよいだろう。それぞれ多数羽いる複数の種類を交雑させて子孫をとり、よい形質のものを選抜する。その後は目的とした形質をもつ集団内において形質を均一化するため、近親交配による選抜を幾世代にもわたっておこなう。したがって、品種としての固定にいたるまでには、相当な時間と労力が必要である。

前述したように、品種として固定された種類は欧米に多い。犬と同様、品種を作り出すことに尋常でない執念があったのかもしれない。いずれにしても、機能や形態を問わず多様な鶏を作出してきたことは事実である。そして作出過程についても、由来の初期にまでは遡れないとしても交配の経過を記録してあるものが多く残されている。鶏品種の系譜を知るうえで大切な情報である。

いっぽうアジア地域はどうだろうか。特別な場合を除いて、鶏の品種化を知る手立てはかなり少ない。その理由として思い当たることが二つある。ひとつは、アジア地域では鶏の品種化、とくに形質にばらつきがなく固定された品種が思われているほど多くなく、未固定のものにも名称が付されているなど品種概念が欧米とは異なるところがある。もうひとつは、仮にある民族が品種固定をされた鶏を作っていたとしても、口頭による伝承くらいで書き物として残していない可能性がある。また、言語として文字をもたない民族もあるので、古い時代にあっては記録に残すことができなかったことが考えられる。

このように、記録が少ないアジア地域ではどのような思考のもとに家禽化がおこなわれたのだろうか。筆者の乏しい経験からではあるが、少しばかり述べてみたい。

色彩による選抜淘汰

アジア、なかでも東南アジア地域において、品種化を考察するうえでひとつの鍵となるのが色彩であるといえる。筆者がこのことに気がついたのは、シップソーンパンナーでのことである。訪れた村々で聞き取りをおこなっていると、自然と鶏食の話題が多くなる。村人たちと話をしているうちに、彼らが食べてよい鶏と悪い鶏をはっきりと区別していることがわかってきた。どのような基準をもっているかというと、脚の色によって是非の判断をしているのである。

鶏の脚色には、黒や灰色、黄色や白そして柳などいくつかの表現型があるが、大別すると黒色系と黄色系としてよいだろう。このうち、黄色い脚の鶏は食すると病気になるなどの理由から、食べることを忌避しているのである。いっぽう、黒い脚の鶏は好まれており食用はもちろん、供犠などに使われている鶏もほとんどが黒脚色のものである。

そのようなことから、シップソーンパンナーで飼育されている鶏の脚色の違いがどのくらい羽数としてあらわれているかを調べてみた。民族としては、二村のタイ・ルー族(曼巒典、曼春満)、ハニ族(紅庄村)、チノー族(基諾山巴朶村)の三つである(括弧内は村名を示す)[32]。雲南省に居住する少数民族は約二十五あり、そのなかの三民族なのでとうてい結論的なことをいうつもりはないが、以下に示すことにする。

タイ・ルー族(曼巒典)　黒：　三三羽　黄：　五九羽
タイ・ルー族(曼春満)　黒：　九一羽　黄：一一〇羽
ハニ族(紅庄村)　黒：一一五羽　黄：　四八羽
チノー族(基諾山巴朶村)黒：一五一羽　黄：　一〇羽

ここにあげたなかで、ハニ族については、脚色認識についてさしたる情報を得ることはできなかったが、タイ・ルー族とチノー族では前述の黄色忌避傾向があることは確かである。なかでも、とくにチノー族に注目していただきたい。黒と黄の差があまりにも大きいと感じられるだろう。これは、黄色をタブーとする認識から黄脚色の鶏を淘汰していったことと関係するのではないだろうか。もしそうだとすると、チノーの人々がこの慣習を継続していけば、いずれは黄脚色の鶏たちはいなくなり、黒脚色の鶏に収斂した村になる可能性は高いと思われる。まさに、品種化の過程を見ている感がある。筆者が調べて、一九八八年から十年を経た今、再度色彩に関する聞き取りと羽数調べをおこなってみたいところである。

それでは、チノー族と同じ黄色忌避の信仰をもつタイ・ルー族の村では、どうして黒色と黄色の羽数に大差がないのだろうか。このことを考えるとき、先に述べたようなタイ系諸民族とそれ以外の民族との関係を念頭におく必要がある。シップソーンパンナー地域において、タイ・ルー族はチエンフン（現在の西双版納傣族自治州の景洪）を中心に車里という王国を形成していた。このタイ族の王国は、シップソーンパンナーのみならず、現在のチエンマイ（タイ）やルアンパバーン（ラオス）、チエントゥン（ミャンマー）などにもムアン（盆地国家）の形態で存在し、ムアン連合を形成していた。[33] そして、ここで対象としているハニやチノーは、その王国に従属した形になっていた歴史がある。[34]

黒を好み黄色を忌避する習慣がタイからチノーに伝わったのか、それとも逆にチノーからタイへ伝播したのか。ここでタイを「大きい文化」とし、チノーを「小さい文化」としてみると、前者であれば大きい文化が小さい文化へ与えた影響といえる。すなわちタイも以前は黒脚色の鶏が主流であったが、近年になって中国をはじめとする諸地域との交流によって、二次的に黄脚色の鶏の数が多くなったということが可能になる。いっぽう後者であれば、小さい文化の基層的な部分が実質ではなく概念としてだけタイ族に残ったが、チノーの人々のあいだでは概念のみでなく実質としても残り、結果として黄脚色のものは淘汰され黒脚色の鶏が主流になったということができるだろう。

このような脚色の黒対黄の関係とともに、脚以外の部位についても色彩による選択がおこなわれている可能性がある。羽や肉そして骨の色が、主として食することの善し悪しの対象になっている。シップソーンパンナーとラオスについては、その代表的なものを表にまとめたので、それを参照していただきたい［表1、表2］。

この表を見ると、肉色については、黒色のものが病気予防や健康増進、薬になるなどの理由から好まれるいっぽう、黄色い肉は病気の原因や産後不良などの理由でタブーの色となっている。羽色については、赤や黒が好まれているが、これは健康増進や招福の象徴のようである。[35] 逆に羽色として食用に適さない色は白や斑である。理由としては、病気や産後不良、健康悪化などが主としてあげられている。ここにおける唯一の例外はシップソーンパンナーのラフ族で、白い羽色の鶏を食すると病気の有無にかかわらず気分がよくなるとされている。しかしこれも肉が黒いというのが条件になっていることを考えると、羽色より肉など内部のほうが大切な要素になるのかもしれない。[36]

なお、筆者は未だここに提示した一例しか知らないが、ラオスのビエンチャン市にあるラオ・ルム族の村で、白い鶏だけに憑依する悪いピー（精霊）がいて、その鶏を食べると人間にも悪いピーが移ってしまう。したがって、そのような鶏は種々の儀式には使用しないし、食べることもないという話を聞いた。タイ系民族らしいピーとの関連であり興味深い。

　このような鶏における色彩のシンボリズムでは、筆者が訪ねたシップソーンパンナー、ラオス、タイ、そしてインドネシアのいずれの地でも似通ったところがある。もしかすると、東南アジア全般に広く見られる傾向なのかもしれない。さらなる事例収集に努める必要があるが、鶏の品種化には、飼われている地域の文化が強く影響していることがわかるひとつの例といえるだろう。

民族名	地　名	鶏の種類	理由・機会
ラフ	安麻老寨	羽が白色で肉が黒色	病気の有無にかかわらず食す 元気になる
チノー	基諾郷	A.雌雄ともに羽が赤く肉が黒色 B.去勢した赤い鳥	A. 赤はめでたく貴重な色 B. よく太って美味
花腰タイ	曼開発	肉と脚が黒色	美味で薬膳に使う めまいがするときは黒い鶏を食べるとよい
ラオ・ルム	ウドムサイ ポーサイ村	骨まで黒い地鶏	病気のときの薬になる
白タイ	ウドムサイ サムカーン村	黒い鶏と赤い鶏	産後の人が食べるとよい
カム・ウー	ウドムサイ サマキーサイ村	羽と皮膚が黒色	病人に食べさせるとよい
ルー	ルアンパバーン ハートコー村	羽が黒色	滋養によい

表1 シップソーンパンナーとラオスにおける食用に適する鶏の色彩

民族名	地　名	鶏の種類	理由・機会
ハニ	曼賀冬	白い羽色	産後に食べると母体が元気になる
ラフ	安麻老寨	皮膚や脚が黄色	身体が弱くなる
チノー	基諾郷	羽が白くて脚が黄色 斑点模様で脚が黄色	病気になる
水タイ	曼飛龍	脚が黄色	病気になる 病人や出産直後の人が食べると病気や症状がさらに重くなる
ラオ・ルム	ビエンチャン ホーム村	皮膚や脚が黄色	悪いピーが付き、その鶏を妊婦が食べるとピーが移る
ルー	ルアンパバーン ハートコー村	脚が黄色	病人や産後10ヶ月未満の人が食すると病気や体調が悪化する
白モン	ウドムサイ モクコク村	脚が黄色、肉が黄色	発熱、頭痛、腰痛、下痢がおこる
カム・ウー	ウドムサイ サマキーサイ村	皮膚や脚が黄色	病人や産後直後の人が食べるとよくない

表2 シップソーンパンナーとラオスにおける食用に適さない鶏の色彩

今後の展望

家禽化の要因や品種化について述べてきた。本稿の結びとして、今後の家禽化および品種化研究はどのようにあるべきかについて若干記してみたいと思う。

学際研究の必要性

鶏は、他の家畜同様「生き物」であるとともに、「文化の所産」である。したがって、家禽研究を進めるためには、生物学的な知見とともにそれを取り巻く文化的な背景を知ることがきわめて重要になる。さらにいえば、自然科学と人文・社会科学ということになるのかもしれないが、この二つの単純に二項的なアプローチ以上に、両分野のなかでさまざまな分野が関わりあって成り立っていることを念頭におくべきである。

たとえば、野鶏から家鶏へという家禽化過程において、どの野鶏が原種であるかを調べるためには、DNAをはじめとする遺伝学はきわめて有効な方法である。しかし、家鶏になってからの鶏が多様な形態を呈するようになった過程をDNAで追跡しようと思っても、交配が複雑すぎて簡単に追えるものではない。むしろ、原種である野鶏のフォルムから形態学的にどのくらい離れているかを測定し、家禽化の度合い（レベル）を定量的に出すほうが家禽化への理解が深まるかもしれない。

また、鶏の形や色彩を人間が考えたデザインとしてとらえ、先ほどの色のシンボリズムではないが、民族や地域ごとに、どのような考えのもとに作られたかを調べることも有用であろう。そして、民族や地域における文化の違いには、多くの場合地理的なバリアが存在することを忘れてはならない。山や河などで隔離されることにより、文化的な相違が出てくることだろう。図8は、あくまで筆者による架空のものであることを断っておく。直立をして、いわゆる軍鶏型とされる鶏の形態にはかなりの多様性がある。このような変異が起こるのは、地理的な隔離に由来するのではないかと考えられる。そのことにより、形態を決める文化にも隔離があるのではないかと推測できるのである。したがって、地理学的な考察も必須である。

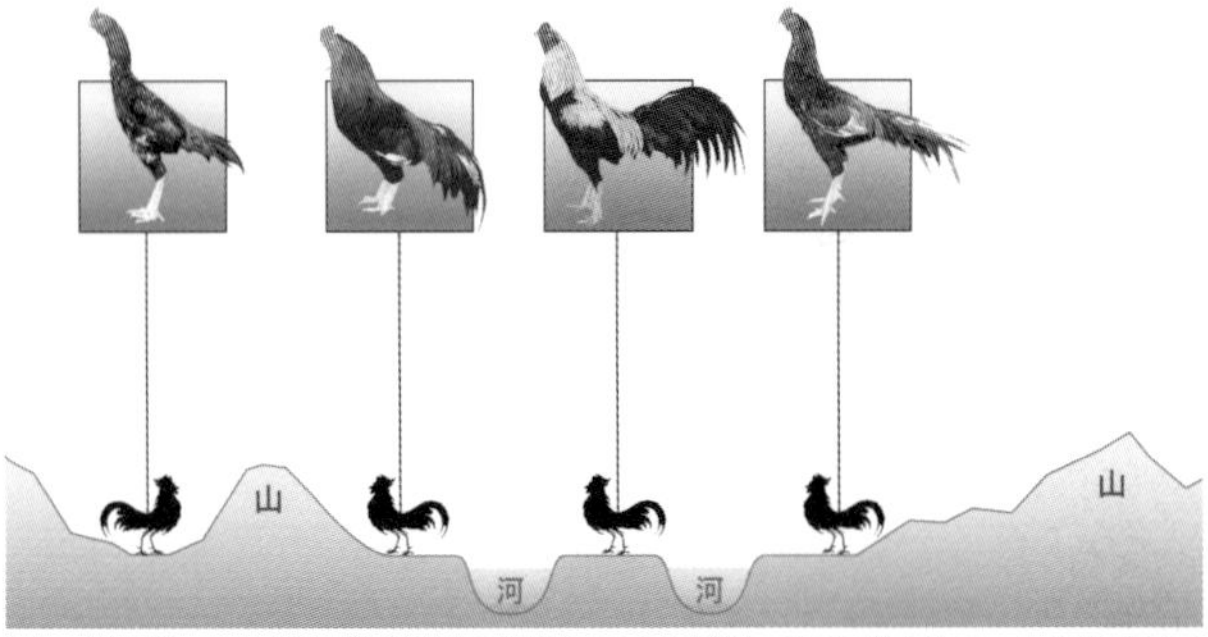

山
河
河
山

図8　地理的・文化的隔離が品種の形態に与える影響。ここに描かれている鶏は軍鶏の類であるが、地域や民族によって使用している形態が少しずつ異なることを示している。地理的もしくは文化的隔離が影響しているのかもしれない。

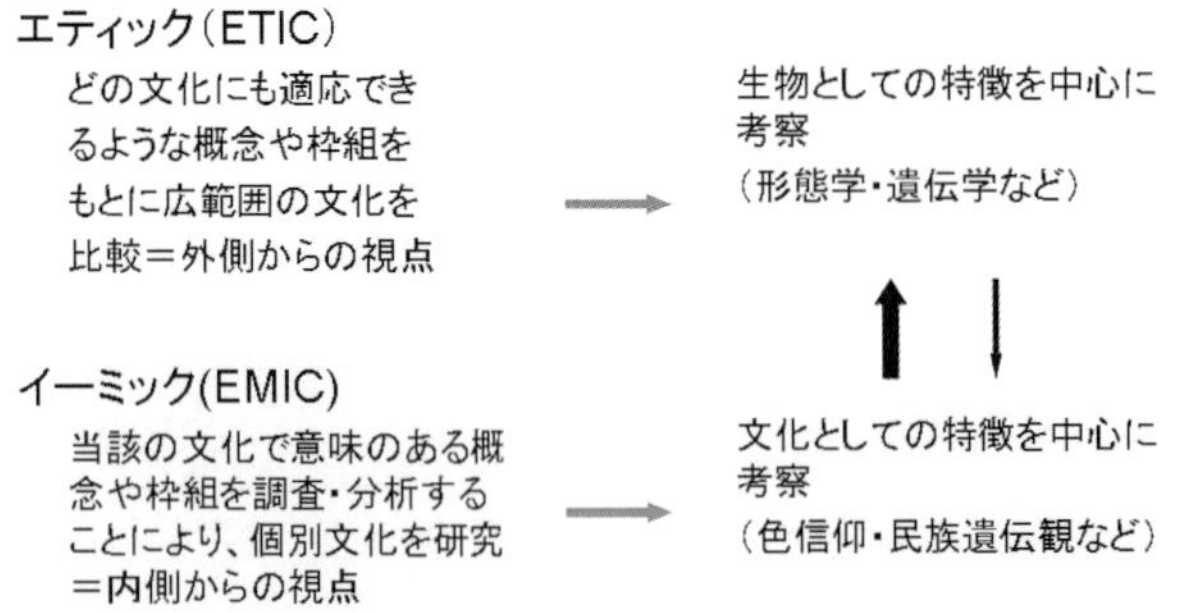

エティック（ETIC）
どの文化にも適応できるような概念や枠組をもとに広範囲の文化を比較＝外側からの視点
生物としての特徴を中心に考察
（形態学・遺伝学など）
イーミック(EMIC)
当該の文化で意味のある概念や枠組を調査・分析することにより、個別文化を研究＝内側からの視点
文化としての特徴を中心に考察
（色信仰・民族遺伝観など）

図9 家禽化過程の推察に係る対概念

それでは、これらの事柄をどのように組み合わせていくことができるだろうか。えてして専門分野に特化する傾向にある現在、異なる分野を統合することは難しいように思える。しかし、これらの分野は決して独立したものではなく、常に関係しあって成立している。つまり、家禽化研究は、元来学際性をもった研究分野なのである。

その学際研究をおこなううえで、ひとつの整理の仕方として、筆者は民族学や文化人類学でよく使われる「エティック（Etic）」と「イーミック（Emic）」という対概念を用いると理解しやすいように感じている。この言葉は、言語学者のケネス・パイク氏によって、本来言語学で使われているフォネティックス（*Phonetics*〔音声学〕）とフォネミックス（*Phonemics*〔音素学〕）の語尾から作られ、文化の研究に広く使われるようになった概念である。[37]

エティックは、普遍的な文化の概念や枠組みをもとに広範囲の文化を比較し研究すること（普遍性からのアプローチ）であり、観察者側から文化現象を分析することである。これに対し、イーミックは当該の文化で意味のある概念や枠組みを分析することにより個別文化の研究（個別性からのアプローチ）をおこなうことであり、対象となる文化の内側（たとえば住民など）の視点から文化への意識を分析する立場をとる。

このことを家禽化研究に応用すると、今まで述べてきたなかでは、エティックは形態学や分子生物学的な研究などの生物学的な特徴になり、イーミックは脚色や羽色のシンボリズムなどの文化的特徴にあたるといえる〔図9〕。たとえば、色彩が品種化に影響をしていたと仮定しよう。色彩のもつ意味やそれに対する嗜好を調査していく部分はイーミックな作業になる。そして、イーミックな仕事からわかった事柄が生物としてどのように表現されているか、もしくは同じような現象が起こっている地域との関係性を調べるには、形態遺伝学の研究やＤＮＡ解析などのエティックな仕事が必要になってくる。いうまでもなく、家畜化された生き物の存在は、生物学的事象であるとともに文化的な背景をなくしてはありえない。この二つのうちどちらかひとつだけでは甚だ不十分であり、最低限二つの相互関係を見ていくことが肝要であると考える。

家禽化モデルの構築

家禽化研究をするなかで、最終的な目標となるのは家禽化と品種化のモデルを構築することではないだろうか。少なくとも筆者はそのように感じている。つまり、原種である野鶏と人間がどのようにして出会い、何故に飼うようになったか。

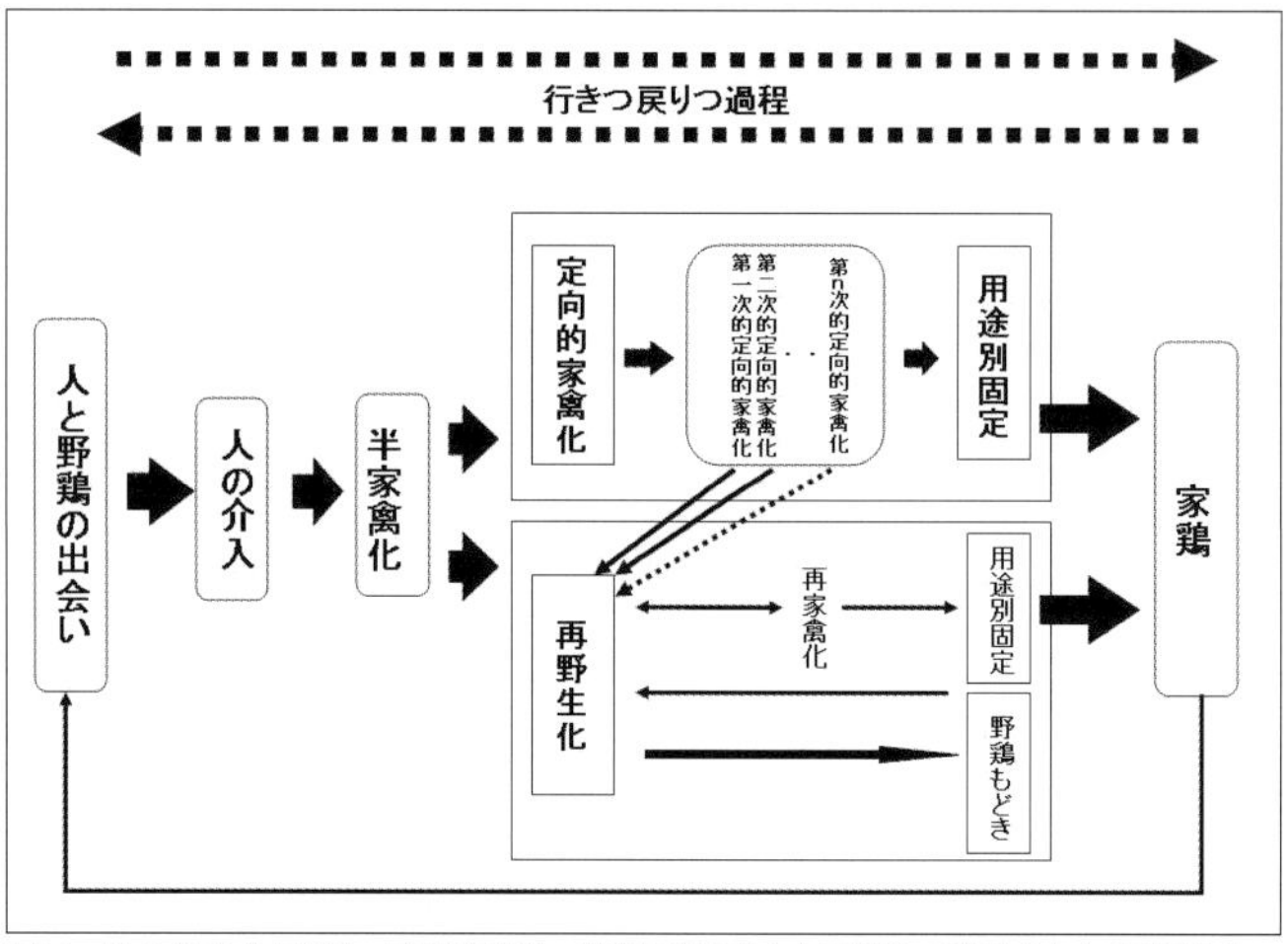

図10　鶏の家禽化モデル。実線矢印は、実際に起こりえた可能性の高さを太さで表示した。また点線矢印は、nの値が高くなるほど可能性が低くなると考えられる。

そして、さまざまな理由から形や色彩を変化させていき、現在見られる多くの種類へと到達する。その間の過程をモデルとして提示してみたいのである。そうすることによって家禽化という行為、延いては家畜全般にわたる家畜化現象を理解する一助にしたいと考えている。あまり多くの事例は紹介できなかったが、本稿で記してきたことも、この目標に到達するためのごくわずかな部分にあたると思う。

実のところ、筆者は不完全ながら、以前に家禽化モデルを提唱したことがある[38]。図10を見ていただきたい。このモデルでは、はじめに人と野鶏との出会いがあり、その後に各地域や民族ごとに家禽化をおこなったことを前提としている。そこから、二つの方向に分かれて進んでいくと考える。すなわち、いったん家禽となった鶏に対して数次(第一次から第n次)にわたる段階的な家禽化がおこなわれながら用途別に固定された鶏となっていく方向性がひとつ。そして、もうひとつが家禽化と野生化の繰り返しを経ながら野鶏もどきとして山野で生活をするか、馴化もしくは多少の改良がおこなわれて人間社会のなかで暮らすようになる方向性である[39]。しかし、この二つの流れは、かならずしもきれいに区別できるものではなく、場合によっては段階的家禽化の最中に野生化することも考えられる。いってみれば、鶏の家禽化が「行きつ戻りつ」しながらおこなわれていったことを表現したものである。

ここに提示したモデルは基本的に大きな間違いはないと思われるものの、きわめて少ない情報や経験をもとにしたものであり、机上の空論といって差し支えない。したがって、今後はより蓋然性の高いモデルを構築していく必要がある。そのために最初にすべきことは、野鶏と鶏そして先述をした野生化鶏や野鶏と鶏の交雑種などについての情報を可能なかぎり収集することである。そのうえで野鶏とは何か、そして家禽化された鶏とは何かを把握することではないだろうか。そうでないと、家禽化現象そのものが曖昧なものになる可能性が高い。

ところが、どこまでが野鶏で、どこからが家鶏かを定めるのは非常に困難である。観察者・調査者である人間は、さまざまな指標を設けてこの二つを見分けようとしているが、もともと家禽化が一回のできごととして起こる「イベント」ではなく、「プロセス」であることを考えると、線引きをすること自体に難が生じるように思える。たとえば、飼い始めた時期をもって家禽とするのか、それとも生殖を管理し始めた段階からが家禽なのか議論の分かれるところである。また、人が飼育を開始したからといって、対象となった野鶏自体は、その時点では形が変わるわけでもDNAの塩基配列に変化がおこるわけでもない。もしかすると、赤色野鶏の羽色が雨季には全体的に黒みを帯びているのに対し、乾季では鮮やかな赤黄色になることがわかっているので、飼育されている個体にも同様の変化が現れるか否かがひとつの指標になるかもしれない。しかし、これにしても羽色の変化が普遍的なものかは未だ確認されていない。したがって、このことは今後の課題として多くの人たちが意見を出しあいながら、妥当な定義を探していくほかない事項といえよう。

なお、いったん家禽となった鶏が、年月をかけて品種となっていく過程の考察は、野鶏から鶏への段階を調べるよりもいくぶん容易となることだろう。先にも触れたように、欧米などですでに記録として残されているものもある。品種化が起こった地域における丹念な聞き取り調査から、その地域の鶏と文化背景を把握することも有効だろう。また、本書において遠藤秀紀氏も記しているが、軍鶏のように闘鶏に用いられ、また体型的にも特殊化した鶏については、比較解剖学などによる機能形態学的な知見によって、何を目的に作出されたかがわかるかもしれない。いずれにしても、できるかぎり多くの情報を収集することが何にもまして重要になろう。そのような作業の積み重ねによって、ある程度の詳細はつかめてくるのではないかと考えている。

鶏の家禽化について思うままに綴ってみた。筆者は幼少時から鶏が好きで、赤色野鶏をはじめいくつもの種類を飼養した経験がある。しかし、一鶏愛好家として家禽化について考えるようになったのは、たかだか二十年くらい前からである。初期の頃は、数多ある鶏品種がどのような類縁関係にあるのか、それらの起源はどの種類の野鶏なのかなどに興味があり、DNAでも調べればわかるだろうという安易な気持ちでいた。

しかし、今からちょうど十年ほど前（一九九八年）にシップソーンパンナーを訪れてから、家禽化という現象もしくはプロセスが対象となる野鶏や鶏側以上に人間の問題であるということに思いがいたった。そうなると、鶏自体もさることながら、関連する地域の歴史、民俗、民族、言語、地理など、実に多くの事柄について調べる必要があることがわかってきた。ひとりの鶏好きが対応できる範囲を優に超えているのはもちろんのこと、今後は国際的な連携が不可欠になってきているのである。そのようなことから、現在、鶏発祥の地のひとつと考えられるタイ国との共同研究をおこなっている。日本とタイ両国の研究者数十名が、北部タイにおいて「家禽化」をテーマにそれぞれが専門とする分野で調査をおこなっている。おそらく、それほど遠くない将来に、何らかの成果を世に問うことができるものと思う。

註

[1] 野澤謙・西田隆雄『家畜と人間』出光書店、一九八一年。

[2] 野澤謙・西田隆雄『家畜と人間』出光書店、一九八一年。

[3] Harris, D. R., Domesticatory relationships of people, plants and animals, Ellen, R. & Fukui, K. (ed.), *Redefining Nature*, BERG, pp.437-463, 1996.

[4] Delacour, J., *The Pheasants of the World*, Spur Publications Saiga Publishing CO., LTD. (Publishing in conjunction with the World Pheasant Association), 1977.

[5] Nishida, T., Hayashi, Y., Shotake, T., Maeda, Y., Yamamoto, Y., Kurosawa, Y., Doge, K., Hongo, A., Morphological Identification and Ecology of the Red Jungle Fowl in Nepal, *Rep. Soc. Res. Native Livestock*, vol.14, pp.245-258, 1992.

[6] チャールズ・ダーウィン『家畜・栽培植物の変異（上）』（ダーウィン全集IV）、永野為武・篠遠喜人訳、白揚社、一九三八年。

[7] ティゲットメイヤーは、一八八五年九月二六日付の月刊誌「The Field」において、野鶏の仲間は雑種ができることや大後頭孔とよばれる後頭部にある穴の形状が、英国に古くから飼われている品種が横長なのに対し、東アジア系のコーチンなどが縦長であるなどの理由から、ダーウィンが提唱した単元説に反論を掲載した。

[8] Hutt, F. B., *Genetics of the Fowl*, McGraw-Hill Book Company, INC., 1949.

[9] 芝田清吾『日本古代家畜史の研究』（財団法人学術書出版会、一九六九年）に、ギジが第五回万国家禽学会で報告した以下の文章が記載されている。「赤色野鶏と緑襟野鶏とのF_1♀は生殖能力を欠いている。しかし♂では微弱ながら繁殖力があるので、これを家鶏と赤色野鶏の♀に交配してみると、双方の子孫は♂♀とも生殖能力を有するに至った。次にセイロン野鶏と矮鶏と種々に交配した結果、♂♀とも生殖力のある雑種を得た。これらの外貌の遺伝並びに換羽の状態を考察してみると、家鶏各種の成立したのは単に赤色野鶏のみが関与したのではなく、他の三野鶏種も共に参加したものと推定できる」。

[10] Fumihito, A., Miyake, T., Takada, M., Shingu, R., Endo, T., Gojobori, T., Kondo, N., Ohno, S., Monophyletic origin and unique dispersal patterns of domestic fowls, *Proc. Natl. Acad. Sci. USA*, vol.93, pp.6792-6795, 1996.

[11] Mackay, E. J. H., *Further Excavations at Mohenjo-daro: Being an official account of Archaeological Excavations at Mohenjo-daro carried out by the Government of India between the years 1927 and 1931*, The Manager of Publication, 1938. (Printed by the Manager, Government of India Press.) また、ゾイナーは、モエン

ジョ・ダロから出土した大腿骨は一〇三ミリで、野鶏の六九ミリよりも長いことから、当時から鶏が飼養されていたことがわかるとしている(Zeuner, F. E., *A History of Domesticated Animals*, Harper & Row, Publishers, 1963.)。

[12] West, B. and Ben-Xiong Zhou, Did Chickens Go North? New Evidence for Domestication, *Journal of Archaeological Science*, vol.15, pp.515-533, 1988.

[13] Yi-Ping Liu, Gui-Sheng Wu, Yong-Gang Yao, Yong-Wang Miao, Gordon Luikart, Mumtaz Baig, Albano Beja-Pereira, Zhao-Li Ding, Malliya Gounder Palanichamy, Ya-Ping Zhang, Multiple maternal origins of chickens: Out of the Asian jungles, *Molecular Phylogenetics and Evolution*, vol.38, pp.12-19, 2006.

[14] Nishibori M, Shimogiri T, Hayashi T, Yasue H, Molecular evidence for hybridization of species in the genus *Gallus* except for *Gallus varius*, *Animal Genetics*, 36(5), pp.367-375, 2005.

[15] 馬渡峻輔『動物分類学の論理』東京大学出版会、一九九四年。

[16] Hahn, E., *Die Haustiere und ihre Beziehungen zur Wirtschaft des Menschen*, Leipzig, 1896.

[17] Laufer, B., Methods in the study of domestications, Cattle, J.M. (ed.), *The Scientific Monthly*, XXV, pp.251-255, The Science Press, 1927.

[18] Hahn, E., "Hahn", in: Eberd, M. (ed.), *Reallexikon der Vorgeschichte* 5, pp.401-402, Verlag Walter de Gruyter & Co., 1956.

[19] サウアーは、マレーシアとインドにおける伝統的な鶏利用は闘鶏であり、その結果として身体が大きく胸部が広い鶏の選抜がおこなわれたと記している(Sauer, C.O., *Agricultural Origins and Dispersals*, The American Geographical Society, 1952.)。

[20] Crawford, R. D., Domestic fowl, Mason, I. L. (ed.), *Evolution of domesticated animals*, pp.298-311, Longman, 1984.

[21] Mackay, H. J. H., *Further Excavations at Mohenjo-daro: Being an official account of Archaeological Excavations at Mohenjo-daro carried out by the Government of India between the years 1927 and 1931*, The Manager of Publication, 1938. (Printed by the Manager, Government of India Press.) 出土物の写真に鶏が頸を高くもちあげた形をした印章がある(Pl. LXXIV)。マッケーはこれを闘鶏の姿ではないかと指摘している。

[22] Prapattong, P., The manuscript of divination by chicken bones at Huay Nam Kun Village, Mae Fah Luang District, Chiang Rai, *The 2006 HCMR Congress in Tokyo*, pp.45-50, 2006.

[23] 吉野裕子『陰陽五行と日本の文化』大和書房、二〇〇三年。

[24] タイ語でおおよそ「十二の領域」を意味するシップソーンパンナーを中国側で音訳し、漢字を当てたものが西双版納である。したがって、この漢字の名称は意味をもたない。

[25] Guan Jian, *Tai Minorities in China*, Vol. 2, Centre for South East Asian Studies, 1993.

[26] 特殊な形態をした品種を固定していくためには、ある程度の時間的ゆとりが必要である。そのことを考えると、ハニ族のような焼き畑を生業としていた人々がそれをするだけの余裕があったとは思えない。定住農耕を営んでいた人たちによって品種化はおこなわれたと考えるのが自然である。

[27] 野澤謙・西田隆雄『家畜と人間』出光書店、一九八一年。

[28] 秋篠宮文仁・高田勝「家鶏と村人の生活」、秋篠宮文仁編著『鶏と人』小学館、二〇〇〇年。

[29] 加茂儀一『家畜文化史』法政大学出版局、一九七三年。

[30] Tegetmeier, W. B., *Poultry for the Table and Market versus Fancy Fowls*, Horace Cox, 1893.

[31] 秋篠宮文仁・田中良高編「インドネシア国における野鶏および在来家鶏に関する進化生物学的・文化史的第二次学術調査報告」家禽資源研究会、一九九四年。アヤム・プルーンは、大格鶏としては日本の巨大軍鶏とともに世界最大級である。平均して六キロから八キロになるといわれ、なかには一一キロになった個体もいたという。また、鳴き声の高さは日本の長鳴鶏の蜀鶏《トウマル》に似ており、第四音節目の長さが十数秒である。

[32] タイ・ルー族はタイ・カダイ語族に属する民族である。中国においての呼称である水タイ族と同じとされている。しかし、タイ系諸民族の分類は自称と

他称が相まって多くの呼称があるため、タイ・ルーと水タイが完全に同じものであるのかは定かではない。なお、ハニ族ならびにチノー族はともにチベット・ビルマ語族に属している。

[33] 加藤久美子『盆地世界の国家論』京都大学出版会、二〇〇〇年。

[34] 佐々木高明「雲南・シップソーンパンナーを行く」、秋篠宮文仁編著『鶏と人』小学館、二〇〇〇年。

[35] 実際、少ないサンプルではあるものの、食用の是非とは関係なく鶏の羽色のみの価値を聞いてみると、シップソーンパンナーとラオスでは、ほとんどの地域で赤が最良の色とされていた。

[36] サウアーは、黒色が魔術的そして薬用としての価値があるとして、儀礼用の鶏として黒い皮膚と骨の鶏が選抜されたとしている。そして、米国の愛鶏家たちも遺伝的に不可思議で経済価値がほとんどないものの、東アジアを経て各地に広がったシルキース(Silkies)という儀礼用の品種を維持しているとしている(Sauer, C. O., *Agricultural Origins and Dispersals*, The American Geographical Society, 1952.)。ちなみに、シルキースとは絲毛の烏骨鶏のことであるが、日本でも健康志向が高まってきているためか、体に良いとされる烏骨鶏の卵が一個五百円ほどで販売されている。

[37] Pike K. L., *Language in relation to a unified theory of the structure of human behavior*, Part 1, Glendale: Summer Institute of Linguistics, 1954.

[38] 秋篠宮文仁「鶏——家禽化のプロセス」、秋篠宮文仁編著『鶏と人』小学館、二〇〇〇年。

[39] よくいわれることだが、野鶏集団から鶏集団への遺伝子流入そして鶏集団から野鶏集団への遺伝子流入などがあり、そのことを考えると、鶏の家禽化が一定方向だけに向かって進んだことはありえないといえる。品種化が多少進んだとしても、そこから山もしくは森へと戻ることは可能である。しかし、品種化段階が非常に進んだ場合には、鶏自体が野生のなかで生存していくことが難しくなる。

語源・神話・伝承

白川 静
平勢隆郎
秋道智彌
賀来孝代
椙山林継
金沢百枝

鳥占と古代文字

白川 静　立命館大学名誉教授

鳥と隹

鳥《ちょう》も隹《すい》も、ともに鳥の象形字である。［説文《せつもん》］四上に、鳥については「長尾の禽の總名なり。象形」とし、隹には「鳥の短尾なるものの總名なり。象形」とする。尾の長短をもって両者を区別しているが、鳥部に鳩や鴛鴦など短尾のものが多く、隹部に雉のような長尾のものがあることからいえば、この説は容易に信じがたい。甲骨文、金文にみえるところから考えると、鳥は特に図象的に表現しようとしたもので、鳥星のように神話として具象的な形で考えられているものの表出に用い、隹は字形的、一般的な書法であったと考えられる。その声の異なるように、両者はもとより別の語であった。鳥は名詞にのみ用いるが、隹はその用法がひろく、動詞その他にも用いる。その用義法は、おそらく占卜の方法と関連するところがあるようである。

殷《いん》代の卜法は、卜骨にしても亀版にしても、対称的な場所に肯定と否定の両命題を掲げるのが一般の形式である。そしてたとえば、

貞《と》ふ。疾《やまひ》あるは、隹《これ》　父《ふ》乙《いつ》(祖王の名)の壱《たたり》なるか。(貞、疾隹父乙壱)

隹《これ》　父乙の壱ならざるか。(不隹父乙壱)

のように肯定辞に「隹」、否定辞には「不隹」を用いる。このことからいえば、隹には「有《あ》り」の意があるようである。また金文には「隹《これ》王の正月」のように文首に発語として冠するもの、「今余《われ》隹《これ》先生の命《めい》に帥井《そつけい》す」のように主語の次におくもの、「余に魯《おほい》なる多《た》福《ふく》亡《む》疆《きやう》と(隹)康《かう》祐《いう》純《じゆん》魯《ろ》とを降《くだ》す」のように、与《と》にあたる連詞に用いるものがあり、これらの用法はみなすでに殷代にあったものと思われる。隹の古音は、おそらく有、与と近く、それらと通用する関係にあったものであろう。

西周《せいしゅう》　後期の金文に「女有隹小子なるも《なんぢまたこれ》」という語があり、また春秋期の秦公毀《しんこうき》に「余は小子なりと雖も」とあって、両者は同じ語例である。もと肯定を意味する隹は、留保して逆接態となるときには、すこしく頭音をかえて、雖《すい》の音でよんだものであろう。そして字もまた分岐して雖となった。雖は唯に虫を加えた形である。

発語として用いる隹は、金文では唯とかかれることが多く、また文献では惟、維などの形も用いられる。［詩］大雅の［文王《ぶんのう》］に「周は舊邦なりと雖も　其の命《めい》は維《これ》新たなり」という「維新」は「新なるあり」の意で、神意によって改めて肯定されたものであることを示す隹の字の原義を、よく伝えるものである。

72

隹が神意を示す字であることは、唯の字形によっても確かめられる。隹にそえられている口は、鳥の嘴ではない。鳥の嘴は嘴を開いた象形的な形でしるされ、この形とは区別がある。口は𠙵《さい》の形にかかれており、𠙵は載書《さいしょ》とよばれるもので、神に祈り、誓約する祝詞や盟誓の類を収める器の形である。この祝詞と隹とを結合したものが唯であるから、それは神に祝詞を奏し、神の使者である鳥の動静をみる意を示す字でなければならない。神の応諾がそれによって示されるので、唯には「唯《しか》り」の意がある。長者の命に従うことを「唯《い》」という。〔礼記《らいき》〕曲礼《きょくらい》上に「必ず唯諾を慎む」、また同〔玉藻《ぎょくそう》〕に「父、命じて呼ぶときは、唯して諾《だく》せず」とあって、唯には謹んで奉ずる意がある。〔説文〕二上に「諾なり」と訓するのは、唯諾を合わせて応答の辞とするものであるが、厳密にいえば区別がある。周初の也毀《やき》に「用《もっ》て公の（唯《の》）壽を妥《やす》んず」、また後期の毛公鼎《もうこうてい》に「正聞唯《あ》ること無し」のような例があって、金文の唯の用法は甲骨文の隹の用法と同じである。諾は舞いながら祈る巫女《ふじょ》の姿である若と言とに従い、同じくもと神託をいう語であるが、唯とは鳥占による神の応諾をいう。

　雖が逆接態を示す語であるのは、唯の字形に含まれる𠙵に虫が附着しているからである。虫は壱《たたり》をなす蠱《こ》とよばれるもので、それは呪詛するときなどに加えられるものであった。その邪霊が加えられているために、神意が阻害されて、その実現が妨げられていることを雖という。〔説文〕十三上に雖を「蜥蜴《せきえき》に似て大なり」とし、唯声とするが、雖は虫と唯の会意字で唯の声義を承け、その否定、逆接の意を示す字である。秦公毀に「余は小子なりと雖も」とその字を用いる。西周《せいしゅう》前期には「余は小子なりと隹《いへど》も」と、隹の字を用いており、雖はそれより分化した字である。

聖地と璧雝

　鳥が神意の媒介者と考えられたのは、それよりも前に鳥形霊の観念があったからであろう。人の霊は鳥によってもたらされ、また鳥となって去るとする考えかたがあった。人がはじめて霊的な感覚にめざめたとき、すべての自然物はみな霊的なものであった。「草木すら言問《こと》ふ」という時代であった。鳥獣虫魚も、もとより霊界からの使者であった。そのなかで別けても鳥は、霊的なものであった。典型的には、渡り鳥の生態が最も神秘にみちたものであった。それは霊の来往を示すものと考えられたのである。

　渡り鳥は季節を定め、場所を定めて飛来する。時期の選択は、微妙な自然の変化に合わせて、神秘なまでに厳密である。そしてそこで一定の期間を過ごし、定められた営みを終えると、ま

＊文字資料には見出し字を付し、無印は篆文・古文、◉印は甲骨文、◎印は金文、○印はその他の文字であることを示す。

雝

廱

た遠く識られざる世界に旅立ってゆく。古代の人びとは、その鳥の姿を、遠く霊界に去った先人たちが、時を定めてその産土《うぶすな》の地に帰ってくるのだと考えたのであろう。それで渡り鳥の飛来する水辺は、やがて聖地とされ、そこに先人たちを祀るようになった。周ではその祀堂を璧雝《へきよう》とよんだ。璧は円形をたとえたもの、雝がその祀堂の名である。その字はまた廱に作ることがある。

雝は[説文]四上に雝渠《ようきょ》という鳥の名であるという。雝渠はまた脊令《せきれい》、連銭、銭母、雪姑ともよばれる小鳥の名であるが、それは字の本義ではない。この字は周初の金文大盂《だいう》鼎《てい》に「徳經《とくけい》を敬雝《けいよう》す」とあるように雍和の意に用いられており、雍の初文とみてよい字である。それで璧雝を、文献にはまた辟雍としることが多い。雍は雍和の意であるから雝もまた同義の字である。

雝の字形は邕《よう》に従うており、邕声とされるが、金文の字形は、水と呂《きょ》と隹とに従う。巛形のところはめぐれる水、呂は宮室の象で祠堂、隹はおそらくその水辺に渡り来る鳥を示したものであろう。渡り鳥の飛来する水辺に建てられた祠堂の意である。[説文]十一下の邕字条に「四方に水有り。自ら邕《めぐ》りて池を成すものなり」とあって、邕の下部を邑と解するが、甲骨文、金文の字形によると宮室の象で、宮の従うところと同じ。雝は雍と同義の字で、雍に従う字には擁、壅などの字があり、ものが停蓄してゆたかな状態となることをいう。それでまた雍和の義をも含むのであろう。廱はその辟雍祠堂を意味する字で、[説文]九下に「天子、辟廱に饗飲す。广《げん》に従ひ、雝聲」とするが、雝がその初文であると考えてよい。渡り鳥の遊ぶ水辺の祠堂に、祖霊を迎えて祀る。それはいかにも楽園的な情景であり、辟雍とよぶにふさわしいところであった。

周の辟雍は鎬京《こうけい》にあって、鎬京辟雍とよばれた。そこには鎬池という池があって、おそらくその池水のほとりに辟雍が営まれたのであろう。豊水が溢流して作られたこの沼沢の地には、古くから渡り鳥が集まってきて聖地とされたらしく、武王がここに都したと伝えられる。のち周は宗周《そうしゅう》に都し、鎬京は神都としてそこに辟雍が営まれた。この鎬京辟雍の祭祀のことが、[詩]の大雅[文王有声《ぶんのうゆうせい》]にみえ、「鎬京の辟廱　西より東より　南より北より　思《ここ》に服せざる無し」と歌われている。そこには霊台、霊沼があり、大雅[霊台]に、

靈臺《れいだい》を經始《けいし》す　これを經しこれを營す　庶民これを攻《をさ》め
日ならずしてこれを成す
經始亟《すみや》かにすること勿《なか》れ　庶民子《しょみんこ》のごとく來《きた》る
王、靈囿《れいいう》に在れば　麀鹿攸《いうろくここ》に伏す　麀鹿濯濯《たくたく》たり　白鳥
翯翯《かくかく》たり
王、靈沼に在れば　於《ああ》物《み》ちて魚躍《おど》る

と、そのさまを歌う。霊囿には鹿が放ち飼いされ、白鳥が遊び、

池には魚が躍る。それは自然の霊気のあらわれである。渡り鳥の渡来する聖地は、いまは常時の楽園となっている。霊沼の魚のことは、また小雅[魚藻《ぎょそう》]にも歌われていて、

　魚在りて藻《さう》に在り　頒《はん》たるその首有り　王在りて鎬《かう》に在り
　豈樂《がいらく》飲酒す

とみえるが、これも辟雍祭祀のことをいうものであろう。霊囿を設けたのは西周中期のことであろうが、霊台をめぐる池水の魚をとって祖廟《そびょう》を祀ることは、西周初期の金文に「大池に漁す」ということがしばしばみえており、それが本来のものであったように思われる。中期の金文になると、鹿を賜うようなこともしるされていて、祖廟に霊囿も設けることは、広く行なわれていたことであるらしい。

　豊水が溢流して形成された鎬池は、昆明池とともに古くから聖地とされ、そこに神都が営まれた。のちにも漢《かん》の上林苑が営まれたところで、自然の楽園ともいうべきところであった。この鎬池の神である鎬池君が、秦の始皇の死を「祖龍死せん」と予言した話は有名である。多くの神話や伝説は、このような聖地を背景として、生まれたものであろう。

神の顧念

　霊台辟雍は、鳥を祖霊の化身とする観念から、渡り鳥の集まるところを聖地として、そこに営まれた。やがてそこが聖都とされ祖廟が造られた。それで大事のことは、祖廟にお伺いを立てた。しかしこの場合にも、やはり鳥がその使者であった。雇はいまは雇傭の意に用いる字であるが、古くは極めて神聖な字であったらしい。[説文]四上に「九雇、農桑の候鳥なり」とし、四季その他の候鳥としての名をあげている。この話は[左伝]昭公《しょうこう》十七年にみえる郯子《たんし》の伝える鳥トーテムの伝承に基づくものと思われる。郯子は、少皞《しょうこう》氏の末裔と伝えられる古族で、このとき魯《ろ》に赴いたが、魯侯の問いに答えて、少皞氏が鳥を以て官に名づけた由来を語ったものである。

　昔黄帝《くわうてい》氏、雲を以て紀す。故に雲師と爲りて雲をもて名づけたり。炎帝氏、火を以て紀す。故に火師と爲りて火をもて名づけたり……大皞氏、龍を以て紀す。故に龍師と爲りて龍をもて名づけたり。我が高祖少皞摯《し》の立つや、鳳鳥適《まさ》に至る。故に鳥に紀し、鳥師と爲りて鳥をもて名づけたり。鳳鳥氏は暦正なり。玄鳥氏は分を司《つかさど》る者なり……祝鳩氏は司徒なり……五鳩は民を鳩《あつ》むる者なり。五雉を五工正と爲し……九扈《こ》を九農正と爲す。民を扈《とど》めて、淫すること無からしむる者なり。顓頊《せんぎょく》氏より以來は、遠を紀すること能はず。

トーテムの古俗を思わせるような記述であるが、いわゆるトーテムではないとしても、古い神話伝承の俤を伝えるものであることは疑いがない。ただ雇を扈の字にかえて、古い伝承に解釈を加えようとしたあとがみられるようである。

　鳥師鳥官の名として、鳳や五鳩、五雉、九雇の名があげられている。このうち鳳は、甲骨文に四方の方神の使者として四方の風神の名がみえており、その鳳の字は鳳の形にしるされてい

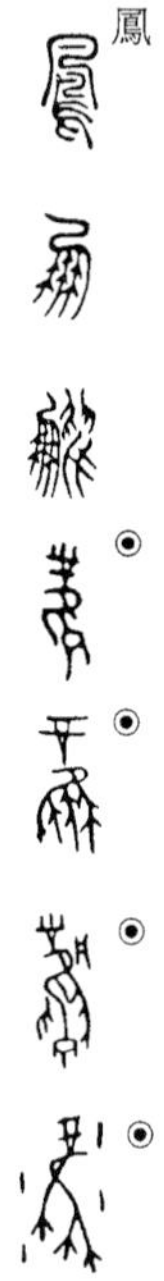

て、鳳は風神とされるものであった。その風神はその地域に対する帝命の宣布者として、風土の風気、風俗を支配するものであった。郯子の伝承では暦正とされているが、本来はその民を司るものであった。五鳩、五雉、九雇としてあげられているものも、この四方風神と同じような起原をもつものであったと考えられ、九雇も同じ性格のものと思われる。すなわち神話的な背景をもつ鳥であろう。

雇の字形について、[説文]四上に雩《う》と鳥とに従う字、また籀《ちゅう》文《ぶん》として戸の偏に鳥旁を加えた字をあげている。卜文には戸の右上に隹を加えている形があって、それが古形であろう。戸は神棚の戸の形である。神霊はこの戸の奥に安置されていた。それで神意を伺うときには、その戸を啓《ひら》くが、啓とは神の戸を手で啓いて、その啓示を受けることをいう。ことを始めるときにその神意を承けるものであるから、ことを始めることを肇《ちょう》という。この啓や肇の字形によって考えると、雇は神の戸の上に鳥をおいて、その鳥の動静によって神意を伺うことを意味する字であったと思われる。雇の字形にまた雩に従うものがあるのは、雩は請雨の儀礼をいう字であるから、その儀礼に関して、この鳥を媒介として神意を問うことがあったのかも知れない。漢代に雇傭の意に用いられる以前の雇の用義法は、殆んど知られていない。雇傭の意は賈《こ》、扈《こ》との通用義と考えられるもので、おそらくその本義ではあるまい。雇の原義は、おそらく顧の字の形義のうちにあるようである。

顧は[説文]九上に「還《めぐ》り視《み》るなり」と顧瞻《こせん》の意に解し、雇声とするが、むしろ雇の声義を承ける字であると思われる。頁《けつ》は廟に祀るときの礼貌を示す字で、頭上に綏冠《すいかん》などを著《つ》けている形である。神官が冠を著けるのと同じ。その礼貌を備えて、神棚の戸上に据えた隹《とり》の動静をみることが、顧であった。そこには、神の使者である隹《とり》によって神意が示される。それは神の顧念するところであり、祀るものにとっては神意を伺うべきものであった。雇はいわばその媒介者である。その媒介者であることから、のち雇傭の義にも転じたものであろう。顧の古い用法は、すべて神意を顧み察する意に用いている。[書]太甲《たいこう》上「諟《こ》の天の明命を顧みる」、[康誥《こうこう》]「乃《なんぢ》の徳を顧みる」、[国語]晋《しん》語八「吾、朝夕に顧みる」は、みな神の啓示するところを顧み察する意である。本来は[詩]の大雅[雲漢《うんかん》]に「大命近し　瞻《み》る靡《な》く顧みる靡《な》し　群公先正　則ち我を助けず」と歌うように、神がその子孫を顧念する意であろう。それに随順することを雇従という。のちに扈従の字を用いるようになった。

うけひ狩り

[詩]の大雅[大明《だいめい》]は首篇の[文王]についで、武王の周王朝創業のことを歌う雄篇である。その末二章に武王の伐殷の役を、次のように歌うている。

殷商の旅《いくさ》　其の會《はた》林の如し　牧野《ぼくや》に矢《ちか》ふ　維《こ》れ予《われ》は侯《こ》れ興《おこ》
らん　上帝女《なんぢ》に臨めり　爾《なんぢ》の心を貳《じ》にすること無《なか》れ
牧野洋洋たり　檀車《たんしや》煌《くわう》煌《くわう》たり　駟《し》騵《げん》彭彭《はうはう》たり　維《こ》れ師尚《ししやう》
父《ほ》　時《こ》れ維《こ》れ鷹揚《ようやう》し　彼の武王を涼《たす》け　大商を肆伐《しばつ》し
會朝す清明のとき

この詩句には難解のところが多いが、牧野の戦いにおける師尚父、すなわち太公望呂尚《りよしやう》の戦功を頌《しよう》したものであることは疑いない。まず牧野においてその軍に誓うことをのべ、次にその軍勢のさかんなことをいい、最後に戦勝のことをいう。このうち「鷹揚」という語には従来適解がなく、［毛伝《もうでん》］には「鷹の飛揚するが如きなり」とその軍勢をたとえた語とし、あるいは［礼記《らいき》］楽記《がくき》「發揚蹈厲《はつやうたふれい》するは太公の志なり」の語をもって解するなど、みな太公の武勇をいうものとする。しかしこれは、太公が全軍に宣誓して勝利を約し、鷹狩りを以てその勝利を予占《よせん》した「うけひ狩り」のことを歌ったものと解すべきである。

［楚辞《そじ》］天問は、楚王の陵壁にしるされた多くの神話伝説を歌ったものとして知られているが、その殷周の故事を述べた部分に、

會鼂《くわいてう》（朝）にして爭《つ》（請）げて盟ふ　何ぞ吾が期を踐《ふ》める　蒼《さう》
鳥《てう》群飛す　孰《たれ》かこれを萃《あつ》めしむ

という句がある。「會朝」は［大明］にもみえる語であるが、朝あけの神聖なときをいう。「爭盟」も［大明］の宣誓のことにあたる語とみてよい。「蒼鳥群飛」は、従うて［大明］の「鷹揚」のことにあたる。

［史記］斉《せい》世家にもこの古伝のことがしるされていて、

師行く。師尚父《ししやうほ》、左に黄鉞《くわうゑつ》を杖《つ》き、右に白旄《はくばう》を把《と》り、以て誓ひて曰く、蒼兕《さうじ》蒼兕、爾《なんぢ》の衆庶と、爾の舟楫《しうしふ》とを總《す》べよ。後《おく》れて至る者は斬らんと。遂に盟津《まうしん》に至る。諸侯の期せずして會《くわい》する者八百諸侯なり。

とみえる。「何ぞ吾が期を踐める」とは、この期せずして会する諸侯のことをいう。この文では、［詩］の「鷹揚」のことが「蒼兕」となっている。［索隠《さくいん》］によると、「亦、本に蒼雉に作るもの有り」とあって、おそらく蒼雉がその原文であろう。「蒼兕」は舟楫の語から渡水のことをいうものと考えて、水牛の意である兕に字を改めたものと思われる。ただこのことが、軍の行動を起こす際の予占のことに関するならば、［大明］にいう「鷹揚」が最も正しい伝承であると思われ、その成立もまた最も古いものである。

「うけひ狩り」のことはわが国にも古くからあって、たとえば［神功前紀］に、神功の帰還を麛坂王《かごさかのみこ》と忍熊王《おしくまのみこ》とが迎え撃つことを計り、菟餓野《とがの》に出て、「祈狩《うけひが》り」をしたところ、「赤き猪《ゐ》」に襲われて失敗したことがみえている。「祈狩り」の詳しい方法はしるされていないが、古代の中国では鷹狩りを行なったのであろうと思う。鷹という字の形義のうちに、そのことが示されているようである。

鷹は雁《おう》声の字である。［説文］四上に「雁鳥《おうちやう》なり。隹に従ひ、人に従ふ。瘖《あん》の省聲《しやうせい》なり」（［段注本］）とするが、雁声と解してよい字である。雁は金文の字形によって考えると、司（祠）の省略形

鷹 雁

と隹とに従う形で、雇が神棚の戸の上に隹《とり》を据えた形であるのと、いくらか似たところがある。おそらく隹《とり》を抱いて、神意を問うというような形義の字であろう。それで金文には、神意によって与えられることを「大命を雁受《おうじゅ》す」のようにいう。「大命に膺《あた》る」というほどの意で、膺とは胸でうけとめる意である。雁声に従う應(応)、膺《よう》、鷹《おう》は、みな神意に感応のあること、その感応を確かめる方法に関する字であると考えてよい。それならば鷹とは、神の感応を確かめるための「うけひ狩り」のための鳥を示すものとみてよい。すなわち鷹狩りがその方法であった。鷹の他に隼《はやぶさ》などを用いることもあり、［楚辞］天問にみえる「蒼鳥」、［史記］斉世家にみえる「蒼雉《さうち》」はその類であるかも知れない。趙壱《ちよういつ》の［窮鳥の賦］に「蒼隼」の語があり、蒼鳥はまた鷹の異名ともされる。わが国では百合若大臣の愛鷹は「緑丸《みどりまる》」で、それを祀る神社があるという。鷹はのちまでも神の使者、神鳥とされたのである。

進退について

鳥占《とりうら》は祖廟に祀《まつ》って行なわれ、また「うけひ狩り」のような形でも行なわれた。大事に臨んでは神意を承け、卜いによってその是非を決したからである。しかし人には迷いが多い。何かにつけて予断を許さぬことが多いからである。それで日常的にも、外に旅するときなど、鳥占によって神意を問う必要があった。それには、鳥を携えてゆくほかはない。携とは隹《とり》を携えてゆくことを示す字である。

携はもと攜とかかれる字で、巂声《けい》の字である。巂は［説文］四上に「巂周、燕《えん》なり。隹に從ふ。山は其の冠に象《かたど》るなり。冏聲《とつ》。一に曰はく、蜀《しよく》王望帝、其の相《しやう》の妻に婬し、慙《は》ぢて亡《に》げ去り、子巂鳥と爲る。故に蜀の人、子巂《しけい》の鳴くを聞けば、皆起《た》ちて是《これ》望帝なりと曰ふ」（［段注本］）とあり、巂周は［爾雅《じが》］釈鳥に「巂周、燕燕は鳦《いつ》なり」とあって燕《つばめ》をいう。また巂燕《けいえん》ということもある。［説文］にはまた一説として子巂の名をあげているが、それは子規とも蜀魂ともよばれる杜鵑《とけん》（ほととぎす）のことである。巂の字形は上部が鳥の冠飾の形であるとされているが、甲骨文では鳳や龍などの霊物とされるものがみな冠飾をつけており、巂もまた霊鳥とされたものであろう。その下部の冏は、据えものをする台座の形であり、商や矞《いつ》などの字形に含まれているものと同じである。商は殷の正号とするところで、辛はその刑罰権を示す大きな針の形。これを台座に据えてその支配権を示したものである。また矞は台座の上に矛《ほこ》を樹ててその勇武を示したもので、軍の威力を示しながら各地を巡察することを、西《せい》周《しゆう》の金文には「遹正《いつせい》」という。これらの例からいえば、巂とは、霊鳥とされるものを台座に据える形。攜とは出行のときにこれを携えて行くことをいう。それはもとより鳥占を行なうためであった。

鳥占のために霊鳥を携えて出行するのは、その途上で進退その他、重要な行動の決定にあたって、鳥占によって神意を問うためであった。進が隹に従う字であるのも、そのためである。進は［説文］二下に「登《のぼ》るなり、辵《ちやく》に従ひ、閵《りん》の省聲」とする。閵は閵鵲《りんじやく》とか閵雀《りんじやく》とかよばれる鳥の名であるが、また「践《ふ》む」という訓があって、もとはその義の字であろう。門は廟門。門に従う字には廟門の儀礼を示すものが多く、問は廟門で祝詞を奏して神意を問うこと、誾《ぎん》はやかましく訴え告げること、闇は夜深く神意の「音なひ」があることをいう。閵も廟門で鳥占をする意の字で、雇、顧と似た構造の字と思われる。［説文］に進を閵の省声とするが、その声は一致しがたい。

進はおそらく、もと隼《しゆん》声の字であったのではないかと思われる。［礼記《らいき》］祭統に「百官進《たべをは》りてこれを徹《てつ》す」とある進は餕《しゆん》の意であるから、この進は隼《しゆん》の音でよまれたものである。また［論語］為政《いせい》「酒食《しゆし》あるときは先生に饌《せん》す」の［経典釈文《けいてんしやくもん》］に、［鄭玄本《じようげん》］には饌を餕に作るとしており、進と餕、また饌と餕とはともに近い音であったことが知られる。［説文］に進を「登るなり」と訓しているのは、［玉篇］に「升《のぼ》るなり」とあるのを合わせ考えると、おそらく登進の意と解したものであろう。

進に隼の音があったとすると、この鳥占には隼を用いたものであるかも知れない。隼ならば「うけひ狩り」にもふさわしい鳥である。ただ字形の上では、隹との区別は認められない。［説文］の登進の義は、おそらく［書］般庚《ばんこう》中の「乃《すなは》ち厥《そ》の民を登進す」の語によったものであろうが、［般庚］三篇は古い伝承を新しく書き換えたような文体で、進の初義を示す例とはしがたい。金文では、廟中に人を導くことを「賓《ひん》を進む」という。また廟事につかえることを「進事奔走す」のようにいい、いずれも廟中で祭祀を行なうときの用語である。また他族より人を貢することを「進人」という。それも本来は廟事のために人を献ずる意であった。また「進退」という語もあるが、それは軍事や、祭祀儀礼に関する文章のなかに多くみえるものである。

「進退」という語は、金文には「進遂」とかかれている。進、遂はいわゆる対義語であるから、両者の字形には共通する観念が含まれているはずである。遂は家に従う字であり、遂と形義が近い。遂は［説文］二上に「亡《に》ぐるなり」とし豙声《すい》とするが、豙は獣の形で、軍の進退などを決するとき、呪霊をもつとされる犠牲を用いてそのことを決した。これと似た字に述《じゆつ》・術《じゆつ》があり、これも道路で呪獣の朮《じゆつ》を用いる呪儀をいう。金文では、述を遂の意に用いており、進退の字には遂を用いる。すべて進退のことは軍の成否に関する重大なことであるから、鳥占や、また犠牲によるトいによってそのことを定めた。

川を渡るときにも、また危険を伴うものであるから、種々の呪儀や予占が行なわれた。除道に相当するものとしては、先《せん》渉《しよう》という儀礼があった。金文には先、先行、先省、先馬走のよ

携　嶲　進

津

うに、一行に先立って祓除を行なうことがみえるが、川を渡るときには先渉という。「庚子《かうし》、卜して㪔《なん》（卜う人の名）貞《と》ふ。子啇に令（命）じて、先づ羌《きやう》をして河を渉《わた》らしめんか」とは、先渉の儀礼に、異族である羌人《きようじん》を用いることをいう。このように異族を用いるのは、その儀礼が起原的には犠牲を供する意味のものであったからであろう。殷代の金文には、先行の儀礼に夷を用いている例がある。

予占の方法としては、鳥占を用いたことが考えられる。たとえば津《しん》は渡し場を意味するが、津はもと聿《しん》声に従う字である。［説文］十一上に「水渡なり」とあり、重文として舟と淮とに従う古文の字形をあげている。それがおそらく水渡の本字であろう。聿に従う字は、聿は辛《はり》で膿血などを除く意の字であるから、［三蒼］に「津は液汁なり」というのがその字義であり、［素問《そもん》］にいう「津液」にあたる。［注］に「津液とは水なり」とみえる。水渡の字は舟と淮とに従い、金文にもその字形がある。厳密にいえば、その字は水と舟と隹とに従う。水渡のとき、隹によってその成否を卜することが行なわれたのであろう。渡し場は特に行旅中の要所とされたので要津といい、古書にはしばしば「津を問ふ」という語がみえる。しかしそのような古義を示す字形は早く失われたらしく、漢碑にはその字はすでに津に作られている。そのように古い字形が早く失われたために、進退に関する字形に含まれる鳥占の俗についても、その後久しく気づかれることもなかったのであろう。

異形の鳥

金文の図象には、鳥の形を示すものが多い。またその鳥形にも異形のものが多く、鳳冠をなびかせたもの、高冠のもの、垂尾のもの、巨啄のものなどがある。また字形をなすもののうちにも、雚《かん》、瞿《く》系列のものには、図象に近い形のものがあり、それらの文字の背後に、図象として示されていた時期の観念を継承していることが考えられる。

金文の図象を、トーテム的なものとして理解しようとする考えかたがあるが、金文図象の示す体系は、種族間の社会的関係を規定するものというよりも、むしろ古代王朝の成立過程における政治的関係を示すものであると考えられる。そして古代王朝としての殷王朝の成立ののちにも、それは氏族標識的な意味のものとして遺存したものであろう。鳥形の図象も、そのような体系の一環をなすものと考えられる。はじめに述べた五鳩、五雉、九雇などは、その俗が官制的な形をとってのちに伝承されたものであろう。［周礼《しゆらい》］夏官《かかん》にみえる「射鳥氏《せきてう》」「羅《ら》氏」の類は、職掌的氏族として遺存したものが［周礼］の官制としてその体系

鳥の形を示す金文図象

に編入されたもので「周礼」において「氏」と称する官名には、その類のものが多いと思われる。また地官の「羽人」は羽翮を以て邦賦の政令にあてるもので、これはたとえば「逸周書《いつしゆうしよ》」王会解に、成周の会にあたって西申《せいしん》は鳳鳥を献じ、氐羌《ていきよう》は鸞鳥《らんちよう》を献じ、巴《は》人《じん》は比翼鳥《ひよくちよう》、蜀人《しよくじん》は文翰《ぶんかん》、方人《ほうじん》は孔鳥《こうちよう》を献ずるなど、その地の奇鳥珍禽を献じたことがしるされているが、そのような賦貢のことも、図象と関係があるかも知れない。

古代文字の形象の上からは、雚、萑などの系列字に、図象と文字との関連の形跡を求めることができよう。雚《かん》は甲骨文では「往きて雚《くわん》せんか」、「酒もて雚せんか」、「雚して歳《まつり》せんか」、「雚耤せんか」のように、祭儀を意味する字として用いる。耤は藉の初文で耕藉の意であるから、それは農耕と関係があり、その祭儀には酒や肉を用いたようである。歳は戉《まさかり》（鉞）の形に従う字で、歳はもと犠牲の肉を割く意の字であった。「書」洛誥《らくこう》に「烝」「祭」「歳」と連続して行なわれる祭儀の名を列しており、烝は農祭であるから、この一連の祭儀も農祭に関するものであろう。

雚の字形は、毛角のような冠飾の下に𠙵《さい》を左右に加え、下に隹《とり》をかく。𠙵は目のようにもみえるが、目の形のものは瞿《く》で形の上に区別があり、𠙵はやはり祝詞の器の形であろう。それが鳥占の方法であることは、観の字形から推察することができる。観はもと觀に作り、雚と見とに従う。見は廟見などの姿勢を示す字で、観とは雚を神聖なるものとして拝し、その啓示するところを察する意である。それよりして「観兵」のように観《しめ》す意となり、「観遊」のように「観はす《みそな》」の意となり、「観察」のように「観《み》る」意となり、「観望」のように遥かにものを観察する意となった。「左伝」宣公《せんこう》十二年に「京観《けいくわん》」という語があり、戦場の遺棄屍体を集めて、それを塗りこんで作る凱旋門をいう。それを軍門として用いたが、有事のときにはここで敵状を観望することなども行なわれた。雲気などによってその動向を察することを望といい、甲骨文には呪飾をつけた媚女《びじよ》三千人に、望を行なわせた例がみえる。

雚を「説文」四上には「小爵《しやうじやく》（雀）なり」とするが、「玉篇」には「水鳥なり」とする。しかし雚は鳥名としてはおそらく鸛《かん》の初文で、鸛は「こふのとり」、鶴に似て長頸赤啄《ちようけいせきたく》、白身黒翅《はくしんこくし》、また鸛雀、冠雀ともよばれるものであろう。「詩」の豳風《ひんぷう》「東山《とうざん》」に「鸛、垤《てつ》に鳴く」とあり、よく雨を知る鳥であるという。「禽経《きんきよう》」は後世偽託の書であるが、その「注」に「鸛、……卵を伏す時、數《しばしば》水に入る。冷なれば則ち……礜石《よせき》を取りて卵に周《めぐ》らし、以て暖氣を取る。故に方術家、鸛巣中の礜石を以て眞物と爲すなり」とみえる。礜石は砒素を含む毒石で、「淮南子《えなんじ》」説林訓《ぜいりんくん》に「人、礜石を食ふときは死し、蠶之《さんこれ》を食ふときは饑《う》ゑず」とあり、鸛は占候や方術の上からも、関心をもたれていた鳥である。古くは種々の呪儀に用いられたものではないかと思われる。わが国に

も「こふのとり」に関する俗信や説話が多く伝えられており、中国の古代にも多く民俗とかかわる伝承があったであろうと推測されるが、その詳しいことは今では殆んど知られていない。

雚系列の字には勸、懽、歡、觀、讙、驩などがあり、総じて歓娯の意をもつ字である。鸛が子をもたらすとか、あるいは幸福をもたらすとする一般的な俗信とも共通するところがあると考えてよいようである。これに対して、瞿系列の字は、矍《く》、懼《く》、趯《く》など、みな恐懼畏怖の意をもつ字である。趯は金文には「趯《おそ》るる余《われ》小子」のように、先祖の霊に対して恭懼する意に用いており、これもおそらくは鳥占を背景として、その字義をえているものであろう。

感動詞として用いられているものに烏、於があり、悪《ああ》と同じように、もとは甚だしい嫌悪、排斥の感情を示す際の語であったようである。烏は死鳥の形にかかれており、鳥追いの呪物として死鳥を作物の上に吊るしたものであろう。また、於は金文には[図]の形でかかれており、それは死烏の羽を縄などにかけ渡して、やはり鳥追いに用いたものであろう。［説文］の烏の古文に、[図]から転化したらしい字形が収められていて、烏と於とはもと一類のものであることが知られる。瞿や烏、於もまた鳥の常形ではなく、その異状のさまによって恐懼、嫌悪の意を示したもので、これらの字形的表現を通じて、古代における鳥の民俗のありかたをうかがうことができる。

なお甲骨文、金文には未釈の字が多く、それらは概ね氏族名、地名に用いたもので、その字形にそれぞれの意味をもつもので

隹系の字の卜文

隹系の字の金文

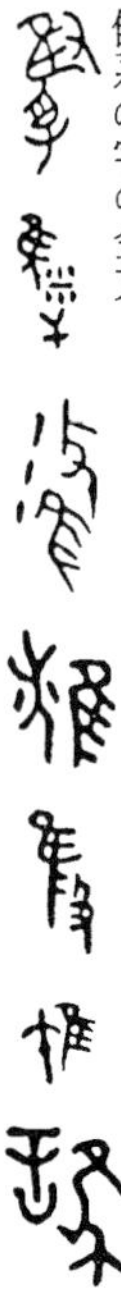

烏系の字の卜文

烏系の字の金文

あったと考えられる。以下にその字形のみをあげておく。

鳥形の霊

唯、雖、応(應)、顧、進などの字形が示しているように、古代に鳥占が行なわれていたことは確かと考えてよい。それは鳥が霊界の使者であり、あるいは霊そのものであるとする観念が、一般的なものとしてあったからである。鳥の表象は、生命の与奪にもかかわるものであった。生命が脱却するとき、霊はおそらく鳥となってその肉体を去るのであろう。生命の脱却することを奪という。脱 thuat と奪 duat とはその声が近く、また褫《ち》diai もその声義の近い字である。人が死去するのは、その霊が褫奪《だつ》されることによって、その肉体から脱去することに外ならない。奪とは「奪ふこと」、脱とはその結果としてエクスタシーの状態となることをいう。生命に関していえば、それが死である。

奪の字形は、もと衣と隹と寸とに従う字であった。〔説文〕四上に「手に隹《とり》を持ち、これを失ふなり。又に従ひ、奞《すゐ》に従ふ」とする。奞は「鳥、毛羽を張り、自ら奮ふなり。大に従ひ、隹に従ふ」(〔同〕四上)とあり、〔段注〕にその毛羽を張る意を以て大を加えたとするが、徐灝《じょこう》の〔段注箋〕には大を張羽の象形としている。しかしこの奞の字は用例もなく、声義にも疑問のある字で、〔説文〕の文は「奮奞」という連語であったのではないかとする説もある。奮と奪とは、さきの奪と脱とに似た関係があって、これもまた生命の観念と連なる字であろうと思われる。

奪の古い字形は衣と隹と又とに従う。衣のなかに隹を加え、下に又(手)をそえた形である。この衣が死者の衣を意味するものであることは、死喪の礼において、衣のなかに種々の呪物などを加える構造をもつ一連の字形によって知ることができる。哀告の祝詞を加えるものは哀、涙を加えるものは褱《かい》(眔は涙の象形)で懷(懐)の初文、祓禳《ふつじょう》のための呪具を衣中に加えるものは襄《じょう》で禳の初文、玉を衣中において還魂を願う字は睘《かん》で還の初文、同じくその遠行をおくる礼は袁《えん》で遠の初文、胸の部分に衰経《さいてつ》(麻の呪飾)を加えるものは衰《さい》という儀礼を示す字である。衣中に呪物を加えるこのような造字法は、すべて死喪の礼に関するものであるから、同じ構造法をとる奪の字も、その関係の字としてよい。すなわち奪とは、人の霊が鳥となって脱去しようとし、これを手を以ておしとどめている形であろうと思われる。奞がその鳥形霊を示す字であろう。

奮の字形も、金文では衣と隹と田の形に従うものであるから、奪とも関係のある字である。〔説文〕四上に「翬《と》ぶなり」とあり、奮飛の意と解されている。また「奞の田上に在るに従ふ」とあるのについて、〔段注〕に田を田野の意とするが、金文の字形では隹と田とが衣中にある形であるから、田は田野の意ではない。それは舊(旧)が、鳥の足を臼形の器に繋いだ形であるように、

旧

鳥が田形の器にその足を繋がれている形とみるべきである。それならば奮とは、死者の霊が鳥形に化して奮飛しようとするさまを示すものと考えられる。ただ奪にしても奮にしても、死喪の礼を示す哀、褱、襄、睘、袁、衰と同じく、死者の衣衾に隹を加えて奪去、奮飛の意を示すものであるが、その呪儀の実際がどのようなものであったかは知られない。

この礼に用いられた隹は、あるいは萑系統のものであったかと思われる。舊は奮と同じく鳥の足を繫いでその奪去を防ぐ形の字で、ゆえに旧留、旧止の義のある字である。あるいは死者の霊をこれによってしばらく稽留《けいりゅう》する意があって、それで久時の意ともなるのであろう。久は屍を支える形、これを棺に移したものを匛、柩という。柩はまた匶に作ることがあり、久と舊とは声義の同じ字である。舊もまた死喪の礼に関する字であったかも知れない。[説文]四上には舊を「䧴舊《しきう》、舊留なり」と、みみずくの類の鳥名とするが、この字をその意に単用する例はなく、金文にも旧久、旧時、先例の意に用い、「先舊」「舊友」のように故人の意に用いることが多い。古くは「舊」に、霊のなごりのような意味があったのであろう。これによっていえば、奪、奮、舊はその形義において関連するところがあり、みな鳥形霊の観念をその字形のうちに含むものであろうと考えられる。

人が霊界の存在を考えたとき、鳥はその最初に霊格化された神であり、あるいはまたその使者であった。それであらゆる神話のなかに、鳥を含まない神話はなく、あらゆる民俗のなかに、鳥を含まない民俗はないといっても、決して過言ではあるまいと思われる。季節とともに来去し、人里近く住みながら、その生態を容易に知りがたい鳥の神秘な世界は、そのまま霊的な世界におきかえられる。そのような関連をあくまでも強調しようとするものには、たとえば中国西方の蔵族の間に遺存する鳥葬のような例がある。西インドのゾロアスター教徒パールシーにも、その俗があるという。

[記]上にみえる天若日子《あめのわかひこ》の喪礼に、多くの鳥形の奉仕者の哭《なき》女《め》が従っていることも、上古に行なわれた野葬、すなわち鳥葬の名残りであろうとする古い説があって、宣長の[古事記伝]にも引かれている。

しかしそのような鳥に関する民俗を、ことばとして伝承している民族は殆んどないのではないかと思う。またあったとしても、その語彙は極めて少ないか、あるいは「鳥占」「うけひ狩り」のような一般的な習俗の語として存するものであろう。このことからいえば、中国の文字において、「隹、唯、雖、誰」「應(応)、雁、膺、雝(雍)、擁」「雇、顧」「進、津、雟、携(攜)」、萑の系列字、「雈、奪、奮」など、その習俗を直接に反映すると思われる多くの文字があることは、鳥の民俗を考える上からも、極めて貴重な資料といわなければならぬ。そしてそのような習俗は、おそらく遠い無文字時代からあったものが、文字の成立する時期において、そのような観念を含むものとして文字的に形象化されたものであるから、その最古の観念をそこに定着させているものと考えてよい。
　中国には、たとえば［隋書］経籍志にみえる［鳥鳴書］［鳥情占］［古鳥情］など、鳥占に関する古書があったことが知られるが、その俗は古く甲骨文にみえ、また古代文字の形象のうちにも、多くその痕跡を残している。そしてこのような古い民俗は、鳥占に限らず、他の民俗の全体についても、これを文字学的に検証することができるのである。漢字はその意味で、無文字時代の習俗を文字の形象のうちに定着させ、それを今に伝える生きた証言であるということができる。古代文字の形象のうちから発掘しうる民俗学的事実の一例として、ここに「鳥の民俗学」の一章を草するのである。

『文字逍遥』（平凡社、一九八七年／平凡社ライブラリー、一九九四年／白川静著作集第三巻漢字Ⅲ、二〇〇〇年）より。

南方の守神　朱雀の誕生

平勢隆郎　東京大学東洋文化研究所教授

はじめに

朱雀は四神の一つであり、南方の守り神とされている。高松塚古墳の発掘で、その名はかなり有名になった。四神としてまとまって議論される前、中国新石器時代の出土遺物において、東方の龍、西方の虎に関わる意匠が、確認できる。同じ意匠は、戦国前期の前五世紀後期の湖北省隋州市曽侯乙墓出土品にも見えている。中国の星宿(星座)である二十八宿図の最古のものが衣装箱の蓋の表に描かれていた。南方を上にし、見上げた天を表現している。その東西に問題の意匠が表現されている。北方の玄武、南方の朱雀は表現されていない。東方の青龍、西方の白虎に北方の玄武、南方の朱雀が加わり、四神として議論されるのは、後漢時代だろうと考えられている。

この後漢成立という時期の確定は、石碑の研究を通してなされる。そして、この研究の論理的基礎を再確認しつつ、やや異なった視点から詮索しなおしてみると、四神の意外な素顔が見えてくる。

問題の鍵を握る言葉が「游侠」である。この種の言葉は、中国の古代史、それも戦国時代から漢代にかけて、特徴的に議論されている。しかし、日本史では、お目にかかることがない類の言葉だけに、そもそも何故この言葉が問題になるか、という点からして議論する必要が出てくるだろう。別に鍵を握る言葉が大領域・中領域・小領域である。中国史の舞台は、日本や朝鮮半島の何倍もの面積が問題になる大領域である。日本史や朝鮮史の舞台は中領域である。日本史の場合に問題になる地方は小領域である。大領域を問題にする中国史において、中領域や小領域を問題にするときに、上記の特異な言葉、つまり「游侠」が議論される。この「游侠」が鍵を握る問題があり、その中に朱雀が位置づけられる。

本論では、こうした鍵を握る言葉に留意しつつ、朱雀誕生の歴史的背景を検討してみることにしよう。

関野貞の研究

東方の青龍、南方の朱雀、西方の白虎、北方の玄武、これら四方の守り神たちは、高松塚古墳やキトラ古墳の石室に描かれていた。より古くは、戦前の調査により、高句麗古墳の中にそれらが描かれていることがわかり、日本の知識人たちの間で広く知られるようになった。

その四神の成立について、コメントを残した代表として関野貞の名を挙げることができる。

関野貞は、建築史を専門とし、日本・朝鮮半島・中国を踏査して無数のモノから選別し、文化財として保存すべきもの確定する作業を生涯継続した人として知られる[1]。その関野が興味をもった対象の一つに亀趺碑がある[2]。

関野[3]は、亀趺碑の亀について、次の内容を述べている。「漢代に四神が流行した。北の玄武・東の青龍・南の朱雀・西の白虎の四神である。このうち玄武つまり神に蛇がまきついた形のものを碑の下方に刻した。これが亀趺碑に発展した」。

この関野の四神に関する説明を、われわれはどう理解すべきなのか。

石碑の出現と後漢豪族

問題の理解に近づくために、後漢石碑出現の経緯をたどってみることにしよう。

ここで注目すべきなのが、「豪族」と「遊侠」である。そして、これらの関係を説明するのに必要なのが、大領域・中領域・小領域の三つの領域である。

現代の国家も、この三つの領域から説明できる。アメリカ合衆国やロシア連邦、オーストラリアなどは、地図で確認すればすぐわかるように、広大な領域をほこっている。これらの領域の面積は、ほぼ欧州に匹敵する。これを大領域と規定しておく。

これに対し、ヴァティカンなどは、都市を中心とする非常に限られた領域をもって国家を称する。これを小領域と規定しておく。

この大領域と小領域の間には、大小さまざまな領域の国家が存在する。それらをまとめて、中領域と規定しておく。

現代の国際政治は、これら大領域・中領域・小領域の国家が均しく国家であるということを前提にして運営されており、本論はそのこと自体を問題にするものではないので、まずは誤解のないよう了解を求めておく。

後漢時代の漢族の居住地は「中国」と称され、またその「中国」が「天下」でもあった。だから、「大併天下」（天下統一）という言葉が存在する。（ちなみに「一統」という言葉もあるが、これは唯一の正統を意味する）この意味の天下はいわば大領域である。これに対し、天下が統一される前の戦国時代には、中領域の国家が複数存在した（戦国時代の複数の王朝は中領域を官僚支配した）。それら中領域をさらに遡っていくと、春秋時代にはいわゆる覇者が小国を睥睨した領域となる（覇者は中領域内の小国を睥睨した。小国は小領域の国）。そしてさらに遡っていくと、その覇者と同じ規模の中領域の小国を睥睨した周王朝の存在を知ることができる（周王朝は中領域内の小国を睥睨した）。さらに遡ると、同じ性格の殷王朝の存在を知ることができる（殷王朝は中領域内の小国を睥睨した）。さらに遡ると同じ性格の王朝の存在を知ることができる（これを夏王朝として議論する場合がある。この王朝も中領域内の小国を睥睨した)。さらに遡ると、後々の天下の領域内に、複数の新石器時代の文化地域があったことがわかる(新石器時代以来の文化地域は中領域である)。

補足説明をしておくと、殷王朝や周王朝の時代、彼らが睥睨した中領域以外の文化地域には、似た性格の王朝が存在していたことが、考古学的に議論できる。ただ、これらの王朝では、文字が確認できないので、その歴史をたどる場合の制限がある。殷王朝や周王朝では出土遺物として漢字が確認でき、それらを通して歴史的性格が議論でき、また後代の「理想化」(端的に言えば大領域を官僚支配した王朝という理想化)を議論することもできる。

先に問題の鍵を握るのが「豪族」と「遊侠」であることを述べた。これらは、大領域・中領域・小領域のいずれに関わるか。検討した結果からすると、「豪族」・「遊侠」いずれも中領域と小領域に関わる。「豪族」はいわば「遊侠」の保護者であり、かつ皇帝の臣僚となる存在である。「遊侠」はまずは小領域たる都市の世論を形成する。その世論は中領域にまで広がる。その世論の下、名望をになうのが「豪族」である。

その「豪族」が石碑を墓に建て始めた。それが墓碑としての石碑の始まりになる。

ここまで、説明が進んで、読者はいささかひっかかりを感じているはずである。なぜ「遊侠」と称されるのか。『史記』に游侠列伝があり、『漢書』に游侠伝があるから、漢の時代に確かに存在し議論された言葉なのだが、「遊侠」の「遊」も気になれば、「侠」も気になる。いずれも一般的にいって、中央集権とは無縁の香がする。そうした者たちが存在することは、何を意味しているのか。

「遊侠」の出現

事の本質に近づく前に、いましばらくお付き合い願いたい議論がある。「遊侠」とは何かを考える前提となるものである。

先に大領域・中領域・小領域のことを述べた。殷・周王朝は、中領域を睥睨した王朝である。小国を睥睨した大国だったということである。大国・小国いずれも都市国家であることに変わりはない。直接統治するのは、都市を中心とする限られた小領域である。ただ、大国は、小国から貢物を運ばせる。そのための輸送路は早くから発達した。輸送路を結ぶ中継地の小国には、各国の物資輸送の中継地があり、それぞれの中継地には各国の邑がいとなまれていた。そうした邑の存在は、戦国時代に成書された『左伝』の隠公八年条などから知ることができる。「湯沐の邑」と表現されている(『左伝』では、遠くにある自国の邑を手放して、近くにある他国の邑と取り替えようという話題が記される)[4]。こうした体制を変える動きが春秋中期から次第に進んでいく。小国を滅ぼして大国の有力者を新たな支配者として送り込むことが頻繁になる。鉄器の普及で農地が激増し、人口が増えると都市も増えた。そうした都市にも有力者が派遣される。

こうした都市を「県」として大国中央につなげる。「県」は「縣」の意味で「かかる」ということである。中央に「かかる」ということである。

　こうした県の意味、つまり中央に「かかる」という意味が定着するのは、戦国時代になってからで、春秋時代には、まだ過渡的な形態があった。派遣された有力者は、それまでの君主と同じく、一族郎党を従えてのりこんだ。新しい君主として臨んだ側面がある。しかし、時代はさらなる有力者が複数の県を支配する方向へと傾いていく。一つの県にしか支配の及ばなかった者たちは、そうしたさらなる有力者によって、国がえならぬ県がえを余儀なくされる。こうして、複数の県を支配する者が他を滅ぼしながら戦国時代の王となっていくのである。一方において、県がえを余儀なくされた者たちは、次第に一族郎党の秩序を失い、いわゆる官僚になっていく[5]。

　以上の動きを都市の側からみてみると、国としての都市は、何百年の歴史を背負っている。その国の君主が滅ぼされたり、他の都市に移動させられたりして国が滅びる。そして大国の有力者が新たにやって来る。その有力者が次の時代の王となる者の祖先であろうと、またそうした者の下で官僚となっていく者であろうと、都市の側からみれば、支配者が次々に交替することに変わりはない。これだけで、都市の秩序は相当に違ってくる。何百年の伝統を背負っていた秩序は大いなる動揺をきたすことになる。ここに、新たな都市の秩序を構築する必要がさけばれるようになる。こうした動きの中で、都市をまとめる世話役が大きな存在として浮かびあがる。それが遊侠の原型である。

　遊侠には、武力をもって秩序維持をはかる「侠」の側面と、倫理道徳をもって和をはかる「儒」の側面が出てくる。『論語』の中に「義を見て為さざるは勇なきなり」（為政第二）とあるのは、「侠」の側面を述べたのであり、倫理道徳を述べた多くの部分があるのは、和をはかる必要から出た知恵を述べたものである。現行『論語』は、孔子の時代の雰囲気を弟子たちがまとめた内容を核として、後代の知恵が少なからず付加されている（と多くの論者が考えている）[6]。

　『韓非子』五蠹《と》は、「人主貞廉の行を尊びて禁を犯すの罪を忘る……儒は文を以て法を乱り、侠は武を以て禁を犯す。而して人主兼ねて之を礼す。此れ乱るる所以なり」と述べている。「上を敬し法を畏るるの民」に対置して「游侠私劔の属」を問題にし、「国平らかなれば儒侠を養ひ、難至れば介士（甲士）を用ふ、利する所は用ふる所に非ず、用ふる所は利する所に非ざるなり」という。文をもって世を乱す「儒」も武をもって逆らう「侠」も、平和な時に養われるが、いざ事が起こってからでは何の役にもたたない。役立つ人材を捜しても時すでにおそしというのが、『韓非子』の述べるところである。ここでは「儒」と「侠」が分けて議論されている。一方、「儒侠」と連ねて述べる言葉があることから、「儒」と「侠」が不可分の関係をもっていたこともわかる。注目のしどころは、「而して人主兼ねて之を礼す」とあるところで、「儒」も「侠」も「人主」つまりあらたな王となるような有力者が、礼儀をつくして臣下に迎え入れた存在だという前提がある。

『韓非子』の批判の眼があるにも関わらず、「儒」も「侠」も、有力者が重宝がって用いた者たちだったことを物語る。

『韓非子』は『漢書』芸文志に『韓子』とあるもので、韓愈と区別する意味から後代『韓非子』と称された。その『韓非子』は韓非の現行録の体裁をとる。成立は早くとも戦国末、それより遅れる可能性もある。その戦国末、先に述べた「県」とは異なる行政単位がすでに出現していた。

郡の設置と「侠」評価

新しい行政単位とは郡のことである。郡は辺境に設置された軍区を意味するのが始まりらしいが、その軍区が異常に膨張した国家がある。それが秦である。つまるところ中領域が異常に拡大された、という話なのだが、昭襄王の時には、天下の半ばをしめるまでになった。始皇帝はその孫である。始皇帝の天下統一は、祖父の遺産を基礎になされたということである。

郡は、伝統的な文化地域を越えて設置された。他の国家、つまり伝統的文化地域を基礎として成立した国家やその一部を占領して郡をおいた。天下統一の時点で三十六郡を置いたことが『史記』に書かれている。戦国時代の領域国家として議論されるのは、秦以外に六国あるから、そうした国家を分割統治する領域になる。

こうした郡が設置された後に『韓非子』の議論がある、ということをここに確認しておく。

『韓非子』顕学篇に、先に扱った『韓非子』五蠹《と》に関連する記述がある。

> 世の顕学（世に重んじられる学派）は儒（儒家）・墨（墨家）なり。儒の至る所は孔丘（孔子）なり。墨の至る所は墨翟（墨子）なり。孔子の死せるより、子張の儒あり、子思の儒あり、顔氏の儒あり、孟氏（孟子）の儒あり、漆雕氏の儒あり、仲良氏の儒あり、孫氏（荀子）の儒あり、楽正氏の儒あり。墨子の死せるより、相里氏の墨あり、相夫氏の墨あり、鄧陵氏の墨あり。故に孔墨の後、儒は分れて八となり、墨は離れて三となる。取舎するところ相い反して同じからず、而して皆、自ら真の孔・墨なりと謂ふ。孔墨復た生くべからず、将に誰をかして後世の学を定めしめんとする。孔子・墨子は倶に堯舜を道《い》ふ。而して取舎するところ同じからず。皆、自ら真の堯舜なりと謂ふ。堯舜復た生くべからず。将に誰をかして儒・墨の誠を定めしめんとする。殷周七百余歳、虞（舜）夏二千余歳、而して儒墨の真を定むる能はず。今乃ち堯舜の道を三千歳の前に審かにせんと欲するも、意《おも》ふに者、其れ必すべからざるか。参験なくして之を必するは愚なり。必する能はずして之に拠るは誣なり。故に先王に明拠し、堯舜を必定する者、愚に非ずんば則ち誣なり。愚誣の学、雑反の行、明主は受けざるなり。

以上を通して確認できることは、

一、孔子の死後、八人の儒者が出現し、それぞれの学派が、その見解を継承している。それを「～の儒」と表現している。

二、それぞれ、自分たちこそが真の孔子の学統を継ぐものだと自負し、堯舜に関する見解などそれぞれ主張するところが相異している。

三、墨子の死後、三人の墨家学者が出現し、それぞれの学派がその見解を継承している。それを「～の墨」と表現している。

四、それぞれ、自分たちこそが真の墨子の学統を継ぐものだと自負し、堯舜に関する関係などそれぞれ主張するところが相異している。

五、八家の儒も三家の墨も、「顕学」(国家で重んじられている学説)とされている。

六、「取舎するところ不同」とあるから、それぞれの経典とするテクストが違っているようだ。

七、孔子や墨子も生き返らないし、どれが本来の教えなのかわからない、と言っているから、いわゆる経典には、本来あったはずだと議論された孔子・墨子の主張に、言わば付加されたと自認する部分があり、その相異が問題にされているようだ。

八、堯舜も生き返らないし、三千年も昔のことを詮索することなどできないと言っている。

などである。

『漢書』芸文志は前漢末の議論を基礎に後漢の時にできた『漢書』に収録された内容だが、そこでは、書物を①儒家の教養書、②諸家の書物、③諸家の書物を九家とまとめなおした記述、④儒家以外の教養書の四つに分けて、諸書が分類されている。後漢の段階では、儒家は一尊の状況下にある。これに対し、『韓非子』の段階では、儒家が一尊でないのみならず、その儒家が(主だったものとしても、ということかと思うが)八家あることが説明されているわけである。しかも、それぞれが、孔子の正統を継ぐ立場を主張していて、テクスト内容にも違いがあるらしい。この点は、墨家も同様で、三家あると説明されている。これらはいずれも「顕学」すなわち世を風靡する学派である。

『韓非子』顕学の言わんとするところは、これら顕学も、「自己の正当性」を言うわりには、その根拠がない、という点にある。『韓非子』のこの批判は、上記『韓非子』五蠹の「儒侠」に対する批判にも通じるものがあり、前提とされている状況が批判されている。「顕学」(世に重んじられる学派)はそもそも一国に集中するはずはない。したがって、その前提とは、各国に顕学があり、それぞれテクストも違い、自己の正当性を競い合っている、ということになる。そうした「儒」と「侠」が密接にからんで議論されているということである。『韓非子』の批判の眼がわれわれに的確な情報を提供してくれている。『韓非子』にあって、「侠」は批判されている。

『戦国策』と『史記』

『戦国策』は前漢末に成書された。それまでに残されていた材料を使ってのものである。『史記』は前漢中期におおよそができあがっている。当然ながら、『史記』は『戦国策』を使っていない。『史記』が使っているのは、後に『戦国策』編纂の材料となる諸書である。残念なことにこうした材料の諸書はすでに失われている。また、『戦国策』も後に散逸し、再編纂されて鮑本・姚本の二つの系統の版本ができた。したがって、『戦国策』と『史記』を比較するということは、常に『戦国策』の文章が『史記』の文章より後代の産物である可能性を念頭におく必要があるわけである。

現実問題としては、『戦国策』の文章について、その材料を念頭におき、それと『史記』を比較することになるのだが、論理の上で言えば、他の文献と『史記』との関係において、同じような議論が可能かどうかを、別に再確認する必要がある。

とはいえ、後漢の時点で、『戦国策』が材料内容とさほど内容上の差異がないとみなされていたことはわかっている。後漢の時代に作られた『漢書』司馬遷伝に『太史公書』(『史記』)に言及する部分があり、その材料を述べている。そこには、『戦国策』の名がある。論理的にはおかしな話だが、材料内容のことだと考えればつじつまが合う。つまるところ、この『漢書』の観点をどこまで信じるかが問題である。

そこで、『戦国策』と『史記』とで、同じ説話を掲載している事例を探して比較してみると、おもしろい結果が得られる。楚策四に、戦国時代の楚の宰相春申君に関する説話が掲載されている。それに「春申君、後に入りて棘門に止まる。園の死士、春申君を夾(はさ)みて刺し、其の頭を斬りて之を棘門外に投ず」という一節がある。ここには「夾(はさむ)」の字がある。この字を『史記』では「俠」の字に直している。「はさんで刺し殺した」が「俠刺した」に変貌したということである。たんなる動作の表現が、「俠」という評価を加えた表現に変わったということである。

上記の事例は、『戦国策』の文章が変更されて「俠」の字が追加されたというものだが、実はその『戦国策』には「俠」の字が一つしか使われていない。それは始皇帝暗殺をくわだてた荊軻の記事である(燕策三)。その事件は、当然ながらその後に作られたものであり、かつ荊軻に同情的な内容になっている。暗殺計画は統一前夜のことだから、統一後に議論されたものとみるのが自然である。つまり、戦国時代に関する説話には、「俠」の字がない、ということである。

そして、さらに言わねばならないことは、その荊軻の説話にしても、荊軻を「俠」と評価しているのではないということである。また、「俠」の評価が負の評価になっていないということである。問題の『戦国策』燕策三の文章は、「田光曰く、『吾、之を聞く。長者、行を為すには、人をして之を疑はしめず。今太子、光に告げて曰く、言ふ所の者は國の大事なり、願はくは先生、泄すこと勿れと。是れ太子、光を疑ふなり。夫れ行を為して人をして之を疑はしむるは、節俠に非ざるなり」と述べ、自殺して荊軻を鼓舞するという内容になっている。ここで「節俠」はいい意味で用いられている。

ここで、先に検討した『韓非子』五蠹の「儒侠」を思い起こしていただきたい。この「儒侠」も「文をもって世を乱す「儒」も武をもって逆らう「侠」も、平和な時に養われるが、いざ事が起こってからでは何の役にもたたない」と批評されているのであって、「平和な時に養われる」ほど評価されている、というのが前提にある。その前提としての良い評価が燕策三の「節侠」にもある。「節侠」とは「節をもってする侠」で、「侠」の「節ある者」ではない。文脈はあくまでいい意味をもって「節侠」を語る。

要するに、『戦国策』には所謂「侠」の字の用例はないといってよい。そして、後に「侠」だと評価された行為が記されている。『史記』はその行為について「侠」の評価を下している。負の評価である。『史記』に先んじて、先に述べた『韓非子』の評価があり、「侠」が高く評価されているという前提と、その前提を批判する立場が示されていたことを想起していただきたい。

以上から、『戦国策』(行為のみ記述)→『韓非子』(前提としていい評価のものを批判)→『史記』(よくない評価)の「侠」をめぐる変化があることがわかる。少なくとも、「侠」に関する記事については、この順序で新旧の問題を考えることができるようだ。

さて、この変化を読み解く鍵は、どこにあるか。それは中領域の拡大と天下統一による大領域の出現にあるとみる以外にないだろう。郡の設置が相当に進んだ現実を基礎に『韓非子』の議論が成り立っている。そして、その認識が中領域を複数支配するにいたった漢帝国の史書『史記』に継承されている。

ある中領域内でいい評価を得ていた行為が、それらをまとめる大領域が成立する過程で問題視されるにいたったというのが、『史記』に関して、そして溯って『韓非子』に関して言えることである。

ちなみに、『戦国策』の成書時期の問題があるから、念のために他の戦国時代成書の書物を調べてみよう。たとえば『管子』の説話を見ると、「侠」は記されていない。「夾」(さしはさむ)はある。後に「侠」と評価される行為は記されている。『公羊伝』(『春秋公羊伝』)も同じ傾向性を示す。[7] 戦国時代の成書という説から漢末の成書だという説まである『左伝』(『春秋左氏伝』)も同じ傾向を示す。一般に戦国時代の成書といわれながら、なかには漢代の成書まで疑われている『国語』も同じ傾向性を示している。一般には漢代の成書が疑われ、伝統的には戦国時代の成書とされてきた『穀梁伝』(『春秋穀梁伝』)も同じ傾向性を示す。つまり、「侠」という字の用法を検討するかぎり、つまり、この字が関わる説話を検討する限り、『左伝』や『国語』・『穀梁伝』は戦国時代の成書であることを証明するようだ。『戦国策』の場合も、説話集であって、成書こそ漢末に下り、散逸して再編纂されているとはいえ、材料の問題としては戦国時代成書の内容を比較的よく保存していると言えそうだ。あくまで「侠」の字をめぐる説話の検討によれば、ということではあるが。

そして実も蓋もないような話にはなるが、これまで中領域と大領域を分けて論じることがなかったため、諸書の成書をめぐる議論が錯綜していたこともわかってくる。「侠」の書き方に着目することは、上記を参照していただければおわかりになるように、この中領域と大領域を分けて論じる視点を介在させてみたということを意味している点、あらためてご確認くださると有り難い。

漢代の「俠」と公・私

問題をより深く見るために、「公《おおやけ》」と「私《わたくし》」の視点を介在させてみよう。新石器時代以来の文化地域において成長してきた戦国時代のいくつかの国家（中領域）は、それぞれ領域国家の中央政府を作り、地方都市（小領域）を県として官僚統治した。この国家中央は「公」の立場をもつ。県は「公」の出先機関である。遊俠は都市の輿論を形成してこの「公」に参画してきた。その輿論に国家中央の有力者がめくばりし、その輿論を利用する。文をもって任用される者もいれば、武をもって任用される者もいた。任用されることで彼らは「公」の一員となった。

戦国四君と称される斉の孟嘗君、魏の信陵君、趙の平原君、楚の春申君は、有為の士を養ったことで名高い。そうした士のなかにも文をもって任用された者、武をもって任用された者がいた。その任用行為が、『戦国策』に紹介されている。そしてその任用行為が、『史記』ではあたかも「俠」に関わるかのように書き換えられたわけである。

戦国四君は「客」を養ったことも知られている。彼らは、本来他国出身者を指すようだ。天下の士を用いる。他国の情報は彼らによってもたらされる。

だから、戦国時代にあっては、中領域の「公」の下で輿論形成を行う者たちと、その「公」の間を行き交う者たちがいたわけである。

こうした中領域の「公」の下の輿論形成の場が、秦・漢の統一でなくなったのかどうか。結果は否、ということを示す史料がある。

『史記』游俠列伝に何人かの人物が紹介されている。それらの中に、彼等游俠の世界にあって、「俠をなす」行為が評価された場の広がりを示す記述がある。

郭解は、（河内の）軹の人で、相人（人をみる）にたけていた。ある時郭解の姉の子が郭解の勢威をかさにきて人を怒らせ、あげくには殺されてしまった。姉はその死体を道にさらして郭解に犯人検挙をせまる。郭解はとうとう犯人をさぐりあてた。犯人はみずから郭解のところに出頭した。事の次第を問いただした郭解の判断は、姉の子が悪いというものだった。そして犯人をにがし、姉の子の罪を明らかにした上で葬儀を行った。このことで、郭解の輿望は高まった。礼儀を欠いたふるまいを見ても、自覚させるようにしむけたりしたので、輿望はさらに高まった。洛陽では、対立する賢豪たちを仲裁したこともある。その郭解が、対立する楊氏の楊季主を殺し、楊氏に訴えられた。郭解はその母の家財を夏陽に置き、みずからは臨晋にいたった。臨晋の籍小公は郭解の顔を知らないまま、関所を通過させてしまう。郭解は太原に入った。官吏の追っ手が籍小公のところにいたって、（籍小公は事の次第を知り、郭解を守るために）自殺してみずからの口をふさいだ。しばらくたって、郭解が逮捕されると、かつて郭解に殺された者たちの縁者すら郭解の赦免を願う。軹に儒生がいた。客が郭解をほめるとその儒生が郭解は姦を以て公法を犯したと批判する。客はその儒生を殺して舌を抜いた。官吏がこの事件を問いただすと郭解はその客のことを知らなかった。また、客も自殺したので誰のために殺したかもわからなくなった。官吏は解の無罪を奏上した。しかし、御史大夫（中央の高官）公孫弘は、「郭解は任侠を行って権力を行使し、にらみをきかせて人を殺させたものである。郭解が知らぬこととはいえ、この罪は郭解がみずから殺すよりも罪が重い。大逆無道である」と述べて郭解を一族みなごろしの刑に処した。

この一件を、『漢書』も紹介しているが、『史記』と対比すると面白い。「侠」についての評価は、後漢時代の成書である『漢書』では、さらに厳しくなる。

『漢書』の文章は、『史記』の字句と共通する部分が多い。にもかかわらず、『史記』と『漢書』とでは、読後感が違ってくる。これは、『漢書』游侠伝が冒頭に「是に繇《よ》りて列国公子、魏に信陵有り、趙に平原有り、齊に孟嘗有り、楚に春申有り、皆王公の勢に藉りて競ひて游侠を為す。鶏鳴狗盗、賓礼せざる無し」と述べていることに原因がある。戦国四君が「客」を招くこと自体を「游侠を為す」とし、四君の「客」を「鶏鳴狗盗」に置き換えてすべて反社会的行為をなす者たちだとの見解を示している。これに対し、先行する『史記』の游侠列伝では、冒頭からしばらく游侠の何たるかを解説した上で、具体的人物の叙述にうつり、最後に「太史公曰く」でしめるという体裁をとっている。最後の方で天下の賢者を「客」として招いた戦国四君などと、閭巷の「侠」の存在を述べ、後者は儒家・墨家いずれも記録を残さなかったという。「客」は客なのであって、「鶏鳴狗盗」ではない。つまり、「鶏鳴狗盗」を脳裏に刷り込まれた上で読む『漢書』と、「客」は客だという説明が後の方で出てくる『史記』とでは、読後感が違ってしまう、ということである。

こうした点に注意したうえで、あらためて郭解の事績を見てみると、二つの「公《おおやけ》」が交錯していることに気づく。郭解は、姉の子が罪ありとし、その子を殺した犯人を逃がしている。これは、親戚としての子を殺されたという立場からすると、より大きな次元での判断を下しているわけで、いわば「公」の判断をしているのである。その判断が、彼の輿望を担った。その輿望がどんなところにどんな影響を与えているのかというと、郭解の顔を知らぬ者すら、その輿望をもつ者を守るために自殺するにいたる。これは、自殺した者の立場から見た場合、お上の側にたって処断した場合に引き起こされる輿論の反撥と、自らが自殺した場合に引き起こされる輿論の支持を合わせ考えた結果としかいいようがない。反撥をくらえば、家族すらあぶない。しかし自らが死んでも輿論の支持があれば、家族は安泰である。お上からすると、地方の輿論も、個人的事情もいずれも「私《わたくし》」に属する。しかし、郭解を擁護し、自殺すらした者たちにとっては、お上以上に大事にしなければならない「公」が存在していた、ということである。

こんな背景があるから、公孫弘も後にひけず、郭解を一族もろとも死罪にしたのであろう。郭解を支える「公」を支持する行為は「大逆無道」だという判断を示した。ここまで考えをすすめると、そもそも郭解が殺した人物がどうだったかも、読める。おそらく、輿論の支持が得られない行動をとっていた者、中央におもねる(と輿論からは判断される)政策を日頃実行していた者、ということになるだろう。だからこそ中央としてもひくわけにはいかない事情があったということである。

しかして、郭解を支えた「公」の範囲は、戦国時代の三晋のうち、趙を主として韓にかけての領域に重なる。この言わば中領域の輿論の広がり具合を確認すると、その輿論がいわゆる都市の無頼などとは次元の異なる人々によってささえられていたことを知るのである。そして、私はさらに、ある事を思い起こさずにはいられない。

それは孔子が流浪したとされる地域の広がり具合である。[8] 春秋時代の宋・陳・鄭・衛の四国のほか、葉と蔡にも脚をのばした行程は、いわゆる殷の故地(すでに述べたように、殷や周は中領域を睥睨した王朝であった)とその故地にゆかりのある国々を経巡ったものになっている。

歴史的には、西周金文に周の武王が殷を滅ぼしたときに、「丕顯なる文(文王)・武(武)、大令を膺受し、四方を匍有す」(師古毀)などと記された「四方」(四つの方国で殷の故地を代表させせる)の地に当たる。

この伝統的意識の強い一帯を孔子は経巡った(『史記』孔子世家)。孔子のこの流浪の旅が示しているのは、おそらく新石器時代以来の交流の基礎の上に、国どうしの行き来の道ができあがっていることである。その行き来の道沿いには、国ごとに物資補給のための「湯沐の邑」が置かれており、[9] それは行き来する他国の使節が休むところで、そうした他国の人々が住むところであった。こうした「湯沐の邑」は、戦国以後も形を変えて存続する。春秋後期にあって、殷の末裔たる孔氏の一員として生まれた孔子(孔丘)は、魯の国外に出た後、その殷にゆかりのある地域を行き交うことになった。

こうした行き来の道は、すでに述べたように、大国の時代にあって大国・小国を結ぶ貢納の道であった。そして領域国家の時代になると、中央と地方を結ぶ物資の輸送路となった。中央の視点からは、こうした輸送路という意味づけが出てくるわけであるが、こと游侠の視点からすると、彼らを迎え入れた場、いうなれば、游侠を支える輿論のひろがる場がそこにある。かつて存在した湯沐の邑以来、他国の人々を受け入れてきた場がなお息づいている。

無論のこと、かつての湯沐の邑がそのまま存続した、などということを論じるつもりはない。そうした邑が存在した時代から、いわばよそ者を受け入れる伝統が脈々と受け継がれていたことを述べるにすぎない。

しかしながら、そうした場の広がりは、どうしてもかつての大国・小国関係を反映して限定的になる。逆に限定的であるだけ、その場がもつ独自の雰囲気は、時代を超えて根強く継承された、ということであろう。そうした場で作られた輿論に対し、『史記』は同情的な姿勢を示しつつ、中央の視点から「否」の裁定をくだし、『漢書』は厳しく断罪して「否」の評価をくだしたのである。統一帝国ができてまもない前漢の時代と、相当の時を経た後漢の時代では、同じ事件に対する評価の姿勢もまったく異なってしまった。

ちなみに、『史記』は太古から前漢武帝期までを扱い、『漢書』は前漢時代を最後まで扱う。したがって前漢時代の武帝期までは、『史記』と『漢書』は扱う時代が重なる。この重なる時代について、多くの論者は『史記』・『漢書』両者を用いて議論する。しかし、両者をごちゃまぜにして論じるのがほとんどである。すでに述べたところからもわかるように、『史記』と『漢書』は同じ文章を用いていても、文脈が異なっている場合が少なくない[10]。なかには『史記』が時期を追って議論している内容を前後まぜこぜにして、時期の遅れる議論が最初からあったかのような文章すらできあがっている。このことを知らぬまま、多くの論者が『漢書』をもって議論することが少なくない、とすると、その議論は果たして成立するかからして問題になる。ざっと目を通しただけでも『漢書』を使って『史記』を論じたような気になったとおぼしき事例がみとめられる。

遊侠の「儒」化

先に『漢書』芸文志の一節を議論し、この書物を作った後漢時代にあって、儒教が国教としての地位を不動のものにしたことを確認しておいた。また、上記において、その『漢書』と『史記』の記事の共有と文脈の相異を問題にしておいた。その『史記』において、孔子は一介の士としてではなく、諸侯としての扱いを受けている。『史記』では、南越のような蛮夷扱いの国は、個人扱いの「列伝」中に記事がまとめられている。いわば格下げの扱いを受けているのである。また諸侯（漢代では皇帝の下の諸侯王）の身分をもっていながら、反乱を起こした者たちも格下げされて「列伝」に記事がまとめられている。評価が難しい者などは、諸侯扱いも個人扱いもしてもらえず、独立の「世家」や「列伝」を立ててもらえない。こうした中で、孔子について「孔子列伝」が立てられているのは、『史記』がいかにこの孔子を高く評価したかを示している。

しかし、孔子列伝は、太史公自序と連動して孔子評価を進める。太史公自序では、古今を通じて史実を配列しえたのは『史記』だけで、先行する史書はそれができていないことを論じている。孔子が作ったことにされていた『春秋』[11]も例外ではない。『史記』が「公《おおやけ》」の史書であり、それに先行する史書は「私」の扱いを受ける。つまり、『史記』は孔子について「私《わたくし》」の史書を作り出した先人だとの評価をくだしている。そのため、孔子列伝でも、孔子についての評価はいいもの、悪いもの、いずれも掲載している。

この孔子評価をさらに遡ると、これも先に紹介した『韓非子』の顕学、つまり、儒も墨もいくつかの派に分かれていて、しかもどれをとってみても古を語る根拠に欠けている、という評価にいきあたる。戦国時代にあって、儒家は天下を風靡する学派ではなかった。

前漢武帝の段階で、儒家は天下を指導する学派としての地位を標榜しうるまで地位を上昇させている。しかし、孔子評価はいまだ最上のものとはなっていない。それが、『漢書』が作られた後漢の時代になると、孔子評価は最上のものとなり、儒教経典も他の学派をはるかに凌駕して特別に位置づけられている。

こうした孔子評価の推移と、上記において検討した「侠」の評価問題は連動している。

我が国の宮崎市定が「遊侠の儒(教)化」を論じている[12]。これは、それまで反中央の行動を示していた遊侠が、後漢中央の理念的支柱であった儒教を受け入れたという話である。この「遊侠の儒化」をもって、儒教は天下の教えとなったのである。遊侠の儒化がなった経緯を理解する上で何に注目しなければならないだろうか。実はそれが石碑の有り様なのである。

石碑は、後漢の有力者が建てた。この有力者を史学の上では「豪族」と表現している。それは、次に述べるような史料に「豪傑諸侯彊族」などの表現が見えているからである。『史記』貨殖列伝には、「漢興りて海内(天下)一と為り、関梁を開き、山沢の禁を弛め、是を以て富商大賈、天下に周流し、交易の物、通ぜざるは莫し。其の欲する所を得、而して豪傑諸侯彊族を京師に徙す」とある。地域地域に輿望のある一族を、漢の都長安に集めたことを記している。それを貨殖列伝に記しているのが、注目のしどころである。『史記』貨殖列伝は、商人の動静を伝えるもので、そこに遊侠の活動が紹介されている。だから、われわれは、遊侠なる存在が、商人の経済活動と密接に関わっていたことを知るのである。

その商人の活動の範囲は、これも中領域になっていて、遊侠の輿論の場に重なっている。やや詳しく述べれば、『史記』などを通して知る秦の始皇帝の統一政策の中に、「車軌の統一」がある。この政策から、各国は車の幅を違えていたことを知る。各国の国境を越えて車は移動しなかったということである。これが当時の経済活動の一面を示している。物と人は国境を越えて移動するのであるが、その移動を制限する政策がとられている。貨幣も、戦国時代の領域国家の時代になって出現するが、国家ごとに形が違っていたことが知られている。これも物の移動を制限する政策の一つになる。

この「豪傑諸侯彊族」を移した記事は、後漢時代の成書である『漢書』では、貨殖伝に掲載されることはなかった。そして、『漢書』の場合、本紀の高帝紀に「五年……後(閏)九月、諸侯子を関中に徙す」、「九年……十一月、齊・楚の大族、昭氏・屈氏・景氏・懐氏・田氏の五姓を関中に徙す」という記事が記される。ここでは「豪傑諸侯彊族」ではなく「諸侯子」と「大族……五姓」が問題にされた。遷徙先も「京師」(都)ではなく、はずれの「関中」である。『史記』で、商人との関わりが濃厚だとみなされていた観点は、『漢書』では消えてしまった。

この場合も、やはり、游侠の輿論形成の場の香りは消されている。

つまり、新石器時代以来の文化地域の伝統を継承する輿論形成の場に対して、『史記』は目配りがきき、『漢書』にはそれを抹殺する意図が見えるということである。

豪族石碑の気になる性格

先に述べたように、石碑を広汎に建て始めたのは、それも墓碑としての石碑を建て始めたのは、豪族たちであり、後漢の時代であった。この時代の石碑について、中国の呂宗力[13]という学者がとても興味深い説を立てている。

前提として少し説明を施しておくと、われわれが常々思い描く孔子とは別の孔子が、後漢時代にあって議論されている。風貌は異常であり、かつ、王者としての資質が議論される。これを「素王」と称し、皇帝とは区別して議論される。この説自体が、一般常識とはかけはなれている。

この「素王」説を支えているのが、後漢当時に流行した讖緯説という神秘主義思想である。この思想は、緯書と称される書物群に記された。緯書とは、表向きは、儒教の経典つまり経書に対する別の経典ということになっている。「経緯」という言葉があるが、「経」は縦糸、「緯」は横糸である。経書があれば、緯書もあっていい、という理屈なのだが、実際には、この緯書は前漢時代からの議論を基礎にしつつ、後漢時代に大流行したものである。

呂宗力によれば、漢碑をもとに讖緯説の思想界への影響を述べることができる。素王説は、後漢にいたると内容上大いなる発展を示し、「孔子素王」説と「素侯」説が出てくるという。議論が錯綜しないように付け加えておけば、呂宗力は、『漢書』を引いて、前漢時代に「素王」説があったことを述べて議論を進めるわけだが、すでに述べた『史記』と『漢書』の違いが、ここにも現れており、『漢書』に述べる「素王」説は、前漢時代には溯らない。『漢書』董仲舒伝に、前漢時代の「素王」説を述べたところがあり、「孔子は春秋を作り、先に王のことを正して万事を繋《つな》ぎ、素王の文を見(しめ)した」とある。これから、多くの論者は孔子と素王の関係を述べているが、董仲舒『春秋繁露』には、「素王」の記述はない。『史記』も孔子と「素王」とを結びつけてはいない。それが前漢時代の現実である。「孔子素王」説どころか、孔子と「素王」を結びつける議論すら、後漢になってはじめて流行したものであることがわかる[14]。

さて、本筋の議論に移ることにしよう。後漢時代に関する呂宗力の説である。

呂宗力は述べる。「(緯書は)孔子を天より受命した『素王』だとみなすだけでなく、その下に『素臣』を配備し、それによって世俗君権と相拮抗する神権体系を構成した。(その)緯書が大量に失われたため、今に残された緯書の関係する材料はすでに少なくなってしまっている。しかし、緯書を引用しつつ文章を構成した石碑『史晨碑』、『韓勅後碑』の碑文によると、孔子が『素王』だという言い方が反復して出てくる。また『孔聖素王、受象乾坤』(孔子は聖人にして素王であり、きざしを乾坤〈天地〉に受けた)の説が見えていて、このことをもってしても、『孔子素王』説が確かに讖緯学の重要な構成部分であることを確かめることができる」。

ここに注目しなければならないのは、「素臣」を述べていることである。つまり、後漢の石碑に、孔子を頂点とする政治的な体制が、理念上のものとはいえ構想されている、ということである。もともと皇帝劉氏に対する反骨精神に充ち満ちていた游侠世界が、どうして儒教に大いなる興味を抱いたかの鍵がここにある。伝統的儒教には、こうした政治的体制の構想がなかった。皇帝を頂点とする権力機構に、従うことを求める基本姿勢しか見られなかった。賢人とその弟子たちが伝えた思想だけでは、それを示す以外に方法がなかった。ところが、ここにいたって、つまり緯書の出現によって、理念上のものとはいえ、心の問題としては孔子を頂点とする理念的政治体制を翼賛する、という対応が可能となった。表向きは皇帝を頂点とする体制を翼賛する「形」をとりながら、ということである。

呂宗力は、この二つの翼賛体制まで述べているわけではないが、呂説を敷衍すると、こうなる、ということを述べてみたのである。翼賛の「形」をとっていても、二つの翼賛の頂点は違っている。

五徳終始説と帝王風貌異常説

戦国時代にいわゆる経典の基ができあがった。前漢時代から後漢時代にかけて、経典が現代に継承される形をなすにいたった。そして、後漢時代、経典には、新たな解釈としての注釈が付された。

戦国時代には、戦国七雄など各国の「正統」なる王を頂点とする理念ができあがり、競ってみずからの王が唯一の正統(「一統」)であることを主張した。そうした主張を統合して、前漢時代の皇帝を頂点とする理念が構想される。その構想の中で重要な位置をしめるにいたったのが、五徳終始説である。

五徳とは五行の徳である。木徳・火徳・土徳・金徳・水徳を言う。伝説の帝王以来、この五徳が順を追って備わったものとされた。前漢武帝の頃の説では(董仲舒『春秋繁露』)、夏王朝は木徳であり、殷王朝は金徳であり、周王朝は火徳であり、孔子から始まる「閏位」の時代が水徳であり、その「閏位」を受けた漢王朝は土徳であった。この木→金→火→水→土という順番は、木が金属に切り倒され、金属が火に溶かされ、火が水に消され、水が土に堰き止められるという関係を示している。この関係を論じて五徳相勝説という(五つの関係を語る場合、後者が前者に打ち勝つ)。どうしてここに「閏位」が議論されるのかというと、暦が関係するからである。暦は戦国時代に理念的なものが整備された。いわゆる旧暦の祖先であり、月の盈ち虧けをもって一月とする。大陽暦とは若干のずれができるので、冬至など大陽と季節の関係を規定して調整する。夏王朝は夏正(冬至を含む月の翌々月を一月とする)、殷王朝は殷正(冬至を含む月の翌月を一月とする)、周王朝は周正(冬至月を一月とする)とされた。すべて戦国時代に議論が始まったもので、春秋時代まで実際に使われていたのは、観象受時と称すべき暦である。観測により季節調整するが、大陽と季節の関係を規定する節目が厳密ではなかった。

議論の上とはいえ、夏王朝は夏正、殷王朝は殷正、周王朝は周正ということが前提となる。くどいようだが、実際の歴史的事実ではない。その議論の先に構想されたのは、再び夏正の世がやって来るということであった。戦国時代には、この夏正にまつわる制度が整備され、いわゆる経典も、この制度を語っている。したがって、経典を利用する、ということになると、夏正を使うのが理にかなっている。経典もお薦めの暦を使う、ということになるからである。ところが、周王朝が滅亡しても戦国時代は続いた。そして秦の始皇帝が天下を統一して皇帝となった。その先に漢王朝がある。経典もおすすめの暦を漢王朝にもってくるには、周王朝と漢王朝の間を「閏位」とし、その時代の暦が夏正にならないことを論じておくのがよいわけである)[15]。

かくして、経典を作った(実際は後代の学者たちが作り、増補していった)とされた聖人孔子を筆頭に、「閏位」を議論することになった。

後漢の時代には、以上とは別の五徳終始説が議論された。前漢末の劉歆の説を継承したものである。伝説の帝王から始めて五徳を論じ、夏王朝を金徳、殷王朝を水徳、周王朝を木徳とし、漢王朝は直接周王朝を継承する火徳の王朝だとする。この(土→)金→水→木→火という順番は、土が固まって金属となり、金属が溶けて水となり、水が化して(水を養分として)木が生え、木が燃えて火を生じ、火が燃えた後に灰が残る(土ができる)という関係を示している。この関係を論じて五徳相生説という(五つの関係を語る場合、前者から後者が生じる)。孔子から始まる時代は、依然として「閏位」に位置づけられている。暦との関わりは同じである。ただ、前漢武帝期と異なるのは、この「閏位」の時期について五徳が問題にされないことである。

つまり、孔子から始まる時期の位置づけは、五徳終始という観点からすると、格下げされたのである。

ところが、一方では、すでに述べたように、讖緯説による孔子の至上化が進行している。

つまり、こういうことになる。先に述べた二つの翼賛体制のうち、皇帝を頂点とする体制が帝王の徳を論じて、五徳終始説を述べる。こうすることで、帝王の徳の問題としては、孔子は議論の外に位置づけられる。ここに、皇帝の側の、つまり中央からの目線がある。実際に権力の頂点にあるのは、皇帝である。だから、この孔子を格下にする位置づけは、言わば当然の帰結を示している。

では、孔子には五徳はなかったのか。実はあるのである。それが緯書に書いてある。

孔子と伝説帝王の異常風貌説

緯書である『春秋感精符』には、「墨孔(黒の孔子)生まれて、赤制を為す」とある。これは、孔子に水徳が備わっており(墨＝黒、北方に水と黒〈玄〉が配当される)、その水徳の孔子によって火徳をもつ漢の制度(赤制)が作られたことを述べている。

ここで注意しておきたいことは、周(木)→漢(火)という五徳終始とは別に、孔子の水徳が議論されることである。

どうして周の木徳と漢の火徳の間に孔子の水徳が入り込めるのか。というより、何らかの徳を議論しないことには、漢の火徳が語れない、と言ったらいいだろうか。実は、ここまで述べないでおいたのだが、戦国時代には「三合」という議論が出現し、継承された。方位を十二支で表現する場合、これを十二方位という。十二方位を作った後、三つの頂点を選ぶ。そのとき、その三つの頂点を結んでできる三角形が正三角形になるように選ぶことができる。子・辰・申、丑・巳・酉、寅・午・戌、卯・未・亥の四つの組み合わせができる。これらそれぞれの三つの方位の関係を「三合」と表現する。占いに使われている大切な用語である。

十二方位は、音楽の音の作り方と関連づけられる。音の作り方は、洋の東西を問わず基本は同じで、中国では三分損益法という。十二方位で説明すると、子の音から数えて八つ目の未の音が生成され、次に未から数えて六つ目にもどって寅の音が生成され、という具合に、次々に十二の音を作り出していく。この十二方位の「生成」に上記の「三合」を重ねて、前漢武帝時代の五徳終始説は議論された。そして、後漢時代の五徳終始説も、こうした図形的背景をもって議論されている。その議論の結果、五徳終始を五行相生説で述べるには、「閏位」を置いた上で、五行の相生を論じない、という方策が要請された。しかし、「五行相生」のためには議論しない、ということであって、「三合」の関係から、三つの頂点に関わる五徳を別に議論することはできる(頂点は三つあるから論理上は三つ議論できる)。その議論の上で一つだけ選ばれたのが「水徳」なのである。[16]

どうして孔子の「水徳」が選ばれたのか。それは、孔子の祖先が殷王だったということによる。孔氏は、宋国君主から別れた一族である。宋国君主は殷王朝が滅ぼされた後、殷の末裔が封建されたものである。後漢時代の五徳終始説では、殷王朝は水徳とされた。だから、孔子も水徳だというわけである。

上記の緯書説は、その水徳の孔子が、火徳の漢王朝の出現を予言した、という内容になっている。[17]

この孔子と水徳の関係は、実は豪族たちにとって、とても魅力あるものであった。というのも、豪族たちは、その祖先を伝説の帝王に求めていたからである。この伝説の帝王に祖先を求める考えは、戦国時代の各国の王の間で議論されていた。各地の豪族は、それぞれの地域の有力者であり、春秋時代以来の都市の有力者である。それぞれの都市は、溯っていけば、春秋時代の都市国家にいきつく。都市国家の時代に、伝説の帝王の議論はなかった(現存する帝王伝説は、すべて戦国以後のものである)が、豪族たちは、自己の先祖を都市国家の時代に溯らせ、それぞれの君主がもっていた「姓」に注目した。「姓」はそもそも女性が出自を意味するものとして使われた。そして、それぞれの国家ごとに決まっていた。この「姓」ごとに、伝説の帝王から別れたことを議論したのである。

この議論が定着すると、豪族の祖先は伝説の帝王だということになる。こうなると、後漢時代の五徳終始説により、そして、孔子の事例からして、自分たちにも、少なくとも祖先祭祀を通して五徳を議論する権利がある、という話になる。後漢時代に、諸氏の系譜が整備されることも、よく知られている。

先にも述べたように、讖緯説に特徴的なこととされているものに異常風貌説がある。[18]漢の高祖、堯・舜・文王など、いずれも龍眼であるなどの異常風貌のことが記されている。『孝経援神契』[19]に「孔子は海口にして、言は沢を含むが若し」(「舜は大口なり」という文章もある)とあり、『孝経鉤命決』に「仲耳(孔子)は虎の掌あり、是れを威射と謂ふ」・「仲耳(孔子)は、亀背あり」とあるのも、孔子の異常風貌を述べている。

伝説の帝王について異常風貌を述べること自体は、戦国時代からあると言っていいかもしれない。近年出土している戦国時代の竹簡にも、そうした説の原形が見えている(たとえば殷の先祖の契が母の背を割って生まれるという異常出生説がある)。戦国時代の地理書である『山海経』には、天下の外のことではあるが、異常風貌の神たちが描かれている。

その説が基になって、後漢の時代には、異常風貌説が流行し、戦国時代には異常風貌が論じられることのなかった孔子までもが、神格化されて異常風貌を論じられることになった、ということであろう。

緯書の中では、孔子の水徳が強調されて出現する。そして、関連づけられる五徳は、ほぼ漢の火徳を予言するものになっている。

すでに述べたように、五徳終始という点では孔子は「閏位」に位置づけられているのだが、五徳の一つ水徳をもつものとされている。上記の「亀背」も北方(水が配当される)の守神、玄武を想起させるものである。「海口」も同様である。これに対する赤徳の赤は、南方の色である。つまり、天に飛翔する朱雀(鳳凰)を印象づける赤徳に対し、孔子の水徳は地を支える北海の玄武を印象づけるものになっている。

いま、玄武と朱雀のことを述べたが、これらが青龍・白虎といっしょになって四方の神となるのは、後漢の頃だろうと考えられている(四つの神それぞれの淵源の問題は別として)。前漢時代の『淮南子』天文訓では、「太陰は寅に在り、朱鳥は卯に在り、勾陳は子に在り、玄武は戌に在り、白虎は酉に在り、蒼龍は辰に在り」と述べていて、四神はまだ四方の神としては定まっていない。つまり、後漢の頃の四神の方位定着に合わせるかのように、孔子の異常風貌説が出現するということである。

ということであれば、孔子の異常風貌説は、先に述べた五徳終始説を、補強すべく構想された(出現した)のである。漢皇帝を天、補佐役の賢人の象徴である孔子を地に配し、五徳終始がここで最高のものとなったことを印象づける。

そこでさらに述べれば、その賢人をあまり特別に位置づけすぎてしまうと、逆に漢王朝を凌駕する存在として危険になる。その危険を回避する方策が、五徳終始説の形をとって、念入りに練られていた。

その念入りな議論の一端を、さらに紹介しておこう。

上記の漢王朝にとっての危険を問題にすれば「素侯」説を念頭におきつつ「孔子素王」の「素王」が実際の「王」ではないと言えばいい、ということになり、逆に漢皇帝をたしなめるほどの力を誇示したいという欲求からすると「孔子素王」説を強調し、さらに五徳の一たる水徳のことなどを述べたほうがいい、ということになる。

はからずも、ということになるが、孔子以外の諸子は「素侯」だという説を述べ、孔子を含めて論じる「素王」も「王」ではないと明言した、つまり漢王朝にとっての危険を意識して述べた代表が存在する。王充であり、その書『論衡』である。『論衡』超奇に「孔子は春秋を作り、以て王意を示す。然れば則ち孔子の春秋は、『素王』の業なり。諸子の伝書は、『素相』の事なり」とある。同じく『論衡』定賢に「孔子は王たらず。素王の『業』は春秋に在り。然れば則ち桓君山の素丞相の跡、新論に存するなり」とある。その王充は、一般に讖緯の内容の虚妄性を批判したことで知られている。この批判により、王充については一般に「合理」という現代評価が定まるのだが、私には、讖緯を批判して「素相」を述べる「漢王朝擁護」の側面が見えている。

龍と朱雀の関係

先に述べたように、後漢時代の異常風貌説によれば、漢の高祖は龍の風貌が議論される。これに先行して、戦国時代には、異常風貌説ならぬ異常出生説があることにも言及しておいた。その異常出生説を少し検討してみよう。

『史記』高祖本紀には、高祖の母は劉媼といい、大沢の陂(つつみ)にいこい、夢に神と出会ったという。この時、雷電があり、あたりは暗くなって、父の太公が行ってみると、蛟龍がその上に現れていたという。そして劉媼はみごもり、高祖を生んだ。

この種の話は「感生帝」説として議論される。異常な出生を論じるものである。上記の部分には、異常風貌は議論されていない。ところが、『史記』の文章には、続いて「高祖は首が長く鼻が高く「龍顔」であり、左股にホクロが七十二個あったと記す。これは、異常風貌説になりうる。七十二は九と八をかけたものであり、九は天、八は人を示す数である。高祖は、革命によって権力を握った。春秋時代以来の血統を述べることも、またその血統が伝説の帝王以来のものであることも論じなかった。戦国時代の議論の重心は、革命論にあり、これに賛成するにせよ反対するにせよ、血統が議論されなかったわけではないが、まずは有徳が問題にされた。高祖は、「有徳」を実践して皇帝にのぼりつめた、ということに違いない。ところが、その事実を叙述することになった『史記』の時代、天下にあまたある豪族・游侠たちの先祖が春秋以来の血統を議論できることに、対応することが迫られたのであろう。

ちなみに、ということで述べておけば、『史記』の説明によれば、漢の高祖劉邦は父の子ではない。その母が龍の精を受けてみごもった存在である。そして母の氏たる劉氏を名のった。

特別の存在を説明するものであった高祖の異常風貌説は、後漢時代の緯書において、龍にまつわる話題をさらに生み出していく。緯書である『詩含神霧』には「『赤龍』が女媼に感ぜしめて、劉季（劉邦）が興った」と記している。龍は後漢の時代に議論された「火徳」を反映して赤い龍だとされた。『史記』では「異常風貌説になりうる」という程度の表現にとどまっていたのだが、別の緯書である『河図』には、「帝劉季（漢高祖）は口角は鳥のくちばしのようであり、胸は張り出ていて、亀の背、龍の股をもち、背丈は七尺八寸（一七〇～一八〇センチメートル）もある」と記している。同じく緯書である『合誠図』には、「赤帝の体は朱鳥（朱雀）であり、その顔は龍顔であり、ホクロが多い」とある。これらから、われわれは、後漢時代の朱雀（朱鳥）が、一般常識となっているいわゆる南方神という意味を越えて、漢王朝の象徴的風貌として議論されていたことを知る。「やや異常」だという程度だった高祖の風貌は、後漢時代にはとても異常なものに化したのである。

高祖の風貌について、後漢時代の成書である『漢書』には、『史記』と同程度の記載しかない。これは、『漢書』が経書に相当する位置づけをもつとされていたことを物語る。経書にない記事を述べるのが緯書であるから、高祖の風貌も、あえて『漢書』には示さず、緯書に示したということに違いない。

その緯書に掲載された孔子の出生と風貌は、高祖に対応するものをもっている。すでに孔子の異常風貌についての緯書説は紹介したところだが、異常出生についても次のようなものが議論されている。孔子に関する緯書説では、[20]『春秋演孔圖』に「孔子の母の徴在は、大沢の陂に遊び、夢に黒帝の使があらわれ、請われるままに行くと夢に語をまじわし、女乳は必ず空桑の中においてするだろうと言われた。夢から覚めるとなにやら感じるところがあり、丘（孔丘つまり孔子）を空桑の中に生んだのである」とある。また『論語譔考』には「（孔子の父の）叔梁紇は（孔子の母の）徴在と尼丘山に祈り、黒龍の精に感じて仲尼（孔子）を生んだ」とある。これらには、孔子（孔丘・仲尼）が黒帝の精に感じて生まれたことが述べられている。こういう特別な人物だから、すでに紹介したように「海口」「亀背」という容貌になるのである。こうした「感生帝」は、帝王たる条件の一つを備えている、ということだから、たんなる賢人ではない。

すでに紹介した呂宗力は、君権天授は中国の伝統的神学観念だとした上で、讖緯学の君権天授理論では、君権にかなう身分証明として、「感生帝」・「特異風貌（異常風貌）」・「符命」が核心部分をなすことを述べている。孔子は、帝王たるの条件を備えていたとされたのである。しかし、にもかかわらず、五徳終始説による限り、孔子は帝王たるの条件を備えていない、ともされていたわけである。

孔子の風貌だけを見ていると、後漢時代に議論された孔子の異常風貌の、異常ぶりだけが目立つのであるが、こうして漢の高祖劉邦と比較して議論してみると、後漢という時代が異常なものを要求していたことが、よりはっきりしてくる。

青龍・朱雀・白虎・玄武の四神は、後漢時代にその説が成立したことが常識的に議論されているわけであるが、後漢時代に流行した緯書説では、朱雀は「朱鳥」と称されて漢王朝の火徳と漢の高祖劉邦の異常風貌を語る基礎となっており、玄武は孔子の水徳とその異常風貌を語る基礎となっている。後世議論された「四方の守神」という説明では、説明したことにならない性格をもっていた。

こういう異常な説明をもって、「游侠の儒化」は成ったということなのである。この「游侠」の儒化は、先人宮崎市定によって議論され、「(反中央を旨として行動してきた)游侠の堕落」という文脈で語られたのであるが、以上の検討を通して、それが「堕落」ではなかったことが、かなりはっきりしてくる。彼ら游侠をまとめる豪族の祖先の伝説帝王に関しても、後漢の時代には異常風貌が流行している。祖先祭祀を通して、その過去の栄光を確認することとなり、かつ、「素王」孔子の臣下たる「素臣」たることを自任しつつ、「儒化」が進行したのである。皇帝とは異なる理念的翼賛体制を作り出したというにとどまらず、祖先の栄光を確認するための実践的行動が「儒化」だったということである。

そして、彼ら後漢時代の人々の考えていた龍とは、赤龍であり、赤帝の化身であり、その子孫たる漢の高祖に鳥と龍の異常風貌をもたせることになった。後代には、龍は皇帝の象徴となり、朱鳥は鳳凰の名で議論されて皇后の象徴となる。それとはまったく異なる龍・鳥融合の「形」が高祖の異常風貌説に見えている。

そして、一般に知られる四神の時代、朱雀は南方の守神として議論される。これも、いわゆる鳳凰とは異なっている。この四神が我が国のキトラ古墳や高松塚古墳にやって来た。

そもそも諸書にみえる龍は、かなり多様である。考古学的には、龍とされる紋様がある。これらについて、「皇帝の象徴」という言葉を使うことは、相当に飛躍のあるものであることがわかる。何らかの神格を象徴することはわかるが、論理的飛躍は控えておいたほうがよいようだ。

亀趺碑との関わり

亀趺碑については、私は別に論じたことがある。[21] 関野貞ら先人の検討を継承し、日本江戸時代の事例を増補して、それをまとめた。唐代中期までの亀趺の亀は、「霊亀」と称される存在である。そして、その後、龍の子の「贔屓」だと説明されるようになる。ここに言う龍は、皇帝の象徴である。史料的におさえきれていないところがあるが、この「霊亀」から「贔屓」への変化が、皇帝の象徴としての龍の出現に密接に関わるようだ。

では、「霊亀」は最初から「霊亀」だったのかどうか。

すでに説明したところを参照すると、亀趺の亀は、後漢時代において議論されていた四神の玄武が祖形だとされる。

曽布川寛『崑崙山への昇仙』[22]が紹介する図や説明などを参照すれば、すぐ了解できるように、前漢の帛画に水に浮かぶ大地とそのみぎわの亀が描かれている。大地は力士が支えている。この力士と亀は、時代が降ると大地を亀が支える形になる。この亀では、碑石を支える意味がいま一つわからない。

また、青龍・朱雀・白虎・玄武が、それぞれ東・南・西・北の守神だという説明からも、碑石を支える亀という説明は、飛躍がある。

対向する龍または対向する青龍・白虎が趺石に表現されていると指摘されるから、当初から亀趺のみが碑石を支えると発想されたのではないらしい。では、こうしたさまざまな発想から、どうして玄武が選ばれて亀趺となったと説明できるのか。

ここに注目したいのは、この玄武の想定される北の守りと、朱雀の想定される南の守りは、東西とは異なる意味を賦与されているという点である。朱雀は鳥であり、天空を舞う。玄武は大地の下の水中にある。これは、大陽が東の大地より昇り、南中し、西の大地に沈み、北の水中深くを移動する様を念頭において議論される。この玄武が孔子であり、朱雀が漢高祖だという話を、上記においてしてみたわけである。結局亀趺が定着し他がなくなるのは、こうした大陽の動きを説明しようとする宇宙観の中で、北の守神が最も低い場に位置することと関わりがあろう。

漢式鏡と称されている鏡の銘文には、四神がそのところをおさえる、という内容が書かれているものがある。なかには、鏡の持ち主は中央にいるとするものもある。[23]四神に守られるという発想がある。こうした漢式鏡の発想と、上記の亀趺碑発生にいたる経緯とがどう関わるかは、謎のままだが、高祖を朱雀（漢の火徳に基づく）、孔子を玄武（孔子を水徳とする）に見立てる考えは、そもそも四神の方位配当（季節の方位配当の夏は地の方位の南、季節方位配当の冬は地の方位の北に重なる）がないことには説明がつかない。

だから、漢の高祖と孔子の異常風貌を語る四神説と一般に議論される四神説は併行して議論されていたことになる。後漢王朝の時代には、漢の高祖と孔子の異常風貌を語る四神説が世を風靡していたわけだが、後漢が滅亡するとともに、その特異な四神説に替わる議論が出現する。緯書の時代は、しばらく続く。『三国志』蜀書の先主伝に、群臣が劉備に上書して『孝経援神契』（緯書の一つ）に『徳が淵泉に至ると黄龍が現れる』とありますが、龍は君の象徴であります。『易』の乾の卦の九五（五番目の陰陽が陽になっている）に『飛龍が天にある』とありますように、大王（劉備）は『龍升』に当たります。ここは帝位に登るべきです」と述べたくだりがある。蜀の劉備は漢王朝の血筋だが、五徳は火徳の先の土徳（黄色の龍を議論）になる、という説明を始めたらしい。後漢時代の特異な四神説は、ここに生命を終えたようだ。そして、一般に議論される四神説が継承、議論されたのである。

では、亀趺碑の亀が玄武だということの意味は、その後どうなっただろう。ここに議論しなければならないのは、魏の曹操が発布した所謂薄葬令である。地上の目印を禁止している。「漢文帝の(墓の)発かれざるは、(その墓たる)覇陵に求むるもの無ければなり。光武の(墓の)掘らるるは、(その墓たる)原陵に樹を封うればなり。……古より今に及ぶ、未だ亡びざるの国有らず。亦、掘られざるの墓無し」が理由となっている。この薄葬令の結果、豪族の墳丘や石碑は姿を消した。つまり、亀趺も姿を消したということである。論理的には、魏の勢力圏内でのことになるが、そうなった。この詔の表面上の理由はさておき、結果として豪族の墓碑が消えたということの意味は、後漢時代の特異な四神説が消えるにとどまらないものをもっていた。豪族が祖先を顕彰する場として石碑を活用する道を閉ざした、という点である。

後漢時代の礼的風俗として、「過礼」と称される礼的実践の問題が議論されている[24]。これも、具体的に問題にされるのが過度の年限にまたがる服喪であったりするのを知ると、上記の祖先としての伝説の帝王の異常風貌を語るのと同じ次元の意識を論じることができる。有力者の「家」としての祖先祭祀に関わるということである。そして、過度の服喪も、「礼的実践」と説明された場合、中央もむげに反対できないものになる。これに対し、この「過礼」を実践する側からすると、「公」への出仕を断る行為にもなるわけで、地方の「公」の場としては、反体制のデモンストレーションの側面をもっているのである。そうしたデモンストレーションを封殺する意味を、薄葬令はもっていたのである。

その後、地上の目印が禁止された豪族は、地下に壮麗な墓葬をいとなむようになる。それまで目立たない存在だった墓誌が巨大化し、生前の事績を刻むようになる。そうした墓誌の中に亀形のものがある。墓誌には、その亀が「霊亀」であることを記すものがある。孔子との関係は絶たれている。

この「霊亀」が後に「贔屓」になることは、すでに述べた。

おわりに

本論は、朱雀の誕生を検討した。結果として、通常議論される内容とは、相当に異なる意味を、朱雀と玄武に賦与することになった。朱雀の風貌が高祖劉邦の異常風貌に反映され、玄武の風貌が孔子の異常風貌に反映され、いずれも緯書の中で議論されていた。

考古学的、建築史学的検討としては、建築学者関野貞が、後漢の石碑の表現に注目し、玄武が亀趺碑の亀になったことを論じていた。私は、亀趺碑を議論した際、実はこの見解を否定したのである。亀にとどまらず、四神の前身として議論しえるものは多様であり、その一つが亀趺碑の亀趺として落ち着いたことを述べるのが、最もいいと考えていたからである[25]。

しかし、みぎわの亀という表現が、どうして亀趺という形体をもつにいたったかを考える場合、大陽の運行に注目した宇宙観がとても重要な意味をもつ。その宇宙観は、緯書の中に、漢の高祖と孔子の異常風貌を語らせることになった。このことが、すでに誕生していた四神を四方位に配当する考えの「定着」に一役買ったのではないかと思う。したがって、標題は「朱雀の誕生」だが、まず議論したのは、「朱雀の定着」である。しかし、一般に議論される四神説、つまり後漢時代にあっては脇役であった四神説は、後漢時代の特異な四神説の衰亡をもって顕在化する。これは一般に議論される四神説の「誕生」の側面をもっている。やや釈然としない説明にはなるが、やはり標題は「誕生」を使った次第である。結果としてかつて述べた亀趺碑出現の経緯について補正を施した。

識者の叱正を期待する。

特異な四神説とともにあった「游侠の『儒』化」は、儒教の天下化をもたらした。では、その後、游侠の輿論の場はどうなったのか。この件を検討するについて、注目すべきなのは、仏教の有り様である。仏教教団は、皇帝権力に対し、かならずしも恭順の意を示さなかった。皇帝権力による廃仏も議論される。道教もこれに加えて議論される。興味は尽きないのであるが、現在の私にはそれらを論じる学問的資格に欠けるものがある。爾後の課題ともしつつ、識者のご指導を期待する次第である。

註

[1] 藤井恵介「関野貞の足跡――序論にかえて」『東京大学コレクションXX 関野貞アジア調査』東京大学総合研究博物館、二〇〇五年。

[2] 平勢隆郎「関野貞の亀趺碑研究」『東京大学コレクションXX 関野貞アジア調査』東京大学総合研究博物館、二〇〇五年。

[3] 関野貞『支那碑碣形式の変遷』座右宝刊行会、一九三五年、一二頁。関野は、この書において、樊敏碑を紹介し、「趺石には、左右から龍が璧を争っている図を彫刻している」と説明している。これに対し、パルーダンは、関野の紹介する「樊敏碑」を「高頤碑」と紹介する(Paludan, ANN, *The Chinese Spirit Road: The Classical Tradition of Stone Tomb Statuary*, Yale University, 1991)。しかも、関野が「碑の趺石には、左右から龍が璧を争っている図を彫刻している」と述べているのに対し、「蒼龍と白虎」だと紹介している。さらに、パルーダンは「樊敏碑」を紹介して亀趺碑の写真を提供している。両者の間には、石碑紹介上の混乱が見られるが、ここにまずは紹介し、議論の素材がここにあることを確認しておく。ちなみに、議論の混乱を避けるために注記しておけば、近代以後の調査で後漢時代の亀趺碑とされている白石神君碑(亀趺碑)は、実はこの碑銘の末尾に前燕の元璽三年(三五四年)の年号が見え、後漢碑ではない(『金石図説』甲下六十九葉参照)。このことは、清の顧炎武が『金石文字記』巻一の三一葉の中で指摘している。その上で述べれば、関野は、ここで興味深い事例を引用している。「益州太守高頤の碑に至っては、四神を彫刻して装飾することになりました。四神とは蒼龍・白虎・朱雀・玄武で、蒼龍は東を、白虎は西を、朱雀は南を、玄武は北を象徴してゐる可きでありますが、此の無銘碑は、上方に朱雀を、下方に玄武即亀に蛇の巻きつけるを顕し、東の側面に蒼龍を西の側面に白虎を彫刻してをります」。

[4] 平勢隆郎『よみがえる文字と呪術の帝国――古代殷周王朝の素顔』中央公論新社、二〇〇一年。また、平勢隆郎「中国戦国時代の国家領域と山林藪沢論」、松井健編『自然の資源化』弘文堂、二〇〇七年。

[5] 平勢隆郎『左伝の史料批判的研究』(東京大学東洋文化研究所、汲古書院、一九九八年)第二章・第三章に、春秋戦国時代の県の性格問題を扱っている。この部分は、「楚王と県君」(『史学雑誌』一九八一年)以来の既発表論文をもとに書き下ろした。「殷周時代の王と諸侯」のように、題目だけでは県に関わるかどうか見分けにくいものもあるので注意されたい。春秋戦国時代の県の性格問題については、春秋時代の県と諸

侯国とが同じレベルで移動させられている事例を引きつつ、諸侯国の秩序と同じ秩序が県にあることを考察した。そして、その秩序を支えていたのが都市に居住する「人」であって、その「人」が当時の軍団を支えていたことを述べた。また、鉄器の普及にともない都市間の「人」の移動が顕著になると、その「人」の秩序が弛緩し、結果として小諸侯が姿を消し、新しい諸侯身分である「封君」が出現することを述べた。こうした変化は、春秋時代、すなわちなお「人」の秩序が必要だった時代に、諸侯も県の管領者も、いずれもが言わば諸侯身分が安堵されつつ各地を移動させられ、やがてその「人」の秩序が崩壊する頃には、あたらしい爵位の制度が整ってくることと関わっている。戦国時代の封君はこうした新しい爵位の整備に関わる身分である(平勢隆郎『中国の歴史2・都市国家から中華へ』講談社、二〇〇五年でも述べたところがある)。ということなので、一言で「官僚による統治」の始まりを論じる場合が多いのであるが、実は「西周以来の国が、経験することのなかった頻繁な移動」をも含めた新しい動きを、一括して述べている。いっきに新しい官僚統治が始まったことを述べているのではない。楚の場合、県の長官を一般に「君」といい、戦国時代には「封君」が出現するということだから、名称の継承関係でいえば、楚の用例が戦国時代に一般化したということができる。過去の研究者のなかに、この点を考慮せず、春秋楚の「君」は「封君」だと述べている場合があるが、それは誤りである。ただし、楚において、古い「(県)君」がいつ新しい「(封)君」に変化するかは、呉起の変法との関わりを論じるしかないようだ。中原諸国において、いつ新しい「(封)君」が議論されるにいたるかも、呉起の活動を通して概要を語るべきだろう。

[6] たとえば、伊藤仁斎の『論語古義』の冒頭に、総説として以下のようにあるものなどを、参照していただいてもよい。後漢の鄭玄も、宋の程伊川も何を論じているか。おそらく一般常識とは異なるだろうが、下記のようにある。「鄭氏[後漢の鄭玄《じょうげん》]曰く、「論語は仲尼[孔子]・子游・子夏等、撰定す」と。程子[宋の程伊川]曰く、「論語の書は[孔子の弟子の]有子・曽子の門人に成れり。故に其の書、獨り二子のみ、子を以て称す」と。愚[伊藤仁斎]以謂《おも》えらく、此、特に[論語中の]夫子の語を撰ぶを謂うのみ。[論語中の]諸子の語に至りては、未だ必ずしも然るを尽くさず。蓋し論語の一書、記せる者は一手に非ず、成るは一時に非ざらん、と」。

[7] この点につき、考察をめぐらしたものとして、平勢隆郎「中国古代における説話(故事)の成立とその展開」『中国史学会第八回国際学術大会「通過出土文物看中国史」論文集』韓国大邱、二〇〇七年。『史料批判研究』八、二〇〇七年。

[8] 前掲註3、平勢、二〇〇五年、二一六頁。

[9] 前掲註4、平勢、二〇〇一年、二〇〇七年。

[10] 平勢隆郎『史記の「正統」』講談社、二〇〇七年(この文章は、平勢隆郎『史記二二〇〇年の虚実』講談社、二〇〇〇年を改稿し文庫化したもの)。この「終章」において、『史記』と『漢書』に見られる「発憤」を話題にしている。『史記』・『漢書』いずれも、「発憤」を「其の道に通ずるを得ず」と評し(大ナタをふるって概略を述べれば、『史記』注釈者はこの表現に関心をよせ、『漢書』注釈者は関心をよせていない)、『史記』・『漢書』いずれも先行して作られた史書(『漢書』芸文志が『春秋』に関連した書物だと紹介するもの等)を「発憤」の書だとした。ここに言う「発憤」はいい意味ではない。「発憤」の結果は悪いとされる。『史記』にとって、『史記』だけが正統なる史書であり、『漢書』にとっては、『漢書』のみが正統なる史書である。だから、『漢書』にとっての『史記』は正統書ではなく、「発憤」のレッテルが貼られる。「公」と「私」の語をもっていえば、『史記』にとって『史記』のみが「公」の史書であり、先行する史書はすべて「私」の史書である。『漢書』にとっては、『漢書』のみが「公」の史書であり、先行する史書は『史記』を含めて「私」の史書である。世に『史記』を司馬遷が「私」的に編纂したものとみなす見解が少なからずあるが、それは『史記』に(明確に)「書かれた」事実に気づかぬまま、『漢書』の説を踏襲したにすぎない。そして、『史記』・『漢書』いずれも悪いと判断した「発憤」を良いものだとして議論したことに気づいていない。

[11] 『春秋』は、戦国時代の斉で作られたことが論証されている。平勢隆郎『中国古代紀年の研究—天文と暦の検討から—』東京大学東洋文化研究所・汲古書院、一九九六年。平勢隆郎「戦国中期から漢武帝にいたるまでの暦」『史料批判研究』三、一九九九年。平勢隆郎「戦国中期より遡上した暦と『春秋』三伝」『史料批判研究』四、二〇〇〇年。平勢隆郎『「春秋」と「左伝」』中央公論新社、二〇〇三年。

[12] 宮崎市定「游侠について」『歴史と地理』三四—四・五、故内藤博士追憶記念論文集、一九三四年。『アジア史研究』I、同朋社、一九五七年。『中国古代史論』平凡社選書、一九八八年。同「漢末風俗」『日本諸学振興委員会研究報告』特集四・歴史学、一九四三年。本論文において「游侠の儒(教)化」と(　)を付しているが、宮崎が「漢末風俗」の中で使った「游侠の儒教化」を襲用して述べる。表現としての落ち着きを考えた

だけであって、内容を詮索してのものではない。

[13] 呂宗力「従漢碑看讖緯神学対東漢思想的影響」『中国哲学』十二、一九八四年。

[14] 関連する議論をすべて「素王説」とし、すべて戦国時代以来の議論だとしてしまう見解を私はとらない。かつて疑古派がこの種の議論をすべて王莽以後にもってきて論じようとした着想は、近年の出土遺物の記事内容からして荷担できないが、そうした着想の裏返しとしての真古的議論をしない、ということである。下記に異常風貌説を論じる。その論点に注意されたい。

[15] 平勢隆郎『中国古代紀年の研究』東京大学東洋文化研究所・汲古書院、一九九六年、第二章第三節。先人の説に導かれつつ、方位円、十二方位、三分損益法による方位の生成、その生成にからめた三合の各方位のもつ意味などを総合的に検討し、董仲舒時期の五徳終始説における五徳の生成と方位・三合との関係、漢末王莽時期の五徳終始説における五徳の生成と方位・三合との関係を論じた。また、そして、後者を凌駕して得られる後漢時代の五徳終始説における五徳の生成と方位・三合との関係が、緯書と連携することを述べた。すでに先人が後漢時代の受命改制と緯書思想の関係について、詳細な検討を進めてきているのに関連づけて、当時の論者の脳裏には、共通して方位円・三合という図形的要素を論じた説があったこと、『春秋繁露』の受命改制説も、そうした図形的要素をもって理解できることを指摘してみた。経学との接点を求める作業としては、宮崎前掲註12論文「漢末風俗」に、後漢礼学に注目した見解があり、光武帝時代から始まる守礼派、和帝・安帝の頃に顕著になった過礼派などの問題を論じ、『後漢書』の中に採録された不思議な伝説に言及している。この礼学の問題を王法の問題としてさらに詳しく論じたのが神矢法子「漢魏晋南朝における「王法」について」『史淵』一一四、一九七七年である。

[16] 以上、前掲註15参照。

[17] 一部例外が認められる。緯書がすべて漢王朝劉氏のために作られたわけではないようなので、叛乱者や後の王朝の議論が介在する場合は、別の形が出てくることになる（論理的に）。そうした場合は、劉氏を特別視するのとは異なる議論が反映される。

[18] 安井香山『緯書の成立とその展開』国書刊行会、一九七九年、四六四頁。

[19] 以下、安居香山・中村璋八『重修緯書修正五・孝経・論語』明徳出版社、一九七三年、三四、七二頁。

[20] 安居香山・中村璋八『重修緯書修正五・春秋上』明徳出版社、一九八八年、一三頁。前掲註19、安居・中村書、一二〇頁。

[21] 平勢隆郎「日本近世の亀趺碑—中国および朝鮮半島の歴代亀趺碑との比較を通して—」、『東洋文化研究所紀要』一二一・一二二、一九九三年。平勢隆郎『亀の碑と正統—領域国家の正統主張と複数の東アジア冊封体制観—』白帝社、二〇〇四年。平勢隆郎「関野貞の亀趺碑研究」、藤井恵介・早乙女雅博・角田真弓・西秋良宏編『東京大学コレクションXX　関野貞アジア調査』東京大学総合研究博物館、二〇〇五年。

[22] 曽布川寛『崑崙山への昇仙——古代中国人が描いた死後の世界』中央公論社、一九八一年。

[23] 岡村秀典監修・宮石智美編『「小校経閣金文拓本」所載漢式鏡銘文一覧』三月書房、一九九二年などを参照されるとよい。

[24] 宮崎前掲註12「漢末風俗」。神矢法子「後漢時代における「過礼」をめぐって—所謂「後漢末風俗」再考の試みとして—」『九州大学東洋史論集』七、一九七九年。

[25] 前掲註3に述べたことに関連づけていえば、パルーダンは、関野の作業を修正して述べた側面がある。パルーダンに準拠すれば、関野は「高頤碑」の写真を「樊敏碑」のものと誤り、しかも一方で「高頤碑」の拓本を誤りなく「高頤碑」のものとして紹介している。その写真について関野が述べた「二つの龍の対向」を表現した趺石は、彼の紹介した拓本による限り、蒼龍と白虎の対向が表現された趺石（蒼龍白虎趺）である。関野は、この拓本の有り様から蒼龍と白虎の表現が碑身にあるものと勘違いしたということになる。ところが、パルーダンは、関野が蒼龍・白虎とともに言及した玄武・朱雀には触れていない。関野が上記の誤りを導いてしまった拓本の有り様から、「朱雀を上、玄武を下」に表現したと判断したのだとすれば、本当にそのとおりなのかどうかの確認が必要である。本論で論じてきた内容からして、「朱雀を上、玄武を下」という点は、とても興味深いものになっている。関野貞の偉大な功績の中にわずかに残されたシミのような誤りについて、その可能性の有無を確認する作業であるが、その指摘の意味するところは重大である。本論執筆の時点で「高頤碑」の実際を確認しておくべきであった（材料を集めたのは随分前のことであり、その時点で、とっくに自覚していてよかった）。それがままならぬまま、本論執筆にいたったことを深く反省するとともに、その確認を爾後の課題としておきたい。

アジア・オセアニアにおける鳥人の表象と文化

秋道智彌
総合地球環境学研究所

鳥人伝説

太平洋の東部、オセアニア世界の東縁にイースター島がある。島にはモアイと呼ばれる巨石像が千百体もある。一九九五年に世界遺産、ラパ・ヌイ国立公園（チリ領）として登録された。現在はチリ領であるが、もともとイースター島はポリネシア人の住む島であった。最初に島を発見したヨーロッパ人はオランダのヤコブ・ロッゲフェーンであり、一七二二年の復活祭（イースター）にあたっていたことから島はイースター島と名づけられた。それ以降、謎を秘めた南海の孤島にはこれまで多くの探検家、宣教師、商人、奴隷狩りのための軍隊、研究者、そして観光客が訪れてきた。モアイはだれが何のためにつくったのか。ロンゴ・ロンゴと呼ばれる奇妙な絵文字は何を物語っているのか。モアイ・カバカバと呼ばれる耳の長い、眼をむいた木彫は何のために製作されたのか。多くの来訪者は一様にイースター島に秘められた謎にさまざまな思いを馳せてきた。

　この島の歴史と文化をめぐる謎の多くは、いまだ未解明のまま現在に至っている。ここで取り上げる鳥人の問題も、イースター島の神秘をいまに伝える謎の一つであった。しかし、その謎は島の発掘調査や人々の伝承から次第に明らかになってきた。

　島の南西端にオロンゴ岬がある。急峻なオロンゴ岬の岩肌には、首から上が鳥で前屈の姿勢をとり、胴体が人間の姿をした鳥人（バードマン）の造形物が数多く見られる。鳥人の形に周囲を彫り込んで浮き上がらせたレリーフ（浮彫り）や、岩の表面を浅く線上に彫り込んだペトログリフ（岩面陰刻画）がそうである［写真1、2］。岩や岩盤に彫り込まれた鳥人の数は、オロンゴ岬だけで百五十以上に達する。密集した鳥人像の造形に、私は人々の執念にも似た思いを想起せざるをえなかった（秋道、一

写真1　イースター島オロンゴ岬にある鳥人のレリーフ。白い絵具で輪郭を描いた。ほんらい、このように染料を使うことは遺跡を劣化させるのでよくない。

写真2　イースター島に見られる鳥人のペトログリフ。これもチョークで輪郭をなぞっているがよくない。

112

九八七)。

　鳥人のほかにも、マケマケと呼ばれる神の顔面をあらわすペトログリフがある。そうかと思えば、オロンゴ岬の小高い丘の上にある低平な石積み建築物の内部には人の泣き顔を模様にした櫂《かい》の彩色壁画がある。これ以外に、女性の生殖器やタコ、ウミガメ、マグロかと思われる大きな魚を描いたペトログリフが見つかっている。なかでも、その数が多い鳥人のもつ意味はいったい何なのであろうか。さらに、イースター島以外のオセアニアとアジア地域では、鳥と人間の合体した鳥人の表象がどのような意味をもっているのだろうか。この小論では、これまでの私の調査をふまえ、人類学の視点から鳥人について広く考えてみたいと思う。

儀礼のなかの鳥人

　オロンゴ岬のすぐ沖合一・五キロメートルほどのところに切り立った小さな島が三つある。その名前をモツ・ヌイ、モツ・イチ、モツ・カオカオという。これらの島には毎年夏になると、マヌ・タラつまりクロアジサシが、産卵のために大量にやって来る。

　オロンゴ岬にある鳥人のレリーフやペトログリフは、小高い丘にある石積み建築物と岬の沖にあるこれらの小さな島々と密接な関係のあることがわかっている。島の伝承によると、少なくとも十九世紀中葉まで、イースター島では鳥人崇拝の儀礼が行われていた。島にはいくつもの集団が分かれて居住しており、一年に一度、それぞれの集団の戦士階級に属する若者が集まり、オロンゴ岬の沖にある上陸可能なモツ・ヌイ島を目指して、アシで作ったいかだにつかまりながら泳いで島に上陸した。そして、若者たちは産卵のために島にやって来るクロアジサシを待ちかまえた。島に待機する若者のために食料がいかだでオロンゴ岬から運ばれた。

　島で最初に産卵した鳥の卵を持ち帰った若者は、自分の属する集団の長にその卵を献上した。幸いにも卵を手にした集団の長は、その年に鳥人としての称号を獲得した。イースター島の神話的な世界観によれば、鳥人は世界のあらゆるものを創り出した創造神であるマケマケの化身と考えられていた。鳥人になった長は頭をまるめ、まつげやまゆをそり落とし、赤と黒の染料で全身を塗りたくった。鳥人は日常世界から隔離され、特別の食物を食べ、水浴をすることはおろか、女性と接触することもできない禁欲生活を送らなければならなかった。この儀式は、クロアジサシの飛来する夏の時期に別の鳥人を選ぶことで毎年繰り返し行われてきた。イースター島に残るレリーフのなかには、一個の卵を手にしている鳥人の姿を彫り込んだものも残されている。

　もともと、小さな島に渡って鳥の卵をとる行為は成人式儀礼の一環として行われていた可能性が高い。しかし、島内で発生した集団間の権力闘争が激化し、儀礼がヘゲモニー争いのための道具とされたようだ。つまり、鳥人の称号を獲得することが権力の証しとなったのである。鳥人の儀礼はオロンゴ岬にある石積み建築物のなかで行われた。

　鳥人崇拝儀礼そのものは、紀元一五〇〇年以降に発生したとする説がある。しかし、鳥と鳥人に対するモチーフはそれ以前から存在した可能性が大きい。火山島であるイースター島には三つの小さな湖がある。ラノ・カオ、ラノ・アイ、そしてラノ・ララクである。島に存在する千百体ものモアイ像はラノ・ララクの石切場から切りとられ、島内各地に木ゾリで運ばれた。ラノ・ララクにあるモアイや運搬途中に倒れているモアイ、島中に二百三十九もあるアフと呼ばれる石の祭壇上に建立されたモアイ像の背中にも、鳥のモチーフが刻まれている。とくにモアイの背中にある背骨と曲線の模様は首長階級の人が身につける神聖な布をあらわすモチーフでもあり、しかもその周囲にある一重ないし二重の円のデザインはオロンゴ岬にあるレリーフのものときわめてよく似ている。鳥は、イースター島の文化のなかで鳥人信仰が発生する以前から底流としての重要な文化表象であったと考えることができるのである。

自然と文化のなかの鳥人

　鳥人のように、自然物である鳥と、文化的な存在としての人間との両方の属性をもつ存在をどのように考えればよいだろうか。この問題を、「自然の文化表象」として(一)言語、(二)図像学、(三)儀礼の三つの位相に分けて考えてみよう(秋道、一九八八)。

　イースター島では、鳥人のことをポリネシア語でタンガタ・マヌと呼ぶ。タンガタは「人間」、マヌは「鳥」をそれぞれあらわすことばである。タンガタ・マヌとは何か。M・ダグラスが主張する両義性の議論に当てはめると、以下のような説明が可能となる。

　言語の象徴的な意味論からすれば(Douglas, 1957)、タンガタ・マヌは二つの異なった意味領域をもつ二つのことばが重複する部分に相当する[図1b]。二つの異なった性質をあわせもつ両義的な存在は、曖昧性、神聖性、あるいは汚辱性などの意味をもつ場合があり、先述した鳥人の位置づけに従えば、イースター島の鳥人は、鳥であり人間でもあり、聖なる意味を与えられた存在ということになる。

　つぎに、目に見える図像・彫像などとしてあらわされた鳥人は、どのように意味づけることができるだろうか。オロンゴ岬のレリーフやペトログリフに示される鳥人は、鳥の属性である長い嘴《くちばし》と丸い頭と、人間の属性で

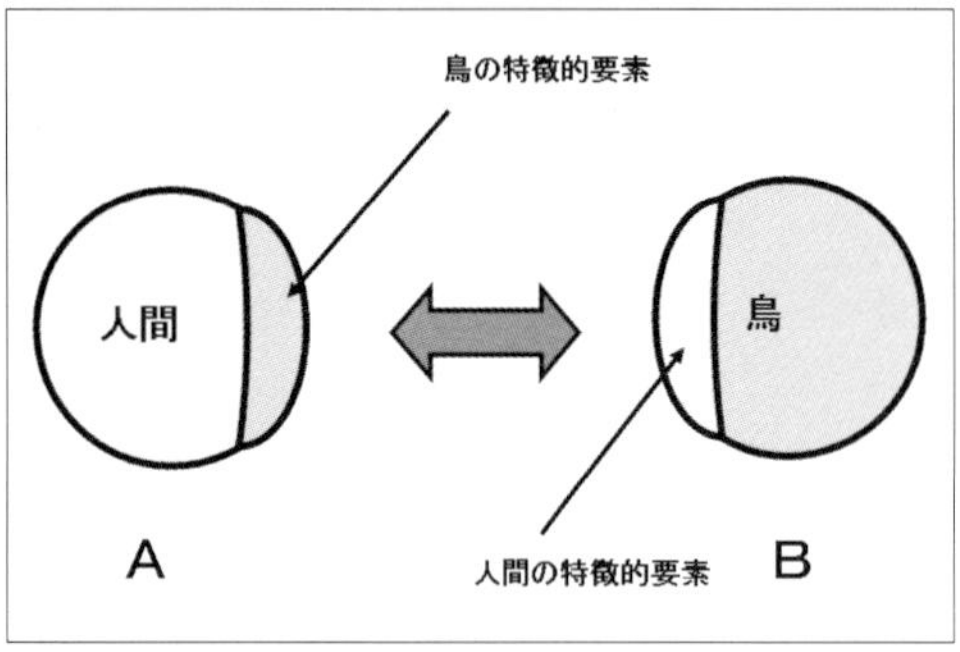

図1a　図像表現における自然の文化化と文化の自然化。Aはほとんど人間的で、Bはほとんど自然的な図像表現となる。

ある長い胴体と四肢を兼ねそなえている。二つの異なった属性を図像や彫像としてあらわす場合は、ある部分とある部分を合体する以外に術はない。古今東西で知られる幻想動物や化け物の図像（イコーン）もすべからく合体の産物となっている場合が多い。レヴィ＝ストロースも『野生の思考』のなかで、頭部がカエルで胴体が人間の生き物や、頭部が人間で胴体部分が動物の諷刺画を引用している（レヴィ＝ストロース、一九七六）。図像としてあらわせば、ほとんど人間的な体のほんの一部に動物的な特徴をもつものから、ほとんど動物の体躯をもちながらわずかながら人間としての特徴をもつものまで変異があることになる［図1a］。文化を一部、自然化したのが図1aのAであり、自然を一部、文化化したのが図1aのBということになる。

それでは儀礼の世界で、鳥人になった人間の存在をどのように考えればよいだろうか。イースター島の鳥人儀礼のなかで卵を献上された集団の長は、頭をまるめ、まゆを落とし、体を彩色し、禁欲的な生活を送らなければならなかった。すなわち、特殊な存在として禁忌を守り、身体的な変工をともなってはじめて儀礼的に日常から分離された鳥人となることができるのである。

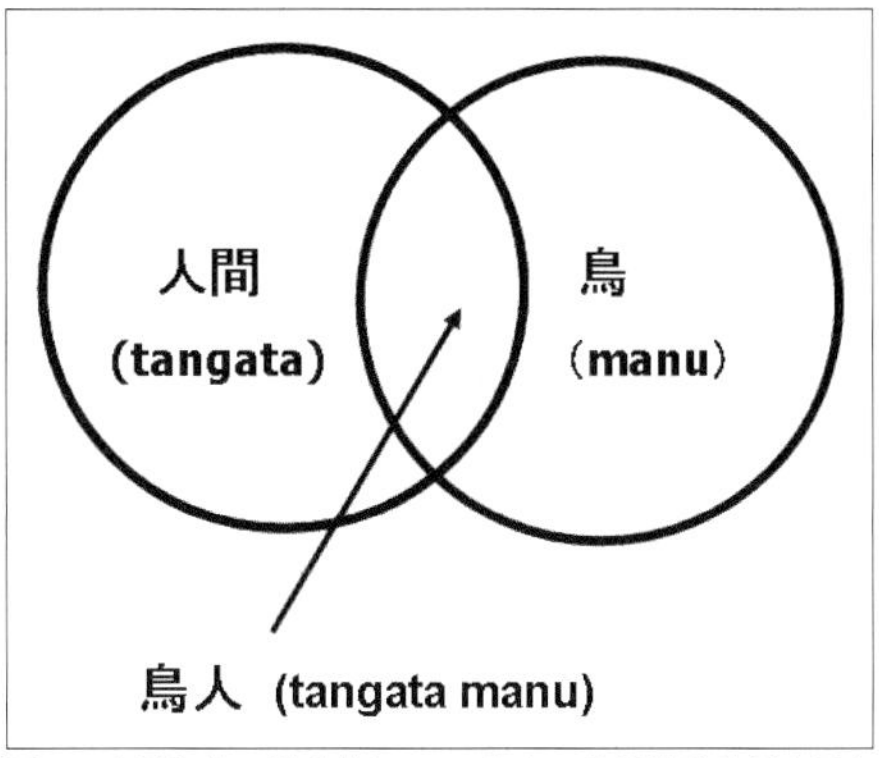

図1b　人間と鳥の融合体としての鳥人の言語学的位置を示す図。

以上のように、鳥人のような両義的な存在を理解する場合に、言語的なレベル、図像や彫像のように目に見えるイコーンのレベル、そして儀礼を通じた象徴のレベルを重層的に理解してはじめて鳥人をイースター島の文化のなかで位置づけることができる。

ロンゴ・ロンゴの謎

岩絵以外にも、鳥人のモチーフを刻み込んだ資料がある。それがロンゴ・ロンゴと呼ばれる文字を刻み込んだ板である。文字板のことはコハウ・ロンゴ・ロンゴと呼ばれる。十九世紀中葉の一八六四年に島にやって来たヨーロッパ人宣教師は奇妙な文字板を見つけた。発見当初からすでに文字を解読できる鳥人は存在しなかった。のちにキリスト教に改宗した鳥人たちもロンゴ・ロンゴを異教のものとして捨ててしまった。そのため、現存する資料はとても少なく、解読は現在もたいへん困難を極めている。

ロンゴ・ロンゴはふつう二〇から三〇センチメートルの長方形をした木の板で、その両面に絵文字がビッシリと刻まれている。絵文字を彫り込むためにサメの歯や黒曜石が用いられたようだ。奇妙なことに、文字板は左下から右に向かって読み、いったん板を上下にひっくり返して、また前の続きを左下から右に読むもので、こうした読解方法はブストロフェドン方式と呼ばれる。ちょうど、畑で牛に犁《すき》を曳かせるときのやり方に似ている。ブストロフェドン法はポリネシアにはなく、中米パナマのクナ人社会で知られている。しかし、だからといって、イースター島と中米とのあいだに文化的な接触がかつて存在したということにはならない。

ロンゴ・ロンゴには、人間、鳥、鳥人以外に、双頭の鳥、魚、カメ、タコ、ムカデ、植物、道具、手足、武器、装飾品、船、月、幾何学的な三角形・円・ひし形などが含まれる［図2］。これだけから、いったい何が語られたのかは知るよしもない。ポリネシアに類似の物質文化が残っているわけでもない。ただし、ポリネシアでは、神話や伝説を朗詠する習慣が広く知られている。儀礼的な場面では、かならず朗詠者が大きな声で歌や神話の節を人々の前で語るのである。ロンゴ・ロンゴを刻んだ板をそのテクストであると考えたくなるのは、あまりにイースター島の文化を特殊なものとしてのみ扱うことにいささかの懸念を抱くからだ。

図2 コハウ・ロンゴ・ロンゴの一部。

ロンゴ・ロンゴの話題から、ふたたび鳥人の話題に立ち戻ってみよう。ここで、鳥を擬人化し、人間を鳥に近い存在として生活のなかに取り込み、あるいはカミとの交流や儀礼を介して超自然と関わる人々の世界を広い視野から検討してみることとしたい。

鳥人の系譜に挑む

南米ボリビアの首都ラパスの郊外約六〇キロメートル、チチカカ湖の南部にはプレ・インカ時代のティアワナコ遺跡がある。海抜三八五〇メートルにあるこの遺跡で有名な「太陽の門」のレリーフには、ビラコチャ神の周囲に全部で四十八体の、頭が人間で羽をもつ鳥人像が刻まれている［写真3］。ノルウェイの探検家であり、イースター島文化の由来について大胆な説を展開したヘイエルダールは、イースター島文化に南米の文明が大きな影響を与えたとする自説の論拠として、ティアワナコの鳥人とイースター島の鳥人を関連あるものとした。

ただし、太陽の門の鳥人のモチーフはコンドル（*Vultur gryphus*）である。もちろん、イースター島にコンドルはいない。コンドルは南米のペルー、ボリビア、コロンビア、エクアドルなどの国々のシンボルとされる地上最大の鳥である。明らかに、これらの鳥人は、ビラコチャ神を守護する役割をもつ存在と考えられる。
プレ・インカ文明のなかで、ペルー北部海岸部のチカマ、モチェ両流域に栄えたモチカ文化でも、鳥人を描いた表象が土器の図像として残されている［図3］。アシ船（トトーラ）と思われる船に人が乗り、漁撈に従事する様子が描かれている。大きな魚が人の操る綱を呑み込もうとしている。そして、頭部が鳥で翼をもち、胴体が人間の鳥人が手綱をもって船上の人を手助けしているように見える。この鳥はコンドルではなく、水鳥の一種ではないだろうか。このことは、海岸部や河川流域に居住していたモチカが船を操り、漁撈に従事した人々であったことと符号する。

それでは、先述したイースター島の鳥人のモデルはいったい何だろうか。ふつうに考えればオロンゴ岬の沖にある島にやって来るクロアジサシと考えてしまう。しかし、鳥人のモチーフを見ると、嘴が曲がっており、しかも喉の部分がふくれている。この特徴からして、グンカンドリではないかと考えられる。グンカンドリは、オセアニアの他地域においても重要な文化的意味を与えられていることが多い。たとえば、ミクロネシアのカロリン諸島においてグンカンドリは島々にパンノキの実を運んでくる使者であると考えられており、航海の指針となる重要な鳥でもある。ソロモン諸島でもグンカンドリは海鳥の代表であり、シャコガイ製の円盤にベッコウで細工したグンカンドリの装飾品を重ねたものや、舞踊、音楽の世界で用いられる中心的な存在である。

イースター島以外の地域でも、鳥人をあらわすレリーフが残されている。たとえば、ニュージーランドのオタゴ周辺で頭部が鳥で、胴体が人間の鳥人の岩壁画が二十二の遺跡から三十七例見つかっている。ニュージーランドのマオリ人が使う食物貯蔵庫や家屋の破風に刻まれるさまざまなモチーフのなかに、鳥の胎児に類似した表現が施されることがある。これが鳥をあらわすものか、爬虫類

写真3　ボリビアのティワナアコ遺跡にある太陽の門にあるコンドルの鳥人。

写真4　ソロモン諸島ニュージョージア諸島のヌズヌズ神（国立民族学博物館蔵、ジョージ・ブラウン・コレクション）。

図3　ペルー北部の海岸に生まれたモチェ文明でも鳥人の図像が見られる。神の航海を助けるかぎ形の嘴の鳥人を描いた土器の図。

をあらわすものなのかは断定できない。ハワイでも、ビショップ博物館には、火山岩にイースター島におけるのと同様な鳥人のレリーフが残されていた。

ところが、鳥人のモチーフはポリネシアやミクロネシアだけで見つかっているのではない。これまでの調査から、鳥人の表象をもつ文化はメラネシア地域のソロモン諸島からニューギニア地域においても見出すことができる。たとえば、ソロモン諸島西部のニュージョージア諸島では、戦闘用カヌーの船首に鳥の嘴に似た突顎《とつがく》のヌズヌズ神が籐のひもで装着される。この像は頭に帽子のようなものをかぶり、耳朶《じだ》は大きく穴が開いている。両手には人間の首をしっかりと抱えている。戦闘に行く際にこの像を結ぶひもがはずれたり、ゆるんで首が下を向くようなことがある。その場合、縁起が悪いとして戦闘は中止となった[写真4]。

ニュージョージア諸島周辺で利用される漁網に木製の浮きが取り付けられる。興味あることに、その浮きは鳥型をしているが頭部は上記のヌズヌズに酷似した形をしている。これとは別に頭部が人間で胴体が鳥型をした浮きもある。ニュージョージア諸島はソロモン諸島西部にあるが、中部のマライタ島北東部に居住するラウの人々の調査をしたおり、追い込み網のちょうど中央部には鳥型をした木製の浮きが取り付けられていた。浮きは精巧な彫り物ではなかったが、鳥型の胴部には穴が開けられており、伝統的な豊漁儀礼を祖先霊にいのる儀礼のなかで、善い霊と悪い霊をあらわす植物を束にして差し込み、使う。マライタ島のさらに東部にあるサンクリストバル諸島でも、漁網に鳥人をかたどった木製の浮きが取り付けられることがある。ポリネシア、ミクロネシア、メラネシアの島嶼世界では、鳥人のイメージにある鳥はグンカンドリやクロアジサシなどであり、海洋世界の生活と密接な関係のある鳥が重要とされているのではないだろうか。

ヒクイドリは鳥ではなく、半分が人間

ソロモン諸島の西部に位置するニューギニアは鳥人の問題を考えるうえで重要なフィールドである。そこでは海洋世界とは異なり、森林や林に生息する鳥類と人々の関わりとして鳥人の問題を考える必要がある。その代表はなんといってもヒクイドリ(Casuariidae)である。ニューギニアには、オオヒクイドリ(*Casuarius casuarius*)、パプアヒクイドリ(*C. unappendiculatus*)、コヒクイドリ(*C. bennetti*)の三種が生息する。前二者は、首の前部から赤色、青色、黄色などの色をした肉垂れが垂れ下がっている。ヒクイドリが火喰い鳥と称されるのは、首の部分が青の鮮やかな色合いから、あたかも火を呑みこんでいるように見えるからだ。

私が調査を行ったニューギニア西部州のレークマレーに住むクニの人々は、ヒクイドリの頸部にある二つの前に垂れた肉垂れに老婆の乳房と同じテテ(tete)という名称を与えていた。地域や文化は異なるが、ヒクイドリの前頸部にある突起に対して

同じような連想がなされた可能性も否定できないので、興味がある。

ヒクイドリは空を飛ぶことのない走鳥類の仲間であり、ニューギニアとその周辺の島々やオーストラリア北東部など、動物地理学上のオーストラリア区で分布が知られている。

ヒクイドリのもつ特徴的な黒い羽毛はニューギニアの多くの地域で舞踏の際の頭飾りや仮面の頭髪用に用いられる［写真5］。鋭く強い三本の脚指やつめは攻撃用の武器となる。人間もこの部分を武器や利器として利用してきた。肉や卵は住民の重要な食料とされる。脚のすね肉はとりわけ脂肪分を多く含んでおり美味である。

ニューギニアの人々とヒクイドリはさまざまな関わりをもっている。このことがこれまでの人類学の調査から明らかになっている。なかでも、ニュージーランドのバルマー氏(R. N. H. Bulmer)はヒクイドリに関する民俗生物学的な研究でよく知られている。バルマー氏はニューギニア高地のカラムと呼ばれる根栽農耕民社会で調査を行った。彼

写真5　夜を徹しての舞踏における盛装。ブタの牙、ジュズダマの首飾り、ムシロガイの額飾りとともに、ヒクイドリの羽毛とフウチョウの頭飾り(パプアニューギニア西部州高地周縁部のセルタマンにて)。

の論文の主題は「ヒクイドリはなぜ鳥でないのか?」というものである(Bulmer, 1967)。カラムの人々はタロイモやサツマイモなどの根菜類を主要な食料とし、ブタを飼育するとともに森林での狩猟と採集を組み合わせて生活している。

カラムの人々の民俗分類(folk taxonomy)からこの問題を考えてみよう。カラムの住む森林・農地環境に生息するあらゆる野生動物と家畜動物は九十四に分類されている。九十四のうちいくつかはまとめて包括的な名称で呼ばれる。たとえば、鳥類と哺乳類のコウモリはまとめてヤクト(yakt)と呼ばれるが、さらにヤクトは十八の名前をもつ種類に細かく区分される。

問題はヒクイドリである。カラムはヒクイドリをコブティ(kobutiy)と呼ぶ。興味あることに、人為分類からすると鳥類の仲間であるヒクイドリが、鳥類とコウモリの包括名であるヤクトには含まれず独自の分類単位とみなされている。

ヤクトとコブティはどこが違うのだろうか。ヤクトとコブティは他の哺乳類であるブタ、イヌ、ネズミなどとともに骨をもつ。そして、ヤクトが翼をもつのに対して、コブティは翼をもたない。しかし、これだけの論点でヒクイドリが鳥ではないと言い切ることができるだろうか。民俗分類のレベルでも、鳥類やヒクイドリは卵を産むが、コウモリは卵を産まない。もっとも、人々はそのことに関する知識をもっていないのかもしれない。いずれにせよ、バルマー氏の分析は分類のレベルだけにとどまらず、カラムの人々の生活や儀礼、神話のなかでヒクイドリがどのように扱われているかについての分析を行っている。

ヒクイドリはカラムにとって重要な狩猟の対象であり、さまざまな禁忌が適用される。野生の存在であるヒクイドリを獲る際には、いわゆる忌み言葉を使う必要のあること、弓矢で血を流してヒクイドリを獲ることは禁止され、獲れた獲物はかならず森で消費すること、殺した人はかならずヒクイドリの心臓を食べること、食べた後はタロイモ畑に接近することは禁止されることなどである。注目すべきは、ヒクイドリの心臓を食べる行為は、カラムの人々が敵の人間を殺した場合にも、その犠牲者の心臓を食べることと深く関連する。ヒクイドリを殺すことと人間を殺すことはいわば同一視されており、食べることによってヒクイドリや殺された人間の霊が殺した人に取り憑いて危険な状態になる。だから、その状態を脱するために心臓(霊の意味もある)を食べなければならないと人々は考えている。つまり、食べることで危険な影響を打ち消す、ないし無化することができると考えられていることになる。こうして、ヒクイドリは狩猟の分析を通じてきわめて人間に近い存在であることが明らかとなる。

カラムの神話によると、ヒクイドリはある人間の交差イトコにあたる存在とされている。交差イトコは、男性ならその母方の兄弟(＝オジ)の娘、女性ならその父方の姉妹(＝オバ)の息子を指す。つまり、交差イトコは比較的近い関係の親族でありながら、潜在的に敵対する関係にもある。ヒクイドリが人間と半分同一視されるといったこととは別に、交差イトコのように近い存在になぞらえられるヒクイドリに対して、弓矢のような鋭い武器の使用は禁止される。本当に敵対する相手に対しては鋭い武器を使ってもよい点と対照的である。

以上のように、ヒクイドリは狩猟の場面で人間に近い存在であるとみなされているが、完璧に敵対する存在ではなく近い敵とみなされている点が重要であろう。

パプアニューギニア南部高地にあるベダニムの人々の社会で調査を行った林によると、ヒクイドリは人間的な存在であるとはみなされていない。神話によると、「むかし非常にたくさんの鳥が木に集まっていたとき、その重みで枝が折れた。多くの鳥は別の枝に飛び移ったが、ヒクイドリ、カンムリバト、ツカツクリだけが地面に飛び降りた。それ以降、地面に降りた鳥は地面で生活し、樹上の鳥は空を飛ぶようになった」という。しかも、ベダムニの人々によると、人間はその死後、その霊魂が自然界の別の動物に変身すると考えられており、とくにヒクイドリは老女や女性の邪術師が変身したものと考えられることがある(林、二〇〇三)。

ニューギニアの祖先霊と鳥

カラムの人々以外にも、鳥と特定の関係をもつ集団はニューギニアに多い。ニューギニア低地のセピック川やラム川流域に居住する多くのパプア系集団は、独自の芸術的な表現をもつさまざまな造形物を生み出してきた。アベラムはその代表であり、壮大な精霊の家をはじめとしてさまざまな造形物を生み出し、原始芸術、伝統芸術文化をもつ人々として世界的にも注目されてきた。かれらは、自分たちの祖先が自然界の特定の動物と系譜関係をもつと考えており、その祖先が毎年、村に動物の霊、祖先霊として登場すると考えている。パプアニューギニアで広く用いられるピジン、英語でツンボアン(tumboan)と呼ばれる仮面は籐を編んだかぶりものであり、人間が頭からこの仮面をかぶり、儀礼のなかで村人の前に登場する。仮面は長く伸びた口吻をもっていることがある。鳥を自分たちの祖先とみなす集団は鳥の形をした仮面をまとい、祖先の再来を儀礼のなかで演じるのである。

アジアとニューギニアを結ぶ鳥

ニューギニアではヒクイドリを典型的な例として、さまざまな鳥人の像が人々に認められていることがわかる。ニューギニア以西のアジア地域との関連で重要なのがフウチョウ、すなわち通常、極楽鳥(ゴクラクチョウ)と呼ばれる仲間の鳥である。いうまでもなく、ニューギニアは、フウチョウの仲間の宝庫である。

ニューギニアは東南アジアの島嶼部やアジア大陸と紀元前数千年から交易を通じてつながりをもってきた。当然、ニューギニアの産物が西方に運ばれ、西からの産物がニューギニアにもたらされた。はっきりとした証拠が残っていないが、フウチョウの美しい羽毛は先史時代から魅力ある交易用の産物であった。その証拠となるのが東南アジア大陸部からインドネシア、ニューギニアにかけて広く残されている銅鼓《どうこ》に鳥人や鳥の船に乗った戦士が描かれていることである。この銅鼓をもつのがドンソン文化である。

ドンソン文化は、紀元前五世紀から前二世紀にかけて東南アジア一帯で栄えた新石器文化である。この文化は中国の雲南省から東北タイ、ベトナムにかけて分布した。ドンソン文化に随伴する考古遺物として顕著なものが青銅製の銅鼓である。銅鼓はその形式から一式から四式に分類され、このうち一式が最古とされている。一式の銅鼓の鼓面中央には大きな星型文様があり、周囲には鳥の羽飾りを付けた鳥人や飛ぶ鳥のモチーフが描かれている[図4]。この鳥とその意味が何であるのかについていろいろな説がある。パプアニューギニア博物館のP・スワドリング氏は紀元前二千年前頃からフウチョウが重要な交易品として珍重されたことを挙げており、じっさいに鳥人のモチーフにある長い羽毛はフウチョウのもつ特徴であることを指摘している(Swadling, 1996)。さらに、インドネシア東部のスラウェシ島の南にあるスラヤール島から出土した銅鼓に

図4 ドンソン文化の銅鼓に描かれた鳥人と鳥船。

は、現地にいるはずのないゾウ、クジャク、トラの図像が描かれており、銅鼓が明らかにインド、中国とインドネシア、ニューギニアを結ぶ世界のなかで交易を通じてもたらされたものであることを示している。私自身もニューギニア高地周縁部にあるセルタマンでフウチョウの赤い尾羽を付けた男性が腰を上下に振ってフウチョウのオスがメスに求愛するときの動作をまねた舞踏をするさまを見たことがある。男性が腰を振ると、頭部の尾羽が上下に揺れ動くさまはたいへん印象深いものであった。

八世紀にスリヴィジャヤ王国の王マハラジャから中国の唐王朝にフウチョウの羽が献上されたことが記録にもあり、異国からやって来るフウチョウの尾羽をもつことは権威の象徴でもあったことがわかる。

一方、中国雲南省昆明市の滇池《でんち》南部にある晋寧の石寨山《せきさいざん》遺跡と玉渓市江川の李家山遺跡から出土した銅鼓には、「魚鷹」つまり鵜が単独ないし群れで描かれている（羅、一九九六）。石寨山と李家山は滇池と星雲湖の周辺にそれぞれあり、鵜飼いが営まれてきた。鵜飼いと銅鼓のモチーフにある鵜との関連性は明らかだろう。さらに、一式の銅鼓よりも古いとされる先一式銅鼓が雲南省の大理《だいり》周辺で発見されており、大理の剣川沙渓郷の戦国時代における墓群から副葬品として青銅器製の剣、矛、甲冑、装飾品などとともに出土した銅鼓には十一尾の水老鴉（＝鵜）とそれぞれの鵜のそばに泥鰌（あるいは魚）が一尾ずつ刻まれている。剣川には剣湖があり、現在でも鵜飼いが行われている。昆明周辺だけでなく、大理においても銅鼓の鵜のデザインと鵜飼い漁の存在は無関係ではないことになる。

銅鼓は当時における集団の長の権威と支配権を象徴するものと考えられている。銅鼓の表面に鵜が描かれていることは人々が鵜飼いを重要な生業としていた可能性や、野生の鵜を馴化《じゅんか》して鵜飼いを行うこと、あるいは鵜を多数保有することが権威の象徴であり、湖に住む人々に重要な食料となる魚をもたらす鵜もまた権威の象徴であったことを暗示している（楊、二〇〇四）。大理地方周辺で発見された銅鼓の鵜のモチーフが、ドンソン文化の銅鼓における鳥人や羽人《うじん》のモチーフと同系列のものであるのかについての確証はない。しかし、鵜が雲南のドンソン文化においてシンボル的な存在であり、生業として鵜飼いが雲南の湖において紀元前から行われていたことは確かであろう。

日本では弥生時代の銅鐸に鳥や鳥人を描いた銅鐸や土器製の壺が出土しており、それらの表面に描かれた鳥が何をあらわすかについていろいろな議論がなされてきた。これと関連して、大林太良氏は日本の稲作起源神話が、全国に分布する「穂落とし神」伝承のなかに痕跡をとどめていることを指摘した（大林、一九七三）。この伝説は鶴かほかの種類の鳥が天から稲穂をくわえて地上にやって来て、それを落とした場所で稲作が始まったとするものである。大林氏はこの穂落とし伝説と『古事記』のなかで「波の穂より、天の羅摩（かがみ）の船に乗りて、鵝の皮を内剥ぎに剥ぎて、帰り来る神あり」と語られていることと結びつけて古代における稲作神話の重層的な位置を提示した（吉田、二〇〇七）。稲作神話のなかに登場する鳥人信仰が弥生期に存在した可能性は大きく、春成秀爾氏は弥生時代の銅鐸や土器に描かれた鳥が鶴をあらわすとするそれまでの説を踏まえ、鳥取県西伯郡淀江町の稲吉遺跡から出土した土器に描かれた鳥装人が稲穂をもたらしてくれる鳥を船で迎えに行ったことを表現したのではなかったかと提案している(春成、一九八七)。

まとめ

イースター島から、ニューギニア、東南アジア、日本にいたるまで、網羅したわけではないが、鳥人の文化的な意味について考えてきた。鳥人の表象は儀礼のなかでとくに重要な存在として扱われる場合の多いことは明らかである。一方で、神や祖先霊を具現する存在として登場することもあるし、カミをむかえる媒介者として鳥人が位置づけられていることもあった。東南アジアとニューギニアの海域世界ではたいへん重要な財貨としてフウチョウの羽が用いられ、銅鼓に描かれた。しかしそのすべてがフウチョウであったのではなく、雲南省の例におけるように、鵜をあらわすこともあった。その場合、鳥人とはまさに鵜飼いそのものでもあった。本論で取り上げた以外にも鳥人がさまざまな脈絡で語られ、描かれる例があるに違いない。さらなる事例を集積して、鳥人の世界を描くことは今後ともに重要な課題であろう。

参考文献

秋道智彌『NTVジュニアスペシャル——世界の文明・遺跡のなぞ 六 イースター島』日本テレビ放送網株式会社、一九八七年。

秋道智彌「自然の文化表象」、伊藤幹治・米山俊直編『文化人類学へのアプローチ』ミネルヴァ書房、一九八八年、二〇五—二三〇頁。

秋道智彌「鵜飼漁の生態史——中国雲南省大理洱海の事例」、秋道智彌・黒倉寿編『魚と人の自然誌——母なるメコン河に生きる』世界思想社、二〇〇八年。

大林太良『稲作の神話』弘文堂、一九七三年。

林勲男「ヒクイドリ」『月刊みんぱく』、編集部編『民俗博物誌』、二〇〇三年、二四〇—二四二頁。

春成秀爾「銅鐸のまつり」『国立歴史民俗博物館研究報告』一二、一九八七年、六一—二二頁。

レヴィ=ストロース『野生の思考』大橋保夫訳、みすず書房、一九七六年。

吉田敦彦「神話のなかの生き物たち——大林太良と神話研究」『生き物文化誌ビオストーリー』八号、二〇〇七年、三三—四一頁。

Bulmer, R. N. H., Why is the cassowary not a bird? A problem of zoological classification among the Karam of the New Guinea Highlands, *Man* 2(1), 1967, pp.5-25.

Douglas, Mary, Animals in Lele religious symbolism, *Africa* 27, 1957, pp.46-57.

Swadling, Pamela, *Plumes from paradise*, Boroko: Papua New Guinea National Museum, 1996.

楊延福『南詔大理白族史論集』雲南民族出版社、二〇〇四年、二二四—二二五頁。

羅 鈺『雲南物質文化 採集漁猟巻』雲南教育出版社、一九九六年、一七八—一八二頁。

考古学にみる鳥の象形——神話の鳥と鳥形埴輪

賀来孝代　下野薬師寺歴史館

はじめに

人は太古から鳥の姿を土に木に写してきた。過去の人と鳥との結びつきにおいて、鳥は食料として狩りの対象であり、縄紋時代に弓矢を使うようになってからは、矢に鳥の羽毛を植えて矢羽根にしてきた。しかし、鳥を象形することは直接的な鳥の利用ではない。人の心を鳥に映した、いわば精神的な利用なのである。

人々の残した象形によってある種の鳥の存在をわれわれは知るだけではない。当時の人々が鳥に何を感じ、何を託したのかを時を越えて共有することができる。

具象的な造形は人の関心を惹きつける。ことに埴輪は人や馬、猪や鳥などが一見してわかるほどにつくられていて、愛らしささえ感じさせる。それらが物語への想像を育み、文字の記述へと結びつく可能性があっただろうことは想像に難くない。

文字の時代が到来すると、鳥と人との関係も記されるようになる。八世紀に編まれた『古事記』『日本書紀』（以下『記』・『紀』・『記・紀』）には、鳥の種類がわかる記述がある。絵や造形ではっきりしなかった種類が明らかになるのは文字の力といえよう。鳥の絡む話や鳥を擬人化した、あるいは人を擬鳥化した話は、人々がいかに鳥を観察し、生態までも把握していたかをうかがうことができる。

『記・紀』は、前代までも語ったとされているので、直前の古墳時代に見つかる鳥の遺物に『記・紀』と共通する種類の鳥があったとき、その記述を当てはめて古墳時代の鳥を解釈することが多くあった。

現代においても鳥の埴輪は、種類も判別できるほど具象的で文献と直結して考えられている。しかし、時間や距離を飛び越えて人々の象形をその対象の観察・分析なくして当てはめてよいわけはない。ここではそれぞれを検討し、鳥そのもの、鳥の象形、鳥の記述について考えようとするものである。

鳥の象形史概観

文字資料の時代に至るまで、いったいどのような鳥を、どのように象形してきたか概観してみよう。

縄紋・弥生時代の鳥の象形

日本で鳥を象ったものがつくられるのは、縄紋時代からである。土器の口縁に鳥の頭のような形の突起をつけたもの［図1-1］や、頭のない鳥の体を容器に見立てた土器［図1-2］などがあるが、どのような種類の鳥を象ったのか判明するものは見つかっていない。ただし、熊を象った土製品の喉元に三日月形の線を刻んでツキノワグマを表した例などがあり、具象的な表現方法を知らなかったとは言い切れない。むしろ、具体的な造形対象がなかったのかもしれない。

弥生時代の立体造形としては、縄紋時代に続いて鳥形容器がある。縄紋時代とほとんど変わらない形に加え、弥生時代の終わり頃には鳥形壺が登場する。土器の壺と合体したような、背中に土器の口がついたり、腹部に脚台がついたりするものである［図1-3］。同じ時期の韓半島にもよく似た鳥形容器があることが知られている。鳥の種類のわかるものとして、［1］鶏形や雁鴨［2］形がある。

弥生時代にあらたに追加される造形は土製品や木製品で、木製品には飛翔形［図3-6］があり、腹部に棒を差し込み、これを支柱として地面に立てたと考えられるもの（鳥竿）［図3-3］もある。長頸の鳥を写した木製品や鶏形土製品［図3-1］がある。

鳥の絵画も弥生時代になって追加される象形である。弥生時代の鳥の絵には土器と、青銅器である銅鐸に描いたものがある。土器絵画には、成形途中の粘土が乾く前の柔らかいときに、先の尖ったヘラのようなもので器面を刻んだもの（ヘラ描き）や、鳥紋様のスタンプを連続して押したもの［図2-1］がある。青銅器の絵は、金属に直接彫り込むのではなく、鋳型に紋様を彫り

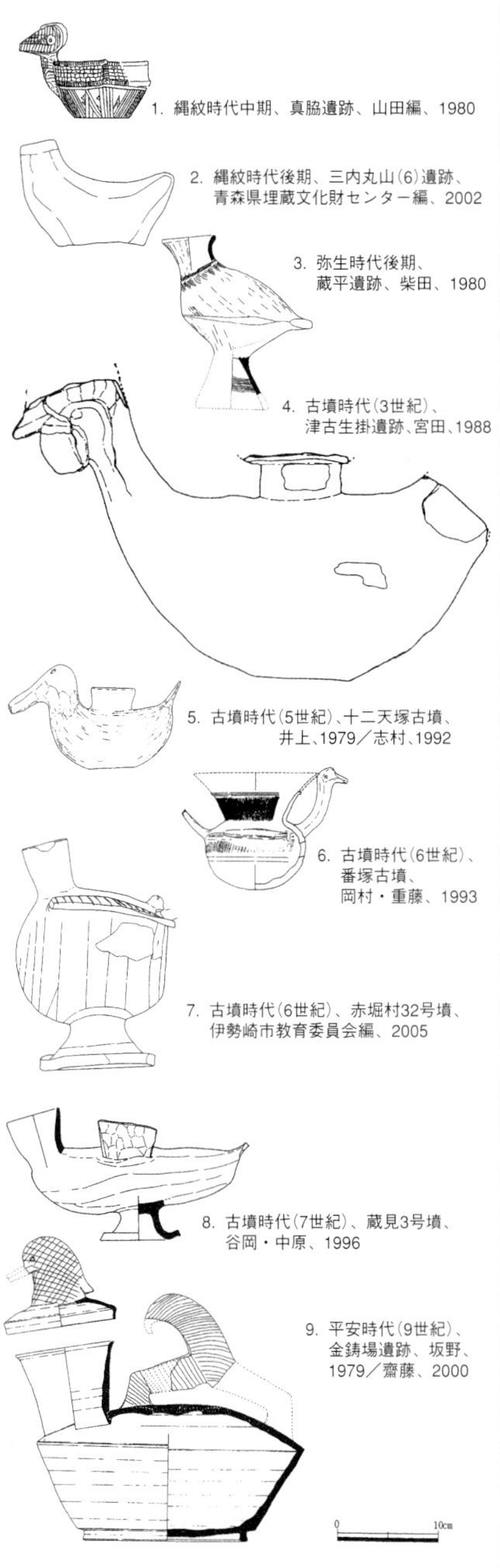

1. 縄紋時代中期、真脇遺跡、山田編、1980
2. 縄紋時代後期、三内丸山(6)遺跡、青森県埋蔵文化財センター編、2002
3. 弥生時代後期、蔵平遺跡、柴田、1980
4. 古墳時代(3世紀)、津古生掛遺跡、宮田、1988
5. 古墳時代(5世紀)、十二天塚古墳、井上、1979／志村、1992
6. 古墳時代(6世紀)、番塚古墳、岡村・重藤、1993
7. 古墳時代(6世紀)、赤堀村32号墳、伊勢崎市教育委員会編、2005
8. 古墳時代(7世紀)、蔵見3号墳、谷岡・中原、1996
9. 平安時代(9世紀)、金鋳場遺跡、坂野、1979／齋藤、2000

第1図　鳥形容器

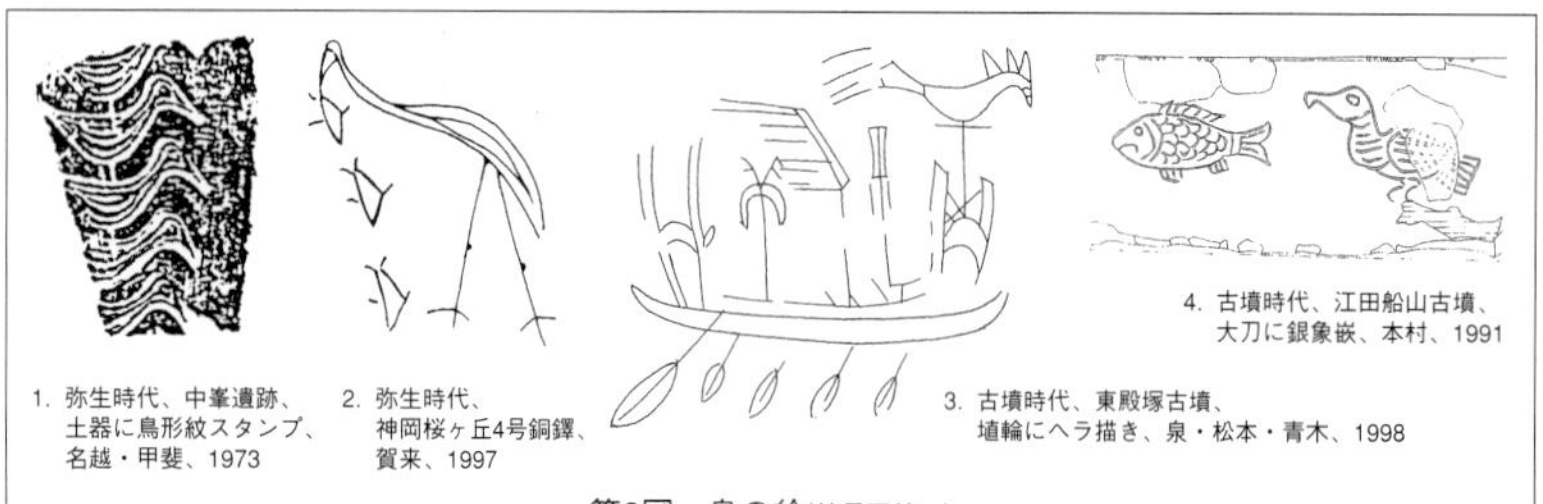

1. 弥生時代、中峯遺跡、
土器に鳥形紋スタンプ、
名越・甲斐、1973
2. 弥生時代、
神岡桜ヶ丘4号銅鐸、
賀来、1997
3. 古墳時代、東殿塚古墳、
埴輪にヘラ描き、泉・松本・青木、1998
4. 古墳時代、江田船山古墳、
大刀に銀象嵌、本村、1991

第2図　鳥の絵(縮尺不統一)

込んで鋳出したものである。[3] 土器や銅鐸に描かれた鳥のほとんどは、長嘴・長頸・長脚[図2-2]である。その特徴に合うのは、ツル[4]やサギといった鳥たちだろう。鳥そのものではないが、土器には鳥装の人物を描いたように見える絵もある。頭に冠羽のような飾りをつけるものや肩から生える翼なのか幅広の袖なのかを描いたものなどである。

弥生時代には、造形としては容器に加えて土製品、木製品が増え、また二次元の絵画が加わった。鳥の種類も、不明なものは残るもののニワトリやツル・サギなどを写したものが現れ、おおまかにも鳥の種類がわかるようになるのは弥生時代からだといえるだろう。

古墳時代の鳥の象形

古墳時代の鳥形遺物のほとんどは、古墳から出土している。古墳以外では竪穴建物・祭祀遺構・河川の流路跡などがある。造形では、容器、木製品、土製品に加え、鳥形埴輪が登場する。絵画では、青銅鏡背面紋様への鋳出し、鉄製大刀の身への象嵌、埴輪へのヘラ描き、古墳の埋葬施設の壁画がある。象形対象になった鳥の種類としては、ツル・サギ、ニワトリ、ガン・カモ、ウ[5]、タカ[6]を写していて、種類不明のものもある

また、鳥形遺物の出土数は弥生時代までに比べて著しく増える。これは出土発見例がたんに増えたというだけではなく、造られる数そのものが格段に増えたからである。古墳のすべてに鳥形の表象が施されたわけではないが、全国で数万基といわれる古墳造数に係わる需要があったといえるだろう。古墳時代には、種類も個体数も増えるので、種類ごとに述べていく。

古墳時代の造形

容器　容器は引き続きつくられる。背中に土器の口縁部が、腹部に脚台がつくなど、古墳時代の土器と融合した鳥形土器という様相が強まる。三、四世紀には鶏形[図1-4]が多いが、五世紀に入ると、鳥形容器自体がほとんど見つかっておらず、ほんの数例雁鴨形の土器がわかっているだけである。六世紀以降には鳥形須恵器が増える。いずれも鳥の体を容器に見立てたものである。鳥形容器ではないが別造りにした小型の鳥形を貼り付け装飾した須恵器がある。容器、鳥形装飾ともに鳥の種類はほとんど判明しないが、タカを写したとわかる須恵器[図1-7]が一例だけある。鳥形容器の尾の付け根に粘土でつくった鈴を貼り付けて鷹狩のタカを象っているのである。

木製品　木製品は体に直交する翼を組み合わせて飛翔形を

とるものと翼の有無がわからないものとがある。腹部に孔があり、棒を差し込んで地面に立てて使用したと考えられるものが多い。鳥を側面から見た形に板を切り取った扁平な板状の木製品もあり、二次元的である。鳥の種類はわからないものがほとんどであるが、鶏冠を表してニワトリを象った三世紀代の例［図3-5］がある。

土製品　古墳時代前期のいくつかの古墳で、鶏形の土製品［図3-2］が見つかっている。腹部に孔があり棒のようなものを差し込んで地面より高い位置にいたことを示している。鳥形を土器や埴輪に貼りつけることもあり、土製品には単体の場合と何かの附属品である場合とがある。

埴輪　埴輪は古墳の外表施設の一部である。建物や器物、人や動物の形を写した埴輪を形象埴輪とよんで、円筒埴輪や朝顔形埴輪[7]とは区別している。鳥形埴輪は形象埴輪の一種であり、鳥形だけが単独で用いられるわけではない。円筒・朝顔・その他の形象埴輪と密接に結びついて古墳の一部を構成している。

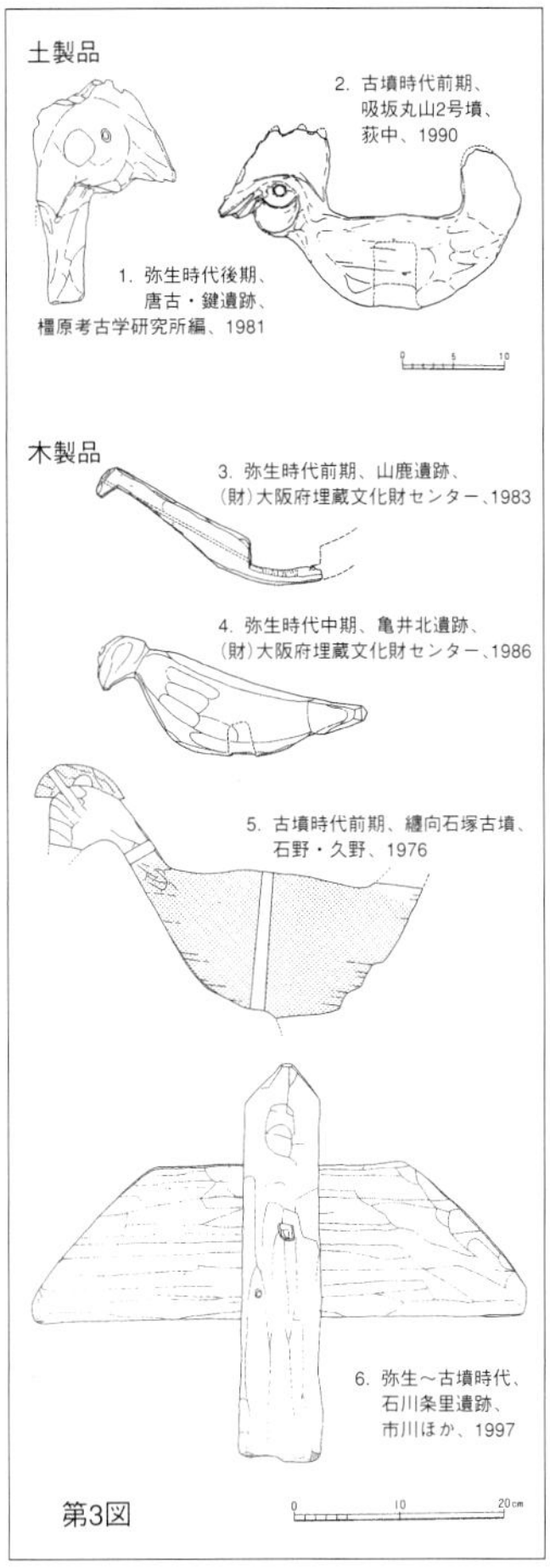

第3図

円筒埴輪や朝顔形埴輪は墳丘を幾重にも取り巻いて外からの浸入を阻むように籬《まがき》をなす。やがてさまざまな形象埴輪が置かれるようになるが、埴輪の種類ごとに出現の時期と置き場所が異なっていた。

鳥形埴輪の鳥の種類には、鶏、雁鴨、鵜、鷹、鶴鷺、種類不明などがあるが、これらもまた鳥の種類ごとに出現の時期と配置場所が違っていた。つまり鳥形という共通性があっても、担う役割は種類ごとに違っていたと考えられる。

埴輪は円筒・朝顔・形象埴輪を含めて複数種類を組み合わせてそれぞれの場所に並べている。鳥も複数種類が同じ古墳に置かれることが多い。

ニワトリは弥生時代に日本に家禽としてはいってきた鳥であり、埴輪の鶏もまた家禽である。鵜は頸に紐、鷹は腰に鈴を備えており、鳥の姿を造形しているものの、それぞれ鵜飼・鷹狩という狩漁形態を表していていずれも野生の鳥ではない。

小型の鳥形を伴う埴輪には、円筒・家形・船形・人物・鳥形埴輪がある。

古墳時代の絵画

金属器の絵　四世紀の国産の青銅鏡に建物の屋根にとまる鶏が描いてある。四棟のそれぞれ違う種類の建物のうち三棟の屋根の上に鳥が二羽ずつとまっており、そのうち二棟の鳥には鶏冠《とさか》がみてとれる（佐原、一九八六／川上、一九八六）。この鏡には長頸の鳥の姿も描いてある（車崎、二〇〇六）。古墳時代の船載鏡には外来の鳥の図像も描いてあるが、国内で定着した様子は汲みとれない。鏡以外では、副葬品の鉄製大刀の身に、鵜と魚を象嵌した例［図2-4］が五世紀にある（本村、一九九一）が、金属器の絵画はごく少ない。

埴輪の絵　円筒埴輪の突帯間に鳥をヘラ描きする例が少数ながらある。長頸・長脚の鳥を描いた例は、円筒・家形埴輪にある。四世紀の円筒埴輪に船を描いたものがあり（泉・松本・青木、一九九八）、その舳先には鶏冠と大きく長い豊かな尾をもつ鳥がとまっている［図2-3］。鶏である。船にとまる鳥の象形で種類がはっきりしているのは古墳時代ではこの一例である。[8]

古墳壁画　古墳の埋葬施設に絵を描いたものがある（国立歴史民俗博物館、一九九三）。壁面に顔料などで色づけして描くものと、壁面を彫り込んだ線で描く場合とがある。九州の装飾古墳には鳥のとまる船の絵が数例ある。鳥の種類がわかる例はほとんどないが、竹原古墳の玄室入口の右壁に描かれた鳥には鶏冠と豊かな尾が描いてあり、形態からみれば鶏である。朝鮮半島の古墳壁画との類似から鳥の種類を四神の一つ「朱雀」と解釈する意見もある。彫り込んだ壁画の鳥は長嘴・長頸・長脚の鳥が多い。線の重なりが複雑なために断定できないが飛翔形が存在する可能性がある。

鳥の象形のうち古墳壁画は、古墳時代終末期には日本独自の図柄から、朝鮮半島高句麗四神図のような絵へと変化を遂げる。鳥形埴輪は他の埴輪の消滅とともに六世紀末頃姿を消した。容器は鳥形瓶《へい》が九世紀頃までは少ないながらつくられている。容器にヘラ描きした絵画も引き続き例がある。新しい器物、たとえば硯《すずり》、瓦《かわら》、塼《せん》、木簡《もっかん》、扇面《せんめん》にも、鳥形や鳥の紋様・絵が現れる。絵を描く方法としては墨書が加わり、墨と筆による文字社会の拡がりを感じさせる。舶来の紋様、仏教的な紋様も増え、とくに官衙・寺院では、外来要素の圧倒的優位が顕著になる。

『記・紀』の鳥

時間の隔たり

『記・紀』は八世紀に記されたものである。古墳に並ぶ埴輪に鳥の形をしたものが現れるのは四世紀の中頃で『記・紀』の記述はそれから三百年以上も時を隔てている。

一方、鳥形埴輪は、六世紀いっぱいはつくり続けるので、最後の埴輪は西暦でいえば六〇〇年頃に焼いたことになり、埴輪の最後の姿からならば百年ほどということになる。埴輪は粘土を焼いたものであるから、腐ることなく形は残り続ける。壊れて散り散りになり、あるいは何かの理由で埋まってしまわない限り、八世紀の人々も古墳を訪れれば埴輪を眼にすることができた。埋まってしまったものも偶然掘り出されて見ることがあった。

百年後の人々は土でつくった人や動物を見てあれこれ想像したに違いない。伝承もあったろう、目にしたことであらためて物語が生まれることもあっただろう。『記・紀』に出てくる鳥は合わせておよそ四〇種類、埴輪の鳥はすべて含まれている。『記・紀』の中に前時代の鳥はどのようにひそんでいるのであろうか。

『記・紀』の鳥たち

古墳時代の遺物と共通する鳥に、それぞれどのような記述があるのかよく知られた代表的な物語をみてみよう。

鶏　『記・紀』の中で最も有名な鶏は「常世《とこよ》の長鳴鳥《ながなきどり》」であろう。スサノオノミコトの乱行に天照大御神《あまてらすおおみかみ》（『紀』天照大神）が天の石屋を閉ざし隠れてしまったために世は闇に包まれる。オオミカミを呼び戻し世界に光が満ちるきっかけをつくったのが常世の長鳴鳥である（『記』上巻、『紀』神代上）。その鳥が鳴いて光が戻ったことを、朝告げ鳥が鳴いて朝がきたと考えて、常世の長鳴鳥はニワトリと考えられている。鶏には死の場面の記述もある。天稚彦《あめわかひこ》のお葬式の場面で「鶏《かけ》を以《も》て持傾頭者《きさりもち》とし」とあり、葬礼の場面に役をあてていたという記述である（『紀』神代下、一書《あるふみ》）。

鵜　神武天皇東征（『記』中巻、『紀』神武天皇即位前紀）の折、八咫烏《やたからす》に導かれて吉野川まで来たところ、魚を捕っている人がいて、これが阿陀《あだ》の鵜飼（養鸕《うかひ》）の祖であるという。それを遡ること出雲の国譲り（『記』上巻）のとき、櫛八玉《くしやたま》の神が鵜になって海に潜り取ってきた土で器を焼いて饗宴をひらいたという。鵜が器を用意したというのは、食べ物（海の幸）を用意したという意味である。この二つの物語の中では鵜は同じ役割を得ているといえよう。鵜飼が初代天皇のときから認識されており、鵜を馴らして魚をとる漁が行われていたことを示している。

鷹　タカに関する最も興味深い話は鷹狩の起源にまつわる物語である。『紀』仁徳紀、依網《よさみ》の屯倉《みやけ》の阿珥古《あじこ》が変わった鳥を捕まえて天皇に奉じたところ、酒君《さけのきみ》が、百済ではその鳥（鷹）を馴らして鳥を捕まえさせるのだと言う。酒君に預けて訓練し、百舌鳥野《もずの》での狩りの折、その鷹を放ったところキジをよくとったので鷹甘部《たかかいべ》を定めたとある。『記』には鳥を捕るために派遣される「大鶙《おほたか》」という人物が登場する（中巻垂仁記）。鳥を捕まえるオオタカを遣う人をその名でよんだのか、人をオオタカに喩えたのか。その名を冠すること自体、タカが鳥を狩るものと人々はよく理解してのことに違いない。

雁・鴨　ヤマトタケルノミコトが死後鳥に変化《へんげ》して飛び去ったという物語は、息子である仲哀天皇が父を想ってその陵《みささぎ》に「白鳥」を放した（『紀』仲哀紀）というその後談とあいまって、人々の心に訴えてきた。「白鳥」をハクチョウ[9]と読んでヤマトタケルノミコトはハクチョウに変化したのだとイメージする人は多い。しかし、当時ハクチョウはハクチョウという名ではなかった。そのくだりには当時のハクチョウを示す「くび」「くぐひ」（鵠・久毘など）に変化したという記述はない。

『記』中巻、景行記に、倭建命《やまとたけるのみこと》が東征から戻ってきたが、能褒《のぼ》野《の》で亡くなった。陵をつくって悲しんだが「八尋《やひろ》の白智鳥《しろちどり》」に化《な》り天に翔けあがり浜にむかって飛び去ってしまった。河内の志幾に降りたので、また陵をつくったが、さらに飛んでいってしまったとある。『紀』では日本武尊《やまとたけるのみこと》は能褒野に亡くなり「白鳥《しろとり》」と化って倭《やまと》の琴弾原《ことひきはら》に降りた。さらに飛んで河内の舊市《ふるいち》邑に留まった。三カ所それぞれに陵を造ったが、ついに高く翔んで天にのぼってしまったという。『記』では「八尋の白智鳥」、『紀』では「白鳥」に化ったというのである。

「くび」「くぐひ」つまり、ハクチョウの記述もある。垂仁天皇の皇子であるホムツワケノミコは、おとなになってもものが言えなかったが、空高く往く「鵠《くぐひ》」の声を聞いて初めて声を発した(『記』中巻、垂仁記・『紀』垂仁紀)。「くび」「くぐひ」の名はその鳴き声からついたといい、ホムツワケノミコは鳴き渡る声に触発されて言葉を発したというのである。また、別の物語に倭建命(『記』中巻、景行記)は結婚を約束した尾張の美夜受比売《みやずひめ》のところに東征の帰りに寄り、美夜受比売のたおやかな腕を「佐和《さわ》多流久毘《たるくび》」と、空を渡っていくハクチョウに喩えて歌を詠んでいる。

ヤマトタケルノミコトが変化した「白鳥」については、仲哀紀の陵《みささぎ》を周る池で養うということから水辺に暮らす鳥と考えられる。また、北陸の越《こし》国からも献上があったという。越は水鳥の有数の越冬地である。水辺に暮らす白い鳥で越から献上をうけるとなれば、そのなかの一種にハクチョウがあってもおかしくない。しかし、水辺に暮らす大型の白い鳥はハクチョウに限らない。『記』の「八尋白智鳥」はどうであろうか。八尋はきわめて大きいことで、観念的な大きさを示している。智鳥をチドリとすれば、大きい白いチドリである。白智鳥を「白つ鳥」と読むならば、その場合はきわめて大きい白い鳥ということになり、『紀』の「白鳥」と同意である。鳥の種類を明記した物語である一方で白い鳥という表現にとどまることは、ヤマトタケルが変化した白い鳥が、実在実大の鳥でなくてもよいということになろう。

埴輪の記述

『紀』には古墳時代の遺物である埴輪に関する記述が知られている。

人物埴輪についての記述をあげよう。垂仁天皇の母の弟である倭彦命《やまとひこのみこと》が亡くなり、葬るときに殉死者を生きたまま陵《みささぎ》の巡りに埋めたが、幾日経っても死なないで昼夜をとわず泣き叫んだ。このことで天皇は心を痛め野見宿禰《のみのすくね》に命じて埴土で人や馬つくらせ、皇后日葉酢媛命《ひばすひめのみこと》が亡くなったときには陵に立てさせた。その土物《はにもの》を埴輪《はにわ》と呼んだという(垂仁紀)。埴輪の起源説ともいうべき話であるが、垂仁天皇の時(四世紀)にはまだ人物埴輪や馬形埴輪は出現しておらず、埴輪を製作した野見宿禰を祖先とする土師《はじ》氏を顕彰するためにつくられた話と考えられている。

馬形埴輪の話もある。飛鳥の田辺史伯孫《たなべのふひとはくそん》が河内の古市に住む娘が子を産んだと聞いてお祝いに行った帰り、月夜に譽田陵《こんだりょう》(応神陵古墳)を通りかかった。そこですばらしく速く駆ける赤い馬に乗った人に会い、その馬が欲しくなって自分の馬と取り替えてもらって帰った。翌朝起きてみると、厩に入れたはずの馬は埴輪の馬に変わっていた。伯孫が譽田陵に戻ってみると自分の馬が埴輪の馬の間に佇んでいたという(雄略紀)。

この二つの記述は、埴輪が古墳に立て並んでいる様子を見た後世の人々が物語りしたもので、人や馬の埴輪を古墳に並べる意味がわかっていたわけではないことを表している。埴輪のことを記したと推測できる他の記述も後世の人々が古墳に並ぶ埴輪を見たことによって生まれた可能性を示唆している。

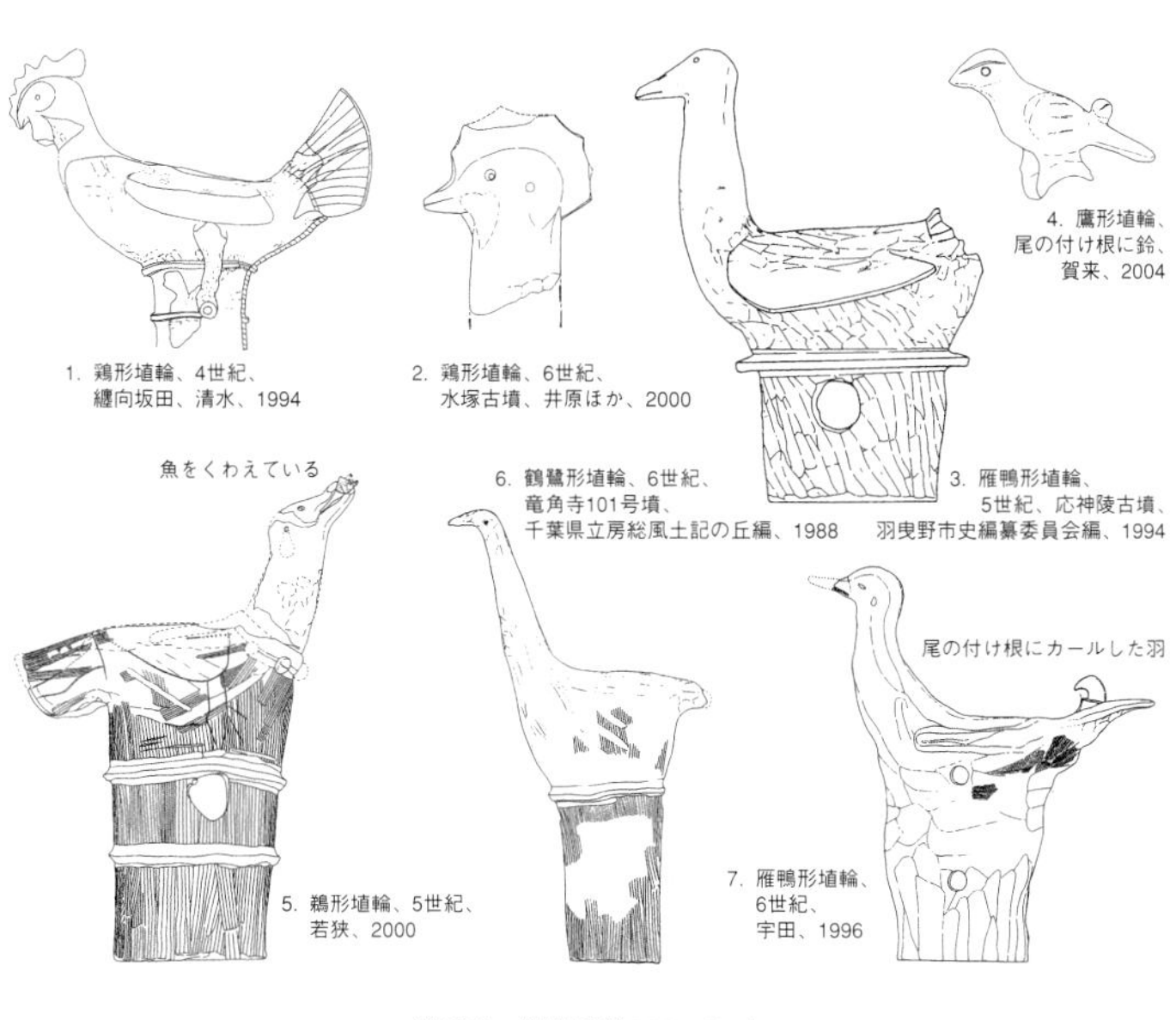

第4図　鳥形埴輪(縮尺不統一)

埴輪の鳥

造形の特徴

鳥形埴輪は、低い円筒台の上に鳥の体を載せた形をしている。造形上の特徴は、円筒の基部をもつ、物の形は中空につくるなど、他の種類の埴輪とつくり方は共通しているということである。馬や猪といった四脚動物の埴輪は円筒をもたず、脚で自立しているが、円筒基部をもたない鳥形埴輪は今のところ見つかっていない。円筒には桶のタガのような突帯がめぐっているが、脚は翼の下から生えて、突帯上につくった止まり木を掴むか、突帯に載せるのが基本である。鳥の種類に限らずそれらの約束は守られていて、細部は種類ごとにつくりかえている。

造形上のもう一つの特徴は、鳥の種類ごとに埴輪の鳥としての表現方法が決まっており、一個体ごとに元となる鳥を実際に見ながらつくるわけではないということである。モデルは実際の鳥というよりむしろ鳥の埴輪である。鳥の埴輪はいかにも具象的で一見写実的に見えるが、鳥の埴輪の出現時に鶏冠なら鶏冠を、尾なら尾を抽象化した埴輪の表現がほぼ決まっており、またそれは制作方法と組み合っているために、鳥の埴輪をまねて次代の埴輪をつくっていくことを繰り返している。

出現時期と配置場所も鳥の種類ごとに違う。四世紀中頃に墳頂に鶏形[図4-1]が、四世紀末には、周濠の中の島の岸辺に雁鴨形［図4-3］が出現する。五世紀の中頃には周濠の中堤に鵜形［図4-5］が現れた可能性が高い。鵜形は鵜飼、鷹形［図4-4］は鷹狩を表しており人の存在を暗示している。単体の鷹形埴輪は今のところ例がなく、人物埴輪の腕に載っている。人物埴輪は五世紀の中頃に登場するが、鷹の載る人物は現時点で六世紀代の例しかない。鶴鷺形埴輪［図4-6］は、六世紀前半の例が最古である。

埴輪は古墳を表象するものであり、古墳は墓であって、死と結びついている。鳥形埴輪も古墳の一部を構成しており、埴輪の鳥は死の鳥、死者の鳥、葬送に関わる鳥といえるだろう。

形態を写す表現

鳥形埴輪は、鳥の種類それぞれに元の鳥の特徴をよく掴んで埴輪をつくる。形態的に最もよくわかるのは、鶏形である。ニワトリは鶏冠《とさか》をはじめ、肉垂《にくずい》や耳朶《じだ》、耳羽《みみばね》など頭部にいわば附属品のような出っ張りがあり複雑な顔をしている。それらの形を的確にとらえて部品をつくりあげ、組み合わせて鶏を表現しているのは見事というしかない。頭部だけでなく、脚・尾・翼なども同様であり、また他の種類の鳥においても実際の鳥を観察して特徴をよく掴み、それぞれの部品は抽象化しながら、全体では具象ともいえる表現をしている。

いったん決まった表現は時代が下り地域拡散することで粗略化、省略化が進む。[10] 鶏の鶏冠を例にとると、大きさが小さくなったり、山形の刻みを加えなくなったり、鶏冠そのものを省略したりすることもある。

生態を写す表現

形態的表現が鳥自体の観察に基づくものであるのはもちろんであるが、鳥の埴輪には生態をも写している場合がある。最古の鵜形埴輪（土生田、一九八七）は止まり木にとまり、足先は平たい粘土板につくって水かきを表現している。頸には粘土紐を結んでいて鵜飼を表している。翼は途中で折れているものの、たたまずに広げている。飛ぼうとしているのではない。水から上がって杭などにとまって羽を乾かす姿を写しているのである（賀来、二〇〇四）。

表現の特徴

埴輪の表現においては、初め象形の対象をよく観察し特徴を掴み、それぞれを構成する要素は抽象化して表現し鳥形を造形する。いったん決まった表現方法は、鳥の埴輪をつくる限りその約束事を基本的に守り続ける。新しい表現が追加されると、その時点から最後までその表現は続く一方、その表現自体はできあがったときから粗略化、簡略化が始まり、表現の保持と変化変遷という二面性を同時にもつことになる。

『記・紀』の鳥と鳥形埴輪

埴輪の意味を紐解くにあたり『記・紀』をその一助にし、解釈しようとする試みがある。そのこと自体には問題はないが鳥形埴輪自体の検討をしないで文字資料からのみ理解しようとすれば、それは偏っているといわざるをえないであろう。

詳述は他に譲り、ここでは鶏形と雁鴨形について検討してみよう。

鶏形埴輪と常世の長鳴鳥

常世の長鳴鳥がニワトリそのものでなくとも、ニワトリを原型とするということについては異議のないところだろう。世に光を取り戻す契機になったということは、ニワトリが朝を告げるということにつながるのであって、ほかにそのような鳥がいないことからもニワトリであってよい。しかし、古墳と『記・紀』とで鳥の種類が共通するからといって、天の石屋が横穴式石室を埋葬施設とする古墳の情景を表したというのは果たしてどうだろうか。

古墳は墳墓である。そこに置いてある鶏形埴輪を常世の長鳴鳥として光をよぶものだとするとき、闇を死者の、光を生者の世界と考えて鶏形埴輪は死者の復活を表すという解釈がある。『記・紀』の記述には、死者の世界ではなく、光がないために秩序を失った闇の世界が描かれるばかりである。アマテラスオオミカミの復活は、秩序復活であり、光満ちる正常世界の復活を示している。アマテラスオオミカミ自身が死んだと考えない限り、光の復活が死者の復活とは結びつかない。

鶏形埴輪を考えるとき『記・紀』の常世の長鳴鳥と同じ役割とすると、光を呼んだということになろう。鶏形埴輪の鶏の脚は、止まり木を掴んでいる［図4-1］。地面に立っているのではなく、高い枝か止まり木にとまっているのである。ニワトリが昼間地上で餌をとり、夜には危険を避けて高所で眠る情景が浮かんでくる。ニワトリが時を告げるとき、まさに朝がやって来るのであり、闇にまぎれて暗躍する禍々しいものたちは光を厭い、その声を聞いて退散するものだと考えられてきた。鶏形埴輪は、夜の情景を写していて、ニワトリと同様に光を呼んで古墳に近づく邪を祓う役割だったのではないだろうか（賀来、二〇〇二、二〇〇三A）。もともとニワトリはテリトリーや群れへの侵入者をきらい、自ら闘って追い払うという性質もある（秋篠宮文仁編、二〇〇〇／岡本、二〇〇一）。

古墳には、盾形埴輪、靫形埴輪などの武具・武器形埴輪を置いて邪を祓った。盾や靫などの人工物だけでなく、生きものであるニワトリも辟邪《へきじゃ》として埴輪に写したのである。

『記・紀』の記述、ニワトリ、鶏形埴輪からみても死者の復活は読み取れない。

雁鴨形埴輪とヤマトタケルの白鳥変化

『記・紀』の記述のうち、とくに『紀』の「白鳥《しろとり》」をハクチョウと解し、埴輪の雁鴨はハクチョウであって、ヤマトタケルノミコトが死後変化《へんげ》して飛び去ったことから、魂の具現、あるいは魂をのせて彼岸へと運び去るものという考えがある。雁鴨形埴輪は濠《ほり》の中の島や造り出しといった施設の水際に複数で置かれることが多く、その情景が『紀』仲哀紀にある、父の陵に「白鳥」を放ったという記述を彷彿させることも埴輪とヤマトタケルノミコトの物語を結びつける要因であろう。

雁鴨形埴輪は複数体出土する例が多いが、その場合大きさも数段階あるのが普通である。四世紀末頃に現れた最古の雁鴨形埴輪である津堂城山古墳例は、大きい二体と小さい一体。埼玉県瓦塚古墳でも大小。千葉県南羽鳥正福寺一号墳の六体は確実に三段階の大きさがあり、このうち中間の大きさのものがハクチョウではなくカモの仲間［図4-7］であることが確実である。[11] 雁鴨形埴輪がすべてハクチョウとは限らないのである。

『記・紀』の記述からは、ヤマトタケルノミコトがハクチョウに化ったとは限らないと述べた。埴輪もまたすべてがハクチョウとは言い切れない。むしろ仲哀紀の話も、古墳の濠際に並ぶ雁鴨形埴輪を見たことで生まれた物語である可能性が高い。雁鴨形埴輪の意味をヤマトタケルノミコトに求めることは再考の余地ありということになろう。

おわりに

考古遺物の鳥、文字資料の鳥どちらも往時の人々の心を少なからず映しているといってよいであろう。しかし、かならずしも両者が同じことを語っているとは限らない。百年の隔たりを越えて相互に結びつくこともあれば、一方的な視点であることもある。鳥形埴輪と神話の鳥とはそのことをも語っているといえよう。時間の隔たりを置き換えれば、現代と古墳時代であっても同じである。今の鳥を理解しようとすることが、神話の鳥、埴輪の鳥を理解することにつながっている。また、そのことが現在の鳥への理解をさらに豊かにし、ひいては人と鳥との未来を拓くことにつながるに違いない。

＊考古遺物を扱うなかで、ことさら鳥の象形に惹きつけられてやまない。とかく鳥形に偏りがちである私の視野を広げ、さまざまな助言をいただいている犬木努氏、太田博之氏、佐原真氏、広瀬和雄氏、埴輪研究会の諸氏に感謝申し上げます。

註

[1] 象形・記述の鳥の名は漢字で、実際の鳥はカタカナで示す。鶏（ニワトリ）というとき家畜化されたものをいう（*Gallus gallus domesticus*）。

[2] 雁鴨（ガンカモ）はカモ目カモ科の鳥をいう。

[3] 鋳型に彫り込むため、製品では凸線の絵になる。

[4] 鶴鷺（ツルサギ）はツル目ツル科、コウノトリ目サギ科・コウノトリ科の鳥をいう。

[5] 鵜（ウ）はペリカン目ウ科の鳥をいう。

[6] 鷹（タカ）はタカ目タカ科の鳥をいう。

[7] 円筒埴輪の原型は壺などをのせる器台であり、朝顔形埴輪は、器台に壺をのせた状態を一体として形象したものである。

[8] 同じ円筒埴輪にはほかにも船の絵があり、そこに擦り消された鳥の輪郭をみてとることができる。わずかに鶏冠があるようである。

[9] ハクチョウと総称するもののうち、ここでは主に日本で越冬するオオハクチョウ（*Cygnus cygnus*）とコハクチョウ（*Cygnus columbianus jankowskyi*）を考えている。

[10] 粗略化の一方で二種類以上の鳥の表現が混じり、種類が曖昧になるこ

ともある（賀来、二〇〇二）。

[11] マガモ（*Anas platyrhynchos platyrhynchos*）かオシドリ（*Aix galericulate*）の雄の特徴であるカールする羽を備えている。

引用・参考文献

青森県埋蔵文化財センター編『三内丸山（六）遺跡Ⅳ』青森県教育委員会、二〇〇二年。

秋篠宮文仁編『鶏と人』小学館、二〇〇〇年。

秋吉正博『日本古代養鷹の研究』思文閣出版、二〇〇四年。

泉武・松本洋明・青木勘時「天理市東殿塚古墳の調査結果」『日本考古学協会第六四回総会研究発表要旨』日本考古学協会、一九九八年。

石野博信・久野邦雄「纏向石塚古墳」『巻向』、一九七六年。

伊勢崎市教育委員会編『五目牛新田遺跡・五目牛南組Ⅱ遺跡・五目牛清水田Ⅱ遺跡・柳田Ⅱ遺跡』、二〇〇五年。

市川隆之ほか『中央自動車道長野線埋蔵文化財発掘調査報告書一五』石川条里遺跡、（財）長野県埋蔵文化財センター、一九九七年。

井上太「群馬県藤岡市白石出土の水鳥形注口土器」『考古学雑誌』六三―三、日本考古学会、一九七九年。

井原稔他『古市古墳群XXI』羽曳野市教育委員会、二〇〇〇年。

宇田敦司『南羽鳥遺跡群Ⅰ』（財）印旛郡市文化財センター、一九九六年。

（財）大阪府埋蔵文化財センター『山鹿（その二）』、一九八三年。

（財）大阪府埋蔵文化財センター『亀井北遺跡』、一九八六年。

大場磐雄「遺物からみた古代の鶏」『日本歴史』二四八、日本歴史学会、吉川弘文館、一九六九年。

岡村秀典・重藤輝行編『番塚古墳』九州大学文学部考古学研究室、一九九三年。

荻中正和『吸坂丸山古墳群』加賀市教育委員会、一九九〇年。

折口信夫「鶏鳴と神楽と」『折口信夫全集』二、古代研究、民俗学編一、中央公論社、一九六五年。

賀来孝代「銅鐸の鳥―ツルもいるしサギもいる―」『考古学研究』四四―一、考古学研究会、一九九七年。

賀来孝代「埴輪の鳥はどんな鳥」『鳥の考古学』かみつけの里博物館、一九九九年。

賀来孝代「埴輪の鳥」『日本考古学』一四、日本考古学協会、二〇〇二年。

賀来孝代「鳥の埴輪の雌と雄」『山口大学考古学論集』近藤喬一先生退官記念事業、二〇〇三年A。

賀来孝代「水鳥埴輪の鳥の種類」『栃木の考古学』塙静夫先生古稀記念論集、二〇〇三年B。

賀来孝代「鵜飼・鷹狩を表す埴輪」『古代』一一七、二〇〇四年。

橿原考古学研究所編『唐古・鍵遺跡』田原本町教育委員会、一九八一年。

加藤秀幸「鷹・鷹匠、鵜・鵜匠埴輪試論」『日本歴史』三三六、日本歴史学会、吉川弘文館、一九七六年。

可児弘明『鵜飼』中公新書、一九六六年。

鐘ヶ江一朗『発掘された埴輪群と今城塚古墳』高槻市しろあと歴史館、二〇〇四年。

忽那敬三「鶏形埴輪の変遷と性格」『考古学研究』四八―三、考古学研究会、二〇〇一年。

車崎正彦「報告七　東国の埴輪」『はにわ人は語る』国立歴史民俗博物館編、山川出版社、一九九九年。

車崎正彦「家屋紋鏡を読む」『考古学論究』小笠原好彦先生退任記念論集刊行会、真陽社、二〇〇七年。

国立歴史民俗博物館編『装飾古墳の世界』、一九九三年。

後藤守一「埴輪の意義」『考古学雑誌』二一―一、考古学会、聚精堂、一九三一年。

齋藤孝正『日本の美術六』四〇九、至文堂、二〇〇〇年。

坂野和信「金鋳場遺跡出土の水鳥鈕蓋付平瓶について」『考古学雑誌』六五―三、日本考古学会、一九七九年。

佐原真「ニワトリとブタ」『農耕の技術と文化』創美社、一九九三年。

佐原真・春成秀爾『原始絵画』歴史発掘五、講談社、一九九七年。

柴田稔「静岡県蔵平遺跡発見の鳥形土器」『考古学雑誌』六六―一、日本考古学会、一九八〇年。

清水真一「鶏形埴輪についての一考察」『橿原考古学研究所論集』十一、吉川弘文館、一九九四年。

志村哲「十二天塚古墳の築造年代」『群馬県史研究』、一九九二年。

名越勉・甲斐忠彦「スタンプ施文土器の新例」『考古学雑誌』五八―四、日本考古学会、一九七三年。

野本寛一「鶏と焼畑」『焼畑民俗文化論』雄山閣、一九八四年。

野本寛一「鶏の呪力――時間・空間をめぐる構造」『生態民俗学序説』白水社、一九八七年。

波多野鷹『鷹狩への招待』、一九九七年。

羽曳野市教育委員会編『古市遺跡群XXI』、二〇〇〇年。

土生田純之「三嶋藍野陵整備工事区域の調査」『書陵部紀要』三九、宮内庁書陵部、一九八七年。

春成秀爾「埴輪の絵」『国立歴史民俗博物館研究報告』八〇、国立歴史民俗博物館、一九九九年。

橋本博文「鶏形埴輪の起源―鶏形土製品をめぐって―」『堂ヶ作山古墳Ⅲ』、会津若松文化財調査報告五〇、堂ヶ作山古墳、会津若松市教育委員会、一九九六年。

羽曳野市史編纂委員会『羽曳野市史』第三巻史料編一、一九九四年。

早川孝太郎「鶏の話其他」『民族』第一巻上、岩崎美術社、一九二五年。

藤井利章ほか『藤井寺市史』三資料編一、一九八六年。

南方熊楠「鶏に関する民俗と伝説」『十二支考三』東洋文庫二三八、平凡社、一九七三年。

宮田浩之『津古生掛遺跡Ⅱ』小郡市教育委員会、一九八八年。

本村豪章「古墳時代の基礎研究　資料編二」『東京国立博物館紀要』二六、一九九一年。

山田芳和編『真脇遺跡』能都町教育委員会、真脇遺跡発掘調査団、一九八六年。

千葉県立房総風土記の丘編『竜角寺古墳群第一〇一号古墳発掘調査報告書』千葉県教育委員会、一九八八年。

若狭徹ほか『保渡田八幡塚古墳』群馬町教育委員会、二〇〇〇年。

考古資料から見た日本の鳥信仰

椙山林継　國學院大學神道文化学部教授

はじめに

人々は身のまわりにいる鳥たちに親しみをもつとともに、食料としても重要視していたことは想像に難くない。縄文時代は弓矢の時代であり、わなや鳥もちなども知っていたと思われる。彼らは鳥骨で装身具を造ったり、土器に残された鳥骨は食料としての鳥を証明している。しかし縄文時代の鳥の造形はほとんどない。

弥生時代になると中期後半になり銅鐸が使用される。銅鐸が何処で出現したかは今もなお明らかではないが、高さ二〇センチメートルほどの小形で、紐の幅の狭い菱環紐と呼ばれるものが古いことは諸説一致している。その後徐々に大きさも増すが、いわゆる流水文、袈裟襷文などと呼ばれる文様をもつものが現れる。流水文という名は良くない名称で、流水を表現するのではなく、一筆書きによるマジカルな終わりのない線画である。また袈裟襷文というのは僧侶の袈裟に似ているところからつけられた名称だが、これも的を射ていない。縦横に幅広の紐状の模様が囲むものだが、常に横帯が優先される。このことは新旧ともに言えることである。新しいと言われるものには端に凸部がつき、耳とも言われる。これは横紐が優先される、縛った紐を表現したものと考えられ、縛り紐文とでも言うべき模様である。また中国地方には邪視文と言われる眼を描いたものがある。これらはいずれも銅鐸が呪術的に縛られるとか、動けないことを表すのではないかと思われ、元来音を出す鐸が、音を出してはいけないという呪術ではないかと思われる。これを地中に埋めることは、地が鳴ることを、おさえることで、地震を鎮める願いではないかと思われる。このような銅鐸の袈裟襷文の間に、鷺の魚を喰む絵や、とんぼ、かえる、すっぽん、米搗き、鹿や猪を追う人など多くの絵がある。のどかな田園風景、窓の外に見える平常生活、希求する日常生活を表現していると思われる。

木製の鳥

弥生時代に稲作とともに庭鶏が伝来したとされるが、考古資料は少ない。木製の鳥が唐古鍵遺跡などで発見されているが、木の棒の先に刺した小型の鳥形で、農耕に関係させて考えることは困難であろう。これらの鳥形木製品(大きいもので三三・七センチメートル)が何の鳥であるか明らかではないが、集落跡などからの出土であり、集落の入口などに立てられていた韓国の鳥竿のようなものかと思われる。

古墳時代にはこの木製の鳥形品が、大きく数も多く、形状も羽根を広げたものや、連なるもの、立体的なものから平面的なものまで各種あり、その多くが墓に立てられていたと思われる。奈良県の四条一号墳や石見遺跡は著名で、両者ともに方形の墳丘、あるいは前方後方型の墳丘をもち、低地にあって、主体部が発見されていないことから、かつて筆者は古墳状の祖先祭祀の場ではないかとしたが、これに近い四条遺跡の大型の鳥形木製品は長さ九〇センチメートル、翼は組み合わせるもので長さ一〇〇センチメートル、ややつぶれた球形の頭に半球状の胴がつき、さらに先の広がる尾となる。胴の横から翼を通す穴があり、その真中に下から棒を通して立て、翼を水平に飛んでいる鳥を表している。五世紀から六世紀初頭に多いようで、墓に複数立てられていたことは、霊魂を運ぶことを考えていたのであろうか。

また、一枚の板を切り抜いて、鳥の横から見た形のもの、板絵状のものが現れるが、六世紀群馬県中羽田祭祀遺跡では、石製模造品の馬形ではなく、鳥形品と見られるものが出土している。これは霊魂あるいは神霊を鳥が運ぶとして奉献されたものと思われる。大きさは一〇センチメートル前後の小型品である。須恵器の大甕を据え、多くの土器を使用して、集落からやや離れた処で行われた祭祀遺跡である。

東京都足立区伊興遺跡は古墳時代の大規模な祭祀遺跡で、当時港湾都市ともみられ、青銅製小型鏡、石製模造祭祀品（子持勾玉、勾玉、剣形、有孔円板、臼玉など）、鉄器、木器、土器など多量に出土しているが、近年平安時代の墨書木簡や木製祭祀具も発見され、鳥形木製品もあった。全長一三・六センチメートル、厚さ一センチメートルのやや首の長い、頭から胴を横から見た形で、羽根、脚などの表現はない。伴出した木簡の墨書の年号から延暦年間頃とみられる。このような鳥形は、各地の祭祀遺跡から発見されている。馬形品、舟形品などとともに神の乗り物であろう。平城京などで出土している鳥形品は板状で、頭部がいったんくびれて胴部が造られただけで、脚や尾のこれといった表現はない。馬なのか鳥なのかほとんどわからない状態でもある。もっとも平城京出土品のうちには鳥の羽根、脚などのこまかに造られた部品があり、組み合わせによる形の整った鳥形品もあった。さらに立体的な鳥形もあり、これは形状から鷹ではないかと思われる。奈良平安時代の板状品は、祭祀場に棒の先に付けて立てられた板絵馬状のものと考えられる。

埴輪の鳥

埴輪に表現される鶏は家畜として、他のものとはまったく別に扱われる。また鷹匠の埴輪と魚を喰む鵜の埴輪がある。これも他の水鳥や飛翔する鳥などの埴輪とは分けて考えられる。

古墳の周溝には水を湛えて蛸や魚の土製品を用い、水鳥の埴輪を配置して、動物園的にした例があり、奈良県巣山古墳の造り出しや大阪府津堂城山古墳の中島などは公園的である。これらの鳥は、鹿や猪などの獣とともに墓の主の死をなげき悲しむ動物たちなのか、現実に活きている水鳥なども放置して、死者を慰めることを埴輪で表現しているのか、三重県宝塚古墳の造り出しのように葬送の船と思われる埴輪が低地に置かれていることなど、墓のまつりの一部として、外部から見える埴輪の配置がされていた。和歌山県大日山三十五号墳出土の飛翔する鳥の埴輪や、鶴と思われる埴輪も珍しい例である。

鷹匠の埴輪は鷹を腕にしているもので、鷹の尾には鈴が二つ付けられている。古墳出土の二個の小鈴は五世紀に現れ、鈴としては早い例であるが、鷹に付けた小鈴と思われる。獲物を捕えたときに位置を知らせる鈴は鷹狩りとともに日本列島に伝えられ、その鈴が種々の装身具に発展していったとみられる。群馬県の保渡田八幡塚古墳の鵜は口に魚を銜え、首に鈴を付けている。鵜飼は列島に古くからあったと思われる伝承があり、鵜や鷹は野生の鳥を飼いならして猟に使ったものである。

鷹狩などで捕えられた獲物で、古くから野鳥の中心的な鳥である山鳥や雉子は、なぜか造形上はほとんど現れない。現在でも京都府の賀茂神社や奈良県の春日神社などでは神饌として供えられているのだが。

庭鳥(鶏)の埴輪は他の鳥の埴輪とは出現状況から異なっていた。円筒埴輪と壺形埴輪しかない古墳の埴輪群に、鶏形のみが出現する。それも円筒の台上に乗った形ではなく、壺形に鶏頭と尾を付けたような形で、福岡県津古生掛古墳では、壺形埴輪と同じように底部に孔が開いている。鳥の頭には立派な鶏冠と肉髯が付き、形も今日の庭鳥に似ている。奈良県の瓦塚一号墳でも壺形埴輪と鳥形があり、五世紀前半の時期に他の形象埴輪とは別個に鶏形の出現していることと、壺形に近い形であることには、この容器的空間に魂が宿ることと、鶏のもつ役割が関係していると思われる。鶏の役目とは、新しい日の出を告げることであり、時を告げる鳥という考え方が強く出たものと思われる。伊勢の神宮で遷宮の御霊代の出御のときに「カケコウ」(内宮)、「カケロウ」(外宮)の声が神官によってなされる。島根県美保神社の祭神、事代主神が海の向かいの楫屋の里の美保津姫のもとに夜な夜な通っていたが、ある夜鶏が早く時を作った。あわてた神は舟を漕ぎ出したが、櫂を忘れてしまい、手で漕いでいた。その手に鰐がかみついたという。ところが帰ってみても未だ夜が明けない。そこで鶏にだまされたと美保の里には鶏はいらぬと。今でもここの神職は鶏も卵も食べないという。同じような伝承は大阪府の土師の里でもある。ここでは菅原道真が九州に左遷されて行くとき、この地に居た伯母の覚寿尼を訪ね一夜の別れを惜しんだとき、鶏が早く時を告げたので、「鳴けばこそ別れも憂けれ鶏の音のなからむ里の暁もがも」と嘆いたので、道明寺のあたりでは鶏は飼わないと。道真は本姓土師氏であり、出雲の野見宿禰の子孫であり、これらの鶏の早鳴き伝承が、土師氏に伝えられていたことを示している。垂仁紀には日葉酢姫陵に土師氏が初めて埴輪を造って喜ばれたことから天皇の陵を造る役となった伝承が載せられている。後に平安時代に縁起が良くないと改姓を願い、菅原や大江などとなるが、皆学者の家であった。天皇陵は前方後円墳と呼ばれる有段の構築物で、二〇〇から五〇〇メートルという円丘と方壇の組み合わせによる。これを造るためには設計図が必要で、さらに実施にあたっては、高度な土木技術を要する。

土量の計算も傾斜面の角度もすべて図面通り行わなければならない。今日残されている応神陵などの墳丘は石で覆われていて、五〇〇メートルに対し、五〇センチメートルの狂いもない。これらは土師氏が学者であり、技術者であったことを物語っている。この土師氏が鶏の早鳴きを嫌ったのである。それでいて墳墓の完成後重要視して鶏を置いている。たぶん仕事を急がせられて、その最初にかならず夜明けを告げる鶏を置かなければならなかったのであろう。伊勢の神宮では鎮地祭など地を鎮める祭りに鶏の生贄が供せられる。朝早く行われたであろう祭りに鳴く鶏は、土師氏にとって少々恨めしいものではなかったか。

日本古来の鶏は尾長鶏であるとともに、軍鶏のような姿であったとも言われるが、埴輪の鶏の多くは、今の鶏の形である。ただ闘鶏も早く行われていた。雄略紀の吉備下道臣前津屋が小さな鳥の毛を抜き、翼を切って天皇の鶏とし、大きな雄鶏に鈴を付け、つめを付けて自分の鶏として闘わせたのに小さいほうが勝ってしまった話や、田辺の熊野別当が赤い鳥と白い鳥を闘わせて、源氏につくか平家につくかを占ったというような伝承も多い。東南アジアなどとともに日本列島でも多く行われたようだが、考古資料では好例はない。

このような世界では雄鶏であるが、雌鶏や雛鴨埴輪もある。群馬県藤岡市白石の餌をついばむ様子のものなどあって、これらは前にあげた動物園的であると言える。

また埴輪の鳥で、家型埴輪の屋根の上、竪魚木にとまる鳥の例がある。茨城県岩瀬出土という家型の切妻屋根の七本の竪魚木の両端から二本目に向き合う雌雄二羽がとまっている。屋根上の鳥は奈良県佐味田宝塚古墳出土の家屋文鏡にも高床倉庫、平地住居、竪穴住居の屋根の上に鳥が描かれている。千葉県香取神宮の昔の絵図に神殿の屋根に大きな鳥が二羽描かれていることなど、鳥のいる埴輪の家も通常の住居ではないのかもしれない。

装飾古墳の鳥の絵

北九州を中心とする装飾古墳の絵画に鳥の絵がある。後の壁画古墳の四神の朱雀とはまったく別系統のものである。福岡県の珍塚古墳、王塚古墳など舟の舳先にとまる鳥が表現され、水先案内、方角を知らせる鳥と言える。方向を知り、神武天皇を導いた八咫烏は、後に鴨氏となったというが、広島県宮島の厳島神社の鳥喰《おとぐひ》神事の鳥は、現在でも大勢の人の見守るなか、神の使いとして団子を運ぶ。伝書鳩のように鳥には古くから帰巣本能や方向を知ることができると考えられていた。これも考古資料では数少ない。

なかば装飾と思われるが、愛知県や岐阜県などの須恵器の蓋の上に鳥が意匠されているものがある。通常は一羽だが、可児市の宮ノ脇十一号墳の大型で子持の器台では、周囲に一羽ずつ四羽、中央は羽根を広げた親鳥の上に子鳥が羽根を広げ、さらに孫鳥が羽根を広げる「鳥つまみ蓋付須恵器」と呼ばれているが、この大きな鳥の群団は実に豪華なものである。墓の飾りともなるこのような像が木の鳥や埴輪の鳥などとともに据えられていることは、日本武尊の白鳥伝説のように類似した伝承が各地にあったことを思わせる。

『古事記』に天若日子のもとに死者として向かった雉名鳴女《きざしのなきめ》は射られて帰らず、雉のひた使というとあり、また高木神の返し矢に当たって死んだ天若日子の葬儀に、河雁《かわかり》を岐佐理《きさり》持ちとし、鷺を掃《はは》き持ちとし、翠鳥《そに》を御食人《みけびと》とし、雀を碓女《うすめ》とし、雉を哭女《なきめ》として八日八夜喪屋に葬を行ったという。掃は祓の具で、岐佐理持ちは食物を差し出す役、碓女は臼で米を搗く人で、鳥たちが分担して葬式を行ったとする。

『日本書紀』では同じ場で、川雁《かわかり》を持傾頭者《きさりもち》または持掃者《ははきもち》とし（あるいは、鶏をきさりもち、川雁をははきもち）、雀を舂女《つきめ》とし（あるいは、鵄《そに》を尸者《ものまさ》とし、鷦鷯《さざき》を哭女《なきめ》とし、鵄を造綿者《わたつくり》とし、烏を宍人とし）と多くの鳥にその役を分担したことが見える。これらのことは、葬儀にこのような役のあったことを示すとともに、鳥が葬に関係していることも窺えるのである。天上の葬がかく行われたと話すと同じように、地上での葬が人々によって展開し、その間に埴輪や木製の鳥たちの姿が、墓に見えている時期があった。魂を運ぶ鳥といっても最も印象的なのは墓葬の鳥であったのであろうか。

おわりに

古墳時代の鳥形意匠は冠あるいは馬具、台付家その他まだまだ多い。当時の人々がなくてはならないものとして表現したものと、かなり遊び心、形を楽しんで造ったものなど、また万葉集や記紀にも数多く扱われている。日本人にとっては身近で、生活の一部でもある鳥たちとは複雑で奥の深い関係と言える。

中世ヨーロッパにおける鳥の表象

金沢百枝　美術史家

眼に見えるものと見えないもの、どっちを信じる？

ある日、「姉」は友人にこう聞かれたという。自分ならどう答えるか、問いを反芻しているうちに考え込んでしまった。「見えるもの」より大事な「見えないもの」はたくさんあるけれども、眼に見えないものを見えるよう形にするのが美術だ。そして、形に込められた意味を紐解くのが美術史家だとすれば、美術史家（の雛）としては、「見えるもの」を、そして形に込められた思いを信じたい気もする。現に、本展覧会のテーマである「鳥」は、中世ヨーロッパ美術において、「見えないもの」の視覚化に大きく貢献してきた。

そこで本論考では、まず第一部「眼に見えないものを象る鳥」と第二部「象徴としての鳥」において、中世ヨーロッパにおける鳥の表象とその意味を探り、中世の「見えないもの」の世界を垣間見てゆく。転じて第三部「見る楽しみと追う楽しみ」では、中世の人々が鳥を象徴として見るのをやめ、現実世界にどのように眼を向けていったか、神聖ローマ帝国皇帝フリードリヒ二世の『鷹狩の書』やイングランドのミサ典書に描かれた鳥を自然科学的に検証する。中世ヨーロッパの鳥の表象をさまざまな角度から眺めてみたい。

眼に見えないものを象る鳥――魂のかたちと聖霊の鳩

そもそも画中の「鳥」には、二種類あるように思う。漠然と、翼ある存在としての「鳥」を示唆するものと、特定の種類の「鳥」を描くもの、この二つである。ところが、この分別が存外やっかいで、初めは不特定だった小鳥が、いつしか特定の種を表したり、特定の種を表すつもりが画家の力量不足で曖昧になってしまう場合がある。

たとえば、「魂」。愛する人のもとへ天翔る衝動を抱え、死後、肉体を離れ天へ昇る魂は、しばしば鳥の姿で表現されてきた。シュメールの神話『イナンナの冥界下り』において魂は、「鳥に向かって飛んで行く鷹のごとくに身体から彼の魂を飛び去」る。[1] また、古代エジプトにおいて霊魂バーは、人頭の鳥として表された。古代末期の死生観について著したフランツ・キュモンによると、東地中海においても、魂は鳥としてイメージされることが多く、[2] 古代エトルリア人は棺の蓋に「魂の鳥」を描いたという。[3] 古代ローマの墓碑にも、鳥とともに描かれる女性像は少なくない。[4]

キリスト教美術において魂は、裸体の幼児として描かれる場合が一般的だが、魂を小鳥として描く作例もある。[5] まず、人間の創造場面。「創世記」二章七節には「主なる神は、土（アダマ）の塵で人（アダム）を形づくり、その鼻に命の息を吹き入れられた」とあって、泥人形のような物質的身体に、「命の息」すなわち魂が吹き込まれてはじめて人間が誕生する。写本挿絵やモザイク壁画の多くは、「命の息」を、光線のような照射や、くちづけ、息吹として描くが、十二世紀にローマで制作された『パンテオンの聖書』の一場面（ヴァティカン教皇庁図書館 Vat. Lat. Ms. 12958, fol. 4v.）では、アダムのもとへ、鳩のような小鳥が馳せる。[6]

初期キリスト教時代には、鳩が魂を象った。[7] 古代ローマ時代の牧歌的情景の一つ——果樹をついばみ、泉に集う鳩の姿——がキリスト教美術に転用されると、それは死後の楽園で憩うキリスト教徒の魂になぞらえられた。墓碑やカタコンベの壁画、ラヴェンナのガッラ・プラチディア廟堂に見られるようなモザイク装飾にも、泉や水差し、葡萄樹に集まる鳩がいる。魂の鳩は、永遠の生命を求めて「生命の泉」の水を飲み、キリストを象徴する葡萄樹に羽を休めるのである。

その後、中世には、本節で後に論じるように、「聖霊」を象る鳩との混同を避けたためか、人間の魂を鳩として描く作例は減少してゆく。しかし、古代より鳩は「純潔」の象徴だったからだろうか、聖人に限って、魂は鳩として想起され続けた。たとえば、『黄金伝説』によると、聖ベネディクトゥスは、妹スコラスティカの魂が「白い鳩の姿になって天のかなたにかけのぼっていく」のを見たという。[8] 聖パウリヌスの魂もまた、死の瞬間、白鳥のような鳥の姿で飛び去ったとベーダは伝えている。[9] 一一三〇年代にイングランドで制作された『セント・オーバンズ詩篇』の挿絵[図1]、四世紀イングランドの聖人、聖アルバヌスの殉教場面では、斬首された聖人の首が地面にころげ落ちるよりも早く、天から急降下した天使によって魂は救い出され、殉教者の魂は鳩となって御許へ急ぐ。剣を鞘におさめる死刑執行人のしなやかな仕草が印象的だが、執行人の両眼は、ベーダの『イギリス教会史』が伝えるとおり、「祝福された殉教者の頭といっしょに地上に脱け落ち」ている。[10]

「ヨハネの黙示録」挿絵においても、死後すぐに楽園で憩うことを許される殉教者の清い魂は、小鳥や鳩として描かれた。世界の終末、地上に災厄をもたらす七つの封印が次々と解かれ、第五の封印が開かれると、ヨハネは「神の言葉と自分たちがた

図1 『セント・オーバンズ詩篇』「聖アルバヌスの殉教」1115-1130年頃、ヒルデスハイム、ザンクト・ゴットハルト大聖堂付属図書館蔵、p.416

てた証しのために殺された人々の魂を、わたしは祭壇の下に見た」と、「ヨハネの黙示録」六章九節に記す。スペイン北部で十世紀から十一世紀にかけて制作された『リエバナのベアトゥス黙示録註解』、いわゆる「ベアトゥス黙示録」写本では、祭壇下の殉教者の魂を小鳥として描いている。[11]

たとえば、『サン＝スヴェール・ベアトゥス』の該当場面（パリ国立図書館 Ms. Lat. 8878, fol. 133r.）には、二段に仕切られた画面の上段、封印を解く子羊の右、祭壇の下に色とりどりの小鳥が並ぶ。頭数は合わないが、下段に描かれた殉教聖人の魂であることは確かだ。この主題は「より広義の意味での「死者の復活」の表現と密接に関係し、祭壇の下からの特権的な復活とみなされていた」と辻氏が指摘しているように、通常、鳥として表されない一般の人間の魂と違って、聖人の魂が鳥として表現される背景には、聖人の魂の清らかさや、死後すぐに楽園に迎え入れられる殉教者の「特権的」地位が関係しているに違いない。[12]

もう一つ、魂と鳥を結ぶ「籠の鳥」という主題がある。籠に閉じ込められた一羽の鳥を描く。たとえば、ローマのサン・クレメンテ聖堂のモザイク装飾では、十字架の根元から繁茂する蔓はアプシス全面を覆う。エデンの園に生え、その実を食べると永遠の生命を得るとされる「生命の木」を表しているのだろうか。[13]紋様のように渦巻く蔓のところどころに、種々の鳥が集う［図2］。枝の上方には、雛に餌を与える小鳥のつがい。鸚鵡やカササギ、鶴にコウノトリもいる。十字架の足元に茂るアカンサスから流れ出す「楽園の四本の川」の川辺には、鹿ばかりでなく、鷺や鴨、孔雀が戯れる。ひとつひとつに象徴的意味が付されていることは、「楽園の四本の川」とその水を飲む鹿の存在からも明らかである。生命の泉の水を飲む鹿は、「詩篇」四二篇二節「涸れた谷に鹿が水を求めるように、神よ、わたしの魂はあなたを求める」に依拠し、神の言葉に集うキリスト教徒を表すからである。[14]エデンの園から流れ出て全世界を潤すとされる「楽園の四本の川」もまた、全世界に伝えられる福音を意味する。[15]初期キリスト教美術で好まれた主題が、十二世紀前半、ローマで興った初期キリスト教美術のリヴァイヴァルによって、ここに繰り返されているのである。

図2 生命の木としての十字架に集まる鳥たち
ローマ、サン・クレメンテ聖堂アプシス・モザイク、1110-1115年　筒口直弘撮影

そしてアプシスの左隅にぽつりと描かれた籠の中の小鳥［図3］もまた、初期キリスト教時代からユダヤ教の神殿やキリスト教の聖堂の床装飾に用いられた主題であった。[16]グラバアル氏は、イスラエルやシリアに残る初期キリスト教時代の床モザイクや

十世紀頃のアルメニア写本の挿絵を例に挙げている。[17]
　籠に囚われた小鳥は、肉体に閉じ込められた魂の寓意である。プラトン的宇宙において人間の魂は、誕生時、天上界から地上界に降りてきて肉体に封じ込められる。「肉体《ソーマ》は魂の墓標《セーマ》」であり、籠の中の小鳥のように、肉体という牢獄に囚われるのである。[18]「籠の鳥」の喩えは、新プラトン主義の著作においても繰り返された。たとえば、ウェルギリウスは「肉体もつため生きものは、あるいは怖れまた欲し、悲しみよろこび定めなく、暗と窓なき牢獄に、閉じこめられて上天の、光をみわけることもない」と歌う。[19] この譬喩は、中世キリスト教思想にも受け継がれた。[20] アンブロシウスやアウグスティヌスなど古代末期の教父の著作ばかりでなく、十二世紀の神学者サン＝ティエリのギョームもこの喩えを使っている。[21]

図3 籠の鳥
ローマ、サン・クレメンテ聖堂アプシス・モザイク部分図

図4 伏せ籠と雛
大農園主ユリウスのモザイク、カルタゴ出土、4-5世紀、バルド美術館蔵

　しかしながら、グラバアル氏も述べているとおり、「籠の鳥」の喩えをそのまま描くと、どうしても図像は静的になり、喩えに含意される動性を表現しきれない。[22] たとえば、ローマ、サン・ジョヴァンニ・イン・ラテラノ大聖堂の回廊の「鳥籠」は、コズマーティ装飾のなかに埋もれて目立たない。したがって、「籠の鳥」の図像は多様化していった。なかには、籠の扉が開いているものや、空っぽの籠もある。[23] ときには、あえて自由な小鳥を籠の外に佇ませて、魂の束縛と解放を対比的に示した。

　また、図像の意味がテクストにおける喩えの伝統から離れることもある。「籠」は「牢獄」ではなく、逆に、「安全」を意味するのである。カルタゴ出土「大農園主ユリウス」の家のモザイクは、家内安泰を司るヘスティア女神(?)とともに、伏せ籠の周りで餌をついばむ雛の群れを描く[図4]。この場合、籠は、狐や猛禽など天敵の攻撃から、鳥を守る「庇護」の象徴となる。雛の守り手として、親鶏や飼い主の女性が加わっている場合もある。グラバアル氏や辻氏が指摘しているように、籠や親鳥や飼い主が神や教会による「庇護」を意味するとすれば、あるいはメズーギ氏が論じるように親鳥が教会そのものを意味するとすれば、サン・クレメンテ聖堂のモザイクにおいて、ほのぼのと描かれた「雛鶏に餌を与える女性と伏せ籠」[図5]、「雛に餌を与える小鳥たち」もまた(図2の中央右)、たんなる牧歌的情景ではなく、象徴的意味を担っていると言えるだろう。[24] 魂としての鳥と鳥籠の主題は、西野氏が詳しく論じているように、『カトリーヌ・

ド・クレーヴの時禱書』など、中世後期、時禱書の欄外装飾にも描かれた[25]。「庇護」の主題も、十七世紀オランダの肖像画に引き継がれた。ヤン・ステーンは、裕福な家の養女となった少女の身上――「庇護」を受ける立場――を象徴し、餌をついばむ鶏、ミルクを飲む子羊、豊かさを象徴するような種々の鳥とともに少女を描いている〔図6〕[26]。

「餌をついばむ鶏」の情景に象徴的意味をもたせる手法は、「籠の鳥」そして「庇護」以外の文脈でも用いられた。『フロワッサール年代記』（一四八〇年）の一葉は、百年戦争の際の逸話を伝える〔図7〕。トルコからの使者はハンガリー王に無数の穀粒の入った袋を手渡し、降伏しなければこの穀粒の数ほどのトルコ兵を侵攻させると脅した。三日以内の返答を約束したハンガリー王は、一万羽の鶏に餌をやらずにおいた。そして、返答を迫ったトルコの使者に、穀粒を勢いよく食べつくす飢えた鶏の群れを見せて、侵入したトルコ兵はこのように駆逐されるだろうと報復したという[27]。

図5 伏せ籠と鶏
ローマ、サン・クレメンテ聖堂アプシス・モザイク部分図
筒口直弘撮影

図6 ヤン・ステーン《ベルナルディーナ・ファン・ラエスフェルトの肖像》1660年、ハーグ、王立美術館蔵

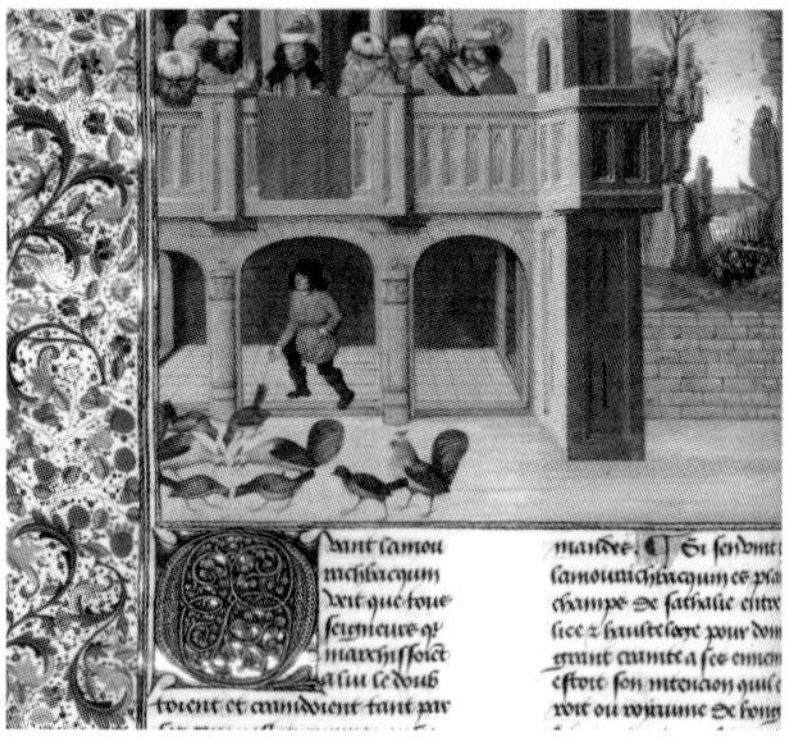

図7『フロワッサール年代記』
ゲッティ・フロワッサールの画家、1480年頃、ブリュージュ、ピアポント・モルガン図書館、Ms. Ludwig XIII 7, fol. 83v.

さて、「魂」以上に鳥として多く描かれるのが、「聖霊」と「神の霊」である。キリストの洗礼場面において、「そのとき、天がイエスに向かって開いた。イエスは、神の霊が鳩のように御自分の上に降って来るのをご覧になった」（「マタイによる福音書」三章一六節）と、鳩になぞらえられていることから、キリスト教美術において「聖霊」は鳩となった[28]。「聖霊」＝鳩の描写が定着すると、人間の魂を鳥として描かなくなったことは、先に述べたとおりである。

「聖霊」は、キリスト教美術のさまざまな場面に登場する。大天使ガブリエルがマリアに懐妊を告げる受胎告知図でも、聖霊がマリアに降ったことを明示するために、白い鳩が飛来する。聖霊の鳩は天から光とともに降り来て、マリアの頭部や、胸や、子宮や、耳から、胎に入る[29]。聖霊の鳩は頭頂部、胸、子宮へ向かって、聖霊の鳩の軌道を示すかのような光が降り注ぐ。図8のように、マリアの耳から体内に入ろうとする聖霊もいる。

聖霊の鳩は、詩人ダヴィデや福音書記者たちの耳もとをも訪れた。先にあげた『セント・オーバンズ詩篇』では、奏者としてダヴィデが、詩や音楽の霊感源として、聖霊のささやきを聞く場面がある(p.56)。あらぬ方を見やるダヴィデは、右耳に嘴を入れる勢いの鳩に気づいていない様子だが、足元の羊は気配を察しているようだ。同写本の詩篇冒頭部「幸いなる人Beatus Vir」のイニシャル装飾にも、同じくダヴィデが霊感を受ける場面があって、ハープを奏でるダヴィデの耳には、鳩と呼ぶにはあまりに巨大化した「聖霊」がいる[図9]。

「聖霊」すなわち「神の霊」は、天地創造にも立ち会っている。「創世記」一章二節に「地は混沌であって、闇は深淵の面にあり、神の霊が水の面を動いていた」とあるからである。天地創造以前、暗い原初の闇の中、「混沌」の上に浮かぶのは一羽の鳥である。ラテン語訳聖書では「ferebatur(動いていた)」と、「動き」のみが表されるが、聖書注釈書においてヒエロニュムス自身述べているように、もとのヘブライ語では「卵をあたためる鳥のように休む(cubabat)あるいは守る(confovebat)」というニュアンスを含む動詞という。[30] エロイーズとの恋愛で知られる神学者アベラールが、ヒエロニュムスのこの表現を引用した後、「この「神の霊」を「世界霊魂」と理解してはならない」と強調しているのは興味深い。「世界霊魂anima mundi」とは、プラトンが『ティマイオス』であげている概念である。[31] プラトンは宇宙を、固有の霊魂をもつ生きものと考えたのである。プラトンによると天地創造は、この世界霊魂の物質化によって起こる。十二世紀に復興していたこの考え方に対抗し、アベラールは、あえて「私はこれを「聖霊」と考える」と言っているのである。アウグスティヌスの『創世記逐語註解』を引用しながらアベラールは、「すべてを息づかせ」「神から放たれた」この聖霊は愛であり、その愛によって世界は創造されたと力説している。[32] つまり、アウ

図8 コッサ《受胎告知》耳から入ろうとする聖霊
1469年、フェッラーラ大聖堂博物館

図9 『セント・オーバンズ詩篇』「Beatus Vir」(耳から霊感を受けるダヴィデ)
1115-1130年頃、ヒルデスハイム、ザンクト・ゴットハルト大聖堂付属図書館蔵、p.72

グスティヌスが『三位一体論』で詳しく語っているように、聖霊とは、「言葉を発する」主体である「父なる神」と、「言葉」そのものでもある「子なる神」キリストとをつなぐ、「愛」である。それゆえ、少なくともアベラールにとって、原初の海をはばたく鳩は、「愛」となる。くしくも、神の愛になぞらえられたこの鳩こそ、古代には、愛と美の女神ヴィーナスの聖鳥であった。

象徴としての鳥

鳩が聖霊を象徴するように、キリスト教美術には、ほかにも、特定の意味を担う鳥たちがいる。特徴的な形態や「習性」をキリスト教的文脈で解釈された鳥たちである。とくに、十二世紀から十三世紀にかけて、イングランドとフランスにおいて流行を博した『動物譚』は、中世の象徴的世界の集成である。[33]『動物譚』は、二世紀にアレクサンドリアで著されたとされる『フュシオロゴス』、七世紀セビリャ司教イシドルスの『語源論』、ミラノのアンブロシウスの『ヘクサエメロン（天地創造六日間に関する講話）』、『動物その他の事柄について（*De bestiis et aliis rebus*）』、フイヨワのフゴーによる『鳥について』、四世紀の文法学者ソリヌスなど、複数の著作から抜粋した、動物に関する記述で成り立っている。それぞれの動物の名前や習性を、キリストの生き方やキリスト教の教義と関連づけるのである。

たとえば、『動物譚』の「白鳥」の項の冒頭部は、明らかにセビリャのイシドルスの『語源論』からの抜粋である。「cygnus（白鳥）は歌を歌う（canendo）ところからそう呼ばれる。音をいろいろに変えて美しい歌をつくり出すのである。美しく歌えるのは、長く曲がった首をもっているからで、声は、長い、うねうねした道を通って出てくることによって、さまざまな音になるのだろう」[34]。また、「北方の伝承では、弦楽器に合わせて吟遊詩人が歌うと、白鳥の群れが集まって合わせて歌うと伝えられる」こともある。とくに、死の直前の歌声は美しいという。

こうした白鳥の象徴を磔刑図に重ねているのは、一三〇〇年頃、フランスで制作された『ロットシルトの讃美歌集』の一葉である［図10］。十字架は、生命の木を暗示するかのように、緑の枝を伸ばす。左右の枝には、[35]孔雀、梟、ライオン、そしてハープ奏者と白鳥がいる。孔雀が「復活」を意味する一方、夜、墓の上を舞い飛ぶ習性をもつとされる梟と、死の前に美声で歌う白鳥は、キリストの死を暗示しているのだろう。

そして梢には、燃えさかる巣のなかで太陽に向かってはばた

図10『ロットシルトの讃美歌集』
1300年頃、イェール大学バイネッケ貴重書写本図書館Ms. 404, fol. fol. 7r.

く不死鳥フェニックスがいる。古代ギリシアの歴史家ヘロドトスは、不死鳥は五百年ごとに太陽の都ヘリオポリスに現れると記した。[36] 父鳥が死ぬと、没薬で作った卵型の棺に父鳥を入れ、はるばるアラビアからエジプトまで運ぶ。『フュシオロゴス』の記述はこれに近い。[37] 一方、古代ローマの著述家プリニウスやソリヌス、オウィディウスの話はやや異なる。そちらのヴァージョンでは、不死鳥は死期を悟ると、乳香と没薬その他の香木で繭を作り、その中で死ぬ。腐った肉から蛆がわき、その蛆が再び不死鳥へと成長するのである。[38] この話は、中世の『動物譚』にも引き継がれ、不死鳥は「復活」の象徴となった。不死鳥が自ら集める香木は、十字架を運ぶキリストに、燃え上がる巣の中で広げた翼は磔刑のキリストを想起させるよう工夫されている。[39]『ロットシルトの讃美歌集』の磔刑図の鳥たちは、キリストの死と復活を暗示しているといえる。

図11　キリストや聖人とともに楽園に棲む不死鳥
ローマ、サンタ・チェチリア・イン・トラステヴェレ聖堂アプシス・モザイク、817-824年

　一方、不死鳥は、楽園に棲む鳥でもあった。ローマのいくつかの聖堂では、不死鳥が、キリストと聖人の待つのどかな楽園の片隅に描かれている。たとえば、サンタ・チェチリア・イン・トラステヴェレ聖堂［図11］やサンタ・プラッセーデ聖堂の後陣モザイクでは、椰子の枝上にほっそりとした鳥がいる。深紅の翼をもち、太陽神につながる出自を顕すように光背を戴く。[40] ちなみに、鳥で光背をもつのは、聖霊の鳩と不死鳥のみである。

　北方ルネサンス期の楽園図にも、ぽつんと一羽、不死鳥が描かれることがある。たとえば、ファン・デル・フースの堕罪図［図12］[41]。蜥蜴のような体躯と少女の顔をもつ蛇の後ろ、知恵の木の下の茂みに潜む一羽の青い鳥を、ケスラー氏は不死鳥と解釈している。[42] 四世紀の修辞学者ラクタンティウスの著した詩『フェニックス讃歌(De ave Phoenice)』[43] においても、また、ユダヤの伝承においても、不死鳥は楽園に棲む鳥だった。ユダヤ

図12　ヒューゴ・ファン・デル・フース《堕罪》と部分図
1467-68年、ウィーン美術史美術館

の伝承によると、エヴァは禁じられた木の実を自分で食し、アダムにも与えた後、エデンの園に棲む他の動物たちすべてに勧めた。その勧めに従わず、禁断の木の実を食べなかった唯一の動物が不死鳥で、それゆえ、不死鳥は永遠の生命を与えられたという。[44]

しかし、ファン・デル・フースの小鳥は青いのに、たいていの不死鳥は赤い。ラクタンティウスの詩を翻刻したアンデルセンも、不死鳥を炎色の鳥とする。[45] アダムとエヴァが楽園から追放される際、天使が振り上げた炎の剣からこぼれた火が、薔薇の茂みに棲む鳥を炎の色に変えたというのである。ところが、ケスラー氏は、アングロ=サクソンのフェニックス讃歌『鳥の王』や『動物譚』では不死鳥を、青い羽をもつとしていることから、茂みの鳥を不死鳥とみなす。たしかに、堕罪前の蛇が四本の足をもつように、堕罪前の不死鳥は青かったと考えられた可能性はある。堕罪後、アダムとエヴァを騙した罪で呪われた蛇は、大地を這い回る存在となるが、それゆえ、中世の想像力は、堕罪前の蛇に足があったと考えた。また、乙女であるエヴァが気安く言葉を交わすのだから、蛇は少女の顔をもつべきとも考えた。ファン・デル・フースの堕罪図の「蛇」は蜥蜴の着ぐるみを着た少女のようだ。この堕罪図には、棘のない、堕罪前の薔薇も描かれている。蛇の背後にそっと置かれた貝殻と珊瑚がなんらかの象徴を担うように、茂みに隠れた青い不死鳥もまた、救世主の贖罪によって叶う「復活」を仄めかすために描かれたのだろうか。[46] この堕罪図は、かつて、キリストの死の場面と並置されていたというから、罪と悲しみに溢れた情景における唯一の希望を、この小さな鳥に託したのかもしれない。

つまり、中世ヨーロッパ美術において、不死鳥のような「架空」の鳥も現実の鳥と同じように象徴を担った。宇宙が神の教えを表す「書物」とすれば、鳥も動物も植物もその「書物」を構成する「記号」にすぎない。実写可能な身近な鳥さえ、観察に即して描くことは稀だったのだから、鳥が現実に存在していようがいまいが関係なかったのだろう。十二世紀、中世の博物書ともいえる『動物譚』の挿絵に描かれた動物たちは、写実とはほど遠い。「見えないもの」の表現に熱心だった中世の人々にとって、世界は「外側」ではなく、自分の「内側」の反映にすぎなかったのである。しかし、十三世紀を過ぎた頃、人々の意識が「外側」へ向き始めると、画中の鳥の描写に変化が現れる。次節では、こうした世界観の変化、ヨーロッパにおける「自然科学」の芽生えに着目したい。

見る楽しみと追う楽しみ――フリードリヒ二世の『鷹狩の書』と図鑑としてのミサ典書

『動物譚』は、かつて、中世の博物書として論じられることが多かったが、近年の研究によって受容の詳細が明らかになってきた。[47] 動物の形態や習性をキリスト教的に解釈する『動物譚』は、説教の「ネタ本」として使われたらしい。たしかに、先に挙げた「白鳥」の逸話のように、『動物譚』は現代の自然科学的知見とは異なる記述に溢れているが、『動物譚』の記述を自然科学的に再解釈する試みは、些か的外れのようにも思える。[48] 人面をもつ幻獣「マンティコラ」を「チーター」、一角獣を「犀」と推定したとしても、人魚やケンタウロスなど多くの幻想生物の棲む中世人の世界を自然科学的に特定しつくすことはできない。[49] むしろ、古くからそう伝えられている(auctoritates)から、世界には、不死鳥や一角獣や人魚やケンタウロスが、存在しなければならなかった。中世において外的世界は、人間を救いに導くための「記号」の集成だった。

十三世紀になると、その「記号」を、より注意深く観察し始める人々が現れ始めた。初期の『動物譚』の挿絵は様式化しており、実写とはほど遠いが、十三世紀末になると、その『動物譚』にも実写であろう繊細な描写が増える。一二七〇年から九〇年頃、イングランドで制作された『動物譚』では、実物の観察なしにはありえないほどの正確な描写で、鴨のつがいや、カケスを描き、鶴は求愛のダンスさえ踊っている[図13]。[50]

世界を「記号」としてではなく、あるがままに受容しようという姿勢は、十二世紀を通じて徐々に広がり始めた。いわゆる「十二世紀ルネサンス」である。[51] アラビア経由で伝えられた古代ギリシアの著作の数々が、スペインやシチリアで翻訳された。動物学関係の翻訳は若干遅く、アリストテレス『動物誌』のラテン語訳は、一二二〇年頃までには、神学者であり数学者であったミカエル・スコトゥスによって完成した。[52] そのミカエル・スコトゥスが占星術師として仕え、アンティオキアのテオドロスなる人物とともに、アラビアの動物学書の翻訳を捧げたのが、シチリアのフリードリヒ二世(一一九四—一二五〇年)だった。[53]

当時のシチリア王国は、ヨーロッパの他の地域では考えられないほど国際的だった。十一世紀にノルマン人が支配するまで、ビザンティン帝国やイスラームの領土だったシチリアは、ノルマン王朝がラテン・キリスト教以外の文化を許容したこともあって、ギリシア語、アラビア語、ラテン語を公用語とし、イスラーム教やユダヤ教など他宗教に寛大な自由な気風をもつ国となった。そのシチリア王にして、神聖ローマ皇帝、後にはキプロスとエルサレム王ともなったホーヘンシュタウフェン家のフリードリヒ二世は、尽きることのない知識欲と博学のために、「世界の驚異」(stupor mundi)と称されていた。自ら著した『鷹狩の書』(*De Arte Venandi cum Avibus*)に、「アリストテレスは伝聞に頼りすぎているから、観察によって修正する必要がある」、アリストテレスは「鷹狩りの経験がほとんど、あるいはまったくなかった。私は大好きで、生れてこの方ずっとやってきている」と記す。[54]

図13『動物譚』、鶴の求愛ダンス
イングランド、1270-1290年、ケンブリッジ、ゴンヴィル・アンド・カイウス・カレッヂ図書館Ms. 372 / 621, fol. 40r.

反宗教的な言動で教皇と対立し、「アンチ・

キリスト」あるいは「洗礼を受けたスルタン」とも呼ばれたフリードリヒ二世は、誇張をさしひいて考えたとしても、ヨーロッパの一般的な君主像とはかけ離れた傑物だったらしい。生来の「知りたがり屋」だったのか、彼の興味はさまざまな分野に及んだ。北イタリアにおけるイタリア文学の誕生よりも早くイタリア語での創作を詩人に奨励したのもフリードリヒ二世だったし、各地から法学や修辞学、天文学、数学の専門家をパレルモの宮廷に招き、一二二四年、ナポリに大学を創設したのも彼だった。かつて、イングランドのノルマン系の王たちも珍しい動物を飼うのを好んだが、スルタンから贈られたキリンを含むフリードリヒ二世の動物園の充実ぶりは比類ない。皇帝とともにヨーロッパ中を旅した動物園は、一二三一年、ラヴェンナで目撃され、「イタリアには知られていない多くの動物、象、ヒトコブラクダ、フタコブラクダ、ピューマ、シロハヤブサ、ライオン、豹、ハヤブサ、ヒゲフクロウがいた」と、ある少年は記している。このライオンは、後に、ヴィラール・ド・オンヌクールによって素描もされた。実見した感動を込めて、画帖には「生きている姿で描かれた」(contrefais al vif)とある。[55]

「もし言葉を教えなかったら赤ん坊は何語を話し始めるのか、ヘブライ語かギリシア語かラテン語か」。実際に赤子を使って試したという逸話は、九カ国語を操るフリードリヒ二世ならではの、実験的精神を象徴している。しかし、皇帝の興味の対象はかなり幅広く、企画した実験はこれだけではなかった。たとえば、一四九七年に一匹のカワカマスが捕らえられた。その魚の鰓には、ギリシア語で「わたしはフリードリヒ二世が一二三〇年一〇月五日に湖に放った魚です」と銘の彫られた銅製の輪が嵌められていたという。皇帝は魚の寿命を知りたかったのだろうが、ずいぶん長生きな魚だったらしい。あるいは、エジプトのダチョウは太陽によって温められるという話を聞き、鷹狩り用の施設を有するプーリアに、ダチョウの卵と孵化の専門家を招いて孵化実験を試みた。また、ワシタカ類が獲物を発見するのは視覚によってなのか嗅覚によってなのかを知るために、鳥に眼かくしをして試してみたと、ミカエル・スコトゥスは伝えている。[56]

皇帝は、中世の『動物譚』の記述にも疑問をもったようだ。「バーナクル雁」(「カオジロガン」「植物雁」)はアイルランドに住む鳥で、海に浮かぶ松の木切れから発生する。はじめは貝殻に包まれているが、そのうち、流木につく海藻のように嘴でぶら下がるという[図14][57]。この伝承を確かめるため、「使いのものを北方へ送り、この謎に満ちた木を持ち帰らせた。この木を確かめてみ

図14『動物譚』、「バーナクル雁」
ソールズベリ、1240-50年頃、オックスフォード、ボドリアン図書館Ms. Bodley 764

ると、たしかに腐った木に貝殻のようなものがへばりついていたが、鳥の身体とはまったく異なっていた。(中略)したがって、繁殖地が人間の住む場所よりもずっと北にあるために生れた迷信と結論づけた」と、『鷹狩の書』に皇帝は記す。[58]

イスラームの科学を受け容れたフリードリヒ二世にとって、もはや自然界は、キリスト教の教えを明示する記号でも書物でもなかった。自然は、人間の思考の反映ではなく、それそのものとして彼の外側に確かに存在する異世界だった。世界は、キリスト教の象徴ではないと気づいたからこそ、皇帝は、謎だらけの世界に魅せられたのかもしれない。皇帝は、疑問が生じると、国の内外から賢者を呼び寄せた。招聘できないほど遠い場所、エジプト、シリア、イラクや小アジア、イエメンの賢者には、質問状を送っている。天上界の構造や魂の行方などに関するイスラーム神学の見解を知りたがったばかりでなく、「なぜ部分的に水に浸った物体は曲がって見えるのか」「なぜ昇ったばかりのカノプス星は大きく見えるのか」[59]など、今でも科学の教科書に出てきそうな質問もある。「人間の魂はなぜこの世に戻ってこられないのか。まるで何もなかったかのように、まるでもう気にかけていないかのように、愛あるいは憎しみによって、残された者のために戻ってこない」と、ほろりとさせられる質問もある。[60]

フリードリヒ二世が著したとされる『鷹狩の書』は、実際にはフリードリヒ二世の息子マンフレッドが完成した。完成を待たずに没した父王の代わりに、残されたメモを頼りに補足したと、マンフレッドは記している。[61]『動物論』を著したアルベルトゥス・マグヌスが皇帝を「専門家」(experta Frederici imperatoris)と称していることからもわかるとおり、『鷹狩の書』完成前から、フリードリヒ二世の狩人としての評判は高かったらしい。[62]無類の狩り好きで、一度など、狩りに興じたせいで戦に敗北したこともある。戦場からも鷹匠に手紙を送ったようで、一二三九年から四〇年の数カ月の間に、皇帝が各地に送った書簡のうち四十通は鷹に関する内容だった。[63]

図15 『鷹狩の書』、巣鷹の獲り方
13世紀、ヴァティカン図書館Ms. Pal. Lat. 1071, fol. 58v.

鷹狩りとは、「鷲鷹目の蒼鷹、鶻、熊鷹、隼鶻などを調教し、鶴、鷺、鸛、雁、鶉、鴨、雲雀や野兎を狩猟する」貴族のスポーツである。[64]野生の鷹を調教する「網掛《あがけ》」と、雛から育てる「巣《す》鷹《だか》」があることからも推察されるとおり、鷹の種類と個性、経験が、狩りにさまざまに反映する。フリードリヒ二世は「巣鷹」の捕らえ方と育て方についても記している[図15][65]。そうして確保された鷹は、鷹専用の飼育施設に入れて育てられる。皇帝は鷹の雛のための餌の作り方まで詳しく解説している。鷹に絶食を課しながら、採餌によってだんだんと鷹匠に慣れさせることで、鷹匠と鷹との間にはある種の信頼関係が成り立ってゆく。慣れてきたら、足緒をつけて戸外で狩りの訓練をする〔図16〕。鷹を調教する手間と人材、飼育施設や鷹狩りをする広い領地の確保などに時間や費用がかかるので、洋の東西を問わず、鷹狩りは特権階級にのみ許された狩猟方法であった[66]。鷹匠は、たとえば池の向こう側など、徒歩では行けない場所に、鷹が狩りの獲物とともに戻った場合、鷹の確保のために池を泳がねばならなかった。フリードリヒ二世の『鷹狩の書』は、鳥一般の習性を記した第一部、鷹の習性や調教方法について記した第二部、囮の使い方と詳しい調教方法について記した第三部、シロハヤブサその他の鷲鷹類の狩りについての第四部、隼による狩りを記した、第五部から成る実用書である。

その熱心な観察記録は、すぐに写しが作られた。現在、十二の写本と、十六世紀から十九世紀に出版された四つの印刷本が各地の図書館に残されている[67]。現在、パリの国立図書館に所蔵されるのは一三〇〇年にフランス語に翻訳された写本で、フランス王家に贈られるほど、評判が高かったことがわかる。最も原本に近いヴァティカン図書館所蔵の十三世紀の写本は、豪華な挿絵つきで、「九〇〇点以上の種々の鳥の描写、さまざまな角度からの鷹の描写」は、「写真のような質」をもち、フリードリヒ二世自身の挿図かもしれないと、ハスキンズ氏は記す〔図17〕[68]。

しかしながら、鳥類学者のヤップ氏は、挿図の質は、中世の標準に照らし合わせたとしても、それほど高くないとする[69]。たしかに、「写真のような質」には見えない。ヤップ氏によると、たとえ「写真のような質」でなくとも、鳥の種類を特定できる鍵となる特徴があり、経験を経た愛鳥家は、鳥の一瞬の動きや形態的な特徴を捉えて、細部や色を検討せずとも、瞬時に鳥の種類を判断できるという。それを英語では「jizz」と呼ぶ。その「jizz」を用いて、ヤップ氏がヴァティカン所蔵『鷹狩の書』写本(ヴァティカン図書館Ms. Pal. Lat. 1071)を検討したところ、描かれている七十種のなかで、良く描けているのはオオバン、バン、タゲリ、メンフクロウ、ハイイロガラスなど七種ほどだった。ほとんどは「程々」のできだが、「貧弱であてずっぽうな」描写もあって、鳥の描写という観点から再検討すると、中世の写本のなかでとくに秀でているわけではないのだそうだ。それゆえヤップ氏は、ヴァティカン写本の鳥の描写は、一三〇〇年頃イングランド東部イースト・アングリア周辺で制作された写本に影響を与えたとの論も否定している[70]。先に触れたとおり、イ

図16『鷹狩の書』、足緒の作り方についての解説
13世紀、ヴァティカン図書館Ms. Pal. Lat. 1071, fol. 62v.

図17『鷹狩の書』、水鳥
13世紀、ヴァティカン図書館 Ms. Pal. Lat. 1071, fol. 42v. 143r.

ングランドで多く描かれた『動物譚』や黙示録写本では、比較的早い時期から実写に近い鳥の描写がそこここに見られる。ヴァティカン写本より以前、十三世紀末のイングランド写本には、装飾部分に微細な鳥の描写があるのである。[71]

一四〇〇年頃、イングランドのシャーボーン周辺で制作されたとされる『シャーボーンのミサ典書（Sherborne Missal）』（大図書館Add. Ms. 74236）の鳥の描写は秀逸だとヤップ氏は言う。[72]描かれている鳥の種類は、イングランド写本のなかで最も豊富である。フランスの中世写本で最も種数の多い『ベリー公の大時禱書（Grandes Heures de Duc de Berry）』（パリ国立図書館Ms. lat. 919）よりも多い［図18］。鳩や鷲など、紋章に使われる鳥を除いたとしても、一四三羽、四一種もの鳥が描かれていて、『ベリー公の大時禱書』（一四〇九年頃）の一四一羽、二七種の鳥と比べても、圧倒的に種数が多い。先に述べたとおり、イングランドではヨーロッパのどの地域よりも早く、写実的な鳥が装飾に使われ始めた。フランスでは、一三五〇年以前にこうした写本は制作されていないのに対して、イングランドの最初期の作例は一二八四年制作の『アルフォンソ詩篇』で、その後六〇年間、イースト・アングリアにおいて類似の写本が制作された。『シャーボーンのミサ典書』は、それらの写本群と年代的にも、質的にも孤立し、また後に続く写本もないほど傑出している。[73]しかも、『シャーボーンのミサ典書』では、鳥の描写に、小さく銘文が付されているのが、他と決定的に異なるように筆者は思う。『鷹狩の書』にも鳥の描写の脇に銘文が付されていたが［図17］、『シャーボーンのミサ典書』の鳥にも銘文が付されて、ミサ典書という宗教的な書物であると同時に、鳥の図鑑として成立しているのである［図19、20］。鳥の描写に長けた画家の画帖はイングランド北部で培ったものらしく、現在のドーセット州には棲息しない鳥が含まれている。[74]カワセミは死んだ鳥から描いたらしく、硬直した足が生々しいが、生きた鳥の観察に基づくと思われるコマドリ（roddock）［図19］、ミソサザイ（wrenne）、カケス

図18『ベリー公の大時禱書』、鶸
フランス、1409年、パリ国立図書館Ms. Lat. 919, fol. 15v.

図19『シャーボーンのミサ典書』、コマドリ
ロンドン大英図書館Add. Ms. 74236, p.382

図20『シャーボーンのミサ典書』、カオジロガン
ロンドン大英図書館Add. Ms. 74236, p.390

(gai)、カオジロガン(bornet)［図20］の描写は細やかで、美しい。

ミサ典書という宗教的な場面で利用される書物を、なぜ鳥の図鑑としたのか。詳細は知られていないが、ここに確かに時代の流れを感じ取ることができる。中世の秋、北方の国々に住む人々もまた、その百年前、フリードリヒ二世が感じ取った世界観の変化を感じ始めたのだろう。世界には、書物に書かれている以上のものがある。想像する以上の美が存在する。ふと、自分の周りを眺め、眼に見えないものではなく、見えるものの中にある美のかけらに気づいたとき、きっと、そう思ったに違いない。

註

［1］『古代オリエント集』五味亨・杉勇訳、筑摩書房、一九七八年、三五頁。

［2］Cumont, F., *Recherches sur le symbolisme funéraire*, 1942, p.109 cf. Markow D., *The Iconography of the Soul in Medieval Art*, ph. D. diss. NY. Univ., p.29.

［3］多田智満子『魂の形について』白水社、一九九六年、五九頁。

［4］Markow, D., *op. cit.*, p. 29. 鳩は娘の純潔でしとやかな魂を表すという。

［5］小池寿子『死を見つめる美術史』ポーラ文化研究所、一九九九年、一二五―一二八頁。鼓みどり『ユトレヒト詩篇挿絵研究―言葉の織りなしたイメージをめぐって―』中央公論美術出版、二〇〇七年、一〇一―一〇五頁。

［6］光線のように照射される作例としては、シチリア、パレルモ大聖堂のモザイク壁画(一一五〇年頃)、くちづけされるのは、ビンゲンのヒルデガルトの祈祷書挿絵(ミュンヘン、バイエルン州立図書館Cod. Lat. 935, fol. 1v. 十二世紀)。そのほかに、小さな子どものような魂が描かれている作例、あるいは、ヴェネツィアのサン・マルコ大聖堂にあるアトリウム・モザイクのように蝶の羽をつけた小さな子どもプシュケーとして表されている例もある。Zahlten, J., *Creatio Mundi: Darstellungen der sechs Schöpfungstage und naturwissenschaftliches Weltbild im Mittelalter*, 1979, figs. 36, 107; Demus, O., *The Mosaics of San Marco in Venice*, 1985; *ibid.*, *The Mosaics of Norman Sicily*, 1988.

［7］Cabrol, F., and Leclercq, H.(eds.), *Dictionnaire d'archéologie chrétienne et de liturgie*, Vol. 1, 1907, col. 1485 (âme); *ibid.*, Vol. 3 (2), col. 2203 (colombe).

［8］ヤコブス・デ・ウォラギネ『黄金伝説』前田敬作・今村孝訳、人文書院、一九七九年、四八〇頁。

［9］鼓みどり、前掲書、一〇一頁。

［10］ベーダ『イギリス教会史』長友栄三郎訳、創文社、一九六五年、二二一―二二三頁(第一巻第七章)。

［11］辻佐保子『ロマネスク美術とその周辺』岩波書店、二〇〇七年、七一一―一一三頁(第五章「祭壇の下の殉教者の魂」――連続的説話表現から典礼的図像配置へ」)、とくに註八を参照。

［12］前掲書、九七頁。

［13］十字架上の一二羽の鳩は十二使徒を象徴すると考えられる。

［14］Puech, H-C., Le cerf et le serpent : note sur le symbolisme de la mosaïque découverte au baptistère de l'Henchir Messaouda, *Cahiers Archéologique* 4, 1949, pp.2-60.

[15] Fevrier, P., Les quatre fleuves du paradis, *Rivista di Archeologia Cristiana* 32, 1956, pp.179-199.

[16] サン・クレメンテ聖堂のモザイクには、右上縁近くにもう一つ小さな籠がある。

[17] グラバアル氏は、ヨルダンのジェラシュ(ゲラサ)、リビアのサブラタ、ギリシアのケルキラ、トルコのミシス・モプスウェステ、イスラエルのマオン(ニリム)など、五世紀から六世紀のユダヤ教のシナゴーグやキリスト教の聖堂床モザイクの例を挙げている。Grabar, A., Un thème de l'iconographie chrétienne: l'oiseau dans la cage, *Cahiers Archéologiques* 16, 1966, pp.9-16.

[18] Courcelle, P., Le corps-tombeau, *Revue des études ancienne* 68, 1966, pp.101-122.

[19] ウェルギリウス『アエネーイス』泉井久之助訳、岩波文庫、一九七六年、四〇九頁(第六巻、七三〇—七三四)。

[20] Augustinus, *De moribus ecclesiae catholicae* IV, 6, PL32:1313; Courcelle, P., Tradition platonicienne et traditions chrétiennes du corps-prison, *Revue des études latines* 43, 1965, pp.406-443.

[21] アルクイヌス(七三五—八〇四年)の墓碑には「肉体という牢獄を離れて」とあるという。Courcelle, P., *ibid.*, pp.434,439.

[22] Grabar, A., *op.cit.*, pp.14-15.

[23] グラバアル氏が前掲論文であげたミシス・モプスウェストの作例では、籠の扉が開いている。辻佐保子『古典世界からキリスト教世界へ』岩波書店、一九八二年、図三八でより明確なように、マオン(ニリム)のシナゴーグでは「籠の鳥」のモティーフのすぐ下に卵を産む鶏がいる。また、サンタ・マリア・イン・トラステヴェレ聖堂の勝利門のイザヤとエレミヤの斜め上には空の籠が浮かぶ。Hjort, Ø., L'Oiseau dans la cage:exemples médiévaux à Rome, *Cahiers Archéologiques* 18, 1958, pp.21-32. 十四世紀の写本では、「色欲」の擬人像に捕えられた男の魂として種々の鳥と鳥籠が描かれている(『悪徳について』大英図書館蔵写本 Add. Ms. 27695, fol. 15v.)。

[24] Grabar, A., Recherches sur les sources juives de l'art paléochrétien, *Cahiers Archéologiques* 22, 1962, pp.115-152, esp. pp.124-126. 辻佐保子、前掲書(一九八二)、一五七—一五八頁、三五二—三五三頁。Mezoughi, N., <Gallina significat sanctam ecclesiam>, *Cahiers Archéologiques* 35, 1987, pp.53-63.

[25] 西野嘉章『十五世紀プロヴァンス絵画研究』岩波書店、一九九四年、三〇三—三〇五頁、三二一—三五四頁。

[26] Buvelot, Q.(ed.), *Dutch Portraits: the Age of Rembrandt and Frans Hals*, 2007, pp.214-216.

[27] Morrison, E., *Beasts; factual and fantastic*, 2007, p.61.

[28] 「聖霊降臨」場面で、「炎のような舌が分かれ分かれに現れ」(「使徒行伝」二章三節)とあることから、小さな炎として描かれることもある。

[29] 岡田温司『処女懐胎——描かれた「奇跡」と「聖家族」』中公新書、二〇〇七年、三二—五五頁。

[30] Hieronymus, *Quaestiones Hebraicae in Genesim*, PL23:939. "incubabat, sive confovebat, in similitudinem volucris, ova calore animantis". 聖書でほかにこの単語が使われているのは「申命記」三二章一一節「鷲が巣を揺り動かし」のみという。

[31] プラトン『ティマイオス』岩波書店、一九九七年、三二—三三頁(29-B)。

[32] Petrus Abaelardus, Sic et non. PL178:1382.

[33] 主だった挿絵入り写本だけでも二十八が現存する。Clark, W. B., and McMunn, M. T. (ed.), *Beasts and Birds of the Middle Ages: the Bestiary and its Legacy*, 1989; Hassig, D., *Medieval Bestiaries: Text, Image, Ideology*, 1995, pp.183-187.

[34] Barber, R., *Bestiary*, 1993. アバディーン大学図書館所蔵の『動物譚』(Ms.24)はオンラインで閲覧できる。Aberdeen Bestiary Project: http://www.abdn.ac.uk/bestiary/bestiary.hti

[35] 硬い肉は腐敗しないと古代より信じられていた孔雀は「復活」の象徴である。『神の国』においてアウグスティヌスも、焙った孔雀の胸肉を食したあと保存したが、「一年経ってもその肉はいくらか乾いて縮んだほかは変わりなかった」と自らの体験を語っている。アウグスティヌス『神の国』服部英次郎・藤本雄三訳、岩波文庫、一九九一年、二六七頁(二〇巻第四章)。PL41:712. あるいは、蛇を追い払う孔雀の鋭い啼き声は、悪魔を祓う祈りにも喩えられた。Voisenet, J., *Bestiaire chrétien, L'imagerie animale des auteurs du Haut Moyen Âge* (Ve-XIe s.), 1994, p.127. 一方、羽の豪華さから「傲慢」を意味することもある。Rabanus Maurus, *Commentarius in Paralipomena* III, 9, PL109: 479.

[36] ヘロドトス『歴史』松平千秋訳、岩波文庫、一九七一年、上巻二〇六—二〇七頁(二—七三)。以下、不死鳥については、Hassig, D., *op.cit.*,

pp.72-83.

[37] ゼール『フィシオログス』梶田昭一訳、博品社、一九九四年、二二―二四頁。

[38] プリニウス『博物誌』中野定雄・里美・美代訳、雄山閣出版、一九八六年、四三四―四三五頁（一〇巻二）。Solinus, *Collectanea rerum memorabilium* 33:11-14, Mommsen (ed.), 1958, pp.149-151. オウィディウス『変身物語』一五―三八二、岩波文庫、下巻三一八―三一九頁。

[39] 燃える巣を祭壇の上に置く作例もある。

[40] 不死鳥の前身エジプトの聖鳥ベヌーをギリシア語に翻訳した折、「紫紅」や「深紅」を示す「フェニックスφοίνιξ」になったという。

[41] ヒエロニムス・ボッシュに帰属される楽園図（シカゴ、ロバート・A・ウォーラー記念財団所蔵、一五一〇・一五二〇年）にも同じく木の下の茂みに小鳥がいる。

[42] Kessler, H. L., The Solitary Bird in Van der Goes' Garden of Eden, *Journal of the Warburg and Courtauld Institutes* 28, 1965, pp.326-329.

[43] 「聳え立つ木々。地に落ちることのない甘い実をたわわにつけた木々、この木立、この森、この楽園に不死鳥は棲む。一羽きりの鳥は、死と再生を繰り返す」。Fitzpatrick, M. C., *Lactantii De ave Phoenice*, 1933, line 29-31.

[44] Ginzberg, L., *The Legends of the Jews*, Reprint ed., 1998, vol.1, pp.32-33.

[45] Kessler, H. L., *op. cit.*, p.327.「不死鳥」『アンデルセン童話集』第三巻、大畑末吉訳、岩波文庫、一九八四年、一〇九―一一一頁。

[46] この小鳥が青いのはモーセが木切れを投げ込んで甘くした苦い水を暗示するとの説もある。Dhanens, E., *Hugo van der Goes*, 1998, p.231.

[47] Baxter, R., *Bestiaries and their Users in the Middle Ages*, 1998.

[48] George, W. and Yapp, B., *The Naming of the Beasts: Natural history in the medieval bestiary*, 1991.

[49] George, W., and Yapp, B., *op. cit.*, pp.51-52.

[50] George, W., and Yapp, B., *op. cit.*, pls.6-9.

[51] 十二世紀ルネサンスに関しては、ハスキンズ、C・H・『十二世紀ルネサンス』別宮貞徳・朝倉文市訳、みすず書房、一九九七年（原著 *The Renaissance of the Twelfth Century*, 1927）。サザーン、R・W・『中世の形成』森岡敬一郎・池上忠弘訳、みすず書房、一九七八年（*The Making of the Middle Ages*, 1953）。Chenu, M.-D., *La théologie au douzième siècle*, 1957; Brooke, C., *The Twelfth Century Renaissance*, 1969; Benson, R. L., and Constable, G.(eds), *Renaissance and Renewal in the Twelfth Century*, 1991. 伊東俊太郎『十二世紀ルネサンス――西欧世界へのアラビア文明の影響』岩波セミナーブックス四二、岩波書店、一九九三年（二〇〇六年、『十二世紀ルネサンス』として講談社学術文庫に所収）。

[52] ハスキンズ、前掲書、二四一頁。

[53] ハスキンズ、前掲書、二三八頁。

[54] ハスキンズ、前掲書、二七九頁。

[55] 藤本康雄『ヴィラール・ド・オンヌクールの画帖に関する研究』中央公論美術出版、一九九一年。辻佐保子、前掲書（二〇〇七年）「ヴィラール・ド・オンヌクールの「画帖」をめぐって」、二九五―三二五頁。

[56] Haskins, C. H., Science at the Court of the Emperor Frederick II, *The American Historical Review* 27 /4, 1922, pp.669-694, esp. p.687.

[57] Barnacleはエボシガイの意。マッシモ・イッツィ「幻想の植物誌――植物雁」尾形希和子訳、『饕餮』六号、一九九八年、八―二二頁は、ロシア語の子羊バラニエツbaraniezとbarnaculaが近いことから、子羊を生む木「スキタイの子羊」がラテン世界に導入されたとき、植物雁の伝説が生れたと論じている。

[58] Haskins, C.H., The 'De Arte Venandi cum Avibus' of the Emperor Frederick II, *Historical Review* 36, 1921, pp.334-355, esp., pp.351-352; Wood, C. A, and Fyfe, F. M., *The Art of Falconry being the De Arte Venandi cum avibus of Frederick II of Hohenstaufen*, 1943, pp.51-52.

[59] Haskins, C. H., *op.cit.*, 1922, pp.689.

[60] *Ibid.*, p.691.

[61] *Ibid.*, p.693.

[62] Haskins, *op. cit.*, 1921, p.341.

[63] *Ibid.* p.354.

[64] 大田区立郷土博物館『鷹狩り―歴史と美術―』欧文社、一九八八年、六八頁。加藤秀俊「鷲と鷹のシンボリズム」『季刊アニマ――鷲と鷹』平凡社、一九七五年、八一―一一一頁。

[65] Wood, C. A, and Fyfe, F. M., *op.cit.*, pp.128-129.

[66] わが国においても、嵯峨天皇（七八六―八四二年）は自ら、鷹の解説書『新修鷹経』を撰述した。

[67] Wood, C. A, and Fyfe, F. M., *op. cit.*, pp.lvii-lxxxvii.

[68] Haskins, *op. cit.* 1921, p.339.

[69] Yapp, W. B., The Illustrations of Birds in the Vatican Manuscript of De arte venandi cum avibus of Frederick II, *Annals of Science* 40, 1983, pp.597-634.

[70] Klingender, F., *Animals in art and thought to the end of the Middle Ages*, 1971, pp.426-427; Yapp, W. B., *op. cit.*, pp.621-622; Yapp, W. B., The birds of English medeiveal manuscript, *Journal of Medieval History* 5, 1979, pp.315-348.

[71] たとえば『アルフォンソ詩篇』(一二八四年頃、大英図書館Add. Ms. 2466)

[72] Yapp, W. B., The Birds of the Sherborne Missal, *Proceedings of the Dorset Natural History and Archaeological Society* 104, 1982, pp.5-15.

[73] Backhouse, J., *The Sherborne Missal*, 1999.

[74] Yapp, W. B., *op. cit.*, 1982, p.14.

モロタイハゲミツスイ（*Philemon fuscicapillus*）、1861年、体長35.5、仮剥製、山階鳥類研究所蔵

上段右：キジバト（*Streptopelia orientalis*）、1943年、体長26.5、仮剥製、山階鳥類研究所蔵
上段左：キジバト（*Streptopelia orientalis*）、1904年、体長31.0、仮剥製、山階鳥類研究所蔵
下段右：キジバト（*Streptopelia orientalis*）、1937年、体長30.0、仮剥製、山階鳥類研究所蔵
下段左：キジバト（*Streptopelia orientalis*）、1936年、体長25.5、仮剥製、山階鳥類研究所蔵

右：キンショウジョウインコ（*Alisterus scapularis*）、年代未詳、体長40.0、仮剥製、山階鳥類研究所蔵
中上：アカハラハネナガインコ（*Poicephalus rufiventris*）、1906年、体長21.8、仮剥製、山階鳥類研究所蔵
中下：ダルマインコ（*Psittacula alexandri*）、1903年、体長25.0、仮剥製、山階鳥類研究所蔵
左上：ミツスイ（*Myzomela cardinalis*）、1932年、体長13.5、仮剥製、山階鳥類研究所蔵
左下：ミツスイ（*Myzomela cardinalis*）、1930年、体長14.0、仮剥製、山階鳥類研究所蔵

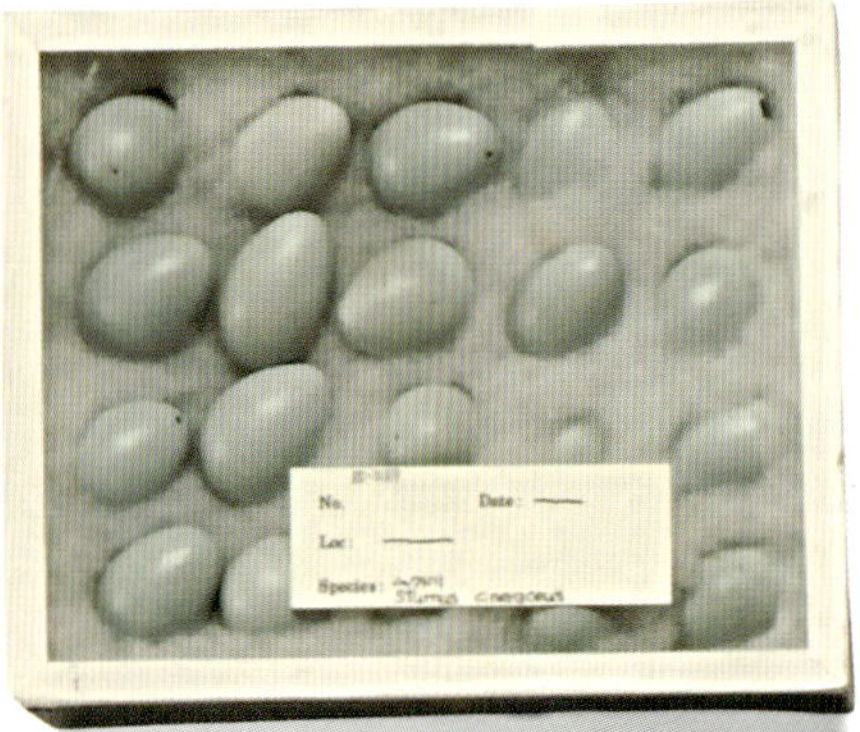

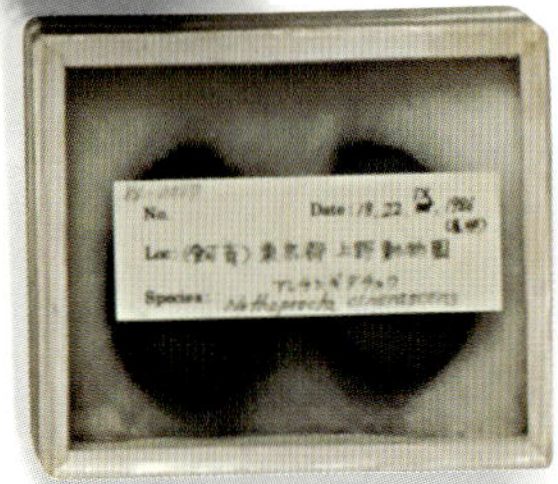

上段左：ムクドリ(*Sturnus cineraceus*)、年代未詳、長径2.8、卵殻、山階鳥類研究所蔵｜**083**
上段右：コウライキジ(*Phasianus colchicus*)、1939年、長径3.8、卵殻、山階鳥類研究所蔵｜**070**
中段：アホウドリ(*Phoebastrius albatrus*)、1924年、長径10.2、卵殻、山階鳥類研究所蔵｜**091**
下段右：アレチシギダチョウ(*Nothoprocta cinerascens*)、1986年、長径4.3、卵殻、山階鳥類研究所蔵｜**072**
下段左：コガモ(*Anas crecca*)、1905年、長径4.0、卵殻、山階鳥類研究所蔵｜**069**

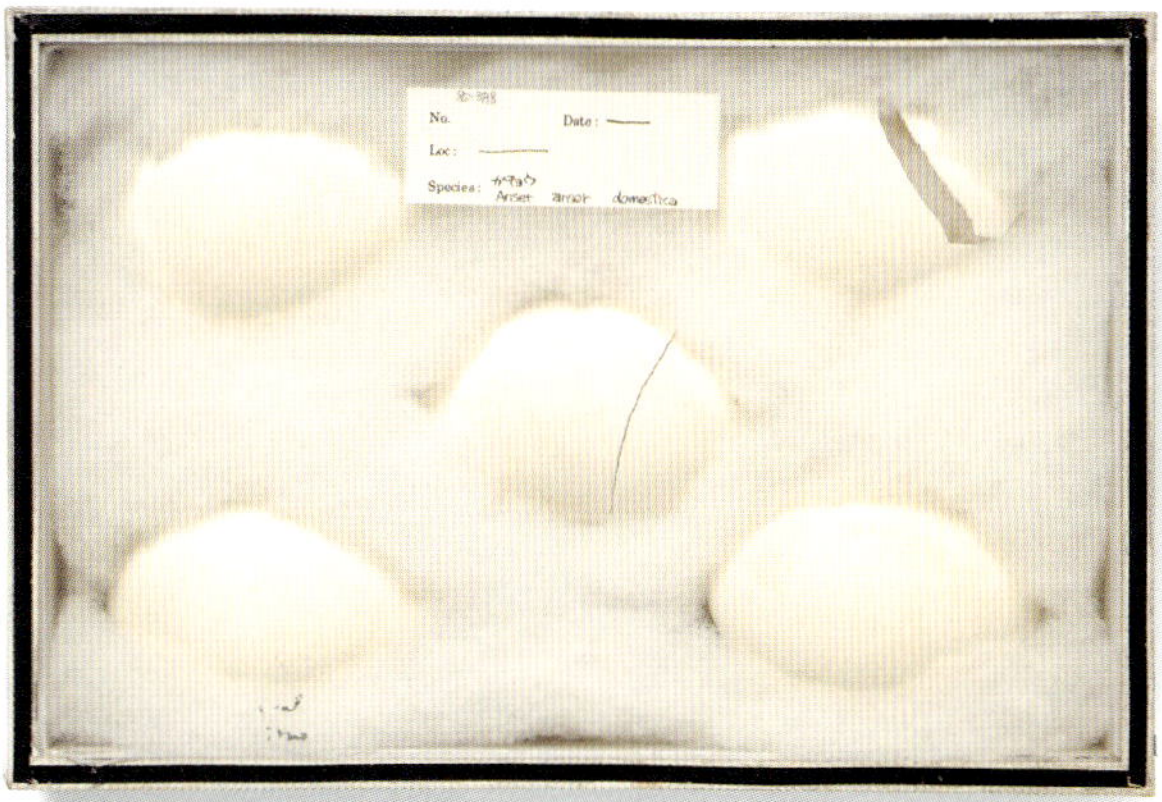

上段左：ガチョウ（*Anser anser* var. *domesticus*）、年代未詳、長径7.6、卵殻、山階鳥類研究所蔵｜**090**
上段右：レンカク（*Hydrophasianus chirurgus*）、1940年、長径3.8、卵殻、山階鳥類研究所蔵｜**081**
中段：ハイイロガン（*Anser anser*）、1925年、長径9.0、卵殻、山階鳥類研究所蔵｜**068**
下段左：タマシギ（*Rostratula benghalenss*）、1948年、長径3.6、卵殻、山階鳥類研究所蔵｜**076**
下段中：ウミガラス（*Uria aalge*）、1924年、長径7.0、卵殻、山階鳥類研究所蔵｜**074**
下段右：ウグイス（*Cettia diphone*）、1929年、長径1.8、卵殻、山階鳥類研究所蔵｜**082**

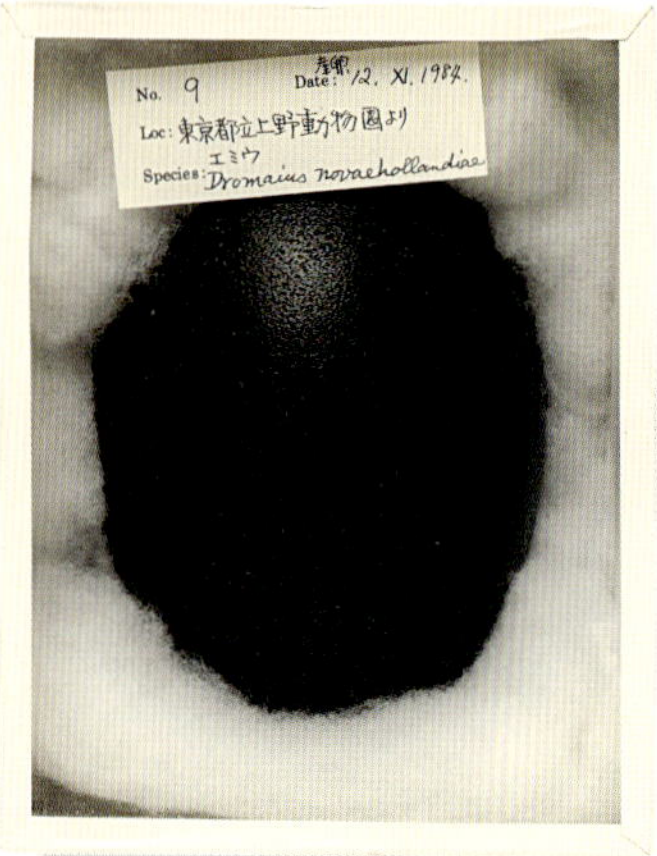

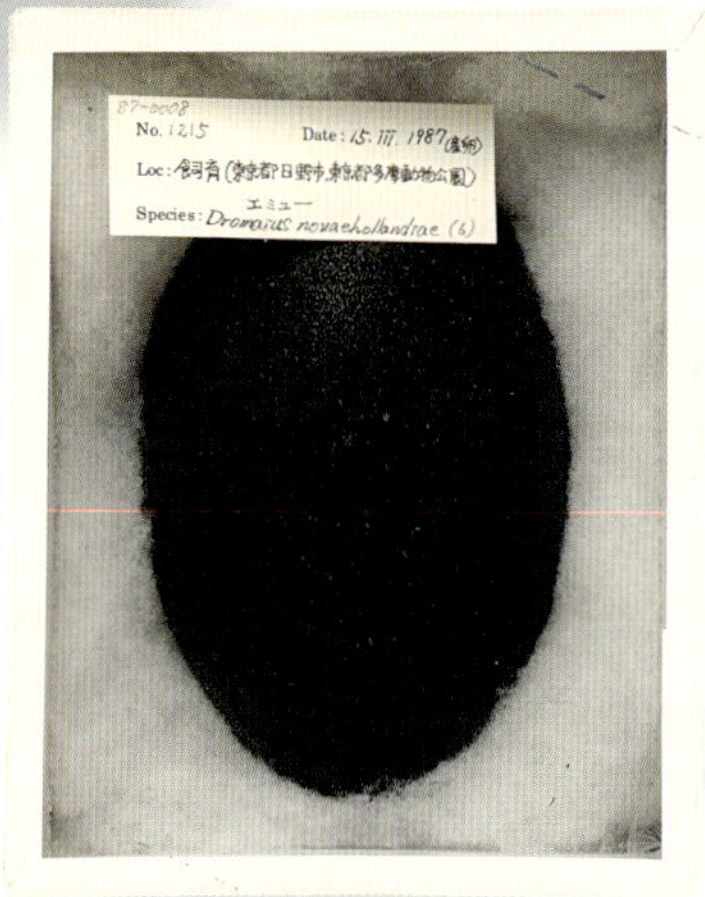

［右頁］
上段右：ヒクイドリ（*Casuarius casuarius*）、年代未詳、長径12.3、卵殻、山階鳥類研究所蔵｜**087**
中央：レア（*Rhea americana*）、1984年、長径11.5、卵殻、山階鳥類研究所蔵｜**085**
上段左：エミュー（*Dromaius novaehollandiae*）、1984年、長径12.5、卵殻、山階鳥類研究所蔵｜**089**
中段右：エミュー（*Dromaius novaehollandiae*）、1987年、長径11.0、卵殻、山階鳥類研究所蔵｜**088**
中段左：レア（*Rhea americana*）、1978年、長径12.0、卵殻、山階鳥類研究所蔵｜**086**
下段：ダチョウ（*Struthio camelus*）、1924年、長径12.8、卵殻、山階鳥類研究所蔵｜**084**

［左頁］
上段右：ヨーロッパヨタカ（*Caprimulgus europaeus*）、1917年、長径3.0、卵殻、山階鳥類研究所蔵｜**078**
上段左：エナガ（*Aegithalos caudatus*）、1932年、長径1.5、卵殻、山階鳥類研究所蔵｜**079**
中段右：ヒバリ（*Alauda arvensis*）、年代未詳、長径2.3、卵殻、山階鳥類研究所蔵｜**080**
中段左：ワタリガラス（*Corvus corax*）、1925年、長径4.5、卵殻、山階鳥類研究所蔵｜**071**
下段：ウミガラス（*Uria aalge*）、年代未詳、長径8.5、卵殻、山階鳥類研究所蔵｜**075**

No. 1. Date: 28, IV, 1932.
Loc: 群馬縣吾妻郡妻恋村
Species: エナガ
85-1401
No. Date: 24. Vi. 1917
Loc: Västergötland, S. Sweden
Species: ヨーロッパヨタカ
Caprimulgus europaeus europaeus
No. 30 Name Corvus
Collector
Locality
Dates
Set Identity Incubation
Nest
85-381
No. Date: —
Loc: —
Species: ヒバリ
Alauda arvensis
85-1465
No. Date: — . Vi. —
Loc: 海豹島
Species: ウミガラス
Uria aalge
No. 113.
ウミガラス
海豹島

キンミミクロオウム(*Calyptorhynchus funereus*)、年代未詳、
最大体長63.0、仮剝製、山階鳥類研究所蔵 | **063**

ハゴロモインコ（*Aprosmictus erythropterus*）、ハネナガインコ（*Poicephalus spp.*）、
年代未詳、最大体長37.5、仮剥製、山階鳥類研究所蔵｜

上段右：カワガラス（*Cinclus pallasii*）、1925/1926/1927/1955年、最大体長19.0、仮剥製（タイプ）、山階鳥類研究所蔵

上段左：ヤマセミ（*Ceryle lugubris*）、1926年、最大体長38.5、仮剥製（タイプ）、山階鳥類研究所蔵

下段：アカコッコ（*Turdus celaenops*）、オオアカハラ（*Turdus chrysolaus orii*）、1923/1928年、最大体長23.6、仮剥製（タイプ）、山階鳥類研究所蔵

上段右：リョコウバト（*Ectopistes migratorius*）、1888年、体長37.3、仮剥製、山階鳥類研究所蔵
上段左：カロライナインコ（*Canuropsis carolinensis*）、1883年／年代未詳、最大体長30.0、仮剥製、山階鳥類研究所蔵
下段：ミヤコショウビン（*Halcyon miyakoensis*）、1887年、体長19.5、仮剥製（タイプ）、山階鳥類研究所蔵

イワトビペンギン(*Eudyptes chrysocome*)、年代未詳、ケース高60.5　幅43.5　奥38.0、剥製、硝子ケース入り、山階鳥類研究所蔵

カラスバト（*Columba janthina*）、年代未詳、ケース高42.5　幅43.5　奥21.5、剥製、硝子ケース入り、山階鳥類研究所蔵

［右頁］

上段右：間性鶏（*Gallus gallus* var. *domesticus*）、1915年、高32.0 長21.0、剥製、総合研究博物館小石川分館蔵（東京帝国大学理科大学動物学教室旧蔵）｜**188**

上段左：タテジマキーウィ（*Apteryx australis*）、年代未詳、高38.0 長33.0、剥製、山階鳥類研究所蔵｜**265**

下段：オシドリ（*Aix gareliculata*）、年代未詳、高31.5 長28.0、剥製、山階鳥類研究所蔵

［左頁］

上段右：アオハシヒムネオオハシ（*Ramphastos dicolorus*）、年代未詳、高39.5 長31.0、剥製、山階鳥類研究所蔵｜**233**

上段左：アカフサカザリドリ（*Pyroderus scutatus*）、年代未詳、高41.0 長32.0、剥製、山階鳥類研究所蔵｜**217**

下段右：アカフタオハチドリ（*Sappho sparganura*）、年代未詳、高18.0 長15.5、剥製、山階鳥類研究所蔵｜**230**

下段左：ヒズキンクロムクドリモドキ（*Amblyramphus holosericeus*）、年代未詳、高23.0 長18.5、剥製、山階鳥類研究所蔵｜**227**

Sp.No.17
Lesbia sparganura(Shaw)
Sappho comet

セイタカシギ（*Himantopus himantopus*）、年代未詳、高36.0　長30.0、剥製、山階鳥類研究所蔵 | 266

文化誌

菅 豊

高田 勝＋大島新人

谷川 愛

大友一雄

波多野幾也

中国の家禽飼育誌——家禽をやしなう多様な意味

菅豊　東京大学東洋文化研究所教授

はじめに——家禽の王国・中国

中国は、世界最大の家禽飼育国である。FAO（国連食糧農業機関）の二〇〇五年度の農業統計によれば、中国のニワトリの生産羽数は約四三億六千万羽で世界第一位であり、第二位のアメリカ（約二〇億羽）に大きく水を空けている。それは、全世界飼育羽数の四分の一以上を占めるほどである。世界の飼育羽数に占める割合については、アヒルではさらに顕著で、全世界の約六〇パーセントを中国で生産している。中国における家禽飼育の盛況ぶりは、さらに、その品種の多さからもうかがうことができる。中国では、古くより家禽の品種改良が積極的に行われ、非常に特徴的な品種を生み出してきており、地方品種だけをみてもニワトリ八一種、アヒル二六種、ガチョウ二六種もの品種を数えるほどである（徐・陳、二〇〇三）。また、家禽飼育の歴史は、「悠久」とされ、ニワトリは七〇〇〇年以上、アヒルは三五〇〇年以上も前からの長期にわたる飼育の歴史が措定されている（鄭、一九八九／謝、一九九五／陳、一九九〇）。

このように中国は、まさに「家禽の王国」といっても過言ではない。その「王国」では、長年の飼育経験から家禽をめぐる多くの伝統的な技術や知識を生み出し、実際の飼育の場面に適用してきた。その伝統家禽飼育は、少ない羽数を家ごとに放し飼いにする方法が中心で、一見、粗放的に見えるが、その実、鳥たちと人々との長いつきあいによって醸成された、深く精密な飼育文化を基盤として維持されてきた。そこに現れる知識や技術は、伝統的な「在来の知」、「民衆の知」ではあるが、現代科学のなかの行動学や育種学などの知見と照らし合わせても、それほど大きな齟齬はない。それは、生活の実践に基づいた「在来の科学」とでもいえるものである。そのような家禽飼育に関する文化を醸成してきた点も、中国が「家禽の王国」たる所以である。

しかし、現在、中国では改革開放政策以後の現代化にともない、そのような伝統的な家禽飼育は廃れつつある。そして、近代的で効率のよい大規模養禽へと、飼育形態はその姿を変えつつある。また、鳥インフルエンザなどの影響もあり、放し飼いを基本とする粗放的な伝統的家禽飼育は、政策的にも否定されつつある。将来的には、先進国と同様に、中国でも「アニマル・ファクトリー」のなかに家禽たちを閉じ込めて飼育するようになるのであろう。そして、街のなかや庭先を闊歩するニワトリやアヒルの姿を見かけることはなくなるのであろう。本論では、いままさに滅ばんとする、人のために作られた鳥たち、すなわち家禽をめぐる豊かな飼育文化を記録し、そのなかに見られる人々の微細な観察眼と、それをもとに発達した技術、そして、さらに人間生活における家禽飼育の意味——経済的な意味にとどまらない——について考えてみる。

家禽飼育の伝統知識と技術

一、家禽飼育と女性

浙江省麗水市曳嶺区老竹鎮黄桂村。その村は、一九九七年時点で戸数二〇二戸、人口七〇五人であり、その住民の大半は中国の少数民族であるショ人であった。この村では、家畜・家禽飼育の大部分を女性が担ってきた。現在でも、伝統的な方法で家禽・家畜飼育を行う家では、その日常的な担い手は女性であり、家禽・家畜飼育に関する在来の民俗知識を、とくに豊富に有するのも女性である。ここでは、ニワトリやアヒルを育てるのは、女性の仕事なのである[図1]。

雷賢花さん(一九二六年生)は、そのような伝統的な家禽・家畜飼育を長年続けてきた女性の一人である。彼女は、娘夫婦と一緒に住んでいる。歳のせいもあって、おおかたの仕事からは身を引いたが、ブタやニワトリの飼育だけは、まだいっさいを自分が取り仕切っていた。彼女は、子どもの頃から母の手伝いをしながら、家畜や家禽に慣れ親しんできた。本格的に彼女が「主役」となって飼い始めたのは、一八歳のときに嫁いできて以来であるから、かれこれ五〇年以上もの飼育の経験があることになる。雷さんは、家禽・家畜飼育において昔ながらのやり方を守り、さらにその才は抜きん出ていると、村の人々に評価される人物である。母から伝授された技術や知識のみならず、彼女は、長年の経験のなかで、飼育に関する技術、知識を培ってきた。

彼女の家では、一九九七年一二月時点で、ブタのオス二頭と水牛オス一頭、アヒルも一三羽を飼育していた。ニワトリは、夏まで飼っていたが、すべて病気で死なせてしまって、一二月時点ではいなかった。彼女は、最近、よその土地からニワトリが入ってきて、今まで見たことも聞いたこともないような病気がはやりだしたと、愚痴をこぼしていた。とりあえず、年が明けるまで待って、病気のはやり具合を見てから、再び飼い始めるつもりだという。雷さんは、家禽飼育に熟練しているが、飼育数でわかるように、家禽飼育に専門化しているのではなく、あくまで稲作を中心とした農業を基盤とする生産活動の合間に、動物たちを育ててきたのである。

図1 水牛を曳く雷さん。彼女は家畜・家禽飼育の名人である。

家禽のなかで最も重要なのはニワトリである。ニワトリは、節事のみならず客をもてなす食材として一般的であったが、昔は、普段めったに食べられるものではなかった。しかし、嫁の両親をもてなすときには、かならずニワトリ料理でもてなしたものであるという。

中国に限らず、世界的にみて、ニワトリは大きく二つの方向性に分化している。一つが卵を専門として生産するための採卵鶏、もう一つが肉を専門に生産するための肉用鶏である。他方、伝統的な飼育法を採用してきた普通の農民の場合は、卵肉兼用種を用いる場合が多い。それは、卵もある程度産むし、また、肉付きもけっして悪くはないという中庸なニワトリである。この地で雷さんが飼っているニワトリは、この卵肉兼用の在来種（品種は不明）であり、まず卵を生産する目的で飼育し、その生産の過程で得られる成鶏を肉としても利用するし、またヒナも自家繁殖させる。そのため、彼女は、卵の生産と、成鶏の生産、ヒナの再生産に関し、細かい伝統的知識、経験的知識を有している。

在来鶏飼育の場合、たいていの家は、自家繁殖のためにガイコウ（ニワトリのオス）とガイニョウ（ニワトリのメス）をともに飼育している。当然、ガイラン（ニワトリの卵）を生まないオスを多く飼育することはないが、繁殖のためにはまったくいなくなっても困るものである。また、雷さんたちが行ってきた伝統的な放し飼いにおいて、鳥たちの群れをまとめることは管理上重要で、そのためには、メスやヒナを引き連れる強いガイコウが一羽必要だと考えられている。雷さんは、夜間、ニワトリを家のなかのガイジー（ニワトリ小屋）やガイロン（ニワトリ籠）に休ませ、朝になると家から出し、村のなかを徘徊させる。餌には、自家で生産したトウモロコシの余りや、ヌカ、残飯を混ぜて与え、コメに余裕のある家では、籾も与える。朝晩二回、決まった時間に与えるのが、放し飼いから規則正しく戻ってくるコツである。ニワトリはアヒルに比べ、早く家を出て、早めに家へ帰るものだという［図2］。

二、ニワトリをめぐる伝統的知識と技術

雷さんは、ニワトリ飼育に関して豊富な知識と技術を保持している。その知識は、親から子へと引き継がれたものであるし、また、長年の飼育のなかでの実践やニワトリの習性と行動の観察という経験によって身につけたものである。それは、「在地の家畜行動学」といっても過言ではない。

図2　家禽を飼う小屋・ガイジー。その扉には「鶏鴨成群（ニワトリ、アヒルが群れとなるくらいに増えよ）」という紙札が貼られ、その家禽・家畜の成長の安寧が祈願されている。

たとえば、ニワトリの巣のなかには、卵を一個とらずに残すか、あるいは、卵

の殻をくっつけて卵状にしたものを置いたり、ガンランという木製のニセの卵を置いておかねばならないという。いわゆる偽卵である。そうしないと、ニワトリは小屋のワラや薪のなかなど別の場所で卵を産むという。また、一個一個とってやることにより、ニワトリは卵を連産するのだという。

通常、この地では春節あけに産卵、ふ化させ、ヒナをとる。雷さんは、春節には、一二カ月齢前後で背が大きく脚の太い健康なオス一羽を、繁殖用の種オスとして留める以外、残りのオスは自家で消費したり売却したりしてすべて処分してしまう。メスも産卵数が減ってきたものは、このときに同時に処分する。したがって、春節の前後には、飼育数が一時的に減るが、それでも少なくとも五、六羽のメスを保留している。そのなかから産卵数が多く、かつ卵を積極的に抱くメスを、繁殖用メスとして選ぶ。一般的に、鳥にはある一定数産卵すると、周期的にヒナをかえすために巣に就いて卵を抱く習性がある。これは「就巣性」と呼ばれ、ニワトリもアヒルも当然、本来はその性質を有している。この抱卵の期間は産卵しないために、卵をたくさん得たい人間にとっては、この習性はありがたくない。そのため、人間は、一周期(一クラッチ)あたりの産卵数が多いニワトリを選択して改良し、できるだけこの性質が出ないように工夫してきた。たとえば、日本で採卵鶏としてもっとも一般的な白色レグホンという品種のなかには、一年三六五日卵を産み続ける、すなわち就巣性をなくしたものもいるくらいである。そのように徹底して就巣性を失わせたニワトリは、もう自分自身では子孫の再生産をできない身体になっており、繁殖過程への人間の介入を不可欠なものとしている。しかし、雷さんたちは、産卵数を追求しつつも、そのような就巣性を残すために、意図的に選抜しているのである。

就巣したメスのニワトリを、ラッピュガイ(「懶孵鶏」と書く)と呼ぶ。単純に訳せば、「卵をかえすために怠けているニワトリ」という意味になる。ラッピュには、農暦二月、八月頃になりやすいという。雷さんは、例年、繁殖用メスとして見込んだガイニョウの卵を主に、二〇個ほど集めて、春節あけからふ化させる。二三から二五個もふ化させることはできるが、数が少ないほうがふ化する率は高いという。

さらにふ化率を高めるために、デェーン(有精卵)かポーン(無精卵)かを民俗的な技術で見極める。燈火に照らしてみて、中に白い模様がはっきり出るものをデェーンと判断する。ふ化させる卵の数が揃うと、繁殖用メスか、ラッピュになったほかのニワトリに抱卵させる。ちょうどラッピュになるメスがいない場合、よそからラッピュガイを借りてきてふ化させることもある。抱卵させて約一〇日後に、再び燈火に照らしヒナがいるかどうか確かめ、無精卵を取り除く。また、有精卵でも死んでいる場合があるので、冷たい水に軽く浸け、動きを確かめる。ふ化日数は、二〇日と考えられていて、八割ほどふ化する。

ヒナはガイツォイ(ニワトリのヒナ)と呼ばれ、数カ月で雌雄の区別がつく。卵を産めないオスは一斤(一斤=五〇〇グラム)位に成長して以後、必要に応じて処分する。農暦七、八月頃の生後およそ六カ月齢でガイトゥン（若鶏）と呼ばれるようになると、メス（約一・五斤）は産卵をはじめ、オス（約二斤）は交尾を始めるとされる。同時に、ラッピュ（就巣）になるメスも出始める。

ラッピュ時には放っておくと、二〇日から一カ月以上も就巣し、産卵を停止する。ラッピュになると、餌を食べるとき以外、巣から出なくなり、人が近づくと羽を逆立てて威嚇するのですぐにわかる。就巣の長さや頻度は鳥の個体ごとに違いがあり、なりやすいものは二十数日ごと、また、ほとんどラッピュにならないものもいる。就巣性の発現の個体差が大きいため、産卵数は鳥ごとに大きく差があると考えられているが、一羽あたりの平均的な年産卵数は百個前後と見積もられている。雷さんたちが、卵をとることをニワトリ飼育の目的の一つとしていることはすでに述べたが、その点からいえば子どもの繁殖、再生産に必要不可欠なラッピュも、子とり以外の季節には不都合である。できれば、繁殖期以外は、ラッピュにはならないでほしい。そのため、彼女たちは、ラッピュを解除する民俗的な技術を、あれやこれや工夫して駆使する。

この技術をギンサンレイ（「提醒了」と書く）と呼ぶ。それは「急いで眠りからさます」という意味であり、すなわちラッピュは眠っている状態と考えられているのである。その眠りから、目をさまさせるために、目を布でふさいで竹竿の上に立たせて不安定な状態にしたり、桶に水を少し入れてその上に立たせて腹を冷やしたり、子ども靴を無理矢理脚に縛ってはかせたり、ニワトリ籠に閉じ込め断食させたりする。このようにニワトリにストレスをかけると、一週間ほどでラッピュからさめて、再び産卵し始めるという。

同様に、卵を産まなくなる現象にダンマオ（「撣毛」と書く）があるが、これは秋から冬にかけて、ニワトリの羽が生え替わる換羽のことであり、対処法はない。歳をとったメスのラオガイ（老鶏）に多いと考えられている。

ガイトゥン（若鶏）の時期は、一、二カ月と短く、それより大きく成長すると、オスはガイコウ、メスはガイニョウと雌雄区別して呼ばれるようになる。若鶏の肉は、美味で栄養があるとされ、「斤鶏馬蹄鼈（ニワトリは一斤ぐらい、スッポンは馬の蹄位が美味で栄養がある）」という俚諺が語られるほどである。また、メスが最初に産んだ卵は、シンガイラン、あるいはタウサンラン（どちらも「最初に産んだ卵」の意味）と呼ばれるが、これには血が付いているといわれ、栄養があるため子どもに食させるものとされる。

三、アヒルの生産と飼育

雷さんは、アヒル飼育に関しても、ニワトリと同様に細かい民俗技術、知識を保持し、実践している。黄桂村にはファーアオ（番鴨）、タンアオ（田鴨）、ペイチンアオ（北京鴨）と呼ばれる三品種のアヒルが存在している。雷さんは、一九九七年一二月時点で、ファーアオ三羽、タンアオ六羽、ペイチンアオ四羽を飼育していた。ファーアオは、瘤頭鴨、いわゆるバリケン

(Muscovy〔*Carina moschata*〕)で、ほかのアヒルとは異なる種のカモから家畜化されたもので、中南米が原産とされる。それは、十七世紀に福建省にもたらされた外来種である(王・李・王、一九九九)。ペイチンアオはいわゆる肉用アヒルの北京ダックである。「田鴨」と表記されるタンアオの品種名は同定できないが、中国で一般に見られる青首のアヒル・麻鴨の系統と考えられる。ファーアオ、タンアオは解放(一九四九年)前から黄桂近辺で自給用に飼育されていたが、ペイチンアオは、この村への導入がここ十数年と新しい。その導入は、明らかに換金を目的としており、その導入と時を同じくしてファーアオ、タンアオの飼育も、その飼育目的の比重を販売へと移してきている。

ファーアオは自家で卵をふ化させヒナを再生産するが、一方、タンアオ、ペイチンアオに関してはヒナを購入する。アヒルのヒナはアオツォイと呼ばれ、古くは、近在の縉雲からヒナを売りに来ていたが、今は同じく浙江省の台州産が多い。アヒルのヒナ売りは、モアオ(「売鴨」と書く)という。黄桂村には農暦三月から四月にかけて、タンアオのモアオが台州からやって来る。タンアオのアオツォイは、一種の委託飼育方式で販売される。

タンアオのヒナは、通常二羽一組にして売買される。一九九八年時点で一組五元であった。この値段は、購入(委託)時に決められ、ヒナ売り・モアオは売った相手の名前と羽数、値段を控えておく。しかし、この時点では実際に代金の支払いは行われない。それは、このヒナの時点では、売り手も買い手も、雌雄の見分けがつかないためである。

タンアオは、通常は採卵用として買い求められる。産卵数は他のアヒルに比べ多いが、成長しても体重約二斤と小型で、肉質も悪い。自家でのふ化も行わないため、タンアオはメスだけ飼育する価値があるのであり、オスは買い手としてはまったく不必要である。だが、ヒナ購入時には、雌雄の区別がつかないため、ある程度の数のヒナをまとめて購入せねばならない。

タンアオは、約二〇個連産すると、若干産卵を休止するが、それでも年間二百から三百個産卵するといわれる。暑い時期には、産卵数が減るが、秋口に入って一週間ほどの換羽の後、産卵数が増加する。タンアオは卵用アヒルとしてすでに品種改良されているため、就巣性=ラッピュの習性はほとんどなくなっている。

アヒルのヒナ売り・モアオは、農暦八月、イネの収穫の終わった頃再びこの村を訪れ、生き残っている羽数を数え精算していく。これぐらいになると、はっきり雌雄の区別がつく。この際、オスのアオコウは無料になり、アオニョウのみを二羽五元で精算する。この時点までに、死んだり処分されたりした分は、メスとして計算するから注意して育てなければならない。タンアオは、二カ月ほどで食べられる大きさまで成長し、卵を産まないオスの場合、餌を考慮すると早く処分することが望ましいが、精算時にメスとして計算されるため、精算以前の処分は控え、精算が済んでから一斉に自家で消費する。メスは、卵を産む限り飼育するが、おおよそ二、三年で産卵能力が衰えるため、逐次、若いメスと更新していく。

タンアオのヒナは、立夏の前の生後間もないものを購入せねばならないとされる。それは、成長したものだと、放し飼いができなくなっているからであるという。通常、購入後、二、三週間は家のなかでコメやヌカ、トウモロコシ、細切りダイコンを与え飼育し、ある程度大きくなってから、外へ連れ出し、家までの道筋を覚えさせる。このようにすれば、タンアオは放し飼いしても、夕方になると必ず迷わずに帰ってくるといわれる。立夏以後に買った成長したヒナは、すでに育った場所の道筋をすり込まれており、迷いやすいと考えられているため、購入は避けられる。

四、北京ダックとバリケン

一方、ペイチンアオ(北京ダック)については、タンアオのように厳密な購入時期が決められていない。農暦二月から八月の間に、タンアオと同じく台州からヒナ売り・モアオがヒナを売りに来る。ペイチンアオは肉用のため、体の大きなオスが好まれる。最終的には七斤ほどまで育つ。タンアオと異なって、売られるペイチンアオのヒナは、雌雄の区別がある程度つく段階まで成長しており、購入後に価値が変化しないことから、タンアオと異なり購入時点ですぐに精算できる。一九九七年時点、二羽一組二元であった。ペイチンアオは、再生産を自家で行うことはなく、かつ三、四カ月間肥育された後にすべて売却される短期飼育であるため、就巣や換羽に関する直接的な民俗知識は希薄である。

ペイチンアオの飼育方法も、タンアオと同じく放し飼いである。しかし、タンアオと同じく、すでにかなり成長しているヒナを放し飼いした場合、頻繁に道に迷うと考えられている。ただ、タンアオを飼育していれば、それに混じって一緒に群れをなし、放し飼いが可能になるという。この群れには、ファーアオ(番鴨)も混じることが多い[図3]。

図3　田鴨と北京ダックの群れ。北京ダックは田鴨に誘導されて行列となる。

ファーアオは、ペイチンアオと同じく肉生産を主たる目的として飼育されており、この地への来入の起源はわからない。ペイチンアオよりも美味とされ、自家消費用のアヒルとして重要な位置を占め、春節などの節事の料理にはファーアオが欠かせない。オスは、春節、清明節、端午節、中秋節、冬至などの節事に随時消費されるが、メスは、たいてい繁殖用に二、三羽保留される。これも、長期間飼育すると産卵数が減少し、ラオアオ(老鴨)になって肉質が悪くなるので、二、三年ごとに更新する。ラオアオは「熱い」食物(漢方的な知識での表現)として胃病の人は好むが、普通は生後一〇カ月齢のものが最も美味とされる。黄桂村では、多い家では一〇羽ほど、少ない家でも二、三羽は飼育している。ファーアオは、タンアオ、ペイチンアオと異なり自家で再生産を行うため、人々は、タンアオ、ペイチンアオにはない、繁殖の民俗知識と技術を有している。

ファーアオは、早くて羽の生え揃える四カ月齢、遅くとも六カ月齢には産卵を開始するが、夏場暑い時期には産卵しない。通常、春節に多くを消費するため、その前後に子とりを行う。一〇個から二〇個の連産の後、ラッピュ(就巣)し抱卵する。抱卵の期間は、約三五日である。その後、二〇日ほどヒナの世話をして、ダンマオ(換羽)の後、再び産卵すると考えられている。春節前後には、この抱卵を三、四回やらせて、五〇から八〇羽のヒナを生産し、自家用以外は売却する者もいる。この時期にファーアオのヒナは最も需要が多く、価格も二羽一組五元で売れる。

ファーアオには、タンアオと異なり、ヒナの段階で雌雄の区別をする民俗知識がある。ファーアオのオスは、メスに比べ体が長いとされる。また、雌雄の区別するための、民俗的識別法もある。ヒナを逆さに返し、すぐに起きあがるものがオス、時間がかかるものがメスであるという。このようなかなりいい加減な民俗的識別法で十分なのは、オスのほうがメスより肉質が良いとされるため、タンアオと異なり基本的にオスにも飼育価値を認めているからである。つまり、雌雄の区別は、それほど大きな問題にはならないのである。

一つの家では、だいたいオス・メスともに飼育しているが、もし、すべてオスになった場合は、新しいメスのヒナを購入しなければならない。また、すべてメスになったときには、近所からオスを借りスー(交配)させる。貸してくれた家には一つがいのヒナをスーの礼に贈る。通常は、六、七羽のメスに、一羽のオスがいれば、自然交配は可能である。

スーをすると、約九割は受精するといわれ、有精卵と無精卵とは、ニワトリと同じくショ語でデェーン、ポーンと区別される。これは、五分硬貨を用いて民俗的に識別する。デェーンの場合、五分硬貨の上に置くと、自然に回転するといわれ、それは選抜されてふ化され、回転しないポーンはすぐに食用に供されるという。

伝統的家禽飼育の多様な意味

一、伝統的家禽飼育の経済的収益は?

次に、この粗放的な伝統的家禽飼育の意味について考えてみたい。何故、人々は伝統的な方法で家禽を飼い続けてきたのであろうか。まず、ニワトリ飼育の経済的実態から見てみよう。ただここでは雷さんの、一九九七年度の収益を推計してみる。ただし、先にも述べたように、一九九七年夏に雷さんはすべてのニワトリを病死させている。したがって、この推計は、その分を死なかったと仮定した値である。この地のニワトリ飼育は、卵肉ともに確保することを目的とされているが、まず、肉から得られる収益を計算してみる。

オスは、春節には種オスとなる頑強なものを除き、すべて処分されることは先にも述べた。春節には五斤ほどまで成長しており、自家で消費する以外は、老竹鎮で行われるオネッ(定期市)で売却される。在来鶏は、外来移入種より価値があり、一斤あたり一八元で売れるので、オス一羽あたりおよそ九〇元で売却されることになる。雷さんは、一九九七年の春節に、自家で二羽消費し、六羽のオスと四羽のメス(約四斤ほどに成長)を売却して、八二八元の収益をあげたという。

次いで、卵の生産から得られる収益を考えてみる。通常、村内には、他の人が生産した卵を仕入れて定期市で商売をする者がいる。また、卵を買い集める商人は、村外からもやって来るので、一般の農家では、一カ月に二、三回は売却する機会がある。在来鶏の卵も肉と同様に外来種に比べ高価で、一斤あたり(およそ九個分)六元(外来種は三・五元)で取引されている。雷さんは、成メスを、コンスタントに卵を産み続ける限り飼い続ける。だいたい三、四年は産卵は可能だが、二歳ほどで産卵能力は落ちてくるものもいる。そうなると新しい若いメスへと更新するのである。彼女は、一九九七年夏に、病気の流行とともに一五羽のメスと八羽のオスのすべてを失ってしまった。この時点で、産卵能力のあるメスは、七羽であった。雷さんは、端境期である春節の頃でも、毎年、五、六羽の成メスを保留しているというから、この羽数は平均的なものと考えてよかろう。

この七羽が病死することなく、コンスタントに一年間卵を生産したとして、平均的に見積もられている年産卵数約百個をかけると総計約七百個となり、およそ七七斤の産卵量が期待できる。すべて売却したとして、得られる収益はおよそ四六二元に見積もられる。したがって、雷さんは、一九九七年度には、春節時の成鳥売却と年間の卵売却をあわせて、約一二九〇元の収益を期待していたことになる。

次にアヒル飼育を考えてみる。かつては、黄桂村のアヒル飼育は、自家消費を主たる目的として行われていたが、一九九〇年代末には自家消費のほか、販売による換金にその飼育の主たる目的は変化していた。ファーアオ、ペイチンアオの成鳥と、タンアオのアオラン(アヒルの卵)は、ニワトリと同じくオネッ(定期市)で売買される。ファーアオはオス約六斤、メス約四斤に成長し、一斤あたり五元、春節の頃には七元ほどで取引される。ペイチンアオは安く一斤あたり三元、タンアオの卵は、一斤(およそ七個分)あたり四元で売買される。このアヒル飼育から得られる収益について、ニワトリと同様に雷さんの一九九七年度の例から推計してみよう。

一九九七年一二月時点で飼育していたファーアオ三羽(オス一羽、メス二羽)、タンアオ六羽(すべてメス)、ペイチンアオ(すべてオス)四羽のうち、ファーアオは自家でヒナどりしたものである。タンアオは、ヒナ売りから農暦三月に一〇羽購入したもので、そのうち四羽がオスだったために、ヒナ売りへの精算時には二羽一組五元で、メス六羽分一五元を支払った。四羽のオスはヒナ売りへの精算以後、随時自家消費し、一二月時点にはすでにすべて処分されていた。ペイチンアオも、ヒナ売りから購入したもので二羽一組二元、四羽で四元支払った。したがって、アヒルの購入コストは一九元ということになる。餌は、ニワトリと同じく自家生産物の余剰、残滓を用いるので、コストには含めない。

一方収益であるが、タンアオ一羽から生産される卵の年産卵数を最大三百個と見積もると、全体の産卵数は千八百個となる。一斤はおよそ七個分に相当するので、生産量は約二五七斤、収益は一〇二八元になる。ペイチンアオは七斤ほどに育ち、一斤あたり三元にしかならないので、四羽で得られる収益は八四元にとどまる。ファーアオは、オス一羽、メス二羽全部を売却したとすると、通常期で七〇元ほどになる。したがって、アヒル全体から得ることのできる収益は一一八二元ということになる。購入コストを差し引いた純益は一一六三元ということになる。ただし、先にも述べたように、ファーアオに関しては、雷さんはすべて自家消費し、さらにタンアオの卵も自家消費する(鶏卵より消費する頻度は多い)ので、実際の金銭的収益はもっと低く推計されるべきであろう。

以上のように、一九九七年度の雷さんがニワトリ、アヒルなど家禽から獲得可能な純益は、最大二五〇〇元近くにものぼる。もちろん、先に述べたような自家消費分、さらにアクシデンタルな損失分を差し引けば、その額ははるかに低くなるであろうが、この獲得可能な約二五〇〇元という金額は、当時の黄桂村人口一人あたりの年収約二一五〇元(一九九七年統計資料による)よりも多く、七〇歳を過ぎた高齢の女性があげることができる収益としては、けっして低いものではなかった。伝統的な家禽飼育は、この村の標準的な金銭収入水準を満たすことのできる活動であったといえる。

しかし、雷さんなどは、単に金銭的な収入をあげるために、その伝統的家禽飼育を維持していたのではない。もちろん、金銭的な収入の増加には関心はあるが、それのみが最大の関心事とはなっていなかったのである。

二、伝統的家禽飼育のもつ多様な意味

伝統的家禽飼育を続ける人々には、共通して飼育規模を抑制する意識がある。この意識は、簡単にいって「飼えるだけ飼う」という言葉で表現される。「飼えるだけ」というのは、その家のなかで家禽飼育に無理なく携われる人の数と、自家で賄える飼料に見合っただけ、という意味である。とくに飼料の量を、飼育数の限定要因として、多くの人々は考えている。この飼料量は、他の生業による生産と関わっており、余剰の生産物を家禽飼育に回せる家では、飼育数も多い傾向がある。伝統的家禽飼育は、この点において他生業と結合することにより、資源を無駄なく有効に使いコストを低く抑える方法を目指したものであるといえる。このコスト低減には、さらに放し飼いという伝統的方法は有効である。それほど多量とは思えないが、家庭内で供給する飼料以外に、放し飼い中に行われる食餌行為により、さらに無償の資源を利用できる。さらに、放し飼いにより飼育

環境管理（鶏舎の清掃など）の労働の手間も低くできるのである。

もし、配合飼料を購入すると、飼育数を拡大し、飼育期間を短くすることが可能である。しかし、伝統的な家禽飼育では、配合飼料を購入してまで飼育規模を拡大する志向はまったくない。むしろ、それはコストを増大させることになり、雷さんらにとっては、それは危険なことだと考えられている。実際、一九九七年度には、雷さんは、保持していたニワトリすべてを病気で失ってしまった。雷さんの産卵鶏は、一九九七年時点で半年生存し、夏に死亡させたニワトリの損害は、卵だけでいえば単純に二〇〇元強ということになるが、死亡した一五羽のメスと八羽のオスが、もし死亡せずにすべて売却されたと仮定するならば、その損害額は約一八〇〇元を加えた、二〇〇〇元ほどにものぼり、その金銭的な損失は無視できない。この損失は、翌一九九八年の春節のときに成鳥売却ができないことで表に現れてくるのである。しかし、その損失は金銭的コスト（労働力や飼料）がほとんどかからなかったことにより、生活自体への影響は比較的軽くすんでいる。ここに、購入飼料のコストが加わっていれば、当然それは他生業から得られる金銭的な収益から補填しなければならない。それは生活全体の維持において、不安定要因となりかねない。つまり、コストの低減は、その生業のもつリスクの低減につながっているのである。これはニワトリ飼育ばかりではなく、アヒル飼育にも同様なことがいえる。

この地の家禽飼育は、経済的にそれほど大きな地位を占めてはいないが、確実に他生業と結びつき、生活の全体性維持のなかで、生産量の増大と生活の安定化という、二点のバランスをとりながら展開されているのである。

このように、家禽飼育はある程度の範囲内で、生活の維持に金銭面から寄与している。ただし、雷さんたちが、伝統的家禽飼育を継続するのは、そのような金銭的な実利のみを追求するからではない。ニワトリやアヒルを古い伝統的な方法で飼い続ける別の理由を、伝統的飼育を行う人々はもっている。

たとえば、一九九七年度に、ニワトリをすべて失ってしまった雷さんの損失は、金銭的な側面ばかりにとどまらない。事実、雷さんは、日常の生活のなかで、ニワトリの肉と卵をストックできなくなったことこそを、むしろ大きな損失と考えていた。現在、ニワトリからの金銭的な利益は、生活を左右するほどの大きさをもって期待されていない。その飼育にかけられるコストが諸生業の余剰であるのと同じく、その利益もあくまで余剰なのである。

また、日常頻繁に食卓へとはのぼらないものの、「改革・開放」前に比べ、ニワトリの肉や卵は求めやすいものとなってきた。しかし、かつて貴重な食材として日常の食卓にはのぼることがなかった肉や卵に対する価値が、彼女たちの脳裡には記憶としていまだ存在し続けている。肉や卵は、ある種の生活の豊かさを確認させてくれる表象物なのであり、それを自らの手で生み出しストックする機会を失ったことこそを、彼女は大きな損失と受けとめたのである。彼女は、一年の間、祭りや節事、祝い事、来客時などのハレの場で、自分の作った肉や卵を利用することによって、その生活の豊かさを再確認してきたのであり、その食材を自分で確保できない状況を、彼女は憂え悲しんでいたのである。

むすび

以上、中国の伝統的な家禽飼育に見られる微細な知識と技術、そしてその伝統的生産の意味について、ある一人の女性を例にみてきた。ニワトリやアヒルの細微な家禽飼育の知識や技術は、卓越した「野の観察者」である女性たちによって編み出され、伝承されてきた「エスノ・サイエンス」である。そのなかには、ときおり不合理と思われる民俗技術も混じっているものの、そのおおかたが、長年、鳥たちを見つめてきた彼女たちの慧眼によって発見された合理的な知であった。そして、その「在地の知」によって生み出される家禽は、商品、あるいは自家の食料としての意味のみならず、生活の豊かさの証としても重要な意味をもっていた。この地では、改革・開放政策を端緒とする市場経済の浸透の後も、依然、商業性に特化しない伝統的な家禽飼育が意味をもち続けてきた。伝統的な家禽飼育が、その時点で続けられていたのは、生産量の増加と生活の安定性という二点のバランスをとりながら、精神的な豊かさも含めた生活の全体性維持において、その方法が適していると人々に認識されていたからである。生産量の増加は、単に金銭的な利益の増加を意味するのではなく、精神的な喜び——生活の豊かさや栄誉感など——を、拡大することにもなっていた。伝統的家禽飼育を伝承する意味は、この経済的な意味とは異なる部分にこそあったといっても過言ではない。それが、非近代化な技術であると認識されていても、けっして無意味というのではなく、古臭いことを続ける存在意義がそこには十分に認識されていたのである。そうでなければ、彼女たちは、すぐにでも新しい家禽飼育を導入していたことであろう。

今、伝統的家禽飼育は、まさに消えようとしている。これが消えたとき、自分で家禽を作って、育てて、殺して、食べるという、人間と動物とが直接つながるあり方と、そのなかで生み出される愉悦や喜びや豊かさも、また消えていくのである。

引用文献

徐桂芳・陳寛維主編『中国家禽地方品種資源図譜』中国農業出版社、二〇〇三年、九—一一頁。

鄭丕留主編『中国家禽品種誌』上海科学技術出版社、一九八九年、一頁。

謝成侠『中国養禽史』中国農業出版社、一九九五年、七頁。

陳育新主編『中国水禽』農業出版社、一九九〇年、一頁。

王光瑛・李昂・王長康『番鴨養殖新技術』福建科学技術出版社、一九九九年、二頁。

野鶏と人の文化誌

高田 勝　財団法人進化生物学研究所
大島新人　Office J-Thai 代表

背景

家鶏の元は、野鶏と呼ばれ、アジア地区に四種、赤色野鶏(*Gallus gallus*)、セイロン野鶏(*Gallus lafayettei*)、灰色野鶏(*Gallus sonnerati*)、緑襟野鶏(*Gallus varius*)が現存する。

インドネシアには、赤色野鶏が生息し、またアヤム・ブキサールという緑襟野鶏と地鶏の交配種を作り、鳴き声を競わせる文化もあるが、人間に最も身近な家鶏になるきっかけになった地域、そして野鶏と関わりの深い地域は、中国雲南省シップソーンパンナー、タイ、ラオス、ミャンマー、ベトナムなどの地域が有力である。また野鶏の生息圏と人間の生活圏が近く両方の活動圏が重複していること、そして今なお人が野鶏にコンタクトをとり、野鶏が人にコンタクトをとるというお互いに利用しあう関係がある地域である。この地域に生息している野鶏は赤色野鶏(*Gallus gallus*)であり、その主要民族であるタイ系民族は、この赤色野鶏を「ガイ・パー」と呼んでいる。本稿ではこの地域の赤色野鶏(以下、野鶏とする)に注目し、雲南省シップソーンパンナー、タイ、ラオスの調査を軸に野鶏側から人へのアプローチと人から野鶏側へのアプローチを探ってみる。

写真1　雨季の野鶏

写真2　繁殖期の野鶏

野鶏(ガイ・パー)の特徴

野鶏の外貌的特徴

(一)体に対して頭部が小さく見える。(二)襟羽は雨季に黒く[写真1]、繁殖期に赤い[写真2]。(三)頭部の幅が狭い。(四)眼球が大きく張り出して見える[写真3]。(五)鶏冠は雨季に小さく繁殖期は大きくなる[写真4]。(六)嘴は黒い鉛色をしている。(七)脚はガン・メタリック色をし、滑らかで硬く締まっており、脚鱗に凹凸が少なく滑らかである。（八）蹴爪は変形をせず鋭くとがり、生える位置に変異がない。（九）皮膚は薄く透明感のある灰色をしている。（十）皮膚が薄いため羽が抜け落ちやすい。（十一）体に対して翼は大きく、主翼先端の褐色部分の占める割合が大きい。（十二）体重は雄で九〇〇から一〇〇〇グラム、雌で七〇〇から八〇〇グラムほどである。（十三）謡羽は二本が突出して長く、主尾羽数は六対であり、尾の角度が低い。（十四）尾開きはほとんどない。（十五）緊張したときに主尾羽を上下に開く。（十六）胸部は小さく、胸部に差し羽はない。（十七）尾の付け根の軟羽が豊かである。（十八）全体的に流線型である。

写真3 眼球の張り出し

写真4 繁殖期の鶏冠

鳴き声

鳴き声は短く鋭くかん高い。山の中で真っ暗な夜中に鳴き始める野鳥は、野鶏以外にいない。静まりかえった周りの空気を切り裂くように鋭く己の位置を知らしめている。空が明るくなり空気の乱れや雑音の少ない太陽が出る前の時間帯は、神話の世界のように「鶏が太陽を呼ぶ」と感じる空間である。

繁殖期に入り、最初に鳴き始めるのが二歳齢以上の鶏で、群れのリーダーが競って鳴く。リーダーがいなくなると、次に強い鶏が鳴き始める。個体変異や年齢により声の質が変わりはするが、自分の位置を知らせるために短く、鋭く、高い音程で鳴くことに変化はない。また群れに所属する若齢の雄は鳴かないが、鳴くようになると群れから離れて行く。

鳴く時間帯は、一度目が二時から三時半頃。二度目が四時から五時頃。三度目が空が明るくなり始める六時頃で、小鳥たちも鳴き始める。四度目が寝場所から降りるとき。五度目は餌を探して鳴き、六度目は夕方寝場所に上がるときに雌も上がるように鳴く。七度目には寝場所で鳴いて就寝するのが一日のパターンである。

群れの生態

雨季には一羽の雄に三羽から八羽の七、八カ月齢の雄雌の若鶏と年齢の経った雌で群れを構成する。繁殖期になると、若齢の雄は群れを離れて行くが、ときとして雌が多い集団では、若い雌が雄について行く場合がある。

群れのリーダーは、一度リーダーになると死ぬまでリーダーであり、群れの中の二番手は群れを離れるか、リーダーに闘いで勝たなければ交配のチャンスはない。

雌は、抱卵後群れを離れ、雛ができると母鶏を中心に雛が自立するまで群れが形成される。

就寝場所

雨季と比較的寒い時期は、風があたりにくく捕食者等から見え

にくい同じ木の枝で寝る。警戒すると何羽もまとまって寝ている。したがって、下方には糞が溜まり、居場所を特定しやすい。また、繁殖期になると行動半径が広がり、一定の場所で就寝しなくなる。

繁殖特性

この地域の農閑期には多くの野鶏が繁殖期に入り、雄が鳴くと雌が声につられて寄って来る。交配相手は、雌が雄を選ぶことが多い。雄はテリトリーをもつが、雌はテリトリーを越えて行動をする。三月から四月が繁殖期であるが、若い雌は四月から五月に遅れて交配をする［図1］。

産卵数は、多くて八個から九個、ふつうは三、四個である。抱卵時には母鶏の羽が枯れ草や枯れ葉によって保護色となって見えにくくなっている。産卵は高齢鶏から若齢鶏の順で行われる。何かの要因でストレスがかかると、母鶏は抱卵をあきらめ、再度産卵、抱卵をする。

抱卵中は動かず鳴かないが、人に見つかったりすると逃走し、その後に帰巣することはほとんどない。しかし、孵化後で雛の状態になっている場合には、遠くで警戒音を出し、お互いに呼び合って巣に戻ることがある。

雛の特徴

雛は四月から五月に三、四羽孵化し、翼の成長

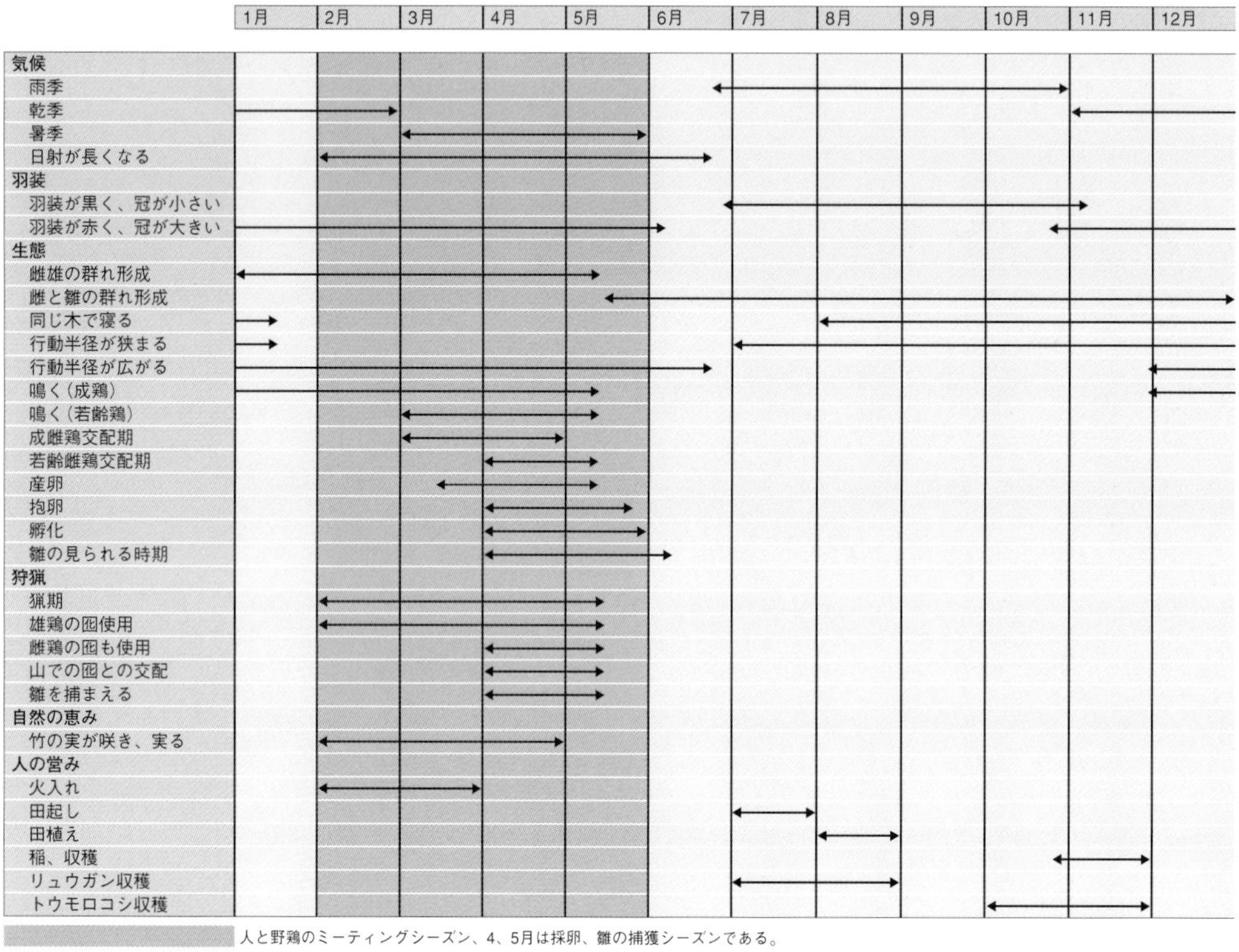

図1 自然・人の生活・野鶏生態のサイクル

が早く一週間で飛べるようになる。雛のうちから三、四メートルの木の枝に登り始める。雛は人の足音を聞くだけで、落ち葉の下など隠れて動かず死んだふりをしたり、落ち葉と一緒に転がったりする。そして人が目を離した隙にすばやく山の中へと逃げてしまう。母鶏が捕らえられたり、はぐれたりした雛は、大きくなるまで竹の実がなる場所などに留まる。雛が育つには、乾期である暑期は適温であり、母鶏がいなくとも保温の必要がなく雨に濡れ体温を奪われることも少ないため自立ができるのである。この時期の雛は自然の保温箱に守られていることになる。

野鶏の餌

野鶏の餌は、陸稲の落穂、野焼き後の筍、トウモロコシ、シロアリ、竹の実、土の中や竹の中の虫が主であるが、場所によっては木の実や果実を食べる。

野鶏の肉

肉は締まっており体が小さい割に量が多く、弾力性があって筋繊維が細い。野鶏を食べる地域の人たちは、この味を美味く、甘いと表現する。

狩猟時期が限られていることから、捕獲時期のみの食べ物、もしくは旬の食べものという感覚がある。

野鶏の種類

外貌的に違いのある、二種類あるいは三種類の野鶏が生息していると言われている。この分類は、色と大きさによるもので、ガイ・ルアン（Kai luang 一キログラムほどで襟が黄色く綺麗）、ガイ・デーン（Kai daen 一・五キログラムほどで襟が赤く縄張りも広い）の二種の分類が一般的であったが、襟羽が黄色から白っぽくなる（一～一・二キログラムほど）種類も存在するというインフォーマントもいた。この三種類の「野鶏」が、種としての違いなのか、加齢による外貌的変化なのかは、今後さらに研究を進めていく必要がある。またチェンライ市の近郊では家禽鶏と野鶏の交配も生じているため、家禽鶏との交配種が生息している可能性も考えられる。

家鶏になったきっかけを探る

鶏の家禽化については、時を告げるもの、太陽を呼ぶ象徴、赤い色に対する信仰、占い、供儀用、闘鶏など、さまざまな説がある。しかし、人と野鶏との接触を考えるとき、それらの諸説以上に、もっと原初的きっかけがあったのではないかと思われる。

現状から人と野鶏の接触を見ると、野鶏は肉を確保する猟の対象物として捉えることができる。当然生態を知ることで、野鶏の捕獲はできるが、テリトリー性のある野鶏が自分のテリトリーを侵すものに対して闘う行為をすることを知った先人たちは、囮用の鶏（以下、囮とする）を使った罠がより効率的に野鶏を捕まえられると考え、それを使い始めたのではないかと思われるからである。この囮を使った狩猟方法は、現在でも狩猟が可能な地域において野鶏猟の主流を占めており、より野鶏に近い囮を作るために、人間が野鶏に積極的に接触しているという事実がある。囮は野鶏猟には不可欠のものであり、猟師は囮を作るための努力を惜しまないのである。

人と野鶏の接触地域

この地域の集落の周辺には、陸稲、トウモロコシ畑、茶、コーヒー、レイシ、リュウガン、柑橘等の畑が作られており、さらにその外側には、山との間に山の幸や薪を採るエコトーン（移行帯）がある。こうした人間と野生動物が相互利用できる生活圏が、人と野鶏の接触地域になる。野鶏は人の作った作物を利用している。一方、人は野鶏そのものを狩猟対象としており、こうしたエコトーンそのものが猟場となる。そして、農閑期である猟期は、野鶏にとって餌が少なくなる時期にあたり、行動範囲が広くなるため人間と接触する機会が増えることになる。

囮鶏（ガイ・タン）

囮［写真5］は、野鶏と同じような外貌のものが良いとされる。そこで、猟師は野鶏に近い特徴をもつ囮を作り出すため、野鶏と囮（雌雄どちらも可）を交配させる。野鶏の雌に囮の雄の交配で生まれた雛は野生的であり、多くが山に帰ってしまう。その逆、すなわち野鶏の雄に囮の雌を交配して生まれた雛は、人を恐れず慣れやすくおとなしいと言われる。そのため一般的には家鶏である囮の雌を野鶏の生息域に連れて行って自然交配をさせている。この行為は四月から野鶏が交配をしなくなる五月後半まで続く。生まれた交配種を「ガイ・パソム」と呼び、囮として能力が高いと言われている。

写真5　囮鶏（ガイ・タン）

ガイ・パソム（Kai phasom）の雌は、年間産卵数が約十個と少ないため、繁殖鶏としては有用でない。また、この交配でできた雌に、もう一度野鶏を交配させると性質は一変して野鶏のように神経質になって、雨季には鳴かなくなり、扱いが難しくなると言われている。そこで、囮の多くは戻し交配ではなく一代雑種を使っている。また、一代雑種は雨季に換羽するとされているが、ガイ・パソムに家鶏を交配すると雨季の換羽はしなくなるそうである。

囮は羽色より、鳴声が重要であるため、家鶏のような低い声や音節がはっきりしない声にならないような交配も行われる。しかし、野鶏に似た声がかならずしも野鶏を呼び寄せるとは限らない。人が良い鳴き声だと思っても野鶏が来ない囮もおり、また囮を扱う人間によって野鶏がよく来ることもあると言われている。

野鶏は囮として使えるが、繁殖期しか鳴かず、人に対して警戒心も強く、都合の良いときに鳴かないために使いづらい。しかし、大きな囲いの中で飼育ができ、繁殖期に鳴くことができた場合には、野鶏の雌が交配に来るので野鶏を囮として使うことが可能になる。

囮の飼育方法は、一般に軒下や果樹などの枝に止まらせて飼育する[写真6]。地面にいる寄生虫や病原菌から隔離することができ、また、高い樹上から鳴かせる訓練を行うこともできる。同じ囮でも、これができない鶏そして野鶏を呼ばない鶏は庭先にいる地鶏として飼育され食用にまわされる。

狩猟

狩猟の主目的は、娯楽として楽しむことと食用にすることであるが、囮を作ることも目的の一つである。人は田畑と山との隣接地で野鶏、雛、卵を狩猟、採集することが多く、山奥にいる野鶏を捕らえることはしない。

猟師は体力と視力が衰えると猟果を得られなくなることから、十五から四十五歳くらいまでの年齢層が行い、夕刻に出かけ、泊りがけで猟を行う。木の実、野いちご、竹の実、小型のシロアリの巣などがある野鶏の餌場近くや、水場、抱卵前の巣、砂浴び場跡、餌を見つけるために地面を掻いた跡などの近くに罠と囮を仕掛けていく[写真7]。

ふつう、猟師は今まで以上に効率的な方法を知ると、すぐに狩猟方法を変えるが、縄張りをもつ野鶏の習性を利用した囮猟の効率は良く、行動を知ったうえでの罠猟よりも頻繁に使われている。囮の雄鶏が鳴くと、野鶏の雄はすぐに反応し鳴き始め、その存在と位置を定めることができる。そして自分の縄張りに入り込んで来たよそ者の雄(囮)に猛然と闘いを挑んでくる。このように、野鶏のいる位置を確認し、闘いに来た野鶏を捕獲するのが囮猟の特徴である。もちろんこのことは、銃を使う猟においても同様のことが言える。

二月から五月までの猟期においては、囮の鳴き声でテリトリーを知らしめ野鶏の雄を呼び寄せる方法が主流であるが、野鶏の雌が産卵と抱卵を始めると、群れから雌が少なくなるため、四月と五月は雌の囮も使用する。この時期には、囮の雌が羽ばたきながら鳴くと野鶏の雄が寄って来る。また雌の囮を使ったときには、接近して猟ができるとも言われている。

猟師は次年度の獲物のことも考え、産卵している雌を撃たない。とくに抱卵中の雌は撃たないとか共有林では猟をしないなどの決め事を作っているところもある。雌鶏は驚いた場合や焼

写真6 軒下での飼育

写真7 囮鶏を利用した罠

畑の火入れなどの理由で、巣の卵を放棄することがある。しかし、その際繁殖期の早い時期に交尾・産卵を始めた個体であれば、もう一度産卵および孵化をさせることができる。優れた猟師はこうした習性などもよく知って猟を行っている。

囮を作る技術、囮を使った猟の技術に民族間による相違はなく、猟に対する執着が強く研究熱心な猟師が高い技術をもっているようである。

自然・人の生活・野鶏生態のサイクル

野鶏と人間は絶妙なタイミングが重なりあい、お互いの生活に関与しているように感じられる［図1］。雨季・乾季・暑期の季節、日射量、気温、農事暦、焼畑、鶏の生態、木の実の結実時期など、これらの時期や気候条件が揃ったときに猟が行われ、そのときに野鶏と人間は出会うことになる。

野鶏は、雨季に襟羽を目立たない黒色に換羽させ、鳴くこともなくなる。山は雨で地面がぬかるみ、草は生い茂り見通しもきかなくなる。この時期の山は人を寄せつけない。また人の側も、この時期は種苗管理、田植え、果実の収穫などの農繁期で野鶏猟を行う時間はとれない。

乾期になって稲が実り収穫が始まる頃、野鶏は羽装を一変させる。襟羽は炎のような赤黄色へと変化をし、冠は徐々に大きくなり、鶏鳴を轟かせる。この時期から、行動半径が広がり、野鶏の雄と雌は群れを形成し始める。稲の収穫時期には落穂を拾いに稲田に出没し始め、雄が雌に餌を食べさせるために呼び寄せる鳴き声が聞こえる。

野鶏は、日照時間が長くなることで産卵する生理機能をもつため、暑期に入る三月頃に交配時期を迎える。人は農作業の後片づけも終わり、農閑期に入りいよいよ猟の時期となる。猟師は雌鶏の鳴き声に似た音が出る竹製や金属製の笛［写真8］、手での笛を吹いたりして囮の雄鶏を鳴かせ、テリトリーを利用した囮猟を行う。かつては銃を使って猟も行われていた。

暑期は木の葉が著しく落葉し、草が枯れる。焼畑などの火入れは抱卵前であり、しかも火は表面を焼くのみで長い時間燃えているわけでもないため、野鶏は一時的に逃げるが　火が消えた後はすぐに戻ってくる。また落ち葉を焼くことにより野鶏に近づく足音を消すことができる。そして虫、ダニ、ヒルを減少させ、地面は乾燥し歩きやすくなり、見通しも良くなる。この時期、野鶏の産卵は、成鶏から始まり、その後前年に生まれた若鶏が産卵する。抱卵とともに雌は群れから離れて行き、雄が残される。この時期の囮猟は、雄のみではなく、雌を使うことによって、野鶏の雄が囮のところに現れるのである。

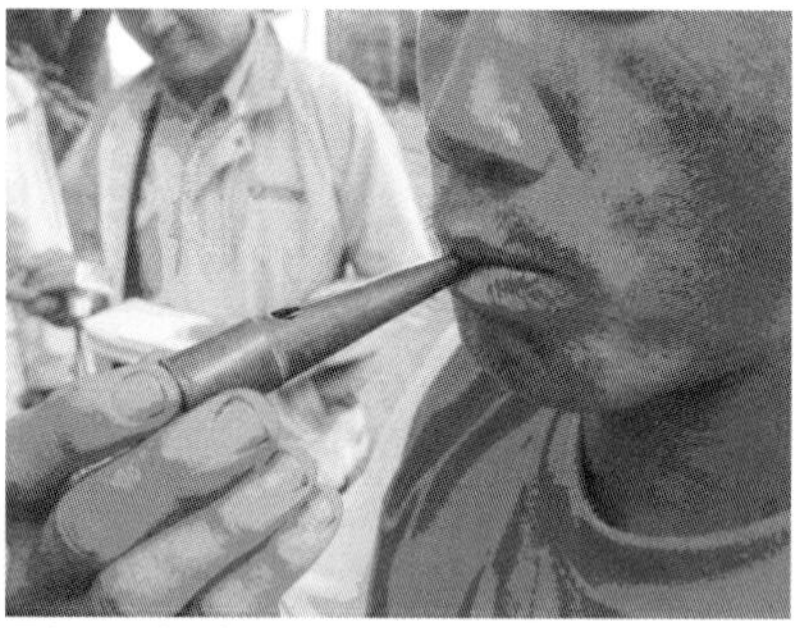

写真8　囮鶏を鳴かせるための雌鶏の鳴き声がする笛

暑期の後半、猟師たちは

囮の雌に野鶏の雄を交配させ、より野鶏に近い囮を作る。また産卵した卵を採取したり孵化した雛を捕獲したりして、家で飼育を試みる時期でもある。この季節が最も人と野鶏が接近する時期であり、お互いが共有するニッチェを利用していると言える。そして、このミーティングシーズンともいうべき時期があるために、家禽化がなされたとも考えられるのである。

野鶏の飼い馴らし

猟師で飼育・繁殖が上手な人間は、狩猟に対しても野鶏を育てることに関しても執着心が強いという。狩猟のために野鶏を飼育し囮を作っているのだ。

野鶏は大変神経質で、刷り込み時間が短く、世代交代をしてもいっこうに人に馴れてくれない性質をもっている。雲南省シップソーンパンナー、タイ、ラオスといった異なった地域に住む少数民族の猟師たちの間でも「野生のハトやキジは簡単に飼えるが、野鶏の飼育は非常に難しい」という認識は一致する。このことは現実に家禽化された鶏が世界中にいることを考えると非常に不思議なことである。

タイ中部には、チャチューンサオ（Chachoensao）県アーンルナイ（Anrunai）自然動物保護区のように、野鶏の餌づけができたり、人に対してあまり臆病でない野鶏が存在する地域がある。しかし、これは例外的で、多くの猟師が飼育を試みて失敗した体験から「野鶏は飼育が難しい、あるいは無理だ」という意見が一般的である。それでも猟師のなかに、成鶏、雛を問わず飼育に執着し、飼おうとする人間はいる。家鶏と離れた場所で飼育したり、シロアリや竹の実をつぶしたものを与えたり、竹を切った器に水を入れたりと、できるだけ自然状態に近い環境で飼ったりするなど、さまざまな工夫をしているのは特筆すべきことであろう。

野鶏には個体ごとの性格もしくは性質がある。そのなかには好奇心が強いもの、馴れやすいものが存在するが、そのような成鶏の個体は猟で捕獲されやすい。野鶏を扱うことが上手い人が、馴化能力の高い雛を捕らえることができれば飼育の可能性が高くなるように思われる。また、飼育に関して執着心の強い猟師は雛の孵化する時期に捕獲することを狙っている。雛は成鶏に比べ、容易に捕獲が可能で数も多い。またストレスを感じにくく餌に慣れやすい。しかし、一方では病気に弱いため現在では抗生剤が添加されている餌などを与えて飼育する例が見られる。野鶏の雛は外敵に対して非常に神経質であるがゆえ、雛であってもその飼育は簡単ではない。

卵を採取して孵化させた例は多いが、かなりの確率で雛は死んでしまう。また、ある程度の成長段階まで育ったとしても、山に飛んで帰ってしまうという。

野鶏は感受性が強く、捕獲時や飼育環境などによりショック症状を起こしやすい。仮に野鶏側から人の社会に近づいて来るような場合があったとしたら、餌づけによって人の生活空間に馴らす試みが上手くいった稀なケースか、野鶏のまわりに捕食者が多いため人の居住空間のほうが安全な場合のどちらかであろう。しかし実際に餌づけを試みても、成功する確率は低い。人影があれば餌を食べないと言われるくらい、飼育が難しい鳥が野鶏なのである。

猟師たちは野鶏に限らずいろいろな鳥を飼育している。ハトやキジ科のハッカンなどは、非常に飼いやすいと話す。なぜ、キジの仲間が家禽化されなかったのだろうかという疑問が出てくる。しかし、そもそも狩猟の本来の目的は捕獲し食べることであり、飼育することではない。キジは山中に生息し個体数が少なく、鳴くことが稀なため囮としても利用できない。一方の野鶏は集落近隣に圧倒的に多くの羽数が生息し、肉も美味しい。こうした違いから、キジは人の社会に入り込まなかったのかもしれない。

野鶏飼育の現場

今までに、多くの野鶏飼育例を見聞したが、それらの共通性を考えてみると、飼育が難しいこと、馴れにくく飼育下で世代を更新しても馴化しないこと、感受性が強いことなどがあげられる。このため、野鶏にとっての良い環境をいかに人が作り出せるかという点が重要になってくる。

他の野鳥に比べ飼育は難しいが、飼育を試みる人間が多いのも事実である。野鶏飼育に関しては、育てるために必要な情報がほとんどないため、すべて自分で考えることが要求される。

しかしながら飼育に成功した人たちへの聞き取りを続けていくと、次のような共通した工夫がなされていることがわかる。

■成鶏を捕獲した場合

人からのストレスを避け、人が行かない静かなところで、飼育する。

写真9　野鶏捕獲初期の飼育方法

捕獲初期には、覆いをし［写真9］、野鶏が落ち着く暗い場所を作る。

広い場所で飼うときは、隠れることのできる、シェルターを作る。

土の中にいる雑菌やコクシジューム原虫などによる病気を防ぐため、糞と離すように高い木の上などで飼育する。

飛び上がったときに頭部を傷つけないよう、また暑さを避けるため黒いネットを上部に張るなどの対策をとる［写真10］。

成鶏には鶏専用の餌、米、バナナ、パパイヤ、マンゴー、オレンジなどの季節の果物を与えるとともに、小さい蛾のさなぎやシロアリ、そして竹の実をつぶしたものを週に一回程度給餌している。

■採卵した場合

家鶏に抱卵、孵化させる。

家鶏の雛と一緒に飼育し環境に馴化させる。

■雛を捕獲した場合

逃げないように囲う。

飼育場所は布で被い雛が餌を完全に食べるようになってから被いをはずす。

下痢と感染症を防ぐため、抗生剤またはサルファ剤入りの仔豚用の飼料や総合ビタミン剤を添加する。

二カ月齢をめどに、子豚飼料を少しずつ減らし、鶏の餌に変えていく。

幼齢時期には餌を砕いたマッシュ状のものを与え、徐々に粗粒状態のものへと移行さる。

先述のように、野鶏の飼育は難しく、その多くは失敗しているが、成功例も見ることができる。その成功例を筆者らが実見してきたことからは、おそらく鶏(野鶏)を飼う技術と猟をする技術(罠猟)双方の知識を有すること、野鶏に対して愛情と観察眼そして強い思い入れをもつこと、これらが飼う側にとって必須の条件と言えそうである。

写真10　屋根に遮光ネットを張った鶏舎

山に行く家鶏

現在野鶏は、祭祀、供犠、儀礼にはほとんど使われていない。狩猟儀礼などに使われることもない。家鶏は儀礼を執行するときに欠かせない動物の一つであるが、チェンライ市近郊ナーンレーナイの赤カレン族は、かつて病人が出たときなどに行う精霊供養の儀礼で家鶏を森の中に放鳥していた。いったん放鳥すると集落に帰って来ない鶏もおり、本能を呼び起こすためか環境に適応して野鶏と同じ性質になり野鶏化することがある。儀礼では雌雄のどちらも放し、羽色は黒が基本であるが、黒い鶏がいない場合は他の色でも良いとされる。

先に述べた野鶏との交雑種であるガイ・パソムは、山に帰ることがたびたびある。とくに野鶏の雌と家鶏の雄を交配したものは山に帰りやすく、山へ入った鶏は生態や行動が野鶏(ガイ・パー)になり、繁殖期以外には鳴かなくなる。このような事例は、あちこちで聞かれ、野鶏に家鶏の血液が入り込んでいること、すなわち遺伝子流動が行われていることは事実のようである。また彼らの認識のなかには、山に帰った鶏はガイ・パーであるという認識がある。

ガイ・パーは野鶏か

私たち日本人は、家鶏(*Gallus gallus* var. *domesticus*)の祖先とされる赤色野鶏を野生生物種である「*Gallus gallus*」として捉えている。この認識は欧米でも同様である。しかし、東南アジアのタイ系をはじめとした諸民族が野鶏を言うときのガイ・パー(Kai paa)には、人の考え方や概念が入り込むことが多々ある。つまり、彼らにとってのガイ・パーは、純粋に野鶏のことを指すことがある一方、家鶏が山に入って同化しているものもその範疇に入る。したがって、人に飼われておらず山で生活をしている鶏の多くはガイ・パーであるという概念をもっていると考えられる。

またアカ族、モン族、タイヤイ族、ラフ族などの少数民族には、ガイ・パーに対して「われわれ人が住んでいる世界の生き物ではなく、ピー(Phi〔精霊〕)世界の生き物である」という認識がある。したがって、ガイ・バーン(Kai baan〔家鶏〕)の祖先はガイ・パーであると思うかと尋ねると、ほとんどの人が「ガイ・バーンとガイ・パーは別物であり、ガイ・パーは鶏の先祖ではないと思う」と答える。またガイ・パーとガイ・バーンは似ているかと聞くと「似ていない」と答える猟師もいる。彼らは、ガイ・パーを別の世界の生き物であり、ガイ・バーンとのつながりはないと捉えているのである。[1]

自然は力があり、綺麗であるという価値観

儀礼の場においては、老鶏や良くない鶏を使うことが多く、野鶏はもったいなくて使えないそうである。また、野生の鶏は儀礼時に合わせて捕獲することが難しいことも、儀礼で使われない要因の一つと考えられる。そして儀礼としての価値より先行するのが、美味しいとか甘いという本質的考えである。

この思考には、山のものは家のものよりも美味しい、自然の物は浄化されている、浄化されているものしか食べていないから綺麗で清潔であり、また薬にもなるという認識がある。これは、ガイ・パーが病気にかかっているのを見たことがないということと、人が飼育すると汚いものを食べるからよくないということにつながる。このようなことは、赤色野鶏という種を論じることではなく、概念を論じることになり、野鶏であっても人の飼育下では、ガイ・パーではなくなることを意味する。ただし、ガイ・パーとガイ・バーンの区切りは非常に曖昧であり、人の意識によってもかなり左右される。

このような自然のものを崇拝する信仰により、自然の力が人の力をより強くし、その力を自分の中に取り込むために野生動物を捕食する。ガイ・パーを食することは喜びであるとともに、元気の源という考えがあるのではないだろうか。ちなみに、野生動物に限らず山野草に対しても同様の認識がある。自然への感謝と尊敬の念が常に根底に備わっていると言えるだろう。

自然の物を食べる行為は、忙しい農繁期には行えないため、農閑期に山に入って狩猟採集をし、それらを食する。ここに旬のものが発生し、地産地消の根源となりうる考え方が作られる。農閑期に山へ行って狩猟採集をすることは、ゲーム感覚だけではなく、山に生活を依存している人間の考えや信仰があり、独自の天然物に対する価値を見出していると言える。また、このようなことがガイ・パーの魅力を作り出し、人とガイ・パーの距離を近いものにしていると考えられる。

終わりに

今まで述べてきたことから、原初的家禽化とそのプロセスを考えるとき、人と野鶏がどのような条件でいかにして関わったかが重要になることは明らかであろう。

雲南省シップソーンパンナー、タイ、ラオスという特殊な地域は、人間と野鶏が出会うのに奇跡といってよいほど都合が良くできている。人間側が野鶏にアプローチする条件がそろう農閑期と、野鶏側が餌不足のために人間側にアプローチしてくる時期が合致している。またこの時期がちょうど野鶏の繁殖期にあたっているため、野鶏の鳴き声から人間が容易に野鶏の居場所を特定できる。さらに乾季に森林の樹木が落葉し、下草が枯れるという自然サイクルに、火入れという人的要素も加わって、狩猟に適した森林環境が形成される。このようにどれをとっても驚くべき組み合わせなのである。

また、そこに暮らす人々は、山の向きや川の流れ、太陽の光や影の向きなどを認識したうえで集落を形成し、農作物の選定をしている。「ムラ」が人間の世界、その外は自然=精霊の世界という世界観に基づいた集落形成により、自然と共生する形の生活が営まれている。またその緩衝地帯としてのエコトーンが集落の周囲に形成され、人間は野鶏と出会う。

囮を使った野鶏猟は、こうしたさまざまな自然条件とそこに共生する人間の生活様式のうえに成立している猟である。また猟を行う人間には、野鶏の生態と自然環境に対する深い理解が要求される。さらに一部の人たちは、よい囮を作り出すために、強い執着をもって野鶏の飼い馴らしのための努力をしている。

現在自然動物保護の観点から、こうした猟は禁止の方向に向かっている(たとえばタイでは法律で禁止)が、人間と野鶏が共生できる環境を維持していくためには、こうした猟師たちがもっている「民俗知」こそが必要なのである。また今後、鶏の家禽化プロセスの研究を進めていくなかでも、こうした「民俗知」が問題を解く鍵の一つになるであろう。

註

[1] ガイ・パーはタイ系言語で野鶏を言うときに使う言葉であり、他の語族ではそれぞれ別の言葉がある。しかし、筆者らが調査を行った地域ではタイ系言語の通用力が高いため、ガイ・パーで話が通じることが多かった。したがって、ここでは各民族の言葉はあるものの、概念としてのガイ・パーを用いた。

参考文献

高田勝『家禽資源研究会報 第四号』HCMR二〇〇四年十二月調査報告「タイ国北部地域における野鶏から家禽鶏への可能性について」、二〇〇五年。
大島新人・高田勝・川島舟『家禽資源研究会報 第六号』HCMR調査報告「HCMR二〇〇六年三月調査報告」、二〇〇六年。
秋篠宮文仁編著『鶏と人』小学館、二〇〇〇年。

日本古代史料における鳥類誌

谷川 愛　東京大学総合研究博物館リサーチフェロー

はじめに

日本古代史において、鳥類に関する史料の存在は『古事記』や『日本書紀』に記載される神話の研究や祥瑞などの研究からよく知られている。しかしながら、どの程度の史料があって、どのような場面に登場するのか全体像は把握されていない。そこで、本稿は日本古代史料に記載されている鳥類に関する史料を神話の時代から平安時代末期まで編年順に列挙し、若干の考察を加えようとするものである。鳥類の史料を管見の限りすべて並べることにより、古代の人々が鳥をどのようなときに記載していたのかが理解できよう。さらには編年順にすることにより、その記載や捉え方の変遷が明示できるものと考える。

使用した史料は六国史を中心とし、六国史以降は『日本紀略』や『扶桑略記』などで補った。また、平安時代の天皇の御宸記や公卿の日記については、すでに活字化されて刊行されている記録のみを使用した。

なお、ここでは基本的に鳥そのものの記述が明確な条文のみ取り上げた。遊猟や放生会などには記されなくとも鳥の存在が推測されるが、ここでは列挙しなかった。また、和歌の題、舞楽や装飾品として多数鳥が出てくるが、これらについても取り上げなかった。

神話にみる鳥

『日本書紀』の冒頭部分は、「古天地未だ剖《わか》れず、陰陽分れざるとき、渾沌たること鶏子の如く、溟涬《くも》りて牙《きざし》を含めり。」という文章から始まっている。天地も剖れていない、陰陽も分かれていない渾沌とした形状不安定な状態を「鶏子」つまり鶏卵の中身に喩えている。これは日本独自の考え方ではなく、『太平御覧』天部に引用された「三五歴紀」にも「渾沌状如鶏子」とある。その状態から溟涬(自然の気)がただよって牙(きざし)を含むようになったと解釈されているのである。[1]

鳥は神の誕生にも関わる。大八洲生成の段では鶺鴒が出てくる。海宮遊幸の段では海浜の産屋を鸕鷀の羽で葺いている。そこで産まれた児の名が彦波瀲武鸕鷀草葺不合尊である。また、大鷦鷯尊(仁徳天皇)が産まれる日に産殿へ木菟が入り、大臣武内宿禰の子が産まれる時に鷦鷯が産屋へ飛び込んできたという。そのため互いの鳥の名を交換し、大鷦鷯皇子、大臣の子は木菟宿禰とした。

他方、鳥は葬送の場面にも現れる。四神出生の段の一書では蛭子を流すのに鳥磐櫲樟船に乗せている。鳥は地上・海上を自由に飛ぶので交通の手段に冠せられるという[2]。天孫降臨の段では天稚彦の死後、喪屋を造って殯した際、川雁、鶏、雀、鴗、鷦鷯、鵄、烏が葬儀の役を担ったとされている。日本武尊は死後白鳥となって陵から出て、飛び去るという伝承もある（景行四〇年条）。

さらに、鳥は神の使としても登場する。天孫降臨の段で高皇産霊尊の使として天稚彦の様子を見に行くのは無名雉である。海宮遊幸の段では水の霊が川雁の形となって現れる。弟彦火火出見尊は羂にかかった川雁を助けることにより、海神の宮に案内されることになる。神武天皇即位前紀戊午年六月二三日には、頭八咫烏が道案内として遣わされている。同一一月七日条でも、頭八咫烏が使者として兄磯城と弟磯城のところにそれぞれ行き、承従を求めている。雄略天皇が葛城山へ猟に行った際、霊鳥が嗔猪の出現を警告している（雄略五年二月）。

氏族伝承や地名の由来に関わるものとしては、鵜養に関わる阿太養鸕部（神武即位前紀戊午年八月二日）、頭八咫烏の葛野県主（神武二年二月二日）がある。金色の鵄によって戦力が回復した場所を鵄邑としている（同年一二月四日）。仁徳四三年九月に定められた鷹甘部、またその鷹を飼う所が鷹甘邑とされている。仁徳天皇陵の築陵が始まったとき、倒れた役民の耳から百舌鳥が飛び出した所を百舌鳥耳原という（仁徳六七年一〇月一八日）。その陵名は百舌鳥野陵である。また、生鮮魚介・食肉の調理をする部とされる宍人部の名も見える（雄略二年一〇月六日）。

狩猟や鵜飼に関する記載も散見する。天孫降臨の段では事代主は出雲国三穂で遊鳥（とりのあそび、一書では三津之碕で射鳥遨遊）をしている。応神二二年には淡路島で、仁徳四三年には百舌鳥野で、雄略二年には吉野で、同五年には葛城山でのそれぞれ遊猟している。このほかにも直接的に鳥は出てこないが遊猟の事例は多くある。神功皇后摂政元年三月五日の三首の歌「いざ吾君五十狭茅宿祢たまきはる内の朝臣が頭槌の痛手負はずは鳰鳥（にほどり）の潜（かづき）せな」、「淡海の海瀬田の済（わたり）に潜く鳥目にし見えねば憤しも」、「淡海の海瀬田の済に潜く鳥田上過ぎて菟道（うぢ）に捕へつ」は、何れも「潜く鳥」が出てくる。二首目は武内宿禰の歌であるが、もと瀬田川で鵜飼による漁労をしていた人の歌であり、潜く鳥は鵜を指すとも見られる[3]。盧城部連武彦は「使鸕鷀没水捕魚（うかはするまね）」して殺されている。また、雄略七年八月に吉備下道臣前津屋が雄鶏を闘わせているが、これは闘鶏の記事の初見とされている。

祥瑞にみる鳥

推古朝以降、奈良時代の史料のなかで最も多く鳥類が登場するのは、祥瑞進献としてである。祥瑞進献の初見は仁徳五三年の白鹿献上とされるが、推古六年（五九八）一〇月に越国から白鹿が献上されて以降、頻繁に見られるようになる。鳥に関するものとしては皇極元年(六四二)七月二三日に蘇我臣入鹿の豎者が白雀子を獲って献上したのが初見であろう。その後は白雉、白燕、鶏子四足、瑞鶏、白鷹、白鵄、雌鶏化雄、赤烏、三足雀、白鳩、白雁、白烏など多数にのぼる。

延喜治部省式祥瑞部に挙がっている鳥類は、大瑞として、「鳳。〔状如鶴。五綵以文。鶏冠燕喙蛇頭龍形。〕鸞。〔状如翟。五綵以文。〕比翼鳥。〔状如鳧。一翼一目。不比不飛。〕同心鳥。永楽鳥。〔五色成文。丹喙赤頭。頭上有冠。鳴云天下太平。〕富貴。〔鳥形獣頭。〕吉利。〔鳥形獣頭。〕」の七種、上瑞として、「玄鶴。青烏。〔南海輸之。〕赤烏。三足烏。〔日之精也。〕赤燕。赤雀。」の六種、中瑞として「白鳩。白烏。〔大陽之精也。〕蒼烏。〔烏而蒼色。江海不揚洪波。東海輸之。〕」「白雉。〔岱宗之精也。〕雉白首。翠鳥。〔羽有光耀也。〕黄鵠。小鳥生大鳥。朱雁。五色雁。白雀。」の十一種、下瑞「神雀。〔五色者也。又大如鷃雀。黄喉白頸黒背腹班文也。〕冠雀。〔戴冠者也。〕黒雉。白鵲。」の四種、計二十八種である。[4]

祥瑞を発見したときの手続きは、令義解儀制令祥瑞条に「凡祥瑞応見。若麟鳳亀龍之類。依図書合大瑞者。随即表奏。〔中略〕上瑞以下。並申所司。元日以聞。其鳥獣之類。有生獲者。仍遂其本性。放之山野。余皆送治部。若有不可獲。及木連理之類。不可送者。所在官司。案験非虚。具画図上。其須賞者。臨時聴勅。」とあり、[5]大瑞であればすぐに奏上し、上瑞以下は治部省に報告し、翌年の元日にまとめて奏上することになっていた。また、鳥獣の類を生け捕りにした場合は、その本性を遂げさすべく、山野に放つことが決められていた。令集解の同条によれば、養老四年(七二〇)正月一日の弁官口宣により、奏上の手続きの詳細が決められたことがわかる。[6]そのため、『続日本紀』記載の祥瑞献上記事のうち、養老以前は献上日が定まっていなかったことが明らかである。しかしながら、天平勝宝七年(七五五)以降もまた献上日が定まっていないことから、この令条が実際に施行されたのは短期間だったのであろう。

祥瑞進献は改元にもつながる。[7]白雉元年(六五〇)二月九日に穴戸(長門)国司草壁連醜経が白雉を進献したことをもって、同一五日に白雉と改元した。朱鳥改元(朱鳥元年七月二〇日)も『扶桑略記』によると大倭国が赤雉を進献したことによるものであった。名前が直接的についてはいないが、元慶改元も、陽成天皇即位後の正月に但馬国から白雉の献上、二月一〇日尾張国で木連理の発見、閏二月二一日に備後国より白鹿の進献と祥瑞が続いたことによる改元であった(元慶元年四月一六日条)。白雉改元については、白雉という年号が『日本書紀』にしか用いられていないことから、もともとは「後」と改元され、その後『日本書紀』編纂までの間に追筆された可能性があるという。[8]

六国史にみられる祥瑞記事のなかで、鳥類は九十八種と最も多く、種別の割合にすると全体の三二・四パーセントになるという。[9]ただし、淳仁朝や嵯峨朝では唐風化政策が推進されたため、政治の実を尊び祥瑞をあえて軽視する態度をもって天子の理想とした太宗の影響が強く、『続日本紀』淳仁朝には祥瑞記事をまったく欠いていること、『日本紀略』の弘仁六年(八一五)以降の祥瑞記事が激減することが指摘されている[10]。このためここで数量的な検討をすることは重要ではないと考えるが、推古朝から平安時代前期にかけて、祥瑞の出現を善政の証と考えて喜んでいたことは確かである。

怪異にみる鳥

平安時代中期以降、鳥を怪異として恐れるようになる。承和一三年（八四六）一〇月二五日に白鷺が建礼門上に集まったこと、同一四年三月一四日には怪雉を北野に放ったことが記録されている。斉衡三年（八五六）になると、鷺が版位の下に集まっていることを「異を記すなり」としている。元慶六年（八八二）九月一八日には、雌雉が清涼殿上に集まり、しばらくして東宮へ飛び入った。そこで勅使が遣わされたが、捕えることができなかったことが記されている。鳩が侍従所の内に入ることもあった（『小右記』『左経記』万寿三年（一〇二六）九月二三日）。これらも怪異とみなされている。なかでも烏による被害は甚大であった。版位を喰らい抜いたり、倚子や畳まで食い散らかされることもあった（『小右記』長和四年（一〇一五）一〇月一二日条など）。

このような怪異が起こると、卜占が行われた。卜占には主に二種類あり、国家的な怪異は軒廊御卜で神祇官・陰陽寮が行い、諸司・諸氏・諸家などの社会集団の怪異は陰陽師が個人的に行った。前者としては、天徳二年（九五八）一二月七日の住吉社で鶏が鳴かないこと、長元四年（一〇三一）五月二日から晦日にかけて、宇佐宮殿上に雀が群集したことや、康和五年（一一〇三）一二月二六日に鴨社で烏が樹上に宿らないことなどによって卜占が行われた。後者では、寛和元年（九八五）四月二七日に水鳥が宜秋門陣前桜樹に集まったこと、寛弘三年（一〇〇六）一〇月一一日に天皇の御前へ山鶏が入って来て、紀宣輔がそれを射たこと、寛仁四年（一〇二〇）一〇月七日に校書殿の東砌上に雉がいたこと、などがその対象であった。

占い方は陰陽道の六壬式占が中心であり、併せて国家的や社会的な指方および物忌みの期間が占われた[11]。元慶七年（八八三）六月二七日に大極殿の鵄尾に鷺が集まったことや、七月三日に霖雨で河水が溢れたことにより軒廊御卜が行われ、その結果、天皇が疾病を患うこと、且つ天下が風水害を憂えることになるとされ、伊勢大神宮へ神祇伯棟貞王が奉幣したのをはじめ、賀茂御祖別雷・松尾・稲荷・貴布禰・丹生河上・大和等の神社へ班幣の使者が遣わされ、祈祷が行われた（『日本三代実録』元慶七年七月一三日条）。一方、陰陽師の卜占の例では、先に挙げた寛和元年の際には、盗難・兵乱・火事・疫癘などが占申されている。長和四年（一〇一五）八月二日や治安三年（一〇二三）一二月二三日のように複数人に占わせている例もみられる。

期日については、「推之、怪所巳・亥年人有病事歟、期今日以後四十五日内、及明年五・六・七月節中戌・己日也、主計頭安倍吉平」というように出る（『小右記』長和四年九月一六日条）。このときは外記庁内に烏が入り、大臣以下中納言以上の座で倚子や茵を咋い散らしたり、机を倒したりした怪であったが、卜占の結果は病気の予兆であり、四十五日の間および翌年の忌み日が占によって示された。

このような忌み日は実際に守られた。『左経記』長元元年（一〇二八）正月二五日には、興福寺南大門上に雉が集まったことにより、関白藤原頼通が翌二六日から二日間物忌みになることを確認している。『殿暦』天永二年（一一一一）九月二〇日にも、去る一四日に法成寺阿弥陀堂へ鵄が飛び入ったことにより占ったところ、筆者である関白藤原忠実がきわめて重く慎むべきとの結果だったため、外出ができなかったとある。この日は法成寺五大堂において不動法、忠実亭では不動念珠法と愛染王法の祈祷が行われている。

このように人々は怪異に惑い、神祇官・陰陽寮あるいは陰陽師らによって卜占が行われ、その結果に拘束されていた。鳥以外にも神社や陵墓の鳴動や動植物の異常といった怪異があるが、これらは平安時代中期以降、中世まで長く畏れられていく[12]。

儀礼にみる鳥

古くから行われていた狩猟の際に使用される鷹や犬は、令制では兵部省下の主鷹司が調練などを司っていたが、『続日本紀』には養老五年（七二一）七月二五日には「放鷹司」とあり、天平宝字八年（七六四）一〇月二日では「放生司」に変わっているが、延暦一五年（七九六）一〇月一四日にはまた「主鷹司」の職名が見え、名称は度々変更されていたようである。主鷹司に属している鷹戸も設置や廃止を繰り返した。遊猟自体も天皇によって回数が増減している。とくに仏教思想の強い聖武天皇は神亀五年（七二八）に「朕思ふ所有りて、比日の間、鷹を養ふことを欲せず。天下の人も亦宜く養ふことなかるべし。」と詔している。淳仁天皇は放生司を置いた直後、天下諸国に対し、「鷹狗及び鵜を養って以って畋獦すること得ざれ。又諸国御贄に雑完魚等類を進ること悉く停めよ。」との勅を出している。その一方で、桓武朝と嵯峨朝においてはかなり頻繁に遊猟が行われた。清和朝において貞観元年（八五九）八月から一連の養鷹禁止政策が行われたが、その後も宇多・醍醐朝では何度か遊猟が行われている。

平安時代初期には正月大饗の際に鷹を献上している（『九条殿記』承平六年（九三六）正月四日条など）。また、元服の際引出物として理髪役が鷹を賜っており（『吏部王記』承平五年（九三五）一二月二日条など）、頻繁に献上・下賜儀礼が行われていた。しかしながら、平安時代後期になると、鷹飼は太政大臣の正月大饗などに登場するのみである。犬飼を率いて鳥を奉る儀が行われた。

また、大饗においては鳥が膾として食されている。天永四年（一一一三）には居汁の具は膾雉足であり、保元二年（一一五七）では干物四種の折敷に蒸鮑、焼蛸、楚割、干鳥とある。同日の居汁物にも汁膾に小鳥の焼物が副えられていた。鳥が慶事の席で食される一方、願掛けとして卵を食べることを自ら止めたり（『小右記』寛和元年（九八五）正月二五日）、眼病を治すために両三年の間魚鳥を食べることを断ったり（『小右記』寛仁三年（一〇一九)二月九日条)することもあった。

一方、平安時代には物合が盛んに行われた。左右二組に分かれ、さまざまなものを比べて勝負を競った。貝合、扇合、小箱合、菊合、歌合などがあった。鳥に関するものとしては鶏合が最もよく知られている。この他『中右記』寛治五年(一〇九一)一〇月六日には殿上で小鳥合の興があったこと、『玉葉』承安三年(一一七三)五月三日には北面で鶉合が行われたことが記されている。

鶏合は闘鶏ともあり、競技としての初見は『日本三代実録』の元慶六年(八八二)二月二八日に陽成天皇が弘徽殿前で闘鶏を御覧になった記事である。その後、承平八年(九三八)三月四日に天皇の御前で十番勝負、寛和二年(九八六)三月七日東宮で八十番、万寿二年(一〇二五)三月一七日に内府で童闘鶏、承暦四年(一〇八〇)三月二四日に桂山庄でそれぞれ闘鶏が行われた。永承六年(一〇五一)三月二四日に禁裏で行われた鶏合は木で鶏を造りその形を競ったようである。美を尽くしていたという(『百錬抄』)。このほか、管見の限りでは私的なものも含め、十二回行われている。このように鳥は、遊興の具としても扱われるようになったのである。

おわりに

鳥は神話の時代においては、神の誕生や葬儀の場面に現れた。鳥は自由に飛ぶことから霊を世界を超えて運ぶことができると考えられていた。同時に、神の使いとして道案内なども行っている。また、その後の氏族や地名、儀式の元になる伝承がある。

奈良時代から平安時代初期にかけて鳥が出てくる記事は、善政の証として祥瑞である鳥類の進献記事が中心となる。その一方で、権力の象徴である遊猟が盛んに行われるが、それとは対照的に仏教思想の影響を受けて放生会が行われ始める。平安時代半ばまでは天皇によって遊猟の回数には差があるが、以降はほとんど行われなくなっていく。

同じ頃、鷺や烏など鳥の出現は怪異とされ畏怖の対象となり、その意味を知るために卜占に頼り、自由に飛び回る鳥のために、人々は行動までが制限されていく。このような状況のなか、儀式として闘鶏や小鳥合などの競技用の鳥を飼い、遊興の道具としていくことは、身近な鳥をある意味で人間が征服して儀式化したものの現れともいえるのではなかろうか。

註

[1]『日本書紀』上、日本古典文学大系六七、岩波書店、一九八六年、五四四頁。以下神話に関する記述は同書の解説に拠るところが多い。

[2]『日本書紀』上、右同書、五五四—五五五頁。

[3]『日本書紀』上、右同書、三四八—三四九頁。

[4]黒板勝美編『延喜式』中篇、新訂増補国史大系、吉川弘文館、一九八四年、五二七頁。

[5]黒板勝美編『令義解』、新訂増補国史大系、吉川弘文館、一九七五年。

[6]黒板勝美編『令集解』第三、新訂増補国史大系、吉川弘文館、一九七四年、七一〇—七一二頁。

[7]重松明久「古代における祥瑞思想の展開と改元」『古代国家と宗教文化』

吉川弘文館、一九八六年、三六〇—四〇三頁。本田明日香「日本古代における祥瑞の色とその意義—色と権力表象」『日本歴史』六五〇、二〇〇二年、一八—三五頁。
[8] 水口幹記「表象としての〈白雉進献〉」『日本古代漢籍受容の史的研究』汲古書院、二〇〇五年。田中卓「年号の成立—初期年号の信憑性について」『神道史研究』第二五巻第五・六号、一九七七年。
[9] 細井浩志「『続日本紀』における自然記事—祥瑞・天文記事より見た『続紀』の史料的性格に関する一試論」『史淵』一三四、一九九七年、一二五—一四九頁。
[10] 次田吉治「祥瑞災異考」『専修史学』二三号、一九九一年、五〇—七一頁。
[11] 小坂眞二「怪異」「物忌」『平安時代史事典』角川書店、一九九四年。小坂眞二「物忌と陰陽道の六壬式占——その指期法・指方法・指年法」古代学協会編『後期摂関時代史の研究』吉川弘文館、一九九〇年、五二八—五六八頁。
[12] 笹本正治「鳥は訴える」『中世の災害予兆　あの世からのメッセージ』歴史文化ライブラリー、吉川弘文館、一九九六年、一一八頁—一二九頁。

鳥類誌

[出典]

一、『日本書紀』新訂増補国史大系本（黒板勝美編、吉川弘文館）に拠った。但し、日にちの特定は日本古典文学大系本に拠った。
一、『続日本紀』『日本後紀』『続日本後紀』『日本文徳天皇実録』『日本三代実録』『日本紀略』『扶桑略記』『百錬抄』は新訂増補国史大系本（黒板勝美編、吉川弘文館）に拠った。
一、『吏部王記』は史料纂集に拠った。
一、『貞信公記』『九暦』『小右記』『御堂関白記』『殿暦』は大日本古記録（東京大学史料編纂所編、岩波書店）に拠った。
一、『中右記』は大日本古記録（東京大学史料編纂所編、岩波書店）および増補史料大成に拠った。
一、「醍醐天皇御記」および「村上天皇御記」は『歴代宸記』（増補史料大成、臨川書店）に拠った。
一、『権記』『左経記』『水左記』『山槐記』『兵範記』は増補史料大成（増補史料大成刊行会編、臨川書店）に拠った。
一、『玉葉』は国書刊行会本に拠った。

[凡例]

一、用字はおおむね常用漢字とした。
一、句読点は出典に従った。返り点および送り仮名、ルビ等は原則として省略した。但し、『日本書紀』所載の歌のみ意味が通じるよう適宜ルビで補った。
一、本文中の割注は〔 〕として本文へ組み込んだ。
一、鳥類の出典箇所を太字で示した。

神代上、神代七代

古天地未剖。陰陽不分。**渾沌如鶏子**。溟涬而含牙。（後略）
（『日本書紀』）

神代上、大八洲生成

一書曰。陰神先唱曰。美哉。善少男。時以陰神先言故為不祥。更復改巡。則陽神先唱曰。美哉。善少女。遂将合交而不知其術。**時有鶺鴒飛来揺其首尾**。二神見而学之。即得交道。（『日本書紀』）

神代上、四神出生

一書曰。日月既生。次生蛭児。此児年満三歳脚尚不立。（中略）**次生鳥磐櫲樟船**。**輙以此船載蛭児順流放棄**。（『日本書紀』）

神代上、宝鏡開始

(前略)又見天照大神方織神衣居斎服殿。則剥天斑駒。穿殿甍而投納。是時天照大神驚動。以梭傷身。由此発慍。乃入于天石窟。閉磐戸而幽居焉。故六合之内常闇而不知昼夜之相代。于時八十万神会合於天安河辺計其可祷之方。故思兼神深謀遠慮。**遂聚常世之長鳴鳥。使互長鳴。**(後略)(『日本書紀』)

神代上、宝剱出現

(前略)初大己貴神之平国也。行到出雲国五十狭狭之小汀而且当飲食。是時海上忽有人声。乃驚而求之。都無所見。頃時有一箇小男。以白蘞皮為舟。**以鷦鷯羽為衣。**随潮水以浮到。大己貴神即取置掌中而翫之。則跳囓其頬。乃怪其物色。遣使白於天神。于時高皇産霊尊聞之而曰。吾所産児凡有一千五百座。其中一児最悪。不順教養。自指間漏堕者。必彼矣。宜愛而養之。此即少彦名命是也。顕。此云于都斯。踏鞴。此云多多羅。幸魂。此云佐枳弥多摩。奇魂。此云倶斯美拕磨。**鷦鷯。此云娑娑岐。**(『日本書紀』)

神代上、天孫降臨

(前略)故高皇産霊尊更会諸神問当遣者。僉曰。天国玉之子天稚彦。是壮士也。宜試之。於是高皇産霊尊賜天稚彦天鹿児弓及天羽羽矢。以遣之。此神亦不忠誠也。来到即娶顕国玉之女子下照姫。〔亦名高姫。亦名稚国玉。〕因留住之曰。吾亦欲馭葦原中国。遂不復命。是時高皇産霊尊怪其久不来報。乃遣無名雉伺之。**其雉飛降止於天稚彦門前所植**〔植。此云多底婁。〕**湯津杜木之杪。**〔杜木。此云可豆邏也。〕時天探女〔天探女。此云阿麻能左愚謎。〕見而謂天稚彦曰。**奇鳥来居杜杪。天稚彦乃取高皇産霊尊所賜天鹿児弓。天羽羽矢。射雉斃之。其矢洞達雉胸而至高皇産霊尊之座前也。**時高皇産霊尊見其矢曰。是矢則昔我賜天稚彦之矢也。血染其矢。蓋与国神相戦而然歟。於是取矢還投下之。其矢落下則中天稚彦之胸上。于時天稚彦新嘗休臥之時也。中矢立死。此世人所謂反矢可畏之縁也。天稚彦之妻下照姫哭泣悲哀声達于天。是時天国玉聞其哭声。則知夫天稚彦已死。乃遣疾風挙尸致天。**便造喪屋而殯之。即以川雁為持傾頭者及持帚者。**〔一云。**以鶏為持傾頭者。以川雁為持帚者。**〕**又以雀為舂女。**〔一云。**乃以川雁為持傾頭者。亦為持帚者。以鴗為尸者。以雀為舂女。以鷦鷯為哭者。以鵄為造綿者。以烏為宍人者。凡以衆鳥任事。**〕而八日八夜啼哭悲歌。

(中略)

是時其子事代主神遊行在於出雲国三穂〔三穂。此云美保。〕之碕。以釣魚為楽。或曰。**遊鳥為楽。故以熊野諸手船。〔亦名天鴿船。〕**載使者稲背脛遣之。

(中略)

一書曰。天照大神勅天稚彦曰。豊葦原中国。是吾児可王之地也。然慮有残賊強暴横悪之神者。故汝先往平之。乃賜天鹿児弓及天真鹿児矢遣之。天稚彦受勅来降。則多娶国神女子経八年無以報命。故天照大神乃召思兼神問其不来之状。時思兼神思而告曰。**宜且遣雉問之。於是従彼神謀。乃使雉往候之。其雉飛下。居于天稚彦門前湯津杜樹之杪而鳴之曰。天稚彦何故八年之間未有復命。時有国神号天探女。見其雉曰。鳴声悪鳥在此樹上。可射之。天稚彦乃取天神所賜天鹿児弓。天真鹿児**

矢便射之。則矢達雉胸遂至天神所処。時天神見其矢曰。此昔我賜天稚彦之矢也。今何故来。乃取矢而呪之曰。若以悪心射者。則天稚彦必当遭害。若以平心射者。則当無恙。因還投之。即其矢落下中于天稚彦之高胸。因以立死。此世人所謂返矢可畏之縁也。時天稚彦之妻子従天降来将柩上去。而於天作喪屋殯哭之。

（中略）

時二神降到出雲。便問大己貴神曰。汝将此国奉天神耶以不。**対曰。吾児事代主射鳥遨遊在三津之碕。**今当問以報之。

（中略）

一書曰。（中略）時高皇産霊尊勅曰。昔遣天稚彦於葦原中国。至今所以久不来者。蓋是国神有強禦之者。**乃遣無名雄雉往候之。此雉降来因見粟田豆田。則留而不返。此世所謂雉頓使之縁也。故復遣無名雌雉。此鳥下来為天稚彦所射中其矢而上報云々。**（中略）到于吾田笠狭之御碕。遂登長屋之竹嶋。乃巡覧其地者。彼有人焉。名曰事勝国勝長狭。天孫因問之曰。此誰国歟。対曰。是長狭所住之国也。然今乃奉上天孫矣。天孫又問曰。其於秀起浪穂之上起八尋殿而手玉玲瓏織紝之少女者是誰之子女耶。答曰。大山祇神之女等。大号磐長姫。少号木花開耶姫。亦号豊吾田津姫云々。皇孫因幸豊吾田津姫。則一夜而有身。皇孫疑之云々。遂生火酢芹命。次生火折尊。亦号彦火火出見尊。母誓已験。方知。実是皇孫之胤。然豊吾田津姫恨皇孫不与共言。皇孫憂之。乃為歌之曰。憶企都茂幡。陛《沖津藻辺》爾幡誉《寄》戻耐母。佐禰耐《真床》拠茂。阿党播怒《不能》介茂誉。**播磨都智耐理《浜千鳥》誉。**

（後略）（『日本書紀』）

神代下、海宮遊幸

（前略）一書曰。（中略）先是且別時。豊玉姫従容語曰。妾已有身矣。当以風濤壮日出到海辺。請為我造産屋以待之。是後豊玉姫果如其言来至。謂火火出見尊曰。妾今夜当産。請勿臨之。火火出見尊不聴。猶以櫛燃火視之。時豊玉姫化為八尋大熊鰐。匍匐透蛇。遂以見辱為恨。則径帰海郷。留其女弟玉依姫持養児焉。所以児名称彦波瀲武鸕鷀草葺不合尊者。**以彼海浜産屋全用鸕鷀羽為草葺之。**而甍未合時児即生焉。故因以名焉。上国。此云羽播豆矩儞。

（中略）

一書曰。（中略）是時弟往海浜。低徊愁吟。**時有川雁。**嬰羂困厄。即起憐心解而放去。須臾有塩土老翁来。乃作無目堅間小船。載火火出見尊。推放於海中。則自然沈去。忽有可怜御路。故尋路而往。自至海神之宮。（中略）先是豊玉姫謂天孫曰。妾已有娠也。天孫之胤豈可産於海中乎。故当産時必就君処。如為我造屋於海辺。以相待者。是所望也。故彦火火出見尊已還郷。**即以鸕鷀之羽葺為産屋。**屋甍未及合。豊玉姫自馭大亀。将女弟玉依姫光海来到。時孕月已満。産期方急。由此不待葺合径入居焉。已而従容謂天孫曰。妾方産。請勿臨之。天孫心怪其言窃覘之。則化為八尋大鰐。而知天孫視其私屏。深懐慙恨。既児生之後。天孫就而問曰。児名何称者当可乎。対曰。宜号彦波瀲武鸕鷀草葺不合尊。言訖乃渉海径去。于時彦火火出見尊乃歌之曰。**飫企都鄧利《沖津鳥》。**軻茂豆句志磨《鴨着島》爾。和我謂禰志《吾寝》。

伊茂《妹》播和素邏《不》珥《忘》。誉能《世》摠鄧《事》馭鄧母《毎》。（後略）（『日本書紀』）

神武即位前紀戊午年六月二三日

六月乙未朔丁巳。（中略）于時。天皇適寐。忽然而寤之曰。予何長眠若此乎。尋而中毒士卒悉復醒起。既而皇師欲趣中洲。而山中嶮絶。無復可行之路。乃捿遑不知其所跋渉。時夜夢。天照大神訓于天皇曰。**朕今遣頭八咫烏。宜以為郷導者。果有頭八咫烏。自空翔降。天皇曰。此烏之来自叶祥夢。**大哉赫矣。我皇祖天照大神。欲以助成基業乎。是時。大伴氏之遠祖日臣命師大来目督将元戎。踏山啓行。**乃尋烏所向仰視而追之。**遂達于菟田下県。因号其所至之処。曰菟田穿邑。〔穿邑。此云于介知能務羅。〕于時勅誉日臣命曰。汝忠而且勇。加能有導之功。是以改汝名為道臣。（『日本書紀』）

神武即位前紀戊午年八月二日

秋八月甲午朔乙未。天皇使徴兄猾及弟猾者。〔猾。此云宇介志。〕是両人菟田県之魁帥者也。〔魁帥。此云比登誤廼伽瀰。〕時兄猾不来。弟猾即詣至。因拝軍門而告之曰。臣兄猾之為逆状也。聞天孫且到。即起兵将襲。望見皇師之威。懼不敢敵。乃潜伏其兵。権作新宮。而殿内施機。欲因請饗以作難。願知此詐。善為之備。天皇即遣道臣命察其逆状。時道臣命審知有賊害之心。而大怒詰嘖之曰。虜爾所造屋。爾自居之。〔爾。此云飫例。〕因案劔彎弓。逼令催入。兄猾獲罪兄（衍）於天。事無所辞。乃自踏機而圧死。時陳其屍而斬之。流血没踝。故号其地曰菟田血原。已而弟猾大設牛酒。以労饗皇師焉。天皇以其酒完班賜軍卒。乃為御謡之曰。〔謡。此云宇多預瀰。〕于儺《菟田》能多伽機《高城》**珥。辞芸《鳴》和奈《羂》破蘆《張》。和餓《我》末菟《待》夜。辞芸《鳴》破佐《不》夜羅孺《障》。**伊殊《磯》区波《勇》辞《妙》。区旎《鯨》羅佐《障》夜離。固奈《前》灑餓《妻》。那居《魚》波佐《乞》靡《者》。多智《立》曽靡《抓》能未《実》廼。那鶏《無》句塢。居気《扱》辞被《捭》恵禰。宇破《後》奈利《妻》餓。那居波佐磨。伊智《柃》佐介《木》幾未《実》廼。於朋《多》鶏句塢。居気《幾》儀《許》被《捭》恵禰。是謂来目歌。今楽府奏此歌者。猶有手量大小及音声巨細。此古之遺式也。是後天皇欲省吉野之地。乃従菟田穿邑。親率軽兵巡幸焉。（中略）及縁水西行。亦有作梁取魚者。〔梁。此云揶奈。〕天皇問之。対曰。臣是苞苴担之子。〔苞苴担。此云珥倍毛菟。〕**此則阿太養鸕部始祖也。**（『日本書紀』）

神武即位前紀戊午年一一月七日

十有一月癸亥朔己巳。皇師大挙。将攻磯城彦。先遣使者徴兄磯城。兄磯城不承命。**更遣頭八咫烏召之。時烏到其営而鳴之曰。天神子召汝。怡奘過。怡奘過。**〔過音。倭。〕兄磯城忿之曰。聞天圧神至。而吾為慨憤時。**奈何烏鳥若此悪鳴耶。**〔圧。**此云飫蒭。〕乃彎弓射之。烏即避去。**次到弟磯城宅而鳴之曰。天神子召汝。怡奘過。怡奘過。時弟磯城慄然改容曰。臣聞天圧神至。旦夕畏懼。**善乎烏。汝鳴之若此者歟。即作葉盤八枚。盛食饗之。〔葉盤。此云毘羅耐。〕**因以随烏。詣到而告之曰。吾兄兄磯城聞天神子来。則聚八十梟帥。具兵甲将与決戦。可早図之。天皇乃会諸将。問之曰。今兄磯城果有逆賊之意。召亦不来。為之奈何。諸将曰。兄磯城黠賊也。宜先遣弟磯城暁喩之。并説兄倉下。弟倉下。如遂不帰順。然後挙兵臨之亦未晩也。（中略）先是皇軍攻必取。戦必勝。而介冑之士。不無疲弊。故聊為御謡以慰将卒之心焉。謡曰。吻吻《盾》奈梅弖《並》。伊那瑳能椰摩《山》能。虚能莽《木間》由毛。易喩者《行候》摩毛羅毘。多多介陪《戦者》麼。**和例《我》破椰隈《早飢》怒。之摩途《島津鳥》等利。宇介譬餓《鵜養輩》等茂。**伊莽輸開《今助来》珥虚禰。果以男軍越墨坂。従後夾撃破之斬其梟帥兄磯城等。（『日本書紀』）

神武即位前紀戊午年一二月四日

十有二月癸巳朔丙申。皇師遂撃長髄彦。連戦不能取勝。時忽然天陰而雨氷。**乃有金色霊鵄。飛来止于皇弓之弭。其鵄光曄煜。状如流電。由是長髄彦軍卒皆迷眩不復力戦。長髄是邑之本号焉。因亦以為人名。及皇軍之得鵄瑞也。時人仍号鵄邑。今云鳥見。是訛也。**（後略）（『日本書紀』）

神武二年二月二日

二年春二月甲辰朔乙巳。天皇定功行賞。賜道臣命宅地居于築坂邑。以寵異之。亦使大来目居于畝傍山以西川辺之地。今号来目邑。此其縁也。以珍彦為倭国造。〔珍彦。此云于砮毘故。〕又給弟猾猛田邑。因為猛田県主。是菟田主水部遠祖也。弟磯城名黒速。為磯城県主。復以剱根者為葛城国造。**又頭八咫烏亦入賞例**。其苗裔即葛野主殿県主部是也。（『日本書紀』）

崇神四八年正月一〇日

四十八年春正月己卯朔戊子。天皇勅豊城命。活目尊曰。汝等二子。慈愛共斉。不知曷為嗣。各宜夢。朕以夢占之。二皇子於是被命。浄沐而祈寐。各得夢也。会明。兄豊城命以夢辞奏于天皇曰。自登御諸山向東。而八廻弄槍。八廻撃刀。**弟活目尊以夢辞奏言。自登御諸山之嶺。縄絙四方。逐食粟雀。**則天皇相夢。謂二子曰。兄則一片向東。当治東国。弟是悉臨四方。宜継朕位。（『日本書紀』）

垂仁二三年一〇月八日

冬十月乙丑朔壬申。天皇立於大殿前。誉津別皇子侍之。**時有鳴鵠。度大虚。皇子仰観鵠曰。是何物耶。**天皇則知皇子見鵠**得言而喜之**。詔左右曰。**誰能捕是鳥献之**。於是。鳥取造祖天湯河板挙奏言。臣必捕而献。即天皇勅湯河板挙〔板挙。此云挖儺。〕曰。汝献是鳥必敦賞矣。時湯河板挙遠望鵠飛之方。追**尋詣出雲而捕獲**。或曰。得于但馬国。（『日本書紀』）

垂仁二三年一一月二日

十一月甲午朔乙未。**湯河板挙献鵠也**。誉津別命弄是鵠。**遂得言語。由是以敦賞湯河板挙。則賜姓而曰鳥取造**。因亦定鳥取部。**鳥養部**。誉津部。（『日本書紀』）

垂仁二八年一一月二日

十一月丙申朔丁酉。**葬倭彦命于身狭桃花鳥坂。於是集近習者。悉生而埋立於陵域。数日不死。昼夜泣吟。遂死而爛臭之。犬烏聚噉焉。**天皇聞此泣吟之声。心有悲傷。詔群卿曰。夫以生所愛令殉亡者。是甚傷矣。其雖古風之。非良何従。自今以後。議之止殉。（『日本書紀』）

景行四〇年

是歳。（中略）即詔群卿命百寮。仍葬於伊勢国能褒野陵。**時日本武尊化白鳥。従陵出之。指倭国而飛之。**群臣等因以開其棺櫬而視之。明衣空留而屍骨無之。**於是。遣使者追尋白鳥。則停於倭琴弾原。仍於其処造陵焉。白鳥更飛至河内。留旧市邑。亦其処作陵。故時人号是三陵曰白鳥陵。然遂高翔上天。**徒葬衣冠。因欲録功名。即定武部也。（『日本書紀』）

景行五三年一〇月

冬十月。至上総国。従海路渡淡水門。**是時聞覚賀鳥之声。欲見其鳥形**。尋而出海中。仍得白蛤。於是。膳臣遠祖。名磐鹿六雁。以蒲為手繦。白蛤為膾而進之。故美六雁臣之功。而賜膳大伴部。（『日本書紀』）

仲哀元年一一月朔日

冬十一月乙酉朔。詔群臣曰。朕未逮于弱冠。而父王既崩之。**乃神霊化白鳥而上天**。**仰望之情**。一日勿息。**是以冀獲白鳥**。**養之於陵域之池**。**因以覩其鳥欲慰顧情**。則令諸国。**俾貢白鳥**。（『日本書紀』）

仲哀元年閏一一月四日

閏十一月乙卯朔戊午。**越国貢白鳥四隻**。**於是**。**送鳥使人宿菟道河辺**。**時蘆髪蒲見別王視其白鳥而問之曰**。**何処将去白鳥也**。**越人答曰**。**天皇恋父王而将養狎**。**故貢之**。**則蒲見別王謂越人曰**。**雖白鳥而焼之則為黒鳥**。**仍強之奪白鳥而将去**。爰越人参赴之請焉。天皇於是悪蒲見別王無礼於先王。乃遣兵卒而誅矣。蒲見別王。則天皇之異母弟也。時人曰。父是天也。兄亦君也。其慢天違君。何得免誅耶。（『日本書紀』）

仲哀八年正月四日

八年春正月己卯朔壬午。幸筑紫。（中略）皇后別船自洞海（洞。此云久岐。）入之。潮涸不得進。時熊鰐更還之。自洞奉迎皇后。則見御船不進。惶懼之。**忽作魚沼**。**鳥池悉聚魚鳥**。**皇后看是魚鳥之遊而忿心稍解**。（後略）（『日本書紀』）

神功摂政前紀（仲哀九年三月朔日）

三月壬申朔。皇后選吉日入斎宮。親為神主。（中略）且荷持田村（荷持。此云能登利。）**有羽白熊鷲者**。**其為人強健**。**亦身有翼**。**能飛以高翔**。是以不従皇命。毎略盗人民。（『日本書紀』）

神功摂政元年三月五日

三月丙申朔庚子。命武内宿禰。和珥臣祖武振熊。率数万衆。令撃忍熊王。（中略）於是。血流溢栗林。故悪是事至于今。其栗林之菓不進御所也。忍熊王逃無所入。則喚五十狭茅宿禰。而歌之曰。伊装阿芸《率吾君》。伊佐智須区禰。多摩枳波屡。于知能阿曽《内朝臣》餓。勾夫菟智能《頭槌》。伊多弖於破孺破《痛手不負》。**珥倍廼利能《鳰鳥》**。**介豆岐齊奈《潜為》**。則共沈瀬田済而死之。于時武内宿禰歌之曰。阿布弥能弥《近江海》。斉多能和多利珥。**伽豆区苔利《潜鳥》**。梅珥志弥曳泥靡《目見不》。異枳廼倍呂之茂。於是探其屍而不得也。然後。数日之。出於菟道河。武内宿禰亦歌曰。阿布瀰能瀰。斉多能和多利珥。介豆区苔利。多那伽瀰須疑弖《田上過》。于泥珥等邏倍菟。（『日本書紀』）

応神二二年九月六日

秋九月辛巳朔丙戌。天皇狩于淡路嶋。是嶋者横海在難波之西。峯巌紛錯。陵谷相続。芳草薈蔚。長瀾潺湲。**亦麋鹿鳬雁**。**多在其嶋**。故乗輿屡遊之。天皇便自淡路転以幸吉備。遊于小豆嶋。（『日本書紀』）

仁徳元年正月三日

元年春正月丁丑朔己卯。大鷦鷯尊即天皇位。尊皇后曰皇太后。都難波。是謂高津宮。即宮垣室屋弗堊色也。桷梁柱楹弗藻餝也。茅茨之蓋弗割斉也。此不以私曲之故留耕績之時者也。**初**

天皇生日。**木菟入于産殿。明旦誉田天皇喚大臣武内宿禰。語之曰。是何瑞也。大臣対言。吉祥也。復当昨日臣妻産時。鷦鷯入于産屋。是亦異焉。**爰天皇曰。今朕之子与大臣之子同日共産。並有瑞。是天之表焉。以為取其鳥名。各相易名子。為後葉之契也。**則取鷦鷯名。以名太子。曰大鷦鷯皇子。取木菟名号大臣之子。曰木菟宿禰。**是平群臣之始祖也。（『日本書紀』）

仁徳四三年九月朔日

四十三年秋九月庚子朔。**依網屯倉阿弭古捕異鳥。献於天皇曰。臣毎張網捕鳥。未曽得是鳥之類。故奇而献之。天皇召酒君示鳥曰。是何鳥矣。酒君対言。此鳥之類多在百済。得馴而能従人。亦捷飛之掠諸鳥。百済俗号此鳥曰倶知。〔是今時鷹也。〕**乃授酒君令養馴。未幾時而得馴。酒君則以韋緡著其足。以小鈴著其尾。居腕上献于天皇。**是日幸百舌鳥野而遊猟。時雌雉多起。乃放鷹令捕。忽獲数十雉。**（『日本書紀』）

仁徳四三年九月

是月。**甫定鷹甘部。故時人号其養鷹之処。曰鷹甘邑也。**（『日本書紀』）

仁徳五〇年三月五日

五十年春三月壬辰朔丙申。河内人奏言。**於茨田堤雁産之。**即日遣使令視。曰。既実也。天皇於是歌以問武内宿禰曰。多莽耆破屡。宇知能阿曽《内朝臣》。儺虚曽破《汝》。予能等保臂等《世遠人》。儺虚曽波。区玶能那餓臂等《国長人》。阿耆豆辞莽《秋津島》。揶莽等能区玶玶《日本国》。**箇利古武等**《雁子産》。儺波企箇輪揶《汝聞哉》。武内宿禰答歌曰。夜輪瀰始之《八隅知》。和我於朋枳瀰《吾大君》波。于陪儺《宜哉》于陪儺。和例烏斗波輪儺《吾不問》。阿企菟辞摩。揶莽等能倶玶玶。箇利古武等。和例破枳箇儒。（『日本書紀』）

仁徳六二年

是歳。**額田大中彦皇子猟于闘鶏。**時皇子自山上望之。瞻野中有物。其形如廬。仍遣使者令視。還来之曰。窟也。因喚闘鶏稲置大山主。問之曰。有其野中者何窨矣。啓之曰。氷室也。

（後略）（『日本書紀』）

仁徳六七年一〇月一八日

丁酉。始築陵。是日。**有鹿忽起野中。走之入役民之中而仆死。時異其忽死。以探其痍。即百舌鳥自耳出之飛去。**因視耳中悉咋割剥。故号其処。曰百舌鳥耳原者。其是之縁也。（『日本書紀』）

履中五年九月一九日

癸卯。有如風之声。呼於大虚曰。剱刀太子王也。亦呼之曰。**鳥往来羽田之汝妹者。羽狭丹葬立往。**〔汝妹。此云儺邇毛。〕亦曰。狭名来田蒋津之命。羽狭丹葬立往也。俄而使者忽来曰。皇妃薨。天皇大驚之便命駕而帰焉。（『日本書紀』）

允恭二四年六月

廿四年夏六月。御膳羹汁凝以作氷。天皇異之卜其所由。卜者曰。有内乱。蓋親親相奸乎。時有人曰。木梨軽太子奸同母妹軽大娘皇女。因以推問焉。辞既実也。太子是為儲君。不得罪。則流軽大娘皇女於伊予。是時太子歌之曰。於褒企弥烏《大君》。志摩《島》玶波夫利《放》。布儺阿摩利《舟余》。異餓幣利去牟鋤《帰来》。和餓吻吻瀰由梅《我畳》。去等烏許曽《辞》。吻吻瀰等異絆梅《畳言》。和餓兎摩烏由梅《我妻》。又歌之曰。

阿摩《天》儀霧。箇留《軽》悗等売《乙女》。異吩《痛》儺介《泣》麼。臂等《人》資利《知》奴陪《可》瀰。幡《羽》舎《狄》能夜摩《山》能。**波刀《鳩》能資吩《下》儺企《泣》邇奈《泣》勾。**（『日本書紀』）

雄略二年一〇月六日

丙子。幸御馬瀬。命虞人縦猟。凌重巘赴長莽。未及移影獮什七八。**毎猟大獲。鳥獣将尽。**遂旋憩乎林泉。相羊乎藪沢。息行夫展車馬。問群臣曰。猟場之楽使膳夫割鮮。何与自割。群臣忽莫能対。於是天皇大怒。抜刀斬御者大津馬飼。是日車駕至自吉野宮。国内居民咸皆振怖。由是皇太后与皇后。聞之大懼。使倭采女日媛挙酒迎進。天皇見采女面貌端麗。形容温雅。乃和顔悦色曰。朕豈不欲覩汝妍咲。乃相携手入於後宮。語皇太后曰。**今日遊猟大獲禽獣。欲与群臣割鮮野饗。**歴問群臣莫能有対。故朕嗔焉。皇太后知斯詔情。奉慰天皇曰。群臣不悟陛下因遊猟場置宍人部降問群臣。群臣嘿然。理且難対。今貢未晩。以我為初。膳臣長野能作宍膾。願以此貢。天皇跪礼而受曰。善哉。鄙人所云。貴相知心。此之謂也。皇太后視天皇悦歓喜盈懐。更欲貢人曰。我之厨人菟田御戸部。真鋒田高天。以此二人請将加貢。為宍人部。自茲以後大倭国造吾子籠宿禰。貢狭穂子鳥別為宍人部。臣連伴造国造又随続貢。（『日本書紀』）

雄略三年四月

三年夏四月。阿閉臣国見。〔更名磯特牛。〕譖栲幡皇女与湯人廬城部連武彦曰。武彦奸皇女而使任身。〔湯人。此云臾衛。〕武彦之父枳莒喩聞此流言。恐禍及身。誘率武彦於廬城河。**偽使鸕鷀没水捕魚。因其不意而打殺之。**（後略）（『日本書紀』）

雄略五年二月

五年春二月。天皇狡猟于葛城山。**霊鳥忽来。其大如雀。尾長曳地。而且鳴曰努力努力。**俄而見逐嗔猪従草中暴出逐人。猟徒縁樹大懼。天皇詔舎人曰。猛獣逢人則止。宜逆射而且刺。舎人性懦弱。縁樹失色。五情無主。嗔猪直来欲噬天皇。天皇用弓刺止。挙脚踏殺。於是田罷欲斬舎人。（中略）詔曰。皇后不与天皇而顧舎人。対曰。国人皆謂。陛下安野而好獣。無乃不可乎。今陛下以嗔猪故而斬舎人。陛下譬無異於豺狼也。天皇乃与皇后上車帰。呼万歳曰。楽哉。人皆猟禽獣。朕猟得善言而帰。（『日本書紀』）

雄略七年八月

八月。官者吉備弓削部虚空取急帰家。吉備下道臣前津屋。〔或本云。国造吉備臣山。〕留使虚空。経月不肯聴上京都。天皇遣身毛君丈夫召焉。虚空被召来言。前津屋以小女為天皇人。以大女為己人。競令相闘。見幼女勝。即抜刀而殺。**復以小雄鶏呼為天皇鶏。抜毛剪翼。以大雄鶏呼為己鶏。著鈴金距。競令闘之。見禿鶏勝。亦抜刀而殺。**天皇聞是語。遣物部兵士卅人。誅殺前津屋并族七十人。（『日本書紀』）

雄略八年二月

八年春二月。遣身狭村主青。檜隈民使博徳使於呉国。自天皇即位至于是歳。新羅国背誕。（中略）於是新羅王乃知高麗偽守。遣使馳告国人曰。**人殺家内所養鶏之雄者。**国人知意。尽殺国内所有高麗人。惟有遺高麗一人。乗間得脱。逃入其国。皆具為説之。高麗王即発軍兵。屯聚筑足流城。〔或本云。都久斯岐城。」（後略）（『日本書紀』）

雄略一〇年九月四日

十年秋九月乙酉朔戊子。**身狭村主青等将呉所献二鵝到於筑紫。是鵝為水間君犬所囓死。**〔別本云。**是鵝為筑紫嶺県主泥麻呂犬所囓死。**」由是。**水間君恐怖憂愁。不能自黙。献鴻十隻与養鳥人。請以贖罪。**天皇許焉。（『日本書紀』）

雄略一〇年一〇月七日

冬十月乙卯朔辛酉。**以水間君所献養鳥人等。安置於軽村。磐余村二所。**（『日本書紀』）

雄略一一年五月朔日

十一年夏五月辛亥朔。近江国栗太郡言。**白鸕鷀居于谷上浜。**因詔置川瀬舎人。（『日本書紀』）

雄略一一年一〇月

冬十月。**鳥官之禽。為菟田人狗所囓死。天皇瞋。黥面而為鳥養部。**於是信濃国直丁与武蔵国直丁侍宿。相謂曰。嗟乎。**我国積鳥之高同於小墓。旦暮而食。尚有其余。今天皇由一鳥之故而黥人面。太無道理。悪行之主也。**天皇聞而使聚積之。直丁等不能忽備。**仍詔為鳥養部。**（『日本書紀』）

武烈八年三月

八年春三月。使女裸形坐平板上。牽馬就前遊牝。観女不浄。沾湿者殺。不湿者没為官婢。以此為楽。及是時。**穿池起苑。以盛禽獣。而好田猟。**走狗試馬。出入不時。不避大風甚雨。衣温而忘百姓之寒。食美而忘天下之飢。大進侏儒倡優。為爛熳之楽。設奇偉之戯。縦靡靡之声。日夜常与宮人沈湎于酒。以錦繡為席。衣以綾紈者衆。（『日本書紀』）

継体六年（五一二）一二月

冬十二月。百済遣使貢調。別表請任那国上哆唎。下哆唎。娑陀。牟婁四県。哆唎国守穂積臣押山奏曰。此四県近連百済。遠隔日本。旦暮易通。**鶏犬難別。**今賜百済合為同国。（後略）（『日本書紀』）

継体七年（五一三）九月

九月。勾大兄皇子親聘春日皇女。於是月夜清談。不覚天暁。斐然之藻忽形於言。乃口唱曰。野絁磨倶儞《八洲国》。都磨《妻》磨祁《覓》賀泥底《不得》。播屡比《春日》能。賀須我《春日》能倶儞《国》儞。倶婆絁謎《妙女》鳴。阿唎等枳枳底《有聞》。与慮志《宜》謎《女》鳴。阿唎等枳枳底。莽紀《被》佐倶《割》。避能《桧》伊陀《板》図《戸》鳴。飫斯《押》毘羅枳《開》。倭例《吾》以梨魔志《入座》。阿都《脚》図唎《取》。都磨《妻》怒唎《取》絁底。魔倶《枕》囉図唎《取》。都磨怒唎絁底。伊慕《妹》我堤《手》鳴。倭例《吾》儞魔柯絁毎《令纏》。倭我堤鳴廢。伊慕儞魔柯絁毎。磨左棄逗囉《真薛葛》。多多企阿蔵播梨《手抱糾交》。矢自《繁》矩矢盧《釧》。于魔伊禰矢度《熟寝間》儞。**儞播《庭》都等唎《鳥》。柯稽《鶏》播儺倶《鳴》儺梨《也》。奴《野》都等唎《鳥》。枳蟻《雉》矢播等余武《響動》。**婆絁稽矩謨。伊麻娜以幡《未言》孺底。阿開《明》儞啓梨。倭蟻慕《吾妹》。（後略）（『日本書紀』）

継体八年（五一四）正月

八年春正月。太子妃春日皇女。晨朝晏出。有異於常。太子意疑入殿而見。妃臥床涕泣。惋痛不能自勝。太子怪問曰。今旦涕泣有何恨乎。妃曰。非余事也。**唯妾所悲者。飛天之鳥為愛養児。樹巓作巣。其愛深矣。**伏地之虫為護衛子。土中作窟。其護厚焉。乃至於人豈得無慮。無嗣之恨方鍾太子。妾名随絶。於是太子感痛而奏天皇。詔曰。朕子麻呂古。汝妃之詞深称於理。安得空爾無答慰乎。宜賜匝布屯倉表妃名於万代。(『日本書紀』)

敏達元年(五七二)五月一五日

丙辰。天皇執高麗表疏授於大臣。召聚諸史令読解之。是時諸史於三日内皆不能読。爰有船史祖王辰爾。能奉読釈。由是天皇与大臣倶為讃美曰。勤乎辰爾。懿哉辰爾。汝若不愛於学。誰能読解。宜従今始近侍殿中。既而詔東西諸史曰。汝等所習之業何故不就。汝等雖衆不及辰爾。**又高麗上表疏書于烏羽。字随羽黒既無識者。辰爾乃蒸羽於飯気。以帛印羽。悉写其字。朝庭悉異之。**(『日本書紀』)

敏達一四年(五八五)八月一五日

秋八月乙酉朔己亥。天皇病弥留崩于大殿。**是時起殯宮於広瀬馬子宿禰大臣佩刀而誄。物部弓削守屋大連听然而咲曰。如中猟箭之雀鳥焉。**次弓削守屋大連手脚揺震而誄。〔揺震戦慄也。〕馬子宿禰大臣咲曰。可懸鈴矣。由是二臣微生怨恨。三輪君逆使隼人相距於殯庭。穴穂部皇子欲取天下。発憤称曰。何故事死王之庭。弗事生王之所也。(『日本書紀』)

推古六年(五九八)四月

六年夏四月。**難波吉士磐金至自新羅而献鵲二隻。乃俾養於難波杜。因以巣枝而産之。**(『日本書紀』)

推古六年(五九八)八月朔日

秋八月己亥朔。**新羅貢孔雀一隻。**(『日本書紀』)

推古七年(五九九)九月朔日

秋九月癸亥朔。**百済貢駱駝一疋。驢一疋。羊二頭。白雉一隻。**(『日本書紀』)

推古一九年(六一一)五月五日

十九年夏五月五日。薬猟於菟田野。取鶏鳴時集于藤原池上。以会明乃往之。粟田細目臣為前部領。額田部比羅夫連為後部領。是日。諸臣服色皆随冠色各著髻華。則大徳。小徳並用金。大仁。小仁用豹尾。**大礼以下用鳥尾。**(『日本書紀』)

推古二八年(六二〇)一二月朔日

十二月庚寅朔。**天有赤気。長一丈余。形似雉尾。**(『日本書紀』)

皇極元年(六四二)七月二三日

丙子。**蘇我臣入鹿豎者獲白雀子。**是日。**同時有人。以白雀納籠而送蘇我大臣。**(『日本書紀』)

皇極三年(六四四)三月

三月。**休留。〔休留茅鴟也。〕産子於豊浦大臣大津宅倉。**(後略)(『日本書紀』)

皇極三年(六四四)六月

是月。国内巫覡等折取枝葉懸掛木綿。伺大臣度橋之時争陳神語入微之説。其巫甚多不可具聴。老人等曰。移風之兆也。于時有謡歌三首。(中略)其二曰。烏智可拖能。**阿婆努能枳枳《雉》始騰余謀作儒。**倭例播禰始柯騰。比騰曽騰余謀須。(後略)(『日本書紀』)

皇極四年(六四五)六月一三日

己酉。蘇我臣蝦夷等臨誅。(中略)是日。蘇我臣蝦蛦及鞍作屍許葬於墓。復許哭泣。於是。或人(中略)説第一謡歌曰。其歌所謂。烏智可拖能。阿婆努能枳枳始。騰余謀佐儒。倭例播禰始柯騰。比騰曽騰余謀須。此即上宮王等性順都無有罪。而為入鹿見害。雖不自報。天使人誅之兆也。（後略）（『日本書紀』）

大化三年（六四七）

是歳。（中略）新羅遣上臣大阿飡金春秋等。送博士小徳高向黒麻呂。小山中中臣連押熊。来献孔雀一隻。鸚鵡一隻。仍以春秋為質。春秋美姿顔善談咲。（後略）（『日本書紀』）

大化五年（六四九）三月

是月。（中略）造媛遂因傷心而致死焉。皇太子聞造媛徂逝。愴然傷怛。哀泣極甚。於是野中川原史満進而奉歌。歌曰。耶麻《山》鵝《川》播爾。烏《鴛》志《鴦》賦拖《双》都威《居》底。陀虞毘《匹》預《好》倶。陀虞陛屡伊《妹》慕乎。多《誰》例柯《率》威爾鶏武。〔其一。〕（後略）（『日本書紀』）

大化六年（六五〇）二月九日

二月庚午朔戊寅。穴戸国司草壁連醜経献白雉曰。国造首之同族贄。正月九日於麻山獲焉。於是問諸百済君。百済君曰。後漢明帝永平十一年。白雉在所見焉云云。又問沙門等。沙門等対曰。耳所未聞。目所未覩。宜赦天下使悦民心。道登法師曰。昔高麗欲営伽藍。無地不覧。便於一所白鹿徐行。遂於此地営造伽藍。名白鹿薗寺。住持仏法。又白雀見于一寺田庄。国人僉曰。休祥。又遣大唐使者。持死三足烏来。国人亦曰。休祥。斯等雖微。尚謂祥物。況復白雉。僧旻法師曰。此謂休祥。足為希物。伏聞。王者旁流四表。則白雉見。又王者祭祀不相踰。宴食衣服有節則至。又王者清素則山出白雉。又王者仁聖則見。又周成王時。越裳氏来献白雉曰。吾聞国之黄耇曰。久矣。無烈風淫雨。江海不波溢三年於茲矣。意中国有聖人乎。盍往朝之。故重三訳而至。又晋武帝咸寧元年。見松滋。是即休祥。可赦天下。是以白雉使放于園。（『日本書紀』）

白雉元年（六五〇）二月一五日

甲申。朝庭隊仗如元会儀。左右大臣。百官人等。為四列於紫門外。以粟田臣飯虫等四人使執雉輿。而在前去。左右大臣乃率百官及百済君豊璋。其弟塞城忠勝。高麗侍医毛治。新羅侍学士等而至中庭。使三国公麻呂。猪名公高見。三輪君甕穂。紀臣乎麻呂岐太四人代執雉輿而進殿前。時左右大臣就執輿前頭。伊勢王。三国公麻呂。倉臣小屎。執輿後頭置於御座之前。天皇即召皇太子共執而観。皇太子退而再拝。使巨勢大臣奉賀曰。公卿百官人等奉賀。陛下以清平之徳治天下之故。爰有白雉。自西方出。乃是陛下及至千秋万歳。浄治四方大八嶋。公卿百官及諸百姓等。冀罄忠誠勤将事。奉賀訖再拝。詔曰。聖王出世治天下時。天則応之。示其祥瑞。曩者西土之君。周成王世与漢明帝時。白雉爰見。我日本国誉田天皇之世。白烏樔宮。大鷦鷯帝之時。龍馬西見。是以自古迄今。祥瑞時見。以応有徳。其類多矣。所謂鳳凰。騏驎。白雉。白烏。若斯鳥獣及于草木有符応者。皆是天地所生休祥。嘉瑞也。夫明聖之君獲斯祥瑞。適其宜也。朕惟虚薄。何以享斯。蓋此専由扶翼公卿。臣連。伴造。国造等。各尽丹誠奉遵制度之所致也。是故始於公卿及百官等。以清白意敬奉神祇。並受休祥。令栄天下。又詔曰。四方諸国郡等。由天委付之故。朕摠臨而御宇。今我親神祖之所知。穴戸国中。有此嘉瑞。所以大赦天下。改元白

雉。仍禁放鷹於穴戸境。賜公卿大夫以下至于令史各有差。於是褒美国司草壁連醜経授大山。并大給禄。復穴戸三年調役。（『日本書紀』）

斉明二年（六五六）

是歳。（中略）**西海使佐伯連栲縄。〔闕位階級。〕小山下難波吉士国勝等。自百済還献鸚鵡一隻。**（後略）（『日本書紀』）

斉明四年（六五七）

是歳。（中略）出雲国言。於北海浜魚死而積。厚三尺許。其大如鮐。**雀喙針鱗。**々長数寸。俗曰。**雀入於海化而為魚。名曰雀魚。**（後略）（『日本書紀』）

天智六年（六六七）六月

六月。**葛野郡献白燕。**（『日本書紀』）

天智一〇年（六七一）六月

是月。（中略）**新羅遣使進調。別献水牛一頭。山鶏一隻。**（『日本書紀』）

天智一〇年（六七一）

是歳。**讃岐国山田郡人家有鶏子四足者。**又大炊有八鼎鳴。或一鼎鳴。或二或三倶鳴。或八倶鳴。（『日本書紀』）

天武二年（六七三）三月一七日

三月丙戌朔壬寅。**備後国司獲白雉於亀石郡而貢。**乃当郡課役悉免。仍大赦天下。（『日本書紀』）

天武四年（六七五）正月一七日

壬戌。（中略）亦是日。**大倭国貢瑞鶏。東国貢白鷹。近江国貢白鵄。**（『日本書紀』）

天武四年（六七五）四月一七日

庚寅。詔諸国曰。自今以後。制諸漁猟者。莫造檻穽及施機槍等之類。亦四月朔以後。九月卅日以前。莫置比満沙伎理梁。**且莫食牛馬犬猿鶏之完。**以外不在禁例。若有犯者罪之。（『日本書紀』）

天武五年（六七六）四月四日

夏四月戊戌朔辛丑。（中略）**倭国添下郡鰐積吉事貢瑞鶏。其冠似海石榴華。**是日。**倭国飽波郡言。雌鶏化雄。**（『日本書紀』）

天武六年（六七七）一一月朔日

十一月己未朔。雨不告朔。**筑紫大宰献赤烏。**則大宰府諸司人賜禄各有差。**且専捕赤烏者。賜爵五級。**乃当郡々司等加増爵位。因給復郡内百姓以一年之。是日。大赦天下。（『日本書紀』）

天武七年（六七八）一二月二七日

十二月癸丑朔己卯。**臘子鳥蔽天。自西南飛東北。**（『日本書紀』）

天武九年（六八〇）三月一〇日

三月丙子朔乙酉。**摂津国貢白巫鳥。〔巫鳥。此云芝苔々。〕**（『日本書紀』）

天武九年（六八〇）七月一〇日

癸未。**朱雀有南門。**（『日本書紀』）

天武一〇年（六八一）七月朔日

秋七月戊辰朔。**朱雀見之。**（『日本書紀』）

天武一〇年（六八一）八月一六日

壬午。**伊勢国貢白茅鵄**。(『日本書紀』)

天武一一年(六八二)八月一三日

甲戌。**筑紫大宰言。有三足雀**。(『日本書紀』)

天武一一年(六八二)九月一〇日

庚子。**日中。数百鸖当大宮以高翔於空。四剋而皆散**。(『日本書紀』)

天武一二年(六八三)正月二日

十二年春正月己丑朔庚寅。百寮拝朝庭。**筑紫大宰丹比真人嶋等貢三足雀**。(『日本書紀』)

天武一三年(六八四)

是年。(中略)**倭葛城下郡言。有四足鶏**。亦丹波国氷上郡言。有十二角犢。(『日本書紀』)

天武一四年(六八五)五月二六日

辛未。高向朝臣麻呂。都努朝臣牛飼等。至自新羅。乃学問僧観常。霊観。従至之。**新羅王献物。馬二疋。犬三頭。鸚鵡二隻。鵲二隻。及種々宝物**。(『日本書紀』)

朱鳥元年(六八六)七月二〇日

戊午。**改元曰朱鳥元年**。〔**朱鳥。此云阿訶美苔利**。〕仍名宮曰飛鳥浄御原宮。(『日本書紀』)

持統二年(六八八)二月二日

二月庚寅朔辛卯。**大宰献**新羅調賦。金銀。絹布。皮銅鉄之類十余物。并別所献仏像。種々彩絹。**鳥馬之類十余種**。及霜林所献金銀。彩色。種々珍異之物。并八十余物。(『日本書紀』)

持統三年(六八九)八月二一日

辛丑。詔伊予総領田中朝臣法麿等曰。**讃吉国御城郡所獲白燕。宜放養焉**。(『日本書紀』)

持統六年(六九二)五月七日

辛未。**相模国司献赤烏雛二隻。言。獲於御浦郡**。(『日本書紀』)

持統六年(六九二)七月二日

秋七月甲午朔乙未。大赦天下。但十悪盗賊不在赦例。賜相模国司布勢朝臣色布智等。御浦郡少領〔闕姓名。〕**与獲赤烏者鹿嶋臣櫲樟位及禄**。服御浦郡三年調役。(『日本書紀』)

持統八年(六九四)六月八日

六月癸丑朔庚申。**河内国更荒郡献白山鶏**。賜更荒郡大領。小領。位人一級。并賜物。以進広弍賜獲者刑部造韓国。并賜物。(『日本書紀』)

文武二年(六九八)七月一七日

乙亥。**下野備前二国献赤烏**。(後略)(『続日本紀』)

文武三年(六九九)三月九日

甲子。**河内国献白鳩**。詔免錦部郡一年租役。又獲瑞人犬養広麻呂戸給復三年。又赦畿内徒罪已下。(『続日本紀』)

文武三年(六九九)八月二一日

壬寅。**伊予国献白燕**。(『続日本紀』)

文武四年(七〇〇)一〇月一九日

癸亥。**直広肆佐伯宿禰麻呂等至自新羅。献孔雀及珍物**。(『続日本紀』)

慶雲元年(七〇四)七月三日

丙戌。**左京職献白燕**。**下総国献白烏**。(『続日本紀』)

慶雲二年(七〇五)九月二六日

癸卯。**越前国献赤烏**。国司并出瑞郡司等進位一階。百姓給復一年。獲瑞人完人臣国持授従八位下。並賜絁綿布鍬各有差。(『続日本紀』)

慶雲三年(七〇六)五月一五日

五月丁巳。**河内国石河郡人河邊朝臣乙麻呂献白鳩**。賜絁五疋。糸十絇。布廿端。鍬廿口。正税三百束。(『続日本紀』)

和銅五年(七一二)三月一九日

三月戊子。**美濃国献木連理并白雁**。(『続日本紀』)

和銅六年(七一三)正月四日

六年春正月戊辰。**備前国献白鳩**。伯耆国献嘉瓜。左京職献稗化為禾一茎。(『続日本紀』)

和銅六年(七一三)一一月一六日

丙子。(中略)大倭国献嘉蓮。近江国献木連理十二株。**但馬国献白雉**。(後略)(『続日本紀』)

和銅六年(七一三)一二月一六日

乙巳。近江国言。慶雲見。**丹波国献白雉**。仍曲赦二国。(『続日本紀』)

和銅八年(七一五)正月朔日

霊亀元年春正月甲申朔。(中略)是日。東方慶雲見。遠江国献白狐。**丹波国献白鴿**。(『続日本紀』)

養老四年(七二〇)正月朔日

四年春正月甲寅朔。**大宰府献白鳩**。宴親王及近臣於殿上。極歓而罷。賜物有差。(『続日本紀』)

養老五年(七二一)正月朔日

五年春正月戊申朔。**武蔵上野二国並献赤烏**。甲斐国献白狐。**尾張国言。小鳥生大鳥**。(『続日本紀』)

養老五年(七二一)七月二五日

庚午。　詔曰。凡膺霊図。君臨宇内。仁及動植。恩蒙羽毛。故周孔之風。尤先仁愛。李釈之教。深禁殺生。**宜其放鷹司鷹狗。大膳職鸕鷀。諸国鶏猪。悉放本処。令遂其性**。従今而後。如有応須。先奏其状待　勅。**其放鷹司官人。并職長上等且停之。所役品部並同公戸**。(後略)(『続日本紀』)

神亀二年(七二五)正月朔日

二年春正月丙辰朔。**山背。備前国献白燕各一**。(『続日本紀』)

神亀二年(七二五)九月二二日

九月壬寅。　詔曰。朕聞。古先哲王。君臨寰宇。順両儀以亭毒。叶四序而斉成。陰陽和而風雨節。災害除以休徴臻。故能騰茂飛英。欝為称首。朕以寡薄。嗣膺景図。戦々兢々。夕惕若厲。懼一物之失所。眷懐生之便安。教命不明。至誠無感。天示星異。地顕動震。仰惟。災眚責深在予。**昔殷宗脩徳消雊雉之寃**。宋景行仁。弭熒惑之異。遥瞻前軌。寧忘誡惶。宜令所司。三千人出家入道。并左右京及大倭国部内諸寺。始今月廿三日一七日転経。憑此冥福。冀除災異焉。(『続日本紀』)

神亀三年(七二六)二月二日

辛亥。**出雲国造従六位上出雲臣広嶋斎事畢。献神社剣鏡并白馬鵠等**。広嶋并祝二人並進位二階。賜広嶋絁廿疋。綿五十屯。

布六十端。自余祝部一百九十四人禄各有差。（『続日本紀』）
神亀三年（七二六）八月一七日
壬戌。**定鼓吹戸三百戸。鷹戸十戸。**（『続日本紀』）
神亀四年（七二七）正月三日
丙子。　天皇御大極殿受朝。是日。**左京職献白雀。**河内国献嘉禾異畝同穗。（『続日本紀』）
神亀四年（七二七）五月二〇日
辛卯。**従楯波池。飄風忽来。吹折南苑樹二株。即化成雉。**（『続日本紀』）
神亀五年（七二八）八月朔日
八月甲午。　詔曰。朕有所思。**比日之間。不欲養鷹。天下之人。亦宜勿養。**其待後　勅。乃須養之。如有違者。科違　勅之罪。布告天下。咸令聞知。（後略）（『続日本紀』）
天平四年（七三二）五月一九日
庚申。**金長孫等拝朝。進種々財物。并鸚鵡一口。鴝鵒一口。**蜀狗一口。猟狗一口。驢二頭。騾二頭。仍奏請来朝年期。（『続日本紀』）
天平五年（七三三）正月朔日
五年春正月庚子朔。（中略）**越前国献白烏。**（『続日本紀』）
天平一一年（七三九）正月朔日
十一年春正月甲午朔。**出雲国献赤烏。越中国献白烏。**（『続日本紀』）
天平一二年（七四〇）正月朔日
十二年春正月戊子朔。（中略）**飛騨国献白狐白雉。**（『続日本紀』）
天平一三年（七四一）三月二〇日
辛丑。**摂津職言。自今月十四日始至十八日。有鸛一百八。来集宮内殿上。或集楼閣之上。或止太政官之庭。毎日辰時始来。未時散去。**仍遣使鎮謝焉。（『続日本紀』）
天平一四年（七四二）一一月一一日
壬子。**大隅国司言。従今月廿三日未時。至廿八日。空中有声。如大鼓。野雉相驚。地大震動。**（『続日本紀』）
天平一七年（七四五）九月一九日
癸酉。（中略）　天皇不予。　勅平城恭仁留守固守宮中。悉追孫王等詣難波宮。遣使取平城宮鈴印。又令京師畿内諸寺及諸名山浄処行薬師悔過之法。奉幣祈祷賀茂松尾等神社。**令諸国所有鷹鵜並以放去。**度三千八百人出家。（『続日本紀』）
天平勝宝六年（七五四）正月朔日
六年春正月丁酉朔。**上野国献白烏。**（後略）（『続日本紀』）
天平勝宝七年（七五五）六月一五日
六月癸卯。**安芸国献白烏。**（『続日本紀』）
天平宝字八年（七六四）一〇月二日
冬十月乙丑。**廃放鷹司置放生司。**（『続日本紀』）
天平宝字八年（七六四）一〇月一一日
甲戌。　勅曰。天下諸国。**不得養鷹狗及鵜以畋獦。**又諸国進御贄雑完魚等類悉停。又中男作物。魚完蒜等類悉停。以他物替充。但神戸不在此限。（後略）（『続日本紀』）
天平神護二年（七六六）九月五日

九月戊午。勅。比見伊勢美濃等国奏。為風被損官舎数多。非但毀頽。亦亡人命。昔不問馬。先達深仁。今以傷人。朕甚悽歎。如聞。国司等朝委未称。私利早著。倉庫懸磬。稲穀爛紅。已忘暫労永逸之心。**遂致雀鼠風雨之恤**。良宰莅職。豈如此乎。自今以後。永革斯弊。宜令諸国具録歳中修理官舎之数。付朝集使。毎年奏聞。国分二寺亦宜准此。不得仮事神異驚人耳目。(『続日本紀』)

神護景雲二年(七六八)六月二一日

癸巳。**武蔵国献白雉**。勅。朕以虚薄。謬奉洪基。君臨四方。子育万類。善政未洽。毎兢情於負重。淳風或虧。常駭念於馭奔。於是。武蔵国橘樹郡人飛鳥部吉志五百国。**於同国久良郡。獲白雉献焉**。即下群卿議之。奏云。**雉者斯群臣一心忠貞之応。白色乃聖朝重光照臨之符**。国号武蔵。既呈戢武崇文之祥。郡称久良。是明宝暦延長之表。姓是吉志。則標兆民子来之心。名五百国。固彰五方朝貢之験。朕対越嘉貺。還愧寡徳。昔者隆周刑措。越裳乃致。豊碕升平。長門亦献。永言休徴。固可施恵。宜武蔵国天平神護二年已往正税未納皆悉免除。又免久良郡今年田租三分之一。又国司及久良郡司各叙位一級。**其献雉人五百国。宜授従八位下**。(後略)(『続日本紀』)

神護景雲二年(七六八)八月八日

己酉。**参河国献白烏**。(『続日本紀』)

神護景雲二年(七六八)九月一一日

辛巳。勅。今年七月八日。**得参河国碧海郡人長谷部文選所献白烏**。又同月十一日。得肥後国葦北郡人刑部広瀬女。日向国宮埼郡人大伴人益所献白亀赤眼。青馬白髪尾。並付所司。令勘図諜。奏偁。**顧野王符瑞図曰。白烏者大陽之精也**。孝経**援神契曰。徳至鳥獣。則白烏下**。(中略)仍勘瑞式。**白烏是為中瑞**。霊亀神馬並合大瑞。朕以菲薄。頻荷鴻貺。思順先典式覃恵沢。宜免肥後。日向両国今年之庸。但瑞出郡者。特免調庸。大伴人益。刑部広瀬女。並授従八位下。賜絁各十疋。綿廿屯。貲布卅端。正税一千束。長谷部文選授少初位上。賜正税五百束。又父子之際。因心天性。恩賞所被事須同沐。人益父村上者。恕以縁党。宜放入京。(後略)(『続日本紀』)

神護景雲三年(七六九)五月一六日

癸未。**伊勢国員弁郡人猪名部文麻呂献白鳩**。賜爵二級。当国稲五百束。(『続日本紀』)

神護景雲四年(七七〇)五月一一日

壬申。先是。伊予国員外掾従六位上笠朝臣雄宗献白鹿。勅曰。朕以薄徳。祇奉洪基。善政未孚。嘉貺頻降。去歳得伊与国守従五位上高円朝臣広世等進白鹿一頭。**今年得大宰帥従二位弓削御浄朝臣清人等進白雀一隻**。乾坤降祉。符瑞駢臻。或瑞羽呈祥。或珠毛表貺。良由宗社積徳。余慶所覃。豈朕庸虚。敢当茲応。奉天休而倍惕。荷霊貺。以逾兢。唯可与同徳。公卿佐治。良吏弘政。至道敬答上玄。宜准前綸。量施恵政。但其貢献瑞物。労逸不斉。**獣則難致。鳥則易獲**。如此之流。量定奏聞。於是。左大臣藤原朝臣永手。右大臣吉備朝臣真備已下十一人奏。臣等言。臣聞。粤自開闢。世有君臨。休徴嘉応。時亦聞之。雑沓繽紛。豈如此盛。伏惟　皇帝陛下。蘊徳乗機。

再造区宇。括天地以裁成。叶禎祥而定業。礼楽備而政化洽。刑獄平而囹圄清。風雲改色。飛走馴仁。奇珍嘉瑞。不絶於冊府。遠賮殊琛無停於史筆。臣等叨陪近侍。頻観霊物。抃躍之喜。実万恒情。白鹿是上瑞。**白雀合中瑞**。伏望。(中略)進白雀人叙位両階。賜稲一千束。進瑞国司及所出郡司。各叙位一階。又伊予。肥後両国神護景雲二年以往正税未納。皆悉除免。出瑞郡田租免三分之一。臣等准　勅商量。奉行如件。伏請付外施行。制曰可。(『続日本紀』)

神護景雲四年(七七〇)七月一八日
戊寅。**常陸国那賀郡人丈部龍麻呂。占部小足獲白烏。筑前国嘉麻郡人財部宇代獲白雉**。賜爵人二級。稲五百束。(後略)(『続日本紀』)

宝亀二年(七七一)三月朔日
三月戊午朔。**大宰府献白雉**。(『続日本紀』)

宝亀二年(七七一)閏三月一八日
乙巳。**壹伎嶋献白雉**。授守外従五位下田部直息麻呂外従五位上。賜絁十疋。綿廿屯。布四十端。稲一千束。目従七位下笠朝臣猪養従七位上。賞賜半之。除当嶋田租三分之一。(『続日本紀』)

宝亀三年(七七二)六月四日
癸丑。**参河国献白烏**。(『続日本紀』)

宝亀四年(七七三)九月一五日
丁亥。**常陸国献白烏**。(『続日本紀』)

宝亀五年(七七四)七月一〇日
丁未。**上総国献白烏**。(『続日本紀』)

宝亀六年(七七五)四月一五日
丁丑。**山背国献白雉**。(『続日本紀』)

宝亀八年(七七七)一一月一八日
丙寅。**長門国献白雉**。(『続日本紀』)

延暦二年(七八三)一〇月一四日
戊午。行幸交野。**放鷹遊猟**。(『続日本紀』)

延暦三年(七八四)五月二四日
甲午。**摂津職史生正八位下武生連佐比乎貢白燕一**。賜爵二級并当国正税五百束。(後略)(『続日本紀』)

延暦三年(七八四)六月一二日
辛亥。**普光寺僧勤韓獲赤烏**。授大法師。并施稲一千束。(『続日本紀』)

延暦四年(七八五)五月一九日
癸丑。先是。**皇后宮赤雀見**。是日。　詔曰。朕君臨紫極。子育蒼生。政未洽於南薫。化猶闕於東戸。粤得参議従三位行左大弁兼皇后宮大夫大和守佐伯宿禰今毛人等奏云。去四月晦日。**有赤雀一隻。集于皇后宮。或翔止庁上。或跳梁庭中。皃甚閑逸。色亦奇異。晨夕栖息。旬日不去者。仍下所司。令検図牒。孫氏瑞応図曰。赤雀者瑞鳥也。王者奉己倹約。動作応天時則見**。是知。朕之庸虚。豈致此貺。良由宗社積徳。余慶所覃。既叶旧典之上瑞。式表新色之嘉祥。奉天休而倍惕。荷霊貺以逾兢。思敦弘沢以答上玄。宜天下有位。及内外文武官把笏者賜爵一級。但有蔭者。各依本蔭。四世五世。及承嫡六世已下壬年廿以上。並叙六位。又五位已上子孫年廿已上。叙当蔭階。正六位上者免当戸今年租。其山背国者。皇都初建既為輦下。慶賞所被。合殊常倫。今年田租。特宜全免。又長岡村百姓家入大宮処者。一同京戸之例。(『続日本紀』)

延暦四年(七八五)六月一〇日

癸酉。　勅曰。去五月十九日。**縁皇后宮有赤雀之瑞。普賜天下有位爵一級**。但宮司者是祥瑞出処也。当加褒賞以答霊貺。宜宮司主典已上不論六位五位進爵一級。(後略)(『続日本紀』)

延暦四年(七八五)六月一八日

辛巳。右大臣従二位兼中衛大将臣藤原朝臣是公等。率百官上慶瑞表。其詞曰。伏奉去五月十九日勅。比者。**赤雀戻止椒庭**。既叶旧典之上瑞。式表新色之嘉祥。思与天下喜此霊貺者。臣等生逢明時。頻沐天渙。欣悦之情。実倍恒品。臣聞。徳動天地。無遠不臻。至誠有感。在幽必達。伏惟。　皇帝陛下。道格乾坤。沢沾動植。政化以洽。品物咸亨。皇后殿下。徳超娥英。功軼妊姒。母儀方闡。厚載既隆。故能両儀合徳。百霊効祉。**白燕産帝畿以馴化。赤雀翔皇宮而表禎**。稽験図牒。僉曰。休徴。斯実曠古殊貺。当今嘉祥。率土抃舞。莫不幸甚。臣是公等不勝踴躍之至。謹詣朝堂。奉表以聞。　詔報曰。乾坤表貺。休瑞荐彰。**白燕構巣於前春。赤雀来儀於後夏**。寔惟宗社攸祉。群卿所諧。朕之庸虚何応於此。但当与卿等。勉理政化。上答天休。省所来賀。祗懼兼懐。(後略)(『続日本紀』)

延暦六年(七八七)四月一六日

庚午。**山背国献白雉**。(『続日本紀』)

延暦六年(七八七)一〇月一七日

丙申。　天皇行幸交野。**放鷹遊獦**。以大納言従二位藤原朝臣継縄別業為行宮矣。(『続日本紀』)

延暦一〇年(七九一)七月二二日

辛巳。**伊予国献白雀**。　詔。国司及出瑞郡司進位一級。但正六位上者廻授一子。其獲雀人凡直大成賜爵二級并稲一千束。授国守従五位上菅野朝臣真道正五位下。介従五位下高橋朝臣祖麻呂従五位上。(『続日本紀』)

延暦一〇年(七九一)七月二七日

丙戌。**停止鷹戸**。(『続日本紀』)

延暦一〇年(七九一)一〇月一〇日

冬十月丁酉。行幸交野。**放鷹遊猟**。以右大臣別業為行宮。(『続日本紀』)

延暦一五年(七九六)一〇月一四日

辛未。始置**主鷹司史生二人**。(『日本後紀』)

延暦一六年(七九七)正月朔日

十六年春正月戊子朔。皇帝御大極殿受朝賀。**大宰府献白雀**。宴侍臣已上於前殿賜被。(『日本後紀』)

延暦一八年(七九八)五月二六日

己巳。尾張国海部郡主政外従八位上刑部粳虫言。**権掾阿保朝臣広成不憚朝制。檀養鷹鶴。遂令当郡少領尾張宿禰宮守。六斎之日。猟於寺林。因奪鷹奏進**。勅。須有違犯。先言其状。而凌慢国吏。**輒奪其鷹**。宜特決杖解却其任。(『日本後紀』)

延暦二三年(八〇四)正月朔日

廿三年春正月丁丑朔。御大極殿受朝賀。武蔵国言。有木連理。**近江国献白雀**。宴次侍已上於前殿賜被。(『日本後紀』)

延暦二三年(八〇四)四月二八日

壬申。(中略)**右兵衛大初位下山村日佐駒養献白雀**。賜近江国稲五百束。(『日本後紀』)

延暦二三年(八〇四)五月二三日

丙申。**斎宮寮献白雀**。(後略)(『日本後紀』)

延暦二三年(八〇四)一〇月二三日

甲子。勅。**私養鷹鷂**。**禁制已久**。如聞。臣民多蓄。遊猟無度。故違綸言。深合罪責。宜厳禁断。勿令重犯。但三王臣。聴養有差。仍賜印書。以為明験。自余輙養。将寘重料。其印書外過数者。**捉臂鷹人進上**。自余王臣五位已上録名言上。**六位已下及臂鷹人**。**並依勅法禁固**。**科違罪**。遣使捜検。如有違犯。国郡官司。亦与同罪。(『日本後紀』)

延暦二四年(八〇五)正月一四日

甲申。平明。上急召皇太子。遅之。更遣参議右衛士督従四位下藤原朝臣緒嗣召之。即皇太子参入。昇殿。召於牀下。勅語良久。命右大臣以正四位下菅野朝臣真道。従四位下秋篠朝臣安人。為参議。又請大法師勝虞。**放却鷹犬**。侍臣莫不流涙。(後略)(『日本後紀』)

延暦二四年(八〇五)二月一〇日

庚戌。(中略)散位従四位下住吉朝臣綱主卒。綱主。以善射為近衛。後歴将曹将監。為人恪勤。宿衛不怠。**好愛鷹犬**。多得士卒心。仕至少将。卒時年七十七。(後略)(『日本後紀』)

延暦二四年(八〇五)一〇月二五日

庚申。**佐渡国人道公全成配伊豆国**。**以盗官鶆也**。(後略)(『日本後紀』)

大同元年(八〇六)八月一九日

己卯。**武蔵国献白烏**。賜獲者伊福部浄主稲五百束。(『日本後紀』)

大同三年(八〇八)五月一五日

丙申。**播磨国献白燕二**。(『日本後紀』)

大同三年(八〇八)九月一六日

乙未。(中略)**禁私養鷹**。其特聴養者。賜公験焉。(『日本後紀』)

弘仁二年(八一一)五月二三日

丙辰。大納言正三位兼右近衛大将兵部卿坂上大宿禰田村麻呂薨。(中略)誉田天皇之代。卒部落内附。家世尚武。**調鷹相馬**。子孫伝業。相次不絶。(後略)(『日本後紀』)

弘仁二年(八一一)五月二五日

戊午。**信濃国獲白烏**。(『日本後紀』)

弘仁五年(八一四)閏七月二九日

癸卯。**美作国獲白雀**。賜獲人稲四百束。(『日本後紀』)

天長一〇年(八三三)四月二五日

壬午。出雲国司卒国造出雲豊持等奏神寿。**并献白馬一疋**。**生雉一翼**。**高机四前**。**倉代物五十荷**。天皇御大極殿。受其神寿。授国造豊持外従五位下。(『続日本後紀』)

天長一〇年(八三三)六月二三日

戊寅。山城国民巻藻為漁。勅。豺獺已祭。虞人入沢。**鷹隼初撃**。猟者因山。是故殺不以礼。曰暴天物。取不以義。為逆時候。如聞。藻巻之為礼也。恵薄潜鱗。害及昆虫。微物失所。既非徳政之美。下民夭命。殆是濫殺之報。厳加禁断。莫令更然。(『続日本後紀』)

天長一〇年(八三三)八月一三日

丙申。天皇御紫宸殿下供常膳間。**有魚虎鳥。飛入集殿梁上。羅得之**。(『続日本後紀』)

天長一〇年(八三三)九月二五日

戊寅。**天皇幸栗栖野遊猟**。右大臣清原真人夏野在御輿前。勅令着笠。便幸綿子池。令神祇少副正六位上大中臣朝臣磯守。**放所調養隼払水禽**。仙輿臨覧而楽之。日暮還宮。賜扈従者禄。(『続日本後紀』)

天長一一年(八三四)正月二日

癸丑。天皇朝覲後太上天皇於淳和院。太上天皇逢迎。各於中庭拝舞。乃共昇殿。賜群臣酒兼奏音楽。左右近衛府更奏舞。既而**太上天皇**。**以鷹鷂各二聯嗅鳥犬四牙**。**献于天皇**。々欲還宮。降自殿。太上天皇相送到南屏下也。(『続日本後紀』)

承和元年(八三四)二月八日

己丑。行幸芹川野。**遞放鷹鷂隼**。**覧其接撃**。(『続日本後紀』)

承和元年(八三四)二月一三日

甲午。上始御射場。左右衛府相共奉献。兼設賭物。**上先射之**。一**箭中鵠**。献新銭二万文。大臣已下至近習。以次射之。随其能不。分賜賭物各有差。(後略)(『続日本後紀』)

承和元年(八三四)三月二一日

辛未。(中略)是夕。当于中禁之上。**有飛鳴者**。**其声似世俗所謂海鳥鴨女者**。**其類数百群**。**或言非海鳥**。是天狐也。宿衛人等仰天窺室望。夜色冥朦。唯聞其声。不弁其貌焉。(後略)(『続日本後紀』)

承和元年(八三四)一〇月五日

壬午。**後太上天皇幸雲林院**。**遊猟北郊**。**有内裏蔵人所隼従之**。(『続日本後紀』)

承和元年(八三四)一〇月一一日

戊子。車駕幸栗隈野。**放鷹鷂**。日暮還宮。(『続日本後紀』)

承和元年(八三四)一一月一一日

丁巳。**左近衛将曹佐伯宮成献白鳥**。(後略)(『続日本後紀』)

承和二年(八三五)一〇月一三日

甲申。行幸箕津野。**遞放鷹鷂**。賜扈従者禄。日暮還宮。(『続日本後紀』)

承和三年(八三六)五月一二日

庚戌。**鴛鴦飛来**。**双集弁官東庁南端**。(後略)(『続日本後紀』)

承和四年(八三七)一〇月二六日

丙辰。**聴斎院司私養鷹二聯**。(『続日本後紀』)

承和五年(八三八)一一月二九日

癸未。先太上天皇先御冷然院。**次御神泉苑**。**放隼撃水禽**。**天皇献御馬四疋**。**鷹鷂各四聯**。嗅鳥犬及御屏風。種々翫好物。(後略)(『続日本後紀』)

承和七年(八四〇)五月八日

癸未。後太上天皇崩于淳和院。春秋五十五。（中略）是日。**於建礼門南庭放棄鷹鶬籠中小鳥等**。令五畿内七道諸国。始自九日未四剋。国郡官司着素服。於庁前挙哀三日。毎日三度。（『続日本後紀』）

承和九年（八四二）七月一五日

丁未。太上天皇崩于嵯峨院。春秋五十七。（中略）是日。**放棄主鷹司鷹犬。及籠中小鳥等**。又准拠遺詔。仰百官及五畿内七道諸国司。停挙哀素服之礼。（後略）（『続日本後紀』）

承和一〇年（八四三）正月五日

甲午。（中略）散位従四位上伴宿禰友足卒。（中略）友足為人平直。不忤物情。頗有武芸。**最好鷹犬**。与百済勝義王。同時猟狩也。但其用心各不同耳。（後略）（『続日本後紀』）

承和一〇年（八四三）二月三日

壬戌。（中略）散位従四位下勲七等大野朝臣真鷹卒。（中略）真鷹雖素無文学。且**好鷹犬**。而砥礪従公。夙夜匪懈。（後略）（『続日本後紀』）

承和一一年（八四四）六月七日

己未。**大宰府献白鳥一隻**。（『続日本後紀』）

承和一二年（八四五）正月二五日

壬申。美濃国言。凡上下諸使。随其位階。乗用人馬。灼立条章。而貢御鹿尾熊膏昆布并沙金薬草等使。或以遷替之国司。便充綱領。或差浮遊之輩。令得公乗。而公物有限。私荷無数。使等偏仮威勢。不憚憲法。駅子無由告訴。運送山谷。人馬斃亡。職此之由。望請。**除非貢御鷹馬并四度使之外諸使等**。以初位已下子弟。被差充之者。勅。依請。宜仰陸奥出羽両国及東山道諸国。令知此制。（『続日本後紀』）

承和一三年（八四六）一〇月二五日

癸巳。**白鷺集建礼門上。須臾降集大庭版位**。（『続日本後紀』）

承和一四年（八四七）三月一三日

戊申。**雄雉自東方飛来。集主殿直盧前。従渠西走入閤門中**。右近衛六人接得視之。体中無傷。羽毛全罄矣。（『続日本後紀』）

承和一四年（八四七）三月一四日

己酉。**放怪雉於北野。高飛遠去云々**。（『続日本後紀』）

承和一四年（八四七）閏三月一三日

戊寅。**群鳥億万。繞日上下。自日中到黄昏。仰看空中。不知何鳥**。（『続日本後紀』）

承和一四年（八四七）九月一八日

庚辰。**入唐求法僧慧雲献孔雀一。鸚鵡三。狗三**。（『続日本後紀』）

承和一四年（八四七）一〇月二〇日

壬子。**双丘下有大池。々中水鳥成群。車駕臨幸。放鶬隼払之**。左大臣源朝臣常山庄在丘南。因献御贄。賜扈従臣等饌。（『続日本後紀』）

承和一四年（八四七）一〇月二七日

己未。**鷺集春興殿上**。（『続日本後紀』）

嘉祥元年（八四八）九月二日

九月丁巳朔戊午。**青鷺集紫宸殿南庭版位下**。（『続日本後紀』）

嘉祥元年（八四八）一〇月二六日

壬子。**幸双岳**。**臨池放隼**。（『続日本後紀』）

嘉祥二年（八四九）三月二六日

庚辰。興福寺大法師等為奉賀天皇宝算満于其四十。奉造聖像四十躯。写金剛寿命陀羅尼経四十巻。即転読四万八千巻。竟更作天人不拾芥。天衣罷払石。翻撃御薬。倶来祇候。及浦嶋子暫昇雲漢。而得長生。吉野女眇通上天而来且去等像。副之長歌奉献。其長歌曰。日本乃。野馬台能国遠。（中略）今年之春波。毎物爾滋栄恵。天地乃。神毛悦比。海山毛。色声変志。梅柳。常与理殊爾。敷栄。咲万比開天。**鶯**毛。**声改**弖。八千種爾。**奇事**波茜刺志。天照国乃。日宮能。聖之御子曽。瓠葛。天能梯建。践歩美。天降利坐志志。大八洲。天日嗣能。高御座。万世鎮布。五八能。春爾有気利。（中略）**鶯**波。**枝**爾**遊**天。**飛舞**弖。**囀歌**比。**万世**爾。**皇**乎**鎮**倍利。**沢鶴**。**命**乎**長**美。浜爾出弖。歓舞天。満潮乃。無断時久。万代爾皇遠鎮倍利。（中略）**九重**能。**御垣之下**爾。**常世雁**。**卒連**天。**狭牡鹿**乃。**膝折反**志。**候**。（後略）（『続日本後紀』）

嘉祥三年（八五〇）二月五日

甲寅。御病殊劇。召皇太子及諸大臣於床下令受遺制。遣四衛府及内竪等。或賣御衣。或賣綿布。分散四方。誦経諸寺。左右馬寮御馬六疋奉鴨上下松尾等名神。**放諸鷹犬及籠鳥**。**唯留鸚鵡**。又下知近江国禁諸殺生。縁梵釈寺修延命法故也。（後略）（『続日本後紀』）

嘉祥三年（八五〇）四月六日

癸丑。地震。（中略）**有魚虎鳥**《カハセミ》。**飛鳴於東宮樹間**。**何以書之**。**記異也**。（『日本文徳天皇実録』）

嘉祥三年（八五〇）四月二六日

癸酉。（中略）宣詔。**山野之禁**。**本為鶉雉**。至於草木。非有所制。如聞。所由不熟事意。矯峻法禁。奪人斧斤。捕人牛馬。絶其往還之跡。妨其樵蘇之業。為人之患。莫此之甚。宜早下知。莫令更然。又聞。豪貴之家。非有官符。妄占山野。多妨民利。如斯之類。並早禁断。其江河池沼之類。同亦准此。莫致人愁。牓示路頭。普令知見。（『日本文徳天皇実録』）

嘉祥三年（八五〇）八月二六日

辛未。地震。従西北来。**鶏雉皆驚**。（『日本文徳天皇実録』）

仁寿元年（八五一）八月一一日

庚戌。**式部省献異鳥雛**。**鳧嘴鶏脚**。**長頸無尾**。**白黒雑文**。有詔放之。令遂其生。（『日本文徳天皇実録』）

仁寿四年（八五四）四月二日

丙辰。（中略）散位従四位下橘朝臣百枝卒。（中略）百枝不解文書。**好在鷹犬**。年至八十。漁猟無息。剃頭為僧。（後略）（『日本文徳天皇実録』）

仁寿四年（八五四）四月二七日

辛巳。**有鳥**。**集殿前松樹**。**俗名古々鳥**。**其鳴自呼**。勅左近衛**将曹神門氏成射之**。**応弦而墜**。帝甚称善。賜絹数疋。『日本文徳天皇実録』）

斉衡二年（八五五）四月一〇日

戊午。**禁私養鷹鷂**。（『日本文徳天皇実録』）

斉衡二年（八五五）六月二六日

癸卯。従四位下雄風王卒。雄風王。贈一品万多親王第四子也。為人沈敏。弱冠入学。　帝在東宮時。引為侍者。**頗習鷹馬**。践祚之日授従四位下。除左馬頭。補次侍従。給事殿中。進退閑雅。性素寛裕。卒官。時年四十二。帝甚愍悼之。（『日本文徳天皇実録』）

斉衡二年（八五五）七月

戊寅。従三位百済王勝義薨。（中略）**頗使鷹犬**。以為養痾之資。卒時年七十六。（『日本文徳天皇実録』）

斉衡二年（八五五）八月一三日

己丑。散位従四位下当世王卒。当世王。二品大宰帥仲野親王第四子也。天性羸弱。悪当風雨。**頗好鷹犬**。不敢出遊。（『日本文徳天皇実録』）

斉衡三年（八五六）一一月二九日

戊辰。**有鷲**。**集版位下**。**記異也**。（『日本文徳天皇実録』）

天安元年（八五七）二月二四日

壬辰。左大臣従二位源朝臣信抗表曰。臣信伏見詔旨。以臣為左大臣。　天慈潜発。寵命盛彰。鞠躬慚惶。啓処無地。（中謝）臣聞。人性不及者。聖賢未必相強。器任非分者。庸愚猶知弗克。臣本以疎慵。酷厭俗務。愛稚生之不堪。好阮公之孤嘯。常願日夜対山水而横琴。**時々翫鷹馬而陶意**。自参端揆以来。未嘗一日不懐辞退之志。（中略）窃見古今凡升高班者。例必再三固辞。雖堪其任。猶有此事。今臣所請。只是実言。非敢矯飾。回顧者廻上請之後。不重煩拝表。遂守素情。誓以不欺。無任慊切。冒以陳請。勅答不許之。（『日本文徳天皇実録』）

天安二年（八五八）七月五日

秋七月庚申朔甲子。（中略）是日。**武蔵国上白雌雉一**。（『日本文徳天皇実録』）

天安二年（八五八）七月一〇日

己巳。正四位下弾正大弼兼美作権守正行王卒。（中略）正行性耽文酒。日夕無怠。**鷹馬之類**。**愛翫殊甚**。（『日本文徳天皇実録』）

天安二年（八五八）七月二七日

丙戌。大雨。**白鷺集太政官庁版位間**。**記異也**。（『日本文徳天皇実録』）

貞観元年（八五九）五月一三日

十三日戊辰。**備前国獲白雀一而献之**。（『日本三代実録』）

貞観元年（八五九）八月八日

八日辛卯。地震。　勅。**五畿七道諸国年貢御鷹**。**一切停止**。（『日本三代実録』）

貞観元年（八五九）八月一三日

十三日丙申。（中略）**禁畿内畿外諸国司養鷹鷂**。（『日本三代実録』）

貞観二年（八六〇）閏一〇月四日

四日庚戌。　詔二品行兵部卿忠良親王。**聴以私鷹二聯**。**狩五畿内国禁野辺**。（『日本三代実録』）

貞観二年（八六〇）一一月朔日

十一月丁丑。（中略）公卿上表。賀朔旦冬至曰。臣聞。乾坤不宰。日月無私。逆其道則躔次自差。順其常則禎祥暗叶。然則上元之歳。天正之辰。合璧和光。連珠縟彩。歴列辟而稀遭。待興王而合瑞者也。〔中賀。〕伏惟　皇帝陛下承天之序。継聖之明。生知之徳潜通。不言之化自遠。是以陰陽降祉。天人合応。慶雲連理。史不絶書。瑞鳥嘉禾。府無虚月。而今律応北宮。漏移南至。五星同舎。均瑞彩於周台。両耀集辰。合昌耀於漢祀。従九霄以降祥。表無彊之嘉運。豈不以天地合徳。日月斉明。先天而天不違。後天而奉天時者哉。臣等傾心。日轡。庇影琁闈。顧惟愚朦。窃感顕慶。同陳思王之抗表。唯祝践長。異雀亭伯之作銘。猶欽延祥。無任聳抃之至。謹拝表奉賀以聞。(後略)(『日本三代実録』)

貞観二年(八六〇)一一月三日

三日己卯。　詔参議正三位行右衛門督源朝臣融賜大和国宇陀野。為臂鷹従禽之地。(『日本三代実録』)

貞観三年(八六一)二月二五日

廿五日己巳。(中略)詔大納言正三位兼行右近衛大将源朝臣定。聴以私鷹鷂各二聯。遊獦山城。河内。和泉。摂津等国禁野之外。(『日本三代実録』)

貞観三年(八六一)三月二三日

廿三日丁酉。　詔河内摂津両国。聴二品行式部卿兼上総太守仲野親王以私鷹鷂各二聯遊猟禁野之外。(『日本三代実録』)

貞観五年(八六三)三月一五日

十五日丁丑。(中略)是日。禁諸国牧宰私養鷹鷂。先是。貞観元年八月。頒下　詔命。不貢御鷹。亦制国司養鷹逐鳥。或聞。多養鷹鷂。尚好殺生。故以猟徒縦横部内。故重制焉。(『日本三代実録』)

貞観八年(八六六)六月一四日

十四日丁亥。丹波国献白燕一。(『日本三代実録』)

貞観八年(八六六)七月一三日

十三日乙卯。雷雨。烏噬抜内竪伝点籌木。大鳥集大蔵省正蔵院納薬倉上。(後略)(『日本三代実録』)

貞観八年(八六六)一〇月二〇日

廿日辛卯。(中略)是日。禁五畿七道諸国司庶人縦養鷹鷂。(『日本三代実録』)

貞観八年(八六六)一一月一八日

十八日己未。　勅。二品式部卿忠良親王聴養鷹二聯。鷂一聯。左大臣正二位源朝臣信鷹三聯。鷂二聯。(『日本三代実録』)

貞観八年(八六六)一一月二九日

廿九日庚午。(中略)是日。　勅聴二品仲野親王養鷹三聯。鷂一聯。正三位行中納言陸奥出羽按察使源朝臣融鷹三聯。鷂二聯。従五位下行内膳正連扶王鷹一聯。従五位上行丹波権守坂上大宿禰貞守鷹一聯。従五位下行近江権大掾安倍朝臣三寅鷹三聯。(後略)(『日本三代実録』)

貞観九年(八六七)一〇月一〇日

十日乙亥。右大臣正二位藤原朝臣良相薨。(中略)貞観之初。専心機務。志在匡済。当時飛鷹従禽之事。一切禁止。山川藪沢之利不妨民業。皆是大臣所奏行也。(後略)(『日本三代実録』)

貞観一〇年（八六八）閏一二月二八日

廿八日丁巳。左大臣正二位源朝臣信薨。（中略）又工図画。丹青之妙。馬形写真。太上天皇親自教習。吹笛鼓琴箏弾琵琶等之伎。思之所渉。究其微旨。**乃至鷹馬射猟尤所留意。**（後略）（『日本三代実録』）

貞観一一年（八六九）一一月一三日

十三日丙寅。鎮魂祭如常。**隠岐国言。雌鶏化為雄。**（『日本三代実録』）

貞観一一年（八六九）一二月五日

五日戊子。（中略）先是。大宰府言上。往者新羅海賊侵掠之日。差遣統領選士等。擬令追討。人皆懦弱。憚不肯行。於是調発俘囚。御以胆略。特張意気。一以当千。**今大鳥示其怪異。**亀筮告以兵寇。（後略）（『日本三代実録』）

貞観一一年（八六九）一二月一四日

十四日丁酉。遣使者於伊勢大神宮。奉幣。告文曰。（中略）**又庁楼兵庫等上爾。依有大鳥之怪天卜求爾。隣国乃兵革之事可在止卜申利。**（後略）（『日本三代実録』）

貞観一一年（八六九）一二月一七日

十七日庚子。去夏。新羅海賊掠奪貢綿。**又有大鳥。集大宰府庁事并門楼兵庫上。**神祇官陰陽寮言。当有隣境兵寇。肥後国風水。陸奥国地震。損傷廨舎。没溺黎元。（後略）（『日本三代実録』）

貞観一一年（八六九）一二月二八日

廿八日辛亥。遣従五位上守右近衛少将兼行大宰権少弐坂上大宿禰瀧守於大宰府。鎮護警固。勅曰。鎮西者。是朕之外朝也。千里分符。一方寄重。況復隣国接壌。非常叵期。今聞。**大鳥示怪。**亀筮告寇。機急之備。豈令暫輟哉。宜令瀧守勾当縁警固之事。（後略）（『日本三代実録』）

貞観一一年（八六九）一二月二九日

廿九日壬子。遣使者於石清水神社奉幣。告文曰。（中略）**又庁楼兵庫等上爾。依有大鳥之怪天。卜求爾。隣国乃兵革之事可在止卜申利。**（後略）（『日本三代実録』）

貞観一二年（八七〇）二月一二日

十二日甲午。先是。大宰府言。**対馬嶋下県郡人卜部乙屎麻呂。為捕鸕鷀鳥。**向新羅境。乙屎麿為新羅国所執。縛囚禁土獄。乙屎麿見彼国挽運材木。構作大船。撃鼓吹角。簡士習兵。乙屎麿窃問防援人。答曰。為伐取対馬嶋也。乙屎麿脱禁出獄。纔得逃帰。是日。　勅。**彼府去年夏言。大鳥集于兵庫楼上。**決之卜筮。当夏隣兵。因茲。頒幣転経。（後略）（『日本三代実録』）

貞観一二年（八七〇）二月一五日

十五日丁酉。　勅遣従五位下行主殿権助大中臣朝臣国雄。奉幣八幡大菩薩宮。及香椎廟。宗像大神。甘南備神。告文曰。（中略）**又庁楼兵庫等上爾依有大鳥之怪天卜求爾。隣国乃兵革之事可在止卜申利。**（後略）（『日本三代実録』）

貞観一三年（八七一）一一月朔日

十一月癸酉朔。壬寅雷雨五日丁丑。**鷺集于綾綺殿。**（『日本三代実録』）

貞観一三年(八七一)一一月二二日

廿二日甲午。雷。地震。**大鳥一集于神泉苑乾臨殿東鴟尾上。**(『日本三代実録』)

貞観一四年(八七二)正月一四日

十四日乙酉。(中略)**烏噬抜内竪伝点籌木。**(『日本三代実録』)

貞観一四年(八七二)一〇月七日

七日甲辰。**烏噬抜内竪伝点籌木。**(『日本三代実録』)

貞観一四年(八七二)一一月一四日

十四日庚辰。(中略)**烏噬抜内竪伝点籌木。**(『日本三代実録』)

貞観一五年(八七三)正月二三日

廿三日己丑。**烏噬抜内竪伝点籌木二。**(『日本三代実録』)

貞観一五年(八七三)八月二二日

廿二日甲寅。**烏噬抜内竪伝点籌木二。**(『日本三代実録』)

貞観一五年(八七三)九月六日

六日戊辰。**鷺集朔平門上。**(『日本三代実録』)

貞観一六年(八七四)七月一〇日

十日丙申。**鷺集紫宸殿前庭。**(『日本三代実録』)

貞観一六年(八七四)九月二九日

廿九日甲寅。**鷺集紫震殿前庭沙上。**(後略)

貞観一七年(八七五)六月二〇日

廿日辛未。**大宰府言。大鳥二集肥後国玉名郡倉上。向西鳴。群烏数百。噬抜菊池郡倉舎葺草。**(『日本三代実録』)

貞観一七年(八七五)六月二六日

廿六日丁丑。(中略)是日。**下知大宰府。班幣肥後国境内明神。攘謝大鳥群烏之怪也。**(『日本三代実録』)

貞観一七年(八七五)八月二四日

廿四日甲戌。**巳時有烏。噬抜内竪伝点籌木。**(『日本三代実録』)

貞観一七年(八七五)九月一三日

十三日壬辰。**辰時有烏。噬抜内竪伝点籌木。**(『日本三代実録』)

貞観一八年(八七六)正月二七日

廿七日乙巳。**越中国獲白雉而献。**(『日本三代実録』)

貞観一八年(八七六)三月二九日

廿九日丁未。**内蔵寮御服倉院松樹有烏巣。烏一双棲宿。毎年生五六子。今春修旧巣。将棲乳。有鵄一双。奪烏巣棲止生雛。烏鵄相闘。経旬不止。遂鵄戦勝矣。**(『日本三代実録』)

貞観一八年(八七六)七月一四日

十四日己丑。大雷雨。諸衛陣於殿前。**参議行右大弁従四位下兼行近江権守源朝臣舒獲奇鳥一献之。其大及体如鴨。羽毛背脚背赤。　勅放北山。**(後略)(『日本三代実録』)

貞観一八年(八七六)一二月二〇日

廿日癸亥。**有大鳥。翱翔於紫宸殿上。**(後略)(『日本三代実録』)

貞観一九年(八七七)正月三日

元慶元年春正月癸酉朔。三日乙亥。(中略)是日。**但馬国献白雉一。**(『日本三代実録』)

元慶元年(八七七)四月一六日

十六日丁亥。　詔曰。朕聞。善政之報。霊貺不違。洪化之符。神輸必至。朕以寡薄。辱奉丕基。徳未動天。恵非感物。**而去正月即位之日。但馬国獲白雉一**。二月十日尾張国言。木連理。閏二月廿一日。備後国貢白鹿一。或体誤暁月。羽毛映於丹墀。或幹凌寒霜。枝柯被於青鄣。皆応符改色。感祥変容。豈人事乎。蓋天意也。（中略）其改貞観十九年。為元慶元年。（後略）

（『日本三代実録』）

元慶元年（八七七）七月一九日

十九日戊午。遣従五位下守刑部卿大輔弘道王於伊勢大神宮。并分使賀茂御祖別雷。松尾。平野。大原野神社奉幣。告以改年号。告文曰。　天皇我詔旨止。掛畏松尾大神乃広前爾申賜倍止申久。　食国之法止之天。　即位之後爾波必改年号。而爾備後国貢白鹿。**但馬国献白雉**。尾張国言木連理利。如是嘉瑞波。是薄徳乃令感致倍岐物爾毛非須。掛畏岐皇大神乃慈賜比示賜倍留物奈利止為天奈毛。貴喜比受賜利天。御世乃名乎改天為元慶元年留事乎。（後略）（『日本三代実録』）

元慶元年（八七七）八月二〇日

廿日戊子。**有烏。噬抜内豎伝点籌木**。（『日本三代実録』）

元慶元年（八七七）八月二四日

廿四日壬辰。**烏噬抜内豎伝点籌木**。（『日本三代実録』）

元慶元年（八七七）九月二三日

廿三日辛酉。**烏噬抜内豎伝点籌木。去落於紫宸殿上**。（『日本三代実録』）

元慶二年（八七八）四月二六日

廿六日辛卯。**備中国獲白雀一**。（『日本三代実録』）

元慶二年（八七八）六月一五日

十五日己卯。**有白鷺一双。飛闘紫宸殿前。其一下集殿庭版位側**。（『日本三代実録』）

元慶二年（八七八）七月朔日

秋七月甲午朔。是日立秋。（中略）大蔵省奏。**霹靂於倉前棟木。有黄雀。口含蒼虫而死。腹毛焦爛**。（『日本三代実録』）

元慶二年（八七八）九月七日

七日己亥。**有大鳥。集肥後国八代郡倉上**。又宇土郡正六位上蒲智比咩神社前河水変赤如血。縁辺山野草木彫枯。宛如厳冬。神祇官陰陽寮卜筮云。彼国風水火疾疫可成災。故神明示怪。

（『日本三代実録』）

元慶二年（八七八）一二月二日

十二月壬戌朔。二日癸亥。**有大鳥四。翺翔御在所上**。（後略）

（『日本三代実録』）

元慶二年（八七八）一二月二四日

廿四日乙酉。遣兵部少輔従五位下兼行伊勢権介平朝臣季長。向大宰府。奉幣橿日。八幡及姫神。住吉。宗形等大神。其橿日。八幡。姫神。**別奉綾羅御衣各一襲。金銀装宝剱各一。以彼府奏有託宣云新羅凶賊欲窺我隙。并肥後国有大鳥集。河水変赤等之怪也**。（『日本三代実録』）

元慶三年（八七九）二月二二日

廿二日壬午。（中略）**夜。鷺集紫宸殿前版位東**。（『日本三代実録』）

元慶三年(八七九)九月二三日

廿三日庚戌。**有烏。噬抜内竪伝点籌木。去落於紫震殿上。**(『日本三代実録』)

元慶四年(八八〇)七月五日

五日丁巳。**伯耆国獲白燕一而献。**(『日本三代実録』)

元慶四年(八八〇)九月一一日

十一日壬戌。(中略)是日。**辰時有烏。噬抜内竪伝点籌木而飛去之。**(『日本三代実録』)

元慶四年(八八〇)九月一二日

十二日癸亥。**巳時有烏。噬抜内竪伝点籌木而飛去。**(『日本三代実録』)

元慶四年(八八〇)一二月四日

四日癸未。(中略)是日。申二刻。太上天皇崩於円覚寺。時春秋卅一。　天皇風儀甚美。端儼如神。性寛明仁恕。温和慈順。非因顧問不輙発言。挙動之際。必遵礼度。好読書伝。潜思釈教。**鷹犬漁猟之娯。**未嘗留意。亹々焉有人君之量矣。(後略)(『日本三代実録』)

元慶五年(八八一)七月二三日

廿三日己巳。**有白鷺一。集太政官曹司庁版位上。**(『日本三代実録』)

元慶六年(八八二)二月二八日

廿八日辛丑。　**天皇於弘徽殿前。覧闘鶏。**(後略)(『日本三代実録』)

元慶六年(八八二)五月二日

五月壬寅朔。二日癸卯。大和国司言。**管高市郡従五位下天川俣神社樹。有烏巣。産得四雛。其一雛毛色純白。**(『日本三代実録』)

元慶六年(八八二)九月一八日

十八日丁亥。**有雌雉。集清涼殿上。須臾飛入東宮。　勅遣使求之。遂無所獲。**(『日本三代実録』)

元慶六年(八八二)九月二〇日

廿日己丑。**有鶴。当宮城而翺翔。**(『日本三代実録』)

元慶六年(八八二)一二月二一日

廿一日己未。　勅。**山城国葛野郡嵯峨野。充元不制。今新加禁。樵夫牧竪之外。莫聴放鷹追兎。**同郡北野。愛宕郡栗栖野。紀伊郡芹川野。木幡野。乙訓郡大原野。長岡村。久世郡栗前野。美豆野。奈良野。宇治郡下田野。綴喜郡田原野。**天長年中既禁従禽。今重制断。**山川之利。藪沢之生。与民共之。莫妨農業。但至于北野。不在此限也。大和国山辺郡都介《ツゲ》野。天長承和。累代立制。**今宜加禁莫令縦猟。制払禽鳥。**許採草木。美濃国不破安八両郡野。**本自禁制。永為蔵人所猟野。**播磨国賀古野。印南郡今出原。印南野。神崎郡北河添野。前河原。賀茂郡宮来河原。爾可支河原。先既有制。今重禁断。嘉祥三年下符。勿禁採樵牧馬。備前国児嶋郡野。**永為蔵人所猟野。**承和之制。今縁不行。何禁芻蕘。莫害農畝。惣施法禁。頒下諸国。(『日本三代実録』)

元慶七年(八八三)六月二七日

廿七日辛酉。**白鷺集大極殿西鴟尾《クツカタ》。**(『日本三代実録』)

元慶七年（八八三）七月一三日

十三日丁丑。遣従四位上行神祇伯棟貞王。奉幣於伊勢大神宮。賀茂御祖別雷。松尾。稲荷。貴布禰。丹生河上。大和等神社。遣使班幣。丹生河上加奉白馬。**先是。六月廿七日鷺集大極殿鵄尾**。今月三日已往霖雨淹旬。河水溢漲。内外略愁。陰陽寮占奏言。主上可患疾病。且天下将憂風水。故予祈神明。至是賽焉。（『日本三代実録』）

元慶七年（八八三）九月二日

九月甲子朔。二日乙丑。（中略）是日。巳時。**有鷺集大極殿東楼上。未時又集大極殿東鵄尾**。夜。春華門南大木無故自折仆焉。（後略）（『日本三代実録』）

元慶八年（八八四）三月二六日

廿六日丁亥。殞霜。僧正法印大和尚位宗叡卒。宗叡。俗姓池上氏。左京人也。幼而遊学。受習音律。年甫十四。出家入道。（中略）于時叡山主神仮口於人。告曰。汝之苦行。吾将擁護。**遠行則双烏相随**。暗夜則行火相照。以此可為徴験。**厥後宗叡到越前国白山。双烏飛随。在於先後**。夜中有火。自然照路。見者奇之。（中略）登攀五台山。巡礼聖跡。即於西台維摩詰石之上。見五色雲。**於東台那羅延窟之側。見聖灯及吉祥鳥**。聞聖鐘。尋至天台山。（後略）（『日本三代実録』）

元慶八年（八八四）六月三日

三日壬辰。**雉入式部省**。（『日本三代実録』）

元慶八年（八八四）一二月二日

二日戊子。　**勅遣左衛門佐従五位上藤原朝臣高経。六位六人。近衛一人。鷂七聯。犬九牙於播磨国。中務少輔従五位下在原朝臣弘景。六位四人。近衛一人。鷹五聯。犬六牙於美作国。並猟取野禽**。（『日本三代実録』）

仁和元年（八八五）三月七日

七日壬戌　**勅遣従四位下行左馬頭藤原朝臣利基於近江国。従五位上守右近衛少将源朝臣湛於備後国。並臂鷹拾犬。行払野禽**。路次往還并経彼之間。用正税供食焉。（『日本三代実録』）

仁和元年（八八五）七月一四日

十四日丙申。**西寺献白雀一**。（『日本三代実録』）

仁和元年（八八五）一二月七日

七日丁巳。　**天皇幸神泉苑。放鷹隼。払水禽**。（『日本三代実録』）

仁和二年（八八六）二月一六日

十六日丙寅。　**勅遣越前権介従五位下藤原朝臣恒泉於遠江国。雅楽頭従五位下在原朝臣棟梁於備中国。並賷鷹鷂。払取野鳥。**（『日本三代実録』）

仁和二年（八八六）四月七日

七日丙辰。（中略）是日。**有大鳥一。集於参議正四位下行左大弁藤原朝臣山陰弁官曹司前。為人被射獲**。（『日本三代実録』）

仁和二年（八八六）九月二四日

廿四日己亥。辰時。**鷺集紫宸殿前版下**。（『日本三代実録』）

仁和二年（八八六）一二月一四日

十四日戊午。行幸芹川野。（中略）辰一剋。**至野口。放鷹鷂。払撃野禽**。（後略）（『日本三代実録』）

仁和二年(八八六)一二月二五日

廿五日己巳。**行幸神泉苑。観魚。放鷹隼令撃水鳥。**自彼便幸北野従禽。御右近衛府馬埒庭。令馳走左右馬寮御馬。是日常陸太守貞固親王扈従。太政大臣奏言。遊猟之儀。宜有武備。親王腰底既空。請賜帯剱。 帝甚欣悦。即 勅聴帯剱。取中納言兼左衛門督源朝臣能有剱令帯之。日暮還宮。(『日本三代実録』)

仁和三年(八八七)二月九日

九日癸丑。(中略)信濃国例貢梨子。大棗。呉桃子。**雉腊。**別貢梨子。大棗等。貢献之期。元不立制。太政官議定。例貢毎年十月。別貢十一月為期。立為恒例。(『日本三代実録』)

仁和三年(八八七)五月二六日

廿六日己亥。**大宰府年貢鸕鷀鳥。**元従陸道進之。中間取海道。以省路次之煩。寄事風浪。屡致違期。今依旧自陸路入貢焉。(『日本三代実録』)

仁和三年(八八七)八月一二日

十二日癸丑。**鷺二集朝堂院白虎楼豊楽院栖霞楼上。**陰陽寮占曰。当慎失火之事。(『日本三代実録』)

仁和三年(八八七)八月一三日

十三日甲寅。地震。**有鷺。集豊楽院南門鵄尾上。**(『日本三代実録』)

仁和三年(八八七)八月一五日

十五日丙辰。未時**有鷺。集豊楽殿東鵄尾上。**(『日本三代実録』)

寛平九年(八九七)七月二二日

廿二日乙未。有御卜。先是。陸奥国言上安積郡所産女子児額生一角。角有一目。出羽国言上秋田城甲冑鳴。**大極殿豊楽殿上左近大炊屋上鷺集事等也。**(『扶桑略記』裡書)

寛平九年(八九七)八月七日

八月七日庚戌。**官西庁鷺集。**又正庁第三間。東庁北第二間。虹蜺立。(『扶桑略記』裡書)

昌泰元年(八九八)一〇月二〇日

廿日丙辰。**太上皇遊猟。先是。定左右鷂飼。**并行事番子等装束。左右相分。上皇騎御馬。出自朱雀院。至川嶋。始命猟騎。日暮宿赤日御厩。(『日本紀略』)

昌泰四年(九〇一)五月二四日

五月廿四日乙巳。**紫宸殿梁上。鳩居為怪。有御占事。**(『扶桑略記』裡書)

延喜元年(九〇一)一一月一八日

十一月十八日丙寅。**近来小鳥如雲凝。朝西方飛向。暮東方飛帰。**(『扶桑略記』裡書)

延喜二年(九〇二)三月一二日

延喜二年壬戌三月十二日戊午。**有鷺集南殿南庇上。**(後略)

延喜三年(九〇三)一〇月二〇日

十月廿日。**大唐人献羊。白鵞。**(『日本紀略』)

延喜三年(九〇三)一一月二〇日

十一月廿日丙辰。**大唐景球等献羊一頭。白鵞五角《隻》。**(『扶桑略

記』裡書）

延喜五年（九〇五）二月二日

二月二日辛卯。**夜宮中怪鳥鳴**。（『日本紀略』）

二月十五日甲辰。**奉幣諸社**。**是今月二日夜有怪鳥也**。（『扶桑略記』裡書）

延喜五年（九〇五）五月二八日

廿八日。**廃後院鷹**。（『日本紀略』）

延喜六年（九〇六）八月

八月□□。右大臣修法華八講。**仏法僧鳥来鳴**。（『日本紀略』）

延喜六年（九〇六）九月二六日

九月廿六日。**鷺集南殿版位南辺**。（『扶桑略記』）

延喜六年（九〇六）一〇月八日

十月八日戊子。於清涼殿修般若御読経。先之。**鳥咋抜奏時之籖**。**又鷺集殿位**。為攘之也。（『日本紀略』）

延喜七年（九〇七）一〇月九日

九日癸丑。**鷺集承明門上**。（『扶桑略記』）

延喜一〇年（九一〇）九月七日

七日癸巳。辰刻。**烏咋抜時籖**。（『扶桑略記』裡書）

延喜一一（九一一）年三月二六日

三月廿六日。**有孔雀雌一翼**。**於右近陣養之**。**近来産卵八員**。**又去年夏時同産三卵**。**然而未至為雛**。**此鳥無雄**。**以何産哉**。（『扶桑略記』裡書）

延喜一一（九一一）年九月二一日

廿一日。**御修法**。**依大極殿鷺怪也**。（『日本紀略』）

延喜一二年（九一二）九月一九日

九月十九日癸亥。午刻。**山鶏自丑寅方飛来**。**集左衛門陣上卿座上**。**飛去北方**。（『扶桑略記』裡書）

延喜一三年（九一三）八月一四日

十四日。巳刻。**従巽角鵄鵶一双飛入**。**一鵶取鼠飛過之間**。**共墜于権中納言藤原清貫肩上**。**可謂怪**。（『日本紀略』）

八月十四日癸未。公卿政後。**着侍従所後**。**鵶一隻飛入取鼠**。**落中納言清貫肩**。（『扶桑略記』裡書）

延喜一四年（九一四）正月二〇日

廿日、**吏部王来**、**仍献鷹・馬**、（『貞信公記』）

延喜一五年（九一五）八月一七日

八月十七日。右中弁藤良基召外記仰云。昨日**烏咋抜奏時杭**。令陰陽寮占者。（『扶桑略記』裡書）

延喜一七年（九一七）二月三日

延喜十七年丁丑二月三日。律師玄昭行年七十二逝去。律師在世之時。勤仕於亭子院。御修法間。**真済僧正之霊**。**忽以鵄形**。出現炉煙之辺。爰玄昭律師。以杓打入炉中。焼損其身矣。御修法結願之後。件僧正霊殊為律師雖成怨心。不能託煩。但時々最少法師之形従空下来。見其形容之時。頗有怖畏。心神不穏。于時。受法弟子沙門浄蔵加持摂縛真済之霊。其後永無来煩焉。律師感歎弟子効験。弥致尊重。著法服而礼拝。〔已上伝〕（『扶桑略記』）

延喜一八年（九一八）八月一三日

十三日癸丑。右大臣忠平於五条家。限五日。十座講説法華経。

仏法僧鳥来鳴樹上。令文人詠詩。(『日本紀略』)

延喜一八年(九一八)八月一四日

十四日甲寅。夜。五条后宮講説之間。仏法僧鳥鳴松樹上。在座詩人賦詩。(『日本紀略』)

十四日夜。五条后宮松林。仏法僧鳥鳴。衆人聞奇異。自去三日講法華経。(『扶桑略記』裡書)

延喜一八年(九一八)一〇月一九日

十九日、幸北野〔大将不参、依承和例無大将也、〕云々。鷂鷹鷹飼兼茂朝臣。伊衡。言行〔以上青麹塵、雲雁画褐衣、紅接腰等但並如去年装束、但浅紫布袴、以花摺唐草鳥形、〕雄鷂々飼源茲。同教。小鷹鷹飼源供。良峯義方。〔以上四人、檜皮色布褐衣、鵞黄画鳥柳花形、紫村濃布袴、青接腰、帯、紫脛巾、〕各臂鷹鷂。八人一列〔小鷹東西、〕立版位。西鷹々飼御春望春。播磨武仲。春道秋成。文室春則。各臂鷹一列。立版位西南。〔以上四人紫色褐綿帽子、腹纏行縢並如去年、徘徊、鱗魚絵褐衣、去年用黄色衣、其色衣、其色非宜、仍改用之、但鷹飼行時在輿前、雄鷂次在其前、小鷹次之、鷹在近衛陣前、〕犬養八人候安福殿前。〔犬養装束如去年、鷂犬養衣袴、去年用貲布、今年改、以絵革為袴、自余如去年、犬養等行時名在鷹飼辺、〕云々。畢乗輿到知足院南。隼人左右衛門左右兵衛等陣。及侍従等以次倚留。鈴印及威儀御馬等留在輿後。親王公卿等候輿後辺。左右近陣左右開帳並行。即鷹飼等皆解大緒就獦云々。到船岡下輿就軽幄座。仰親王納言令就獦。即中務卿親王。上野親王。敦実親王。太宰帥親王。左衛門督藤原朝臣。左兵衛督藤原朝臣等。起座改服。各著獦衣還著。常陸親王参来。〔又著獦衣、仰可供獦、親王公卿惣八人、而衆樹有所病不参入故有七人、〕給酒両三巡後。鷹飼等持鷹獦授獦衣納言以上。〔左衛門督藤原朝臣鷹、中務卿親王、上野親王、敦実親王、左兵衛督藤原朝臣並獦、帥親王雄鷂、但左衛門督依使鷹獦著行縢、自余騎狩、只著深履、〕即各臂鷹獦退出。騎馬始日船岡北野就獦。鷹飼及小鷹等相随入野。于時乗腰輿就西岡上望見獦也。〔○西宮記十六臨時四、野行幸〕(『醍醐天皇御記』)

十九日、行幸北野、皇太子追参、親王・公卿堪其道者、着狩衣鷹合、日暮賜禄有差、(『貞信公記』)

延喜一九年(九一九)七月一六日

同七月十六日。交易唐物使蔵人所出納内蔵大属当麻有業献孔雀。此唐人鮑置求所送太宰大弐也。其毛彩鮮華勝於往年所来。但其尾経夏折落。午剋。使右近衛少将実頼奉覧孔雀於仁和寺。有業交易唐物。召於御前御覧畢。(『扶桑略記』)

延喜一九年(九一九)一一月七日

七日、遷五条、依[　　]有鷺怪也、(『貞信公記』)

延喜二〇年(九二〇)六月二九日

廿九日、助縄交易物持来、南院君賜送馬二疋・鵜六、(『貞信公記』)

延喜二〇年(九二〇)一〇月八日

八日。召雅楽寮人於清涼殿前奏舞。(中略)雅楽属船木氏有著鷹飼装束。臂鷂独舞。〔放鷹楽〕新羅琴師船良実。著犬飼装束不随犬。権中納言藤原朝臣著小鳥於菊枝。(後略)〔○西宮記二十臨時八、臨時楽」(「醍醐天皇御記」)

延喜二二年(九二二)一〇月一七日

十月十七日癸亥。**烏咋抜時杭**。於蔵人所有御卜。(『扶桑略記』裡書)

延喜二三年(九二三)四月八日

四月八日壬子。**以名僧卅口。於官庁読金剛般若千巻。是去三月廿九日烏巣彼正庁梁上。有御占修之**。(『扶桑略記』裡書)

延長二年(九二四)一二月二八日

廿八日、壬辰、御仏名、荷前、未御南庭之前、**鷺集承明門云々**、(『貞信公記』)

延長三年(九二五)三月二七日

三月廿七日。**山城国献白烏**。外記勘申先例。(『扶桑略記』裡書)

延長六年(九二八)六月一四日

十四日。**鷺集承明門上**。(『扶桑略記』)

延長六年(九二八)六月一八日

十八日。**臼女烏集南殿版位南**。令陰陽助氏守占。其占云。可有御薬事及火災。(『扶桑略記』)

延長六年(九二八)一二月五日

五日、大原野行幸、卯初上御輿、自朱雀門至五条路西折、到桂河辺、上降輿就幄、群臣下馬、上御輿、群臣乗馬渡(浮)橋、〔方舟、其上為輿敷板、〕自桂路入野口、**鷹飼到此持鷹、員外鷹飼祇候**、武官著青摺衣者四人、摺衣徒伺(者従飼)所扈従也、**鷹飼親王・公卿立本列**、其装束御赤色袍、親王・公卿及殿上侍臣六位以上着麹塵袍、諸衛官人著褐衣・腹巻・行縢、諸衛服上儀、府宰(掌)以上著腹巻・行縢、悉熊皮、唯腹巻四位・五位用虎皮、六位以下阿多良志及麑皮通用、〔無(毛)文、皮者用色皮、〕以上武官着小(差)手、馬寮・内舎人等同諸衛、**鷹飼親王・公卿著地摺布衣及袴**、〔或(用紫)木蘭色(綺袴)、〕小褉子餌袋、**犬鷹著豹皮腹巻**、及到野口、著狼皮行縢、四位以下同大井河行幸、乗輿按行、出日華門、自左近陣於(出)朱雀門夫(火カ)門就路、**鵜人院(浣カ)朝臣・伊衡朝臣、朝頼朝臣在将前、鷹人茂春・秋成・武仲・源教在公卿(前)、鷹人陽成院一親王・按察大納言、(鵜人中務卿・弾正尹・陽成院三親王在公卿前**、仁和二年芹河行幸日、公卿皆著摺衣在前、旧記云、正五位下藤原朝臣時平著摺衣立列亘猟野)、従猟卒行(猟之)、至御輿墳進朝膳、親王・公卿著平張座、於墳頂眺望已(畢カ)下、召中少将、右権中将実頼朝臣・少将中正進持御璽箱・剱、上降墳路、右兵衛佐仲連候御前、**料理鷹人所獲之雉**、殿上六位舁俎具、御厨子所進御膳御台二基、蔵人頭時望朝臣陪膳、侍従以衡賜王卿饌(公)、侍従手長益送、

六条院被貢酒二荷・炭二荷・火炉一具、殿上六位舁之立御前、即解一瓶、**至雉調所充供御**、充公卿料、近衛将監役之、〔〇菊亭家本李部王記(河海抄ヲ以テ校ス)〕(『吏部王記』)

延長七年(九二九)一一月一七日

十一月十七日壬午。**去十五日紛失時杭。自承明門内烏咋落云々**。(『扶桑略記』裡書)

延長八年(九三〇)正月四日

四日、**立作所進雉小焼・荒鱲等**、〔○北山抄、巻第三、大饗事、裡書〕（『吏部王記』）

延長八年（九三〇）六月一四日

十四日丙午。蔵人頭有相朝臣仰外記云。**去九日大極殿内梁上鷺居**。寮占云。子午辰戌年公卿可有病者。此由令告之。（『扶桑略記』裡書）

延長八年（九三〇）八月一二日

十二日。**弁官西戸梁上鳩集**。寮占云。凶也。（『扶桑略記』裡書）

延長八年（九三〇）九月一六日

十六日丙子。**烏咋抜時杭二枚**。陰陽寮占凶由。（『扶桑略記』裡書）

延長八年（九三〇）一〇月三日

三日、**朱雀院令蔵人橘実利、従右近埒辺放御鷹四聯**、〔**大二聯、鷂二聯**、〕〔○西宮記前田家本、巻十二甲、臨時己、凶事、天皇崩事、裏書〕（『吏部王記』）

延長八年（九三〇）一〇月六日

六日、**令実利於船岡辺、放先日所放之遺御鷹二聯**、〔**鷹・鷂各一**、〕〔○西宮記前田家本、巻十二甲、臨時己、凶事、天皇崩事、裏書〕（『吏部王記』）

延長八年（九三〇）一〇月八日

八日、**令御厨子所預主殿允藤原国実・蔵人所備前掾甘南雅通、放蔵人所御鷂六十八率《聯カ》於淀河云々**、（後略）〔○西宮記前田家本、巻十二甲、臨時己、凶事、天皇崩事、裏書〕（『吏部王記』）

延長九年（九三一）二月一八日

十八日、**大極殿鷺怪**、七寺誦経、為息災也、（『貞信公記』）

承平元年（九三一）五月一九日

十九日、右大臣家有殤胎穢、**而先入内裏、右将軍家鵰雉入云々**、（『貞信公記』）

承平元年（九三一）六月一七日

十七日、**鷺居東家**、（『貞信公記』）

承平元年（九三一）一〇月一六日

十六日、**雉入中陪**、占御傍親子午辰戌年人、（『貞信公記』）

承平二年（九三二）三月一四日

十四日、**雉**《（入脱カ）》**神鳴壺**、（『貞信公記』）

承平二年（九三二）九月二六日

廿六日、職曹司定御禊装束司等、**申剋烏喫抜時杭**、（『貞信公記』）

承平二年（九三二）九月二八日

廿八日、**烏咋抜時杭**、伊勢斎宮御禊、入野宮、（『貞信公記』）

承平三年（九三三）四月一日

四月一日。**若狭国貢進雉雛四足卵子等**。（『扶桑略記』裡書）

承平三年（九三三）四月六日

六日、天子《壬カ》、**放若狭国所献之雉於大内山云々**、〔○花鳥余情、巻第四、末摘花〕（『吏部王記』）

承平三年（九三三）一二月一六日

十二月十六日。**殿上侍臣十許人狩猟于大原野放鷹**。狩装極美。

（『日本紀略』）

承平四年（九三四）正月四日

□《正》月四□《日》、乙亥、早朝雨降、巳時天晴、以右馬頭浣《源》朝臣為請客使、未時尊者参入、拝礼如例、尊者御禄白大褂、加物和綾桜色細長、**引出物馬一疋・鷹一聯・犬一牙**、但非参議大弁禄同参議禄、親王禄同納言禄、但親王者有引出物、饗畢後大閤仰云、得大臣客者拝礼之間立南階東辺、得納言者立西辺、此故実也、又可召史生之由、先例申客大臣、而今日左少弁朝綱申主大臣、仍我向弁座勧盃之、次以此誤行罰盃於諸弁、主大臣只此行酒録使事、（『九暦』九条殿記、大臣家大饗）

承平四年（九三四）春

承平四年甲午春。**弘徽殿前橘樹烏作巣**。**為令移去**。勅座主尊意。令修不動法。従第三日。**烏**日日咋巣。飛去北山。七日之内悉以咋去。〔已上伝〕（『扶桑略記』）

承平四年（九三四）二月五日

二月五日乙亥。**官正庁梁上烏巣**。（『扶桑略記』裡書）

承平四年（九三四）一二月二七日

廿七日、允明源氏於中務卿親王家加冠、（中略）主客囲碁、是間余退後、引入纏頭女装束、**贈馬・鷹**、各理髪賜女装由《（云々）》、〔○伏見宮本元服記並立親王記〕（『吏部王記』）

承平五年（九三五）正月四日

同五年正月四日、己亥、早朝参殿、大饗如例、**請客使浣《源》朝臣**、**蘇甘栗使敏仲**、**自陽成院使時雨朝臣被給鮮雉四翼**、給大褂一領、**又自大内蔵人所給鮮雉**、事了右大将・右衛門督・藤宰相等相共御坐寝殿北面、御読説良久、以紫綺小褂給右大将、以裳一襲給藤宰相、（『九暦』九条殿記、大臣家大饗）

承平五年（九三五）二月二日

二月二日。**弁官梁上烏成巣**。有御占。（『扶桑略記』裡書）

承平五年（九三五）九月

承平五年乙未九月。**時司申算一枚**。**烏咋飛去**。御占云。不吉。於常寧殿嘱座主尊意。七日之間修不動法。**至第五日**。**烏咋算飛来**。**置本所而去**。〔已上伝〕（『扶桑略記』）

承平五年（九三五）一二月二日

二日、至左衛門督家、依一男二女元服也云々、主人召冠者敦敏、賜円座於公卿座前、諸大夫伝巾櫛具、〔一人冠箱蓋、一人巾・刀子等、納櫛箱蓋、一人泔坏、加台、〕朝忠理髪、余加冠、了設饗、冠者改服拝云々、了主人御《ママ》冠者、次笛、次管絃、纏頭等事、又親王馬、**理髪鷹云々**、〔○西宮記前田家本、巻十一甲、臨時戊、殿上童元服、裏書〕（『吏部王記』）

承平六年（九三六）正月四日

四日、甲午、天陰、早朝参殿、大饗如常、**献鷹一聯・馬一疋**、**為充引出物也**、（中略）次有引出物、〔尊□□《召》御禄白大褂二領、桜色綾細長、□□□《引出物カ》**馬一疋・鷹一聯・犬一牙**、〕次給親王禄、有引出物、同時各分散、（『九暦』九条殿記、大臣家大饗）

承平七年（九三七）二月一日

二月一日甲申。**太宰府献白雉**。（『日本紀略』）

承平七年（九三七）二月一六日

十六日、与中務卿君詣東八条院、因行明親王今日加元服、先日被招之故也、右近少将良峯朝臣義方理親王髪、左大臣加冠云々、其左大臣女装加紅細長、**賜鷹・馬一**、義方女装加童装束、〔○花鳥余情、巻第一、桐壷〕(『吏部王記』)

承平七年(九三七)一〇月一八日

十八日丁酉。(中略)是日。**白鷺集大極殿東方鴟尾**。即令陰陽寮占之事。(『日本紀略』)

承平八年(九三八)正月一八日

十八日、天皇御弓場、観賭弓、右大臣行兼右大将取四府奏、付内侍奏聞云々、還家、子剋許大臣差維幹朝臣示云、若遂不来向、身恥極云々、仍相扶進向、饗禄如例、予禄桜色綾細長一襲・袴一具、**又鷹一聯**、大臣曰、故左大臣(時平)兼左大将、賭弓勝饗之夜、**例禄之外、以鷹一聯、給中将定方**、依彼例所行也云々、(『九暦』九暦逸文)

承平八年(九三八)三月四日

三月四日。**於御前有闘鶏事**。十番為限。(『日本紀略』)

天慶元年(九三八)八月七日

七日、**鷺集大極殿上**、令民部卿定季御読経請僧、又仰同卿可出斎宮車之状、(『貞信公記』)

天慶元年(九三八)八月二四日

廿四日、地震、**鷺集豊楽院**、(『貞信公記』)

天慶元年(九三八)九月一〇日

十日、**鷺集会昌門**、(『貞信公記』)

天慶二年(九三九)正月二〇日

廿日、呼朝忠朝臣、**昨日鷹二奉入大内**、賜禄帰来、(『貞信公記』)

天慶三年(九四〇)九月一八日

十八日庚辰。**鷺集朱雀門上**。(『日本紀略』)

天慶四年(九四一)八月二四日

廿四日、晩景詣為明源氏五条宅、其寝(殿)南廂東頭西向引入座、〔土敷二枚、加茵、〕即催左衛門督就引入座、觴行六・七巡、纏頭、引入女装(束)一襲、加小褂一重、引出物馬一疋、理髪纏頭了余退帰、**追贈馬一疋・鷹一聯**、〔○花鳥余情、巻第一、桐壷〕(『吏部王記』)

天慶五年(九四二)四月八日

八日辛酉。**神祇少祐大中臣正直献白鳥一翼**。(『日本紀略』)

天慶五年(九四二)一一月二二日

廿二日、盛明源氏加元服、右大将実頼加冠、纏頭、**大将加馬・鷹各一**、〔○花鳥余情、巻第一、桐壷〕(『吏部王記』)

天慶八年(九四五)正月五日

五日、詣右相公饗所、寝殿西放出設客座、(中略)了**御鷹飼渡到立作所**、其犬飼留中門、(後略)〔○西宮記前田家本、巻一、年中行事、正月、臣家大饗〕(『吏部王記』)

五日、右大臣家饗、羞饌次第、汁物後茎立、**次腹赤雉**、次蘇甘栗、史生就後、**御鷹飼右近将監文仲・左近将監上道守世服野装**、**臂鷹担雉度庭到立作所**、其犬飼留中門、〔○北山抄、巻第三、大饗事、裡書〕(『吏部王記』)

同八年、〔乙巳、〕正月五日、〔壬寅、〕朝陰晩晴、早旦参殿、巳剋退出、今日右大臣大饗、午時向彼殿、〔小野家、〕(中略)次引出物、上﨟親王四人各馬一疋、**次親王二人各鷹一聯**、但章明親王未及給禄退出也、戌時各分散、今日無雅楽寮音楽、是依殿下御悩未平畢也、（後略）（『九暦』九条殿記、大臣家大饗）

天慶八年（九四五）一〇月二日

二日、**内裏・東宮各貢鷹二聯**、以中将・宮権為使、（『貞信公記』）

天慶九年（九四六）五月一五日

十五日、甲辰、卯時野鹿入従春華門、出自宜秋門、**又巳時鵃雉集梨壷西垣**、上幸八省院奉幣伊勢並諸社祈雨、又京畿七道明神依前例告即位之由、（『貞信公記』）

天慶九年（九四六）八月一七日

十七日、行幸朱雀院、覲太上皇・大后、本院親王以下次侍従等賜禄、有音楽、**臨還御被献鷹・馬・犬等、馬四疋、鷹聯**、《脱アルカ》**犬二牙**、（『貞信公記』）

天慶九年（九四六）一二月四日

四日、従朱雀院使仲陳朝臣有恩問、亦**賜雉・鯉等**、白細長袴贈御使、（『貞信公記』）

天暦元年（九四七）六月九日

九日壬戌。**従朱雀院被進鶻鷹四聯**。**犬二牙**。使修理亮藤原仲陳。賜被物紅染褂一領。（『日本紀略』）

天暦元年（九四七）七月一日

一日、（中略）**西時鷺集豊楽殿北廊**、占云□、（『貞信公記』）

七月一日甲申。**酉時**。**鷺集豊楽院北廊**。占之。（『日本紀略』）

天暦元年（九四七）七月二三日

廿三日、（中略）十五大寺並有供寺々始自今日三个日令転読仁王□《別カ》為攘怪異不詳也者、（『貞信公記』）

廿三日丙午。（中略）又弁官聴請卅口僧。**有読経事**。**今月一日**。**文殿居鷺之故也**。（後略）（『日本紀略』）

天暦元年（九四七）八月七日

七日、戊子、上御南殿、召博士等如例、**鷺集南殿前庭**、（『貞信公記』）

天暦元年（九四七）一〇月一九日

十九日、**雉入左衛門陣艮方**、（『貞信公記』）

天暦元年（九四七）一二月九日

九日己丑。**上皇御覧鸕鷀入水**。（『日本紀略』）

天暦二年（九四八）正月四日

天暦二年正月四日、甲寅、晴、依明日大饗経営不他行、斉敏朝臣来云、昨日消息申丞相了、答云、心労上有所悩不能参向者、中務卿重明親王光臨、被謝去二日参向之由、勧酒盃、還出之間頗以相送親王、還□悚息、桃園宰相来訪明日饗事、**労送引出物料馬一疋・鷹調度等**、自殿差助縄真人、仰云、明日饗事如何、今年最初饗也、殊用意不可有闕怠、又鷹三聯送遣、択宜留者、謹奉仰給留一聯、奉向《迎》西宮内親王等、依明日饗也、（『九暦』九条殿記、大臣家大饗）

天暦二年（九四八）七月三日

三日、**河面牧内山下取巣鷹一聯**、**加出羽守所送若鷹一**、**差伊尹朝臣奉入朱雀院**、（『貞信公記』）

天暦二年（九四八）八月二八日

廿八日甲辰。**太上皇御九条院便於芹川野有小鷂之興。**（『日本紀略』）

天暦二年（九四八）九月二日

二日、**午時碓女鳥九集宜陽・春興殿間、**（『貞信公記』）

天暦二年（九四八）一一月一三日

□《十》三日、**従朱雀院給雉二翼、**昨日宇治西所取者、御使兼家朝臣、被物綾細長一重、（『貞信公記』）

天暦三年（九四九）正月一一日

十一日、午終請客使侍従延光朝臣来、即参向、延光時時前駈、拝礼如常、　初献、式明親王勧尊者、主人勧納言、次第理可然而已、相違太閤教命、給禄如例、被物桜色唐綾張合細長、**引出物鷹一聯・犬一牙・馬一疋、**依御悩止楽、事了参門外、承案内、垣下親王重明・式明・有明・章明、弁・少納言前立机二脚、事非前例、甘栗勅使禄袴染色過差、仍天気不快云云、（『九暦』九暦抄）

天暦三年（九四九）三月三〇日

卅日癸酉。**於官東庁奉読金剛般若経。祈鷺集怪也。**（後略）（『日本紀略』）

天暦三年（九四九）七月三日

三日甲辰。（中略）**又豊楽院承観堂上。鷺集。**令占。申失火兵革事。（『日本紀略』）

天暦四年（九五〇）五月二四日

廿四日、（中略）式部卿重明親王差源朝臣講奉問、**大宰帥有明親王先差使、送雉一翼并家池鯉二隻、**其後躬自来臨奉問、（後略）（『九暦』九暦逸文）

天暦五年（九五一）一〇月二六日

廿六日、甲寅、申剋初聞食魚類、〔降誕之後、来月満廿ヶ月、世俗云、及廿月聞食魚云々、而故女一親王満廿月初勧魚、其例不宜、仍今月所供、〕頃月御膳、以銀御盤八口・御羹垸四種等奉供、而始自今日加供土器御膳、権亮有相朝臣奉仕陪膳、供了之後、右兵衛佐兼家奉抱　殿下、就昼御座、有相朝臣先供鯛、**次供他魚鳥、**下官及左衛門督源朝臣〔高明〕・大夫藤原朝臣候御前、（後略）（『九暦』九暦逸文、大臣家大饗）

天暦七年（九五三）正月四日

天暦七年正月四日、乙卯、晴、早朝出言《宮》、申剋請客使侍従重光朝臣来、即進尚《向カ》、（中略）**引出物鷹一聯・馬一疋、**光《先》例或時者尊者被物之後取馬綱、而□《雖》□《不》拝之、牽而出、而今夜酔気過度、直以退出、（『九暦』九条殿記、大臣家大饗）

天暦七年（九五三）正月五日

五日、丙辰、晴、家饗、（中略）**又先例引出物馬・鷹相交也、而今日留鷹加馬、其故者昨日左閤引出鷹之次示云、吾不知此物之首尾善悪云々、加以想像彼定方大臣之饗只有馬二疋無鷹、是依尊者不受鷹也、**依彼例等所行也、（後略）（『九暦』九条殿記）

天暦一一年（九五六）正月一四日

十四日、未剋蘇甘栗勅使蔵人致忠、禄如例、酉剋公卿来集、（中略）次即取尊者禄被之、尊者馬二疋、**垣下親王各鷹、**加物紅花唐綾合細合一重等、（『九暦』九条殿記、大臣家大饗）

天徳元年(九五七)一一月一六日

十一月十六日、**大原牧貢鷹一聯・馬四疋、**又牧司清原相公貢鞲二枚・熊皮五枚、(『九暦』九暦抄)

天徳二年(九五八)一二月七日

七日癸未。**軒廊御卜。住吉社鶏不鳴事。**(『日本紀略』)

天徳三年(九五九)正月一三日

天徳三年正月十三日、**依故殿例、大饗料所儲酒食・魚鳥等令給史、**又送勧学・崇親両院、(『九暦』九条殿記、大臣家大饗)

天徳五年(九六一)正月一七日

十七日。**召陸奥所進鷹犬於侍所覧之。**〔助信申之〕朝忠朝臣令申云。**故御春武仲遭喪之間以源教。権為御鷹飼。以件例左近府生公用遭喪之間。以源撰被補御鷹飼。仍便令補撰。**〔○花鳥余情桐壷〕(『村上天皇御記』)

応和四年(九六四)二月五日

五日壬子。為平親王遊覧北野。子日之興也。平旦天陰。及午剋漸晴。同刻召為平親王。参議伊尹朝臣於前。**又召覧陪従殿上侍臣鷹飼等被馬。**〔四位着直衣、五位着狩衣、**鷹飼四人着野衣装、**〕又召従親王小童三人。其騎馬等同覧。未刻許。**為平親王。使蔵人所雑色藤原為信。献鮮雉一翼。助信朝臣所捕獲云々。**(後略)〔○大鏡裏書〕(『村上天皇御記』)

五日壬子。今日。第四為平親王自禁中出北野。有子日之興。中納言師氏以下多以陪従。**供鷹犬等。**(『日本紀略』)

康保元年(九六四)一〇月二五日

廿五日丁卯。有政。是日。於左近陣座諸卿有一種物。**魚鳥珍味毎物一両種。**於中重調備之。参議雅信。重信。儲菓子飯。本陣儲酒。自殿上蔵人所給菓子等。左大臣早退出。不預此座。弁少納言外記史同預之。(『日本紀略』)

康保二年(九六五)七月二一日

廿一日。仰蔵人頭延光朝臣云。以左馬助源満仲。右近府生多公高。〔兄右近将監公用譲、〕右近番長播磨貞理〔父右馬属陣平譲、〕等。**并為御鷹飼。**〔○河海抄藤裏葉、花鳥余情桐壷巻〕(『村上天皇御記』)

康保五年(九六八)四月一日

四月一日癸丑。(中略)**又午刻鷗数百群飛。宮中翔鳴。向北往。**(『日本紀略』)

康保五年(九六八)八月四日

四日乙卯。去夜子刻。地震。**鳥獣驚鳴。**(『日本紀略』)

安和二年(九六九)六月三〇日

卅日乙巳。**於八幡宮鳥鳩相闘之事。**(『日本紀略』)

天延二年(九七四)九月一五日

十五日庚申。**鵄飛来日華門下。咋抜時杭落地。**(『日本紀略』)

天延三年(九七五)三月一七日

十七日。夜亥時許。**鵂満天飛。其鳴声似童子泣。**(『日本紀略』)

天延三年(九七五)七月一日

七月一日辛未。日有蝕。十五分之十一。或云。皆既。**卯辰刻皆虧。如墨色無光。群鳥飛乱。**衆星尽見。詔書大赦天下。大辟以下常赦所不免者咸赦除。依日蝕之変也。(『日本紀略』)

天延四年（九七六）二月二五日

廿五日壬戌。季御読経竟。今日。諸卿定申。但馬国言上。出石大社内烏鵲集会。古老云。国内第一霊社也。烏雀蚊虻不入云。仍有占卜。（『日本紀略』）

天延四年（九七六）二月二六日

廿六日癸亥。（中略）今日。諸卿定申。去十九日。興福寺幢鳳形上水鳥来。仍有占卜。公家并氏卿可被慎者。石清水社相当坤方。仍行幸延引。（『日本紀略』）

貞元三年（九七八）四月二五日

小右記云、天元元年四月廿五日、昨日、従出羽国鷹八聯・犬八牙、令籠物忌、今日御覧、侍臣等不勅（整）止束帯、臂鷹出自侍所候御簾下、御覧了出之、所衆・出納等、牽犬入自仙花門、跪御前令覧了、各牽出、其後召犬飼等覧之、各牽犬、蔵人頭蒙勅令班給鷹・犬、第一御鷹・犬等被奉青宮、次賜近江供御所、次御鷹飼、次第相取之、出西陣下行此事、須奉宮之後給御鷹飼等、然後供御鷹飼者也、不知先例歟、随御鷹次第給犬也、（『小右記』逸文「花鳥余情」一桐壷）

貞元三年（九七八）八月二三日

廿三　烏咋返左仗左大将座怪事、（『小右記』編年小記目録）

天元元年（九七八）

同年。延暦寺沙門真覚入滅。権中納言藤原敦忠卿第四男也。初在俗時。官歴右兵衛佐。去康保四年出家。従師受両界法。阿弥陀供養法。三時是修。一生不廃。臨終之時。有微病。相語同法等曰。有尾長白鳥。囀曰。去来去来。即向西飛去。又曰。閉目即極楽之相髣髴現前。入滅之日。誓願曰。我十二箇年所修善根。今日惣以廻向極楽。入滅之夜。三人同夢。衆僧上龍頭舟来。相迎而去焉。（已上出往生伝）（『扶桑略記』）

天元三年（九八〇）閏三月二六日

廿六日己巳。同竟。戌剋。鷗自南飛北。其員数百。（『日本紀略』）

天元三年（九八〇）八月一三日

十三日。右衛門府献異鳥。近江国所進也。（『日本紀略』）

天元三年（九八〇）八月一一日

十一　大鳥落西京事、（『小右記』編年小記目録）

天元五年（九八二）五月九日

九日、庚子、従内参左府、今日府真手結、称障不着、昨日不参中宮、身候禁内之内侍・命婦・蔵人等禄、今朝差宮司令領給、又所々女官等同令領給、或所□（令）賜青鳥（鳬カ）、是尋旧例所被行也、台盤所饗後院侍所饗其人云々、（『小右記』）

天元五年（九八二）六月二七日

廿七日、丁亥、風吹、早朝退出、蒼鷺為鷹被進入寝屋中、仍令占、非深咎、然而可慎者、（『小右記』）

天元五年（九八二）七月三〇日

卅　（中略）鷺集南殿棟上事、（後略）（『小右記』編年小記目録）

天元五年（九八二）八月一六日

十六　依鷺怪、被行臨時御読経事、（後略）（『小右記』編年小記目録）

永観元年（九八三）七月一三日

十三（中略）**白鷺集南殿、〔有御卜、〕**自今日於御所以余慶被行北斗法、（『小右記』編年小記目録）

永観三年（九八五）正月二五日

廿五日、庚午、**従今年永止食卯子、**以勝祚令申本尊、（後略）（『小右記』）

永観三年（九八五）三月四日

四日、戊申、時々雨、早朝従内罷出、晩景参院、右大臣・左右両将軍・三位中将等参入、各遣取一種物、頻有盃酒、事已及深更、有和歌事、是奉和御製、**去朔日鶴飛来池頭、仍有御製、奉和彼御歌、**（『小右記』）

寛和元年（九八五）四月二七日

廿七日、辛丑、参内、**卯時水鳥集宜秋門陣前桜樹、召陰陽師令奉仕御占、〔盗・兵・火事・疫癘者、〕**（後略）（『小右記』）

寛和元年（九八五）五月二日

二日、丙午、此暁二品尊子内親王薨、〔冷泉院二宮、〕**讃岐介送青鳧五十貫、**今夜前加賀守朝臣・遠資・遠業朝臣等有所々饗・碁手儲、（『小右記』）

寛和元年（九八五）五月一六日

十六日、庚申、（中略）**信濃国献生白雉、**（『小右記』）

寛和元年（九八五）五月二一日

廿一日、乙丑、剋限参内、入夜参院、候宿、**被放信濃国之所献白雉於北野奥山、**以右近将曹秦興蔚・看督使布勢信茂等被遣放、（『小右記』）

寛和二年（九八六）三月七日

七日乙亥。**東宮有闘鶏事。〔八十番〕**（『日本紀略』）

寛和二年（九八六）三月一二日

十二　臨時祭試楽事、**〔鷺集校書殿上事、**有御占事、〕（『小右記』編年小記目録）

永延二年（九八八）閏五月九日

九日、甲午、（中略）**昨日卯時水鳥集宜秋門陣前樹、即飛去集大極殿上、**御占云、非有怪所之火事、奏兵革事歟者、（後略）（『小右記』）

永祚元年（九八九）一一月二一日

廿一日、戊戌、参内、両源中納言・左兵衛督・大蔵卿・左大弁・春宮権大夫相率参摂政殿、今日冷泉院三宮御元服、於南院東台有此事、母屋立御帳、々々前有理髪等具、南又庇有公卿座、左右丞相・内大臣及他公卿皆悉参入、戌二点理髪、〔参議佐理、〕加冠、〔左大臣、〕盃酌数巡之後公卿及殿上人官等被物有差、加冠出引物、〔馬二疋、〕右大臣、〔一疋、〕**理髪、〔鷹一聯、〕**不具記、（『小右記』）

永祚二年（九九〇）八月三日

三日、乙巳、**昨日異鳥〔似魚虎鳥、頗大云々、〕入南殿、捕留給左近陣令養云々、其鳥名不詳、或云、水乞鳥、説々極多、**占申云、可有御薬・兵革・火事者、（『小右記』）

永祚二年（九九〇）八月七日

七日、己酉、右近府生公明云、昨日辰時蔵人所民部丞通雅来、**右近陣見異鳥之間飛去云々、**覚慶僧都示送云、御薬此両三日不発御者、（『小右記』）

正暦二年（九九一）九月一〇日
十日丙午。**尾張国献白雉**。（『日本紀略』）
正暦四年（九九三）正月二八日
廿八日丁巳　参内府大饗也、
午後雪雨降、（中略）次進飯、**次鷹飼渡南庭**、次汁物、次四献、
（後略）（『権記』）
正暦四年（九九三）九月二日
二　**鷺居屋上事**、（『小右記』編年小記目録）
正暦六年（九九五）二月一七日
十七日、癸巳、右府二郎加首服之日也、（中略）其後牽出物馬
一疋、覂駕人不敢騎、〔関白所被志云々、絹五十疋相加被奉
云々、〕道長卿取綱末一拝出、**理髪鷹一聯**、今夜事無定事、如
大饗如賭弓、事頗雑乱、難為規模也、（『小右記』）
長徳二年（九九六）閏七月一七日
十七　**大宋国献鵝有入京間事**、（『小右記』編年小記目録）
長徳二年（九九六）閏七月一九日
十九　**大宋国鸚鵡・羊入朝事**、（『小右記』編年小記目録）
長徳四年（九九八）八月一〇日
十日、丙申、火閉、〔御物忌、**興福寺御塔烏巣怪**、御年不当、〕
（『御堂関白記』）
長徳四年（九九八）一一月一一日
十一日丙寅、火満、〔御物忌、**興福寺御塔烏巣怪**、御年不
当、々々《重物忌カ》、不中御年、〕（『御堂関白記』）
長徳四年（九九八）一一月二一日
廿一日、丙子、水建、〔御物忌、**興福寺御塔烏巣**、大野《原脱》祭、〕
（『御堂関白記』）
長徳四年（九九八）一一月二五日
廿五日（中略）**以右近府生下毛野公奉為御鷹飼之由**、依勅仰出
納允政、撰朝臣不勤事之替也、（『権記』）
長保元年（九九九）正月二七日
廿七日辛巳。**東三条院侍大膳進藤原仲遠献白雉**。（『日本紀
略』）
長保元年（九九九）八月二九日
廿九日、己卯、**召使建部信兼外記局物怪占方進之、〔去廿七
日烏怪、〕**（『小右記』）
長保元年（九九九）九月三日
三日、壬午、**今明外記烏物忌**、不着座人必不可忌慎、然而
前々人尚所慎、仍只禁外行許耳、（『小右記』）
長保元年（九九九）一一月二六日
廿六日、乙巳、五節几帳四基・火桶鋪設等分奉宮御方、又送
火桶等於処々、**菓子・魚鳥等類同奉**、外記史生以使部令進見
参、申云、五節間先例賜酒肴者、事極奇怪、仍召大外記善言
朝臣、為後々仰事由、善言朝臣再三驚申也、（『小右記』）
長保二年（一〇〇〇）正月二八日
廿八　**法性寺幢鳳形背烏巣**、（『小右記』編年小記目録）
長保二年（一〇〇〇）一〇月一七日
十七日庚申（中略）西剋退下宿所之間、左近府生茨田重隣申云、
［　］**下有雄雉、府生軽部公友并内豎等相共［　］指南廊飛去**、

当廊壁更北飛、**落于時陽《昭カ》舎内**［　］**不獲之**、仰慥可尋之由、参上殿上、于時重隣申□山鶏之由、仍令則隆奏、即依仰令候左近陣、野鳥［　］可慎其怪矣、（後略）（『権記』）

長保二年（一〇〇〇）一〇月一八日

十八　**山鶏入南殿事**、（『小右記』編年小記目録）

長保四年（一〇〇二）九月二二日

廿二　去廿日、**鷺集御前庭事**、（『小右記』編年小記目録）

長保六年（一〇〇四）正月三日

三日、戊子、火閉、〔**鷺病**、□《御カ》物忌、□病、〕（後略）（『御堂関白記』）

長保六年（一〇〇四）二月一四日

十四日、戊辰、木除、〔**鷺病**、御物忌、〕（『御堂関白記』）

長保六年（一〇〇四）三月一四日

十四日、戊戌、木破、参大内、奉平天文奏持来、**巳時居鷺**、（『御堂関白記』）

長保六年（一〇〇四）三月二七日

廿七日。諸卿定申宇佐宮訴事。僉議之間。陣座南方有雷電。公卿怖畏。右大臣。并時光。俊賢等退出之間。**於櫛笥少道**。**鳩飛渡上達部首上**。**於宇佐神人宿所**〔**左近府南門**。〕間失。疑是大菩薩御変現歟。俊賢卿独定申不可遣推問使之由。人々尤為奇。（『百錬抄』）

長保六年（一〇〇四）五月五日

五日、戊子、火危、**枇杷殿所々一鷺居**、渡土御門、従未時許雨下、（『御堂関白記』）

寛弘元年（一〇〇四）八月六日

六（中略）**鳩入大極殿事**、（後略）（『小右記』編年小記目録）

寛弘二年（一〇〇五）三月二六日

廿六日、甲戌、伊予守朝臣云、外師今日被聴昇殿、今夕可被参内者、（中略）予州亦云、**雉入宅**、**重怪者**、（後略）（『小右記』）

寛弘二年（一〇〇五）六月一三日

十三日己丑（中略）又参内、候御前、右内相被参、**右大臣被行賀茂御社鵄入御殿死怪御卜**、中臣不候、而依有先例、無中臣官人被行之間、少副守孝参入、仰令候座、神官申怪所神事違例、寮申神事違例之内卯辰巳方兵革事、即被奏、占方入覧箱、次右衛門督被行内文、亥剋事畢、（『権記』）

寛弘二年（一〇〇五）一〇月一五日

十五日、庚寅、今明京渏花寺怪物忌、只開東門、頭中将云、**一昨日烏入朝干飯方**、**集御几帳上**、**通昼御座飛去**、**是怪異也**、式部卿宮曰、村上先帝臨崩給程有此怪者、左大臣参木幡云々、三位病無増気云々、（『小右記』）

寛弘二年（一〇〇五）一〇月一七日

十七　**烏怪御卜事**、（『小右記』編年小記目録）

寛弘三年（一〇〇六）正月一六日

十六日己未　暁更浴、聊書所思参社頭、**到祓戸柱《程カ》雉騒鳴**、奉**幣読祝之間**、**第三神殿上有烏**、罷出之間逢鹿、皆吉祥也、（後略）（『権記』）

寛弘三年（一〇〇六）一〇月一一日

十一日、庚辰、物忌、辰時許門外蔵人定輔来云、**只今御前山鶏入来、瀧口紀宣輔射得之、**仰云、召陰陽師等、可令占云、（後略）（『御堂関白記』）
十一日庚辰。**山鶏飛入一条院。瀧口宣輔射之。**給禄。（『日本紀略』）

寛弘三年（一〇〇六）二月五日
五日、癸酉、教通・能信等元服、用内時、加冠右府・春宮大夫、理髪頼定・公信等也、右府従《衍》今朝従春宮給御馬二疋・塩《隠カ》文帯・平塵長劔・女装束・織物掛・打掛等也、**春宮大夫馬一疋・鷹一聯、**（後略）（『御堂関白記』）

寛弘五年（一〇〇八）正月二五日
廿五日丁亥　参左府、大饗也、左大臣家大饗、（中略）次飯、**此間鷹飼渡、**〔右近府生公奉、〕**次汁物、**〔**汁膾、鶏焼、**〕次四献、（後略）（『権記』）

寛弘八年（一〇一一）三月六日
六日、己卯、或云、相府穢事為秡清、（中略）亦**烏不来秡所止、穢以前々烏相集云々、**（『小右記』）

寛弘八年（一〇一一）八月二〇日
廿日辛酉。**烏咋抜時杭。**（『日本紀略』）

寛弘九年（一〇一二）六月八日
八日、甲辰、（中略）光栄反閉之間、**鵄落死鼠、**光栄傾寄《奇》、誠是不吉徴歟云々、今夜重上表、（後略）（『小右記』）

寛弘九年（一〇一二）七月二五日
廿五日、辛卯、春宮大夫斉信卿使前加賀守朝臣、〔兼隆《澄》、〕注送唐暦一帙第七糾、件事前日清談次事也、其文注裏、
唐暦一帙七巻、
景成《戌》、**有雄雉飛集東宮顕徳殿前、**太宗問群臣四《曰》、是何祥也、**褚遂良対曰、昔秦文公時、**有章《童カ》子、**化為雉、雌者鳴於陳倉、雄者鳴於南陽、**童子言曰、得雄者王、得雌者覇、**文公遂以為宝鶏祠、漢光武得雄、遂赴《起カ》南陽、而有四海、陛下旧対《封カ》秦王、故雄雉見於秦起《地カ》、所以彰表明徳也、**太宗悦曰、立身之道不可無学、遂良博識、深可重也云々、引見唐暦、既無相違、（後略）（『小右記』）

寛弘九年（一〇一二）八月七日
七日壬寅。**時杭三枚。烏咋抜。**（『日本紀略』）

寛弘九年（一〇一二）一一月五日
五日、戊戌、早朝参大内、時剋着左丈座、奏官奏、日晩退出、**白間鷹令御覧、**右大弁初候奏、（『御堂関白記』）

長和二年（一〇一三）八月九日
九日、戊辰、今日於府給還饗、**禄・饗料魚鳥類等令送遣也、**将監禄白合掛、将曹単重、府生疋絹、立合・相撲長・相撲・雑駈仕等禄信濃布、各有差、相撲勝者三端、持并不取者二端、負者一端、米十石・瓜六籠・菓子・**魚鳥類等在送文、**最手常《経》代《世》罷帰了、仍不給例禄、〔絹一疋・布一端也、〕見参相撲人十一人、〔令進見参了、〕相撲近衛葛井重頼申高田牧場三疋、令給一疋下文、（後略）（『小右記』）

長和四年（一〇一五）二月一二日
十二日癸亥。（中略）今日。**大宰大監藤原蔵規進鵞二翼。孔雀**

一翼。（『日本紀略』）

長和四年（一〇一五）三月二日

二日、壬午、**従興福寺、鴨《マヽ》一双居南円堂等上解文、**令光栄・吉平等占、（『御堂関白記』）

長和四年（一〇一五）四月一〇日

十日、己未、依物忌籠、**蔵規朝臣所献孔雀未弁雄雌、酉時東池辺生卵子、**近辺食置草葉蔵之、見付者云、至于此昼不侍、**今間如鶏払土、其後又見之有之、作如巣物入卵子、置塒上、孔雀見之啄物、又為如蔵、**見御覧孔雀部云、為鳥不必匹合、正以音影相交、便有孕云々、以此知自然孕也、文書有信、（『御堂関白記』）

長和四年（一〇一五）四月一一日

十一日、庚申、（中略）昨、**孔雀於北《小キ》南第生子、〔卯《卵》自鶏頗大、〕無雄生卯《卵》可奇、**政職朝臣所談、（『小右記』）

長和四年（一〇一五）四月一二日

十二日、辛酉、（中略）**孔雀又生子、**（『御堂関白記』）

長和四年（一〇一五）四月一六日

十六日、乙丑、**式云、相有孔雀隔生日卯《卵カ》云々、無雄生子、希有事也、或云、聞雷声生子、又臨水見影生子云々、**見書記云々、可尋本文、（『小右記』）

長和四年（一〇一五）閏六月二五日

廿五日癸卯。**大宋国商客周文徳所献孔雀。**天覧之後。**於左大臣小南第。作其巣養之。去四月晦日以後。生卵十一丸。異域之鳥忽生卵。時人奇之。或人云。此鳥聞雷声孕。出因縁自然論云々。但経百余日未化雛。**延喜之御時。如此之事云々。（『日本紀略』）

長和四年（一〇一五）八月一日

一日、戊寅、（中略）**戌剋鷺集新造寝殿上、昏黒不慥見、其体鷺也、**（『小右記』）

長和四年（一〇一五）八月二日

二日、己卯、**昨鷺怪吉平占云、可慎病事者、**（傍書）「怪日以後廿五日内及十月・明年正月節中甲・乙日、皇延法師推云、甲・乙日可慎、壬・癸日慶賀、期同吉平、」**鷺怪従故殿御時至今必有慶賀、然而依占之吉凶、定怪之善悪耳、**（後略）（『小右記』）

長和四年（一〇一五）八月二九日

廿九日、丙午、参太《大》内、**孔雀抱子、従四月廿日許今月及廿日、後不抱、無還事、**先年外記日記同之、（『御堂関白記』）

長和四年（一〇一五）九月一六日

十六日、癸亥、（中略）今日召使持来占方、**昨巳時外記物怪、烏入庁内、大臣以下中納言已上座、或咋散倚子茵、或臥《仆カ》前机、**占、今日壬戌、時加巳、〔怪日時、〕勝光臨申為用、将天后、中天罡騰虵、終功曹六合、卦遇元首校童迭《佚カ》女、

推之、怪所巳・亥年人有病事歟、期今日以後四十五日内、及明年五・六・七月節中戊・己日也、

主計頭安倍吉平（『小右記』）

長和四年（一〇一五）一〇月一二日

十二日、己丑、今日左大臣被向宇治、（中略）閑廻愚案、今日

逍遥不快、其故者、執柄人出洛隔宿之興、可択無忌之日歟、今日道空日并帰忌日也、**亦外記物忌、相府御年《(寅年)》誠雖不当、彼倚子畳為烏被咋落、又前机仆、**亦従十日七箇日維摩会、此間長者不可有漁狩之興歟、或云、今日内可帰給云々、資平騎馬寮御馬、返送厩馬、（後略）（『小右記』）

長和四年（一〇一五）二月一六日

十六日壬辰。**小鳥群飛覆天。此近日連々如此。**（『日本紀略』）

長和四年（一〇一五）二月二九日

廿九日、乙巳、**此月中旬小鳥群飛北数日、従午後及晩景、**（『御堂関白記』）

長和五年（一〇一六）二月二六日

廿六日、辛丑、（中略）来月二日行幸、御燈潔斉間如何、其事若及摂政聞歟、摂政云、行幸事如何、**彼日不可用魚鳥、依御潔斉間、左右思慮、可無便宜、**両三卿相云、〔余在此中、〕初移御一条院、**無便供浄食御膳、饗饌同又如此、又潔斉内不可用魚鳥饗饌、**摂政命云、猶可令改勘行幸日者、以資業略被問吉平・文高等、申云、六月甲戌日吉日、但当摂政御衰日、如何者、（後略）（『小右記』）

寛仁元年（一〇一七）八月七日

七日壬申　未剋被立廿一社奉幣使云々、為攘虫也、右大将被奉行之、人々語、**数千烏《鳥イ》近日相集田畝、湌失蝗虫云々、**〔是被定奉幣事并可読経之由官符、自賜諸国以来所湌云々、〕（後略）（『左経記』）

寛仁元年（一〇一七）一二月四日

四日戊辰　大殿令任太政大臣給、（中略）立赤木机等居物、皆如先例、一献粉熟、**三献飯汁、〔汁焼雉、〕四献又汁、〔雉焼物、唐合、〕**五六巡召録事、（中略）次有牽出物、〔摂政殿馬一疋、鷹一聯、左右大臣各馬一疋、〕（後略）（『左経記』）

寛仁二年（一〇一八）四月一四日

十四日、丁丑、宰相来云、遷宮事不定云々、今日卿相両三於大殿被議定、是理義朝臣説者、頼祐朝臣云、大殿移給上東門第不定由云々、**去月新造上東門第寝殿上鴨集、**其物忌廿七・八日、々々渡給日也、其物忌摂政重可被慎、破物忌不可被参怪所、依此事可延引由云々、（『小右記』）

寛仁三年（一〇一九）二月九日

九日、丁酉、（中略）忠明宿禰云、去六日大殿服魚味、**両三年断魚鳥、依目病被服云々、**（『小右記』）

寛仁三年（一〇一九）二月二三日

三年二月廿三日。日花門顛倒。**又仁寿殿西簷烏喫栖。**為奇。（『百錬抄』）

寛仁三年（一〇一九）七月一三日

十三日、戊辰、（中略）**造伊勢大神宮神宝行事所廻文云、可被進鷲羽事、五十枚、**右造神宝箭料、依例所廻如件、今月廿日以前被進送神祇官西院、（後略）（『小右記』）

寛仁三年（一〇一九）七月一五日

十五日、庚午、（中略）**摂政殿以頼祐朝臣被給興福寺鷺占方、**〔**集金堂上、**氏長者可慎病事、己未年人可慎口舌、怪日以後廿日内及十一月・十二月節癸《(亥カ)》日云々、〕（『小右記』）

寛仁三年（一〇一九）七月二五日

廿五日、庚辰、**鷲羽五十枚進送造伊勢神宝行事所、依先日廻文也、**（後略）（『小右記』）

寛仁四年（一〇二〇）一〇月七日

七日甲申　天晴、参内、（中略）人々云、**校書殿東砌上有雉云々、**召陰陽師、於蔵人所有御卜、〔火事、兵乱、〕（『左経記』）

七日甲申。**安福殿前雌雉来居。即飛去。**有御占。（『日本紀略』）

治安三年（一〇二三）一二月二三日

廿三日、壬午、（中略）**今日辰時鷺集寝殿、**重通《守道カ》朝臣召《占カ》云、可慎病事、非然近習丑・来《未カ》如依病避所歟、期今日以後卅日内・明年五月・六月・十月節・中戊・己日云々、吉平召《占カ》云、丑・未・卯・酉如可慎病事、期卅日内戊・己日者、不取遠期、（後略）（『小右記』）

治安四年（一〇二四）七月一二日

十二日、丁酉、**鷺集階隠、不為怪、有他処例也、其後鷺在池頭、随身近衛信武射留、未死云々、時《射カ》切股云々、**（後略）（『小右記』）

万寿二年（一〇二五）正月二〇日

廿日癸卯　晴、午剋許参関白殿、（中略）次居飯、**鷹飼率犬飼、〔雉一枝令取犬飼、〕出御既経南山路、列西中門、渡南庭、応《鷹カ》飼取雉到立作所付雉、**賜盃禄如常、了経東池上階去了、次雅楽自西中門参入、（中略）**舞間汁物、〔汁鱠、焼雉、〕**（後略）（『左経記』）

万寿二年（一〇二五）三月一七日

十七日、己亥、（中略）**内府児童闘《覧カ》鶏、**新中納言〔長家、〕・左大弁〔定頼、〕・三位中将〔師房、〕・源宰将〔朝任、〕会合、雲上人等到、亦有勝負楽云々、（後略）（『小右記』）

万寿二年（一〇二五）八月二八日

廿八日、丁丑、（中略）侍従経任従大納言許来云、去夜丑時産、不幾児死、即産婦女《母カ》已立種々大願、**父大納言誓云、一生間不食魚鳥、**亦母為尼、此間蘇生、（後略）（『小右記』）

万寿三年（一〇二六）二月二九日

廿九　**鴿飛出敷政門事、**（『小右記』編年小記目録）

万寿三年（一〇二六）五月九日

九日甲申　天晴、参内、（中略）右府召守隆吉平等、**賜太宰所言上之解文令卜、〔解状云、宇佐宮御殿前所生之柞木枯、并南殿楼上鴨集云々、〕**神卜云、木枯事、社司依神事違例之咎有事歟者、**鴨集事、自未申酉方角奏兵乱事歟、兼有疫癘事歟者、**陰卜云、木枯事社司有相論事歟、**鴨事自未申巽角奏兵乱事歟、兼有疫癘事歟云、**〔皆書宿紙、〕右府令左頭中将奏之、仰可令勘被謝却如此之卜筮咎之例者、即被召仰大外記頼隆云々、（『左経記』）

万寿三年（一〇二六）七月四日

四　**鳩入南殿事、**（『小右記』編年小記目録）

万寿三年（一〇二六）七月二三日

廿三日、丙寅、相撲所定文返給、（中略）山陽道相撲使随身相撲人等参来、（中略）於随身所給瓜、**鷺集南林、随身信武以石打落、翼折不能飛、**（『小右記』）

万寿三年（一〇二六）九月二三日

廿三日、丙寅、（中略）入夜中将来云、今日有政、**侍従所之間、鳩飛舎内、不早飛出、**可令古《占カ》吉凶之由仰彼所者、（『小右記』）

廿三日丙寅　天晴、参結政、有政、（中略）**母屋中在山鳩、**左大弁依上宣召仰所預云、只今午三刻也、早書卜方、可令下其卜方者、随卜出可令覧着座上宰相等、事了引参陣、（後略）（『左経記』）

万寿四年（一〇二七）七月四日

四日、壬寅、（中略）大外記頼隆云、**太宰府言上怪異解文、鶴群集宇佐宮宝殿前庭、**（後略）（『小右記』）

五日、癸卯、（中略）太宰府言上宇佐宮怪異解文云々、定有軒廊御卜歟、若可有仰事者、（後略）（『小右記』）

万寿五年（一〇二八）正月二五日

廿五日辛酉（中略）参関白殿、従明日御物忌二箇日云々、**是興福寺南大門上雉集之由本寺言上、**仍昨日有御卜、之御物忌云々、（『左経記』）

万寿五年（一〇二八）七月九日

九日壬寅　天晴、参関白殿、被仰云、**一日烏咋損外記庁納言倚子畳等云々、**令卜筮、当年上達部等可慎病事云々、人々怖畏、早不可着庁云々、先例如此之時令行攘災法、告大外記頼隆、明日以十二口僧一日許転読仁王経、可令祈転災事歟、即以此仰告頼隆真人畢、（後略）（『左経記』）

万寿五年（一〇二八）七月一〇日

十日、癸卯、（中略）早朝大外記頼隆来云、今日於外記庁以十二口僧転読仁王経、為攘去七日怪異者、〔**七日午剋烏入庁内、湌損納言倚子等上茵、詞云、内大臣已下茵云々、但不損中納言道方茵并参議茵者、**〕占云、怪所辰・戌・寅・申・丑年人有病事并口舌事歟、怪日以後廿五日内及今月・明年四月節中丙・丁日也、文高占、守道不取丑年、（後略）（『小右記』）

長元元年（一〇二八）一〇月三日

三日甲子　天晴、参内并関白殿、及晩帰宅、臨昏黒参宮、人々云、**未刻許山鶏起従所師家、飛渡宅土居考堂高蔵宅、被追下人又帰入宮中、居南庭樹木上、不幾又起飛入南宅、為下人被取云々、**（『左経記』）

長元元年（一〇二八）一〇月四日

四日乙巳　天晴、早旦参関白殿、（中略）**余申昨日鶏事、**仰、雖被追入下人等、頗不快事也、可有御卜者、参宮召守道朝臣令卜、々云、可慎御火事者、則参啓、殿仰云、御物忌日々能可誡慎火事、兼又以陰陽師三人、可令行火災御祭者、（後略）（『左経記』）

長元元年（一〇二八）一一月一六日

十六日丙午　天晴、脱衣人々恐申云々、及晩景参宮、及巳刻御読経方有火、人々見之早打滅了、**山鳥凶合此、可怖畏之《也》、**（『左経記』）

長元四年（一〇三一）正月二七日

廿七日、乙亥、（中略）入夜、関白差為弘朝臣、被送興福寺怪占方、寺上司并氏長者、及寅・申・巳・亥年人有病事歟、怪日以後廿五日内、及来四月・七月・十月節中、並丙・丁日也、〔今月廿三日巳時、興福寺食堂棟上集白鷺怪、〕（『小右記』）

長元四年（一〇三一）七月三〇日

卅日、乙亥、諷誦六角堂、（中略）中納言云、大宰府言上怪異事、〔従去五月二日至晦、雀群集宇佐宮殿上喫栖云々、〕可令神祇官・陰陽寮等卜筮者、（『小右記』）

長元四年（一〇三一）閏一〇月一六日

十六　雉飛去怪事、（『小右記』編年小記目録）

長元六年（一〇三三）四月二二日

廿二日丁巳。（中略）烏数万集御前桜樹。喰柳枝葉。（『日本紀略』）

長元七年（一〇三四）五月九日

九日戊辰。近江国愛智郡献白烏。而今依不吉。不経天覧之間死了。（『日本紀略』）

長元七年（一〇三四）七月一五日

十五日壬寅（中略）又召陰陽寮於陣腋、被卜東大寺鷺怪、従巽坤方兆奏兵革事、天下憂疾之事歟云々、（『左経記』）

長元七年（一〇三四）九月一四日

十四日庚子。被作内竪時杭。件杭。去七月為烏被咋失之了。仍所令作也。（『日本紀略』）

承暦四年（一〇八〇）三月二四日

廿四日　晴、今日大将向桂山庄、被企闘鶏事云々、（『水左記』）

寛治五年（一〇九一）一〇月六日

六日、殿上有小鳥合興、有奉幣定、五節定、女御入内定、（『中右記』）

寛治七年（一〇九三）八月二六日

廿六日、（中略）今日能登国依例所進之鵜鶘、於右衛門陣蔵人左衛門尉藤永実分給、出納一人并御厨子所預一人着束帯着胡床、小舎人一人、〔着衣冠、進解文、〕一々覧畢、召供御鵜鶘飼等賜之、〔鵜鶘数四、儲料二合六鳥也、而於途中二鳥死了云々、〕（『中右記』）

永承六年（一〇五一）三月二四日

三月廿四日。禁裏有鶏合。以木造之。以造様勝為勝。尽其美。（『百錬抄』）

治暦二年（一〇六六）五月一日

五月一日甲寅。大宋商客王満献種々霊薬等。但鸚鵡於途中死了。只献其羽毛。（『扶桑略記』）

五月一日。大宋商客王満献鸚鵡并種々霊薬。於鸚鵡者死去畢。（『百錬抄』）

永保二年（一〇八二）八月八日

八日。覧大宋商客楊宥所献之鸚鵡。〔九月十一日返給之。〕（『百錬抄』）

寛治八年（一〇九四）正月二八日

廿八日、庚子、早旦参内、於殿上小庭御覧闘鶏、数刻無勝負、各可謂翹楚之歟、今夕宿仕、（『中右記』）

寛治八年(一〇九四)二月二〇日
廿日、壬戌、天陰雨下、
今朝上皇従鳥羽殿還御、
　聞、**近日大鳥三来集上皇御所鳥羽殿池上、可為怪異歟**、今
日有政云々、(後略)(『中右記』)
寛治八年(一〇九四)二月二八日
廿八日庚午、天陰雨下、祈年祭、(中略)午後与源中将参内、
於殿上小庭、御覧闘鶏、秉燭之間帰家、(『中右記』)
寛治八年(一〇九四)三月一三日
十三日、甲申、終日候御前、依当番供朝夕膳、**終日有闘鶏興**、
因幡守長実所献黒鳥已負了、頗雖異物無雄飛興歟、入夜与蔵
人大輔同車帰宅、(後略)(『中右記』)
嘉保二年(一〇九五)八月一四日
十四日(中略)及深更参内、依軒廊御卜、江中納言被参仗座、
怪異之事、〔出雲国大社鳴事、松尾社怪事、(已上有本解、)神
祇官西庁坤角大樹大片枝、去七日巳時俄無故折損事、(是伊
勢遷宮行事所也、仍申此旨、以口状被申也、)〕(中略)**伊勢遷**
宮行事所怪異、相尋先例処、天喜〔大雁、〕以口宣有軒廊御卜、
承保例〔**鳩入**、〕只行事官内々令卜也、今度依天喜例、被行軒
廊御卜、已公家御慎者、尤可有軒廊御卜也、及暁更帰家、
(後略)(『中右記』)
嘉保三年(一〇九六)三月一三日
十三日、(中略)次行左大弁門前、而雑人成市、門前見証、驚
尋之処、**若君達今有闘鶏之遊**、仍空過了、(後略)(『中右記』)

承徳二年(一〇九七)九月六日
六日、午時許参内、晩頭参京極殿、北政所従去月十六日不例
御坐也、其体如瘧病、今日御当之日也、有法花経御読経并
種々御祈、已令発給者、入夜後退出、**鵞一双被放京極殿池、**
初見之、已如画図也、(後略)(『中右記』)
康和四年(一一〇二)正月二〇日
廿日丙子、天晴、内大臣有大饗事、〔土御門亭新造寝殿、初
有此大饗也、〕(中略)再拝了行向饗所、〔饗在東幔外、辰巳角
歟、〕居飯、〔次徹《撤》餛飩、〕**鷹飼渡**、〔**左《右》近番長下毛野行高**、〕次雅
楽参入、(後略)(『中右記』)
康和五年(一一〇三)一二月二六日
廿六日、終日候内、有政、(中略)左衛門督参仗座、**被行軒廊**
御卜、鴨社申事、烏不宿樹上怪所事、(後略)(『中右記』)
長治元年(一一〇四)八月二五日
廿五日、〔丙寅、金剛峯、〕**今日臨時於南殿被行百座仁王会、**
是去七日鳩鳥入南殿、卜筮之所告御慎重者、仍所被行也、
(後略)(『中右記』)
嘉承二年(一一〇七)一〇月一四日
十四日、〔丙寅、〕天晴、午時許参内、**今日諒闇年御即位以前**
行幸例并大内不知名鳥入御殿、仍被占之処、可他所之由有易
御占、仍其沙汰也、雖然人々不参、仍顕隆遣尋了、戌剋許還
来云、人々申旨各皆有申趣、戌剋許余退出参院、次参大宮、
退出、(後略)(『殿暦』)
嘉承二年(一一〇七)一〇月一六日

十六日、〔戊辰、〕（中略）今夜於宿所頭・瀧口仰之、**去比不知名鳥入南殿**、件事被占之処不快、仍今夜召斎《祭》主親定、可御祈之由仰之、来廿八日云々、但此密々儀也、仍以時範仰之、件御祈依院仰下知如件、（後略）（『殿暦』）

天仁二年（一一〇九）六月二九日

廿九日、壬寅、天晴、（中略）依怪異公家被行孔雀経法并五壇法、件怪去比御殿〔夜御殿也、〕**天井上ニ有天空**、〔とひなり、〕**件怪異也、件事尋出故ハ、去比天井上ニ有者声、仍上下人見之、而鳶住云々、是希有也**、仍召陰陽師有御占、非重、雖然可令他所給之由、院有御気色、仍来朔日行幸内裏由、仰下了、（『殿暦』）

天仁三年（一一一〇）六月一九日

十九日、〔丙戌、〕天晴、依物忌不出行、**去十四日屋上有鷺、〔尼《ママ》鷺也、〕口舌物忌也、仍不出行**、（『殿暦』）

天永二年（一一一一）三月六日

六日、〔戊辰、〕天晴、**今日辰剋許五体不具有穢、鵄小子足を置北面、頃之同鳥又食之飛去了**、召明法博士信貞問之、申云、可有穢者、仍立簡、院御物詣近々、仍慎之、春日詣雑事奏院、兵部小輔知信為使、（後略）（『殿暦』）

天永二年（一一一一）九月四日

四日、〔甲子、〕天晴、不出行、依物忌也、（中略）未剋許自山階寺僧正之許諸司一人来云、御寺与東大寺有事、各焼亡里々、**又御寺金堂上鷺居**、明日可行占之由仰下了、（後略）（『殿暦』）

天永二年（一一一一）九月一〇日

十日、〔庚午、〕天晴陰、雨不下、午剋許参内、於内女房談云、**一昨日夜亥四剋云々、南方有鳥鳴声、人々云、鵄云々**、仍此由奏院、使雅兼、即還来云、可被行御占、但於蔵人所被行御占之条不可然、将於院可被行歟、又於余亭可行歟、可随申之由有御定、余申云、於院可行也、然者雅兼召具陰陽師光平・泰長等参院了、数剋来云、御占趣有御薬事、為之又可去所給由有所見、御祈条又令去所給事等被仰、余申云、早令去所給尤能事也、但可令渡給所、只今不覚候、何様可候乎、若其所只今不候者、於御殿大般若御読経・仁王講等可候歟、如此怪異極無由恩給由奏了、（後略）（『殿暦』）

天永二年（一一一一）九月一五日

十五日（中略）**又昨日午刻鵄ニ飛法成寺阿弥陀堂中之由**、所申上也、可為怪哉否事等被仰、但参院件事等可申合者、則参院御所、〔基隆三条宅也、〕（後略）（『中右記』）

天永二年（一一一一）九月二〇日

廿日、〔庚辰、〕天晴、今日依物忌不出行、**件物忌去十四日法性《成》寺阿弥陀堂鵄飛入、仍令卜之処、余極重可慎之由卜申**、仍来月二日物詣延引、件物忌於法性《成》寺有種々祈、於五大堂不動法、於此亭不動念珠・愛染王法、始此等祈、今日行幸高陽院、余依物忌不参仕、〔院仰也、〕中納言又依物忌不参仕、（後略）（『殿暦』）

天永三年（一一一二）二月四日

四日〔辛卯〕（中略）出立之間、分配人蔵弁雅兼走来云、祈年祭々物近江国所進猪、今朝於神祇官中斃了、而可為穢哉否事、門明法博士信貞之処、所申不明、或為穢或不可然、可随勅定者、又問大外記之処、太神宮之習忌鹿者、於鹿者不入六畜、於猪者入六畜、可有其忌者、（中略）予申云、六畜可忌由見式文、**但鶏者非忌限者、依此文除鶏之外可有穢之義也**、就中太神宮忌鹿、然者鹿猪同物也、祈年祭被延引可宜歟、（後略）

（『中右記』）

天永三年（一一一二）六月三〇日

卅日、〔乙卯、〕天晴、（中略）**今夜皇后宮有行啓、阿波守三条亭、余去比渡所也、是二条宮依怪異也、件怪〔如示鳥鳴怪也、〕**余依物忌不参、中納言御車寄参入、（『殿暦』）

天永三年（一一一二）九月四日

四日、戊午、自去夜雨甚降、早旦従院有御使、〔兵部少輔清隆、〕条々事被《仰脱カ》、**其中去比院御所鵼鳴**、然者令他所給如何、余申云、早々奏可令他所給之由了、女房猶不例由被尋仰、恐由奏了、（『殿暦』）

天永四年（一一一三）正月一五日

十五日、〔戊辰、〕天晴、**大饗鷹見之**、今日雖日次不宜、**召式部大夫盛輔給鷹**、仰可奉仕装束之由、件盛輔憲輔朝臣孫、盛実朝臣男也、仍召之仰之、（『殿暦』）

天永四年（一一一三）正月一六日

十六日、〔己巳、〕（中略）頃之**鷹飼渡南庭**、〔渡体不似例、出西幔門進池畔、当日蔭間更北進着胡床、依院仰左府教之、着胡床之後、**立作所人景輔取雉挿幄妻、件鷹飼院に候ふ**左近府生下毛野敦利也、〕次々作法如恒、次賜腰指、**鷹飼出自東中門**（中略）舞了如初乗舟退出、〔賜禄、雅楽頭禄五位取之、〕此間居汁、〔**汁膾雉足、**〕（後略）（『殿暦』）

天永四年（一一一三）閏三月一〇日

十日、〔辛卯、〕天晴、今日余不出行、早旦見馬、今日公卿勅使日時定也、左府参仗座被勘申、戌剋許頭弁持来、今月十六日進発、廿二日参宮、按察大納言参内承使事、余依咳病不参仕、**去夕於内裏鵼《ヌエ》鳴、仍於蔵人所有御卜**、々々趣極軽云々、但被問人々、（『殿暦』）

永久二年（一一一四）五月一三日

十三日、〔丁亥、〕（中略）**今日辰剋鷺居三条寝殿上、召家栄加卜之処、有吉無凶者**、（『殿暦』）

永久二年（一一一四）六月一一日

十一日、〔甲寅、〕（中略）**余渡為隆七条家、此三条鷺居、仍加卜之処無別事、雖然猶可立由人々被示、仍渡也**、（『殿暦』）

永久二年（一一一四）九月八日

八日〔庚辰〕　行重来云、院仰云、**近日中京中飼小鳥小鷹之輩、有其数之由、所聞食也**、早仰検非違使等可禁制、則可仰廻之由下知了、（後略）（『中右記』）

永久二年（一一一四）九月九日

九日　俊義入道院御厩舎人等令勘問、〔昨日夕舎人従院宗実下給令問者、〕行重、重時来、**小鳥飼下人十余人将来、各放鳥切籠**、於下人等者暫令候散禁、（後略）（『中右記』）

永久二年（一一一四）九月一〇日

十日〔壬午〕（中略）有貞来、**搦飼小鳥之輩、切籠放鳥**、説兼来、

(後略)(『中右記』)

永久二年(一一一四)九月一一日

十一日(中略)又申、**依仰殺生輩鳥取人々、多以召搦也、**(後略)(『中右記』)

永久三年(一一一五)六月一三日

十三日、〔辛亥、〕天陰、不出行、依物忌也、**院俄渡給鳥羽殿、〔下御所聊有怪異、ぬえ鳴歟、〕**(『殿暦』)

永久三年(一一一五)六月二五日

廿五日、〔癸亥、〕天晴陰、巳剋参御前、午剋許還御京、余候御共、上達部七八人許前駈、道次御覧八条殿泉、即渡御幡磨守基隆朝臣太宮亭、自本御所、去比依為大裏近辺、**土左守良仲朝臣宅に御坐之間、ぬえ鳥鳴、俄渡御鳥羽殿、**今日還御、還御後余還家、申剋許参院、是自明日五日御物忌也、仍参也、(『殿暦』)

永久五年(一一一七)五月二九日

廿九日。**内裏有闘鶏闘草。**(『百錬抄』)

大治元年(一一二六)六月二一日

六月廿一日。紀伊国所進魚網於院御門前被焼棄。此外諸国所進之羅網五千余帖被棄之。又除神領御供之外。永停所々網。**宇治桂鵜皆被放棄。鷹犬之類皆以如此。此両三年殊所被禁殺生也。**(『百錬抄』)

仁平二年(一一五二)正月二六日

廿六日壬戌　天晴、左大臣家大饗也、(中略)**次鷹飼率犬人、自東幔門退出之間、為兼取禄、〔美六丈絹一疋、兼挿幄南簷、〕差鷹飼餌袋、〔胡床未起之間、可挿也、〕**(後略)(『兵範記』)

久寿二年(一一五四)正月二一日

廿一日乙巳　天晴、左府於東三条亭被行大饗、是雖無由緒、往昔、大臣家、正月大饗、毎年行之、(中略)**次鷹飼渡、〔左近府生下毛野敦方、野装束如例、率犬人、〕**(中略)次鷹并犬等、皇后宮権大進憲親居鷹、(中略)六位一人、出来自西方、**受鷹犬等、**(中略)待膏盃酌、**鷹犬等引出物、中古以後未曾聞、**具可散不審也、(後略)(『兵範記』)

久寿二年(一一五四)三月四日

四日辛亥　参院、〔鳥羽、〕**申御鷹飼事、付刑部大輔俊憲、武成□野御鷹飼了、**(『山槐記』)

保元二年(一一五七)八月一九日

十九日壬子　天晴、有任大臣事、未明参上、(中略)

先一折敷、窪坏物四種、〔海月、蜷、鮎子膾、生蚫、箸七、酢塩坏二口、〕

次一折敷、生物四種、〔鯉、鱸、鯛、鱒、〕

次一折敷、干物四種、〔蒸蚫、焼蛸、楚割、**干鳥、**〕

次一折敷、菓子四種、〔梨子、棗、菱、渋柿、〕

(中略)

次居汁物、〔汁膾、**副小鳥焼物、**〕尊者以下陪膳手長如初、(後略)(『兵範記』)

保元三年(一一五八)二月一三日

二月十三日。**於弘徽殿壷有闘鶏事。**月卿雲客為左右念人。有勝負舞。(『百錬抄』)

応保元(一一六一)年一二月二三日

廿三日辛酉(中略)又申云、**片野御鷹飼下毛野武安知武訴申免田作人不弁地利、任先例賜所牒令果事、又為楠葉御牧住人御鷹飼等被追捕住宅、并凌破□了**、為御領事自殿下可被尋下歟、将可奏歟者、(後略)(『山槐記』)

応保元年(一一六一)一二月二四日

廿四日壬戌(中略)**為楠葉御牧住人被凌礫御鷹飼事**、仰云、給解状於彼沙汰人、可被相尋之由、可申関白、(『山槐記』)

承安二年(一一七二)閏一二月一三日

十三日、〔丁巳〕(中略)**一行幸事、御逗留之間、不可有別御遊云々、只呪師、鶏合等之会許云々**、(後略)(『玉葉』)

承安二年(一一七二)閏一二月一六日

十六日、〔庚辰〕未刻許、着直衣、参法住寺殿、**主上御院御方、有鶏闘事云々**、余謁于女房等、今夜可有還御云々、(後略)(『玉葉』)

承安三年(一一七三)三月二二日

廿二日、〔甲寅〕入夜参女院御方、今日事外有御減、為悦々々、先是、(中将)定能朝臣来、**来月院中可有鶏合云々、公卿、殿上人、北面分方、或人云、明後日、別当成親可鶏合云々**、(『玉葉』)

承安三年(一一七三)五月三日

(三日、〔甲午〕**今日、北面鶉《鴨イ》合、内々事也**、)(『玉葉』)

承安四年(一一七四)二月六日

六日、〔癸亥〕(中略)**明夕可有還御ニハ可有鶏合并乱舞等雑遊云々**、(『玉葉』)

安元三年(一一七七)正月一六日

十六日、〔丁未〕陰晴不定、雪降、晩景参院、以蔵人示女房、**只今御鶏合之間、不能申達云々**、即参内、亥刻許退出、(後略)(『玉葉』)

治承二年(一一七八)一二月二八日

廿八日、〔丁巳〕天晴、此日三位中将拝賀也、天仁三年例行之、(中略)於七条院殿西門外、下車進中門、付院部経家朝臣、奏事由帰来、仰聞召之由、〔此次告昇殿、〕拝舞了候殿上、退出、〔**唯今鶏合始之間、無御前召云々、**〕参東宮、(後略)(『玉葉』)

将軍の鷹狩と大名――「御鷹之鳥」をめぐる諸儀礼

大友一雄　人間文化研究機構国文学研究資料館教授

はじめに

江戸時代の鷹狩およびそれに伴う諸行為は身分制に強く規定され、支配の装置としての役割を担った点に大きな特徴がある。研究は、一九六〇年代頃から江戸廻りに設定された将軍の鷹場の編成や人足徴発などを中心に進められたが[1]、次第に鷹狩に用いる鷹そのものに関わり、主に戦国期から近世前期を対象に大名による鷹献上[2]やアイヌ民族との関連に注目する研究[3]、奥州諸藩の位置を鷹献上との関連で捉えようとする研究[4]などが発表され、国家と社会・地域・民族との関係を論じる視角も獲得するにいたる。さらには綱吉政権における自然の領有方法の転換のなかで鷹の存在を位置づけ、国家公権の質の問題にまで議論を発展させてきた[5]。

筆者自身も、多岐にわたる将軍の鷹関係の事象は、鷹を含む広範な鳥類の贈答行為に注目することで関連づけが可能との仮説から江戸幕府の鷹狩について再考を試みた。本稿は旧稿[6]での議論を踏まえながら将軍から諸大名への「御鷹之鳥」の下賜に注目し、時代的な変化とその意味について考えるものである。

将軍による「御鷹之鳥」下賜

『徳川実紀』にみる「御鷹之鳥」の下賜と生類憐み政策

通常いわれるところの鷹は、時の権力の象徴的な存在とすることが古来より認められる[7]。豊臣政権は天皇がもっていた鷹支配権を奪い、また、江戸幕府もこれを踏襲する[8]。庶民・下級武士の鷹狩も強く禁じられ、特定上級武士の特権的行為として位置づけられるのである。鷹は「御鷹」と呼ばれ将軍の武威を象徴する存在となり、鷹狩は将軍の武威を誇示する場となった。さらに捕獲された獲物も、将軍の権威を知らしめるための存在として利用されるのであった。

ここでは江戸時代の鷹をめぐり、幕府と藩・朝廷間にきわめて広範な鳥類の贈答儀礼が存在したことを概観し、また、将軍が諸大名などへ下賜する鳥類の確保方法と、その特徴について考えたい。

まず、江戸幕府が編纂した正史『徳川実紀』から将軍と大名、将軍と朝廷の間で見られた鳥類の下賜・献上に関する記事を抽出した第一表[表1]に注目したい。

承応三年（一六五四）と寛文一〇年（一六七〇）のデータは将軍

家綱の時代のものであるが、承応三年の場合、将軍からの鶴の贈り先は二十六カ所、雁は二十四カ所、雲雀は六十七カ所である。鶴の場合は一羽、雁が二羽、雲雀は三十羽または五十羽が一カ所に下賜されるのが一般的であった。

鳥類の種類は、鶴・雁・雲雀・鴻・白鳥・鷹・鷭などである。それぞれの下賜の季節は鳥の飛来時期などによって異なり、雁が一月頃、鷹・雲雀は五月から六月、鶴・鴻(菱喰)は秋から冬にかけて下賜された。

将軍への献上に関する記事は少ないが、これは実数を反映しているとは考えられない。相当量の鳥類が幕府に献上されたことは、中後期の「大名武鑑」の時献上の記事からも明らかであり、実態とのずれは『徳川実紀』の掲載基準による。

寛文一〇年は、承応三年に比して鳥類の下賜がより大規模である。また、鳥類の種類もその数が多く、鷭(梅首鶏を含む)・鴨なども見られる。ことに鷭の下賜は多く、贈り先は四十三カ所に及ぶ。後年、将軍からの下賜鳥は鶴・雁・雲雀に

		将軍よりの下賜・進献							将軍への献上					
		鶴	雁	雲雀	鴻	鷭	鷹	外	鶴	雁	鴻	鷹	鷭	外
承応三年(一六五四)	A	3	0	0	0	0	0	0	0	0	0	0	0	0
	B	6	3	12	0	1	5	0	0	0	0	0	0	1
	C	17	21	55	0	1	3	4	3	0	2	0	1	4
	計	26	24	67	0	2	8	4	3	0	2	0	1	5
寛文十年(一六七〇)	A	11	1	0	5	0	0	2	0	0	0	0	0	0
	B	10	9	5	0	8	10	3	2	5	0	1	0	1
	C	17	71	64	0	35	3	1	1	0	1	0	0	0
	計	38	81	69	5	43	13	6	3	5	1	1	0	1
天和元年(一六八一)	A	7	0	0	3	0	0	0	0	0	0	0	0	0
	B	4	3	0	0	0	11	0	3	1	0	1	0	0
	C	11	28	0	0	0	1	0	0	0	1	0	0	0
	計	22	31	0	3	0	12	0	3	1	1	1	0	0
天和二年(一六八二)	A	6	0	0	3	0	0	0	0	0	0	0	0	0
	B	5	0	8	0	0	9	0	1	0	0	1	0	1
	C	1	11	0	0	0	2	0	1	0	2	0	0	0
	計	12	11	8	3	0	11	0	2	0	2	1	0	1
元禄七年(一六九四)	A	6	0	0	3	0	0	0	0	0	0	0	0	0
	B	0	0	0	0	0	0	0	0	0	0	0	0	0
	C	0	0	0	0	0	0	0	0	0	0	0	0	0
	計	6	0	0	3	0	0	0	0	0	0	0	0	0
正徳元年(一七一一)	A	4	0	0	2	0	0	1	0	0	0	0	0	0
	B	0	0	0	0	0	0	0	0	0	0	0	0	0
	C	0	0	0	0	0	0	0	0	0	0	0	0	0
	計	4	0	0	2	0	0	1	0	0	0	0	0	0
享保五年(一七一六)	A	4	0	0	2	0	0	0	0	0	0	0	0	0
	B	2	0	2	0	0	2	0	0	0	0	3	0	0
	C	1	20	14	0	0	0	0	0	0	0	6	1	1
	計	7	20	16	2	0	2	0	0	0	0	9	1	1

注：表中に見えるA欄は朝廷関係者、B欄は甲府・館林、御三家、将軍子女などの類縁の者、C欄は諸大名の数を示す。なお、実紀には「老臣、御側用人に雁を給う」などとあり、下賜件数が明確でないこともあるが、この場合は老臣4人、側用人2人といったように適宜処理した。

表1 『徳川実紀』に見える鳥類の贈答

限定されるが、この段階では下賜鳥の一種として定着していたと考えられる。[9]

ところで、これら鳥類の下賜を藩側の記録で確認すると、ほとんどの場合、「御鷹之……」と記される。たとえば『徳川実紀』承応二年二月一八日の条には「松平犬千代はじめ、御使もて鶴給はる者五人」とあるが、下賜を受けた秋田藩の記録『国典類抄』では、同日付のこととして「九ツ時　御上使ニ而御鷹之鶴大殿様御拝領則　御登　城被成置候、御上使森川小左衛門殿」[10]と記される。将軍からの鳥類下賜では、このようにかならず「御鷹之……」と記す。『徳川実紀』とのずれは、実紀が文書に見られる表現方式を用いず、独自な記述表現を採用したことによる。「御鷹」の呼称は、鷹が為政者のものとに編成されることにより用いられることをすでに指摘したが、鳥類の拝領に即して勘案するならば、御鷹は将軍の鷹を意味する。その鷹を使い鷹狩をするのは将軍であり、「御鷹之鶴」は将軍が鷹狩によって捕獲した鶴ということになる。ただし、実態はかならずしもその通りというわけではない。

たとえば、将軍徳川家綱時代の「御鷹之鳥」の下賜に注目するならば、同人が将軍に就任した慶安四年(一六五一)時の年齢は、わずかに十一歳であり、鷹狩は不可能であった。鷹狩の開始は、将軍就任から六年余を経た明暦三年(一六五七)一一月一一日のことであり、『徳川実紀』にも「今年初て放鷹の御遊あり」と見える。しかし、この六カ年ほどの間も、先の承応三年(一六五四)のデータに明らかなように下賜行為は続いている。

同様の状況は、将軍徳川綱吉においても見られる。すでに指摘もあるが[11]、『徳川実紀』には、綱吉の鷹狩に関する記事がまったく見られない[12]。他の将軍では、鷹狩に関する記事がよく拾われることに鑑みれば、綱吉が将軍就任後、鷹狩を実施しなかった公算はきわめて高い。

しかし、将軍家綱時代同様、この綱吉の時代においても「御鷹之鳥」の下賜を研究できる。つまり、将軍の鷹狩如何にかかわらず、「御鷹之鳥」を下賜する仕組みが存在したことになる。こうしたあり方からは将軍の狩猟権が儀礼化して存在したことも指摘できるのである。

さて、「御鷹之鳥」確保の仕組みが問題となるが、中心的な役割を果たしたのは、幕府の鷹関係の役人、ことに鷹匠頭・鳥見頭によって編成された役人たちであることは間違いない。鷹関係の役人は将軍の鷹狩を準備・補佐するにとどまらず、「御鷹之鳥」の下賜が制度化するなかで将軍に代わって幕藩、幕朝間の鷹をめぐる贈答儀礼を支える役割をも担ったわけである。

しかし、将軍綱吉の時代にはさらに大きな変化を確認できる。前掲第一表天和期のデータに注目するならば、同時期、下賜件数が家綱期に比して減じており、天和元年(一六一五)と同二年とでは、同二年のほうにいっそうの減少を認められる。天和二年の下賜対象者は御三家、甲府綱豊、禁裏関係者にとどまり、そのほかは松平讃岐守頼常(讃岐高松藩)の就封時における鷹の下賜、桂昌尼への鶴の下賜、そして老中・御側用人といった近従の者への雁の下賜に限られる。将軍家綱の時代のように諸大名へ広範に「御鷹之鳥」を贈るといった記載は見られない。「御鷹之鳥」の下賜行為はすでに制度化した存在であり、将軍の鷹狩如何にかかわらず、下賜儀礼の存続が可能なはずであった。ここでの変化は制度そのものが問題となっていたといわねばならない。

この点に関連して注目されるのは、「御鷹之鳥」の贈答儀礼を支えた鷹関係の役人の大幅な削減である。『徳川実紀』天和二年三月二一日の記事には、「この日鷹師を省かれ、頭の内三人は大番、一人は腰物番、一人は小十人組にいれられ、御手鷹師四十五人小十人組に入られ、廿六人、鷂頭二人小普請に入られ、鷹方二人小十人組に入、一人小普請に入、鳥見六人火番とせらる」とあり、鷹師の頭五人をはじめ、御手鷹師七十一人、鷂頭二人、鷹方三人、鳥見六人が鷹関係以外の役職へ異動した。また、同年一二月五日の記事には、「鷹匠、鳥見より大番に入るもの二人、鷹匠、鳥見、馬方より小十人組に入るもの五人、網奉行は五人とも小普請に入らる」とあり、その人員はさらに削減された。従来、この減員については鷹狩、鷹場制度への影響、あるいは生類憐み政策の初発といった観点から捉えられてきたが、幕藩間の贈答儀礼の問題から見ても、体制そのものに関わるきわめて重要な状況といえる。

その後、綱吉は生類憐み政策を強力に打出していく[13]。貞享四年(一六八七)二月二六日には、諸大名の封地からの献上物のうち鳥類は年に一度とし、その数量も減じることとされた。また、翌日には庶民が生魚鳥類を食料として売買することを禁じ、三月二六日には生鳥の飼育を禁じた。将軍の鷹も次第に山野に放たれ、元禄六年(一六九三)九月一二日には幕府の鷹部屋に鷹がまったくいない状況となる。こうしたなかで諸藩からの鳥類や毛皮などの献上も、停止を指示される(後述)。

一方、将軍から諸大名への「御鷹之鳥」の下賜も次第に減少し、大名はもちろん御三家などへの下賜も元禄五年頃にはまったく見られなくなる。また、鳥類の贈答儀礼を維持するうえで重要な役割を果たした幕府の鷹関係の役職も全廃となる。ここに将軍による狩猟権の発動は、基本的に停止状態に置かれ、鷹をめぐる贈答行為も存続条件を失ったのである。

しかし、第一表により元禄七年(一六八八)段階の状況を確認するならば、内裏・仙洞など朝廷への進献だけは引き続き確認できる。六代将軍家宣時代の正徳元年(一七一一)の場合も同じ状況である。将軍による鷹狩の停止、関係役職の全廃のなかで、朝廷への進献用の鶴・鴻はどのように確保されたのであろうか。

この点に関して『徳川実紀』には次のような記載が見られる。たとえば、承応三年(一六五四)八月一八日の条には「松平陸奥守忠宗・本多能登守忠義・丹羽左京大夫光重より鶴を献じければ、禁裏・仙洞・新院へ駅送せらる」とあり、仙台藩・白河藩・二本松藩が幕府に献じた鶴を、幕府が朝廷へ進献したとある。この方法は、家綱が鷹狩をする年齢に達せぬためにとった暫定的な措置ではない。家綱が一定の年齢に達しても同様の方法がとられる。成人後の寛文三年(一六六三)七月一三日の条には「本多下野守忠平より新鶴をささげければ、大内へ駅進せらる」とあり、また、寛文五年八月一六日には「丹羽左京大夫光重新鶴を献じければ、大内へ駅進あり」と見える。もちろん、これは家綱期に限られたことではない。家光期、寛永一六年（一六三九）八月一六日の条には「南部山城守重直より鶴、松平陸奥守忠宗、丹羽左京大夫光重より新鴻を献じければ、鶴は禁裏へ、鴻は　仙洞へ駅進せらる」などと見える。また、綱吉が将軍となった時期、天和二年（一六八二）八月二一日の条にも「佐竹右京大夫義処より新鴻を献ず、よて禁裏に進らせ給ふ」とあり、また八月二九日の条には「松平陸奥守綱村より鶴を奉る、よて駅使もて本院に進らせ給ふ」と見えるのである。朝廷に進献する鳥がすべて同様の記事内容をとるわけではないが、藩が幕府へ献じたものを朝廷へ進献することは、将軍の鷹狩実施に関わりなく広く見られるのである。贈答用の鳥の確保方法の一つとして付け加えねばならない。また、これに関わる藩や、献じられる鳥類の種類もほぼ決まっていた。進献に関係する藩は、盛岡・仙台・白河・二本松・秋田などの東北諸藩であり、その鳥の大半が鶴と鴻である。なお、第一表に明らかなように将軍は鴻を朝廷以外に贈っていない。理由は未確認であるが、注目すべき存在といえる。

　このように生類憐み政策によって、生き物の殺生が禁じられ、また鳥類の贈答行為などが極端に制限されるなかにあっても、特定の藩に依存する形で朝廷への進献は続いていたのである。こうしたあり方からは、幕府が生類憐み政策を実施しながらも、朝廷をその規制の対象からはずすとともに、幕府自らが敷いた禁を破り、進献を続けなければならなかったこと、また、そうした存在として朝廷を扱ったがゆえに、諸藩へは引き続き献上を命じざるをえなかったことが知られるのである。

鷹をめぐるの鳥類贈答の再興

　宝永六年（一七〇九）正月、綱吉の死去に伴い六代将軍となった徳川家宣は、将軍就任早々生類憐み政策を撤回する。ここではその後の鳥類贈答のあり方について検討したい。

　まず、前掲第一表を確認するならば、生類憐み政策撤回後も、諸大名への鳥類の下賜行為は再興されず、前代同様朝廷関係者に限られる。一方、諸藩からの鳥類の献上に関しては、その再開が諸藩に指示されており、一方通行な措置となる。鳥類の下賜が復活しない理由は、鷹狩が未再興であることによる。言い換えれば、幕藩間における広範な鳥類の贈答儀礼は、将軍による狩猟権の発動によって、はじめてその存在が担保されたのである。

　ところで、幕藩間の広範な贈答行為のなかにあって、「御鷹之鳥」は幕府側からの数少ない下賜品であり、その下賜は諸藩からの産物献上に対する幕府の答礼であったとされる[14]。これに従えば産物献上が旧に復した以上、「御鷹之鳥」の下賜もまた再興されねばならない。贈答儀礼には一定の互酬的行為が求められるのである。もちろん、鳥の下賜の有無によってのみ両者間の互酬性を論じうるものではないが、従来からの幕藩間における贈答儀礼のあり方からすると、ここに一定の逸脱を見ることは容易である。これは、早々に回避されねばならない問題であったわけである。

諸大名への鳥類の下賜制度が再興されるのは、享保五年(一七二〇)のことである。再興に際して幕府は、鶴・白鳥・菱喰などの鳥類を、献上、音物に用いることを三カ年間にわたって全国規模で禁止した。[15] 先に述べた将軍の鳥類に対する支配権の存在はこの点からも明らかである。鳥類の下賜状況は、前掲第一表に示した通りである。

以上、本節では将軍の鷹狩を踏まえながら、将軍から諸大名などへ贈られる鳥が「御鷹之鳥」と呼ばれることを確認したうえで、「御鷹之鳥」の確保方法などを明らかにしてきた。その結果、「御鷹之鳥」の下賜行為が恒例化するなかで、鷹関係役人の贈答儀礼に果たす役割が、より大きなものとなり、彼らによって支えられる状況が明らかとなった。

また、将軍の狩猟権に関しては議論が不十分であるが、狩猟権の発動は、そもそも武力を掌握した者の権威誇示のための手段の一つであったと考えられる。軍事力発動の機会がなくなるなかで、狩猟・獲物の下賜は、本来将軍が武威の頂点にあることを象徴する儀礼として定着したといえる。「御鷹之鳥」の下賜を前提に狩猟権を考えるならば、代人による狩猟も、将軍の狩猟権発動のうちと考えることが可能であろう。また、鷹や鷹場の下賜は、将軍が有する狩猟権の一部の分有を意味することになろう。江戸時代における武士社会における狩猟権とは、以上のようなものとして存在したと考えられるのである。

「御鷹之鳥」の拝領と振舞いの構造

前章での検討を踏まえながら、将軍より下賜を受けた「御鷹之鳥」の藩側の取り扱いについて、秋田藩を事例に検討し、その意義を考えみたい。

なお、ここでの分析は、下賜された「御鷹之鳥」をめぐる御振舞いの場に関する研究ということもできる。さまざまな儀礼的な行為には、共同飲食を伴うことも少なくない。儀礼を構成する重要な要素でもあり、贈答儀礼などから飲食儀礼へと連鎖的な展開も見られる。[16] ここでは武家社会における共同飲食の問題も射程に検討を試みたい。

「御鷹之鶴」の江戸拝領と御振舞い

一、秋田藩の「御鷹之鶴」拝領

秋田藩における「御鷹之鳥」拝領後の対応について検討するが、事例には「御鷹之鳥」のなかで最も格の高い「御鷹之鶴」を取り上げたい。[17]

まず、『国典類抄』のデータをもとに作成した「御鷹之鶴」の拝領一覧〔表2〕に注目したい。[18] 同表では「御鷹之鶴」の拝領を、藩主が在府中に鶴を受ける「江戸拝領」と、在国中に受ける「宿継拝領」に分けて示したが、これは『国典類抄』に収録される記録類の記述に従った結果である。『徳川実紀』では、宿継拝領については「在封により鶴を賜ふ」「鶴を駅賜せらる」などと記し、江戸拝領については「御使いをして鶴を下さる」などと表現する。以下の検討ではこの二形態に注目して論を進めたい。

あらかじめ第二表［表2］から全体的な特徴を指摘するならば、生類憐み政策との関係で拝領行為が中断する元禄から正徳期を挟んで大きく前後に二分できる。前期の拝領では、国元で拝領する「宿継拝領」が数度あるものの、その大半は江戸拝領である。これに対して後期は宿継拝領のみであり、江戸拝領はまったく見られない。前期と後期とでは「御鷹之鶴」拝領の意義が大きく異なることは間違いない。

江戸拝領は元和三年（一六一七）から、生類憐み政策によって「御鷹之鳥」の下賜が停止にいたる元禄五年（一六九二）まで、おおむね隔年ごとに見られる[19]。拝領回数は二十七回に及ぶ（このうち三回は大御所秀忠による）。具体例を元和八年一月二三日、初代藩主義宣が将軍秀忠より「御鷹之鶴」を拝領したときに求め、その様子を確認したい[20]。

二、「御鷹之鶴」の江戸拝領

元和八年の拝領決定の経緯は不明であるが、拝領を受けると初代藩主義宣は早速御礼のために登城する。また、本多上野介正純・酒井雅楽頭忠世・土井大炊頭利勝といった年寄衆へも早速御礼の使者を立て、さらに日をおかず「御鷹之鶴」の振舞いの席への招待を申し出る。この鶴の振舞いは、それをながめ楽しむといった性格のものではなく、飲食儀礼であった。

「御鷹之鶴」の振舞いは、同月二九日に設定され、振舞いのために能役

年代	江戸拝領	宿継拝領	下賜将軍	拝領者名
元和 3年（1617）	○		秀忠	初代家宣
元和 5年（1619）	○		秀忠	同
元和 7年（1621）	○		秀忠	同
元和 8年（1622）	○		秀忠	同
寛永 1年（1624）	○	△	家光 秀忠	同
寛永 2年（1625）	△		秀忠	同
寛永 3年（1626）		△	秀忠	同
寛永 5年（1628）	△	△	秀忠	同
寛永 7年（1630）	△		秀忠	同
寛永 9年（1632）	○		家光	同
正保 1年（1644）	○		家光	2代義隆
承応 2年（1653）	○		家綱	同
万治 3年（1660）	○		家綱	同
寛文 2年（1662）	○		家綱	同
寛文 4年（1664）	○		家綱	同
寛文 6年（1666）	○		家綱	同
寛文 8年（1668）	○		家綱	同
寛文 9年（1669）		○	家綱	同
寛文10年（1670）	○○		家綱	同
寛文11年（1671）		○	家綱	同
延宝 2年（1674）	○		家綱	3代義処
延宝 4年（1676）	○		家綱	同
延宝 6年（1678）	○		家綱	同
天和 2年（1682）	○		綱吉	同
貞享 1年（1684）	○		綱吉	同
貞享 3年（1686）	○		綱吉	同
元禄 1年（1688）	○		綱吉	同
元禄 3年（1690）	○		綱吉	同
元禄 5年（1692）	○		綱吉	同
享保12年（1727）		○	吉宗	5代義峯
享保14年（1729）		○	吉宗	同
享保17年（1732）		○	吉宗	同
享保18年（1733）		○	吉宗	同
元文 5年（1740）		○	吉宗	同
寛保 3年（1743）		○	吉宗	同
宝暦 6年（1756）		○	家重	7代義明
明和 2年（1765）		○	家治	8代義敦
明和 8年（1771）		○	家治	同
安永 6年（1777）		○	家治	同

注：△印は、大御所秀忠からの拝領を示す。

表2　秋田藩「御鷹之鶴」拝領一覧

者喜多七大夫・進藤久右衛門・同権右衛門・植田又四郎などに出演を求める。なお、このうち喜多七大夫はすでに大名黒田家に約束があったために出演を断っている。また、幕府の台所関係の者と考えられる「御包丁人市介」にも手助けを求める。この御包丁人市介に期待された点は、たんなる御膳の準備ではなく、「御鷹之鶴」の振舞いに欠かせぬ「鶴包丁」と考えられる。鶴を食するには儀礼的な調理作法「鶴包丁」が、振舞いの場への参集者を前に実施される。鶴包丁は神聖視される「御鷹之鶴」を穢さぬための料理作法として成立したものと考えられ、幕府が進献した鶴を、正月に宮中で天皇が公家たちへ振舞う場において確立[21]し、この作法が諸藩での鶴の振舞いにも欠かせぬものと認識されていたといえる。そのため秋田藩では、幕府の包丁人の手助けを求めたものであろう。

さて、一定の作法に則り、衆人のもとで披かれた鶴は、吸物として振舞われる。ただし、御膳を賑わすさまざまな料理の一つとして添えられるのではなく、他の料理とは別個に扱われ、まず、藩主の指揮のもとに鶴の吸物を供する場が設けられる。一般の料理での饗宴の席は、これが済んでからである。元和八年(一六二二)時の献立や使われる食器類を確認するならば、「木具御本膳ニ金之土器・壷・皿、二之膳ニ金之かい咆、金之小桶、三ニ金之地紙向請有、御肴色々、台之物(大きな台にのせた料理)三ツ、供饗弐十、削花ふき花有折二合、後段ニひのうとん、其後御湯漬」[22]と記されており、さまざまなもてなしの膳が用意された。しかも、金の食器類が利用されるなど食器類も豪華であり、料理の内容もそれに相応する贅を凝らしたものであったに違いない。

ところで、この表立った、公式の「御振舞」の場への招待客は、既述の三人の年寄衆をはじめ、永井右近大夫直勝、阿部備中守正次、酒井讃岐守忠勝、板倉周防守重宗(京都所司代)、松平右衛門大夫正綱(勘定頭)、伊丹喜之助康勝(勘定頭)、延寿院道三法印、鳥居土佐守成次(駿河大納言忠長家老)、朝倉筑後守宣正(駿河大納言忠長家老)、板倉内膳重昌(側近・近習)、久貝忠左衛門正俊(大坂町奉行)、米津勘兵衛田正(町奉行)、神谷縫殿などであった。年寄衆はもちろんのこと、何れも将軍秀忠、あるいは次期将軍家光(家光の将軍職への就任は元和九年七月二七日)の信任を得、幕閣において重きをなした出頭人などであり、まさに当代きっての重臣たちが招かれたといえる[23]。

ところで、「御鷹之鶴」の振舞いの場の設営は、拝領経験や、家の格などと密接に関係し、そのときどきにより規模を異にしたと考えられるが、元和期の佐竹氏の江戸御振舞いに注目すると、元和三年(一六一七)の場合には、「御鷹之鶴　御拝領、同九日ニ其鶴年寄衆御出頭江御振舞」とあり、また元和七年の史料にも「御拝領之鶴ニ而御年寄衆御振舞」といった記載が見られる。振舞いの主たる対象は年寄・出頭人といった重臣であり、元和八年の振舞いが特別であったわけではない。当該期には重臣を招き盛大な振舞いの場が繰り返し設定されたのである。

老中などを招き振舞う行為に関する具体的な研究は見られないが、江戸時代後期には、十万石以上の大名が将軍宣下の際に、また、二十万石以上の大名が将軍の転任、将軍世子の元服、官位の叙任の際に、また、一定の大名家では家督相続の機会に大規模な饗応の場を設けることが決められていた[24]。自家の家督相続に際してはともかく、徳川家の安定と繁栄を象徴するともいえる将軍宣下などの祝いを、老中や幕府の要職にある者を招待して、なにゆえ行うのだろうか。おそらくは、軍事的な緊張が続き、改易・減封が頻繁に見られた江戸時代初頭に、自己保身の点から諸大名が徳川家の祝賀を盛大に祝ったことに始まると考えられる。盛大であればあるほど将軍家へ恭順の意を示すことになる。また、徳川家もそれを歓迎したものであろう。年寄衆・出頭人をはじめとする幕閣の人々を招待し、盛大に繰り返し実施される、その場は、まさに幕府向けの、恭順の意をアピールするための場であったといえよう。

しかし、秋田藩の江戸拝領における振舞いにも時間的な推移のなかで変化が見られる。寛文六年（一六六六）一〇月二七日、江戸において第二代藩主佐竹義隆が将軍家綱から「御鷹之鶴」を拝領した場合の招待客は、二十数名に及ぶが、そのうち上位の者を順に挙げるならば、渡辺筑後守正（旗本・御使番）、松平上野介近栄（出雲新田藩三万石藩主、佐竹二代藩主義隆の世子義処の正室は近栄の妹、近栄の父親は越前松平支流松江松平出羽守直政）、松平右近隆政（松平上野介近栄の弟、松平右近太夫ともある）、藤堂佐渡守高通（伊勢久居藩五万石藩主、佐竹右京太夫義処の娘が高通の養女となっている。ただし、養女となるは寛文六年以降か）、黒田専之助長重（秋月五万石藩主、寛文五年父長興の遺跡を継ぐ。母は佐竹義隆の娘、姉が藤堂佐渡守高通の正室、当時七歳）、中根日向守正勝（旗本・大番頭）、中根大隅守正延（旗本・中根正勝長子、当時二十六歳）、筧新兵衛正真（旗本・御先鉄炮頭）、岩城権之助景隆（亀田藩二万石岩城重隆嫡子、ただし、後に廃嫡。重隆の正室が佐竹家臣一門佐竹源六郎義直の娘。当時十二歳。なお、黒田甲斐守長興の正室は同家よりでる）などといった人物である。

筆頭の渡部筑後守正は三千石の旗本で、鶴拝領時に上使を務めたが、役職的には御使番にすぎない。他の者たちは佐竹氏の縁類の者や幕府の旗本などである。この旗本たちは、おそらく日頃藩当局へ種々情報を提供するなど、便宜を計る者たちではなかったろうか。

以上、将軍からの「御鷹之鳥」の振舞いの場の性格は大きく変化した。初期に見られた老中をはじめ幕閣の者を招いて開かれる「御鷹之鶴」の「御振舞」の場は、あくまで幕府向けの振舞いの場であり、拝領に対する答礼の意味が強かった。老中たちも将軍の代人的役割を負っていたといえよう。これに対して、寛文期の振舞いは、鶴を運んだ御使番が招かれるものの、これ以外はすべて佐竹氏の縁類や友好な関係にある幕臣などである。将軍から拝領した「御鷹之鶴」を、藩主を中心に関係者がともに祝い楽しむという色彩が強い。振舞いの場の性格は、幕府向けから藩主を中心とする類縁者との祝いの場としての性格を強くしたとみてよかろう。その背景には幕藩間の緊張関係の緩和などがあると考えられる。

なお、こうした客質の変化は、一見すると儀礼的な場の形骸化の指標として捉えられがちであるが、むしろモノを食するという行為を通じて将軍の存在を体感する場がより多くの人々に解放されたとすべきであろう。そうした形が遅くとも寛文期には導入されたわけである。

三、振舞いの場の統制と序列

「御鷹之鶴」の振舞いの場の変化は、幕府による統制とも密接に関連していた。寛文三年(一六六三)九月の次の法令に注目したい。[25]

振舞膳部之覚

一、御鷹之鳥拝領披之時、老中於招請は、桧之木具、盃台三迄は不苦、三汁十菜、向詰香物、吸物、并肴五種、押物、但内々にて披之時、又は老中招請たりといふとも、常々振舞には可為塗膳、向詰は無用事

一、雖為国持大名、不時之振舞ハ二汁七菜たるへし、小身之面々ハ縦兼日より雖為約諾、此数量を用へし、惣て後段吸物肴等もかろく可被仕事

附、振舞之刻又ハ常にも、杉重之菓子ハ可為無用、折櫃物は不苦事

一、組中振舞又ハ相役人等寄合之節は、二汁五菜に過へからさる事、以上

九月

右から、この寛文三年段階には「御鷹之鳥」の振舞いが老中を招き広く行われたこと、幕府が振舞いの場の設営に基準を設けたことなどが明らかである。対象は「御鷹之鳥」の振舞いに限定されないが、「御鷹之鳥」の振舞いの場が主な対象であることは間違いない。同様に老中招請が見られる将軍宣下などの場は問題とされない。「御鷹之鳥」の振舞いの場を他の振舞いの場と区別し、その開催に基準を設けることが行われたのである。目的は、振舞いの場の序列化と身分や家格に応じた編成にある。幕藩関係の安定化に伴い、大名統制のあり方が質的な転化を遂げつつあることを示すともいえる。

こうした新たな統制に関連して振舞いの場の設定に注目するならば、その場は、藩主と招かれた客が一同に会する形ではなく、客の格によって場を違えて用意された。延宝二年(一六七四)一一月二七日の「御鷹之鶴」の振舞いでは、客の格に応じて振舞いの場を「御広間御振舞」「御座之間御振舞」「御座之間次御座敷御振舞」の三つに分ける。[26]この部屋の違いは料理の品数の違いでもある。幕府によって老中の料理の品数が指定されることは、そのもとにすべての参加者のもてなし方が規定されることとであり、振舞いの場全体を幕府が統制されることになる。言い換えれば、「御鷹之鳥」拝領の際には、少なくともこれに相当する規模の披露の場を設けることが、大名に強制されたことになる。

以上の点からは、振舞いの場が藩主を中心とする類縁者との

祝いの場としての性格を強めても、そこには幕府の意志が強く反映したといえる。また、家格・身分などによって部屋を異にするなどの序列化された世界であったが、その序列は藩内における序列ではない。佐竹の大名屋敷において、将軍を核として部屋・席次が決まる。将軍不在の席で将軍を感じながら自己の位置を確認する場として存在したのである。

こうした振舞いの場は、江戸の武家社会において毎年設定されたことになるが、その回数は鶴のほかの雁や雲雀なども合わせて勘案すると、最低でも年間五十カ所を超えたのではなかろうか。将軍からの「御鷹之鳥」をめぐり、きわめて多数の飲食の場が毎年設定されたのである。

「御鷹之鶴」観念と将軍権威

「御鷹之鳥」の下賜では、共同飲食の形をとって饗されることが求められた。しかし、下賜された鳥は、空腹を満たす食糧、あるいは味覚を楽しませる類のものでもなかった。「御鷹之鶴」に代表される将軍下賜の鳥の共同飲食は、あくまで儀礼的な場であった。では、それはなぜ鶴であるのか。そこにも一定の意味があったはずである。

元禄期に記された『本朝食鑑』によれば、鶴は千年を生きる仙獣であり、長寿の薬とある。そのため旧稿[27]で示したように年老いた功労の臣に贈ることも見られた。

岡山池田家文庫の元禄八年(一六九五)「塩鶴頂戴留」にも、家中へ塩鶴が広汎に下賜されるが、その対象者は、七十から七十九歳の者が二百六人、八十から八十九歳の者が五十九人といずれも高齢者である。鶴を長寿をもたらすものと認識した結果の下賜といえよう。さらに、こうした認識は、殺生を禁じられた鶴を捕獲して食するという、いわゆる「鶴殺し」事件が各所で発生していることからも推察されるのである[28]。

こうした鶴認識が見られた社会では、藩主から家臣への鶴の振舞いは、家臣の長寿を保証することになる。極論するならば、健康と長寿を藩主が授けるという儀式でもある。そして、藩主のその行為を可能としているのが将軍である。将軍、そして藩主によって長寿が保証される、そうした場として「御鷹之鶴」の御振舞いの場があったのである。

ところで、江戸時代の鶴は賜るものとして存在した。村人町人たちが下賜の対象となることはないが、天皇・公家、そして多くの大名やその家中の者も、勝手に捕獲できるものではなく、将軍・藩主から贈られるか、振舞いを受けるものであった。鶴の飲食儀礼の検討では、鶴がこうした身分制に規定された存在であることを、人々の「御鷹之鶴」観念にも留意して検討することが必要である。

ついては、幕府によって編纂された『徳川実紀』天和元年(一六八一)六月二一日の条に見られる越後騒動に関する記事に注目し、「御鷹之鳥」の存在について考えてみたい。

越後騒動は藩主松平光長の嫡子綱賢の死去に伴い、相続に絡んで引き起こされた国元家老小栗美作と永見大蔵を中心とする

「お為方」による勢力争いであり、将軍徳川綱吉自身が直接裁いたことでもよく知られる。江戸城における裁きの場では、次のような質疑がなされたのであった。

（堀田）筑前守正俊もて大蔵に仰下されしは、美作が奢侈の様聞え上べしとなり、大蔵答奉るは、主人光長が家例にて、年々公より御鷹の鳥給はるとき、家司どもまで会集して拝賜せしむることあり、然るを去年は諸家司には告ず、美作父子のみ頂戴せり、このこと小といへども、是にてかれが奢侈の大凡を察せられ、恩裁をたれ給へといふ、よて美作に其事をとはせ給ふ、美作申けるは、こはみな大蔵、主馬等が嫉心より、かく何事も思ひたがへしなり、其時は内々にて宴をひらかれたるをもて、家長等を召出さず、愚臣父子は、ことさら懇遇をもて其宴にあづかりしにて、同僚のともがらを愚臣がをしとどめたるにあらずと申、其詞も終らざるに大蔵申は、しからばなど同列の家司等さへあづからぬ程の席に、美作父子、をのが家人まで召つれて、恩賜の鳥を頂戴せしめしや、すべてかれが巧弁をもて、理非を申掠ること皆此類なれば、先日より評定所にて、諸有司に聞え上侍ることゞも、みないつはりならざるやう、聞召たまはるべしと申ければ、美作答ふる詞なし（後略）

記事はさらに少々続くが、江戸城中で将軍綱吉が親裁した越後騒動に関する質疑の大半は、下賜された「御鷹之鳥」の取り扱いをめぐる問答であったともいえる。少なくとも『徳川実紀』編纂者はそのように取りまとめたのである。

すなわち、将軍から「御鷹之鳥」を藩主が拝領した場合は、家臣が会集して振舞いを受けることが慣例であるが、去年は家臣には告げられず、小栗美作父子や同家の家人のみが振舞いを受けたと大蔵が訴えた。これに対して小栗美作は内々の宴であるために諸家臣には告げなかったこと、自分たちは藩主の意向で特別に宴に加わったことを主張する。この返答に永見大蔵は同僚の輩も参加しない宴席に美作父子の家人までもが列席していることを指摘し、美作の答弁は、すべて虚偽に満ちたものであると訴えた。

判決は従来の決定をひるがえし美作父子が切腹となり、また、ほかにも両派から多くの処罰者を出し、藩主光長も家臣の統率力欠如を理由に改易となったが、真偽のほどはともかく右の文章構成のあり方からは、「御鷹之鳥」の振舞いの問題が、事の真偽や正義のあり方を論ずるに足る存在として理解されていたことが明らかである。

また、右からは、藩主に下賜された「御鷹之鳥」は、広く家中の者が参会し、振舞うべきものと考えられていたことも明らかである。

藩主と家中による共同飲食は、正月などの年中行事のなかで、また藩主就任や藩主家の冠婚葬祭などに関わって催されるが、将軍からの「御鷹之鳥」拝領にもとづく国元での振舞いの場は、既述の通り一段と意味深い。そこは藩主と家中の和合の場であるとともに、将軍—藩主—家中という形での結集を促し、序列を確認する場でもあったといえる。「御鷹之鳥」は、その場の象徴であり、「御鷹之鳥」が将軍になりかわって将軍の威を体現しているといえる。しかもそれは、長寿をもたらす物として、個々の身体に宿るのである。

以上、「御鷹之鳥」が共同飲食されるものであることを踏まえながら、当時の「御鷹之鳥」観念、その存在の社会的価値について検討した。当時の身分制に規定された「御鷹之鶴」に対する観念の一端を紹介できたものと思う。

おわりに

江戸時代の鷹が将軍を頂点とするきわめて巨大な贈答のサークルを形成し、そのサークルが幕藩体制下の身分制的な序列と無関係では存在しえなかったことを「御鷹之鶴」の下賜・振舞いを通じて検討した。ここで見られた鷹やその獲物である「御鷹之鳥」は、自然界の生物としてではなく、将軍の権威を背景に支配の装置として極限まで高められて存在した時代であったといえる。そのため鷹関係の事象が多く、残される記録も少なくない。研究のいっそうの進展が期待されるところである。

註

[1] 鷹場に関する研究文献は、村上直・根崎光男著『鷹場史料の読み方・調べ方』(雄山閣出版、一九八五年)に詳しい。

[2] 芥川龍男「戦国武将と鷹」(豊田武博士古稀記念『日本中世の政治と文化』所収、吉川弘文館、一九八〇年)、曾根勇二「豊臣政権と御鷹場」(『白山史学』二二号、一九八六年)、根崎光男「江戸幕府鷹場制度の成立過程」(村上直編『幕藩制社会の展開と関東』所収、吉川弘文館、一九八六年)、斎藤司「豊臣政権による鷹支配の一断面—諸鳥進上令の検討を通して—」(『地方史研究』二〇五号、一九八七年)。

[3] 菊池勇夫著『幕藩体制と蝦夷地』(雄山閣出版、一九八四年、二六—四九頁、第一部第二章「鷹儀礼にみる松前藩の位置」)。

[4] 長谷川成一「鷹・鷹献上と奥州大名小論」(『本荘市史研究』創刊号、一九八一年)。また、鯨井千佐登氏は藩境の問題に関わって鷹をめぐる贈答行為に注目している(「交流と藩境—動物・仙台藩・国家—」『交流の日本史—地域からの歴史像—』所収、雄山閣出版、一九九〇年)。

[5] 塚本学著『生類をめぐる政治——元禄のフォークロア』(平凡社、一九八三年)、同「綱吉政権の歴史的位置をめぐって」(『日本史研究』二三六号、一九八二年)。また、近年ではこれまでの鷹に関する研究を総合化した根崎光男著『江戸幕府放鷹制度の研究』(吉川弘文館、二〇〇八年)が発表された。

[6] 拙稿「鷹をめぐる贈答儀礼の構造——将軍(徳川)権威の一側面」(『国史学』一四八号、一九九二年)、「近世の御振舞いの構造と『御鷹之鳥』観念」(『史料館研究紀要』第二六号、一九九五年)。のち拙著『日本近世国家の権威と儀礼』(吉川弘文館、一九九九年)所収。また、関連研究には、盛本昌広『日本中世の贈与と負担』(校倉書房、一九九七年)、岡崎寛徳『近世武家社会の儀礼と交際』(校倉書房、二〇〇六年)がある。

[7] 吉井哲「古代主権と鷹狩」(『千葉史学』一二号、一九八八年)。

[8] 塚本学氏は「徳川政権の御鷹支配は、古代天皇家のそれをうけつぐものであったと同時に、また古くからこれと拮抗し、あるいはこれと補完しあった在地領主の鷹支配権を吸収するものであった」としている(塚本前掲書、九七頁)。

[9] 鶴、ことに梅首鶏(大鸛)の数が多かったことは「公儀向聞書」(国立国会図書館所蔵)にも見える。一定の下賜基準も存在したことが考えられる。

[10] 『国典類抄』一三巻、六七四頁。

[11] 本間清利著『御鷹場』(埼玉新聞社、一九八一年)、五三頁。

[12] 綱吉が上州館林の城主であった寛文元年から延宝八年にかけては、ほぼ毎年鷹狩を実施していることが『徳川実紀』などの記載からも明らか

である。しかし将軍になるとまったく記事がない。仮に綱吉の場合、鷹狩を実施しない状態が本来の姿であるとしたならば、なにゆえ将軍就任以前鷹狩をしたのか、この点が問題となろう。これに対する最も有力な理由は、おそらく将軍家綱からの鷹拝領に関連する。綱吉は将軍から鷹を拝領したために、鷹狩を行い獲物を献じなければならなかったわけである。獲物を献じることが鷹を拝領したものの答礼のあり方である。そして、この点からは鷹による狩猟権を将軍が独占していたことも指摘できよう。また、諸大名による鷹狩は鷹の下賜や鷹場拝領によって許可されることになったが、そこには鷹狩をしなければならないという一定の強制力が伴ったといえる。鷹狩を強制できるのも、将軍が鷹による狩猟権を広く掌握していた証しである。

[13] 生類憐み政策の具体的な展開に関しては、大舘右喜「生類憐愍政策の展開」(『所沢市史研究』第三号、一九七九年)、塚本前掲書参照。

[14] 小野清著『徳川幕府制度史料』(一九二七年刊)所収「柳営行事上巻」には、「鳥ハ徳川家ヨリ、大名ノ時々ノ献上物ニ対スル答礼ノ意ヲ寓シテ以テ贈ラルルモノニ係リ、兼ネテ又将軍ガ、大名ノ葵心ヲ収攬スルノ処置ニ出デシモノニシテ、……」と見える。小野は「御鷹之鳥」の下賜を時献上に対する答礼とみ、また下賜によって大名の「葵心」を収攬すると捉えている。

[15] 『徳川実紀』第八篇、享保五年一二月三日の条には「是まで中絶せしを、今年より賜ふ」と、「御鷹之鳥」の下賜再興について記す。また、将軍による鳥類贈答への規制は、『御触書寛保集成』第一一三四・一一三五・一一三七・一一六一号を参照されたい。

[16] 飲食儀礼＝共同飲食に関しては、『今昔物語』の「芋粥」の説話から庄園制下の贈与と客人歓待について論及した保立道久「庄園制的身分配置と社会史研究の課題—庄園制下の贈与・給養と客人歓待—」(『歴史評論』三八〇号、一九八一年)や、古代中世における共食・饗宴の場の身分制的な意義などについて論及した原田信男「食事の体系と共食・饗宴」(『日本の社会史』第八巻、生活感覚と社会、岩波書店、一九八七年)など多くの研究があるが、その大半は古代中世に関するものであり、近世史研究では、いまだ充分な検討が加えられていない。幕府や藩など武家社会に見られる共食、村や町といった単位でのもの、家を中心とする同族類縁の共食、あるいは商人や職人組織におけるもの、こうしたさまざまな集団・組織における共食のあり方をより豊かに示していくことが必要といえる。もちろん、場の検出のみならず、その集団にとっての共食の意義が問題になる。

[17] 『国典類抄』(一三巻、六三一頁)には、鷹の場合は初めて拝領した場合にのみ「表立御披」であり、その方法は鶴の場合と同じとする。雲雀・梅首鶏はかならず表立った御披きの席を設けなければならないわけではなく、「御一門様方・御心安御方」、「御一家様計」で軽く「御披」を行うのが通例であったとの記載が中期のこととして記される。

[18] 『国典類抄』は文化期に編纂されたものであり、「御鷹之鶴」の拝領に関する、すべての記録が網羅されているかどうか、本来充分な確認が必要である。筆者が幕府の下賜基準なども念頭にそのデータを確認したところ、充分に検討に耐えうるデータといえそうである。検討対象とした史料の多くは第一三巻に見られる。

[19] 寛永一〇年頃より万治期までの二十五カ年間ほどは八年から十年おきであるが、これは史料の残存などの影響と考えられ、幕府の下賜に変化があったものではなかろう。

[20] 『国典類抄』一三巻、六七二頁。

[21] 『本朝食鑑』(東洋文庫)二巻、一五一頁。『古事類苑』動物部五五二頁に見える「光台一覧」を参照。

[22] 『国典類抄』一三巻、六七三頁。

[23] 幕府出頭人と呼びうる者として藤井譲治氏は、次の者たちを挙げる(藤井譲治『日本の近世』三、中央公論社、一九九一年、第四章幕藩官僚制の形成参照)。徳川家康に仕えた本多正信・正純父子、大久保長安、秀忠に仕えた土井利勝、酒井忠世、井上正就、永井尚政、家光に仕えた酒井忠勝、松平信綱、阿部忠秋、堀田正盛、板倉勝重・重宗父子、松平正綱、伊丹康勝、島田利正、伊奈忠治、小堀政一である。将軍と彼らが中心となって進めた政治を出頭人政治とするが、元和八年の佐竹による「御鷹之鶴」の振舞いの席にいかに多くの幕府重臣が呼ばれたものか確認できよう。

[24] 小川恭一編著『江戸幕藩大名家事典』下巻、原書房、一九九二年、一五五頁。

[25] 『御触書寛保集成』一〇五四号。

[26] 『国典類抄』一三巻、六七七頁。

[27] 前掲拙稿「鷹をめぐる贈答儀礼の構造—将軍(徳川)権威の一側面—」(『国史学』一四八号、一九九二年)。

[28] 鶴殺し事件については、鈴木亀雄『謎の鶴殺し事件』(崙書房、一九八六年)、芦原修二口訳『毛吹草—延宝の鶴殺し事件—』(崙書房、一九七七年)などがある。

鷹と人のこぼれ話――よくわからないことを中心に

波多野幾也　作家／鷹匠

軍国少年だったという歳ではないし、前後の少年誌の軍記ブームにさえ間に合わなかった世代なのだが、子どもの頃、戦闘機パイロットに憧れていた。「戦闘機」パイロットに憧れたのは、子どもっぽいヒーロー願望もあったが、同時に、「旅客機のパイロットと違って自由に大空を飛べる」かのように誤解していたからだ。むろん実際には、厳密な指揮管制下で飛ぶのだが……。後に鷹狩りを学ぶようになったのも、この幼時の憧れとまったくの無縁ではないように思える。

F-15はイーグル(ワシ)であり、同世代にF-16ファイティングファルコン(戦うハヤブサ――ただしグループの総称)がある。米空軍の最新鋭機F-22はラプター(猛禽類の総称)。ロシア製S-37／Su-47の愛称ベルクート(ビェールクト)はイヌワシを意味する。

垂直／短距離離着陸可能なジェット戦闘／攻撃機ハリヤー(チュウヒ)もある。前身の実験機はケストレル(チョウゲンボウ)だ。航空機と猛禽の特徴をうまく重ね合わせたよいネーミングだ。チョウゲンボウは空中で停止できるし、チュウヒは低く草原の上を飛びながら、気軽に地面に降りてネズミなどを狩る。なお、ハリヤーはフォークランド紛争で活躍したことで有名になったが、自動車のテレビコマーシャルで、女優の柴咲コウさんが降りてくる飛行機、というほうがわかりやすいかもしれない。

ヘリコプターと固定翼機のいいとこ取りを狙ったV-22はオスプレイ(ミサゴ)と名づけられている。地味だが長く広く使われた攻撃機A-4はスカイホークであり、広域をレーダーで監視する早期警戒機E-2はホークアイである。

最近の話ばかりではない。英国ロールスロイス社が開発した一連の航空機用エンジンは(最後には伝説の生き物であるグリフォンとなるが)猛禽類にちなんで名づけられている。いわく、イーグル、ファルコン、ホーク(タカ)、ケストレル、ゴスホーク(オオタカ)、バザード(ノスリ)、ペリグリン(種としてのハヤブサ)、ヴァルチャー(ハゲワシ)、マーリン(コチョウゲンボウ)……。

日本にも例がある。映画や軍歌でもお馴染みの飛行第六四戦隊は加藤隼戦闘隊である。当初は九七式戦闘機を使用していたが、新型の一式戦闘機が採用されるにあたり、ある程度は同戦隊にちなんで「隼」と名づけられた。

こうした憧れは航空機が発明される以前からあったことはま

260

ず間違いがない。猛禽類は勇壮なイメージを伴ってさまざまなシンボルに用いられてきた。日本では鷹の羽を意匠した家紋が見られる程度で、リアルなデザインは旗指物などにも見られないようだが、ヨーロッパでは広くイヌワシの紋章が使われた。これだけで一書が編まれるほどの広がりである。日本でも運動会などでお馴染みのJ・F・ワーグナー（歌劇を多く作ったW・R・ワーグナーとは別人）の名曲「双頭の鷲の下に」の影響もあり、ハプスブルク家の「双頭の鷲」が最も著名だろうが、ナポレオンやロシアも用いており、その源流はローマ皇帝の紋章にあるという。

新大陸でもワシはシンボルとして重要である。いわゆるインディアンの羽飾り《ウォー・ボンネット》にはイヌワシの若鳥の尾羽などが使われる。この結びつきは強く、アメリカ合衆国には「ハクトウワシ・イヌワシ保護法」という、包括的な希少生物保護法とは別にこの二種だけを対象とする法律があるのだが、同時に、ネイティブ・アメリカンが霊的宗教的にこれらのワシの羽を用いる例外を想定した「鷲羽法」もまたある。

羽を得るに、往時は地面に穴を掘って潜み、簡単な蓋をかけ、肉など置いて待ち伏せし、ワシが降りてきたら素手で両脚を掴んで生け捕りにしたのだという。イヌワシはより大型のメスでも四キログラム程度であり、両手で両脚を同時に掴めれば、取り押さえるのはなんということもない。また、まるっきり掴み損ねても逃げられるだけで済むだろう。が、もし、片脚だけ掴んだらいささか悲惨なことになる。成功した若者は勇気を褒め称えられたと言うがさもありなん。捕まえたワシから羽を得るのに、「抜く」と、読んだことがある。鳥の羽は抜け替わるものだけれど、次の羽が用意できてから古い羽が抜けるというのが本来だ。無理に抜くと羽根《うこん》が破壊されて生えなくなってしまうことが多い。当時のアメリカには、尾羽の真ん中二枚だけが足りない個体がたくさん舞っていたのだろうか？ それともなんらかの方法で切っていたのだろうか？ それなりに切れ味のよい刃物が必要になるのだが……。

中南米でもワシのシンボルはポピュラーだ。インディオには、オウギワシを崇拝し、飼育したり、羽を飾りに用いたりする習慣をもつ部族がある。タカ・ワシ類、ことに捕食性が強い種は大半が黄色い眼をしており、それが眼光鋭く感じさせる一因ともなっている。しかしオウギワシの眼は暗褐色だ。同じ暗褐色の眼をもつハヤブサ類がかわいらしく見えるの対して、どこか作り物めいて、なにか底知れなさを感じさせる眼である。

噂を聞いたことがある。ペルーあたりにサルの研究で入っていた欧米のグループがあった。観察地周辺にオウギワシが生息することはわかっていたが、オウギワシによる被捕食が問題にならない小型種が対象だったので、とくに気に留めていなかった。ある日、一人で出かけた研究者が帰って来ないので皆で探しに行ったところ、遺体となっていた……。噂だから真偽は不明だ。だが、実にもっともらしい。しゃがんだヒトは高さ数十センチにしかならず、オウギワシが狙いたくなる中型の動物と見た目の大きさがあまり変わらなくなる。

猛禽を訓練するにあたっては、通常、ヒトに刷り込まれた個体は、その種自体に刷り込まれた個体より危険と言える。ヒトに刷り込まれた個体は種内闘争のつもりでヒトと争おうとすることがある。対して、ヒトに刷り込まれていない個体では同種に対するような攻撃は起きづらい、という理屈だ。だが、オウギワシに限っては、ヒトに刷り込んだ方がむしろ安全ではないか、とされる。ヒトを同種と思ってくれれば、同種に対する闘争程度で済む。同種と思ってもらえないとヒトを捕食しようとしかねないからだ。神を見るのもむべなるかな。

中南米におけるシンボルに戻る。メキシコの国章にはサボテンの上でヘビを掴むワシが描かれている。この辺りにはサボテンの上でヘビを食べるようなワシ・タカの候補が多い。メキシコ大使館に問いあわせてみたが、「ただアギラです」としかわからなかった。アギラは「Águila」であり、狭義のワシを示す「Aquila」と同じである。生息地と茶色一色なところからしてイヌワシであろうか。

スペイン空軍のアクロバットチームもパトルーラ・アギラという。こちらはイヌワシかカタジロワシか。米空軍のチームはサンダーバーズであるが、これはライチョウ(雷鳥)ではなく、ネイティブ・アメリカンの伝説にある空想上の大ワシである。国内を走っている列車のサンダーバードは、もとは「雷鳥」だったわけで翻訳にやや無理がある。とはいえ、ターミガンやグラウス(ともに、あるグループのライチョウ)では親しみやすい愛称にはならないのだろう。

ほかにも、アクロバットチームには、ロイヤル・ヨルダニアン・ファルコンズやウクライーンスィキ・ソーコルィ(ウクライナの隼たち、あるいはウクライナの勇敢な飛行士たち)などもある。飛行機、および飛行機乗りと猛禽を重ね合わせる傾向の強さはかなり強いようだ。

だが、飛行機が発明されたのは最近の話だ。それ以前はどうであったか。自分が飛べないのなら、自由に飛べる猛禽に何かを投影して、というのは、何も私ばかりのことではなかろう。

というわけで、思い通りに鷹を操る鷹狩り、という話になるのであるが……。

「鷹狩りはおよそ四千年ほど前、中央アジアの平原で始まったとされています。それが日本に伝わったのは仁徳帝四三年(西暦三五五年)と日本書紀にあります。ある日見慣れない鳥が天皇のもとに持ち込まれましたが、百済からの帰化人の酒君《さけのきみ》が『これは私の故国ではクチといい、飼い慣らして狩りをさせます』と奏上したので、天皇は酒君に訓練するよう命じました。四三年九月一〇日、百舌鳥《もず》野《の》において遊猟し、その鳥は多くのキジを捕らえたので、同月中に、天皇は鷹甘《たかかい》部《べ》を設置させて云々」というが通説である。

中央アジアで四千年前、との推論は状況的には妥当だろう。最初に使われた猛禽はセイカーハヤブサかノスリかケアシノスリかソウゲンワシか。いずれにせよ、狩りの様子を目撃しやすい開闊地、また雛を捕獲しやすい地上営巣、であればハードルは低い。

だが、この通説を誰が、最初に、どういう根拠で言い出したのかはよくわからない。あまりにありふれたフレーズだからだ。孫引きひ孫引き玄孫引きで源流が紛れてしまった。

それでもちまちまと調べたところ、前六から七世紀の中国に文書上の記録があることまではわかった。が、浅学の身の悲しさ、中国の古書についての英文の記述から原中文を理解するのは難しい。ただ、どうやら、鷹狩りをしたと明記されているのではなく、そうとも取れるという程度の記述らしい。

その他を見てみるに、紀元前頃のギリシアにそれらしいレリーフが知られる。だがこれも、本当に訓練された鷹が描かれているのか判然としない。鷹狩りの光景なのか、たんにタカを描き添えただけなのか。鷹狩りを描いたことがはっきりしている後世の絵画であってさえ、尾羽がインコのように長く、鷹が鷹に見えないこともあるぐらいなのだ。

同じく紀元前頃、エジプトでも鷹狩りが行われていた可能性が指摘されている。少なくとも王が水鳥などを狩っていたことはわかっている。だが、訓練された鷹で狩りをしていたかどうは明確でない。鷹を狩ることもあって不思議はないのだし……。ホルス神についてさえ、何が元になっているのか、詳細な検討はなかなか見あたらない。隼、と片づけられてしまうことが多い。が、種ハヤブサ(ペリグリン)なのか、ラナーハヤブサやセイカーハヤブサなどの別の大型ハヤブサなのか。あるいは、農耕保護のシンボルということであるなら、より身近で、ネズミを捕獲しているシーンを目撃しやすいチョウゲンボウ類がモデルということも考えられる。

アラブ世界の鷹狩りの起源もいささか不可思議だ。アラビア語もできないので確認できていないのだが、鷹狩りをバイザラといい、この語は同時にオオタカを意味するらしい。現在では、アラブの鷹狩りの伝統種にオオタカは含まれない。アラブ世界で好まれるのはまずはサクレ(セイカーハヤブサ)であり、ついでシャヒーン(ペリグリンおよびその近縁種)なのだ。アラブ人が鷹狩りを始めた頃には、アラビア半島にもオオタカが生息するような環境があったのだろうか? オオタカが棲む、アラビア半島以外で鷹狩りを知ってから移住したのだろうか? このあたり、何が歴史的事実で何が神学に由来するのか切り分けるのが難しく、古気候と現存の鷹狩りとを組み合わせてストーリーを組み立てるのは難関である。

アラブの鷹狩りのドキュメンタリー番組でも気になるシーンがあった。鷹匠が、アラーに祈るとともに、大地にも豊猟を願うのだ。日本人にわかりやすい字幕にしたのかと思ってテレビ局に問いあわせたが、違うという。アラーとは別に、大地に祈りを捧げていたのだと。イスラム以前のアニミズムが残っているというのは日本人的には理解しやすいが、イスラム教徒が公言してしまってまずくはないのだろうか? 無明時代は否定され、アラーのほかに神なし、なんではなかったっけ……?

日本への伝播の時期や経緯についても、本当はアッサリ片づけてはいけない。

仁徳帝は誰か、いつ頃の人か、という大問題がある。「仁徳帝四三年（西暦三五五年）」としたが、これは伝であり、たぶん事実ではない。「倭の五王」の比定については専門家が論じているところで、結論を待つしかないが、おおざっぱに言って数十年から百年ほど後にずれることになるだろうと見込まれている。五世紀初頭から半ばにかけて、だ。他方、だとすると、六世紀のものとされる鷹匠埴輪が、関東からも出土している。鷹狩りが「宮廷」から外へ、さらに地方へと伝播した早さは相当なものだったということになってくる。これはつまり、古代日本において鷹狩りがどの程度普及していたのか、に対する見方も変わってくるということだ。

酒君についてもわからないことは多い。さほど有名でもない割に、お墓が現存していたりするのだが……。年代が一世紀前後してもあまり変わらないが、当時の百済は高句麗と対立していた。そして現在の韓国の鷹匠に聞く限り、朝鮮半島で鷹狩り文化が色濃く残るのは高句麗／高麗、ついで新羅であり、百済だった地域では希薄だという。満州・沿海州の諸族で鷹狩りが盛んであることと照らし合わせても納得できる。にもかかわらず、なぜ、帰化していた百済人が鷹狩りに詳しく、自ら訓練できるほどの技術をもっていたのだろう？

当時の人々が、鷹を見たことがなかった、名前も知らなかった、というのも不思議だ。宮廷人だから、と片づけるわけにはいかない。雄略天皇は野に出かけてナンパしているし（万葉集の最初の歌だ）、仁徳帝にも、有名な、炊ぎの煙が……という伝説がある。室内にばかりいたはずはない（とはいえ、野生猛禽の調査で出会う現地の人々は、バードウォッチャーでない限り、頭上を飛び交う猛禽に気づいていないことも多い。屋外で長時間過ごす仕事の人であってもだ。トンビならともかく○×はこんなところにはおらんだろう、と言われたりする。ときには現にそいつが舞っている下で……）。

タカ、という言葉もひっかかる。明確な二音であり、タケと転じたものと合わせれば、鷹だけでなく、高・尊・貴・丈・竹・岳と、似通った意味の語が並ぶ。こうした基本的な語は当時すでにあったはずと思うのだが、言語学者の見解は如何に？

成立年代が下る（七一五年？）ために軽んじられがちだが、播磨風土記も忘れるわけにはいかない。応神帝が狩りをしたときに鷹の鈴を落としてなくしてしまった、その地を鈴喫岡《すずくいのおか》と名づけた、という記述がある。応神は仁徳の父であるから、だとすれば、最低でも一世代分、伝来がさかのぼれることになる。

伝統というのは、成立当初そのままに墨守されるべきものではなく、時代時代の社会状況に応じて変化していくものであって（変化しなかったら伝統と呼ばれるほど長期間、生き残れない）、変化は必然ではあるが、何を捨てるか、それも完全に捨て去るか、常用はしないがやり方だけは残しておくかの判断は難しいし、ままならぬことも多い。

明治の初め、新政府は鷹狩りを公式に行うこととしたが、その時点ですでに「古技保存のため」とされていた。おかげで鷹狩りは最低限の連続性を保ったまま今日に伝わるのだが、失われた部分もある。

たとえば竿鷹《さおだか》。上げ鷹、というものがある。ハヤブサを先に放し、上空高く待機させ、その下から獲物を追い出して蹴らせる猟法だが、このとき、長い竹竿に注目してその上空で待機するように条件づけしておき、その同じ竿で水面を叩いてカモ類を追い出して捕らせる方法と考えられている。適地探しには難儀するが、やり方も理屈もわかっているし、実際にやるのはそんなに困難ではない。だが、やったとしてもそれは復元にすぎない。復元が悪いわけではないが、正統と同じであるかどうか判断できる人はいなくなってしまったわけで、さて、伝統と言えるかどうか。

呼び子の使い方のように変化したものもある。オオタカに使うのは江戸期からあったはずだ。鷹道具としての笛が残っている。だが、上げ鷹を獲物に誘導するのに、江戸期までは采（麾とも書く）を用いた。采配の采で、ざいと読む。布の代わりに和紙を使ったハタキのような品物である。明治期以降は、呼び子に変わった。視覚刺激から聴覚刺激＋吹いている人という視覚刺激の組み合わせになったのだ。

通常、鷹狩り用のタカは、獲物を捕らえたらその場で食べ始める。鷹匠がそれを探しに行く。タカが獲物を鷹匠の元へ持ち帰ってくることはない。だが、持ち帰ってくるように仕込むことは不可能ではなかったらしい。短い草が生えていて木がない、広い河原などで、ハイタカやコチョウゲンボウでヒバリを狩る。すると、捕ったはいいが、地面で食べるのはキツネなどが怖い、だが木がない。鷹匠が背の高いT字型の止まり木を持って歩いていると、安心して食べるためにそこへ戻ってくる。止まり木を少しずつ傾けて手元に戻すという寸法だ。これも明治政府では行われなくなった。

高いTパーチに条件づけるのはわけもない。だが、現行法では、夏にヒバリを狩ることは許されない。かろうじてリハビリテーションにおいては可能だが、木がなくてヒバリがたくさんいる場所はそうそうないし、鷹狩りの復元実験のためにあえてヒバリを狙うのは趣旨からして許されまい。

私が学んだ諏訪《すわ》流は、網掛《あがけ》の鷹を得意とする。網掛というのは網で捕らえたタカの意で、現代風にいえば、巣立ち、家族群が解消した後で、越年していない個体のことだ。理想としては網掛のすぐ前段階の巣周り（巣立ち後、家族群解消前）か、網掛になって日が浅いもの（九月から一〇月ぐらい）がよろしい。より若い巣鷹《すだか》だと、日齢にもよるが、ヒトに対して社会化されたり刷り込まれたりする。扱いやすいが、興奮すると翼を広げ、初列風切羽や尾羽の先端を傷めやすいし、飛び方や狩りを教えるのに苦労する。独立して日が経った網掛や、越年した山帰《やまがえ》り、満一歳以上の野晒鷹《のされだか》となると、狩りはうまくとも馴らしにくい。

とはいうものの、昔であれば、殿様が将軍家から拝領したタカや、珍しいシロオタカだとなれば、現在ならリハビリテーションにおいては、巣鷹でも野晒鷹でも、苦労してでも仕込まねばならない道理だ。巣鷹を主とし、網掛では襲わないようなツルやハクチョウといった大物を捕るタカ（逸物《いつぶつ》といったりする）を作るのを得手とした他流に対して、諏訪流は網掛を主とし、居ずまいのいい鷹をよしとした。

現在、日本の鷹を鷹狩り目的で捕らえることは認められない。リハビリならば扱える。しかし、リハビリ個体は自活できるようになったらすみやかに放野しなければならず、何年も手元に置くことは許されない。社会化や刷り込みだけの問題なら、飼育下で親に育てさせた個体がある。しかし、飛ぶのは下手だし、狩りを知らない。外国から合法に輸入できはする。しかし、履歴や途中の扱いに問題が生じやすい。扱いのわかった鷹匠が捕らえ、トラウマを作らぬよう丁寧に輸送した個体と同等とはいかない。

私の師である花見薫（元宮内省鷹匠）は、オオタカあるいはハヤブサでもマガンまで捕っている。それがまた面白い。

オオタカが一羽を掴むと、マガンの群は戻ってきて、翼角で反撃する。というのはオオタカは、一羽を掴むと「ふんぞりかえっている」から。ハヤブサだとマガンの群は戻らない。後頭部から頸椎にかけてを噛んで素早く殺してしまい、次が来たらそっちも掴もうとするからだ、と。

あるいはまた、オオタカを一群のマガンに羽合わせたところ、風切羽が一本欠けていた個体を過たず掴んだ、という話も聞いている。

バンは現在も狩猟鳥であり、実際に狩ることができている。だが、以前の公式猟は初夏の水田で行われていた。勢子と鷹匠が中だるみの円弧状に並び、一列に押していってバンを追い立てるのだ。実際に猟を行うのは日に二時間程度、三日で一区切り。花見は三日で九十六羽のバンを捕ったこともあるという。これは現在では狩猟期間外であって不可能である。

ハヤブサの捕獲（ハヤブサで狩りをするのでなく、ハヤブサを生け捕りにする）も現在は許されない。ハヤブサの見張り役にムナグロ、長いひも付きの囮としてコガモを使い、海岸の砂丘の凹凸を利用しつつ最後は鳥もちでハヤブサを捕まえるもので、相当に複雑で洗練されていて、興味深いやり方だ。

好きに捕らせて欲しいというのではない。ごく限られた量、限られた機会で構わないし、しかるべき技術をもった者限定でよい。記録を残すことも必須だろう。

自然へのインパクトも考慮しなければならない。だが、救護された個体は自然界からみれば一度死んだ身であって、継続飼育してもインパクトは生じない。一カ所に集中しすぎていることが問題となっているマガンやナベヅルを少々脅かして分散を後押しするとともに、数羽を捕獲する、現行の猟期外に限定的にバンやヒバリを少し頂く。どれも自然に対して強いインパクトはないだろう。

毎年でなくてもいい。式年遷宮に似たものだと思ってもらえればよい。経験者が元気なうちに次世代にも経験させる。そうすれば伝統の連続性を繋いでゆける。

完全に復元に類することはともかく、マガン猟やバン猟、ハヤブサの捕獲などは、ほつれて切れかかってはいるが、連続性の糸はかろうじて繋がっている。経験者は存命ではないが、経験者から、身振り手振り交えて話を聞いたことがある者は残っているのだ。後世の人々のためにも、なんとかならないものだろうか……。

人鷹一体という言葉がある。花見薫が昭和の終わりか平成になってから人馬一体を変えて作った言葉だ。著書「天皇の鷹匠」にもその旨あるはずだが、それが失われたらどうなるだろう？　人鷹一体という言葉が、ずっと以前からある「伝統的な」語だと誤解されることもあろう。

　こうした紛れ込みは鳥類学にも例がある。お手元にある鳥類図鑑のオオタカの項をごらん頂きたい。「メス、全長五七センチメートル、翼開長一三一センチメートル」となってはいないだろうか？

　これは正しい数値ではない。国内個体群のメスの場合、全長は約五七センチだが、翼開長は約一一〇センチで、全長／翼開長比は〇・五二弱程度。大型のロシア産のメスの実測値で、たとえば全長六二センチの個体の場合、翼開長は一二〇センチ程度で、全長／翼開長比は同じく〇・五二弱。翼開長一三一センチであれば、全長は六八センチなければいけない。

　オオタカ、とくにメスは季節によって体重が変化するし、太っている個体もあれば餓死寸前の個体もあるから一般化が難しいが、国産個体の捕獲調査の記録と、生け捕りできる個体は狩りが下手で少し低い側に平均が偏っている可能性があるから飼育下での体重値を参考に総合的に考えると、冬で一一五〇から一二〇〇グラム程度と考えられる。

　全長比の三乗を乗じると、六二センチの個体で一五五〇グラム程度となり、飼育下の実測値とおおむね一致する。全長六八センチの個体だと二〇五〇グラムぐらいの計算だ。

　オオタカの最大値（翼開長は難しいが）を探ってみると、全長七〇センチ、二二〇〇グラムぐらいの個体はありうると考えられる。つまり、六八／一三一センチはありである。そして、戦中であればサハリン産の個体が国産とされてもおかしくないから、そのクラスの国産個体もありである。だが、全長は六八センチでなければならない。五七／一一〇が適切だし、六八／一三一もまあ仕方ないが、五七／一三一はおかしい。どうして辻褄が合わない記述が生じたのだろうか？

　いろいろな図鑑の出版元に聞きまわると、独自に数値を洗い出しているわけではなく、孫引きひ孫引きが重なっていることがわかった。辿っていくと、戦後まもなく出版されたある図鑑に行き当たった。追跡はそこでとぎれた。著者も編集者もすでに亡くなってしまっていたのである。

　次の問題は、なぜ長い間、訂正がなされなかったのか、ということだ。先行書の数値を参考にするのはわかる。だが、マズイところは訂正してしかるべきだろう。そして、五七／一三一センチを引いている図鑑のなかには、著者に猛禽の専門家が含まれているものもあるのに……。

　修正や訂正は、早ければ早いほどよいというものでもなかろうが、あまりに遅いのはやはり困る。

公式見解としてどう述べるかはともかく、私的な場では、「オオタカはもういい。たくさんいる。（サシバは言うまでなく）ノスリのほうがヤバイんじゃないか？」というのは、十数年前から調査関係者の間では囁かれてきた。オオタカはゴキブリのようなもので、一羽見かけたなら、見えないところにもっともっといるものだ。ノスリは見えるだけしかいない。

結局のところ、オオタカの多くは、日本に住んでいる個体でも、外国の農産物に依存している。年間数十万羽のレース鳩が生産され、かなりが環境に放出される。もとはといえばアメリカのトウモロコシだ。ドバトやカラスも、もとはいえば大部分が外国で生産された人間の食料がもとになっている。

ノスリはどうか？ノスリは日本に降り注ぐ太陽光が形を変えた存在だ。野ネズミは草地で現存量が多い。林地の数倍から数十倍だ。ノスリにとっての利用可能性を考え合わせても、草地が重要だ。農地改良が進むにつれ、田畑の周りの草原は減るばかり。皆伐される林地が減れば、一時的な草原も減る。明治終わり頃から戦後すぐぐらいに比べると、日本の森林率はほぼ倍増している。その間、平地の開発も進んでいる。草地はあっちにもこっちも取られてしまった。ノスリはやばい。

オオタカの生息数の推計には幅があるが、少なくとも万単位であろう。なのに未だに希少種扱いで、里山保全のシンボルのままだ。

理由はいくつか考えられる。ひとつには数百という古い推計値である。もともと粗雑なものだったのが、数値がそれしかないから広まってしまった。

研究者や保護活動家が政治的に利用した側面もあるだろう。オオタカと唱えれば開発を中止させられる。調査費用がどこからか降ってくる……。

そして、ノスリをかなり重視して調査したいという場合でも、「オオタカなどの里山の猛禽が」云々というゴマカシをせざるをえなくなってしまった。ゴマカシが普通になってしまった。

あまり健全な状況とは思われない。猫の首に鈴をつける勇気、王様は裸だと叫ぶ勇気の欠如であろう。

研究者が、あまりに保全主義的でありすぎる、という事情が背景にあるのではないかと邪推している。

「野生生物の研究者は、対象の生物のおかげをこうむっているのだから、その保護・保全に貢献すべきである」という意見には一面の真実がある。が、突き詰めていくと、私的なエゴのために危機を誇張し、保護・保全を本来の必要性以上に声高に主張することにもなりかねない。

逆の立場もありうる。ある対象の専門家は、事態を放置したらどうなるか、どうすれば防げるかという科学的な推論を述べるにとどめるべきで、どうすべきかという意思決定プロセスにおいては一市民と同等の立場であるべきだ、というものだ。無責任かもしれないが中立的である。

多様な考え方があるだろうし、結論も出ないだろう。だが、保護・保全を主張しさえすればいい、というのはやはりよろしくない。両方の立場がありうる、というぐらいは押さえておかないとまずいだろう。

もう少しわかりやすい、もう少し近い関係でもこうした対立はたくさんある。以前、小鳥を保護するために猛禽を駆除せよ、という主張がなされたこともあった。構造的に同じ対立はいまでもある。たとえば風車と猛禽保護の環境内対立である。シマフクロウの殖やし方では、環境内どころか、猛禽保護関係者同士が対立する。

パワーが小さいから怖さが目立たないだけで、保護・保全活動は本質的には環境の選択である。仮に十全な権限をもって保護・保全活動ができるようになった場合、たとえば、クマタカとイヌワシを何対何の割合で住まわせるか、といった問いを突きつけられることになる。キャパシティが限られている以上、どっちもたくさんというわがままは通らない。個別のケースで個別に話し合って折り合いがつけばよいというものではない。原理的に対立するに決まっている、そのうえで、どういう折り合いのつけ方を長期的な基準にするのかの知恵が欲しい。イヌワシかクマタカか、であれば、これは結局、個々人の理想とする「日本の自然」のイメージに依拠する。科学的に決めるのは難しい。いつの自然が、正しい日本の自然なのか、決めようがないではないか。

イヌワシは草原棲なのに日本にいる。日本で草原が多かったのは氷期である。後はずっと下って、人による開発が進んでからだ。

クマタカは熱帯の高地にいるのが普通なのに、日本(と沿海州)では高緯度にまで分布する(雪の中のクマタカ、という図は、雪の中のサル、が日本人以外には奇異に映るのと同じく、奇異だ)。

どっちも不自然だし、だが、どっちがより不自然かは決めがたい。不自然だから貴重と考えることだってできる。最後は個人の価値観に帰結する。

オオタカとノスリで、日本およびユーラシア南東部とヨーロッパを比べてみると、どうもヨーロッパ産の個体のほうが、相対的に足が大きい。足指長は計測値として重視されない傾向があるし、測定方法・測定者ごとの誤差も大きいので、信頼できる数値を多数集めるのは難しいのだが、まあ、片方を見慣れている者が他方を見ると、一見して違和感を覚えるほど違う、とは言える。

淘汰によらない偶然の可能性もある。が、まずは何か原因を探してみよう。

寒さは問題にならない。末端部を小さくするほどではないし、相対的に東のほうが暖かいぐらいだ。

競合種もあまり関係がない。ハイタカも、ヨーロッパでは小さく、目庇《まびさし》(目の上の突起)は弱く、ギョロ目で、ツミに似た顔立ちである。ユーラシア東側のものは二割ほど大きく、顔はオオタカに似る。これは、「ユーラシア東側にはツミがいるからなあ」と納得できるのだが、オオタカやノスリにはこうした明確なライバルが見あたらない。

で、思い当たるのが餌である。日本ではオオタカは八割以上を鳥に依存しており、獣類を捕獲することは少ない。ヨーロッパでは地域にもよるようだが、日本よりは獣類が占める割合が大きい。

ノスリは日本ではほぼ野ネズミの専門家。ヨーロッパではもう少し多様性があるらしい。

私が疑っているのは、アナウサギである。ヨーロッパのオオタカはアナウサギをかなり捕食するし、ノスリも若いアナウサギを捕る。ノウサギ類が二から四キログラムと、一キログラム程度の猛禽にはやや手に余る大きさ(仕込んだタカなら十分捕るが、野生の場合はリスクが大きく響く)なのに対して、アナウサギは最大でも一・六キログラムほどだし、群居するし、子どもも多く産むし、生息環境の範囲も広い。アナウサギがヨーロッパに広まってから約二千年。中型猛禽であれば何百世代か経ている。形態が変化するのに十分長い。もしこの推論が妥当なら、ローマ人の食習慣がヨーロッパのオオタカとノスリの足を大きくしたと言えるのではないか?

もしそうだとしたら、アナウサギを排除して、人為的に二千年前の姿に戻すのが真の保全なのだろうか?

最後に再び飛行の話。

猛禽は訓練方法が確立しているし、訓練された猛禽が計測装置を背負って実験に供されることも多い。

たとえば、シロハヤブサに装置を背負わせた研究で、降下角によらず加速は重力による(パワーダイブではない)こと、十分な高度があっても、対気速度二〇〇キロメートル毎時程度で、鳥の意思によって定速となること、通常の機動でも一〇から一五Gぐらいはかかっており、無理すれば三〇Gぐらいかかることもある、といったことがわかってきつつある。

だが、わかっていない部分も多い。疑似餌を使ってハヤブサ類を訓練する。鷹匠の横を行き過ぎて上昇しながら一八〇度の斜め宙返り旋回をして、下降しつつ戻ってくる。旋回するには水平飛行するときより大きい揚力が必要だ。揚力が大きいほど抵抗も大きくなる。高速で急旋回するのはエネルギー損失が大きいし、減速して旋回、再加速も同様にロスが大きい。速度を高度に変えることによって急旋回しても比較的ロスが少ない速度にまで減速し、旋回、降下によって高度(位置エネルギー)を速度に変換する。効率的でよく使われる機動だ。

このとき、ほぼ同じ経路、ほぼ同じ体重であっても、ハヤブサだと旋回弧は大きく、セイカーハヤブサだと旋回弧は小さい。ハヤブサとセイカーハヤブサの種間雑種では中間的である。速度が違うから、一八〇度回頭に要する時間は、あまり変わりがない。

ハヤブサは体重に対して翼面積が小さい、セイカーハヤブサだと大きい、だから飛行特性が違う。なぜそうなっているかというと、気温によって空気の密度は二割ぐらいも変動する、だから、寒いところに棲むハヤブサなみの大きさのセイカーハヤブサが飛ぶには、相対的に大きい翼が必要になる。翼面荷重が大きいほど小さい弧で旋回できる。理屈は簡単だ。だが、定量的に扱うのは容易ではない。

もっと単純な水平直線飛行を考えてみよう。オオタカとシロクロオオタカ(オオハイタカ)の比較だ。

シロクロオオタカはアフリカ南部に生息するハイタカ属の種で、ハイタカ属にあってはオオタカの次に大型である。

オオタカのなかでは比較的小柄な中国系の亜種のメスと、シロクロオオタカの大型の亜種のメスを比べると、翼面積、尾翼面積はほぼ同じ、胴体はシロクロオオタカがやや小さく、体重はシロクロオオタカが二、三割軽い。

普通に考えると、シロクロオオタカのほうが翼面荷重が小さい分小回りが効くが、翼面馬力が小さい(胴体が小さければパワーも小さいはずだから)ので最高速は劣り、馬力荷重は同等だから加速は同じぐらい、となるはずだ。ところが……。

シロクロオタカにはいろんな伝説がある。いわく、鳥しか襲わない。それも飛んでいる鳥しか襲わない。いわく、地平線の向こうまでハトを追っていく。

前者は伝説であるが、後者は実際に使役してみても(多少オーバーとはいえ)納得できるのだ。

オオタカがはばたいて獲物を追う距離は数百メートル以内である。実際に狩りをして、追跡した距離を地図上に落として計算してみても、稀に五〇〇メートルを超える程度であり、多くは二〇〇から三〇〇メートルである。そして、おおむね二〇〇メートル以上になると、はばたきのピッチが遅くなる。このあたりで、有酸素運動に切り替わるためだとされる。

シロクロオオタカははるかに長い距離を追う。日本の地形や植生だと最後まで目視できないことが多く、距離の推計は難しいのだが、一キロメートル、あるいはそれ以上を追うことが普通である。ピッチはオオタカよりやや遅いがはばたきはやや深く、そして数百メートルを超えてもピッチは落ちない。間尺に合わない。面白い。

いろんな理由が考えられる。

筋肉の質が違う。最大パワーが大きいか、あるいは、より遅筋が多いか。心肺機能が違う。筋肉の量が違う。

推進効率の問題。翼の骨格構造が、より合理的にできている。羽のしなり方が違う。目視およびスタート直後のビデオ画像からはこれがあやしい。はばたきがわずかに深くわずかに時間がかかる(三〇分の一秒ぐらい)。羽のしなりを十分に使っているために効率がよいように見える。

抵抗の問題。有害抵抗(いわゆる空気抵抗と考えてよい)が小さい。誘導抵抗(揚力発生に伴う抵抗)が、翼面荷重値の小ささ以上に小さい。

むろん、単独の理由とは限らず、複合的であるかもしれない。

調べようと検討したのだが、資金面で挫折した。個体差を均すためには高価な鳥をたくさん揃えねばならないし、訓練する人手も要る。筋肉の質を調べるには一部は殺さなければならない。飛行を計測するには広い場所も要るし、骨格や筋肉量を見るには三次元CTも借りたいし、すると複数箇所に飼育施設が必要になってくる。数百台の風向風速計とか、フルハイビジョン以上のカメラが複数とか、データロガー付きで小型な六軸の加速時計とか、呼気分析用のマスクや飛ぶ以外の動作で飛ぶのと同様の負荷をかけられる装置とか、砲弾測定用のレーダーを改造したものとか、締めて何億円かかかってしまう。

単純な飛行でさえこのややこしさだ。面白い領域はなお難しい。だが実に面白いのだ。

鷹狩り用に訓練されたハヤブサ類の映像記録というのはたくさんあり、相当な例数を見ることができるのだが、完全な垂直降下ができるのはハヤブサだけだ。セイカーハヤブサもシロハヤブサも垂直降下は難しい。

音も違う。高速で急降下してくるとき、盛大な羽音がする。ハヤブサはごーっと聞こえ、シロハヤブサなどだとぶーんと聞こえる。羽に触ってみると硬さが違うことがわかる。どの速度で、どういうフラッタリング(ばたつき)が起きるのかが違うのであろうなあ。

地形と絡むタカ類の飛行はなお複雑で面白い。

小さい谷から開けたほうに向けてキジが出て、オオタカを羽合わせた(あわせた、と読む。左手で、勢いよく投げつけること)。

キジがはばたきながら急上昇した。オオタカははばたかずに追随した。速度が落ちたところで数回はばたいたが、キジには後一メートルほど届かなかった。その瞬間、キジもオオタカもほぼ空中に静止している。次の瞬間、どちらも失速し、落下し、落下しながら向きを変え、キジは逃げ、オオタカは近くの木にとまった。

オオタカがはばたかずに上昇したのは、運動エネルギーを位置エネルギーに変えるズーム機動だったのだし、失速したから舵が十分には利かず、再び追うことはできなかったわけだ。

崖に近い藪からキジが出た。キジは右に旋回して別の藪に逃げてもよかったし、上昇して崖を越えてもよかった。いつもの逃げられパターンだ。だがそのキジは判断を誤り、崖の麓に向かった。そこの藪は浅かった。誤りに気づいたキジは再上昇を試みたが、オオタカが突っ込んで掴んだ……。

航空機の飛行可能な領域を示すグラフとして、フライトエンベロープというものがある。高度を縦軸に、速度を横軸に飛行可能範囲を示すもので、積載量や重力加速度を奥行き軸に加えて三次元化することもできる。鳥では(高山を越える例外を除き)高度はあまり問題にならないから、荷重と速度の二次元で足りる。鳥について、近縁種の差を示せるほど正確な図はまだ描けないが、描けて比べられたらさぞ興味深いことだろう。

鷹狩りが始まったとき、動機はおそらく二つあっただろう。肉の確保と飛ぶことへの憧れと。

現在でもそれは変わらない。最初のうちは、タカが飛び、手元に戻ってきてくれるだけで感激する。ついで獲物を捕りたくなる。だが、その後は再び、飛行に目が向く。

良い飛びをすれば捕れなくても満足するか、捕れなければ良い飛びでも喜ばないかぐらいは人によって異なるけれど、「捕った」「捕らせた」でなく「捕れちゃった」では満足できなくなるのは、国を問わず、ある程度以上経験を積んだ鷹匠の共通の認識である。

鷹が飛ぶのを見るのは実に面白い。

図譜・美術

黒田清子
河内啓二
佐藤康宏
加藤弘子
上村淳之
中原佑介

「鳥の人」ジョン・グールドと『ハチドリ科鳥類図譜』

黒田清子　元山階鳥類研究所非常勤研究員

はじめに

山階鳥類研究所の中に置かれている貴重本庫の扉の一つを開くと、そこには、装丁の美しい巨大な本が何十冊と並べられている。これらの本は、十九世紀から二十世紀の初めにかけてヨーロッパで発行された鳥類図譜である。大きなものは、一頁が新聞の一面と同じくらいのサイズのものもあり、頁数の多い本を手に取るとずっしりと重い。石版や銅版で印刷されたさまざまな鳥の挿絵は、一枚一枚、人の手で彩色されている。大型のうえに、手間と労力と高い技術を必要とした鳥類図譜がこの時代に数多く生み出された背景には、当時の博物学ブームの流れがあった。

キャプテン・クックをはじめとして、世界の各地へ探検航海の船が出された十八世紀、未知の大陸や地域から届けられる見たこともない動植物の標本に、人々は熱狂的な関心を抱いた。収集への熱狂はやがて図鑑の出版や分類学の発展にもつながった。十九世紀に入り、交通手段の進歩もあいまって多くの人々が野山に分け入り自然に触れるようになるにつれ、博物学は大衆化していく。豪華な大判図譜は、こうした博物学の社会的な広がりのなかで、印刷技術の成熟が重なって生み出されたのである。

ここで、十九世紀の本の出版様式が、現在とは大きく異なっていたことに触れておきたい。現在のように出版側が装丁までをすべて済ませたうえで本を出版するという形は、二十世紀に入ってから行われたことであり、十九世紀の図譜は主に予約販売制で、出版側が一回に数枚から十数枚程度の図版なり解説の頁なりをひとまとめにしたものを、何回かに分けて分冊出版し、すべてを出版し終えた時点で購読者がそれを独自に装丁する方式がとられていた。分冊はかならずしも製本される本の頁順に届けられるわけではないので、大概出版側は、どのように各図版を並べて仕上げるかという、図版の並び順リストのようなものを添える場合が多い。グールドの図譜の場合は、グールド自身が継承した分類法に則り図版順を表示した「図版リスト」という頁を加え、すべての図版がその分類順に従った形で綴じられ装丁されるよう購読者に促している。もっとも、製本はあくまで購読者の側で行うものなので、ときにはまったく作者の意図とはかけ離れた製本の仕方をしてしまう場合もある。現存する当時の博物図譜が、内容としては同じ書籍にもかかわらず、基本的にみな異なった外観を呈していたり、巻数に差異が生じたりしているのはそのためである。

研究所が誇る図譜の一つ、ジョン・グールドの八作品二十三巻にわたる鳥類図譜は、一九三〇年代から八〇年代にかけて出版された華やかで美しい作品である。アメリカのジョン・ジェームス・オーデュボンの著した『アメリカの鳥類』とも肩を並べる、十九世紀大判図譜の代表格と言ってもよいだろう。研究所所蔵の図譜は、鳥類学者であった鷹司信輔博士によって、戦前の英国留学時代に収集されたコレクションが、氏の没後に寄贈されたものである。縦五六センチメートル、横三九センチメートルという大きさのこの図譜は、皮装丁された背表紙の文字と表と裏表紙の模様が金で美しく施されている。中を開くと、羽毛の一枚一枚まで描き出したような繊細な石版画に、水彩で色鮮やかに彩色された図版が見出され、大型の鳥類については紙面いっぱいに迫力をもって描かれている［図1］。

図1　鳥類図譜全体の写真。ジョン・グールド『ハチドリ科鳥類図譜』(1849-1861)第2巻より。*Campylopterus ensipennis*(オジロケンバネハチドリ)、手彩色石版画、56.0×39.0、手前は同著作第3巻、山階鳥類研究所所蔵

これらの作品は、正確な意味において「グールドの鳥類図譜」と呼ぶには、非常に微妙なものがあるかもしれない。なぜならば、図版の挿絵についてグールドが自分で描いたのは、版画にするための下絵のさらに基盤となるラフスケッチだけだからである。実際に石版画となる前の最終的な下絵を描き、石版に描写したのは、グールドの妻エリザベスをはじめ、グールドとともにこの図譜制作に携わった数名の絵師たちだった。しかも、グールド自身、初めての作品を出版した時点では、鳥類学者と呼べるだけの学識もなかったのである。しかしグールドは、第一作目から作品のテーマと図版の構成に対するヴィジョンを明確にもち、出版するためになすべきことを把握し、さらには、驚くべき組織力で出版できる体制と環境を整えた。彼の作品は、図譜出版で利を生むことの難しかった当時においてきわめて稀な成功を収め、学者としての名声も得ることができたのだ。死の直前まで鳥類に対する情熱を失うことのなかったグールドの生涯と、数ある図譜のなかから『ハチドリ科鳥類図譜』を取り上げ、十九世紀の鳥類図譜の一端をまとめてみたい。

ジョン・グールド——その生い立ち

ジョン・グールドは、一八〇四年九月一四日、英国のドーセ

ット州にある小さな漁村、ライム・レギスで生まれた。彼の下には四人の妹たちが誕生し、彼は庭師であった父ジョンと、母エリザベスの唯一の子息として育った。

グールドがまだ幼い頃、一家は英国南部サリー州の首都ギルドフォードに近い、ストークヒルへと移った。森や草原、池や小川といった多様で豊かな自然は、少年にとって格好の遊び場であった。彼は、鳥の巣より集めた卵を壁に飾ったりして遊んだ。晩年の大作『英国鳥類図譜』の中でグールドは、幼少期に体験した、人生を通して忘れることのできない自然の美しさとの出会いを語っている。それは、父に抱きかかえられてのぞいた、ヨーロッパカヤクグリの巣の中に納まる、色鮮やかな青い卵だった。「歓喜の幻影にも似たきらめき」と表したその印象は、彼の自然に対する興味をかきたて、夢中にさせた。そしてその情熱は決して衰えることなく、それどころか、長い人生を通してより強まっていったのである。

一八一八年、グールドの父親は、ウィンザー城の王立植物園の庭師に任ぜられウィンザーに移ったが、グールド自身も十四歳になると、庭師長のもとで父親と同じ仕事の修行を始めた。彼は仕事の合間に、卵の標本作りや剥製術の腕を磨き、やがて二十歳になった頃には、ロンドンで剥製師として生計をたてていた。動物の皮に詰め物をし、生きている状態のままの形を保つ剥製術は、十七世紀頃から試みられていたが、現在に至るまでそのままの形をとどめているものはほとんどない。十九世紀には、剥製術の飛躍的な技術の進歩もあって、エキゾティックな異国の鳥たちで部屋を飾ったり狩猟の成果を保存したりするために、あるいは、大事にしていたペットを死後もそばに置いておくためなどに大いに活用され、剥製業は大変盛んな職業となっていたのである。

グールドがいつ頃、絵画の基礎や技術を学んだかははっきりしていないが、英国自然史博物館前司書のアン・ダッタ氏は、グールドが剥製を製作するうえで、外皮をもとの生きているときの姿に復元するために、その姿や形を図に描き出すことが自然と要求されたのではないかと推測している。残念ながら、グールドが描いたかもしれない当時のスケッチなどは一枚も残っていないが、後に鳥類図譜を制作した折に描いたラフスケッチは、彼がおおざっぱな筆のなかにも、それぞれの鳥種の特徴を的確に表す技術をもっていたことをうかがわせる。グールドの鳥類図譜制作への意欲も、もしかすると、こうした絵画の技術を独自に習得するなかで生まれてきたのかもしれない。

グールドの鳥類図譜制作のきっかけともなるべき重要な出来事は、一八二七年、グールドが二十三歳のときに起こった。彼は、ロンドン動物協会付属博物館の学芸員および管理責任者に任ぜられたのだ。この協会は、野生動物の収集と剥製動物の博物館、および関係書類・文献を集めた図書館の設立を求めて、一年前に創設されたものである。グールドの社会的な立場は、彼に世界各国の鳥類研究者やナチュラリストらと出会う機会を与え、自国イギリスのセルビー、オランダのテミンク、アメリカのオーデュボンといった、一流の鳥類学者たちとも知己を得ることになった。そして、グールドにとり、生活のうえでも仕事のうえでも欠くことのできない存在となる、妻エリザベスとの出会いがあったのも、おそらくこの頃ではなかったかと思われる。

ケント州ラムズゲートに生まれたエリザベス・コクソンは、グールドと同い年で、知り合ったときには家庭教師をしていた。軍人の家に生まれた彼女は、おそらく家庭教育の一環として絵画を習っていたのではないかと思われる。彼女が絵画の才能に秀でていたことは、グールドの鳥類図譜が世に出るうえにおいて、思いがけない幸運であったといえるだろう。

一八三〇年、グールドがエリザベスと結婚したその翌年、博物館にインドの山岳地帯から百近い鳥類の表皮が届いた。すべてが新種というものではなかったが、当時のヨーロッパではヒマラヤ地域から届いた最初の標本コレクションであり、表皮の状態も良好であった。何より、どの種も、今までに一度も図版として描かれたことがないということが大きかったのだろうか、グールドは、このコレクションを剥製にし、解説付きの図版をつけて出版しようと計画を立てた。これが、グールド鳥類図譜の第一作目となる『ヒマラヤ山脈百鳥類図譜』(一八三一―三二)である。

図譜の出版

グールドにとって、鳥類図譜を発刊するにはいくつか越えなければならない関門があった。まず、肝心の作画について。

当時、博物図譜の新たな画法として普及し始めていたのが、石版画法であった。これは水と油の相反する性質を利用した方法で、平坦な石の上に特殊な油性のクレヨンで図を描き、その上に薬品をのせて親水性の部分と親油性の部分を作る。そこに油性インクをのせると、インクは油性クレヨンの上にのみ付着するので、それを特殊なプレス機で印刷するというものである。一七九八年にドイツ人、アロイス・ゼネフェルダーにより発明され、「ポリオートグラフィー」と名づけられて特許も得たが、その時代にはほとんど関心がもたれなかった。その後、ゼネフェルダーとともに印刷技術を学んできたチャールズ・ハルマンデルがロンドンに印刷会社を立ち上げ、また、ゼネフェルダーの『石版印刷教本(石版術全書)』やハルマンデルの『石に描く術』など石版画法に関する本が出版されるようになった一九二〇年前後頃から、英国内で石版画への関心が高まってきた。

ウィリアム・スウェイソンは石版画の鳥類図譜の先駆者として記憶すべき人物だが、石版鳥類図譜を美しい芸術作品に仕上げたのは、後にノンセンス詩で名をはせたエドワード・リアである。一八三〇年、動物学協会所有のオウムを描く許可を得たリアは、動物園などで実物をスケッチしたものを石版に写し取り、専門家による色付けを行った。この仕事は残念ながら、商業的な行き詰まりをみせて中断せざるをえなかったが、約縦五五センチメートル、横四〇センチメートルという大判の全四十二図版からなる『オウム・インコ科鳥類図譜』は、そのリアルで美しい絵が人々の高い評価を得た。協会を通してリアを知っていたグールドも、彼の作品を絶賛した。そして、動物の毛や羽の柔らかさや繊細さを表すのに最も適しており、最大の版型で最大の効果をあげられ、しかも安価に仕上げられる石版の手法を、自身の初の鳥類図譜に取り入れることにした。

だが、前述したように、グールドは基礎的な絵画の技術こそもってはいたものの、それはラフスケッチ程度のものであり、またオーデュボンのように優れた指導者がついていたわけでもなかった。そこで彼は、画才のある妻のエリザベスに、原図の制作を担当することを提案したのだ。版を彫ったり腐食させたりして絵を描く木版画や銅版画などと比べ、石版画は、石にクレヨンで直接絵を描くことができるため、技術を習得しやすかった。ハルマンデル著『石に描く術』の扉絵には、ドレスに身を包んだ若い女性が机に向かって石版に絵を写している姿が描かれているが、石に描くということが、当時の教養ある女性たちの格好の手仕事となっていたのかもしれない。エリザベスはこの技術を的確に覚え、グールドのラフスケッチをもとに、実に満足のいく作品百八十図版を仕上げた。

図版は、エドワード・リアが制作したのと同じインペリアル・フォリオ判と呼ばれる大判で、鳥類はほとんどが実物大で描かれている。図にはすべて、「Drawn from Nature and on Stone by E. Gould」という文章が添えられているが、この「from Nature」は、「野生の鳥をそのままに写生した」という意味ではなく、「剥製にされた個体をもとに写した」ということを意味している。野生の鳥を観察してそれを描写するようになるのは、基本的に十九世紀半ば以降のことであり、それより前の時代には、推測や文献の文章を頼って描いたり他の挿絵から写したりしたものではなく、実際の表皮で作製された剥製をもとに描いたということが、「実物」の証となっていたようである。エリザベスの絵は、背景をともなわずに、木の枝や地面に鳥が一羽か二羽止まったり佇んだりしている様子が描かれている。その描写は、当時の図版のほとんどがそうであったように、いかにも剥製をモデルにしたことがわかるような硬さのあることは否めないが、羽一枚一枚の繊細な線描写がとても美しい。色付けは、山階鳥類研究所所蔵のものは、主体となる鳥にだけ手彩色がほどこしてあるが、玉川大学所蔵のものでは、枝や地面にも淡い彩色がなされており、後者は、おそらくこの図譜の出版後期に制作されたと思われる。彼女の図版制作はその後五作品にわたって続けられることとなる。印刷は、リアの『オウム・インコ科鳥類図譜』も請け負ったハルマンデルの印刷工房で行われ、この工房は、その後のグールド作品においても、長く貢献し続けた。

グールドは、図版とともに、各鳥類についての解説文を付属させようと考えていた。しかし、鳥類に造詣が深かったとはいえ、この時期のグールドはまだまだ鳥類学者として未熟であり、分類についての知識も不足していた。こうした点を補うべく、彼は、動物学協会の事務長であり、彼の良きアドバイザーでもあったニコラス・ヴィガーズに解説文を依頼した。

出版社探しは、グールドにとって大きな難関であった。無名の一学者にすぎなかったグールドの特大サイズの図譜を扱うのは、出版社にとっては大変なリスクであり、結局奔走した挙句に、グールド本人が発行人になるしかなかったのである。

十九世紀には数多くの博物図譜が出版されていたが、商業的な成功が得られた例はほとんどないといっても過言ではない。石版画が他の画法よりも安価にできるとはいえ、色付け師への手当てや印刷にかかる費用をまかなうためには、多数の購読者を確保しなければならなかったからだ。『ヒマラヤ山脈百鳥類図譜』を世に送り出し、しかもそれを経済的にも成功させるには、少なくとも二百人の購読者が必要であった。グールドの最後の難関は、この出版をいかに商業的に成り立つものにするかであったが、彼はここで驚くほどの経営手腕を発揮した。

当初、図版のみで二十分冊に分けて出版されたこの図譜は、四図版を含んだ一分冊の価格が一二シリングで、一年半後、図版に相当する解説——各種の大きさや生息環境、習性など——が付随されて完全な形になったものに、一四ポンド一四シリングの値がつけられた。グールドはこの著作の印刷部数を二百部に限定し、さらに使用した石版はすべて使用不可能にしてしまった。これにより作品の希少価値は高まり、作品が完成する一八三二年には二百九十八人の購読予約者を得ていた。そのなかには、グールドがこの本を献呈した当時の国王、ウィリアム四世とアデレード王妃をはじめ、貴族階級の人々、ジョン・セルビーやウィリアム・ジャーディンなどの著名な博物学者、および研究所や図書館などが含まれていた。こうして、グールドの鳥類図譜第一作目は、経済的にも、見事な成功を収めたのである。

鳥類図譜の変遷

以降、グールドの鳥類図譜制作は、息つく暇もなく進められていった。発行部数を含め、自らの出版物を完全に管理できる体制は、商業的な才能のあったグールドにはしごく便利であり、その後も全著作にわたって自主発行を行った。第二作目からは、図版とともに、その図版に描かれている種に関するグールド自身の解説文を付して出版するようになった。また、出版する際には、新作の内容を紹介した文書を用意し、それを華々しい人物名で埋められた購読者リストとともに送付し、読者の購買意欲を刺激することも忘れなかった。後にオーデュボンが記述しているように、グールドは、彼が置かれている環境すべての利点を、非常に有効に活用した。動物学協会付属博物館に属していることは、博物館という学術的にさまざまな便宜をはかれる環境にいるということだけでなく、オランダのライデン博物館館長テミンクや、セルビー、ジャーディンといった、他国、自国を問わず、仕事を通して優れた鳥類および博物学者たちとの交流が容易にもてるという点でも、図譜制作に有利であった。グールドは、こうしたある種のネットワークを活用しながら、ときにはヨーロッパ諸国の博物館を巡って資料を集めたり、アメリカから標本を取り寄せたりしていた。

第一作目と同様に、一つの国や地域を取り上げてそこに生息する鳥類をまとめた図譜は、第二作目となった『ヨーロッパ鳥類図譜』(一八三二―三七)のほか、『オーストラリア鳥類図譜』(一八四〇―四八、補遺一八五一―六九)、『アジア鳥類図譜』(一八四九―八三)、『イギリス鳥類図譜』(一八六二―七三)、『ニューギニアおよびパプア諸島鳥類図譜』(一八七五―八八)である。個々の科や類を取り上げて描いた図譜のなかには、米国産の鳥類も含まれているので、グールドが図譜において対象にした地域は、アフリカ大陸を除く全大陸に及んだことになる。未記載種も含め、その時代に確認できたなるべく多くの鳥類の記載に努めており、どれも図版数が多く大作となっている。グールドはリンネ式分類法を用い、未記載種に新たな命名をする機会も多かったが、亜種間や個体差の微妙な色彩の違いを、種や属の違いとしてとらえる傾向が見られた。当時使われていた学名に基づいて現在における種名同定調査を行ったところ、ほとんどの図譜で、当時確認されていた種数より少ない数値が出ている。

作品中、最も図版数の多いものは『オーストラリア鳥類図譜』であり、全七巻六百図版を三十六分冊にして出版している。一図版につき一種を描いているが、カワリオオタカについてはアルビノ個体と併せて二図版描いているため、実際には五百九十九種を扱っている。現地から送られた標本だけでは、図譜を制作するのに必要な情報があまりにも少ないことを痛感したグールドが、自らの足で新大陸を巡り収集した標本をもとに描かれた図譜であり、最大の労力をかけた作品といえるかもしれない。新大陸の鳥類を紹介する包括的な著作としては初めての試みであり、現在でも歴史的な記録価値を誇っている。「オーストラリア鳥類学の父」とも呼ばれるようになったグールドは、一八四三年、この出版最中に王立協会のフェローに選出され、ついに鳥類学者としても世間に認められる存在となった。

出版が完了するまでにかかった年月が最も長かったものは『アジア鳥類図譜』で、最終分冊を出版するまでに三十四年という時間を経ている。これは、当時『オーストラリア鳥類図譜』を完成したグールドが、『ハチドリ科鳥類図譜』と哺乳動物の図譜である『オーストラリアの哺乳動物』を手がけながら、『アメリカ産ウズラ類鳥類図譜』にも取りかかり始めていたため多忙を極め、年一、二回しか印刷ができなかった都合による。グールドは、この出版の完成を見ることなく一八八一年に死去し、残りは、グールドの若い友人リチャード・バウドラー・シャープによって完結された。

このほか、ある一つの科や類に焦点を当ててまとめたモノグラフとして『オオハシ科鳥類図譜』(初版一八三三―三五、第二版一八五二―五四)、『キヌバネドリ科鳥類図譜』(初版一八三六―三八、第二版一八五八―七五)、『アメリカ産ウズラ類鳥類図譜』(一八四四―五〇)および『ハチドリ科鳥類図譜』(一八四九―八三、補遺一八八〇―八七)がある。グールドの商業的戦略の一つに、非常に華やかな鳥や珍しい鳥を図譜の対象にするというものがあったが、オオハシ、キヌバネドリ、ハチドリ科の鳥類は、ヨーロッパでは目にすることができない、エキゾティックで、きわめて個性的な美しい鳥たちである。『オオハシ科鳥類図譜』、『キヌバネドリ科鳥類図譜』については、それぞれ約二十年を経て第二版が出版されている。再版というよりも、二十年間に新たに確認された新種を加え、以前取り上げた種についても新情報などとともに再度記載している追補図譜のようなものだ。また、『アメリカ産ウズラ類鳥類図譜』では、総合的なコレクションが少ないアメリカだけでなく、ヨーロッパ中の博物館や個人コレクションを訪れ、従来確認されていた種数に二十種以上加えることに成功した。

グールド作品で出版が完結した大判図譜は、全部で十作品四十巻に及び、図版の総数は三千枚にのぼる。旺盛な創作活動は、グールドの監督指導のもとで「工房」と呼ぶにふさわしい図譜制作の組織体制が整えられるなか、効率的に進められた。初作品『ヒマラヤ山脈百鳥類図譜』が一八三一年から出版を開始してから、最後の作品『ニューギニアおよびパプア諸島鳥類図譜』が、グールドの死後一八八八年に出版をし終えたときまでに、約半世紀以上の時が流れている。絵師は、第二作目の『ヨーロッパ鳥類図譜』からエドワード・リアが加わり、エリザベスとともに共同作業を進めていたが、残念なことにエリザベスは、グールドに同行したオーストラリアの旅から帰国後、一年も経ずして死去した。グールド作品の初期を支えた彼女の仕事を引き継いだのは、当時二十歳であった絵師ヘンリー・コンスタンティン・リヒターであった。その後、ウィリアム・ハート、ヨーゼフ・ヴォルフが加わり、主に共同で挿絵を担当した。順を追って図譜を見ていけば、図版の構成も描きこまれているものも、時の経過に従って明らかに変化していることがわかり、五十年以上の歳月を通して、グールドという鳥類学者が図版の中に何を描きこむかという重点の推移が見られることも興味深い。

当初、グールドの図譜に登場する鳥たちは、きめ細やかに丁寧に描かれているものの、標本からの写生ということを印象づける動きのない姿であったが、それが段々に羽ばたき、餌を食べ、求愛行動をするといった行動的なものをより多く含むようになっていく。変化の転換地点はグールドやエリザベスが、現地にて野生状態の鳥や周辺環境を観察しながらスケッチを重ねた『オーストラリア鳥類図譜』くらいではないかと思われる。鳥に自然な動きが与えられるとともに、雌雄の差異はもちろんのこと、幼鳥や巣、卵および餌や生息環境などの生態的な事柄についても少しずつ描かれ始めている。植物の描写を得手とするリヒターが加わったことも大きく、「鳥と植物の美しい取り合わせ」という、その後のグールド作品において定番となる構図の基礎ができ上がったようだ。この『オーストラリア鳥類図譜』をはさんで前後に出版されたのが、『キヌバネドリ科鳥類図譜』および『オオハシ科鳥類図譜』の初版と第二版である。それぞれの初版と第二版を比べると、図版の絵に明らかな変化が見られ興味深い。エリザベス、リアが鳥を中心にくっきりと描き、背景は余白の目立つ淡白な構図にしているのに比べ、リヒター、ハートが描いた第二版は色鮮やかな花々や果実を添え、ジャングルの風景を背景に描いたものも見られる。「鳥の挿絵」から、美術的な「絵画」としての要素をもつ絵になってきているともいえるだろう。

グールドの最も絢爛豪華な図譜と評されているのは、フウチョウ、カワセミ、ヤイロチョウ、ニワシドリといった華やかで面白い鳥たちを散りばめた、彼の最後の作品であり、死後シャープが完成させた『ニューギニアおよびパプア諸島鳥類図譜』である。しかし、『アジア鳥類図譜』に引き続き、リヒター、ハートに野生生物画家のヨーゼフ・ヴォルフが加わり描いた『イギリス鳥類図譜』は、絵師三人三様の味わいが見出されるうえに、ホームグラウンドのなじみ深い鳥や植物を、絵画的に、しかもドラマチックに描いた作品として、三百九十七人という最大の予約購読者を獲得し、最も成功した仕事として評価されている。野生の姿を観察でき、資料も豊富であるということは、夏羽、冬羽、幼羽などの違いを描いていることや、巣や卵、雛を描いた図版が多く、三百六十七図版中百二十図に及んでいることからもわかる。同様の地域を扱っていながらも、三十年前の『ヨーロッパ鳥類図譜』においては、四百四十九図版中十図しか巣や雛を描きこんでいないことから、鳥を描く視点の変化もうかがえる。

グールドがその仕事を絶賛して契約を結んだ絵師ヴォルフは、グールド工房の一員とみなされるよりも、独立した画家として見られることを好んでいたようだが、三十年以上にわたり手がけられた『アジア鳥類図譜』でも図版を担当している。彼の筆は主に猛禽類やキジ目、水鳥などで優れた技を発揮し、細かく描きこまれた羽毛は手触りが感じられるほど現実味を帯びて見える。庭や生垣に来る身近な鳥たちはリヒターが担当しており、決して華やかとはいえない英国の小鳥類を、さまざまな草花、樹木と巧みに取り合わせ、愛らしく落ち着いた花鳥画にしている。また、背景を細やかに描きこむことを得意とするハートは、水辺の草原に群れ成して舞い降りてくるショウドウツバメを広がりのある背景とともに描き、鳥を図版の中心部に据えていたこれまでのグールド図版とは、異なった印象をもつ風景画のような絵にしたてている。

このように、グールドの図譜は、半世紀を経る間に少しずつ変遷を重ねてきた。どれか一つだけを取り上げて代表させるのはとても難しいことだが、ここであえて一著作に焦点をあてて述べてみたいと思う。

『ハチドリ科鳥類図譜』

『ハチドリ科鳥類図譜』は、時期として、グールド全作品の大体中間地点に位置している。この作品を選んだ理由は、たんに評価のとくに高かったこの本の華やかさや美しさに触れたいだけでなく、「植物と鳥の組み合わせ」という、ある意味でグールド鳥類図譜がたどり着いた最終的な図版の構成様式を鑑賞するうえでも、彼の作画におけるこだわりと新しい挑戦を見るうえでも、また、グールドという人物を知るうえでも、とても興味深い作品だと思われるからだ。まず、『ハチドリ科鳥類図譜』の序文から、グールドの「ハチドリ」に寄せる思いを感じ取っていただきたい。

「出来事自体は記憶から去ってしまっても、その初めの印象は鮮やかに記憶にとどまっている、という経験は誰でももっていることだろう。私の賞賛の瞳に映された最初のハチドリの記憶がどんなに鮮やかなものであったことか！ どんなに喜びをもって、その小さな体躯を観察し、輝く羽を観賞したことか！」

グールドは、最初の標本を一目見たときから、この鳥の仲間に魅入られてしまった。ハチドリは、アメリカ大陸全土にわたって分布する小さな宝石のような鳥である。日の光に反射してさまざまに色を変える金属光沢のある羽毛をもち、短い足に細く長い嘴、空中に止まって前後に羽ばたきながら花の蜜を吸う姿は、まるで蜂のように見える。名前の由来も、その虫のような飛び方と、蜂のようにうなりをたてる羽音から来ているようだ。花の蜜や小さな虫を餌としている。残念ながら日本には生息していないが、ときどき、同じように停空飛翔で花の蜜を吸う蛾の一種、オオスカシバなどのスズメガの類がこの鳥に見間違われることがある。ハチドリは、それほど、鳥というよりは虫に近いような存在であるが、その宝石のような輝く羽毛は、古来より多くの人々を魅了し続けてきた。

現在では、約三百二十種が確認されており、赤道付近のエクアドル、コロンビア、ベネズエラなどが最多種生息国である。主な生息地域はアマゾンの森林からアンデス山系の高所に至るまでと広範囲で、多くが留鳥だが、環境の厳しい地域では季節的な移動を行う種もある。

はるかかなたの大陸に生息するハチドリが、ヨーロッパで広く知られるようになるにはやや時間がかかった。一七五八年、リンネの『自然の体系』第十版が世に出た頃には、まだ十八種しか記載されていない。しかし十九世紀に入り、その美しい羽と独特の容姿は、博物学者やコレクターだけでなく、ファッション関係者からも熱い注目をあびるようになり、最盛期には年間四十万ものハチドリの剥製がロンドンに輸入され、婦人帽業者や博物館関係者などの手に渡ったという。ハチドリ売買はヨーロッパや南米の事業家たちにとって、非常に利益の高いビジネスとなったのである。幸いにも、ハチドリの羽を使ったファッション業界の流行は長続きしなかったようだが、当然のことながら、この時期、多くの種が絶滅の危機にさらされることになった。

グールドの活躍していた当時のヨーロッパには、まだ生きているハチドリは持ち込まれておらず、動くハチドリの美しさを実際に目にすることはできなかった。しかし、南アメリカの森林地帯から次々と届いてくる「飛ぶ宝石」の標本は、彼の興味をかきたてた。グールドのハチドリに対する関心は、対象を知れば知るほど深くなり、その情熱は彼の一生を通して続くこととなる。

グールドがハチドリに関心を持ち出した当時、おそらくヨーロッパにおける第一号であろうハチドリコレクションを所有していた人物がいた。植物学者であり、花の挿絵画家でもあったジョージ・ロディキスである。グールドとロディキスは、ハチドリに対する同じ情熱を通して交流を深め、グールドはロディキスの二百種近いハチドリ標本のコレクションに自由に接する了承を得ていた。一八四六年にロディキスが急逝したとき、グールドはロディキスに劣らぬハチドリコレクションを作ろうと決意し、数カ月後には、フランスやドイツをまわり多くのハチドリ科の標本を持ち帰ってくるなど、急速に自身のコレクションを増やしていった。やがてそれは、種数においても標本数においても、他者とは比較にならない膨大なコレクションとなっていく。一八五一年、ロンドンで大博覧会が開催され、各地から何百という人が集まった折には、リージェントパークにあるロンドン動物園に特設会場を設け、そこで千五百体にもなったハチドリ標本を公開展示した。展示ケースは、ハチドリの首や頭、背中にかけての玉虫色に輝く羽色を最良の角度から眺めることができるよう、八角形のガラスケースになっており、照明も調整された。訪問者のなかには、当時のヴィクトリア女王も含まれていたが、女王は日記にその展覧会のことを「最も美しく完全なコレクションであり、こんなに愛らしく多様性に富み、そして並外れた彩の輝きをもつものを他に想像できない」と記している。展覧会は、七万五千人が訪れ、ハチドリの美しさは多くの人々を魅了した。その後本剥製千五百体、仮剥製三千八百体までになったグールドのハチドリコレクションは、彼の死後、自然史博物館が標本五千体を買い取り保存している。

十九世紀の初めにおいてハチドリが描かれた本はいくつかあり、グールドは序論の中で、オードベールとヴィエイヨの『黄金の鳥』（一八〇二）やレイサムの『鳥類の一般史』（一八二二）などに触れている。前者は、とくにハチドリの輝きを表現しようとして、通常色刷りでは行わなかった金色の印刷を試みたことで知られているが、グールドは、両書籍の中で描かれている種の不確かさを指摘している。

一八二九年から三三年の間に、フランス人レッソンの『ハチドリの自然史』が出版される。これは、グールド以前にハチドリだけを独立させて扱った唯一のモノグラフである。図譜の中には百十種ほどのハチドリが描かれているが、グールドは、リンネの『自然の体系』第十二版（リンネ自身による最終版、一七六六―六八）で紹介されたハチドリが二十二種であったことを取り上げ、『ハチドリ科鳥類図譜』に至るまでに七十年以上という長い年月を経ているにもかかわらず、その研究の進歩が遅いことを嘆いている。グールドの『ハチドリ科鳥類図譜』は、全五巻内に三百六十図版を含む大規模な図譜となり、一分冊中に十五図版を含み、十年余をかけて二十五分冊の出版を完了した。そして、『ハチドリの自然史』より二十年後に出版した自身のハチドリ図譜には、彼の関心の強さと意気込みを示すかのように、レッソンの図譜の二倍以上の種が加えられ、解説付きで記載されたのである。印刷は二百五十部に限定され、再版もされなかった。

『ハチドリ科鳥類図譜』に描かれたハチドリは、すべて台に形を整えて固定された標本から写生されたものであり、生きた個体を描いたものは一つもなかった。グールドは一八五七年、図譜出版も完了に近づいた頃、生きて動いているハチドリを見るという長年の夢をかなえるため、アメリカおよびカナダへの旅行を試みた。次男のチャールズとともに船旅の末ニューヨークに到着してから、四十日をかけてフィラデルフィア、ワシントン、クリーブランド、トロント、モントリオールなどを含む千五百マイル以上を旅した。すでに鳥類学者として世界的な名声を得ていたグールドは、この間、図譜の購読者獲得や鳥類学者たちとの交流、標本の交換などで忙しく有意義な日々を過ごした。グールドにとって念願の、生きているハチドリとの出会いは、五月半ばのフィラデルフィア、バートラム庭園においてのことだった。彼は、このとき観察したノドアカハチドリの様子を、「鳥の動きは今までに見た何ものにも似たところがなく、強力な意図に動かされている機械の一部を思わせた。想像していたものとは正反対な独特の飛び方が印象的であった」と驚きをもって語っている。ワシントンではさらに同種の五十羽近い群れに遭遇し、グールドはそのうちの一羽を捕獲し、数日間どこに行くにも連れ歩いた。しかし、結局グールドが旅の間に見ることができたのは、このノドアカハチドリ一種だけであった。そして、母国に持ち帰ろうとした生きたハチドリ二羽も、一羽は船上で、もう一羽も英国に到着して二日後に死んでしまい、グールド自身の図譜のモデルにすることは、できなかったのである。

図譜に描かれたハチドリは、それまでの鳥類図譜によく描かれてきたような、枝に止まって静止している姿だけではなく、図版一枚につきほとんどの場合、かならず一羽は大きく羽を広げて羽ばたいているものが描かれており、しかも正面から横から後ろからと、あらゆる角度から描写されている。実際にハチドリの飛んでいる姿を目にした人は、あまりにも早い羽の動きのために、羽ばたく翼の形を目視することなどは到底できない。宙に浮いたままストップモーションをかけたようなグールドのハチドリの描写に関して、グールド研究者のイザベラ・トゥリーは、アメリカで実物のハチドリの動き方を見た後でさえも、グールドが視覚のうえで現実味のある描写をするよりも、科学的に有用な描き方をしていると指摘している。ハチドリの羽の美しさ、その羽色と輝きをそのままに描き出すことこそが、『ハチドリ科鳥類図譜』においてグールドが成し遂げたかったことだったのであろう。

ハチドリ図譜に取り組んでいた頃の、出版作業の流れは次のようなものであったらしい。グールドの、細かな色付け指定や形態などについての具体的な描写の指示が書き込まれたラフスケッチをもとに、リヒターやハートが最終的な下絵を描く。この折には、ポーズをとらせ台に据えた標本や、動物園などで生きて動いている姿をモデルに細部を描きこんでいく。そして、その版下をもとに、石版に絵を写し取り、その石を印刷業者に送って印刷した。グールドは、図譜の印刷を自宅近くに工房を構えたチャールズ・ハルマンデルに依頼していた。ハルマンデルは、カラー印刷にも意欲的に取り組んでいたが、グールドは色刷りには関心を示さず、彩色はすべて手作業で行った。一八三一年から六一年までのグールド図譜のほとんど、約三十五万点という膨大な図版は、グールドの第二作目『ヨーロッパ鳥類図譜』において著名な博物学者たちから高い評価を受けた色付け師ガブリエル・ベイフィールドの指示により色付けされた。彼が引退した後の『英国鳥類図譜』二十八万点にあたっては、「ロンドン中の色付け師を総動員した」とグールドが苦労を語っている。

仕上がりの済んだ図版は、対応する解説文と併せた形で、購読予約者のもとに届けられ製本という運びになる。

輝く羽色

ハチドリを描くとき、誰もが挑戦し、そして誰もが困難を極めるのは、その玉虫色に輝く羽の色である。『黄金の鳥』の挿絵でオードベールとヴィエイヨが、手彩色ではなく印刷で金の輝きを出そうとしたことは前述したが、十九世紀初め頃より、ハチドリの羽色については博物画家たちがさまざまな試みを重ねてきた。グールドにとっても、それは大きな難関だった。彼は序文の中で、先人たちの取り組みがすべて失敗に終わったと記し、自分自身もあきらめかけたことがあったが、長い試行錯誤の末、完全にではないとしても部分的には成功したと信じる、とやや控えめな筆で述べている。彼が実際にどのような実験を試みてきたかという部分は不明だが、シャープの記録によると、一八五一年の夏、新しく工房に加わった絵師ハートが、金属光沢部分の着色パターンを作製していたようで、工房において苦心していた様子が伺われる。最終的にグールドが到達した方法は、金箔を置いた上に透明なオイルとニスの混ぜ合わせたものを塗るというものだった。グールドは、このやり方をハチドリの頭頂部やのど、尾羽など、とくに輝きの強い部分に重点的に用い、図譜を開いたとき、ハチドリの鮮やかな色彩が光を映して、確かに「金属的に輝く」状態を描き出すことに成功したのである。

さて、大陸は異なるものの、当時グールドと同じような技法を用いてハチドリを描いていた人物がもう一人存在した。彼、ウィリアム・ベイリーは、フィラデルフィアのハチドリ研究者で、グールドが訪米した折、フィラデルフィアでグールドに初めて生きているハチドリを見せた人物でもあった。ベイリーは、グールドと同様、ハチドリの金属光沢をいかに自然に描き出すかの実験を繰り返しており、結局出版はされなかったが、自身が描いたハチドリ図譜の中で、金箔を使った描写をしていた。二人の間には、グールドの訪米前より交流が続いており、一八五四年には、ベイリーからグールドに宛てた手紙で、金属光沢の部分が湿度の違いでひび割れしてしまう事態への対策案を提案している。グールドがアメリカを訪れるまでに、ベイリーはさらにハチドリの描写に改善を加えていったようであったが、グールドがベイリーとフィラデルフィアで会ったときに、二人の間でどのようなやり取りがあり、またグールドがベイリーの改善策を受け入れたのかどうかは不明である。『ハチドリ科鳥類図譜』が出版されたとき、グールドは序文において、「同じような試みが同時期にアメリカでウィリアム・ベイリー氏により行われた。彼は最大級の親切と寛容をもってその方法を説明してくれて、結果的に私が採用することはなかったとはいえ、その方法は私のものと同様に成功したと言うべきであろう」と述べている。ベイリーの親族は、グールドのハチドリ図譜における金属光沢の描写は、ベイリーが最初に発明したものと主張しているが、肝心のベイリーは、『ハチドリ科鳥類図譜』が出版を完結した一八六一年の五月に三十三歳の若さでこの世を去っており、グールドが自身の功績を明言した図譜の序文の感想を聞くことはできなかった。

グールドは一八五一年の大博覧会の折に、この特別な彩色の手法のデモンストレーションを行った。王立協会の公式カタログには、「ハチドリ科における金属光沢描写の新技法の発明者」としてグールドの名が記載されている。

新しい描写技法は、グールドが夢にまで見た鳥たちに、現実に限りなく近い輝きを与えたが、グールドにしてみれば、それでも本物の輝きをそのままに表すまでにはいたらないと感じることもあったようだ。たとえば、緑色の金属光沢が美しいミドリボウシテリハチドリについては「このすばらしい鳥の、金属的な光沢を帯びた、豪華な羽毛を描こうと苦心惨憺したものの、うまく成功しなかった。……その目もくらむばかりの輝きを、絵画や文章でそっくりそのまま表現することなど、誰にもできはしまい」と書いており、また、上尾筒がツチボタルのように輝く様に、誰もが感嘆の声をあげるというヒカリワタアシハチドリについては、「この輝きの片鱗でも描くことができたらと、どんなに願っても、それはかなわぬ夢である。どれほど完璧なデッサンも、この実物に比べたら色あせた幻影にしか見えない」と嘆息している。新しい手法を披露したうえでの謙遜もあろうが、グールドにとってハチドリを描き表すことは、常により高みを目指す試みの積み重ねであり、完全に実現しきることのできない挑戦であったのかもしれない。

花と鳥の組み合わせ

『ハチドリ科鳥類図譜』は、グールドの鳥類図譜のなかでも最も華やかで魅力的といわれているが、ハチドリの輝きとともにその評価に貢献しているのは、ハチドリと組み合わされて描かれた色鮮やかな花々であろう。本来、ハチドリと花とは、受粉媒介者であり餌となる花蜜の提供者であるというように、切り離すことのできない関係である。鎌のように鋭く曲がった嘴をもつカマハシハチドリが蜜を得るバショウ科の花は、その鳥の嘴に合致する湾曲した形をし、花の配列もこの鳥が止まりやすいように適応している。グールドは、ハチドリが花に依存していることは知っていたものの、花もハチドリに依存しているという認識はとくになかったようだ。グールドは南米にはいったことがなかったので、ハチドリが止まる花については、かならずしも正確ではない旅行家からの情報に頼らざるをえなかったが、南米より送られてきたドライフラワーや、キューガーデンに植えられた南米原産の花々のほか、正確な描写と科学的な内容が評価されていた「カーティス・ボタニカル・マガジン」に掲載された図版などをもとに、図譜の植物を描いた。

『ハチドリ科鳥類図譜』はグールドの作品中で、描かれている鳥がすべて実物大である唯一のものだが、ハチドリのように非常に小さな鳥の場合、この巨大な一図版内では、たとえ複数描いたとしても余白の多さが目立ってしまう。しかも、ハチドリは鮮やかな輝く羽色をもっているとはいえ、カラフルというよりは、多くが熱帯の森にとけこみやすい緑を基調とした鳥であるから、図版としてはうっかりすると地味で同じような色調になりがちだ。しかしこの図譜では、組み合わせる花の色に変化をつけ、小さく地味なハチドリのそばにはカラフルで存在感のある花を配し、その取り合わせの妙で絵の雰囲気を華やかに盛り上げている。

たとえば、緑色のシンプルな羽色のタンビヒメエメラルドハチドリには、巨大なオオオニバスのピンク色の花をあわせており、グールドが「特徴に乏しい」と語るウスグロハチドリには、この鳥が好むというバナナの金と紫の鮮やかで重量感のある花を描き合わせている。そして、赤や青、黄色など色彩に富んだハチドリとは、その色合いを引き立てるような美しい、エキゾティックな花々を配し、より効果的な場面を構成している。黄色いスイレンを背景に水面を飛ぶオウギハチドリの図版では、鳥の羽色である緑、黄色、赤紫が、そのままスイレンの葉と花、そして葉の裏側の色に添っており、光沢とともに彩りが印象に残る一枚である［図2］。また、かなたの山々を背景に真っ赤な長い尾羽を惜しみなく広げた形で描かれたアカフタオハチドリには、岸壁に咲く長い房状のオレンジ色の花が配され、人目を引く彩りとなっている。花や植物は、かならずしもその鳥が花蜜を餌にしているものではなく、オオオニバスのように、生息域に分布しているとされる種を、適宜組み合わせている例もある。

鳥と花とを、絶妙なバランスで描いているのはリヒターである。『オーストラリア鳥類図譜』から参加したリヒターは、その後も四十年近くグールド工房にて黙々と挿絵画家を勤め続け

図2　ハチドリの図版。ジョン・グールド『ハチドリ科鳥類図譜』（1849-1861）第2巻より。*Eulampis jugularis*（オウギハチドリ）、手彩色石版画、56.0×39.0、山階鳥類研究所所蔵

た。グールドのスケッチの構図を忠実に写し取りながらも、背景の花を、より洗練された組み合わせに描き直している作品もある。

グールドの後期鳥類図譜における特徴の一つとして、描いた鳥の巣や卵、雛など生態に関わる描写を、なるべく多く図に書き入れるようにしていることがあげられるが、この図譜でも、約二十図において巣が描きこまれており、実物大の小さな卵や雛を配したものも見られる。これらは、グールドが各地より収集した標本をもとにして描写しているが、グールドは各巣の標本について細かく調査し、その形状や素材などを記述している。ハチドリの大半は、水平な枝や幹にまたがる形で小さなカップ状の巣を作り、一巣につき一卵から二卵を産む。チャイロユミハチドリの巣については、「ディコティレドノウスという植物の葉の先端に、クモの糸で巧みにくっついている。それを注意深く見ると、クモの巣や羊毛によく似た、カビのようなものが混ざり、細い絹や綿のような植物繊維でできていることがわかる。その巣は、丸くて底の深いカップ型をしていて、先細りに長く伸びている」と書いている。グールドは、ロンドン動物学協会における報告の中で、葉の先に不安定にぶらさがったこの巣が、両側に土や小石を重しとしてバランスを保っていることを発表している。

図譜の反響

『ハチドリ科鳥類図譜』は英国で絶賛され、博物学者やコレクターだけでなく、多くの人々のハチドリに関する興味をかきたてた。図譜は、思いがけないところにも影響を及ぼしている。一八三七年、グールドは、『オーストラリア鳥類図譜』に取りかかる前、世界一周の航海から帰ったチャールズ・ダーウィンの要請を受けて、『ビーグル号航海記動物学編』の解説と分類調査および図版作成に協力した。オーストラリア旅行を控えていたグールドは、この調査が完結するまで立ち会うことはできなかったが、このとき二人が関心を抱いた嘴の大きさが異なる十三羽のフィンチについての研究が、後に『進化論』へとつながっていくのだ。ダーウィンは、『ハチドリ科鳥類図譜』についても大きな関心を示した。それはこの図譜において、ハチドリという多様な種の地理的分布が明らかにされるとともに、ある形態の間に見られる類似性が、重要な進化論の要素を示していると指摘できるからだった。『ハチドリ科鳥類図譜』はダーウィンにとって、自身の「変異」理論を支える根拠の一資料となったのである。

この図譜の出版が始まった頃、競うようにして国内外の学者たちがハチドリの新種を発表しようとし始め、ときにはかなりいい加減な独自の理論や分類が、「きわめて有害な流行」と呼ばれるような混乱をも惹き起こした。当時においてハチドリ図譜の決定版とされ、分類学的に信頼の置けたグールドのこの図譜の完成は、こうした混乱に、一つの区切りをつける結果となった。

『ハチドリ科鳥類図譜』出版から二十年後、続編ともいうべき『ハチドリ科鳥類図譜——補遺』が出版された。これは、一八六一年以降に発見されたハチドリをまとめたもので、一八八七年から七年の歳月をかけ、五十八図版を五分冊で出版した。グールドの病状がかなり悪くなってからの作品であったため、グールド自身が出版できたのは最初の一分冊だけで、残りは彼の死後、友人の鳥学者シャープの文責にて出版された。絵師はハートであったが、ほとんどの図版はグールドの生前に描かれていたため、一部のものを除いて「J. Gould & W. Hart」と二人のサインが入っている。

図譜のハチドリは基本的に一種一図版で、『補遺』を含めた四百十八図版内に四百十九種が描かれている。現在の分類における種の同定調査をしたところ、疑問種や交雑種などの不確定種を除き三百七種が確認できた。種数が減少しているのは、色彩の微妙な変化によりグールドが別種として独立させたものが、現在では亜種とされている事例が多いからだ。グールドを生涯魅了し続けた鳥は、現在、森林破壊や自然植生の減少などにより、その生息が脅かされている種も多い。

まとめ

グールドの鳥類図譜を眺める醍醐味は、もちろん、その巨大で見事な図版の数々に実際にふれる喜びであることに違いない。だが、その図版が、グールドのラフスケッチと、詳細な指示を示した書き込みをもとに、彼の妻をはじめとするさまざまな画家の手によって最終的な水彩画として完成され、石版に描かれ、印刷され、色付け師たちによって一枚一枚彩色をほどこされたものであることを知ったうえで個々の図版を見るならば、また違った感慨をもつことだろう。そして、各絵師たちの独特の個性や主張などを見出す楽しみも加わるかもしれない。

穏やかで控えめでありながら社交性もあった妻エリザベスと比べて、グールドを強引で無愛想と評する言葉もある。一方、残存する彼のスケッチや手紙、そして図譜の序論における一人一人に対する謝辞の書き方からは、几帳面で細やかな側面もかいま見える。グールドの人物像について云々するつもりはないが、彼が多くの人々と交流をもち、連携を保ち、一種の国際的なネットワークを築いて、図譜の作成に便宜を図っていたことは間違いない。もちろん、彼の仕事上の立場がそれを有利にしていことは確かであろうが、グールドは、その肩書きを積極的に利用し、交流に国際的な広がりをもたせながら、常に有益な情報を取り入れようとしていた。

工房の中には彼のもとを去る人もあったが、秘書のプリンス、絵師のリヒターや若い友人の一人であったシャープのように、若くして出会ってからずっと長い付き合いを続ける者も多かった。グールドの鳥類に対する情熱と人との積極的な関わりが、結果的に「グールド工房」と言えるような一つの組織をつくりあげ、友人やひいては販路を広げていくのに大きな役割を果たしたと言えるかもしれない。

グールドの晩年は、病との闘いの中にあった。病床にあっても彼の鳥類に対する情熱は変わらず、寝たきりの状態のなかで標本に見入る姿が伝えられている。剥製師、画家（鳥類だけでなく、オーストラリアの哺乳動物も含む）、編集者、そしてときにはスカウトマンや興行主などとも呼ばれる一方で、三百以上の学術的な記事や解説文を書き、学者としての名誉も得ることができた、十九世紀の博物学者で生前に成功した唯一の人物とも言われるグールドは、一八八一年二月三日、シャーロット通りの自宅にてその生涯を終えた。墓碑には、グールドの依頼により、「ジョン・グールド、鳥の人「the Bird Man」ここに眠る」と刻まれている。グールドが早くに亡くした二人の息子の代わりのように、彼の晩年を支え続けたシャープは、その死後、グールドの未完の著作三作を完成させた。

一八六六年の段階で、グールドの鳥類図譜の購読者リストは十二人の君主、十六人の公爵らを含む総数千八人に上っていた。最も人気のあった『英国鳥類図譜』は一セット七十八ポンド、最も高価といわれる『オーストラリア鳥類図譜』にいたっては百十五ポンドであり、一般の人々には手が届かない書籍だった。グールドの友人だったウィリアム・スウェイソンは、一般のナチュラリストたちが手に取ることができるように、もっと安価で再出版されるように願っていたが、それはかなわなかった。そして現在、グールドの図譜は当時と比較にならないほど高額になっている。山階鳥研所蔵の同図譜は、おそらく日本に最初に持ち込まれたグールドの大型コレクションだと思われるが、これだけのコレクションが戦災から守られて保存されたことは幸いであった。大学および研究機関による収集としては、玉川大学において一九九二年、小原哲郎現名誉総長により同図譜の収集が開始され、初版本全四十巻三十九冊の収集を完了した。著者は、グールド鳥類図譜に描かれた鳥類の現在の学名、英名、和名を調査し、リスト作りのために山階鳥研および玉川大学のグールドコレクションに接する機会を得たが、二つのコレクションが両者を補い合う形となり、両コレクションを合わせると、グールドの大判図譜をほぼすべて網羅することがわかった。というのは、前記したように、『キヌバネドリ科鳥類図譜』と『オオハシ科鳥類図譜』については初版と第二版で内容が異なっているが、偶然にも玉川大学が初版本を、山階鳥研が第二版本を所蔵していたという幸運に恵まれたからだ。また、未完の作品となった『Icones Avium: 鳥の図譜』については、出版された二分冊のうち、第一分冊が装丁されたものを山階鳥研が所蔵していたため、大判図譜の調査をほぼ完全に行うことができた。グールドの鳥類図譜については、海外ですでにさまざまな研究がなされているが、国内ではおそらく二つだけと思われるグールド図譜の大型コレクションが、今後も貴重な情報を提供する資料として、末永く保存されていくことを願っている。

参考文献

荒俣宏「博物学の熱中時代」『アニマ』、一九八五年一月号、一九八四、一二一—一二四頁。

荒俣宏「グールド鳥類図譜をひもとく喜び——手彩色石版と鳥類図譜」『ジョン・グールドの世界』玉川大学編、二〇〇一年、一六—二二頁。

Anker, J., *Bird Book and Bird Art*, Dr. W. Junk B. V. Publishers, 1973.

Dance, S. P., *The Art of Natural History*, The Overlook Press, 1978.

Gould, J., *A century of birds from the Himalaya Mountain*, John Gould, 1831-1832.

Gould, J., *A monograph of the Ramphastidae or family of toucans*, John Gould, 1833-1835.

Gould, J., *A monograph of the Trochilidae, or family of humming-birds*, John Gould, 1849-1861.

Gould, J., *A monograph of the Trochilidae, or family of humming-birds (supplement)*, John Gould, 1880-1887.

Gould, J., *A monograph of the Trogonidae, or family of trogons*, John Gould, 1836-1838.

Gould, J., *A monograph of the Trogonidae, or family of trogons (second edition)*, John Gould, 1858-1875.

Gould, J., *John Gould's Birds*, A & W Publishers, 1981.

Gould, J., *Icones avium*, John Gould, 1837-1838.

Gould, J., *Supplement to the first edition of a monograph on the Ramphastidae, or family of toucans*, John Gould, 1852-1854.

Gould, J., *The birds of Asia*, John Gould, 1849-1883.

Gould, J., *The birds of Australia*, John Gould, 1840-1848.

Gould, J., *The birds of Australia: Supplement*, John Gould, 1851-1869.

Gould, J., *The birds of Europe*, John Gould, 1832-1837.

Gould, J., *The birds of Great Britain*, John Gould, 1862-1873.

Gould, J., *The birds of New Guinea and the adjacent Papuan Islands, including many new species recently discovered in Australia*, John Gould, 1875-1888.

Jackson, C. E., *Bird Illustrators*, H. F. & G. Witherby, 1975.

モーリン・ランボーン『ジョン・グールド　世界の鳥』同朋舎出版、一九九四年。

モゥリーン・ランボルン『ジョン・グールド鳥人伝説』荒俣宏訳、どうぶつ社、一九九〇年。

Mearns, B. & Mearns, R., *The Birds Collectors*, Academic Press, 1998.

紀宮清子『ジョン・グールド鳥類図譜総覧』玉川大学出版部、二〇〇五年。

Sauer, G. C., *John Gould The Bird Man: a chronology and bibliography*, Lansdowne Editions, 1982.

Simms, E., *A Natural History of British Birds*, J. M. Dent & Sons Ltd, 1983.

Tree, I., *The Ruling Passion of John Gould: a biography of the bird man*, Barrie & Jenkins Ltd, 1991.

山階芳麿監修『鳥人グールド　美しいアジアの鳥』聖文社、一九八五年。

鳥の飛翔――レオナルドの手稿から五百年

河内啓二　東京大学工学部

鳥のはばたき飛行は複雑であるが、現在では翼の理論の組み合わせで多くのことを理解することができる。[1] ここではまず翼の理論を説明し、その後で鳥の飛行を力学的に説明する。このような物の見方は、飛行力学と呼ばれ、航空工学の分野で発達してきたものである。

翼に働く空気力

性能の良い翼の断面形状は、図1に示すように前縁が丸く、後縁がとがり、全体が美しい流線型をしている。[2] 前縁から後縁までの長さを翼弦長と言うが、最大厚みは翼弦長の一〇から一五パーセントである。このような翼は飛行機や種々の機械に広く使われているが、鳥の翼の断面もおおよそこのような形をしている。人類がこのような翼の断面形状に辿り着いたのはそれほど古いことではなく、一九二〇年頃であった。二十世紀初頭にライト兄弟が初めて動力飛行に成功したときには翼は布張りで現在の翼に比べるとはるかに薄かったし、前縁や後縁の特徴もはっきりしていなかった。

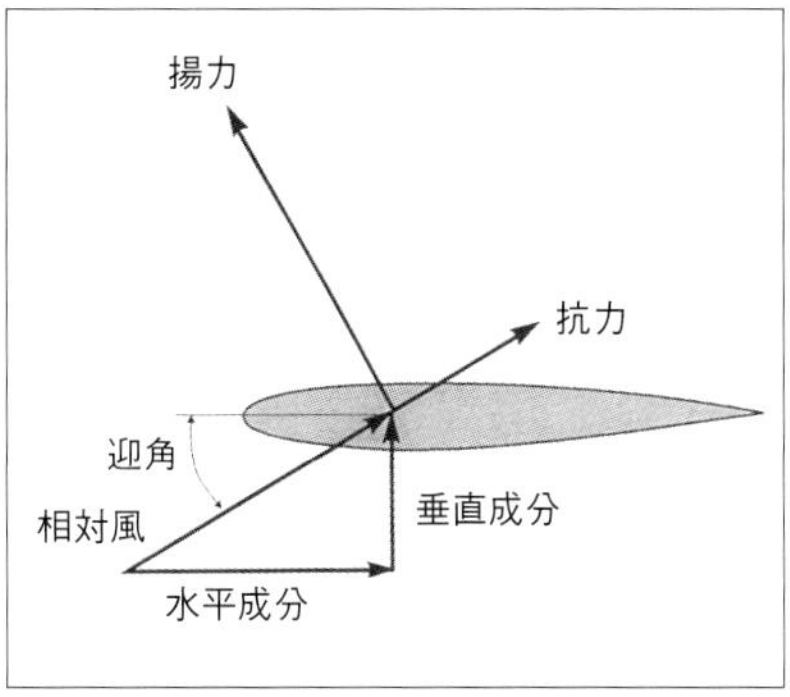

図1　翼に働く空気力

　さて、このような翼に斜め下から風が当たる（相対風）と翼の表面に圧力が発生し、それを翼の断面全体に足し合わせると、前縁から翼弦長の四分の一離れたあたりに、相対風に直角方向の空気力（揚力）と相対風に平行な空気力（抗力）が集中して働いているとみなせる。[3] したがって、もし相対風が斜め上から翼に当たっているときは、揚力は後ろに傾き、また抗力は後ろ向きに働くので前方への力の成分は発生しない。しかし図1のように斜め下から相対風が当たっているときは、揚力が前に傾くので、揚力の水平成分が前向きに発生し（推進力）、これが抗力の水平成分を打ち消す。

　翼の基準線と相対風のなす角度を迎角という。頭上げが正である。揚力の大きさは〔相対風の速度の二乗〕と〔迎角〕および〔翼弦長〕の積に比例する。さらにこれを翼全体に足し合わせると〔相対風の速度の二乗〕と〔迎角〕および〔翼面積〕の積に比例する。翼に捩れがあると揚力の大きさは各断面ごとに変化するが、相対風の傾きが一定である限り、揚力の向きは各断面で一定であることに注意が必要である。揚力の働く方向は一様流の方向だけで決まり、揚力の大きさは迎角で決まるのだ。また揚力の大きさを抗力の大きさで割った値を揚抗比という。翼の性能は揚抗比によって評価されるのが普通で、揚抗比の大きな翼ほど性能の良い翼である。これは以下の章を読み進めば明らかになるだろう。

滑空

鳥がはばたかず飛行するのを滑空という。たとえばグライダーは滑空で飛行する乗り物である。無風状態で滑空すると翼の各断面は図1のような力が発生する。この各断面の力を翼全体にわたって寄せ集め、さらに胴体に働く抗力を加えても、力の概形は図1に近い。一方、鳥には空気力のほかに重力が真下に働くので、結局、一定速度で滑空している鳥の重心に働く力は図2のように釣り合っている。すべての力が釣り合っているので、どの方向にも加速度が発生せず、一定速度で滑空できるのだ。このとき、水平面と飛行径路のなす角(径路角)と、揚力と垂直線のなす角が等しくなる。つまり、揚抗比が大きな翼と抗力が小さな胴体だと全体の揚抗比が大きくなり、その結果、径路角が小さくなり、より水平に近い角度で飛行できる。その結果、一定の初期高度から滑空を始めると、揚抗比の大きな鳥ほど遠くまで飛ぶことができるのだ。

揚抗比の大きな翼の断面形状の特徴は前述したが、平面形状はアスペクト比の大きな翼ほど揚抗比が大きい。アスペクト比は翼幅(両翼端間の長さ)を翼弦長で割った値である。したがって翼を前方から見たときに、横に長くて奥行きの短い翼が大きなアスペクト比をもつことになる。競技用のグライダーやアホウ鳥の翼のアスペクト比はきわめて大きく、揚抗比は五〇に達する。つまり一メートル降下する間に五〇メートル前方へ飛行することができる。そういう視点で海鳥と陸鳥を比較すると、海鳥の方が一般に翼のアスペクト比が大きいことに気づくだろう。[4]

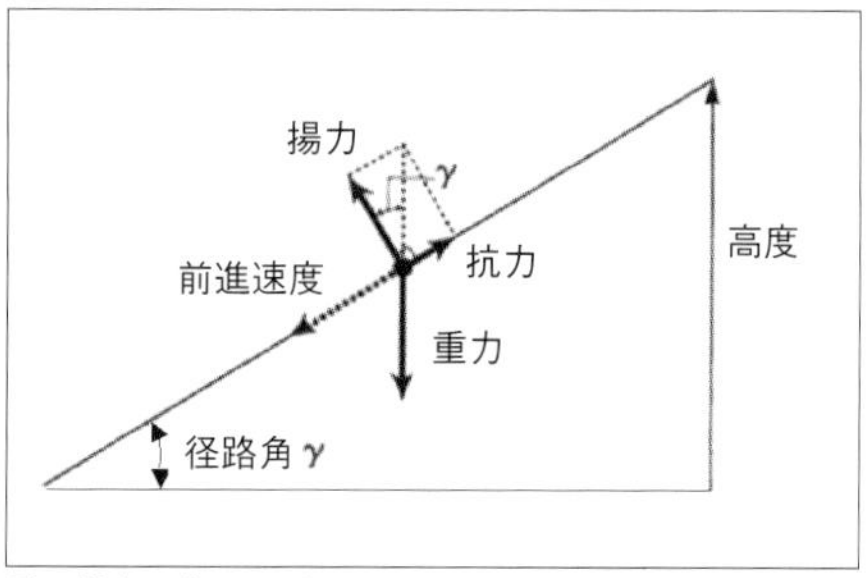

図2 滑空の力のつりあい

無風状態の滑空では、風が斜め下から翼に当たる必要があるので、どんなに遠くまで飛行できてもいつかは地上に落ちてしまう。しかし図1の相対風の垂直成分に等しい上昇風があると、鳥は降下せずに水平に滑空できる。無風状態なら、降下速度で発生しなければならない垂直成分が、上昇風によって満足されるのだ。このような上昇風はあちこちに見られる。風が山の斜面に沿って吹く斜面風や地上が暖められて空気が局所的に上昇するサーマルなどがその代表である。このような場所には多くの鳥が集まる。吹き上げてくる斜面風に乗って、はばたかないで地上に対しては静止して滑空している小鳥を見かけたり、サーマルの中で優雅に円を描いて、はばたかずに上昇していくトンビを見かけたりしたことはないだろうか。グライダーもサーマルを見つけるとその中で旋回し、高度を上げていくことができる。

はばたき飛行

前進飛行をしながら翼を上から下にはばたく(打ち下ろす)と、無風状態でも翼の動きによって風が下から当たり、図1のように相対風が斜め下から翼に当たる。その結果、揚力が前傾し抗力に釣り合って、一定速度で前進飛行を続けることができる。翼の打ち下ろしによって意図的に滑空飛行と同じ空気の流れを作るのだ。はばたき運動は翼の付け根を中心にした回転運動なので、翼の先端近くでは打ち下ろす速度が大きく、翼の付け根では遅い。その結果、翼の先端近くでは揚力が大きく前方へ倒れ、推進力成分が大きくなる。一方翼の付け根近くでは、揚力はあまり前傾しないで、垂直に近い方向に発生する。したがって翼の先端部分は主に推進力を発生し鳥を前進させ、付け根部分は垂直成分を主に発生し、重力に打ち勝つ働きをする。昔から白鳥などの大型の鳥では、翼の先端部分を切り落とすと、長距離飛行ができなくなることが知られている。

はばたき飛行においても揚抗比は重要である。[5] 図1に示すように、揚抗比が大きい翼ほど、ゆっくりと打ち下ろしても抗力と釣り合う推進力を発生することができる。たとえば、揚抗比が一〇の翼では、打ち下ろし速度が前進速度以上なければ、前へ進めないのに対し、揚抗比が一〇〇の翼はその十分の一で済むのである。そして打ち下ろし速度が小さくて済めば、筋肉の発生するパワーも少なくて済む。したがって、海鳥のように長距離飛行が必要な環境では、翼の形状は揚抗比を少しでも大きくするように進化している。

さて、打ち下ろした翼は打ち上げなければならない。このとき、相対風は斜め上から流れてくるので、迎角を相対風の方向に対し正にすると、揚力は上向きに発生し大きく後へ傾く。その結果、打ち下ろしで作った推進力を減少させてしまう。一方、迎角を相対風の方向に対し負にすると、揚力は下向きに発生し前に傾く。その結果、打ち下ろしで作った垂直上向きの力を減少させてしまう。これを避けるためにスズメなどの小型の鳥では相対風の方向に翼を捩って、空気力を小さくして打ち上げる。翼の表面にもメカニズムがあり、打ち下ろし時には一枚一枚の羽根が表面に沿って並び空気を通さず、一枚の翼として作動する。打ち上げ時には一枚一枚の羽根が垂直近くまで捩れて、翼を空気が通り抜け、空気力を減少させる。[6] ツルなどの大型の鳥では、小型の鳥と同様の迎角制御や表面メカニズムに加えて、打ち下ろしと打ち上げの翼の面積を変えて、打ち下ろしの空気力が打ち上げ時に減少するのを防ぐ。大型の鳥の翼は、一つは翼の付け根に、もう一つは翼の中間に、合計二つの関節をもち、打ち下ろしでは平面の翼として運動させ、翼面積を大きくする。そして、打ち上げでは翼の中間で軽く折りたたみ「へ」の字型として翼面積を小さくする。小型の鳥の翼は、付け根に一つしか関節をもっていないので、打ち下ろしと打ち上げで翼面積を変えることができない。

大型の鳥は、二つの関節の特徴を生かして打ち下ろしと打ち上げ時に翼面積を変化させるばかりでなく、急降下や高速滑空時にも翼面積を小さくする。前述したように揚力は翼面積と飛行速度の二乗の積に比例する。鳥の重量は飛行中にほとんど変化しないので、重量に釣り合う翼の揚力は一定であり、この積も一定である。その結果、翼面積を小さくすると、大きな飛行速度で飛行することができるのである。

小型の鳥では、水平飛行をするとき、ある一定の周波数ではばたく区間と翼を閉じて胴体に密着させて飛行する区間を交互に繰り返す。これをバウンディング飛行という。大型の鳥はこのような飛行をせず、一定のゆっくりとした周波数ではばたき続ける。本稿では、これを定常はばたき飛行と呼ぶ。バウンディング飛行のはばたく区間では、定常はばたき飛行よりはばたき周波数が大きく、垂直力も前進力もやや大きい。その結果、この区間では微小な上昇飛行と加速飛行を行い、翼を閉じる区間では垂直力も前進力もほとんど零になるので、弾道飛行となって、微小な下降飛行と減速飛行を行っている。何故、このバウンディング飛行が行われているか、定量的な答えは筆者の知る限りまだ得られていない。われわれのグループでは、小型の鳥では定常はばたき飛行よりバウンディング飛行のほうが飛行に必要なエネルギが少なくて済むのではないかという仮説を、定量的に証明しようとしたが、有意な結果は得られなかった。

飛行のパワー

水平定常飛行に必要なパワーは図3のように、飛行速度に対して低速でも高速でも大きくU字型をしている。高速では、前進速度が引き起こす抗力に打ち勝つためのパワーが、前進速度の三乗に比例して増加する。低速では重力に釣り合う垂直力を発生させるために、風を下方に強く吹きおろすためのパワーが前進速度に反比例して増加する。ただし、前進速度が零の空中静止飛行(ホバリング)の近くでは、低速のパワーは発散せずに、図に示すように一定値に収束する。

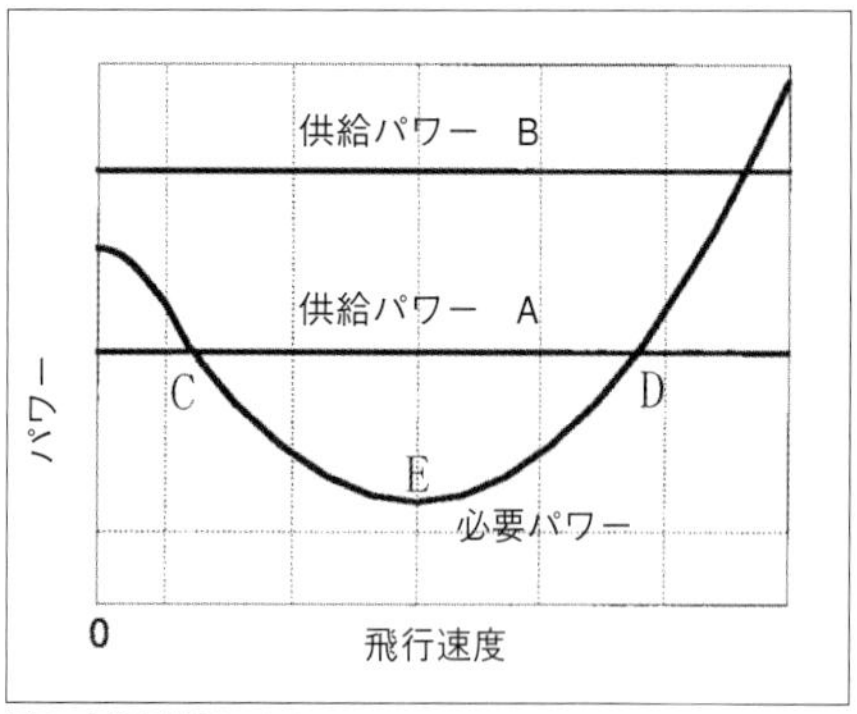

図3 水平飛行のパワー

この飛行に必要なパワーは筋肉から供給されるが、供給パワーの方は飛行速度によらず一定値であるので、図では横軸に平行な直線となる。供給パワーの量が小さく図のレベルAの場合は、供給パワーが必要パワーより小さい速度領域では水平に飛行できない。したがって、図のCからDまでが飛行領域となる。このような飛行体は何らかの方法でCの速度まで加速しないと水平に飛行できないので、ジャンボジェット機等では四千メートルもの滑走路が必要となっている。

一方、必要パワーに対して充分な供給パワーがあり、図のレベルBを満足しているとホバリングを含む広い領域が飛行可能となる。しかし、このためには総重量に対して出力の大きなエンジンや筋肉が必要となるのである。ヘリコプタのようにホバリングが可能な機体が同じ大きさの旅客機より高価格な理由の一つは、このような制約による。

ハチドリを除く鳥類のパワーは、レベルAの関係であって、定常的にホバリングすることはできない。離陸時にCの速度まで加速しないと水平飛行に入れないので、多くの海鳥は海辺の崖に営巣する。捕食者に襲われない長所もあるが、離陸時に飛び降りて降下飛行に入り、飛行しながら加速して速度Cまで達することができる。位置のエネルギを運動エネルギに変えるわけである。着陸はこの逆でかなり早い速度で崖に接近し、最後に上昇飛行に入り、減速して着陸する。運動エネルギを位置のエネルギに変えて減速するわけである。アホウドリのように、岸辺にコロニーを作って暮らす大型の鳥類では、斜面風を利用し風に向かって斜面を駆け降りながら加速して離陸する。傾斜風の垂直成分が利用できる上、相対風速も大きくすることができる。斜面風の続くうちに、飛行しながら加速し速度Cに達することができる。このように陸上からの離陸では、地形や環境を利用して楽な方法がいろいろとれるが、ひとたび水面に着水してしまうと、そこからの離水は風上に向かって速度Cまで水平に滑走する以外に方法がない。とくにアホウドリやペリカンなどの大型の海鳥では、この離水に相当な努力を必要とする。

大型の海鳥は着陸においても速度C付近から地面に降りなければならないので難しい飛行となる。斜面風に向かって飛行し、最後は動的失速と呼ばれる非定常空気力を使って、地面との相対速度をできるだけ小さくして着陸するが、それでも残る強い着地の衝撃は長い強い足を使って吸収する。斜面風は吹き上げの成分があるので、その分、鳥は空気に対して降下しながら飛行することができる。動的失速は通常のはばたき運動より素早く翼を振動的に捩じって、静的な翼に生ずる最大揚力よりはるかに大きな揚力を発生する飛行のことである。図3の結果は、静的な翼に生ずる揚力を仮定した水平飛行に対するものであるので、斜面風や動的失速を使えば、速度Cより低い速度まで空中に滞ることができ、着地の衝撃をやわらげることができる。速度Cと速度Dの間では供給パワーが必要パワーを上回っている。供給パワーは筋肉が供給できる最大値を示しているので、この差が大きいほど筋肉は楽に水平飛行を続けることができる。またこの差を利用して、水平飛行よりも大きなパワーが必要な上昇、旋回、加速等の運動を行うことができる。この差が最大の飛行速度、すなわち必要なパワーが最小の飛行速度で水平飛行を続けると、与えられたエネルギ(燃料)で最長時間飛んでいられることになる。一方、与えられた距離を最小エネルギで飛行する、あるいは与えられたエネルギで一番遠くまで飛んで行くための飛行速度は、上記の最長時間の飛行速度よりももう少し大きくなる(約一・三倍)ことが知られている。そして長距離飛行を行う渡り鳥は、この両者の飛行速度の間で飛んでいるという観測がいくつか報告されている。

ハチドリは必要パワーに対し充分な供給パワーがあるので、鳥類で唯一図のレベルBの関係を保つことができる。

生物の大きさと飛行

大きな鳥と小さな鳥、あるいは鳥と昆虫の飛行を比べてみよう。生物の体長をℓとすると、筋肉の量はおおよそ体積に比例するので、ℓの三乗となる。人でも鳥でも昆虫でも、生物の筋肉の発生するパワーは単位体積当たり、おおよそ一定であるので、結局、供給パワーがℓの三乗に比例する。一方、必要パワーは、はばたき周波数の仮定によって差が生ずるけれども、ℓの三・五乗から五乗に比例する。したがって、小さな生物になるほど供給パワーの減少よりも急激に、必要パワーが減少する。その結果、小さな生物ほどパワーから見ると筋肉が楽になってくる。図3で考えると、小さな生物ほどレベルAの関係ではなく、レベルBの関係になりやすい。鳥類で定常的なホバリングが可能なのは、鳥類のなかで最小の部類に入るハチドリだけなのも、また、昆虫はきわめて多くの種がホバリング可能なのも、以上の理由による。

一方、翼の大きさが変わると揚抗比が変化する。翼が小さくなるにつれ、流体の粘性の影響が強くなるからである。抗力は粘性の影響を強く受け、粘性とともにその割合が増加するが、揚力は粘性の変化に鈍感である。その結果、大型の鳥類では揚抗比が約五〇に達するのに対し、小型の昆虫ではその十分の一程度の揚抗比しかない。両者が滑空すると大型の鳥は一メートル沈下すると五〇メートル前方へ飛行できるのに対し、小型の昆虫ではせいぜい五メートルしか飛行できないのである。大型の海鳥がはばたかずに滑空によって見事な飛行をするのに対し、小型の鳥や昆虫は、ほとんど滑空せず、常にはばたいているのはこのような理由による。

翼が小さくなるにつれ、流体の粘性の影響が強くなるという原因から、翼の優れた断面形状もその大きさによって変化する。航空機や鳥のような大きな翼では、優れた断面形状は厚みのある流線型をしていることを図1で説明した。ところが、昆虫の大きさの翼を調べてみると、きわめて薄くかつ上向きに反った断面形状が優れていることが明らかになっている。また、大きな翼では信じられないことであるが、単なる平板でもかなりの揚抗比を実現できる[7]。人類はすでにこのことを経験的に知っていて、紙飛行機やハンドランチ機の翼の断面形状にはこのような形を採用している。そして翼が徐々に大きくなって、ガソリンエンジン機程度になると、厚みをもった流線型の翼を使い始める。自然界でも昆虫の翼は、きわめて薄くかつ上側に反った断面形状をしている。しかし、このようにそれぞれの大きさでは、他の形状より優れている断面形状を用いても、前述したように揚抗比は翼が小さくなるにつれ徐々に小さくなるのである。

安定性と運動性

飛行体の安定性を滑空状態で考えてみよう。平面形が三角形の翼を除くと、翼と胴体だけでは安定に飛行できない。突風によりわずかに迎角が増加すると、頭上げのモーメントが増加しますます頭を上げ続け、飛行体はひっくり返ってしまう。人類はこれを防ぐために、航空機には長い胴体と尾翼を作った。頭上げのモーメントが発生して機体が回転を始めると、水平尾翼の迎角が増加し揚力が増える。水平尾翼は重心から大きく離れているので、小さな揚力でも大きな頭下げモーメントとして働き、主翼と胴体で発生した頭上げモーメントを打ち消すことができるのである。垂直尾翼は横方向の回転に対し、同じように働く。こうして飛行体は何も制御しなくても、安定して飛行することができる。したがってこの安定限界は、尾翼の面積と重心から尾翼までの距離の積によってだいたい推定できるが、鳥の尾翼は重心からの距離が短すぎ、この推定法では不安定になる。実際、鳥を眠らせたままあるいは精密な模型を作って滑空させると、安定に滑空できない。鳥は安定して飛ぶために突風により発生したモーメントを制御により常に打ち消し続けているのである。

航空機は鳥に比べると運動性においても自由度が少なく不便な飛行体である。たとえば航空機が水平飛行から上昇飛行に移るときは、尾翼の後端をあげて尾翼の迎角を減らして揚力を減らし、重心回りに頭上げのモーメントを作る。その結果、重心回りに頭上げの回転が起こり主翼の迎角が増加し、上昇飛行に移る。一方、鳥の主翼は捻ることができるので、直接主翼の迎角を増やし上昇飛行に移ることができる。尾翼は主に姿勢が崩れないように重心回りのモーメントを制御する。航空機の方法では長い胴体のため生ずる重心回りの大きな慣性モーメントによって、舵を切ってから上昇飛行に移るまでにかなりの時間がかかる。また尾翼によって負の揚力が微小とはいえ発生するので、上昇に移る前に機体はわずかに降下する。鳥のように主翼に捩れの制御ができると、応答が速く負の揚力の発生も少ない。

鳥の尾翼は、通常、水平な一枚の翼である。トンビに代表されるようにこの一枚の翼をあるときは水平に、あるときは斜めに使って、水平尾翼と垂直尾翼の二役を一枚で果たしている。このような機構は精密な空気力の情報と体の運動情報とそれを統合する情報ネットワークを必要とする。そして短い胴体や一枚の尾翼は、軽量化に大きく貢献する。

アホウドリやカモメなどの海鳥の尾翼は非常に小さく、胴体は洗練された流線型をしており、翼のアスペクト比は大きい。いずれも揚抗比をできるだけ大きくする形状である。揚抗比が大きければ、エネルギ効率の良い飛行が可能になり、長距離飛行を行う生態によく一致している。一方、タカやワシなどの陸鳥は、尾翼が大きく、翼のアスペクト比はあまり大きくない。これらの形状は、揚抗比は適当に押えて、急旋回急上昇などの運動性能を目指している。アスペクト比が小さめの翼は、同じ翼面積では翼幅が小さくでき、長い翼を振り回す必要がないため、林の中の飛行や小鳥をつかまえる急旋回に有利である。そして、エネルギ効率の悪さは、肉食による高エネルギの摂取によって補われている。

特殊な飛行

前述の動的失速に加えて以下に述べる飛行は、鳥には可能でありその有利さも明らかになっているが、人類は民生用にはまだ利用していないものである。

一、編隊飛行[8]

多くの渡り鳥はV字型の編隊を組んで飛行している。これは飛行のエネルギ効率をあげるための工夫である。一羽の鳥のはばたき翼の内側では、揚力の反力として風が下向きに吹きおろされている。しかしその外側では風の吹き上げ領域がある。吹き上げ領域は先行する鳥の翼端から後流に伸びた直線のすぐ外側で一番強く、そこから離れるにつれ距離の逆数に比例して減衰する。先行する鳥の吹き上げ領域を後続の鳥が飛行すると、その翼には平均的に斜め下から風が当たる。前述したように、このような状態では揚力が前に傾き、前進方向成分となって抗力を打ち消す。結果としてエネルギ効率があがり、後続の鳥にとって楽な飛行となる。ただし先頭の鳥にとっては何も得にはならない。

このようにして後続の鳥がそれぞれ直前の鳥の吹き上げ領域を飛行すると、結果としてV字型の編隊を構成する。

二、動的滑空[9]

アホウドリやオオミズナギドリのような大型の海鳥は、海面から垂直方向に変化する風速変動(海面境界層)を利用して、はばたかないけれども飛行速度を落とさないで滑空を続けることができる。これを動的滑空(Dynamic Soaring)と言う。海面を一方向に水平に吹く風は、海面との摩擦力により高度方向に風速が変化する。海面では風速零であるが、高度をとるにつれ風速が増加し、やがて一定値に達する。平均的には高度の約六分の一乗から七分の一乗に比例すると言われている。

このような風の中で鳥は周期的に変化する飛行径路を滑空する。まず水面すれすれに真横から風を受けながら、風上に向かって高速で旋回し上昇を始める。向かい風と上昇飛行のため、水面に対する速度(対地速度)は急激に減少するが、上昇すると風が強くなって対地速度の減少分を補うので、空気に対する速度(対気速度)はほとんど減少しない。翼の発生する空気力は対気速度だけで決まるので、かなりの期間そのまま上昇を続けることができる。しかし、風の速度の増加分は上昇するにつれ徐々に減少するので、ある程度の高さまで上昇すると、風下に向かって旋回する。進行方向が風下に向くにつれ、追い風になり対気速度が減少するので、降下飛行に入り対気速度の減少を補う。ニュートンの法則により、対地速度の一階微分が空気力すなわち対気速度の二乗に比例するので、対地速度は対気速度の変化に遅れをもって対応することに注意されたい。さて、降下飛行により高度が減るにつれ追い風は弱くなるので、対気速度と対地速度の両方が増加する。海面すれすれまで降下し、風上へ向かって旋回上昇を開始して運動の一周期が終わる。このような運動を続けると、結果としてS字状の運動を繰り返し、抗力の分だけ少しずつ風下へ流されつつ、風を横切る方向に長距離を滑空することができる[10]。

レオナルド・ダ・ヴィンチが「鳥の飛翔に関する手稿」を書いたのは西暦一五〇五年とも一五〇六年とも言われている[11]。それから今日までの五百年間に、人類はレオナルドが夢見た方向とは違った向きに航空機を発達させてきた。十九世紀末のリリエンタールまではレオナルドの方向に一致していた。鳥を観察しグライダーを作り飛行試験をした。二十世紀の初頭にライト兄弟が人類初の動力飛行に成功して以来、人類は強大な化石燃料のエネルギを使って、力づくで空へ舞い上がり、音速を突破し、宇宙空間へ進出した。風洞実験をし複雑巧妙な計算をして、自然界の観察から離れ、人類独自の膨大な体系化された知見やデータを蓄積した。本稿はそのような蓄積を利用して、逆に鳥の飛翔を力学的に解析したものである。当然、本稿はレオナルドの手稿とは異なっている。しかし筆者には同じ鳥の飛翔を考えるという作業を通じて、レオナルドの観察と思考の跡を辿ることができ、天才と呼ばれたレオナルドが等身大の人間として親しみやすく立ち現れてくるのを感じた。なお、手稿に記されたレオナルドの窮極の夢は、現代の蓄積された知見やデータを利用することによって、人力飛行による一九七九年の英仏海峡の横断という形で実現されたと筆者は思っている。

註

[1] Azuma, A., *The Biokinetics of Flying and Swimming*, Springer-Verlag, 1992.

[2] たとえばAbott, I.H. & Doenhoff, A., *Theory of Wing Sections*, Dover, 1958.

[3] 河内啓二「揚力と抗力」ながれ、二一号、三二三—三二九頁、二〇〇二年。

[4] Azuma, A., *op. cit.*

[5] 河内啓二、前掲書。

[6] Azuma, A., *op. cit.*

[7] Sunada, S., Yasuda, T., Yasuda, K., and Kawachi, K., Comparison of wing characteristics at an ultralow Reynolds number, *J. of Aircraft*, 2002, pp.331-338.

[8] Azuma, A., *op. cit.*

[9] Azuma, A., *ibid.*

[10] Azuma, A., *ibid.*

[11] レオナルド・ダ・ヴィンチ『鳥の飛翔に関する手稿』谷一郎ほか訳・解説、岩波書店、一九七九年。

若冲の鶏

佐藤康宏　東京大学大学院人文社会系研究科教授

鶏は、江戸時代中期の画家伊藤若冲《いとうじゃくちゅう》(一七一六―一八〇〇)が得意とした題材だった。代表作「動植綵絵《どうしょくさいえ》」[図6-8]三十幅には八幅に鶏が描かれているし、現存唯一の金碧障壁画「仙人掌群《さぼてんぐん》鶏図《けいず》」[図11]の主役も鶏であり、多作した水墨略画となるとさらに鶏画の数は増える。岡田樗軒《おかだちょけん》『近世逸人画史』(一八二四年成立)が、若冲の項に「墨色他に異なり、善《よ》く鶏を写す。世に若冲の鶏と称す。著色最も精《くわ》し」と記すのは、遅くとも当時「若冲の鶏」という世評があったことを証言する。実際、中国や日本の絵画で鶏を描く作例はいくらかあるが、若冲の鶏に匹敵する美しさや力強さをもつものはない。とくに著色画に描いた鶏は、形態の細部までをかなり正確にとらえ、羽毛や角質を細密に写し、きわめて実感に富む。品種は軍鶏や矮鶏に同定できるもの以外は概ね小国に属するようだが、園芸植物のように交配を重ねて品種がわからなくなるほどになった人工的な美こそ江戸時代の鶏の特色であり、それが若冲を魅了した点でもあろう。[1]では若冲の鶏とは絵画としてはどのように成立し、どういう特徴をもつのか、初期から晩年に至るまでのいくつかの主要な作例に触れながら少し検討してみよう。

図6　伊藤若冲「老松白鶏図」(動植綵絵)、宮内庁三の丸尚蔵館

図7　伊藤若冲「老松白鳳図」(動植綵絵)、宮内庁三の丸尚蔵館

言葉が鶏を導く

京都錦小路の青物問屋主人だった若冲がいかにして鶏を描く

ようになったか。一七六六年、彼が生前に相国寺《しょうこくじ》に立てた自分の墓（寿蔵）の碑文にはそれが記されている。相国寺の住持ともなった禅僧にして詩人、そして若冲の親友だった大典（梅荘顕常）が書いた文章である。その詩文集『小雲棲稿』巻九に多少字句を補訂して再録された「若冲居士寿蔵の碣銘」の冒頭から関係箇所までを、ここで改めて書き下し文で引用する価値があるだろう。[2] 割註はかっこ内に記す。

図8　伊藤若冲「群鶏図」（動植綵絵）、宮内庁三の丸尚蔵館

居士名は汝鈞《じょきん》、字《あざな》は景和《けいわ》、平安の人、本姓は伊藤、改めて藤氏と為す。父名は源、母は近江の武藤氏、享保元祀二月八日を以て居士を城中の錦街に生む。居士の人と為《な》り、断々として它《ほか》の技無く、唯《た》だ絵事のみ是《こ》れを好み、狩埜氏《かのうし》の技を為す者に従ひて遊ぶ。既に其の法に通ず。一日自ら謂《い》ひて曰《いわ》く、「是《こ》の法や、狩埜氏の法なり。即ち吾之《われこ》れを能《よ》くすとも、狩埜氏の圏績を超えず。如《し》かず、舎《す》てて宋元に之《ゆ》かんには」と。是《ここ》に於て宋元の画を取りて之を学ぶ。臨移、十百本を累《かさ》ぬ。又自ら謂ひて曰く、「歩趨《ほすう》の技、肩終《つい》に比すべからざるか。吾又其の描する所を描せば、是れ一層を隔てん。如かず、親《みずか》ら物に即《つ》きて筆を舐めんには。物か物か、我何をか執《と》らん。今の時に当たりて、麒麟《きりん》・凌烟《りょうえん》、及び夫《ふ》の雪を冒《おか》し（唐の鄭《てい》虔《けん》、常建の雪を冒し京に入る図を作る）、詩を吟ずる（王維、孟浩然《もうこうねん》の詩を吟ずる図を作る）者の態有ること無し。而《しか》れども露髤《ろかい》・月額・編袯《へんふつ》の人は堪へざるなり。山水の目する所も亦未だ幅に上ぐべき者に遇《あ》はず。已《や》むこと無くんば則ち動植の物か。孔・翠・鸚・鵡は曾《かつ》て恒《つね》に覯《あ》ふべからず。唯だ司晨《ししん》の禽は閭閻《りょえん》の馴らす所、其の毛羽の彩、五色にて施すべし。而《すなわ》ち吾此《こ》れより始めん」と。鶏数十を窓下に蓄《やしな》ひ、其の形状を極めて之れを写すこと、年有り。然《しか》る後周《あま》ねく草木の英、羽毛虫魚の品に及べり。

すなわち、若冲は最初に狩野派の画法を学んだのだが、その枠を超えようとして宋元画の模写を重ねた。ところがあるとき考えるには、「模写は走る人の後を歩いて追って行くような行為であり、宋元の画人と肩を並べることはできないだろう。しかも彼らは物を描き、自分がその描いた画を写していたら、物と自分の画とはひとつの層で隔てられることになる。自分で直接物を描くにこしたことはない。物、物といっても何を対象としたらいいだろう。古代中国で麒麟閣・凌烟閣に描かれた功臣

図11　伊藤若冲「仙人掌群鶏図」、西福寺

の像とか、男子が降雪にもかまわずどこかへ行ったり詩を吟じたりといった情景は、いまどき存在しない。だからといって日本の人物を描くのは堪えられない。現実に目にする山水も画に描くほどのものに遭遇したことがない。しかたなく動植物ということになろうが、孔雀・翡翠《かわせみ》・鸚鵡《おうむ》・錦鶏のような鳥はいつも見られるものではない。鶏だけは村里に飼われていて、その羽毛の彩りも美しい。自分はこれから始めよう」。そして数十羽の鶏を家に飼い、その姿をよく研究して写すことに何年かを費した。それから草木や鳥・虫・魚などさまざまな動植物を描くようになった。――そのように大典は語る。

　鶏の写生へと至る思考と実践の過程はあまりにも整然としており、学問を好まなかったという画家の言葉にしては修辞も豊かに過ぎる。大典が『宣和画譜《せんながふ》』に記される五代・北宋の画家の画人伝を翻案してこの部分を記述したという辻惟雄氏の推測は正当だろう。[3] つまり、若冲が狩野派を学び、宋元画と考えられていた絵画を模写し、鶏をはじめ動植物の写生をしたことは、すべて事実だと作品から証明できるのだが、それらの事績は大典によって一つの物語に構成され意味づけられているということである。その物語を大典はここで初めて書いたのではなく、そもそも彼の物語が先にあって、それが若冲の行為を操作したとも考えられる。

　まず、狩野派を捨てて宋元画を学ぶほうがましだという思考の回路は、先行する儒者たちが作り上げたものだった。[4] 荻生徂徠は、『徂徠集』巻一八（一七四〇年刊）において、江戸時代の狩野派の絵画がその始原である宋代絵画から遠ざかり、あっさりしすぎた画風となって凋落していると批判している。古代の儒書の所説をその表現のままに把握するという徂徠の学問的態度が、同じ論理で狩野派の復古を促しているのである。徂徠門下の服部南郭と本多猗蘭《ほんだいらん》が話し合ったところでも、狩野探幽以後淡泊な画風となった江戸狩野の衰微をいい、画の師匠とすべきは古画と自然で、古画は宋元のものが最もすぐれると説く。その中で人物画は中国人物を描くのが暗黙の前提とされてもいる。また柳澤淇園も『ひとりね』と「益一幹に復する書」において探幽以後の「草卒」で淡い墨画を退け、そのもとである中国画を学ぶことを推奨するのだった。大典のテクストは、こうした論調を受けているのであり、彼こそが若冲に「宋元画」を模写して修行することを勧めた人だったに違いない。相国寺に伝わる文《ぶん》正《せい》「鳴鶴図」を模写する仲介も彼がしたのだろう。

次に、儒者たちは写生への道も指し示していた。彼らは、探幽が実は自然の写生に努め、巧みでもあったことを認識してはいなかったろう。だが、「山川・草木・鳥獣・虫魚」のような自然を描くには「其の物」を見るにしくはないと、南郭と猗蘭は語っていた。古画でなく自然を師とするのが当然という考えも普通だったのであり、南郭や祇園南海は自ら日本の実景を描く実践もしていた。大典は、儒者たちが用意したそのような場所へと若冲を導いたのである。

では、『宣和画譜』は大典が修辞を整えるための参考にしかならなかったかというと、おそらくそうではない。『宣和画譜』巻一五には、唐末から五代にかけて鶏の画で著名だった梅行思《ばいこうし》という画家の項がある。そのことは辻氏の言及にも含まれるが、梅行思の略伝を詳しく読むならば、ほかならぬ若冲の鶏画の特色を考えるうえで看過できない一節が、注意を引く。次に全体を書き下してみる。

梅行思、何許《いずこ》の人かを知らざるなり。能く人物牛馬を画き、最も鶏を工《たくみ》とす。此れを以て名を知られ、世、号して「梅家の鶏」と曰《い》ふ。闘鶏を為《つく》りて尤《もっと》も精《すぐ》れり。其の敵に赴くの状、昂然として来《きた》り、竦然として待ち、毛を磔《さ》き瘿《えい》を怒らす。生けるが如《ごと》からざるは莫《な》し。飲啄《いんたく》間暇、雌雄相将《ひき》ゐ、衆雛散漫し、呼び、食らひ、助け、叫び、態度余り有るに至りては、赤幘《せきさく》の妙を曲尽す。宜《よろ》しく其れ誉れを得べし。鶏は庖厨《ほうちゅう》の物、初めは貴ぶに足らず。昔人謂へり、「犬馬を画き鶏を為りて工なるは、其れ日夕《にっせき》人に近きを以てなり」と。唯だ鶏も亦此《かく》の如きのみ。故に闘鶏を作るは意無きにあらざるなり。行思、唐末の人、五代に接す。家は江南に居り、南唐李子の翰林待詔《かんりんたいしょう》たり。品目甚だ高し。今御府の蔵する所、四十有一。

牡丹鶏図一　蜀葵子母鶏図三
萱草鶏図二　鶏図十三
引雛鶏図五　子母鶏図三
野鶏図一　籠鶏図六
負雛鶏図一　闘鶏図六

闘鶏の画に最も精彩があったという梅行思伝の後半部が興味深い。鶏は台所に親しい対象ゆえにかつて鶏画は貴重視されなかったというのだ。画家が犬や馬や鶏を描いて巧みなのは、いつでも人の近くにいて観察できるからだと考えられていた。鶏とは単にそういう素材だったのだから、梅行思が闘鶏を描いたのは意図があってのことなのだ――そんなふうに読める。つまり、『宣和画譜』のこの項目の著者は、梅行思が鶏を観察し写生したことなど評価してはいない。むしろ、日常あたりまえに見ることのできる、それゆえに絵画の素材としては軽んじられていた鶏をハレの姿――闘鶏の情景としてとらえることで鶏画に新しい局面を開いた、とみなしている。大典は、『宣和画譜』のこの部分にこそ着目し、鶏をいかに描くかということに関して若冲に助言を与えたように思われる。

徂徠学とともに流行した古文辞派の詩風は大典にも及んでいた。王昭君や巫山の神女の逸話に言及しながら江戸で見た錦絵の美人画を詠じる詩（『小雲棲稿』巻三）など、形式は盛唐詩の格調を追いつつ内容はしばしば卑俗な現実に傾く服部南郭らの詩に類する。また大典は、唐詩の世界を基本としながらも詠物詩では卑近な題材を取り上げ、詩壇が宋詩を受け入れる素地を作ったのではないかと評される[5]。格式を踏まえたうえで新たな現実感にも意を尽くした詩人大典は、梅行思が身近な家禽である鶏の生態を把握し、しかも日常の姿でなく力感に満ちた闘鶏の場面を最も精巧に描いたという一節に深く共感する資質があった。若冲がとくに「動植綵絵」に描いた鶏は、闘鶏の場面でこそないが、一様に激しいポーズをしている。それらの画は、ただ現実の鶏を写すだけではなく、「其の毛羽の彩、五色にて施す」べき美しさを備えた鶏の魅力を最大限に引き出している。そのような表現を示唆したのが梅行思伝ではなかったろうか。

ところで、御府に所蔵されていたという梅行思画四十一幅の目録は、その時点で鶏画の主題がかなり多様であったことを告げる。『宣和画譜』巻一五――一九は、梅行思のほかにも唐の于錫《うしゃく》、五代の郭乾暉《かくけんき》、黄筌《こうせん》、北宋の黄居寀《こうきょさい》、唐忠祚《とうちゅうそ》、趙昌《ちょうしょう》、易元吉《えきげんきつ》、崔白《さいはく》、崔愨《さいかく》、劉永年、呉元瑜《ごげんゆ》らの鶏図が所蔵されていたことを記録している。鶴の姿態を六つのパターンで表すような屏風が初唐には作られ、黄筌がそれを受け継いだように、鶏についても北宋には姿態の定型化が進んでいたことは、十一世紀後半から十二世紀前半の遼の壁画によって推測できる[6]。かくして若冲の時代よりもはるか以前に、鶏は目新しい素材ではなくなっていたし、それを描く方式も定まっていたと思われる。しかし、大典や若冲や当時の鑑賞者が、過去の絵画を自由に参照できたわけではない。十二世紀の「地獄草紙」（奈良国立博物館）には迫力ある鶏の怪物が描かれ、「鳥獣戯画」乙巻（高山寺）は雌雄の鶏と雛を活写する。能阿弥《のうあみ》「集百句之連歌」（一四六九年、天理大学付属図書館）の下絵には片足立ちで後方を向く雄鶏をおそらく能阿弥自身が精細に描いている。十七世紀には曾我直庵「鶏図」（宝亀院）や伝狩野山楽「四季花鳥図」（徳川美術館）の屏風といった大画面の作例もあれば、宗達派の水墨画も遺る。以上の諸作品は鶏の姿態が早く定型化したことを示す。だが、これらを知っている人は限られていたに違いない。少なくとも同時代の日本の絵画界で鶏を生けるがごとく巧みに描く画家はいなかったから、新しい表現を試みる意味はあった。

当時の流通経済の発達は錦小路の青物問屋を富裕にし、ただ絵画のモデルとして鶏数十羽を庭に飼うことも許した。

それにしても言葉は目の粗い笊のようなものだ。イメージは連続した具体的な形を作らなければならない。大典が書物に基づく知識で示唆を与えても、若冲がその課題を解決するには実際にどう描いたらいいのかを教えてくれる手本が必要だったはずである。最も可能性が高いのは、一七三一年に長崎に来た清人画家、沈詮《しんせん》(沈南蘋《しんなんぴん》)の花鳥画の様式による作品だろう。[7] 一七五〇年の沈南蘋「花鳥図」十一幅(三井記念美術館)、長崎の唐絵《からえ》目利《めきき》石崎元章が南蘋画を写した屏風(長崎歴史文化博物館)、長崎で南蘋に師事した熊斐《ゆうひ》の屏風(徳川美術館)、そして江戸の南蘋派である黒川《くろかわ》亀玉《きぎょく》「柳鶏図」(一七五五年)、諸葛監《しょかつかん》「芥子に鶏図」(一七五八年、板橋区立美術館)、宋紫石《そうしせき》「柳下白鶏図」(一七六九年、広島県立美術館)、同「柳に鶏図」(一七七〇年、長崎歴史文化博物館)、同「山水花鳥図貼交屏風」(一七七八年、善光寺本坊大勧進)などは、南蘋の精密な鶏の描法が十八世紀の日本の画壇に流布していくさまを物語る。若冲もその描法に触れ、それを骨格として自らの写生で肉付けしていくというふうに鶏の描き方を工夫したのではないかと思われる。しかし、彼の画は完全に南蘋風にはならなかった。

若冲が一七五二年に描いた「松樹番鶏図」[図1]は戦災で焼失したものか、『國華』一二九号(一九〇〇年)などに図版が載るものの、残念ながら再出現の気配はない。制作年のわかる若冲画としては最も早い三十七歳の作というだけでも重要だが、雌雄の鶏の姿態といい部分の克明な描写といい、この時点で彼の鶏図が完成しているのを告げる作例としても意義深い。筆勢に変化をつけず暈しの使用も制限して、細部まで細線で織物のように描き出す羽毛の描法は、南蘋派と一線を画する。さらに、鶏の背景に中国画のそれを借用しているとわかるのが注意を引く。松樹や白梅の形態・描法に着目すると、東山の大雲院に伝わる陳伯冲《ちんはくちゅう》「松上双鶴図」[図2]が原画であるのは疑えない。この画の右方と上部を切りつめて瀑布を省略し、旭日を中央に移動し、双鶴を双鶏に置き換え、視点を対象に近づけて、原本よりも緊張感のある構図にしているが、背景が模写に基づくことは間違いない。若冲の模写した中国画にこれも含まれていたということである。陳伯冲については明の職業画家であろうと推測する以外に知るところがないが、沈南蘋よりも古い保守的な

図1 伊藤若冲「松樹番鶏図」

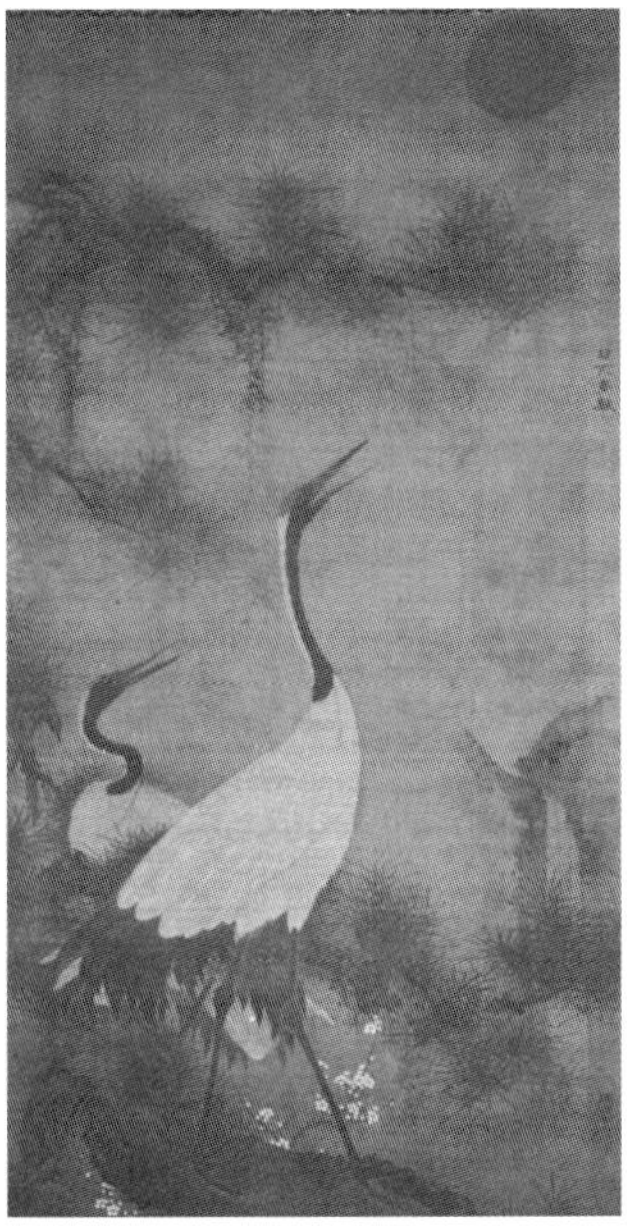
図2 陳伯冲「松上双鶴図」、大雲院

画風であるのは確かだ。このような画も若冲にとっては「宋元画」であったろう。二幅の関係は、まず、若冲が鶏の写生に熟達しながらも、絵画として完成するに際しては、南蘋画風ではなく彼が古画と信じた画の背景と組み合わせる操作をしたことを物語る。次に、旭日が象徴する吉祥の情景であれば鶏を鶴と置換しうると認識していたことを示す。いずれも大典や若冲が了解していた伝統的な絵画の世界と写生に基づく清新な鶏のイメージとに折り合いをつける方策を取ったことを意味するだろう。雅俗の均衡に配慮したこのような表現意識には、古文辞派そして大典の詩と近い構造が見られる。

初期の段階では、若冲の鶏は、旭日がおめでたい意味を表すといった類の言葉の体系に組み込まれることが多かったようだ。そこには当然ながら禅も関与する。大典は鶏の画（若冲画だったかもしれない）を見て、「頭を低《た》れて飲啄に随ふ。五徳孰《た》れか能く同じからん。夜来らば東海の日。全て一声の中に在り」という詩を作っている（『小雲棲稿』巻四）。中国で鶏は文・武・勇・仁・信の五つの徳をもつといわれたのが五徳の意味である。大典と親交があった詩僧六如《りくにょ》も、若冲の鶏図への題画詩で、鶏の五徳に言及している（『六如庵詩鈔』二編巻三）。南宋末――元初（十三世紀末）の禅僧、蘿窓《らそう》筆「竹鶏図」［図3］には探幽の外題があるので日本への請来は早いことがわかるが、大典らの知見に入っていたかは明らかでない。それでも「五徳を潜む」という句を自賛に用いたこの画のようなタイプの鶏図こそ、禅僧たちの理想だったに違いない。蘿窓の描く鶏は、いままさに明けようとしている薄明の中で、鋭い眼でじっと東方の旭日をうかがう。鶏冠の赤色など色彩を賦された白鶏は、朝の光を一身に集め、墨で描かれた背景から浮かび出る。その姿は、いち早く悟りを得て真理を世に告げる仏教者、そうあるべく修行する蘿窓自身を象徴的に示しているだろう。「松樹番鶏図」［図1］以前に、現存する最も早い鶏図として描かれたと推定される若冲の「雪中雄鶏図」［図4］は、これら人格の表象としての鶏という禅林のメタファーに属すると見てよい。[8]

鶏のイメージが成長する

「松樹番鶏図」の後には、南蘋風のにぎやかな道具立てをもった「花卉双鶏図」が描かれ、異国的、豊饒といった意味を伝える。一七五六年前後頃の「旭日雄鶏図」（プライス・コレクション）は、またしても旭日と鶏という陳腐な主題を描くが、一方で陳伯冲「松上双鶴図」［図2］の松をもとに枝を鋭角に屈曲させて雄鶏の体と双曲線を作るような形の遊びを見せる。「雪梅雄鶏図」［図

図3 蘿窓「竹鶏図」、東京国立博物館

5」は、「雪中雄鶏図」［図4］と同じ姿態の雄鶏を竹林や寒菊から切り離して自身の「雪中遊禽図」の背景を改変した景色にあしらい、呼応する形と色のおもしろさを狙う。「紫陽花双鶏図」（プライス・コレクション）は、「花卉双鶏図」の雌雄を大きくかつより躍動感のある姿に変えて、紫陽花という珍しい取り合わせを試みる。これら一連の作品を通して、鶏図が担っていた伝統的な意味や既成の構図よりも鶏というモチーフそのものの美しさを前面に出す志向が読み取れる。それは、大典が言語によって把握していた水準を超えて若冲の鶏が成長した証でもある。こうして次に「動植綵絵」の鶏が登場する。

図4　伊藤若冲「雪中雄鶏図」、細見美術館

図5　伊藤若冲「雪梅雄鶏図」、両足院

　一七五七年頃から約十年をかけて描かれたと考えられ、「釈迦三尊像」（相国寺）三幅とともに相国寺の方丈を荘厳した「動植綵絵」三十幅の中で、「向日葵《ひまわり》雄鶏図」・「紫陽花双鶏図」・「大鶏雌雄図」は一七五九年という制作年が記される。ほかに「芙蓉双鶏図」と「老松白鶏図」［図6］も一七六一年春よりも前に描かれていたことが明らかなので、この連作の初期に鶏図五幅が集中する。花鳥画三十幅の構想にしてはかなり主題が偏っており、得意の鶏を主たる素材として新意に富むシリーズにしようとする意欲が感じられる。そこでは鶏は、初期作品のように餌を啄むとかただ旭日や花木の下に立つとかいうのではなく、歌舞伎役者のごとく見得を切り、ときに曲芸のような大仰な身振りを見せる。先述した『宣和画譜』の梅行思伝に対する若冲の応答といえよう。日常見ることができ、しかも羽毛のきらびやかさをもつ、と認識された鶏は、鸚鵡や錦鶏、孔雀や鳳凰などの美禽と花鳥画の主役を張り合うために、思いきりわざとらしいポーズを作っているかのようだ。事実、「老松白鶏図」［図6］はまた陳伯冲「松上双鶴図」［図2］の背景を再利用しているのだが、その白鶏の立つ松に「老松白鳳図」［図7］では鳳凰が降り立つ。あくまでも旭日の下という枠組の中でだが、鶴—鶏—鳳凰が等価に交換されているのである。鶏と鳳凰は古代から連想で結ばれていた。若冲の時代にも大坂の画家橘守国《たちばなもりくに》の『絵本鶯宿梅《えほんおうしゅくばい》』（一七四〇年刊）が、「鳳《ほう》は神霊《しんれい》の鳥《とり》なり。其形《そのかたち》を求《もと》むるは家鶏《にはとり》を以是《もてこれ》を

作る。本艸及三才図会《ほんさうおよびさんさいづゑ》にも形鶏《かたちにはとり》のごとしとあり」、すなわち鳳凰の形を描くには鶏の形を使え、本草書や『和漢三才図会』にも鳳凰の形は鶏に似るとあるという便宜を記し、また別に鶏の異名を家鳳ということも紹介している。このような連想の体系も〈鳳凰のような鶏〉の実現に力を与えたことだろう。

この後三幅を加えた「動植綵絵」の鶏図は、いずれも雄鶏だけを描いている。「南天雄鶏図」は一羽の黒い軍鶏、「椶櫚《しゅろ》雄鶏図」は二羽の雄鶏の組み合わせ、「群鶏図」［図8］は十三羽の雄鶏の羽毛のアラベスクである。闘鶏の場面は別として、複数の鶏を描く際には雌雄の鶏および雛を描くというのが伝統だったろうが、後の二幅はついにそんな約束事を放棄し、ひたすら雄の美というべきものを表現している。若冲の描く鴛鴦の雄や「老松白鳳図」［図7］の雄の鳳凰の美しさとも共通する志向は精神分析的な解釈に誘うが[9]、少なくとも確かなのは、彼が鶏の形象自体の魅力を追求した果てに、このような前例のない造形に達したことである。たぶん「群鶏図」［図8］にもヒントとなる作品はあっただろう。十三羽の鶏は、画面右下から始まって画面上部に至る左右に蛇行する曲線に沿って配置されている。江戸琳派の酒井抱一《さかいほういつ》が編集した『光琳百図』（一八一五年刊）には、多数の鶴と鹿（つまり一種類の動物）を同じように蛇行曲線上に配する三幅対が木版画で複製されている［図9］。その原画が尾形光琳の真筆であったかどうかは不明だが、こういうタイプの画がすでに若冲の周囲には存在し、「群鶏図」や晩年の「百犬図」を生む刺激となったかもしれない。とはいえ、それは構図の骨格にすぎず、端々まで明瞭で説得力のある形姿として写された鶏が折り重なり幻想的な文様の渦を作り出す「群鶏図」の美しさは、従来の花鳥画が知らなかった種類のものだ。

「群鶏図」の左下には黒白まだらの羽毛をもつ、俗に碁石と呼ばれる鶏を描いている。それを墨画で描いた二曲屏風に「鶏図」［図10］がある。若冲が著色画とは異なる水墨画独自の論理に基づいてすぐれた鶏図を描くことができるようになるのはそれほ

図9 酒井抱一編『光琳百図』

ど早くなく、一七六〇年代に入ってからのことだった。一七五六年前後の二曲屏風「竹鶏図」、一七五九年完成の「大書院障壁画」（鹿苑寺）のうち壁貼付の「双鶏図」、そして一七六〇年の押絵貼屏風「花鳥蔬菜図」のうち「藤に雄鶏図」は、いずれも著色の鶏図を忠実に墨でなぞってみたようなぎこちなさが感じられる。鹿苑寺の障壁画の中で「菊に鶏図」の襖絵には不慣れな筆致ながら歪形された略筆の雄鶏が描かれている。こちらの鶏が以後の若冲の水墨画で成長していくことになる。最初に引用した「若冲居士寿蔵の碣銘」の続きで、大典は次のようにいう。

又喜《よ》く白帋《はくし》の滲《しん》し易《やす》き者を用ひて墨画を作る。乃ち其の滲する所を用ひて濃淡を界し、花の弁と羽鱗の次《ならび》とを区分して態を為せり。其の筆を運《めぐ》らすときや曼漶《まんかん》として暗中に摸《さぐ》るが似《ごと》し。乾くに及びて画然として濃淡紊《みだ》れず。蓋し筆の至る所、円熟して滞《とどこお》らざるなり。一種の風流、世に未だ嘗て有らざるなり。観る者咸《みな》其の妙に服す。

画箋紙を用いて墨のにじみで濃淡の境界を作り羽毛などを一枚ずつ描き分けるという超絶技巧が、若冲の水墨画の特色となった。その技法によって沈周「菊花文禽図」（大阪市立美術館）の鶏などとは異なる工芸的な味わいが加わり、明清に流行した水墨花卉雑画の江戸版というべき意義をもつ作品群が生まれていく。この技法が「鶏図」［図10］にも用いられているが、ほかの鶏図にない描写に成るのが右扇の碁石である。「群鶏図」［図8］と比較すれば、これが著色画と同等かそれ以上の細心の注意を払って現実の鶏をモノクロームの画像に変換していることがわかる。黒、白、その中間の灰色の面を的確に配置して構成された雄鶏は、ふくらみのある羽毛の量感を備えた鳥であると同時に私たちの視線を強く惹きつける単色のデザインでもある。

一枚を米一斗と交換したと伝える水墨略画の鶏図が、「若冲の鶏」という評判を世間に広めたに違いない。だがそれだけでなく、多数制作した水墨画の鶏は、やがて若冲の著色画に干渉する結果ともなった。「仙人掌群鶏図」［図11］には七十五歳という年齢が記されているが、実際には天明の大火の翌年、一七八

図10 伊藤若冲「鶏図」、黒川古文化研究所

九年の正月元日から二十四日までに描かれたと推定される[10]。西福寺の檀家だった薬種問屋、吉野融斎の依頼で制作したらしい。六面の襖の両端に仙人掌、奇怪な形態をした岩、それらの間に実物よりもずいぶん大きな雌雄の鶏と雛とを合わせて十四羽描く。濃彩で描いたモチーフ以外を金箔で覆い尽くす全面金地方式は、十七世紀に狩野派や宗達、光琳らによってすぐれた襖絵や屏風絵を生み出したが、十八世紀にはもはや画家の創造力を呼び寄せる形式ではなかった。むしろ金地の上に直接描き、墨や薄塗りの顔料を透かして輝く下地の金色の効果を取り入れた池大雅《いけのたいが》「岳陽楼・酔翁亭図」（東京国立博物館）、長澤蘆雪《ながさわろせつ》「海浜奇勝図」（メトロポリタン美術館）のような屏風絵のほうに新意は見られる。

若冲の襖絵は従来のやり方で濃彩の部分と金の面とを的確に配分して成功しているのだが、それには水墨画で熟達したデフォルメされた鶏の形を用いているのが大きい。また、三面ずつが三角形の構図を成して六面連続のまとまりもよく、一面ずつでも完結しているという構成は、「花鳥人物図」（プライス・コレクション）など水墨画の押絵貼屏風制作でなじんだ感覚だったろう。水墨の鶏のユーモラスな表情も一部の鶏に移されているし、一羽の雌鶏の尾羽に水墨画風の粗い筆触を見せもする。以上のように水墨画のモードが著色画に変換されることで、この金碧障壁画は不思議な活気を呈している。鶏の体は楕円形や三角形に近づき、尾羽が長く伸びてC字形を作る。これら単純化された鶏の形態が金地とのコントラストで明快に映えるとともに、揺れる尾羽のC字形の繰り返しは、群青の岩の奇妙な形と同調し、あるいは反発し、分裂し増殖する緑青の仙人掌の形、鶏の視線とも呼応して、金地の空間にゆるやかな運動を生み出す。若冲はここで初めて雛を含めた鶏の家族を描いており、伝統的な鶏の図像に回帰しているのだが、「動植綵絵」にはなかったそのほほえましい光景も、形象の連鎖として形作られた画面の中で副次的な逸話にとどまっている。精細に描写されたリアルな鶏と珍奇な植物仙人掌という、金碧障屏画が全盛だった桃山時代から江戸時代初期には主題とはなりえなかったものを描いて、猛禽・美禽・巨大樹といったかつての主役たちに匹敵する迫力に達しているのが痛快である。何かしらパロディーめいたおかしみが漂うところも含めて、江戸中期でなければ実現しなかったような素材と技法がみごとに合体した産物であって、ほとんど日本の金碧障屏画史の掉尾を飾るといってもよい。以後、このような金地の形式でこれ以上の進展はなかったからである。

若冲は、「仙人掌群鶏図」と同時に伏見の黄檗宗寺院海宝寺に水墨障壁画の「群鶏図」（京都国立博物館）を描いており、両者は材質の違いを超えて近似する点が多い。雌雄の鶏と雛と端のほうの太湖石と花木だけで画面全体を構成する構想、鶏の親密な雰囲気、鶏の姿態・形態、羽毛の細密な描法などである。「仙人掌群鶏図」で著色の鶏図に一つの完成を成し遂げた後では、「群鶏図」（一七八九年）、「葡萄双鶏図」（一七九〇年、メトロポリタン美術館）といった平板な著色画しか遺していない。墨画の鶏は以後もさかんに描き続けたと思われ、制作年の明らかなものとして「釣瓶に鶏図」(一七九三年、大和文華館)、「群鶏図」(一七九四年、図12)、六曲の押絵貼屏風「群鶏図」(一七九五年、細見美術館)、別の押絵貼屏風「群鶏図」(一七九五年)、「双鶏図」(一七九五年)、「鶏図」(一七九五年、東京文化財研究所保管写真)、もとは押絵貼屏風と思われる六幅の「鶏図」(一九一六年十月片桐家売立目録所載)、二曲の押絵貼屏風「群鶏図」(一七九六年)、慈雲飲光《じうんおんこう》の賛がある「鶏図」(一七九六年、プライス・コレクション)などが知られている。晩年の墨画の鶏図は、尾羽の描き方に書の線のような勢いのある筆触を見せるが、造形的なおもしろさはさほどでもない。それでも、数多い弟子の代作や模倣作(贋作)から、若冲自身が描いたと認められる鶏は明らかに区別できる。頭から尾羽まで強く弾力的な針金が貫いているようなしなやかな形態、濃淡の墨を適切な形と筆触で配置した触覚的な羽毛がその標識であり、省略と歪形を経ても失われない生動感を伴っている。

図12 伊藤若冲「群鶏図」、細見美術館

若冲よりも若い京都の画家たち、曾我蕭白《そがしょうはく》が「鶏図」(朝田寺)、四曲屏風の「梅に鶏図」、二曲屏風の「芭蕉雄鶏図」(ボストン美術館)、絹本の「雄鶏図」などを描き、長澤蘆雪にも襖絵の「薔薇に鶏図」(無量寺)、「軍鶏図」(プライス・コレクション)などの作があるのは、若冲の鶏の影響であろう。彼らは若冲が描いた力感あふれる鶏に刺激を受け、そういう特徴を自分なりに表現しようとしたと思える。いうまでもなく、鶏が彼らの一家の芸となることはなかった。しかし、鶏を描くだけでもこれほどまでに魅惑的な世界を構築できるのを示した若冲の画業は、同時代の意欲ある画家にも新しい美を求める鑑賞者にも絵画の可能性を広げてみせたに違いない。

註

[1] 品種の検討は佐藤康宏「若冲の鶏」(辻惟雄編『花鳥画の世界7　文雅の花・綺想の鳥』(学習研究社、一九八二年)、一一三頁で若干行っている。本稿は旧稿となるべく重複しない内容とする。

[2] 内容の吟味は旧稿一一六頁で行ったが、高橋博巳『京都藝苑のネットワーク』(ぺりかん社、一九八八年)、七六―七七頁の書き下し文を参照して以後は「麒麟・凌烟」の部分の解釈を修正している。

[3] 辻惟雄『奇想の図譜』(ちくま学芸文庫、二〇〇五年)、一三三―一三五頁。初出は『みづゑ』九三三号、一九八四年。『宣和画譜』は、北宋十二世紀の宮廷に所蔵されていた絵画を主題別、時代別、画家別に目録化するとともに、十種の画題についての敍論と各画家の評伝を付した二十巻の著録。大部分の作品が失われた北宋までの中国絵画史を知るうえでも、また日本絵画史を考えるためにも貴重な文献である。

[4] 以下の儒者たちの絵画観については、佐藤康宏「江戸中期絵画論断章――荻生徂徠から池大雅まで」(『美術史論叢』一五号、一九九八年)を見よ。

[5] 末木文美士・堀川貴司校注『江戸漢詩選5　僧門』(岩波書店、一九九六年)、三二八―三二九頁。旧稿の一一八―一一九頁も見よ。ただし、大典に〈画〉と〈物〉、〈虚〉と〈実〉を対比する思考がないという旧稿の一

節は、高橋氏の前掲書二六四—二六六頁が引用する「太原生に贈る序」(『北禅遺草』巻四)によっても訂正されなければならない。

[6] 六鶴図については小川裕充「黄筌六鶴図壁画とその系譜」(『國華』一一六五・一二九七号、一九九二・二〇〇三年)、「双鶏図壁画」(敖漢旗博物館)は小川裕充・弓場紀知編『世界美術大全集 東洋編5 五代・北宋・遼・西夏』(小学館、一九九八年)、図七三とその解説(小川氏)を見よ。

[7] 「向日葵に黒雌鶏図」(フリーア美術館)を桃山期の狩野派の作として、若冲がそれを参照したことを説く意見がある(太田彩「江戸の美意識——伝統とその展開に江戸時代の美を考える」、宮内庁三の丸尚蔵館『江戸の美意識』、二〇〇二年、六—八頁)。興味深い事例だが、若冲以後の作という可能性も懸念されるので、実見の機会を得て検討したい。以下の鶏図については千葉市美術館『江戸の異国趣味』(二〇〇一年、解説は伊藤紫織氏)、図一九・二三・二九・四三・四九・五六・五七・五九を見よ。ほかに大坂の南蘋派泉必東《せんひっとう》にも鶏図がある(長崎歴史文化博物館)。

[8] 「雪中雄鶏図」の主題と絵画表現については佐藤康宏「事物と幻想——若冲を中心に」(『日本の美学』一七号、一九九一年)、一〇一頁、一一〇—一一一頁を見よ。

[9] 佐藤康宏「形態の増殖——『一遍聖絵』・『彦根屏風』・『動植綵絵』」(板倉聖哲編『講座日本美術史2 形態の伝承』、東京大学出版会、二〇〇五年)、二三六—二三八頁。

[10] 狩野博幸『伊藤若冲』(紫紅社、一九九三年)、二八五—二八七頁。同氏「伊藤若冲について」(京都国立博物館『若冲』、二〇〇〇年)、三八—四三頁も見よ。以下、「…歳」という行年書のある作品は、狩野氏の説に従って制作年を修正する。

東京大学総合研究博物館所蔵　河辺華挙筆「鳥類写生図」

加藤弘子　東京藝術大学大学院美術研究科芸術学専攻博士後期課程

はじめに

　コウノトリ、タンチョウ、ササゴイ、タゲリ……ここに、鳥たちのサンクチュアリがある。計二〇巻、全長一六五メートルに及ぶ画面空間には、約百二十種もの鳥がさえずり、羽ばたき、あるいは静かに羽根を休めている。河辺華挙筆「鳥類写生図」は、薄美濃紙を貼りつぎ、先端に紐をつけて木の軸に巻いただけの簡素な図巻である。河辺華挙（一八四四―一九二八）は、幕末から昭和初めまでを生きた、有職故実に詳しい画家として伝えられている[1]。といっても、これまで華挙については研究がなく、その作品を知る人は少ないであろう。管見の限りでは、絵画コレクションとして、国内は京都府立総合資料館に「大原女」が一点、海外はアメリカのプライス・コレクションに「日の出浪図」［図1］が一点、確認できる程度である[2]。

　付属の厚紙には「第十函　此巻不窓外出　合計二十巻　禽写十一」と題があり、その裏に貼られた識語によると、円山派の河辺華挙の旧蔵で、七十余年の間に目にしたものを写した彩色写生図であり、河辺画塾では門外不出の秘本であったという[3]。各巻には「禽鳥写生第壱之巻」といった表題とともに、しばしば「此巻ニ限リ無学之悪徒ニ貸事厳禁」との注記も見え、この「鳥類写生図」が絵画制作の参考とするための画本、いわゆる「粉本」として使われていたことがわかる。「粉本」とは、本来は胡粉で描いた下図を指していたが、現在では、模写図、縮図、写生図をも含めた、絵画制作の参考となるさまざまな図や、それらを集めた画本を意味している[4]。

　生物学や医学などで研究・教育用とするために、生物の個体もしくはその一部に何らかの処置を施して保存したものを「標本」と呼ぶ。その意味において、この「鳥類写生図」のような粉本は、まさに絵画の研究・教育用に鳥を画像化して保存した標本集にほかならない。華挙はさまざまなソースから可能な限りの個体を収集し、それらを画像化し、複写して保存している。

図1　河辺華挙筆「日の出浪図」
掛幅、絹本著色、「平安畫員　華擧寫」印章「華擧印」（白文方印）「暉彦」（朱文方印）
116.1×50.2
江戸末―明治時代（19世紀）
エツコ&ジョー・プライスコレクション
写真提供＝東京文化財研究所

しかも、こうした画本としては珍しく、大半の図は留め書き等によって、実物からの写生か、模写かの区別ができるようになっている。

　この「鳥類写生図」は、時代の転換期を生きた一人の画家が、鳥をどう見つめていたのか、その眼差しを伝えている点でも興味深い。各巻をひもとくと、写生を重視する円山派を自認した画家らしく、対象の形体を忠実に捉えようとした図が次々と展開する。その一方で、時に、現実の鳥の姿とは異なる不思議な描写に遭遇することもある。その多くは、死んだ鳥を生きた姿に「写生」した図である。写生図といえば、実物に即した写実的で正確な図として語られがちであるが、実は必ずしもそうではない[5]。本稿では、この「鳥類写生図」が、あくまでも人間を通して知覚された鳥の姿を伝える標本集であるという事実を確認しながら、その価値と芸術性を明らかにしたい。

「鳥類写生図」――描写の振幅

一、作品の概要

　「鳥類写生図」は、付属の厚紙を含め全二十巻で構成される。表題の番号には欠番があることから、かつてはこのほかにも図巻が存在していたことは間違いない。各巻の表題には「冩生」「真冩」の二つの用語が使われ、見返し部分には表題と同じ字体で鳥名を記した目録がある。第三巻の目録には「明治卅年丁酉一月　河邊華學集之識」、第二巻には「明治卅年丁酉貳月　河邊華學識之」、第一七巻には「明治卅七年甲辰十一月一日夜　華學識」そして第二〇巻下には「明治四拾年十二月三十日　華學識」と記され、華挙本人によって明治三〇年、三七年、四〇年に、各図巻がまとめられたことがわかる。二重線で消された鳥名の図は、後で他の巻に移しかえたとみえ、この「鳥類写生図」が粉本として、随時、整理され、更新されていた様子がうかがえる。

　料紙の縦幅は二七・〇から三九・四センチメートルで、小さな図が貼り込まれている場合もある。図には嘉永七年から大正九年までの年記がみえ、華挙が数えで十一歳から七十七歳までに該当する。華挙が実際に鳥を見て写した写生図だけではなく、写生図を浄書した図、他人の写生図を模写した図、他の作品から鳥を抜き写した図、一部には弟子など華挙以外の人物による写生図まで含まれている。

　自筆の写生図以外では、華挙の父・河辺華陰の師匠であった横山華山、華挙の弟子と思われる山本正幸（暉山）、輝山生、豊文、孝彦による写生図がある。模写図では、「善知鳥図」［図2］に、原図筆者として本草学者の山本章夫、その模写筆者として円山派の中島有章の名が登場する。また、写生図ではないが、岸駒の鶴図をその弟子の村上松堂が写し、それをさらに写したという重模写図が一点ある。さらに、部分白化した雀の図などには「写於北三井方」の留め書きがあり、鳥好きで知られる九代・高朗時代の北三井家で写したものとみられ、華挙の交友関係を物語る図として興味深い[6]。大半の図は留め書きや印によって、比較的容易に実物からの写生と他の図から写した模写、あるいは、華挙自筆と異筆とが区別できるようになっており、一部の図に「華擧」、「華擧印」、「河邉家書畫記」、「山本家蔵」の印が見られるほか、紙継ぎ部分に「河邊文庫」、「川邉文庫」、「河邉家書畫記」、「かはべ」の印が押された巻がある。

二、描写の振幅

各図の描写について解説する前に、ここで、試みに「紅音呼図」[図3]と「緋色音呼図」[図4]とを見比べていただきたい。前者は類違ショウジョウインコ、後者はモモイロインコの図で、種は違うものの、その技法と描写の大きな違いには目をみはるものがある。「紅音呼図」は、基本的な技法に従って鳥の外形や羽根の輪郭線をしっかりと括り、濃い墨線の肥痩、勢いのある筆の力で見せる描写である。彩色は体の部位ごとに塗り分け、濃淡の幅は少なく、薄めに仕上げている分、「朱イツレモコク」と、色の指定を書き込んでいる。一方の「緋色音呼図」では、鳥の形は薄い墨線で断続的に縁取られ、硬い足指には太く強い線、頸まわりや脛の柔らかな羽根には細い毛描き、といったように、その部位によって線に強弱をつけている。全体は墨の濃淡で調子をつけ、その上にかけた生臙脂の鮮やかな赤に、目元の裸出部にさした藤黄の黄がよく映え、簡略な淡彩描写で鳥の質感の違いや体温をも捉えることに成功している[7]。

実は、「紅音呼図」は嘉永七年、華挙十一歳のときに、花鳥画などの本画から鳥だけを抜き出して写した図であり、実物からの写生ではない。一方、「緋色音呼図」は、明治三二年頃、華挙五十代半ばに実物の鳥を写したとみられる写生図である。もし、この二枚の図が同じ図巻に、何の留め書きも伴わずに貼り込まれていたとしたら、誰が同じ筆者であると判断できるであろうか。この「鳥類写生図」は、一人の画家が残す図には、予想を超えた描写の幅があることを示している。

この「紅音呼図」は、「幼手最初摸」と表題に書かれた「中禽抜冩第拾参之巻」に登場する図の一つである。画塾では、このような粉本を写すことによって基本的な画技を身につけ、各種の鳥を描

図2　河辺華挙筆、原図山本章夫、模写中島有章「善知鳥図」（第拾八之巻 禽鳥冩生之部） 紙本墨画淡彩 明治38年

図3　河辺華挙筆「紅音呼図」（中禽抜冩第拾参之巻） 紙本墨画淡彩 嘉永7年

図4　河辺華挙筆「緋色音呼図」（部分）（禽鳥冩生第四之巻） 紙本墨画淡彩　明治32年頃

き分けられるよう指導するのである。花鳥画から抜け出てきた鳥たちは、それぞれ、その鳥の特徴や性質を最もよく表した典型的な姿で描かれている。たとえば、真白な羽根に包まれ、飾り羽根をなびかせながら頸を縮め、上目づかいでにらみをきかす「鷺鳥図」［図5］は、鷺の身体的な特徴を凝縮し、人里近くで生活しながら常に周囲を警戒している性質を擬人化したような描写である。鷺らしさは十分に表現されているといえるが、鷺のなかのどの種なのかについては、すぐには判別しかねる描写でもある。

　これに対して、ササゴイの幼鳥を写生した「鵁鶄雛図」［図6］では、すでに粉本で学んだ鷺の姿を念頭に置きつつも、ただそれを繰り返すのではなく、目の前にいる鳥を熟視し、そのうえで掴んだ鳥の形体や色彩を一つひとつ紙の上に落としこみ、画像化している。うつむく姿、羽根をつくろう姿、歩く姿など、ササゴイの姿態を確認し、その勢いを捉えている。じっと川面を見つめて魚を待つササゴイは、動きが少ないため比較的写生しやすい鳥である。それでも、多くの図には「焼筆」と呼ばれる木炭であたりをつけた跡が残り、輪郭線は一気には引かれず、何度か重ねられている。わずかに震える線描からは、鳥の動きを逐一追って形を捉える「写生」の難しさがうかがえる。

図5 河辺華挙筆「鷺鳥図」（中禽抜寫第拾参之巻）
紙本墨画淡彩　嘉永7年

　このように写生の対象が生きた鳥の場合、自然な動きや勢いを確認することはできるが、細部まで観察することは難しいため、描写は簡略にならざるをえない。もし、より細密な写生をしようとすれば、動かない鳥、すなわち、死んだ鳥が必要になるだろう。実際、この「鳥類写生図」には、「鵁鶄雛図」のように生きた鳥を写生した例は、決して多くはない。以下、華挙自筆写生図の特徴を確認しながら、死後の鳥を生きた姿に「写生」する過程をみていこう。

「写生」の過程――死から生へ

一、「写生」の特徴

　第一の特徴として、脚や翼の構造への注目があげられる。第一巻に登場する「鵁鶄　背黒図」［図7］には、詳細な足指（趾）の部分図がある。中央の彩色された図に注目すると、最初は表側から写し、後趾に「節一」、内趾に「節二」、中趾に「節三ツ」、外趾に「節四」と、各趾にある節の数を記している。次に、後趾に目印となる△印をつけ、今度は「左足正面裏」として裏側から見た図を写す。このとき、「此アシニカキリノコキリノ如ク成モノアリ　マン中ノ爪バカリ」と、中趾爪の内側にノコギリ状の爪があることに気づき、その部分だけを取り出して写している。この爪は「櫛爪」と呼ばれ、サギ目とヨタカ目に見られる特徴で

図6　河辺華挙筆「鵁鶄雛図」（部分）（禽鳥冩生第四之巻）
紙本墨画淡彩
明治32年頃

図8　河辺華挙筆「水札図」（部分）（第拾八之巻禽鳥冩生之部）
紙本墨画淡彩　明治37年

図7　河辺華挙筆「鵁鶄背黒図」（部分）（禽鳥冩生第壱之巻）紙本墨画淡彩　明治20年頃

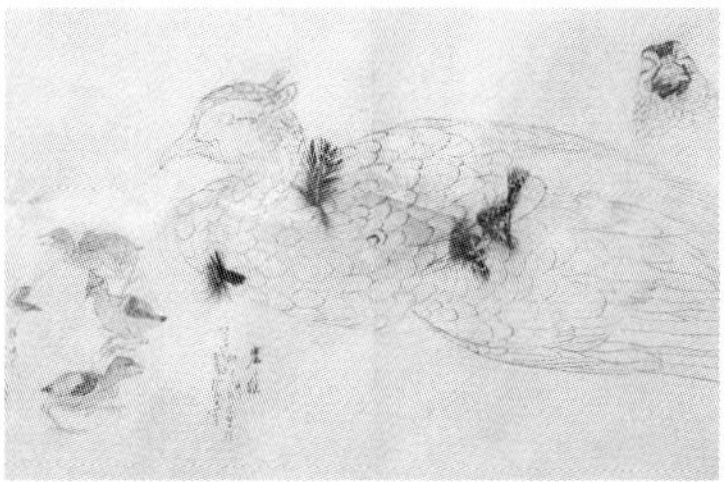

図9　河辺華挙筆「雉図」（部分）（禽鳥冩生第壱之巻）
紙本墨画淡彩　明治20年

ある。細い線で見えにくいが、図をよく見ると、表側から写した図にも、たしかにこの櫛爪が描写されている。円山応挙が渡辺始興の写生図を模写した「ゴイサギ図」にも詳細な足指の部分図があるが、さすがに櫛爪までは写されておらず、華挙の徹底した観察には驚かされる。[8]

翼に関しては、たとえば、タゲリを写した「水札図」［図8］には翼を広げた部分図が上面・下面あわせて三枚ある。彩色された翼の描写は、この「鳥類写生図」のなかでも最も精彩を極めている。華挙は、全体を茶系の代赭と薄墨で彩色して諧調をつけ、羽根の一枚一枚を墨線で丁寧に描き起こす。そして、背や雨覆の一部に粒子感の残る鮮やかな緑青や群青を散りばめることによって、捉えにくい羽根の金属光沢を見事に表現しているのである。留め書きには、「風切拾枚　両方合廿枚」（初列風切）、「風呂拾枚」（次列風切）、「此長キ羽八枚左右ニ付」（三列風切）、「此羽八枚」（初列雨覆）、そして、尾については「尾十二枚　但し先真黒」「是一枚真白」と、羽根の部位ごとに枚数を数えている。さらに、次列風切の一部を取り出した図には、「此廿ト合可考」と、隠れていた白い模様の羽根を風切羽根十枚に含んで数えるべき、との考えを記している。

また、「雉図」［図9］のように、実物の羽根を見本として貼りつけた図は、剥製標本との中間に位置する存在として興味深い。図の表側には雉の羽根の構造を墨線のみで写し、胸、背、雨覆の各部に該当する羽根を貼り付けている。これは同時代の他の画家の写生図にも見られる例であり、鳥を描写するうえで羽根は最大の関心事であったのだろう。ちなみに、この図のすぐ隣には雀の雛を写生した図があり、雛のときから小さな翼に羽根が生えていることを書き留めている。

第二の特徴としては、多方向からの写生がある。とくに小鳥の場合、通常は一種の鳥に対してさまざまな方向から五、六図、多いものでは十図以上を写している。「赤鷽図」[図10]では、ウソを仰向けにしたり、うつぶせにしたり、あるいは羽根を広げたりしながら、前後左右、真正面からの半身像も写している。円山応挙は「写生雑録帖」(個人蔵)において、一羽の四十雀を異なる角度から六図に写しており、こうした多方向からの写生は、応挙写生図の特徴の一つとして指摘されている[9]。応挙の写生は、「色々ニ一品ヲ寫置ヘシ(中略)以一品渡数品、以数品為一品、画之作意也」――一つの物について色々な角度から写し、それらを一つに再構成する――という考えに基づいており、華挙の写生は、他の円山派の画家と同様、たしかにこの応挙の視点を受け継いだ流れの中にある。

第三の特徴は、客観的な正確さを重視しながらも、対象の生意を失っていない点である。第一と第二の特徴で確認したように、華挙の写生は、観察は詳細であるが、描写は比較的簡略であり、いきすぎた細密描写はほとんど見られない。また、死んだ鳥に姿勢を与えて生きた状態に再現はするが、鳥自体の形体はそのまま写す傾向がある。「鳥類写生図」に、実際の鳥よりもやせた体型の鳥、あるいは、細く見える鳥が目立つのは、ぐったりと力の抜けた死後の鳥の形体を、修正せずに写しているためである。それにもかかわらず、そこにはたしかに、対象の生意が写されているのである。

元治元年にトラツグミを写した「鵺鶫図」[図11]は、目と嘴が開いた状態で描写され、一見すると、鳥は生きているように見える。しかし、張りのない腹部、力なく伸びた足指、下がり気味の翼、わずかに見える逆立った羽毛、さらに、閉じかけた楕円形の目といった形体の描写に注目すると、これが死後の鳥を写した図であることに気づくだろう。留め書きには、「鵺鶫　元治元年甲子八月十七日寫、此鳥白壁ヲ見ルトキハタチマチ行當リ命ヲ落ス　是紫野雲林院ニ行當リ落タルヲ寫」とある。現在もガラスに当たって命を落とす鳥は後を絶たないが、当時、トラツグミは白い壁を見ると突進して命を落とす習性がある、と言われていたらしい。

明治三一年に、死後十四日経ったトラツグミを写生した際には、「少し腐乱セシ処モアリ　生寫通ニ不可描」――少し腐乱し

図10　河辺華挙筆「赤鷽図」(冩生第拾七之巻禽鳥之部)紙本墨画淡彩　明治36年

図11　河辺華挙筆「鵺鶫図」(禽鳥冩生第壱之巻)紙本墨画淡彩　元治元年

た部分があるので、この写生図のとおりに描いてはいけない——と留め書きで注意を促している。つまり、華挙は写生図の段階では、鳥の形体になるべく修正を加えずに写すことを、自覚的に行っているのである。

二、「写生」の過程

明治三七年の「野駒図」［図12］では、この第三の特徴がよりはっきりと確認できる。まず最初に、画面下方に横たわる死んだノゴマを写し、次に、異なる四方向からの立ち姿を再現して、最後に枝に止まる後ろ姿のノゴマを写している。横たわるノゴマは、鳥類標本でいえば研究用剥製の形、立ち姿のノゴマや枝に止まるノゴマは展示用剥製の形をしている。前者は、鳥が翼を閉じて横たわる姿勢、つまり、死んだままの姿だが、後者は、立ち姿や木にとまる姿勢など、自然の中で活動する生きた姿で保存される。

図12 河辺華挙筆「野駒図」（冩生第拾七之巻禽鳥之部）紙本墨画淡彩　明治37年

　ノゴマは本州では渡りの季節だけに見られる鳥である。応挙が籠に飼われた生きたノゴマを写した図に「奇品也」と書き、華挙もまた「但し此鳥京都ニテハ捕事稀也　伊勢尾張邊ニ多シト」と記しているように、生きた姿を観察する機会は少ない。図では赤い喉元を鮮やかに彩色し、自然な姿勢で生きたノゴマを再現しているが、応挙の図に比べて体はやや細身である。剥製であれば、詰め物で体を膨らませて修正するわけであるが、華挙は、目の前の鳥の形体を尊重し、写生図の段階では、あえてこの修正を行わないのである。

　「水札図」［図13］にいたっては、大きな黒目が印象的なはずのタゲリが、左目だけ半開きの状態のまま写されてしまう。写生は、先に述べた翼の図で構造を確かめた後、うつぶせの全身図から始まる。まず頭部は横顔が見えるように、体は上からの視点で、左翼は下がった状態で風切羽根を描写する。次は、より自然な左側面観で、鳥に脚をつけて立ち上がらせ、全身のおおまかな配色を掴み、「アシクロシ　上コク朱スミクマ」と、赤黒い脚の色の特徴を押さえている。尾をピンと上げているのは、黒い羽先の特徴を写しておきたいからであろう。風切羽根は下げた

図13 河辺華挙筆「水札図」（部分）（第拾八之巻禽鳥冩生之部）紙本墨画淡彩　明治37年

まま、目は細く半開きの状態で、瞳は入っていない。今度は背面から、翼を引き上げて畳み、振り返る姿勢で描写されている。淡彩で赤紫色に光る羽根の位置を確かめ、頸と冠羽根の色についても留め書きを残している。ここでいったん、正面からの半身像を写す。そして次は、右側面から背までを広く捉え、右脚を詳細に描写する。嘴を開き、右目には大きな黒い瞳を入れて、やっと表情が豊かになった。ところが、最後の左側面図では、再び、目は細く半開きのまま写され、なんとも渋い表情をしたタゲリが生まれている。

三、「勢」の誤算

応挙は「鳥獣側へヨレハ恐レテ勢替ル、此類難写者、望遠鏡可写之」――鳥獣は側へ近づくと恐れて姿勢が変わるので、この類の写しにくい物は望遠鏡で写すとよい――と言うが、死んだ鳥の写生では、どう工夫しても「勢」を観察することができない。これまで述べてきた「野駒図」や「水札図」は、生きた姿を見たことがなくとも、粉本で学んだ花鳥画の型や、他の鳥を写生した経験、そして目の前の死んだ鳥の形体や構造の観察をもとに、それらしい姿勢の型を与えることができた例であった。しかし、ときにはうまくいかないこともある。

明治二九年九月、オオミズナギドリを写した「カハトリ図」[図14]がある。留め書きには「大風ノ際ニ室町通夷川上ノ吉岡清造氏之天窓ヨリ飛来リシヲ打落シ即刻被送候付極至急　午後四時ヨリ六時ニ至テ写」とあり、大風で民家に飛び込んできた鳥だという。日付はないものの、台風が近畿地方を通過し、長雨も重なって記録的な水害があった九月一一日前後のことと思われる[10]。華挙は二時間の間に、正面と背面からの全身像を三図、右側面像を一図、半身像を三図写している。頭部にある白と黒の細かなごま塩模様や、先端が下に曲がった嘴、海水の塩分を取り除く鼻管など、オオミズナギドリの各部分の特徴は捉えられており、最大の特徴である長い翼についても「羽長サ凡両羽ニ而三尺許」と寸法まで記録している。また、このときは目の色についても観察できたようで、「鼠色」と明記している。

図14　河辺華挙筆「カハトリ図」(禽鳥真寫第参之巻)
紙本墨画淡彩　明治29年

ただ、胸から腹部の輪郭線は硬く、全身像の直立気味の姿勢には現実の鳥とは異なる不自然さが感じられる。描写の硬さについては、この鳥は打ち落とされて間もなく華挙のもとに届けられているので、死後硬直が始まっていた可能性もあるだろう。姿勢については、華挙はこのとき、オオミズナギドリを初めて見たに違いない。飛翔した姿勢の略図を添えて「飛タル時遠方ヨリ見タル時如此ト」と、人から得た情報を記している。限られた時間の中で、知識と経験をもとに横たわるオオミズナギドリを観察し、勢いのある姿を想像する。その結果、華挙は、やや直立した姿勢を選び、この鳥に命を吹き込んだのである。

オオミズナギドリは、舞鶴市冠島が繁殖地であることから、現在では京都府の府鳥になっているが、繁殖期以外は海上で活動する鳥なので、当時、観察の機会はほとんどなかったと考えられる。この鳥は翼が長いため直接飛び立つことができず、嘴と足指の爪を使って前傾気味の姿勢で羽ばたきながら木や崖に登って、飛び降りる習性があるという。華挙は、「丹後舞鶴ノ邊ニテハ俗称カハトリ　加賀金沢邊ニテハ濱雀トモ　是人同鷗之類歟　又中國ニテハ沖ノ雁」、「此鳥大小アルヨシ　又一説ニハ大ヲ沖ノ雁ト云ヒ小ヲ濱雀ト云」と、見知らぬ鳥についての情報を丁寧に記している。

以上のように、死んだ鳥をたよりに、見たこともない生きた鳥の姿を「写生」するというパラドックスによって、図に不思議な描写が生まれるのである。本論の冒頭で、この「鳥類写生図」のような粉本は、絵画の研究・教育用に鳥を画像化して保存した標本集にほかならない、と述べたが、それは、厳密には鳥類学の剥製標本の代わりたりえない、ということも意味している。これまで検証してきたように、「鳥類写生図」は、あくまでも人間を通して知覚された鳥の姿を伝える標本集なのである。

華挙と写生——実物ヲ得ザレバ描クニ便リナシ

一、華挙と写生

最後に、この鳥類写生図の旧蔵者であり、筆者、編集者でもある河辺華挙について紹介しよう[11]。華挙は、弘化元年（一八四四）に河辺華陰の子として生まれた。中宮寺の宮画師であった父に画の手ほどきを受けて画業を継ぎ、明治一三年には大阪府博物局の命で東大寺正倉院御物を模写したという。そして、明治一四年に、創立して間もない京都府画学校に出仕し、円山派など大和絵系の絵画を教える「東宗」に配属されている[12]。第二回内国絵画共進会の『出品人畧譜』には「父に画を学んだ後、土佐光清、狩野永嶽、狩野秀信、中林成昌、小田海仙等の数氏に学び、又、陽明学を中川清太郎に学ぶ」と、土佐・狩野から文人画まで各流派に学んだと自負している[13]。

華挙が絵画制作において写生を重視していたことは、記録のうえから確認することができる。彼は、明治一五年、第一回内国絵画共進会で「円山派」として仏画の「因掲陀之圖」と花鳥画の「松ニ孔雀」を出品し、褒状を授与されている[14]。このとき提出した出品願書に、「因掲陀之圖」の法衣や織紋について「印度ノ實物ヲ得ザレバ描クニ便リナシ只寺社山古画帳併布古像佛等ヲ臨写シテ図ス」——インドの実物を得られなければ描くのにたよりとするものがない。ただ古社寺の画帳と古仏像を臨写して図にした——と説明している。この華挙の言葉は、『萬誌』に伝えられる応挙の言葉「山川草木禽獣虫魚人物何ニても見生可図寫置、難見ハ生可依画本」——山川草木禽獣虫魚人物など、何であっても本物を見て図に写し置くのがよく、本物を見るのが難しいものは画本に依るがよい——を彷彿とさせる。つまり、実物からの写生を重視しつつ、同時に、それがかなわない場合には粉本の活用を積極的に肯定しているのである。[15]

また、当時、京都画壇の中心的存在であった森寛斎の日記[16]には、華挙の写生図についての記述がある。日記は寛斎晩年のわずか五年ほどの記録であるが、「川邊」「河邊」として華挙が登場し、両者は直接の師弟関係にはなかったものの、華挙が三十歳年上の寛斎を慕ってたびたび訪れ、交流していた様子がうかがえる。[17]記事の多くは「夜川邊入来」「一酌」と、来客の覚え書き程度の簡略な記述だが、中には、「彩本持参」（明治一八年九月二日）、「文晁飲中八仙持参」（明治二三年七月一四日）と、画事に関する記述が散見する。そして、とくに興味深いのは、「川邊牛ノ寫生持参」（明治二一年六月八日）、「夜川邊狼寫生持参」（明治二四年三月一四日）と、華挙が動物の写生図を持参したという記録である。依頼された図を届けたのか、あるいは寛斎の意見を仰ぐために持参したのかは定かではないが、いずれにしても、華挙が写生を重視し、実践していたことを示す重要な記録である。

二、写生と図案

明治二〇年、京都新古美術会（第一五回京都博覧会）に、華挙は「和漢洋書学圖」を出品している。[18]実際の作品の姿は知る由もないが、このような主題を選ぶこと自体、彼が画学校の教育に対して一定の考えをもっていたことをうかがわせる。というのも、この頃、画学校は改革と混乱の季節を迎えていた。新たに図案等を教えるため、府に応用美術科設置が申請され、翌二一年には、従来の東西南北四宗の科を再編する改革が行われ、一部の「純正美術派」の教員がこれに反対して辞職する。[19]東南北三宗を一括して東洋画とし、西宗の西洋画と対置させるも、やがて国粋主義の台頭により、西洋画科廃止をめぐって紛議が起こる。こうしたなか、華挙は画学校が京都市の所管に移る明治二二年一二月に退任している。[20]

しかし、華挙は「純正美術派」ではなかった。それは、彼自身が友禅など染色工芸のための教育や工芸の下図制作に関わっていたことからも明らかである。明治二二年一〇月、従来の画様が人々の好みに適さなくなったため、下絵彩色模様工組長の田畑喜八が、組合協議のうえ、各自雇入の機工に画学を教えるよう、華挙に依嘱している。[21]もとより、京都府画学校では出仕が画塾を運営することは認められており、華挙は画学校に出仕する以前から、在任中、そして画学校を退任した後も画塾を続けていた。[22]当時の画学校で行われていた教育は、従来の粉本による教育をそのまま受け継いだものであり、多くの才能が集団指導を基本とする画学校よりも、充実した粉本をもつ個別指導の画塾を選択していたという。[23]

晩年の華挙の画塾に学んだ一人に、近代染織の先駆者として知られる山鹿清華がいる。清華はすでに西陣織の西田竹雪に入門していたが、併行して明治三五年から華挙に日本画を師事する。昼間は織物図案を、そして、夜は華挙のもとで日本画を学ぶ生活を八年間続けたというので、少なくとも明治末頃までは、華挙は画塾を開いていたことになる。[24]清華は、当時、仲買人が特定の花鳥図案しか買い付けてくれなかったことに反発し、自由を求めて日本画の門を叩いた、と述懐している。華挙に入門したのは、「鳥類写生図」が編集された頃であり、清華もこの「鳥類写生図」に学んだと思われる。優れた花鳥図案の制作に写生の実践が欠かせないことは言うまでもなく、清華自身、鳥の図案を好み、多くの写生図を残している。華挙に日本画を学んだことは、新しい花鳥図案を目指していた清華にとって大きな意味があったのではないだろうか。[25]

おわりに

華挙が描いた鳥は、京都の町に今も生きている。明治三五年、東西の画家六十人が宮脇売扇庵の室内装飾のために扇面絵を制作した。これは文展開設の五年前にあたり、当時、活躍していた新旧の画家を一覧することができる稀有な作例である。京都在住の日本画家四十八人は杉板の天井扇面絵に筆を揮い、当時、すでに還暦に近い華挙もその一人として、「瞭瞑翎白」と題した白鶴の絵を残した[図15]。多くの画家が扇面絵にふさわしい小ぶりな構図で描くなか、華挙は扇面形の画面いっぱいに羽根を広げた鶴を真下から捉えるという、大胆な構図で描いている。見上げて鑑賞されることを意識し、天井画にふさわしい構図を考えたのであろう、鶴の背景には胡粉盛り上げに箔を押した金雲がたなびいている。華挙の鶴は細密な描写で構図に妙があると評され、その羽ばたきは天から風を送

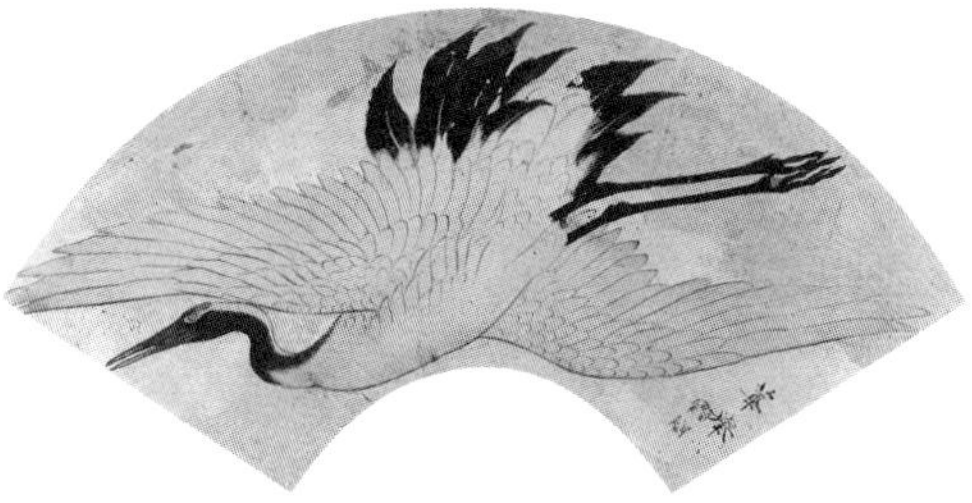

図15 河辺華挙筆「瞭瞑翎白」(宮脇売扇庵格天井扇面絵)
杉板著色 21.5×57.5 下弦22.5
明治35年 『明治の大家扇面絵』マリア書房、1971年より転載

図16 芦刈山 写真提供=(財)芦刈山保存会

図17 藤原観教作 河辺華挙下図「芦刈山欄縁 黒漆塗波に飛雁文様鍍金金具付」 明治36年 写真提供=(財)芦刈山保存会

っているかのようである。[26]

夏には気の早い雁が町を通り抜けていく。祇園祭で巡行する山鉾の一つ「芦刈山」には、明治三六年、華挙が描いた雁の下図を元に制作された彫金の欄縁が四面を飾っている［図16、17］[27]。「芦刈山」は世阿弥の謡曲「芦刈」に基づき、故あって妻と離ればなれになった男が、難波の浦で芦を刈る姿を表している。やがて夫婦は再会を果たし、互いの想いを和歌に託して詠み合い、めでたく都に戻る、という筋書きである。

男「君なくて、あしかりけりと思ふにも、
　いとど難波の浦は住み憂き」
女「あしからじ、よからんとてぞ別れにし、
　なにか難波の浦は住み憂き」

欄縁は「芦刈《あしかり》」に「芦雁《あしかり》」を重ね合わせ、難波の浦を象徴する波と飛雁を図案化したものである。「芦雁」は、秋から冬にかけて渡ってくる雁が、芦の水辺に降り立ち、佇む情景を描いた伝統的な花鳥画の主題である。残念ながら華挙による下図は所在不明であるが、それが日々の写生に基づいたものであったことは、図案構成の巧みさ、雁の細部描写、そして何よりも変化に富んだ優美な姿勢によく表れている。雁は正面に四羽、左右の面に各六羽の計十六羽が配され、横長の欄縁上に展開する飛雁の列が単調にならないよう、工夫が凝らされている。たとえば、波を欄縁の下部ではなく左右両端に置いて高さを確保し、両側から打ち寄せる波の間に飛雁を連ね、常に中央の二羽が近くに寄り添う求心的な構図をとっている。とくに、正面の欄縁では、先頭を飛ぶ雁は仲間を気遣うように後ろを振り返り、最後尾の下降する雁の形と呼応し、中央の二羽を挟んで末広がりの安定した構図を作っている。そして、左右の欄縁では、飛翔をコマ送りで見るように、さまざまな姿勢の飛雁が配される。雁は「生作《いけづくり》」と呼ばれた肉彫りによって、羽根の一枚一枚まで丁寧に刻まれ、黒漆の背景に金色の飛雁が浮かび上がる。欄縁の枠を超えて羽ばたくその姿は実に優美で変化に富んでいる。

もちろん、実際の雁はこのように優雅な姿勢で飛ぶわけではない。マガンやカリガネは、空気抵抗を減らすために頸も脚もまっすぐに伸ばして飛行する。しかし、華挙が実物からの写生を経てここに表そうとしたのは、現実の鳥の姿ではない。春に北へと帰り、整然と連なって飛行し、同じ伴侶とともに、再び秋に渡ってくる——その理想的な姿に思いを託すことができる、人間にとってのもう一つの鳥の姿なのである。

註

[1]『日本美術年鑑　明治四四年（復刻版）』国書刊行会、一九九六年、一三三頁。物故記事は『日本美術年鑑　昭和四年』に掲載。

[2]東京国立文化財研究所編『海外所在日本美術品調査報告四　プライス・コレクション　絵画』古文化財科学研究会、一九九四年、七〇頁。

[3]「圓山派　河邊華擧旧蔵　嘉永七年至大正七年　七十餘年間　寓目生寫彩図精密　河邊画塾門外不出秘本　廿巻」

[4]かつては、粉本のみに頼り、粉本を写すことに終始する「粉本主義」と

呼ばれる絵画制作のあり方が創造性に欠けるとの理由から批判されたが、近年は、粉本自体は絵画制作において必要不可欠な資料であったことが再確認され、その有用性が見直されつつある。粉本については、河野元昭「粉本と模写」(板倉聖哲編『講座日本美術史第二巻　形態の伝承』東京大学出版会、二〇〇五年)参照。

[5] 中国の「写生」の語義には、第一に対象の生意を把握する「生意写生」、第二に形態など対象の客観的正確さを主眼とした「客観写生」、第三に精緻細密な描写の「精密写生」、第四に対象を見ながら描く「対看写生」、第五に花鳥画という画題を意味する「画題写生」があり、日本では第一から第四の意味で用いられたという。本稿では、とくにことわらない限り「写生」の語を第四の「対看写生」の意味で用いる。河野元昭「『写生』の源泉――中国」(秋山光和博士古希記念論文集刊行会編『秋山光和博士古希記念美術史論文集』便利堂、一九九一年)。河野元昭「江戸時代「写生」考」(山根有三先生古希記念会編『日本絵画史の研究』吉川弘文館、一九八九年)。

[6] 人物の略歴は以下のとおり。

横山華山(一七八四―一八三七)、江戸後期の画家。名は一章、字は舜明または舜朗。初め岸駒に学び、後に呉春に師事し、人物・山水画を得意とした。

岸駒(一七四九―一八三八)、江戸後期の画家。字は貢然。金沢に生まれ、京都で有栖川宮家に仕えた。円山派や沈南蘋の画風を摂取し、筆法の鋭い画風を開いた。

村上松堂(一七七六―一八四一)、江戸後期の画家。名は元篤、字は士厚。岸駒に学び、金沢城障壁画や東本願寺の文政度再建に参加した。

山本章夫(一八二七―一九〇三)、幕末・明治の本草学者。名は維慶、号は渓愚・渓山。朱子学と本草学を父の山本亡羊に、画を森徹山、蒲生竹山に学ぶ。本草学の必要から写生図を得意とした。明治二七年京都市美術学校の嘱託教授となる。明治天皇に進講、また久邇宮・賀陽宮の侍講となる。

中島有章(一八三七―一九〇五)、幕末・明治の画家。円山派で平安四名家と称された父・中島来章に画を学ぶ。明治一三年京都府画学校に出仕し、同一七年第二回内国絵画共進会で褒状を受賞。

三井高朗(一八三七―九四)、北三井家九代。大の鳥好きで五百羽以上を飼育し、明治一一年の京都博覧会には一五五羽を出品した。『三井家文化人名録』三井文庫、二〇〇二年、四五頁。

[7] 類違ショウジョウインコの虹彩は黄色で本来はきつい表情に見える鳥であるが、「紅音呼図」では黒目のやさしい表情で描かれている。こうした目の描写については、拙稿「野田洞珉筆「鳥類写生図」――尾形光琳筆「鳥獣写生図」との関係」(『美術史』一六二号、二〇〇七年)を参照。

[8] 円山応挙の写生図については、佐々木丞平編『応挙写生画集』講談社、一九八一年、図版三五を参照。

[9] 冷泉為人「応挙の写生図について―新出の「写生図貼交屏風」をめぐって―」(『大手前女子大学論集』二九号、一九九五年)、佐々木丞平・佐々木正子『円山應擧研究　研究編』中央公論出版、一九九六年、一三五、一四四頁。

[10] 力武常次・竹田厚監修『日本の自然災害』国会資料編纂会、一九九八年、一三二頁。

[11] 華挙の履歴を以下にあげる。

弘化元年三月二七日、河辺華陰(基輔)の子として生まれる。名は暉彦、通称は秀太郎。

明治一三年、大阪府博物局の命で東大寺正倉院御物を模写。

明治一四年、京都府画学校への出仕を拝命。東宗派に配属される。

明治一五年、第一回内国絵画共進会に「円山派」として「因掲陀之圖」「松ニ孔雀」出品。褒状。

明治一七年、第二回内国絵画共進会に「横山派」として「人物」「獣」出品。褒状(受賞記録には「円山派」と記載される)。

明治一八年　第一四回京都博覧会に「物部大連圖」出品。褒状。円山応挙九〇年忌追福遺墨并新書画展に「松鷲之圖」出品。

明治二〇年、京都新古美術会(第一五回京都博覧会)に「和漢洋畫学圖」出品。

明治二一年、日本美術協会主催美術展覧会に「酒折宮連歌図」出品。

明治二二年、下絵彩色模様工組合の機工への画学指導を委嘱される。京都府画学校退任。

明治二四年、京都私立日本青年絵画共進会の賛助員となる。

明治三五年、山鹿清華が入門。宮脇売扇庵天井扇面絵「暸瞑翎白」制作。

明治三六年、芦刈山鉾欄縁「波に飛雁文様」下図を担当。

昭和三年四月六日、逝去、享年八十五歳。

[12] 京都市芸術大学芸術資料館に「沿革史別冊　畫学校出仕人名簿」および「創立以来旧職員履歴書綴」の電子式複写による写しが保管されている。なお、後者の二点は、第一回内国絵画共進会の出品願書である。

「京都府平民
横山派　華山派　号華挙　河辺秀太郎
明治十四年、六月九日出仕拝命
上京區第廿組小川通下立賣下ル八幡町
父　河辺基輔号華陰此師横山華山」

「履歴書
山城國京都府下上京區第廿組八幡町
河邊秀太郎(印)
号華擧
三十八年七ヶ月
一、父河邊基輔号華陰此師横山華山也
舊　中宮寺宮御畫師勤仕罷在候処明治四年
依　御主意民籍ヘ編入当時隠居罷居候
一、書道之儀ハ父与受業仕候
一、明治十四年六月九日与京都府畫学校東派
出仕為　常仕候
明治十五年九月九日」

「第五区　円山派　山城國京都府下上京區第廿組八幡町
河邊秀太郎(印)
号　華擧
弘化紀元甲辰三月廿七日生
第壱号　密画設色　因掲陀之圖　獅前ヲ通ル　童子傍ニ隠ル
縑本　幅三尺　長六尺五寸
此因掲陀之圖法衣織紋等總而印度ノ實物ヲ得サレハ描クニ
便リナシ只諸寺諸山古畫幅併而古像佛等ヲ臨模シテ圖ス
所描軸径五分毛二寸五分ノ用筆ヲ以骨書毛書ヲナス
第二号　疎畫水墨　淡彩　松ニ孔雀　紙本　幅三尺　長六尺」

[13] 華挙は、父の師・横山華山が岸駒の弟子と伝えられることから、岸派とされる場合がある。しかし、京都府画学校出仕時の名簿には、横山華山の姓名を流派名として「横山派」「華山派」と記している。また、本人が出品願に流派名を記入した内国絵画共進会の記録にも「円山派」「横山派」と記されることから、華挙に岸派としての自覚は認められない。『京都画派の源流』展図録、京都府立総合資料館、一九六五年、巻末系図。東京文化財研究所編『近代日本アート・カタログコレクション内国絵画共進会一―四巻』ゆまに書房、二〇〇一年。

[14] 前掲註12、「創立以来旧職員履歴書綴」参照。

[15] 前掲註9、佐々木氏論文参照。

[16] 森寛斎(一八一四―九四)、幕末・明治期の画家。名は公粛、字は子容。画を森徹山に学び、幕末の動乱期には長州人として国事に奔走したが、維新後は画事に専念する。塩川文麟没後の如雲社を担い、円山派のみならず京都画壇の中心的役割を果たす。明治一三年、京都府画学校に出仕、明治二三年、初の帝室技芸員に任命される。

[17] 明治二一年八月一七日付の記事に「中嶋　川邊イツレモ書校行」とあるほか、円山派で画学校出仕の竹川友廣や中嶋有章らとともに寛斎を訪問する記事が複数あること、また、明治二三年六月四日に「夜川邊入来　鶴之畫幅持参　箱書付之事」と箱書きを依頼し、二日後の六月六日に「河邊暉山来　鶴之幅ワタス」と、弟子の暉山が受け取りに来ていることなどから、敬称のない「川邊」「河邊」はいずれも華挙であると判断できる。京都府立総合資料館編『京都府百年の資料　八　美術工藝編』京都府、一九七二年。

[18] 神崎憲一『京都に於ける日本畫史』京都精版印刷社、一九二九年、三四頁。

[19] 当時、北宗の学生だった上村松園は、次のように回想している。「絵画のほかに陶器の図案とか工芸美術の部が加わりましたので、純正美術派の先生たちは、「からつ屋や細工屋の職人を、我が校で養成する必要はない」と、大変な反対意見を出され、そのために学校当局とごたごたが起き、絵の先生は大半連袂辞職されてしまいました」上村松園「画学校時代」(草森紳一編『日本の名随筆別巻九五　明治』作品社、一九九九年)。

[20] 京都市立芸術大学芸術資料館には、華挙による模本が四点残されている。うち一点は明治三二年二月模写であることから、退任後も一時雇用されたか、協力関係にあったと思われる。『京都市立芸術大学収蔵品目録　絵画――模写・模本編』京都市立芸術大学附属図書館、一九八七年。

[21] 『京都日報』明治二二年一〇月二七日付。田畑家は江戸時代から京友禅の染色業を営み、この田畑喜八は二代目にあたる。

[22] 京都画学校規則(明治一三年六月一九日)第廿五条。京都市立芸術大学

百年史編纂委員会編『百年史――京都市立芸術大学』京都市立芸術大学、一九八一年、一二五頁。「鳥類写生図」には画学校に出仕する以前の明治九年と、在任中の明治一二年に弟子の図が確認できる。

[23] 京都府画学校の粉本と教育については、以下の論文に詳しい。松尾芳樹「画学校粉本について」(『京都市立芸術大学芸術資料館年報』第九号、一九九九年)。松尾芳樹「明治の絵画教育」(松尾芳樹『京の絵手本 下 野菜・動物・魚介／習画帖篇』日貿出版社、一九九五年)。

[24] 山鹿清華(一八八五―一九八一)、明治四三年西田竹雪の下で十年目を迎えた翌日、敬慕していた神坂雪佳(一八六六―一九四二)に入門する。翌四四年に第五回文展に「かんこどり」を出品し、初入選。意匠・染・織の一貫制作を行い、染色・織物作家として活躍。文化功労者。山鹿清華『手織錦山鹿清華作品集』光琳社出版、一九七二年。『山鹿清華展』図録、京都市美術館、一九八五年。

[25] このほか、華挙に学んだ人物としては、子の河辺華堂(一八九三―一九六二)がいる。本名は巳之助。大正六年京都市立絵画専門学校別科卒業、西村五雲、菊池渓月に学んだ。在学中の大正四年第九回文展で初入選。一三年第五回帝展、昭和三年第九回帝展にも入選し、この会期中に華挙が亡くなっている。以後も入選を重ね、戦後は日展を舞台に活動した。油井一人編『二〇世紀物故日本画家事典』美術年鑑社、一九九八年。

[26] 『京都の明治文化財 美術・工芸』(財)京都府文化財保護基金、一九七〇年、四六頁。『明治の大家扇面絵』マリア書房、一九七一年、一二頁。

[27] 若原史明『祇園會山鉾大鑑』八坂神社、一九八二年、五六三・五七九頁。

花鳥画と博物画

上村淳之　松伯美術館館長

花鳥画というジャンルは中国五代の黄筌によって描かれたのが始まりとされ、故宮博物院(北京)に「写生珍禽図」として、残存している。ムクドリ、白頭ムク、鶺鴒、雀の親子[図1]、尉鶲、虫、亀等が描かれ、今日で言う写生帳のようなものであるが、かなり正確に描写されている。

北宋に至って皇帝である徽宗は作家として多くの名品を残している[図2]が、李迪[図3]、李安忠[図4]等々、宋代に花鳥画はほぼ完成の域に達したといっても過言ではあるまい。世襲性の強い権力社会から庶民へと移行した人間社会の変化が、花鳥画を生むこととなるが、人間の内面を表そうとした一つの手段であることには間違いない。

人間の内面を表すのに人物画に頼る以外に身辺の花や鳥たちに代弁させようとしたのか、宮廷の社会を描いて始まる絵画の世界であるが、継承される上流、支配社会が崩壊し、庶民から支配層が誕生するようになり、自然との共生の中で暮らしてきた。人々の感性は、人間も自然も皆等しく生きとし生けるものとの感性をもち、花や鳥に己の想いを託して描き、花鳥画は成立する。一方、西洋のそれが、あくまで人物画にその世界を限定したのは、富豪の要請によって彼ら一族の肖像画を描き、教会への奉仕として、キリスト教義を描くことによって生活が支えられてきた経緯があって、人物画を中心に発展してゆくなか、人間の内面を描くには人物画に限られていったと思われるが、と同時に人間社会と自然とは別としてきたのであろう。

風景画にしてもすべて人間の関わりを描き、かならず人工の力の及んだものが題材となる一方、東洋のそれは、山、川、森にすべての神仏の宿りを夢想したものとなる。

図1　黄筌(?-965)「写生珍禽図」、五代(907-960)、故宮博物院蔵(北京)

332

対象の再現を目的としてきた源は肖像画の流れにあると思われるが、表現の素材もまた無関係ではあるまい。塗り重ねて描くなか、対象の実体に迫りたいとするのは当然の現象であり、塗り重ね塗り直しのできない水墨画を中心に発展した日本画が、人造岩絵具の多様な展開によって陥った現象にも似ている。

この現象はまたしかし西洋画の流入も大いに影響したが、日本画の疲弊も決して見逃せない。奈良朝時代、中国から伝えられ、四季の変化に彩られて日本画は豊かな展開を見せるが、日本社会の構造も大いに関係し、流派が誕生し、公家、大名に抱えられ、工房として屋敷を彩る障壁画、屏風を描く、彼らは師匠の指示に従って描くが（伝某の名が附せられたもの）絵師自身の発想ではないがゆえにリアリティを欠き、様式の継承に陥る。リアリティなき絵画はたんなる装飾空間となり観る人を誘う空間とはならず飽きられて衰退していくのは当然、次々に勃興する流派は同じ運命を辿ることになる。

写実を基本にと提唱した円山応挙ではあるが、当然のことの再確認を促したにすぎず、逆に写生画なる言葉を生み出し夢想する世界の具現化という絵画の大理念を忘れさせたとも言える。

対象を再現する能力は、表現のためには不可欠のこと、文字という記号によって伝えられる、文学の文字にも相当するとの考えも正しい、がしかしその表現の媒体には約束事はなくむしろ観る側（作家）の眼によっていかようにも捉えられる。対象に美的な価値はなく観る側がそれに価値を与えるのだとする西洋美学の根本がある。

この表現に私は西洋と東洋の違いを見出す。

自然との共生を実感し、自然の現象の中に不思議を見出し、人間社会の便利性を目的に発展してきた文明、文化もまた同じ源点に立っていると思われるが、自然現象の中に不思議を見出し、その不思議さの中に人間の及ばざる遠く、深い力が働いて、その現象を発生させていると信じ、奥なる世界に迫ろうとし、

図2　徽宗（1082-1135）「臘梅山禽図」、北宋（960-1127）、故宮博物院蔵（台北）

図3　李迪（不詳）「楓鷹雉鶏図」（部分）、南宋（1127-1179）、故宮博物院蔵（北京）

図4　伝李安忠（不詳）「鶉図」、南宋（1127-1179）、国宝、根津美術館蔵

延いては人間の在りようを模索していくのが芸術であろう。

謙虚な姿勢、謙譲な気持ちはここに生まれ、自然の現象に教えを乞うという姿勢が生まれるのであろう。対象の中に美的価値を与えるのではなく、美的世界を教えられるのであろう。

このような感性をもって展開してきた花鳥画の世界、対象の再現ではなく、さまざまな体験の中で作家は胸中に美的世界を夢想し、その具現化が芸術であり、したがって、夢想した世界に観る人を誘い、ともに人間の死に様、在りようを求めて初めて芸術は人間社会に資するものとなろう。衝動とて、蓄積されたエネルギーの噴出によって起きる現象であることに間違いはないが、蓄積されるエネルギーの品質、濃度は厳しく問われねばなるまいと思う。

対象の克明な観察は、識るためには不可欠。細部のよろしさに心を致し、微妙な美しさを見出し、それらの認識、発見の上に、美的な普遍の世界を夢想してゆくものであろう。

がしかし、自然現象を克明に再現することによって表現してゆく世界も当然あって然るべきであるが、ややもすればその現象を説明するにとどまる危険性も多々あることは先人の作品から読み取ることができる。

したがって、対象は表現の媒体にしかすぎぬとの極論も発生しかねない。

古今、洋の東西と言われ、このことは文化の相違を指したものであろうか。異文化として融合することは決してないが、異文化の存在を認め、刺激材として常に滋養として摂取すべきことは、己の立場の確認のためには是非必要なものであろう。そのことは歴史が証明していると思う。

明治維新、西洋の文化を積極的に導入し、そのために制約のない芸術の世界は一時混乱を招いた。とくに、先述のようにやや様式的となり、リアリティを欠く様相にあった日本画の世界は(明治期、西洋との区別を明らかにするために日本画という固有名詞が生まれた)一般庶民には理解し易い西洋画の三次元の世界を具体的に表すことに興味をもち、文明開化の音がすると揶揄されることになった。

当時の日本画家たちの作品にその影が見えるのは明治中期生まれの人であろうか。彼らがまず混乱するのは、虚の空間(余白)の解釈であった。三次元の世界を表現してきた西洋画に対し、二次元の表現の中に存在する余白を如何に理解するのか、この課題は今日もなお、日本画の世界に尾を引いている。しかも花鳥画の表現の中ではとくに問題となる空間が用いられ、理解の及ばぬなかでも安易に用いられているきらいがある。

余白とは虚の空間と言われるように現実には存在せず、作家が胸中に夢想した世界を表現するものである。したがって象徴化された空間と言えよう。象徴空間の中に描かれる実空間(物)はやはり象徴的表現が求められ、現実的表現は整合性を欠くこととなろう。

象徴表現は日本の伝統文化のすべてに当てはまり、伝統の「生け花」は自然現象の一部を室内に持ち込み、自然との共生を実感して安心した空間を求めてのものであろう。

無表情な屏風の前であらゆる場面、世界を表現しえるとした舞踊、ただしその踊り手が内容を把握せず、表現の未熟な者はたんに動いているのみで、何も伝えられはしないが、上手の手になれば深い世界を演出する。日本の自然を表すものとして能楽の舞台の鏡板は一様に松と定められ、場所の説明もなく能楽のさまざまな世界が演じられる。

この空間は、絵画における余白とまったく同じと考えられ、だからこそ、自由に解釈し、発想してゆけるとの解釈から、その可能性に魅せられ、日本の浮世絵を学んだゴッホ、日本の自然を学びたいとて庭に柳を植栽し、太鼓橋をかけて水蓮の池を造ったモネ、花の生けられた壺を三次元の世界でなく描かんとさまざまな試みをしてついに成功し、自由に展開する空間に目覚め魅力あふれるアネモネを描いたオディロン・ルドン、彼は仏陀をテーマにまた描いているのも興味あることである。

雲に乗って菩薩は神々しい世界にわれわれを誘い、風神、雷神のごとく力強い表現さえ存在する。

衣をたなびかせて、天女は雲に舞うが、羽根をつけてキューピットは天空に在り、ガブリエルは翼を具えて、彼の世から受胎を告知するためにやって来る。この点もやはり象徴と現実表現の相違点であろうか。

人間の現実には知りえない世界に、理想郷を夢想し、その存在を信じ、一歩でも近づきたいとして深めてきた日本文化は、西洋のそれとは究極同じであったとしても、探求の道の違いは歴然としていると思われる。

現実現象の再現に始まる絵画の世界であるが、先述の生態画あるいは博物画の領域から脱しえない西洋の見考、感性から、今日まで、欧米には花鳥画の展開が見られないのではないかと思われる。

近年、アメリカにワイルドライフアーツなる分野が展開していると聞き、その画集もいくらか贈られてきているが、残念ながら、生態画にしか見えないし、余白の理解にはほど遠いといっても過言ではあるまい。

野生の世界自身に芸術性が在るとの考えは、対象に美的価値を与えられるのだとした理論とはまったく裏腹となろう。

芸術は、自然の現象を超えて、その奥に秘む、神秘の世界を求めて追求するものとも言えなくはない。

芸術作品が時空を超え、観る人々に感動を与えてきたのは、凡人の知りえなかった崇高な世界が、空間が、そこに描き出されているからであって、斬新、目新しさは、明日には過去のものとなろう。

中国に、写実、写形、写意なる言葉があり、すべてを充たして造形作品となる。

写実とはリアリティ在る空間の中に、洗練された形(写形)で表し、その中に己の夢想した世界(写意)を創り出してゆく。これが造形芸術であろう。

夢想する世界の中の存在であって、現実のものではなく昇華され象徴化したものであろう。

生態画と絵画の相違点は、この辺りにあるように思われる。

私自身の乏しい体験からではあるが、余白のもつ意味を理解しえたのは偶然の体験からであった。その作品を仕上げてあるいはこれが余白なのかと思ったのである。

それは、ある初夏の朝未だ明けやらぬ田圃に一枚だけ苗代の用意の整ったところがあった。濃い朝靄の中、そこだけキラッと光り三羽の鵯が佇んでいた。なんと美しい光景であろうかとアトリエにとって返し、すでに重ねていた鵯の写生を取り出し、ほとんどそのままの情景を描いた。横一メートル余、縦七〇センチメートルあったが一気に描き上げた。二日とはかからなかったと記憶しているが、その絵を仕上げてようやくその余白が、あるいは理解に苦しんだ空間ではないかと実感。その作品を境に、自由に描かざる——具体性を伴わぬ空間——を画面に用いることができるようになった。もちろんそれからも不安に駆られることはしばしばであったが、ようやく実感し、安心して展開させてきた。

そのような体験があった後、学生とともに一カ月余のヨーロッパ旅行を試みた折、それまでも幾度かその企画を実行してきたのではあるが、日本画専攻の学生にあえてヨーロッパ絵画を実感させ、その相違点を見出してくれるようとの願いからである。暖日の短いスイスの山麓に二日間遊んだことがあった。めまぐるしく巡る西洋の美術館、遺跡、それらの体験を整理するため文化施設の何もないダボスにその地を求めた。

遅い春、早い秋、日本でなら四季に咲き別ける花が、短期間に一斉に開き美しい空間を創る。ここに一カ月も滞在していれば、春から秋までの花の写生が一気にできるのではと思ったし、湿度の低さは、より鮮明な色の世界を見せてくれた。がしかし多湿の日本のように穏やかな影は入らず、物の影はその形がそのまま影として映る。鳥が芝生の上を歩けばかならず影がついてゆく。

早朝とはいえ、遠くまですっきりくっきり形が見える。私は日常の作家生活のため、遠視の傾向にありどこまでも見えてしまう(たぶん毎日野外の小鳥を見ているせいであろうか)。いわゆる「ぼかし」の世界がないのである。靄に霞んで見えない空間に何かが秘んでいると思うのは東洋人の感性なのか。見えてしまえばそれだけのことで終わるのか。あるいは余白はこんなところからの発想かもしれないとも考えた。

先述、見えざる空間とは、このような自然現象も手伝って発想されたのかもしれぬとさえ思った。

モネは大聖堂をいくつも描いているが、水辺の靄の中に描いて成功したのもあるいはと思わせる。

毎日、多くの鳥たちに囲まれて、アトリエの朝は明けるが、夜明けとともに彼らとの時間をもつ。その理由は排便を見ての健康診断が主であるが「お早うさん」と言う挨拶は、彼らが私を受け入れてくれていることを実感して、自然に出てくる言葉である。

アトリエに快く心地よく住まっていて欲しいとの願念は、多くの鳥の自然繁殖につながり、擂り込みで育てられた鳥は人間を恐れはしないし、私を柔和な表情で迎えてくれる。安心し切った鳥たちは、野生では絶対に見られぬ生態をも見せる。足に思い切り力を入れて「ホーホケキョ」と囀ることもあれば、ゆったりと羽根を膨らませて心地よさそうに太陽の光を浴び囀ることもある。死んでいるのではと思うほど、両翼を拡げ目の前で日光浴をしている小鳥がいる。

互いの濃密な信頼関係の中でようやく共生を実感して鳥と語らい、また鳥の言葉を聞いて描いてゆきたいと思っている。

共生の実感の中でこそ、リアリティ在る空間を描き、鳥に私の心情を語ってもらうことができるのではと思う。

長年多くの鳥たちの繁殖を試みるなか、実験的ではなく実体験することができ、ひそかな喜びを感じているのである。

野生の雉子は決して鶏と同様の扱いをしては孵化しないこと、親鳥が抱卵中といえども採餌のためあるいは砂浴のため一日二度、三度巣から離れその間卵が冷えることも、そして天敵に見つけられ卵を守るために擬態を演じて天敵を遠ざけその間長時間巣には戻らないことが卵の成長に確かにプログラミングされていること、したがって人工孵化機の中で二十四時間温めて孵化する鶏とは同じではないこと。

加齢のゆえに雌鳥はほとんどの種類が雄の羽根色に変わること、老雄鳥は頭部から白くなり背中まで美しく白くなっていったイソヒヨ鳥の例など、長年の飼育の中でこそ見出せたことであろうか。

何故、雄の羽根色に変わるかが、営巣中の雄の役割を見て、同種にとって繁殖力を失った雌の役割を考え、彼らの果たすべき役割を想像するのもイメージ創りには欠かせない。

重いリスクを承知しながら毎年渡りを繰り返すシギ、チドリの類にとりわけ私が魅せられるのは、天の啓示としか思えない彼らの行動に潔さを実感するからであろうか。

これらの体験はすべてその鳥に対するイメージ創りに不可欠で、想いを深め象徴の世界に昇華されて絵の世界になる。

「始めにイメージありき」とは先輩の著された論文のタイトルであるが、誠に的を射た表現である。物、現象との出会いがあってイメージは膨らみ、丹念なデッサンがあって肉付けされ、誤りのないイメージは限りない可能性を秘めて展開、そして具現化されて普遍の美を具えて確かな芸術となろう。

イメージは、一種の憧れがエネルギーとなって展開してゆくが、浅い理をもって理解できたとするかもしれない能力を備えてしまう以前の脳に刺戟的な体験を与えることによって感性の開発が可能になるのではないかと思う。

日常生活の様式、あるいは思考の欧米化するなか、日本人の感性も徐々に変化し、近年はとくにその速度を増しているかのごとくである。そのことのみではないと思うが、花鳥画を描く若い画学生が少なくなっているのは事実である。あるいは孤立文化化しかねない状況にあるが、独特の文化として、継承、発展させてゆかねばとの想いは強い。

中国を源流としながら文化大革命、そして自己発言の抑止など中国には不幸な時代があり、未だ立ち直ってはいないようである。様式を重視するのは良しとしても、そこにこだわるあまり自由な発想、特自の発想が疎外されているのではとの疑いをもつ。自由な発想、自由な表現は多様にまた無限に拡がる自然界に導かれて知る世界であろう。

「赤子の目で見なくては駄目そんな概念的な見方でどうするのだ」と絵画専門学校時代の担任教官からひどく叱られたとは、幾度か父が語っていた。

また、「写生してもすぐ絵にしてはならない」とは、私が大学に入って写生漬けの毎日のなかで主任の老先生から受けた言葉である。

このことを真に理解するには数年かかったが、現実を描くのではない、二年、三年寝かせておいて、胸中に象徴化して初めて絵になるのだという教えであろうと思う。

文化庁の要請によって、平城京跡に復元、再興中の大極殿の上壁に、四神、十二支を描くことになっているが、神格化された十二支を描くのに、さまざまな考えを廻らすなか、ラスコーに描かれたものを参考にしたいと考えている[図5]。

豊猟を願い洞窟に描かれた多くの動物たちは、彼らの呪術の場に描かれ、願望の象徴として描かれたもの、写生する術もなく材料もないなか、動物との出会いのなか、強い印象でもって描かれたものは、純粋絵画とは言い難いにしても生き生きと迫力があり、しかもリアリティあるものである。

余白の理解に苦しむなか、美術全集に掲載されていた小さな写真を一心に拡大模写したことがあった。現地では剥落(人為的)によって原形は残っていないが、そのもの(動物)だけが岩板の凹凸を巧みに利用して描かれているのだが、岩板の余白に、そのヒントを得ようとしたものであった。

そして祈りの世界は夢想する世界と共通のものであろう。

先に宋代に完成の域に達したと述べたが、明、清に至って次第にその世界は「再現する」ことに流れ、内容の稀薄なものになってゆく。再現願望は造形作家の入口ではあるが、目的はなかろうと思う。

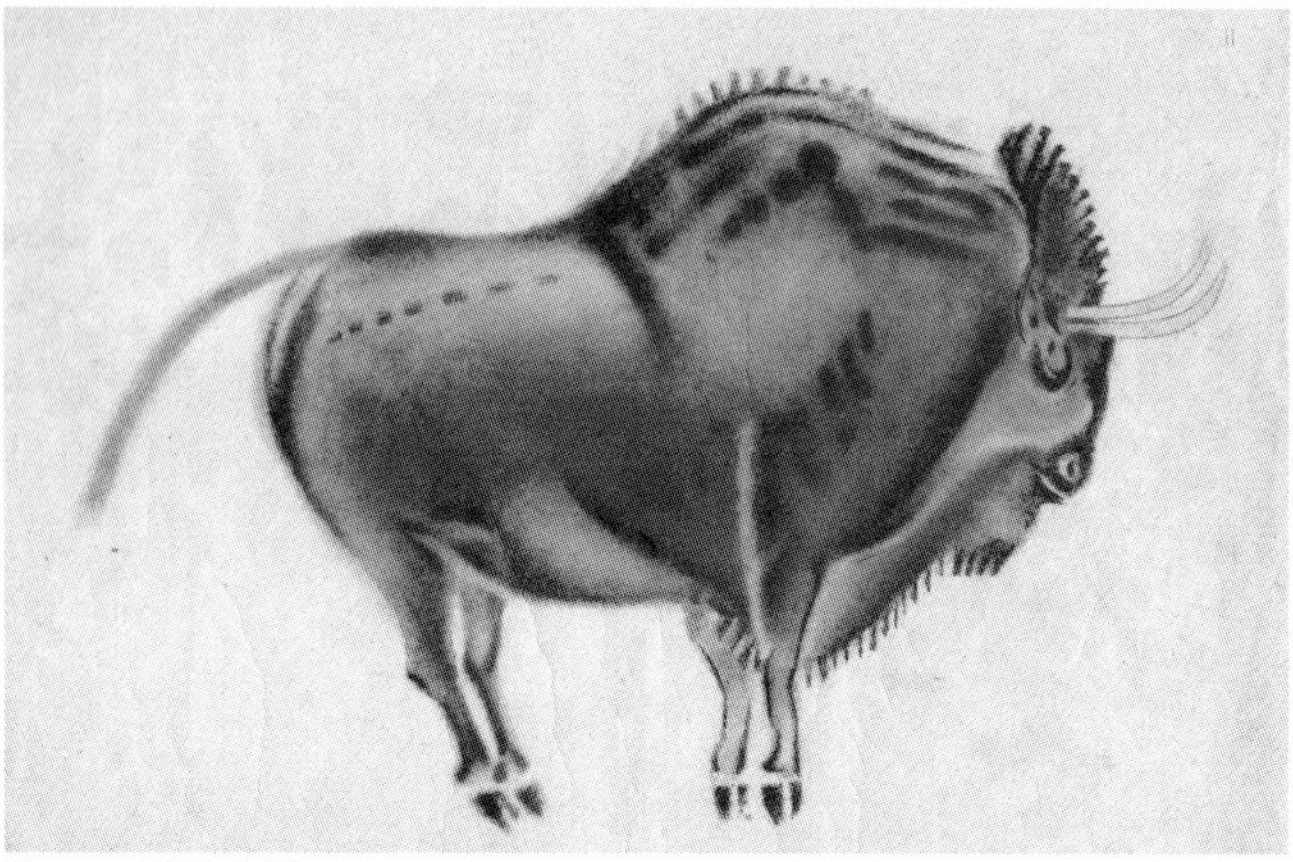

図5 アルタミラ、牛図

ブランクーシの「空間の鳥」

中原佑介　美術評論家

二十世紀になって、ヨーロッパの近代彫刻はその素材を多様化するとともに新しい技法を導入するようになりました。その素材についていえば、どんなものを素材としてもいいという考え方が登場しました。これは革命的といっていい出来事です。

大理石だけが素材であれば、それを作品にする技法は、彫る、削る、磨くといった行為に限られますが、素材が多様化すれば、当然、それを扱う技法も多様化せざるをえません。

その新しい素材のひとつとして鉄が選ばれ、鉄彫刻という名称の彫刻が誕生しましたが、この鉄彫刻をつくりだすには、鉄の裁断、溶接などの技術が不可欠であるということはいうまでもないでしょう。そしてそれらの技術は、それまでの彫刻とはまったく無縁でした。したがって、素材の多様化と新しい技法の導入は一対のことがらであり、それによって、近代彫刻は大きな変貌を示すに至りました。

ここはその変貌のあらましを述べる場所ではないので省略しますが、ふたつのことだけに触れておきたいと思います。

そのひとつは、いわゆる非再現的な彫刻が出現したことです。非再現的な彫刻とは、なにかのかたちを模したのではない彫刻です。普通抽象彫刻といわれることの多い作品群ですが、それらは以前見られなかったものです。しかし、二十世紀の彫刻のすべてが非再現的な彫刻になってしまったわけではないこともいうまでもありません。再現的な彫刻も不滅のものとして存続してきました。

ここでとりあげたいのは、後者の再現的な彫刻です。周知のようにギリシア、ローマが始まりとされるヨーロッパの彫刻は、主題が神話の神々であれ、権力者の像であれ、匿名の人物像であれ、人体をモデルとしてつくられ、それが彫刻の王道になってきました。人体以外に登場する動物といえば騎馬像に見られた馬ぐらいです。

この長い歴史をもつヨーロッパ彫刻の伝統は、二十世紀になっても不動でした。ごくわずかの例外を除いては。ここで私がとりあげるのは、人体をモデルにしたのではなく、動物をモデルにしたという事実についてです。

人体をモデルにした作品をまったくつくらなかったというわけではありませんが、人体よりも動物に強い関心を抱き続けた美術家がふたりいました。そのひとりは、天井などから吊りさげられ、空気の動きによってゆっくりと動くのを特徴とする「モビール」を考案したアメリカのアレクサンダー・カルダー。

カルダーはまたモビールとは逆に、地面に置かれた「スタビル」という作品も制作しました。これは先ほど触れた鉄による彫刻ですが、このスタビルは人体ではなく動物をモデルとしているのが特徴です。

さて、もうひとりがコンスタンティン・ブランクーシ。ブランクーシは一八七六年、ルーマニアの中部、カルパチア山脈の高原地帯の農村に生まれ、一九〇四年彫刻家になるべくパリへ行き、以後一九五七年に没するまでパリに住んで制作を続けた彫刻家です。そしてブランクーシも人体像をつくりましたが、それ以上に動物に関心を抱きました。なかでも鳥に深い関心をもち、鳥をモチーフとした作品を多くうみだしました。これほど鳥に深入りした美術家はほかにはいないといえます。

ブランクーシのとりあげた動物は、「空間の鳥」、「ペンギン」、「魚」、「にわとり」、「あざらし」、「亀」、「小さな鳥」（いずれも作品のタイトル）などですが、特徴的なのは、飛ぶものと泳ぐものが選ばれていて、陸上でのみ生息する動物は入っていないことです。しかし、こうしたなかでも、ブランクーシの代表作として最もよく知られているのが「空間の鳥」の連作です。そこで、ここでは主として「空間の鳥」の連作をとりあげたいと思います。

もっともブランクーシはあまり多く自作について語っていないうえ、矛盾することを語ったりしているので、作品の年代決定にはっきりしない点が少なくありません。しかし、それにはあまりこだわらず、この連作を見ることにします。

厳密にいうと、「空間の鳥」というタイトルの作品は十六点ですが、それに先立つ「金の鳥」が四点、さらにそれに先行する「マイアストラ」というタイトルの作品が七点、これらの全体をあわせた二十七点が「空間の鳥」の連作とされています（この点数は、Athena Tacha Spear, *Brancusi's Birds*, New York Univ. Press, 1969によっていますが、異論もあります）。

この連作はひとことでいえば、今まさに飛び立とうとする鳥の姿を単純化してあらわしたものです。そしてこの形態の作品は、「マイアストラ」というブランクーシの生まれたルーマニアの伝説の鳥をタイトルとした作品に始まっています。

ルーマニアのブランクーシ研究家の第一人者だったバルブ・ブレジアヌは、マイアストラについてこう述べています。

> マイアストラは美しい羽根をもっていて、「その美しさは世界のどのようなものも及ばない」、羽根は「極彩色」で、「両翼には金の羽根があり」、「光のなかの鏡のように」キラキラし、「太陽のように美しい」。それはまた「男になろうと望んでいる、眠りを知らない生きもの」で、その「歌声は地上のあらゆる音楽よりすぐれ、また過去と未来のすべてを知る神の力をもち」眼の見えない人の眼を開くことができる。別の物語では、マイアストラは「風を支配」することができて、村や野原や町の上を大きなハゲタカのように空いっぱいに飛翔する。
>
> (Barbu Brezianu, *Brancusi in Romania*, Acdemiei Bucureşti, 1976)

ブランクーシがどういうきっかけで、この伝説の鳥マイアストラをモチーフにした作品をつくるに至ったかはよくわかりません。一九〇九年にルーマニアで『伝説の鳥マイアストラ――民衆の詩』という詩集が刊行されたこと、一九一〇年パリのオペラ座でディアギレフ・バレエ団がストラヴィンスキーの『火の鳥』を公演したこと、一九〇八年から一一年にかけてメーテルリンクの『青い鳥』が評判だったことなど諸説が語られていますが、定説はありません。いずれにしても、最初の「マイアストラ」の制作年は一九一〇年頃とされています。そして「空間の鳥」の最後の作品は一九四〇年頃とされているので、ブランクーシはほぼ三十年間にわたってこの連作に取り組んでいたことになります。なんという執念。

しかし、マイアストラは実在しない鳥であり、彫刻はそれを眼に見えるかたちにしなければなりません。ブランクーシは実在するどういう鳥を念頭において、作品「マイアストラ」の形態を決めたのか、これも諸説がありますが定説はありません。あるいはブレジアヌが触れているタカのイメージでしょうか。

どういう鳥かははっきりしませんが、「マイアストラ」の七点は鳥のかたちをはっきりと感じさせるのが特徴です。

ところがそれに続く、一九一九年から二〇年にかけての「金の鳥」の四点は、鳥の腹部がスリムになります。造型的にいえば形態の単純化が見られます。そして「マイアストラ」を「金の鳥」というタイトルに変えたのは、「両翼には金の羽根」があるという伝説を下敷きにしてのことであったようにも思われますが、これもわかりません。その次にくるのが「空間の鳥」です。

「空間の鳥」の第一号は一九二三年制作であることが判明しています。そしてその前の「金の鳥」の四点と異なるのは、鳥の全身がよりいっそうスリムになり、一見すると鳥のかたちと見えにくいようになったことです。ときにそれはプロペラのかたちを連想させるといわれることも少なくありません。「空間の鳥」というタイトルの彫刻であるにもかかわらず、それが鳥のように見えないことが、のちに奇妙な大事件をひきおこすきっかけになるのですが、それについては後述します。

「子供の頃、私はいつも樹々の間や大空を飛ぶことを夢見ていた。その夢へのノスタルジーを持ち続けてきた私は、四十五歳から鳥をつくった。私が示したかったのは鳥（そのもの）ではなく、その天与の能力である飛ぶということ、飛翔である」。

「生涯を通じて私をとらえたのは飛翔ということである」。

「生涯を通じて、飛翔の本質ほど私が追及したものはない。飛翔、それはなんという幸福であることか！」

いずれもブランクーシのことばですが、とくにあとのふたつは、多くのブランクーシ論で引用される有名なことばです。

さてはじめの回想ですが、子供の頃の追憶はいいのですが、そこでブランクーシが「四十五歳から鳥をつくった」といっているのが注目されます。一八七六年生まれのブランクーシが四十五歳というと、一九二一年に当たり、それは「空間の鳥」の制作が始まる直前になります。また回想によれば、「空間の鳥」は鳥そのものでなく、飛翔を示したかった作品だということです。

先にも書いたように、「空間の鳥」の連作は、鳥のかたちを思わせないほどスリムになっていますが、それでも上に向かって細くなるその先端は斜めにカットされて、大空を見上げている鳥の顔を暗示しています。そしてその全体は、今まさに飛翔しようとする鳥を感じさせずにはいません。

しかし、この「空間の鳥」の一点が、思わぬ事件をひきおこすことになりました。その一点とは一九二五年から二六年にかけて制作されたブロンズによるものでした。ブランクーシと親しかった写真家のエドワード・スタイケンがパリでそれを購入してニューヨークの自宅へ送った際、ニューヨーク港の税関がそれに待ったをかけたのが発端です。

税関吏は「空間の鳥」を彫刻とは認めず、どういう用途があるかはわからないけれど、それを厨房器具と医療器具という項目に分類して、一般物品並に課税したわけです。美術作品は当時無税でした。ブランクーシの友人だったマルセル・デュシャンら三人は、その判断の誤りを税関に訴えましたが、税関側は一歩も譲らない。そこで、最後に税関裁判所に提訴するという運びになりました。こうして、一九二七年のほぼ一年をかけて「空間の鳥」をめぐる裁判が展開されるに至ったわけです。

その裁判記録(*Brancusi vs. United States, The Historic Trial, 1928*, Adam Biro, Paris, 1995)が刊行されていますが、それを読むと、こういうやりとりがみられます。質問は裁判長、答えるのはスタイケン。

「あなたはこれを何と呼びますか」「彫刻家と同じ鳥ということばを用います」「どうして鳥と呼ぶのですか。あなたには鳥のように見えるのですか」「鳥のようには見えませんが、鳥だと感じます。それはこの美術家によって鳥だとされています」「つまり、彼がそれを鳥と呼んだ。それであなたも鳥というのですね」「ええそうです。裁判長」「もしあなたがそれを路上で見たなら、あなたはそれを鳥と呼ぼうなどと思わないのではありませんか。森のなかでそれを見たら撃とうとしますか」「いいえ。裁判長」「もしそれがどこかにあって、だれかがそれを鳥だというのを耳にすることがなければ、あなたも鳥とは呼ばないのではないのですか」「ええ」。

ブランクーシの友人のひとりだった彫刻家のジェイコブ・エプスタインも弁護に立ちました。

「この作品には鳥の要素がいくつかあります」とエプスタインがいうと裁判長が尋ねます。「どういう要素ですか」「横から御覧になればお解りでしょう。その方向から見れば鳥の胸に見えます」「鳥の胸というのは、大なり小なりもっと丸味を帯びていませんか」「ええ」「すると丸味を帯びたブロンズの物体はすべて鳥をあらわしているのですか」「そんなことがいえるわけはありません」「ブランクーシ氏がそれを魚と呼んだら、あなたも魚と呼びますか」「彼が魚といえば、私も魚といいます」「虎といったら、あなたは虎と呼ぶことに変えますか」「いいえ」。

今読めばなんとも滑稽なやりとりに聞こえますが、税関側はそれが鳥に見えないということにこだわったわけです。しかし、鳥というタイトルにこだわったこの攻め方では決定打は得られないと判断するに至ります。そのあと、法廷ではブランクーシがまぎれもない彫刻家であることの確認、さらにそれが量産品でなくオリジナルな作品であることの証明へと展開してゆきます。これもまた税関側の証人がブランクーシなどという彫刻家はいない、それにはオリジナリティは見られないという相当意図的な証言が続くのですが、結局、一年間にわたる裁判の結果、ブランクーシ側が勝訴し、税関側は敗訴しました。判決文にはこうありました。

「いわゆる美術の新しい流派が展開されてきている。その代表者たちは自然の物体を模倣するのではなく、抽象的な観念を伝えようとしている。……問題となっている物体は、純粋に装飾的な目的のものであること、それは過去の彫刻家の彫刻のいずれとも同様に扱われるものであることが明らかである。それは美しく、対称的で、鳥と関連づける点ではいささかの困難があるとはいえ、見るものにたのしみを与え、高度に装飾的であり、そしてそれは職業的彫刻家のオリジナルな制作物であり……美術作品であることが明瞭であることが認められるので、われわれは提訴を妥当とし……それを無税とする」。

「空間の鳥」をめぐるこの裁判は、それ以後合衆国で通関の際、再現性の少ない彫刻、それと非再現的な彫刻を美術作品として認知させるうえで、決定的な影響をもたらしたことで特筆されます。むろんブランクーシ自身は考えもしなかったことですが。それにしても、非再現的な彫刻が一般化している現在からみると、われわれにも想像し難い事件というほかありません。

ブランクーシの彫刻は、素材という点ではいささかも新しさを示すものではありませんでした。大理石、石、木、ブロンズがその素材であり、「空間の鳥」の連作も大理石とブロンズによってつくられています。したがって、素材ではヨーロッパ彫刻の伝統に忠実だったということになります。当然その技法も彫る、削る、磨くということになります。

しかし、ただひとつブランクーシの技法で他に例を見ない際立ったものがありました。それは作品の表面を徹底的に研磨したことです。ブロンズ彫刻の大半は鏡面のように磨かれています。それに関連してこういったことがあります。

「研磨はなんらかの物質により絶対的なかたちを与えるために必要だ。ビーフステーキ(のような彫刻)をつくるものにとってはそれは義務でもないし、有害でさえある」。

「空間の鳥」についていえば、研磨によるかたちの絶対化は、鳥のかたちの具体性を超えて飛翔そのものを示したいという願望と結びついていたように思われます。そしてこの徹底した研磨というのはブランクーシの初期のブロンズ作品から顕著に見られる特徴でした。

前にもあげたように、ブランクーシはこの「空間の鳥」のほかに、「にわとり」、「小さな鳥」というタイトルの作品をつくっています。このうち「にわとり」は七点あって、形態はほとんど変わらないのですが、厳密には三点の「にわとり」と四点の「大きなにわとり」に分けられています。その素材は木、ブロンズ、石膏です。「空間の鳥」に比べればその点数は少ないのですが、動物をモチーフにした作品では「空間の鳥」に次ぐ数が見られ、この連作も一九二三年頃に始まり、最後のそれは一九五四年頃なので、三十年の長きにわたっています。

その始まりが「空間の鳥」の始まりとほぼ重なっているところも注目されます。というのも、同じ鳥でもにわとりは飛翔する鳥ではないので、だとすると「にわとり」は飛翔とはまた別のモチーフによって制作されたのだろうかという疑問が生じるからです。

その形態ももちろん「空間の鳥」とは異なります。「空間の鳥」は全体が曲面でつくられていましたが、「にわとり」は首から腹部にかけてぎざぎざの凹凸が見られるのが大きな違いです。しかし、その尖った上端は斜め上方を向いているので、「にわとり」もまた飛翔を暗示させるところがあります。

「鳥は飛翔し、にわとりは歌う」とブランクーシはいっているので、あるいはそれは時を告げているにわとりなのかもしれません。そのようにみたジャン・アルプは、「にわとり」に次のような詩をささげました。

にわとりはコケコッコウと鳴き、その響きは首をジグザグにする
ブランクーシのにわとりは歓喜ののこぎりだ
にわとりは光の樹々の日々を切る
これらの彫刻は人間の泉から沸きでたものだ

アルプが「のこぎり」ということばを持ち出しているのは、ギザギザの凹凸を指してでしょう。

いずれにしろ、「にわとり」のモチーフが飛翔ではないとすると、ブランクーシの鳥をとりあげた作品は単一ではなかったということになります。そしてそのことは、「空間の鳥」の連作のユニークさをよりいっそう際立たせることになると思います。

素材については伝統に忠実だったブランクーシが、同時代のどの彫刻家もうみだすことのなかった形態の彫刻をつくりだしたことはほとんど奇跡のようにすら感じられます。第一、飛翔ということにあれほど熱中した美術家はいませんでした。

ちなみに、鳥でなく人間の飛翔に関心を抱いた二十世紀の美術家はいました。その美術家は人力で飛ぶ飛行機の制作に没頭しましたがうまくいかなかった。その名はロシア構成主義のウラジーミル・タトリンです。

驚異

吉田　彰
土岐田昌和
吉田邦夫
山本義雄

346 マダガスカルの絶滅鳥エピオルニスの骨格と卵殻に基づく総合研究

吉田 彰
財団法人進化生物学研究所・古生物研究室

エピオルニスは、ダチョウやエミュなどと同じ走鳥類に属するマダガスカル固有の絶滅科で、エピオルニス(*Aepyornis*)およびムレロルニス(*Mullerornis*)の二属からなる。マダガスカルには、一般名として大きな鳥を意味するヴルンベ(vorombe)がある。西欧では英名の「Elephant bird」が広く用いられる。他の言語に英名と同じ意味の名が設けられている場合があり、日本名の「象鳥(ゾウチョウ)」もその例である。日本の鳥類学界では世界中の現生鳥類のほとんどに和名がつけられ、科名や属名にもその代表種の和名が用いられる。しかし、エピオルニスは絶滅鳥として古生物学との関連があるためか、科名や属名に「エピオルニス」の名を用いるのが通例となっているようである。

「象鳥」の意味の一般名は、十三世紀にマルコポーロがヨーロッパに伝えた「象をつかんで飛び上がる巨鳥がマダガスカル南方の島々にいる」というアラビアの伝説に由来する。この巨鳥の起源を東方から伝わったガルーダに求める説と、マダガスカルに実在した鳥に求める説とがあり、エピオルニスの発見は、後者を支持する人に望むべくもない根拠として歓迎された。かくして、航海術に長けたアラビアの航海士がマダガスカルの巨大な卵の話を伝え、それが誇張されるとともに空想が加わって空飛ぶ巨鳥の伝説が生まれた、と唱えられるに至った。

エピオルニスの存在がヨーロッパに知られたのはさほど古くはなく、十九世紀半ばに初めて卵殻や骨格の標本がもたらされてからのことである。未知の、しかも巨大な鳥類の発見が学術的に注目されたのは言うまでもなく、二十世紀初頭にかけて競うように記載がなされた。ジョフロワ(Geoffroy, 1851)によって最初に記載されたのは、地球上最大の鳥類としてニュージーランドの絶滅鳥モアと並び称されるエピオルニス属の最大種、マキシムス種(*Aepyornis maximus*)である。その後、相次いで別種が記載されたが、もっぱらこの種がエピオルニスの代表として紹介されてきたため、すべての種が巨大であるかのような印象が広まった。また本種が産んだとされる卵は最大の鳥卵として知られる。

エピオルニスは、発見当初から今日に至るまで世界的に大きな関心を集めてきたにもかかわらず、依然として解明すべき謎や、解決すべき課題が数多く残されている。初期の先陣争い的な新種記載に端を発する分類学的混乱をはじめ、起源と進化、類縁関係、生息期間、生態、そして絶滅の要因とその時期などがそれである。また新たな観点からの研究により、興味深い事実が明らかにされる可能性がある。そういった問題を総合的・多角的に究明してゆくため、秋篠宮文仁殿下の総合統括により、異分野の研究者の協同による「象鳥の総合研究プロジェクト」が進められている。今回、その成果の一部を組立全身骨格レプリカや卵などの標本類とともに東京大学総合研究博物館において展覧することになった。以下にその概要を研究史とともにとりまとめる。

分類

一八五〇年に商船の船長アバディがマダガスカル南西部で入手した巨大な完形卵を持ち帰った。翌一八五一年、絶滅した「象鳥」の発見がパリの科学アカデミーにおいてジョフロアにより宣言され、その卵と中足骨下端の標本に基づきエピオルニス・マキシムスが記載された。それ以降、一九三〇年代までにエピオルニス属に十一種、ムレオルニス属に四種の記載が相次いでなされた。それらのほとんどは、部分的・断片的標本に基づくものであった。モニエは一九一三年に再検討を加え、エピオルニス属を四種に整理したが、ムレオルニス属三種は従来のまま踏襲された。現在は、これにランベルトンが一九三四年に記載したムレロルニス属の一種を加えた分類［表1］が暫定的に継承されており、決して、分類学的混乱が解消されたわけではない。

形態

エピオルニス科全種に共通する特徴は、まったく竜骨突起のない平板状の胸骨をもち、前肢骨や肩甲骨がきわめて貧弱で飛翔能力がないこと、後肢骨がきわめて強健で、大腿骨は太く短く、相対的に脛骨はきわめて長く、逆に跗蹠骨が短いことである。跗蹠骨が相対的に短い傾向はエピオルニス属により顕著である。

マダガスカルの首都アンタナナリヴにあるツィンバザザ動植物公園内のマダガスカル学術協会博物館には、エピオルニス属のマキシムス種とヒルデブランティ種、ムレロルニス属のアギリス種の三体の全身骨格が展示されている［図1］。それら三種

エピオルニス属

Aepyornis Geoffroy, 1851
Aepyornis maximus Geoffroy, 1851
Aepyornis medius Milne-Edwards & Grandidier, 1866
　=*A. grandidieri* Rowley, 1867
　=*A. cursor* Milne-Edwards & Grandidier, 1894
　=*A. lentus* Milne-Edwards & Grandidier, 1894
Aepyornis hildebrandti Burckhardt, 1893
　=*A. mulleri* Milne-Edwards & Grandidier, 1894
Aepyornis gracilis Monnier, 1913

ムレロルニス属

Mullerornis Milne-Edwards & Grandidier, 1894
Mullerornis betsilei Mirne-Edwards & Grandidier, 1894
Mullerornis agilis Milne-Edwards & Grandidier, 1894
Mullerornis rudis Milne-Edwards & Grandidier, 1894
Mullerornis grandis Lamberton, 1934

表1　エピオルニス科の属と種

のなかで群を抜いて大きいのがエピオルニス・マキシムスで、それに次ぐヒルデブランティ種は背丈がその三分の二程度、ムレロルニスは二分の一程度である。

エピオルニス科最大のエピオルニス・マキシムスは、前述のようにニュージーランドの絶滅鳥モアと並んで地球上で最大の鳥と称される。背丈は三〇〇センチメートル近く、体重は四〇〇キログラム以上に達したと推定される。背丈はモアに及ばないものの、はるかに逞しい骨格をもち、体重は大きく勝ったと言われる。最大の鳥卵とされる卵は、長径が三二センチメートル前後、短径が二四センチメートル前後、卵殻の厚さは三から四ミリメートルである。容積は約九リットルで鶏卵の一八〇個分に相当する。ちなみにモアの卵は長径二六・五センチメートル前後、短径一六・五センチメートル前後である。

なお記載当初から同一種とされてきた卵と骨格は、大きさを見る限りいささかの矛盾もないが、両者を直接結びつける証拠はない。その理由については後述する。また、ほかの種の卵は現在に至るまで特定されていない。

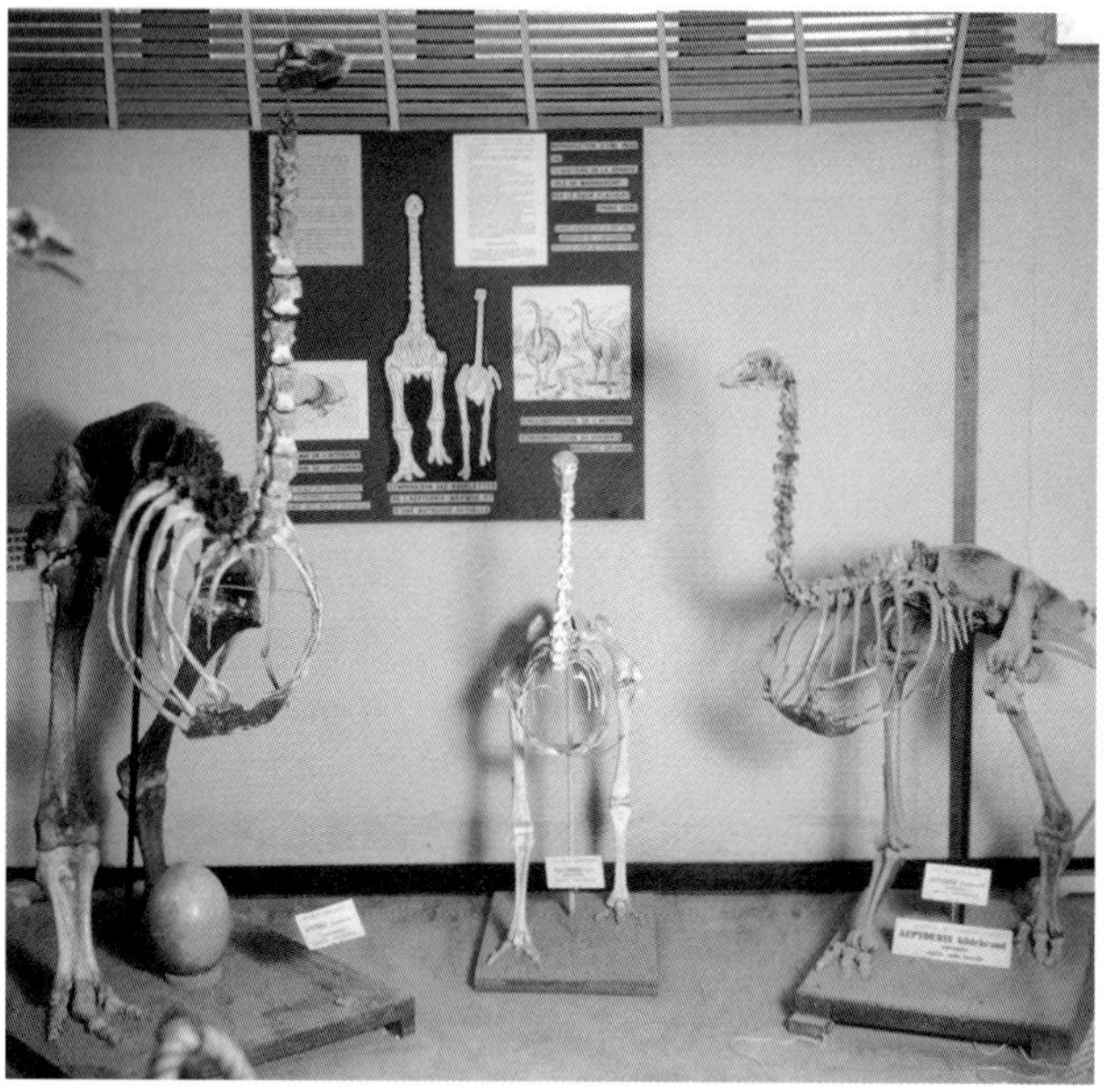

図1

遺物とその産地

エピオルニスの遺物はすべて、充分に鉱化または化石化していない(＝鉱物置換されていない)半化石の状態で発見されている。初期の調査研究により、全土で五十カ所前後のエピオルニスの遺物の産地が数えられている。そのうち五七パーセントは西部の沿岸部であり、とくに南西部に集中する。内陸部の産地は三五パーセントで、その三分の二以上は高原地帯、残りは西部である。ほかに東部沿岸に散在する数カ所があるが、グッドマンらによる近年の再調査ではエピオルニスの遺物は発見されていない。

産状としては、骨格と卵殻が同所的に発見される例が少ないのが特徴的である。卵殻は西部沿岸、とくに南西部の海岸砂丘で大量に産出するが、それらの場所で骨格が産出されることは皆無と言ってよい。一方、骨格の大多数は西部内陸部および中部高原地帯の産地から発見されている。それらの場所からは多くの場合、コビトカバ、レムール、陸ガメ、ワニなどの絶滅した大型動物の骨格がともに産出されるというが、卵殻の産出例は稀である。数少ない卵殻の遺物の一つに、おそらくエピオルニス科のものと思われる、殻が薄い大形卵の卵殻片が知られている。

海岸砂丘からおびただしい量が産出される卵殻は、マキシムス種が生んだとされるものである。断片化したものがほとんどを占め、完形卵はきわめて稀である。砂丘の流動的な性質により、本来の埋蔵場所から洗い出されて窪地や谷間の地表に累々と散乱した状態がよく見られる。もとの堆積が撹乱されていない砂層を発掘すると、しばしば同一卵の破片が一カ所に集まった状態で見つかる。住民はそれを丁寧に採集し、つなぎ合わせて復元したものを売って収入を得ている。このような産状は、その場で割れてそのまま埋もれた、すなわちそこで孵化した可能性を強く示唆し、エピオルニスの集団産卵地であったと推測することができる。少量ながら併産される厚みがはるかに薄い卵殻は、ムレロスニス属のものとのみなされることがあるが、その根拠は希薄である。

一方、完形卵の産地として知られるのは、南部の海岸からやや奥に入った河川氾濫原である。現地を実見した結果、海岸砂丘と比較すべくもなく、断片化した卵殻も含めて産出量はきわめて少ない。完形卵は雨季に沼地と化す窪地から大雨の後などに稀に見つかり、その数は多くて年に一個から二個、少なくて数年に一個という。この場所では産卵数が少なく、しかも何らかの理由で孵化率が低かったことが推測される。

骨格と卵殻が併産する例が少ないことについては、充分な解明がなされていない。通常の生息地と産卵地とが別の場所だったとすれば、高原地帯に生息していたものは片道数百キロメートルの距離を毎年移動したことになるが、それを証明する古生物学的な証拠はない。そして、ジョフロアがエピオルニス・マキシムスとして記載して以来、ずっと同一種として扱われてきた卵と骨格は、それらの大きさが符合すること以外の根拠に欠けることになる。

なお、博物館や大学に保存されている骨格標本は大半が一九三〇年代前半まで、すなわち第二次世界大戦以前のものである。それは、その後しばらく調査採集が途絶えたことを示すと考えられる。しかし近年、欧米の研究者により主に年代学的な分析資料を得るための調査がなされるようになり、それに伴いエピオルニスの遺物も新たに発見されている。本研究では層位学的な手法を踏まえた組織的な調査採集を行い、信頼性の高い研究資料に基づく年代学的データをもとに各種研究を進めるよう計画している。

なお、海岸砂丘で産卵したと思われるのは、砂丘の地温が孵化に関与した可能性があり、本研究では地温の通年測定を行った。初年はデータロガーの最低設置深度が三〇センチメートルと深かったので孵化に影響しうる温度が得られなかったため（吉田ほか、二〇〇五）、異なる深度で再度測定を行った。その結果、日中は深度五センチメートルから一〇センチメートルにかけて摂氏三五度以上のデータが得られ、孵化に関与しうる可能性を示した(未発表)。

起源と進化

エピオルニスの起源や進化、他の走鳥類との類縁はほとんど知られていない。エピオルニスのものと推定される卵殻は、マダガスカル以外ではトルコ、モンゴル、スペイン、エジプト、カナリー諸島などの中新世(二四六〇万年前—五一〇万年前)、鮮新世(五一〇万年前—二〇〇万年前)、更新世(二〇〇万年前—一万年前)の地層から発見されている。しかし、エピオルニスの骨格の確実な記録はマダガスカル以外に知られておらず、ほかの地域の卵殻をエピオルニスのものとする根拠も薄く、この鳥の起源や進化を解明する手がかりは皆無に近い。またマダガスカル島には、鳥類および哺乳類進化の重要な時期にあたる第三紀の地層が大きく欠落しており、それらの動物の島内における進化過程の解明を不可能にしている。

エピオルニスが生息していた時代は、新生代第四期更新世から完新世(現世)にかけての約一〇〇万年間とされている。しかし、現在までに知られている放射性炭素による年代測定の結果は、約五二〇〇年前から約一〇〇〇年前と、きわめて狭い範囲を示している。このことから、第四紀以降の化石記録が欠落しているか、調査研究が充分でないことが考えられる。

以上の問題の解明には、第四紀堆積物の精査とともに、分子系統学的解析が期待される。クーパーほかは、モアやエピオルニスの絶滅種を含む走鳥類全体の類縁関係について、ミトコンドリアDNAの全塩基配列の比較による研究を二〇〇一年に報告した。その際にモアの全塩基配列が解明されて話題になったが、エピオルニスについてはきわめて断片的なDNAが得られたにすぎず、結論を出せないまま残されている。

本研究では、変質や汚染が少ないと考えられる完形卵の内容物を用いた解析を計画し、財団法人進化生物学研究所が所有する三卵につき、内容物の有無を医用X線CT装置を用いて確かめた[図2](吉田ほか、二〇〇三)。そして内容物の存在が確かめられた二卵のうちの一卵(AP003)[図3]から内容物を取り出した。内容物は「きな粉」あるいは「コウセン」に似た黄褐色の粉末で、体積一五八・五ミリリットル、重量七四・五グラムが得られた(中野ほか、二〇〇五)。その一部を用いてDNA抽出を試みたが、残念ながら得ることができなかった。現在、現地アンタナナリヴ大学理学部の古生物考古生物学教室との協同により、同教室に保存されている骨格標本からのDNA抽出を行う計画が進められている。

生態

エピオルニスの生態についてはほとんど解明されていない。形態的には、竜骨突起を欠く胸骨や貧弱な肩甲骨および前肢骨からみて飛翔能力がなかったことは明らかである。また脛骨に較べ相対的に跗蹠骨が短いことから、ダチョウのように軽快で速い歩行はできなかったことが推察される。

エピオルニスが何を食べていたかについては、ドランスフィールドほか(Dransfield et al., 1995)が、種子散布がなされず危急的状況にあるヤシ類は、エピオルニスによってそれがなされていた可能性があると推論した。それらのヤシのうち、内果皮が分厚い種子はその消化器官を通過することによって発芽が促されたとしている。また、外果皮が青紫色の果実をもつヤシについては、ニューギニア島やオーストラリアの密林に住む走鳥類のヒクイドリが同様な色の果実を好むことから、エピオルニスの採食による散布がありうるとした。しかし、エピオルニスの遺物は中部から西部に集中しており、それらのヤシが自生する東部密林地帯に生息した可能性は、きわめて低いと考えられている。

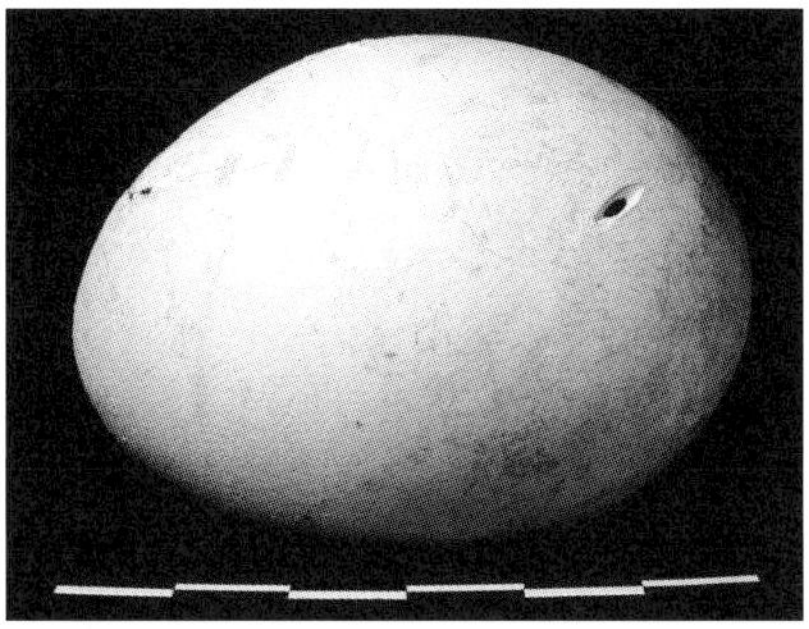
図2 AP001

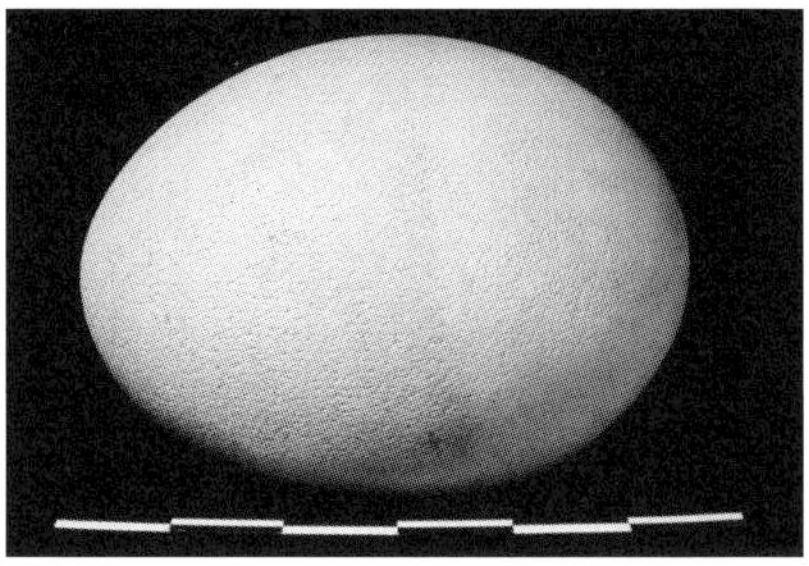
図3 AP003

クラークほか(Clarke et al., 2006)は、卵殻のアミノ酸と安定同位体の解析によりエピオルニスの生態と古環境に対する重要な示唆を与えた。卵殻を産出するマダガスカル南部は、現在、好乾性のCAM型光合成多肉植物が優占する乾燥地であるが、卵殻の炭素同位対比は主にC3型の高木や低木の葉など中湿性植物を採餌していたことを示した。このことから、エピオルニスは中湿性の地域で大半を過ごし、産卵期のみ南部に移動した、または、南部はかつてより多くのC3植物が生育可能な環境だった、という二つの可能性が推論できる。南部では三〇〇〇年前まで中湿性樹木の頻度が高かったことを示すバーニー(Burney, 1993)の花粉学的解析は、後者の可能性を支持する。さらに、乾燥化がエピオルニスを絶滅に追いやった一因であるという推論も可能になってくる。

絶滅

十七世紀中頃にフランスの総督としてマダガスカル南東部のフォールドーファンに駐在したエティエンヌ・ド・フラクールは、「大きな鳥」に関する興味深い記述を書き残している。現地での見聞をとりまとめて一六五八年に著された『マダガスカル島の博物誌』第四〇章、「森の鳥」の項に三行にわたって記された次の文章がそれである。

ヴルンパチャはアンパチャ地方に出没する大きな鳥で、ダチョウのように卵を産む。この鳥はダチョウの一種である。最も人影の稀な場所を求め、その地方の人々はこれを捕えることができない。

マダガスカルにはそれに該当する鳥が実在しないため、この記述はとくに注目されずにいた。しかし一九三年後のエピオルニスの発見でそれに相当する鳥の存在が現実味をおび、大きな関心を集めることになった。しかも、具体的な特徴や生態の描写から、当時（または遠くない過去）その鳥が生存していたと考える人も多い。マーデン（Marden, 1967）は、エピオルニスが十七世紀まで生存していた証拠を期待して現地を調査し、得られた卵殻片を年代測定に供したが期待した結果は得られなかった。現在までに行われた二十例前後の年代測定のなかで最も新しい測定値は紀元七〇〇から一二〇〇年である。しかし測定件数がいかにも少なく、フラクールの記述に基づく推論に結論を下すにはほど遠い。

絶滅の原因についても諸説があるが、大きな関心の一つが人類の営みとの関連である。マダガスカルは面積が日本の一・六倍もある大きな島にもかかわらず、人類の歴史はきわめて浅い。考古学的な証拠によると、最古の人類活動の形跡は紀元二から三世紀、村落の形跡は紀元八〇〇年前後である（Dewar, 2003）。その時期はエピオルニスが絶滅に向かう時期とちょうど重なり、人類による成鳥の捕食、および卵の採食などの証拠を求めて探索がなされてきた。その比較的信頼できる結果としては、人類が食料にしたと考えられる考古学的遺跡の卵殻片の堆積（Dewar, 1984）と、人工的な加工の跡と解釈できる傷のついたエピオルニスの骨（Burney, 1999）を見るのみである。デューワー（Dewar, 2003）は、人類が大動物を狩猟した形跡は小動物に較べて圧倒的に少ないことを報告しており、人類がエピオルニスの絶滅に直接関与したことを示す根拠は希薄といえる。

一方バーニーは、前述のように三〇〇〇年前以降の南部沿岸地域の乾燥化を花粉学的な解析から示唆している。それに樹木の伐採や野焼きなどの人類の活動が加わるなど、複合的な要因がエピオルニスの生息環境を悪化させたと考えるのが妥当と考えられ、今後、そのような総合的観点からの研究が望まれる。

現代マダガスカル人とエピオルニス

ホーキンスとグッドマン（Hawkins & Goodman, 2003）は、南部乾燥地に住むアンタンルイ族を中心に多くのエピオルニスと思われる鳥に関する口伝が伝えられていることを述べている。それらは遠い祖先の記憶の伝承である可能性があり、その収集と研究には一定の意義がある。一方、口伝は時とともに変わりゆく性質をもつため、慎重に取り扱う必要がある。

また、現地にはエピオルニスの完形卵が発見されたときに執り行われる儀礼が今日も見られる。現在では完形卵が住民に多大な収入をもたらすため、その幸運をもたらしてくれた神や先祖に対する感謝の意味が儀礼に込められているが、過去には別の意味を含んでいたかもしれない。儀礼は山羊や羊や鶏などの生贄の血をかけるもので、発見したその場と家に持ち込む直前に行われる。生贄にする動物の種類は、発見者の財力で購えるものでよいとされる。

本研究では、財団法人進化生物学研究所の所有する三個の完形卵のうち、明瞭に血痕が残るAP002についた血液のDNA解析により、それが山羊の血であることを確かめた。また、エピオルニスの遺物にまつわる儀礼、民話の収集、完形卵や断片からの復元卵の経済価値が現地住民の生活に及ぼす影響などの調査を試みている(いずれも未発表)。

以上に述べてきたように総合的観点から行われている本研究は、エピオルニスの研究史において今までに例を見ないものである。その成果は、いずれ一冊の書物としてとりまとめ出版される予定である。

参考文献

Attenborough, D., *Zoo Quest to Madagascar*, Lutterworth Press, 1961, p.160.

Brodcorb, B., Catalogue of Fossil Birds Part 1 (Archaeopterygiformes through Ardeiformes), *Bulletin of the Florida State Museum, Biological Sciences* 7(4), 1963, pp.179-293.

Burney, D.A., Late Holocene environmental changes in arid southwestern Madagascar, *Quaternary Research* 40, 1993, pp.98-106.

Burney, D.A., *Rates, patterns, and process of landscape transformation and extinction in Madagascar*, In MacPhee, R.D.E. (ed.), *Extinction in near time*, Kluwer and Academic/Plenum, 1999, pp.145-164.

Clarke, S.J., G.H. Miller, M.L. Fogel, A.R. Chivas & C.V. Murray-Wallace, The amino acid and stable isotope biogeochemistry of elephant bird (*Aepyornis*) eggshells from southern Madagascar, *Quaternary Science Reviews* 25, 2006, pp.2343-2356.

Cooper, A., C. Lalueza-Fox, S. AndersonA. Rambout & J. Austin. Complete mitochondrial genome sequences of two extinct moas clarify ratite evolution, *Nature*, 409, 2001. pp.704-707.

Dewar, R.E., *Extinctions in Madagascar: the loss of the subfossil fauna*, In Martin P.S. & R.G. Klein (eds.), *Quaternary Extinctions: A Prehistoric Revolution*, The University of Arizona Press, 1984, pp.574-593.

Dewar, R.E., *Relationship between Human Ecological Pressure and the Vertebrate Extinctions*, In Goodman S.M. & J.P. Benstead (eds.), *The Natural History of Madagascar*, The University of Chicago Press, 2003, pp.119-122.

Dransfield, J & H. Beentje, The Palms of Madagascar, *Royal Botanic Gardens*, Kew & the International Palm Society, 1995, p.475.

Feduccia, A., *The Age of Birds*, Harverd University Press, 1980.

Flacourt E., *Histoire de la grande île de Madagascar*, Edition présentée et annotée par Claude Allibert, Paris: INALCO-Karthala, 1658 [1995].

Geoffroy Saint Hilaire, I., Notes sur des ossements et des oeufs à Madagascar dans les alluvions modernes et provenant d'un oiseau gigantesque. *Comptes Rendus de l'Académie des Sciences*, Paris 32, 1851, pp.101-107.

Hawkins, A.F.A. & S.M. Goodman, *Introduction to the Birds*, In Goodman, S.M. and Benstead (eds.), *The Natural History of Madagascar*, University of Chicago Press, 2003, pp.1019-1044.

Lamberton, C., Contribution à la connaissance de la Faune subfossile de Madagascar, *Lémurien et Ratites, Mémoires de l'Académie Malgache* 17, 1931, pp.1-168.

Mahé, J., *The Malagasy Subfossils*, In Battistini, R. and G. Richard-Vindard (eds.), *Biogeography and Ecology in Madagascar*, Dr. W. Junk B.V., 1972, pp.339-365.

Marden, L., Madagascar, island at the end of the earth, *National Geographic* 132(4), 1967, pp.443-487.

Monier, L., *Paléontologie de Madagascar*: VII, Les Aepyornis. *Annals de Paléontologie* 8, 1913, pp.125-172.

Sauer, E.G.F., Aepyornithid eggshell fragments from the Miocene and

Pliocene of Anatoria, *Palaeontographica* 153, 1976, pp.62-115.
Wetmore, A., Re-creating Madagascar's giant extinct bird, *National Geographic* 132(4), 1963, pp.488-493.
中野武・寶来聡・吉田彰・秋篠宮文仁「象鳥（エピオルニス）卵殻の切断作業」『山階鳥学誌』三六号、二〇〇五年、一五四—一六一頁。
吉田彰・秋篠宮文仁・山岸哲・浅田栄一「医用X線CT装置（Computed Tomography）による象鳥（エピオルニス）卵内部の撮影」『山階鳥研報』三四号、二〇〇三年、三三一—三三四頁。
吉田彰・秋篠宮文仁・山岸哲・谷田一三「象鳥（エピオルニス）の卵殻片半化石を産するマダガスカル南部フォーカップの海岸砂丘における地温の年間変動の調査」『山階鳥学誌』三六号、二〇〇五年、一三六—一四〇頁。
吉田彰・近藤典生「マダガスカル産化石走鳥類 *Aepyornis maximus* Is. Geoffr. 全身骨格標本のレプリカ作製」『（財）進化生物学研究所研究報告』七号、一九九二年、三五—四六頁。

四本足のニワトリ

土岐田昌和　京都大学大学院理学研究科生物物理学教室

「トリの絵を描いてください」。あなたはすぐに描けますか？こんな話をきいたことがある。最近の子どもたちは「ちゃんとした」トリの絵を描けないのだそうだ。彼らが描く「奇形」なトリで一番多いのが、四本足のトリらしい。つまり、一対の翼（前肢）に加え、二対の脚（後肢）をもっているトリである。これではまるで昆虫、いやギリシア神話のペガサスではないか……。これは何も子どもに限ったことではなく、最近の大学生にも少なからず四本足のトリを描いてしまう者がいるらしい。きっといまの若い世代は昔に比べ、生きた動植物に接する機会が少ないことが原因の一つであろう。生物学者としては悲しいというかさびしい気持ちにもなる。

彼らがトリの姿（形態）を正しく認識できていなかったのは普通に考えて間違いないだろう。ところが彼らを擁護する者も存在する。四本足のニワトリだ。四本足のトリは実在するのだ！

写真のニワトリ標本にはご覧のように一対の翼に加え、二対の脚が見られる［カラー図版奇形鶏参照］。一般には大変珍しい例であるといわれているが、畜産関係者の話では数十万羽に一羽はこのような四本足をもつ奇形個体が産まれるのだそうだ。われわれが目にする機会が少ないのは、奇形個体は市場に出る前に処分されてしまうためだと思われる。四本足が報告されているのは基本的にニワトリ（*Gallus gallus domesticus*　キジ目）やアヒル（*Anas platyrhynchos domestica*　カモ目）などの家禽であるが、潜在的には他の系統のトリでも見られる現象であると考えられる。おそらく野生状態では二本の余計な脚をもつ奇形は生存に著しく不利であるため、自然選択により集団から排除されてしまうのだろう。われわれが家禽以外で四本足の奇形を目にする機会がないのはそのためではないだろうか。

ではなぜ本来一対の翼と一対の脚をもつはずのトリに余計なもう一対の脚ができてしまうのだろう。残念ながら詳しい原因は不明である。ここでは著者の専門である発生学の立場から、四本足のトリが産まれるメカニズムについて検討してみたい。

鳥類を含む脊椎動物の形態は受精卵という単一の細胞が分裂を繰り返し、多数の、またさまざまな種類の細胞からなる胚を構築していく「（個体）発生」と呼ばれる過程でつくられる。脳や心臓、肺などの器官、もちろん本稿の主役である足（肢）も発生をとおして形成されてくる。鳥類は卵生で、胚発生は目に見えない卵殻の内側で進行するが、四肢の形成は胚発生の比較的早い時期に開始される。四肢はまず「肢芽」と呼ばれる原基として形成される。ニワトリではステージ十七というまだトリと呼ぶにはあまりにも未熟な発生段階で顕微鏡のもと初めて肢芽が確認できる［図1］。このとき翼の原基である前肢芽と脚の原基である後肢芽に形態学的な差異はほとんど見られない。違いといえば、前肢芽はより頭に近い位置にでき、後肢芽はより尾に近い位置にできるという前後の位置関係くらいである。その後発生の進行とともに前肢芽は翼へ、後肢芽は脚へと徐々に姿を変えてゆく。全体として何となくトリの体形を示す発生ステージ二十八では翼と脚はすでにはっきりと分化した形態的に異なる構造として確認できる［図2］。

ここで四本足のニワトリに話を戻そう。このような奇形のニワトリも発生という過程をとおして産まれてきたのは間違いない。写真をじっくり見ればわかるように前と後の脚に大きな形態的な差は見られない。とすると、このニワトリが四本足になった原因として容易に思いつくのは、発生の初期に本来の後肢芽とは別に、さらに一対の余計な後肢芽が重複するように形成されたためではないかというアイディアである。

脊椎動物の体は左右相称であり、前方は頭に始まり、後方は尾で終わる（もちろん、われわれヒトでは尾は退化してなくなっているわけだが）。正常な体をつくるには発生をとおして前後軸の決まった位置に決まった構造が規則正しく形成されなけ

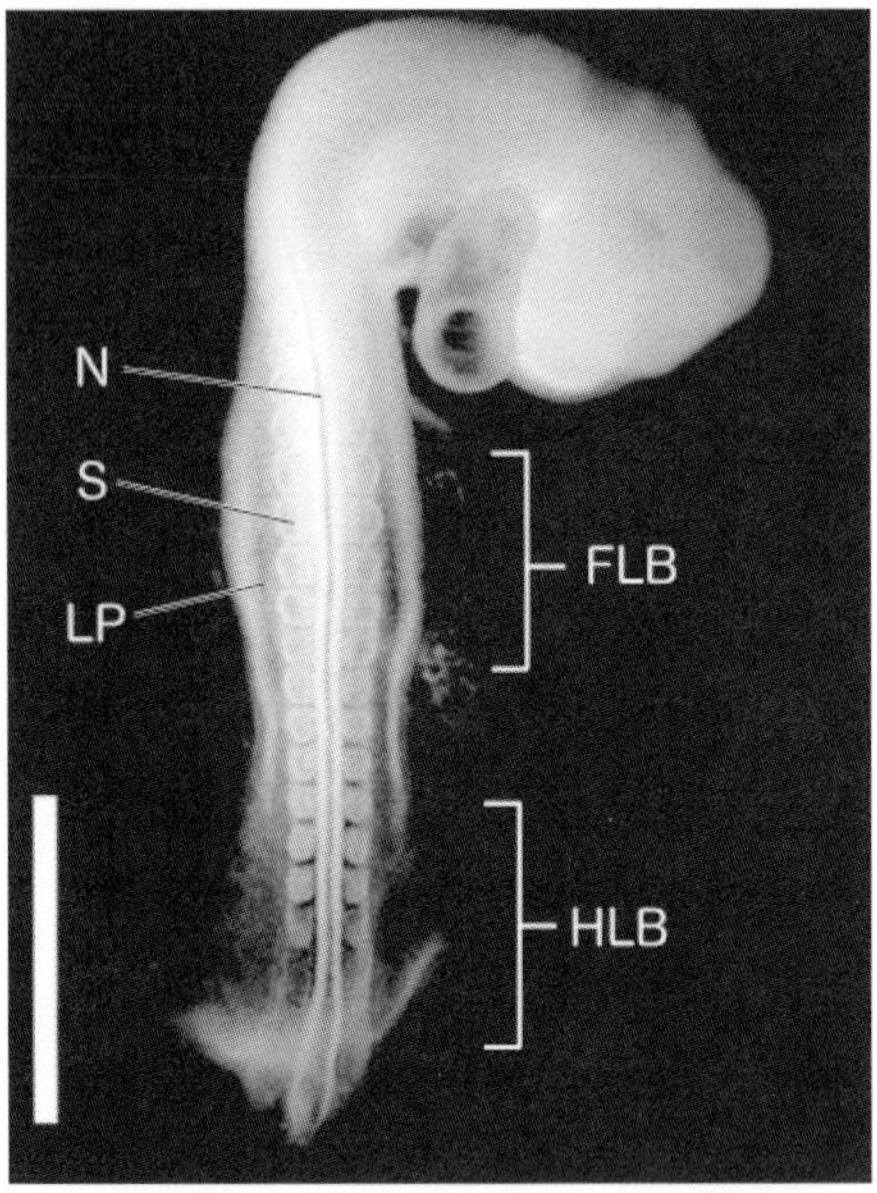

図1　ニワトリ胚ステージ17。FLB、前肢芽。HLB、後肢芽。LP、側板中胚葉。N、神経管。S、体節。スケールバーは1ミリメートル。

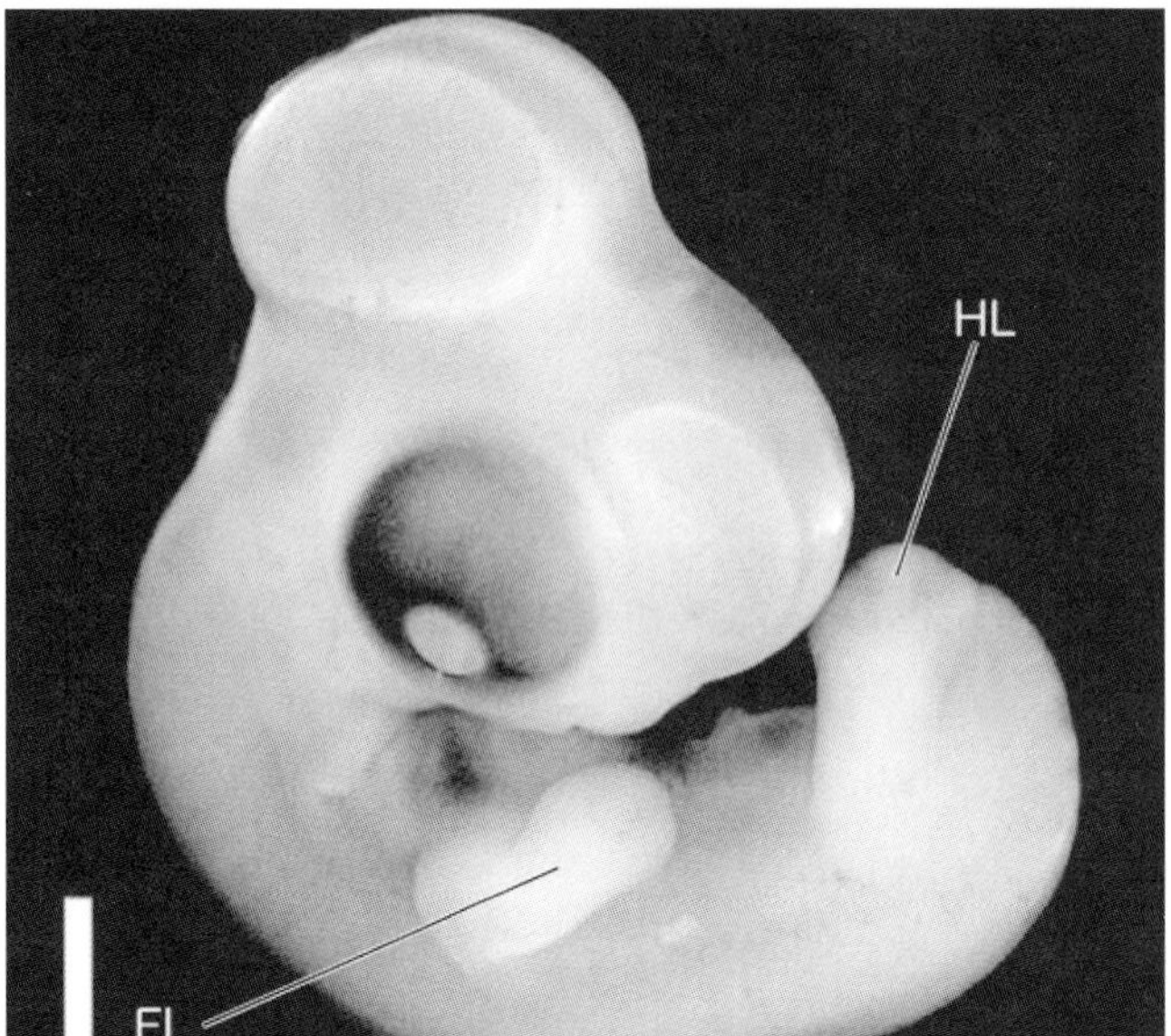

図2　ニワトリ胚ステージ28。FL、前肢（翼）。HL、後肢（脚）。スケールバーは1ミリメートル。

ればならないが、これができないと四本足のニワトリのような奇形が産まれてしまう。動物種で相対的な位置は異なるにせよ、前肢ができる位置に前肢が、後肢ができる位置に後肢ができなければならないわけで、前肢と後肢の中間にある「脇腹」のような場所に肢をはやしてはならないのだ。というより、本来、脇腹の部分では肢がつくられないように遺伝的に制御されている。

ところが本来肢が形成されない脇腹領域で特定の遺伝子やタンパク質が働いてしまうとそこには余計な肢ができてしまう。余計な肢は人為的にもつくり出すことができる。たとえば、ニワトリの初期胚で前肢になる予定の細胞群（側板中胚葉）に隣接する脇腹の細胞群に繊維芽細胞成長因子（FGF）を強制的に加えるとそこには余計なもう一本の前肢が形成されてしまう［図3］（文献1および文献2。また本邦の研究者による優れた総説、文献3も参照されたい）。反対に、後肢領域に近い脇腹部分にFGFを加えるとそこには余計な後肢が形成されてしまう［図3］。さらには後肢の特異化に重要とされる転写調節タンパク質TBX4の遺伝子を前肢領域に隣接する脇腹部分でFGFとともに強制発現させるとそこからは後肢が形成されてくる（文献4および5。ただし近年、遺伝子改変マウスの研究からTBX4遺伝子は後肢の特異化には関与しないとする見解もある。文献6および7）。前後軸の特異化、つまり「この位置にはこの構造をつくる」といった位置情報には*Hox*と呼ばれる遺伝子群の発現が関わっているとされ、前肢をつくる領域では前肢をつくる領域に特有の、後肢をつくる領域では後肢をつくる領域に特有の、

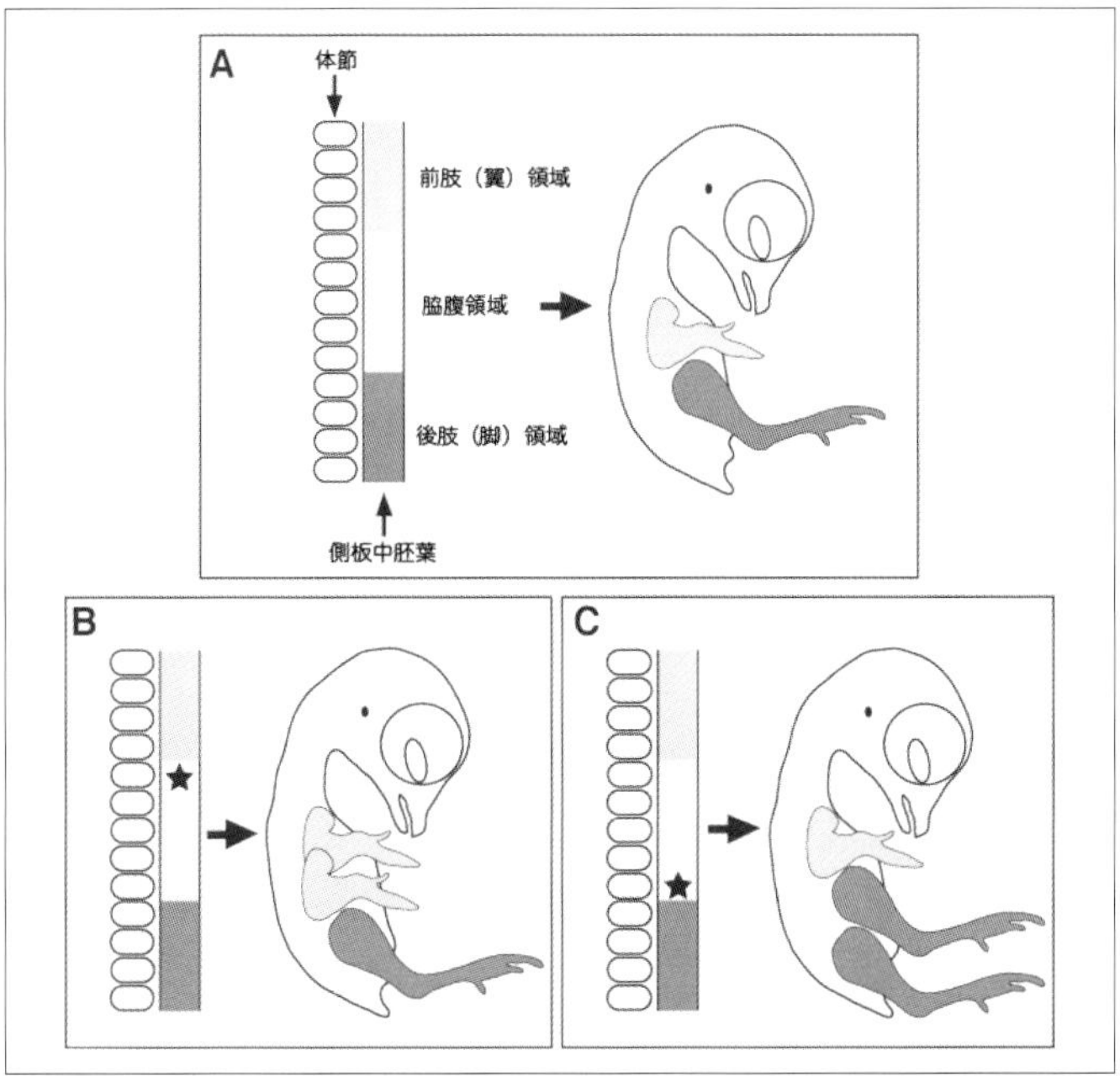

図3 ニワトリ胚における過剰肢の誘導実験。A—椎骨や体幹の骨格筋をつくり出す分節性の体節の外側に無分節性の側板中胚葉があり、それより肢芽が形成される。一般に、肢芽の形成される位置は*Hox*コードなどの遺伝情報により決定されると考えられている。将来的に前肢芽からは翼が、後肢芽からは脚が形成されてくる。脇腹領域からは肢が生じない。B—前肢となる予定の側板中胚葉に隣接する脇腹の側板中胚葉に繊維芽細胞成長因子（FGF、ここでは黒い星印で示す）を加えるとのちの発生ステージで余計なもう一本の前肢が形成されてしまう。C—後肢となる予定の側板中胚葉に隣接する脇腹の側板中胚葉にFGFを加えると余計なもう一本の後肢が形成されてしまう。

また肢をつくらない脇腹の領域では脇腹の領域に特有の*Hox*遺伝子群の発現が見られる（これを*Hox*コードと呼ぶ）のだが、実験によって人為的に脇腹につくられた過剰肢では*Hox*コードも脇腹のものから四肢のものへと変わってしまう（文献2）。おそらくは突然変異によって脇腹側板中胚葉の*Hox*コードが後肢領域のそれに置き換わってしまい、そこで本来は四肢の部分でのみ作用するはずの成長因子や*Pitx1*（文献6および8）などの後肢形成に関わる遺伝子が働いてしまう結果、四本足のニワトリが生まれてきてしまうのではないだろうか。

以上のように四本足のニワトリをつくり出すメカニズムについては、発生学の視点から少なからず説明を与えることができそうである。もちろん、根本的な発生メカニズムを理解するためには、全遺伝子（ゲノム）情報を含め実際に産まれてきた四本足のニワトリを詳細に調査する必要があるのは言うまでもない。

最後に、なにかと無知な若者のシンボルにされがちな四本足のニワトリであるが、それは実在すると同時に生物進化の大きな可能性をわれわれに伝える貴重な教材ともなりうるかもしれないということを強調し筆を置きたい。万に一つ四本足のニワトリから神話の世界で語られる「ペガサス」や「ケンタウルス」のような「幻獣」が遠い未来に進化しないとは言い切れないのだから。

謝辞
本稿の執筆にあたりご協力いただいた村田有美枝氏（東京工業大学）に感謝いたします。

引用文献

1) Cohn, M.J., Izpisúa-Belmonte, J.C., Abud, H., Heath, J.K., Tickle, C. 1995. Fibroblast growth factors induce additional limb development from the frank of chick embryos. *Cell* 80:739-746.

2) Cohn, M.J., Patel, K., Krumlauf, R., Wilkinson, D.G., Clarke, J.D.W., Tickle, C. 1997. *Hox9* genes and vertebrate limb specification. *Nature* 387:97-101.

3) Ohuchi, H., Noji, S. 1999. Fibroblast-Growth-Factor-induced additional limbs in the study of initiation of limb formation, limb identity, myogenesis, and innervation. *Cell Tissue Res.*, 296, 45-56.

4) Takeuchi, J.K., Koshiba-Takeuchi, K., Matsumoto, K., Vogel-Höpker, A., Naitoh-Matsuo, M., Ogura, K., Takahashi, N., Yasuda, K., Ogura, T. 1999. *Tbx5* and *Tbx4* genes determine the wing/leg identity of limb buds. *Nature* 398:810-814.

5) Rodriguez-Esteban, C., Tsukui, T., Yonei, S., Magallon, J., Tamura, K., Belmonte, J.C.I. 1999. The T-box genes *Tbx4* and *Tbx5* regulate limb outgrowth and identity. *Nature* 398:814-818.

6) Minguillon, C., Del Buono, J., Logan, M.P. 2005. *Tbx5* and *Tbx4* are not sufficient to determine limb-specific morphologies but have common roles in initiating limb outgrowth. *Dev. Cell.* 8:75-84.

7) Naiche, L.A., Papaioannou, V.E. 2007. *Tbx4* is not required for hindlimb identity or post-bud hindlimb outgrowth. *Development* 134:93-103.

8) Logan, M., Tabin, C.J. 1999. Role of *Pitx1* upstream of *Tbx4* in specification of hindlimb identity. *Science* 283:1736-1739.

象鳥はどのように生き、滅んだか

吉田邦夫　東京大学総合研究博物館

はじめに

象鳥（エピオルニス *Aepyornis*）は、ダチョウやレア、モア、キウイなどとともに走鳥類（平胸類）に属する巨大な鳥である。最大種とされるエピオルニス・マキシムス（*Aepyornis maximus*）は、体高三メートル、体重四五〇キログラムを超える巨体を有する。海沿いの砂丘で発見される卵は、展示標本のように長径三三センチメートル、短径二四センチメートルに及ぶものもある。『アラビアンナイト』に出てくるシンドバットの冒険に登場し、象を爪で挟んでさらっていくロック鳥は、エピオルニスのこととされることもある。しかし、これは怪しげな話である。なぜならエピオルニスは飛べない鳥なのだから。

エピオルニスは、マダガスカル島にだけ棲息していた。マダガスカル島は、アフリカ大陸の南東に位置する世界で四番目に大きな島で、アフリカ大陸とはモザンビーク海峡を挟んで、四百キロメートルしか離れていないが、動物相は特異な状況を示し、特産の動物群が多い。太古の昔には、アフリカ大陸とマダガスカル島は陸続きだった。

プレートテクトニクスにもとづく大陸移動説によれば、南アメリカ、アフリカ、オーストラリア、南極大陸、インド、マダガスカルを含む超大陸であったゴンドワナ大陸は、ジュラ紀の中頃、およそ一億八千万年前に割れ始め、南アメリカ、アフリカ大陸部分と、オーストラリア、南極大陸、インド、マダガスカル部分に分かれた。白亜紀の時代、一億年ほど前に南アメリカとアフリカが割れ始めて大西洋が生まれ、この頃インド亜大陸は北上を始め、マダガスカルは切り離されたものと考えられる。北上したインド亜大陸は、数千万年前にユーラシア大陸に衝突しヒマラヤ山脈を押し上げることになった。一方、恐竜絶滅後、オーストラリア大陸は南極大陸から離れ北上している。マダガスカルは、早い時期にアフリカ大陸から、ついでインドから分離した結果、島内で独自の進化を育むことになった。

エピオルニスには、四つの種が認められている。前述のA・マキシムスのほか、A・メディウス（*A. medius*）、A・ヒルデブランディ（*A. hildebrandti*）、A・グラシリス（*A. gracilis*）である。その卵殻は、乾燥地帯である南部から南西部の沿岸の砂丘で今でも採集することができ、土産品として販売されるほどである。が、エピオルニスは何らかの原因で絶滅してしまった。いつ頃まで棲息していたかについては諸説あるが、定かではない。

また、その原因についても、人類の乱獲によるものとする見解もあるが、科学的に検討されたわけではない。卵殻はまれに完卵が出土するが大部分は破片で、厚さが三、四ミリメートルと分厚いものと、一、二ミリメートルの薄いものがあり、厚いものはA・マキシムスのものと考えているが、これも証明されたものではない。

　このように、エピオルニスは多くの謎に包まれたままである。この謎を解くために国内で研究プロジェクトが進行しつつあるので、最近報告された国外の研究の概要とこれに関連した話題をまとめてみた。

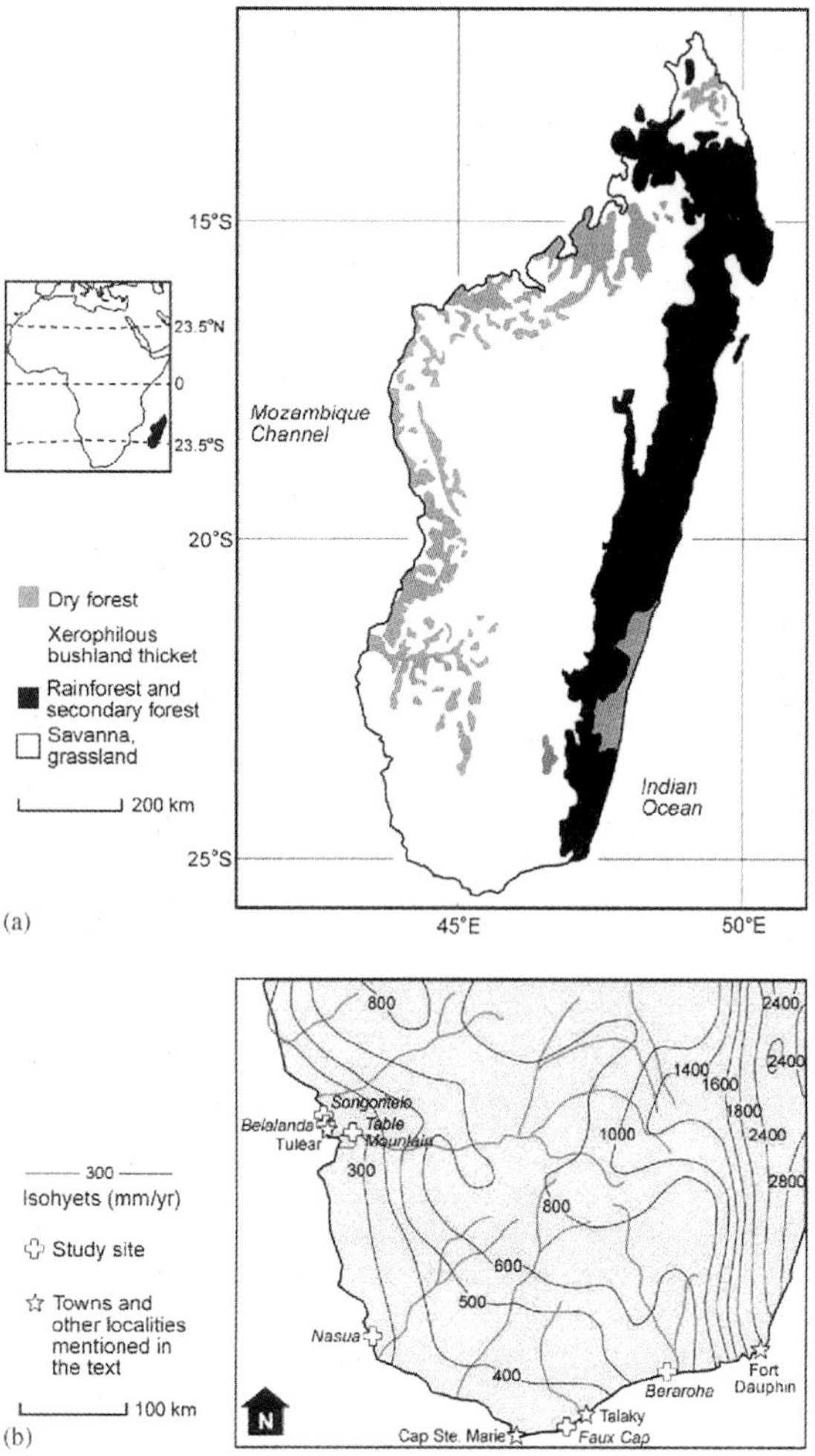

図1　マダガスカルの位置と資料採取地点［クラーク、2006 / Fig.1］

エピオルニスの年代と食性

　オーストラリアとアメリカの合同チームが、卵殻を用いて、エピオルニスの年代と食性を分析し、絶滅した要因について検討した論文「南部マダガスカル由来の象鳥（エピオルニス）の卵殻についてのアミノ酸と安定同位体による生物地球化学」（クラーク、二〇〇六）の概要は次の通りである。

資料

　マーティンとマーデンが一九六〇年代に採集した資料で、スミソニアン自然史博物館に収蔵されていた六十点の卵殻を分析した。採取地点は次の通り［図1］。

　南西部の都市チュレアール近くの

　　ベランダ　　五　資料　5210±140 BPの年代値あり

　　スングリテル　　十六　資料

テーブルマウンテン　十六　資料
および、南部
ナスア　十六　資料
フォーカップ　五　資料
ベラルハ　二　資料　2930±85 BPの
年代値あり

の六十資料である。

年代測定結果

現在、数万年前までの資料で炭素を含んでいる場合、放射性炭素を用いた年代測定（炭素14年代測定）によって最も信頼できる年代値を得ることができる。この研究では、主としてアミノ酸ラセミ化年代測定法（用語解説参照）を用いた測定を行い（五三資料）、うち五資料について、炭素14年代測定を行って、年代を規格化している。

アミノ酸ラセミ化年代の信頼性については、問題が生じる場合がある。初期の炭素14年代測定では資料が多量に必要だったために、古人骨の年代決定はラセミ化年代法などの方法に頼らざるをえなかった。その後加速器を用いた炭素14年代測定（AMS）法が導入された結果、わずかな人骨を用いて骨の中に残っているコラーゲンを取り出し、年代を測定することが可能になった。AMS法を用いて、北アメリカ大陸で出土した人骨を測定したところ、ラセミ化法で二、三万年、最古のもので七万年とされていた資料が、すべて千数百年から数千年の年代範囲に収まることが判明し、新大陸の人類史が書き換えられたという過去がある（テイラー、一九八四）。

本研究では、ラセミ化の割合から直接年代を算出していないこと、また採取地点がおおむね砂丘地帯で、同じような埋蔵条件におかれていたことが推定されるので、全体の傾向を見ることはできるであろう［図2］。

資料の大部分は左側に偏り（八七パーセント）、一万年を超えると思われるものは七点にすぎない。中央右の斜線を引いた一資料は、炭素14年代測定で測定不能、つまり装置のバックグラウンド五万年程度と考えられる。左の完新世のグループと右の更新世のそれとの間にギャップが存在していると著者は主張している。古いグループではナスア採取のものが六資料を占めていることは注目に値する。

同位体比の分析結果——一　炭素同位体比　$\delta^{13}C$（用語解説参照）

卵殻は、無機成分であるカルサイト（炭酸カルシウム）と有機成分であるタンパク質から成っている。有機成分の炭素同位体は、食料を反映しているとされる。測定値の平均は次の通り。

有機物　-23.2±0.9‰
カルサイト　-12.6±1.3‰
両者の差　-10.6±0.9‰

それぞれの卵殻で両者は相関しており、採集地と年代による違いはほとんどないとみている。

この結果をもとに、食性分析を行っている。食料源としてC

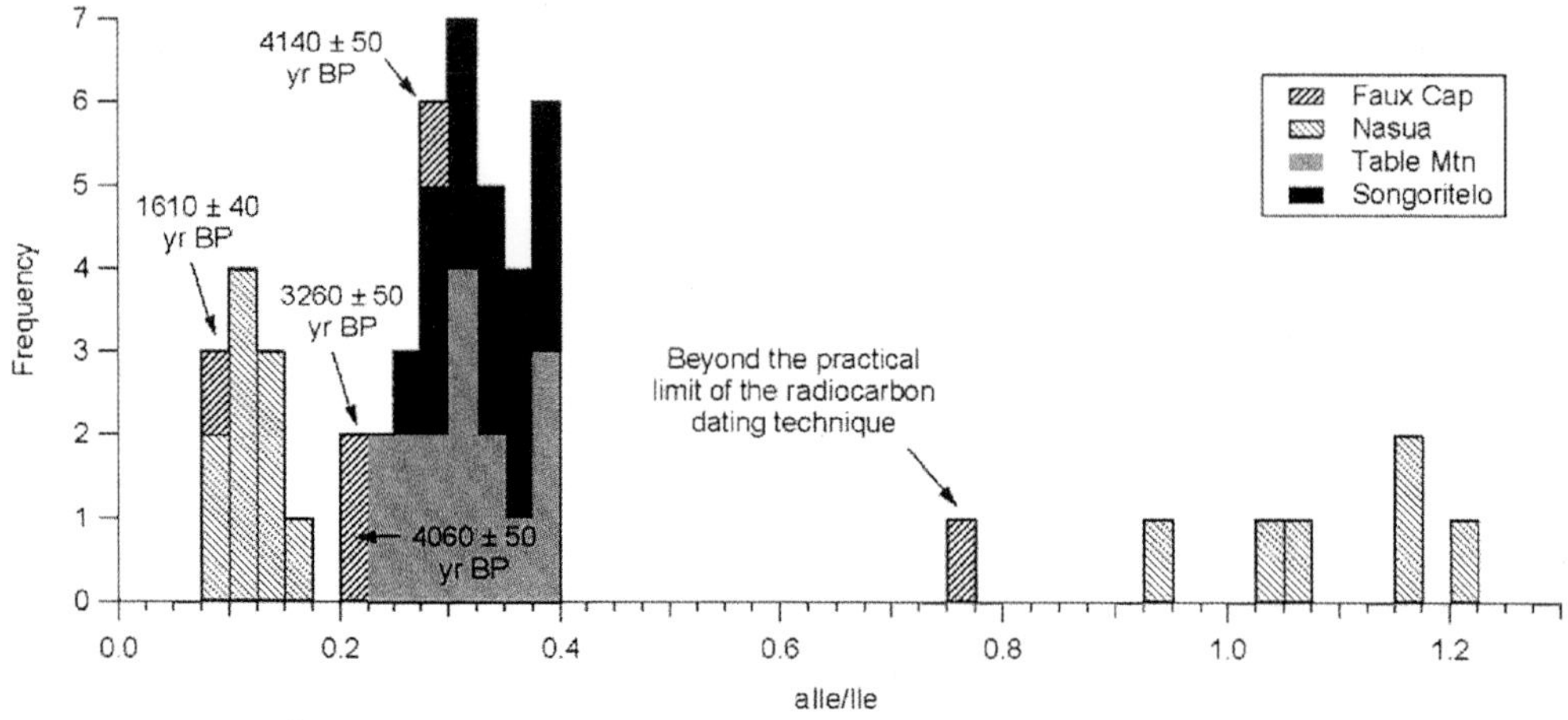

図2 ラセミ化の割合のヒストグラムとC-14年代［クラーク、2006 / Fig.2］

AM植物とC_3植物を考え、後者はケニアでの値を用い、生体内（エピオルニス）での濃縮を二パーミルとして算出した［図3］。

CAM植物　多肉植物　-13.5 ± 2.5 ‰

C_3植物　-26.7 ± 2.8 ‰

エピオルニス卵殻　-25.2 ± 2.5 ‰

CAM植物の寄与は一一パーセントにすぎず、両者の摂取比は、一対八となった。このことから、エピオルニスはC_3樹木と低木の葉を食べていたものと考えている。卵殻が採取される場所での現在の植生は多肉植物が卓越しているが、花粉分析によ

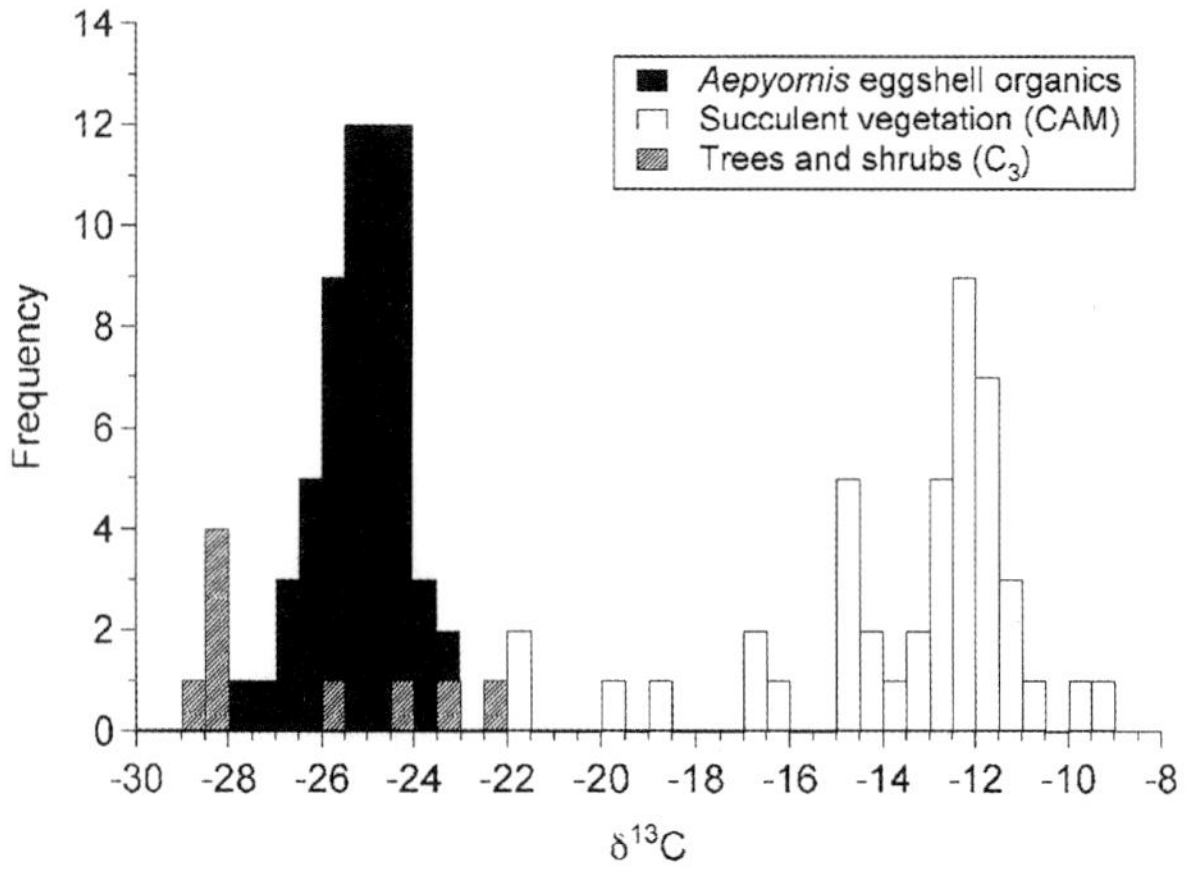

図3　卵殻有機成分の炭素同位体比のヒストグラム。C_3植物、CAM植物と対比（卵殻の値は2パーミル、植物の値は現代と完新世との差マイナス1.2パーミルの補正をしてある）［クラーク、2006 / Fig.5］

れば、三千BPまでこの地域は樹木が豊富だったとされているので問題ないであろう。一方、この植生の変化はエピオルニスの生存に影響を与えている可能性があり、降雨量の減少、人類活動(森林皆伐、焼き払い、家畜の導入など)により、C_3樹木が減少し絶滅に追い込まれた可能性がある。

同位体比の分析結果—二　酸素同位体比　$\delta^{18}O$

卵殻のカルサイトに含まれる酸素は、飲み水と食物に含まれる水、および代謝産物に由来する。測定結果の平均は

$\delta^{18}O$　-0.9 ± 0.7‰

であった。

これらは、飛び抜けて離れている値を除くと幅約三パーミルの範囲にあり、半乾燥地である南アフリカに棲息するダチョウ属についての分析値の幅一五パーミルや六パーミルより明らかに狭い。飲料水と体液の同位体比の関係は、体が大きくなるほど一に近づく。したがって、他のどの鳥よりも、カルサイトの$\delta^{18}O$値は、飲料水を反映しているはずである。

この地域での雨水は、一月でマイナス四パーミル、その後上昇して六月にマイナス二パーミル程度となる。植物中のセルロースや水は蒸散作用により、また表層水は蒸発によって$\delta^{18}O$値が上昇することが知られている。この地域で河川は短命で、冬は枯渇することが多い。この季節は現生の走鳥類では繁殖期にあたり、エピオルニスも同様だと考えると、繁殖地の飲料水の水源は河川水ではなく、池、沼、湿地、湖などの静水だと推論している。そして、$\delta^{18}O$値の変動を最小にするには、安定した地下水の供給があったとして、完新世の海進時に沿岸の滞水帯に浸潤した地下水が、沿岸の湿地を支えている可能性を指摘している。

地質年代学による検討

図2において卵殻の年代に、隙間が空いている(比の値○・四〜○・七五)ことは、砂が移動して卵殻が保存されなかった

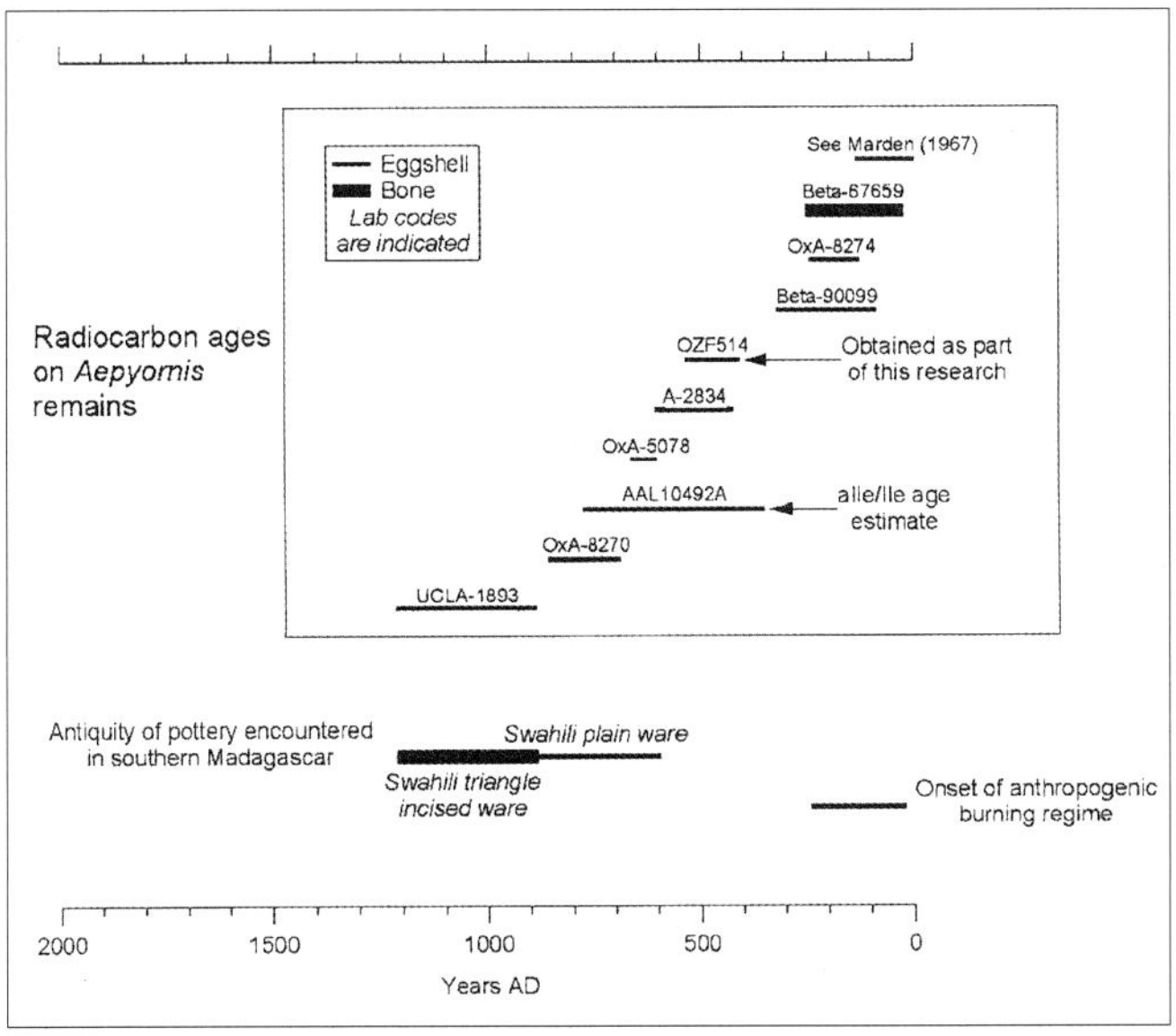

図4　エピオルニスの骨と卵殻の年代。土器および人類活動の痕跡との比較(炭素14年代は暦年較正年代である)[クラーク、2006 / Fig.6]

可能性も考えられるが、説明が難しい。完新世の古い卵殻(〇・二一〜〇・四)は四千から七千五百BPに相当するので、年代から見ると、南アフリカ沿岸での海進時期にあたり、前述した海進の時期に滞水帯が上昇して産卵期に静水を提供したとの説明は整合性がある。これが正しいとすると、更新世の古い卵殻は地球規模で海水準が高かった時代、三万から五万年、または八万から一三万年前のものである可能性がある。

また、絶滅時期を検討するために、数少ない炭素14年代値をまとめている[図4]。最も新しい資料は下の二つで、西暦七〇〇〜一二〇〇年の範囲になる。考古遺物としては、西暦六〇〇〜九〇〇年の年代となる土器が存在し、また、地層中で人類活動の結果と考えられる木炭が突然増加する年代が一九〇〇BPで、これは西暦〇〜二五〇年に相当する。このことから、人類とエピオルニスが一時期共存していたことがわかる。

結局、エピオルニスの滅亡は、好乾性の茂みの拡大、森林地の減少、水の減少、人類の到来が複合して影響した結果であると結論づけている。

この報告は、エピオルニスの卵殻について系統的に行われた初めての研究だと思われるが、致命的な問題がある。まず、資料がすべて表面採取資料で、出土したコンテクストが不明であること、つまり層序や、同一個体の資料かどうか検討しようがない。次に、炭素14による年代測定値が少ないので細かい議論ができないことである。絶滅時期と食性を詳細に検討するためには、コンテクストの明確な資料を、測定、分析する必要があることはいうまでもない。また、古生物の棲息状況を検討するために、当時の気候や植生についての情報が必須であるが、この論文の関連文献を調査するなかでわかったことは、当該地における更新世から完新世の現代に至る地質学的な調査研究が乏しいことである。この分野での情報の蓄積が要求される。

マダガスカル島に渡った初期人類

遺伝子情報をもとにして、昔マダガスカル島に渡り、エピオルニスの滅亡に手を貸したかもしれない人類の故郷を推定した研究がある(ハーレス、二〇〇五)。言語学と考古学の証拠によればマダガスカル人の祖先は、アフリカ人とインドネシア人の混血である。これを遺伝学の立場から検討したものである。遺伝子による系統研究でよく使われるミトコンドリアDNAは女性のみが承継する。したがって父系の情報は得られない。これに対してY染色体は男の系統を伝わる。両方を分析して母系と父系の祖先を探ろうとしたわけである。

マダガスカルの四つの民族、ベザヌザーヌ族(六検体)、ベツィレウ族(一八)、メリナ族(一〇)、シハナカ族(三)の資料と、結びつきの可能性がある東南アジア諸島とオセアニアの一〇の集団、三二七検体を用いて遺伝距離を検討した。アフリカの集団については、すでに報告されている情報を使用している。

Y染色体の系統は四一認められ、そのうちマダガスカル集団一〇、東南アジア諸島・オセアニア集団一六、東部アフリカ八集団で、後の二者の重複はなかった。これらの遺伝距離を求めたところ、ボルネオの二集団が系統の源であると考えられ、最も近いのは、ボルネオ島南西部の都市バンジャルマシンの集団であった。一方、既報のデータをもとに東部アフリカとの距離もほぼ同様に近いことを示している。

また、ミトコンドリアDNAを用いるとアフリカ内の系統かアフリカ外のものかが判別でき、マダガスカル三七検体のうち二三がアフリカ外、一四がアフリカ系統であった。さらに別の指標を使い、マダガスカル人に一四の母系系統が存在することを明らかにし、そのうち六系統がアフリカ由来であった。

これらをもとに、アフリカ由来の割合を求めると、ミトコンドリアDNA系統では三八パーセント(一四/三七)、Y染色体系統では五一パーセント(一八/三五)、最近の流入を除くと五五パーセントで、他の手法を用いた結果も五六〜五八パーセントの値を示している。

したがって母系も父系もアフリカとインドネシアがほぼ等分の寄与を示し、アジア起源の父系はボルネオ起源であるとした。南部ボルネオのボルネオ川周辺で話される言語は現代のマラガシ語に最も近いこととも合致している。

途中のインド洋沿岸に住む民族の血は認められないことから、奇しくも世界で二番目に大きい島から実に六千四百キロメートルもの、まさに大航海の末、マダガスカル島へ直接渡来したことになる。考古学的な検討も必要となろう。

彼らの到来が、エピオルニスを絶滅に追い込んだのであろうか。

乱獲による絶滅

人類が乱獲して絶滅させたというとマンモスを思い浮かべる人が多いかもしれない。アリゾナ大学のパウル・マーティンは、アメリカ大陸に渡った人類の大量殺戮によってマンモスなどの大型獣が絶滅したと主張した(マーティン、一九七三)。しかし、狩猟採集に長け、自然と調和して生きてきた古代人が、自らの生活基盤を無秩序に狩るということは考えにくいということや、実際にマンモスの骨化石で武器による傷はそれほど多くないということから、最近は分が悪い。同様な骨化石の調査によって病原菌による伝染病が蔓延して絶滅したという説も浮上しているが、最も説得力があるのは、環境変動による影響を受けたという考え方である。約七万年前に始まった最後の氷河期は、二万八千年から一万六、七千年前にかけての最も寒冷な時期を経て、約一万年前に終焉を迎える。これは更新世から完新世へと替わる時期でもある。氷河期には、シベリアの地は草原地帯で、マンモスなどの大型草食獣が草や低木の葉を食べて生活していた。氷河期末から温暖化が進んだ結果、降雪により草原が覆われ、さらに森林化によって草原が失われ、えさと生活の場を奪われた結果、一万年くらい前にマンモスは絶滅したとされている。人類による狩猟圧が無関係とは言えないが、気候変動が大きな役割を果たしたことは疑いない。

この気候変動に関連して、最近興味深い研究が報告された。最終氷期極相期が終わり、地球は徐々に温暖になるのだが、途中「寒の戻り」が見られる。一万三千〜一万一千五百年前の時期で、「新ドリアス期（ヤンガードリアス期）」と呼ばれる。これまでは、海洋深層流の循環が変化したことによるという説が提案されていたが、その原因を地球外物質の飛来とする説が出現した。地球外物質が地球上の生態系に大きなダメージを与える事件が六千五百万年前に起きていることは、すでに認められていることである（アルバレズ、一九八〇）。直径一〇キロメートルくらいの隕石がメキシコのユカタン半島北西端に落下した。火災や津波などの直接的な災害で多くの生物が死滅し、飛散した粉塵は地球全体に拡がり、長期間にわたって太陽光を遮り植物の光合成に大きな影響を与えたはずである。当時、わが世の春を謳歌していた恐竜は、食物連鎖の頂点に位置していたため、絶滅してしまった。これは白亜期末絶滅事変と呼ばれ、アンモナイト類など多くの生物種がほぼいっせいに絶滅したといわれる。こうして中生代が終わり、新生代、第三紀の時代が幕を開けた。

同様なイベントが、北アメリカで一万二千九百年前に起きたとする研究結果である。数年前から問題提起されていたが、まとまった分析結果が初めて報告された。この時代の一〇遺跡から、イリジウムを含む磁性を帯びた小さな粒や木炭、ススなどを含む三センチメートル程度の黒色土層が検出され、年代測定により一万二千九百年から一万三千年前のものであることがわかった（ファイアストーン、二〇〇七）。イリジウムは恐竜絶滅の際に決め手になった金属で、地球上にはほとんど存在しないが、隕石などに含まれている元素である。北アメリカに突入、または上空で爆発した地球外物質については、彗星ではないかと推論しているが、結論は出していない。いずれにしても、このイベントによって火災が発生し、食料源が失われ、千年以上にわたって寒冷な時が訪れたとしている。彼らは、これによってマンモスをはじめ大型獣が絶滅し、人類文化も新しいステージへと変化したのだと結論づけている。日本列島では縄文時代草創期にあたるが、当該時期の遺跡において、そのような地層が存在するかどうかの調査を、是非とも試みたい。

「象鳥の謎」プロジェクト

さて、このように見てくると、種の絶滅問題は、一筋縄では片づかないことは明白である。現在、進化生物学研究所、山階鳥類研究所などの研究機関に博物館の教員も参加して「象鳥の謎」プロジェクト（総合統括＝秋篠宮文仁博士）が進行している。完卵の内容物分析、卵の形状・構造分析、DNA分析、食性分析、年代測定、親の形態的研究、出土地の地質学的研究など、ありとあらゆる研究を行い、数多くの謎を解明しようと意気込んでいる。また、このプロジェクトでは、現地アンタナナリヴ大学のアルマン教授との協働作業が進んでいて、両国共同研究の成果が期待される。さて、何を食べていたか、棲息地と繁殖地は違うのか、絶滅したのはいつ、どうしてだったのか。どんなシナリオができ上がるのか楽しみである。

これまでに試行的に分析した結果を次に示す。採集地点、層序が明確な卵殻について、年代測定、炭素・窒素安定同位体分析を行った。

フォーカップ　Faux Cap上位層準　厚さ3.9mm

1835 ± 30 BP (TKa-14310)

$\delta^{15}N$ = 15.23‰（卵殻で直接測定）

$\delta^{13}C$ = -12.09 ± 0.09‰

マハファリ　厚さ3.4mm

3500 ± 35 BP (TKa-14311)

$\delta^{13}C$ = -12.16 ± 0.22‰

$\delta^{15}N$ = 13.82‰（卵殻で直接測定）

前述のクラークらの論文でも千六百年と三〜四千年の間にギャップが見られるようだが、日本では二千数百年前頃に寒冷化したという説もあり、興味深い値である。今後、まとまった数の資料を測定する計画である。

モアは一種類だった

エピオルニスと同じような運命をたどり、ニュージーランドで十六世紀頃までに絶滅したといわれるモアについて、驚くべき事実が明らかになった。

マダガスカル人の祖先を突き止めるために、ミトコンドリアDNAとY染色体を取り扱った研究を紹介したが、古代の骨にもこの方法が適用できる。ところが、土中に埋もれた資料では、保存状態が悪いことが多く、性染色体を含む核DNAを分析するのに困難がつきまとう。古代DNA分析で核DNAの成果が得られるようになったのは、ここ数年である。この両方の手法を用いた研究結果を、オックスフォード（バンス、二〇〇三）とニュージーランド（ハイネン、二〇〇三）のグループが同時に発表した。

モアは二五〇キログラムにもなる巨鳥で、絶滅までニュージーランドの生物相を支配してきた。モアの系統分類は未確定だが、オオモア属(*Dinornis*)の三種、ギガンテウス(*D. giganteus*)、ノヴェジーランデ(*D. novaezealandiae*)、ストゥルソイデ(*D. struthoides*)は、体高（一〜二メートル）と体重（三四〜二四二キログラム）が著しく異なるため、主として四肢骨の大きさにもとづいて分類されてきた。

両グループの結論はほとんど同じで、南島と北島それぞれの中で古代ミトコンドリアDNA配列からは三種を遺伝的に区別することはできなかったが、南島と北島では別のクレード（共通の祖先から進化した生物群）を形成していた。

鳥の場合は性染色体がヒトと異なり、雄鳥はZ染色体を二つもち、雌鳥はZ染色体とW染色体を一つずつもっている。このメス固有のW染色体について分析を行ったところ、形態的な外観から分類されていた三種はたった一つの種で、これまで大きな体をもつ種とされていたものは雌で、より小さな標本の種とされたものは雄であることが判明した。雌の大きさが極端に大きな性的二形が見られ、雌（一・二～一・九メートル、七六～二四二キログラム）に対して雄（〇・九～一・二メートル、三四～八五キログラム）は著しく小さく、最大級の雌は最大級の雄と比べて体高で一五〇パーセント、体重で実に二八〇パーセントとなり、鳥や陸上ほ乳類ではこのような例はないことを明らかにした。

　われわれの研究プロジェクトの中でも、現地で骨から採集されたDNA分析資料について、すでに国内でミトコンドリアDNAの分析が進められている。核DNAの分析が可能かどうか、今後検討する計画である。エピオルニスについても同じような結果が得られるのであろうか。期待がふくらむ。

【用語解説】

アミノ酸ラセミ化年代

　生体を構成しているタンパク質はアミノ酸からできている。大部分のアミノ酸には、互いに鏡像となるような立体構造をもつ光学異性体が存在する。地球上の生命体は、一般にL型（左手型）のみからできているが、生命活動を終え放置されると、徐々にD型（右手型）に変化し、最後には両者の等量混合物（ラセミ体）となる。温度などの条件が一定ならば、ラセミ化の割合は経過時間に比例することになる。これらの化合物は、ガスクロマトグラフィーなどで分離測定され、ラセミ化の割合が算出される。温度が高くなれば、当然ラセミ化の速度は大きくなるので、適用には注意が必要である。

　本研究では、L-イソロイシンからD-アロイソロイシンへの変化を分析している。

安定同位体比分析　安定同位体比$\delta^{13}C$、$\delta^{18}O$

　自然界に分布する元素には、重さが違う原子、同位体が存在する場合が多い。たとえば、炭素の安定同位体存在度は、^{12}Cが九八・九〇パーセント、^{13}Cが一・一〇パーセントである。ところが、詳細に見ると、光合成回路の違いや食物連鎖の段階などによって、植物や動物の種類で微妙に変化している。

　植物が太陽光エネルギーを利用して、二酸化炭素と水から糖などの有機化合物を合成する光合成の過程には、これまでに三つのタイプが知られている。カルビン・ベンソン回路（還元的ペントース=リン酸回路）は、炭素数三のホスホグリセリン酸を入口として炭素数六の糖を合成する反応で、大部分の植物がこの回路のみを利用しており、C_3植物と呼ばれる。これに対して、サトウキビやトウモロコシなどの熱帯性草本では、炭素数四（C_4）のジカルボン酸であるリンゴ酸やアスパラギン酸を初期産物とするハッチ=スラック回路を利用しているC_4植物のグループがある。さらに、ベンケイソウ、サボテンなどの多肉植物は、夜間にC_4ジカルボン酸による炭酸固定が行われ、昼間カルビン回路で再固定されるベンケイソウ型有機酸代謝（CAM）と呼ばれる代謝を行っていて、CAM植物と称する。

これらの化学反応の過程で、同位体効果が生ずる。同位体の質量の相違によって生ずるもので、一般に軽い同位体ほど反応速度が大きくなる場合が多い。これを同位体分別という。この結果、反応生成物の同位体の比率が変化する。光合成においても、回路の違いによって炭素同位体存在度が変化する。主として二酸化炭素を固定する酵素の違いによるものとされている。

さまざまな資料の炭素同位体比の変化を表すために$\delta^{13}C$という値を使う。$\delta^{13}C$は、質量分析計を用いて資料炭素の^{13}C濃度（$^{13}C/^{12}C$）を測定し、PDB（ベレムナイト化石中の炭酸塩）を基準（≡0）として、それからのずれを計算し、千分率（‰パーミル）で表したものである。

$$\delta^{13}C = \frac{^{13}R_{sample} - {}^{13}R_{PDB}}{^{13}R_{PDB}} \times 1000\;;\; ^{13}R = \frac{^{13}C}{^{12}C}$$

上層大気中の二酸化炭素の$\delta^{13}C$は、およそマイナス八パーミルとされる。二酸化炭素中の重い同位体^{13}Cが、標準物質より$^{13}C/^{12}C$の比で8/1000だけ少ないことを示している。

樹木などのC_3植物は、$\delta^{13}C$がほぼマイナス二三〜マイナス三三パーミルに分布している。たとえば、イネ、ムギなどの穀物、クリやトチなどの木本とその種実、ヤマイモ、クロレラ、ダイズなどを含むほとんどすべての植物が該当する。

一方C_4植物は、約マイナス一〇〜マイナス一五パーミルの値を示す。熱帯原産のイネ科を主とし、カヤツリグサ科その他の単子葉植物および双子葉植物を含む二〇科、一二〇〇種以上の植物が知られている。キビ、アワ、ヒエ、トウモロコシ、サトウキビ、カヤ、ススキなどのイネ科、カヤツリグサ科等の単子葉植物、ヒユ科、ハマビシ科、トウダイグサ科などが、その代表である。

一方、ベンケイソウ科、サボテン科、アナナス科、ラン科、パイナップル科などの被子植物、シダや裸子植物を含む一一二属三〇〇種がCAM植物に分類されている。このグループの$\delta^{13}C$値は、C_3、C_4植物の値に重なる。

植物の体内に取りこまれ生成した有機化合物の炭素は、植物から一次消費者、二次消費者へと伝達される食物連鎖の過程を経て、同位体比も伝達されていく。動物体内では、さらに同位体分別が起こり、動物組織の炭素同位体比は、食物に比べて約〇・八〜一・三パーミル高くなることが明らかになっている。つまり、本研究では、卵殻に含まれる有機物の炭素同位体比を分析し、その食料を推定しているのである。

酸素についても、三種類の同位体^{16}O（九九・七六二パーセント）、^{17}O（〇・〇三八パーセント）、^{18}O（〇・二〇〇パーセント）が存在し、^{16}Oと^{18}Oを用いて、$\delta^{18}O$が算出される。基準物質は、標準平均海水（SMOW）が使われることが多いが、本研究では炭酸塩のみであるので、上述のPDBを使用している。水が蒸発するときに、軽い分子が蒸発しやすいので、残された水は重い酸素をもつ水が残され、$\delta^{18}O$は大きくなる。この関係を利用して、グリーンランドや南極の氷床から採取した柱状資料を分析することによって、過去の気温変動を推定する研究が続いている。

参考文献

L. W. Alvarez, W. Alvarez and F. Asaro, Extraterrestrial cause for the Cretaceous – Tertiary extinction – experimental results and theoretical interpretation, *Science*, 208, 1980, pp.1095-1108.

M. Bunce, T. H. Worthy, T. Ford, W. Hoppitt, E. Willerslev, A. Drummond and A. Cooper, Extreme reversed sexual size dimorphism in the extinct New Zealand moa Dinornis. *Nature*, 425, 2003, pp.172-175.

S. J. Clarke, G. H. Miller, M. L. Fogel, A. R. Chivas and C. V. Murray-Wallace, The amino acid and stable isotope biogeochemistry of elephant bird (*Aepyornis*) eggshells from southern Madagascar. *Quaternary Science Reviews*, 25, 2006, pp.2343-2356.

R. B. Firestone, A. West, J. P. Kennett, L. Becker, T. E. Bunch, Z. S. Revay, P. H. Schultz, T. Belgya, D. J. Kennett, J. M. Erlandson, O. J. Dickenson, A. C. Goodyear, R. S. Harris, G. A. Howard, J. B. Kloosterman, P. Lechler, P. A. Mayewski, J. Montgomery, R. Poreda, T. Darrah, S. S. QueHee, A. R. Smith, A. Stich, W. Topping, J. H. Wittke and W. S. Wolbach, Evidence for an extraterrestrial impact 12,900 years ago that contributed to the megafaunal extinctions and the Younger Dryas cooling. *Proc. Nat. Acad. Sci.*, 104, 2007, pp.16016-16021.

M. E. Hurles, B. C. Sykes, M. A. Jobling and P. Forster, The Dual Origin of the Malagasy in Island Southeast Asia and East Africa: Evidence from Maternal and Paternal Lineages. *Am. J. Hum. Genet.* 76, 2005, pp.894-901.

L. Huynen, C. D. Millar, R. P. Scofield and D. M. Lambert, Nuclear DNA sequences detect species limits in ancient moa. *Nature*, 425, 2003, pp.175-178.

P. S. Martin, The Discovery of America: The first Americans may have swept the Western Hemisphere and decimated its fauna within 1000 years, *Science* 179, 1973, pp.969-974.

R. E. Taylor, L. A. Payen and P. J. Slota Jr., Impact of AMS ^{14}C determination on considerations of the antiquity of HOMO SAPIENCE in the western hemisphere, *Nucl. Instr. Meth.* B5, 1984, pp.312-316.

異形のニワトリ

山本義雄　広島大学名誉教授

ニワトリの起源については、ダーウィンが「家畜と栽培植物の変異（一八六九）」の論文の中で、セキショクヤケイだけが祖先野生種であると述べている。アメリカのハットは、セキショクヤケイ以外のヤケイも関与しているとして多元説を唱えた（Hutt, 1949）。その根拠として、アジアの大型品種や多様な形態がセキショクヤケイだけから改良されたとは信じがたいと述べている。今日では、DNA解析を含む多くの研究結果から、セキショクヤケイがニワトリの主要な祖先野生種であることは間違いないと思われる。しかしながら、ハイイロヤケイなどは、ニワトリとの交雑で妊性のある子孫を残すことができるため、ニワトリの成立過程、また、その後の改良に遺伝的な寄与があった可能性も残っている。

ハットのような考え方は、ニワトリが他の家畜に比べて、体格、体型などの外貌が変異に富んでいることに一因がある。ここでは、ニワトリの起源とは関係なく、その外貌が普通のニワトリとは異なるものを「異形のニワトリ」として紹介する。

図1 ドンタオ

ドンタオ

ドンタオは、ベトナム北部のハイフン省、ドンタオ村で、少数の農家が維持している。羽色は、雄が赤笹色で雌はバフ色をしており、一見して普通のニワトリと変わりないように見えるが、その特徴は、脚部が異常に肥大していることである。脛骨部の皮膚は幾重にも折り重なっており、雄の成鶏ではヒトの手首ほどの太さがある。この肥大は肢骨にまで及び、前面部のみに三列に並ぶ脚鱗とあいまって、爬虫類の足を思わせる様相を呈している［図1］。ラジエーター状に折り重なった皮膚は、腹部にも見られる。体形的には普通の在来鶏より若干大きいくらいであるが、骨が太いため、体重は、雄が五から六キログラム、雌で四キログラムである。肉質および食味がきわめて優れているため、ベトナム北部の旧正月には珍重されたというが、現在はその飼育数が少ないため、食用にするのは困難である。一九九五年には、二軒の農家で百羽程度がベトナム農務省の補助金を受けて飼育されていた。最近のベトナムにおける鳥インフルエンザの猛威で絶滅が心配されたが、現在も健在のようである。

ミア

ミアは、ドンタオ村の農家がハータイ地方から導入した在来鶏に起源をもち、主翼、頚部、脚部以外はまったく羽が生えていないニワトリである。雄は、去勢して肉用にしているが、数が少ないドンタオの代わりに旧正月に好んで利用されている。頚部に羽のないネーキッドネックは世界各地で見られるが、このような変異はきわめて珍しいものである。羽色は、雄が赤笹色で雌はバフ色が多い、体重は、雄が三・五から四キログラムで、雌は二・五から三キログラムくらいである。

無羽のニワトリ

ベトナム南部のアンジアン省、レトリ村の農家では、かなりの頻度で羽のないニワトリを見かける。このニワトリは、孵化直後の羽毛が生え換った後は、全身が無羽で、成長すると、頭頂部と主翼部および脚部には通常よりは少ないが羽が生えるようである。羽色はバラエティに富んでおり、体格は通常の在来鶏と同程度である。この形質は突然変異と思われるが、集団の中にかなりの頻度で保持されていることからすると、現地での環境に対する適応性の観点から不利な影響がないのか、もしくは、育成時の無羽が環境に適応している可能性もある。

カドウー

インドネシアのジャワ島中部にあるカドウー村を中心に飼育されているカドウーは、全身黒色である。体重は、雄二キログラム、雌一・二キログラムくらいで、単冠である。メラニン色素が全身に沈着しているニワトリとしては、烏骨鶏がよく知られているが、カドウーは、羽毛、皮膚、脚部のみならず、冠、肉髯、耳朶を含めてほとんどすべての部位の細胞膜にメラニンが沈着しているため、血液までも黒く見える。ただし、メラニンの沈着程度には個体差が見られ、全身が完全に黒色の個体は数も少なく愛玩用として非常に高価で取引されている。烏骨鶏は、その肉や卵が強壮薬として珍重されてきたが、カドウーにはそのような利用は行われていないようである。カドウーの起源については、明確ではないがタイ経由で導入された黒色のニワトリを改良したものらしい。

長尾鶏(オナガドリ)

日本で、異形のニワトリというと、特別天然記念物に指定されている長尾鶏が一番であろう。天然記念物に指定されているのは、高知県の南国市周辺であるが、ほかにも、福島県の三春市などでも飼育されている。長尾鶏は尾羽が換羽しないで一生伸び続ける性質をもっている。一年間に伸びる長さは九〇センチメートルほどであるが、昔は一メートルくらい伸びていたそうである。この突然変異は、小国という平安時代に伝来した品種に由来しているといわれ、この形質が固定したのは、江戸時代に入ってからのようである。土佐藩では、長尾鶏に扶持米を与えて保護し、参勤交代の際に、その長い尾羽を槍の穂先につけて行列を飾ったといわれている。長尾鶏は、単冠で、体重は雄一・五キログラム、雌一キログラムくらいで、羽色は、白藤(白笹)、赤笹、白色の三タイプがあり、脚色は白色羽のものが黄色、ほかは柳色または暗鉛色である。著者の調査では、最長の尾羽をもっていたのは、南国市の愛好家が飼育する白藤タイプの個体で約九メートルであった[図2]。繁殖に用いる雄は尾羽がそれほど伸びていない若い個体を用いる。長尾鶏の飼育は大変手間がかかり、尾羽が伸びだしてくると、留箱という特別の飼育箱で、尾羽を傷つけないように飼育する。留箱での飼育は、運動不足になるので、運動させるときは人が尾羽を持ってニワトリの後をついてゆくことになる。このように人手のかかる長尾鶏の飼育はほとんど高齢者ばかりが担っており、後継者の不足は、この貴重な特別天然記念物の保存に重大な危機をもたらしている。

図2 長尾鶏

矮鶏(チャボ)

矮鶏は、江戸時代初期にベトナム中部にあった占城(チャンパ)国から伝来した小型のニワトリに由来しているといわれている。矮鶏には非常に多くの内種があり、羽色や冠の大小などで、十以上の内種が作られている。標準体型では、雄六〇〇グラム、雌五〇〇グラムくらいで、尾羽は垂直に立ち、脚の長さが四センチメートル以下となっている。脚の長さが短いニワトリは、庭などに放飼しても、畑を穿り返すことが少ないので、農家が好んで飼育したとの説があるが、真偽のほどは明らかでない。

矮鶏は日本在来鶏のなかでは最小の品種であるが、ベトナムには、トレと呼ばれる矮鶏より一回り小型のシャモタイプのニワトリがいる。おそらく、世界で最も小型のニワトリに属すると思われる。冠は三枚冠で、羽色は銀笹である。トレはベトナムでも絶滅の危機にあり、ホーチミン市のベンタイン市場で客寄せに雄雌の番を飼育していたのが唯一の目撃例である。

天草大王

この大層な名前のニワトリは、かつて、熊本県の天草地方で飼育されていた。明治の中頃に中国から輸入されたランシャンという品種をもとに改良された肉用品種で、世界でも稀な大型品種であった。昭和時代に絶滅したが、熊本県養鶏試験場が二〇〇〇年にその復元に成功している。復元種は、昔の天草大王との名称の混乱を避けるため、原種天草大王と称している。原種天草大王は、ランシャン種、大シャモ種、コーチン種を基礎鶏に用いており、交雑後は、選抜により羽色は赤笹で冠は単冠に固定している。最大の個体は雄で、六七〇〇グラム、雌は五六〇〇グラムに達している。原種天草大王は、現存している鶏としては、おそらく世界でも最大の品種に属するといえる。

形態

藤田祐樹
真鍋 真
遠藤秀紀
本川雅治
小西正一

飛行と歩行

藤田祐樹　沖縄県立博物館・美術館

「鳥は飛ぶ動物である」と言うと、多くの人はその通りと思うだろう。飛ぶということは、鳥の特筆すべき特徴である。では「鳥は歩く動物である」と言われると、いかがだろうか。これには疑問を感じる人も少なくないのではないだろうか。おそらく、そう思う理由は二つある。一つは、鳥は歩く動物ではないという認識である。「ダチョウのような走鳥類は歩くかもしれないが、他の鳥はほとんど歩かない」と思っている人は少なくない。しかし、この認識は誤りで、多くの鳥が歩く。むしろ、歩かない鳥のほうが少ないくらいである。もう一つの理由は、多くの動物が歩くことを考えると、歩くことを鳥の特徴としてわざわざあげる必要はないというものである。しかし、彼らが何のために歩くかというと、多くの場合、採食行動において歩く。歩きながら採食を行う鳥をあげていくと、身近なものだけでも相当な数になる。言うまでもなく、採食は動物が生きるために欠かせない行動であり、したがって歩くという運動も、鳥にとって不可欠な運動と言える。「飛ぶ」と「歩く」は、鳥が行う最も重要な運動といって差し支えなかろう。本論では、鳥の「飛ぶ」と「歩く」を、形態や行動との関わりのなかで論じていく。

飛ぶための体の構造

飛ぶということは、動物にとってそれほど容易なことではない。第一に飛ぶためには体が軽くなくてはならない。その一方で、羽ばたいて飛翔するためには羽ばたきの負荷に耐えられるしっかりとした骨格と、羽ばたくための筋肉がいる。これらは、必然的にある程度の質量を要するため、体を軽くすることと、骨格や筋肉を確保することとの間で、飛ぶ動物は折り合いをつける必要がある。

鳥の体は、空を飛ぶために必要な構造を備えている。主だったものをいくつかあげてみると、まず、骨、とくに前肢の骨が空洞化している。空洞化といっても、骨そしょう症のように骨密度が減少しているわけではない。長幹骨の中には髄腔という穴があり、そこに骨髄がつまっている。その髄腔が相対的に大きいというわけである。円柱状で中を空洞にすると、材料を節約しつつ構造を強化できる。しかし、髄腔に骨髄がいっぱい詰まっていては、軽量化にならない。そこで、鳥はこの髄腔に胸気嚢という肺の一部を入り込ませ、骨の中に空洞を作っている。こうすることで、骨としての強度を保ちつつ、軽量化することに成功しているのである。

前肢や後肢の先端に筋肉が少なく、筋肉が体幹近くに集中し、四肢の先端へは腱が伸びていることも飛翔に一役かっている。とくに前肢、つまり翼は、飛翔時に素早く動かす必要がある。翼の先端にまで筋肉が分布していると、先端が重くなり、翼を素早く動かすために余計に力が必要となる。筋肉を根元に集中させ、腱によってその力を伝えることで、翼のとくに先端を軽量化し、素早い羽ばたき動作を少量の筋肉によって実現できるというわけだ。

また、哺乳類や爬虫類などと異なり、鳥の体幹はあまり動かないことも重要である。肋骨どうしが鈎状突起によって連結されているため、胸郭の可動性が制限されている。脊椎の数も、哺乳類に比べて少なく、一部の椎骨どうしが癒合していて可動性がきわめて低い。このように、体幹の可動性が低くなると、体重分布や重心位置の変化がほとんどなくなるため、飛翔時にバランスをとりやすくなる。

運動による飛び方の分類

「飛ぶ」といっても、いろいろな飛び方がある。一つは翼を広げたままの状態に保って風に乗って飛ぶ、グライディングないしソアリングという飛び方である。タカやワシのような猛禽類や、カモメやミズナギドリといった海鳥が、このような飛び方をよく行う。厳密に言えば、グライディングは高度を下げながら大気の抵抗を翼で制御しつつ、移動することである。それに対して、ソアリングは、上昇気流を利用して高度を下げることなく飛翔することである。日本語では、グライディングは滑空とか滑翔といい、ソアリングは帆翔という。帆は風をうける道具であるから、風をうけて飛翔するソアリングをよく表す言葉といえる。

風をうけて羽ばたかずに飛ぶグライディングやソアリングも、より細かく分けると、ワシやタカなどの飛び方と、カモメやミズナギドリなど海鳥の飛び方で異なる。前者は、山岳地帯などで生じる上昇気流を利用して、ソアリングによって輪を描くように飛びながら高度を上げ、その後、グライディングで高度を下げながら長距離ないし高速移動することが多い。それに対して、海鳥類は、上昇気流を利用して高く舞い上がることは少ない。もちろん動物が行う運動はきわめて多様性に富むため、絶対ないとは考えないでいただきたい。しかし、多くの場合、水鳥類は海面に比較的近いところを羽ばたきもせずに飛び続ける。これは、ダイナミック・ソアリングと呼ばれる飛び方である。波頭にできるわずかな上昇気流を利用して少し高度を上げる飛び方と、短距離のグライディングをする飛び方の、二つを組み合わせて飛び続けると説明されることが多い。海鳥の飛翔がはたしてこの通りなのか、厳密に検証するのは難しいし、実際に検証されたことは私の知る限りない。しかし、おそらくだが、海鳥類の飛ぶ様子を見ていると、そうではなくて海面とほぼ水平に吹く風を、体を斜めに傾斜させて受けることで上昇の力を得ているように見える。おそらくこの両方を海鳥は行っていると思うが、真相は、今後の研究を待たねばなるまい。

さて、海鳥や猛禽類によく見られる飛び方を説明してきたが、他の多くの鳥たちは、翼を羽ばたかせながら飛ぶ。いわゆる羽ばたき飛翔である。羽ばたきながら行う飛び方には、もう一つ、ホバリングがある。空中静止とか、停空飛翔というのが辞書的な訳語だが、鳥の運動を意味する場合には、カタカナでホバリングと記述することが多い。羽ばたき飛翔は、羽ばたきながら前進するのに対し、ホバリングは、羽ばたきながら空中の同じ場所で静止する飛び方である。このような空中で静止する飛び方、ホバリングを行う鳥は、それほど多くない。比較的大きな鳥では、チョウゲンボウ、ミサゴ、ノスリといった猛禽類があげられる。小さな鳥では、ハチドリの仲間が有名だ。前者の場合はホバリングしながら獲物を探すので、視野を安定させる働きがあるのではないかと考えられる。後者の場合には、ホバリングしながら花に曲がったクチバシを差し込んで花の蜜を吸う。いずれにせよ、ホバリングは採食のための飛び方である。

飛ぶ目的と飛び方

前節で、ホバリングは採食のための飛び方と述べたが、では採食のための飛び方以外には、どのような飛び方があるのだろうか。多様な飛び方がある背景には、それを必要とする状況がある。たとえば、どのような目的で飛ぶかによって、その目的に応じた距離や速さが必要となるであろう。そこで本節では、鳥が飛ぶ目的にどのようなものがあるかをあげていく。前節で説明した運動学的な飛び方の違いとは、体の動かし方による違いである。それに対して、目的による飛び方の分類とは、何のために飛ぶか、による分類である。

まずは、採食のために飛ぶ鳥たちがいる。先の述べたハチドリやある種の猛禽類が行うホバリングは、その滞空静止時間を利用して花の蜜を吸ったり、獲物を視覚的に探索したりするために行われる。普通の飛翔を採食に使う鳥もいる。たとえばツバメやアマツバメの仲間がそうである。彼らが飛びながら昆虫類を捕食することはよく知られている。少し聞きなれない鳥としては、ヨタカという鳥もいる。宮沢賢治の「ヨタカの星」の主人公だが、夜行性のこの鳥は、キョッキョッキョッキョ……と独特の声で鳴きながら夕暮れ過ぎの暗い時刻に飛び回る。エコーロケーションと呼ばれる、音の反響を利用した探索方法で、昆虫類を探しては飛びながら捕食するのである。ほかにも、ハヤブサやオオタカなどの猛禽類は、飛翔しながら鳥を捕獲したり、地上にいる鳥を急降下して捕まえることもある。状況によって飛び方は変えるが、いずれも捕食のために飛ぶ。こういった鳥たちは、高速の飛翔を必要とするため、開いたときに細長い翼の形状をしている。飛翔時の羽ばたきも少ない。

この、採食(捕食)という目的と類似の目的として、「攻撃」があげられる。たとえば、獲物を持って飛ぶ猛禽類にカラスが群がっていることがある。また、最近では海辺でお弁当を食べようとした人がトビに襲われてケガをしたなどという話も聞く。このような例は、食物を奪い取ろうと鳥が攻撃していることになる。また、食物を奪い取るためでなくとも、いわゆる「なわばり」の中に進入してきた他個体や他種に対して、飛びながら攻撃を加えることもある。また、ニワトリなどが喧嘩をするときに、飛び上がって脚の蹴爪で互いを攻撃しあうこともある。スズメやシジュウカラのような小鳥類でも、飛びながら他個体を追いかけ、くちばしなどによって攻撃を加えている様子を見ることもある。このような目的をまとめて、攻撃と考えることができるだろう。

それから、移動のために飛ぶ鳥たちがいる。そもそも飛翔は移動の手段であるから、この分類はやや不適当と思われるかもしれない。実際、距離の長短を問わなければ、ほとんどの鳥が移動のために飛ぶ。しかし、そのなかでも、とくに長距離移動を飛翔によって成し遂げた鳥類がいる。渡り鳥である。冬になると渡来するカモやツルの仲間、夏に美しい声を響かせる小鳥たちの多くは、季節による長距離移動、渡りを行う。何千キロにも及ぶ距離を移動することは飛翔能力をもった鳥にとっても簡単なことではなく、渡り鳥は、渡りを開始する前にエネルギーとなる脂肪を蓄え、天候や風向きなどを見極めて一息に長距離を渡る。このような渡りは集団で行われることも多く、また地形的条件によって気流が変化するためか、渡り鳥が集中的に観察される場所も各地に見られる。また、移動の場合には、どんな場所を移動するかも鳥にとって重要である。藪の中を短距離移動するのか、上空を長距離移動するのかなどである。一般的に、長距離を移動する場合には、風をうける面積が広く翼を広げたときに左右方向に長いほうがよいと考えられている。反対に、藪の中を移動する場合には、翼が短いほうが枝にひっかからずに移動できるため、都合がよい。

また、海鳥の仲間は、長距離を飛翔して外洋まで採食に出かける。このような目的で飛ぶことも、先に採食のために飛ぶというよりも、移動のために飛ぶと考えたほうがよいのかもしれない。それほど長距離でなくとも、ほとんどの鳥は、巣やねぐらから採食場所まで飛んでいくことは多い。たとえばハトやスズメの仲間のような鳥を考えてみると、採食場所まで飛んでいった先で、歩きながら地上で植物の種子を採食する。そうすると、ハチドリや猛禽類などのように、飛びながら採食をしているわけではない。分類は恣意的にならざるをえないが、彼らは採食のためには歩いているのであって、採食場所への移動のために飛んでいるとするのが妥当であろう。

さらに、逃げるために飛ぶ鳥もいる。キジの仲間など、地上性が強く普段はあまり飛翔を行わない鳥たちがこれにあたる。彼らは、飛翔力はあるものの、羽ばたきに主に使われる胸筋の筋繊維が、いわゆる白筋と呼ばれる瞬発力を発揮する筋繊維を主体としている。そのため、持続的な飛翔はできない。敵から逃れるために、数十メートル程度の飛翔を行うことが多い。

あとは、特殊な例かもしれないが、猛禽類などはディスプレイフライトという飛翔を行う。これは、他個体あるいは他種に対してなんらかのメッセージを送るための飛び方である。たとえば、急上昇と急降下を繰り返したり、大きく波打つような経路で飛んだり、深く羽ばたいて左右の翼を打ち合わせたりといった、さまざまな飛び方が猛禽類では報告されている。なわばりに侵入した他個体に対して行われる場合には、先に述べた攻撃の一種と捉えることもできるかもしれないが、ディスプレイフライトの場合には、必ずしも実際的な攻撃を伴わない。

もちろん、一種の鳥が、これらのいずれかしか行わないわけではない。渡りのために飛び、渡った先で採食のために飛ぶ鳥もいる。移動のために飛び、歩きながら採食している状況で危険がせまり、逃げるために飛ぶこともあろう。いずれにせよ、移動、採食、攻撃、逃走、ディスプレイ、これら五つの目的によって、鳥たちの飛ぶ目的のほとんどを説明できると思われる。そして、これらの目的のなかでも、移動や採食はとくに重要な要素と考えられる。攻撃や逃走、ディスプレイは他個体との関係で行われる行動であるため、場所を問わない。それに対して、移動や採食は、目的によって飛ぶ場所や速度が決定される。そのため、先述の通り翼の形状とも関わってくるのであろう。

歩くための体の構造

飛ぶことに比べると、歩くことの力学的負荷は小さい。そのため、歩くための際立った構造というものは、あまりない。極端なことを言えば、体幹から突出して可動性があり、かつ意思によって制御できる体肢があれば歩くことはできる。このような構造をもった動物は、鳥に限らずほとんどの陸上性の動物がもっている。特別に鳥だけで発達した構造と呼べるようなものはほとんど存在しない。

しかし、歩く場所に応じて四肢の各節の長さや爪の湾曲などに変異があることが、鳥類の世界ではよく知られている。ただし、ここで言う「歩く」とは、次節で述べるホッピングやランニングなどをも含めたさまざまな鳥の「歩き方」をすべて包含する広義の「歩く」と捉えてほしい。

たとえばツルやサギの仲間などは、脛骨(厳密には癒合した足根骨を含むため脛足根骨だが、ここでは便宜的に「脛骨」と呼ぶ)や「ふしょ」と呼ばれる足根中足骨が相対的に長い。このため、これらの鳥たちは、外見的に脚が長くすらりとしたプロポーションをしている。これは、水辺で歩くことへの適応的形態だと考えられている。英語で「Wading」という、足先を水につけて歩く歩き方がある。ツルやサギなどは、このように足先を水につけて歩きながら、水の中の小動物や魚を捕らえることが多いため、ある程度の水深の場所でも歩くことができなくてはならない。そのための適応と捉えることができる。

また、特殊な例であるがレンカクというクイナの仲間は、非常に長い趾(あしゆび)をもっているものもいる。これは水面に浮かぶハスの葉などの不安定な足場で、体重を分散させて歩くのに適していると考えられている。レンカクほどではないにしても、バンなどいくつかのクイナの仲間は相対的に趾が長い。

これは、おそらく湿地のような不安定な泥地で、体重を分散させて歩く際に足が泥に沈み込まないようにする点で機能的なのだと考えられる。

それから、やはりこれも特殊な例であるが、キツツキのような樹幹を移動する鳥では、爪の湾曲が著しい。彼らは、湾曲した爪を樹幹の凹凸にひっかけて体重を支え、また、推進力を得るためである。

最後に、趾の数が減り、把握性を失ったダチョウの足がある。一般的に、鳥類の足は把握能力がある。第一趾が後方を向き、第二から四趾が前方を向くのが基本型であり、第一趾が二節、第二趾が三節、第三趾が四節、第四趾が五節で構成される。しかし、ダチョウの場合には趾が二つに減少し、把握能力も失われている。屈曲性の高い把握能力のある趾では、大きな体重のダチョウにとって、地面に推進力を効率よく伝えることができないからかもしれない。

こうして見てくると、鳥が歩くために形態を変えているのは、脚の末梢のほうである。これは当然といえば当然のことで、外界と実際に接する趾や爪の構造は、足場環境や運動の性質に合わせて適切に形態を変化させる必要があるためであろう。

運動による歩き方の分類

鳥の歩き方を分類すると、ホッピングとウォーキングに分けられる。ホッピングはスズメなど小鳥類のほか、カラスや猛禽類の一部など、中ないし大型の鳥も行うことがあるようだ。両足をそろえて、ピョンピョンとジャンプを繰り返す歩き方である。これに対し、ウォーキングは、私たちヒトと同じように、左右の脚を交互に前に出して歩く歩き方である。ウォーキングを行う鳥は、ハトやキジの仲間、カモなどの水鳥、ダチョウのような大型の鳥など、さまざまである。先にあげたカラスの仲間には、ウォーキングも行うものが多い。スズメもごく稀にウォーキングをすることがある。どの鳥がウォーキングをして、どの鳥がホッピングを行うかというのは、意外と分けるのが難しい。一般的には中型、大型の鳥はウォーキングを行い、スズメサイズの小鳥類はホッピングを行うと言ってよい。そして、例外としてカラス類やツグミ類のように両方を行うものが少なからずいると考えれば、大雑把には間違いではない。

歩き方をさらに厳密に分けていくと、ランニングという運動がある。私たちヒトも行う、「走る」という運動である。ヒトの場合には両足が地面から離れる時間があるのがランニング、ないのがウォーキングである。競歩という競技では、常にどちらかの足が地面についていなければならないというルールがある。競「歩」たる所以である。ところが、鳥の世界では話はそれほど簡単ではない。実は、鳥の場合には両足が離れなくても走っていることがあると指摘されている。

ウォーキングとランニングを区別するもう一つの基準として、運動変数の変化の違いがある。ウォーキングやランニングで速度をあげるとき、一歩を長くする方法と、脚を素早く動かす方法がある。実際にはわれわれは両方を同時に行って速度をあげるのだが、ウォーキングの場合には脚を素早く動かして速度を高める傾向が強く、ランニングの場合には一歩を長くして速度を高める傾向が強い。ウォーキングはどちらかの足を常に接地しているため、一歩の長さが脚の長さによって制限される。そのため、脚を動かす早さによって速度を高めるのは理に適っている。

この傾向は、鳥にもあてはまる。しかし、速度をあげていったときに、脚を素早く動かす方針から、一歩を長くする方針へ転換しても、まだ両足とも離地する時間が認められないというのである。ヒトが膝を伸ばした姿勢を基本としているのに対し、鳥は膝を曲げた状態が基本姿勢であるため、運動時の下肢の屈伸率が異なるのが理由の一つと考えられている。このように、鳥のウォーキングとランニングは、大雑把にはヒトと同様であるが、細部では違うのである。

ウォーキングとランニングの違いについては先述の通りだが、ではホッピングはどのように位置づけられるのだろうか。実は、ホッピングはランニングと同じ運動であると考えられている。片脚ずつに注目すると、関節の曲げ伸ばしのタイミングや角度が、ランニングとホッピングで同じなのである。そして、速度を高めるときに一歩の長さを大きくする傾向が強いという点も、両者で共通である。そのため、ウォーキングとホッピングは、左右の脚を交互に動かすか同時に動かすかという点以外に、違いはないと考えられるのである。

実際、ホッピングは、両足をほぼそろえて行うものと、左右の足を前後にずらして行うものがある。前者はスズメなどの小鳥類がよく行っているし、後者を行っているものは、たとえばカラスの仲間があげられる。体のサイズや脚のプロポーションなどの違いによって、左右の脚をそろえたほうが効率的か、ずらすほうが効率的か、異なるのではないかという意見もある。しかし、詳細に調べるとスズメのような小鳥類も左右の足をずらしたホッピングを行うことがあるし、正確な理由はわかっていない。

ともかく、左右の脚をずらすホッピングがあるということは注目に値する。どの程度ずらすかは、種や状況によって異なってくるようだ。詳細な報告はないが、たとえばムクドリは、左右の脚をかなりずらしたホッピングを行い、次第にランニングに移行することがある。また、カワウが飛び立つときにも、ランニングから徐々に左右の脚がずれたホッピングに移行することがある。こういった例を考慮すると、ランニングとホッピングが同じ運動だという考え方は、直感的にも理解しやすい。

そして、このホッピングに類似した動作として、キツツキなどの行う木登りがある。木登りを運動学的にどう位置づけるべきか、まだ十分に検討されていない。しかし、重力によって支持面である地面や木の枝に引き寄せられるホッピングと、重力によって尾の方向に引かれる木登りでは、運動の力学的条件が大きく異なる。そのため、運動は必然的に変わってくる。ホッピングの場合には地面を蹴って前進するため、脚を伸展させる筋肉を主に使う。木登りの場合には、樹幹等に爪を引っ掛けて、足を屈曲させることで体を上方に引き上げるため、脚を屈曲させる筋肉を主に使うことになる。このため、両足をそろえてジャンプするというタイミングの面での類似性に反して、両者は運動としてはまったく異なると考えるのが妥当である。

ウォーキングの多様性

前節で、鳥の運動はウォーキング、ランニング、ホッピングに分けられると述べたが、このなかでウォーキングは、さらに細分化される。首を前後に振って歩く歩行と、首を振らずに歩く歩行である。この二つは、どちらもウォーキングであるが、運動の性質としては異なる。歩行速度を高めるときに、首振りを行う鳥は一歩の長さを大きくする傾向が強いのに対し、首振りをしない鳥は、脚を素早く動かして速度を高める傾向が強いのである。この理由は、以下に述べるように首振りが歩行に運動学的な影響を及ぼすためと仮定すると、うまく説明できる。

そもそも、歩行時の首振りは、視覚と関連した動作であることが知られている。目が側方を向いている鳥類にとって、歩行によって前進することは、景色が視軸と直行する方向に動くこととなる。このような動きは視界のブレを生じさせるため、注視するためには目を景色に対して安定させ、固定された視野を確保する必要がある。哺乳類の場合には眼球運動によって安定した視野を確保するが、鳥類の場合には、眼球が相対的に大きく、眼球の形態も扁平であることから、十分な眼球運動ができない。そのため、首の動きによって頭部を固定させて、安定した視野を確保するのである。

首振りが視覚と関連した動作であるとしても、歩行時に行う場合には、歩行との運動学的な関連性が生まれてくる。そのため、歩行時の首振りは、ランダムに行われるのではなく、特定のタイミングで行われている。脚で地面を蹴って推進力を得るときに首を伸展させ、片足立ちの際(単脚支持期)に首を屈曲させて頭部を安定させるのである。このようなタイミングで行われる首振りは、推進時の体の動揺を小さくするとともに、単脚支持期の体の静的安定性を高め、歩行の安定化、効率化に貢献すると考えられる。そのため、より強く安定した推進力と十分な遊脚期の確保によって歩幅を大きくすることが可能になると考えられる。実際、ユリカモメが首を振る場合と振らない場合で、歩き方を変化させることが報告されており、上記の力学的影響によると考えられている。

歩く目的と歩き方

飛翔の場合と同じように、多様な歩き方がある背景には、それを必要とする状況がある。本論の冒頭で述べたように、ほとんどの鳥が歩く理由は、採食のためである。歩く鳥のほとんど、たとえばキジ類やハト類、ツルやクイナの仲間、コウノトリやサギの仲間、シギ類、チドリ類、そしてもちろん走鳥類も、歩きながら採食を行う。他の目的としては、移動のための歩行が考えられる。たとえばカルガモなどの一部のカモ類は、育児中には飛べない雛を連れて、ねぐらから採食場所まで歩いて移動することがあることはよく知られている。また、ペンギンも、海岸から営巣場所まで、何キロも歩いて移動する。また、もっと短距離を歩いて移動することは、ほとんどの鳥にあるだろう。しかし、一般的に空を飛べる鳥にとっては、歩いて長距離を移動する必然性はない。そのため、飛翔能力の高い鳥の多くは、移動のために歩くことは稀だと考えてよいだろう。

採食のため、と先に一言で述べたが、実は採食の方法によって鳥たちは歩き方を変える。首振りは視覚的な機能のある運動であることは先述の通りだが、視野の安定は、比較的近い距離を見るときとりわけ重要になる。そして、首振りをしながら歩く鳥は、キジ類、ハト類、ツルやクイナ、サギなど、歩きながら探索し、採食を行う鳥たちである。歩きながら探索し、採食を行う場合、くちばしの届く範囲をより重点的に探す必要があると考えられる。そのため、これらの鳥たちが、視野の安定をとくに必要とする可能性は高い。実際に、ユリカモメという鳥は、普段は首を振らずに歩くが、歩きながら探索と採食を行うときには首を振る。歩き方と採食行動が密接に関わっていることを示す、端的な例と言えよう。

採食と移動という目的は、飛翔の場合と同じである。これは、採食と移動が、鳥に限らず動物の主要な目的であることを考えれば、ごく当然の理由である。しかし、飛翔の目的の一つにあげた、「逃げる」となると、少し状況は変わってくる。逃げるために歩く鳥は、おそらく非常に少ない。走鳥類や一部のクイナ類などのように、飛べない鳥は当然ながら逃走の際にも走って逃げる。しかし、多かれ少なかれ飛翔能力をもった鳥は、逃げる際には飛翔を行う。飛翔のほうが速度も速く、捕食者などに追いつかれる可能性が少なくなることを考えれば、ごく当然の結果である。しかしながら、キジ類など、飛翔能力がそれほど高くない鳥は、危機感に応じて走って逃げることもしばしばある。むしろ、本当に危機的な状況にのみ飛翔すると言ったほうが適切であるかもしれない。また、特殊な例であるが、イワシャコの仲間は、羽ばたきながら急傾斜地や岩などのオーバーハングした壁面を登って逃走する。このとき、羽ばたきによって推進力や揚力を得るのではなく、壁面に向かって体を押しつけ、足の摩擦力を高めて登っていく点が特殊であるとして、注目されている。このイワシャコの羽ばたきながらの走行は、逃走のための歩き方と言ってよいだろう。このように見てくると、やはり逃走のために歩く(走る)鳥も、かなりいると言うことができよう。

攻撃のために歩くという鳥もあまり多くない。むしろ、飛翔能力が低く普段はあまり飛ばない鳥などが、攻撃の際にも歩いて(走って)攻撃を行うことはあると考えられる。また、スズメやハトのような地上採食の鳥は、走りながら食物を奪い合う姿を目にすることはよくある。ディスプレイも、地上繁殖の鳥などが、歩きながらディスプレイを行うことがある。たとえばアホウドリ類は歩きながら首や翼を複雑に動かし、さまざまなダンスを行うことがよく知られている。身近な鳥では、ドバトも歩きながら尾羽を地面にこすりつけたり、首を膨らまして頭を上下に動かしながらステップを踏むなど、求愛のディスプレイをしている姿をよく見かける。飛翔の場合と同じように、逃走や攻撃、ディスプレイは個体間の交渉であるため、場所を問わない。そのため、先に述べた脚の形態などと密接に関わるのは、やはり採食や移動である。

最後に、飛翔の場合にはありえなかった目的だが、飛び立つために歩く(走る)鳥がいる。よく知られている例はアホウドリであるが、ミズナギドリやカワウなども助走をつけて速度をあげてから飛び立つ。とくに大型で長距離飛翔型の細長い翼をもった鳥たちは、このように助走を行ってから飛び立つことが多いようだ。あるいは、オオミズナギドリの場合には、木に登って高いところから落下しながら飛び立つことも知られている。こういった例は飛び立つための走行や飛び立つための木登りであり、広い意味での飛び立つために歩く鳥と言ってよい。歩くために飛翔する鳥は考えられないが、飛び立つために歩く鳥はいるのである。

歩行から飛翔へ

さて、ここまで、鳥の「飛ぶ」と「歩く」を、形態的側面、運動学的側面、行動学的側面から分類、解説してきた。本論を締めくくるにあたり、ありきたりだが「飛ぶ」という行動の進化について若干の解説を行う。鳥がなぜ飛ぶようになったかについては、大きく分けて二つの仮説が提示されている。一つは、木登りをしていた動物が、翼を進化させ、飛び降りたという仮説である。最初は、ムササビや一部のトカゲが行うようなグライディングだった飛翔から、羽ばたき飛翔に進化してきたという仮説である。この仮説は、現生の哺乳類や爬虫類に木登りと滑空をする動物がいることからも想像しやすい。

もう一つは、地面を走っていた鳥が、ジャンプして飛び上がるようになり、やがて飛び立ったという仮説である。このような運動を行う動物は、少なくとも現生の動物ではおそらく知られていないが、前節で述べたように、鳥類には助走をつけて飛び立つものがいる。研究史の面から言うと、この走行から飛び立ったとする仮説は不可能と考えられたことがある。走る速度は、脚の長さによってある程度制限されることが現生のさまざまな動物の研究例からわかっているが、鳥の祖先と考えられるシソチョウの脚の長さから走行速度を推定すると、飛び立つに足る速度は得られないと考えられたためである。しかし、鳥の祖先は翼をもっていた。その翼を羽ばたきつつ走行すれば十分な速度は得られるため、脚の長さからの推定だけでこの仮説を否定するのは妥当ではないだろう。

むしろ、グライディングでは羽ばたくための筋骨格系の構造が必要になるかどうかが疑問視されるという考え方もできる。羽ばたきながらの走行ならば、羽ばたくための筋骨格系の構造が必要になるため、飛翔の進化としては想像しやすいようにも思える。いずれにせよ、真相は未だわかっていない。そして、鳥の進化を考えるならば、現生の鳥や動物の運動研究だけでなく、当然ながら鳥類と恐竜類の骨格の比較が不可欠であろう。

この問題は、本論の目的からはずれるため詳しくは述べない。しかし、恐竜類と鳥の祖先、そして現生の鳥の形態比較とともに、現生の鳥の運動研究が、鳥の進化を明らかにしていくことだろう。

恐竜はいつどのようにして鳥になったのか

真鍋 真　国立科学博物館

今から約一億二五〇〇万年前(白亜紀前期)、現在の中国遼寧省西部にあった湖に堆積した地層から、シノサウロプテリクス(*Sinosauropteryx* かつて中華竜鳥という中国名で知られたが、現在は中華鳥竜と改められている)という獣脚類恐竜が一九九六年に報告された。「羽毛恐竜」の第一号で、その後、羽毛で体表が覆われた恐竜が続々と報告され、鳥類の恐竜起源説が一般にも広く知られるようになった。今日では、どこまでが恐竜でどこからを鳥類とすべきか、その境界線が引けないほどの連続的な進化があったことが明らかになり、鳥類を恐竜の部分集合として分類するのが一般的になった。ここでは鳥類の恐竜起源説の現状を解説する。専門的な文献では、従来の鳥類は「avian theropods(鳥類獣脚類)」、鳥類以外の獣脚類を「non-avian theropods(非鳥類獣脚類)」と表記して分けている。ここでは鳥類獣脚類を鳥類、非鳥類獣脚類を獣脚類と表記し、恐竜と表記するときには鳥類を含まないことにする。

最古の鳥類の起源説

鳥類の恐竜起源説は、最近の仮説のようなイメージをもたれている。実は、恐竜を起源とする仮説が最も古く、ダーウィンの『種の起源』に遡ることができる。「種の起源」の初版(一八五九年)の出版後の一八六一年、ドイツで始祖鳥(*Archaeopteryx*)の最初の体化石が発見された。ダーウィンは『種の起源』の改訂版に「この始祖鳥の化石こそ、かつて地球上に生息していた生物について、われわれがいかに微々たる知識しかもちあわせていないかを思い知らせてくれる最たるものであろう」と加えている。さらに「鳥類と爬虫類のあいだの広い間隙でさえ、絶滅した始祖鳥と一部の恐竜によって、まったく思いがけない形で部分的に橋をかけることができることが明らかになったのである」と言及していた。

骨学的証拠

鳥類の代表的な特徴に叉骨がある。叉骨は翼を打ち降ろした時に、スプリング(バネ)のように作用することから、まさに飛行に不可欠な骨だと考えられている。叉骨は、爬虫類の胸の左右に一本ずつある鎖骨が中央で癒合して一本の骨になったものである。ハイルマン(Heilmann, 1927)は、当時発見されていた恐竜には鎖骨が報告されていなかったことから、鎖骨さえもたない獣脚類から鳥類が進化することは難しいと指摘した。鳥類の恐竜起源説はここで一回否定されたかのように思われた。しかし、現在ではアロサウルス（*Allosaurus*）など、鳥類にそれほど近縁ではない獣脚類にも叉骨があることが確認されている

〔図1〕。このことは、叉骨は飛行とはまったく関係ない機能をもっていたものが、鳥類で飛ぶことにうまく転用されたらしいことを意味している。

オストロム（Ostrom, 1969）はデイノニクス（*Deinonychus*）という獣脚類の報告をもとに、鳥類の恐竜起源説を強化し、復活させた。たとえば、デイノニクスの手首が、一般的な獣脚類に見られるような上下方向だけでなく左右方向にも動くことは、鳥類との共通点であることを指摘した。この手首の動きは鳥類では翼をたたんだり、羽ばたいたりするときに使われている。ゴーティエ（Gauthier, 1986）は獣脚類と鳥類の分岐分析を行い、手首や肩、骨盤など、骨格の八十カ所以上の特徴が、鳥類と一部の獣脚類にしか見られないことから、彼らが共通の祖先から進化してきたとする仮説を提示した。

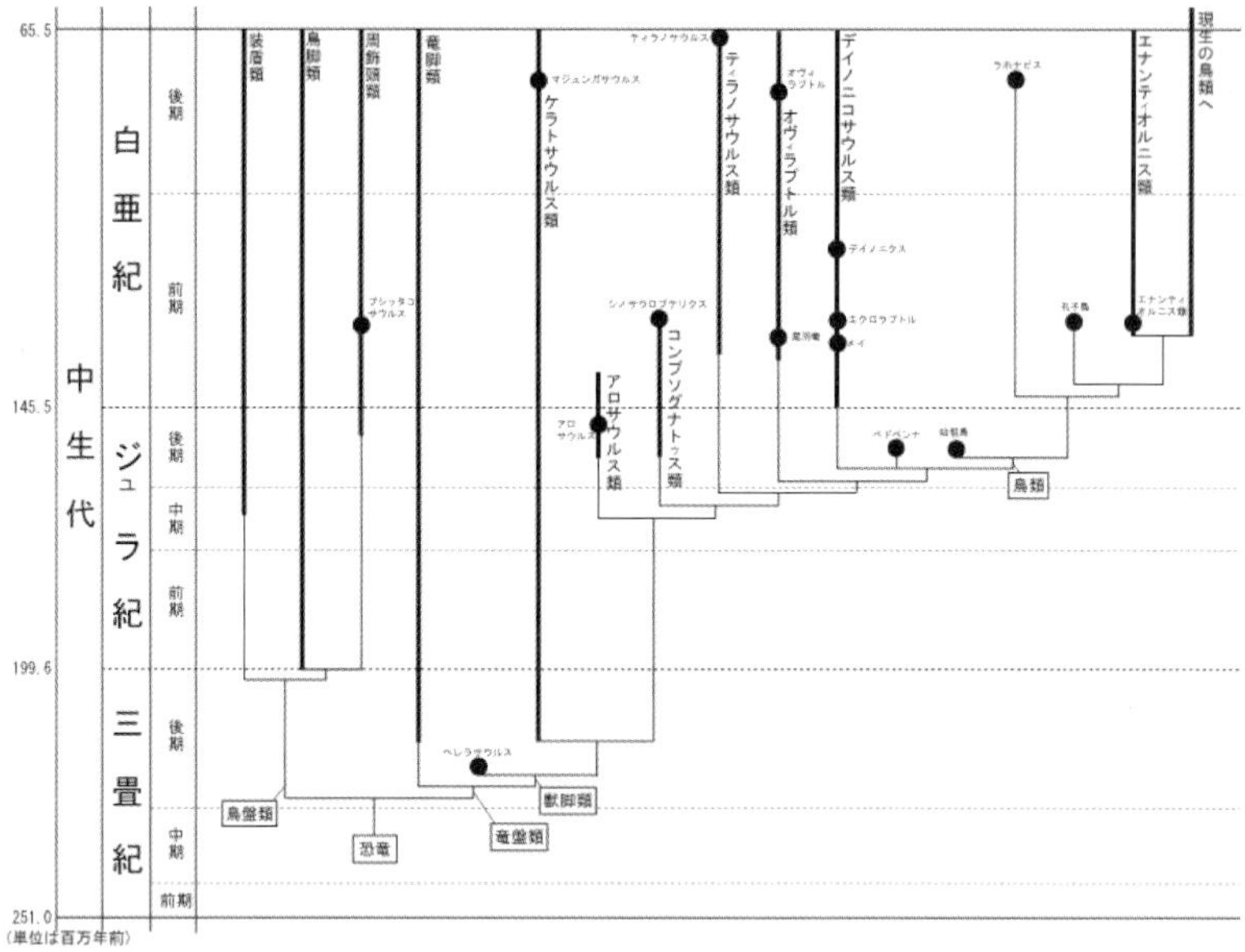

図1 恐竜と鳥類の系統図の一例。文中に出てくる化石種の系統的な位置関係を示す。系統図はWeishampel et al. (2004)に基づく。

羽毛

当初、いわゆる「羽毛恐竜」の羽毛は鳥類の羽毛と相同なのかどうかという議論が活発に交わされた。それは、シノサウロプテリクスの羽毛が円錐形の単純な構造をしていて、ウロコの形態変異にすぎないのではないかとも考えられたためである。しかし、その後、尾羽竜（*Caudipteryx*）の尾羽、ミクロラプトル（*Microraptor*）の風切羽などの発見により、獣脚類の羽毛は鳥類の羽毛と相同で、羽毛の基本構造とそのバラエティは鳥類以前の段階で完成していたことが確認されている。多くの「羽毛恐

竜」の産地として知られる中国遼寧省の義県層では、角竜(鳥盤類恐竜)のプシッタコサウルス(*Psittacosaurus*)の尻尾のあたりに、円錐形の繊維状の構造をもつ標本が確認されている。これも原始的な羽毛なのならば、ウロコから羽毛的な表皮への変化は、恐竜の中で複数回起こったのかもしれないことになる。そうであっても、鳥類がもつ複雑な羽毛への進化は獣脚類だけに起こったと考えられている。

卵殻

卵殻の微細構造にも一部の獣脚類と鳥類にしか見られない共通性が確認された。それは、恐竜以外の爬虫類の卵殻が単層構造なのに対して、一部の獣脚類と鳥類の卵殻は複数の構造が重なり合った多層構造をしていることだ。二〇〇四年には、翼竜の卵殻が初めて発見されたが、系統的にワニと恐竜の中間に位置する翼竜の卵殻は単層構造だったことも明らかになった。

行動、生理

恐竜起源説を支持する証拠は行動にも確認されている。オヴィラプトル(*Oviraptor*)という獣脚類が、巣の上に座って抱卵していたと考えられる状態の化石が一九九五年に報告された。抱卵は獣脚類の行動で、鳥類はそれを引き継いだにすぎないと考えられるようになった。

鳥類の恒温性(内温性)はどの段階で確立されたのかは明らかではない。オストロム(Ostrom, 1980)は、デイノニクスが俊敏で、活動的な生態をもつと考えられること、体重の割には大きな脳をもつことなどから、恐竜温血説を展開した。恒温性は一日の体温の変化を調べないと確認できないため、絶滅種での認定は不可能に近い。現生爬虫類の骨の中には年輪状構造ができるのに対して、鳥類や哺乳類では年輪状構造は通常では生じないため、年輪状構造の有無が恒温動物かどうかの指標に用いられたこともあった。しかし、ホッキョクグマなど冬季に成長が著しく低下する哺乳類にも年輪状構造が生じることから、年輪状構造の有無だけでは十分な証拠にはならない。現在では、哺乳類、鳥類の成長が性的成熟前後に停止することに着目している。ティラノサウルス(*Tyrannosaurus*)などでは、体が大きくなると成長が著しく鈍化することが年輪状構造から明らかになっているため、鳥類と同じレベルの恒温性ではなくとも、恒温性への変化が表れていたと考えられている。骨の微細構造の研究は破壊検査が必要なため、始祖鳥の年輪状構造の確認は試みられていない。

二〇〇四年にメイ(*Mei*)と呼ばれる獣脚類が首を後ろに延ばし、頭を背中の上に置いて休む、鳥に特徴的な格好で化石化した標本が報告された(Xu and Norell, 2004)。鳥類はこのような格好で眠ることによって、頭と首から体温が失われるのを避けているらしい。獣脚類も、体温を一定に保つ恒温性(内温性)に向かって進化していたことの傍証とも言える。

呼吸

恐竜から鳥類への進化の過程は、近年の化石の発見により明らかになりつつある。残されている大きな謎は、その呼吸の仕方の違いがいつどのように起こったかだとも言える。呼吸に関わる部分は肺や横隔膜、気嚢など軟体部で構成されているため、化石でそれをたどることが難しいからである。爬虫類と哺乳類は肺に空気を吸い込み、肺から空気を吐き出すことを交互に行っている。これは「単線」の鉄道のようなものだ。鳥類は鼻から空気を吸いながら、同時に口から空気を吐き出すことができる。これは体の各部に気嚢という小さな肺のような小室を多数もつためで、その呼吸を「複線」に例えることができる。「複線」の呼吸は効率的なシステムだと考えられている。獣脚類のなかでも、鳥類に近い系統のものには、脊椎骨の内部が空洞化しているケースが多い。これは気嚢をもっていたことを示すと考えられていたが、その空洞化は骨の軽量化にすぎない、という反論もあった。

オコーナーほか(O'Connor et al., 2005)は、鳥類の現生種の脊椎骨や肋骨内部の空洞の分布を多様な鳥類で調査した。首の脊椎骨に穴があいたり、内部が空洞化したりしている様子は、さまざまな鳥類で共通しており、このような特徴が気嚢の存在と密接に関連していることを確認した。そのうえで、脊椎骨の良い化石が見つかっているマダガスカルの獣脚類マジュンガサウルス(*Majungasaurus*)の脊椎骨の表面、内部構造を比較した。マジュンガサウルスは鳥類ととてもよく似た脊椎骨の構造をもつことから、鳥類のような気嚢をもち、鳥類のような呼吸方法をとっていたと結論づけた。マジュンガサウルスは獣脚類のなかでは原始的な段階のケラトサウルス類に属する恐竜で、鳥類とは遠縁な存在である。そのような獣脚類に気嚢の可能性があったことは、鳥類に繋がる進化は獣脚類の初期の段階にすでに現れていたとも言える。

三畳紀後期(約二億二〇〇〇万年前)のアルゼンチンに生息していたヘレラサウルス(*Herrerasaurus*)は、最古級の獣脚類である。ヘレラサウルスですでに骨が中空化していて体が軽量化されていた。大気中の酸素濃度の変化と生物進化を対応づけようとする試みがある。三畳紀には酸素濃度が上昇した時期があった。そこで、獣脚類の気嚢システムが三畳紀のヘレラサウルスなどの段階で確立していたとしたら、獣脚類が他の爬虫類よりも効率的な呼吸ができ、それが獣脚類の繁栄に有利に働いたかもしれないという意見が出されている(Berner et al., 2007)。しかし、ヘレラサウルスなど三畳紀の獣脚類ではまだ骨の中空度の高さが気嚢を意味しているかどうかは明らかではない。竜脚類恐竜の脊椎骨でも中空度の高い骨が報告され、竜脚類でも気嚢をもっていたかもしれないという可能性が指摘されている。獣脚類でも竜脚類でも、それが骨の軽量化にすぎないのかどうかをマジュンガサウルスの研究のレベルで詳細に検討する必要がある。

鳥類の恐竜起源説への主な反論

以上のように骨格、表皮、卵殻、行動など、さまざまなタイプの証拠に基づく恐竜起源説だが反論もある。その代表的なものは次の二つに要約することができる。

時代のパラドクス

最も古く原始的な鳥類である始祖鳥が約一億五〇〇〇万年前(ジュラ紀後期)に出現していたので、鳥類と恐竜の分岐はそれ以前に起こっていたはずである。ミクロラプトルなどドロマエオサウルス類やメイなどトロオドン類の二グループをあわせてデイノニコサウルス類と呼ぶ。このグループの獣脚類が、恐竜のなかでは鳥類に最も近縁だと考えられている。しかし、デイノニコサウルス類はいずれも白亜紀のもので、ジュラ紀からはその可能性のある断片的なものしか産出していない。化石は当時の生物がすべて化石になり、それが人間に発見され、さらに正しく分類されるとは限らない。デイノニコサウルス類と鳥類が共通の祖先をもつという現在の仮説が正しいのならば、デイノニコサウルス類はジュラ紀に生息していたはずで、その確実な化石が発見されることがこの説の検証になる。二〇〇五年二月、内モンゴルからペドペンナ(*Pedopenna*)という断片的な獣脚類が報告された(Xu and Zhang, 2005)。この地層の年代はジュラ紀後期である可能性が高いという。このような発見の積み重ねによってのみ、時代のパラドクスは検証されていく。

三本指のパラドクス

デイノニコサウルス類の手は三本指である。原始的な段階の獣脚類は五本指だったが、第四指(薬指)と第五指(小指)はとても小さく、すでに退化傾向が認められる。そのような理由からデイノニコサウルス類の三本の指は第一指(親指)、第二指(人さし指)、第三指(中指)だと考えられている。鳥類の指は三本指である。ニワトリの胚(ふ化する前の段階)で、最初は五本の指と思われるものができるが、最後に残るのは第二指、第三指、第四指だとする説が出された。一見すると同じ三本指でも見かけの類似にすぎないというわけである。現在のところ最も重要な反論である。しかし、近年、*Hox*遺伝子(形態形成遺伝子)の発生の仕方から、鳥類の指も第一指から第三指かもしれないという研究が発表された(Vargas and Fallon, 2005)。現在はこちらの説のほうが有力で、三本指のパラドクスは解消されたと言ってもよいだろう。

飛行の起源

鳥類の恐竜起源説の証拠を精査してきたが、鳥類進化の最大のイベントである飛行の起源について考察してみたい。

羽毛や叉骨など、かつては鳥類にしかないと思われていた特徴が、獣脚類にすでに進化していたことから、現在では、滑空ではなく、羽ばたいて飛行できるかどうかが恐竜と鳥類を分ける境界線だとされている。厳密な意味での飛行能力の有無は、骨格や羽毛の化石だけからではわからない。後肢で地上を走る獣脚類はいわば後輪駆動で、前肢の翼で飛行する鳥類は前輪駆動である。始祖鳥の前肢と後肢はほぼ同じ長さなので、かつては前肢と後肢の長さを比較したとき、前肢が後肢と同じ長さか、前肢のほうが長いことなどをもって鳥類と分類という考え方があった。

ミクロラプトル(Xu et al., 2003)は後肢にも翼状の構造があることから、四翼で滑空できたかもしれない恐竜として注目を集めた[図2]。後肢の翼以外の骨格を始祖鳥と比較してみると、ミクロラプトルと始祖鳥との骨格のプロポーションの違いはほとんどない。最近では、どこまでが恐竜でどこからが鳥類かの境界線を引くのが難しくなったと言われている。それだけ恐竜から鳥類への進化が連続的だったのだ。

四翼

ミクロラプトルは、後肢にも翼をもつことから、後輪駆動から前輪駆動への移行段階に、四翼で滑空するような段階があったらしいことが示唆された。ただし、ミクロラプトルは傍系の種で、鳥類への中間段階ではないかもしれない可能性が指摘されていた。最近、始祖鳥にもすねまでは風切羽状の羽毛があったらしい可能性が出てきた。しかし、そのすねの羽毛は翼と呼ぶには小さい。ミクロラプトルの後肢には、流体力学的に飛行に適したといわれる左右非対称な羽毛が生えていたが、始祖鳥のすねの羽毛は左右非対称だったのかどうかは確認できていない。しかし、下方に向かって緩やかにカーブする羽毛の輪郭は、ミクロラプトルほどではなかったものの一定の航空力学的特性をもっていたものと考えられている。

さらに中国の遼寧省から後肢にも翼のあるエナンティオルニス類の鳥類が発見された(Zhou and Zhang, 2004)。胸骨、中手骨(手の甲)、中足骨(足の甲)などの特徴からエナンティオルニス類の鳥類に分類されたこの標本は、脛足根骨(すね)の長さか

図2 ミクロラプトルの生体復元の一例(Utako Kikutani)

ら全長二〇センチメートルくらい、ハトより一回り小さいくらいの鳥類だったと推定される。最大の特徴は、脛足根骨に長さ二・五センチメートルほどの羽毛が並んでいたことである。これらの羽毛は羽軸があり、下方に緩やかにカーブすることから、翼を形成していたとみられている。

本種の尾羽は、現生の鳥類や孔子鳥など義県層の他の鳥類に比べると短い。現生の鳥類の尾羽は飛行の際に揚力を生じさせる面として使われている。これはこの個体がたまたま羽毛の生え変わりの時期で短かったのかもしれないが、後肢に翼があったことを加味すると、短い尾羽の分を後肢の翼で補完していたのかもしれない。現生のミツユビカモメやミミヒダハゲワシなどの足には水かきが発達しており、飛行中の急激な減速、急降下などの際に役立っていると言われる。また、オオハシウミガラスなどは尾羽があまり発達していないが、水かきのある足が低速度飛行をする際に揚力を補完しているとみられている。

このエナンティオルニス類の発見は、四翼を使って滑空し始めた獣脚類ミクロラプトルと、前肢の翼を羽ばたかせ尾羽で揚力を得て飛行する鳥類の中間段階に、後翼が減少しつつあるものの尾羽はまだ十分発達していなかった種がいたことを示すものではないかと考えられている。また、このことはミクロラプトルの四翼滑空が飛翔の起源であるとする説を支持するものである。始祖鳥、エナンティオルニス類とも、後肢の翼はミクロラプトルほど発達していない。このことから、当初は四翼で滑空していたものの、次第に前肢の翼の推進力が増加し、後肢の翼が退化していったらしい可能性が高くなってきた。翼の推進力の向上には、胸骨の竜骨突起が大きく、高く発達することによって、大胸筋などの付着面積を拡大することによって達成されていった。

樹上への進出

陸上生の獣脚類が樹上に上がるようになり、枝から枝に飛び移る滑空的な習性をもつものが現れ、そのなかから羽ばたき飛行ができるものが出現したとすると、獣脚類はどのように樹上に上がったのか。かつては前あしを枝に引っ掛けながらぎこちなく木をのぼる獣脚類の想像図が描かれたりしていた。現生のキジ類のヒナが、小さな前肢をパタパタと動かすことによって足と地面との接地を強め、急斜面を上り下りしながら飛行能力を獲得していくことが、高速度カメラの映像分析によって明らかになった(Dial, 2003)。ヒナは生後五十日ほどで、垂直面や一〇五度のオーバーハングさえも上がれるようになる。この研究から、飛行には十分な大きさではない獣脚類の前肢の翼であっても、木の幹を駆け上がることができたかもしれない可能性が考えられるようになった。敵から逃れるためか、樹上に被子植物などの新しい食料を求めたのかはわからないが、木の上という新しい生活圏を得るためには、前肢に翼をもつ「羽毛恐竜」の出現が必要だったようだ。鳥類に進化しなかった白亜紀の獣脚類のなかにも、小さな翼状の羽毛をもつものがいたことが謎だった。翼は種内のコミュニケーションに使われたかもしれないが、ロコモーションにおける機能が明らかになったことは、意義深い。

鳥類の歩行

獣脚類から鳥類への姿勢の大きな変化は、骨格各部のプロポーションの変化はもちろんのこと、足跡化石にも現れている。指先に鋭いカギツメの痕がある三本指の足跡化石があるとき、第二趾から第四趾の指の開きの角度が個々の足印の平均で一〇〇度以上ならば、それは獣脚類ではなく鳥類の足跡である可能性があるとされている。具体的な角度には議論があるが、鳥類のほうが指の開きが広いことは確かなようだ。獣脚類は後肢を軸に、重く大きな頭と、太く長い尾がヤジロベエのようにバランスを取って立っていたと考えられている。一方、鳥類は尾椎の数も長さも縮小し、尾羽でできた尾しかもたない。獣脚類のように頭を前方に突き出すのではなく、首を湾曲させて頭を胴体の上方に保持し、重心が胴体の下にくるような姿勢で歩くのが基本形である。足の指の開き方は、この姿勢、重心の変化を表していると考えられている。

恐竜と鳥類の境界線

八〇年代後半に、最古の鳥類化石として三畳紀のプロトアビス(*Protoavis*)という種が注目された。その後、プロトアビスは複数の爬虫類の骨格が混在していたり、血道弓(尾部の骨)を叉骨と誤認していたりするらしいことから、鳥類とは考えられていない。これまでに見つかっている化石のなかで最も古く原始的な鳥類は始祖鳥である。

始祖鳥の十一個目の標本が、昨年報告された。あれだけ有名な種だが、学術的に報告されているものは十一個しかない。「個体」ではなく「個」としたのは、最初の標本で「*Archaeopteryx lithographica*」のホロタイプ標本となっているのは、羽毛一枚だけだからである。かつては、羽毛をもった動物は鳥類以外になかったので、羽毛一枚でも鳥類に分類できたわけである。

新たに存在が確認された始祖鳥は、個人所有だったものを米ワイオミング州のワイオミング恐竜センターが購入し、二〇〇五年にその記載論文が発表された(Mayr et al., 2005)。本標本は翼や尾羽の痕跡、骨格の大部分が残っている、始祖鳥のなかでも特に良好な標本である。これまでの標本と違って、体の前後方向から押し潰された状態で化石になっていた。そのため、これまでの始祖鳥では不明確だった口蓋や烏口骨(胸から肩の一部)、距骨(足首の一部)などの形が明らかになった。いずれの骨も獣脚類に特徴的な形をしていたことが判明した。この標本の特に保存が良かったところは足指である。獣脚類の足は走行性への適応からか、第一趾(親指)が短く地面には接することがない。鳥類の第一趾は長く後ろ向きに伸びていているので、木の枝をつかむように使うことが可能になっている。これまで始祖鳥の第一趾は、後ろ向きに伸びていたと考えられていた。本標本の左右の足で親指が同じように化石化されていているが、いずれの足でも親指が後ろに伸びていなかったことが明らかになった。

デイノニコサウルス類の足の第二趾のつま先は大きなカギ状に発達し、上下に一八〇度も動かせたことが特徴的である。鳥類の第二趾のつま先の大きさは、第三、四趾と変わらず、第二趾の可動範囲も他の指と変わらない。始祖鳥の第二趾も鳥類と同様だと考えられていた。本標本で第二趾のつま先が特に大きいわけではないが、第一関節の形状から第二趾だけがデイノニコサウルス類のように大きく動くことが判明した[図3]。

マイヤーらは、本標本で確認された特徴は他の始祖鳥にも当てはまるものだとしている(Mayr et al., 2005)。この標本によって始祖鳥はこれまで考えられていたよりも獣脚類的な動物だったことが明らかになった。本標本の特徴を新たに加えて、中生代の三種の鳥類(始祖鳥、ラホナビス[*Rahonavis*]、孔子鳥[*Confuciusornis*])と四十三種の獣脚類との系統関係を分岐分析した結果、始祖鳥とデイノニコサウルス類が姉妹群関係(親戚同士)であることは従来の見解どおりだった。しかし、原始的な鳥類として知られる孔子鳥は、その腕や肋骨などの特徴からミクロラプトルと近縁であり、始祖鳥よりもドロマエオサウルス類に近縁だったとする新しい系統仮説が得られた。始祖鳥よりも現代の鳥類に近いものを「鳥類」と分類する従来の考え方に基づけば、デイノニコサウルス類がすべて鳥類に分類されることになる可能性を示す系統仮説である。

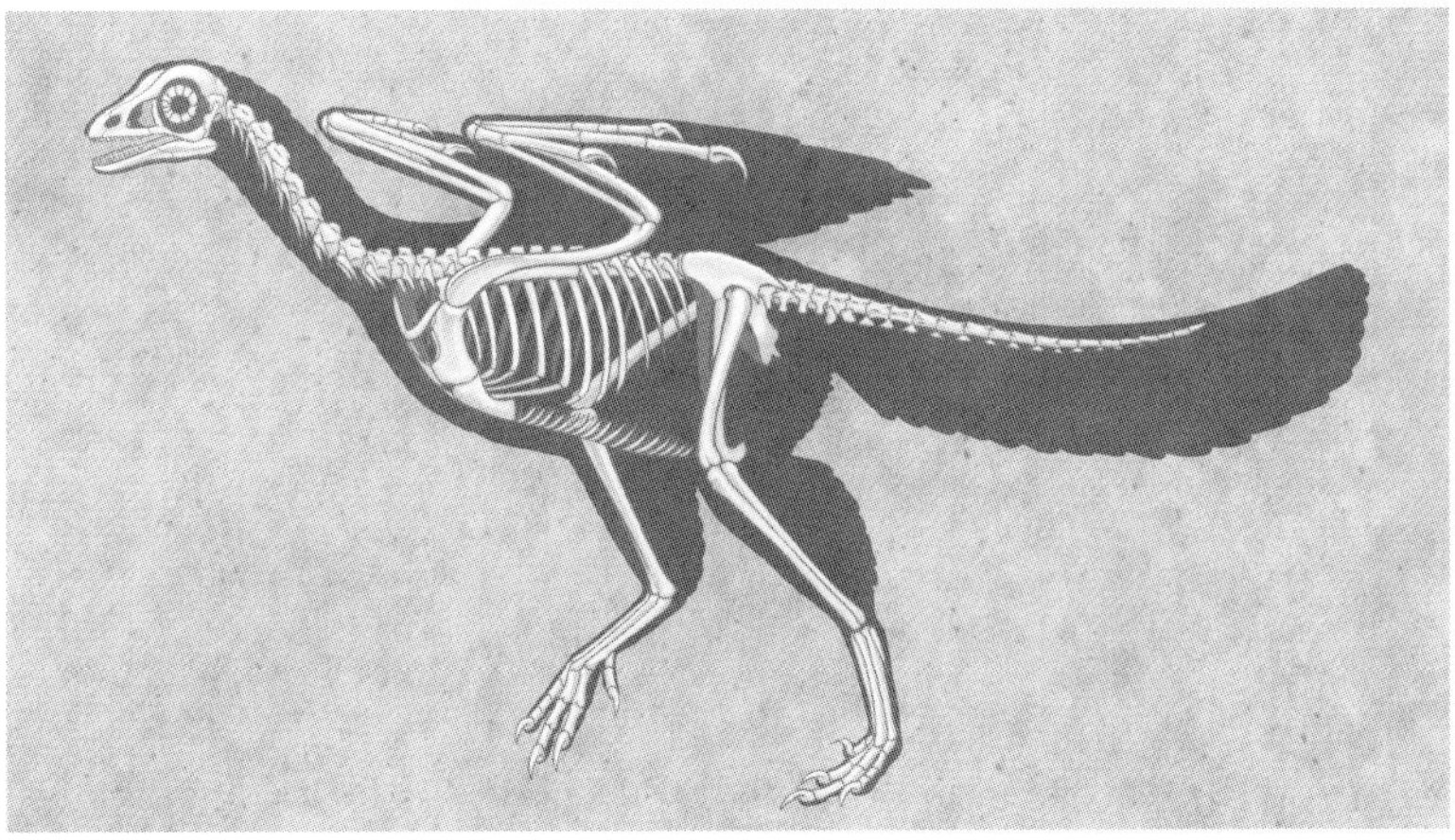

図3 始祖鳥の骨格復元の一例(Utako Kikutani)

二〇〇三年、ミクロラプトルが風切羽のある翼をもち、前後の脚の長さほぼ同じであることが明らかになってから、ミクロラプトルなどの獣脚類にはなくて、始祖鳥と鳥類だけがもつ特徴は、足の親指ぐらいなどわずかだった。今回の研究により、ミクロラプトルなどと始祖鳥の間に獣脚類と鳥類の境界線を引く必然性がなくなったと言ってよいだろう。

獣脚類と鳥類の運命の分かれ目

白亜紀末（約六五五〇万年前）、今のカリブ海に小天体が落下した影響が汎世界的に急激な環境変化をもたらしたと考えられている。鳥類以外の恐竜は、このときに絶滅してしまったので、鳥類の飛行能力が命運を分けたように考えられがちである。たしかに、その生息地の環境が悪化したときに、飛行することによって、海で隔てられたような場所であっても、その生活圏を移動させられることは有利に働いただろう。しかし、白亜紀末の鳥類の科の約七五パーセントが絶滅したことを考えれば、鳥類だから絶滅を免れた、飛行能力が命運を分けたとは簡単に説明することはできない。やはり、個体数が多かったり、地理的な分布が広かったり、生息域の多様性が高かったりすることが、その種の絶滅リスクを低くすることには違いないだろう。

これからの展望

中国などの新しい化石産地の発見によって、中生代の鳥類、鳥類に近縁な獣脚類の化石が著しく増えてきた。それでもまだ、生態系の氷山の一角をかいま見ているにすぎない。今後、新しい発見がなされるごとに、ここに紹介された仮説が検証されたり、修正されたりしていくことだろう。

大量絶滅は、生物相を大きく改変し、時代の境界線をつくる。恐竜の絶滅のように、絶滅したものとその理由にまずは関心が寄せられる。しかし、生き残ったものとその理由、そして過去六五五〇万年間、どのように進化を繋げてきたのかが重要である。中国・遼寧省の義県層のような、良質で多量な化石証拠をもたらしてくれるような場所は他の時代にはなかなかないが、これからは中生代末から現代までの進化の研究に大きな可能性と重要性があるだろう。

これまでの化石鳥類の研究では、骨格の形態変化を記載し、機能形態学的な考察が積み重ねられてきた。近年、それに加えて、東京大学生産技術研究所（吉川暢宏研究室）や東京大学理学部（大路樹生研究室）などでは、骨格の形態を有限要素法などで生体力学的に解析し、形態学のこれまでの知見を検証するとともに、外部形状だけからはわからなかった構造の相対的な強度などを明らかにする研究が進められている。また、東北大学理学部（田村宏治研究室）などでは、中生代の爬虫類、鳥類に見られた各部位の大きな形態変化について、それをもたらした*Hox*遺伝子など、発生生物学的な解明が進められている。このような総合的なアプローチにも加わり、二十一世紀の鳥類学は大いに前進している。

引用文献
Berner, R. A., VandenBrooks, J. M. & Ward, P. D., Oxygen and Evolution, *Science* 316, 2007, pp.557-558.

Dial, K. P., Wing-assisted incline running and the evolution of flight, *Science* 299, 2003, pp.402-404.

Gauthier, J., Saurischian monophyly and the origin of birds, In Padian, K. (ed.), *The origin of Birds and the Evolution of Flight, Mem. California Acad. Sci.* 8, 1986, pp.1-55.

Heilmann, G., *The origin of birds*, Appleton, 1927, pp.1-209.

Mayr, G, Pohl, B. and Peters, S., A well-preserved *Archaeopteryx* specimen with theropod features, *Science* 310, 2005, pp.1483-1486.

O'Connor, P. M. and Claessens, L. P. A. M., Basic avian pulmonary design and flow-through ventilation in non-avian theropod dinosaurs, *Nature* 436, 2005, pp.253-256.

Ostrom, J. H., Osteology of *Deinonychus antirrhopus*, an unusual theropod from the Lower Cretaceous of Montana, *Bull. Peabody Mus. Nat. Hist.* 30, 1969, pp.1-165.

Ostrom, J. H., The evidence for endothermy in dinosaurs, In Thomas, R. D. K., and Olsen, E. C. (eds.), *A cold look at the warm-blooded dinosaurs*, Westview Press, 1980, pp.15-54.

Vargas, A. O. and Fallon, J.F., Birds have dinosaur wings: The molecular evidence, *Journal of Experimental Zoology (Molecular and Developmental Evolution)* 304B, 2005, pp.86-90.

Weishampel, D. B., Dodson, P. and Osmolska, H., *The Dinosauria Second Edition*, University of California Press, 2004, pp.1-861.

Xu, X. and Zhang, F., A new maniraptoran dinosaur with long feathers on the metatarsus from China, *Naturwissenschaften*, 2005.

Xu, X.and Norell, M. A., A new troodontid dinosaur from China with avian-like sleeping posture, *Nature* 431, 2004, pp.838-841.

Xu X., Zhou Z., Wang, X., Kuang, X., Zhang, F. and Du, X., Four-winged dinosaurs from China, *Nature* 421, 2003, pp.335-340.

Zhang, Z. and Zhou,Z., Leg feathers in an Early Cretaceous bird, *Nature* 431, 2004, p.925.

飛ぶための意匠

遠藤秀紀　京都大学霊長類研究所

山階研収蔵庫の魔物たち

山階鳥類研究所。その莫大な蓄積が東京大学で展示の機会を迎える。山階研の収蔵庫には、魔物にも喩えられるべき進化史の意匠たちが詰め込まれているのだ。飛ぶことを義務づけられた体の最高度のデザイン。膨大なコレクションの一部ではあるが、人々がそれと空間を一にして感じ受ける印象は、来訪者の数だけ、この世に夢を湧きたたせると信じられる。芸術を旨とする人がいれば鳥の羽毛の色彩は極楽の神殿にも見て取れるであろうし、詩作に親しむ人にとって数多の翼のシルエットは人間が欲する大空への憧憬にも等しいだろう。

では、解剖学者たる私は、山階のコレクション群をどう見据えていくのだろうか。誰よりもかたちに敏感であることを求められる解剖学者が、美しく飛ぶことを義務づけられた被造物と、どのように相対するべきか。

そこに生まれるのは、対峙する両者の底知れぬ緊張感か。それとも、翼のかたちに魅せられた者が示す相手への融和か。はたまた、かたちの奥義を見せつけられて、かのコレクションに屈服する小さな解剖学者の敗北か。

鳥を難敵とする理由

鳥のかたちというものを私はあまり深刻に受け止めた経験がない。解剖をしていても、私にとって鳥のかたちは難敵だ[図1]。なぜならば、鳥の体は、飛翔のために研ぎ澄まされている最高に面白いはずの機能形態の塊でありながら、その機能性をあまりに単純ないくつかの設計思想でもって、いとも簡単に実現してしまっているからである。鮮やかにすぎるそのお手前は、解剖学者の目を深刻に繋ぎ止めるだけの悲壮感を、かたちとして示してはくれないのだ。

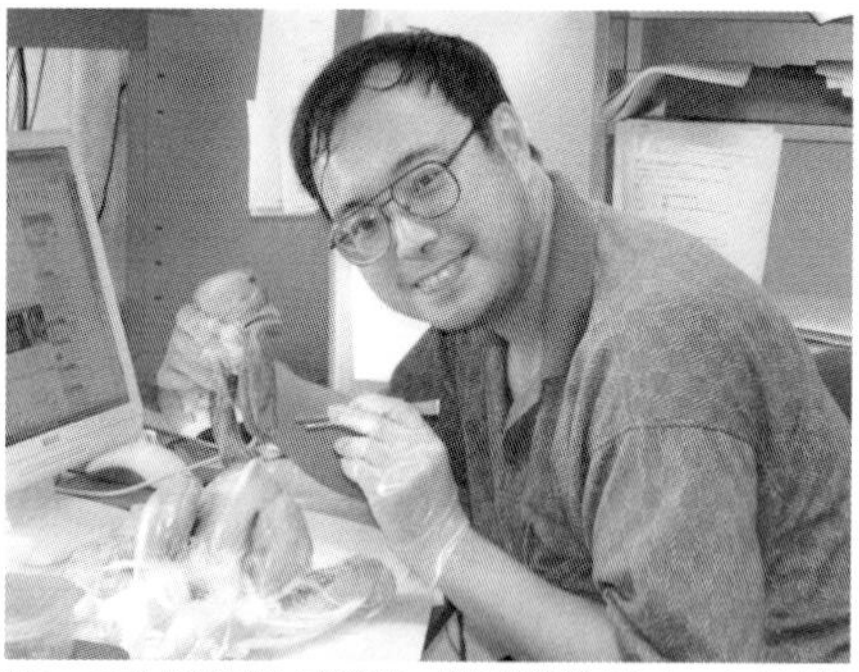

図1　ニワトリを解剖する筆者。機能形態学者にとって、行き過ぎた完成度を誇る鳥のかたちは、組みし易い相手ではない。

鳥のかたちの真意とは、飛翔のためにすべてを犠牲にする体の改築である（遠藤、二〇〇六）。飛翔運動は、人間の生み出す飛行機がほかの機械の体系にあてはまらないような異様な仕組みづくりを旨としているのと同様に、要求される飛翔機能のために、徹底して合理的なかたちを作り出すことを必要とする。したがって、いついかなるときも、動物の飛翔への挑戦は、無駄を省き、飛ぶための機能以外は二の次三の次へと後回しにすることで、その全体像が合目的的に完成されていく。

歴史をさかのぼってみよう。脊椎動物が、本格的に空を飛ぶのに成功した変革は、事実上三回に絞ることができる。三畳紀の翼竜、ジュラ紀の鳥、そして新生代初期のコウモリだ。三者の飛翔とは、文字通り空を自由に飛びまわるものである。そうである以上、中途半端はありえない。飛べるのか飛べないのかと問われたら、「飛べる」という単一の答えを返さなくてはならない脊椎動物たちが、それぞれに生み出した優れた翼だ。どれも翼として十分に成功を収めた進化史上の佳作だが、なかでも鳥の完成度は非常に高い。

事始めに、私が鳥をいかに優れた飛翔体であると認識しているかを、三つの部位の名称程度で紹介しておこう。最初は「動かない背骨」、次に「非対称の羽毛」、最後に「巨大な筋肉」だ。この三つの構造は、飛ぶための設計としては、あまりにも優れているという事実をまず記憶していただきたい。動かない背骨は、コウモリのものよりも徹底して動かない。非対称の羽毛は、翼竜もコウモリもまったく生み出しえなかった飛行のための最善の策だ。そして巨大な筋肉は、おそらくコウモリや翼竜以上に、無理をしてしつらえられた飛翔のための原動力だ。この三つの傑作が秘める「その心」は、次節以降で詳しく語ることにしよう。

とにもかくにも、そんな成功の程度の高いかたちが、いとも簡単に生み出されたようにしか見えないことが、冒頭に語ったように、私が鳥のかたちを苦手とする原因である。脊椎の固定化、羽毛の発生、必要な筋肉の集約……。そのどれをとっても、途中にどのような工夫をしなくてはならなかったかという問題を議論するに及ばないような、たった一発の改変で完成されたかのように見えるのである。そう見えるのは、たんに古生物学者の鳥の起原に関する議論がいまだ進行形だという学問の進捗具合が原因なのではない。飛ぶために必要とされる百点満点の答えを鳥たちが返すのに、あまり苦心した経過を見ることができないということが、形態学者として鳥を〝手強い〟相手と感じる最大の理由である。

解剖学者を狂喜させるだけの合目的性を体全体に備えながら、鳥の勝ち得た結論は、進化の歴史的継続性を包み隠すほど、より正しくいえば、多くの比較解剖学者にとってかたちの飛躍に伴う苦悩の跡を感じさせないほど、進化のお手前が鮮やかに過ぎるのである。もちろん、現生群の鳥の多様性は解剖学的に興味深い題材だ。ところが、それを可能にした鳥類の基本設計は、あまりに優秀すぎる。そこに見出されるのは最高度の結論ばかりだ。鳥の一発回答は、生物の悩める進化の産物というより、機械工学の秀才がCADのソフトで描いた人工物の図面にすら、思えてくるものだ。ときに動物の体が恥ずかしげに見せる祖先からの逸脱の悩み。それを綺麗に隠しすぎるからこそ、鳥を苦手と思う形態学者は少なくないのだろう。

動かない背骨

南米大陸の主、アリクイなる獣が、飛翔の飛の字からは最も遠い存在の、おそらく鳥とは縁のない体のつくりを旨とする獣であることは、いうまでもないか。間違いなく、山階研究所からの展示物にアリクイは含まれていないはずだ。

しかし、アリクイの解剖を始めてからというもの、私は、鳥とアリクイの間に、象徴的なかたちの意匠の極を感じることが多い。アリクイを扱わずして、鳥のデザインへの挑戦に解剖学が勝てるとも思われなくなってきた。そんな私の自信のなさが、アリクイと鳥の背骨の話を進めさせる次第だ。この後、鳥とアリクイの背骨のデザインを結びつけてみたいので、前提となる鳥の構造を理解するために少し時間を取ろう。

鳥の背骨はほとんど曲がらない。正確にいうと、胸のあたりから腰にかけて、解剖学者が胸椎、腰椎、仙骨と難しい言葉で呼ぶ領域は、曲げることができないのである。鳥が脊椎を動かしているシーンとして目に入るのは、ほとんどの場合、首を根元付近から大きく曲げている場面ではなかろうか。たとえば、典型的にはツルの仲間が長い首をよく屈曲させている。鳥類の頸椎の数は非常に幅広く変異する。簡単にいうと、長い首を柔軟に曲げなくてはならない生態をとる種やグループは、頸椎数を増やすことで可動範囲を広げている。

他方、たくさんの椎骨を関節で連ねて長さと柔軟性を獲得していく頸部と比べて、胸部から後方の脊椎は、ほとんど動くことができない。ごく普通の鳥として家禽のニワトリを例に挙げよう。前方から見ると、胸部のほぼ中央、第七胸椎(胸部の骨)付近から、合計十二個の腰椎(腹部の骨)すべて、そして骨盤と結びつく仙骨、さらには尾椎(尾の骨)までが、完全に一体化してしまっている。これを単一モジュールと表現することがあるが、とにかく胸の後方から尾までが、動かない巨大な一つの塊に取り込まれてしまっているのだ。なぜ、ここまでに徹底した不動の体幹領域を作り上げてしまうのだろうか。

脊椎動物の運動性能を決める要素は、人が作り出す機械とまったく同じ文脈で語ることができる。体の運動の性能は、まず自重とのせめぎあいのなかで決まってくるのだ。体の一部を動かす、すなわち、可動性を付与するということの中身は、非常に簡略化して述べると、以下の二点に集約される。それは第一に、骨と骨の間に関節面を備えること。そして第二に、その関節面を境にして独立した運動を与えるべくモーターをぶら下げることだ。モーターとはすなわち、しかるべき方向に張られた筋肉の塊である。

関節面は往々にして、祖先が使ってきたものをそのまま拝借するのが、脊椎動物の得意とするところだろう。脊椎動物たるもの、祖先の骨格構成を無視するほどに無秩序に骨のパーツを増やすことは難しい。そこで、新しい脊椎動物は祖先の骨の関節面をそのまま使う。鳥が翼を羽ばたかせて空を目指すといっても、翼自体は祖先の四足動物の骨を適宜使っているだけだ。あえていえば、手首が強く曲げられないと着陸時に翼を畳むことができないなどという、思いもよらない新しい要求を突きつけられることが、進化史の中では起きてしまう。それでも、これらの小難しい要求に逐一応えることで、鳥の体は誕生したといえる。だが、それとて、祖先にありもしない骨をどんどん発明したわけではなく、大昔からある関節面をどう修飾していったかという、マイナーな改変の範疇に収まる話だ。

一方で、もし祖先の関節面を活かし、あるいは、祖先以上の可動域を与えてよく動く体を作ろうとするなら、かならず筋肉がある一定量必要となる。要求される可動範囲が広いほど、要求される動きが複雑なほど、要求される運動の力が大きいほど、一般に筋肉は大きくなる。つまり、体の可動部分は、関節とそれを動かす筋肉を大量に要求するため、必然的に重くなっていく運命にある。

人の手で設計される機械もまったく同じだ。運動性能への要求が高度なら、それを動かすためのシステムは必ず大きくなり、重くなる。それは機械全体の自重を大きくしてしまう。大きな自重は、ほぼすべての場合、機械としては欠点だろう。システムの重量は、軽ければ軽いほど、全体としては有利となる。よほど自重を気にしなくていい、作ったら壊すまで移動しないような稀有な装置ならともかく、動物と同様に自分が移動する必要のあるマシンは、全体の質量を下げることが優れている証しだ。道路上の車輌に喩えれば、クレーン車はたしかによく動く力の強いクレーンを備えていなくてはならない。しかし、だからといってクレーン自体がやたらに重かったとしたら、道路上を自走することができなくなる。最低限普通の車と同様に路上を走行できないクレーン車は、何の役にも立たないただの置き物同然なのだ。

鳥が陥ったジレンマはまさにここにある。動物が厳しい自然界を生き抜くためには、祖先の関節面を活かして、かなりの程度自由な骨格運動を体全体に取り込んでおきたくなるはずだ。というのも、背骨の運動性はさまざまな自然環境に対する体の側からの適応力を反映するからだ。空中で高速のまま向きを変える、飛び込んだ水中で逃げようとする魚を素早く捕まえる、強大な敵と地上や空中で格闘戦を演じる……。鳥類に広く要求されるこうしたあらゆる運動の場面では、実際に背骨が自由に力強く運動すれば、鳥の側に大いに有利な状況を生じるに違いない。

しかし、それは鳥にとって許されない選択である。なぜならば、答えは単純極まりない。鳥は飛ばなくてはならないからだ。飛ばずして脊椎運動の高度さを求めることなど、鳥にはありえない選択だ。

結果、鳥は逆の不自由さを系統全体が生来抱え込むということになった。それは首以外のほとんどの椎骨から可動性を除いてしまうという作戦である。祖先が残してくれた椎骨間の関節面をすべて犠牲にし、脊椎を動きのない一つの塊に変えてしまうことだったのである。むろん初期の鳥たちが脊椎の運動を放棄していったプロセスは古生物学的に化石から検証されることだろうが、結論はどれも一致している。プラスティック工場が一体化したパーツを成型して押し出してくるように、自らの体の後ろ半分を、単一のモジュールに加工してしまうことこそ、鳥が性能のよい飛翔体と化す鍵だったのである。

　考えようによっては、これほど祖先の贈り物を冒涜した進化もないかもしれない。だが、進化とはこうして、とある系統に新しい世界を導き出す。古典的なダーウィニズム流に表現すれば、おそらくは星の数ほどもある飛行のための失敗作の上に、輝ける生き残りとして、この一体成型モジュールは完成されたということができる。

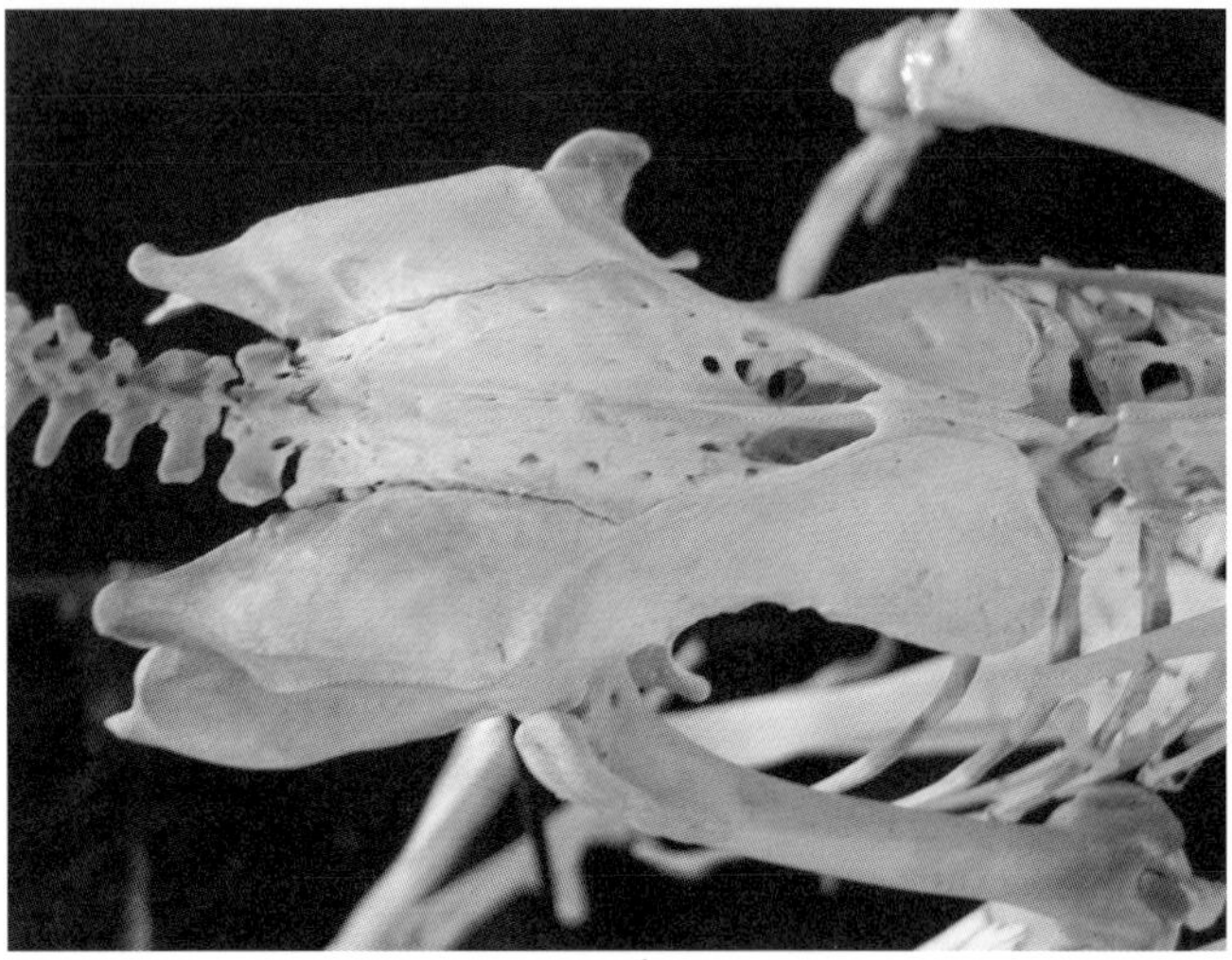

図2　ニワトリの腰仙骨。背側右寄りから見たところ。骨盤と仙骨が一体化し、さらにいくつもの胸椎と尾椎までが一体化している。背骨の運動性を犠牲にしてまで、軽量化を実現するためだ（撮影：帯広畜産大学・佐々木基樹博士）。

　こうして鳥は、全体のサイズの割には恐ろしく軽い体幹部を実現することとなった。が、事はさらに念入りである。鳥は骨盤、つまりは後ろ足の付け根の腰の部分全体をも、この可動性のないモジュールに取り込むこととなる［図2］。

　鳥が生み出した後肢と背骨の結合方式は、これまた究極の骨の複合体だ。鳥の場合、後肢と連結する背骨、すなわち仙椎は二個程度まで退化・減少している。そしてその仙椎（仙骨）は腰椎とともに、骨盤（寛骨）と完全に一体化してしまっている。

　古《いにしえ》の解剖学者はこの骨の塊に、腰仙骨《ようせんこつ》なるセンスに富んだ名称を与えている。腰仙骨の完成で、胸の中ほどから後ろ足の付け根、つまりは股関節の上までを完全に一体モジュールに化けさせた動かない体が、鳥に与えられることになる。当然この領域には、痕跡的とはいわないまでも、ほとんど用を為さないまでに矮小化された体幹部の筋肉がわずかばかり残るだけだ。動かない体幹は極限まで軽量化され、個体が生きるのに欠くことのできない内臓を収容するための、この世で最も軽いただの箱に生まれ変わっている。脊椎動物の歴史は五億年以上に及ぶだろうが、運動性を旨としていたはずの骨格の連結群が徹底的に合体を完了する例としては、この鳥の後部椎骨と骨盤の右に出るものはおそらくないだろう。

地上をどうやって歩くか

まるで化け物然とした腰仙骨は、ここでやっと、私の脳裏でアリクイと鳥を結びつける種となる。読者は驚かないでほしい。鳥とアリクイの運動機能を並列的に議論した解剖学者はほとんどいなかったはずなので、私の提案自体が突拍子もないのである。

コウモリを除けば軽量化の必要などまず考えられない哺乳類たちは、脊椎の運動性を限りなく謳歌するかのように生き続けている。だが、このアリクイの仲間は若干事情が異なっている。

アリクイの仲間を分類学では異節類《いせつるい》と呼ぶ。異節類に属する動物でほかに読者がご存知のところでは、ナマケモノやアルマジロといったところだろうか。異節なる名称の真意は、脊椎のなかでも胸椎から腰椎にかけて他の哺乳類ではまったく見られない特異な関節がつくられていて(Rose and Emry, 1993)、奇妙な背骨の連結方法をとっていることを表現してのネーミングである。

ここから先は私の現在進行形の研究テーマなのだが、異節類はこの奇妙な突起があるがために、どうも胴体の後ろ半分を、背骨を軸にしてねじることができない。もっともこれは異節類にとって不都合なことではなくて、多くの場合、この仕組みでもって体を丈夫に支えておくことができるらしいのだ。

たとえばオオアリクイは、よく二本足で起立する。胴体から上を垂直に近く立てる動作を繰り返す。これに何の意味があるかというと、オオアリクイの場合は、自らの餌の詰まったアリ塚を壊すときに、前半身を垂直に立てて一心不乱に巨大な鉤爪の備わった前足でアリ塚を破壊するのだ。さらに、この動作は身を守るときにも現れる。小型の肉食獣などに襲われると、同様に体を立てて鉤爪を振り回すのは、アリクイ一流の護身術なのだ。

こうした姿勢をとるとき、一貫して、異節の仕組みは有利なことだろう。筋肉で一生懸命に立ち姿勢を保とうとしなくても、胸から腹部に備わった異節関節が体を垂直に立てたまま、ねじれ曲がることを防いでくれる。アリクイにとって、これほど便利な構造はない。同じ仲間のナマケモノではこの異節は異なる姿勢でもって役に立っているらしい。ナマケモノの典型的な歩様はご存知と思うが、鉤爪を引っ掛けては四本足のまま樹上から逆さまに懸垂し、のんびりと移動していく。こんな奇妙な運動のときにでも、体をねじらないように保ってくれる動かない背骨は大いに頼りになるはずだ。

さて、大きくわき道にそれたように見えるが、さにあらずだ。ここで議論するのは、鳥は、そして二本足で立ったアリクイは、地上をどうやって移動すればよいかという難問である。腰仙骨が胸から一体化した鳥類は、それでもって飛ぶには最適の軽量化に成功しただろうが、実は二本足で立ったが最後、仏像のように一歩たりとも足を前に出すことができない状況に陥っているのである。そして、異節によって胴体の後半部分をねじることができなくなったアリクイたちにとっても、鳥の腰仙骨とかなり似たことが起こっているのだ。

状況を簡単に説明しよう。異節関節でねじれを防止してしまったアリクイは、二本足で立った後、左か右の一方の足を前へ出す術が、非常に限られているのだ。二足歩行のエキスパートといえばわれわれヒトだが、右足を前へ大きく踏み出そうとすれば、われわれは意識的に遠慮しない限り、骨盤ごとひねって骨盤の右サイドを前寄りにねじり出している。試しに自分で歩いてみれば、すぐわかるはずだ。脊椎をある程度ねじらなければ、われわれの歩く能力はかなり制限されてしまうのである。オオアリクイはまさに普段からその制限された状態なのだ。動物園でかの面長のひょうきん者を見る機会があったら、確認してほしい。柵の中に入れられてもなぜか野生時代の二本足起立を忘れないオオアリクイだが、そのままヒトよろしく片足を前へ踏み出すことは絶対にない。二本足で立ったオオアリクイが次にすることは、そのまま前足を地面に下ろして、四足動物に戻ることだけだ。

胸椎と腰仙骨を一体化した鳥では、事態はより深刻だ。腰仙骨が体軸に対して可動性をもたない鳥は、骨盤の片側を前方へねじり出すことなど、永遠にできない。もし無理にその動作を狙うなら、ワニのように体ごと地面と平行な平面内で左右に振り回すしかないだろう。現に走りの得意な一部の鳥ではそれらしい怪しさも観察できるのだが、ともあれ、ほとんどの鳥は二本足で立ったはいいが、そのあとは地上を移動できないことになる。

一体融合モジュールで空を手に入れた鳥たちは、これを最後に地面を歩くことができなくなってしまった。かろうじて取る彼らの次善の策は、大きいカラスや逆に体のサイズの小さい鳥を見て確認しよう。彼らの解決方法は、よちよち歩くか、いっそのこと小刻みにジャンプして移動するかである。これなら、歩行のための新しい仕組みづくりや、特殊な装置を作り出すことを必要としない。ちょっとくらい足首と脛の裏の筋肉を大きくしておけば、もともと体重の軽い彼らにとって、距離を小さく刻むジャンプには十分だろう。逆にいえば、地上を移動するために、あえて装置を増やして自重を増加させては何のために空を飛んでいるかわからない。ちなみに、鳥の体にとって飛ぶ際に無用の重量物となる代表は、首とこの後肢である。首は、先に語ったように、動かさない道を選んだ鳥の体が、唯一許容した器用な装置だ。おそらくは軽量化と運動性能のはざまで、ぎりぎりの自然選択を終えていると思われる。一方の後肢は、仕方ないほど不器用に、地上での最低限の移動手段を確保しているといったところか。

日本の山野や都市でキジやハトが巧みに歩いているのは、鳥の歩様としては大した頑張りだ。こうした多少歩きのうまい鳥の移動能力を支えているのは、どうやら重心の移動を巧みに操る能力と、後肢の運動性の高さらしい。一つには、股関節の可動域の広さが、かなりの程度、地上での移動を助けていると考えられる。腿を前へ蹴り出す能力が高ければ、腰をねじることができなくても、とりあえず前へ進めることだろう。もちろん後肢にはそのための筋肉を備えねばならない。離陸のために助走するような鳥はともかくとして、歩行のための筋肉の大半は、多くの鳥にとって飛行時にはお荷物以外の何ものでもなくなる。こうした比較的よく歩くことのできる鳥の後肢については、最後の節でもう一度ふれることにしよう。よく歩く鳥については、運動能力の研究において最新の知見が増えているので、私も注視することにしたい。

他方、いわゆる水鳥や、潜水専門の鳥たちの二足ロコモーションは、地上での移動能力の不備を覆い隠すすばらしい進化である。骨盤を左右にねじることのできないデメリットは、相手が固い地面だから表に出てしまうことだ。初めから水面や水中を移動するなら、骨盤など動かさなくても、足首から先のみの運動で十分に推進力を得ることができる。ガンやカモはその典型だろう。

それなりに役立っていたはずの異節関節も、最高度の適応を遂げていたはずの腰仙骨モジュールも、実は地上二足歩行を大いに犠牲にしている。四本足にいつでも戻れるアリクイならまだしも、鳥にとっては大きな博打を打った結末だろう。だが、これこそが、鳥のもつあまたの意匠のなかでも最も美しいかたちかもしれない。

風に乗るための秘策

鳥の起原といえば羽毛の始まりを議論しないわけにはいかない。獣脚類恐竜の系統と羽毛の起原とをどう位置づけるかは、鳥たるもののオリジンを知ろうとするときの、昨今の大きな論点の一つだ。たとえば、漠然と鳥類と呼ばれてきた系統を、共有派生形質によって分岐分類学的に揺ぎない系統群として括ろうとする作業が、羽毛の扱いを核心に置いて激論を交わしてきたといえる。主に一九七〇年代以降のジョン・オストロム以来の研究史から見渡せば、一連の議論は新しくて面白すぎる。過去十五年ほどの中国を中心とした獣脚類や「古い鳥」の化石の発見とその後の議論は、系統分類学のみならず、機能形態学からも実に興味深い。しかし、おそらくは本書の他の頁でもそれは重要な論旨に持ち上がるはずなので、この問題はここでは詳しく取り扱わないこととしたい。羽毛の起原と歴史性の問題を語るのは別の機会に譲りつつ、ここでは羽毛なる構造の、やはり飛ぶために完成されたかたちについて見ることにしたい。

鳥は、その象徴ともいえるように羽毛で覆われている。問題はその羽毛の一枚一枚がかたちに主張してくるパテントである。日本で普通に見られる鳥なら何でも構わないので、翼、すなわち前足の先端近くに生えている羽毛をよく観てやってほしい。山階研の恐ろしい魔物たちは、大半がこの羽毛からなっているといっても過言ではないので、読者にはこれがよい観察の機会になるかもしれない。

専門家は、前肢の末端部、とくに手首よりも先に生えている羽毛を、初列風切羽と呼んでいる。鳥の鮮やかすぎる進化のお手前は、この初列風切羽を見れば十分かもしれない。演劇の舞台で中世ヨーロッパの貴族が執筆にいそしむときの、あのベタ

図3　風切羽のかたち。羽軸を境に羽弁の広がりは明らかに非対称である。この構造が揚力を生む。

ベタに手垢に塗れた演出の小道具が、初列風切羽だ。

この初列風切羽だが、実に面白いことに、全体がよく見えるアングルから見たときに、まったく線対称をなしていない[図3]。中心に通る固い筋の部分を羽軸、その周辺に伸びる毛の実体部分を羽弁《うべん》と呼び、羽弁にはさらに一段階微細なレベルで羽枝や小羽枝なる構造を含んでいる。各部の呼称はともかく、問題はその羽軸からの羽弁の伸び方が非対称なのだ。

初列風切羽は、よほどのことがない限り、例外なく鳥の体を基準にして羽軸から前方の羽弁がつくる面積が狭く、後方の羽弁がつくる面積が広い(Feduccia, 1996)。この何のことはないアシンメトリーによって、初列風切羽は、断面で見たときに飛行機の主翼で見られるような、前方が短くて分厚く、後方が長くて薄い形状をつくっている。もとい、オービル、ウィルバー・ライト以来の飛行機の主翼の断面など、ほかならぬ初列風切羽の羽弁からヒントを得た部分が大半だから、発明家は鳥のほうで、模倣者が航空工学だ。

飛行機であれ、鳥であれ、当然その断面を避けて通る空気の流れは初列風切羽の空側と地面側とではスピードに違いを生じ、その違いが風切羽に揚力を生み出す。初列風切羽が十分に大きくて、揚力が巨大であれば、あとは前へ進む推力さえ確保すれば、鳥はいつまでも空中に浮いたままだ。人の作った航空機が、失速さえしなければ、空中に浮かんでいるのと同様の原理である。実をいえば、この非対称性ゆえに理想的に揚力を生み出すのは、体中に数ある羽毛のなかでも事実上初列風切羽のみである。手首から肘までの間に生える次列風切羽も揚力には貢献しようが、本質は初列風切羽で語り尽くされている。

これぞ初列風切羽の美しすぎる意匠だ。私は、脊椎動物が発明しえた三種の翼のうち、鳥のものが最高傑作ではないかと感じているが、その理由はまさしくこの初列風切羽の非対称性にある。

こんなに単純な飛行方法を脊椎動物の他の二つの翼は編み出すことができなかった。コウモリのほうはご存知とは思うが、羽毛のような優れた高揚力の仕掛けをもっていない。指と掌を長く伸ばして膜を張る。前肢どころか、後肢や尾までが翼の膜張りに参加する。そのせいで地上でのロコモーションは無様だ。他方、翼竜の非飛翔時のロコモーションはまだ議論の途上だが、鳥に比して格段に優れた移動ができたとは思われない。

鳥の飛翔の仕組みが抜きん出て優れているのは、羽毛という、骨や筋肉とは無関係の皮膚の一部に揚力源を任せ切ることができていることである。その結果、少なくとも後肢は飛翔に直接関与することなく、着陸装置・移動装置としてある程度利用することができるのである。気がつけば、一定以上の質量をもちながら空を飛ぶ動物で、多くの鳥類ほど、離着陸が円滑なものはいないはずだ。鳥の翼は飛翔のためのノウハウを一心に背負い、多少の機能形態学的な余裕を、翼以外の部分に配分することができているのである。それがよく動く首であり、あるいは動きにくくても他の飛翔動物よりは明らかに機能性のある後肢ではないかと、私には思われるのだ。

　古生物学的に、羽毛の起原は論争のいまだ最中である。ここでは起原論には踏み込まないが、この初列・次列風切羽の非対称性は、ジュラ紀の始祖鳥にも白亜紀の孔子鳥やエナンティオルニス（サカアシチョウ）類にも、かなりの程度で成立していたと考えられる（Speakman and Thompson, 1994; Feduccia, 1996）。こうした系統的意味づけのまだ完全には明確にならない「初期の鳥」においても、非対称性の風切羽は飛行機能を担う重要なかたちだったことだろう。ちなみに、クイナのような現生の飛べない鳥は、この美しいまでの非対称性を捨て、羽軸を対称軸にして、のんびりとした対称性の羽弁を備える。自然淘汰の産物として必要性のない非対称性が失われたと解釈できるが、最大の特徴を失った風切羽は、飛べない鳥が見せるそれなりの自己主張といってもよいだろう。

巨大な筋肉と人々の嗜好

　最後の話題に、ニワトリを解剖してみよう［図4］。羽毛と皮膚を大半取り去ってしまったせいか、このアングルからは、一見して胸部の巨大な筋肉ばかりが目立つ。かなりアンバランスなシルエットが、鳥のかたちの基本だといってよいだろう。

　脊椎の運動性を犠牲にした軽量化と、羽毛による単純な揚力の獲得。だが、鳥が飛ぶためのデザインとして最終的に必要としたのは胸部から発する羽ばたきの動力である。

　その正体は、解剖学的に胸筋と呼ばれる。図4で目立つ筋肉は、とくに浅い層に存在するもので、浅胸筋《せんきょうきん》とされ、胸部を起点に腕を振る、すなわち羽ばたき運動の主動力となっている。

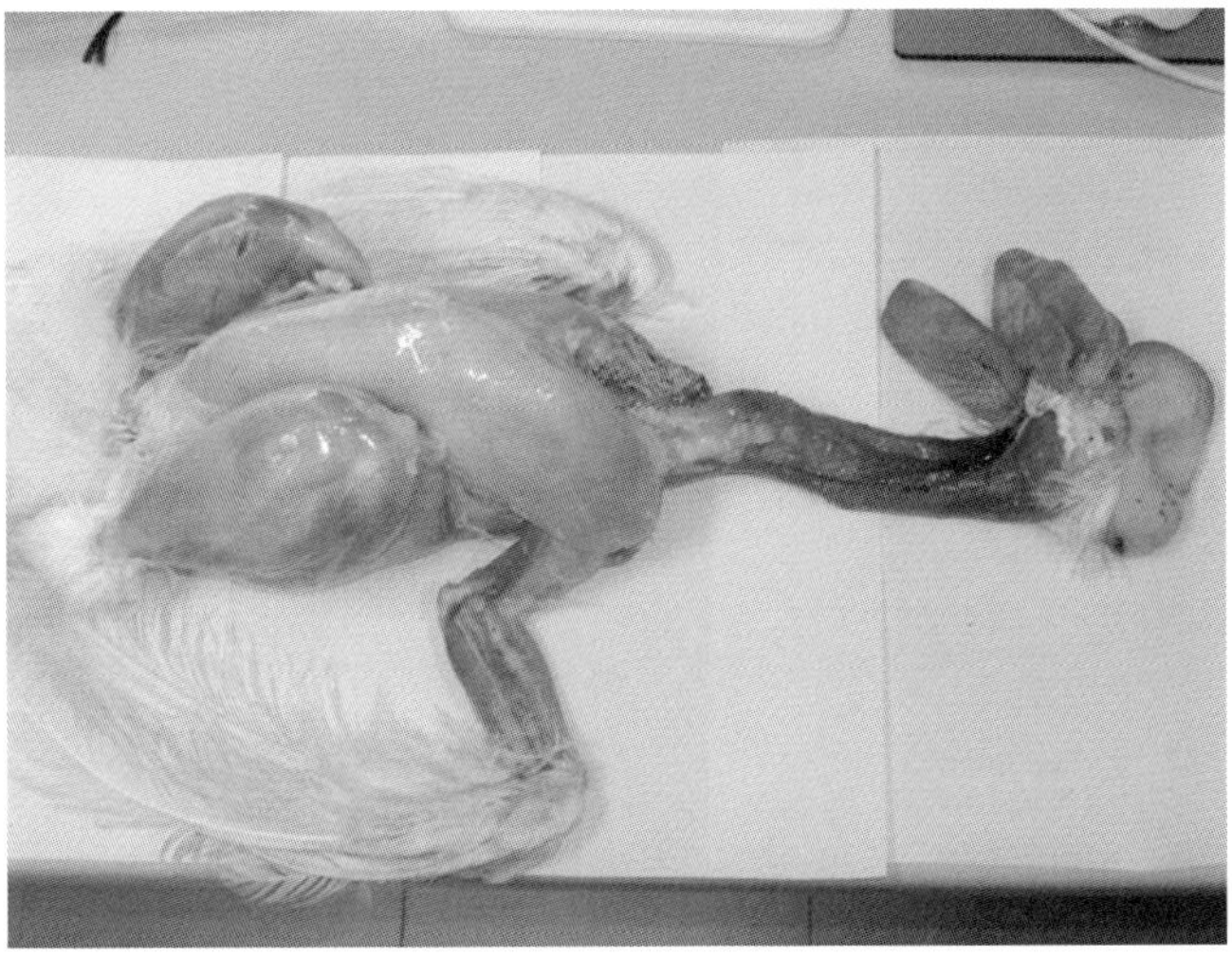

図4　ニワトリの解剖体を腹側から見た。体の部分としては胸筋が圧倒的な大きさを占めることがわかる。

実際に浅胸筋は、上腕骨を下方へ引き下げる力を起こすので、翼を打ち下ろす役割を果たしている。

胸筋は、最も浅い部分の浅胸筋だけでも、多くの鳥で体重の五パーセント以上を占めるという巨大な塊だ。これを貼り付けておくための胸の骨を胸骨と呼ぶ。胸骨は、胸筋に広い付着面積を与えるために非常に大きく発達している。竜骨突起（キール）という名をもらった、大きな構造体だ（George and Berger, 1966）。

本節でもキールの古生物学的な起原には踏み込まないが、鳥の祖先で飛翔行動が進化するまではもともと発達のさほどよくなかったものだろう。しかし、リャオニンゴルニス（遼寧鳥《リョウネイチョウ》）と呼ばれることになった白亜紀の鳥類で、すでにかなりの程度発達していたことが確認されている（Hou et al., 1996）。

胸筋を使って前肢からなる翼を羽ばたかせるという構図は、そのことだけに限れば、実はコウモリにも翼竜にも共通するデザインだ。翼を羽ばたかせる以上、歩行する四肢動物で左右の前肢を内側に閉じるのに使う筋肉が、羽ばたきの主動力となるのは当然かもしれない。その結果、胸筋に白羽の矢が立てられる。胸筋ならば、自由に動く腕全体を振り下げるには最高に都合のよい位置にある。ただし、コウモリには大きな竜骨突起は見られず、胸筋は肋骨と若干大きい胸骨の周囲一面に広く付着している。一方の翼竜ではキールに当たる部分は発達しているが、どうやら翼を持ち上げるときの筋肉のメカニズムは、鳥とはまったく異なるものになっていた可能性が高い。余談だが、飛ぶことを忘れたダチョウやヒクイドリやエミューでよければ、キールらしきものは消失してしまっている。潜水性の鳥は水中で前肢をよく使うので条件はダチョウと異なるが、それでも、ペンギンやウミガラスなどを見る限り、一般に胸骨は小さく退化してしまっている。

軽量化を断行し、どこもかしこも小さく不動化し、機能の制限に徹してきた鳥にとって、逆に大きさを問わない、むしろ自重とはここのためにあるという逆転の設計方針が採られているのが、この胸筋とキールに見られる飛行動力確保のストーリーである。

ところで、図4のニワトリで、もう一つ大き目の筋肉の塊が見えていると思う。左様、食肉としても親しまれている、後肢、とくに大腿部の筋肉である。すでに語ったように、後肢の筋肉は、鳥本来のアイデンティティ、すなわち飛翔機能にとっては負荷となるばかりだ。しかし、地上ないしは樹上においてロコモーションが重要視される生態をとった種は、自由度の大きな股関節を利用して、大腿部の筋肉を用いてある程度の歩行に適応している。飛ぶことを放棄したダチョウやエミューなどは特殊に過ぎるのでこの節では扱わないが、大腿部周辺の重量増加を許容しながら歩行に適応した好例が、このニワトリ、そして、キジ、ヤマドリ、ヤケイといったグループだ。

ニワトリが家畜化される前の野生原種は、東南アジア地域に分布するセキショクヤケイなる種である（Akishinonomiya et al., 1996）。多くの人はニワトリを知っているにもかかわらずセキショクヤケイは見たことがないのだが、もちろんれっきとした、精悍な印象すら与えてくれる野生の鳥だ。工業製品よろしく生産されていく哀れなブロイラーと異なって、ヤケイたちは空を飛ぶ。彼らは重い後肢というハンディを背負いながらも、自由に飛翔できる。つまりは、ギリギリまでロコモーション機能を残した後肢を使って地上や樹上を歩き回り、巣を構え、餌の虫を探し、必要とあらば重い後肢に引きずり降ろされながらでも、しっかりと飛び立っていく。

セキショクヤケイは、鳥としては後肢が比較的発達していたこと、そしてもとより大きな胸筋を備えていたことが、家禽たるニワトリとしての可能性につながったというのが、私の推察だ。家禽は当然のように、人間の胃袋に収まる重宝な蛋白資源でなくては意味がない。卵はともかくとして、巨大な胸筋に加えて、これまた鳥としては大き目の大腿や下腿の筋肉は、これ以上はない魅力的な食糧だろう。もちろん数ある野鳥のなかで、セキショクヤケイだけが原種に選ばれた理由は単純ではなかろうが、この鳥が着陸後のロコモーションを機能的適応の一項目に含めて大きな後肢を備え続けていたことは、産肉性を旨とする家畜の原種としての魅力につながっただろう。

もう一つ、図4を眺めるとき、私には気になるニワトリがある。それはシャモ(軍鶏)だ。読者はあまりなじみがないだろうが、社会の遊興のためレクリエーションのために、人前で闘鶏を演じてみせるニワトリの品種である。品種といっても、西欧のモダンなものとは様相を異にする。すなわち、遺伝学的な均一さは確立されていない鳥たちで、一口にシャモと呼ばれているニワトリたちでも、実態はあまりに多様だ(Oka et al., 2007)。たとえば日本国内のシャモだけとっても、本土のものと沖縄のものではその起原がまったく異なり、途中で他の品種を生み出しながら分化していったという歴史が、分子遺伝学的に明らかにされつつある(Komiyama et al., 2004)。また、東南アジアに目を向けるとき、シャモには野生個体群からの遺伝学的交流すら絶えまなく、確立された品種の呼称というより雑多な系統の総称という認識が妥当だろう(Nishida et al., 2000)。

このシャモだが、私の解剖学的な検討では、体中の筋肉量を増やし、歩行および跳躍の能力を際立たせて育種したニワトリたちのようだ。体重六キロを超えるような雄が闘鶏に参加している様子を見ることができるが、なかでも後肢の発達は著しい。解剖体から得られる定量的データはまだ十分ではないが、多様なシャモに統一していえることは、臀部、大腿部、下腿部での筋肉量の増大だろうと推察される。つまりは後肢の機能アップこそが、シャモの育種の鍵を握っていると考えられる。シャモというと、よく細長く突っ立ったシルエットが象徴的に語られ、首が発達していると思われがちだが、私の予備的な解剖の研究では、むしろ首は標準的な卵用品種などに比べて相対的に軽く、華奢につくられている。シャモの細長く立ち上がった姿勢は、おそらく、闘うニワトリの戦意や、威厳や、ついには勝利をもシンボリックに表現するものとして好まれているのかもしれないが、首に関する限りは、実際には巨大化したわけではないようだ。

闘鶏という「競技」を通じてシャモの生物学的な性能に対して、人々や社会が何を欲してきたかは、実像があまりに複雑なため、私もまだ体系化できていない。アジアに行けば、地方や集落によって、闘鶏の「ルール」も闘鶏に対する人々の「趣向」も多様で複雑だ。国家や部族や社会の戦や平和に対する考え方や、人々の精神世界や宗教観もがシャモのかたちを決める重要な要因になってきたといえるのである。だから、人々がシャモのどういうシルエットや運動性能を重視して、結果的にどこのかたちをどう変えてきたかという図式が、なかなか見出せずにいる。

しかし、そのなかで解剖体から見えてきたものは、明らかに歩行と跳躍のための後肢の機能特化だ。多様ではあるが、多くの競技の場で、跳びはねて相手を上から突く、相手の後ろに回るといった戦術が見られることが多い。肉消費のために改良されるのみならず、こうした遊びへの嗜好の中でも、ニワトリは人々の望みにかなうような変形を遂げてきたというのが事実だろう。

これからは闘鶏を楽しみ、それに従事する人々から、伝統文化としての闘鶏のあり方に探りを入れてみたいと思う。鳥のかたちの意匠の最後に突き詰めるべき論題に、こうした人為による極限的なかたちの創生があろう。そこまで含めて、「鳥の意匠」は私の前に立ちはだかっている。

参考文献

Akishinonomiya, F., Miyake, T., Takada, M., Shingu, R., Endo, T., Gojobori, T., Kondo, N. and Ohno, S., Monophyletic origin and unique dispersal patterns of domestic fowl, *Proceedings of the National Academy of Science USA* 93, 1996, pp.6792-6795.

遠藤秀紀『人体——失敗の進化史』光文社新書、二〇〇六年。

Feduccia, A., *The Origin and Evolution of Birds*, Yale University Press, 1996.

George, J. C. and Berger, A. J., *Avian Myology*, Academic Press, 1966.

Hou, L.-H., Zhou, Z.-H., Martin, L. D. and Feduccia, A., Early adaptive radiation of birds: evidence from fossils from northeastern China, *Science* 274, 1996, pp.1164-1167.

Komiyama, T., Ikeo, K. and Gojobori, T., The evolutionary origin of long-crowing chicken: its evolutionary relationship with fighting cocks disclosed by the mtDNA sequence analysis, *Gene* 333, 2004, pp.91-94.

Nishida, T., Rerkamnuaychoke, W., Tung, D. G., Saignaleus, S., Okamoto, S., Kawamoto, Y., Kimura, J., Kawabe, K., Tsunekawa, N., Otaka, H. and Hayashi, Y., Morphological identification and ecology of the red jungle fowl in Thailand, Laos and Vietnam, *Animal Science Journal* 71, 2000, pp.470-480.

Oka, T., Ino, Y., Nomura, K., Kawashima, S., Kuwayama, T., Hanada, H., Amano, T., Takada, M., Takahata, N., Hayashi, Y. and Akishinonomiya, F., Analysis of mtDNA sequences shows Japanese native chickens have multiple origins, *Animal Genetics* 38, 2007, pp.287-293.

Rose, K. D. and Emry, R. J., Relationships of Xenarthra, Pholidota, and fossil "Edentates": The morphological evidence., In (F. S. Szalay, M. J. Novacek and M. C. McKenna, eds.) *Mammal Phylogeny*, Placentals, Springer, 1993, pp.81-101.

Speakman, J. R. and Thompson, S. C., Flight capabilities of *Archaeopteryx*, *Nature* 370, 1994, pp.514.

鳥とコウモリの飛翔適応における大きな違い

本川雅治　京都大学総合博物館助教

鳥とコウモリは、どちらも翼を進化させ、飛翔能力を獲得した脊椎動物である。飛翔によって、空中という他の脊椎動物に利用されていない空間を活動場所として獲得し、多様な種や生活史を進化させることができた。また、現在では飛翔昆虫の捕食者として、食物連鎖の重要な部分を担うと同時に、農業害虫の補食にも大いに貢献しているといわれる。

いうまでもなく、鳥は鳥綱に、コウモリは哺乳綱にと、まったく異なる分類群に属する。このことからもわかるように、両者はまったく別の進化の過程で、それぞれが独立に飛翔能力を獲得した。翼の形態的特徴が両者で大きく異なることをみても、それぞれがたしかに独立に進化してきたことを確認できる。鳥とコウモリの形態を考えるうえで、飛翔に関わる形態の違いを一つずつ比較形態学的に見ていくこと、両者の飛翔について力学的に比較していくことはきわめて興味深いことである。しかし、ここでは少し違う観点から鳥とコウモリがそれぞれに飛翔適応していくなかで、まったく異なる形態進化を遂げたことについて紹介したい。鳥に関する本書の中で、本稿だけがコウモリを中心に書かれているといわれるかもしれない。また、実際にそうなっていると思う。ただし、本稿はコウモリを中心とすることによって、飛翔を獲得した脊椎動物の進化的な側面をより明らかとし、それが結果的に鳥のもつ形態的特徴のさらなる理解へとつながることを期待している。

鳥とコウモリが独立に飛翔に適応していく進化の過程で、飛翔に関連した重要な形態として感覚器官があげられる。鳥類が視覚を発達させたことはよく知られているが、一方でコウモリは以下に述べるようにエコロケーションという反響定位の能力を獲得し、それにふさわしい形態を進化させたのである。エコロケーションこそが、鳥とコウモリの飛翔に関する進化のなかで、最大の違いといっても過言ではない。哺乳類の多様化はよく知られているが、コウモリ（翼手目）の飛翔能力とエコロケーションの獲得は、鯨目などの水中への適応、モグラ科の一部や齧歯目の一部の完全地中適応などとあわせて、生理的な適応を伴った哺乳類進化の歴史のなかでの大きなイベントであったということができる。それでは、エコロケーションを詳しく見ていく前に哺乳類としてのコウモリについて簡単に紹介しよう。

二〇〇五年にアメリカ合衆国のスミソニアン研究所国立自然史博物館が中心になって出版された『世界の哺乳類』第三版によると、現生種として五四一六種の哺乳類が知られる。そのうち、翼手目、すなわちコウモリの仲間には一一一六種が含まれ、全哺乳類の約二〇パーセントを占める。つまり翼手目は、哺乳類最大の目である齧歯目(二二七七種)についで二番目に大きい哺乳類の目となっている。翼手目は、しばしば大翼手亜目と小翼手亜目、すなわちオオコウモリ類とコガタコウモリ類の二つに分けられてきたが、最近の分子系統学的研究では、それぞれの単系統性がはっきりしないことが明らかになった。なかでもキクガシラコウモリ科がそれまでに考えられていたコガタコウモリ類ではなく、オオコウモリ類により近縁であるらしいことがわかってきたのである。これを根拠に、「世界の哺乳類」ではこれら二つの亜目は認められていない。オオコウモリ類とコガタコウモリ類の系統関係についてのこの新しい見解は、飛翔やエコロケーションの進化の考え方にも以下に記すように変更を与えた。

さて、翼手目は、哺乳類のなかで唯一飛翔を獲得したグループである。齧歯目の一部(モモンガやムササビなど)、皮翼目(東南アジアに分布)、有袋類の一部(フクロモモンガ)などで空中を移動するものがいるが、これは高所から低所に向けての滑空であって、自由に推進力をもって移動する飛翔とは違う。コウモリが飛翔を獲得した起源については、よくわかっていない点が多いが、最も古いものでは五三〇〇万年前の始新世初期の地層から、完全な翼をもったコウモリの化石が発見されている。原始的な翼(または痕跡)、あるいは完全なものへの進化途上であるような翼をもったコウモリあるいはそれに近い哺乳類の化石はこれまでに発見されていない。最近まで多くの議論があったが、現在ではコウモリ類は単系統群であり、したがって飛翔は一度だけ進化したとの見解が多数を占める。いずれにしても、鳥類が進化したのは中生代ジュラ紀であるから、飛翔するコウモリが出現するのは、鳥の出現からかなり遅れてのことである。

南米に分布する吸血性のコウモリが、吸血伝承と結びついて、一般にはしばしば注目されることがあるが、その仲間はわずか三種である。コウモリの大多数は昆虫食であり、それに加えてオオコウモリのような果実食の種、魚やカエルなどの脊椎動物食の種などが見られる。コウモリは、哺乳類の祖先的な歯の形態とされるトリボスフェニック型臼歯からあまり特殊化していない破砕切断に適応した歯をもち、一部のものでは食性に応じた特殊化が見られる。

コウモリは極地や極端な高地などを除くと、海洋島も含めて世界中に広く分布している。哺乳類のなかで、翼手目だけが飛翔能力を獲得し、空中というニッチェを利用できるようになったこと、それによって非飛翔性の脊椎動物に比べて分散能力が高いことと、分布が広域であることは無関係ではないだろう。同じように飛翔能力を獲得した鳥類も、分布域が広範で、多様化が著しい。飛翔能力を獲得し、空中を利用するコウモリと鳥の間で、生態的な競合関係が生じないはずがない。そうであるならば、飛翔能力を後から進化させたコウモリが鳥から受けた影響は大きいのではないだろうか。

では、コウモリの飛翔の進化において、鳥との競合関係がコウモリにどのような変化をもたらしたのであろうか。因果関係については，はっきりしないこともあるが，現象から明らかなことは，多くの鳥が昼間活動するのに対して，コウモリの大半は夜間活動することである。結果的に鳥とコウモリは空中において活動時間を分けることにより，衝突を避けているようにみえる。鳥の活動はコウモリの出現以前から昼間であっただろうから，コウモリはそれを避けて夜間の生活を選んだと考えられることが多い。夜間の活動にあわせてコウモリが進化させたのがエコロケーション（反響定位）である。

哺乳類ではどのような感覚器官が使われているのであろうか。人間は視覚に多くを依存した動物であるために，他の動物の感覚器官に思いが至らない面も多い。とくに自然から離れた都市生活をする人はそうではないだろうか。それでも，視覚に加えて，嗅覚や聴覚などがあげられる，また接触による感覚（アイマー器官など）を発達させた動物もいる。研究が難しいこともあるが，陸上では多くの哺乳類は上記の感覚器官を併用しているようである。では，コウモリのような空中での感覚について考えてみよう。視覚は，昼間はきわめて有効であろうが夜間はあまり期待できないだろう。嗅覚は，臭いの分子が陸上よりも拡散してしまい，それほど有効でないかもしれない。また接触は空中ではほとんど期待できない。コウモリが実際に発達させたのは聴覚器官である。聴覚を使って，しかも飛翔しながら餌や障害物，同種個体を認識する手段としてエコロケーションを進化させた。以下に述べるように，エコロケーションは飛翔にとってなくてはならない適応であったと考えられる。もっとも，それが他の感覚器官を退化させたわけではない。コウモリを観察しているとエコロケーションを伴わずに移動していることがあるし，また飛翔時以外は陸上のねぐらで生活している。そうした際は，視覚や嗅覚も利用している。

エコロケーションはコウモリ自らが喉頭において高周波音（パルス）を生成する。多くの場合，パルスが人間の可聴域二万ヘルツを超えるためにパルスを超音波ということが多いが，種によっては人間に聞こえる可聴域を含むパルスを発する。コウモリは発生させたパルスを口または鼻から外部に放出する。パルスは，餌となる昆虫や，飛翔の障害物などがあると，そこで反射し，コウモリが反射波を耳で受けることによって，反響定位を行う。これでわかるように，エコロケーションを行うためには，パルスを発生させることと，反射したパルスを受信することの両方がコウモリに重要となる。コウモリ類は，エコロケーションに関するこうした一連の機能を果たす仕組みを進化させた。

エコロケーションはコウモリではオオコウモリの一部とコガタコウモリに見られる。エコロケーションの起源については，最近まで論争があったが，現在では翼手目が進化した初期に一度だけ獲得され，後に一部のオオコウモリで失われたとの見解が支持されている。エコロケーションと飛翔の獲得順序についてはよくわかっていない。いずれもコウモリが誕生した初期の段階，すなわち始新世初期にさかのぼることは疑いないが，エコロケーションが先で翼が後、翼が先でエコロケーションが後、エコロケーションと翼は同時に出現した、との三つの説が提唱されている。さまざまな証拠と照らしてみると、現在では三つのどれかが有力な説であるといえる状況ではなく、さらなる研究が待たれている。なお、エコロケーションは鳥類でもウミツバメ類やアブラヨタカでも知られている。もちろん、コウモリとは独立に進化したもので、コウモリのような精度はもっていないらしい。

　エコロケーションはコウモリでは実に精巧な仕組みとなっている。パルスを鼻から出す場合、その鼻は鼻葉と呼ばれ、複雑な形態をしている。キクガシラコウモリ類はその典型である［図1、2］。鼻葉は、その間隔や方向を調整することによって、パルスの強度や放出する方向の調整の役割を担っている。戻ってきたパルスは、耳から聴覚器官に入る。耳介の形態は種によってさまざまであるが、反射波の方向などを把握する機能的役割も果たしているらしい。また、コウモリのパルスであるが、餌との距離や状況に応じて、周波数成分の組み合わせや強度を変えている。コウモリと餌となる昆虫は、空中では双方が飛翔により動いているので、パルスにはドップラー効果が生じる。コウモリはドップラー効果の影響をも処理して、その位置を把握しているらしい。

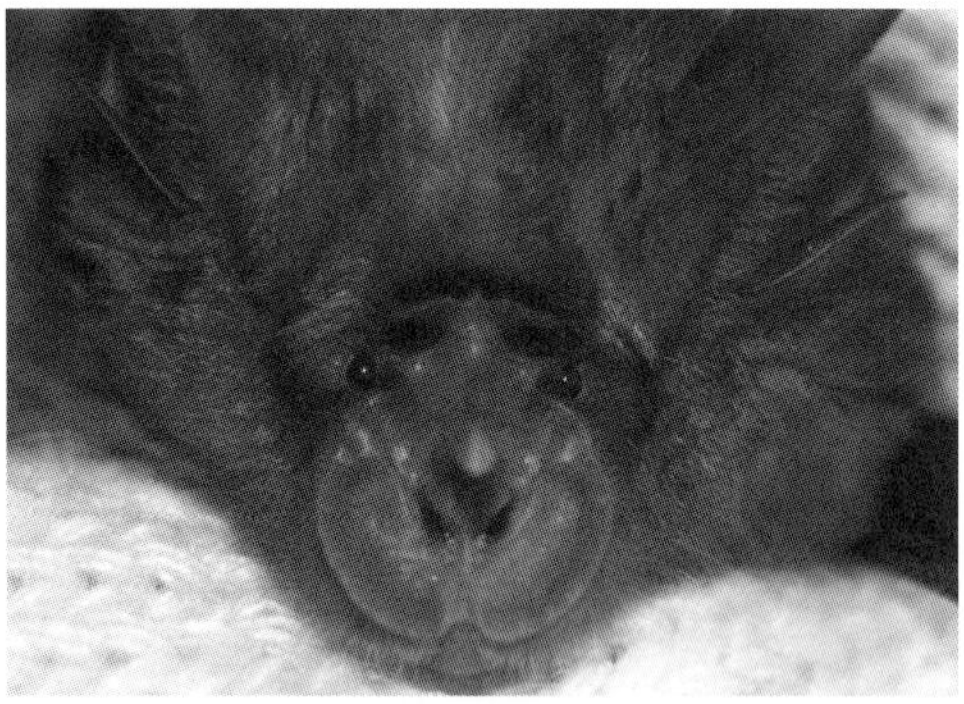

図1　オキナワコキクガシラコウモリ（*Rhinolophus pumilus*）
写真提供＝Kyle Armstrong

図2　オキナワコキクガシラコウモリ（*Rhinolophus pumilus*）
写真提供＝Kyle Armstrong

　このようにエコロケーションはコウモリにとって最も重要な感覚となっている。一方で、鳥は視覚と聴覚（音声）に頼っている。人間にも、鳥の美しい色と美しい声は魅力的である。では、コウモリはどうであろうか。コウモリを研究する人の間では、「美しい」コウモリというのはいくつもいるが、鳥に比べればはるかに地味な色合いである。また、音声も超音波域がほとんどなので人間には聞こえない。最近では、バットディテクターという、超音波を可聴域の周波数に変換する機器を用いること、あるいはコウモリの超音波を録音して、パソコンで音響学的な解析をすることも盛んになってきた。人間には聞こえないが、コウモリにとっては美しい音声をもつコウモリがいるのかもしれない。コウモリは鳥との競争を避けるために、夜の生活を営むようになり、それにあわせて、さまざまな進化をしてきた。その中心となるのがエコロケーションの進化である。暗闇でのコウモリの生活の多くは昼間の生活者である人間や鳥にはまったくのベールに包まれた世界であったが、観察機器の発達によって、今後コウモリの生態(とくに飛翔しているときの生態)が徐々にわかってくることを期待したい。

鳥に比べて、同じ空中を活動域とし、活動時間が異なるコウモリは、種が少ないと思われるかもしれない。これも、種多様性の実体を表しているというよりも、人間の認識が追いついていないためではないだろうか。すでに述べたように、コウモリは地味な色彩をもっている。形態で特徴的なのは鼻葉の形態であろうか。夜間にエコロケーションをする彼らにとっては、目に見える形態よりは、エコロケーションに関わる形態がより重要なのであろう。コウモリの分類学では、さまざまな外部形態、内部形態を比較して分類が進められてきた。それは古典的な分類学の手法に基づいたものである。これについて異議を唱える研究者はもちろんいないが、実際に現在認識されている種数は、かなり過小評価されているのではないかといわれている。そもそも、コウモリは夜間に活動するので、目撃例が少なく、とりわけ生息密度があまり高くない森林性の種では捕獲も偶発的なことが多かった。世界各地で精力的な調査が近年行われるようになって、分布が確認される種数が特定の地域で急に増加する、それにあわせて新種が発見されるといった状況がしばしば生じている。それに加えて、最近のパルス解析で次のような事例がいくつも報告されている。すなわち、従来一種と認識されていた種に、明らかに異なる周波数などのパルス特性をもった二つ以上の群が見つかっているのである。パルスは餌や障害物の認知のほかに、個体間コミュニケーションにも使われるので、それら二つ(あるいはそれ以上)は明らかに別種と考えてよいだろう。つまり、パルスを最も重要なコミュニケーション手段とするコウモリにとって、形態変化はそれほど重要でないのかもしれない。形態には違いがないのにパルスがまったく異なる種がいたとしても不思議ではない。従来からよく知られた種でも、最近の研究で複数種とみられるものが発見されている。人間にとってはまったく同じに見えるが、パルスを使うコウモリにとってはいとも容易に別種の個体と認識されているのであろう。

一方で、形態的類似をもとに近縁と考えられていた複数の種が、明らかに離れた系統群である事例が、遺伝子の系統解析で明らかになってきている。これは、互いに類似した顔の形態が、同一起源をもつためではなく、パルスの発生や受信と関連した機能的意義をもつことによって平行的に進化したと解釈されている。また、逆にエコロケーションの獲得による、形態的制約が予想以上に大きいことを示唆する事例なのかもしれない。

以上の例が示すように、コウモリの種多様性は過小評価されていることが示唆され、今後の研究が進めば、鳥に近づく種多様性をもつことがわかるかもしれない。コウモリの進化はまさに空中への進出と飛翔の獲得に始まったといってよい。そこで重要なのは、「そのとき、空中にはすでに鳥がいた」ということである。この状況がコウモリのエコロケーションの獲得といった画期的な発明をもたらし、それによって導き出された生活史の進化の原動力に寄与してきたことは間違いない。はじめに空中に進出した鳥が、そこでさまざまなニッチェを獲得したとすれば、コウモリは後から空中に進出して、空いた部分を埋めていったのであろう。それが夜の世界である。

昼間活動して、人間と同じ感覚をもった鳥は大いに生物学的に理解された。一方で、夜間活動し、人間には機器の助けがなければ認知できない感覚、エコロケーションを発達させたコウモリは生物学的にきわめて知見の少ない動物になった。コウモリにはエコロケーション以外にもさまざまな興味深い生活史特性が見られるが、その一部は、鳥との関係を再評価することによって、その意味に新しい解釈が見出されるのでないかと期待される。さて、エコロケーションを失ったといわれる大多数のオオコウモリ類も、鳥とコウモリの飛翔適応を考えるうえで興味深い。エコロケーションを失ったオオコウモリ類の活動は日中である。飛翔は採餌のためではなく、移動の手段である。一見してわかるように、目が大きく、視覚を発達させている。同じ昼間に活動するオオコウモリと鳥がどのような生態学的関係をもっているのかは興味深い。いずれにせよ、コウモリの研究が、鳥の新しい理解にもつながることは疑いない。鳥を題材にした本書で記すにはあまり適当でないかもしれないが、最後に「もっと、コウモリを研究しよう」と言いたい。

参考文献

前田喜四雄『日本コウモリ研究誌　翼手類の自然史』、東京大学出版会、二〇〇一年、二〇三頁。

Simmons, N. B., Chiroptera, In (Rose, K. D. and J. D. Archibald, eds.) *The Rise of Placental Mammals: Origins and Relationships of the Major Extant Clades*, Baltimore, The Johns Hopkins University Press, 2005, pp. 159-174.

Wilson, D. E., *Bats in Question*, Washington, Smithsonian Institution Press, 1997, p. 168.

メンフクロウの音源定位

小西正一
カリフォルニア工科大学生物学教授

フクロウ目にはフクロウ科とメンフクロウ科の鳥が所属する。フクロウは夜に活動する鳥としてよく知られている。フクロウの眼は大きく、両眼が顔の側面でなく正面についている。頭の上に耳のように見える羽が付いている種類（コミミズク、ワシミミズク等）がいるが、これは耳ではなく、フクロウの耳は顔の左右にあり、羽でおおわれ見えない。しかし、耳の穴は他の鳥のそれと比べるとずいぶん大きい。フクロウ科の種は夕方や早朝に活動するが、メンフクロウ科の種は一般に深夜に獲物をとる［図1］。メンフクロウの「メン」は顔が面をかぶっているように見えるからそう呼ばれている［図2］。面は数層の羽毛からなり、テレビのパラボラの表面と同様、音波を集めるようにできている。面は顔の右半分と左半分に分かれていて、羽毛の塀は耳の穴の後ろから上下にのび顔を囲み、嘴の上で両方からくる塀が合う。しかし、鳥の行動に従って左右の塀が嘴の上で合ったり、分かれたりする。面をなす羽毛を全部切ってしまうと、フクロウは音源の方向を定めることができない。したがって、面は暗闇の中で音を聞き獲物を捕まえるために進化したと考えられる。

図1　防音室内でメンフクロウが暗黒の中でネズミに向かって飛んでくるところを赤外線フラッシュを使い撮影した。飛行速度は1秒間に4メートル。飛行方向はネズミが動く音に従って変えることができる。獲物に60センチメートルくらい近づくと、足指の爪を広げ体の前に出しネズミを捕まえる準備をする。

図2　メンフクロウの顔は羽毛で覆われているが、羽毛の下には妙な構造がある。目の後ろに四角の耳たぶのようなものがある、そして左側の物が目の上に伸び、右側の物が目の下に伸びている。この構造（Preaural flap）が耳を上下の方向からくる音を不均等に分けると考えられている。また、他のフクロウでは同じ問題を違った方法で解いているらしい。

メンフクロウ(*Tyto alba*)が暗黒で獲物を捕まえることができることは、一九六三年にコーネル大学のロジャー・ペインが博士号論文の中で初めて記載した。しかし、フクロウが音のどの性質をどのようにして使っているかという問題は解明されていなかった。また、フクロウは音源定位に両耳を使わなければならないか、という簡単な質問にも回答はなかった。これらの問題と取り組むためには、フクロウがどれくらい正確に音源を定位するか、音のどの性質を使っているかなど知る必要がある。メンフクロウは音を聞くと頭を素早くその源の方向に向ける。しかし、野生のフクロウを馴らせ行動実験を行うことはほとんど無理で、雛から育て手なずけた鳥を使わなければならない。手馴れしたフクロウなら暗黒にした防音室の中に備えた短いとまり木の上に立つように訓練できる。そして、頭にはその方向を記録する電気装置を付け、それから電気信号をコンピューターに送る。音源は直計四センチメートルのスピーカーで、それが半径一メートルの円形軌道の内側を動くようになっている。軌道は上下方向に動かせるので、音源はフクロウの頭の中心を原点とした円形座標内のどの位置にでも動かせる。スピーカーから多周波(〇・五から一〇キロヘルツ)を含んだ音を一〇〇ミリ秒鳴らすと、メンフクロウは最初の六〇ミリ秒だけ聞いて頭を素早く音源方向に向ける。定位の誤差は音源の角度で変わり、顔の中心(くちばしの方向)から一〇度では平均二度くらいで、角度が増すと誤差も増す、しかし、七〇度でも誤差は平均一〇度くらいである。右左〇度で上下の方向一〇度でも音源定位の誤差は平均二度くらいで、それより上方か下方では誤差が増す。以上の計測はフクロウが止まり木の上に立って頭だけ音源方向に向ける平均の正確度だが、フクロウを自由に飛ばさせると、暗黒でも獲物が動くと飛行中にでも方向を変えることができるので、ほとんど獲物を逃すことはない。

動物の耳は一般に頭や体の両側に付いているが、その理由の一つは音源定位である。片耳と比べると、両耳では定位に有効な情報が音からとれ、それの計算も片耳だけの情報より比較的に簡単になる。メンフクロウの右耳を綿で塞ぐと、音源を定位する角度が的の左側と下方に歪む。この結果は、メンフクロウが音源定位に両耳とも使わなければならないことを示す。両耳が必要であることは左右の耳に入る音から音源の方向を決めていることを示す。両耳間に生じる時差と音圧差は音源方向の函数として変わる[図3]。しかし、音源定位が左右に歪むことは不思議ではないが、上下に歪むことは簡単に説明できない。その理由は耳の穴の位置と方向性が左右で違うからである。メンフクロウでは左の耳穴が目より少し上の位置にあり、右の穴が目より少し下にある[図2参照]。しかし、耳に入る音圧が上下でどう変わるか測ると、左耳は下からくる音をよりよく受けるようになっている、すなわち、下向きの方向性があるということである、そして右耳は上からくる音に方向性をもっている。したがって、メンフクロウは左右の音圧を比べて音源の上下の方向を定めることができる。両耳間の時差と音圧差が音源の方向によってどのように変わるか調べるには小さいマイクロフォ

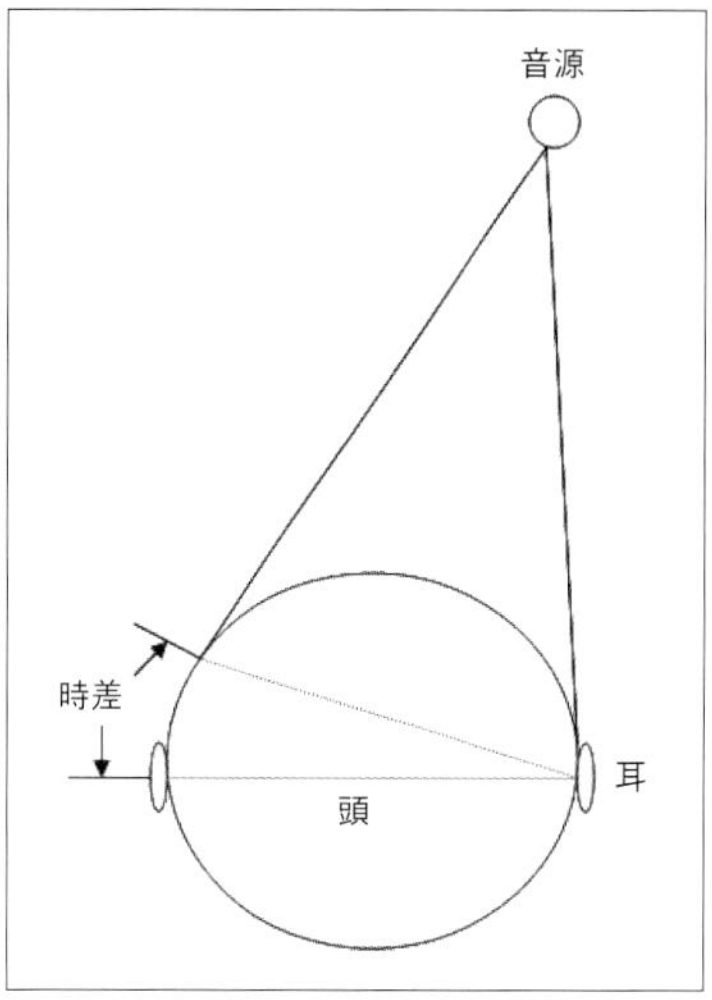

図3 時差の説明。両耳から同じ距離の所に音源があると、音は同時に両耳に着く。音源に対する顔の方向を変えると、音は近い方の耳に逆の耳より早く着く。これは人間でも動物でも同じで、時差は音源の頭に対する角度の函数として変わる。

ンを両耳に入れ、軌道上にあるスピーカーから出る音を録音する。そうすると、両耳間の時差は音源の頭に対する角度に比例して変わる。メンフクロウでは音源が嘴から左右九〇度のところにあると、時差が最大の一五〇から一八〇ミクロ秒になる。人間ではこれが七五〇ミクロ秒である。鳥類では一般に低周波の音はどの種でも聞くが、一一キロヘルツより高い周波数の音を聞ける鳥を実験的に確認された例はない。メンフクロウでは、五キロヘルツ以上の音を出す音源を顔の上下の方向に動かすと、両耳間の音圧差が音源の上下の角度の函数として変わる。

以上、メンフクロウが音を聞くとその方向に頭を向けること、音源定位には両耳とも必要であること、両耳間の時差と音圧差が方向の函数として変わることがわかった。次の課題は、メンフクロウが実際時差と音圧差を音源定位に使うことを示すことである。この質問はイヤホーンを使って解決できる、なぜかというと、片耳を綿で塞ぐのと違い、イヤホーンを使うと両耳間の時差と音圧差を独立に変えられるからである。しかし、無線でないかぎり、イヤホーンを付けたフクロウを飛ばすことはできない。メンフクロウに適するイヤホーンを作りそれに馴らせ実験する。その結果が示すことは、両耳間の時差は左右方向を示し、音圧差は上下の方向を示すことが証明できる。また、大切なことは二つの音源があるにもかかわらず、フクロウは一つの音源を定位することである。

人間も両耳にイヤホーンを入れて音を聞き、時差を変えると一つの「音源」が頭の中で左右に移動することを感ずる。フクロウと違い、人間は音圧差を変えても音源が左右に移動することを感ずる。以上の現象は同じ音を両耳に入れたときに起こり、両耳に違う音を入れると頭に音源のイメージは生じない。フクロウも同じ条件では音源定位の反応はしない。しかし、完全に違った音でなく、二〇パーセント似た音を両耳に入れると、頭の中に音源のぼやっとしたイメージが生ずる。人間とフクロウの実験結果を比べると、両種はこの心理実験では非常によく似ている。

人間の音源定位については、今までさまざまな説が出たが、それに対応する脳の研究がない。メンフクロウでは音源定位に関する脳の部分とその生理研究の結果がある。鳥類の脳は他の脊椎動物の脳と同じように後脳、中脳、前脳から成っている。フクロウでは中脳の外側核というところに聴覚空間の「地図」がある。地図を成す神経細胞はある方向からくる音にだけ反応する。そして、これらの細胞は音のくる方向に従って二次元の地図を成している。脳の視覚細胞が視界の地図を再現していることは、各々の視覚神経細胞がその網膜上の位置を保って脳に繋がっているからであるが、聴覚系では神経細胞が音の周波数に従って内耳から脳に繋がっていて、音源の場所は内耳では符号化されていない。符号化は段階的になされ［図4］、最終段階で、一方向からくる音にだけしか反応しない細胞ができる。この過程の第一段階は内耳が複雑な音を分析し、音の要素の周波数を決め、音圧と時間を各周波数について符号化することである。音圧は細胞が出すインパルスの数で符号化される、すなわちインパルスの数が多いほど強い音ということである。時間は純音の要素のある位相に反応することによって符号化される。メンフクロウの聴覚系は後脳から中脳まで音圧差と時差を別に分析する別の並行回路から成っている。時間経路の一番目と二番目の場所が両耳間の時差を測る神経回路を作っていて、両耳からインパルスが同時に到着すると発火する一致検出細胞（約一万個）とインパルスの伝達速度を落とす神経線維の遅延線から成っている［図5］。遅延線はメンフクロウが自然で検出しなければならない時差（〇から一五〇ミクロ秒）の検出に必要なようになっている。たとえば、音が右耳に左耳より五〇ミクロ秒遅れて着くとする。この音によるインパルスが左側の五〇ミクロ秒遅くらせる遅延線系由で一致検出細胞に着けばよいのである。遅延線も一致検出細胞も音の周波数ごとに分かれているので、

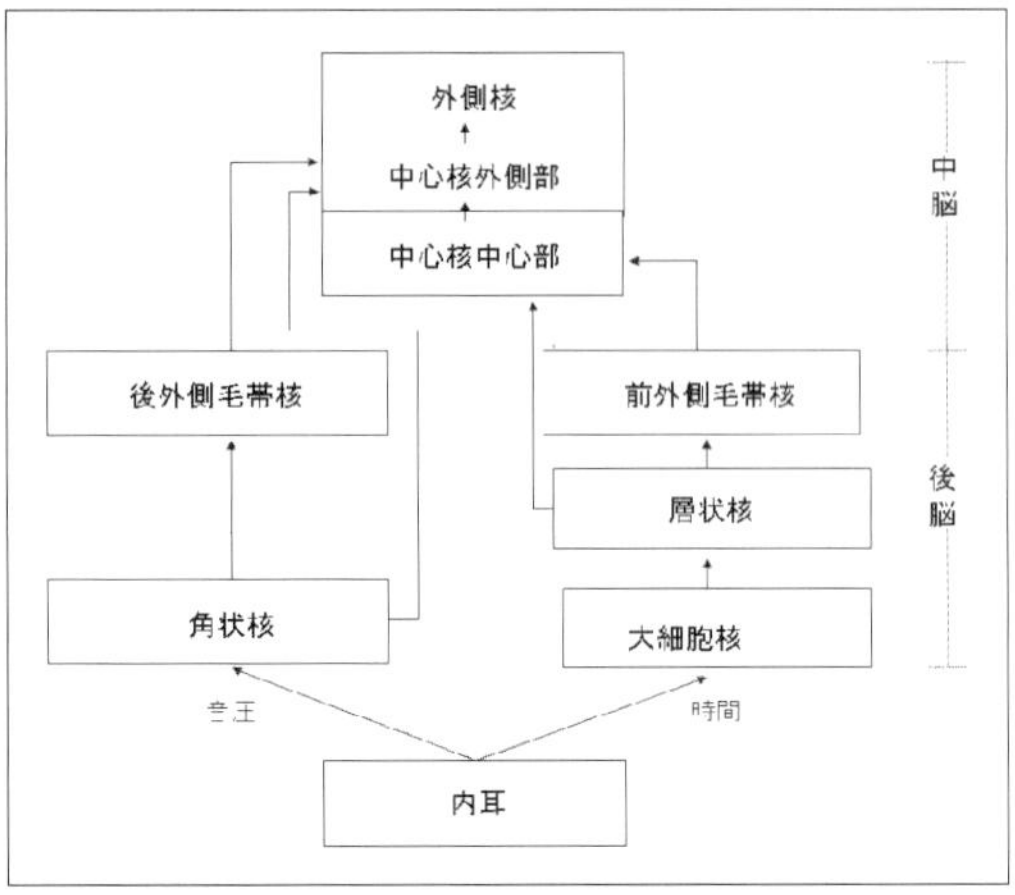

図4　時差と音圧差は別の並行経路で符号化される。内耳からくる各々の聴覚神経線維が二つに分かれ一つは大細胞核に行き、もう一つは角状核に行く。大細胞核の細胞は聴覚神経細胞から各周波の位相（時間）の情報を受け次の層状核に伝える。また、大細胞核の細胞の線維は遅延線として層状核の同時到着検出細胞とともに両耳間の位相差を各周波数ごとに符号化する。次の二段階の前外側毛帯核でも中脳の中心核中心部でも符号は変わらないが、これらの核では細胞が時差を層状核の細胞より早く検出する。角状核の細胞は音圧の情報を受けそれを後外側毛帯核に送る。右と左の後外側毛帯核はお互いに抑制し合い、それが両耳間の音圧差を符号化する第一段階となる。時差と音圧差の並行経路は中心核外側部結合する、その結果、ここでは各々の細胞は音刺激がある周波数、ある時差、ある音圧差を含んでいるときにだけ反応する。さらに、最後の外側核では細胞は刺激が広い周波数範囲、狭い時差と音圧差の範囲にあるときにだけ反応する。

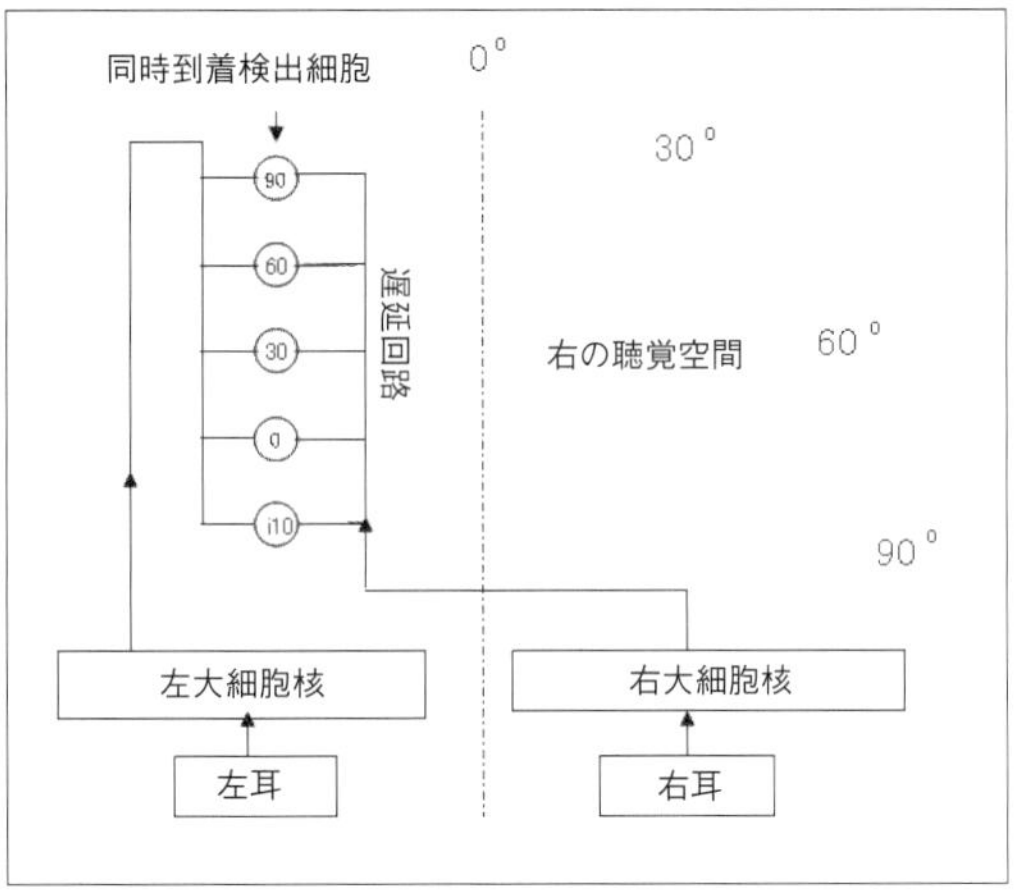

図5　両耳間の時差を符号化する神経回路
時間経路の大細胞核と層状核が両耳間の時差を測る神経回路を作っていて、両耳からインパルスが同時に到着すると発火する同時到着検出細胞とインパルスの伝達速度を落とす神経線維の遅延線から成っている。遅延線はメンフクロウが自然で検出しなければならない時差（0-150ミクロ秒）の検出に必要なようになっている。

時差の検出も周波数ごとになっている。最初の段階では各周波数ごとに両耳間の位相差を符号化する。しかし、位相差は周期関数であるから、一周期ごとに同じになる(六〇度＝n三六〇度±六〇度)。すなわち、周期の長さが両耳の時差より短い場合、両耳間の時差を知るには周期の数(n)を知らなければならない。フクロウの一致検出細胞ではこの問題は解決されなく、中脳の一部で解かれる。解決の方法は簡単で、前に述べたように、一致検出細胞からくる時差の情報は各周波数ごとに分けられているのであるが、各々の中脳の神経細胞は広い範囲の周波数に反応し、その結果、時差の情報を違った周波数間で比較できるようになっている。こうすると、どの時差が周波数に独立しているかわかるのである。人間も純音の源を定位するときに同じ問題に直面するのであるが、人間もフクロウと同じ解決方法を使っているという説があるが、人では電気生理や解剖学的な実験はできないので、この考えは仮説である。

両耳間の音圧差は後脳から中脳に行く別の経路で符号化される。内耳からくる聴覚神経は後脳の角状核に繋がる。角状核の神経細胞は脳の反対側の後外側毛帯核に繋がる。この繋がりは興奮性で、音に対して神経細胞は反応する。しかし、右と左の後外側毛帯核はお互いに音に対する反応を音圧に比例する抑制信号を送る。このため、両耳に音刺激を与えると、右の後外側毛帯核の細胞は左の角状核からくる刺激信号と右の後外側毛帯核からくる抑制信号を受けるので、両耳間の音圧の差を符号化することになる。後外側毛帯核の細胞は中脳の一部に音圧差を符号化した信号を送る。この中脳の部分では時差を符号化する経路の細胞と音圧差を符号化する経路が各周波数ごとに結合する。すなわち、個々の神経細胞が一定の音圧差、時差、周波数に反応するのである。そして、次の段階では個々の神経細胞が広い範囲の周波数に反応する。ここで、時差は周波数によって変わらないが、音圧差は変わるので、この情報は保たれていて、メンフクロウはそれを上下方向の音源定位のときに使うと思われている。音源の神経符号化の最終段階は音空間の脳地図の作成である[図6]。メン

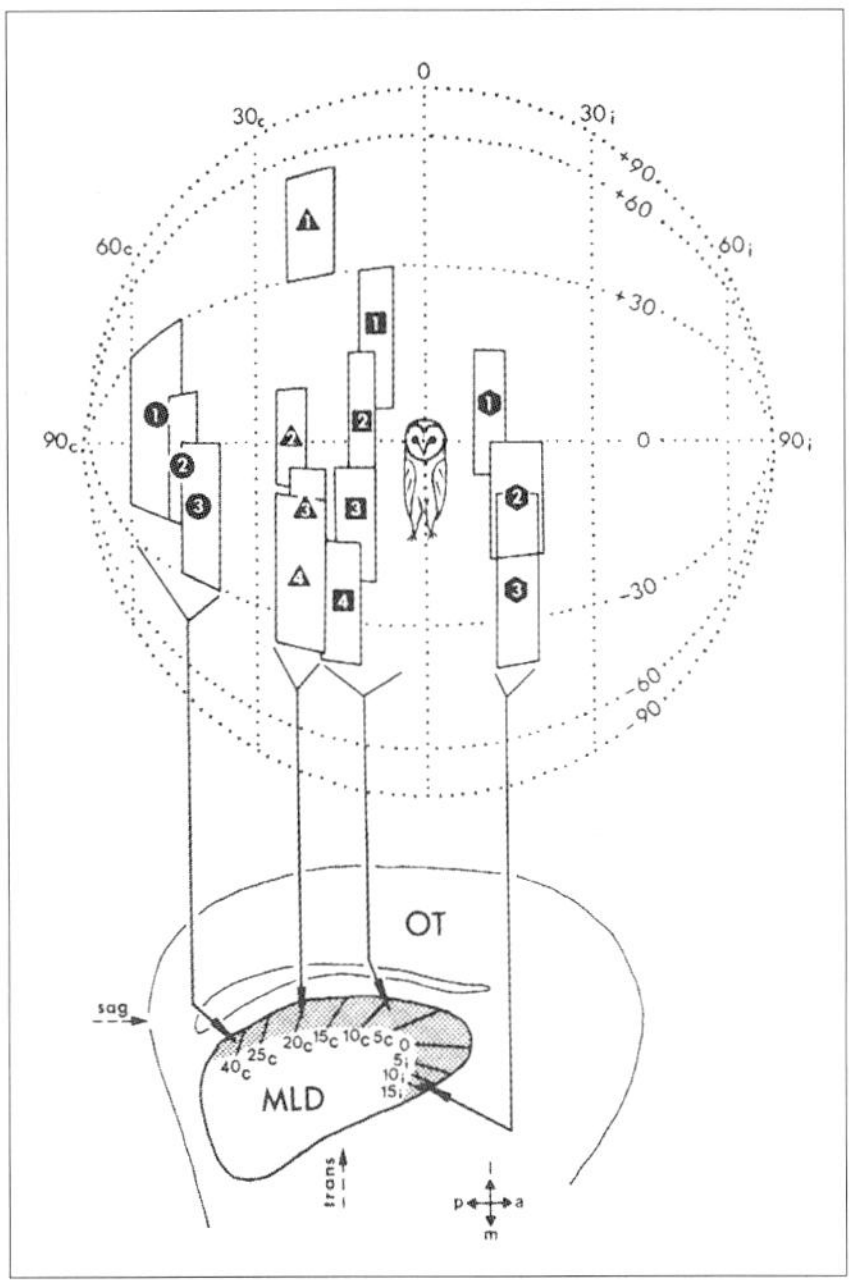

図6 聴覚空間の脳図
メンフクロウの中脳の外側核には一定の音源方向にしか反応しない細胞が組織的に並んで地図を成している。箱の中の数字は単一神経細胞を一回の電極挿入中に記録した順番を示す。たとえば、鳥の顔の左側に一列に並んだ三つの箱と数字があるが、ここでは三個細胞がとれ、それの二次元空間の受容野の位置とその細胞の外側核での位置を下図に示す。脳の地図は主に逆側の空間を符号化するが、この一列は真ん中に近い同側i (ipsi) の空間を符号化している。したがって、0に近い角度は両側の外側核に符号化されいるわけである。これに関して、メンフクロウは顔の中心に近い音源を一番正確に定位する。i = ipsilateral, c = ontralateral, numerals indicate degrees, OT = Optic tectum, MLD = Nucleus mesenchephalicus lateralis, pars dorsalis.

フクロウでは音空間の脳内地図が中脳の視野の地図と合併して、音を聞くと早く顔をその方に向ける運動系をも制御する。また、視野と音空間の地図には可塑性があり、幼時に視野を歪んだメガネで変えてやると、それに応じて中脳の視野の地図が歪む。この場合、図を成す個々細胞の受容野の位置が変わるのであるが、脳の聴覚空間にもそれに応じた変化が起こることがわかっている。哺乳類でもイタチの一種で視覚と聴覚空間の地図の関係が報告されている。本稿を終わるにあたり、動物世界では人類を含みゲノムの共通が顕著であるので、鳥やイタチが同じような脳の機構を使い同じような問題を解いていることは不思議でも偶然でもないことを指摘したい。

参考文献

Blauert, J., Lindemann, W., Spatial mapping of intercranial auditory events for various degrees of interaural coherence, *J. Acoust. Soc. Am.* 79, 1986, pp.806-813.

Carr, C. E., Konishi, M., A circuit for detection of interarual time differences in the brain stem of the barn owl, *J. Neurosci.* 10, 1990, pp.3227-3246.

Du, Lac S., Knudsen, I. E., Neural maps of head movement vector and speed in the optic tectum of the barn owl, *J. Neurophysiol.* 63, 1990, pp.131-149.

Jeffress, L. A., Blodgett, H. C., Deatherage, B. H., Effect of interaural correlation on the precision of centering a noise, *J. Acoust. Soc. Am.* 32, 1962, pp.1122-1123.

Konishi, M., Study of sound localization by owls and its relevance to humans, *Comp. Bioch. Physiol.* A 126, 2000, pp.459-469.

Konishi, M., Coding of auditory space, *Ann Rev. Neurosci.* 26, 2003, pp.31-55.

Saberi, K., Takahashi, Y., Konishi, M., Albeck, Y., Arthur, B. J., Farahbod, H., Effects of interaural decorrelation on neural and behavioral detection of spatial cues, *Neuron* 21, 1998, pp.789-798.

Takahashi, T., Konishi, M., Selectivity for interaural time difference in the owlís midbrain, *J. Neurosci.* 6, 1986, pp.3413-3422.

Takahashi, T. T., Konishi, M., Projections of the cochlear nuclei and nucleus laminaris to the inferior colliculus of the barn owl, *J. Comp. Neurol.* 274, 1988, pp.190-211.

Takahashi, T. T., Konishi, M., Projections of nucleus angularis and nucleus laminaris to the lateral lemniscal nuclear complex of the barn owl, *J. Comp. Neurol.* 274, 1988, pp.212-238.

Volman, S. F., Konishi, M., Comparative physiology of sound localization in four species of owls, *Brain Behav., Evol.* 36, 1990, pp.196-215.

422

生態

上田恵介
針山孝彦
長谷川寿一
山岸 哲
高槻成紀

鳥の社会——つがい関係と配偶者選び

上田恵介　立教大学

鳥にも社会があるのは自明のことである。だがその社会は見事なまでに多様である。繁殖期と非繁殖期での社会行動や群れ形成は異なるし、留鳥と渡り鳥でつがいのあり方も変わる。ここでは、主に繁殖期の鳥の配偶システムに焦点を当てて、鳥の社会を論じてみたい。

オシドリのつがいの絆をあらわす「鴛鴦の契り」という言葉があるように、鳥の世界ではその九二パーセントが一夫一妻である(ただしオシドリは厳密な一夫一妻ではない)。一方、私たち人類が属する哺乳類のほとんどは、霊長類から齧歯類まで、そのほとんどが一夫多妻や乱婚である。一夫一妻の哺乳類は家族社会を形成するイヌ科動物や、霊長類ではテナガザル類以外、ほとんど見られない。鳥の世界に民主主義があるわけではないがこれを見る限り、人の社会は哺乳類社会よりも、鳥の社会に似ている。その理由は何だろう。鳥たちはなぜ一夫一妻のつがいの絆を守るのだろう。

長生きをする鳥、たとえばアホウドリ類では、生涯にわたってつがい関係が続く。コアホウドリで調べられた例では、生涯のうちにつがいが崩壊するのは全体の二パーセントと、非常に低い離婚率である。このことは、日本のアホウドリでも同様である。

ツル類も一夫一妻の絆が固く、配偶者の一方が死なない限り、つがい関係は何年にもわたって続くと考えられる。冬に九州の荒崎にやって来るマナヅルやナベヅルたちも、冬の間、ペアを中心にした家族群で過ごすことから、長いつがい関係を維持していると考えられている。

ハクチョウ類も同様である。コハクチョウやオオハクチョウはそのクチバシの黄色と黒の部分の配色パターンが個体ごとに異なり、それは年を経ても変わらないことから、注意深く観察すれば、年を経た個体識別が可能である。長野県の諏訪湖に渡

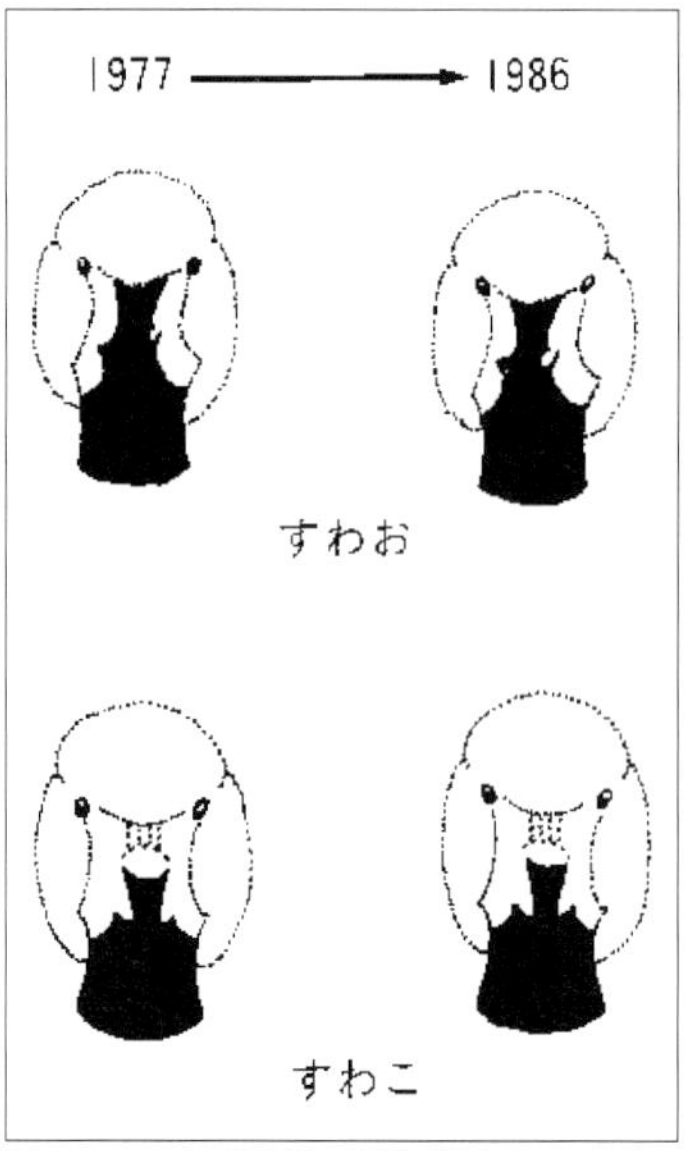

図1　コハクチョウは嘴の模様が異なるので、同一個体が識別可能である(『一夫一妻の神話』より。画・竹井秀男)。

来したコハクチョウのペアは、この方法で識別され、最初の渡来以来、毎年、子どもたちを連れて越冬に訪れていたことが明らかになった。

このようにハクチョウ類やツル類、そしてワシ類など、大型で長生きする鳥のつがいのきずなはかなり強固で、永続的なものである。タンチョウに代表されるように、長寿命の鳥では、相手が生きている限り、つがい相手の交代はめったにないようである。

ところでアホウドリ類など大型の鳥のつがいの絆が固いのはうなずけるとして、熱帯の小鳥類も寿命が長く、おそらく捕食にあって死ぬことさえなければ、十年以上もの間(かれらは小鳥のくせに寿命が非常に長い)、生涯にわたるつがい関係を続けるものと思われる。オーストラリアや熱帯域の渡りをしない小鳥類は、非繁殖期もつがいで繁殖地に留まることができるので、つがいの絆を維持することのメリットが大きいのだろうと考えられている。

ときには離婚が……

だが鳥のすべてが生涯にわたってつがいの絆を守り続けるわけではない。ローレンツの『ソロモンの指輪』を読んでいると、カラス類はつがいの絆が固いようだが、何年も続くペアがいる一方で、コクマルガラスで六パーセント、カササギで三三パーセントの年離婚率が記録されている。日本でつがい関係についてよく研究が進んでいるホオジロでは、雌雄は非繁殖期にもつがいを解消せずに、ときには四年以上もつがい関係を維持しているペアもある。もしホオジロたちの寿命が非常に短いとすれば、生涯にわたるつがい関係ということにもなるわけだが、つがい相手がまだ生きているのに、メスだけが一方的になわばりを捨てて出ていく現象(離婚)が、かなりの頻度(三分の一)で観察されているので、とくにつがいの絆が固いとは言えないようである。

一回の繁殖ごとに相手を変えるものは、連続的一夫一妻と呼ばれているが、生涯を通じてみると複数の相手と次々とつがい関係を形成しているのだから一夫多妻といってもよいわけである。こうした頻繁に相手を変える鳥は、多少なりとも一夫多妻の傾向をもっている。たとえば北米産のルリノジコのオスではその約一〇パーセントが一夫二妻になり、二八パーセントが一夫一妻ではあるが、年毎に相手を変え、一一パーセントが繁殖ごとに相手を変える連続的一夫一妻だった。そして残りの五〇パーセントが独身オスと頻繁なわばり所有者の交代のために、ごく短期間だけ「一夫一妻」の関係をもつことができたオスだった。

だが、オスが相手を変えるということは、メスも同時に相手を変えているということである。一夫多妻のセッカの場合、オスが次々と巣をつくってメスを迎え入れて一夫多妻になる一方で、一シーズンに二、三回の繁殖が可能なメスは、一回の繁殖ごとに、次々と別のオスの所へ行って繁殖しているということである。この場合、メスのほうから、連続的一妻多夫が生じていると言うことができる。

妻が夫を捨てる理由

イギリスで古いレンガ造りの倉庫の窓に巣をつくるミツユビカモメを三十一年間にわたって調べた研究では、十八年続けて巣づくりをした個体もあり、つがいの履歴が詳細に調べられている。このコロニーでは、平均してシーズン毎に約三六パーセントのメスがつがい相手を変える。しかしこれはつがいになって四、五年目までで、五年目を過ぎると離婚率はぐっと下がって、二二パーセントになる。このことは若いペアでは離婚が多いことを示している。

図2　ミツユビカモメはヨーロッパでは港のレンガ造りの倉庫などに営巣する（『一夫一妻の神話』より。画・竹井秀男）。

同様にイギリスのシロカツオドリのコロニーでも、長年つがい関係が続いたペアほど、その翌年も同じ相手とつがいになる確率が高いことがわかっている。四年間続いて雌雄ともにコロニー内に留まった十八ペアのうち十四ペア（七八パーセント）がつがい関係を維持していたが、三年間継続してとどまった四十三ペアでは三十一ペア（七二パーセント）、二年間しかいなかった二十三ペアでは十五ペア（六五パーセント）と、若い個体同士のつがいでは、つがいの維持率が低いという結果が出ている。アデリーペンギンでも成鳥ペアと若いペアでは、離婚率がはっきり異なり、前者では一六パーセントしかないのに、後者では四四パーセントもあった。

つがいの絆がこわれるとき、それはメスがなわばりや巣を捨てて出ていくという形で起こる。鳥の世界では、繁殖の正否がつがい関係の継続に大きく関わってくる。ミツユビカモメで前年の繁殖が成功したかどうかがつがい関係にどう関わるかを調べてみると、前年の繁殖に成功したミツユビカモメ（その巣で少なくとも一羽のヒナがかえった）三百二十五羽のうち、翌年、つがい相手を変えたのは九十二羽（二八パーセント）だったのに対し、繁殖に失敗した五十七羽では実に三十六羽（六三パーセント）までが、翌年、つがい相手を変えたのである。このうち、相手が死亡したのがわかっているものを除いても、前者が一七パーセント、後者が五二パーセントと圧倒的に繁殖が失敗した後の離婚率が高いことがわかった。

繁殖の失敗は巣場所やつがい相手の良し悪しによって大きく左右される。雨風を受けやすい巣場所では卵が風で転がり落ちたり、雨に濡れてふ化しなかったりするかもしれない。またオスが怠けものであまりヒナにエサを運んでこないかもしれない。そんなとき、メスはいつまでもそのオスのところに留まり続けるのではなくて、さっさと婚姻関係を解消して別のオスのなわばりへ行ったほうがよい。こうした例からもわかるように、つがい関係が長く続いているペアでは、オスの働きがよく、なわばりの質も高いことが予想される。

一夫一妻の矛盾

一夫一妻と言われている鳥のオスでも、ときには自分の妻以外の個体と交尾することが、昔から知られている。たとえば、すでに一九五〇年代にはズアオアトリのつがい外交尾が報告されている。しかし当時は、報告者のマーラーも含めて、こうした個体は病気かホルモン異常の個体であると思われていた。

近年、世界における鳥の配偶システムの研究はめざましく進歩し、鳥たちの夫婦関係について、面白い現象がいろいろと見つかってきた。鳥たちの社会や配偶システムは、基本的にはその種を取り巻く生態的条件に対応して進化してきたのだろうが、それに加えて、オスとメスの適応度(次世代にどの程度、自分の遺伝子を残せるかの尺度)に関する矛盾が大きな役割を果している。

カササギは他のカラス科の鳥同様、一夫一妻の絆が強いと言われている。だが、カササギのオスはいったんつがいをつくっても、自分のつがい相手を放ったらかしにしては、ときどき遠くのなわばりのメスのところへ行っては求愛行動を行うことが知られている。アメリカで行われたカササギ(日本のものと同種)の研究によると、九十二羽のナワバリオスのうち、実に五十七羽(六二パーセント)が自分のなわばりを離れてよそのなわばりへ侵入し、そこのメスに求愛を行っていることがわかった。

このカササギの場合は、実際の交尾は一例も観察されなかったが、この行動は明らかにつがい外交尾(extra-pair copulation＝EPC)を目的としたものである。その証拠にオスが他のオスのなわばりへ侵入してEPCを試みるのは、そこのメスが受精可能な産卵期に集中していること、そしてオスがそのつがい相手のメスと一緒にいる割合は、メスの抱卵ステージが進むにつれて低下していたのである。つまりカササギのオスは、自分の妻が抱卵ステージに入ってしまうと、もう浮気の心配がなくなるから、今度は自分が他のメスのところへちょっかいを出しに行くのだと考えられている。

つがい外交尾が受精に結びついていることが初めて野外の実験で確かめられたのが、北アメリカの湿地に棲むハゴロモガラスで、一九七五年(ウィルソンの『社会生物学』が出た年)のことである。はなはだ乱暴なやり方だが、研究者たちは野外でハゴロモガラスのなわばりオスを捕らえ、その精管を結束して、メスを受精させられなくしたのである(現在は動物倫理に関する規制が厳しいので、このような実験はできないかもしれない)。このオスたちは放された後も、普通になわばりを維持した。それしてなわばり内のメスたちも普通に繁殖を続けた。かれらは、もしメスたちが体内に前の交尾で送り込まれた精子を貯蔵していると結果に影響が出ると考え、操作を行って九日後以降に生まれた卵のみを採集し、それが受精されているかどうかを調べたのである。

これらのオスのなわばり内から採集された三十九巣分の卵のうち、二十六巣分は完全に受精されており、一巣分が一部不受精、残り十二巣分が完全に不受精であった。結果的になわばり内のメスが産んだ卵の約七割は受精卵だった。さらに翌年、三つの孤立した個体群でそれぞれ三〇、五〇、一〇〇パーセントのオスを手術し、前年と同じようにして調べたところ、そのそれぞれのなわばりで四四、三三、一二パーセントの巣の卵が受精していた。一〇〇パーセントの手術が行われた個体群では、つがい相手のオスはメスをまったく受精させることはできないので、この個体群のメスたちは外からやって来たオスとのつがい外交尾によって受精させられていたと考えたのである。

図3　マガモのヒナの中に父親の異なる個体が混じっていることが羽色の違いから判別できた（『一夫一妻の神話』より。画・竹井秀男）。

ただし、この実験については、オスを完全に不妊にできたかどうかという手法の不完全さが残っているし、鳥類のメスはかなりの期間（ミズナギドリ類では四十日を超える）、体内で精子を貯蔵できると考えられているので、精管結束前の交尾でメスが蓄えた精子が残っていないとは限らない。鳥でEPCの場面を観察者が直接観察できるチャンスはめったにない。つがい同士の交尾でさえ、スズメやオオタカやコロニー性のサギ類など、一部の鳥を除いてはほとんど見られるチャンスはない。

浮気の証拠を押さえられたマガモ

七〇年代後半から八〇年代にかけて、EPCは鳥の行動生態学研究者の間で、ホットなテーマだった。一九八四年にアメリカのマッキニィらが文献を調査したところ、すでにこの時点でEPCは二十六科百四種の鳥で知られていた。そのなかで、実はFCによるEPCが八十一種の鳥で記録されていた。FCとは強制交尾（Forced Copulation＝FC）といい、オスがメスに対して、求愛ディスプレイもなにも行わずにメスを押さえつけ、無理矢理、交尾を行う行動のことで、いわゆる人間社会でのレイプ（強姦）に相当する。前に書いたバラシュのマガモの強制交尾は、心理学の一般誌に発表されたときのタイトルは、「マガモによるレイプ」というタイトルがつけられていたが、さすがに科学論文ではレイプという言葉は使えず、FCとなったわけである。ともかく、FCはマガモやアメリカコガモ、ミカズキシマアジなどの多くのカモ類で観察されている。

ところでFCが起こっても、それが本当に受精につながるのだろうか。とくにペニスのない多くの鳥類(ダチョウ、カモ類、サギ類、キジ類など、ペニス状の器官をもつ種もいる)においては、交尾は両性の合意がなければ難しい。無理矢理のFCでは受精などしていないだろうという意見もあった。しかしFCが実際に受精につながっているということが、マガモでの実験からわかったのである。

マガモには普通のタイプ(野生型)以外に、飼育下で生じる暗色型という別のタイプがある。これはオスの白い首輪がなく、ヒナは真っ黒になるタイプで、この色彩型の遺伝は単純にメンデル遺伝に従い、野生型は暗色型に対して優性となる。ということは、野生型(オス)×暗色型(メス)のつがいからは野生型(黄色)のヒナばかり、暗色型(オス)×暗色型(メス)からは黒いヒナばかりが生まれるはずである。各々の組み合わせのペアが四組ずつつくられ、大きなケージで一緒に飼育された。するとやはりFCによるEPCが頻繁に記録された。オスたちは妻以外のメスに対して、合計三百九回ものFCを試み、そのうち五十八回が成功した。その結果、生まれたヒナの百五十六羽中十三羽がその親の組み合わせからは生まれるはずのない羽色のヒナだった。マガモのヒナたちのなかに、生まれるはずのない羽色のヒナが混じるのは、メスがつがい以外のオスによって受精しているからである。程度の差こそあれ、EPCは予想以上に多くの一夫一妻の鳥で起こっている現象なのである。

けれどこの方法はどの種類にも使えるわけではない。それより一羽一羽、指紋のように異なるDNAの配列がわかれば、もっといいわけである。犯罪捜査ではDNAから犯人を割り出すことが、すでに行われていたし、中国残留孤児の肉親探しにもこの方法が取り入れられていた。タンパク質と違って、DNAはかなり安定な物質なので、最近では縄文時代の人骨からDNAが抽出された例もある。

これは便利な方法だというわけで、近年、鳥を含む野生動物の研究にこの手法が取り入れられ、捕獲した成鳥やヒナから血液サンプルを採取して、DNA分析を行い、一つの巣の中のヒナたちの両親が決して同じではないということを明らかにした研究があらわれはじめた。日本ではこの分野の研究は始まったばかりだが、一夫一妻でなわばりを守るモズでさえ、DNA指紋法で調べると、生まれてくるヒナの約一〇パーセントは、その父親と遺伝的につながりのある子どもではないことがわかっている。

この分野の研究は九〇年代に入って、微量のDNAを増幅するPCR法が開発されて、爆発的に進みはじめ、毎月、何十編もの論文が発表されている。

サギコロニーで見えてくるもの

サギやウやカモメなど、集団でコロニーをつくり、繁殖する鳥たちがいる。繁殖期にはところ狭しと巣が並ぶかれらのコロニーは、人間社会でいえば団地といった風情である。かれらは集団で繁殖するが、基本的には一夫一妻のつがいの絆を守り続けると考えられてきた。しかしかれらの社会について研究が進むにつれて、これら集団繁殖鳥の多くの種で、つがい外交尾が頻発していることがわかってきた。

たとえばコサギについてはIさんが、アマサギについてはFさんが、どちらも大阪市立大学の院生時代にアマサギ、コサギ、ゴイサギ等、約千羽のサギ類が営巣していた三重県のサギ山に観察用の塔を立てて、サギ類の配偶関係を調べた研究がある。二人はコロニーのある池の中の島にテントを張って、梅雨から夏にかけての暑い繁殖期を、それこそサギとともに過ごしたのである。サギのコロニーへ行かれた方はあのすごい悪臭をご存じだろう。魚や割れた卵や死んだヒナが地上に散らばり、その上から、絶え間なくサギの白い糞が降り注いでいるという、とりわけ梅雨時などは、あまり長居はしたくない世界である。

さて、二人の研究結果からEPCに触れている部分を紹介しよう。コサギやアマサギのオスは浮気者である。オスたちはコロニーへ戻ると、途端につがい相手以外のメスにちょっかいを出そうと、近くの巣のオスがいないときをねらって、メスに近づく。Fさんによると、観察期間中に、アマサギの七つの巣で計百四十七回のEPC(つがい外交尾)が記録されたという。平均すると一羽のメスあたり約二十回ということになる。しかし個体によりかなりの差があり、一回しかEPCをされていないメスが二羽いる一方で、最高四十九回ものEPCを試みられたメスもあった。Iさんも同様にほぼ三カ月の調査の中で、コサギの十羽のメスが自分のつがい相手と合計九十三回の交尾をした一方で、つがい以外のオスから八十一回もEPCをされかけ、そのうち三十回では交尾が完結したことを観察している。

EPCは基本的にはオスから仕掛けられる(メスから他のオスの巣に行ってEPCを求めた例はない)。アマサギで観察された百四十七回のEPCのうち、五七パーセントはオスが自分のなわばりから足早にメスに近づき、残り四三パーセントはオスが巣から飛びたってメスのところにやって来た。このEPCが普通のつがい間の交尾と異なるのは、オスがより頻繁に挨拶の声をあげることと、メスがストレッチ(屈伸)ディスプレイをまったく行わないという点である。そしてオスはメスが立っていようと座っていようとおかまいなく、背中に乗りかかり、総排拙孔の接触に至る。前にマガモで紹介したFC(強制交尾)のような状況が、サギ社会でも起こっているのである。おそらくこのことは、サギ類がカモ類と同じく、交尾時に精子を効率よく送り込むためのペニス状の器官をもっていることと無関係ではないだろう。

しかしすべてのEPCが成功するとは限らない。この段階でメスが尾羽を下げてオスを拒むこともある。EPC失敗には大きく分けて三つの原因がある。一つはメス自身の抵抗、二つ目は近隣オスによる妨害、三つ目はつがいのオス(夫)による防衛である。メスのなかにはEPCを試みようとするオスに対して、飛びかかったり、突っついたりして攻撃をくわえるものもいるし、大声をあげて「助けを呼ぶ」ものもいる。さすがにメスからこうしてひじ鉄をくわされると、オスたちはその多くがあきらめて飛び去ってしまう。

メスはオスの助けなしにはヒナを育てられないので、EPCに対して反抗してつがいのきずなを維持しようとしているのだと、善意に解釈する人もあるが、メスは自分のつがい相手よりも強い（順位の高い）オスに対しては、あまり攻撃的に振舞わずにEPCを受け入れる傾向があるとFさんは述べている。メスのほうにもそれなりの打算があるのかもしれない。

浮気がばれたとき

浮気が配偶相手にばれたら、人間社会ではかなり深刻な事態が予想される。鳥の世界では、そんな場合、配偶者はどういう反応を示すだろうか。前回紹介したアマサギでは、他の巣へ行ってそこのメスとEPCをしようとしているオスが、その最中に、自分の妻が他のオスからEPCをされそうになって、あわてて交尾を中断して自分の巣へ戻った例が観察されている。こっけいな光景だが、これは進化的にトレード・オフと呼ばれる状況である。

コロニー性の鳥たちは、もともと天敵に対する防衛や採食効率の増加という選択圧のもとでコロニー繁殖を進化させてきた。しかしその副次的な側面としてEPCという問題が起こってきた。いったんEPCが起こりはじめると、EPCをしたオスのほうが自分の遺伝子をより多く子孫に伝えるから、EPCをしようとする性質はどんどん集団の中に広がっていく。ただしEPCばかりにうつつを抜かしているとエサも充分に取れないし、自分の妻を守るのもお留守になるしで、かえって不利になってくる場合もある。アマサギでいえばエサ取りにどれだけの時間をかけるか（逆に言えばコロニーにどれだけ留まれるか）という問題と、留まった場合に、自分がEPCをしに出かけて行くべきか、留まって妻を守るべきかという二つの問題に直面するわけである。サギのオスはこの問題を、自分の力（争いに勝つ能力や栄養条件）と周りの巣の繁殖状況、メスが受精可能かどうかなどの条件式をつくって解かねばならない。

アメリカのバラシュはマガモについて興味深い観察を行っている。それは妻が他のオスたちとEPCを行った場合、夫のマガモはすぐさま自分も、妻に対して（普通の交尾ではなく）FCを行うのである。マガモの夫のこの行動は、妻が他のオスの精子によって受精されてしまう危険のあるときには、自分もすぐさま精子を送り込むことで、父性を守ろうとしているのだと解釈されている。

バラシュはまた、ムジルリツグミで面白い実験を行った。彼はオスの留守中に、巣箱の前に別のオスのハクセイを置いてみた。すると、戻ってきたオスは、このハクセイに対して攻撃を行うだけでなく、自分の妻に対しても攻撃を行ったのである。そしてその結果、実験を行った二つの巣のうちの一つではメスが追い出され、別のメスが後妻として入った、とバラシュは述べている。バラシュはオスのこの行動を人間における男のやきもちと同じ原理に基づくものだと考えている。つまり巣へ戻ってきたムジルリツグミのオスは、巣の前に別のオス（ハクセイ）がいるのを見て、これはてっきりメスが浮気をしたものだと判断してメスを追い出したというわけである。鳥のオスたちが、浮気をした妻に対して自分の父性を守るためにさまざまな行動に出ることが、近年、野外での実証的な研究で明らかにされつつある。

メスによる選り好み

近年、鳥のメスがどのようなオスを選ぶか、メスによる選り好みの問題に関心が集まっている。進化生物学者のジュリアン・ハクスリィ（ダーウィンの進化論を擁護する論陣を張って「ダーウィンのブルドッグ」と言われたトマス・ハクスリィの孫）は、配偶者の選り好みに寄って起こる進化のプロセスを「異性間淘汰」と名づけた。ここではこの異性間淘汰、つまりメスがどんな雄を選ぶか、メスの選り好みの問題に焦点を当ててみよう。

ケンブリッジ大学のマリオン・ペトリーは、バンの配偶者選択について研究を行った。バンでは抱卵の七割以上をオスが行うので、メスにとってつがい相手を選ぶ場合、しっかり抱卵してくれる働き者のオスを選ぶことが重要になってくる。ゆえにバンではメスがなわばり防衛を、より積極的に行い、なわばりの境界での闘争もメス同士で激しい。おそらく日本のバンでもそうだと思うが（詳しい研究はない）、このことからもメスは配偶者選びに積極的なことがわかるだろう。

さてペトリーはしっかり抱卵してくれる働き者のオスとはどんなオスなのかを考えた。巣で卵を抱いている時間が長いので、たんに大きな身体の持ち主ならいいというものでもない。そこで、体重を足の長さの三乗で割った値をエネルギー蓄積量の指標として用い、メスの順位との相関を見たのである。すると体重の重い、つまり順位の高いメスほど、エネルギー蓄積率の高い、すなわち小太りのオスを配偶者として選んでいるという結果が出た。

鳥たちのメスにとって、自分がつがう相手がどんなオスなのかは、将来、生産できる子孫の数に効いてくる。なるべく子育てに有利になるようなオスを選ぶこと、このことに鳥のメスたちは無関心でいられない。

求愛給餌

鳥の世界では、求愛の際に、オスがメスにエサを与える求愛給餌という現象が知られている。アトリ科の一部の鳥やカモメ類ではオスはエサを吐き戻してメスに与えるし、ワシタカ類では獲物を空中でメスに渡す行動が見られる。チョウゲンボウは交尾の際、オスがメスに小鳥などのエサをもってきて交尾をせまる。カイツブリ類やアジサシ類でも求愛給餌は盛んである。

この場合の贈物は小魚である。

最近の研究によると、どうもメスはオスのもってくるエサの量を見て、将来のつれあいの「稼ぎ高」を評価しているらしい。それは稼ぎの悪いオスと結婚してしまうと、もらえるエサが少なくなり、卵へまわす栄養も少なくなってしまうからである。アメリカでのアジサシの研究によると、求愛給餌の頻度が少ないと、結果的に三卵目の卵が小さくなり、ふ化したヒナの生存率も低くなってしまった。三番目のヒナを無事巣立たせたペアのオスは、求愛給餌をよく行ったオスだったのである。

北欧のマダラヒタキでは抱卵中にオスがあまり給餌をしてくれないと、メスが巣を空けて自分で採餌にいかねばならない。すると卵が冷えて、ふ化するまでの期間が延びてしまう。長く抱卵しているとそれだけ捕食にあう確率も高くなる。メスはしっかり求愛給餌をしてくれる、稼ぎのよいオスを選ばねばならない。

こうしたメスの行動はオスの側への「進化的」プレッシャーになる。メスに気に入ってもらいたいオスは、頑張って求愛給餌をするようにならざるをえない。イギリスでのアジサシの研究では、オスは普段は小エビや目に見えないようなプランクトンを取って食べているが、求愛給餌の時期にはメスのために大きな魚を捕まえてくる。またノドアカハチクイの研究では、オスは自分が食べるときにはミツバチやイトトンボを取っているが、メスに与えるときには大きなトンボを捕らえる。メスをエサで釣って交尾をする、というのが求愛給餌の機能だと考えられている。

一方、メスも負けてはいない。コアジサシではつがいのオスが妻と交尾するときには、魚をくわえたりせずにメスに近づく。しかしつがい相手以外のオスがメスに近づくときは、必ず小魚をくわえて近寄るのである。するとメスはこのオスに対してうずくまって、交尾を要求する姿勢をとる。しかしメスはオスの一瞬のスキをついて、くわえている小魚を奪い取ろうとする。もしオスがメスの上に乗るのに成功しても、まさに交尾しようとするときに、メスがオスから小魚を奪ってしまう。この行動は主に抱卵期や育雛期に見られる。この時期、つがいのオスはエサを採りに出て、巣にいない時間が多くなる。また産卵期と違って、この時期に交尾をしてもほとんど受精する可能性はない。つがい相手以外の接近を許すメスは、交尾よりはむしろエサが目的なのである。

メスからオスへの給餌も、鳥の世界では知られている。これまで見てきたコアジサシやシジュウカラなど、一夫一妻の鳥ではオスからメスへの給餌が一般的だが、沖縄に棲む一妻多夫の鳥、ミフウズラではメスがオスに給餌する。しかし卵を抱くのはメスなので、この求愛給餌にはシジュウカラやモズのように、抱卵するほうの性を、エネルギー的に助ける役割はない。またレンジャク類では最初、オスがメスに給餌をするが、次にはメスがオスに餌を与える。エネルギーの観点からだけすると、交互に与え合うのなら最初から自分で食べてしまえばいいわけだから、こうした求愛給餌には、社会的な意味合いが強いように思う。

ところで求愛給餌と言ってしまうと、たんに求愛のときだけ給餌するように思われるが、オスからメスへの給餌は求愛のときだけではない。メスへの給餌はメスが産卵し、抱卵しているときにも続く。とくに産卵期直前から産卵期にかけての給餌はメスが卵形成に使う養分を補給する意味で重要だと言われており、シジュウカラとアオガラを用いたカナダの蛸山朋雄さんの研究は世界的にも有名である。

夏鳥として北欧に渡来するセアカモズのなわばりで、オスだけにミールワームを給餌し、メスに対する求愛給餌量を増やして、ミールワームを与えない対照区と比較した実験によると、実験区でオスからメスに与えられたミールワームの量は、メスにとって一日の必要エサ量の六五パーセントにもなった。そしてミールワームを与えられた実験区のメスはそうでないメスより、卵を約一卵多く産んだ。セアカモズのオスからメスへの求愛給餌は、実際にメスが産む卵の数を増やしている。このことは、求愛給餌がつがい形成のためのたんなる儀式ではないことを示している。

配偶者選びの基準

配偶者の選択は、鳥ではどのような基準で行われているのであろう。スウェーデンでコウライキジを用いてメスがオスの何を選んでいるのかについて行われた研究では、四年間にわたって、八十一羽のオスと百一羽のメスに電波発信器を付けて追跡して、メスがどのオスのなわばりへ行くか、オスが何羽のメスとつがったかなどが徹底的に調べられた。一羽のオスがつがったメスの多さは、オスの蹴爪（ケヅメ）の長さと相関しており、オスのなわばりの質には関係ないことがわかった。メスは蹴爪の長いオスを選んでいたのである。キジのオス同士の喧嘩は蹴爪を用いた蹴り合いである。蹴爪の長いオスは身体も大きく、春のなわばり争いに勝って、早くなわばりを確立でき、多くのメスとつがえるというわけである。

配偶者選びの基準となるオスの形質は、こうした目に見える形態的な特徴ばかりではない。ヨーロッパヤマウズラでメスの選択に関して、面白い研究がある。ヨーロッパヤマウズラは一夫一妻で、メスは生涯の伴侶を決めるまでに相手を何回か変える。このことからもわかるように、メスはオスの選択にかなりの神経を使っている。ただし、性的二型の程度は他のヤマウズラ類より低いので、メスの選択基準はオスの外見や闘争力ではないらしいことはわかっていた。ではメスは何を基準にオスを選んでいるのだろうか。

同じくスウェーデンで行われたヤマウズラのメスの選択性についての実験をみてみよう。この実験では二つのケージを用意し、一方は外をまったく見えないように、もう一方はそのままオープンにして、その中にオスを入れたのである。オープンなほうのオスは周りが見えるものだから、頻繁に警戒する。それに対して周りが見えないケージのオスは安心しきって、あまり警戒をしなくなってしまった。そこでこのそれぞれのケージに一日だけ入れたオスを外に出してメスに選ばせてみたところ、メスは、オープンなケージに入っていたオス、つまりよく警戒をするオスと好んでつがいを形成したのである。

オスが見張っていてくれると、メスはそれだけ多くの時間を採餌に使うことができ、結果的に繁殖成功も高まることが、メスのこうした選択性を進化させたらしい。

クジャクの目玉模様

メスによるオス選びは鳥の配偶システム研究の中心課題となってきた。しかし前回述べたようなメスにとっても役に立つ、またはオス同士の争いを勝ち抜くのに有利な形質については、いくつかの実証的研究が出てきつつあるものの、そうではない形質、たとえばクジャクやゴクラクチョウ類のはでな飾り羽がどのように進化してきたのかという問題は、もう一つの難しい問題として残っている。

クジャクやゴクラクチョウをもち出さなくとも、オオルリやキビタキやサンコウチョウなど、また多くのカモ類で、オスがメスよりも美しい色彩やはでな飾りをもっている例は数多い。このような性によって差の出る形質を性的二型というが、自然界において非常に目立つこの性的二型という性質がどのように進化してきたのかについては、ダーウィンが一八七一年に、その著『性に関する淘汰と人間の由来』で触れて以降、一世紀以上にわたって、科学的な検討が加えられたことがなかった。

天敵の捕食圧やその他の生存に関わる選択圧が性によって異なることは理解できるだろう。たとえば、オスは目立った場所でよくさえずるので天敵からは狙われやすい。だが、そうした圧力が、多くの鳥で、オスがもっている派手な飾りや色彩を進化させたとは考えにくい。天敵から逃れるためだけなら、オスはもっと地味であったほうがよい。こうした形質は、メスによる配偶者選びの過程で進化してきた、とダーウィンは言うのだが、研究者でなくとも、メスがきれいなオスを好んだから進化してきたのだと考えるのが常識的判断というものだろう。だがいくら常識的な世間の人が、昔からそう思ってきたとしても、最近まで、それを証明した研究者はいなかったし、そもそもそんなことは誰も研究しなかったのだ。

さて、これを初めてはっきりした形で示したのは、ケンブリッジ大学のマリオン・ペトリーである。ペトリーは約百八十羽のクジャクが放し飼いにされているイギリスのフィップスネイド公園で、レックをつくっている十羽のオスを対象にデータを取った。

メスクジャクは交尾するまでに平均二羽から七羽のオスを訪ね歩く。メスは何を基準にオスを選んでいるのだろう。ペトリーは体重や翼長などのオスの形態的特徴、またオスのレック内でのポジション、鳴き声の頻度、侵入者を追い出す行動などについてデータを取ったが、これらのどれもメスによる選択の基準にはなっていなかった。そしてただ一つ相関していたのは尾羽(上尾筒)の長さ、そしてより正確には、その尾羽に目玉模様がいくつあるかということだったのだ。上尾筒の目玉の数は百四十から百六十。私たちが見てもどれが多いかなどは、一見しただけではまったくわからない。しかしメスクジャクはそれをごく短い時間に見分けていたのである。そしてメスはあらかじめ三羽ほどのオスをサンプルしておき、そのなかで目玉模様の最も多かったオスのところへ最後に戻って交尾していることもわかった。

ところで、なぜメスは目玉模様の多いオスを選ぶのだろうか。目玉が多いことが、オスの何を現しているのだろう。これについてはペトリー自身も述べていないし、日本でも東大のチームによってクジャクの研究が行われているが、まだはっきりした結果は出ていない。実際にメスが選んだ形質が、メスの繁殖成功にどう結びついているのかをはっきり示した研究はまだない。鳥の配偶者選びの研究からはまだまだ面白いことがいっぱい出てくるに違いない。

付和雷同型の婿選び

どうもメスたちのすべてがきびしいオス選びをしているかというとそうでもないらしい。結婚相手に他のメスが選んだオスを自分も選ぶという付和雷同型のオス選びが、レックをつくる鳥で報告されている。

レックをつくる鳥は、オスが毎年、繁殖期になると決まった場所(アリーナ)へ集まり、そこへメスがやって来て交尾を行う。このとき、メスは単独ではなく、数羽で連れだってやって来る。そして一羽があるオスと交尾をすると、残りのメンバーもその個体と交尾をすることが多いのである。こうした実例が、最近、ヨーロッパのクロライチョウや北米のソウゲンライチョウで報告されている。

メスたちは互いに相談してよいオスを決めているわけではなく、先に交尾相手を選んだメスの真似をしているらしい。よいオスを選ぶには時間もエネルギーもかかる。経験の少ない若いメスにとっては、オスの質を厳密に選ぶのも難しいのかもしれない。あちこちのオスやなわばりを訪ねるときに、捕食者に襲われる危険もあるだろう。配偶者選びはメスにとってそれなりにコストのかかる行動なのである。そこで一部の(とくに一夫多妻や乱婚の)メスたちは、他個体の選んだオスと、自分も交尾することによって、時間とエネルギーを節約して、少なくとも平均的な適応度は確保しようとしているようである。

参考文献
上田恵介『一夫一妻の神話——鳥の結婚社会学』蒼樹書房、一九八七年。
上田恵介『♂・♀のはなし——鳥』技報堂、一九九三年。

鳥の彩り——鳥の視覚と羽の色

針山孝彦　浜松医科大学医学部総合人間科学講座生物学

はじめに

鳴き声につられてふと目をやると、梢の間を彩る小鳥たちが映し出される。しばらく見つめていると環境を背景として、彼らの姿が急に浮かび上がるように見えるときがある。双眼鏡を持ち出してレンズ越しに覗くと、羽の色が輝いていたり、見る角度によって虹色に変化したりという、明瞭なコントラストが創出されていることに気づく。自身の体色によるコントラストや、体色と環境とのコントラストによって、特別な造形物として浮かび上がっているのだ。

地球は、四十六億年前に誕生した。三十六億年ほど前に原核生物(細胞)と呼ばれる、いわゆる「バイキン」に近い単純な生命が誕生し、それを祖先としてより複雑な生命——真核生物(細胞)が誕生したと考えられている。真核生物は多細胞生物化して運動性をもつと同時に頭尾軸を形成し、頭部には感覚器官と情報処理器官を集中化させた。この運動性をもった生物が出現した五・五億年前のカンブリア紀の地層に、三葉虫が現世の節足動物と同じような複眼をすでにもっていたことを化石の研究から知ることができる。眼が出現した当時、生物は外界をどのように見ていたのか、とても興味をそそられる。その疑問を解く手段の一つとして、そもそも視覚情報が生物界に存在している意味は何なのかを考えることが重要だろう。われわれヒトは、眼を用いることが当たり前のような生活を営んでいるが、はたして他のすべての生物も、ヒトと共通の世界を見ているのだろうか。

鳥たちも真核生物に属する生物であり、多様な視覚情報の世界の中で棲息しているが、鳥はどのような視覚情報世界をつくり出しているのだろうか。本稿では、生物がもつ視覚世界を、彩りの美しい鳥の世界を中心に見つめ直し、どのように視覚情報処理をしているのか、その情報処理に用いられる個体の形や色をどのようにつくり出しているのかを覗くことにより、鳥の情報の受信と発信の仕方について再考する。鳥の視覚情報の意味を考えてみよう。

鳥の眼

一般的に「眼」と呼ばれる器官の特徴

眼は、単純な光感覚細胞から明瞭に区別される。ミミズの体表にある皮膚光覚[1]を眼の起源かもしれないと考えることはあっても、眼そのものであると定義する人は少ないだろう。その理由は、「眼とは個体が動く速度や、個体を取り巻く比較的早い環境変化に対応できる時間内に、外界に存在する情報源に重み付けをして情報抽出する器官である」と暗黙のうちに定義しているからではないだろうか。眼がつくり出す視覚世界は、情報源がもつ光物理学的特性を、眼球のレンズ系の光学特性に従って入射することが第一段階となる。入射された光のうち、視細胞と呼ばれる入力素子の特性によって決まる範囲のみが受容され、その入力を網膜の神経系による情報処理系によってコントラストを生み出すなどの情報の重み付けがされる。だとすると、眼を理解するためには、情報入力特性と重み付けに特化した構造や機能を理解することが必要になる。

節足動物がもつ複眼でも脊椎動物のカメラ眼でも、光の入力方向にレンズ系がある。このレンズ系は、光の入力方向を明瞭に光受容細胞に示す機能をもち、個体自身の移動や対象物の移動に伴って生じる視覚対象物の移動を網膜上に反映する。カメラ眼の先祖型ではないかと考えられている扁形動物のプラナリアなどの眼はレンズをもたないが、ピンホール型カメラと同様に光の入射部分が小さな穴をもつ構造をしており、視覚対象物の移動に伴って網膜上を像が移動する。視覚対象物の移動方向を識別することは、生物にとって重要な視覚情報の一つであることが想像される。また、レンズは移動方向を識別するのに役立つだけでなく、網膜上に焦点を結ぶ機能をもつ。このことにより、対象物の形などの属性を際立たせるように機能する。この場合、角膜やレンズなどの光学系の性質と眼球の形状が強い関連をもつ。この眼球がもつ光物理学的性能は、第一段階の情報フィルターとして重要な役割を果たしている。次に、レンズによって方向を決められた入射光は、光刺激となり網膜上の視細胞で受容される。この視細胞の入力素子としての光応答特性は、光強度と応答・明暗順応過程・光応答潜時や回復時間・光波長と応答(スペクトル)などの特性に分けることができる。これらの視細胞の光応答特性は、受容できる光刺激の範囲を決めることになり、第二段階のフィルターとして機能する。つまり、網膜上に存在する視細胞は光の入力素子として機能し、この素子の性能を超えた範囲の刺激に対して反応することはできないのである。そして、網膜上における各種視細胞の分布の仕方や視細胞に続く神経系の配置などは種特異的であり、網膜自身の情報処理ネットワークの特性によって第三段階のフィルターとして機能する。実際の視覚世界は、眼に存在しているフィルターに、さらに脳の情報処理というフィルターが加わるので、脳の詳細な理解が必要であるが、網膜と脳の情報処理ネットワークに関しては本稿では扱わない。

視覚情報がその生存戦略にとって重要な位置を占める鳥は、「視覚動物」であるといってもよいだろう。その証拠の一つとして、頭骨の大きさに比べて眼球が非常に大きく、頭蓋骨の五〇パーセント以上も眼球の体積によって占められている(ヒトでは、およそ五パーセントである)ことがあげられる。大きい眼は網膜に大きな像を結ぶことを可能にし、高い視力をもつことができ、視覚情報の質を高める。餌の確保などを視力に大きく頼るフクロウやタカなどの大型猛禽類の眼がヒトの眼よりも大きいことも、視力と眼のサイズの関連の一例とすることができる。眼球というとヒトの眼のように均整のとれたボール状の球をイメージするが、ほとんどの鳥の眼球は前後軸（レンズ側から網膜側へ引いた軸）に対してレンズを押しつけて潰したような、比較的扁平な雪だるまのような形をしており、角膜とレンズを含む半球のサイズに比べて硝子体と網膜を含む側の半球が大きい。進化の過程で最適な視力を確保しながら、一方で飛翔するために眼の重量を減らし、頭骨における眼窩の体積をできるだけ小さくできるようにするための適応の結果と想像される。鳥のレンズを構成する物質は、六〇から七五パーセントが水、三五パーセントがタンパク質であり、柔軟性に富んでいる。この柔らかい材質によりレンズは大きくその体積を変える。その体積変化によって角膜が湾曲する。とくに空中から水中にダイビングして魚を餌とする鳥において顕著である[2][3]。しかしこのすばらしい調節能も加齢とともに減少し[4]、ニワトリなどでは一、二年で老眼になる[5]。

　鳥の視細胞の形態は他の脊椎動物のそれによく似ており、光の入射側から内節と外節との二つに大きく分けられる。内節側には水平細胞などの神経系につながるシナプスがあり、細胞の核と代謝に関連するミトコンドリアなどが目立つ。外節は細胞膜が何層にも重なっておりその細胞膜に高密に視物質（発色団を含む膜タンパク質）が存在している。一般に視細胞は大きく二種類に分けられ、それらは錐体細胞と桿体細胞と呼ばれる。鳥の網膜を構成する視細胞にも、この二種類があるが、それに加えて二重錐体細胞（double cone）があり、主錐体と副錐体と呼ばれる二つの視細胞がくっついた形状をもつものも知られている。鳥の錐体細胞には油滴と呼ばれるものが外節と内節の間にある（後の「色覚――光波長応答（スペクトル）とは」に詳述）。一般に、錐体細胞は明所視に優れており桿体細胞が暗所視に優れている。そのためにヒトの網膜では錐体細胞が明所視に、桿体細胞が暗所視に用いられているが、鳥でも同様の傾向があり、昼行性や夜行性といった行動時間の違いにより網膜を構成している二つの視細胞の割合が異なる。つまり、昼行性のものでは錐体細胞が中心であり、フクロウなど夜行性のものでは桿体細胞が優性である。この二つの視細胞は、その形状から命名されており、錐体細胞は外節がアイスクリームコーンのような形をしており長さが八から四〇ミクロンメートルで、桿体細胞は外節が錐体細胞のそれよりも長く三〇から九〇ミクロンメートルほどあり桿状（竿のような形）をしているのが特徴である。明所視に優れている錐体細胞は、時間分解能に優れており、光の明滅に対して桿体細胞よりも追随能力が高い。

　光強度に依存して視細胞の電位応答の変化が生じるのは、入射した光の中の光量子一個を一つの視物質が吸収し、視物質が活性化することによる。つまり、視物質（ロドプシン）が光吸収し活性化した視物質（メタロドプシン）の状態になり、メタロドプシンは細胞内の情報伝達分子を活性化させ、最終的に細胞のイオンチャンネルの開閉をコントロールすることでイオンが移動する。イオンが細胞膜を介して出入りすることになるので、細胞内外に電位差が生じるのである。一般に、外の電位を零としたときの細胞内電位のレベル変化で示されるが、脊椎動物の視細胞では暗所で細胞内電位が浅く、明所で電位が深くなるという特徴をもつ。このとき、視物質に吸収された光量子の数と異性化した光受容分子の数は線形の関係をもつ。細胞内情報伝達分子も活性化した視物質の量に比例して情報を伝えるので、光量が増えれば増えるほど応答が大きくなるといえる。しかし、光量が弱いときと一定以上に強いときは、光量と応答の関係が線形から外れ、光量に対する細胞応答をグラフ化するとS字状曲線になる。これは、視細胞内にある情報伝達系の情報伝達分子の特徴によるものである。

一方、上記の光強度と応答の関係に加えて、眼に入射する光の量そのものをコントロールしたり、視物質に光吸収されてしまった後でも細胞内の情報伝達系を制限したりするような明暗順応過程が知られている。入射する光量は、眼に光が入る所の瞳孔によって調節される。この瞳孔の動きは、哺乳類よりも鳥類の方が速く[6]、彼らが高速で移動することへの適応ではないかと考えられる。明暗順応は視細胞内の情報伝達系でも起こっており、細胞内の情報伝達分子の性能をコントロールするために、タンパク質やイオンなどが役立っている。

鳥の眼の光応答潜時や回復時間

（フリッカー・フュージョン頻度）

ヒトの眼は、光の明滅が五〇から六〇ヘルツ（Hz）まであればチラチラした信号として捉えることができるが、六〇ヘルツを超えるとノッペリとした明滅のない光としての信号となり明滅の変化を感知できない。このようにある種の生物が光の明滅として識別できる光の点滅の頻度の閾値を、フリッカー・フュージョン頻度（flicker-fusion frequency; FFF）といい、光応答潜時や回復時間に対する指標となる。ヒトにはノッペリとしてしまう六〇ヘルツの光の点滅が鳥には光の明滅信号として識別でき、セキセイインコでは一一五ヘルツ[7]、ドバトでは一一六から一四六ヘルツだとの報告がある[8]。ニワトリで、一〇五から一二〇ヘルツがFFFであるという報告もある[9]。ニワトリは蛍光灯の光を点滅と捉えてしまう可能性もあり、養鶏場の照明に気を配る必要があるのかもしれない。このFFFが異なる原因の詳細は十分にはわかっていないが、光受容分子ロドプシンの性質[10][11]と視細胞内の情報変換分子の動態[12]によっていることが報告されている。このヒトなどに比べて高いFFFを鳥がもつことは、光のオンに対して短い光応答潜時をもち、光のオフに対して応答の早い回復時間をもつことを意味している。タカなどの猛禽類が小鳥を襲うときに、ヒトの目にも留まらぬ動きを示すことからも、その能力の違いを想像できる。鳥は、ヒトには見えない高スピードの世界を十分に識別している可能性がある。

色覚――光波長応答(スペクトル)とは

色を識別できることを、「色感覚」や「色覚」があるという表現を用いる。この、光の波長の違いに関連をもつ感覚を、ヒトの場合は心理実験によって、色相・明度・彩度(または飽和度)の三つの属性で表せることがわかる。これら色の三属性は、互いに独立な色の性質として区別できるのだが、他の生物が同じように色を三つの属性に分けているか否かはわからない。ここでは、一般に動物神経生理学者たちが行うように[13]、「光の性質の中の光強度に影響されずに異なる光の波長を区別できる能力(ヒトで言えば色相)のこと」のみを色覚として議論を進める。

環境に置かれた物体が、どのような波長域の光を反射しているかを知るために、物理学者たちはプリズムや回折格子を用いて光を波長ごとに分解して各波長の光量を測定し、スペクトル分布を表現する。このような測定機器をスペクトロメータという。反射光のスペクトル分布は、それぞれの波長域における光量子の数が、一定時間一定面積あたりどれくらいあるかという絶対的な物理量として表現することができるので、観測者の違いによるバラツキは起こらない。もしもスペクトロメータのような物理学的機器をすべての生物が眼の中に備えていたら、それぞれの生物が別々のスペクトル世界を創り出すようなことはなく、ヒトも鳥も、甲殻類や昆虫類たちも同一の入力器官をもつことになったはずだが、生物の進化は、そのような選択をしなかった。

生物の眼は、光を分解して色弁別しているのはない。眼にほとんどすべての光をそのまま入れて、網膜にある視細胞に含まれている視物質がその入射光をそのまま吸収する。この視物質とは、前述のように一光量子によって一つの発色団が光異性化し(つまり光吸収が起こり)、異性化した発色団をもつ視物質は活性化するのである。この視物質は、視物質を構成するレチナールと呼ばれる発色団と、オプシンと呼ばれるタンパク質の関係によって、特定の波長域の光をより効率的に吸収する性質をもっており、ある吸収ピークに対して半値幅およそ一〇〇ナノメートルの吸収帯域をもつ特徴あるスペクトル吸収曲線を示す。吸収に関するこのスペクトル特性は、視物質を構成する発色団(ビタミンAのアルデヒド体、現在までにレチナール、デヒドロレチナール、ヒドロキシレチナール、ヒドロキシレチナールの四種が知られている)の種類と、オプシンのアミノ酸配列の組み合わせの仕方によって決まる。一般に、一つの視細胞には一種類の視物質のみが含まれているので、視細胞は一つのピークに対して決められた吸収帯域の応答を示す。

ヒトの場合は、長波長側から赤・緑・青に吸収ピークをもつ視物質が別々の視細胞に含まれている。この別々の色に応答をもつ視細胞は、眼のレンズ系を通して焦点を結ぶ黄斑の中央部に凹状の中心窩(fovea centralis)と呼ばれる部分に集中しており、この部分だけが精密な色弁別能をもつ。そのためヒトでは、視野における色覚の分布状態の違いが生じ、正常色覚者では、注視して中心窩を用いた場合は赤・緑・青を知覚する三色視(trichromatic vision)が可能であるが、その周辺部では青・黄の系統しか知覚されない二色視(dichromatic vision)となり、さらに周辺になると明暗しか知覚されない単色視(monochromatic vision)となるのである。これは、色弁別に重要な役割をする錐体細胞と明暗視の役割をもつ桿体細胞の網膜内における解剖学的分布様式と一致する。

残念ながら、この色弁別能の神経機構の詳細はニュートン以来の長い研究の歴史を経ても解決に至っていないが、色度図(Chromaticity diagram)という機構が眼と脳の情報処理システムの中に存在していれば、曖昧なスペクトル帯域しかもたない視細胞が数種類網膜に存在することで、色のスペクトルをかなり正確に言い当てることができる。ヒトの場合は、青、緑、赤の三種の錐体細胞の興奮の比率によって四〇〇から六五〇ナノメートル付近の可視光域の光を色弁別ができていると考えるのである。テレビの画面がRGB(赤、緑、青)の発光素子が並んでいることでヒトの情報処理系が騙されて自然の色の世界のように見えてしまうことからも、ヒトの色情報処理が色度図の概念に当てはまる可能性は高いが、情報処理についての詳細な研究が待たれる。

さて、ヒトの色覚は三種の錐体細胞によっているが、鳥の色覚情報処理はどのようになっているのだろうか。鳥もヒトと同じ視覚世界の中で生きているのだろうか。

鳥の視覚世界――四種の視細胞と紫外部光受容能

われわれは、同種であるヒトを他人として見るときでも、また他種である種々の動物を見るときでも、自分の見ている世界の延長上で理解しようとする傾向がある。しかし、自己がもつ世界がそのまま他個体に当てはまることは決してない。とくに種が異なる動物間においてその違いは明らかであり、そこでは入力器官だけを比較してみても、種による違いを知ることができる。

鳥の眼とヒトの眼との比較が、その一例となる。鳥の視細胞の特性は種々の実験方法で調べることができる。たとえば、マイクロスペクトロメータという機器(顕微鏡で焦点を合わせた対象物の吸収スペクトルを測定する装置)を用いれば、それぞれの視細胞がもつ吸収スペクトルを測定することができる。

マイクロスペクトロメータによって、ヒトの視細胞は三種のスペクトル帯域に感度をもつ視物質が別々の錐体細胞に含まれていることがわかるが、鳥では四種の視物質が存在していることが同様の実験操作によって確認された[14]。短波長域に応答域をもつ別の視細胞があるのである。その帯域は鳥の種によって異なるが、調べられた多くの種で、紫外部域に高い応答感度をもつ。鳥はヒトが見ることができない紫外線を受容できるのだ。

鳥の光受容物質は発色団としてレチナールだけが知られており、吸収帯域の違いはオプシンのアミノ酸配列の違いによっている。実は、この紫外線受容能は鳥に限られた能力ではなく、脊椎動物の仲間だけに目をやっても、魚や両生類、爬虫類や鳥類、そして一部の哺乳類で、その存在が知られている。[15]

紫外線受容能をもつ視細胞が一つ増えるということは、受容帯域が広がることと同時に、色弁別能の精度が上がることを示唆している。先のヒトの色弁別では、三つの視細胞が関与して色を規定しており、色度図という概念を当てはめれば、平面上に三角形を描くことによって一つの色が規定されていた。鳥では、この色度図が四つの軸をもち、立体的な空間図を想定することになる。

先に述べたように、鳥の視細胞の内節と外節の間には、油滴(oil droplet)が存在し、入射光は、錐体視物質に到達する前に、かならずこの油滴を通過しなくてはならない。この油滴は特定波長域を吸収するので、入射光はスペクトルの修飾を受ける。現在までに、その形状と含まれているカロチノイドの濃度や種類によって大きく六種類の油滴として分けられている。[16] この油滴は、それぞれの種によってその分布などが決まっており、網膜を剥離し顕微鏡下で観察すると美しい模様を見ることができる。図1は、ウズラの網膜を剥離して、透過光による観察と、紫外線で落射観察したもの、および長波長光で落射観察したものを示している。透過光によると種々の色をした油滴が観察されるが、紫外線観察では特定の油滴が黄色っぽく見えることがわかる。また長波長光観察では、透過光観察で赤く見えた油滴だけを観察することができるのである。鳥は、光を受容する視物質が集まった外節の直前に性能の良いフィルターを置いて、受容帯域を限定している。これらの特徴を見ただけでも、われわれの色弁別の視覚世界では想像できないほど、鳥にとって波長情報が重要である可能性が想像され、また鳥とヒトとは異なった色情報世界を構築していることがわかる。

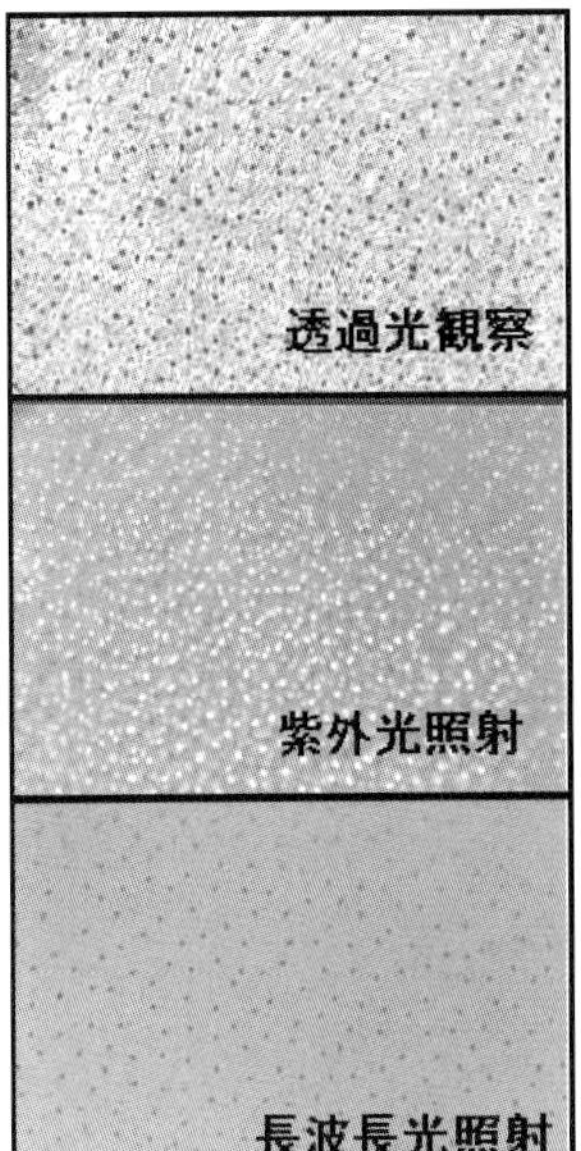

図1　ウズラの網膜内の油滴の分布。照明によって発色する油滴の種類が変わる。

鳥の眼の特殊な構造物――櫛状突起(pectin)

鳥類の先祖とされる爬虫類と鳥類の眼の中を覗くと、硝子体を含む後眼房中に、網膜から突起した構造物が見える。櫛状突起と呼ばれる、櫛の歯のように見える襞の多い扇状の突起物である。[17] 網膜の前方にあるので、視覚の邪魔をするのではないかとも想像してしまう。鳥の網膜には、他の多くの動物たちがもつ網膜と硝子体の間にある網状の血管は観察されない。[18] この血管はおそらく網膜神経層と硝子体に栄養や酸素を供給する役割をしているのだろうが、血管に流れる赤血球などは色素をもっており、視覚の邪魔をする。鳥の場合は、この血管を失うことで視感度を上昇させているのだろう。櫛状突起の機能は完全には明瞭でないが、血管に富んだその構造から硝子体への栄養や酸素の運搬に役立っていると考えられる。また、レンズの移動によって生じた眼球内圧を感知することにより遠近を知ることができるとか、眼圧調節の機能があるなどともいわれている。

鳥類の羽の色

これまで、鳥の眼についてヒトの眼と比較しながら考え、鳥が如何に眼によって視覚情報を受信しているかについて述べてきたが、この節では鳥がいかに視覚情報を発信しているかという視点から、羽の色に注目する。

羽の色の創出

生物が色を創出する方法として、色素を体表面に配置することによりその色素によって吸収された波長域以外のものを反射する方法と、色素ではなく体表面に規則的な構造をつくることによって干渉や散乱など光学的な光の修飾によって色をつけて反射する方法がある。ここでは、前者を色素色、後者を構造色と呼ぶ。生物がもつ色素は、カロチノイド色素、フラボノイド色素、プテリジン系色素、メラニン色素、インドール系色素、オモクロームなど非常に多様なものがあり、それらは餌に直接由来するもののほか、生物が体内で合成するものもある[19]。このような多様な色素が生物界に存在しているにもかかわらず、比べて鳥類の羽の色素は比較的シンプルで、食餌に由来するカロチノイド色素、メラニン細胞が合成するメラニン色素の二種類によっている（ただし、卵殻の褐色や斑紋などはポルフィリンによる）[20]。一方、構造色は羽の中のケラチンによって造られる構造体によって決まる。

色素色

鳥の羽の色が食餌に由来するカロチノイド色素によっていることは、カナリアやフラミンゴの羽の色を観察するとすぐにわかる。一般に、鳥の羽毛にはキサントフィルが蓄積される傾向があるが、カナリアを、キサントフィルを含まない餌で飼育を続けるとカナリアの特徴的な輝くような黄色は失せて、白色になる。羽色が白色になったカナリアに逆にキサントフィルを含んだ餌を与えれば黄色になる。キサントフィルではなく、他のカロチノイド色素を含んだ餌を与えると、そのカロチノイド色素特有の色に変化する。一般に、他の動物では自身ではカロチノイドを合成できないが、植物が合成したカロチノイドを餌として摂取し、種独自のカロチノイドの形に変化させることができる。しかし、カナリアではそれができないために、直接餌に含まれるカロチノイドの色の影響を受けてしまうのである。

ケニヤの大地溝帯に位置するナイバシャ湖などに飛来するフラミンゴの集団は、周辺の緑と青空にピンクの羽色を加えて美しい［図2］。湖畔に落ちているこのフラミンゴの羽を手に取ると、フラミンゴの体部に対して近位側が白く遠位側が淡いピンクから紅色に変わっている［図3A］。ナイバシャ湖で休息をとるフラミンゴのクチバシをよく見ると、中央部で急角度に曲がっており、しきりにこのクチバシを水中に入れている。クチバシの縁にはヒゲ状の構造があり、このクチバシによって水中の藻類などを濾過摂食しているのである。集団全体の羽色が摂食する餌によって決まることはとても面白い。動物園などで飼育しているフラミンゴには、とくに赤く染まる餌を与えている。これらの二例で見られるように、鳥類では、餌として摂取したカロチノイドがそのまま体色として表れていて、カロチノイドを体内で種独自の色に変化させることはできないのである[20][21]。

一方、カロチノイド色素とは異なって、メラニン細胞が合成することのできるメラニン色素によって、鳥の羽色は黒や茶色、そして黄色から赤色になる。これは羽に、ユーメラニンとフェオメラニンの二種類のメラニン色素が存在するからである。このメラニン合成の調節系については、鳥類が下垂体中葉をもたないことなどから、他の動物に比べて知見が少なかったが、最近ではその調節系が明らかになりつつある[22]。羽の色や紋様は、羽の根本にある羽嚢の中の色素細胞がこれらのメラニン生産を行って、メラニン色素顆粒を送り込むことによって発現する。発生の段階で、色素の種類と量が決められている[23]。

図2 ナイバシャ湖のフラミンゴ

構造色

構造色とは、光の干渉、回折、散乱などによって生じるもので、動物がもつ構造色は主に体表面や表層の特徴的な構造が重要である。鳥の羽の構造色は、大きく分けて、羽を構成する羽枝の表層構造の内部にある環の中の構造によるものと、表層構造によるものとの二つに分けることができる。環の中の構造による例は、カワセミの青く輝く部分があげられる[図3B、D]。フラミンゴの羽枝のピンクの部分[図3A]を輪切りにした電子顕微鏡写真では、粒状の構造物が見られない[図3C矢印]が、カワセミの青色の部分[図3B]の切片では、粒状の構造が密集している[図3D]。羽色の違いと微細構造の違いから、この粒状構造が色を創出しているらしいことは想像できる。これまで、青色の創出は、この粒状の構造による光のレイリー散乱[20]だとかミー散乱[24]といった光の散乱によるものであるとか、

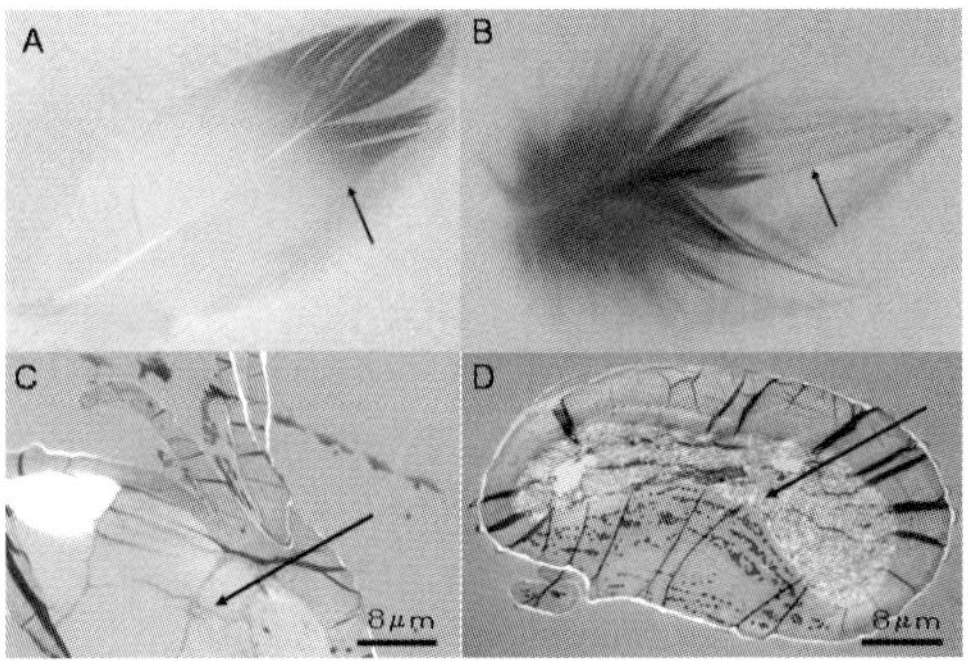

図3 フラミンゴ(A, C)とカワセミ(B, D)の羽と断面構造

粒構造をフーリエ変換して規則性があることを発見したことから散乱ではなく微細構造の規則性による多層膜干渉と同じ仕組みによるものだとかいわれている。[25]羽の反射スペクトルと、粒状の微細構造に相関が認められており、[26]この粒状構造が重要な役割を果たしていることに疑問の余地はないだろう。しかし、実際にカワセミの青羽の切片を観察すると[図3D]、矢印で示した粒構造の中空の下側の層構造に色素顆粒の粒が比較的ぎっしりと並んでいたり、羽枝の構造自身に不規則性があったりしている。カワセミの羽の色は、科学者たちにその謎解きを今後も強いるものであるといえる。

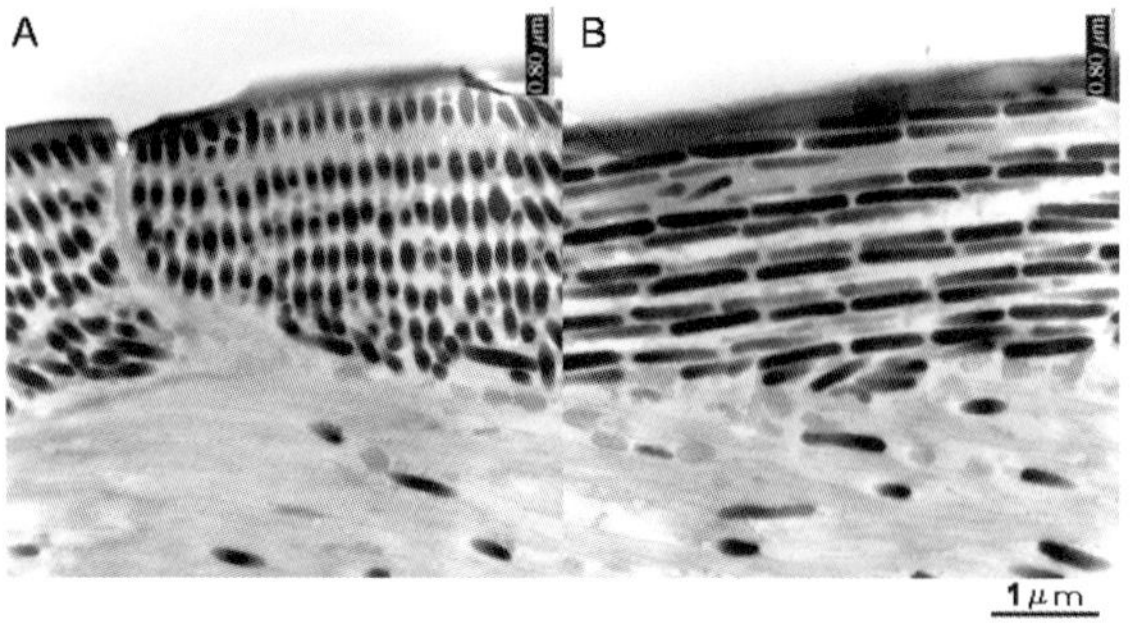

図4 クジャクの羽の断面構造

表層構造では、ドバトの首から胸部にかけての羽が光る薄層膜構造による薄層膜干渉によるものと、クジャクなどの多層膜構造による多層膜干渉によるものがあげられる。図4は、クジャクの多層膜干渉を引き起こしている表層構造を示す電子顕微鏡写真であるが、断面図では棒状の粒子が円形に輪切りにされている[図4A]が、長軸方向の切片では、粒子が長く配列していることがわかる[図4B]。この規則的な粒子の配列が、多層膜干渉を引き起こしており、粒子間の距離によって色が決まっている。

面白いことに、これらの構造色による色のスペクトル曲線は、視細胞がもつ視物質の光吸収曲線に非常によく似ており半値幅の狭い単色に近いものであり、しかも非常に光の反射率が高い。高度な色弁別を行う鳥において、体色による情報を発信する源として非常に有効な仕組みであるといえる。

鳥の体色と行動

動物の体色発現は、彼らの生息環境の中でコントラストを強調したり消失させたりすることで、生存の可能性を上昇させることに役立っている。強調させることによる効果は、婚姻色や警戒色などの種内における共通の仕組みによるものがあり、その上により良い個体であることを強調するための個体認識の手がかりとなるものもある。コントラストを消失させるものは、カモフラージュとも呼ばれ「食う食われる」の関係の中で、敵の目から逃れる効果を高める。また、不要な紫外線や赤外線から個体を守るために機能する体色もある。

鳥の体色を決定している色素色のカロチノイドとメラニンも同様にコントラストを強調したり消失したりするために役立っているが、前述のように、メラニンの合成は、個体の発生段階で、遺伝的支配を受けており、カロチノイドは鳥の体内で改変されることなく餌の量や質による直接的な影響を受けている。結果として、体色変化は、メラニンによるものよりもカロチノイドによるものが大きく、カロチノイドのほうが性的二形を特徴づけるものであり、かつ子孫を残すためにより良い個体であることを強調する個体認識の信号を示すものとして機能している可能性がフィンチ類の研究から示唆されている[27]。

鳥の眼で識別可能な紫外線を鳥の羽が反射しており[24]、その鳥の羽からの紫外線も行動を決定するための重要なシグナルとして機能している。たとえば、キンカチョウに対してフィルターを用いて体の反射スペクトルを変化させた実験を行ったところ、雌が雄を選択する際に紫外部域から青にかけての色が重要なシグナルになっていることが示されている[28]。

また、構造色も鳥の羽の質を表すことによって自身の状態を示す信号として役だっていることが示されており[29]、色素色のメラニンとカロチノイドと構造色の役割を、それぞれの色の重要性に分離すると同時に、コントラストとしての重要性に注目して、今後検討していく必要があると考えられる。

おわりに

ヒトと鳥の眼の構造を比較すると、基本的な設計原理は非常に似ており、角膜・レンズ側から入射された光は網膜に達し、高い解像度を維持するようにできている。しかし、細部を比較すると、眼球の形態が異なっているだけでなく、また視細胞の種類が一つ多かったり、高い時間分解能をもっていたりというように、同じ情報が外界にあっても異なった情報世界をヒトと鳥は見ていることに気づかされる。ハイスピードで飛翔する鳥たちの眼には、ヒトが識別できない蛍光灯の点滅がチラチラとしているように見えていたり、色情報の精度が高くなっていたりする可能性が高い。鳥は、ヒトと異なった視覚世界の中で棲息しているのだ。

鳥は、ヒトの生活に密着し、同じような環境の中で共に生きている。梢の上を飛び回る小鳥も、水面を滑空する鳥も、一見同じ情報世界の中で棲息しているようにわれわれ人間は錯覚してしまうが、実は別々の世界を造っている。地球という同所に共存する別の種を理解するためには、彼や彼女たちがもつ独自の情報世界を理解することが重要なのだろう。

註

[1] Roehlich, P., Aros, B., Viragh, Sz., Fine structure of photoreceptor cells in the earthworm, Lumbricus terrestris, *Z.Zellforsch* 104, 1970, pp.345-357.

[2] Ott, M., Visual accommodation in vertebrates: mechanisms, physiology response and stimuli, *J Comp Physiol* A 192, 2006, pp.97-111.

[3] Katzir, G., and Howland, HC., Corneal power and underwater accommodation in great cormorants (*Phalacrocorax carbo sinensis*), *J Exp Biol* 206, 2002, pp.833-841.

[4] Hodos, W., Miller, RF., Fite, KV., Age-dependent changes in visual acuity and retinal morphology in pigeons, *Vision Res* 31, 1991, pp.669-677.

[5] Choh, V., Meriney, SD., Sivak, JG., A physiological model to measure

effects of age on lenticular accommodation and spherical aberration in chickens, Invest Ophthalmol *Vis Sci* 43, 2002, pp.92-98.

[6] King, AS., McLelland, J., *Special sense organs, in Birds: Their structure and function* (ed 2), London, Bailliere Tindall, 1984, pp.284-314.

[7] Ginsburg, N., Nilsson, V., Measuring flicker thresholds in the budgerigar, *J Exper Anal Behav* 15, 1971 pp.189-192.

[8] Dodt, E., Wirth, A., Differentiation between rods and cones by flicker electroretinography in pigeon and guinea pig, *Acta Physiol Scand* 30, 1953, pp.80-89.

[9] Noboer, JFW., Coemans, MAJA., Vos, JJ., Artificial lighting in poultry houses: do hens perceive the modulation of fluorescent lamps as flicker?, *Br Poultry Sci* 33, 1992, pp.123-133.

[10] Ma, J., et al., A visual pigment expressed I both rod and cone photoreceptors, *Neuron* 32, 2001, pp.451-461.

[11] Ala-Laurila, P., Donner, K., Koskelainen, A., Thermal activation and phtoactivation of visual pigments, *Biophysical J.* 86, 2004, pp.3653-3662.

[12] Arshavsky, VY., Protein translocation in photoreceptor light adaptation: A common theme in vertebrate and invertebrate vision, *Science STKE* 2003, p.43.

[13] Kelber, A., Vorobyev, M., Osorio, D., Animal colour vision-behbavioural tests and physiological concepts, *Biol Rev* 78, 2003, pp.81-118.

[14] Jacobs, G.H., UV vision in verebrates, *Am.Zool.* 32, 1992, pp.544-554.

[15] Govardovskii, VI., Zueva, LV., Visual pigments of chicken and pigion, *Vision Res.* 17, 1977, pp.537-543.

[16] Valera, FJ., Palacios, AG., Goldsmith, TH., Color vision of birds, in Ziegler HP, Gischof H-J (eds), *Vision, Brain, and Behavior in Birds*, Cambridge, MA, MIT Press, 1993, pp.77-98.

[17] Brach, V., The functional significance of the avian pectin: a review, *Condor* 79, 1977, pp.321-327.

[18] De Schaepdrijver, L., Simoens, P., Lauwers, H., De Geest, JP., Retinal vascular patterns in domestic animals, *Res Vet Sci.* 47, 1989, pp.34-42.

[19] 梅鉢幸重『動物の色素――多様な色彩の世界』内田老鶴圃、二〇〇〇年。

[20] Fox, DL., *Animal biochromes and structural colours*, Univ. of California Press, 1976.

[21] Brush, AH., Metabolism of carotenoid pigments in birds, *FASEB J.* 4, 1990, pp.2969-2977.

[22] 竹内栄「鳥類メラノコルチン調節系研究の進展」『比較内分泌学会ニュース』一二四、二〇〇七年、一九―三四頁。

[23] 秋山豊子「色素異常症の動物モデルとしての鳥類色素変種」『色素細胞』溝口昌子・松本二郎編、慶應義塾大学出版会、二〇〇一年。

[24] Finger, E., Visible and UV coloration in birds: Mie scattering as the basis of color in many bird feathers, *Naturwissenschaften* 82, 1995, pp.570-573.

[25] Prum, RO., Torres, R., Williamson, S., Dyck, J., Two-dimensional Fourier analysis of the spongy medullary keratin of structurally coloured feather barbs, *Proc.R.Soc.Lond.*B 266, 1999, pp.13-22.

[26] Shawkey, MD., Estes, AM., Siefferman, LM., Hill, GE., Nanostructure predicts interspecific variation in ultraviolet-blue plumage colour, *Proc.R.Soc.Lond.*B 270, 2003, pp.1455-1460.

[27] Badyaev, AV., Hill, GE., Evolution of sexual dichromatism: contribution of carotenoid- versus melanin-based coloration, *Biol J Linnean Soc* 69, 2000, pp.153-172.

[28] Hunt, S., Cuthill, IC., Benett, ATD., Church, SC., Partridge, JC., *J Exp Biol* 204, 2001, pp.2499-2507.

[29] Fitzpatrick, S., Colour schemes for birds: structural coloration and signals of quality in feathers, *Ann Zool Fennici* 35, 1998, pp.67-77.

アオバト(*Spenurus sieboldii*)、フィリップ・フランツ・フォン・シーボルト『日本動物誌――鳥類部』(*Fauna Japonica*)、ライデン、私家版、1844-1850年、紙面縦37.8 横29.4、山階鳥類研究所蔵(山階鳥類文庫)

アオゲラ（*Picus awokera*）、フィリップ・フランツ・フォン・シーボルト『日本動物誌――鳥類部』（*Fauna Japonica*）、ライデン、私家版、1844-1850年、紙面縦37.8 横29.4、山階鳥類研究所蔵（山階鳥類文庫）｜**040**

上：アカヒゲ（*Erithacus komadori*）、フィリップ・フランツ・フォン・シーボルト『日本動物誌――鳥類部』（*Fauna Japonica*）、ライデン、私家版、1844-1850年、紙面縦29.4　横37.8、山階鳥類研究所蔵（山階鳥類文庫）｜**040**

下：ヤマドリ（*Syrmaticus soemmerringii*）、コンラート・ヤコブ・テミンク＋メイフラン・ラウギエ・ド・シャルトローズ『新編彩色鳥類図譜』再版（全5巻）（*Nouveau recueil de planches coloriées d'oiseaux*）、パリ、バイリエール書店、1850年、紙面縦40.0　横56.0、山階鳥類研究所蔵（山階鳥類文庫）｜**038**

サンコウチョウ(*Terpsiphone atrocaudata*)、フィリップ・フランツ・フォン・シーボルト『日本動物誌──鳥類部』(*Fauna Japonica*)、ライデン、私家版、1844-1850年、紙面縦37.8 横29.4、山階鳥類研究所蔵(山階鳥類文庫)｜**040**

オオノスリ(*Buteo hemilasius*)、フィリップ・フランツ・フォン・シーボルト『日本動物誌――鳥類部』(*Fauna Japonica*)、ライデン、私家版、1844-1850年、紙面縦37.8 横29.4、山階鳥類研究所蔵(山階鳥類文庫) | **040**

ヨウム(*Psittacus erithacus*)、フランソワ・ルヴァイヤン『オウムの自然史』(全3巻)(*Histoire Naturelle des Perroquets par François Levaillant*)、パリ、ルヴラン書店、1801-1805年、紙面縦50.5 横34.0、山階鳥類研究所蔵(鷹司家文庫旧蔵)｜

右：クロツノユウジョハチドリ（*Paphosia helenae*）、ジョン・グールド『ハチドリ科鳥類図譜』（全6巻）（*A monograph of the Trochiliadae, or family of humming-birds*）、私家版、1849-1861年、紙面縦56.0　横39.0、山階鳥類研究所蔵（鷹司家文庫旧蔵）｜**039**

左：アカフトオハチドリ（*Selasphorus rufus*）、ジョン・グールド『ハチドリ科鳥類図譜』（全6巻）（*A monograph of the Trochiliadae, or family of humming-birds*）、私家版、1849-1861年、紙面縦56.0　横39.0、山階鳥類研究所蔵（鷹司家文庫旧蔵）｜**039**

上段右：アレンハチドリとアンナハチドリの交雑種（hybrid, *Selasphorus sasin x Calypte anna*）、ジョン・グールド『ハチドリ科鳥類図譜』（全6巻）（*A monograph of the Trochiliadae, or family of humming-birds*）、私家版、1849-1861年、紙面縦56.0　横39.0、山階鳥類研究所蔵（鷹司家文庫旧蔵）｜**039**

上段左：シロハラチビハチドリ（*Acestrura mulsant*）、ジョン・グールド『ハチドリ科鳥類図譜』（全6巻）（*A monograph of the Trochiliadae, or family of humming-birds*）、私家版、1849-1861年、紙面縦56.0　横39.0、山階鳥類研究所蔵（鷹司家文庫旧蔵）｜**039**

下段：トキ（*Nipponia nippon*）、コンラート・ヤコブ・テミンク＋メイフラン・ラウギエ・ド・シャルトローズ『新編鳥類彩色図譜』再版（全5巻）（*Nouveau recueil de planches coloriées d'oiseaux*）、パリ、バイリエール書店、1850年、紙面縦56.0　横40.0、山階鳥類研究所蔵（山階鳥類文庫）｜**038**

ヒインコ(*Eos bornea*)、フランソワ・ルヴァイヤン『オウムの自然史』(全3巻)(*Histoire Naturelle des Perroquets par François Levaillant*)、パリ、ルヴラン書店、1801-1805年、紙面縦50.5 横34.0、山階鳥類研究所蔵(鷹司家文庫旧蔵) |

上：セイラン（*Argusianus argus*）、ジョン・グールド『アジア鳥類図譜』（全7巻）（*The birds of Asia*）、ロンドン、私家版、1850-83年、紙面縦40.0　横56.5、山階鳥類研究所蔵

下：ハイイロヤケイ（*Gallus sonneratii*）、ジョン・グールド『アジア鳥類図譜』（全7巻）（*The birds of Asia*）、ロンドン、私家版、1850-83年、紙面縦40.0　横56.5、山階鳥類研究所蔵

上段右：ニジイロコバシハチドリ（*Chalcostigma herrani*）、ジョン・グールド『ハチドリ科鳥類図譜』（全6巻）（*A monograph of the Trochiliadae, or family of humming-birds*）、私家版、1849-1861年、紙面縦56.0 横39.0、山階鳥類研究所蔵（鷹司家文庫旧蔵）｜**039**

上段左：ササフミフウズラ（*Turnix worcesteri*）、コンラート・ヤコブ・テミンク＋メイフラン・ラウギエ・ド・シャルトローズ『新編彩色鳥類図譜』再版（全5巻）（*Nouveau recueil de planches coloriées d'oiseaux*）、パリ、バイリエール書店、1850年、紙面縦56.0 横40.0、山階鳥類研究所蔵（山階鳥類文庫）｜**038**

下段：ニジハチドリ（*Aglaeactis cupripennis*）、ジョン・グールド『ハチドリ科鳥類図譜』（全6巻）（*A monograph of the Trochiliadae, or family of humming-birds*）、私家版、1849-1861年、紙面縦56.0 横39.0、山階鳥類研究所蔵（鷹司家文庫旧蔵）｜**039**

キンミノフウチョウ(*Diphyllodes magnificus*)、ジョン・グールド『ニューギニア鳥類図譜』(全5巻)(*The birds of New Guinea and the adjacent Papuan Islands, including many new recently discovered in Australia*)、ロンドン、ヘンリー・サウザン社、1875-88年、紙面縦56.0 横40.0、山階鳥類研究所蔵

上段右：ヨコジマカッコウサンショウクイ（*Coracina lineata*）、ジョン・グールド『ニューギニア鳥類図譜』（全5巻）（*The birds of New Guinea and the adjacent Papuan Islands, including many new recently discovered in Australia*）、ロンドン、ヘンリー・サウザン社、1875-88年、紙面縦56.0　横40.0、山階鳥類研究所蔵

上段左：ハイイロヤケイ（*Gallus sonneratii*）、コンラート・ヤコブ・テミンク＋メイフラン・ラウギエ・ド・シャルトローズ『新編彩色鳥類図譜』再版（全5巻）（*Nouveau recueil de planches coloriées d'oiseaux*）、パリ、バイリエール書店、1850年、紙面縦56.0　横40.0、山階鳥類研究所蔵（山階鳥類文庫）｜**038**

下段：セアカパプアムシクイ（*Malurus grayi*）、ジョン・グールド『ニューギニア鳥類図譜』（全5巻）（*The birds of New Guinea and the adjacent Papuan Islands, including many new recently discovered in Australia*）、ロンドン、ヘンリー・サウザン社、1875-88年、紙面縦56.0　横40.0、山階鳥類研究所蔵

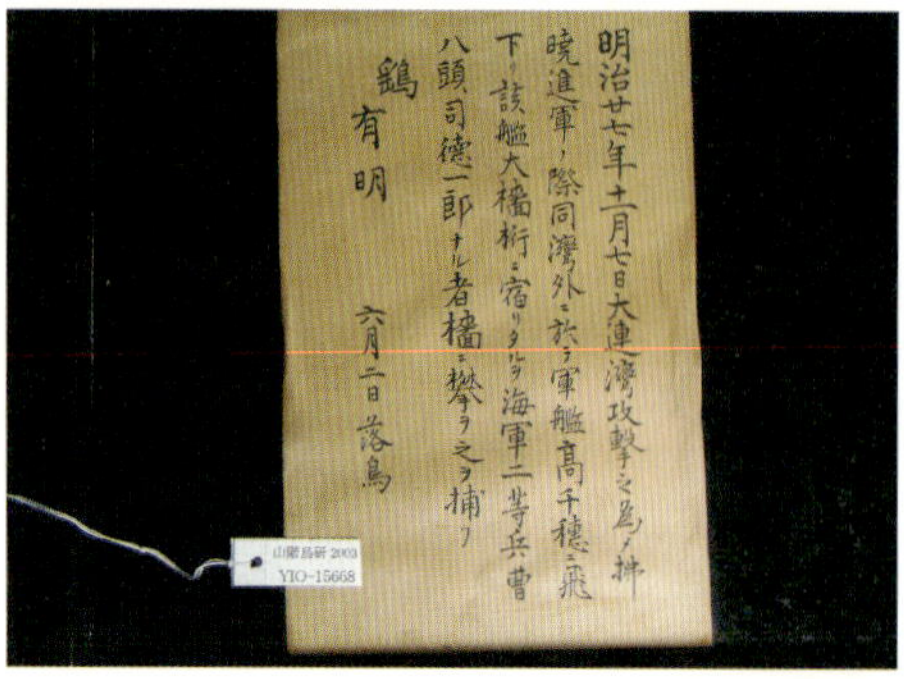
明治廿七年十一月七日大連灣攻撃之爲メ拂
曉進軍ノ際同灣外ニ於テ軍艦高千穂ニ飛
下リ該艦大檣桁ニ宿リタル海軍二等兵曹
八頭司德一郎ナル者檣ニ攀テ之ヲ捕フ
鴿
有明
六月二日落鳥
山階鳥研 2003
YIO-15668

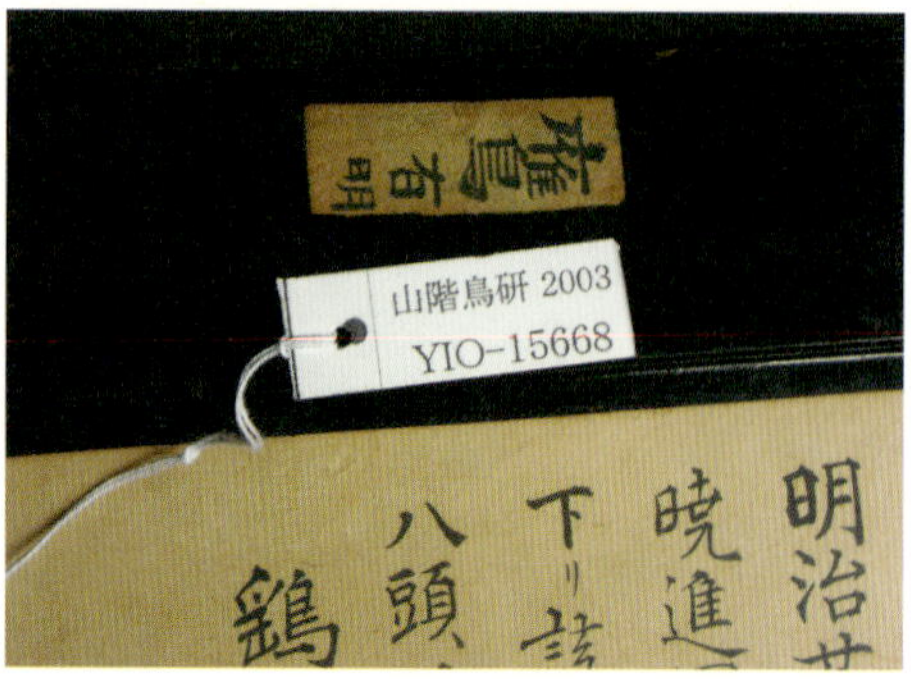
有明
山階鳥研 2003
YIO-15668

山階鳥研 2003
YIO-15668

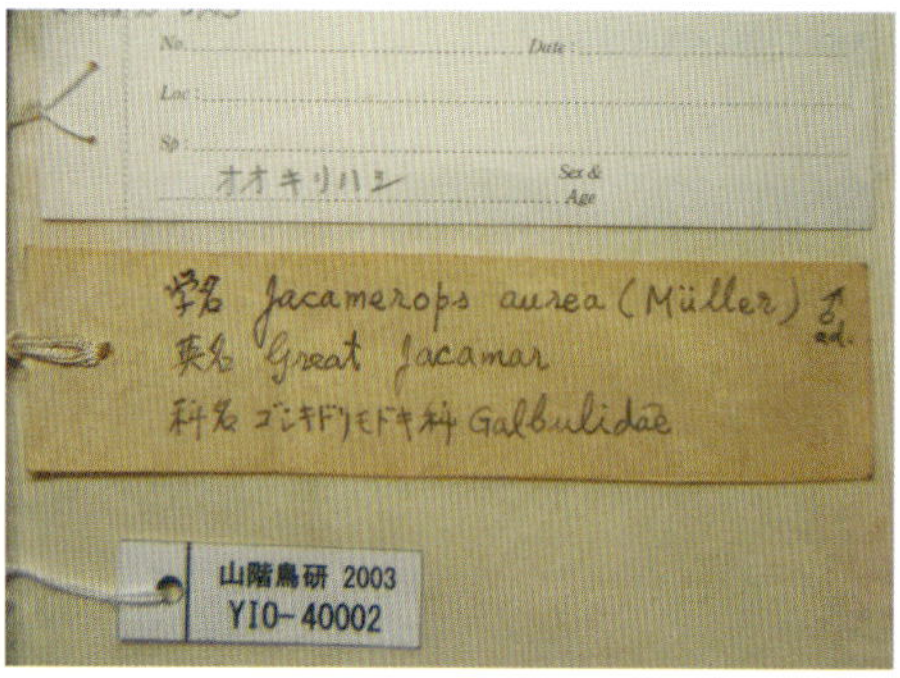
No.
Date
Loc
Sp オオキリハシ
Sex & Age
学名 Jacamerops aurea (Müller) ♂ ad.
英名 Great Jacamar
科名 ゴシキドリモドキ科 Galbulidae
山階鳥研 2003
YIO-40002

山階鳥研 2003
YIO-40002
Aves
568

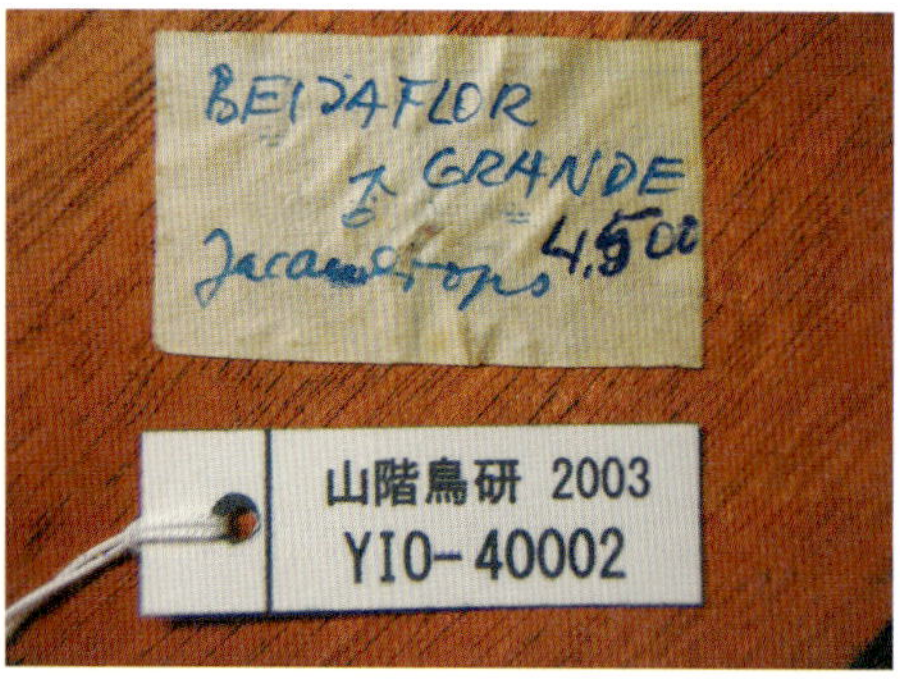
BEIJAFLOR
♂ GRANDE
Jacamerops
4.500
山階鳥研 2003
YIO-40002

Note
Coll
Det
生物学御研究所 1995年4月受入

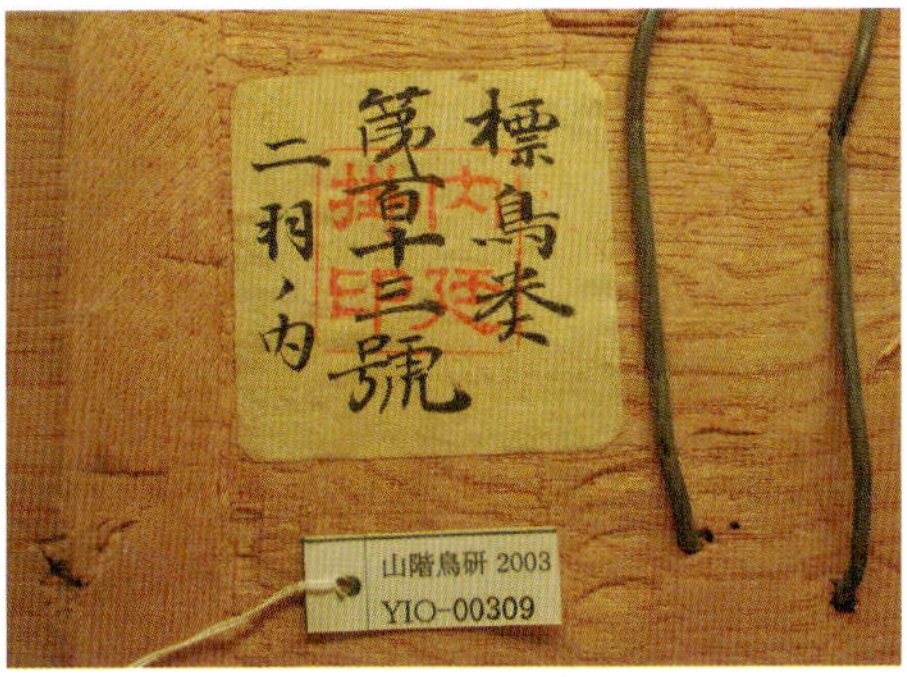

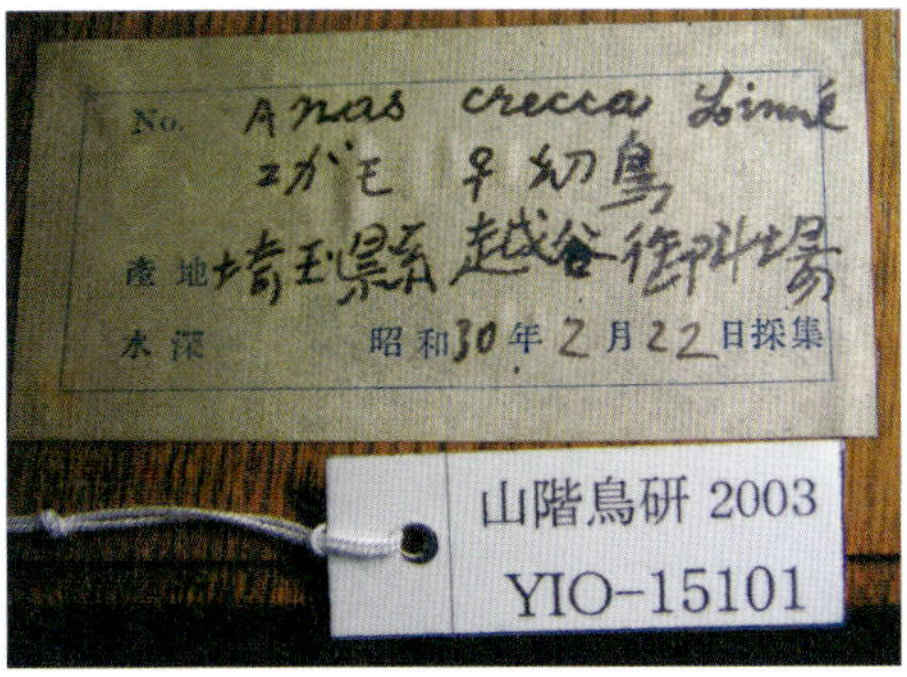

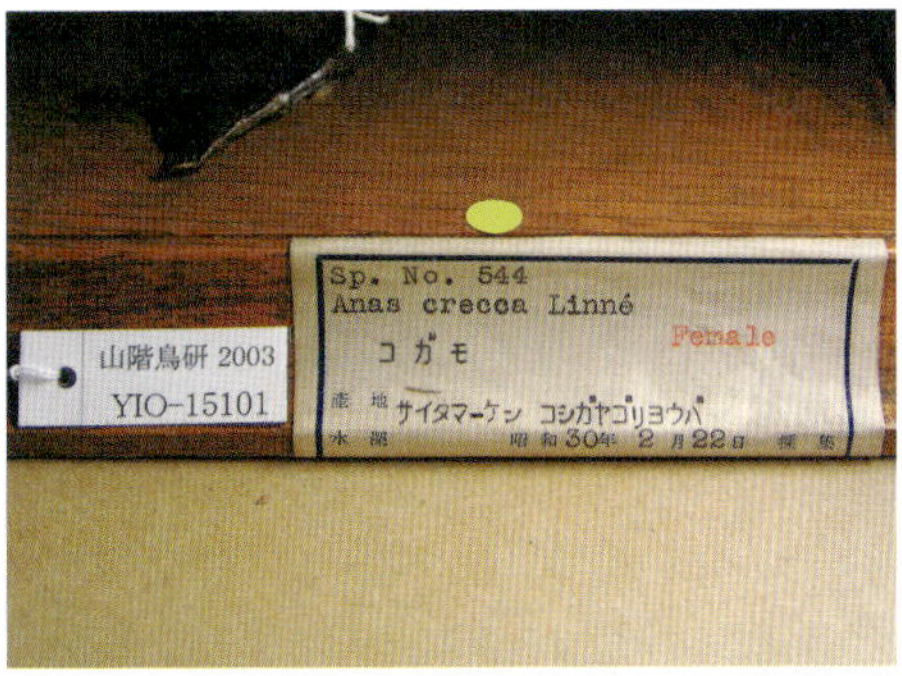

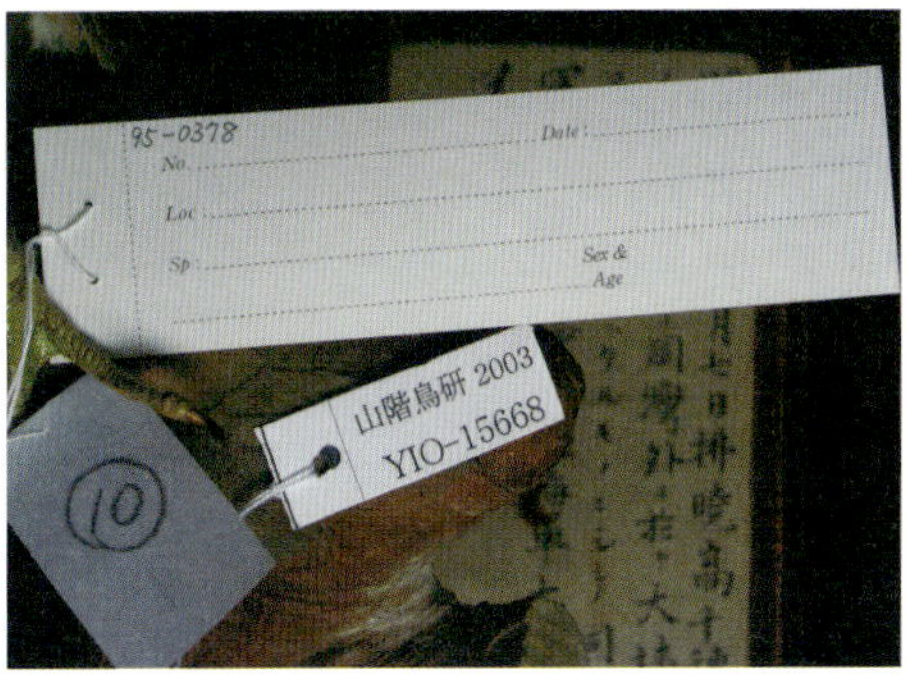

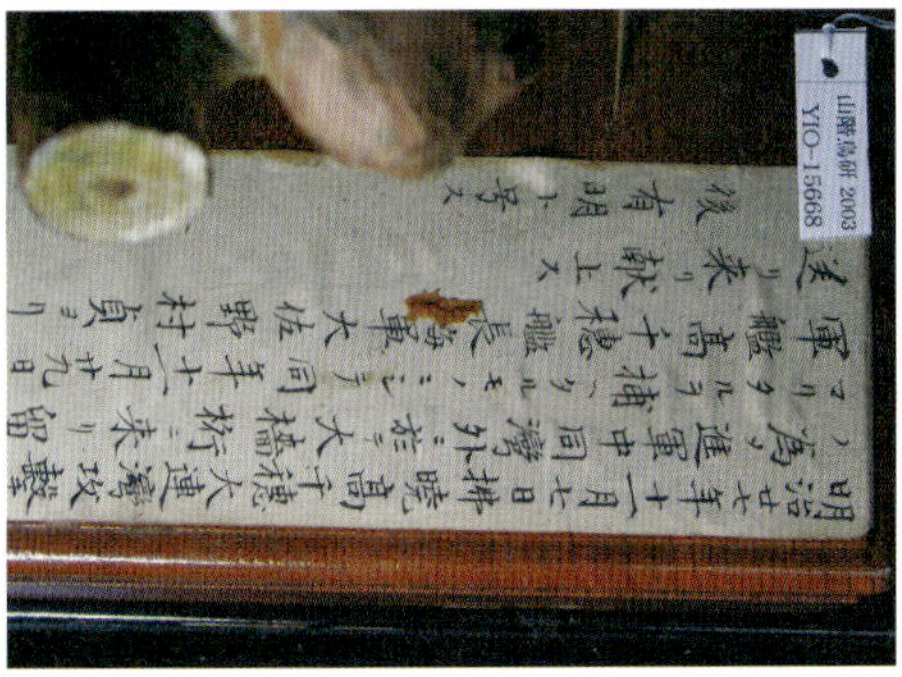

山階鳥類研究所コレクション標本ラベル各種、紙に墨、インキ、山階鳥類研究所蔵

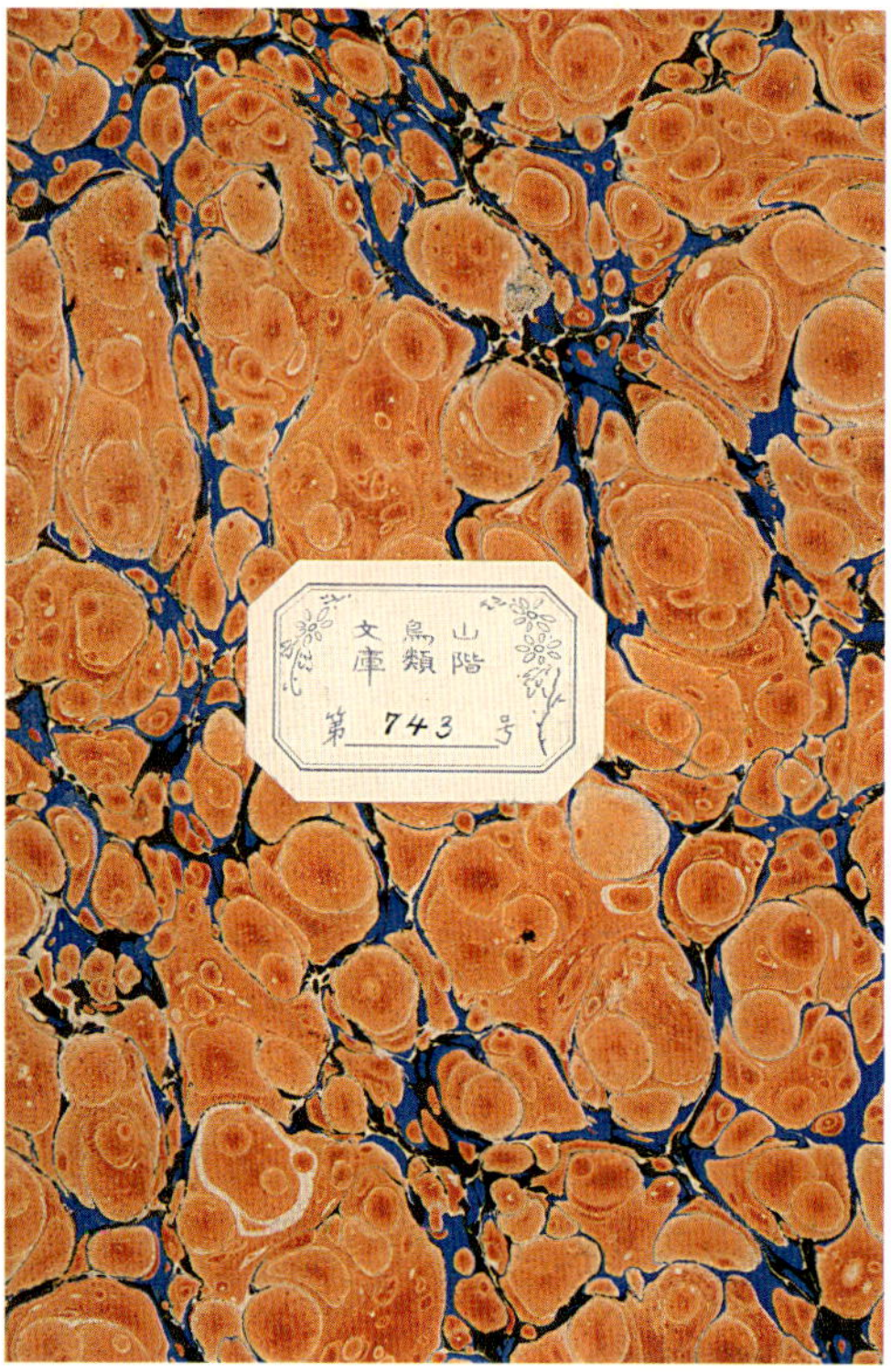

上段：「鷹司家文庫」蔵書票、紙、インキ、山階鳥類研究所蔵
下段右：「山階鳥類文庫」蔵書票、紙、インキ、山階鳥類研究所蔵
下段左：「鳥の会」蔵書票、紙、石版、山階鳥類研究所蔵

鳥のディスプレイ——クジャクの求愛から擬傷まで

長谷川寿一　東京大学総合文化研究科教授

クジャクの雄がもつ優美な飾り羽根、そのメタリックブルーの輝きと大きく広げたときの凛々しい雄姿。いずれも私たちの眼を楽しませてくれるが、チャールズ・ダーウィンにとっては、逆にこれが大きな悩みの種であった。「クジャクの羽を見るたびに気分が悪くなる」——彼の研究ノートにはこのように記されている。

ダーウィンにとって、同じ生息地にすみ、同じような食べ物を食べ、同じような捕食圧にさらされながら、すなわち、同じ選択圧を受けながら、クジャクの雌雄はなぜこれほど姿、かたち、行動が異なるのかが大問題だった。クジャクの羽は、偉大な自然選択説に挑戦し、あざ笑っているかのようだと、彼は悩んだのである。『種の起源』刊行後の十二年間、ダーウィンはこの問題を決着すべく、動物界の雌雄差を徹底的に調べ、そして最後に、生物学的性差を説明する原理として性選択理論を発表することになる。

まずダーウィンの性選択説について、ごくかいつまんで説明しておこう。ダーウィンは、雌雄の間のかたち、行動、生活史等の差違は、主に繁殖競争の働き方が雌雄で違うことから生じると考え、繁殖機会をめぐる選択圧を性選択と名づけた。性選択には主に二つの過程があり、一つが雄間の競争、他の一つが雌による配偶者の選り好みである。雄の間では、配偶機会をめぐる競争が激しい(雄間競争)ので、武器(鳥類では蹴爪など)や体サイズ(とくに一夫多妻の種で大型雄が見られる)が発達する。他方、雌同士は配偶関係の市場で争うことはほとんどなく、相手を選ぶ側なので、雄の資質をじっくりと選好する能力が発達する(雌の選り好み)。これに対して雄の側では雌に選ばれるような形態(クジャクの羽)や行動(さまざまな求愛のディスプレイ)が進化する。ダーウィンの性選択説は、その後、いくつかの理論的修正を受けながら発展し、今日でも進化理論の主要な柱の一つである。

さて、インドクジャク(以下、クジャクと略す)の雄のディスプレイは性選択の理論で実際にどこまで説明できるだろうか。私たちの研究室では伊豆シャボテン公園に放し飼いにされているクジャクとスリランカの野生クジャクを対象に、約十年間にわたってこの問題に取り組んできた[図1]。

春先にクジャクがいる公園を訪れるとすぐわかるように、雄は飾り羽根(一般には尾羽と書かれることが多いが実は上尾筒である)をいっぱいに広げて、雌に対する求愛ディスプレイを

図1 求愛ディスプレイするインドクジャクの雄（撮影：長谷川寿一）

行っている。雄は、雌が視野に入ると、上尾筒を広げ、尾羽を上下にゆっくりと振って求愛を始める。雌はその雄に関心があれば接近するが、ほとんどの場合は、雄のなわばりには立ち寄らずに素通りする。上に述べたようにダーウィンは性選択の働きの一つが雌による選り好みだと論じたが、クジャクの雌を追跡すると、雌がたしかに強い選り好みを示していることがよくわかる。雌は、ほとんどの場合、求愛ディスプレイする雄を無視して通り過ぎる。繁殖期の全期間を通じて、繁殖雄のうち、雌が目の前にまで近づいてきてくれて、次のディスプレイまで進める個体は半数以下である。残りの雄は、いくら「客引き」しても雌に立ち寄ってもらえないまま、むなしく繁殖期が過ぎていく。他方、運良く雌に気に入られた雄は、本格的な求愛ダンスを踊り出す。足を交互にリズミカルに踏み、広げた上尾筒を後方の尾羽でザザーっと高速で叩きつけて振動させつつ、体をゆっくりと上下させる（このディスプレイをシバリングという）。このときの雄を真正面から見ると、二百本以上の上尾筒が微妙に重なり合いながら、異なる方向から光を受けて、細かく震えている。とくに上尾筒の先端にある目玉模様が三次元空間の中できらめく美しさは、とても言葉では表せない。やがて、雄は、凹状に開いた扇の中に雌を誘い込むように体を回転させながら雌のほうに進み出る。この段階でも、雌が立ち去ることのほうが多いのだが、さらに雌が引き続き雄の求愛を受け入れることもある。そして、雌が雄を受け入れる場合には、雌がしゃがみ込み、腰を雄に向けて、交尾に至る。シャボテン公園では、大まかにいえば、約三十数羽の繁殖雄のうち、繁殖期に一度でも交尾できる雄は約三分の一であり、最上位の雄だけで全交尾の三割以上、上位三位までの雄を合わせると約三分の二の交尾を独占する。

どのような雄クジャクがもてるのか

クジャクでは雄による強制交尾が見られないので、配偶の決定権はあくまで雌が握っている。ここで特定の少数の雄だけが雌と交尾できるとなると、どのような雄が選好されるのかが当然問題になる。一九九一年の論文で、英国の研究者は、上に述べたような雄の求愛ディスプレイのなかでも最も印象的な上尾筒の先にある目玉模様がその鍵であると報告した。すなわち、約百三十から百六十個ある目玉模様の数が多いほど交尾回数が多い(有意な正の相関がある)と論じたのである。この話は直感的にわかりやすく、面白いので、さっそく日本の公園でも追試をしてみることにした。ところが、伊豆のシャボテン公園での観察では、先行研究のような結果が得られなかった。四年、五年とデータを積み重ねても、目玉模様が多い雄がもてるわけではけっしてなかった。目玉模様の数以外にも、測れるものはできるだけたくさん測定したのだが、いずれも交尾の成功度と相関しない。体重、上尾筒の長さ、蹴爪の長さ、求愛ディスプレイ中のシバリングの頻度、どれももてる雄の指標にならなかった。目玉模様についていえば、例年、もてる雄ランキングで上位の常連の雄が、ある年何らかの理由で、目玉模様が現れなかったのにもかかわらず、雌とよく交尾していた(上尾筒は毎年換羽する)。

どうもおかしい。謎は逆に深まっていく。考えてみれば、人間の目に映る美しさと、雌クジャクの目に映る「美しさ」が同じである保証はない。むしろ、人の審美眼に捕らわれてしまうと、事実が見えなくなってしまう危険性がある。

ここで、大学院生(当時)の高橋麻理子さんが視覚的ディスプレイではなく音声ディスプレイにも目を向ける、いや耳を傾けることを提案した。図鑑には、雄クジャクの特徴として、優美な上尾筒と並んで、数キロ先にまで届く大声についての記載がある。ある書物には「クジャクは、姿は美しいが、鳴き声の醜い鳥だ」とまで書かれており、人間の美的センスにはあまりそぐわない音声であることがわかる。高橋さんが一年通じて、音声を録音し、レパートリーごとに季節性を調べてみると、はたして繁殖期には雄たちがさかんに大声でなくことがわかった(配偶行動のピークの五月には一日で一万回以上の鳴き声が録音された)。クジャクの鳴き声は十二種類に分類されたが、そのなかでも「ケオーン、ケオーン、ケオーン……」という連続した音声が特徴的である。そこで十七羽の雄について、この鳴き声の回数と交尾の回数の関係を調べたところ、鳴き声の連続回数と交尾回数の間に相関関係が見出された。ここで、注意すべきは、単発の「ケオーン」をたくさん鳴いてももてるわけではなく、「ケオーン、ケオーン、ケオーン、ケオーン、ケオーン……」という連続回数の多さが鍵だった点である。また、雄性ホルモンであるテストステロン濃度を、個体別に採集した雄の糞から測ったところ(目玉模様の数やシバリングの頻度はテストステロン濃度と相関せず)、「ケオーン、ケオーン……」の連続発声の能力だけが糞中テストステロン濃度と相関していることがわかった。テストステロン濃度は他の多くの動物で、雄の繁殖成功度との相関が報告されており、雄らしさの指標ともいえる。あえて擬人的な言い方をすれば、インドクジャクでは、見かけだけかっこいい雄よりも話術の巧みな雄が、雄らしさが高く雌からももてていたと言えるだろう。

再び、クジャクの雄はなぜ美しいのか?

クジャクの雄の美しさは、ダーウィン以来、つねに性選択の象徴的な存在であり、「クジャクの雄の尾羽」はもてる雄の特徴の代名詞であるように語り継がれてきた。しかし、前述のように実情はどうもそれほど単純ではないらしいことがわかってきた。雄はあの優美な上尾筒を振りかざして、たしかに雌に対してディスプレイするのだが、雌は上尾筒の良し悪しを選好の基準にしているわけでない。鳥類を広く見渡してみても、雌が雄の外見(二次性徴形質)だけを基準にして配偶相手を選択している種はほとんどない。

ダーウィンを悩ませた「なぜ雄だけに美しく長い羽があるのか」については、謎が残されたままである。いや深まるばかりと言ったほうがよいかもしれない。一つの解釈は、インドクジャクにおける進化史のどこかの時点で、雌が雄の上尾筒に注目した時期があったが、現在では、雌の好みの基準ではなくなったのではないかというものである。かつて雌は、飾り羽根の細部まで見分けていたが、今では選好基準が別に移ってしまったので、なわばりを構え、きちんと求愛ディスプレイができる雄であればそれでいい、という考えである。インドクジャクと近縁のマクジャクの雄を比較すると、雄の上尾筒の発達具合は非常によく似ているが、やかましく鳴くインドクジャクに対してマクジャクはあまり鳴かない。上尾筒による視覚ディスプレイは、音声ディスプレイよりも古い形質だといえそうだ。今後の研究では、キジ科のディスプレイの近縁種間比較研究が重要になるだろう。

もう一つ興味深いことは、クジャクの雄の上尾筒はテストステロンの影響を受ける形質ではなく、雌性ホルモンであるエストロゲンに制御されているということである。ダーウィン自身も書いていることであるが、年老いた雌、すなわち雌性ホルモンが分泌しなくなった雌では上尾筒が伸びてくるという事実がある。鳥類の性染色体は、雄がホモで、雌がヘテロのZW型であるので、哺乳類とは反対に、雄がデフォルトの性であり、雄が雄らしくする必要がなく、雌が「雄にならないよう」努力する必要がある。となると、「クジャクの雄はなぜ美しいのか」ではなく、「クジャクの雌はなぜ地味なのか」についても考えてみる必要があるだろう(ダーウィンとともに自然淘汰説を発表した、ウォレスはこのことを強調した)。

他の鳥類の求愛ディスプレイ

クジャク以外の鳥類でも、実に多彩な求愛ディスプレイが繰り広げられる。BBCドキュメンタリーの驚くべき映像や、ナショナルジオグラフィックの美しい写真でもよく知られるように、鳥類のディスプレイといえば、その大半が求愛ディスプレイである。ゴクラクチョウ、各種のツル類、カモ類、キジ類、グンカンドリ、マイコドリ、ニワシドリ等々、どれもが自然の驚異といってよいような華麗で複雑な求愛ディスプレイを見せてくれる。

ツル類の多くは、雄からの一方的な誘いかけだけでなく、雌が雄の求愛に同調して、二羽がそろって、あたかもペアダンスのように一糸乱れぬ舞を繰り広げる。求愛の同調は、水鳥でも多くの種で見られ、雌雄のホルモンレベルを同期させる機能があると言われる。

ニワシドリの仲間では、雄が繁殖なわばりに「あずまや」を構え、希少な花や他の鳥の羽、貝殻などで装飾を行う。ダーウィンも『人間の進化と性淘汰』の中で、「これらの奇妙な構築物は、まったくお見合いの部屋としてのみ使われており、両性が求愛をして楽しむところであるが、これをつくるのは鳥にとってかなりな作業に違いない」と述べている[図2]。

図2 ダーウィン『人間の進化と性淘汰』に描かれたニワシドリ

雄が子育てを行わない鳥たちでは、繁殖期になるとレックと呼ばれる特別の場所で、雌雄が集団のお見合いを繰り広げ、雄はさかんに雌に対して求愛ディスプレイを行う。たとえば、北米の草原にすむキジオライチョウの雄は、繁殖期が近づくとどこからともなく何十羽がレックに集まってくる。雌は胸を膨らませて尾羽を広げるディスプレイを行い、レックを訪れた雌は、多くのなかで気に入った雄と一緒にレックを離れて交尾する。野生のインドクジャクも地域によっては、水場近くの開けた窪地にレックを作り、複数の雄が競って求愛をするという。レックは、集団見合いの場所を指すと同時に、配偶のためだけに雌雄が特定の場所に集まる繁殖システムも意味する。レック繁殖する鳥類は、ライチョウ類、マイコドリ類、ハチドリ類を中心に三十五種ほどいるが、哺乳類でもいくつかの有蹄類、コウモリ、セイウチで報告がある。レック繁殖する種では、前述のクジャクのように雄の間で繁殖の成功に偏りが大きいことが知られている。
他方、雄が子育てに参加する鳥類では、求愛ディスプレイ時に雄から雌に対する餌のプレゼントが行われることがあり、求愛給餌と呼ばれる。身近な例では、カワセミやモズの雄が、雌に対して小魚や昆虫を与える場面がバードウォッチャーの掲示板にしばしば載る。餌のプレゼントは、雌に対する栄養補給になるだけでなく、ペアの絆を強めたり、良き父親としての指標であったりするという説もある。

雄同士の争い場面のディスプレイ

性選択の理論のなかで、ダーウィンは雌の選り好みのほかに、配偶機会をめぐる雄同士の争い（雄間競争）の重要性をあげた。クワガタの角やイノシシの牙など、雄だけがもつ闘争的な形質の例は、枚挙にいとまがない。行動に注目してみても、雄同士は力比べの場面でさまざまなディスプレイを繰り広げる。

ふたたびインドクジャクについて見てみよう。クジャクの雄は繁殖期が近づく冬の終わり頃から、五メートル四方ほどの繁殖なわばりを構えるようになる。たいていは前年の所有者（五歳以上の雄）が引き続き、そのなわばりの所有となるが、若い雄や隣地の雄が「陣取り合戦」をしかけることがある。しかし、いきなり直接的な闘争になることはなく、その前にいくつかの儀式的なディスプレイが見られる。なわばりの主は、チャレンジャーが近づくと、すぐに境界付近に駆けつけて相手を牽制する。両者はからだを並べて境界線にそって平行に歩き、それでも相手が退かないときは、互いにぐるぐると回り出し、相手の力量を査定する。この儀式的な力の査定には長い時間をかけるが、どうしても決着がつかないときに、はじめて二羽は宙に舞って蹴爪で蹴り合い、血をみる戦いになる。

このようななわばりの境界部での、雄同士の儀式的ディスプレイは、鳥類に限らず、魚類や哺乳類でもごく普通に見られる。ちょうど相撲の仕切りのようなこのディスプレイの間、どんな動物群でも、ライバルの雄は、互いに儀式のルールに従い、不意打ちや「反則技」を使うことがない。ノーベル賞を受賞したコンラート・ローレンツは、このような動物の紳士的、儀式的行動について、「種の保存のために、無用な闘争をさけるように進化してきた」と論じた。しかし、今日では、動物が種の保存のために行動するという議論は理論的に誤りであるとされ、動物の闘争場面の儀式的ディスプレイについては、「タカ・ハトゲーム」などの進化ゲーム理論によって説明がなされている。

雄によるなわばりの宣言は、聴覚的ディスプレイであるさえずりによっても行われる（さえずりの基本的な機能は、求愛となわばり宣言である）。興味深いことに、なわばりの主は、隣のなわばり雄のさえずりをきちんと認識しているらしい。ノドジロシトドを用いたプレイバック実験で、なわばりの境界部で、隣地のなわばり雄のさえずりとストレンジャー雄のさえずりをそれぞれプレイバックして、なわばり雄の反応を比較したとき、さえずり返す頻度（対抗的ディスプレイの指標）はストレンジャー雄に対するほうが二倍以上多かった。あたかも隣地のなわばり雄の領有権を尊重しているかのような反応である。ただし、その音声が自分のなわばり内でプレイバックされたときには、隣人とストレンジャーの音声に対する反応はなくなり、たとえ隣人といえども領域侵犯に対しては毅然と抗議の姿勢を現すことが示された。

雄同士のディスプレイで問題になるのは、個体が発信する信号が正直な信号なのか、だましを含む偽の信号なのかという点である。雄が、儀式的ディスプレイにせよ、さえずりにせよ、自分の力量を正しく伝えているのか、あるいはたんなるこけ威しなのかは、信号の受け手にとってはだまされないためにもとくに重要な課題であろう。カオグロシトドの雄では、首と胸の黒さの程度が、年齢と順位の高さの指標になっていた。そこで研究者が、実験的に雄の首と胸の黒さをさらに濃くしてみた(だましの実験である)。すると、その個体の「はったり」はたちまち見破られ、他個体から集中的な攻撃を受けた。逆に、同じ部分を脱色した雄は、その雄自身が以前よりもはるかに攻撃的になった。

擬傷

ここまで述べた求愛ディスプレイと雄同士の争い場面のディスプレイは、いずれも同種の他個体に向けられる、性選択と関連したディスプレイである。けれども鳥類のディスプレイのなかには、性選択とは無関係に他種に向けられるものもある。

その代表的なものが、小型のシギやチドリ類が抱卵期に見せる擬傷である。これは捕食者に対するはぐらかし行動の一種である。これらの鳥は、地上性の捕食者を発見すると、巣から静かに移動し、巣とは異なる方向から捕食者のほうに飛んで地上に降りる。捕食者が近づくと、鳥は翼と尾羽の片方だけを広げ、それを引きずって歩いて見せる。さらに、翼をばたつかせ、あたかも傷ついているかのように振舞い、捕食者の関心を引き寄せる。鳥は、侵入者をモニターしながら、引きつけたり逃げたりする行動を繰り返して、捕食者を巣から引き離し、最終的に、捕食者を十分に巣から遠ざけた後に飛んで逃げる。

まとめ

ディスプレイとは、特徴的な動作、姿勢、体色、声や音によって、他個体に対して自分の存在を誇示する動物行動を指す。鳥類のディスプレイは、主に求愛場面と雄同士の争いの文脈で観察されるが、擬傷のように他種に向けられるものもある。鳥類のディスプレイは、視覚ディスプレイと聴覚ディスプレイが大半を占め、嗅覚や触覚に働きかけるものはほとんどない。ディスプレイは他者に向けられた信号行動であるが、その信号が正直な情報を伝えているのか、あるいは他者をあざむいたり、操作したりするものであるかは、個々に検討する必要がある。本論では深く触れなかったが、ディスプレイを種間で比較することによって、行動の進化を復元する手掛かりが得られるだろう。

参考文献

D・アッテンボロー『鳥たちの私生活』山と渓谷社、二〇〇〇年。

長谷川眞理子『クジャクの雄はなぜ美しい?(増補改訂版)』紀伊國屋書店、二〇〇五年。

J・B・クレブス、N・B・デイビス「信号のデザイン——生態と進化」『行動生態学(原書第二版)』第十四章、蒼樹書房、一九九一年。

鳥類の多様性はどのように生じたのか

山岸 哲　山階鳥類研究所所長

生物多様性（バイオ・ダイバーシティー）と言うときには、遺伝子、種、生態系の三つのレベルの多様性が考えられるが、通常は「種の多様性」を指すことが多い。生物多様性はその保全が叫ばれて久しい。国も一九九五年には「生物多様性国家戦略」を策定し、五年を目安にその見直しを行っており、二〇〇七年には二回目の改変が行われ、「第三次生物多様性国家戦略」が閣議決定した。

しかし、残念なことに、この国家戦略は国民に遍く認知されているとは言いがたい。環境省のアンケートによると、「生物多様性」という言葉を知っている人は三〇パーセントで、「生物多様性国家戦略」という言葉を知っている国民は、わずか六・五パーセントにすぎない。ましてや、「生物の多様性がどのように生じたのか」について思いを馳せたことのある人は少ないのではないかと思われる。

ここでは、約一万種といわれる世界の鳥類がどのようにして生じてきたのかを、著者らが研究してきたマダガスカル島のオオハシモズ類の適応放散を例にお話してみたい。

オオハシモズ科

マダガスカル島はアフリカのモザンビークの沖合い、およそ四百キロメートルに位置する面積五十九万平方キロメートルの大きな島である。この島は、少なくとも白亜紀の後期以降八千万年以上、アフリカや他の大陸から隔離されてきた。現在二百五種の繁殖鳥が認められているが、そのうちの五二パーセントは固有種である。この島の鳥類相は非常に高い固有種率で特徴づけられるが（Langrand, 1990）、それは明らかにこうした長い隔離時間を反映している。

また、クイナモドキ科、ジブッポウソウ科、オオブッポウソウ科、マミヤイロチョウ科、オオハシモズ科の五つは固有科である。とくに最後のオオハシモズ科（Vangidae）は十属十五種からなり、極端な生態的・形態的分化を示している［表1、図2］（Yamagishi & Eguchi, 1996）。ところで、この科の鳥たちはデラクール（Delacour, 1932）が「Vangidés」としてマダガスカル島に固有であると認めるまでは、モズ科をはじめとするほかの科に入れられていた［表2］。たとえば「*Hypositta*属」と「*Tylas*属」は、それぞれゴジュウカラ科（Sittidae）とヒヨドリ科（Pycnonotidae）

に入れられていた。しかし、彼はフランス語で記載したため、この科名は有効ではなく、国際命名規約に従うとオオハシモズ科を確立したのはランド(Rand, 1936)ということになる。ただしボック(Bock, 1994)は、オオハシモズ科を設立したのはスウェインソンとリチャードソン(Swainson & Richardson, 1831)であるとしているが、スウェインソンらの論文は非常に古く、原典にあたることができなかった。この科を確立したランドも、「*Tylas*属」をヒヨドリ科に、「*Euryceros*属」と「*Hypositta*属」をそれぞれ一科一属のヘルメットオオハシモズ科(Euryceridae)とゴジュウカラオオハシモズ科(Hyposittidae)に分類している[表2](Rand, 1936)。ピーターズ(Peters)の『世界の鳥のチェックリスト』の編者たちは、オオハシモズ科を十二種にまとめ、「*Hypositta*属」を所属不明属としてシジュウカラ科(Paridae)に、「*Tylas*属」をヒヨドリ科に入れている[表2](Rand, 1960a, 1960b; Rand & Deignan, 1960; Snow, 1967; Howard & Moore, 1991)。

一方、ドールスト(Dorst, 1960)は、「*Hypositta*属」と「*Tylas*属」を両方オオハシモズ科へまとめて入れた[表2]。しかし、彼は頭骨と顎骨および雛の羽域に基づいて、オオハシモズ類の形態的類似性を論議したものの、どの種を比べたのか述べていないし、ほかのスズメ亜目の科を比較に用いておらず、単系統性の根拠として乏しかった。このようにオオハシモズ科は、この科だけに特有な共有派生形質で定義された分類群ではなかったのである。研究者のなかには最近になっても、「*Tylas*属」をオオハシモズ科ではなくヒヨドリ科(Watson *et al.*, 1986)やコウライウグイス科(Oriolidae)に分類する者もある(Appert, 1994)。

最近シューレンバーグ(Schulenberg, 1995)は、未刊行の学位論文のなかで「オオハシモズ科が単系統であるという証拠を得られなかった」と述べている。しかし、彼のシトクローム*b*の遺伝子配列を使った分析は、突然変異速度が早すぎて塩基置換が飽和してしまうという問題をはらんでいたのだろう。このように、オオハシモズ科の単系統性や、科内の属の分類学的位置については依然これまで不明のままだったのである。

オオハシモズ科の単系統性

著者らはミトコンドリアDNAの12Sと16S rRNA遺伝子約八八〇塩基対の配列をもとにオオハシモズ類の系統に関する分子生物学的分析を行った。オオハシモズ類の祖先もよくわからなかったので、セグロヤブモズ(*Laniarius ferrugineus*)も含め、できるだけ多くのスズメ亜目の鳥も分析に加えた。その結果、この科が単系統であり、オオハシモズ科がマダガスカルで極端な適応放散を遂げたことを明らかにできたのである(Yamagishi *et al.*, 2001)。

図1に示した近隣結合(NJ)法で描いた系統図から、以下のようなことがわかる。

まず、スズメ目が単系統であることはブートストラップ値(BP)七三パーセントで支持された(クラスター1)。この内部は、さらに二つの大きな系列に分けられる。一つはタイランチヨウ亜目のタイランチョウ属（*Tyrannus*）からなる系列である。もう一つの系列には今回解析されたすべてのスズメ亜目の科が入る（クラスター2、BP＝百パーセント）。スズメ亜目はすべて九〇パーセント以上の高いBP値をもち、さらに三つのはっきりしたクラスターに分けられた。

　最初のものはシジュウカラ属（*Parus*）、ツバメ属（*Hirundo*）、クロヒヨドリ属（*Hypsipetes*）、ウグイス属（*Phylloscopus*）、ソウシチョウ属（*Leiothis*）からなるクラスター3（BP＝九三パーセント）である。二番目はセキレイ属（*Motacilla*）、ホオジロ属（*Emberiza*）、スズメ属（*Passer*）、ゴジュウカラ属（*Sitta*）、ムクドリ属（*Sturnus*）、マダガスカルシキチョウ属（*Copsychus*）、オオルリ属（*Cyanoptila*）を含むクラスター4（BP＝九二パーセント）である。三番目のクラスターはカラス属（*Corvus*）、モズ属（*Lanius*）、ヤブモズ属（*Laniarius*）、カササギフエガラス属（*Gymnorhina*）、ハシボソオオハシモズ属（*Tylas*）、ニュートンヒタキ属（*Newtonia*）及びオオハシモズのすべての属を含むクラスター5（BP＝百パーセント）であり、さらにそれはハシボソオオハシモズ属（*Tylas*）やニュートンヒタキ属（*Newtonia*）とオオハシモズのすべての属を含むクラスター6（BP＝九三パーセント）にまとめられる。

　最尤（ML）法や最大節約（MP）法で同様のことを行ってみたが、1から6のクラスターは、BP七〇パーセント以上でやはり認めることができたので（ただし、MP法ではクラスター4だけはBPは七〇パーセント以下だった）、上記の結論は正しいだろうと考えられる。

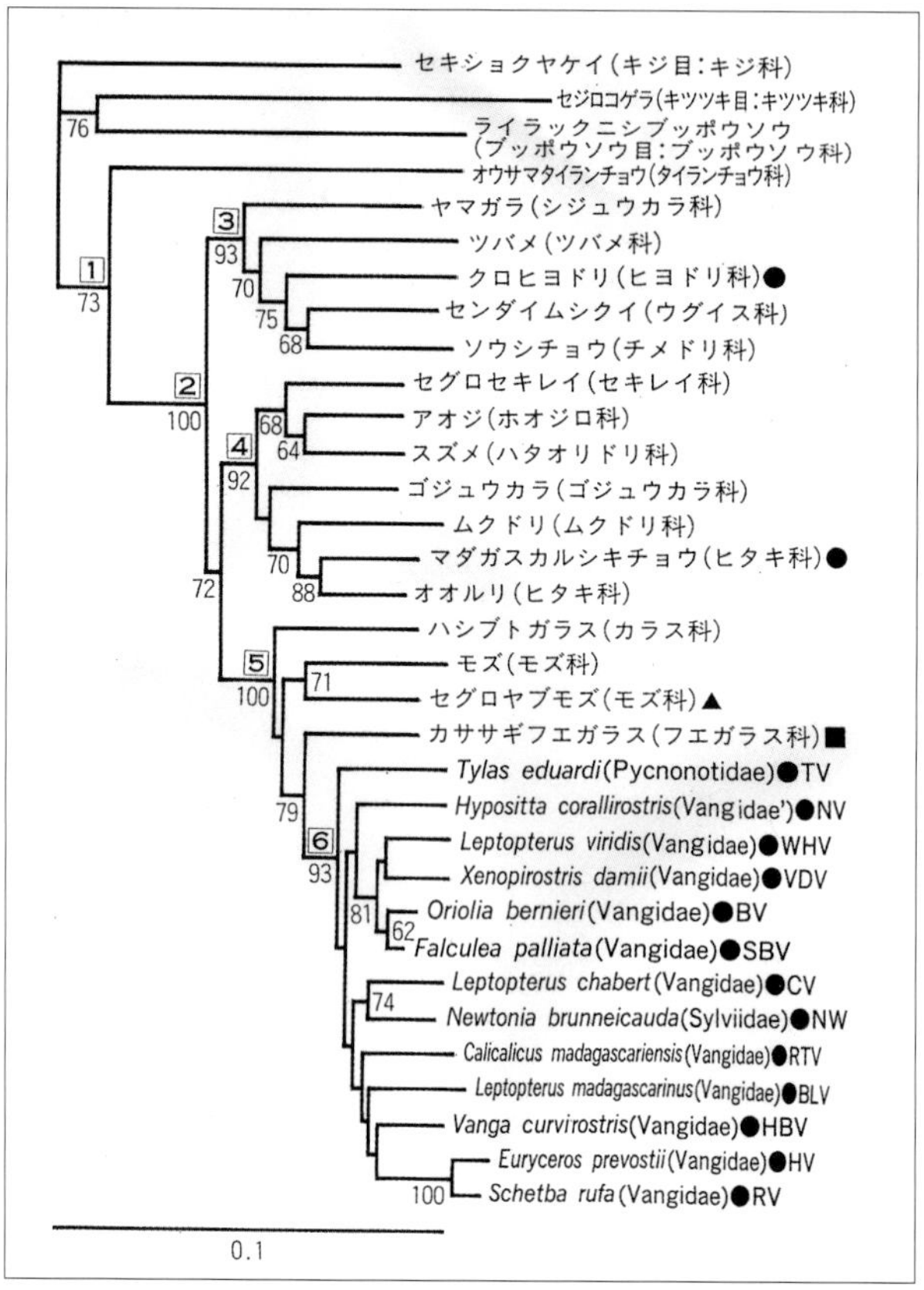

図1　近隣接合法によって、12SrRNAと16SrRNAの配列から導かれた系統図（Yamagishi et al. 2001を改変）。LVとPV（*Xenopirostris*属）、RSV（*Calicalicus*属）は血液が入手できなかった。オオハシモズ類がクラスター0としてひとまとまりの系統であることがわかる。枝の下の数字は千回の繰り返しによるブートストラップ（BP）値を表す（50パーセント以下は省略した）。横棒の長さが木村の遺伝的距離0.1に当たる。丸・三角・四角は、それぞれマダガスカル、アフリカ、オーストラリアに存在する分類群を示す。学名はすべて、ピーターズの『世界の鳥のチェックリスト』に従った。ただしNVとTVはこのリストでは、それぞれシジュウカラ科とヒヨドリ科に入っている。種名の略号は表1を参照のこと。

著者らの結果(Yamagishi *et al.*, 2001)は、これまで混乱していたオオハシモズ科の系統関係を明らかにした。すなわち、図1はオオハシモズ科が疑う余地もなく単系統であることを示しているし、ヒヨドリ科へこれまでしばしば入れられてきたハシボソオオハシモズ属(*Tylas*)や、ほかの科に分類されることがあった種は間違いなくオオハシモズ科のメンバーであることが証明された。それどころか、これまで一度もこの科へ入れられることのなかったマダガスカル固有属のニュートンヒタキ属(*Newtonia*)が、オオハシモズ科のメンバーであろうと想定されるのだ。ニュートンヒタキ属(*Newtonia*)は、これまで、ウグイス科(Sylviidae)かヒタキ科(Muscicapidae)に分類されていた。オルソン(Olson, 1989)だけはニュートンヒタキ属(*Newtonia*)とハシボソオオハシモズ属(*Tylas*)が形態学的に似ていると示唆していたが、分類については言及していなかった。

ハシボソオオハシモズ属(*Tylas*)やニュートンヒタキ属(*Newtonia*)を含むオオハシモズ科は、たしかに適応放散を通じてマダガスカル島で生じたと思われる。そして、よその地域からのただ一回の移入によって起きたものである。この放散は非常に激しい形態的・生態的多様化をもたらし、多くの研究者がオオハシモズ科とほかのさまざまな科、たとえばヒヨドリ科、ヒタキ科、ウグイス科、カブトモズ亜科、ゴジュウカラ科、カラス科、ムクドリ科、モズ科、あるいはほかの一科一属の科(それらの多くは遠くクラスター3やクラスター4に属する科)に誤って分類する原因になったものであろう。

興味あることに、著者らのデータはまた、いくつかのスズメ目の科が別々にマダガスカルへ独立に入ってきたことを示唆している[図1]。そのうえ、一部の科(たとえば、キツツキ目のキツツキ科、ゴジュウカラ科、シジュウカラ科、モズ科など)はこの島へ定着していない。これらの科が欠如することが、オオハシモズ科にさまざまな空きニッチを提供したように思われる(Yamagishi & Eguchi, 1996)。たとえば、ゴジュウカラオオハシモズ(NV)は樹幹をゴジュウカラやキバシリのように登るし、シロノドオオハシモズ(VDV)やハシナガオオハシモズ(SBV)は、樹の中に潜む昆虫を、それぞれつつき出したり掘り出している。オオハシモズ類のこうした生態的放散は、ほかの科によって普通は占められているニッチが空いていることによって促進されているのであろう(Yamagishi & Eguchi, 1996)。オオハシモズ類におけるくちばしの形態の極端な多様化は、こうした空きニッチを占めたことと関連して採食行動の変化への機能的適応を促進したように思われる。

鳥類ではほかに有効な物差しがないので、制限酵素断片長データやシトクロームb塩基配列の二パーセントの違いが百万年を示すという大まかな分子時計を仮定すると(ハワイミツスイの系列での測定(Tarr & Fleischer, 1993)とガンで提示された率(Shields & Wilson, 1987)である)、オオハシモズ科の祖先がマダガスカルへ侵入したのは、およそ百五十万年くらい前だと推定される。

残念ながら、今回の結果ではオオハシモズ科の直接の祖先は確定できなかった。その大きな原因は、メガネモズ属(*Prionopus*)の鳥を捕獲できなかったことによる。しかし、シューレンバーグ(Schulenberg, 1995)によると、エボシメガネモズ(*Prinopus plumata*)はシロスジヤブモズ(*Laniarius luehderi*)よりさらに系統が遠いとされているので、少なくともオオハシモズ科のなかへ飛び込んでくることはないだろうと予想される。

　オオハシモズ科の姉妹群はメガネモズ属(亜科)である可能性は捨てきれないとはいうものの、オオハシモズ類の姉妹群はアフリカのメガネモズ類やヤブモズ類ではなく、オーストラリアのフエガラス科(Cracticidae)ではないかと推測される。オーストラリアのフエガラス科と共通祖先から分化したとなると、どこからやって来たのかは現時点の情報だけでは推定は難しい。しかし、大まかな年代推定から考えると、マダガスカルとアフリカが分断したときに分かれたとは考えにくい。おそらくマダガスカルが現在の位置を占めた後に飛来によってマダガスカル島へ侵入したものであろう。

オオハシモズ科内の分岐

　これまで述べたオオハシモズ科の十五種にニュートンヒタキが属する「*Newtonia*属」四種を含めるとオオハシモズ科は十九種になる。これらは、それぞれの種の形態的分化が図2のようにきわめて著しいため、その多くが一属一種からなる十一（十二）属として認められており[表1]、科内の系統関係はほとんど確立されていなかった。また、図1でも、それぞれのクラスターの信頼性を支持するBP値が低すぎて、オオハシモズ科内の分岐状況を明らかにすることができなかったのである。その主な原因は分析した塩基対数が少なすぎることによると考えられたので、ミトコンドリアDNAの12Sと16SrRNAの領域を引き伸ばし、さらにシトクローム*b*の領域を加え、約千五百塩基対の配列を比較し科内の分岐の様子を明らかにすることにした。

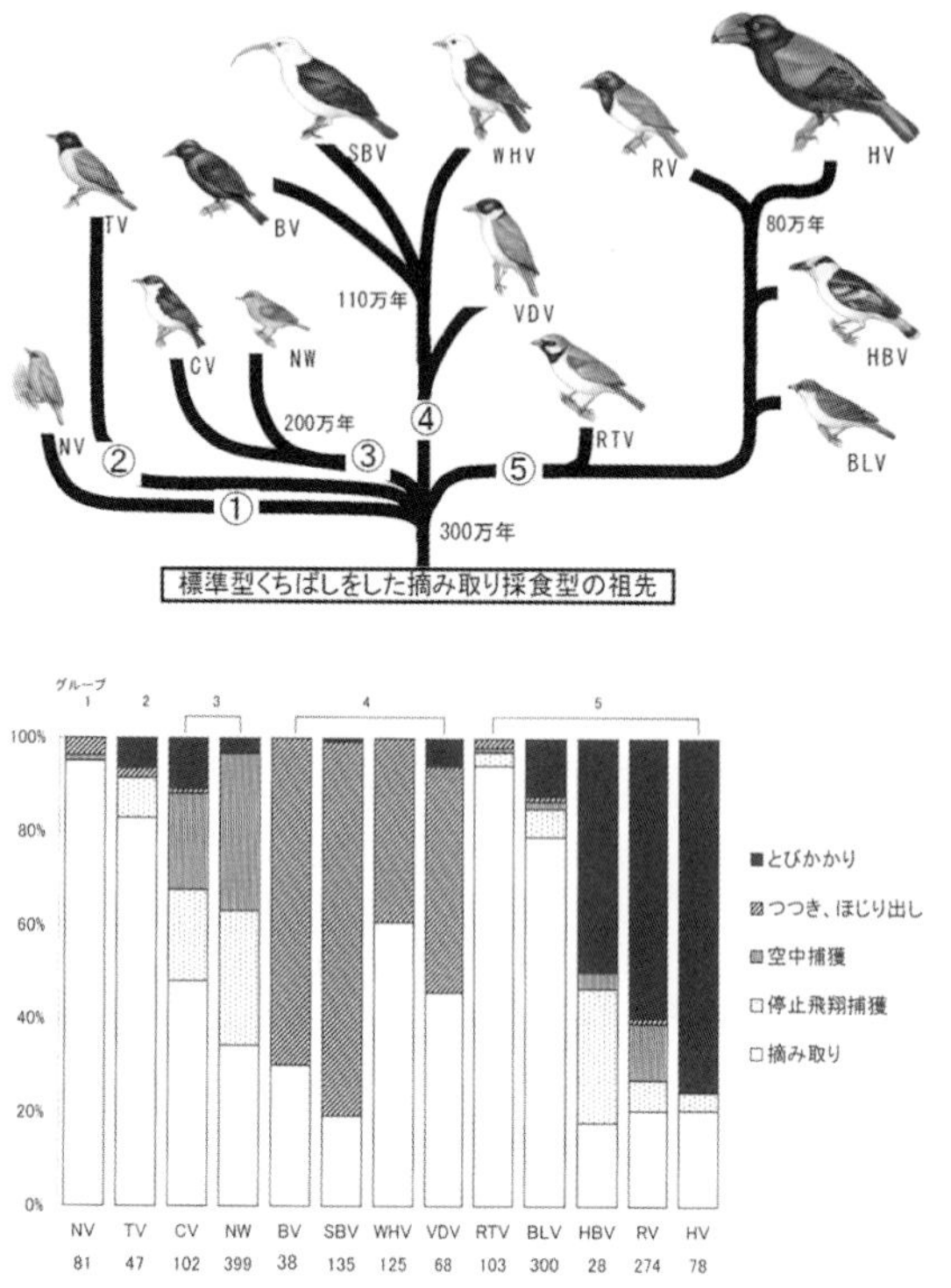

図2　上：オオハシモズ類の科内の系統略図(Yamagishi, S. (ed.) (2005)のFig.8-6を改変したもの)。種名の略号は表1を参照のこと。下：オオハシモズ類の採食行動。系統の判明したものだけを示す(同上、Fig.8-8より)。

そのために、モズ(*Lanius bucephalus*)とカササギフエガラス(*Gymnorhina tibicen*)を外群に使って近隣結合(NJ)法でオオハシモズ科内の系統を解析してみた。今度は科内の分岐状況がかなり明瞭に出てきた。近隣結合法において七〇パーセント以上のBP値で支持されたクラスターで、かつ最尤(ML)法と最節約(MP)法でも矛盾のないものを有意のクラスターと認識して、わかりやすく分岐図に表してみたのが図2である。

オオハシモズの祖先はマダガスカルへ侵入してから比較的短期間に①ゴジュウカラオオハシモズ(NV)、②ハシボソオオハシモズ(TV)、③チェバートオオハシモズ(CV)・ニュートンヒタキ(NW)、④シロノドオオハシモズ(VDV)・クロオオハシモズ(BV)・ハシナガオオハシモズ(SBV)・シロガシラオオハシモズ(WHV)、⑤シリアカオオハシモズ(RTV)・ルリイロオオハシモズ(BLV)・カギハシオオハシモズ(HBV)・アカオオハシモズ(RV)・ヘルメットオオハシモズ(HV)の五グループにまずいっせいに分かれたらしい。これらの五グループがどのような順序で分化したのかは分子データでは識別できないほど同時的に分岐している。これはマダガスカル島においては、多くの生態的ニッチががら空きであったために、ある短い期間に爆発的に放散が起きたためだと想定される。

さて、この最初の分岐時期を今度は千五百塩基対をもとに、先ほどと同様に二パーセントの違いを百万年として計算すると、三百万年という、前とは異なった値が得られた。もともとこうした推定はシトクロームbの遺伝子で用いられてきたやり方で、それが12Sや16SrRNAに当てはまる保証はない。正しい推定に近づけるには化石の証拠など、まったく別の面からのクロスチェックが必要であることは言うまでもないが、残念ながらオオハシモズ科の化石は産出されていない。そこでごくごく大まかに言うなら、三百万年前から百五十万年前のどこかに求める正答があるのだろう。

その後、グループ③はおよそ二百万年前にCVとNWに分岐し、グループ④はVDVが分かれた後、およそ百十万年前にBVとSBVとWHVに分化している。最後に、グループ⑤はまずRTV、BLV、HBVの順に分岐し、およそ八十万年前に最終的にアカオオハシモズ(RV)とヘルメットオオハシモズ(HV)に分化している。

グループ③から⑤のうちで、比較的最近になって分かれた、VDV・BV・SBV・WHVとRV・HVの二グループについては大きな共通点がある。それはグループ内でくちばしの形態がきわめて異なるのに、羽色がきわめて似ていることだ[図2]。前者は黒か白色で、後者は茶褐色と黒の配色をしている。ハシナガオオハシモズ(SBV)とシロガシラオオハシモズ(WHV)、ヘルメットオオハシモズ(HV)とアカオオハシモズ(RV)の著しいくちばしの変化に比べ羽色は驚くほど似ている。逆に言うと、くちばしのこれほどの変化は百万年そこそこで起こりうる現象らしい。それに対して、羽色のほうがかえって保守性を保っている。

系統と採食行動

さて、この系統図に著者らが観察した、それぞれの種の採食行動(Yamagishi & Eguchi, 1996)を重ね合わせてみるとさらに興味深いことがわかる[図2]。これによると、採用する割合は違うとはいえ、オオハシモズ類は(一)すべての種が摘み取り型の採食法を有している。(二)古い系統ほど摘み取り型の割合が多く、食性は昆虫食であることから、オオハシモズの祖先はおそらく標準型のくちばしをした、摘み取り型の昆虫食者であったと予想することができる。

グループ①と②は摘み取りを主な採食法とする。グループ③はさまざまな方法を均分して採用しているのが特徴である。ところで、グループ④はキツツキ型のつつき・ほじり出しをすることで特徴づけられる。それに対してグループ⑤は、最も早期に分かれたシリアカオオハシモズ(RTV)ではまだ摘み取りにとどまっているものの、次に分かれたルリイロオオハシモズ(BLV)でわずかにとびかかりが現れ、とびかかりの占める割合が時代を下るほど多くなるという特徴をもっている。とびかかり採食の多い最後の三種では昆虫も食べるがトカゲ、カメレオンなどの小型動物が餌のなかで占める割合が多くなってくる(Rakotomanana *et al.*, 2000; 2001)。こうした採食方法を考慮すると、つつき・ほじり出し行動は、グループ④で進化し、とびかかり行動はグループ⑤のシリアカオオハシモズ(RTV)が分岐した後、ルリイロオオハシモズ(BLV)が分岐する前あたりで出現した行動らしい。

従来の分子系統樹に生態や行動を重ね合わせる研究では、これほど系統によって行動がきれいに分離している例は見あたらない。それは、生態的ニッチがほぼ埋まっているというところへ後から無理に入り込んでいくために、行動や生態を変化させて適応していかなければならなかったからだろう。これに対して、オオハシモズ類の場合は、繰り返しになるが、ニッチががら空きだったので、無理して行動を変える必要がなかったと想定され、くちばしの多様性は採食場所や餌品目を細分化するための方便であったに相違ない。

適応放散と絶滅

オオハシモズ類の種分化の例は「適応放散」と呼ばれる。生物相の貧弱な島などに辿り着いたある生物が、種分化の後、あるいは種分化の過程で、形態や生態を変化させて、まだ利用されていないすみ場所をさまざまに利用するようになるケースである。このようにして、鳥類の種多様性が獲得されるのだろう。

ラック(Lack, 1947)は半世紀以上も前に、ガラパゴス群島のダーウィンフィンチ類は適応放散の最適な例であると述べた。また彼は、同じように適応放散しているハワイミツスイ類が、やはり群島に分布していることに注目し、これらの種が地理的隔離によって分化したと提唱したのである。「珍しい例だが、ガラパゴスとハワイでは、鳥の進化が起きたのがあまり古いことではないので、種分化の証拠を今でも見ることができる」とラックは書いている。

それ以来、ダーウィンフィンチ類とハワイミツスイ類は島での適応放散の双璧とされ着実に研究が進んできた。一方、著者らが行ったマダガスカル島の固有科オオハシモズ類の適応放散の研究は、ダーウィンフィンチ類やハワイミツスイ類に勝るとも劣らない適応放散の例であり(Yamagishi & Eguchi, 1996)、それが群島ではなく単一の大陸島で生起したことが大きな特徴である。

ところで、適応放散にはもう一つある。それは、分類学上の綱・目・科などの出現をもたらすものである。これは、ある生物がある適応形質を得たことによって、新たな生活領域や生活様式を獲得し、その後多様な種に適応分化していくものである。図3のように、鳥の祖先の恐竜から、海に潜るペンギン目(A)、開けた地上を走るダチョウ目(B)、大洋を巡るミズナギドリ目(C)、浅い水中を利用するコウノトリ目(D)やツル目(H)、水辺を利用するチドリ目(J)、水に浮かぶカモ目(E)、地上の藪の下を歩くキジ目(G)、動物を襲うタカ目(F)、空中を制覇したアマツバメ目(M)、夜の世界を支配したフクロウ目(K)、樹の幹にしがみつくキツツキ目(L)、最も小鳥らしい形をして森、草原、空中、水中に進出したスズメ目の鳥たち(N)等々に適応放散したのである。これらは恐竜類の大絶滅後の空いた世界へ怒涛のごとく適応放散して行った例である。図1のクラスター1は、実は図3の最後のNの枝に続くことになる。

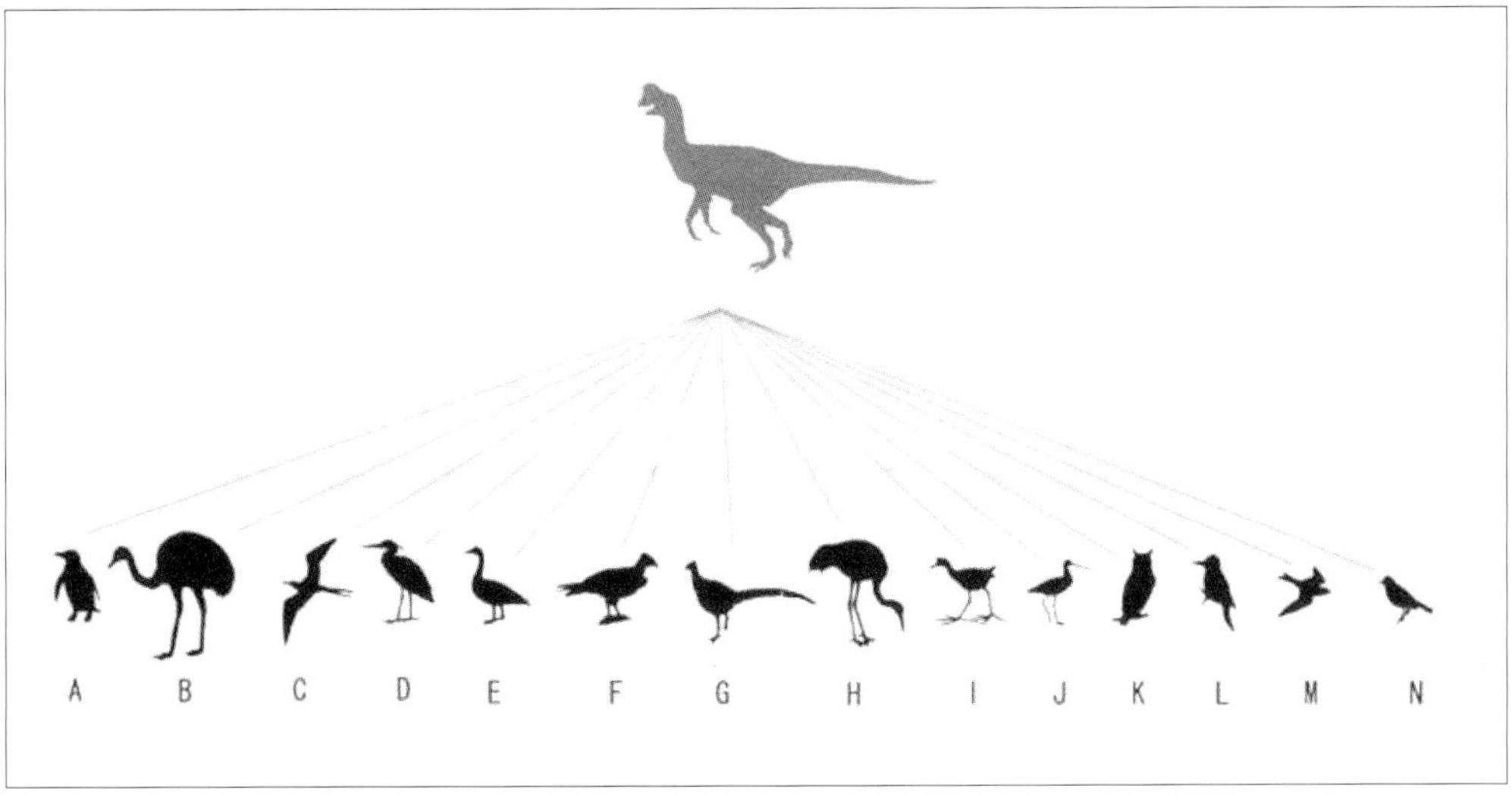

図3 恐竜が絶滅後の鳥類の大放散。鳥類のすべての目ではなく、なじみの深い鳥だけを示した。
Nはスズメ目を示し、この後、図1のクラスター9に続く。

「絶滅」という言葉は、何か悲しい響きをもつ。しかし、考えてみると生物の歴史は絶滅の歴史だと言ってもよい。三十六から三十八億年前に生命がこの地球上に誕生して以来、五回の大量絶滅を経て、その九割以上はすでに絶滅してしまったという。そう考えると、絶滅は嘆くべき特別の出来事ではないのかもしれない。

大量絶滅の後に大適応放散が起き、生物は新たな多様性を増大させてきた。すでに見たように、鳥類はおよそ六千五百万年前に起こった第五回目の大絶滅で、アンモナイト、浮遊性有孔虫、恐竜など、属レベルで五〇パーセントもの生き物が消え去った後に大放散した動物群である。

それでは、種の絶滅は自然のプロセスだから、私たちは手をこまねいて、これを静観していてよいのであろうか。問題は、絶滅のスピードである。これまでの生命の歴史の中では、一つの種が絶滅するスピードは比較的ゆっくりしたものだった。恐竜の時代には平均すると、約千年に一種ぐらいの割合で絶滅が起きていたと推測されている。ところが現在では、一年で何と四万種が絶滅しているという(Myers, 1993)。

そして、このスピードアップの主な原因が人間活動であり、生息地の破壊や、狩猟による乱獲、外来生物の持ち込みなどによるとされている。過去五回の大絶滅の原因は確定されているわけではないが、次に来る第六回目は、このままいくと私たち人間が、その原因をつくることになるのは確実だ。地球温暖化の問題など、その最たるもので、もうどうにもならないところへきているような気配すらある。

私たち人類の神をも恐れぬ暴挙も、それが自然なのであるという見方もできないわけではない。しかも、大絶滅の後には「期待に満ちた」適応放散が待っている。身勝手でおろかな人間は、人類滅亡の後に続く生き物たちに、その舞台を潔く譲るべきなのだろうか。それとも最後のあがきを続けるべきなのだろうか。

表1　オオハシモズ科の15種。属名はピーターズの『世界の鳥のチェックリスト』に従った。ただし、ルリイロオオハシモズのカッコ内はラングランド(Langrand, 1990)の属名である。種名の略号は図1と2のそれぞれに一致する。最下段は、著者らの研究でオオハシモズ科であろうと推定されたニュートンヒタキである。これが今後認められると、オオハシモズ科は「*Newtonia*属」の4種を含む19種となる。

種名	学名	略称	体長（cm）
シリアカオオハシモズ	*Calicalicus madagascariensis*	RTV	13.5～14
カタアカオオハシモズ	*C. rufocarpalis*	RSV	15
アカオオハシモズ	*Schetba rufa*	RV	20
カギハシオオハシモズ	*Vanga curvirostris*	HBV	25～29
クロアゴオオハシモズ	*Xenopirostris xenopirostris*	LV	24
シロノドオオハシモズ	*X.damii*	VDV	23
クロノドオオハシモズ	*X.polleni*	PV	23.5
ハシナガオオハシモズ	*Falculea palliata*	SBV	32
シロガシラオオハシモズ	*Leptopterus viridis*	WHV	20
チェバートオオハシモズ	*L .chabert*	CV	14
ルリイロオオハシモズ	*L.(Cyanolanius)madagascarinus*	BLV	16
クロオオハシモズ	*Oriolia bernieri*	BV	23
ヘルメットオオハシモズ	*Euryceros prevostii*	HV	28～30.5
ゴジュウカラオオハシモズ	*Hypositta corallirostris*	NV	13～14
ハシボソオオハシモズ	*Tylas eduardi*	TV	20
ニュートンヒタキ	*Newtonia brunneicauda*	NW	12

表2　オオハシモズ科の分類の歴史(—はオオハシモズ科「Vangidae」を示す)。出典は以下の通り。
a: Gadow, 1883; Sharpe,1877, 1879, 1901 / b: Rand, 1906a, 1906b; Rand & Deignan, 1960; Snow, 1967 / c: Sharpe, 1877; Howard & Moorec, 1991 / d: Sharpe, 1881ではチメドリ科「Timaliidae」にリストされている。

分析に使われたオオハシモズ科の属	Catalogue of British Museum(a)	Delacour (1932)	Rand (1936)	Peters' Checklist (b)	Dorst (1960)	Milion *etal.* (1973)	Complete Cheklist (c)
Calicalicus	Laniidae	—	—	—	—	—	—
Euryceros	Prinopidae	—	Eurycerotidae	—	—	—	—
Falculea	Corvidae	—	—	—	—	—	—
Hypositta	Sittidae	Sittidae	Hyposittidae	Paridae	—	—	—
Leptopterus	Laniidae	—	—	—	—	—	—
L.chabert	Prionopidae	—	—	—	—	—	—
Oriolia	Laniidae	—	—	—	—	—	—
Schetba	Laniidae	—	—	—	—	—	—
Tylas	Pycnonotidae(d)	Pycnonotidae	Pycnonotidae	Pycnonotidae	—	—	Pycnonotidae
Vanga	Laniidae	—	—	—	—	—	—
Xenopirostris	Laniidae	—	—	—	—	—	—
Newtonia	Muscicapidae	Muscicapidae	Muscicapidae	Sylviidae	—	Muscicapidae	Sylviidae

引用文献

Appert, O., *Ornithol., Beobach.*, 91, 1994, pp.255-2867.

Bock, W. J., *Bull. Amer. Mus. Nat. Hist.* No.222, 1994.

Delacour, J., *L' Oiseau Revue Fr d'Ornithol.*, 2, 1932, pp.1-96.

Dorst, D., *L' Oiseau Revue Fr d'Ornithol.*, 30, 1960, pp.259-269.

Gadow, H., "*Catalogue of the Passeriformes, or Perching Birds in the Collections of the British Museum*", British Museum, 1883.

Howard, R. & Moore, A., "*A complete checklist of the birds of the world.(2nd ed.)*", Academic Press, 1991.

Lack, D., "*Darwin's Finches*", Cambridge Univ. Press, 1947.

Langrand, O., "*Guide to the Birds of Madagascar*", Yale Univ. Press, 1990.

Milon, P., Petter, J. & Randrianasolo, G., "*Fauna de Madagascar XXXV*", Orstom Cnrs, 1973.

Myers, N., *Biodiversity and Conservation*, 2, 1993, pp.2-17.

Olson, S. L., *Riv. Ital., Ornithol.,* 59, 1989, pp.183-195.

Rakotomanana, H., Nakamura, M., Yamagishi, S. & Chiba, A., *J.Yamashina Inst. Ornithol.,* 32, 2000, pp.68-72.

Rakotomanana, H., Nakamura, M. & Yamagishi, S., *J.Yamashina Inst. Ornithol.*, 33, 2001, pp.25-35.

Rand, A. L., *Bull. Amer. Mus. Nat. Hist.*, 72, 1936, pp.143-449.

Rand, A. L., In "*Check-list of Birds of the World Vol IX*"(Myar,E. & Greenway,J.C. eds.), Mus Comp Zool, 1960[a], pp.365-371.

Rand, A. L., In "*Check-list of Birds of the World Vol IX*"(Myar,E. & Greenway,J.C. eds.), Mus Comp Zool, 1960[b], pp.309-364.

Rand, A. L. & Deignan, H. G., In "*Check-list of Birds of the World Vol IX*"(Myar,E. & Greenway,J.C. eds.), Mus Comp Zool, 1960, pp.221-300.

Schulenberg, T. S., *Evolutionary history of the Vangas (Vangidae) of Madagascar*, Chicago:Ph. D. Thesis, Univ. Chicago, 1995.

Sharpe, R. B., "*Catalogue of the Birds in the British Museum*", British Museum, 1877.

Sharpe, R. B., "*A Hand-list of the Genera and Species of Birds Vol.III*", British Museum, 1881.

Sharpe, R. B., "*Catalogue of the Passeriformes, or Perching Birds in the Collections of the British Museum*", British Museum, 1901.

Sharpe, R. B., "*Catalogue of the Passeriformes, or Perching Birds in the Collection of the British Museum*", British Museum, London, 1901.

Shields, G. F. & Wilson, A. C., *J. Mol. Evol.*, 24, 1987, pp.212-217.

Snow, D. W., In "*Check-list of Birds of the World Vol XII*(Paynter,R.A.Jr. ed.), Mus Comp Zool, 1967, pp.70-124.

Swainson, W. & Richardson, J., *Fauna boreali-american. Part 2, The Birds*, 1831, p. 523.

Tarr, C. L. & Fleischer, R. C., *Auk,* 110, 1993, pp.825-831.

Watson, G. R. Jr., Traylor, M. A. Jr. & Mayr, E., In "*Check-list of Birds of the World Vol XI* (Myar, E. & Cottrell, G. W. eds.), Mus Comp Zool, 1986, pp.3-294.

Yamagishi, S. & Eguchi, K., *Ibis*, 138, 1996, pp.283-290.

Yamagishi, S., Honda, M. & Eguchi, K., *J. Mol. Ecol.,* 53, 2001, pp.39-46.

Yamagishi, S. (ed.) "*Social Organization of the Rufous Vanga*", Kyoto University Press, Kyoto & Trans Pacific Press, Melbourne, 2005.

果実は人の為ならず——鳥の果たすもう一つの役割

高槻成紀　麻布大学教授／東京大学総合研究博物館特任研究員

花は繁殖器官

花は人の目を楽しませるためにあるのではない。ましてや庭を飾るためにあるのではもちろんない。だが洋の東西を問わず、人々は長いあいだ花は人のためにある、あるいはそうでなくても神様が自然界に賜った美しい存在であると信じてきた。花を着ける植物は花で作られる種子で増えるが、種子がなくても地下茎など植物体の一部が残っていても増えるし、ムカゴのように花がなくても「子」を作るものがあることを、古人は現代人よりはるかによく知っていた。そもそも植物の「植」は「殖」と同根で、自ら増えるものということであろう。工場や研究所の施設を「プラント」というが、やはりそこから物が産み出されるというイメージによるものと思われる。おそらくそのことがあって、古人は植物に動物のような性があり、繁殖をしているとは思っていなかった。

花が繁殖器官であることが確認されたのは、さほど古いことではない。十八世紀にフランスのバイアンが、花粉が精子に相当するという説を主張し、植物にも性があるとした。この説はリンネに影響を与え、リンネは植物の性について人に譬えた記述をしたために、みだらであると批判されたという（酒井、二〇〇七）。リンネはこのバイアンの説から、花を本質的なものであると考え、花の構造から植物を分類しようとしたのである。こうして生物学的に花は植物の繁殖器官であることが確認され、徐々に一般の人々の認識を変えていった。現在、花が繁殖器官であり、おしべとめしべがその働きを担っていることは広く知れ渡っている。

進化に無駄なし

それでも果実や種子についてはいまだに誤解がある。果実と種子の区別はなかなかむずかしいので、その混乱があることはまだよいとして、カキやリンゴ、ブドウのような食べておいしい果実は人が食べるためにあると思っている人が多い。品種改良された栽培植物は人が「作った」ものであり、原種はそうではないと理解している人は少なくないが、しかし野生の植物の果実がなんのためにおいしいのかと発問する人はほとんどいない。

進化は無駄なものを産まない。果実のおいしい部分（果肉）には糖分、タンパク質、脂質などの栄養分が豊富に含まれているが、これを生産するにはコストがかかる。コストをかけても果肉を作る植物が生まれるにはその必然がかならずある――現代進化論はそう主張する。果肉の存在理由の答えを先に言えば、果実は動物に食べてもらい、その見返りとして種子を運んでもらう、そのために果実はおいしいのである。種子を運んでもらうことが植物にとって有利であったから、コストをかけておいしい果実を作ることが無駄にならなかったに違いない。

　進化の証明は簡単ではないが、生物学者は生物を注意深く観察し、事実をたくさん積み上げることによって、そのように考えるほうが納得いく、あるいはそう考えなければ納得がいかないということを示してきた。

ベリー

　秋の野山を歩くとガマズミ、ムラサキシキブ、アオハダなどが実をつけているのに出会う［図1］。これらの果実は大きさが概ね直径五ミリメートルから一センチメートルであり、緑の中にあると目立つ、赤や紫といった色であることで共通している。この程度の大きさがスズメからヒヨドリくらいの鳥がひと飲みするのにちょうどよいのである［図2］（Wheelwright, 1985／中西、一九九四、一九九九）。また、色覚がよく発達した鳥にとって、緑色の葉の中にある赤系統の色はとりわけ目立つに違いない（なかにはネズミモチなどのようにほとんど黒い果実もあり、われわれには目立たないように思えるが、鳥の目には目立つら

a ガマズミ、2005年9月26日撮影、宮城県金華山

b アオハダ、2005年9月26日撮影、宮城県金華山

c ムラサキシキブ、2006年11月28日撮影、東京都小平市

d マンリョウ、2006年2月27日撮影、東京都三宅島

e サルトリイバラ、2006年2月27日撮影、東京都三宅島

図1　鳥に目立つ代表的なベリー類

しい〔Willson and Thompson, 1982〕。ほかの植物が枯れた冬に緑色の葉の脇についているマンリョウ、サルトリイバラ、ヤブコウジなどの赤い果実はまことに目に鮮やかである〔図1〕。まったく系統の違う植物にこのような共通の性質があるということは、「私はおいしいよ」というメッセージを発していると理解するのが自然であろう。興味深いことに、外見に共通性が大きくても、中に含まれる種子は大きさも形も大きく違うことがよくある。このことも、もともと違う果実が、食べてもらうという共通の目的をもっていたために変化したことを強く示唆する。その相手は鳥であり、実際、秋から冬には鳥たちはこれらの果実を食べ、飛んでいって糞を排泄して、種子を運ぶ。もしこのことがうまくゆかなければ、植物による投資、つまりおいしい果実や目立つ果皮を作ることはむだになって、そのような形質は消滅するに違いない。

図2 ベリーを食べる鳥
a ピラカンサの果実を食べるヒヨドリ、2005年12月31日小倉憲貴撮影、埼玉県毛呂山町
b ヤドリギの果実を食べるヒレンジャク、2003年2月16日富田勉撮影、埼玉県ときがわ町

ムラサキシキブなどに代表される「ベリー」は色が目立って、多汁質なことで鳥を誘引する。色彩効果をねらって、果実をより目立たせるための工夫もある。たとえばクサギは青い果実を赤い萼が支えており、どぎついほどの色の組み合わせである〔図3〕。ゴンズイの場合は、果実に見える部分はベリーらしくなく栄養分のとぼしい果皮だけで、「袋果《たいか》」と呼ばれる。この先端に黒い種子がついていて、これもたいへんよく目立つ構造になっている〔図3〕。食べて栄養はありそうもないが、「ここにおいしい果実があるよ」という「広告」をするほうが鳥を誘引できるのである。しかしこの広告は「羊頭狗肉」である。またミズキやクマノミズキは、果実は黒っぽい紫で人の目にはさほど目立たな

図3 異なる二色でより目立つ効果をねらう広義の「ベリー」

a クサギ、2007年9月26日撮影、東京都町田市

b ゴンズイ、2007年9月26日撮影、東京都町田市

c クマノミズキ、2007年9月26日撮影、東京都町田市

d ツルウメモドキ、2005年12月10日撮影、東京都小平市

いが、これを支える果柄が赤色でしかもかなり大きいのでよく目立つ［図3］。ツルウメモドキやマユミなどの果実は果肉と呼べるものはなく、黄色く硬いもので鳥は食べないが、その内側にまっ赤な仮種皮があって鳥にとってはこれが「果実」に見える［図3］。これらの鮮やかな色合いは人の目にも印象的なので、生け花によく使われる。

鳥に食べられる果実にはこのほかにもさまざまなタイプがあるが、これまでの説明でも、いかに鳥に色彩的広告を出しているかは理解されたであろう。

鳥に食べられることにメリットがあるとしても、砂嚢《さのう》でつぶされたり、消化液に曝されたりすることは、種子にとって危険だと思われる。実際、鳥の体内に入ってから死亡する種子もあるが、興味深いことは、かなりのベリーの種子は消化を受けても死亡しないということである。それどころか消化を受けるほうがむしろ発芽率が高くなるものさえある。発芽生理はきわめて複雑な過程だが、種子の一部が傷ついたり、化学処理を受けることで発芽が促進されるということがあるらしい。

「不思議の国のアリス」の童話にでてくるドードーという鳥は人に獲られて絶滅してしまったが、このドードーが食べなければ発芽できないカリバリア（アカテツ科）という植物がある。カリバリアはドードーがいなくなった今、果実をつけても種子が発芽できないために、絶滅の危機にさらされているという。こうなると、鳥に食べられても大丈夫どころか、鳥に食べてもらわなければならないという「抜き差しならぬ関係」ということになる。

哺乳類もベリーを食べるが、なんといっても鳥は「飛ぶ動物」である。一瞬で長距離を移動するから、種子は遠くに運ばれる。じつは鳥は体を軽くするために、食べたものを素早く通過させるので、当初研究者たちが予測していたほど遠くには運ばれないことがわかったが、それでもなお鳥の「高飛び」は種子散布に有効であることに変わりはない。

ナッツ

ベリーは動物に種子を運ばせるという点で、果実のなかでも重要な位置を占めているが、動物との関係が深い果実にはもう一つナッツがある。ベリーは多汁質な果肉をもつため漿果《しょうか》と呼ばれ、中に堅い種子を含んでいる。これに対してナッツはドングリやクリの実に代表されるように果皮が木質化しており、中にデンプン質に富む「実」が入っており、「堅果《けんか》」と呼ばれる。この「実」はじつは子葉である。ナッツはサル、クマ、リスなどの哺乳類、それにカケスなどの鳥も好んで食べる。ドングリの堅い殻の内側にある子葉は殻に密着して一体化しているため、動物に食べられて破壊されたり、消化されると、植物にとっては「もとも子もない」ことになる。実際ヤマドリはドングリをよく食べるが、ヤマドリに食べられたドングリは破壊され、種子散布には貢献しない。しかし、リス（Tamura and Shibasaki, 1997）、ネズミ類（箕口・鈴木、一九九一／Hoshizaki et al., 1997／星崎、二〇〇六)、カケス(中村・小林、一九八四)、カラ類(Higuchi, 1977)などはナッツを地中などに蓄え、そのなかには放置されるものがあって、散布に貢献していることがわかってきた。

哺乳類にも食べられる果実

ブドウやサルナシ、アケビなどは色もある程度目立つが、匂いも強いことを考えると、これらは視覚はよくないが、嗅覚のよい哺乳類にも食べてもらい、種子を運んでもらう戦略を採っているように思われる。実際、テン、キツネ、ハクビシンなどはこれらの果実をよく利用する。タヌキもベリーをよく食べ、「ため糞」といって一カ所にまとめて糞をするが、そのような場所にはこれらの植物の実生《みしょう》が生えることが多い(宮田ほか、一九八九)。

これらのベリー類は鳥獣両用のようだが、私の見たところ、ケンポナシは哺乳類専門らしい。ケンポナシはたいへん変わっていて、果実を支える花柄の部分が肥厚し、この部分に糖分を多く含むため、ちょっと「ナシ」を思わせる味がする。植物学的にはまったく果実ではないが、生態学的には果実そのものの機能をもっている。色もナシのような淡褐色で目立たない。ガマズミなど代表的なベリーは色づいてもすぐには食べられず、長いあいだ果実をつけていて、秋から冬にかけて渡り鳥が来る頃に食べられるため「着いたまま果実」(persistent fruit)と呼ばれる。これに対して、ケンポナシは熟すとすぐに落ちてしまう。この点からみても、ケンポナシは鳥にサインを送るのではなく、地上に落ちて匂いを発し、嗅覚のよい哺乳類に食べてもらおうとしているらしい。ベリーが空に向かって「目の広告」をするのに対して、ケンポナシは地上に向かって「匂いの広告」をしているようだ(高槻、一九九一)。

エゴノキの果実

特殊な例を紹介しよう。エゴノキの果実は緑色で赤い実のようには目立たない[図4]。それに、果皮はエゴサポニンという毒を含むことが知られている。種子を食べてもらうのなら、果実はおいしくて然るべきなのに、なぜ有毒なのかと私は不思議に思っていたのだが、最近この謎を解く研究がなされた(村上ほか、二〇〇六)。

図4 ヤマガラだけに食べてもらうよう特化したエゴノキの果実、2007年7月1日撮影、東京都小平市

エゴノキの果実の果皮が有毒であるのは、果実が充実するまでゾウムシなどの昆虫に産卵されないようにするためで、これによって受精した果実を確実に大きくしているのだ。

村上らがエゴノキの果実を観察したところ、利用したのはヤマガラだけだったという。じつは私もヤマガラがエゴノキの果実をついばむのを観察したことがある。ヤマガラは枝に止まってエゴノキの果実を両足にはさみ、くちばしでついて果皮をはぐ。しばらくつついては、あたかも茶道のお手前のように足で巧みに果実を回転させ、新しい面をつつく。これを繰り返してエゴノキの果実は皮をむかれてしまう。村上らの観察によると、ヤマガラはほとんどの果実を持ち去った。実験によると、エゴノキの果実はそのまま地面に落ちたものはほとんど発芽しなかったが、果皮をはいだ種子は三分の一ほどが発芽した。これらの状況証拠はエゴノキの果実はヤマガラに果皮をはいでもらい、運搬されて、発芽しやすくしてもらっていることを示唆する。運ばれた種子は地中深さ一〇センチメートルほどに埋められることが知られている(橋本ほか、二〇〇一)。この深さは乾燥による死亡率を下げ、深すぎて発芽できないほど深くないのでエゴノキの発芽に有利に働くと考えられている。

エゴノキの果実は緑色で目立ちもしないし、有毒である。そのためふつうの鳥や哺乳類は食べない。そうして、果皮をはぎ、種子を運ぶことをヤマガラに託す「ヤマガラ様御用達」という戦略を発達させたといえる。その意味では何らかの理由でヤマガラが絶滅したら、エゴノキも種子散布されなくなって、将来が先細りになる可能性がある。

種子散布者としての鳥類

鳥は地上のさまざまな環境に適応放散し、猛禽類は哺乳類を食べるように、サギやペンギンなどは魚食に特化したし、スズメやホオジロなどのように穀類をよく食べるとか、シギやチドリのように砂浜の貝類などを食べるものもいる。このようなさまざまな鳥を自然界における役割分担という見方をすると、果実を食べて種子を運ぶという役割を果たしている鳥の一群がいることに気づく。そして種子植物の重要な種群は、鳥に食べてもらうためにありとあらゆる方法で魅力的な果実を発達させてきた。地球上のおびただしい種子植物が、そのためにカラフルで甘い果実を作り、これまたおびただしい鳥がその果実に引きつけられて果実を食べて、その代償として種子散布をしており、それによって植物の世代交代が約束されている。そのように考えると、鳥は自然界でじつに重大な役割を担っているといえるだろう。

私たちはおいしい果実(とくにベリー)を享受しているが、これらはヒトのためにあるのではない(ここで人ではなく「ヒト」と表記したのは、生物学では生物名は片仮名で表記するからで、ここではこの語を植物と影響しあって進化してきた霊長類の一種としての存在として使っている)。その意味でベリーは本来、鳥のために植物が産み出したものであり、ヒトに食べられるのは植物にとっては不本意な利用のされかたと言わざるをえないだろう。ましてや品種改良をして種《たね》なし果実を作るなどというのは、もし植物に口があれば「もってのほかだ」と言うに違いない。いや「ミもフタもないことをするな」であろうか。

＊果実の色を論じた文においては果実の写真はカラーでなければ意味が半減するが、それが果たせなかったので、読者にはモノクロの写真から鮮やかな色彩を想像されたい。

謝辞

果実を食べる鳥のすばらしい写真を提供していただいた小倉憲貴氏と富田勉氏にお礼申し上げます。

参考文献

橋本啓史・上條隆志・樋口広芳「伊豆諸島三宅島におけるヤマガラ*Parus varius*によるエゴノキ*Styrax japonica*の種子の利用と種子散布」『日本鳥学会誌』五一、二〇〇一年、一〇一―一〇七頁。

Higuchi, H. Stored nuts *Castanopsis cuspidata* as a food resource of nestling varied tits *Parus varius*, *Tori* 26, 1977, pp.9-12.

星崎和彦「トチノキの種子とネズミとの相互作用―ブナの豊凶で変わる散布と捕食のパターン―」『森林の生態学、長期大規模研究からみえるもの』(種生物学会編)、文一総合出版、二〇〇六年、六四―八二頁。

Hoshizaki, K., W. Suzuki and S. Sasaki. Impact of secondary seed dispersal and herbivory on seedling survival in *Aesculus turbinata*, *Journal of Vegetation Science* 8, 1997, pp.735-742.

中西弘樹『種子はひろがる、種子散布の生態学』自然叢書二一、平凡社、一九九四年。

中西弘樹「鳥散布果実の色と大きさ」『種子散布、助け合いの進化論一　鳥が運ぶ種子』(上田恵介編著)、築地書館、一九九九年、四一―四九頁。

箕口秀夫・鈴木直「コナラ属更新に与える野ネズミの影響」『マツ枯れ進行中の海岸林への広葉樹の侵入様式と分布拡大機能』(紙谷智彦編)、一九九一年、七一―八六頁。

宮田逸夫・小川智彦・益岡卓史・松室哲二「島根半島築島に生息するホンドタヌキの種子散布行動および実生に及ぼすタメフンの影響」『山陰地域研究』自然環境五、一九八九年、一〇九―一二〇頁。

村上智美・林田光祐・荻山紘一「ヤマガラによる貯蔵散布がエゴノキ種子の発芽に及ぼす影響」『日本林学会誌』八八、二〇〇六年、一七四―一八〇頁。

中村浩志・小林高志「ミズナラ林をつくるのは誰か」『アニマ』一四〇、一九八四年、二二―二七頁。

酒井章子「昆虫を誘惑する花たち――花の多様性を読み解く」『生物の多様性ってなんだろう?』(京都大学総合博物館・京都大学生態学研究センター編)、京都大学学術出版会、二〇〇七年。

高槻成紀「シカの胃から検出されたケンポナシ」『岩手植物の会会報』二八、一九九一年、一―四頁。

Tamura, N. and E. Shibasaki, Fate of walnut seeds, *Juglans airanthifolia*, hoarded by Japanese squirrels, *Sciurus lis*, *Journal of Forestry Research* 1, 1996, pp.219-222.

Wheelwright, N. T., Fruit size, gape width and the diets of fruit-eating birds, *Ecology* 66, 1985, pp.808-818.

Willson, M. F. and J. N. Thompson, Phenology and ecology of color in bird-dispersal fruits, *Canadian Journal of Botany* 60, 1982, pp.701-713.

保全活動

長谷川 博
池田 啓＋大迫義人
近辻宏帰
尾崎清明

アホウドリ——絶滅危機からの再生

長谷川 博　東邦大学理学部生物学教室

かつて北太平洋西部のいくつかの無人島で大集団をなして繁殖していた大型の海鳥アホウドリは、十九世紀末から二十世紀前半にかけて羽毛を取るために五百万羽以上も乱獲され、一九四九年には絶滅したと信じられた。すなわち、この大型で美しい海鳥は、「アホウドリ」と呼んではばからなかった人間の傲慢さと羽毛取引で儲けようとした人間の強欲さの犠牲になったのである。

しかし、一九五一年に伊豆諸島鳥島で少数の生存が再発見されてから、積極的に保護され、二〇〇七年には鳥島集団の個体数は約千九百四十五羽に回復した。また、鳥島での再発見より二十年後の一九七一年に、尖閣諸島でも少数のアホウドリの生存が再発見され、それ以来、着実に増えて、この繁殖集団の総個体数はおよそ三百五十から四百羽となった。

そして二〇〇八年から、鳥島の火山噴火に備えて、かつての繁殖地の一つである小笠原諸島聟島列島に、鳥島からひなを移動して野外飼育し、巣立たせ、第三の繁殖集団を形成する大事業が日米の国際協力によって進められる。アホウドリは絶滅の危機を乗り越え、今、再生に向かって飛び立とうとしている。

伊豆諸島鳥島での保護

かつて、伊豆諸島の最南部に位置する鳥島には、台風監視や海洋気象・高層気象の観測のため、気象観測所が置かれていた。アホウドリが再発見されてから間もない一九五〇年代から六〇年代半ばまで、気象観測所の人びとが初期の保護活動を担った。彼らはアホウドリの繁殖状況を調査するだけでなく、親鳥が巣造りをしやすいように営巣地の植生を整え、ひなに危害を加えるおそれのある野生化したネコを退治した。

その結果、再発見時に十羽ほどだった観察個体数は、一九六四年産卵期には五十二羽に増え、一九六〇年代前半には約二十五組のつがいが毎年十羽あまりのひなを育てるまでに増加した。しかし、一九六五年一一月に鳥島で地震が群発し、火山噴火の危険が高まったため、気象観測所は閉鎖され、鳥島は無人島にもどった。その結果、アホウドリの消息は途絶えた。

それから八年後の一九七三年四月末、無人島になってから初めて、ランス・ティッケル博士がイギリス海軍の協力によって、鳥島に上陸し、繁殖状況を調査して二十四羽のひなを確認した。その翌シーズン、NHKの取材チームは六十二羽の成鳥・若鳥を観察したが、巣立ったひなの数はわずか十一羽だった。ようやく一九七六年一一月から、繁殖状況の長期監視調査が再開され、一九八一年からアホウドリの再生を目指す積極的保護活動が開始された。

繁殖コロニーの保全

最初の取り組みは、植生が衰退して地面が露出していた営巣地に、ハチジョウススキの株を移植して適度の量の植生を回復し、火山灰の堆積した斜面を安定させることだった(一九八一から八二年に実施)。草を移植するというごく単純な作業だったにもかかわらず、この保護作戦は大成功をおさめ、繁殖成功率(生まれた卵のうち巣立ったひなの割合)は、移植前の平均四四パーセントから移植後には平均六七パーセントへと大幅に引き上げられ、巣立ちひな数は一九七六年産卵期の十五羽から一九八四年産卵期の五十一羽へと急増した。

しかし一九八七年の秋に、繁殖コロニーのある急傾斜の斜面で地滑りが発生し、翌年から火山灰の泥流が営巣地に流れ込んでハチジョウススキを埋め、アホウドリの繁殖成功率は再び四〇パーセント台に低下した。

この営巣地崩壊の危機に対して、一九九三年に環境省と東京都によって大規模な砂防工事が実施され、斜面に中央排水路が形成された。そして一九九四年から二〇〇四年まで、排水路に堆積した土砂を除去し、営巣地にシバやチガヤを植栽する保全管理工事が続けられた。砂防工事から四年後の一九九七年産卵期には、繁殖成功率はもとの水準の六七パーセントを回復し、巣立ちひな数は百羽を超えた。その後も、春の嵐が襲来した二〇〇四年期を除き、繁殖成功率は六〇から七〇パーセントの水準に維持され、二〇〇六年期には二百羽以上のひなが巣立った。こうして、営巣地を保全して繁殖成功率を引き上げ、ひなを増産するという第一目標が達成された。

新コロニー形成の人為的促進

従来コロニーの保全と並行して、巣立ったひなが成長して鳥島に帰ってきたとき、デコイと音声再生放送を用いて、鳥島の北西部にある地滑りのおそれのない、なだらかな斜面に誘引し定着させ、新コロニー形成を人為的に促進する計画が推進された。これは、海鳥が集団をなして繁殖する行動・習性をうまく利用する保護の手法である(スティーブ・クレスの方法)。

まず、一九九二年一一月に四十一体のデコイが鳥島の北西斜面の中腹に据え付けられ、一九九三年三月には太陽光発電によって録音音声を再生放送する装置が設置された。その後もデコイの数を増やし(一九九四年一〇月、計七十体)、繁殖活動を刺激するため卵模型(十五個)をデコイのそばに置いたり、音声再生装置を改良したりした結果、開始から三年後の一九九五年一一月に、そこで最初の一組のつがいが産卵し、その卵からひなが誕生し、無事、巣立った。

幸先よく第一関門を突破したものの、残念ながら、ここで営巣するつがいの数はなかなか増えなかった。この停滞状態を打破するため、一九九八年期にデコイを追加し(一九九八年一〇月、計九十五体)、それらの配置を変え、音声放送装置を大幅に改良した。その結果、二〇〇三年春から滞在する個体数が増え始め、二〇〇四年期に新たに三組が加わって合計四組のつがいが産卵した。これらのつがいはすべて繁殖に成功し、四羽のひなが巣立った。こうして、「デコイ作戦」の開始から十二年を経て、ついに新コロニーが確立した。

この成功は、従来コロニーでのひなの増産に後押しされた。一九九七年期以降、従来コロニーから毎年百羽以上のひなが巣立つようになり、それらが成長して帰ってきたため、狭い斜面にある従来コロニーは混雑し始めた。そのため、繁殖年齢前の若い鳥は混雑を避け、広くて安定した新コロニーに移動した。その結果、二〇〇五年期には十五組のつがいが十三羽のひなを、二〇〇六年期には二十四組が十六羽のひなを巣立たせ、新コロニーは急速に成長している。こうして、第二目標も達成され、二〇〇六年期には鳥島で合計三百四十一個の卵が生まれ、二百三十一羽のひなが巣立った。

尖閣諸島の繁殖集団

一九七一年四月初め、琉球大学の池原貞雄教授らは、尖閣諸島南小島の断崖の中段にある狭い岩棚で、およそ六十年ぶりに十二羽のアホウドリの生存を再発見した。しかし、このとき、ひなは見つからなかった。その後、一九七九年と八〇年に調査が行われたが、やはりひなの姿は発見されなかった。ようやく一九八八年に、上空からの調査によって、少なくとも七羽のひなが観察され、尖閣諸島での繁殖が最終的に確認された。

さらに二〇〇一年には、南小島の山頂部のなだらかな斜面に繁殖分布域が広がったことがわかり、二〇〇二年には南小島の隣りにある北小島で、およそ百年ぶりにアホウドリの繁殖が確認された。このとき、南小島の岩棚で十六羽、山頂部で十六羽、北小島で一羽、合計三十三羽のひなと、それ以外に成鳥と若鳥を合わせて八十一羽が観察された。尖閣諸島では個体数の増加にともなって繁殖分布域が拡大し、現在、この繁殖集団の繁殖つがい数はおよそ六十から六十五組、総個体数は三百五十から四百羽と推測される。

小笠原諸島に第三繁殖地を形成

鳥島の繁殖集団は一九五一年の再発見以降、年率六・九一パーセントで、近年(一九七九年以降)は年率七・五四パーセント(九・五年で二倍)で増加してきた。また、尖閣諸島の繁殖集団もほぼ同率かそれ以上の勢いで増えてきた。現在、アホウドリの二つの繁殖集団は順調に増加している。

しかし、この島の主繁殖地(約八五パーセントが繁殖)である鳥島は、日本にある百八座ある火山のうち活動度がとくに高い十三座(Aランク)の一つで、一九〇二年と三九年に島の形が変わるほどの大噴火を、二〇〇二年には小規模な噴火を起こした。

もし、親鳥が巣に就いている産卵期からひな保護期の間（一〇月から一月まで）に、次の突発大噴火が起これば、せっかく増えてきた繁殖集団が半減するおそれがあり、しかも、その噴火を予測することができない。

また、第二繁殖地のある尖閣諸島は日本・中国・台湾の間で領土問題が未解決で、その近海で天然ガス田の開発計画が進んでいる。近い将来、周辺海域の汚染が懸念される。

したがって、鳥島の噴火の危機に備えるためには、かつての繁殖地の一つであり、非火山の島で安全な小笠原諸島聟島列島に、できるかぎり早く、第三の繁殖集団を形成することが必要である。この壮大な保護事業が日米の国際協力によって進められる。実際には、まだ出生地を刷り込まれていない、孵化後約一カ月目の小さいひなを鳥島から聟島列島に運び、そこで人間の手で野外飼育して巣立たせる。このとき、周辺にデコイを並べ、録音した音声を再生し、繁殖コロニーを模造し、繁殖地を刷り込む。

二〇〇八年二月から五年間にわたって約百羽のひなを移動して、海に飛び立たせれば、やがて成長した若鳥が聟島列島に帰ってきて、二〇二〇年から二五年頃には新しい繁殖集団が形成されるに違いない。その頃、鳥島集団の総個体数は五千羽を超え、アホウドリは再発見からおよそ七十五年後に、この地球上に再生する。

コウノトリを再び大空へ

池田 啓　兵庫県立大学自然・環境科学研究所／兵庫県立コウノトリの郷公園
大迫義人　兵庫県立コウノトリの郷公園

二〇〇七（平成一九）年七月三一日、兵庫県豊岡市の六方田んぼの中に設置された人工巣塔から、一羽のコウノトリのヒナが巣立ちした。一九六一（昭和三六）年に福井県小浜市で二羽のコウノトリのヒナが巣立ちして以来、野生下では実に四十六年ぶりのことであった。

兵庫県は地元豊岡市やＮＰＯなどとともに、二〇〇三（平成一五）年に「コウノトリ野生復帰推進計画」を策定し、二〇〇五年から飼育下で育ったコウノトリを順次放鳥している。今回巣立ったヒナは、二〇〇六年に放鳥されたコウノトリのつがいから生まれ、巣立ったものである［図1］。

コウノトリ

現在、兵庫県で野生復帰に取り組んでいるコウノトリ（*Ciconia boyciana*）は、コウノトリ目コウノトリ科に属し、和名はコウノトリ、英名は「Oriental white stork」で、極東地域に固有に分布する大形の鳥である。コウノトリとよく似ていて、ヨーロッパに生息するコウノトリ（*Ciconia ciconia*）はくちばしが朱色をしていることで、和名ではシュバシコウと呼ばれている。この二種はかつて亜種とされていたが、分布域が極東地域とヨーロッパからアフリカ地域とに大きく隔てられ、くちばしの色などの形態、行動にいくつかの違いがあるため、今では別種とされている。

図1 46年ぶりの巣立ちとなるヒナ

コウノトリは全身を白い羽根で被われ、黒いくちばしと黒い風切り羽根と明瞭なコントラストをなす体色で、目の周囲の皮膚露出部、喉、そして脚が朱色をしている。この朱色は興奮したり繁殖期にはいっそう鮮やかとなる。全長約一一〇センチメートル、体重は四から五キログラム、翼長は二メートル、長く太いくちばしは二五センチメートルにもなる。この形態からタンチョウなどツル類と混同されるが分類上はサギに近い仲間で、トキとも近い。ちなみに、ふすまや掛け軸に描かれる松上の鶴(タンチョウ)は生物的には間違いで、コウノトリは樹上に留まることができるがタンチョウはできない。

コウノトリはロシアのアムール・ウスリー川流域から中国東北部にかけて広がる湿地帯を繁殖地としている。コウノトリの郷公園と共同研究を行っているハバロフスク地方ボロン自然保護区では、四月から繁殖と子育てで過ごし、九月から一〇月には越冬地に向けて渡りを始める。コウノトリの渡りはツルのように短期間で一気に越冬地まで渡るのではなく、渡りの経路にある湿地、湖や河川を転々と滞在しながら時間をかけて渡る。島崎らの研究(Shimazaki, et al., 2004)によると、東北平原から渤海湾にそそぐ河口付近を経て長江の中流域、主にポーヤン湖で越冬する。

湿地を主な生息環境とするコウノトリは動物食で、ドジョウ、フナあるいは汽水域の魚類、カエル、ヘビなどの両生・ハ虫類、さらにトンボ(ヤゴ)、バッタなどの昆虫類も餌としている。カラマツ、モンゴリナラ、シラカンバ、そしてマツなど枝が広がった樹型をもつ高い木の樹上に、直径一から一・五メートルほどの巣をかけて繁殖する。樹木が得られない場合には、電柱、高圧電線の鉄塔なども営巣場所として利用する。

現在、ロシア極東地域で生息しているコウノトリは二千五百から三千羽と推定されている(Litvinenko, 2000)。また、中国での最近の情報では約三千から四千羽とされている(王岐山、私信)。中国での推定値には、中国内での繁殖個体とロシアからの渡りの個体が含まれていると考えられ、中継地でのダブルカウントなどを考慮すると三千羽を少し上回る程度、最大に見積もっても世界中に四千羽しか生息していないことになる。

極東ロシアや中国東北部の繁殖地では開拓のために伐採が行われ、開発によって水が汚染され、また野火などによって、営巣場所が失われている。また、越冬地では河川や湿地の大規模な干拓や漁業によって餌生物が減少し、またコウノトリが密猟されるなどあって個体数は減少傾向にあり、絶滅が危惧されている。このため、ロシアではレッドリストに記載され、また中国では国家一級保護動物となっている。ＩＵＣＮ(世界自然保護連合)のレッドリストで絶滅危惧種(En)となっており、またワシントン条約で附属書Ｉに掲載され、商業取引が原則禁止されている。

日本列島や朝鮮半島はコウノトリの渡りのルート上にある。彼らの渡りの習性から、好適な環境があればそこに留まって繁殖をすることがあり、両地域にはかつて繁殖集団があった。しかし、日本では一九七一(昭和四六)年、韓国でも一九八四年に生息していたコウノトリは失われた。ただ、現在でも秋から冬にかけて飛来し、越冬する個体が存在する。

絶滅の歴史

コウノトリは「かう、こう、かうのとり、かうつる」などと呼ばれ、江戸時代の産物帳には東北から九州にかけて広く分布していたことが記されている(安田、二〇〇五)。その頃は浅草の浅草寺、御蔵前の西福寺、芝の増上寺、青山の新長谷寺などでは屋根の上に、六義園では松の木にコウノトリが巣をかけたとされる。明治に入って、スウィンホー(R. Swinhoe)は横浜産の標本二羽をもとに、コウノトリを「Japanese Stork (*Ciconia boyciana*)」として記載し、ブラキストン(T. Blaliston)は静岡の駿府城で観察をしている。

しかし、明治時代に入ってから銃で撃たれたりして、他の大型鳥類と同じように急速に分布域は狭くなった。一八九五(明治二八)年になり「狩猟法」が公布され、一九〇八(明治四一)年になってコウノトリはツルやトキと一緒に、稀少鳥類として保護の対象となった。しかし、この頃にはすでにコウノトリの分布は兵庫県但馬地域に限られるようになっていた。

コウノトリ生息の最後の地となった兵庫県但馬地域は、円山川の氾濫源である円山盆地の低湿地帯が豊富な餌を供給し、盆地を取り囲む周辺の山々が営巣場所となって、コウノトリに格好の生息環境を与えていたと考えられる。氾濫源は開墾され田んぼとなっても、コウノトリに餌場を提供し続けた。日本書紀には「くくいを但馬で捕まえた」との記述があることから、くくいはコウノトリを指し、この頃からコウノトリが生息していると地元では考えられている。また、近畿圏の名湯として知られる城崎温泉は、コウノトリが傷を癒しているところから見つけられた湯、との由来がある。

江戸時代になると、出石藩の藩主が藩有林の桜尾山(鶴山)を禁猟区として保護していた。鶴山での繁殖は途絶えながらも明治時代において幾度か営巣、ヒナの巣立ちが観察された。こうして地域の人々はコウノトリを瑞鳥として大事にし、出石の鶴山は保護の対象としてきた。そして一九二一(大正一〇)年に「鶴山の鸛蕃殖地」として天然記念物に指定されるなど、昭和初期にかけて手厚く保護されてきた。この時期が但馬でのコウノトリの全盛期で、一九三〇(昭和五)年の生息数は一説に百羽いたと言われている。この頃には、松の木で営巣するコウノトリを見るため、複数の箇所に「鶴見茶屋」ができ、特別仕立ての「巣籠り列車」が走ったという(菊地・池田、二〇〇六)。

しかし、この地域でのコウノトリの生息数は一九四〇年代から急速に減少していった。その原因の一つは、第二次大戦中に営巣木となる松が松根油や用材として伐採されたことである。さらに終戦直後は田んぼや営巣地からサギとともに銃器によって追い立てられ、営巣場所が転々とした。その結果、一九五一(昭和二六)年に「鶴山の鸛蕃殖地」が指定解除され、同日付きで「伊佐のコウノトリおよびその繁殖地」が、天然記念物に指定された。

それでもコウノトリの減少は止まらなかった。原因は、この地域で一九五八(昭和三三)年頃から始まった毒性の強い農薬の大量散布であった。一九六二年には、餌となる淡水魚が浮いてしまうほどの状態だった。水田生態系のピラミッドの頂点に立つコウノトリが、農薬の大量散布による餌生物の減少によって、絶滅を早めたことは明らかである。

さらに、後述する一九六〇年代後半から始まる保護増殖活動では、一羽としてヒナを誕生させることができなかったが、これは大量散布された農薬が生物濃縮によって繁殖障害を起こしていたものと考えられる。

これに追い打ちをかけるように農地の整備が進み、湿田が乾田化され、田んぼ、水路、小川、本流といった水のネットワークが分断され、かつ山林と農地も三面コンクリートの水路により水田で産卵生長する生物が、行き来できなくなり、田んぼの生物多様性が大きく変化してしまった。

ついに一九七一(昭和四六)年、最後の一羽が保護捕獲され(その後死亡)、野生の日本産個体群は絶滅した。まさに、コウノトリは餌生物の減少、生息環境の分断や破壊など教科書に書かれているような原因と経過をたどって絶滅したのである。コウノトリとトキとはかつて日本の大空を舞いながらも、その姿が失われてしまった鳥の代表である。中山間地の棚田と平場の水田との違いはあるが、主に湿地に生息する動物を餌とするこの二種はともに「田んぼの生き物」とも言うべき存在であった。

そして、一九六〇年代以降、田んぼを取り巻く生態系が大きく変容していく過程で、時期を同じくしてその姿を消したのである。

コウノトリの保護活動

戦後の混乱期、個体数が減少するなかで、一九五三(昭和二八)年にはコウノトリを地域を定めない天然記念物として指定した。そして一九五六年には繁殖が見られなくなった「伊佐のコウノトリおよびその繁殖地」の指定を解除した。それと同時に、コウノトリを特別天然記念物に指定して保護対策の強化がとられたが、今からすればもはや手遅れであった。

コウノトリの絶滅を早くから危惧していたのは、山階芳麿山階鳥類研究所長であった。一九五五(昭和三〇)年、阪本勝兵庫県知事(当時)を渋谷南平台の研究所に招き、「兵庫県但馬の豊岡市付近にいるコウノトリの愛護のために、かくべつの配慮をたまわりたい」とその保護を強く依頼した(阪本、一九六六)。

このことがきっかけとなり、この年の夏には阪本知事を名誉会長、豊岡市長を会長とする「コウノトリ保護協賛会」が設立された。そして、豊岡を拠点として、小学生すべてを対象とした「コウノトリ保存の必要性の強調とその周知徹底」、山林の伐採をしないなど「現場現状の保持」、営巣地に近づかないなど「安静の保持」、保護地域の設定や給餌などの「積極的の保護」が取り組まれるようになった。

一九五八（昭和三三）年、ICBP（国際鳥類保護委員会）が呼びかけて国際的にコウノトリの生息状況調査が計画され、日本鳥類保護連盟はこれに応じて全国調査を行うことになった。この調査の結果は翌年、山階芳麿・高野伸二の連名で山階鳥類研究所研究報告としてまとめられた。それによると、この時点でコウノトリが生息、繁殖しているのは兵庫県（豊岡市周辺に一九五八年一五羽、一九五九年一七羽）と福井県（武生市・小浜市に一九五八年六羽、一九五九年七羽）だけという結果であった。山階鳥類研究所、林野庁、朝日新聞社「週刊朝日」が協力して行った全国調査であったことで、コウノトリが置かれている状況がすでに危機的であることがいっそう明らかとなった〔図2〕。

図2 半世紀前にはこのような光景があった（撮影：高井信雄）

この年豊岡では、電柱に営巣することもあったため人工巣塔を設置し、巣塔の下に餌池を造ってドジョウの放流を行っている。協賛会から名称を変更した「但馬コウノトリ保存会」は「ドジョウ一匹運動」を展開し、但馬地域ばかりか兵庫県内の小中学校からドジョウの寄贈を受け、餌不足の解消に努めた。このような積極的な保護活動にもかかわらず、ワナによる事故、健康障害などコウノトリの死亡が続いた。結局、一九五九（昭和三四）年に豊岡市福田で巣立ったヒナがこの地域での最後の巣立ちとなった。

このような状況のなかで、一九六二（昭和三七）年、兵庫県教育委員会主催で「コウノトリ研究大会」が開催され、この大会で人工飼育、人工孵化の重要性が指摘された。この場には、山階博士や京大名誉教授川村多実二、大阪自然史博物館長筒井嘉隆、京都岡崎動物園長佐々木時雄、神戸王子動物園長山本鎮郎らの専門家が参加していた。この翌年、文化財保護委員会では四月と七月の二回にわたって重要な会議が開かれた。参加者は、文化財専門委員黒田長禮、内田清之助、鏑木外岐雄、山階鳥類研究所山階芳麿、林野庁林業試験場池田真次郎、そしてコウノトリ・トキに関係する兵庫県、福井県、新潟県、石川県であった。結論は、コウノトリは保護増殖のため人工飼育と人工孵化を、トキは生息地を保全しつつ観察を続けるとの保護方針を決定した。兵庫県教育委員会もこの決定を受け、保護増殖に向けて大きく転換が図られることになった。

山階博士および山階鳥類研究所は飼育のためのフライング・ケージの設計、設置場所の下調べ、捕獲のためのキャノンネットの手配、捕獲の手順など、この保護増殖の事業を積極的にサポートした。一九六五(昭和四〇)年二月一一日、研究所の吉井正研究員と米軍のロールストン軍曹によって一つがいのコウノトリが捕獲され、日本では初めての絶滅の危機にある鳥類の生息域外保全が始まった。

飼育下での繁殖は、豊岡地域で捕獲されたコウノトリ四つがいとオス一羽、さらに動物園で飼育されていた個体を加えるなどして行われた。この結果、一九六五(昭和四〇)年から一九七二年に三十九個の産卵があった。そのうち十一卵が有精卵であったが、しかし、すべて発育の初期段階で中止卵となり、結局一羽のヒナも孵化しなかった。

この飼育下繁殖で死亡したオスから東京教育大の武藤聡雄教授は一四・〇ミリグラム・パー・キログラムの全水銀含有量を、また、兵庫県衛生研究所では豊岡において野生下で保護されたオスの筋肉からDDE、PCBをそれぞれ脂肪当たり九六九・一パーツ・パー・ミリオン、七六一・五パーツ・パー・ミリオン検出している(兵庫県教育委員会、一九八一)。この結果は、豊岡に生息していたコウノトリが一九六〇年以降野生下でも、飼育下でも巣立ちすることがなかったのは、農薬による繁殖障害が大きかったことを暗示している。

野生復帰計画

豊岡での保護増殖事業は、一九八五(昭和六〇)年に旧ソ連・ハバロフスクから六羽のコウノトリの幼鳥を贈られ、一九八九(平成元)年に初めてのヒナが誕生したことで大きな飛躍を遂げた。この年以降、繁殖の見通しが立ったことにより、兵庫県は一九九二年からコウノトリの将来構想の検討に入った。そして一九九九年、コウノトリを野生復帰させることを目的として、「兵庫県立コウノトリの郷公園」が設置された。

兵庫県立コウノトリの郷公園には、一六五ヘクタールの山林と湿地からなる用地に、繁殖や飼育、また野生馴化に用いるさまざまな形状のケージ、管理・研究棟、飼育管理棟、検疫棟が配置されている。これまでの保護増殖事業を担ってきたコウノトリ保護増殖センターは付属施設として保護増殖を継続するとともに、集団感染などの危険の分散を図る機能も果たすことになった。コウノトリの郷公園は設置目的を達成するため、コウノトリを遺伝的に管理して種の保存を図り、その野生化に向けた科学的研究と実験的な試みを行い、人と自然が共生できる地域環境の創造に関して普及啓発する、ことを基本的な機能としている。

郷公園が取り組む野生復帰とは、IUCNのガイドラインで示す「かつてその種が分布し今は絶滅している地域内に、飼育繁殖させた個体を放して生存力があり、自立した個体群を復元」することである(IUCN, 1995)。そのプロセスは、飼育下で十分な個体数を回復し(第一段階)、野生下で採餌し繁殖できるようトレーニングし、その一方で野生復帰させる地域の自然環境を評価し、修復、再生の必要性、方法について技術的検討を行い(第二段階)、必要となる自然環境の再生を行って、トレーニングされた個体を放鳥していくこととなる(第三段階)。そして最終段階として、放鳥した個体がその場所に定着し、繁殖を行うことで、個体群を安定して維持することになる(第四段階)。

この野生復帰計画は、IUCNのガイドラインにあるように行政、自然保護局、NGO、財団、大学、獣医学を含む各研究所、動物園や植物園などを巻き込んだ諸専門分野の知識と技術を必要とし、長期にわたる多額の財源を必要とする取り組みである。このためには、地域の人々の参画が必要となる。兵庫県は、二〇〇三(平成一五)年、国や市町の関係機関とともに「コウノトリ野生復帰推進計画」をとりまとめ、その年に地域の各団体を含めた「コウノトリ野生復帰推進連絡協議会」が立ち上がった。

これまで得てして希少種の保護では、どうしても生物的関心、環境再生に向きがちであった。しかし幸いなことに、コウノトリでは長期にわたって官民一体となった活動があった。さらに、コウノトリが田んぼの生き物であったため、生産の場であり営みの場である田んぼをめぐる環境や地域社会の再生が必要であることが、検討の早い段階で認識されていた。こうしてコウノトリの野生復帰計画は希少な生物の保護計画ではあるが、絶滅の原因が人間のライフスタイルにあることを明確に認識して、人と自然が共生できる地域づくりを目指すことをも目標とした、これまでにないものとなっている。

第一段階(飼育下繁殖)

ハバロフスク地方から幼鳥を譲り受け、一九八九(平成元)年に初めて飼育下での繁殖に成功して以来、コウノトリの郷公園では一二二羽のヒナが巣立ちし、死亡、譲渡・譲受、そして放鳥もあって二〇〇七年末で九八羽を飼育している。

順調な増加のように見えるが、いくつかの課題があった。コウノトリは闘争心の強い鳥であり、繁殖年齢(三歳から五歳)に達した雌雄をただ同居させるだけではつがいは形成されない。したがって、ファウンダーとなるつがい数が増えず遺伝的な多様性を確保することが困難であった。このため、コウノトリを飼育する多摩動物公園などの動物園との個体の交換、つがい形成のための飼育技術の向上が必要だった。さらに、孵卵器、育雛器を用いた孵化技術の改善を行い、これに擬卵交換の手法を加えることで、産卵時期調整を行うことが可能となり、孵化率、巣立ち率を高めることができた。また、擬卵を托卵する技術を応用することで、すでに多くのヒナを得ているつがいの関係を維持させながらも、このつがいのヒナを増やさないといった効果的な繁殖制限をかけることが可能となった。

第二段階（環境評価とトレーニング）

コウノトリを野生復帰させるには飼育下での個体数の確保とともに、放鳥されたコウノトリが生息できる環境が整わなければならない。このため、私たちはかつてコウノトリが生息していた地域をコウノトリ再導入の対象地と設定した。そして約三六平方キロあるこの地域の自然環境を再生するためにどのような整備が必要か、地理情報システムを用いてかつての生息環境を評価し始めた（内藤・池田、二〇〇一）。

地形図、植生図、航空写真をベースに、かつてのコウノトリの生息情報、たとえば巣の位置、採餌場所、ねぐら等、そして現在の餌となる生物の分布や量をデータベース化していった。幸いにも、二〇〇二（平成一四）年、野生のコウノトリ一羽が飛来したおかげで、どのような環境条件が必要なのかを分析することができた。地理情報システムによる分析結果は、魚道の設置、河川の横断工の解消、湿地の再生など、コウノトリの野生復帰のための環境再生に生かされている（内藤ほか、二〇〇五）。

コウノトリを野生に戻すには環境整備のほかにも課題があった。一番の課題は、狭いケージの中で生まれ育ったコウノトリがうまく飛びまわり、自分で餌を捕れるかということである。放鳥を二〇〇五（平成一七）年と設定し、私たちは二年前の二〇〇三年から放鳥に向けてトレーニングを開始した。トレーニングのために四〇×三〇×七メートルと二五×二五×五メートルのケージを用意した。この中に放たれたコウノトリは飛びまわり、小川で採餌し、他個体との関係をつくることで、飛翔と採餌能力、親和・反発などの社会性を獲得する。

飼育しているすべてのコウノトリから、繁殖計画などを基準に適性のある個体を選抜して二年間のトレーニングを行った。トレーニング中に観察を続けて、項目ごとに採点し点数の高い個体を放鳥の候補とした。さらに候補になった個体から、家系、性、年齢で最終候補とし、放鳥直前で感染症や健康などのチェックを行って放鳥することにした。

第三段階（環境再生と放鳥）

私たちはコウノトリの野生復帰を、人をも含んだ田園生態系の再生と捉えている。湿地を主たる生息地とするコウノトリは、田んぼを中心とした里山の環境に適応して生息していた。したがって、この生態系の再生なしに自立した野生個体群を回復することは困難と考えている。

とはいっても、たんに昔に戻ることでは地域住民の理解も得られない。田んぼを営んできた地域社会をこれからどうするのかが課題であり、このためには地域住民との協働のシステムが必要であった。二〇〇三（平成一五）年七月、但馬県民局に住民・NPO、各種団体、行政、学識者から構成された「コウノトリ野生復帰推進連絡協議会」が設置され、地域のみんなが当事者として野生復帰に取り組む枠組みが作られた。

田んぼでは落差のある田んぼと水路をつないだ水田魚道、産卵場となるように工夫がされた水路が造られ、小川の横断工が撤去され、里山では将来営巣木となるようマツの植林が行われた。一級河川の河川敷は河道を確保しつつ、湿地を再生する事業が取り組まれている。

これらハードな再生事業と併せて、水管理、米ぬかを使った除草技術などで無農薬、減農薬の稲作りを行う「コウノトリ育む農法」が取り組まれている。こうした結果、魚道をさまざまな生き物が上り、多くの生物が田んぼに生息するようになった。おかげで、田んぼにコウノトリが、そして子どもたちが戻ってきた。

私たちは二〇〇五（平成一七）年から開始した試験放鳥の期間中に、四つの放鳥方法を試している。一つは、トレーニングしたコウノトリを適切な場所に持って行きすぐさま放鳥するハードリリース、他の三つはコウノトリを定着させたい場所に簡易な飼育ケージを設置し、そこでしばらく慣れさせた後放鳥するソフトリリースである。ケージ内でつがいを形成させてから解放するか、つがいをケージ内で繁殖させヒナだけを自由に巣立たせるかなどの違いがある。

二〇〇五年はハードリリースで五羽、ソフトリリースで四羽が、二〇〇六年はハードリリースで三羽、ソフトリリースで四羽が、二〇〇七年はハードリリースで三羽が、ソフトリリースで二羽が放鳥された。放鳥されたコウノトリのすべてが問題なく飛行し、また野外での採餌も行っていた。そして、半数の個体が郷公園を中心に、残りはかつての生息地である豊岡盆地内で生活している。また、放鳥されたほとんどの個体が一度は豊岡盆地から離れ、長距離の移動をした後に戻ってくるなど、彼らがもつ定位能力も示してくれた。

二〇〇五年に放鳥された個体は翌年つがいを形成し、人工巣塔で三十八年ぶりの野外での産卵を行った。ただし、ヒナの誕生までには到らなかった。また、二〇〇六年にはソフトリリースの一手法によってヒナ二羽が自然巣立ちした。そして冒頭に記したように、二〇〇七年七月に野生下では四十六年ぶりとなるヒナが巣立ちした。

この三回の放鳥において、一羽が死亡、四羽が飼育下へ回収され、二〇〇七年一〇月の時点で、一九羽が豊岡盆地内で生活している。今後、この試験放鳥について結果の分析を行い、野生復帰に必要な環境再生のあり方、あるいは定着技術の開発、そしてコウノトリの生息可能な羽数の算出を行い、本格放鳥の実施を計画している。

最後に

コウノトリの野生復帰に向けた研究を行う一方で、コウノトリの郷公園の一部は一般に開放され、公園内にある豊岡市立文化館コウノピアと一体となって、野生復帰への理解を深めるための活動が行われている。パークボランティアの養成、ガイドウォーク、講演会や講座の開催、総合学習や環境学習の受け入れなど、さまざまな活動が展開されている。

二〇〇五(平成一七)年に行われたコウノトリの放鳥によって、コウノトリの郷公園はコウノトリを野生復帰させようとしているユニークな施設として知名度が高まり、マスコミに取り上げられたこともあって、二〇〇六年度には四十八万人の来園者があった。

さまざまな場面でもたらされる他地域からの評価は、地域の人々に自慢、自信、誇りをもたらしてくれた。かつて、ツルと呼ばれ田んぼを荒らす害鳥といわれたコウノトリ(菊地、二〇〇六)は、今では地域のシンボルとして愛される対象となった。豊岡ではコウノトリを、環境を表象するアイコンとして、持続可能な環境共生型の地域づくりが取り組まれている。

参考文献

兵庫県教育委員会『特別天然記念物コウノトリ保護増殖事業の概要』、一九八一年。

IUCN/SSC Re-introduction specialist Group, IUCN guidlines for re-introduction, IUCN, 1995.

菊地直樹『蘇るコウノトリ』東京大学出版会、二〇〇六年。

菊地直樹・池田啓『但馬のコウノトリ』但馬文化協会、二〇〇六年。

Litvinenko, N. M. ed., Oriental white stork in Russia *"Oriental white stork:Current status of population and strategy of conservation"* IUCN, 2000.

内藤和明・池田啓「コウノトリの郷を創る——野生復帰のための環境整備」『ランドスケープ研究』六四、二〇〇一年、三一八—三二一頁。

内藤和明・大迫義人・池田啓「コウノトリの野生復帰と田園の自然再生」『自然再生』亀山章他編、ソフトサイエンス社、二〇〇五年、一一二—一一三頁。

Shimazaki, H., M. Tamura, Y. Darman, V. Andronov, M. Parilov, M. Nagendran & H. Higuchi, Network analysis of potential migration routes fororiental white stork (Ciconia boyciana), *Ecological Research*, 19, 2004, pp.683-698.

阪本勝『コウノトリ』神戸新聞社、一九六六年。

山階芳麿・高野伸二「日本産コウノトリの棲息数調査報告」『山階鳥類研究所報告』一三、一九五九年、一—一七頁。

安田健「江戸時代中期の日本列島の鳥——享保産物帳による」『山階鳥学誌』三七、二〇〇五年、七五—一〇九頁。

トキ

近辻宏帰　日本鳥類保護連盟参与／元佐渡トキ保護センター長

トキはかつて北東アジアの特産種として、極東ロシア（ウスリー地方）、中国、朝鮮半島（北朝鮮、韓国）、日本に広く分布していた。現存するトキ亜科二十三種のほとんどがコロニー性で集団繁殖し、群行動をとっているのに対して、トキの繁殖形態は単独性で、巣の周辺域を防衛する特異性を有している。「渡り」という手段で他のトキ類が生息繁殖していない高緯度地方（日本では北海道南部）や多雪地帯（新潟県などの日本海側）での繁殖が可能であった。渡りや越冬地では群行道をとっていたが、非繁殖期限定であった。この「渡りグループ」は、日本では明治以後激減、一九三〇年頃には他国、地域を含め、その姿を消してしまった。他方「渡りをしないグループ」の存在が、この種の存続に幸いした。この留鳥個体群が、日本、中国で保護の対象となり、トキの絶滅を回避する礎となった。日本では能登半島（石川県）、佐渡島（新潟県）、中国では陝西省洋県の個体群がそれにあたる。二〇〇八年一月現在、中国のトキの数（野生・飼育）は千羽に達し、日本での飼育数は九十五羽を数えている。

本稿では、佐渡島（佐渡トキ保護センター）におけるトキ保護増殖活動を主題にして記述したい。なお筆者は、一九六七年から二〇〇三年までの三十六年間にわたり、同事業に携わってきた。

佐渡島での取組み

山階芳麿博士は、トキの保護増殖は「自然繁殖」と「人工繁殖」の二本立てで図るべきとの提言をなされていた。スイスのバーゼル動物園でのホオアカトキの人工増殖や人工飼料のデータの導入紹介も、積極的に日本のトキ増殖に携わる組織にもたらして下さった。

自然繁殖の保護対策で講じられたこと。

一、林野庁による生息地森林の国有林としての買い上げ
一、鳥獣保護区の拡大
一、営巣地への立入禁止措置
一、餌の不足する冬期を中心とした給餌（ドジョウ）
一、生息地の集落住民への普及活動
一、トキの目撃情報など、監視員、区長を通じて各教育委員会への報告収集
一、トキ群生期（秋・冬）の生息数の同時一斉調査（センサス）

佐渡のトキの生息数は、一九六〇年代後半から七〇年代前半

にかけ、概ね十羽前後で推移。七三年には最大数となる十二羽の一群が観察されたが、翌年には八羽に減少。群構成での世代交代が上手くいっていないのではと危惧された。一九七四年は、佐渡での野生トキの最後の繁殖が成功した年で、巣立幼鳥の一羽はその年の冬にも健在が確認された。

一九七五年、トキの保護増殖事業が鳥島のアホウドリなどとともに、文化庁から環境庁（当時）に移管された。その個体数は一桁台で漸減。たとえ繁殖しても、抱卵期やふ化後に天敵（ハシブトガラス、テン）からの食害による卵やヒナの突然の消失で、繁殖が阻害された。

天敵防除対策

有害鳥獣駆除

■カラス（主にハシブトガラス）対策

（一）わな（トラップ）

（二）銃器使用――猟友会の協力

（三）毒物使用――七八年六月「鳥獣保護及狩猟に関する法律」の改正で鳥獣の薬殺駆除が可能となる。

同年冬期（積雪量が乏しく集結するカラスの数が少ない）、（一）と（三）の駆除対策の結果、計三十羽の捕殺に止まった。

■テン対策

営巣地のアカマツ十本の胸高位置に、有刺鉄線や樹皮と同系色のトタン板を巻きつけ、テンの登はんを防止。

この天敵対策も確たる効果は挙げられなかった。

一九七八年には、産卵が見られた場合、採卵して人工ふ化を試みるという方策を決定。観察班（川田潤チーフ）の望遠鏡を使用しての遠方からの精細な観察の結果、トキの行動から初卵日を四月八日と推定し、三卵目の産卵日（トキは隔日に三から四個を産卵）の翌日（一三日）に採卵日を設定。採卵班は未明から出動、見事採卵に成功した。直ちに上野動物園に搬送。ふ卵器に入卵、人工ふ化に取り組んだが、結果的に成功には至らなかった。

全鳥捕獲

一九七九年、環境庁より委嘱を受けた特定鳥獣増殖検討会・トキ分科会は、「トキ保護増殖のあり方」について報告。今後の保護増殖の項目で、佐渡の野生トキ全羽（五羽）を捕獲し、人工飼育下で増殖を図るべきとの提言。これを受けて山階鳥類研究所の標式班を中心に捕獲チーム（吉井正室長・当時）が組織され、一冬の事前行動調査を踏まえ八一年一月に、二羽、二羽、一羽の順で見事捕獲に成功（ロケットネット使用）。同時に佐渡の山野からトキの姿が消えた。

もう一方の保護増殖の柱である人工繁殖の試みは、一九六七年から本格化した。小佐渡山中の清水平（旧新穂村）に、新潟県トキ保護センター（当時）の建設と完成。カマボコ型のフライングケージ（長さ一六メートル、幅一〇メートル、高さ五メートル）一基と管理棟でスタート。同年六月には巣立前の幼鳥二羽の捕獲に成功。翌年三月、生息地からの迷出トキ亜成鳥の保護捕獲(キン・雌)。能登最後の個体(ノリ・雄)の受け入れ(七〇年一月)など、飼育下での繁殖ペアの形成を目指して努力。しかし寄生虫等による死亡個体が出たりして、目的は果たせなかった。八一年の捕獲成鳥個体では、雄のミドリ(唯一の雄個体)とシロとのつがい形成ができ、擬交尾、巣作り、交尾、就巣と順調に進展したが、不運にも雌のシロが産卵直前に卵管に卵をつまらせ死亡(八三年)。その後ミドリとキンとのペアリングを試みたが、交尾、就巣などの産卵直前行動は発現したが、キンの産卵には至らなかった。

日中協力保護体制

一九八一年、佐渡で野生トキの全鳥捕獲が実施された年、奇しくも中国陝西省洋県で、トキの残存個体の存在が確認された。中国科学院動物研究所(リュウインゾウ氏中心)が、かつて国内で繁殖記録のある各省を精査し、調査三年目に貴重な発見がなされた。秦嶺山脈南麓のヤオジャゴとチンジャハの二カ所の営巣地で二つがいと三羽の幼鳥で、この個体群は「秦嶺一号トキ群」と命名され、第一級保護鳥として指定。国を挙げての保護策が講じられた。発見初年度からトキのいる共通の立場で、日中共同の保護体制が確立された。中国研修員の受け入れ、専門家の交流、野生トキの共同調査、観察、飼育繁殖機材の供与(ジープ、トラック、望遠鏡、ふ化・育雛器など)。ドジョウ購入の餌代の提供など、国際協力事業団(JICA)のODA援助、民間団体による保護増殖のための支援が実施された。

■日中トキ個体間のペアリング

(日本産)×(中国産)

(一)キン(雌)×ホアホア(雄)

八五年—八九年・新潟県トキ保護センター

(二)ミドリ(雄)×ヤオヤオ(雌)

九一年—九二年・北京動物園

(三)ミドリ(雄)×フォンフォン(雌)

九五年・佐渡トキ保護センター

結果、(一)産卵無し、(二)二卵産卵(無精卵)、(三)五卵産卵(いずれも無精卵)

二例で産卵まで漕ぎつけたが、有精卵の獲得はできなかった。新潟県・佐渡トキ保護センターではこの間、(一)河野憲太郎新潟大学教授(当時)の指導の下、クロトキやトキのミドリを使用しての採精の試み(二)石居進早稲田大学教授(当時)の指導による遺伝子保存の研究と死亡個体の各臓器細胞の保存を実施(三)携帯式移動ふ卵器の開発(ふ卵器メーカーの協力を得)と、ショウジョウトキの有精卵の二十四時間移送実験の成功—中国トキ卵の二国間移動に備えて—(四)近似種(クロトキ、ショウジョウトキ、ホオアカトキ)の繁殖・人工育雛技術の確立、と実績づくりに励んだ。

わが国初の人工増殖成功

人工増殖の試みと経過において、ペア形成、卵塞《らんさい》、産卵（無精卵だが）と徐々にではあったが、進展の徴しを得てきた。そんな折、一九九九年一月にトキ一つがい（ヨウヨウ・雄、ヤンヤン・雌）が中国から寄贈された。「日中友好の証し」として、中国人民から日本国民へプレゼントされたペアである。陝西トキ救護飼育センター主任（当時）のシーヨンメイさん（女性）がトキとともに来日、以来半年間、佐渡トキ保護センタースタッフとの協働でトキの人工繁殖に取組み、同年五月、わが国初の人工ふ化によるトキのヒナの誕生（優優・雄）に成功した。翌年には同ペアから二羽のヒナが産まれた。二歳で繁殖可能年齢になるユウユウの配偶個体として、その年の秋、中国から一羽の雌（メイメイ）が供与された。二〇〇一年、親ペア、若ペアの二つがいから十一羽のトキが誕生、〇三年には、両つがいから選定された二、三世ペアも加わり、三つがいから十八羽のヒナが順調に生育した。〇四年に育ったヒナのうちの一羽は、親鳥が育てた自然繁殖によるものである。トキの野生復帰を視野に入れて、〇六年には本格的な親鳥による自然繁殖が試みられ、九つがいから十四羽のヒナが育ち、〇七年では、十一つがいから十一羽の自然繁殖に成功。その年センターでの総飼育数は百七羽を数えた。

野生復帰に向けて

佐渡トキ保護センターでのトキ個体数の順調な増加を背景にして、日本最後の野生トキ生息地であった佐渡島に、再びトキを放鳥する期待と機運が高まった。

環境省は、野生復帰に向けたトキの訓練施設を建設。

一、巨大順化ケージ　鉄骨組・長さ八〇メートル、幅五〇メートル、高さ一五メートル

一、繁殖ケージ　二〇〇平方メートル、八角型、八棟

一、収容ケージ　管理棟、観察棟など

二〇〇七年完成。

同年四月、環境省・佐渡自然保護管理事務所が開設され、職員の常駐によってトキの野生復帰事業の中心的存在として機能。このトキの順化施設は、野生復帰ステーションと命名された。七月、昨年自然繁殖で生育した五羽の亜成鳥（一歳）が順化ケージに移され、自然環境への順化、ケージ内の棚田状の餌場での探餌および採食訓練（餌のドジョウは地下のパイプを通してケージ外から流入させる）、群行動、人との順化、外敵対応などのメニューをこなして、自然環境での自力適応をはかっている。この五羽のトキは、二〇〇八年秋の試験放鳥への初代候補トキとして順調な順化訓練がほどこされている。一二月一三日、新たに二十羽のトキが保護センターから復帰ステーションに移された。そのうちの四つがいは、繁殖ケージでの自然繁殖を目的としたペア。一一月に中国から供与された一つがい（ホ

アヤン・雄、イーシュイ・雌）は逆に、同日復帰ステーションからトキ保護センターの繁殖ケージに移された。佐渡飼育個体群への新しい血の導入が期待されている。また、鳥インフルエンザなどの感染防止のために、危険分散先として選定された東京都多摩動物公園に二つがいのトキが移送された。佐渡以外では初めてのトキ飼育繁殖施設となる。

トキの野生復帰に向けて、環境省、国土交通省、農林水産省などの国の機関、新潟県、佐渡市、各NPO団体、地元住民により、環境整備が始まっている。

一、営巣、ネグラ環境の山林整備
一、充分な採食地（餌場）とドジョウなどの動物性餌資源の多様な種類や量的確保
一、餌生物の生態的機能的ネットワークのある水田や河川の整備
一、環境保全型農法・有機農法の普及
一、地域ぐるみのトキとの共生活動
一、子どもたちへの生きもの環境教育（ビオトープ作りなど）

環境や地域整備の課題は山積している。

環境省は、小佐渡東部地区（二万平方メートル強の面積）に、二〇一五年頃までに六十羽のトキを定着させる目標を掲げ、試験放鳥個体のモニタリング調査や、住民から寄せられるトキの情報の収集をし試験放鳥を重ね、本放鳥へと移行させていく計画にある。

生きものの象徴的存在となっているトキと人との共生の成否は、佐渡島民は言うに及ばず、広く日本国民の試金石となって試されていくことだろう。

トキの特性を一口で表現すると、ペア間の絆を強める行動を極端に発達させてきた種と言えるだろう。相互羽繕い、小枝渡し、擬交尾などのペアの親愛行動が、繁殖期だけでなく、非繁殖期にも日常的に頻発する。対人反応にも幅があり、見慣れた人や行動に対しての順化度は早い。中国産トキを元にする個体群ではあるが、留鳥性の遺伝子を保有し、佐渡の自然と人的環境への適応力を具えていると思料する。

山間部や里山の水資源を利用し沢沿いに水田が開田されたことは、トキにとって営巣と餌場の提供となり、好適な生息環境となった。山の田をキーワードにして、かつてはトキのほうからヒトに接近し共生を求めてきたものと推量する。トキの野生復帰は、共生の先達トキへの平成の恩返しなのかもしれない。

保全活動――ヤンバルクイナ

尾崎清明　山階鳥類研究所標識研究室長

ヤンバルクイナの発見と新種の記載

新種の発見と記載は、人間がその生物を種として認識するスタートであり、生物学上重要なことはいうまでもない。そして多くの場合、新種の発見にはドラマがある。日本の鳥類に関する新種発見の経緯では、カンムリツクシガモやミヤコショウビンなどが有名である。

カンムリツクシガモは一九一六年に韓国の釜山の剥製屋で黒田長禮博士によって見つけられ、翌年に新種として記載された。ところが、同じ羽色のカモがウラジオストック付近で一八七七年に採集され、ロンドン動物学会報にアカツクシガモとヨシガモの雑種であろうと報告されていたことが判明した。このカモが雑種個体でなく新種であることを決定づけたのは、江戸時代の鳥類図譜などに、このカモと同じものがたびたび描かれていたことであった。そこにはチョウセンヲシやメカダガモなどの名前がつけられ、雌雄が正確に描かれているものもあった(山階鳥類研究所、二〇〇四)。カンムリツクシガモは現在上記の二点と、その後加わった雄一点の計三点の標本のみが残るだけで、すでに絶滅していると考えられている。

ミヤコショウビンの例はさらに謎に包まれている。このカワセミの仲間は、黒田長禮博士が東京帝大の動物学教室に保存されていた標本の中から発見した。この標本のラベルには、採集者名と「二月五日、八重山産?」とのみ書かれていた。そこで、採集者に問い合わせて「一八八七年二月五日宮古島での採集品」との回答を得て、一九一九年に新種として記載した。ミヤコショウビンの標本はこれが唯一で、観察記録などもまったくない幻の鳥である。一方で、グアム島に分布するアカハラショウビンと形態が類似しており、分類上や採集年と場所に関しても疑問をもたれている(平岡、二〇〇六)。

この両種の場合は、多くの新種記載と同様、標本を調べた結果新種であることが判明した例である。しかし、「ヤンバルクイナ」の場合は野外で種不明な鳥類が生きた状態で見つかっていて、これを捕獲して新種として記載したものであり、少なくても日本の鳥類の中では比較的稀なケースではないかと思われる。その経緯について以下に詳しく述べてみる。

一九七五年八月、鳥類標識調査のため沖縄を訪れていた山階鳥類研究所の真野徹研究員は、「沖縄の山中に地上を歩くチャボ大の鳥がいる」という地元の人の話を聞いた。その後一九七八年と七九年に、真野氏は林道を横切る種不明のクイナの仲間らしい鳥を観察したが、いずれも一瞬で、詳しい特徴はわからなかった。翌一九八〇年には筆者も参加して、この不明種の調査を行った（尾崎、一九八二）。過去の観察地点付近の見通しの良い場所で待機した。七月三一日の夕方、約五〇メートル先の林道を横切ろうとした鳥がいったん茂みに戻ったが、数秒後ゆっくりした足取りで道に出てきた。バンよりは少し小さめで、全身黒っぽく、胸には白黒の横縞模様、嘴と足は鮮やかな赤で、顔には白線が認められた。形態や歩き方などからクイナ類であることは間違いないが、少なくても日本未記録種であった。後日研究所にある資料で世界中のクイナ類を調べた結果、該当する種がなく新種である可能性が高まった［図1］。

翌一九八一年六月、山階鳥類研究所はこの不明種を確認するために、長期の調査を実施した。捕獲のための許可を環境庁から受け、さまざまな方法で捕獲を試みた。調査開始から十一日目の六月二八日、ついに一羽の幼鳥が捕獲され、形態や測定の記録、写真撮影とともに、行動観察を行った。七月四日には成鳥一羽も捕獲され、さらに詳細な資料を得ることができた［図2］。なお、このとき捕獲した二羽は、いずれも標本にすることなく足環を付けて放鳥された。それはこの鳥の個体数が相当少なく、すぐにも保護されるべきと考えられたからである。その後、死体が発見され標本となっているものを地元高校教諭の友利哲夫氏を通じて研究所が入手した。

図1　初めての観察記録。嘴が長すぎるなど不十分な情報であるが、日本未記録種であることははっきりした。

新種の記載・命名

この標本と、山階鳥類研究所が捕獲した二羽の記録から、新種の記載を行うこととなった。これには、山階芳麿所長と親交のあった、クイナ類分類の権威であるスミソニアン研究所のリプレイ博士にも測定値や写真を送るなどして、意見を求めた。

図2　最初に捕獲された成鳥。飛翔能力を確かめるため、建物内で放すと猛スピードで走った。

そして標本を完模式標本、標識放鳥の個体を擬似模式標本とし、山階鳥類研究所研究報告に記載論文が書かれた［図3］。

捕獲調査チームはすでに現地で、この鳥の和名について「ヤンバルフミル」か「ヤンバルクイナ」にしようと話し合っていた。発案者は捕獲調査の協力者で地元の農園主大西浩二・浩健兄弟である。「フミル」とは米島と書き、バンの地方名である。また、「やんばる」とは山原と書き、沖縄島名護以北の台地状の地域を示す。自然豊かな地域という反面、不便な田舎という意味も含まれる。範囲に対するはっきりした定義はなく、かつては恩納村以北を示したともいうが、現在はむしろ国頭村、大宜味村、東村に限定する場合が多い。この範囲の減少は、豊かな自然の代表であるスダジイの林が時代とともに北部に狭められたことと無関係ではないだろう。

ところが研究所内では「地名が一般に知られておらずローカルすぎる」との理由で、「オキナワクイナ」にしようとの意見もあった。そのとき、捕獲調査チームの意向と、「鳥の保護には地元の理解と協力が不可欠で、それには沖縄より『やんばる』のほうがわかりやすい」との吉井正標識研究室長の提言により、最終的に「ヤンバルクイナ」と決定した。英名の「Okinawa rail」と学名の「*Rallus okinawae*」に関しては山階所長の原案に異論はなかった。なお、ヤンバルクイナ発見以後、「ヤンバル」の名称は一九八三年に発見（一九八四年記載）されたヤンバルテナガコガネやヤンバルクロギリス（一九九五年記載）、ヤンバルホオヒゲコウモリ（一九九七年発見、一九九八年記載）など、相次ぐ動物の新種の名前にも用いられている。以前から植物の名前には使われていたが、一般に知られるようになったのはヤンバルクイナがきっかけだったと思われる。

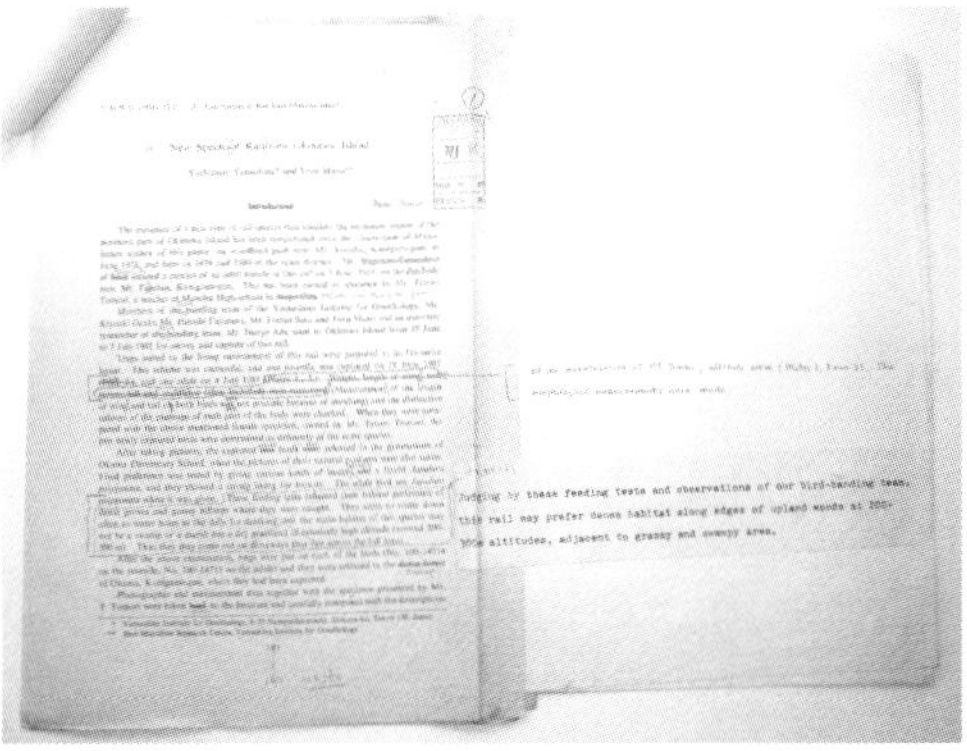

図3　多くの書き込みがあるヤンバルクイナを記載した論文の初稿

学名の意味は、「オキナワのラルス属のクイナ」である。属名の「*Rallus*」はドイツ語の「Ralle」（クイナ）のラテン語化で、鳴き声に由来している（内田・島崎、一九八七）。種小名の「*okinawae*」はラテン語で、「Okinawa」という名詞の属格である。なお、ヤンバルクイナの属名は現在「*Gallirallus*」（ニュージーランドクイナ属）とされることが多く（Vuilleumier et al., 1992）、日本鳥類目録（日本鳥学会、二〇〇〇）でもこちらを採用している。

こうして完成した論文は、一九八一年一二月二五日発行の山階鳥類研究所研究報告に山階芳麿・真野徹の共著で発表された（Yamashina & Mano, 1981）。ヤンバルクイナが正式に日本産鳥類として認められたことになる。

新種発表の後になってから、いくつかの事実が明らかになった（黒田・真野・尾崎、一九八四）。大塚豊氏は一九七三年三月四日に、与那覇岳付近で死体を取得しその羽毛を保管していた。また一九七五年四月には儀間朝治氏によって、国頭郡安波において樹上にいる成鳥がみごとなカラー写真で撮影されていた。

さらに野鳥の声の録音で草分け的存在の蒲谷鶴彦氏は、発見の十七年も前の一九六四年に沖縄本島の西銘岳でこの鳥の声を録音し、「なぞの鳥」として保管していたことも判明した(松田、二〇〇四)。そして山仕事をする人たちには、この鳥は身近な存在であり、「ヤマドゥイ」(山にいるニワトリの意)とか、「アガチ」(せかせか走り回るの意)などと呼ばれていたこともわかった。その後、頭を低くして疾走する姿が特徴的で、羽色も亜熱帯的な色彩であるためか、沖縄国体のイメージキャラクターになったり、地元の泡盛の名前、Tシャツ、ネクタイなどの絵柄にも登場している。

鳥の分類は他の動物に比べて進んでいて、約二百五十年前にリンネがすべての生物の種を確実に識別するための二名法の学名を確立した頃から、約百年間でほとんどの種が発見、新種として学術誌に発表するいわゆる記載が行われている。そのため二十世紀になってからは、新種の発見はわずかであり、世界中で年間に数例があるのみである。それも南米やアジアの熱帯雨林などの調査が困難なところや、人口の少ない地域または博物館のコレクションの中から見つかっているものが大半である。鳥類の研究やバードウォッチングが盛んな日本で、これまで知られていない鳥が発見されるということは予想困難であった。ちなみに日本で新種の鳥は、先に述べたミヤコショウビンの一九一九年以来のことである。なお、ヤンバルクイナと同じ沖縄島北部からは、キツツキの一種のノグチゲラと、リュウキュウカラスバトがともに一八八七年に発見・記載されている。

ヤンバルクイナが発見された一九八一年から九〇年までの十年間に、世界で発見された鳥の新種は二十四種と報告されている(Vuilleumier et al., 1992)。ヤンバルクイナを除く二十三種はそれぞれ、アフリカから十一種、南米から八種、東南アジアから三種、オーストラリアから一種であった。新種の大部分が小型の鳥で、ヤンバルクイナは最大級である。

生態の特徴

ヤンバルクイナに関する生態などの知見は限られているが、いくつかの興味深い特性がある。その飛翔能力については、通常飛翔することが目撃されていないことや、翼の構造や筋肉などの解剖学的見地から本種はほぼ無飛力性であろうと考えられている(Kuroda, 1993/黒田、一九九五)。これは日本産鳥類のなかでは唯一である。しかしながら樹上から滑空することが観察・撮影されたり、道路上で左右に逃げ場がない状態で車で追われると走りながら羽ばたいて短距離ではあるが空中に浮き上がることも目撃されている(尾崎・渡久地、未発表)。島嶼性のクイナには無飛力となるものが多いが、ヤンバルクイナはそのなかで最も北に分布している。

ヤンバルクイナは夜間樹上で塒をとることが知られている[図4]。塒に利用した木はほとんどがイタジイであるが、タブノキやリュウキュウマツ、ヒカゲヘゴなども利用する。平均して胸高直径が二九・二センチメートルで、寝ていた場所の高さは六・七メートル、その枝の太さは一二・七センチメートルであった。また幹の根元の傾きは平均六七・二度、寝ていた枝の傾きは二七・七度で、いずれも葉のない見通しの良い場所であった。これらの塒場所の条件は、太くて安定しており登りやすいことと、外敵を見つけて逃げることに適していると考えられている(Harato & Ozaki, 1993)。

産卵時期は四月初旬から五月初旬、抱卵日数は二十一日間で、孵化時期は四月下旬から五月下旬と考えられる。これまでに二

図4 樹上で塒を就るヤンバルクイナのつがい。

回繁殖の確実な例はないが、最初の抱卵中に失敗すると、二回目の産卵をすることがある(尾崎、未発表)。抱卵は雌雄とも行い一日二回の交代をし、通常雄が夜間の抱卵を行う(尾崎、未発表)。一腹卵数は二から五卵で通常四卵。ヒナは孵化後一日から二日で巣立つ。育雛は雌雄がともに行い、この期間の雛は草むらに隠れていて両親鳥が餌を運ぶことが観察されている。やや成長すると親とともに移動しながら採餌する(池原、一九八三・一九八四/尾崎、未発表)。

営巣環境は常緑広葉樹林の林床や樹木の根元、林道沿いの茂み、川沿いの急傾斜面などで、牧草地の例もある。シダ類や灌木、草類の覆い茂った中にある場合が多いようであるが、比較的見通しの良い場所に作る場合もある。巣はシダの枯れ葉や落ち葉などで作られており、浅い皿状である(儀間、一九八四/池原、一九八四/尾崎、未発表)。

ヤンバルクイナの食性は、捕獲時の実験によると甲虫類(コウチュウ目コガネムシ科の幼虫、バッタ目コオロギ科・バッタ科、トンボ目トンボ科、カメムシ目セミ科、ハエ目アブ科)、キノボリトカゲ、腹足綱マイマイ科を食べることが報告されている(尾崎、一九八二)。また野外観察で路上にいるミミズ類を食することが確認されている(尾崎、未発表)。また、ヤンバルクイナの胃内容からはシロアゴガエルとヒメアマガエルの骨が見つかっている(平岡ほか、二〇〇七)。こうした昆虫類や陸産貝類など動物質のもの以外に、植物質のものも食べる雑食性の可能性が指摘されており(池原、一九八三/花輪ほか、一九八

三)、ヤナギイチゴの実を食した観察例がある(尾崎、未発表)。

すぐに訪れた絶滅の危機

ヤンバルクイナの分布域は発見当初から、沖縄島北部の国頭郡国頭村、大宜味村、東村の三村にほぼ限定されている。この国頭三村をやんばる地域と呼ぶことが多く、その広さは約三四〇平方キロで、そのうちの森林は約八割の二六六平方キロである。ヤンバルクイナの分布域が狭いことからは、個体数も少ないことが予想された。それは一般にクイナ類は群生せず、番単位で縄張りをもって生息するからである。

はたして発見から約十年後の一九九〇年頃になると、分布域減少の兆候が見られるようになった。従来知られていた分布域の南限付近(大宜味村の塩屋から東村の平良を結ぶ通称STライン)で、その生息が確認できなくなっていることが認められた。とくに最も南の大宜味村平南川や東村慶佐次では、繰り返して調査したにもかかわらず一羽も確認できなかった。

ヤンバルクイナの分布域については、スピーカーで鳴き声を流して反応を調べるプレイバック法によって、広範囲の生息確認の方法が可能となった。それは以下のような方法である。調査地域を約一キロメートル四方のメッシュに分割し、それぞれのメッシュの中で、ヤンバルクイナの声を鳴らす。そこで帰ってきた反応の有無、個体数、方向や距離を記録し、地図上に図示する。この手法を用いた分布状況の調査は、一九八五年の環境庁の特殊鳥類調査で始められ、その後山階鳥類研究所が、一九九六年から九九年、二〇〇〇年から〇一年にかけての二回と、二〇〇三年からは〇六年まで毎年実施している[図5]。

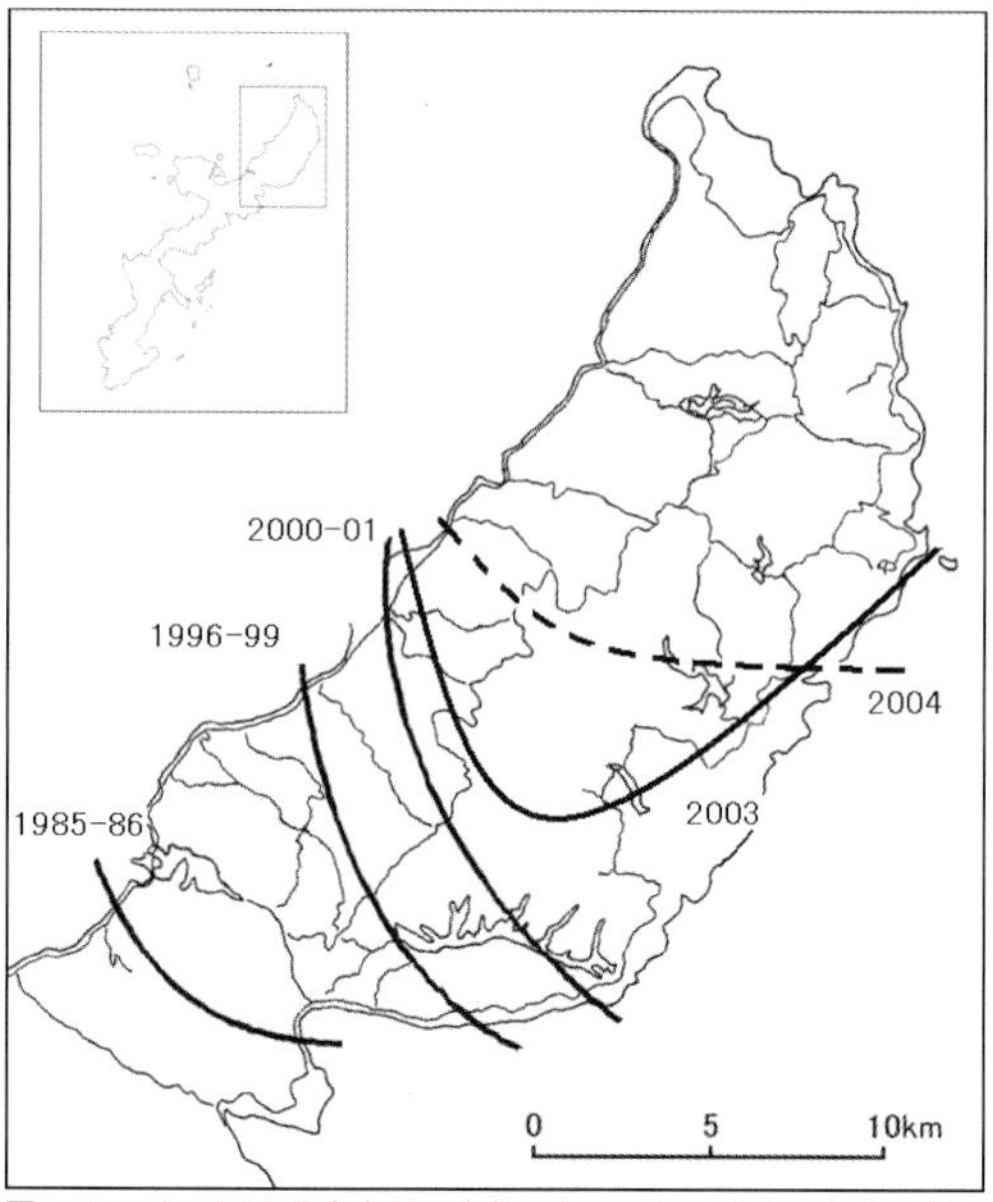

図5　ヤンバルクイナ分布南限の変化。南のほうから次第に生息が確認できなくなっている。2004年の点線は連続分布の南限を示す。

一九八五年から八六年の調査でヤンバルクイナは大宜味村塩屋—東村平良ライン以南でも生息が確認されていたのに対し、一九九六年から九九年の調査では国頭村謝名城周辺—東村福地ダム周辺以南で生息が確認できなかった。二〇〇〇年から〇一年の調査では生息の確認できなかったラインがさらに北上して国頭村比地—東村大泊となった。二〇〇四年の調査ではついに東村と大宜味村でヤンバルクイナはほとんど確認されなくなり、現在ほぼ国頭村のみに分布域が限られる状態である。すなわち分布域の南のほうから次第に生息が確認できなくなり、ヤンバルクイナの生息域の南限は、一九八五年からの二十年間で約一五キロメートル北上し、生息域の面積は約四〇パーセント減少したと推定される。

一方生息個体数に関しては、プレイバック法で得られた結果により推定生息域における生息密度を推定し、これを定点調査によって得られたプレイバック法への反応率によって補正すると、ヤンバルクイナの生息数は約六百八十—千九十羽(二〇〇〇年)、約六百六十—千五十羽(二〇〇四年)、五百八十—九百三十羽(二〇〇五年)、八百二十—千三百羽(二〇〇六年)と推定された。環境庁の一九八五年の調査では、ラインセンサスで出現(鳴き声)した個体数から生息密度を求めて、植生で代表される生息環境の面積にかけることで、個体数を千五百—二千百羽と推定しており、これと比較すると二〇〇六年の推定結果は約四〇パーセントの減少となった(尾崎ほか、二〇〇二/尾崎、二〇〇五/尾崎ほか、二〇〇六/花輪ほか、一九八六)。これら分布域や個体数の減少はいったい何に起因しているのであろうか。

減少の要因

沖縄本島にはネズミとハブの駆除目的で一九一〇年にマングースが人為的に放獣され、那覇と名護の両市街地周辺から分布を拡大し、一九九〇年前後には北部地域(いわゆるやんばる地域)に侵入したとされている。一九九三年以降の捕獲調査ではこの地域で多数のマングースが捕獲されている。

沖縄県が二〇〇〇年一〇月から、環境省が二〇〇二年一月からやんばる地域で駆除事業を実施したことによって、二〇〇三年三月までに二千七百四十三個体のマングースが捕獲された。捕獲地点は二〇〇〇年から〇一年の調査で比較すると、ヤンバルクイナの生息が確認できなくなったやんばる地域の南西部に集中しており、メッシュでみるとヤンバルクイナの生息が確認されたメッシュとは三カ所を除いて重複していない。すなわち、マングースの分布しているメッシュには、ヤンバルクイナがほとんど生息していない。ただし捕獲されたマングースを解剖して消化管を調べた結果によると、哺乳類、昆虫類、鳥類、爬虫類、両生類が確認されるものの、出現頻度が高いのは哺乳類と昆虫類であり、鳥類は比較的少なく、ヤンバルクイナはこれまでのところ確認されていない。

一方マングースにより養鶏場のひよこやアヒルの卵も食害を受けていることなどから、マングースが野生鳥類の卵やヒナを食することも推測できる。またヤンバルクイナの食性は、マングースと大部分で重複しており、ヤンバルクイナとマングースは餌生物が競合している可能性が大きいと考えられる。

このように、マングースが新たに侵入した地域のほとんどでヤンバルクイナの生息が見られなくなったこととその時期の一致、両種の生息環境が重複していて餌生物の競合の可能性があることなどから、ヤンバルクイナはマングースの侵入と分布拡大の影響を受けて分布域を狭めた可能性が高いと考えられる。

また、こうした外来種の進出には、やんばる地域の環境が本来の常緑広葉樹林から、農地や道路、ダム建設などによって、変化してきたことが関係していると予想される。

ヤンバルクイナのネコによる捕食については、二〇〇一年八月二一日、国頭村辺野喜の伊江林道で見つかった哺乳類の糞の中から、ヤンバルクイナの特徴を有した羽毛が認められ、この糞をDNA分析したところ、ネコのものであると判定されたことによって、確実なものとなった。また数年前、ヤンバルクイナの卵が保護収容され、これを無事孵化して育て、大きくなった若鳥を野外復帰させる試みが行われ、このとき小型発信機を装着して、放鳥後の行動を追跡したところ、三羽中の二羽が数週間のうちに相次いでネコによる食害にあった(山階鳥類研究所、一九九九)。

さらにヤンバルクイナの捕食者となりうるものに、近年この地域で増加傾向にあるといわれるハシブトガラスがある。したがってヤンバルクイナの分布域と個体数の減少には、これらの複数の捕食者がかかわっている可能性が考えられる。

こうした外来種によるものは人間の間接的な影響であるが、直接的な影響として道路での交通事故死も見逃すことはできない。二〇〇六年一二月までの過去七年間に四十八羽のヤンバルクイナの交通事故が報告されており、その大部分が死亡している。二〇〇七年は八月までに二十羽の交通事故が発生し、十六羽が死んでいる(環境省やんばる野生生物保護センター資料)。

世界のクイナ類と現状(グアムクイナ、ロードハウクイナ、タカヘ、カラヤンクイナの例)

クイナ科の鳥は極地を除く世界の大部分の地域に広く分布して、三十三属百三十三種が知られている。島嶼にのみ分布する五十三種のうちの三十三種が飛ぶことのできない種、つまり無飛力となっている。十七世紀以降にこの無飛力のうちの十三種がすでに絶滅しており、現存する二十種中十八種が絶滅の危機にあるといわれている(黒田ほか、一九八四)。絶滅に追いやってきたほとんどの原因は狩猟、環境破壊、外来種の持ち込みなど人間に関係していることもわかっている。日本には現在ヤンバルクイナを含めて、十一種類のクイナの仲間が生息している。かつて硫黄島にいたマミジロクイナが飼い猫などの影響で一九一一年に絶滅しているので、日本ではすでに一亜種のクイナ科が絶滅した「実績」をもつ。

以下にヤンバルクイナと同様に絶滅の危機にあるクイナ科の鳥たちの現状を概観する。

■グアムクイナ(*Gallirallus owstoni*)

グアム島には現地語で「ココ」と呼ばれたグアムクイナが生息していたが、野生個体はすでに絶滅しており、現在は飼育個体とこれを放鳥したもののみとなってしまっている。グアムクイナの場合は軍事物資に紛れて持ち込まれたミナミオオガシラというヘビによる捕食が原因で、かつては島全体に数万羽いたグアムクイナが、一九八一年には北部に二千羽のみとなり、二年後には百羽、そして一九八七年に一羽が観察されたのが野外最後の記録となった。野生個体群絶滅直前の一九八三年、グアム水生野生生物資源局と米国の動物園が、人工増殖プログラムを開始し、人工飼育下での繁殖・増殖に成功したため、野生絶滅はしたものの種の絶滅は免れている。このときの個体数はわずか二十一羽であった。現在は飼育個体が数百羽となり、ヘビのいないサイパンのロタ島に放鳥し、自然繁殖にも成功している(Beck et al., 1996)[図6、7]。

しかしながら、ロタ島での天敵はネコで、人工飼育したクイナはネコの脅威を知らないためか、ことごとく捕食されてしまっている。これまでに放鳥したものは十八年間の合計で約七百羽にもなるが、野外に定着しているのは現在二十羽程度といわれている。グアムクイナの例は、いったん野生個体がいなくなると、野生個体群を新たに創り出すのは非常に困難なことを物語っている。

図6 グアムクイナの人工増殖用のケージ

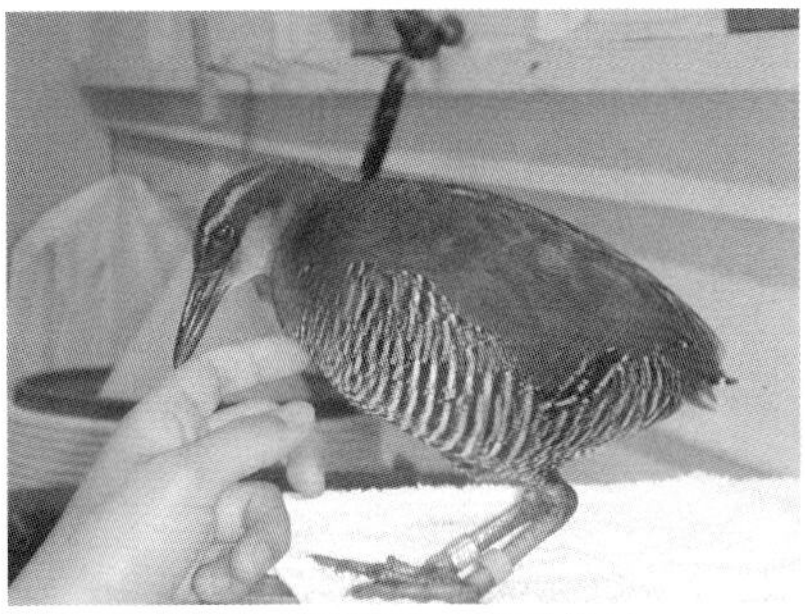

図7 人工飼育され人に慣れているグアムクイナ

■ロードハウクイナ(*Gallirallus sylvestris*)

オーストラリアとニュージーランドの間にあるロードハウ島という小島には、二十八種の鳥類が繁殖していて、このうち島固有のものが十三種(亜種を含む)いた。しかしすでに九種が絶滅してしまった。ここに生息するロードハウクイナは、クイナとしては中型でニワトリくらいの大きさがあり、無飛力である。この島が発見された十七世紀後期にはロードハウクイナは島中至る所で見られたが、人が定住を始めた十九世紀になると犬や猫などが移入され、次第に数や生息場所が減ってきた。とくに影響が大きかったのは野生化したブタで、クイナの卵や雛を捕食するだけでなく、ミミズなどの餌の競合、植生の破壊による生息環境の減少をもたらしたと考えられている。その結果一九八〇年までの調査で、ロードハウクイナは全島でわずか三十羽、健全な番が三ペアしか確認できなくなった。そこで国による人工増殖計画が始められ、わずか三年間で八十羽の雛を得ることができた。これらを捕食者のいない地域に放鳥することによって、一九八三年には放鳥した個体の自然繁殖も成功し、一九八四年までにクイナの個体数は百から百四十羽と推定されるまでに増加した。その後も定期的に数のセンサスや足環による個体識別が行われ、個体数は安定しており、二〇〇二年のセンサス結果では百二十七羽以上が確認されている(尾崎、一九九六/

NSW National Parks and Wildlife Service, 2002)。野生化したブタは駆除の努力により根絶されているが、そのほかの脅威となりうるメンフクロウ、ヤギ、ネズミなどの移入種は根絶には至っていない。ロードハウクイナの保全活動の成功例は、短期間でも効果的な場合があることを示している。現在ロードハウクイナはIUCNのリストで絶滅危惧種に指定されている。

■タカヘ(*Porphyrio mantelli*)

タカヘはニュージーランド固有、大型で無飛力のクイナである。一八九八年に採集された四個体を最後に、いったん絶滅したと思われた。減少の原因は狩猟圧、移入されたシカによる生息環境の減少、移入種のオコジョによる捕食などである。ところが、南島南部で一九四八年に二百五十から三百羽の個体群が再発見された。すぐに五百平方キロメートルがタカへのための保護区に設定されるが、一九七〇年代になると個体数は減少し、一九八一年には百二十羽と推定されるに至った。シカのコントロール、給餌、近親交配を避けるための個体移住、繁殖率を上げるための卵管理などの保全策や飼育下繁殖などによって、個体数は近年次第に増加傾向にあり、現在では百五十から二百二十羽と推定されている。また生息分布は、外敵のいない島への積極的な移住によって北島周辺など五カ所に増えている。保全回復計画の長期目標として、自立安定した五百羽以上の個体群を、フィヨルド国立公園内の現在および以前の生息地とそのほかの本島地域に創設すること、三カ所以上の外敵のいない島での個体群を野生個体がいなくなったときの保障として確保する、などが設定されている(Crouchley, 1994)。

■カラヤンクイナ(*Gallirallus calayanensis*)

フィリピン・ルソン島北のバブーヤン諸島のカラヤン島(ルソン島北端から約八〇キロメートル北)において、二〇〇四年クイナ科の新種カラヤンクイナが発見・記載された。このクイナはヤンバルクイナときわめて近縁と考えられ、ヤンバルクイナの進化の起源を探るうえでも学術上重要な発見である。発見の経緯は、イギリスとフィリピンの研究者がこれまで未知であったこの地域の鳥類など動物相の調査を実施したところ、正体不明の鳥を観察した。そのとき撮影した写真と声の録音を調べたところ、新種である可能性があった。その後捕獲にも成功し、新種記載がなされることとなった(Allen, 2004)。

カラヤンクイナの生息数などはまだ詳しく調べられていないが、おそらくＩＵＣＮのレッドリストで、「危急種」であろうと考えられる。すぐに絶滅するという状態ではないにしろ、道路開発や生息地の減少、ネコやネズミなどの移入種は、ヤンバルクイナで問題となっているように脅威となりうると考えられる。カラヤン島は一九六平方キロの島で、人口は八千四百五十一人。カラヤンクイナの生息域は一〇平方キロ以下の可能性もある。

保全活動の必要と現状

ヤンバルクイナは法的な保護としては、国の天然記念物および国内希少野生動植物種に指定されている。また、環境省レッドリストでは絶滅危惧IB類（環境省自然環境局野生生物課編、二〇〇二）にランクされていたが、二〇〇六年には最も絶滅に危険性が高い絶滅危惧IA類となった。国ではこうした希少鳥類の保護のために、種類ごとに総合的な観点から効果的な保護を押しすすめるための保護増殖事業というプロジェクトがある。同じやんばるに生息するノグチゲラについてはすでに環境省、林野庁が共同で一九九八年から保護増殖事業を進めており、カラーマーキングによる個体識別によって、繁殖生態などの基礎的な研究が行われている。その結果いままで不明であった行動圏の広がりやナワバリに対する固執性、産卵数や繁殖成功率などが次第に判明してきて、効果的な保護策への手がかりが得られている。保護するには、まず対象となる鳥の生態を充分に解明する必要がある。

ヤンバルクイナに関しては、二〇〇四年に文部科学省、農林水産省、国土交通省および環境省が保護増殖事業計画を策定した。そこでは、一、生息状況の把握、二、生息地における生息環境の維持および改善、三、飼育下における繁殖およびその個体の再導入、四、普及啓発などの推進、五、効果的な事業の推進のための連携の確保、を事業内容として掲げている。

この事業の趣旨にそって、早急に現状の把握やモニタリングとともに総合的な保護策を検討し、関係機関やNGOと協力して効果的な保護を実施する必要がある。

ヤンバルクイナの保護対策としては、一、生息地の保全、二、調査・研究の充実、三、外来動物のコントロール、四、人工増殖と野生群復元への取り組み、などがあげられる。これらはいずれもが重要であるが、これまでにマングースなど外来動物の影響が明らかとなったことから、その除去は最優先して実施する必要性がある。そしてその侵攻を食い止めて、安全な地域を確保するためにも、フェンスによる生息域の防御の検討も急務である。

マングースについては、二〇〇〇年から沖縄県や環境省による駆除事業が実施されており、やんばる地域およびその隣接地域において、二〇〇五年三月までに約五千九百頭が捕獲されている。ノネコについても同様に千三百回（放逐個体を含む）捕獲されている（沖縄県文化環境部自然保護課・株式会社南西環境研究所、二〇〇四および二〇〇五・環境省沖縄地区自然保護事務所、二〇〇二・環境省自然環境局沖縄奄美地区自然保護事務所、二〇〇三）。さらにノネコの問題では、地域住民による捨てネコ防止の対策や、村による「飼い猫適正飼養条例」の制定、獣医師の団体による避妊手術の奨励やマイクロチップによる登録などが進められており（伊澤、二〇〇五／澤志、二〇〇五）、ネコによるヤンバルクイナの捕食問題には、解決の明るい兆しが見えてきている。

交通事故防止に関しては、環境省やんばる野生生物保護センターで情報が収集・解析されるとともに、関連機関が集まって「やんばる地域ロードキル発生防止に関する連絡会議が発足し、野生生物の交通事故防止への取り組みが開始された（小高、二〇〇五）。

将来の展望

ヤンバルクイナの保護に関しては、種の発見当初からその必要性についてたびたび指摘されてきた（Yamashina & Mano, 1981／黒田ほか、一九八四／尾崎、一九八二）。それはクイナ科が十七世紀以降に絶滅した鳥類七十五種の一六パーセントを占めていて最も多いことや、とくに無飛力で島嶼に生息するクイナ類が絶滅しやすいことが知られているからである。日本に関係するだけでも、硫黄島のマミジロクイナ（*Poliolimnus cinereus brevipes*）が飼猫による捕食と湿地の乾燥化によって絶滅しており（山階鳥類研究所編、一九七五）、北太平洋ウェーク島特産のオオトリシマクイナ（*Rallus wakensis*）は、第二次世界大戦中に日本軍の食料となったことから滅んでしまったといわれている（Ripley, 1977）。

ヤンバルクイナの分布域と個体数の減少がこのままのスピードで続くなら、そしてそれに対して、私たち人間が有効な対策を早急に講じることができないとしたら、ヤンバルクイナは近い将来絶滅してしまう危険性があり、それはヤンバルクイナにとどまらず、やんばるに生息する多くの生物の将来を予言している。

日本のトキでは、人工増殖への取り組みが遅かったことが、日本産トキの絶滅を防げなかった最大の要因ではないかと考えられている。一九八一年に日本の野生に残った五羽すべてを捕獲して人工増殖を試みたが、個体が高齢であったなどの理由によって日本産トキの増殖計画は失敗に終わっている（尾崎、一九九七）。一方ヤンバルクイナはこれらの鳥に比べると、まだ個体数は多く、トキのように野生での繁殖が見られなくなっている状態ではない。しかし飼育繁殖計画をスタートさせるの

図8 ヤンバルクイナは地元国頭村の「村の鳥」に指定されている。

に、早すぎることはない。むしろできるだけ野生個体数の多い時点で開始して、飼育や人工増殖技術の確立を目指すことは理に適っている。なぜなら、グアムクイナの例で、二十一羽というわずかな個体数から飼育繁殖が成功したのは、すでにその二十年以上前に動物園で人工増殖技術が確立されていたことによるからである。また、野生個体が多いうちに飼育個体を集めることができれば、遺伝子の多様性確保にも好条件である。

　もちろん、ヤンバルクイナで代表されるやんばるの豊かな自然をいかに将来に残していけるかが、ヤンバルクイナの長期的な保護には最も大切である［図8］。

参考文献

Allen, D., C. Oliveros, C. Espanola, G. Boad and J.C.T. Gonzalez, A new species of *Gallirallus* from Calayan island, Philippines, *Forktail* 20, 2004, pp.1-7.

Beck, R., Brock K., Aguon, C. and Witteman, G., The Guam Rail Captive Breeding and Reintroduction Project History and Status, *Symposium for Okinawa Rail*, Yamashina Institute for Ornithology, 1996.

Crouchley, D., *Takahe Recovery Plan*, Department of Conservation, Willington, New Zealand, 1994.

Harato, T. & Ozaki, K., Roosting behavior of the Okinawa Rail, *Journal of Yamashina Institute for Ornithology*, 25, 1993, pp.40-53.

Kuroda, N., Morpho-anatomy of the Okinawa Rail, *Journal of Yamashina Institute for Ornithology*, 25, 1993, pp.12-27.

NSW National Parks and Wildlife Service, *Approved Recovery Plan for the Lord Howe Woodhen*, NSW National Parks and Wildlife Service, Hurstville NSW, 2002.

Ripley, S. D., *Rails of the World, A monograph of the family Rallidae*, M. F. Feheley Publ., 1977.

Vuilleumier, F., LeCroy, M. & Mayr E., New species of birds described from 1981 to 1990, *Bull B.O.C., Suppl. 122A*, 1992, pp.267-309.

Yamashina, Y. & Mano, T., A New Species of Rail from Okinawa Island, *Journal of Yamashina Institute for Ornithology* 13, 1981, pp.1-6.

儀間朝治「ヤンバルクイナが生まれた」『アニマ』、一二(八)、一九八四年、七二―七七頁。

花輪伸一＋森下英美子「ヤンバルクイナの分布域と個体数の推定について」『昭和60年度環境庁特殊鳥類調査』、一九八六年、四三―六一頁。

花輪伸一＋塚本洋三＋武田宗也「ヤンバルクイナの分布域と生息状況に関する調査報告」『昭和五七年度環境庁特殊鳥類調査』、一九八三年、一―三〇頁。

平岡考「世界に一点の鳥類標本――ミヤコショウビンの謎」、山階鳥類研究所編『鳥と人間』日本放送出版協会、二〇〇六年。

平岡考＋尾崎清明＋黒住耐二＋中村泰之＋野間直彦＋亘悠哉「斃死ヤンバルクイナの胃内容分析」『日本鳥学会二〇〇七年度大会講演要旨集』、二〇〇七年。

池原貞雄「目視観察による若干の生態的知見と標本測定」『天然記念物特別調査報告ヤンバルクイナ*Rallus okinawae*』文化庁、一九八三年、二三―三六頁。

池原貞雄「ヤンバルクイナはこんな鳥だ」『アニマ』、一二(八)、一九八四年、七八―七九頁。

伊澤雅子「ノネコ、マングースによるヤンバルクイナの捕食」『遺伝』、五九(二)、二〇〇五年、三四―三九頁。

環境省自然環境局野生生物課編『改訂・日本の絶滅のおそれのある野生生物――レッドデータブック　二鳥類』自然環境研究センター、二〇〇二年。

環境省沖縄地区自然保護事務所『平成一三年度やんばる地域希少野生生物保全対策事業報告書』、二〇〇二年。

環境省自然環境局沖縄奄美地区自然保護事務所『平成一四年度やんばる地域希少野生生物保全対策事業報告書』、二〇〇三年。

小高信彦「ヤンバルクイナの交通事故死」『遺伝』、五九(二)、二〇〇五年、四〇―四四頁。

黒田長久＋真野徹＋尾崎清明「クイナ科とその保護について――ヤンバルクイナの発見に因んで」『山階鳥類研究所五十年のあゆみ』、一九八四年、三六―五七頁。

黒田長久「ヤンバルクイナの形態的特徴」『ヤンバルクイナシンポジウム―研

究・保護の現状と将来の展望』、一九九五年、一〇—一二頁。

松田道生『野鳥を録る』東洋館出版社、二〇〇四年。

日本鳥学会『日本鳥類目録』日本鳥学会、二〇〇〇年。

沖縄県文化環境部自然保護課＋株式会社南西環境研究所『マングース対策事業（沖縄島北部地域生態系保全事業）［事業二、マングース捕獲状況データ解析（GIS）］報告書』、二〇〇四年。

沖縄県文化環境部自然保護課＋株式会社南西環境研究所『平成一六年度マングース対策事業報告書』、二〇〇五年。

尾崎清明「ヤンバルクイナ」『ワイルドライフ』、四四、一九八二年、二六—三〇頁。

尾崎清明「ヤンバルクイナの分布域と個体数の減少」『遺伝』、五九（二）、二〇〇五年、二九—三三頁。

尾崎清明「クイナ類の保護——ロードハウクイナ」『ヤンバルクイナシンポジウム——研究・保護の現状と将来の展望』山階鳥類研究所、一九九六年。

尾崎清明「日本におけるトキ絶滅の歴史」『科学』、六七、一九九七年、七〇三—七〇五頁。

尾崎清明＋馬場孝雄＋米田重玄＋金城道男＋渡久地豊＋原戸鉄二郎「ヤンバルクイナの生息域の減少」『山階鳥類研究所研究報告』、三四（一）、二〇〇二年、一三六—一四四頁。

尾崎清明＋馬場孝雄＋米田重玄＋広居忠量＋原戸鉄二郎＋渡久地豊＋金城道男「ヤンバルクイナの生息域と生息数の減少」『日本鳥学会二〇〇六年度大会講演要旨』、二〇〇六年。

澤志泰正「環境保全の現状四〇やんばる、国頭村の森の保全」『遺伝』、五九（二）、二〇〇五年、八四—九〇頁。

内田清一郎＋島崎三郎『鳥類学名辞典』東海大学出版会、一九八七年。

山階鳥類研究所編『この鳥を守ろう』学研、一九七五年。

山階鳥類研究所『平成一〇年度ヤンバルクイナの放鳥及び追跡調査事業報告書——沖縄県委託調査』、一九九九年。

山階鳥類研究所「新種なのか雑種なのか、カンムリツクシガモの発見物語」『鳥の雑学事典』日本実業出版社、二〇〇四年。

山階鳥類研究所

山崎剛史
鶴見みや古

鳥類標本

山崎剛史　山階鳥類研究所

鳥類標本とは、適切な防腐処理を施すことによって、鳥類の遺体や遺物を長期間の保存に耐えうるかたちにしたものだ。鳥類の場合もそうだが、自然物の標本を集め、コレクションを作り上げるという営みは、そもそもルネサンス期ヨーロッパの博物趣味に端を発している。この時代の王侯貴族の間には、異国の珍品を蒐集・陳列するという趣味が大流行していたのだ。彼らのコレクションは、動物の剥製や骨格、貝殻、種子、鉱物など、多岐に渡っていた。大航海時代のヨーロッパには、誰も見たことがないような珍妙な動植物が世界中から連日持ち込まれるようになっており、コレクターたちの熱狂はいやが上にも激しさを増していた。やがて、この熱狂の渦は、富裕な一般市民にまで広まっていく。

十八世紀に入ると、標本の蒐集は、スウェーデンが生んだ偉人カール・フォン・リンネ(一七〇七―七八)らをはじめとする博物学者の手によって、学問としての体裁を整えられていく。リンネらは、自然界の万物を集めつくし、それらを理路整然と分類するすべを見出そうとした。それは、神が創造した自然界には美しい秩序があるに違いないという、宗教的確信に基づくものであった。

こうした標本蒐集の意味は、ダーウィンの登場以降、機械論的な生命観が広まるにつれて大きく変質していく。神学的・審美的な価値は次第に失われ、標本は純粋に自然科学の枠組みの中だけで語られることが多くなった。標本の蒐集や研究の中心は、現在では大学や博物館などの専門研究機関に移っている。

標本の生物学的価値

木々の合間を自由に飛び回る鳥たちの姿をじっくりと眺めることにより、われわれは彼らについて数多くのことを学ぶことができる。しかし、その一方で、生物学にはこうした手法がなじまない課題もたくさんある。たとえば、双眼鏡を使った観察によって、鳥類の形態の細部を明らかにするのは至難の業だ。形態に関するわれわれの知識の多くは、標本から産み出されてきたのである。また、標本には、野外では決して同じ場所で見ることのできない鳥を一つところで観察できるという強みがある。標本を用いれば、居ながらにして世界的視野で研究を進めることが可能になる。地球上に存在する鳥類の全種を知りつくし、種間の類縁関係をすべて解き明かそうとする鳥類分類学には、こうした視野の広さが不可欠である。たとえば、二十世紀初頭に大著『旧北区の鳥』を著した鳥類分類学の権威エルンスト・ハータート(一八五九―一九三三)は、大富豪ライオネル・ウォルター・ロスチャイルド(一八六八―一九三七)が建てた私設博物館で鳥類標本部門の責任者を務めることにより、その識見を得たのである。

標本は、時間に関しても、空間の場合と同様、観察者の視野を拡大する。標本を用いることによって、鳥学者は人間の一生を超える時間を扱えるようになるのだ。世界最大の鳥類標本コレクションを誇る英国国立自然史博物館は、キャプテン・クック(ジェームス・クック。一七二八―七九)が航海から持ち帰った鳥類標本をいまも保有している。山階鳥類研究所の所蔵品からは、最も古い時代の標本として、一七七九年採集のイリノイ産アメリカオグロシギ(*Limosa haemastica*)や、一七八二年採集のアラスカ産ミカドガン(*Chen canagica*)などを挙げることができる。ちなみに、当時の日本はまだ江戸時代の中期・十代将軍徳川家治(一七三七―八六)の治世で、田沼意次(一七一九―八八)が幕政の中心を担っていた。なお、現存する日本産鳥類標本のなかで最古のものは、江戸時代の末期に来日したフィリップ・フランツ・フォン・シーボルト(一七九六―一八六六)の蒐集品だ。現在では、ライデン市の国立自然史博物館が所有している。

標本を用いることによって、鳥類の形態の時間的変化を追うことに成功した研究の例には、ハワイ諸島の特産種であるベニハワイミツスイ(*Vestiaria coccinea*)に関する論文がある。本種は、下向きに湾曲した細長い嘴をもつ深紅の小鳥だが、現在、ハワイで見られる個体は、一九〇二年以前に採集された標本に比べ、嘴が短くなっているという。この鳥はもともと、筒状の花に長い嘴を差し込み、蜜を吸うことに特化していたのだが、ここ百年の間にそうした花が激減したため、嘴が短くなる方向に自然選択が働き、進化が起きたのだと考えられている。

また、絶滅してしまい、いまでは野外で見ることのできなくなった鳥であっても、標本があれば、時を超え、研究の対象にすることができる。アフリカ大陸の東方に浮かぶモーリシャス島にかつて生息していた飛べない鳥ドードー(*Raphus cucullatus*)は、そうした研究が行われた種の一つだ。悲劇の鳥・ドードーは一五九八年にヨーロッパ人に知られるようになってから、わずか百年足らずの間で、島の開墾や人間が持ち込んだ外来種などの影響により、一羽残らずこの世から消え去ってしまった。しかし、ドードーはその奇妙な姿ゆえ、一部がヨーロッパに運ばれ、富裕層のコレクションに加えられていた。三百年以上も前の、こうした標本のうちの一つは、幸運にも、オックスフォード大学自然史博物館にいまも残されている。最近、この標本からDNAが抽出され、分析にかけられた結果、この珍妙な鳥の祖先は東南アジアからやって来たハトの一種らしいと考えられるようになった。

標本は、このように「新たな生物学的知見の源泉」としての役割を果たすほか、研究の再現性を保証する「証拠」としても重要である。科学といえども人間の営みであり、当然、間違いが混じる余地は十分にある。後日、研究成果の妥当性に疑念が生じた場合に、いつでも再検討ができるよう、題材とした標本は、研究が終わった後も末永く保管しておくべきである。たとえば、ある年代にある場所で観察された鳥が収録されたリストの中に、とても珍しい種の記録があるのを見つけた場面を想像してみると、このことがよくわかるだろう。鳥の種類を野外で見分けるのは、状況によっては専門家であっても難しい場合があるし、人間にはうっかりということもある。印刷・出版の過程にもミスがつきものだ。結局、本人の証言以外に何らかの証拠がなければ、この記録を信じてよいのかどうかを判断できないだろう。ここで、もし、問題の珍鳥が標本として保存されていたなら、記録の信憑性は格段に高くなる。疑念を抱いた研究者は、いつでも標本を再調査することにより、同定ミスなどの可能性について検証することができるからである。

こうした理由から、新種を発見したときには、その証拠となる標本を永久保存することが、動物学者間の紳士協定である『国際動物命名規約』により、義務づけられている。このような標本はタイプ標本と呼ばれる。

鳥類標本の種類

最後に鳥類標本の種類について見ておこう。一口に鳥類標本といっても、剥製・骨格・液浸・卵・巣など、さまざまなものがある。

剥製は、鳥の皮をはぎ、胴の肉の代わりに綿を詰め、乾燥させて作った標本である。鳥類学ではこの保存様式が最もポピュラーなもので、現存する鳥類標本コレクションの大半を占めている。山階鳥類研究所でも、全所蔵標本の八割以上が剥製だ。剥製には、主として装飾や展示に用いられる本剥製と、学術研究に供される仮剥製とがある。前者は、中に針金の芯を入れ、さまざまな姿勢にして台座に固定したものである。眼は腐りやすいため、摘出し、代わりに義眼をはめ込む。嘴や足は時間が経つと褪色するため、前もって着色しておくことが多い。一方、仮剥製は、研究の目的で用いられるため、ずっと簡素な作りをしている。収納スペースが少なくて済むよう、翼をたたみ、足を真っ直ぐに伸ばした姿に作る。眼には義眼を使わず、単に綿を詰めておく。嘴や足は着色せず、その代わり、ラベルに生存時の色彩を記録しておく。

剥製と骨格の両方を一つの遺体から作るのはとても難しいことである。翼や尾の羽根を自然な見た目に仕上げるためには、腕や尾の骨を剥製の中にどうしても残しておかなくてはならない。また、嘴や足の皮ははぐこと自体が困難なので、頭や足の骨も剥製の側に残さざるをえない。鳥類の羽色は美しく、それを綺麗に残したいと思う人情からか、鳥類学者は、伝統的に骨格標本よりも剥製の作成を重んじてきた。このため、骨格標本の蓄積は、たいていの機関で甚だ不十分だ。

液浸という保存様式は、魚類学や爬虫両生類学で主流のもので、遺体をエタノールやホルマリンの中に浸け込む。このタイプの標本は、羽色の変化が著しいことが嫌われているためか、鳥類学ではあまり多く見られない。

　卵標本・巣標本は、その名の通りのものだ。前者は、卵殻に小さな穴を空け、中身を取り除いて作る。

最後に

　ここで述べてきたことからわかるように、標本は、生物学的知見の源泉としてきわめて重要なもので、人類の共有財産である。図や写真などによる記録はどれほど精巧なものでも、標本という実物がもっている情報量には到底及ばない。実物を次世代に伝えていくことの意義は、現在の知識だけでは決して測りつくすことができない。たとえば、標本を用いた遺伝子の研究は、前世紀の初頭にはまったくの絵空事にすぎなかった。だが、百年後のいま、技術革新によって、それは十分に実行可能となっている。

参考文献

井上清恒『生物学史展望』内田老鶴圃新社、一九八〇年。

Jenkinson, M. A. & Wood, D. S., Avian anatomical specimens: a geographic analysis of needs, *Auk* 102, 1985, pp.587-599.

西村三郎『リンネとその使徒たち——探検博物学の夜明け』朝日新聞社、一九九七年。

Smith, T. B., Freed, L. A., Lepson, J. K. & Carothers, J. H., Evolutionary consequences of extinctions in populations of a Hawaiian honeycreeper, *Conserv. Biol.* 9, 1995, pp.107-113.

Shapiro, B., Sibthorpe, D., Rambaut, A., Austin, J., Wragg, G. M., Bininda-Emonds, O. R. P., Lee, P. L. M. & Cooper, A., Flight of the Dodo, *Science* 295, 2002, p.1683.

山階鳥類研究所のコレクション

鶴見みや古　山階鳥類研究所研究員

山階鳥類研究所を表徴する三羽のカワセミ

山階鳥類研究所設立の当時から玄関には一枚のステンドグラスが飾られていた。ここに描かれた三羽のカワセミ類（アカショウビン、ヤマショウビン、シロガシラショウビン）、これは研究所の研究目標を表徴している［図1］。これら三羽のカワセミは日本を含む三つの生物地理区に生息する鳥で、山階鳥類研究所の創設者である山階芳麿博士の、広く東亜太平洋産鳥類の研究を行いたいとする研究への意欲を、旧北区に生息するアカショウビン、東洋区のヤマショウビン、そして豪州区のシロガシラショウビンに表徴したのである。このステンドグラスは千葉県我孫子市に移転した現在も所内に飾られ、研究所の活動を見守っている。

最初の鳥類コレクション

山階芳麿は、自身の鳥のコレクション第一号はひとつがいのオシドリの剥製であると回顧録「私の履歴書」の中で語っている。この標本は、山階芳麿が六歳のときの両親からのバースデイプレゼントであり、その後、誕生日にはかならず鳥の標本をプレゼントしてもらったとも語っている。この第一号のオシドリ標本に続いて以後どのような鳥類標本をプレゼントされたのかは記録されていないが、これらは山階芳麿が鳥類学者としての道を歩むきっかけとなったコレクションといえるだろう。その後、自宅周辺や郊外に鳥の採集に出かけ、後に山階鳥類標本館に収められることになる標本が自身の手により収集されていった。

鳥類標本館の建設

昭和四年、山階芳麿はそれまで八年間在籍した陸軍を辞し、鳥類研究に専念するために東京大学理学部動

図1 山階鳥類研究所ステンドグラス

物学科選科に入学、動物学の基礎を学び、昭和六年に動物学選科を修了する。ここに鳥類学研究者としての山階芳麿が誕生したのである。しかし当時は鳥類を専門に研究できる機関や大学の研究室は存在しなかった。そのため、自身が研究するための研究室として建設したのが山階家鳥類標本館で、これが現在の山階鳥類研究所の前身である。

完成は昭和七年、研究室と標本室、図書室を有する鉄筋コンクリート二階建て一二六坪(四一六平方メートル)の頑丈な建物であった。ここで山階芳麿は標本の採集と鳥類の飼育観察を研究としてスタートさせる。この鳥類標本館に研究資料として収集された標本や図書が現在の山階鳥類研究所の礎である。

コレクションの概要

山階鳥類研究所は前述した山階家鳥類標本館が前身である。この山階家鳥類標本館には、山階芳麿が自身で研究に必要な標本・図書のほか、山階家の先代が、千葉県新浜や埼玉県越谷の宮内省の御猟で採集したキジやヒシクイ、自宅庭で採集した鳥類も百点ほど含まれるが、現在の山階鳥類研究所の中核をなすのは山階芳麿が自身の研究のために収集した標本や図書である。また、山階鳥類研究所は同じく鳥学研究者であった鷹司信輔、黒田長禮、蜂須賀正氏らからの標本や図書の寄贈を受けるとともに、海外の博物館との標本の交換、標本商および個人蒐集家からの標本の購入も行い、コレクションの充実を図り現在に至っている。

さらに、コレクションは鳥類のみならず、哺乳類、昆虫類の標本にも及ぶ。山階芳麿は採集人を雇い、当時は生物界において未知の地域であった南西、南洋諸島や千島列島で採集を行っている。哺乳類、昆虫類標本は、鳥類採集の際にあわせて採集されたものである。哺乳類ではネズミ類、コウモリなどであるが、これらのなかにはタイプ標本(亜種タイプ)も含まれている。昆虫類は蝶および蛾類が主で、山階芳麿が本州の山地で採集した標本のほか、樺太・朝鮮・台湾・満州・南洋諸島の採集の際に鳥類とともに採集されたものも含まれている。

現在、鳥類標本数は約六万九千点、図書は約四万冊を数える。特に、山階鳥類研究所の所蔵する鳥類標本は、国内の主だった大学および博物館等関連研究機関が所蔵する標本点数の合計よりも多い。また、所蔵する標本類のほとんどが、展示用ではなく研究用に作製・収集されたものであることも大きな特色の一つである。これら多数の標本のなかにはヤンバルクイナをはじめ、タイプ標本(亜種タイプも含む)、希少・絶滅鳥標本も含まれている。

山階鳥類研究所は一九三二年に創設された国内唯一の民間の鳥類研究所で、一九四二年に文部省の認可を受け財団法人となるが、その後も創設者山階芳麿が私費を投じて標本・図書を維持管理してきた。しかし第二次世界大戦後の経営困難により、研究所の活動は困窮した。その結果、標本・図書の維持管理、資料整備は大きく立ち遅れ、未整理資料が多数存在する状態が永続した。現在、標本・図書ともに科学研究費を得て資料の整備、有効活用のためのデータベース化に取り組んでいるところである。

山階鳥類研究所のコレクション

山階鳥類研究所の主なコレクションは、鳥類を主とする学術標本と鳥類を主とする自然史関係図書である。以下に所蔵資料を紹介する。

標本類

一、タイプ標本(模式標本)［表1］

山階鳥類研究所では鳥類・哺乳類標本で亜種タイプを含め百点を超える標本を所蔵している。現在、標本のデータベース構築に伴い、これらの標本についての精査も行っている。

二、絶滅鳥標本

山階鳥類研究所では絶滅鳥の標本も所蔵している。以下に主なものを示す。これらのほとんどは、寄贈・移管によるものである。

【剥製標本】

ミヤコショウビン(*Halcyon miyakoensis* Kuroda)、産地・宮古島

リュウキュウカラスバト(*Columba jouyi*)、産地・沖縄

リョコウバト(*Ectopistes migratoria*)、産地・北アメリカ

カロライナインコ(*Conuropsis carolinensis*)、産地・北アメリカ

【骨標本】

オオウミガラス(*Penguinus impennis*)、産地・大西洋

ドードー(*Raphus cucullatus*)、産地・モーリシャス島

三、その他の鳥類標本

【採集標本】

現在山階鳥類研究所が学術標本として収蔵している標本の由来は、野外において事故等で死亡し発見された個体(斃死体)、動物園等の飼育機関で死亡したものである。これらを標本材料として研究用の標本を作製し収蔵している。しかし、山階芳麿が第一線で研究を行っていた当時、研究用の標本を得るための主な手段は、自身で必要なものを採集することであった。そのため、自らが採集または採集人を雇って学術研究の目的で鳥類を採集し、標本作製を行っていた。採集によって収集されたコレクションの主なものを次に示す。

邦領南樺太(一九二六―二七年)―百五十五種

北千島幌筵島(一九二八年)―百種

朝鮮(一九二九―三〇年)―二百七十九種及亜種

ミクロネシア(一九三〇―三一年)(一九三二―三三年)―二十八種及亜種

台湾(一九三二―三三年)―二百三十種及亜種

満州(一九三五年)―二百種及亜種

これらの多くは、当時採集人として活躍していた折居彪二郎氏に依頼し収集したものであるが、このほか小笠原群島、伊豆七島、南千島、北海道、琉球列島等国内の各地、さらに露領北樺太、フィリピン、セレベス島、ハルマヘラ島、ニューギニア島に採集者を派遣、あるいは現地在住者に依頼し、多くの標本を収集している。これらは、日本周辺の鳥類と日本の鳥類の関係を知るための貴重な標本である。

【移管標本】

■東京帝国大学動物学教室標本

主として日本産鳥類標本である。これらは日本の動物学の濫觴期ともいえる一八〇〇年代後半から一九〇〇年代前半にかけて、その発展に大きく寄与した、同動物学研究室の箕作佳吉教授と飯島魁教授によって収集されたものが多く、絶滅鳥ミヤコショウビン・リュウキュウカラスバトをはじめ、対馬産のキタタキ、東京近郊で、明治二〇年以前に捕獲されたクロトキ・ナベコウ・コウノトリなどが含まれている。また、日本人ではじめて鳥類学に専念した人物として知られる小川三紀氏の標本、特にオーストンオオアカゲラなど氏が記載した亜種の模式標本も含まれている。山階鳥類研究所へ移管されたのは昭和一四年である。

■帝室博物館標本

日本産鳥類のほか、外国博物館と交換で得た一八〇〇年代後期から一九〇〇年代初期の標本で、オーストラリアや中南米のものが多く、稀少種も多数含まれている。

帝室博物館（現東京国立博物館）は関東大震災の後、大正一四年に動植物・鉱物標本類を東京博物館（現国立科学博物館）に譲渡しているが、その際、これらのうちの一部が学習院に譲渡されている。この学習院に譲渡されたうちの鳥類標本が昭和二〇年代、もしくは三〇年代に山階鳥類研究所に譲渡された（故人・浅野長愛前山階鳥類研究所理事長談）。

【寄贈標本】

■蜂須賀正氏標本

鳥学研究、特に絶滅鳥ドードーの研究、また探検家としても知られる氏の標本である。

蜂須賀正氏は自身で収集した標本のうち、フィリピン産鳥類標本の一部を戦後エール大学に寄贈しているが、一九三四年、その他の標本のほとんどを山階鳥類研究所に寄贈している。キジ類の標本およびその雑種のほか、絶滅鳥の標本を含んだ貴重なコレクションである。

■中西悟堂標本

日本野鳥の会の創設者で、野鳥研究家であった氏が収集した鳥類標本である。日本産鳥類を主とする剥製標本七三二点、卵標本四九点で、剥製標本は一九八五年に、卵標本は二〇〇七年ご遺族から寄贈された。

【交換標本】

山階鳥類研究所は、研究の必要から、また先方の申し込みを受けて標本の交換を行っている。一九七〇年以前には、ベルリン大学附属博物館、ストックホルム国立博物館、プラハ国立博物館、ハーバード大学附属博物館、エール大学附属ピーボデー博物館、ブラジル国ゴイアス州立博物館ハワイのビショップ博物館等と交換が行われている。近年ではブラジルのクリチバ博物館、標本材料および標本の交換をミシガン大学と行っている。

【購入標本】

標本の交換を希望する地域に博物館等の研究機関が存在しない場合、標本商を通して標本の購入を行っている。購入の多くはロンドンのローゼンベルグ商会研究所からで、数回にわたってフウチョウ科の標本、ハト科の標本、キンパラ科・ハタオリドリ科等スズメ目の標本、ハチドリ科の標本、さらに全世界の鳥の属を代表する種の標本の購入を行っている。国内ではゾウゲカモメ、ゴマフスズメなど日本初記録種の標本の購入、鳥学研究者故松平頼孝氏収集の鳥類標本数百点、欧州産の卵の収集家として有名なスウェーデンのヒューゴ・グランヴィク氏の卵標本約千五百点の購入など、個人の鳥類研究家の収集した標本の購入も行っている。なかでも籾山徳太郎氏からの購入標本はかなりの点数を数える。籾山徳太郎氏は大正から昭和の中頃にかけて活発な鳥類採集を行うとともに、これらの採集で得た標本をもとに新亜種の記載を行っている。標本は、特に硫黄列島、小笠原群島、朝鮮、樺太、本州産のものが多く、これらには氏が記載した新亜種の模式標本の大部分が含まれている。

図書資料

一、概要

山階鳥類研究所の蔵書の主体をなすものはアジア・太平洋区域に関係する鳥類関係図書である。主な図書資料は、以下に紹介する稀覯図書、現代においては古典書に類するものも含んだ生物学の書籍、大英博物館の鳥類カタログ全巻(一八〇〇年代刊行)などの専門書、学術雑誌など鳥類の研究に重要とされる図書である。これら図書も標本と同様に創設者山階鳥芳麿が自身の鳥学研究のために収集したものが礎となっているが、山階芳麿とほぼ同時代に活躍していた鳥類研究者鷹司信輔博士、黒田長禮博士、内田清之助博士、下村兼史氏らのご遺族からの鳥学研究書の寄贈、ローラーカナリアなど飼鳥の研究で知られる高野鷹蔵氏が代表を務めた飼鳥研究の団体「鳥の会」からの図書の寄贈等、寄贈によるところが大きい。近年では一九八五年の日本野鳥の会創設者中西悟堂からのまとまった図書の寄贈、二〇〇二年には東京大学から鳥学者小川三紀関係資料および東京大学所蔵の鳥関係古図書が移管されている。

図書資料において、特に稀覯図書や古典的な鳥学書、さらに一八〇〇年代から一九〇〇年代初期にかけて発行された鳥学雑誌類は、鳥類標本館時代および財団化の初期に、購入あるいは寄贈されたものが多い。しかしこれ以降の図書資料は、国からの助成金による購入、とりわけ近年収蔵された単行本・報告書類の多くは、出版社あるいは著者、個人の鳥学研究者の方々からの寄贈によるところが大きい。

二、稀覯図書[表2]

稀覯図書は主として山階芳麿が一九二〇年前後、第一次世界大戦の後に、ベルリン、ロンドン等の古書商から購入したもの、および「*Birds of Nippon*」、「飼い鳥」などの著作で知られる鳥学研究者鷹司信輔氏のご遺族により寄贈されたモノグラフ類で構成される。ジョン・グールドの石版手彩色によるハチドリ類のモノグラフ(一八六一―八七)、フランソワ・ルヴァイヤン著、ジャック・バラバン画の彫刻銅版画による「オウムの自然史」(一八〇一―〇五)、トキ、コマドリ、アカヒゲなど日本産鳥類の原記載が掲載されたコンラート・ヤコブ・テミンクの「新編彩色鳥類図譜」(一八二〇―三八、山階鳥研所蔵は一八五〇年版)等が含まれる。

三、雑誌[表3]および別刷

各国の鳥学専門雑誌のほか、鳥類および自然関係の論文別刷や記事を所蔵している。鳥類専門誌は、一九三〇年代ですでに世界で五十誌を超え、地方小誌が各国で発行されている。最も古い専門誌としてはドイツ鳥学会誌の一八五三年創刊、イギリス鳥学会誌の一八五九年創刊、アメリカ鳥学会誌の一八八四年創刊がある。山階鳥類研究所では、第二次世界大戦の影響等で欠号が生じているものもあるが、これら三大鳥学誌と称される三誌の各号をほぼ所蔵している。国内発行雑誌においては、半数以上が寄贈によるものである。国外雑誌については、購入および本研究所が発行する学術誌「山階鳥類学雑誌」との交換で収集を行っている。

論文別刷や記事については、約九千部を所蔵し、データベース化している。これらのほとんどは、鳥類および自然史に関係するものである。なかでも、鷹司信輔氏のご遺族から寄贈された「*A collection of papers on Japanese birds*, Part I4」、「朝鮮ニ關スル別刷集第一・二」は鷹司信輔氏が自身で収集した論文別刷を合本製本したもので、当時の鳥類に関する貴重な論文が収められた別刷集である。さらに貴重なものとしては、十分な整理はできていないが、ドードーをはじめとする絶滅鳥などの研究で知られる蜂須賀正氏氏所蔵の論文別刷も多数所蔵している。

以上、山階鳥類研究所が所蔵するコレクションを紹介した。しかし、ここに紹介した以外にも標本・図書ともに十分な整理ができていない資料を多数所蔵している。標本では、卵・巣標本、骨格標本、液浸標本、さらに哺乳類、昆虫類標本などである。図書においては、日本における最初の野生鳥類生態写真家として知られる下村兼史氏の写真資料、山階芳麿が著した研究書「日本の鳥類と其生態全二巻」に使用された木口木版とその図を描いた小林重三《こばやししげかず》の原画などで、これらも山階鳥類研究所の貴重なコレクションである。現在、山階鳥類研究所では研究所としての資料の把握、また、資料公開の視点に立ったうえでこれらの資料の整理を進めるとともに、活用に向けてのデータベース化に鋭意取り組んでいる。

参考文献

青木栄治編著『山階芳麿の生涯』山階鳥類研究所、一九八二年、四四九頁。

木原均＋篠遠嘉人＋磯野直秀監修『近代日本生物学者小伝』平河出版社、一九八八年、五六七頁。

黒田長久「財団法人山階鳥類研究所――研究事業の回顧と展望」『文教四六』、一九八九年、一―一三頁。

高島春男「研究所十年の歩み」『山階鳥研報 一』（一）、一九五二年、三六―三七頁。

東京国立博物館編『東京国立博物館百年史（本編）』東京国立博物館、一九七三年、七九九頁。

日本経済新聞社編『私の履歴書――文化人二十』日本経済新聞社、一九八四年、四九三頁。

山階鳥類研究所編『山階鳥類研究所五十年のあゆみ――創立五十周年記念出版』山階鳥類研究所、一九八四年、二二八頁。

山階芳麿編『財団法人山階鳥類研究所業績（設立三十五周年、発足二十五周年）記念出版』山階鳥類研究所、一九六六年、一一〇頁。

Yamashina, Y. & Mano, T., A new species of rail from Okinasa Island, *J. Yamashina Inst. Ornithol.* 13(3), 1981, pp.147-152.

表1 山階鳥類研究所所蔵鳥類タイプ標本

財団法人山階鳥類研究所業績記念出版（一九六六年刊）に掲載されたタイプ標本のリストに、その後新種として発見されたヤンバルクイナを加え転載。

鳥類のタイプスペシメン（模式標本）は山階芳麿の記載した新種亜種を主とする一連番号と移管された籾山標本の一連番号が別にしてあるので、それに従って表記する。産地は主として標本札に記入してあるままを記した（一部省略、附加）。

山階芳麿ほか諸著者（籾山氏以外）の記載種

タイプ番号	標本番号	
一	二六〇七二	*Aestrelata longirostris* Stejneger 〔＝ *Pterodroma longirostris*〕 ヒメシロハラミズナギドリ Type 青森県 Undated *Proc.U.S.Nat.Mus.* 16:618,1893. Paratype No.26073 同時採集
二	二六六〇〇	*Accipiter pallens* Stejneger 〔＝ *Accipiter nisus pallens*〕 ハイイロハイタカ Type 茨城県 ♀ i 1892 *Proc.U.S.Nat.Mus.* 16:625,1893.
三	三〇六四四	*Locustella hondoensis* Stejneger 〔＝ *L.ochotensis pleskei*〕 ウチヤマセンニュウ Type 千葉 Undated *Proc.U.S.Nat.Mus.* 16:633,1893.
四	三〇五八二	*Parus owstoni Ijima* 〔＝ *P.varius owstoni*〕 オーストンヤマガラ Type 三宅島 ♀ 21 x 1893. 動雑 5:445,1893.
五	三〇六四二	*Geocichla major* Ogawa 〔＝ *Turdus aureus amami*〕 オオトラツグミ Type 奄美大島西仲勝 ♂ 1 x 1905. *Annot.Zool.Jap.* 5:178,1905.
六	三〇六四三	*Picus owstoni* Ogawa 〔＝ *Dendrocopos leucotos owstoni*〕 オーストンオオアカゲラ Type 奄美大島朝戸村 ♂ 20 xi 1904. *Annot.Zool.Jap.* 5:203,pl.10,1905.

七	二六一九六	*Nannocnus ijimai* Ogawa〔＝*Ixobrychus cinnamomeus*〕リュウキュウヨシゴイ Type 沖縄島国頭郡屋我地島 ♂ 29 iv 1905. *Annot.Zool.Jap.* 5:215,1905.
八	――	*Parus atricapillus sachalinensis* Lonnberg カラフトコガラ Type 樺太大泊郡鈴谷川河口 ♀ 14 v 1906. *J.Coll.Sci.Imp.Un.Tokyo* 23:20,1908.
九	二九五六五	*Pyrrhula uchidai* Kuroda〔＝*P.nipalensis uchidai*〕ウチダウソ Type 台湾高雄州屏東郡屏東 ♂ 16 vii 1909. 動雑 28:265,1916.
十	三〇五〇九	*Zosterops palpebrosa ijimae* Kuroda イイジマメジロ Type 対馬下島厳原 Unsexed 19 ii 1891. 鳥 1(5):4,pl.6,fig.3,text fig.2,No.3,1917.
十一	三〇五八三	*Parus varius yakushimensis* Kuroda ヤクシマヤマガラ Type 屋久島 ♂ 5 iii 1906. 動雑 31:230,232,1919.
十二	二六二四六	*Halcyon miyakoensis* Kuroda ミヤコショウビン Type 沖縄宮古島 Unsexed 5 ii 1887. 動雑 31:229,231,1919.
十三	樺三八〇	*Horornis cantans sakhalinensis* Yamashina〔＝*Cettia diphone sakhalinensis*〕カラフトウグイス Type 樺太泊居郡名寄村 ♂ 26 v 1916. 動雑 39: 281,1927.
十四	樺一八	*Poecile palustris orii* Yamashina〔＝*Parus Palustris ernsti* (new name, Yamashina)〕オリイハシブトガラ Type 樺太西海岸名寄 ♂ 8 iv 1926. 動雑 39:281,1927.(cf.鳥 8(37):168,1933)
十五	三三八三	*Turdus chrysolaus orii* Yamashina オオアカハラ Type 千島パラムシル島 ♂ 26 vi 1928. 鳥 6(27):74,1929.
十六	三五一二	*Arquatella maritima kurilensis* Yamashina〔＝*Calidris m. kurilensis*〕チシマシギ Type Paramushir ♂ 11 viii 1928. 鳥 6(27):89,1929.
十七	五一三三	*Dryobates minor nojidoensis* Yamashina〔＝*Dendrocopos m.nojidoensis*〕チョウセンコアカゲラ Type Non San Ton,Korea ♂ 28 viii 1929. 鳥 6(29):254,1930.
十八	五一五八	*Picoides tridactylus kurodai* Yamashina チョウセンミユビゲラ Type Non San Ton,Korea ♂ 2 ix 1929. 鳥 6(29):255,1930.
十九	七〇九三	*Apalopteron familiare hahasima* Yamashina ハハジマメグロ Type 小笠原母島石門山 ♂ 3 ii 1930. 鳥 6(30):330,1930.
二十	七七〇八	*Dryobates leucotos saghalinensis* yamashina〔＝Dendrocopos l. saghalinensis〕カラフトオオアカゲラ Type 樺太大泊郡中里 ♂ 16 xii 1926. 鳥 7(31):1,1931.
二十一	八三三九	*Aplornis opaca orii* Taka-Tsukasa & Yamashina パラウカラスモドキ Type Cororu,Perew ♂ 23 x 1930. 動雑 43(512):458,1931.
二十二	九二一八	*Halcyon chloris orii* Taka-Tsukasa & Yamashina オリイナンヨウショウビン Type Rota,Marianas ♂ 4 iii 1931. 動雑 43(513):484,1931.
二十三	九四九九	*Monarcharses Taka-tuskasae* Yamashina〔＝*Monarcha taka-tsukasae*〕チャバラヒタキ Type Tenian,Marianas ♂ 4 iv 1931. 動雑 43(513):485,1931.
二十四	八九七七	*Aplornis opaca aenea* Taka-Tsukasa & Yamashina パガンカラスモドキ Type Pagan,Marianas ♂ 15 ii 1931. 動雑 43(515):487,1931.
二十五	一一二三〇	*Cynnyrorhyncha longirostra* Taka-Tsukasa &

Yamashina ハシナガメジロ
Type Colonia,Ponape,Caroline ♂ 14 vii 1931. 動雑 43(516):599,1931.

二十六 七七二〇六 *Munia(Donacola) hunteini minor* Yamashina〔=*Lonchura h. minor*〕クロシマコキン
Type Colonia,Ponape,Carcline ♂ 13 vii 1931. 動雑 43(516):600,1931.

二十七 四八二〇 *Dryobates kizuki actirostris* Yamashina〔=*Dendrocopos k. actirostris*〕ハシナガコゲラ
Type Chian Zen,Korea ♂ 13 vi 1929. 鳥 7(32):111,1931.

二十八 九七六〇 *Erythrura trichroa clara* taka-Tsukasa & Yemashina テリハナンヨウセイコウチョウ
Type Natsushima,Truk,Caroline 17 v 1931. 鳥 7(32):110.1931.

二十九 一四五七六 *Hypotaenidia striata taiwana* Yemashina〔=*Rallus s. taiwanus*〕ハシナガクイナ
Type Rilan,台東’ 台湾 ♂ 27 viii 1932. 鳥 7(35):414,1932.

三十 一二九二〇 *Estrilda melpoda fucata* Neumann
Type Luluabourg,Kassai,Congo ♂ ix 1924. *Arz.Orn.Ges.Bay.*2 : 153,1932.

三十一 一二九二二 *Lagonosticta senegala kassaica* Neumann
Type Luluabourg,Kassai,Congo 19 ix 1924. Anz.Orn.Ges.Bay.2:155,1932.

三十二 一四三二八 *Streptopelia orientalis orii* Yamashina タイワンキジバト
Type Rilan,Daito,Taiwan ♂ 27 vi 1932. 鳥 7(35):414,1932.

三十三 一五四三六 *Passer montanus bokotoensis* Yamashina ボウコトウスズメ
Type Bokoto ♂ 22 i 1933. 鳥 8(36):1,1933.

三十四 一五八三一 *Chaetura caudacuta formosana* Yamashinaクロビタイハリオアマツバメ
Type Arisan, Tainan,Taiwan ♀ 12 iv 1931. *Orn.Monatsb.* 44:90,1936.

三十五 二〇九一八 *Strix nivicola yamadae* Yamashina〔=*Strix aluco yamadae*〕タカサゴモリフクロウ
Type 台湾台南州嘉義郡タータカ ♂ 25 iv 1936. 鳥 9(43):220,1936.

三十六 一六二三一 *Dupetor flavicollis major* Yamashina タカサゴクロサギ
Type Tainan,Taiwan ♂ 15 v 1933. 動雑 51:182,1939.

三十七 二五四七六 *Troglodytes troglodytes orii* Yamashina ダイトウミソサザイ
Type 南大東島 Unsexed 21 i 1938. 鳥 10(48):227,1939.

三十八 二四二二一 *Chalcophaps indica Yamashinai* Hachisuka リュウキュウキンバト
Type 興那国島祖内 ♂ 15 vi 1936. Buill.B.O.C. 59:45,1939.

三十九 二四九一八 *Alauda arvensis kagoshimae* Yamashina カゴシマヒバリ
Type 鹿児島県桜島 ♂ 21 x 1917. Bull.B.O.C.59:134,1939.

四十 二七二二三 *Dryobates major hainanus* Hachisuka〔=*Dendrocopos m, hainanus*〕
Type 海南島 ♂ 15 xi 1905. *Contrib.On the Bds.Hainan*:62,1939.

四十一 二七一八九 *Pycnonotus sinensis brevirostris* Hachisuka
Type 海南島 ♀ 28 xii 1902. *Contrib.On the Bds.Hainan*:76,1939.

四十二 ——— *Lanius schach lingulacus* Hachisuka
Type Shanghai.S.Kiangsu.China ♂ 3 iii 1884 *Contrib.On the Bds.Hainan*:119,1939.

四十三 八七〇四 *Poliolimnas cinereus micronesiae* Hachisuka ナンヨウマミジロクイナ
Type Yap,W.Caroline ♂ 9 xii 1930. *Bull.B.O.C.* 59:151,1939

四十四 二〇四八八 *Cyanopica cyana jeholica* Yamashina ネツカオナガ
Type Alto Rian,near Shidoko

Pref,Heisen,Jehol ♂ 22 x 1935. 鳥 10(49):456,1939.

四十五 五七七二 *Cyanopica cyana koreensis* Yamashina コマオナガ
Type Moppo.S.Korea ♂ 23 ii 1930. 鳥 10(49):457,1939.

四十六 一九一四一 *Calandrella cinerea puii* Yamashina カラフトコヒバリ
Type Lamagulusu,N.Manchuria ♂ 28 iv 1935. 鳥 10(49):472,1939.

四十七 一九〇三七 *Parus major bargaensis* Yamashina シベリアシジュウカラ
Type Lamagulusu,N.Manchuria ♂ 22 iv 1935. 鳥 10(49):481,1939.

四十八 二〇六〇八 *Parus Palustris mizunoi* Yamashina ナンマンハシブトガラ
Type Sui Chin,S.Manchuria ♂ 18 xi 1935. 鳥 10(49):485,1939

四十九 九六八五 *Gallus gallus micronesiae* Hachisuka ナンヨウヤケイ
Type Natsushima.Truk,Caroline ♂ 9 v 1931. 鳥 1(49):600,1939.

五十 二七八一三 *Conopoderas luscinia nijoi* Yamashina ニジョウナンヨウヨシキリ
Type Agiguan,Marianas ♂ 29 ii 1940. 鳥 10(50):674,1940.

五十一 一四四七九 *Micropus pacificus kanoi* Yamashina クロアマツバメ
Type 紅頭嶼 ♂ 18 vii 1932.
Bull.Biogeogr.Soc.Jap. 12(2):72,1942.

五十二 九〇九六 *Conopoderas luscinia hiwae* Yamashina マリアナナンヨウヨシキリ
Type Saipan,Marianas ♀ 23 ii 1931.
Bull.Biogeogr.Soc.Jap. 12(3):81,1942.

五十三 —— *Emberiza ciopsis ijimae* Stejneger〔=*E.cioides ijimae*〕イイジマホオジロ
Type 対馬、下島仁位村 ♂ 16 iii 1891.
Proc.U.S.Nat.Mus. 16:638,1894.

五十四 九七八六 *Anas superciliosa rukuensis* Kuroda トラックマミジロカルガモ
Type Fuyushima,Truk.Caroline ♂ 21 v 1931. *Geese and Ducks of the World*, Text-plate 52,1939.

五十五 三〇八〇四 *Corvus coronoides ijimae* Momiyama〔=*C.corone orientalis*〕ハシボソガラス
Type 対馬下島厳原 ♂ 23 ii 1891.
J.Chosen.Nat.Hist.Soc. 5:3,1927.

五十六 二八六四九 *Picoides tridactyla inouyei* Yamashina エゾミユビゲラ
Type 北海道十勝国河東郡上士幌村字三股 ♂ 17 xii 1942. *Bull.Biogeogr.Soc.Jap.* 13(6):43,1943.

五十七 二二八〇〇 *Chloroceryle americana ecuadorensis* Yamashina
Type Luisimote,Esmeraldas.Ecuador ♂ x 1934. *Bull.Biogeogr.Soc.Jap.* 13(19):145,1943.

五十八 七八五九 *Goura scheepmakeri wadai* Yamashina アカカンムリバト
Type Bian R.,South New Guinea Unsexed 10 ix 1929. *Bull.Biogeogr.Soc.Jap.* 14(1):1,1944.

五十九 一四九〇九 *Aegithalos concinnus taiwanensis* Yamashina ズアカエナガ
Type Taiheisan,Taihoku Taiwan ♂ 16 x 1932. *Bull.Biogeogr.Soc.Jap.* 14(2):3,1944.

六十 三三一四五 *Lanius nigriceps yunnanensis* Yamashina〔=Lanius ashach yunnanensis〕
Type Yunnan,S.China♂
Undated.*Bull.Biogeogr.Soc.Jap.*14(2):4,1944.

Zosterops palpebrosa yesoensis Kurda.Jr. エゾメジロ
Type 北海道室蘭 ♀ 19 v 1950.
Bull.Biogeogr.Soc.Jap. 15(2):5～6,1951.

Parus varius sataensis Kurda,Jr. カゴシマヤマガラ
Type 鹿児島県佐多岬佐多村 ♂ 23 iii 1951.

鳥 13(63):114～115,1953.
Erithacus akahige rishiriensis Kurda,Jr.　リシリコマドリ
Type　北海道利尻島　♂　8 vi 1965(Died). 山階鳥研報4(3/4)(No.23/24): 221～223,1965.

六十一　八一〇一四一　*Gallirallus okinawae* (Yamashina & Mano)　ヤンバルクイナ
Holotype　沖縄県国頭郡フェンチヂ岳付近の林道　♀　2 vi 1981 山階鳥研報 13(3)(No.62):147～157

籾山徳太郎氏記載種

一　籾山二二三　*Garrulus japonicus shimoizumi* Momiyama〔= *G.glandarius japonicus*〕カケス
Type　伊豆加茂郡稲生沢村　♂　11 iii 1939. 動雑 51(6):380,1939.

二　(A)籾山二三四　*Garrulus japonicus hiugaensis* Momiyama〔= *G.glandarius hiugaensis*〕ヒュウガカケス
Type(Here designated)　日向児湯郡西米良村　♂　Last in Feb.1927. *Bull.B.O.C.* 48:19,1927.
Paratype　二(B)籾山二三五　同時採集　♀

三　(A)籾山二三六　*Garrulus japoniscus nakaokae* Momiyama〔= *G.glandarius japonicus*〕カケス
Type(Here designated)　土佐高岡郡黒岩村　♂　17 i 1927. *Bull.B.O.C.* 48:19,1927.
Paratype　三(B)籾山二三七　同時採集　♀

四　籾山二三八 二七〇四九二　*Dryobates leucotos uchidai* Momiyama〔= *Dendrocopos l.namiyei*〕ナミエオオアカゲラ
Type　日向児湯郡西米良村　♂　Mid.of iii 1927. *Annot.Orn.Orient.* 1(1):62,1927.

五　(A)籾山二三九 二二〇二九〇　*Troglodytes troglodytes moskei* Momiyama　モスケミソサザイ
Type(Here designated)　八丈島三根村　♂　幼　22 vi1922. 動雑 35:402,1923.
Paratype　(B)籾山二四　同時採集　♀　幼

六　籾山二四一 二六二一八四　*Yungipicus kizuki saisiuensis* Momiyama〔= *Dendrocopos k. nippon*〕コゲラ
Type　斉州島左面　♂　27 iv 1926. 鳥 5(22):111,1926.

七　籾山二四二 二六一三六一　*Certhia familiaris kawamurai* Momiyama〔= *C.f.familiaris*〕キタキバシリ
Type　韓国京畿道京城三清洞　♂　1 x 1926. *Annot.Orn.Orient.* 1(1):22,1927.

八　籾山二四三 〇七〇〇三四　*Certhia familiaris kurilensis* Momiyama　チシマキバシリ
Type　千島国後　♂　11 x 1907. *Annot.Orn.Orient.* 1(1):21,1927.

九　籾山二四三 二六一四一一　*Parus major tatibanai* Momiyama〔= *P.m.minor*〕シジュウカラ
Type　樺太豊原郡豊北村小沼　♂　23 v 1926. *Annot.Orn.Orient.* 1(1):24,1927.

十　籾山二四五 二六一五七一　*Aegithalos caudate tarihooe* Momiyama〔= *A.C.trivirgatus*〕エナガ
Type　斉州島右面　♂　15 iv 1926. *Annot.Orn.Orient.* 1(1):34, 1927.

十一　籾山二四六 二六一七八二　*Horornis cantans takahashii* Momiyama〔= *Cettia diphone takahashii*〕サイシュウウグイス
Type　斉州島右面　♂　12 iv 1926. *Annot.Orn.Orient.* 1(1):37,1927.

十二　籾山二四七 二六〇七五八　*Chloris sinica affinis Momiyama*〔= Ch.s.minor〕コカワラヒワ
Type　斉州島左面　♂　6 iv 1926. *Annot.Orn.Orient.* 1(1):120,128,141,1927.

十三　籾山二四八 二六二一八一　*Yungipicus kizuki siragiensis* Momiyama〔= *Dendrocopos k. nippon*〕コゲラ
Type　京畿道高陽郡光陵　♂　26 ii 1926. *J.Chosen Nat.Hist.Soc.* 4:2,1927

十四　籾山二四八 二七〇四五三　*Cinclus pallasii itooi* Momiyama〔= *C.p.hondoensis*〕カワガラス
Type　土佐郡鏡村三口　♂　14 ii 1927. *Annot.Orn.Orient.* 1(1):54,1927.

十五　籾山二五〇 二六二〇八四　*Cinclus pallasii hiugaensis* Momiyama〔= *C.p.hondoensis*〕カワガラス
Type　日向児湯郡西米良村　♂　2 i 1926.

Annot.Orn.Orient. 1(1):55,1927.

十六　籾山二五一　*Buteo japonicus toyoshimai* Momiyama〔＝*B.buteo toyoshimai*〕オガサワラノスリ
Type　小笠原母島沖村　♂　9 ii 1925.
Annot.Orn.Orient. 1(1):73,1927.

十七　籾山二五二　二六二三七八　*Falco peregrinus fruitii* Momiyama　シマハヤブサ
Type　北硫黄島石野村　♂(〝♀〞)　12 iv 1926. *Annot.Orn.Orient.* 1(1):71,1927.

十八　籾山二五三　*Lagopus lagopus okadai* Momiyama　カラフトライチョウ
Type　樺太敷香郡内路村　♂　22 xii 1926.
Annot.Orn.Orient. 1(3):234,1928

十九　(A)籾山二五四　二二〇三一二　*Otus bakkamoena hatchizionis* Momiyama〔＝*O.b.pryeri*〕リュウキュウオオコノハズク
Type　八丈島三根村川向　♂　13 v 1922.　動雑 35:400,1923.
Paratype　籾山二五五、二二〇三一二(同番号)　11 vi 1922　♀

二十　籾山一二六　二八〇四八五　*Falcipennis falcipennis muratai* Momiyama〔＝*f.falcipennis*〕カマバネライチョウ
Type　樺太敷香郡敷香村　xi 1927.
Annot.Orn.Orient. 1(3):234,1928.

二十一　籾山三五二　三〇一〇三〇　*Ixobrychus sinensis yapensis* Momiyama〔＝I.s.moorei〕モリヨシゴイ
Type　ヤップ(グロール、アノス)　Unsexed 15 iii 1930. *Bull.Biogeogr.Soc.Jap.* 2(3):333,1932.

二十二　籾山三七五　三〇一六六一　*Ixobrychus sinensis pelewensis* Momiyama〔*I.s.moorei*〕＝モリヨシゴイ
Type　パラオ　Unsexed iv～v 1930.
Bull.Biogeogr.Soc.Jap. 2(3):333,1932.

二十三　籾山一一七一　*Tetrates bonasia yamashinai* Momiyama〔＝*T.b.vicinitas*〕エゾライチョウ
Type (Here designated)　樺太敷香郡阿頓　♂　9 xi 1926. *Annot.Orn.Orient.* 1(3):231,1928.
Paratype　二十三(B)籾山一一七二　同時採集　♀

二十四　籾山一四二七　*Merula celaenops kurodai* Momiyama〔＝*Turdus c. celanops*〕アカコッコ
Type　八丈島大賀郷村　♂　1 i 1923.　動雑 35:404,1923.

二十五　(A)籾山二〇六一　*Microscelis amaurotis matchie* Momiyama〔＝*Hypsipetes amaurotis matchi*［*a*］*e*〕ハチジョウヒヨドリ
Type(Here designated)　八丈島三ツ根村　♂　28 v 1922.　動雑 35:401,1923.
Paratype　二十五(B)籾山二〇五七　同時採集　♀

二十六　二七〇三六九　*Microscelis amaurotis kanrasani* Momiyama〔*Hypsipetes a. amaurotis*〕ヒヨドリ
Type　斉州島新左面　♂　4 i 1927.
Annot.Orn.Orient. 1(1):140,1927.

二十七　二六二二六七　*Ceryle lugubris jamasemi* Momiyama〔＝*C.l.lugubris*〕ヤマセミ
Type　新潟県岩船郡土海府村　♂　21 i 1926.
Annot.Orn.Orient. 1(1):70,1927.

二十八　二六二二六五　*Ceryle lugubris Pallida* Momiyama　エゾヤマセミ
Type　石狩札幌郡江別町野幌　♂　End i 1926.
Annot.Orn.Orient. 1(1):70,1927

二十九　籾山三五五七二　二二〇二八七　*Icoturus akahige spectatoris* Momiyama〔＝*Erithacus a. tanensis*〕　タネコマドリ
Type　八丈島三ツ根村鳴沢　♂　9 vii 1922.
動雑 35:403,1923.

三十　二九〇九五八　*Bubo bubo yamashinai* Momiyama〔＝*B.b tenuipes*〕ワシミミズク
Type　北海道十勝河西郡帯広山牛　Unsexed Fed.1929.　動雑 42:329,1930.

三十一　籾山二九二四　二六二五二七　*Scolopax rusticola iamasigi* Momiyama〔＝*S.r rusticola*〕ヤマシギ
Type　新潟県岩船郡館腰村　♂　14 iv 1926.
Annot.Ori.Orient. 1(1):76,1927.

三十二　籾山三〇六四　*Garrulus glandarius kakes* Momiyama〔＝*G.gl.japonicus*〕カケス
Type　陸中胆沢郡水沢町明畑　♂
Mid.Feb.1927. Annot.Orn.Orient. 1(1):6,1927.

三十三　籾山三六四二　*Turdus eunomus ni* Momiyama〔＝*T.naumanni*

二六一九三九 *eunomus*〕ツグミ
Type 下総東葛飾郡明村 ♂ 21 xi 1926.
Annot.Orn.Orient. 1(1):141,1927.

三十四 籾山五〇九〇 二三〇二二四 *Turdus aureus miharagokko* Momiyama 〔= *T.a.aureus*〕トラツグミ
Type 八丈島大賀郷村 ♂ 4 xii 1923. 動雑 62:462～3,1940.

三十五 籾山五一〇八 三〇〇〇七二 *Turdus aureus toratugumi* Momiyama 〔= *T.a.aureus*〕トラツグミ
Type 土佐吾川上八川村 ♂ 27 i 1930. 動雑 62:462,1940.

三十六 籾山五三一七 二五〇五七一 *Cinclus pallasi hondoensis* Momiyama カワガラス
Type 上野上都賀郡 ♂ 14 i 1925.
Annot.Orn.Orient. 1(1):52,1927.

三十七 籾山五五三〇 二九二一二五 *Rallina suzukii* Momiyama 〔=*R.fasciata*〕ナンヨウオオクイナ
Type 紅頭嶼 ♂ 9 vi 1929.
Bull.Biogeogr.Soc.Jap. 2(3):297,1932.

三十八 籾山五八〇八 二九二一六一 *Centropus bengalensis takatsukasai* Momiyama 〔=*C.b.lignator*〕バンケン
Type 紅頭嶼 ♀ 10 vi 1929.
Bull.Biogeogr.Soc.Jap. 2(3):276,1932.

三十九 籾山六二一六 〇三〇〇〇一 *Piea pica hainanica* Momiyama & Isii
Type Hainan ♂ 10 xii 1903.
Annot.Orn.Orient. 1(2):152,1928.

四十 籾山六二二三 二六〇〇八〇 *Garrulus brandtii okai* Momiyama 〔=*G.glandar-ius brandtii*〕カラフトミヤマカケス
Type 京畿道高陽郡光陵 ♂ 7 iii 1926.
*J.Chosen Nat.Hist.Soc.*4:5,1927.

四十一 （A）籾山六六八五 二九二一三七 *Ctenoglaux scutulata totogo* Momiyama 〔= *Ninox s. totogo*〕リュウキュウアオバズク
Type(Here designated) 紅頭嶼イワゲツ村 ♂ 12 vi 1929. *Amoeba* 2(1):26,1930.
Paratype 籾山六六八六、二九二一一四〇 同時採集 Unsexed

四十二 籾山六七二五 *Strix uralensis tatibanai* Momiyama 〔=

二六二二七八 *S.u.nikolskii*〕キタフクロウ
Type 樺太敷香郡敷香村気頓 Unsexed(♂) 4 xi 1926. *Bull.B.O.C.* 48:21,1927

四十三 籾山六七二七 二七〇五一五 *Strix uralensis jingkou* Momiyama
Type 南満州盛京省営口 Unsexed 9 iii 1927.
Auk 45:182,1928.

四十四 籾山六七四四 *Strix uralensis nigra* Momiyama 〔= *S.u.fuscescens*〕キュウシュウフクロウ
Type 大隅肝属郡 ♀ Spring 1924.
Bull.B.O.C. 48:21,1927.

四十五 籾山六九七九 一八五九 *Emberiza cioides namiyei* Momiyama 〔= *E.c.ciopsis*〕ホオジロ
Type 大島元村出払 ♂ 7 xii 1921. 鳥 3(14):210,1923.

四十六 籾山七〇〇三 二二〇〇六一 *Emberiza cioides tametemo* Momiyama 〔= *E.c.ciopsis*〕ホオジロ
Type 八丈島大賀郷村梅ケ原 ♂ 24 xii 1922. 動雑 35:412,1923.

四十七 籾山七一一三 二六〇九一六 *Emberiza cioides tyoosenica* Momiyama 〔= *E.C.castaneiceps*〕チョウセンホオジロ
Type 京畿道光陵 ♂ 26 ii 1926. *J.Chosen Nat.Hist.Soc.* 4:3～4,1927.

四十八 籾山七九〇七 二七五三三五 *Tisa variabilis kurodai* Momiyama 〔=*Emberiza variabilis*〕クロジ
Type 比叡山 〝♀〟♂ 22 xi 1926.
Annot.Orn.Orient. 1(1):10,1927.

四十九 籾山八一七八 二六一一七九 *Alauda arvensis quelpartae* Momiyama チュウヒバリ
Type 斉州島右面 ♂ iv 1926.
Annot.Orn.Orient. 1(1):14,1927.

表2 山階鳥類研究所所蔵稀覯図書一覧

Bewick, T., 1826. *A History of British Birds*, Vol.1-2., *History and Description of Land Newcastle*, Longman and Co.

Blaauw, F. E., 1897. *A Monograph of the Cranes*, Leiden, E. J. Brill.

Bonaparte, C. H. L. et Schlegel, H., 1850. *Monographie des Loxiens*, Leiden et Dusseldorf, Arnz & Comp.

Elliot, D. G., 1865. *Monograph of the Tetraoninae or Family of the Grouse*, New York, D. G. Elliot.

Elliot, D. G., 1882. *A Monograph of the Bucerotidae, or Family of the Hornbills*, London, D. G. Elliot.

Elliot, D. G., 1893-1895. *A Monograph of the Pittidae, or Family of Ant-Thrushes*, London, Bernard Quaritch.

Godman, F. du Cane., 1907-09. *A Monograph of the Petrels*, Part 1-4, London, Witherby and Co.

Gould, J., 1832. *A Century of Birds from the Himalaya Mountains*, Part 1-2, London, John Gould.

Gould J., 1837-38. *Icones Avium, or Figures and Discriptions of New and Interesting Species of Birds from Various Parts of the Globe*, A Supplment Part 1, London, John Gould

Gould, J., 1854. *A Monograph of the Ramphastidae, or Family of Toucans*. 2nd ed., London, John Gould.

Gould, J., 1850. *A Monograph of the Odontophorinae, or Partridges of America*, London, John Gould.

Gould, J.,. 1850-1883. *The Birds of Asia*, Vol.1-7, London, John Gould.

Gould, J., 1861-1887. *A Monograph of the Trochilidae, or Family of Humming-birds*. Vol.1-5 and Supplement, London, John Gould.

Gould, J., 1875. *A Monograph of the Trogonidae, or Family of Trogons*, London, John Gould.

Gould, J., 1875-1888. *The Birds of New Guinea*, Vol. I-5, London, Henry Southern & Co.

Gray, G. R., 1849. *The Genera of Birds*, Vol.1-4, London, Longman, Brown, Green, and Longmans.〔全三巻で出版された書籍だが、山階鳥研所蔵のものは第一巻の図版が第四巻として製本されている〕

Kittlitz, F. H., 1830. *Über einige Vögel von Chili.*, Mem. Ac. Sc. St. Petersbourg 1: 172-193.

Lear, E., 1832. *Illustrations of the family of Psittacidae, or Parrots*, London, E.Lear.

Leech, J. Hy., 1892-94. *Butterflies from China, Japan, and Corea*, Part 1-3, London, R. H. Porter.

Levaillant, F., 1801-1805, 1838. *Histoire Naturelle des Perroquets*,Tome 1-3, Paris, C. Levrault.

Lewin, J. W., 1838. *A Natural History of the Birds of New South Wales*, London, H. G. Bohn.

Linnaei, C., 1760. *Systema Natvrae*,Tomvs I-II, Halae Magdevrgicae.

Linne, C., 1766-68. *Systema Naturae*, Tomus I-III, Holmiae, Sveciae & Electoris Saxon.

Malherbe, A., 1861-62. *Monographie des Picidees*, Vol.1-4, Metz: Verronnais.

Mathews, G. M., 1910-1927. *Birds of Australia*. Vol.1-12, Spplement nos.3-5, London, Witherby and Co.

Millais,J. G., 1913. *British Diving Ducks*, Vol.1-2, London, Longmans, Green and Co.

Mivart, St. G. Jackson., 1896. *A Monograph of the Lories, or Brush Tongued Parrots; Composing the Family Loriidae*, London, R. H. Porter

Naumann, J. F., 1897 (1905) *Naturgeschichte der Vogel Mitteleuropas*, Band 1-12. Gera-Untermhaus, Kohler.

Perry, M. C., 1856. *United States Japan Expedition 3 vols: Narrative of the Expedition of an American Sqadron to the China Sea and Japan*, Washington, U. S. Goernment.

Poynting, F., 1895-1896. *Eggs of British Birds, With an Account of Their Breeding-Habits.(Limicolae)*, London, R. H. Porte.

Reichenbach, Heinrich G. L., 1862. *Die Singvogel: Expedition deer voll-standigsten Naturgeschichte und durch alle Buchhandlungen des In – und Auslandes zu erhalten*. Dresden.

Sclater, P. L. ed., 1867. *Nitzsch's Pterylography, translated from the German*, London, Robert Hardwicke.

Seebohm, H., 1888. *The Geographical Distribution of the Family*

Charadriidae, or the Plovers, Sandpipers, Snipes, and Their Allies, London, Henry Sotheran and Co

Seebohn, H., 1902. *A Monograph of the Turdidae, or Family of Thrushes*, Vol.1-2, London, Henry Sotheran & Co.

Selby, P. J., 1841. *Plates to Selby's Illustrations of British Ornitholgy*, Vol.1-2, London, Henry G. Bohn.

Sharpe, R. B. and C. W. Wyatt., 1885-1894. *A Monograph of the Hirundinidae or Family of Swallows*, Vol.1-2, London, R. B. Sharpe and C. W. Wyatt.

Siebold, P. F., 1844-1855. *Siebold Fauna Japonica*, 4 Aves. [Plates only]

Swann, H. K., 1921-1922. *A Synopsis of the Accipitres (Diurnal Birds of Prey); 2nd ed.*, London, H. K. Swann.

Temminck, C. J. et De Chartrouse, M. L., 1838 (1850). *Nouveau recueil de planches coloriees d'oiseaux*, Vol.1-5, Paris, F. G. Levrault.

鳥類魚類之画御巻物弐巻（江戸後期?）山階芳麿の継母、島津常子（ヒサコ）が山階家へ輿入れした際に持参した博物画

表3
山階鳥類研究所所蔵主要鳥類学雑誌

誌名・発行・創刊年・備考（改題年・誌名等）・【山階鳥研所蔵分】の順に示す。

日本

『鳥』 発行日本鳥学会　創刊一九一五年　二〇〇二年改題『日本鳥学会誌』【一（一九一五）—】

『野鳥』 発行日本野鳥の会　創刊一九三四年　【一（一九三四）—】

イギリス

The Ibis. 発行British Ornithologists' Union　創刊一八五九年　【一（一八五九）—、欠号あり】

Bull. B. O. Club. 発行British Ornithologists' Club　創刊一八九二年　【一（一八九二）—、欠号あり】

British Birds. 発行Witherby　創刊一九〇七年　【一（一九八七）—、欠号あり】

Bird Study. 発行British Trust for Ornithology　創刊一九五四年　【一（一九五四）—、欠号あり】

アメリカ

The Auk. 発行The American Ornithologists' Union　創刊一八八四年　【一（一八八四）—、欠号あり】

The Condor. 発行Cooper Ornithological Club（一九五二年よりSociety）創刊一八九九年　【一（一八九九）—、欠号あり】

The Wilson Bulletin. 発行The Wilson Ornithological Society（一九五五年よりSociety）創刊一八八九年　【九（一八九七）—、欠号あり】

Bird-Banding. 発行Northeastern Bird-Banding Association（一九八七年よりAssociation of Field Ornithologists）創刊一九三〇年　一九八〇年改題*Journal of Field Ornithology.* 【一（一九三〇）—、欠号あり】

ドイツ

Journal für Ornithologie. 発行Deutschen Ornithologen-Gesellschaft　創刊一八五三年、二〇〇四年改題*Journal of Ornithologie.* 【一（一八五三）—、欠号あり】

Die Vogelwelt. 発行AULA-Verlag　創刊一八七六年（創刊時タイトル*Monatsschrift des Sächsisch-Thüringischen Vereins für Vogelkunde und Vogelschutz.* その後幾度かの改題を経て一九四九年より現在のタイトルとなる）【三（一八七八）-二八（一九〇三）、八十七（一九六六）、八八（一九六

七)、一一〇(一九八九)—、欠号多数あり】

Die Vogelwarte. 発行Deutsche Ornithologen-Gesellschaft(一九八五年よりVogelwarten Helgoland und Radolfzell. 二〇〇五年よりDeutsche Ornithologen -Gesellschaft- Geschäftsstelle) 創刊一九三〇年(創刊時タイトル*Der Vogelzug.* 一九四三年まで。一九四八年より改名再刊) 【一(一九三〇)—、欠号あり】

フランス

L'Oiseaux et la Revue Française d'Ornithologie. 発行Organ of the Société ornithologique et mammalogique de France(一九五一年から一九五八年までSociété ornithologique de France et de l'Union Française. その後一九九三年までSociété Ornithologique de France) 創刊一九三一年、廃刊一九九三年 【一(一九三一)-六三(一九九三)】

Alauda. 発行Société d'études ornithologiques 創刊一九二九年 一九九四年よりL'Oiseaux et la Revue Française d'Ornithologieを吸収し新シリーズを開始 【一(一九二九)—、欠号あり】

ベルギー

Le Gerfaut. 発行Société Ornithologique du Centre de la Belgique 創刊一九一一年、廃刊一九九六(一九九八)年 【五/九(一九一九)八六(一九九八)、欠号あり】

オランダ

Ardea. 発行Nederlandse Ornithlogische Unie 創刊一九一二年 【一〇(一九二一)—、欠号あり】

Limosa. 発行Nederlandse Ornithologische Unie 創刊一九二八年 【一(一九二八)—、欠号あり】

スイス

Der ornithologische Beobachter. 発行Ala, Schweizerische Gesellschaft für Vogelkunde und Vogelschutz 創刊一九〇二年 【二七(一九三〇)—、欠号あり】

ハンガリー

Aquila. 発行Intézet 創刊一八九四年 【四二(一九三五)—、欠号あり】

イタリア

Rivista Italiana de Ornitologia. 発行Società italiana di scienze naturali 創刊一九一一年 【一九(一九四九)—、欠号あり】

フィンランド

Ornis Fennica. 発行Suomen Lintutieteellinen Yhdistys 創刊一九二四年 【一(一九二四)—、欠号あり】

デンマーク

Dansk Ornithologisk Forenings Tidsskrift. 発行Foreningen 創刊一九〇七年 【一(一九〇七)-六七(一九七三)】

ノールウェイ

Sterna. 発行Stavanger Museum 創刊一九五三年 【一(一九五三)—十七(一九八七)】

スペイン

Ardeola. 発行Sociedad Española de Ornitologia 創刊一九五四年 【二一(一九七五)-三五(一九八八)】

オーストラリア

The Emu. 発行Australasian Ornithologists' Union 創刊一九〇一年 【一(一九〇一)—、欠号あり】

ニュージーランド

Notornis. 発行Ornithological Society of New Zealand 創刊一九五〇年 前誌*New Zealand Bird Notes* 一-三(一九四三-一九五〇)より継続 【四(一九五〇)—、欠号あり】

南アフリカ

Ostrich. 発行South African Ornithological Society 創刊一九三〇年 【一(一九三〇)—、欠号あり】

東京大学創立百三十周年記念特別展示

「鳥のビオソフィア――山階コレクションへの誘い」展

展示物リスト

［凡例］

一、下記は、東京大学総合研究博物館と財団法人山階鳥類研究所が共同で開催する東京大学創立百三十周年記念特別展示「鳥のビオソフィア――山階コレクションへの誘い」展（二〇〇八年三月一五日―五月一八日）の出品物リストである。

一、配列は展示会場の部屋割りに従うことにしたが、写真、剥製標本、交連骨格など、一部についてはジャンル別にした。

一、記載にあたっては、財団法人山階鳥類研究所、東京農業大学「食と農」の博物館、財団法人進化生物学研究所より提供された基本台帳データを基に、下記の順に並べた。

制作者名（美術品・出版物の場合に限る）
作品名・標本名（欧文名ないし学名）
種別・素材
法寸・法量（縦、横、高の順を原則とし、単位はセンチメートルとした）
制作年・採集年・採集地
所蔵先（来歴）と標本登録番号
展示品解説（とくに執筆者名のないものは、秋篠宮文仁監修のもと、総合研究博物館リサーチ・フェローの谷川愛、寺田鮎美、松原始、西野嘉章が記載した）
関連文献ないし参考文献

一、地名、人名など、旧名、旧漢字表記についても原標本ラベルの記載を尊重することにした。なお、判読できないものは欠字（□）で表記した。

一、カラー図版のキャプション末尾にある数字は展示品リストの番号を示す。

鳥類美術誌 Nature figured

天空を翔る鳥は、数多の人々の想像力を喚起してきた。想像力の所産であるアートにおいても例外ではない。鳥の姿からさまざまなイメージを膨らませ、創作に励んだ美術家や詩人のいかに多かったことか。空を舞う鳥の姿に、自由奔放な精神のメタファーを読み取ろうとする詩人がいるかと思えば、鳥の姿、あるいは鳥の卵に、天地開闢説に通底する根源的なフォルムを見て取ろうとする彫刻家もいる。また、アートとサイエンスの臨界点に立って、鳥の飛翔するさまを観察し、飛行や浮遊の物理的原理を解明しようとしたレオナルド・ダ・ヴィンチのような万能者もいた。ひとくちに「鳥」と言うが、それを創造の霊感源とみなすか、サイエンスの実証物とみなすか、宗教の呪術物とみなすか、受け止め方はまこと変化に富んでいる。

001
レオナルド・ダ・ヴィンチ
トリノ王立図書館所蔵『鳥の飛翔に関する手稿』(日本版ファクシミリ)
一五〇五年三―四月頃(岩波書店、一九七九年)(Leonardo da Vinci, *Il Codice sul Volo degli Uccelli*, nella Biblioteca Reale di Torino)
縦二一三・〇センチメートル、横一五三・〇センチメートル
総合研究博物館蔵

本手稿には、メダルの鋳造法、ダイヤモンドの粉砕法、顔料の挽き方、絵具の製造法といった技術論、重力と静力学に関する論考のほかに、第一八葉表から第四葉裏にかけて「鳥の飛翔に関する論考」が収められている。谷一郎・小野健一・斉藤泰弘の三氏の解説によると、レオナルドの言う「鳥」は、有翼動物と、そして自ら構想した飛行機械の両方を指しているという。この後者すなわち「巨大な鳥」と呼ばれるものには、バネ動力式、蝙蝠型翼式、人間腹這い式があった。レオナルドは一五〇三年から三年間にわたるフィレンツェ時代に、郊外の丘陵でミミズクをはじめとする猛禽類の飛翔をつぶさに観察し、その観察結果を人間飛行計画に活かそうと考えた。その飛行機械は自分で空に舞い上がるものではなく、高い位置から跳び、風を受けながら、バランスを取りつつ滑空するというものであった。

002
レオナルド・ダ・ヴィンチによる飛行機械(縮尺二十分の一)
ジョヴァンニ・サッキ制作、木、キャンバス布、糸、革に彩色
一九九六年
幅二九・〇センチメートル、高一〇・四センチメートル、奥九・〇センチメートル
個人蔵

ミラノのレオナルド・ダ・ヴィンチ博物館は、レオナルドの構想した各種の機構・機械の模型復元の展示でよく知られている。その多くを制作したのが木工職人ジョヴァンニ・サッキである。レオナルドは実際の鳥を観察することで、飛行のメカニズムを解明し、その結論をもって自らも「飛行機械」を構想した。翼を拡げた機械の基本的な形状は、その後、英国人ジョージ・

ケレーニ卿の人力飛行機、リリエンタール兄弟のグライダー、ロシア構成主義者ウラジーミル・タトリンの人力飛行機「レタトリン」にまで受け継がれていく。「飛翔」にかける人類の夢、その第一歩を踏み出したのはレオナルドであった。

003
コンスタンティン・ブランクーシ
『空間の鳥』(*Bird in Space*)

ブロンズ、石、欅台座
一九二六年(一九八二年型抜き)
全高一八三・〇センチメートル(ブロンズ本体含台座高一三四・二センチメートル)
横浜美術館蔵(84-SF-001)

西洋の彫刻は長いあいだ台座に縛られてきた。そうした伝統的流儀を反古にすると、彫刻は説明的な装いを離れ、純粋な造形物として自律し始める。巨匠ロダンから快別したルーマニア人彫刻家ブランクーシは、鳥の自然形態をそのままなぞるのでなく、鳥という生き物について人々の思い描くイメージを、純化されたフォルムに凝縮して見せた。以来、二十世紀彫刻は、ときに工業製品と見まごうばかりの工作性や機能美を獲得することになった。

004
西野嘉章+セルジオ・カラトローニ+関岡裕之+中坪啓人
『空間の卵』(*Egg in Space*)のインスタレーション

エピオルニス卵殻(RIEB-AP004)の京都科学複製、大理石、真鍮、欅台座
二〇〇七年
直径三〇・〇センチメートル、高一四〇・〇センチメートル
総合研究博物館蔵

ブランクーシの『空間の鳥』の対位法的な解釈に基づくインスタレーション。ブランクーシは鳥をテーマとする一連の作品制作のなかで、卵のフォルムにも関心を払っていた。金属板の上に卵形フォルムを置いた作品も知られているが、卵を立たせて見せた例はない。本インスタレーションを組み立てるにあたっては、台座等にできるだけ彫刻家の好個の素材を用いた。

005
ロニョン・コレクション蔵「エピオルニス卵殻(高四七センチメートル)」

ヴィリ・エッガルター写真(ゼラチン・シルヴァー・プリント、一九三六年頃)(複製)
美術雑誌『カイエ・ダール』、第一一巻一・二合併号、一九三六年(Willy Eggarter, œuf d'Epiornis, coll. M. Rognon, Christian Zervos [ed. Par], *Cahiers d'Art*, vol.XI, nos.1/2, Paris, 1936)
縦三一・七センチメートル、横二四・八センチメートル
個人蔵

第一次大戦後のパリで創刊された前衛美術雑誌『カイエ・ダール(美術手帖)』は、一九三六年一・二合併号で「オブジェ」に注意を喚起している。この特集号には、マン・レイの撮影した数理科学の関数実体模型をはじめ、アメリカ、オセアニア、ニューギニア、メキシコの仮面や彫刻など、未開社会において呪術的な力をもつと考えられる「原始的なオブジェ」、意味や用途を剥奪された日常品の「レディ・メイドのオブジェ」が紹介されており、そのほかに、シュルレアリストが驚異に満ちたものとして自然界から選び取った「自然のオブジェ」も集められている。クロード・カウンの記事「家内的オブジェに注意せよ」に、この最後のカテゴリーのオブジェ群の一つとして、ロニョン・コレ

クションにあった「エピオルニス卵殻」が図版として掲載されている。絶滅鳥の巨大な完卵殻は、その存在自体が、自然の驚異の具現物と受け止められた。欧米のシュルレアリストと交信のあった詩人瀧口修造は、写真雑誌『フォトタイムス』誌上で上記「オブジェ展」を紹介するにあたって、誤ってこの写真を「マン・レイ撮影」としている。マン・レイもまた実際にダチョウの卵殻を撮っていたことから、中山岩太など国内の新興写真家は「エピオルニスの卵殻」の写真から、マン・レイ流儀の写真技術を学ぶことになった。

006
トリスタン・ツァラ十ハンス・アルプ
詩集『われらの鳥たちについて』

パリ、シモン・クラ社、一九二九年 (Tristan Tzara, *De nos oiseaux. Poemes par Arp*, 2nd. ed., Paris, Editions Kra, 1929)
縦一八・六センチメートル、横一三・〇センチメートル
個人蔵

ルーマニア生まれの詩人ツァラが、美術家アルプの協力を得て出版したダダ詩集。一九一二年から二二年の詩四十三編が収められる。初版は一九二三年であるが、わずか二十部しか印刷されなかったという。本再版本との違いは用紙だけである。版元のシモン・クラ社は、オー・サン・パレイユ、エヌ・エル・エフ、ジョゼ・コルチと並ぶ、「パリ・ダダ」とそれに続く「初期シュルレアリスム運動」の代表的な出版社の一つであった。ツァラ、エルンストなどダダの詩集や絵画、ダリ、マグリットなどシュルレアリスムの絵画、ブランクーシ、アルプ、ジャコメッティなど半抽象的な具象彫刻には、鳥や飛翔をテーマとするものが多く見出される。鳥の存在、あるいはそのイメージは、両大戦間の前衛芸術運動のなかで、解放された意識、人間精神の自由なあり方の象徴と考えられていた。

007
ホアン・ミロ
『太陽の鳥、月の鳥、光芒』

石版画
一九六七年
Patrick Waldberg, Andre Frenaud, Shuzo Takiguchi, *Derrière le Miroir*, Maeght Editeur, Paris, 1967
縦三八・一センチメートル、横二八・二センチメートル
個人蔵

パトリック・ワルドベルク、アンドレ・フレノー、瀧口修造の三人の寄稿を得て、刊行されたマーグ画廊の定期刊行物『デリエール・ル・ミロワール』。本号が特集するカタロニア生まれの画家ミロは、一九六〇年代に入ると鳥を画題とする作品を多く手がけるようになる。なにものにも縛られず飛翔する鳥のイメージは、ミロの自在な手の動きに従って千変万化する。

008
雄鶏巨像

コンクリートに彩色
二〇〇八年、スパンブリー(タイ)
高三〇〇センチメートル、幅一四〇センチメートル、奥一六〇センチメートル
家禽資源研究会蔵

タイのアユッタヤー王朝第十九代目の王、ナレースワン大王

(一五五五—一六〇五)にちなんだ像で、モティーフは「カイ・チョン」と呼ばれる闘鶏である。ナレースワンは、一五六九年から八四年までの十五年間ビルマ(現ミャンマー)の属国となっていたアユッタヤーに再び独立をもたらした救国の英雄として有名であり、それゆえに大王の称号が贈られている。ナレースワンは、幼少時にビルマ占領軍によってビルマのホンサワディー(現ペグー)で人質となっていたことがあった。その時期にビルマの副王と戦況を占う闘鶏を行い、ナレースワンの鶏が勝利したといわれている。そして、その後にアユッタヤーの独立を回復したことから、闘鶏はナレースワンのシンボルとなった。スパンブリーは、十六世紀最大の合戦といわれたビルマとの合戦でナレースワンが自ら象に乗って戦闘を行った場所として有名であるが、その地に建立されているナレースワン大王記念碑には、大小数千体の闘鶏の置物が供えられている。これは人々が願掛けを行い、願が叶ったときに寄進をしたものである。スパンブリーでは、記念碑に寄進するための闘鶏の置物を含め、多種類の動物の置物を販売している店が随所に見られる。それらの置物の中では、闘鶏ものの大きさが最大であることからも、人々のナレースワン大王に対する敬愛の念を窺い知ることができる。なお、タイには数多の闘鶏品種がいるが、その代表的な種類の一つは「ナレースワン鶏(カイ・ナレースワン)」と呼ばれる品種である。ちなみに、闘鶏の戦いを髣髴させるタイ式キックボクシング(ムオイタイ)も、同王の創始であるといわれている。

(秋篠宮文仁)

絶滅鳥類学 Nature extincted

009
エピオルニス・マキシムス(*Aepyornis maximus*)

交連骨格化石レプリカ(吉田彰・酒井道久氏復元)、合成樹脂に彩色
頭高約二四〇センチメートル、長一八〇センチメートル、幅六〇センチメートル
採集地未詳(マダガスカル学術協会博物館において雌型作成、酒井道久氏アトリエにてキャスト作成、着色、組立)
財団法人進化生物学研究所蔵

原品はマダガスカル共和国の首都アンタナナリヴにあるツィンバザザ動植物園内のマダガスカル学術協会博物館の所蔵になる。組立には少なくとも二個体の部分が使われており、頭骨、骨盤、胸骨、および尾椎の一部が復元されている。以前は、パーティション・ロープで仕切られただけの状態で、動博物館展示室に展覧されていた。財団法人進化生物学研究所初代理事長・所長近藤典生博士はその状態を憂慮し、展示用のレプリカを作成し、原品は収蔵庫で保管してはどうかと提案し、現地政府からその許可を得た。雌型の作成にあたっては、吉田彰と彫刻家の酒井道久氏が一九九一年に現地に赴き、アンタナナリヴ大学の職員とツィンバザザ動植物園の職員二名の協力を得て実施した。キャストは二体分を作成し、酒井氏のアトリエ(横浜市)で着色、支持体の作成、組立を行った。一体は雌型とともに現地に贈られ、現在は同博物館で展示されている。大阪市の

咲くやこの花館における「マダガスカルの自然と文化展」（一九九一年）、名古屋の「愛・地球博アフリカ館——マダガスカル・パビリオン」（二〇〇五年）に陳列された。

（吉田　彰）

関連文献：吉田彰＋近藤典生「マダガスカル産化石走鳥類 *Aepyornis maximus* Is. Geoffr. 全身骨格標本のレプリカ作製」、『財団法人進化生物学研究所研究報告』、第七号、一九九二年、三五—四六頁。

010
エピオルニス(*Aepyornis* sp.)

完卵殻
長径三〇・五センチメートル、短径二三・八センチメートル
マダガスカル南部アンブヴンベ付近
財団法人進化生物学研究所蔵（マダガスカル・フォールドーファン市在住のモン・ファン氏より寄贈）（RIEB-AP001）

完形卵殻であるが、発掘時についたと思われる、破断面の新鮮な、不規則な形状の穴と、棒状のものの側面を当てて削ったような、切削面の古い楕円形の穴がある。長・短径比が小さい。表面は風化または石灰質の沈着により本来の表面構造は失われている。「大阪万国博覧会——マダガスカル・パビリオン」（一九七〇年）に陳列された。

（吉田　彰）

011
エピオルニス(*Aepyornis* sp.)

（切断された）完卵殻＋粉末状内容物
長径二八・〇センチメートル、短径二一・三センチメートル
マダガスカル南部アンブヴンベ付近
財団法人進化生物学研究所＋家禽資源研究会蔵（ラザフィンドラシア・アレクシス氏より寄贈）（RIEB-AP003）

表面には軽い風化によると思われる浅い細孔が密に分布する。医療用エックス線CT装置による検査で認められた内容物からDNA抽出を試みるため、赤道面で切断して内容物が取り出された。内容物は「きな粉」あるいは「コウセン」のような黄褐色の粉末で、全量は体積一五八・五ミリリトル、重量七四・五グラムであった。DNAの抽出には成功しなかったが、今後、別の解析研究に供する予定である。

（吉田　彰）

関連文献：巻末参照。

012
エピオルニス(*Aepyornis* sp.)

卵殻（吉田彰復元）
長径三三・〇センチメートル、短径二四・二センチメートル
マダガスカル南端付近のフォーカップ海岸砂丘
財団法人進化生物学研究所蔵（現地住民から購入）（RIEB-AP004）

卵殻片を継ぎ合わせて復元したもの。破片の大部分は同一卵に由来する。大きさは最大級である。現地では原堆積構造の保たれた砂層から同一卵の破片が集まって出土することが多く、この場所が産卵地であり、孵化後の卵殻がそのまま埋没したと考えられる。空気が遮断された環境に埋もれていたため、本来の表面構造がよく保存されている。奄美文化財団ギャラリーにおける「米と牛とバオバブの国」展に出品された。

（吉田　彰）

［参考出品］
パラフィソルニス(*Paraphysornis*)の復元全身骨格

交連骨格（吉田彰復元）、合成樹脂に彩色
一九九一年
高約二〇〇センチメートル

酒井道久氏アトリエで組立支持具製作
財団法人進化生物学研究所蔵

唯一の標本に基づき一九八二年にフィソルニス・ブラジリエンシス(*Physornis brasiliensis*)として記載され、一九九三年に新属のパラフィソルニスと改められた。原標本はタウバテ薬学分科大学所属(当時)のアルヴァレンガ氏がブラジル国サンパウロ州タウバテ盆地の漸新世と中新世の境界付近で発見し、一九七七年から七八年にかけて発掘した。同一個体由来のほぼ完全な下顎骨、五点の頸椎、一点の胸椎、二点の尾椎、左烏喙骨、左右上腕骨、左右脛骨と腓骨、および左右跗蹠骨を含む、全身骨格が復元可能な部分からなる標本を基に、近縁化石鳥類の骨格を参考に欠損部分を補い、アルヴァレンガ氏が復元した。財団法人進化生物学研究所初代理事長・所長近藤典生博士が、アルヴァレンガ氏から譲り受けた。パラフィソルニスは、胴体の高さ一・四〇メートル、最も伸び上がった姿勢で全高二・四〇メートル、体重一三〇キログラムに達したと推定される。ツル目の絶滅科フォルスラコス科に分類され、同科ではブロントルニスに次いで大きい。一般に恐鳥類と呼ばれる、大きな頭に強大な嘴をもつ肉食性の鳥である。恐鳥類を代表的する同科には十三属十七種が知られる。有名なディアトリマは、目の所属さえ定かでない。本復元骨格は長崎バイオパークに展示されたことがある。

(吉田 彰)

関連文献：Alvarenga, H.M.F., Uma Gigantesca Ave Fóssil do Cenozóico Brasileiro: *Physornis brasiliensis* sp. n. *An. Acad. brasil. Siênc.*, 54(4), 1982, pp.697-712.
Alvarenga, H.M.F., Paraphysornis novo gêneiro para Physornis brasiliensis Alvarenga, 1982 (Aves: Phorsurhacidae). *An. Acad. brasil. Siênc.*, 65, 1993, pp.403-406.
Alvarenga, H.M.F. and E. Höfling, Systematic revision of the Phorusrhacidae (Aves: Ralliformes), *Papéis Avulsos de Zoologia*, Mus. Zool. Univ. São Paulo, 43(4), 2003, pp.55-91.

［参考出品］

ダチョウ(*Sturthio camelus*)

交連骨格＋卵殻
中坪啓人再制作
頭高二三八センチメートル
総合研究博物館蔵

アフリカに分布。現生の鳥類としては世界最大である。全長一・八〇メートル、頭高二・四五メートル、体重一五五キログラムに達する。脚は走行に適しており、指は癒合している。

013

モア科(Dinornithidae)

頸骨標本
最大長一二・五センチメートル、最大幅九センチメートル
財団法人山階鳥類研究所蔵

かつてニュージーランドの森林に生息していた飛べない大型鳥。一八三九年に長さ一五センチメートルの古い骨断片がイギリスにもたらされ、リチャード・オーウェンによって記載された。絶滅の時期は諸説あるが、早ければ十六世紀、遅くとも十八世紀には絶滅したと考えられる。モアの仲間は五属十一種に分類されており、最大種のジャイアント・モア(*Dinornis maximus*)は首を上に伸ばすと高さ三・七メートル、体重二五〇キログラムに達したと推定される。エピオルニスが最も重い鳥な

ら、ジャイアントモアは最も背の高い鳥である。一方、小さな種はシチメンチョウ程度の大きさであった。十世紀頃にニュージーランドに到着したマオリ族による狩猟と森林の減少が絶滅の原因と考えられている。大型モアの学名ディノルニス(*Dinornis*)とは「恐鳥」の意味であるが、これは大きさから名づけられただけで、生態を反映したものではない。残存していた胃内容物からモアは主に種子類や葉を食べる鳥だったことがわかっている。

014
モア(*Emeus crassus*)交連骨格標本
ゼラチン・シルヴァー・プリント
縦一〇・一センチメートル、横七・一センチメートル
撮影者・年代未詳
総合研究博物館研究部蔵(東京帝国大学理科大学動物学教室旧蔵)(UMUT-0054)

「モア――ディノルニス・クラスス」(MOA/*DINORNIS CRASSUS*)の文字が読める。頑丈で幅広い骨盤と太い後肢の状態がよくわかる。対照的に翼は退化し、飛翔筋がないため胸骨も平らである。

015
モア科(Dinornithidae)
卵殻化石
長径二二・〇センチメートル、短径一七・〇センチメートル
日本農産工業株式会社和鶏館蔵

016
ドードー(*Raphus cucullatus*)
骨標本(七点組)
最大長二二センチメートル
モーリシャス
財団法人山階鳥類研究所蔵

ラベルに「Dodo *Didus Ineptus*, Mouritius, 1865」の記載がある。ドードーはアフリカ東岸のマスカリン諸島(モーリシャス)に生息したハト科の怪鳥である。姿は太ったシチメンチョウ、あるいはクイナに近い。飛ぶことができなかったという。十六世紀に入植したポルトガル人やオランダ人が食用に乱獲し、さらに持ち込まれた豚により卵が捕食されたため、一六八一年に絶滅した。イギリス人鳥類学者ストリックランドが一八四八年に発表した『ドードーとその一族』が最初の研究書となり、その後、「絶滅鳥大図鑑」の著者ウォルター・ロスチャイルド、蜂須賀正氏らが研究に取り組んだ。蜂須賀は一九五三年に論文「ドードーとその一族、またはマスカリン群島の絶滅鳥について」を発表し、その後まもなく死去している。博物学者荒俣宏氏は「ドードーを研究する学者は書物が完成する前後にかならず死ぬ」というジンクスを紹介している。オランダの鳥類画家キューレマンス・ジョン・ジェラードは蜂須賀の私家本「ドードーについて」のために挿画を描いたが、本の完成は蜂須賀の他界後であった。ジェラードの絵は現在もドードーの解説にしばしば引用される。なお、ドードーは本種を含め二属三種があったが、すべて絶滅しており、何点かあったドードーの剥製標本は破損

し処分されたため、今では完全な標本が残っておらず、いまだその生態の全容は解明されていない。残された部分的な標本からDNAを解析した結果、ドードーはハトの仲間であったことがわかっている。

関連文献：Masauji Hachisuka, *The Dodo and Kindred Birds or the Extinct Birdsof the Mascarene Islands*, H.F. & G. Witherby, London, 1953.

017
ドードー(*Raphus cucullatus*)

骨標本(三点組)
最大長一一・〇センチメートル
モーリシャス
財団法人山階鳥類研究所蔵

ラベルに「Dodo, *Didus ineptus*, Mouritius」の記載がある。

018
ドードー(*Raphus cucullatus*)

骨標本(四点組)
最大長一四・五センチメートル、最大径一一・〇センチメートル
モーリシャス、一八六五年採集
財団法人山階鳥類研究所蔵

ラベルに「Dodo, *Didus ineptus*, Mouritius, 1865」の記載がある。

剥製美学 Nature artifacted

一般論を振りかざすなら、鳥類の剥製標本は、あくまで学術資料であって、美術品でも工芸品でもない。しかし、皇居内生物学御研究所に蓄積された、昭和天皇ゆかりの鳥類剥製コレクションの場合にはどうであろうか。動物標本は、剥製であれ骨格であれ、さらには液浸であってさえ、その動物が生きているときの姿や形、さらには動きや、場合によるとその性格まで、そのフォルムに投影されていることが望ましい。ときには、形姿だけでなく、全体のしつらえもまた大切な要素となる。保存のための硝子ケースを含めて、一点非の打ちどころのない剥製標本には、自然の気高さと人間の技術知の見事な調和が見て取れる。

019
オオフウチョウ(*Paradisaea apoda*)

剥製標本(雄)、硝子ケース入り
ケース寸縦七四・〇センチメートル、横八六・五センチメートル、高一一四・五センチメートル
採集地・採集年未詳
財団法人山階鳥類研究所蔵(黒田長禮氏より寄贈)(YIO-40297/YIO-40298)

雄だけが華美な飾り羽を持ち、雌を誘うために樹上に集合してディスプレイを行う。この仲間は「極楽鳥」とも呼ばれ、羽毛は装身具として用いられた。その際、足を切り取った胴体部分

だけがヨーロッパに輸入されたため「無脚」(*apoda*)の学名を付せられることになった。現在はワシントン条約により商取引が規制されている。

020
オオフウチョウ(*Paradisaea apoda*)

剥製標本、硝子ケース入り
ケース寸縦六一・五センチメートル、横六八・〇センチメートル、高七〇・〇センチメートル
採集地・採集年未詳
財団法人山階鳥類研究所蔵(一九九九年三月二六日林恵子氏より寄贈)(1999-0133)

021
ハチドリ科(Trochilidae)

剥製標本、硝子ケース入り
ケース寸縦六八・〇センチメートル、横六八・〇センチメートル、高八六・〇センチメートル
採集地・採集年未詳
財団法人山階鳥類研究所蔵(一九九五年四月生物学御研究所より寄贈)

標本名「ハチドリ」の記載有り。ハチドリ科は南北アメリカに分布する小型の鳥類である。全長わずかに六センチメートル、体重二グラムのマメハチドリは世界最小の鳥である。美しい金属光沢をもつものも多いが、これは光の干渉や散乱によって生じる構造色である。花蜜を主食とし、巧みに停空飛行(ホバリング)を行いながら花に嘴を差し入れ、蜜を吸う。羽ばたきは毎秒八十回に達し、唸るような音をたてることから、英語ではハミングバードと呼ばれている。このケースには、以下の十一種、二十一個体が収められている。アオボウシエメラルドハチドリ(*Amazilia versicolor*, YIO-15575/15576)、アオムネヒメエメラルドハチドリ(*Chlorestes aureoventris*, YIO-15570/15571/15572/56420)、カンムリハチドリ(*Stephanoxis lalandi*, YIO-15569)、クロハチドリ(*Melanotrochilus fuscus*, YIO-15565)、シロスジエメラルドハチドリ(*Amazilia lactea*, YIO-15577/15578)、シロスジハチドリ(*Heliomaster squamosus*, YIO-15580)、シロハラハチドリ(*Colibri serrirostris*, YIO-15566/15567)、スミレボウシハチドリ(*Thalurania glaucopis*, YIO-15573)、ツバメハチドリ(*Eupetomena macroura*, YIO-15561/15562)、ノドジロハチドリ(*Leucochloris albicollis*, YIO-15574)、バライロユミハチドリ(*Phaethornis pretrei*, YIO-15563/15564)、ルビートパーズハチドリ(*Chrysolampis mosquitus*, YIO-15568)、ルビーハチドリ(*Clytolaema rubricauda*, YIO-15579)。

022
ハチドリ科(Trochilidae)ほか

剥製標本、硝子ケース入り
ケース寸縦八五・〇センチメートル、横八一・五センチメートル、高一三七・五センチメートル
採集地・採集年未詳
財団法人山階鳥類研究所蔵(一九九五年四月生物学御研究所より寄贈)

標本名「南米の鳥」の記載有り。ハチドリ科を中心とした南米の鳥類が収められている。

023
カラスバト(*Columba janthina*)

剥製標本、硝子ケース入り
ケース寸縦二一・五センチメートル、横四三・五センチメートル、高四二・五センチメートル
採集地・採集年未詳
財団法人山階鳥類研究所蔵(一九九五年四月生物学御研究所より寄贈)(YIO-15443)

アジア東部に分布する。日本では本州中部以南の島嶼に生息し、国の天然記念物に指定されている。小笠原諸島の亜種アカガシラカラスバト(*Columba janthina nitens*)は国の特別天然記念物であり、絶滅危惧種とされる。森林に住み、唸るような声で鳴くが、姿を見ることは少ない。

024
アマサギ(*Bubulcus ibis*)

剥製標本、硝子ケース入り
ケース寸縦二五・〇センチメートル、横三一・五センチメートル、高五七・〇センチメートル
採集地・採集年未詳
財団法人山階鳥類研究所蔵(一九九五年四月生物学御研究所より寄贈)(YIO-15682)

和名は亜麻色の繁殖羽に由来する。もともとはアフリカから南アジアに分布していたが、十九世紀以後、南北アメリカとオーストラリアにも分布域を拡げた。日本では夏鳥として農耕地に渡来する。

025
ツミ(*Accipiter gularis*)

剥製標本、硝子ケース入り
ケース寸縦二三・五センチメートル、横二六・五センチメートル、高四三・五センチメートル
採集地・採集年未詳
財団法人山階鳥類研究所蔵(一九九五年四月生物学御研究所より寄贈)(YIO-15670)

標本名「兄鷂」の記載有り。日本を含む東アジアに分布する。日本最小のタカで雌はカケス程度、雄はヒヨドリ程度の大きさでしかない。猛禽は一般に雌のほうが大きい。本標本は幼鳥と思われる。

026
シロハヤブサ(*Falco rusticolus*)

剥製標本、硝子ケース入り
ケース寸縦三五・〇センチメートル、横四一・五センチメートル、高八二・〇センチメートル
サウジアラビア
財団法人山階鳥類研究所蔵(一九九五年四月生物学御研究所より寄贈)(YIO-15677)

ラベル採集地欄に「サウデイアラビア、ホクブサバク、ソマーンチホウ」の記載がある。しかし、本種は北半球の高緯度地域に分布する鳥であり、サウジアラビアに飛来するとは考えにくい。アラブ諸国では鷹狩りが盛んであり、シロハヤブサも鷹狩りに用いられることから、輸入された個体ではなかったか。

027
イワトビペンギン(*Eudyptes chrysocome*)

剥製標本、硝子ケース入り
ケース寸縦三八・〇センチメートル、横四三・〇センチメートル、高六〇・五センチメートル
採集地・採集年未詳
財団法人山階鳥類研究所蔵(YIO-01263)

アルゼンチン東岸からオーストラリア南方の島々にかけて分布する。眼の上の黄色い飾り羽が特徴である。他のペンギン類が足を交互に出して歩くのに対し、両足を揃えて飛び跳ねることが多い。

028

ジュウニセンフウチョウ(*Seleucidis melanoleuca*)

剥製標本、硝子ケース入り
ケース寸縦四一・〇センチメートル、横四四・五センチメートル、高七〇・〇センチメートル
採集地・採集年未詳
財団法人山階鳥類研究所蔵（二〇〇〇年五月小山穰治氏より寄贈）（YIO-40292）

和名は「十二線風鳥」で、その名の通り十二本の針金状の飾り羽をもつ。これは脇羽が変化したものであり、ディスプレイのときは前方に向かって拡げる。

029

ハイタカ(*Accipiter nisus*)

剥製標本、硝子ケース入り
ケース寸縦二六・〇センチメートル、横二九・五センチメートル、高六五・〇センチメートル
採集地・採集年未詳
財団法人山階鳥類研究所蔵（一九九五年四月生物学御研究所より寄贈）（YIO-15669）

ユーラシアに広く分布する猛禽であり、ツミ、オオタカと同じ「アキピテル属」のタカである。オオタカより小さく、主に小鳥を捕食している。猛禽は一般に雌のほうが大きいが、なかでもハイタカは雌雄差が著しく大きい。雄は全長三〇センチメートル余り（ハト程度）しかなく、体重は雌の約半分である。本標本には性別の記載がないが、大きさと模様から判断して雌であろう。雌雄で大きさが違う理由についてまだ定説はないが、それぞれの餌の種類を変えることにより、雌雄が競争しなくて済む、また、雄が小さく素早い餌を、雌がより大きな餌を狩ることで、雛に与えることのできる餌が増えるのではないかと考えられている。雌のほうが大きい理由については、産卵に有利だからだとされている。

030

ハヤブサ(*Falco peregrinus*)

剥製標本、硝子ケース入り
ケース寸縦二五・五センチメートル、横三〇・〇センチメートル、高五五・五センチメートル
採集地・採集年未詳
財団法人山階鳥類研究所蔵（一九九五年四月生物学御研究所より寄贈）（YIO-15679）

標本名「ハヤブサ」の記載有り。標本台に「グアルダフィ」との記載があることから、ソマリアのグアルダフィ岬が採集場所か。ハヤブサは南極を除くすべての大陸に広く分布する。主に小鳥を餌としており、空中で獲物を捕らえる。急降下時の速度は時速三百キロメートルを超える。

031

ハイタカ(*Accipiter nisus*)

剥製標本、硝子ケース入り
ケース寸縦二七・五センチメートル、横三一・五センチメートル、高五〇・〇センチメートル

大連湾外、明治二七(一八九四)年一一月七日海軍二等兵曹八頭司徳一郎採集、明治二八(一八九五)年六月二日落鳥
財団法人山階鳥類研究所蔵(一九九五年四月生物学御研究所より寄贈)(YIO-15668)

台座表面に「明治廿七年十一月七日払暁高千穂大連湾攻撃ノ為メ進軍中同湾外ニ於テ大檣桁ニ来リ留マリタルヲ捕ヘタルモノニシテ同年十一月廿九日軍艦高千穂艦長海軍大佐野村貞ヨリ送リ来リ献上ス、後有明ト号ス」、足付き台座裏面に「明治廿七年十一月七日大連湾攻撃之為メ払暁進軍ノ際同湾外ニ於テ軍艦高千穂ニ飛下リ該艦大檣桁ニ宿リタルヲ海軍二等兵曹八頭司徳一郎ナル者檣ニ攀ヲ之ヲ捕フ、鷂有明、六月二日落鳥」および、台裏面に「明治廿八年七月剥製、御用剥製人坂本福治」の記載がある。軍艦高千穂は日本海軍の浪速型防護巡洋艦の二番艦であり、野村貞は新潟出身の軍人で明治二七年二月二六日から二九年三月三一日まで高千穂艦長を務めた。大連湾攻撃の早朝に軍艦高千穂のマストに飛来したというエピソードは日清戦争における日本の勝利を象徴するかのような意味合いをもって語られ、明治二七年一一月二一日の旅順陥落後の祝勝ムードのなか、明治天皇に献上されたと考えられる。約半年間「有明」という号で飼育された後、落鳥、剥製にされた。御用剥製人の坂本福治は坂本剥製株式会社の創始者である。外国の文献を通じて本格的な製法を研究し、明治一三年に坂本式剥製法を確立した。明治期の日本における剥製技術を発展させたことで知られる。

032
ハヤブサ (*Falco peregrinus*)

剥製標本、硝子ケース入り
ケース寸縦二五・五センチメートル、横三〇・〇センチメートル、高五五・五センチメートル
採集地・採集年未詳
財団法人山階鳥類研究所蔵(一九九五年四月生物学御研究所より寄贈)(YIO-15678)

標本台に「兄隼、高千穂」の記載あり。

033
オジロワシ (*Haliaeetus albicilla*)

剥製標本(雄)、硝子ケース入り
ケース寸縦六六・〇センチメートル、横九七・〇センチメートル、高七五・〇センチメートル
薪智島
財団法人山階鳥類研究所蔵(一九九五年四月生物学御研究所より寄贈)(YIO-15675)

水域で狩りをする大型の猛禽。冬鳥として日本に渡来するが、ごく少数が北海道で繁殖している。薪智島は韓国南部。国の天然記念物であり、環境省はこれを絶滅危惧種に指定している。

034
コウテイペンギン (*Aptenodytes forsteri*)

剥製標本、硝子ケース入り
ケース寸縦六二・五センチメートル、横六二・五センチメートル、高一一四・〇センチメートル
東経三九度〇九分南位六九度〇〇分、昭和三二年(一九五七)二月一〇日採集
財団法人山階鳥類研究所蔵(一九九五年四月生物学御研究所より寄贈)(YIO-01251)

世界最大のペンギンとして知られる。南極大陸沿岸で繁殖する。下腹部のひだで卵を包み、立ったまま二カ月間抱卵する。

035
ハチドリ科（Trochilidae）

剥製標本、硝子ケース入り
ケース寸縦三二・〇センチメートル、横五四・〇センチメートル、高三一・〇センチメートル
採集地・採集年未詳
財団法人山階鳥類研究所蔵（一九九五年四月生物学御研究所より寄贈）

昭和天皇への献上品。標本名「ハチドリ・コレクション」の記載があり、以下の八種、九個体が収められている。シマカザリハチドリ（*Lophornis magnifica*, YIO-15581）、アメシストハチドリ（*Calliphlox amethystina*, YIO-15582）、ルビーハチドリ（*Clytolaema rubricauda*, YIO-15583）、スミレボウシハチドリ（*Thalurania glaucopis*, YIO-15584）、シロアゴサファイアハチドリ（*Hylocharis cyanus*, YIO-15585）、アオムネヒメエメラルドハチドリ（*Chlorestes aureoventris*, YIO-15586/15588）、クロハチドリ（*Melanotrochilus fuscus*, YIO-15587）、シロハラハチドリ（*Colibri serrirostris*, YIO-15589）。

036
白化（アルビノ）個体スズメ（*Passer montanus*, albino）

剥製標本、硝子ケース入り
ケース寸縦二一・〇センチメートル、横二四・〇センチメートル、高三四・五センチメートル
山梨
財団法人山階鳥類研究所蔵（一九九五年四月生物学御研究所より寄贈）
（YIO-40336）

鳥類形態学 Nature classified

十九世紀に黄金時代を迎えた博物学、なかでも鳥類学は、研究者の情熱や忍耐だけでなく、洗練された趣味と豊かな財力に支えれらた学問でもあった。世界各地から珍しい鳥類を集め、それらを上品なしつらえの研究室で、分類し、記載し、手の込んだ標本棚や標本箱に収蔵する。参照する文献類もまた、選りすぐりの画工、彫工が、手間暇を惜しまず制作した大冊の鳥類図譜であった。学問の世界から、そうした優雅で、贅沢な研究スタイルが失われて久しい。サイエンスの現場で、最後まで審美性と学術性が調和を保ち続けた空間、それが鳥類学者の研究室である。

鳥類図譜

037
フランソワ・ルヴァイヤン『オウムの自然史』（全三巻）

一八〇一—一八〇五年、ルヴラン書店、パリ
François Levaillant, *Histoire Naturelle des Perroquets par François Levaillant, Tome Premier et Tome Second*, Paris, 1801-1805; Al. Bourjot Saint-Hilaire (François Levaillant), *Histoire naturelle des perroques, Troisième volume (supplémentaire), pour faire suite aux deux volumes de Levaillant, contenant les espèces laissées inédites par cet auteur ou récemment découvertes. Ouvrage des-*

tiné à compléter une monographie figurée de la famille des Psittacidés, le text renfermant la classification, la synonymie et la description de chaque espèce, suivi d'un index général des espèces décrites dans tout l'ouvrage. Par le docteur Al. Bourjot Saint-Hilaire. Les figures lithographiées et coloriées avec soin par M. Werner. F.G. Levrault. Paris. 1837-1838.
縦五〇・五センチメートル、横三四・〇センチメートル
財団法人山階鳥類研究所蔵（TN162/163/164）、鷹司家文庫旧蔵（no.1700/1924 & no.1701/1924 & no.1702/1924）

フランソワ・ルヴァイヤン（一七五三—一八二四）はアフリカで野生のキリンを捕獲した冒険旅行家として知られているが、熱帯の鳥類図譜の出版でも目覚ましい功績を挙げている。ゴブラン織やセーブル陶器の図案家であったジャック・バラバン（一七六八—一八〇九）が、ルヴァイヤンに乞われ、図譜を描いている。本図譜は十九世紀鳥類図譜の最高傑作の一つとされる。ルヴァイヤンとバラバンの協働から生まれた図譜としては、一八〇三年から一八年に出版された『フウチョウの自然史』(*Histoire Naturelle des Oiseaux de Paradis et des Rolliers*)も知られている。

038
コンラート・ヤコブ・テミンク＋メイフラン・ラウギエ・ドゥ・シャルトローズ
『新編彩色鳥類図譜』再版（全五巻）

一八五〇年、バイリエール書店、パリ
Coenraad Jacob Temminck & Meiffren Laugier de Chartrouse, *Nouveau recueil de planches coloriées d'oiseaux, pour servir de suite de complement aux planches enluminées de Buffon*, edition in-folio et in 4-to de l'Imprimerie Royal, 1770; publié par C.J. Temminck, et Meiffren Laugier de Chartrouse, d'après les dessins de M.M. Huet et Prêtre attachés au Museum d'Histoire naturelle, et au grand ouvrage la commission d'Égypte, 5 vols. Paris, J.-B. Baillière/G. Dufour et E. d'Ocagne/ F.G. Levrault, 1850.
縦五六・〇センチメートル、横四〇・〇センチメートル
財団法人山階鳥類研究所蔵（010-00976/00980）、山階鳥研鳥類文庫（no.2530/2534）

山階芳麿博士が一九三二年にロンドンの古書店ウェールダン＆ウェスリー有限会社から購入したものである。パリのレヴロー書店から、一八二〇年から三九年にかけて百二分冊で出版された初版は、本図譜よりも判型が大きい。山階蔵本全五巻には一八五〇年の発行年月日がある。山階蔵本は、分冊出版されたさいの原装仮表紙がすべて保存されているという意味でとくに貴重である。この山階蔵本の存在により、第二版の存在が実証されたばかりでなく、初版のさいに用いられた銅版原版、あるいは初版で売れ残った在庫を利用して、最初の版元と違う書店が再版本を出版するに至った経緯が明らかにされたからである。

関連文献：Norinomiya Sayako & E.C. Dickinson, The "Nouveau recueil de planches coloriées" of Temminck & Laugier (1820-1839): the little known impression of 1850, *Zoologische Verhandelingen*, no.335, 2001, pp.55-59.

039
ジョン・グールド
『ハチドリ科鳥類図譜』（全六巻）

一八四九—一八六一年（第一巻—第五巻）、私家版、一八八七年（補遺巻）、ヘンリー・サザン書店、ロンドン
John Gould, *A monograph of the Trochilidae, or family of humming-birds*, In five volumes, t.I-V, London, Published by the author, 1849-1861; *A monograph of the Trochilidae, or family of humming-birds*, Completed after the author's death by R. Bowdler Sharpe, t.VI (supplement), London, Henry Southern & Co., 1887.
縦五六・〇センチメートル、横三九・〇センチメートル
財団法人山階鳥類研究所蔵（TN201/206）、鷹司家文庫旧蔵（No.913/8 VI 1920-No.918/8 VI 1920）

ジョン・グールド（一八〇四—八一）はイギリスの鳥類学者。

妻と、詩人にして博物画工のエドワード・リア（一八一二―八八）の協力を得て、大判の多色石版画図譜を出版し、ヴィクトリア朝のイギリスに鳥類図譜のブームを巻き起こした。一八五一年ロンドン万国博覧会に、百種を超えるハチドリ剥製標本を展示し話題を撒いた。本図譜のほかに、一八五〇年から没するまでに『アジア鳥類図譜』（*The Birds of Asia*）の発行を続けた。

040
フィリップ・フランツ・バルタザール・フォン・シーボルト
『日本動物誌――鳥類部』

一八四四―一八五〇年、私家版、ライデン
Philipp Franz Balthazar von Siebold, *Fauna Japonica, Aves, sive Descriptio animalum, quae in itinere per Japonium, jusau et auspieiia supriuorum, qui summum in india batava imperium tenent, suucepto, annis 1825-1830 collegot, notia, observatiorubus et adumbarationibus illustravit Ph. Fr. de Siebold conjunctis studiis C.J. Temminck et Her. Schlegel pro vertebratis atque W. De Haan pro invertebratis clanorata*, Regis Auspiciis Edita, Lugduni Batavorum, 1844-1850.
縦三七・八センチメートル、横二九・五センチメートル
財団法人山階鳥類研究所蔵（010-00505）、山階鳥類文庫（no.2624）

『日本動物誌（ファウナ・ヤポニカ）』は、『日本植物誌（フロラ・ヤポニカ）』、『日本（ヤポニカ）』と並ぶ、シーボルト（一七九六―一八六六）の三大著作の一つで、文政六（一八二三）年から文政一二（一八二九）年まで、七年間にわたる第一期長崎出島滞在中に収集した動物標本を紹介する。ライデン博物館で初代館長を務めた動物学者コンラート・ヤコブ・テミンク（一七七八―一八五八）、同館の脊椎動物保存官ヘルマン・シュレーゲル（一八〇四―八四）、同上無脊椎動物保存官ヴィレム・デ・ハーン（一八〇一―五五）らの協働により、一八三三年から五五年にかけて、鳥類部、魚類部、甲殻類部、哺乳類部、爬虫類（含両棲類）部の五部門が、四十三分冊で出版されている。鳥類部は全十二冊で構成されている。山階蔵本は扉頁欠。図版のみの製本である。

041
ジョージ・ロバート・グレイ
『鳥類属』

一八四四―一八四九年
Georg Robert Gray, *The Genera of Birds: Comprising their generic characters, a notices of the habits of each genus, and an extensible list of species referred to their sevral genera*, tom.III & tom.IV, 2 vols., 1844-1849.
縦三七・八センチメートル、横二九・〇センチメートル
財団法人山階鳥類研究所蔵（010-00628/00630）、山階鳥類文庫（no.3384/3386）

第三巻はテクストのみで図版無し。扉頁の記載によると、本書は全三巻として出版されたが、山階蔵書は第一分冊から第三分冊までが、全三巻に相当する解説テクストのみで製本されており、図版部は第四分冊から第六分冊までとなっている。第四分冊には第一巻の図版、第五分冊には第二巻の図版が、第六分冊には第三巻の図版が収められている。図版はデイヴィッド・ウィリアム・ミッチェルの手になる。

042
ジョン・ジェームス・ラフォレスト・オーデュボン
『アメリカ鳥類図譜』（複製）

一八三〇―一八三九年、私家版、ロンドン
John James Laforest Audubon, *The Birds of America from original drawing by John James Audubon, Fellow of the Royal Societies of London & Edinburgh and*

of the Linnaem & Zoological Societies of London, Member of the Natural History Siciety of Paris, of the Lyceum of New York, of the Philosophical Society and the Academy of Natural Sciences of Philadelphia, of the Natural History Society of Boston of Charleston, etc, London, Published by the Author, 1830-1839.
縦九七〇・三センチメートル、横六三〇・九センチメートル
総合研究博物館研究部蔵

英海軍館長の庶子として西インド諸島に生まれたジョン・ジェームス・ラフォレスト・オーデュボン（一七八五―一八五一）は、自らの足を使って北米大陸各地を旅行し、鳥類を捕獲し、剥製を作り、十九世紀鳥類図譜の金字塔とされる本図譜を残した。多彩色の石版で再現された図譜には、アメリカ産の鳥がその生息する周辺環境とともに原寸大で再現されている。そのため、大型の猛禽類の再現には、エレファント・フォリオ判の紙がいっぱいに使われている。その他のものは中判大、小判大の二種に分かれている。おそらく制作年代の違い、あるいは石版刻師の違いによるのだろうが、一方に十八世紀ロココ時代の装飾壁紙を思わせる中国趣味《シノワズリー》に染まったものがあるかと思えば、他方に新大陸の荒々しい自然を劇的な構図に纏めたものもある。合衆国のペリー提督はこの図譜一揃いを徳川将軍に贈ったと言われるが、その存在はいまだ確認されていない。これらの図譜は一枚の絵の中に性別、年齢の違う個体を配し、特徴的な部分が見える構図で描くことで識別図鑑としての機能をもつ。さらに生息環境や餌も特徴的な行動を描いた生態図鑑でもある。背景となる植物や餌も学名とともに精密に示されている。

043
クロムクドリモドキ(*Euphagus carolinus*)

No.32, Plate.CLVII, Rusty Grackle, *Quiscalus ferrugineus*, Bonap., Male, 1. Female, 2. Young, 3.
Black Haw
Drawn from Nature by J.J. Audubon, F.R.S. F.L.S., Engraved, Printed & Coloured by R. Havel, London 1833.

アラスカ、カナダの森林で繁殖し、主に北米南東部で越冬する。雄の繁殖羽は黒色で強い金属光沢がある。褐色の個体は雌（左下）および幼鳥（上の二羽）であるが、雄も冬羽は褐色がかっている。この絵でもガマズミの果実を食べているように、果実や穀物、昆虫を食べる。ムクドリモドキ科は南北アメリカ特有の鳥類で、九十種以上を含む。

044
オオモズ(*Lanius excubitor*)

No.39, Plate.CXCII, Great cinereous Shrike or Butcher Bird, *Lanius excubitor*, Male, 1. F, 2., Summer Plumage Do.3, Young or Winter Do, F, 4.
Crataqus apiifolia
Drawn from Nature by J.J. Audubon, F.R.S. F.L.S., Engraved, Printed & Coloured by R. Havell, 1834.

アジア南部を除くユーラシア、アフリカ北部、北米に分布。習性や生活史は日本のモズとほぼ同じであるが、モズよりもずっと大きい。モズ類は捕食性で、ネズミや小鳥を捕らえることも珍しくない。この絵にも小鳥を捕食する姿が描かれている。

045
シロハヤブサ(*Falco rusticolus*)

No.40, Plate.CXCVI, Labrador Falcon, *Falco islandicus*, Male, 1. Female, 2.

middle age.
Drawn from Nature by J.J. Audubon, F.R.S. F.L.S., Engraved, Printed & Coloured by R. Havell, 1834.

北極圏を含む北半球高緯度地域に分布し、アイスランドの国鳥である。全身白色で黒斑のある淡色型から、絵のような暗色型まで色彩変異が大きい。

046
クーパーハイタカ(*Accipiter cooperii*)

No.8, Plate.XXXVI, Stanley Hawk, *Falco stanleii*, Aud., Young Male, 1. Female, 2.
Drawn from Nature by J. Audubon, F.R.S. F.L.S., Engraved, Printed & Coloured by R. Havell

北米に分布する猛禽で、ハイタカよりやや大きく全長四〇センチメートルほど。小鳥や小型哺乳類を捕食する。小鳥を追って飛んでいるのが雌成鳥、下は雄若鳥。

047
キタオナガクロムクドリモドキ(*Quiscalus major*)

No.38, Plate.CLXXXVII, Boat-tailed Grackle, *Quiscalus major*, Vieill., Male, 1. Female, 2.
Live Oak *Quercus virens*
Drawn from Nature by J.J. Audubon, F.R.S. F.L.S., Engraved, Printed & Coloured by R. Havell, London 1834.

英名のボートテイルドとは長い尾の中央が窪んで船形になっていることに由来する。クロムクドリモドキと同様、雌は褐色で地味な色をしている。背景の植物であるライブオーク(*Quercus virginianus*)は常緑のオーク類で、カシに近い。

048
アオカケス(*Cyanocitta cristatus*)

No.21, Plate.CII, Blue Jay, *Corvus cristatus*, Male, 1. Female, 2.,3.
Drawn from Nature by J.J. Audubon, F.R.S. F.L.S., Engraved, Printed & Coloured by R. Havell

アオカケスは北米に広く分布するカケスの一種である。カケス類は雑食性で、果実、堅果、小動物を食べるほか、しばしば他の鳥の卵を捕食することが知られている。この絵でもどこかから卵を持って来たらしく、左の一羽が卵に嘴を突き刺しており、右側の二羽は一個の卵の中味を取り合っている。騒々しいカケスの鳴声までが聞こえてきそうな図譜である。

049
ヒガシマキバドリ(*Sturnella neglecta*)もしくはニシマキバドリ(*S. magna*)

No.28, Plate.CXXXVI, Meadow Lark, *Sturnus ludovicianus*, Linn., Males, 1. Females, 2.
Gerardia hava
Drawn from Nature by J.J. Audubon, F.R.S. F.L.S., Engraved, Printed & Coloured by R. Havell, London 1832.

メドウラークと呼ばれる鳥は、現在はヒガシマキバドリ、ニシマキバドリの二種に分類される。しかし、外見からは識別が困難であり、本図譜では区別できない。絵は地上に営巣した状態を描いている。背中側は保護色であるが、胸から腹にかけては鮮やかな黄色である。巣の前にいる雌は警戒して地面に伏せた状態を示す。巣のなかにいる雌は抱卵中であろう。巣の後に茂っているのはゴマノハグサ科の草本植物(ゲラルディア属)。

050
コマツグミ (*Turdus migratorius*)

No.27, Plate.CXXXI, American Robin, *Turdus migratorius*, Male, 1. Female, 2. Young, 3.
Chesnut oak, *Quercus Prinus*
Drawn from Nature by J.J. Audubon, F.R.S. F.L.S., Engraved, Printed & Coloured by R. Havell, London 1832.

コマツグミは北米で普通に見られる鳥の一つ。この絵は営巣の様子を描いており、巣内の三羽の雛に雌が鱗翅目の幼虫を給餌しようとしている。なお、一腹卵数は本図譜の通り、三卵から四卵が普通である。巣の左に止まっている一羽と、右側で雄に餌をねだっている一羽は巣立ち雛である。鳥が営巣しているのはチェスナット・オークで、カシワに似た落葉性のオーク類。

051
シロフクロウ (*Nyctea scandiaca*)

No.25, Plate.CXXI, Snowy Owl, *Strix nyctea*, Linn., Male, 1. Female, 2.
Drawn from Nature by J.J. Audubon, F.R.S. F.L.S., Engraved, Printed & Coloured by R. Havell, London

北極圏を含む北半球高緯度地域に分布するフクロウ。全身が白く、黒い斑点がある。また、寒冷な気候に適応して足の指先まで羽毛に覆われる。この絵でも足指の羽毛と、鋭い爪が見えるように描かれている。なお、この絵は月夜を描いているが、北極圏では夏のあいだは夜が短い。そのためシロフクロウは日中も行動することがある。

052
メンフクロウ (*Tyto alba*)

No.35, Plate.CLXXI, Barn Owl, *Strix flammea*, Male, 1. Female, 2.
Ground Squirrel *Sciurus striatus*
Drawn from Nature by J.J. Audubon, F.R.S. F.L.S., Engraved, Printed & Coloured by R. Havell, 1833.

ヨーロッパ、アフリカ、南北アメリカ、インドからオーストラリアの熱帯に広く分布するフクロウ。英名は「納屋フクロウ」を意味し、人家にもしばしば住み着くことを示している。和名は仮面を付けたような独特の顔に由来する。本図譜では雄がシマリスを捕らえ、雌に給餌しようとしている。このような行動は求愛給餌と呼ばれ、猛禽類やフクロウ類で一般的に見られる。

053
カロライナインコ (*Conuropsis carolinensis*)

No.6, Plate.XXVI, Carolina Parrot, *Psittacus carolinensis*, Linn., Males, 1. Females, 2. Young, 3.
Cockle-bur *Xanthium strumarium*
Drawn from Nature & Published by John.J. Audubon, F.R.S. F.L.S., Engraved, Printed & Coloured by R. Havell

フロリダ州やカンザス州に分布する北米で唯一のインコであったが、果樹園を荒す害鳥として駆除されたうえに、食料用、狩猟用に乱獲され、野生個体は一九〇四年に絶滅した。一九一八年に最後の飼育個体が死亡して完全に絶滅した。本図譜の通り、集団で生活し、果実や種子類を餌としていた。描かれているのはオナモミを食べる雄、雌、幼鳥である。幼鳥は赤味がなく、全身が緑色をしている。成鳥は雌雄とも顔が赤いが、雄のほうが赤色部が大きい。嘴で枝をくわえて体を支える行動や、足を頭まで持ち上げる様子など、インコ類の特徴をよく伝えている。

054
エボシクマゲラ(*Dryocopus pileatus*)

No.23, Plate.CXI, Pileated Woodpecker, *Picus pileatus*, Linn., Adult Male, 1. Adult Female, 2. Young Male, 3.,4.
Racoon Grape, *Vitis æstivalis*
Drawn from Nature by J.J. Audubon, F.R.S. F.L.S., Engraved, Printed & Coloured by R. Havell

北米東部に分布する大形のキツツキ。森林伐採のため減少したが、市街地や公園に進出して一九二〇年頃から増加傾向にある。本図譜は枯木の幹に止まった雄とカミキリムシ幼虫をくわえた雌を描き、まさにこのキツツキの食性を示している。また、枯木にヤマブドウの一種がからみついているが、本種をはじめキツツキ類は果実を食べることもある。右下の二羽は若い雄で、喧嘩の最中であろう。エボシキツツキ、カンムリキツツキと呼ばれることもある。

055
アメリカガラス(*Corvus brachyrhynchos*)

No.32, Plate.CLVI, American Crow, *Corvus americanus*, Male
Black Walnut *Juglans nigra*, Nest of the Ruby-throated Humming Bird
Drawn from Nature by J.J. Audubon, F.R.S. F.L.S., Engraved, Printed & Coloured by R. Havell, London 1833.

ナミガラスと呼ばれることもある、北米に広く分布するカラス。習性はユーラシアのハシボソガラスに似ており、種子類、果実類、小動物、死体を餌とする。本図譜ではクルミが実っているが、カラスの下にノドアカハチドリの巣があり、その卵を狙っているようにも見える。カラス類の行動を見事にとらえた絵である。

056
ウオガラス(*Corvus ossifragus*)

No.30, Plate.CXLVI, Fish Crow, *Corvus ossifragus*, Wils., Male, 1. Female, 2.
Iulgo Honey Locust, *Gleditschia triacanthos*
Drawn from Nature by J.J. Audubon, F.R.S. F.L.S., Engraved, Printed & Coloured by R. Havell, London 1832.

北米東部から南東部に分布する。名前の通り水辺で魚類や水生生物を食べることが多い。本図譜では下の一羽がカニを捕らえて食べようとしている。カラスが止まっている木はハリエンジュ(マメ科)で、北米南東部を代表する樹木である。

057
イスカ(*Loxia curvirostra*)

No.40, Plate.CXCVII, Common Crossbill, *Loxia curvirostra*, Linn., Male adult, 1. Young Male, 2.,3., Female adult, 4. Young Female, 5.
Hemlock
Drawn from Nature by J.J. Audubone, F.R.S. F.L.S., Engraved, Printed & Coloured by R. Havell, London 1834.

イスカは北半球に広く分布する。この鳥の最大の特徴は、先端が食い違った嘴である。本種はこの嘴を使って針葉樹の球果をこじ開け、種子をつまみ出すことができる。この絵はツガの実に群がって食べているところであるが、口を閉じた状態と開いた状態が描かれているので、嘴の特異な形状がよくわかる。また、雌雄の成鳥と若鳥が描かれており、羽色の違いも示されている。

058

ムネアカイカル(*Pheucticus ludoviciana*)

No.26, Plate.CXXVII, Rose-breasted Grosbeak, *Fringilla ludoviciana*, Bonap., Male, 1. Female, 2. Young in autum, 3. Young, 4. Ground Hemlock, *Taxus canadensis*
Drawn from Nature by J.J. Audubone, F.R.S. F.L.S., Engraved, Printed & Coloured by R. Havell, London

カナダ南部からアメリカ合衆国北部で繁殖し、南米北部で越冬する。イカル類は大きな嘴で種子類を割って食べる。本図譜ではイチイに群がっている。雄の特徴である胸の赤色と翼の白斑がよく見えるように描かれている。左上の雌は地味な褐色。雄と雌のあいだにいる二羽は幼鳥であるが、成長段階によって羽色が変わる様子を示している。

059

毛利元寿
『梅園禽譜』(『梅園画譜』二十四帖より)(写本全一帖)

和紙に彩色、折帖、一八二九―一八四五年
縦三八・八センチメートル、横二七・三センチメートル
総合研究博物館蔵(理学部動物学教室旧蔵)

江戸時代屈指の動植物図譜として知られる『梅園画譜』全二十四帖(国立国会図書館蔵)の精写模本のなかの一帖。制作者の梅園毛利元寿(一七九八―一八五一)は毛利大江氏三百石取りの旗本で御書院番を務めた本草家。大名や旗本を中心とする幕末本草会「赭鞭会」の一員であった妍芳園設楽貞丈と交友をもっていた。本画譜には水禽と陸禽を併せて百三十一品が掲載される。序文には天保一〇(一八三九)年とあるが、写生の年代は天保三年から一〇年を中心に文政一二(一八二九)年から弘化二(一八四五)年にわたる。トキやアホウドリなど、現在では珍しい種類を含む。本画譜について調査した磯野直秀氏によると、『梅園画譜』の存在が公になったのは、伊藤圭介の八十賀寿を祝って開かれた、明治一五(一八八二)年の錦窠翁耋筵会の折りであったという。明治二三(一八九〇)年に田中芳男の編んだ『錦窠翁耋筵会誌書籍解題』によると、『禽譜』と『魚譜』については水野忠雄・平野勝が写本を出品しており、「毛利江元寿文政八(酉)年ノ撰ナリ」との解説が付されていたという。『画譜』のほかの本の模本が、森鷗外の『帝室博物館書目解題』によれば「明治十年模写」となり、本展示品もそれと同時期と見てよさそうである。毛利梅園画譜の特徴は、武蔵石寿など同時期の本草家の多くがそうであるように「分類への志向が薄い点」(磯野氏の言)にある。また、珍獣や奇種などを徒に追い求めず、普段身の回りに見られる動植物を対象としていること、同時期の本草画譜から見るとじつに例外的なことに、実物を前にして写生(「真写」)を行っていること、写生年月日、産地、由来を性格に記していることなども特徴として挙げられる。理学部動物学教室助手岡田信利の『日本動物総目録有脊動物部』(金港堂、明治二四年)に記載のあることから、動物学教室の所蔵となったのがそれ以前であることがわかる。

関連文献:磯野直秀「『梅園画譜』とその周辺」、『参考書誌研究』、第四一号、平成四年三月、一―一九頁。

［参考出品］

河邊華挙ほか

『鳥類写生図』（巻子十九巻）

紙本墨画淡彩
江戸時代末から大正時代
最大幅三九・四センチメートル、最大長一九三八・一センチメートル
総合研究博物館蔵

内訳は「禽鳥寫生第壱之巻」・「禽鳥真寫第弐之巻」・「禽鳥真寫第参之巻」・「禽鳥寫生第四之巻」・「禽鳥寫生巻五」・「小禽抜寫第六之巻」・「中禽抜寫第拾参之巻」・「禽鳥寫生第拾四之巻」・「禽鳥真寫生巻第拾六」・「寫生第拾七之巻禽鳥之部」・「第拾八之巻禽鳥寫生之部」・「第拾九之巻鴉真寫」・「水禽之部第弐拾之巻上」・「真鴨雄寫生弐拾之巻下」・「第弐拾巻鵁　真寫」・「水禽之部第廿壱巻」・「禽鳥寫生第廿弐之巻」・「（題なし）」・「鶴之寫生鷺外水鳥縮寫」。

仮剥製標本コレクションと木製収蔵棚

鳥類の剥製標本には、本剥製と仮剥製の二種がある。前者は展示陳列を想定して製作されるもので、生きているときの姿が木製台座の上に再現される。頭、羽、足の各部のそれを除く骨格と保存の難しい内蔵が抜き取られ、眼球には義眼がはめ込まれる。嘴や脚部は変色するため、補彩される。こうした展示参照用標本と別に、学術研究用に製作される標本が仮剥製と呼ばれるもので、こちらは羽を畳んだ状態で封帯し、保存用の特製抽斗に入れ、並べて保存する。本剥製と違い、稠密保存に向いているため、財団法人山階鳥類研究所に蓄積された膨大なコレクションの大半は、こうした仮剥製の形をとっている。

060
標本棚9（上から二段目）（トキ）

縦一一三・六センチメートル、横六〇・三センチメートル
標本最大長五五・五センチメートル

061
標本棚120-2（ハゴロモインコ、ハネナガインコ）

縦一一三・八センチメートル、横六〇・〇センチメートル
標本最大長三七・五センチメートル

062
標本棚121（インコ類）

インコ、オウム類は七十属三百種以上もあり、世界の熱帯・亜熱帯に広く分布するグループである。現在もペットとして広く飼育されているが、紀元前四百年頃にはギリシアでペットとして飼育されていた記録がある。十五世紀以後、ヨーロッパ人による新世界の探検によって多くの新種が紹介され、ヨーロッパの博物学者やコレクターの興味をかきたてることとなった。生物学的にはインコ科インコ目という、一科一目からなる特異なグループを形成しており、ユニークな特徴をもった鳥類である。たとえば頭骨と嘴は独特の形態をしており、頭蓋キネシス

と呼ばれる上嘴の可動性が高い。この嘴を用いて固い木の実を割ることもできるし、移動のさいは枝に噛みつき、体を保持することもできる。足指は前二本、後ろ二本で握力が強いうえに、足で器用に餌をつかんで口に持っていくこともできる。

063
標本棚122-1(キンミミクロオウム)
縦一一四・〇センチメートル、横六〇・五センチメートル
標本最大長六・三センチメートル

064
標本棚129-L4(ミミズク)
縦五九・五センチメートル、横五五・五センチメートル
標本最大長二二・五センチメートル

065
標本棚145、146(サイチョウ、ゴシキドリ)

サイチョウ類は東南アジアを中心に分布する鳥類で、巨大な嘴と嘴の上の「飾り」が特徴である。嘴の形は種ごとに異なっている。

ゴシキドリ類は東南アジア、アフリカ、南米の熱帯に分布するが、アフリカが分布の中心である。種によって、また同種でも雌雄で配色が異なっており、種認知や雌雄識別に役立っている。一方、収斂進化の結果として別の大陸にはそっくりな色合いの種がいる場合がある。たとえばアフリカのタスキゴシキドリと南米のセジロゴシキドリの色彩はよく似ている。

066
標本棚149(キツツキ)

キツツキ類はアメリカ、アフリカ、ユーラシアに広く分布する鳥類で約二百種を含む。果実類も食べるが、樹木をつついて穴を開け、昆虫類を食べるのが大きな特徴である。このため長く尖った嘴、長い舌、脳を衝撃から保護する構造などが発達している。また、幹に垂直に止まるため足指は前後二本ずつとなっており、爪の彎曲が大きい。尾は硬く、幹に止まるときに体の支えとなる。日本のキツツキ類では同所的に分布するアカゲラ、オオアカゲラの二種が似通っており、外見的には背中の白斑の形でしか区別できない。さらに亜種によっても色彩が少しずつ違い、種分化と色彩変異に関する研究対象として興味深い。

067
標本棚150-L1(コゲラ)
縦六七・〇センチメートル、横五八・〇センチメートル
標本最大長一二・五センチメートル

卵殻コレクション

068
ハイイロガン(*Anser anser*)
卵殻標本(六卵)
最大長九・〇センチメートル

シンクエイ、一九二五年六月二三日採集
財団法人山階鳥類研究所蔵(85-0290)

蜂須賀正氏コレクション。ラベルに採集者「□□□□ssm」の記載あり。ハイイロガンはヨーロッパからロシア、中国にかけて広く分布する大型のガン。本種のヨーロッパ亜種を家禽化したものがガチョウである。巣は湿地や水辺に作り、地面を窪ませて枯れ草と自分の羽毛を敷く。一度に四卵から七卵を産み、雌が二十五日から三十日抱卵する。雛は孵化して数時間で歩けるようになり、親鳥の後について行動する。なお、雛は孵化して最初に見た、大きくて動くものを親として認識する。このような、動物の生後早期だけに起こる不可逆的な学習は刷り込み《インプリンティング》と呼ばれる。オーストリアの動物行動学者コンラート・ローレンツ(一九〇三―八九)は刷り込みを利用してハイイロガンの親代わりになり、間近に観察することでハイイロガンの行動を研究した。

069
コガモ(*Anas crecca*)

卵殻標本(八卵)
最大長四・〇センチメートル
デンマーク(フュン島)、一九〇五年五月三〇日採集
財団法人山階鳥類研究所蔵(85-0255)

ヒューゴ・グランヴィク・コレクションの二六九番目。グランヴィクは一八八九年生まれのスウェーデンの鳥類学者。コガモは北半球に広く分布する小型のカモ。ただし、アメリカとユーラシアでは亜種が異なる。日本各地で多数が越冬するほか、北海道と本州の一部で少数が繁殖する。一腹卵数は六卵から十卵である。

070
コウライキジ(*Phasianus colchicus*)

卵殻標本(九卵)
最大長三・八センチメートル
一九三九年六月採集
財団法人山階鳥類研究所蔵(85-0664)

ラベルに「山階邸禽舎にて産卵(一腹に非ず)」の記載あり。キジはユーラシア中央部から東部にかけて分布する。コウライキジは朝鮮半島付近に生息する亜種で、羽色が日本産のキジとやや異なる。ただし、日本のキジを別種(*C. versicolor*)とする分類もある。現在キジは狩猟用に世界各地に放されており、ヨーロッパ、北米、チリ、ニュージーランド、タスマニアでは定着している。日本でもコウライキジが放鳥されており、日本産のキジとの交雑が進んでいるため、外見だけではどちらとも区別しがたい。ただし、対馬には最初からコウライキジが分布していたとされる。草むらに営巣し、一度に五卵から一二卵を産む。

071
ワタリガラス(*Corvus corax*)

卵殻標本(五卵)
最大長四・五センチメートル
ミーヴァトン、一九二五年四月七日採集
財団法人山階鳥類研究所蔵(85-2978)

ラベルに採集者「□□alssm」の記載あり。北半球に広く分布

する世界最大のカラス。北海道で少数が越冬し、稀に本州でも記録がある。全長六三センチメートルで、日本で普通に見られるハシブトガラスよりもひと周り大きい。北欧や北米先住民の神話に登場し、知能が高いことでも知られる。巣は崖に作ることが多いが、大木上に作ることもある。一腹卵数は三卵から六卵。卵の色とその模様には変異が大きく、薄い青白色のものからオリーヴ褐色のものまでさまざまである。

072
アレチシギダチョウ (*Nothoprocta cinerascens*)

卵殻標本（四卵うち一卵割れ）
最大長四・三センチメートル
東京都上野動物園にて飼育、一九八六年四月一八日および二二日産卵
財団法人山階鳥類研究所蔵（86-0017）

シギダチョウ類は南米の地上性の鳥。本種はアンデス山脈の高地帯に分布し、生息域は標高八百メートルから四千百メートルの薮や農地である。シギダチョウ類の卵には、釉薬をかけたような独特の光沢がある。また、レンカクやタマシギと同様に、雄が子育てを行う。上野動物園は一九八六年に日本で初めてアレチシギダチョウの繁殖に成功した。

073
レンカク (*Hydrophasianus chirurgus*)

卵殻標本（四卵）
卵長三六・五×二六、三七×二七・五、三七×二七、三七・五×二六・五ミリメートル、卵重一〇―一二グラム
台湾高雄州岡山郡左営庄覆鼎金池、一九四〇年五月一二日土屋恭一氏採集
財団法人山階鳥類研究所蔵（85-0539）

ラベルに「一卵相当抱卵進む」の記載あり。レンカクはインドから東南アジアに分布する。水草の茂る環境に適応した鳥で、長い指によって体重を分散させ、浮水植物の上を歩くことができる。巣は水面の浮遊植物の上に作る。一妻多夫で、雌は一繁殖シーズン中に七羽から十羽の雄とつがって産卵する。一腹卵数は三卵から四卵。卵および雛の世話は雄だけが行う。これは増水によって巣が破壊されやすいことから、雌が産卵に専念することで、なるべく多数の卵を残すように進化した結果である。巣が水上にあることから卵が水につかる畏れがあり、雄は卵を胸と翼のあいだに挟んで抱卵するといわれる。増水から逃げるため、卵を喉の下に挟んだり、口にくわえたりして移動させる例も知られている。卵を移動させる行動は鳥類ではきわめて異例である。

074
ウミガラス (*Uria aalge*)

卵殻標本（一卵）
卵長七・〇センチメートル
ベンプトン（ヨークシャー）、一九二四年六月採集
財団法人山階鳥類研究所蔵（85-3032）

北半球に広く分布する海鳥で、海に面した断崖で集団繁殖する。岩棚や岩の裂け目に直接、卵を産み落とし、巣材を用いない。一腹卵数は一卵のみ。ウミガラスの卵は一端が極度に尖っており、転がっても円を描くだけで崖から落ちにくい。ウミガラスはその鳴声からオロロン鳥ともばれる。かつて日本では北

海道のいくつかの無人島で繁殖していた。代表的な繁殖地であった天売島では、一九六〇年代に八千羽が生息したが、七〇年代から八〇年代にかけて激減してしまった。これはサケ・マス漁の流し網にかかって死亡したことが原因と考えられている。個体数が減少したため、ハシブトガラスやウミネコによる卵捕食を受けやすくなり、近年では繁殖個体が見られない。現在、デコイを用いてウミガラスを天売島に呼び戻す計画が進められている。なお、アリューシャン列島では各地にウミガラスのコロニーが存続している。

075
ウミガラス(*Uria aalge*)
卵殻標本(八卵)
最大長八・五センチメートル
海豹島、六月採集(採集年未詳)
財団法人山階鳥類研究所蔵(85-1355)

076
タマシギ(*Rostratula benghalensis*)
卵殻標本(四卵)
最大長三・六センチメートル
佐賀県神崎郡神崎町志波屋(仁比山村志波屋)、一九四八年六月一五日採集
財団法人山階鳥類研究所蔵(85-0770)

夜行性で湿地や水田に生息するが、圃場整備に伴って生息場所が減少している。レンカクと同様、雌は産卵するだけで抱卵・子育てを行わない。また雌が鳴いて雄に求愛する。巣は湿地の草むらにあり、地面が湿っているときは、枯れ草を集めて積み上げる。卵は見事なカモフラージュ模様となっている。一腹卵数は四卵である。

077
タマシギ(*Rostratula benghalensis*)
卵殻標本(二卵)
最大長三・七センチメートル
兵庫県神崎郡船津村大沢、一九五五年五月七日伊東誠氏採集
財団法人山階鳥類研究所蔵(85-0767)

078
ヨーロッパヨタカ(*Caprimulgus europaeus*)
卵殻標本(二卵)
最大長三・〇センチメートル
スウェーデン(ヴェステルイェートランド地方)、一九一七年六月二四日
財団法人山階鳥類研究所蔵(85-1401)

ヒューゴ・グランヴィク・コレクションの三九二番目。ヨーロッパから中央アジアの疎林で繁殖し、冬はアフリカに渡る。雄は日没後に求愛のため鳴きながら飛び回り、翼を打ち鳴らして音をたてる。明確な巣を作らず、落ち葉に覆われた地面をわずかに掘り下げて二卵を産卵する。親鳥は落ち葉に溶け込むような保護色をしており、卵も地面とまぎらわしい模様に覆われている。

079
エナガ(*Aegithalos caudatus*)
卵殻標本(八卵うち一卵割れ)
最大長一・五センチメートル
群馬県吾妻郡嬬恋村、一九三二年四月二八日

財団法人山階鳥類研究所蔵（85-2430）

体重七グラムほどの非常に小さな鳥であるが、一腹卵数は七卵から十二卵と多い。エナガの巣は非常に凝ったもので、クモやガの幼虫の糸を使ってコケ、葉、小枝をつづり合わせて袋状に作り、内側には拾ってきた鳥の羽毛を大量に敷きつめる。入り口は巣の上部側面にある。このように卵が外部から見えない巣の場合、卵のカモフラージュ模様は必要ない。

080
ヒバリ(*Alauda arvensis*)

卵殻標本（二十二卵）
最大長二・三センチメートル
採集地・採集年未詳
財団法人山階鳥類研究所蔵（85-3181）

ユーラシアに広く分布する草原性の鳥。草の根元の地面に窪みを作り、枯れ草を巣材として椀型の巣を作る。一腹卵数は二卵から五卵である。卵は地面と似た、目立たない色をしている。親鳥が巣に戻るときには少し離れた地面に舞い降り、草のあいだを隠れながら移動する。

081
レンカク(*Hydrophasianus chirurgus*)

卵殻標本（四卵）
卵長三七・五×二九、三七×二九、三八×二九、三八×二九ミリメートル、
卵重三匁九、三匁九、三匁八、三匁七
台湾高雄市内惟（菱池）、一九四〇年五月三一日採集
財団法人山階鳥類研究所蔵（85-0540）

ラベルに採集者「□田安次郎」と「巣はミズキンバイ」の記載あり。ミズキンバイは水辺に群生するアカバナ科の植物。ミズキンバイ群落に営巣したものであろう。

082
ウグイス(*Cettia diphone*)

卵殻標本（四卵）
最大長一・八センチメートル
群馬県吾妻郡、一九二九年五月一五日採集
財団法人山階鳥類研究所蔵（85-2120）

日本人には馴染みの鳥である。おもに山地で繁殖し、藪のなかに巣を作る。巣は枯れ葉を編んだ球型をしており、側面に出入り口がある。特徴のある赤褐色の卵を四個から六個産む。一夫多妻の婚姻形態をもち、抱卵と子育ては雌のみが行う。ウグイスに托卵するホトトギスも、ウグイスによく似た赤褐色の卵を産む。これは托卵鳥の卵が宿主の卵に似る、卵擬態が進化した結果である。

083
ムクドリ(*Sturnus cineraceus*)

卵殻標本（二十卵）
最大長二・八センチメートル
採集地・採集年未詳
財団法人山階鳥類研究所蔵（85-3189）

中国から日本に分布する。市街地でもごく普通に見られる鳥。本来は樹洞に営巣する鳥であるが、現在では人家の屋根裏や戸袋に営巣する例が多い。一腹卵数は五卵から七卵であるが、ときに八卵から十卵もある巣が見つかる。これは同種内での托卵

の結果である。

084 ダチョウ(*Struthio camelus*)

卵殻標本(一卵)
卵長一二・八センチメートル
大阪動物園にて飼鳥産卵、一九二四年採集
財団法人山階鳥類研究所蔵(85-0002)

「大阪動物園」は、現在の天王寺動物園のことであろう(一九二四年当時は大阪市立動物園)。ダチョウは変わった繁殖を行う。まず、一羽の雄と一羽の雌(第一雌)がペアを作り、地面を掘り下げた窪みに最大十二個の卵を産む。そこに第一雌とは別な何羽もの雌がきて産卵する。そのため一つの巣に何十個もの卵が産みつけられる。ところが卵の世話をするのは雄と第一雌だけで、他の雌は産卵が終わると去ってしまう。ダチョウのペアは無関係な雌の卵も受け入れるのである。しかし、卵が多すぎて抱ききれない場合、自分の卵は抱卵するが、他の雌鳥の卵は外へ押し出してしまう。ばかりか、自分の卵を巣の中央に配置することで、捕食者から自分の卵を守ろうとする。このように冷遇されるにもかかわらず、ダチョウの雌が他の巣に卵を産むのは、高い被捕食率と偏った性比のためである。ダチョウの巣は捕食者に狙われやすく、巣を失った雌が常に存在する。また雌が雄よりも多いため、ペアを組めない雌もいる。無事に孵化する可能性は小さくとも、他の鳥の巣に卵を産むほうが、まったく産まないよりも繁殖の成功率は高くなる。また複数の巣に産卵すれば、捕食によって全滅する危険を分散させることができる。ダチョウの卵は現生の鳥のなかで最大であるが、体重に対する割合でいえば最も小さい。すなわち、ダチョウは体に見合わぬ小さな卵をたくさん産むように進化した鳥なのである。

085 レア(*Rhea americana*)

卵殻標本(一卵)
卵長一一・五センチメートル
東京都立上野動物園、一九八四年一一月一八日産卵
財団法人山階鳥類研究所蔵(85-0005)

南米の平原に生息する、ダチョウに似た鳥である。頭高は一・五メートルほどで、体重は最大四〇キログラムになる。ダチョウと異なり、抱卵と子育ては雄だけが行う。雄は羽毛を広げて求愛ディスプレイを行い、複数の雌を独占する。雌は抱卵が終わると立ち去り、次の雄と交尾して産卵する。雄は十個から六十個の卵を抱卵し、生まれた子供を連れ歩いて世話する。

086 レア(*Rhea americana*)

卵殻標本(一卵)
卵長一二・〇センチメートル
東京都台東区東京都立上野動物園にて飼育、一九七八年三月二五日採集
財団法人山階鳥類研究所蔵(87-0035)

ラベルに「同園飼育課」の担当者名として「小宮輝之・小林和夫」の記載あり。

087
ヒクイドリ(*Casuarius casuarius*)

卵殻標本(一卵)
卵長一二・三センチメートル
ニューギニア、採集年未詳
財団法人山階鳥類研究所蔵(85-0006)

ニューギニアの森林に棲む飛べない鳥。頭高は一・六ないし一・八メートルに達する。地上に落ちた果実や小動物を餌としている。単独で生活し、雄が抱卵と子育てを行う。一腹卵数は四卵から八卵で、抱卵期間は約五十日である。

088
エミュー(*Dromaius novaehollandiae*)

卵殻標本(一卵)
卵長一一・〇センチメートル
卵重四八〇グラム(一九八七年四月三日測定)
東京都日野市東京都多摩動物公園にて飼育、一九八七年三月一五日産卵
財団法人山階鳥類研究所蔵(87-0008)

ラベルに「杉田平三、東京都多摩動物公園飼育課より」の記載あり。エミューはオーストラリアに棲む大型の飛べない鳥。頭高は一・七五メートル、体重は最大五〇キログラム。雄は雌よりもひとまわり小さい。一夫一妻だが、雌は産卵すると巣を立ち去り、雄だけが抱卵と子育てを行う。稀に雌がとどまって巣を守ることもある。一腹卵数は九卵から二十卵。エミューはオーストラリアの乾燥した平原に適応しており、抱卵中の雄以外はつねに餌となる植物と水を求めて移動しながら生活している。雌は産卵を終えるとすぐに移動し、餌を探して次の産卵を行う。約二カ月の抱卵期間中、雄は餌をとらない。

089
エミュー(*Dromaius novaehollandiae*)

卵殻標本(一卵)
卵長一二・五センチメートル
東京都立上野動物園、一九八四年一一月一二日産卵
財団法人山階鳥類研究所蔵(85-0009)

090
ガチョウ(*Anser anser var. domesticus*)

卵殻標本(五卵うち二卵割れ)
最大長七・六センチメートル
採集地・採集年未詳
財団法人山階鳥類研究所蔵(85-3198)

ヨーロッパのガチョウでハイイロガンを家禽化したもの。中国のガチョウはサカツラガン(*Anser cygnoides*)を家禽化したものである。

091
アホウドリ(*Phoebastria albatrus*)

卵殻標本(一卵)
最大長一〇・二センチメートル
伊豆諸島鳥島、一九二四年一一月採集
財団法人山階鳥類研究所蔵(85-0057)

翼を広げると二・四メートルにもなる大型の海鳥。天敵のいない離島で集団繁殖し、卵は地上に産む。一腹卵数は一卵のみである。抱卵と子育ては雌雄共同で行い、どちらかが死亡するまで、つがい相手を変えることはない。抱卵期間は六十五日。五カ月間にわたって雛に給餌を行った後、親はまだ飛ぶことのできない雛を残して島を去ってしまう。残された雛は、たくわ

えた栄養を使って飛ぶ練習をし、親よりも一カ月ほど遅れて島を離れる。十九世紀末までは伊豆諸島の鳥島をはじめ、日本のいくつかの離島で多数のアホウドリが繁殖していた。しかし明治時代から羽毛用に乱獲され続け、最後まで残っていた鳥島でも火山の噴火があり、一九四九年に絶滅したと考えられていた。ところが、一九五一年に十羽ほどが鳥島で繁殖しているのが発見され、さらに尖閣諸島でも少数の繁殖が確認された。現在、本種の繁殖が確認されているのは世界でこの二ケ所のみであり、環境省による保護増殖活動が進められている。

東京帝国大学理科大学動物学教室旧蔵鳥類古写真コレクション

東京大学の各部局には学術研究用に撮影された多くの標本写真が残されている。芸術写真としてでなく、学術研究の参考資料として撮影された標本写真は、構図や照明をいたずらに操作することなく、被写体の特性をデータとして保存し、後代に伝えることを第一義とする。そのため、対象物を捉える即物的な視線に特徴がある。帝国大学時代の研究者は時代の第一線で活躍する写真家を動員し、そうした記録写真の蓄積に余念がなかった。ここに集められた鳥類の古写真は、撮影者未詳ながら、写真の質という点において傑出している。モノクロのプリントのなかに、死して凝固した鳥の骸の、時を超えた存在感が濃縮されている。場合によると色彩すら感じさせずにおかない見事なプリントである。

092
ダイサギ(*Ardea alba*)

ゼラチン・シルヴァー・プリント
縦一五・三センチメートル、横一〇・九センチメートル
撮影者・年代未詳
総合研究博物館研究部蔵(東京帝国大学理科大学動物学教室旧蔵)(UMUT-0055)

「草加大さぎ」の鉛筆裏書きあり。ダイサギは俗に「しらさぎ」と呼ばれるサギ類のうち最も大きい。日本で繁殖するものはチュウダイサギで留鳥であるが、これとは別にオオダイサギが冬鳥として渡来する。しかし、両者は体の大きさと皮膚裸出部の色がわずかに違うだけで、計測しないかぎり区別することは難しい。チュウダイサギとオオダイサギは亜種とされていたが、近年では別種とする場合がある。

093
ノガン(*Otis tarda*)腹部

ゼラチン・シルヴァー・プリント
縦一五・三センチメートル、横一〇・九センチメートル
撮影者・年代未詳
総合研究博物館研究部蔵(東京帝国大学理科大学動物学教室旧蔵)(UMUT-0056)

「桑名のがん腹」の鉛筆裏書きあり。ユーラシア大陸の草原に分布し、日本では稀な迷鳥である。現生の飛べる鳥のなかではオオハクチョウと並んで最も重い鳥であり、雄は体重一八キロ

グラムに達する。また、雄はディスプレイとして喉を膨らませ、全身の白い羽を逆立てて体を包み、白い風船のようになる。

094
ノガン(*Otis tarda*)背部

ゼラチン・シルヴァー・プリント
縦一五・三センチメートル、横一〇・九センチメートル
撮影者・年代未詳
総合研究博物館研究部蔵(東京帝国大学理科大学動物学教室旧蔵)(UMUT-0057)

「桑名のがん背」の鉛筆裏書きあり。

095
クロトキ(*Threskiornis melanocephalus*)

ゼラチン・シルヴァー・プリント
縦一五・三センチメートル、横一〇・九センチメートル
撮影者・年代未詳
総合研究博物館研究部蔵(東京帝国大学理科大学動物学教室旧蔵)(UMUT-0058)

「亀井戸黒とき」の鉛筆裏書きあり。インドから東南アジアに生息し、日本では稀な冬鳥。

096
トキ(*Nipponia nippon*)

ゼラチン・シルヴァー・プリント
縦一五・三センチメートル、横一〇・九センチメートル
撮影者・年代未詳
総合研究博物館研究部蔵(東京帝国大学理科大学動物学教室旧蔵)(UMUT-0059)

「越後とき」の鉛筆裏書きあり。かつては日本全国にいたが、現在、日本の野生個体群は絶滅している。最後まで生存していたのが新潟県である。

097
コウノトリ(*Ciconia boyciana*)

ゼラチン・シルヴァー・プリント
縦一五・三センチメートル、横一〇・九センチメートル
撮影者・年代未詳
総合研究博物館研究部蔵(東京帝国大学理科大学動物学教室旧蔵)(UMUT-0060)

「手賀沼かう」の鉛筆裏書きあり。かつては日本全国に生息していたが、明治以後急速に減少し、現在、野生個体は日本では繁殖していない。この当時は手賀沼にも残存していたのだろう。この仮剥製は財団法人山階鳥類研究所に現存する。

098
ナベコウ(*Ciconia nigra*)

ゼラチン・シルヴァー・プリント
縦一五・三センチメートル、横一〇・九センチメートル
撮影者・年代未詳
総合研究博物館研究部蔵(東京帝国大学理科大学動物学教室旧蔵)(UMUT-0061)

「砂村なべかう」の鉛筆裏書きあり。ユーラシアで繁殖し、アフリカへ渡る。日本では迷鳥とされる。

099
ヘラサギ(*Platalea leucorodia*)

ゼラチン・シルヴァー・プリント
縦一〇・九センチメートル、横一五・三センチメートル
撮影者・年代未詳
総合研究博物館研究部蔵(東京帝国大学理科大学動物学教室旧蔵)(UMUT-0062)

「手賀沼へらさぎ」の鉛筆裏書きあり。現在ではおもに九州に飛来する、もしくは通過する冬鳥。

100
オナガドリ(*Gallus gallus* var. *domesticus*, Long Tailed Fowl)

ゼラチン・シルヴァー・プリント
縦九・二センチメートル、横一三・四センチメートル
撮影者・年代未詳
総合研究博物館研究部蔵(東京帝国大学理科大学動物学教室旧蔵)(UMUT-0063)

高知県原産の日本鶏の一品種。長尾鶏と表記する場合もある。オナガドリは雄の尾羽が生えかわらずに一生伸び続ける特異な品種であり、尾は一〇メートルを超えた例もある。止箱(とめばこ)と呼ばれる専用の箱で飼育し、尾羽が擦り切れるのを防いでいる。一九二三年にニワトリとして初めて天然記念物に指定され、一九五二年に「土佐のオナガドリ」の名で特別天然記念物に指定された。

101
長尾鶏(*Gallus gallus* var. *domesticus*, Long Tailed Fowl)側部

ゼラチン・シルヴァー・プリント
縦九・九センチメートル、横一〇・六センチメートル(台紙サイズ縦一二・七センチメートル、横一六・五センチメートル)
森潤三郎・三井高遂氏、年代未詳
総合研究博物館研究部蔵(東京帝国大学理科大学動物学教室旧蔵)(UMUT-0071)

「土佐長尾鶏ノ雌(森潤三郎/三井高遂)」、「土佐一、三寸」と台紙上部にペン書きがある。雌は尾が短い。

102
ルリカケス(*Garrulus lidthi*)側部

ゼラチン・シルヴァー・プリント
縦一〇・八センチメートル、横一五・五センチメートル
撮影者・年代未詳
総合研究博物館研究部蔵(東京帝国大学理科大学動物学教室旧蔵)(UMUT-0072)

「大島るりかけす側面」の鉛筆裏書きあり。奄美諸島の奄美大島、加計呂間島、請島にのみ生息する稀少種。これは大島産である。

103
ルリカケス(*Garrulus lidthi*)腹部

ゼラチン・シルヴァー・プリント
縦一〇・八センチメートル、横一五・三センチメートル
撮影者・年代未詳
総合研究博物館研究部蔵(東京帝国大学理科大学動物学教室旧蔵)(UMUT-0073)

「大島るりかけす腹部」の鉛筆裏書きあり。

104
鶏(*Gallus gallus* var. *domesticus*)

ゼラチン・シルヴァー・プリント
縦一〇・六センチメートル、横一四・三センチメートル
撮影者・年代未詳
総合研究博物館研究部蔵(東京帝国大学理科大学動物学教室旧蔵)(UMUT-0075)

105
鳥の巣

ゼラチン・シルヴァー・プリント
縦一〇・五センチメートル、横一五・三センチメートル

撮影者・年代未詳
総合研究博物館研究部蔵（東京帝国大学理科大学動物学教室旧蔵）（UMUT-0076）

巣箱から取り出したカラ類（*Parus* sp.）の巣ではないかと考えられる。コケで作り、産座には獣毛が用いられている。

106
ルリカケス(*Garrulus lidthi*)側部

ゼラチン・シルヴァー・プリント
縦一〇・八センチメートル、横一五・四センチメートル
撮影者・年代未詳
総合研究博物館研究部蔵（東京帝国大学理科大学動物学教室旧蔵）（UMUT-0078）

「奄美大島るりかけす側面」の鉛筆裏書きあり。

107
ミカドキジ(*Syrmaticus mikado*)

ゼラチン・シルヴァー・プリント
縦一九・三センチメートル、横一四・六センチメートル
撮影者・年代未詳
総合研究博物館研究部蔵（東京帝国大学理科大学動物学教室旧蔵）（UMUT-0079）

「台湾産ミカドキジ」の鉛筆裏書きあり。台湾の特産種である。

108
動物写真アルバム

縦二七・〇センチメートル、横三四・五センチメートル
東京帝国大学理学部動物学教室
年代未詳
総合研究博物館研究部蔵（東京帝国大学理科大学動物学教室旧蔵）（UMUT-0319）

109
動物標本陳列室

アートタイプ印刷、アルバム貼付
縦一四・八センチメートル、横二一・六センチメートル
東京製紙分社印刷
総合研究博物館研究部蔵（東京帝国大学理科大学動物学教室旧蔵）

右手前の骨格標本はサギ類とコウノトリ類。後方の剥製は大きさから考えてレア（*Rhea americana*）かエミュー（*Dromaius novaehollandiae*）のようであるが、小型のモアの復元模型かもしれない。棚の上には鳥の巣の標本が並ぶ。

110
鳥剥製

ゼラチン・シルヴァー・プリント、アルバム貼付
縦一三・五センチメートル、横一〇・〇センチメートル
撮影者・年代未詳
総合研究博物館研究部蔵（東京帝国大学理科大学動物学教室旧蔵）

写真の下に「原十太氏寄贈 36.1」の記載がある。そのため、本写真は明治三六（一九〇三）年一月以降に撮影されたものと思われる。原十太（一八七二―一九六二）は静岡県出身で、東京帝国大学農科大学水産学科教授を務めた。一八九五年に理科大学動物学科を卒業、九七年より札幌農学校教授となった。後に、学習院教授を経て、一九〇八年に東京帝国大学農科大学講師となる。その翌年より、水産海洋学研究のため、イギリス、フランス、ドイツに留学し、一一年に帰国、教授となった。写真の標本は日本産鳥類の剥製をジオラマ的に展示したものである。一番上の大きな鳥はシマフクロウ（*Ketupa blakistoni*）、右下の

低い枝に止まっているのはエゾライチョウ（*Bonasa bonisia*）で、ともに北海道特産種。札幌農学校時代に入手したものか。台上には地上性の鳥類であるシギ類とウズラが置かれている。

111
白矮鶏（*Gallus gallus* var. *domesticus*, Chabo）

ゼラチン・シルヴァー・プリント、アルバム貼付
縦一三・五センチメートル、横一〇・〇センチメートル
撮影者・年代未詳
総合研究博物館研究部蔵（東京帝国大学理科大学動物学教室旧蔵）

写真の下に「米山米夫氏寄贈 36.2」の記載あり。明治三六（一九〇三）年二月以降に撮影されたものか。雄の垂直に突出した尾羽が本品種の特徴である。

東京帝国大学理科大学動物学教室旧蔵奇形鶏類古写真コレクション

帝国大学動物学教室旧蔵資料のなかには、奇形の生き物ばかりを集めた標本と写真のコレクションがある。ここには鶏に関するものだけを集めた。鶏はヤケイを元に、食肉用、鑑賞用などの目的で人工的に作られた鳥である。そのため、育種の過程でさまざまな奇形の誕生を見たものと思われる。プリント写真を硝子板で押さえ、四周を端正に装う。帝国大学時代の学術遺産のなかには、この種の視覚資料が稀に見出されることがある。おそらく、学会での発表や、教室での参照のために製作されたものであろう。

112
去勢鶏（*Gallus gallus* var. *domesticus*, Castrated）の摘出部（脚）

ゼラチン・シルヴァー・プリント、硝子板装
縦六・七センチメートル、横九・〇センチメートル（硝子板サイズ縦一二・〇センチメートル、横一六・五センチメートル）
撮影者・年代未詳
総合研究博物館研究部蔵（東京帝国大学理科大学動物学教室旧蔵）（UMUT-1004）

「去勢後八カ月のチャボ。去勢手術は生後三カ月で行った」（Capon-8 months after castration. Operation was performed when he 3 months old）のラベル印字あり。

113
蹴爪のあるハンブルグ（*Gallus gallus* var. *domesticus*, Hamburgh）雌

ゼラチン・シルヴァー・プリント、硝子板装
縦六・二センチメートル、横九・一センチメートル（硝子板サイズ縦一二・〇センチメートル、横一六・二センチメートル）
撮影者・年代未詳
総合研究博物館研究部蔵（東京帝国大学理科大学動物学教室旧蔵）（UMUT-1005）

「蹴爪のあるハンブルグ雌」（Kenmesu [Spurred Female Hamburg]）のラベル印字あり。

114
奇形鶏（*Gallus gallus* var. *domesticus*, Four legged chick）

ゼラチン・シルヴァー・プリント、硝子板装
縦一一・二センチメートル、横九・〇センチメートル（硝子板サイズ縦一六・五センチメートル、横一二・〇センチメートル）

撮影者・年代未詳
総合研究博物館研究部蔵（東京帝国大学理科人学動物学教室旧蔵）（UMUT-1007）

「四本脚鶏」（Four legged chick）のラベル印字あり。

115
去勢鶏（*Gallus gallus* var. *domesticus*, Castrated）雄

ゼラチン・シルヴァー・プリント、硝子板装
縦七・四センチメートル、横一〇・〇センチメートル（硝子板サイズ縦一二・〇センチメートル、横一六・五センチメートル）
撮影者・年代未詳
総合研究博物館研究部蔵（東京帝国大学理科大学動物学教室旧蔵）（UMUT-1010）

「チャボ」（Capons.）のラベル印字あり。

116
間性鶏（*Gallus gallus* var. *domesticus*, Intersex）

ゼラチン・シルヴァー・プリント、硝子板装
縦七・三センチメートル、横九・〇センチメートル（硝子板サイズ縦一二・〇センチメートル、横一六・五センチメートル）
撮影者・年代未詳
総合研究博物館研究部蔵（東京帝国大学理科大学動物学教室旧蔵）（UMUT-1011）

「間性」（Intersex.）のラベル印字あり。

117
奇形鶏（*Gallus gallus* var. *domesticus*, Four legged chicken）

ゼラチン・シルヴァー・プリント、硝子板装
縦九・五センチメートル、横六・八センチメートル（硝子板サイズ縦一六・五センチメートル、横一二・〇センチメートル）
撮影者・年代未詳
総合研究博物館研究部蔵（東京帝国大学理科大学動物学教室旧蔵）（UMUT-1012）

「四本脚鶏」（Four legged chick）のラベル印字あり。

118
去勢鶏（*Gallus gallus* var. *domesticus*, Castrated）の摘出脚部

ゼラチン・シルヴァー・プリント、硝子板装
縦七・〇センチメートル、横九・五センチメートル（硝子板サイズ縦一二・〇センチメートル、横一六・五センチメートル）
撮影者・年代未詳
総合研究博物館研究部蔵（東京帝国大学理科大学動物学教室旧蔵）（UMUT-1015）

「チャボ——去勢後七年。蹴爪は去勢手術を行わなかった雄のそれとほぼ同じである」（Capon- 7 years after castration. Spur is of about the same size as that of an unoperated male）のラベル印字あり。

119
蹴爪のない鶏（シャモ）（*Gallus gallus* var. *domesticus*, Shamo）雄

ゼラチン・シルヴァー・プリント、硝子板装
縦七・〇センチメートル、横一〇・〇センチメートル（硝子板サイズ縦一二・〇センチメートル、横一六・五センチメートル）
撮影者・年代未詳
総合研究博物館研究部蔵（東京帝国大学理科大学動物学教室旧蔵）（UMUT-1016）

「蹴爪のない雄鶏（シャモ）」（Spurless male 'Duku Syamo'）のラベル印字あり。

120
金色セブライト（*Gallus gallus* var. *domesticus*, Sebright bantam）雌

ゼラチン・シルヴァー・プリント、硝子板装
縦七・三センチメートル、横七・四センチメートル（硝子板サイズ縦一二・〇センチメートル、横一六・五センチメートル）

撮影者・年代未詳
総合研究博物館研究部蔵（東京帝国大学理科大学動物学教室旧蔵）（UMUT-1017）

「金色セブライト雌」（Goledn Sebright Female.）のラベル印字あり。

121
奇形鶏（*Gallus gallus* var. *domesticus*）

ゼラチン・シルヴァー・プリント、硝子板装
縦一〇・六センチメートル、横一四・九センチメートル（硝子板サイズ縦一二・〇センチメートル、横一六・五センチメートル）
撮影者・年代未詳
総合研究博物館研究部蔵（東京帝国大学理科大学動物学教室旧蔵）（UMUT-1019）

122
雌羽をもつ雄の金色セブライト（*Gallus gallus* var. *domesticus*, Sebright bantam）

ゼラチン・シルヴァー・プリント、硝子板装
縦七・三センチメートル、横七・二センチメートル（硝子板サイズ縦一二・〇センチメートル、横一六・五センチメートル）
撮影者・年代未詳
総合研究博物館研究部蔵（東京帝国大学理科大学動物学教室旧蔵）（UMUT-1020）

「雌羽をもつ金色セブライト雄」（Golden Sebright Female feathered male）のラベル印字あり。

東京帝国大学理科大学動物学教室旧蔵「鷹匠」古写真コレクション

123
オオタカ（*Accipiter gentilis*）

ゼラチン・シルヴァー・プリント、アルバム貼付
縦一三・九センチメートル、横九・九センチメートル
内山（R.Uchiyama）氏撮影
明治三四年二月二一日
総合研究博物館研究部蔵（東京帝国大学理科大学動物学教室旧蔵）

写真の下に「大鷹（関氏飼養）」の記載あり。日本ではハイタカ、クマタカとともにオオタカを鷹狩りに用いる。全長五〇から六〇センチメートル、翼開長一から一・三〇メートルで、カラス程度の大きさである。オオタカを用いた鷹狩りではカモ、キジ、ヤマドリ、ときにウサギを獲物とする。野生状態ではおもに鳥類を捕食する。なお、蒼鷹の字をあてることもある。

124
鷹匠と鷹

ゼラチン・シルヴァー・プリント、アルバム貼付
縦一三・九センチメートル、横九・九センチメートル
内山（R.Uchiyama）氏撮影
明治三四年二月二一日
総合研究博物館研究部蔵（東京帝国大学理科大学動物学教室旧蔵）

写真の下に「元鷹匠牧野茂十郎氏」の記載あり。鷹はオオタカと思われる。

125
鷹匠と鷹

ゼラチン・シルヴァー・プリント、アルバム貼付
縦一四・八センチメートル、横八・八センチメートル
撮影者・年代未詳
総合研究博物館研究部蔵(東京帝国大学理科大学動物学教室旧蔵)

写された人物は同じく元鷹匠牧野茂十郎と思われる。頭巾、羽織、身に着けた小物が同様であることから、同日、同撮影者によるものであろう。

日本鳥学会誌

126
黒田長禮
『世界の鴨』

日本鳥学会、大正元年一〇月(Nagamichi Kuroda, *Ducks of the World*, The Ornithological Society of Japan, Oct. 1912)
縦二五・六センチメートル、横一八・〇センチメートル
総合研究博物館研究部蔵

十九歳のときに発表した『羽田鴨場之記』に次ぐ黒田長禮の第二論文。発行元は明治四五年五月に発足した日本鳥学会で、東京帝国大学で黒田を指導した学会会頭飯島魁が序文を寄せている。書中には当時世界で知られていた百三十七種の鴨類が網羅されており、学術的に大きな意義をもった。この研究は、大正六年の釜山での絶滅鳥カンムリツクシガモの発見につながった。

127
『鳥』

第一巻一号、日本鳥学会、一九一五年
縦二二・五センチメートル、横一五・三センチメートル
総合研究博物館研究部蔵

明治四五年五月、東京帝国大学理科大学動物学科教授飯島魁を会頭に戴き発足した日本鳥学会の会誌。創刊は大正四年五月で、年二回発行された。飯島のほかに、その当時飯島の下で鳥学を学んでいた二十代の若者、内田清之助、黒田長禮、鷹司信輔らが中心となり、また発起人には黒田、鷹司のほかに、当時飯島の聴講生だった松平頼孝らが名前を連ねた。創刊号の冒頭を飾った飯島の「本邦鳥類ノ研究ニ就イテ」という文章に表れているように、当初から在野・地方の研究者に対して開かれた組織・出版物であった。

128
『鳥』

第一巻二号、日本鳥学会、一九一五年
縦二二・五センチメートル、横一五・三センチメートル
総合研究博物館研究部蔵

129
『鳥』

第一巻三号、日本鳥学会、一九一六年
縦二二・五センチメートル、横一五・三センチメートル
総合研究博物館研究部蔵

刻字甲骨

現在最古の漢字として確認されているのは、殷代の甲骨文である。漢字の祖先にあたる文字を甲骨、つまり亀甲（大亀の腹甲。背甲もある）獣骨（牛の肩胛骨など）に刻したもので、わが国にも舶載された。日本舶載の刻字甲骨の総数は一万片に近いと言われている。日本で最も多くの甲骨を所蔵するのは京都大学人文科学研究所で三千余片、それに次ぐのは本学東洋文化研究所で一千三百余片ある。今回は、そのうちから、「鳳」（「風」の意味）の字を刻した三点を展示する。河井荃廬氏は篆刻家で先の大戦の空襲で被災し、自らも運命をともにされた。その焼け跡から白色化しまた細片化した甲骨が発見され、それが研究所にもたらされ、現名誉教授松丸道雄氏の下で整理された。一片一片の洗浄、陶器の釉薬の飛沫の除去など、根気のいる作業が続けられ、後にご遺族より研究所に寄贈された。田中救堂氏旧蔵甲骨は、東洋文化研究所の購得品である。（平勢隆郎）

130
刻字「鳳」
亀甲
縦五・〇センチメートル、横一・五センチメートル
殷代
東洋文化研究所（河井荃廬氏旧蔵）（B0891）
松丸道雄編『東京大学東洋文化研究所蔵甲骨文字・図版編』、東京大学東洋文化研究所・東京大学出版会、一九八三年、図版九八。

131
刻字「鳳」
亀甲
縦四・五センチメートル、横二・一センチメートル
殷代
東洋文化研究所（河井荃廬氏旧蔵）（B0325）
松丸道雄編『東京大学東洋文化研究所蔵甲骨文字・図版編』、東京大学東洋文化研究所・東京大学出版会、一九八三年、図版三六。

132
刻字「鳳」
亀甲
縦四・三センチメートル、横三・一センチメートル
殷代
東洋文化研究所（田中救堂氏旧蔵）（B1144）
松丸道雄編『東京大学東洋文化研究所蔵甲骨文字・図版編』、東京大学東洋文化研究所・東京大学出版会、一九八三年、図版一一四。

家禽文化誌 Nature domesticated

東京農業大学「食と農」の博物館所蔵ニワトリ・コレクション

ニワトリ(*Gallus gallus* var. *domesticus*)は東南アジアの森林や林縁に生息するヤケイ(野鶏)を家禽化したものである。ヤケイには四種があるが、そのうちのセキショクヤケイただ一種がニワトリの原種であるとする単元説と、その他のハイイロヤケイ、セイロンヤケイ、アオエリヤケイも家禽化に寄与したとする多元説がある。しかし、多元説においてもセキショクヤケイがニワトリの主要な祖先であるとされている。

セキショクヤケイは中国南部、タイ、ラオス、ベトナム、マレーシア、インドネシア、インド、パキスタンなどと広く分布し、さまざまな環境下で人間と接触した。やがて家禽として飼われるようになったニワトリは人間の移動とともに分散し、肉用、卵用、鑑賞用の目的で品種改良された結果、世界中でさまざまな品種が作出された。このうち、日本において作出された品種は日本鶏と呼ばれている。

ニワトリが初めて日本に持ち込まれたのがいつ頃であったかは明らかでない。しかし、愛知県の伊川津貝塚(縄文時代晩期)、静岡県の登呂遺跡(弥生時代)、長崎県の原の辻貝塚(弥生時代)等よりニワトリの骨が出土していることから、縄文時代後期から弥生時代初期にかけて、中国、朝鮮半島経由で九州あるいは山陰地方にもたらされていたことは間違いない。古墳時代になると、すでに広く飼育されており、日本各地からニワトリをかたどった埴輪が出土している。埴輪のトサカの形から、この時代のニワトリはまだ原種であるヤケイに近い姿をしていたことがわかる。

その後、日本には何度か外国産のニワトリが導入されている。まず、平安時代に小国(ショウコク)が中国から将来された。江戸時代には大唐丸(オオトウマル)と烏骨鶏(ウコッケイ)が中国から、軍鶏(シャモ)がシャム(現在のタイ)から、矮鶏(チャボ)の原品種がチャンパ(現在のベトナム)から、それぞれもたらされたという説がある。これらの品種は在来品種と交配され、さらに多くの日本鶏が作出されることになった。江戸時代から明治時代にかけて多くの日本鶏が作出されたが、これは江戸時代に文化的趣味としてニワトリの飼育が盛んに行われたことや、優れた品種が献上品に供せられたこととも関係している。

日本鶏は外観の美しさや鳴声を楽しむ愛玩用、あるいは闘鶏用として作出されたものが多い。たとえば尾長鶏(オナガドリ)や、さまざまに改良された矮鶏は鑑賞用である。東天紅(トウテンコウ)・声良(コエヨシ)・蜀鶏(トウマル)は鳴声を楽しみ、また声の長さを競わせるために育種された。軍鶏、薩摩鶏(サツマドリ)は優れた肉質でも知られるが、本来は闘鶏用である。このように、日本鶏は日本の歴史、文化のなかで作出されてきた独自の品種であり、大正一二年から昭和二六年にかけて十七品種が天然記念物に指定されている。このほか、天然記念物の指定を受けていないものを含めると、三十品種以上の日本鶏が存在している。

明治時代以後、日本には欧米から近代的な養鶏技術や新品種が導入された。現在では肉用、卵用のニワトリは海外品種が主流をなしている。日本鶏は文化財、愛玩用もしくは地域の特産品として飼育されているが、騒音や臭いの問題から個人の住宅でニワトリを飼育することが困難になりつつある。そのため天然記念物指定を受けていない品種は急激に個体数が減少しており、たとえば新潟の佐渡髯地鶏(サドヒゲジドリ)は百羽ほどしか現存しないと言われる。また天然記念物指定を受けていても尾長鶏のように飼育に特殊な管理が必要なものもあり、飼育者の高齢化と後継者不足から日本鶏の将来は安泰とは言えない。

(松原 始)

133

アンダルシアン(Andalusian)

剥製標本(雄)
体重約三五〇〇グラム
東京農業大学「食と農」の博物館蔵

スペインのアンダルシア地方の原産と言われるが、改良地はイギリスである。別名ブルー・ミノルカ、ブルー・スパニッシュとも言われる。ミノルカやスパニッシュと近い採卵用品種と考えられている。卵が大きく、年間産卵数は二百個ほどである。国内ではほとんど飼育されていない。地中海種としては最も古い品種の一つである。

134

インギー鶏(Ingi-dori)

剥製標本(雄)
体重約三五〇〇グラム
東京農業大学「食と農」の博物館蔵

無尾鶏として鶉尾とともに注目される愛玩用種である。種子島の産で、その由来は明治の初期、難破した英国船に食料として積み込んであった鶏に遡る。名称のインギーはイギリスの意である。しかし、英国船が上海近郊から仕入れてきた中国産品種とする説もある。この無尾鶏は日本産の無尾の「鶉尾」とともに、稀種として扱われ、研究上からも、興味のもたれる種である。

135

烏骨鶏(うこっけい)(Ukokkei, Silkiy)

剥製標本(雄)
体重約一三〇〇グラム
東京農業大学「食と農」の博物館蔵

江戸時代初期に中国から渡来したと考えられる。愛玩用で、体格はやや小さく、羽色は白色のものが多い。絹糸状羽、紫黒色の皮膚、五趾、脚羽、紫赤色の肉冠など特徴的な形質を備えている。欧米における内種として、ブルー、ブラック、ゴールド、ホワイトがあるが、日本では白色と黒色の二内種が一般的である。昭和一七(一九四二)年七月二一日天然記念物に指定された。

136
鶉尾（うずらお）(Uzurao, Japanese Rumpless Bantam)

剥製標本（雄）
体重約六七五グラム
東京農業大学「食と農」の博物館蔵

高知原産の愛玩用種。その姿形が鶉に似ており、小型である。土佐小地鶏から突然変異によって生じた無尾鶏である。尾椎骨は退化している。耳朶は楕円形をしており、白または帯黄色を呈し、黄脚である。内種として白色種、碁石種、三色碁石種、黒色種、金笹種、赤笹種その他がある。昭和一二（一九三七）年六月一五日天然記念物に指定された。

137
大軍鶏（おおしゃも）「白」(Oh-Shamo, Large Shamo)

剥製標本（雄）
体重約五六二〇グラム
東京農業大学「食と農」の博物館蔵

本種の元は徳川時代初期、シャム（タイ）国から渡来したマレー系統の鶏種で、その名称のシャモ、またはシャムもシャム国に由来する。しかし、平安後期の年中行事絵巻や鎌倉期の鳥獣戯画に軍鶏とおぼしき鶏が描かれていることから、江戸以前から日本に存在していたと考えられる。その後国内で改良され、典型的な闘鶏用の品種となった。勇猛無比で、直立的姿勢に特徴がある。肉は美味しい。他種と交雑させ、シャモオトシ作出用としても利用される。内種に赤笹種、黄笹種、油種、碁石種、浅黄種、白色種、猩々《しょうじょう》種がある。昭和一六（一九四一）年八月一日天然記念物に指定された。

138
大軍鶏（おおしゃも）「赤笹」(Oh-Shamo, Large Shamo)

剥製標本（雄）
体重約五六二〇グラム
東京農業大学「食と農」の博物館蔵

139
尾長鳥（おながどり）(Onagadori, Japanese Long-tailed Fowl)

剥製標本（雄）
体重約一八〇〇グラム
東京農業大学「食と農」の博物館蔵

高知原産の尾長一二メートルにも達する愛玩用日本鶏である。羽色は白藤種を主とする。白色種、赤笹種、猩々《しょうじょう》種がある。単冠で、ときに黄色を帯び、脚は鉛色あるいは黄色、眼は栗色をしている。天然記念物のニワトリ十七種のうち、最も早い大正一二（一九二三）年三月七日に指定を受け、その後昭和二七年三月二九日に特別天然記念物となった。鳥類のなかで世界一長い尾羽をもつのが特徴である。通常ニワトリは年一回秋に換羽するが、雄の尾羽の一部が一生伸び続けるという突然変異種であり、世界の鳥類学者にとって驚異の的となっている。

140
オーストラロープ(Australorp)

剥製標本(雄)
体重約四三〇〇グラム
東京農業大学「食と農」の博物館蔵

原産地はオーストラリア。名前は、オーストラリアン・ブラック・オーピントン(Australian Black orpington)を短縮させたものであり、名前の通り、ブラック・オーピントンから改良して作られた採卵用ないし食肉用の種。羽色は黒。卵はベージュから褐色。かつては卵用鶏の世界チャンピオンだった。一九三〇年代から四〇年代にかけ、雑種作出に多く用いられた。万能タイプのニワトリで産肉量、産卵数、ともに優れ、寿命も長い。利用性が高い。

141
河内奴(かわちやっこ)(Kawachiyakko)

剥製標本(雄)
体重約九三〇グラム
東京農業大学「食と農」の博物館蔵

小地鶏と小軍鶏の交雑によって作られた愛玩用種。羽装は赤色の強い五色で、雌は白笹に近い。冠は三枚冠であるが、中央が突出し、両側は低いのが特徴である。名称は大阪府河内地方で作出されたことに由来する。しかし、現在は三重県が主たる飼育地となっている。昭和一八(一九四三)年八月二四日天然記念物に指定される。

142
岐阜地鶏(ぎふじどり)(Gifujidori, Gifu Native Fowl)

剥製標本(雄)
体重約一八〇〇グラム
東京農業大学「食と農」の博物館蔵

地鶏の代表的品種。普通地鶏、郡上地鶏とも呼ばれる。戦前は実用鶏として飼われていた。単冠、赤耳朶で、脚は現在黄色に統一されている。羽色は赤笹と黄笹がある。五色や白色型も出現する。昔は報震用、闘鶏用として飼われていたが、その後は卵肉兼用として、現在では観賞用となっている。昭和一六(一九四一)年一月二七日天然記念物に指定される。

143
熊本(くまもと)(Kumamoto)

剥製標本(雄)
体重約三七五〇グラム
東京農業大学「食と農」の博物館蔵

熊本は明治時代、熊本県で在来種にバフコーチン種やエーコク種、さらに白色レグホーン等を交配して作られた採卵用・食肉用種。バフ色の大型で肉質の優れた卵肉兼用種である。戦前は広く県内全域で飼われていた。戦後の一時期、羽数が減少し、絶滅寸前まで追い込まれたが、昭和五一(一九七六)年に熊本県養鶏試験場が保存改良と増殖に取り組み、羽数は回復した。改良と研究の結果、熊本種よりさらに大型で強健な良質鶏肉生産鶏「熊本コーチン」が生まれている。

144
久連子鶏（くれこどり）(Kurekodori)

剥製標本（雄）
体重約二二〇〇グラム
東京農業大学「食と農」の博物館蔵

本種は平家の落人伝説で知られる熊本県五家荘の久連子村の産で、薩摩鶏の変種との説もある。今日では銀笹種のみが保存されている。この愛玩用種の起源は明らかではない。熊本県の重要無形文化財に指定されている古代踊（平家踊とも呼ぶ）との関係から、三百余年前の江戸時代まで遡ると考えられる。古代踊のさい、頭にかぶる花笠に本種の尾羽が利用された。ニワトリと人が共存共栄し、今日に至る貴重な存在である。昭和四〇（一九六五）年熊本県指定天然記念物となる。

145
黒柏（くろかしわ）(Kurokashiwa)

剥製標本（雄）
体重約二八〇〇グラム
東京農業大学「食と農」の博物館蔵

山口県および島根県で古くから飼われていた品種。全身ほとんど真黒色で、長鳴性という特徴を有する。単冠、赤耳朶で、冠、顔面、肉垂、耳朶に黒色を帯びるものもある。脚は鉛色、黄色に黒を帯びるものもある。天然記念物鶏十七種のうち、最も新しく、昭和二六（一九五一）年六月九日に指定を受けた。内種として白色種（白柏）、赤笹種（赤柏）、黒色種（黒柏）の三種がある。また、島根県において、かつては尾羽の形状から大社型、出雲型、松江型の三系統があったといわれるが、現在では各々が交雑してはっきりとした区別はつかない。

146
ゲームバンタム(Exhibition Game)

剥製標本（雄）
体重約六二二グラム
東京農業大学「食と農」の博物館蔵

原産地はイギリスで八内種がある。単冠で、闘技用鶏種としてインドに始まりペルシア、ギリシア、トルコ、イタリア、イギリスへと伝えられた。闘技のさいの流血防止のため、冠を早くに剪除する。現在では、大型の種類より、小型のゲームバンタムが鑑賞用に飼育される。

147
高隆寺地鶏（こうりゅうじじどり）(Koryujijidori, Koryuji Native Fowl)

剥製標本（雄）
体重約六七〇グラム
東京農業大学「食と農」の博物館蔵

高隆寺地鶏は、愛知県の原産で、黄笹から五色の羽色の愛玩用小地鶏である。放し飼いにし、彩りを楽しむ地方地鶏の一種である。

148
声良（こえよし）(Koeyoshi)

剥製標本（雄）
体重約四五〇〇グラム
東京農業大学「食と農」の博物館蔵

秋田県が原産の長鳴鶏。その謡いは「出し」、「付け」、「中音（張り）」、「落し」、「引き」から構成される。東天紅とは対照的な低音で、太く長い声が地を這うように響き渡る。体型は軍鶏に近い。昭和一二（一九三七）年一二月二一日天然記念物に指定される。

149
小軍鶏（こしゃも）「白」(Ko-syamo, Shamo Bantan, Japanese Game Bantam)

剥製標本（雄）
体重約一〇〇〇グラム
東京農業大学「食と農」の博物館蔵

軍鶏を小型化した愛玩用種。闘鶏には向かない。飼育管理が楽なことから、飼育愛好家が多い。小シャモについて、チビと称し、高知で多く飼育され、脚の太く短い小型のものと、大シャモを小型にした痩身のものがあり、後者のほうが飼育種として好まれる。もっぱら観賞用とされる。ニワトリのなかでも、チャボとともに、多くの内種がある。昭和一六（一九四一）年八月一日天然記念物に指定される。

150
小軍鶏（こしゃも）「碁石」(Ko-shamo, Japanese Game Bantam)

剥製標本（雄）
体重約一〇〇〇グラム
東京農業大学「食と農」の博物館蔵

151
小軍鶏（こしゃも）「赤笹」(Ko-shamo, Japanese Game Bantam)

剥製標本（雄）
体重約一〇〇〇グラム
東京農業大学「食と農」の博物館蔵

152
サセックス「ライト」(Sussex)

剥製標本（雄）
体重約四〇〇〇グラム
東京農業大学「食と農」の博物館蔵

飼養地は西ヨーロッパ。原産地はイギリスである。西ヨーロッパの鶏肉生産場の多くは、育種の原種鶏として利用されている。また、産卵性が良く、卵用鶏の交雑にも用いられることもある。イギリスに古くからあった家禽品種の一つで、ブラウン、バフ、レッド、シルバー、ホワイト、スペクルド、ライトの七内種がある。実用鶏として重要な位置を占めてきた。

153
南京軍鶏（なんきんしゃも）「越後南京」(Nankin Shamo)

剥製標本（雄）
体重約四一〇〇グラム
東京農業大学「食と農」の博物館蔵

江戸初期、あるいはそれ以前にタイ国から将来された愛玩用品種。用途の第一は闘鶏である。本種は、肉用鶏としても優れた価値をもっている。前躯は直立に近い。脚もほぼ真っ直ぐに立ち、本種特有の体型を作る。また、各地の地鶏の元となっている。動きの機敏性から、もっぱら闘鶏用として飼育される。

なお、大軍鶏、軍鶏、小軍鶏は、三種一諸に昭和一六(一九四一)年八月一日天然記念物に指定されている。

154
南京軍鶏(なんきんしゃも)「黒南京」(Nankin Shamo)

剥製標本(雄)
体重約四一〇〇グラム
東京農業大学「食と農」の博物館蔵

155
小国(しょうこく)「白」(Shokoku)

剥製標本(雄)
体重約二〇〇〇グラム
東京農業大学「食と農」の博物館蔵

平安時代から、国内に存在していたことを証する記録が残されている。大陸から渡来した当初は闘鶏と時報に用いられていたという。容姿は端麗である。長鳴性と闘争性を有する。羽色には白藤種、五色種、白色種の三種あり、尾羽は豊かで、長い。時刻を正しく告げることから、正告とも、また中国の昌の国から由来したと考えられ、昌国とも呼ばれる。将来時期が早いことから、日本鶏作出に関与した、元祖の鶏とされる。昭和一六(一九四一)年一月二七日天然記念物に指定される。

156
小国(しょうこく)「白藤」(Shokoku)

剥製標本(雄)
体重約二〇〇〇グラム
東京農業大学「食と農」の博物館蔵

157
矮鶏(ちゃぼ)「浅黄」(Chabo, Japanese Bantam)

剥製標本(雄)
体重約七三〇グラム
東京農業大学「食と農」の博物館蔵

江戸時代初期、ベトナムの占域(チャンパ)より将来されたことから、「チャボ(矮鶏)」の名があるといわれている。小さい体、短い脚など、どこか品位のある可愛らしさのゆえに人気が高く、各国で「チャボクラブ」など、愛好団体が結成されている。日本鶏のなかで最も内種が多く、現在二十五種に達している。性質が穏やかなので、飼いやすい。愛らしい姿形から、学校教育の現場で、生き物教育や情操教育に役立てられている。国内での飼育個体数は多い。昭和一六(一九四一)年八月一日天然記念物に指定される。

158
矮鶏(ちゃぼ)「糸毛」(Chabo, Japanese Bantam)

剥製標本(雄)
体重約七三〇グラム
東京農業大学「食と農」の博物館蔵

159
矮鶏(ちゃぼ)「桂」(Chabo, Japanese Bantam)

剥製標本(雄)
体重約七三〇グラム
東京農業大学「食と農」の博物館蔵

160
矮鶏（ちゃぼ）「尾曳」(Chabo, Japanese Bantam)
剥製標本（雄）
体重約七三〇グラム
東京農業大学「食と農」の博物館蔵

161
矮鶏（ちゃぼ）「翁」(Chabo, Japanese Bantam)
剥製標本（雄）
体重約七三〇グラム
東京農業大学「食と農」の博物館蔵

162
矮鶏（ちゃぼ）「銀笹」(Chabo, Japanese Bantam)
剥製標本（雄）
体重約七三〇グラム
東京農業大学「食と農」の博物館蔵

163
矮鶏（ちゃぼ）「逆毛」(Chabo, Japanese Bantam)
剥製標本（雄）
体重約七三〇グラム
東京農業大学「食と農」の博物館蔵

164
矮鶏（ちゃぼ）「銀鈴浪」(Chabo, Japanese Bantam)
剥製標本（雄）
体重約七三〇グラム
東京農業大学「食と農」の博物館蔵

165
矮鶏（ちゃぼ）「三色碁石」(Chabo, Japanese Bantam)
剥製標本（雄）
体重約七三〇グラム
東京農業大学「食と農」の博物館蔵

166
矮鶏（ちゃぼ）「黒」(Chabo, Japanese Bantam)
剥製標本（雄）
体重約七三〇グラム
東京農業大学「食と農」の博物館蔵

167
矮鶏（ちゃぼ）「白」(Chabo, Japanese Bantam)
剥製標本（雄）
体重約七三〇グラム
東京農業大学「食と農」の博物館蔵

168
矮鶏（ちゃぼ）「碁石」(Chabo, Japanese Bantam)
剥製標本（雄）
体重約七三〇グラム
東京農業大学「食と農」の博物館蔵

169
矮鶏（ちゃぼ）「淡毛猩々」(Chabo, Japanese Bantam)
剥製標本（雄）
体重約七三〇グラム
東京農業大学「食と農」の博物館蔵

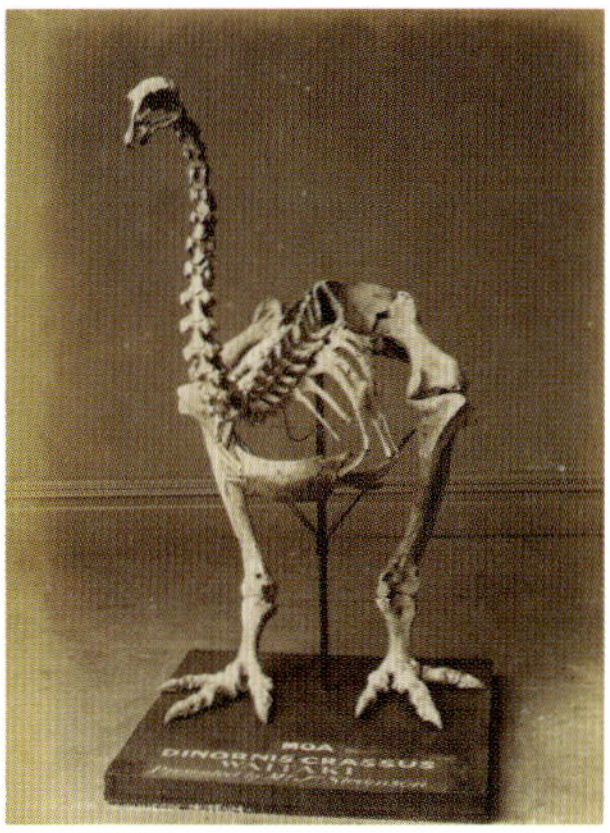

上：エピオルニス・マキシムス（*Aepyornis maximus*）、1991年、高240　長180　幅60、交連骨格化石レプリカ（吉田彰・酒井道久氏復元）、合成樹脂に彩色、進化生物学研究所蔵｜**009**

下段右：モア科（Dinornithidae）骨、年代未詳、縦13.9　横20.3、ゼラチン・シルヴァー・プリント、総合研究博物館研究部蔵（東京帝国大学理科大学動物学教室旧蔵）「動物写真アルバム」｜**108**

下段左：モア（*Emeus crassus*）交連骨格、年代未詳、縦18.5　横14.0、ゼラチン・シルヴァー・プリント、総合研究博物館研究部蔵（東京帝国大学理科大学動物学教室旧蔵）「動物写真アルバム」｜**108**

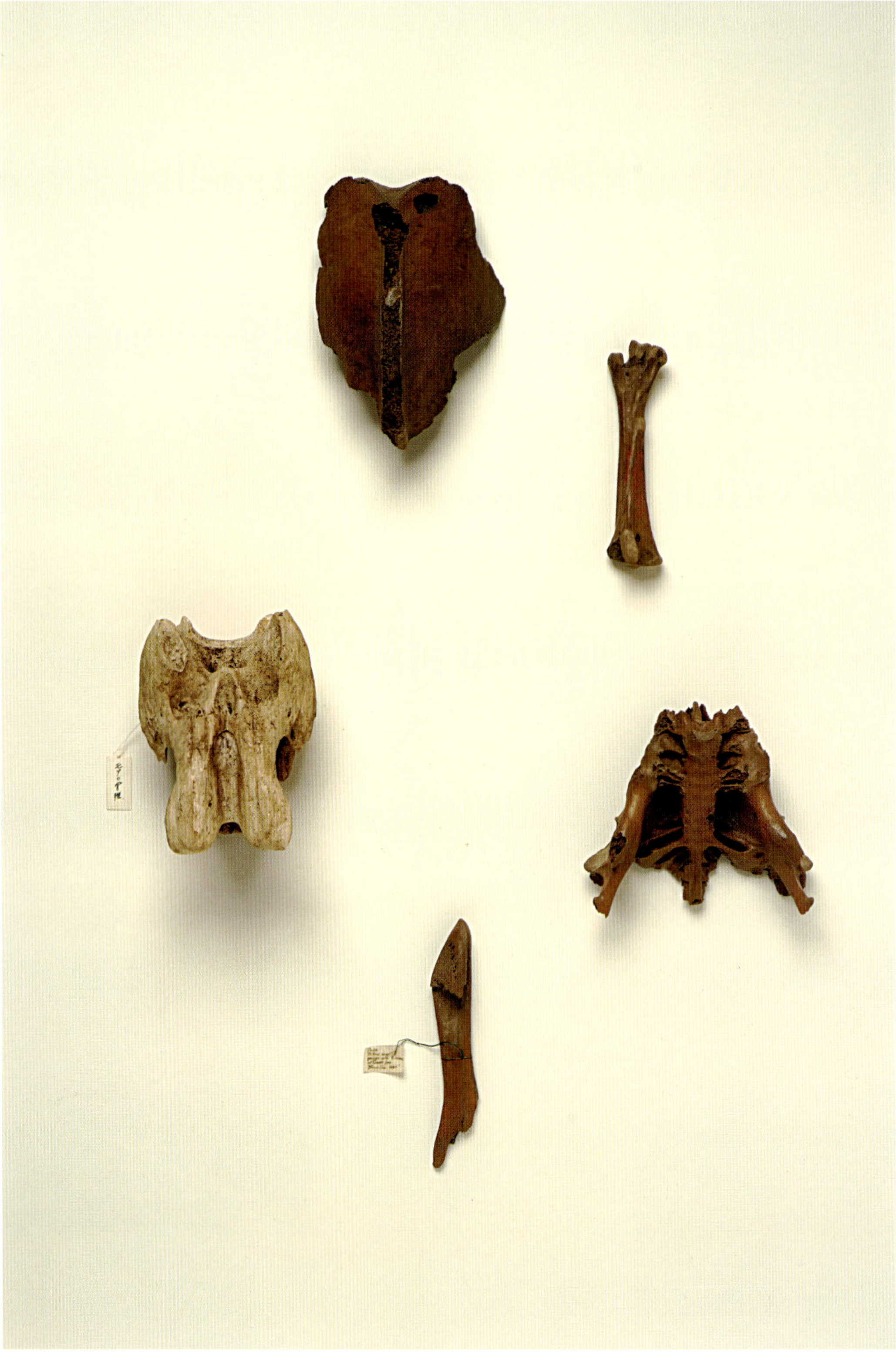

モア科(Dinornithidae)、年代未詳、最大長12.5、頸骨、山階鳥類研究所蔵｜

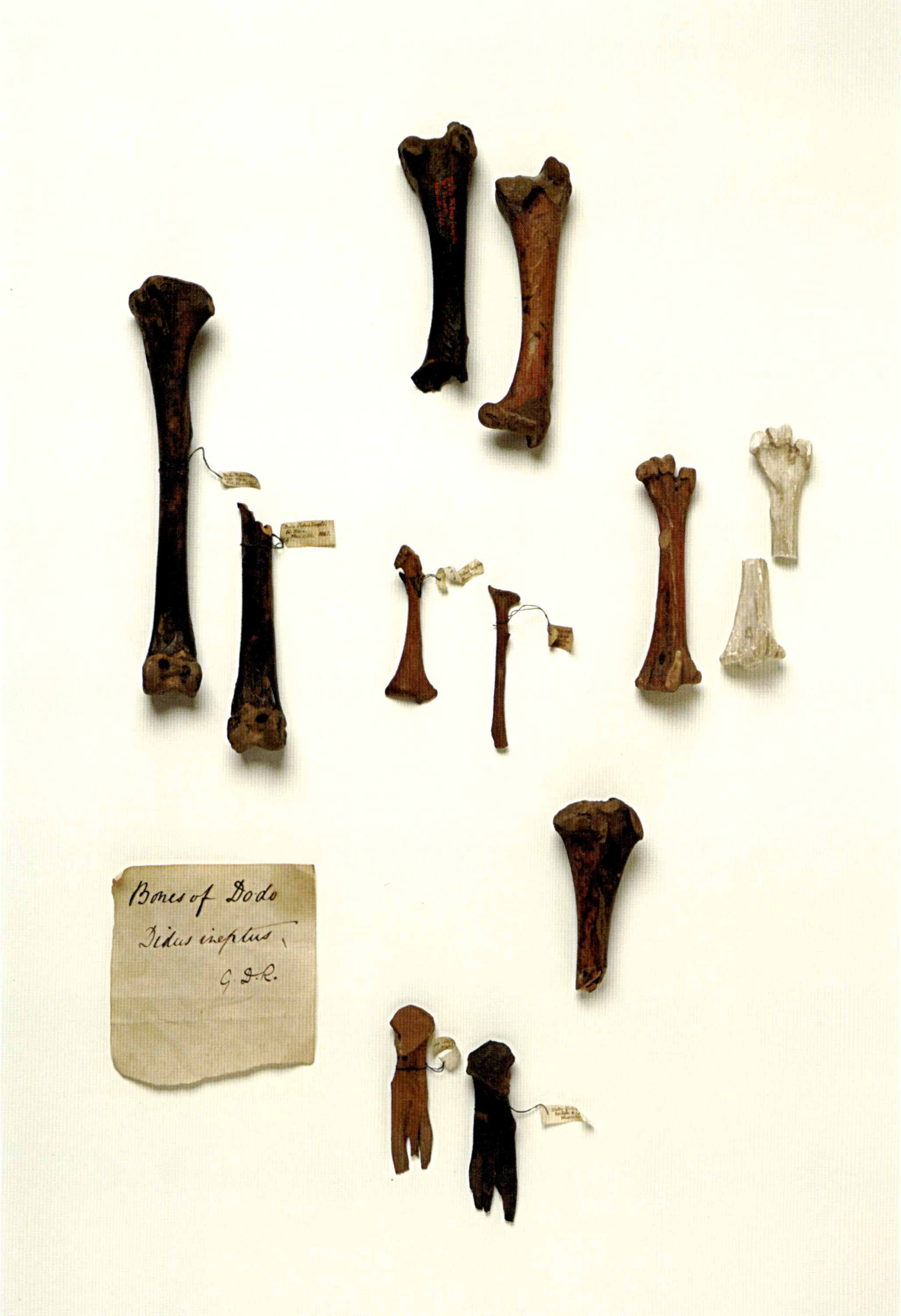

ドードー（*Raphus cucullatus*）、1865年、最大長22.0、骨、山階鳥類研究所蔵｜**016/017/018**

上：シチメンチョウ（*Meleagris gallopavo*）、1940年、高63.0　長48.0、交連骨格（雄）、山階鳥類研究所蔵｜**194**

下：サンカノゴイ（*Botaurus stellaris*）、1938年、高49.0　長27.0、交連骨格（雄）、山階鳥類研究所蔵｜**191**

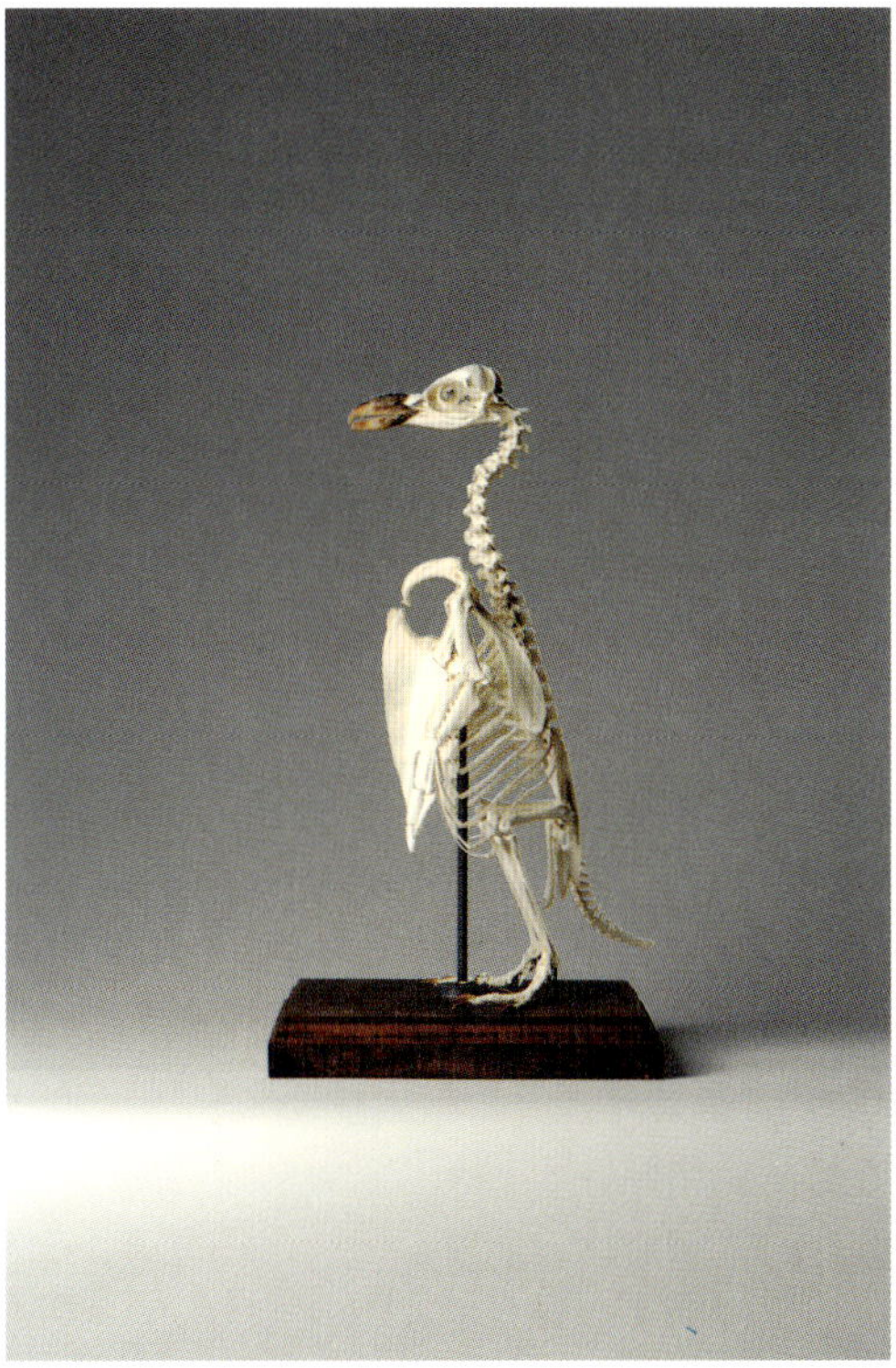

上：ウミガラス（*Uria aalge*）、1927年、高32.7　長27.0、交連骨格（雄）、山階鳥類研究所蔵｜**195**

下：マゼランペンギン（*Spheniscus magellanicus*）、2006年、高51.0　長23.0、交連骨格、総合研究博物館蔵

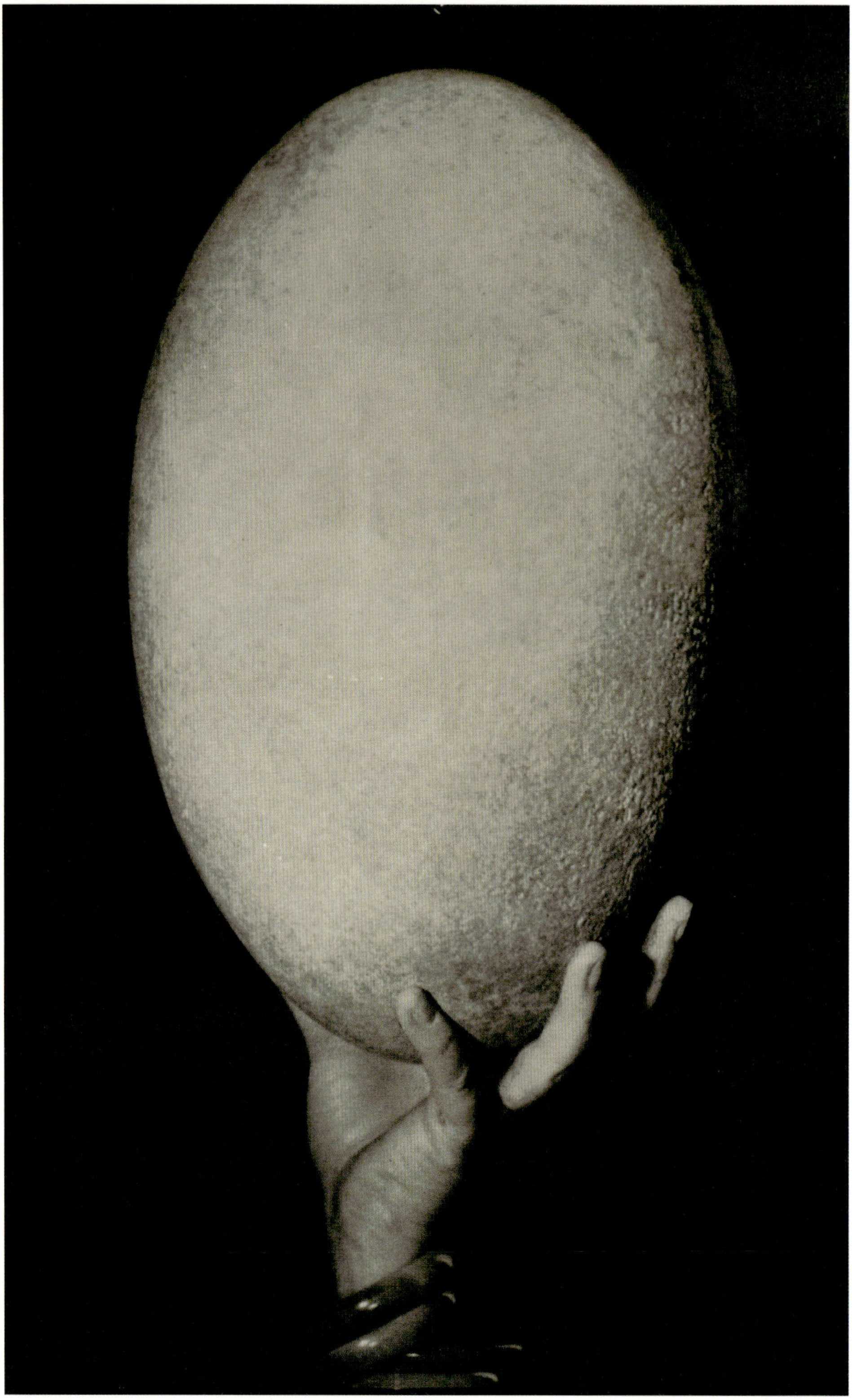

美術雑誌『カイエ・ダール』(*Cahiers d'Art*) 第11巻1-2合併号、パリ、1936年、紙面縦31.7　横24.8、ヴィリ・エッガルター写真(複製)、ロニョン・コレクション蔵「エピオルニス卵殻(高47cm)」、個人蔵

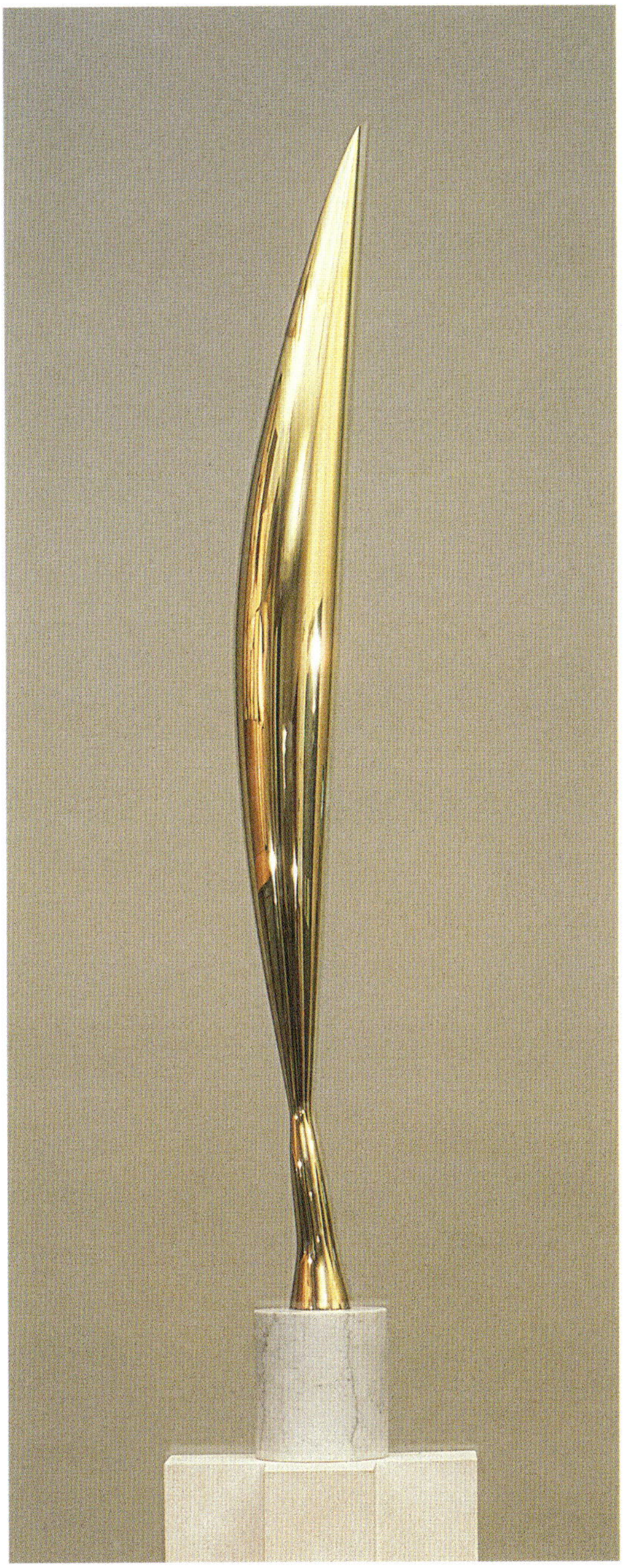

右：ダチョウ（*Sturthio camelus*）、年代未詳、長径14.0　台座高16.0、卵殻、木台座、総合研究博物館蔵
左：コンスタンティン・ブランクーシ『空間の鳥』、1926年（1982年型抜き）、高283.0（ブロンズ本体含）、ブロンズ、石、横浜美術館蔵

上：『デリエール・ル・ミロワール』（*Derrière le Miroir*）、パリ、マーグ画廊、1967年、見開紙面縦38.1　横56.4、ホアン・ミロの石版画、瀧口修造の詩、個人蔵｜**007**

下：『デリエール・ル・ミロワール』（*Derrière le Miroir*）、パリ、マーグ画廊、1967年、見開紙面縦38.1　横56.4、ホアン・ミロの石版画、個人蔵｜**007**

DEUX OISEAUX FABULEUX A ALTOMIRO

A Joan Miró

Deux oiseaux s'aimaient, l'oiseau-lune et l'oiseau-soleil, Ils se dévorèrent. Chacun devenu l'autre, en travail de nouveau, ils échangeaient des regards, ils chantaient.

— Comme la vie s'accroît, disait l'oiseau lune... La vie renfle tes merveilleuses lombes, ma chérie. Ma grosse. Comme l'énergie tremble. Comme s'épanouissent les contours de ta croupe.

— Je n'en finis pas de prendre naissance, disait l'oiseau soleil. De l'énorme bousine, des prolongements poussent. Torsion, Tétons, Succion. J'essaie les gestes et les formes. Je m'entrouvre. Je me défais. Violemment, lentement j'émerge de moi. Désormais je me tiens sur mon arc et je n'ai plus peur... O Grande Mère, quand les extrémités anxieuses de tes cornes s'élèveront dans le geste où tout s'anéantit, je suis avec toi parmi la clameur.

Mais qui parlait ? A qui ? Depuis toujours tout était dit, tout commençait. Dans le grand ébranlement, dans le retour à l'initial ébranlement peut-être, dans la bouche ou sous les doigts du poète, les éléments se tendent, se rassemblent.

André Frénaud
Juillet 1966

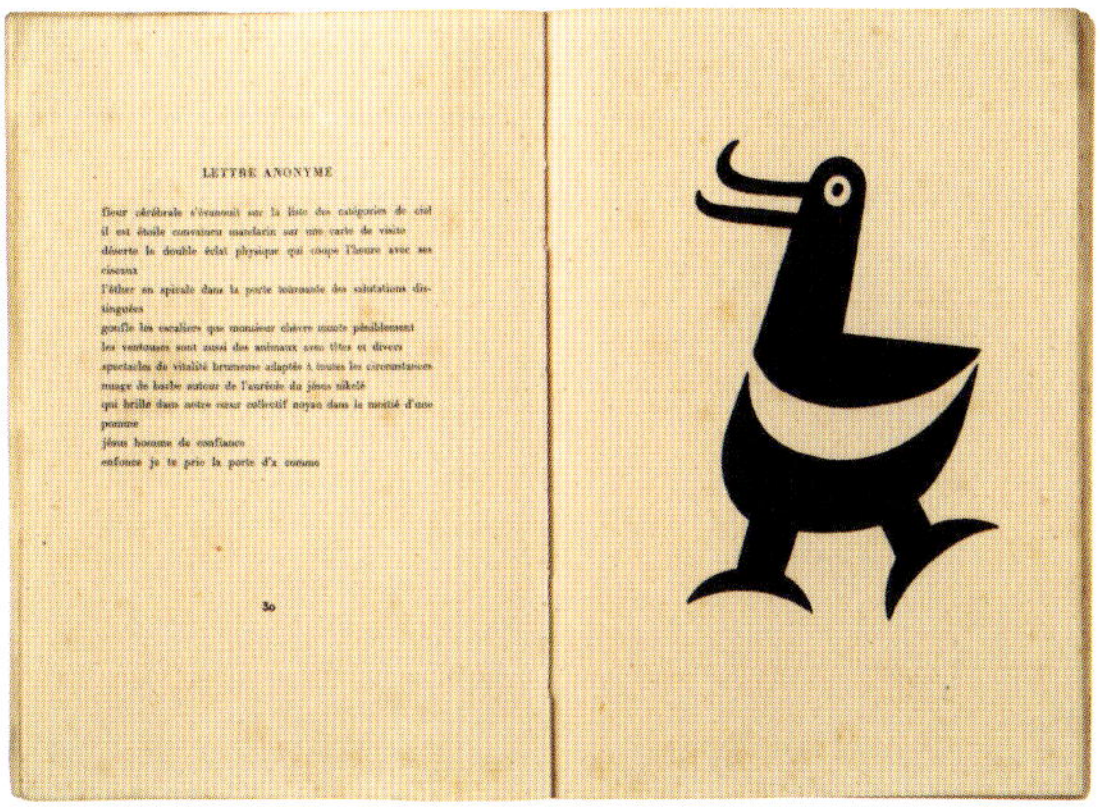

LETTRE ANONYME

30

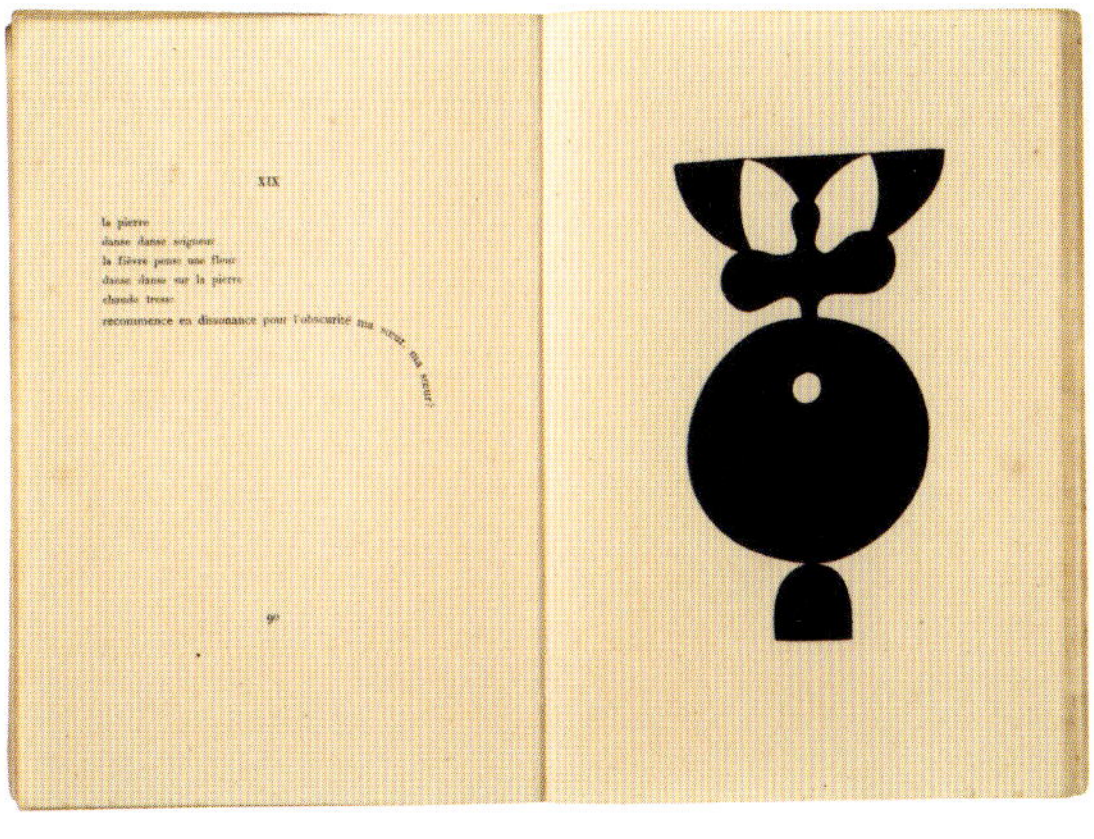

XIX

la pierre

90

上:『デリエール・ル・ミロワール』(*Derrière le Miroir*)、パリ、マーグ画廊、1967年、見開紙面縦38.1　横56.4、ホアン・ミロの石版画、アンドレ・フレノーの詩、個人蔵｜**007**

下:トリスタン・ツァラ詩集『われらの鳥たちについて』(*De nos oiseaux*)、パリ、シモン・クラ社、1929年、見開紙面縦18.6　横26.0、ハンス・アルプの木版画、個人蔵｜**006**

レオナルド・ダ・ヴィンチによる飛行機械(縮尺20分の1)、ジョヴァンニ・サッキ制作、
1996年、幅29.0 高10.4 奥9.0、木、キャンバス布、糸、革に彩色、個人蔵 | **002**

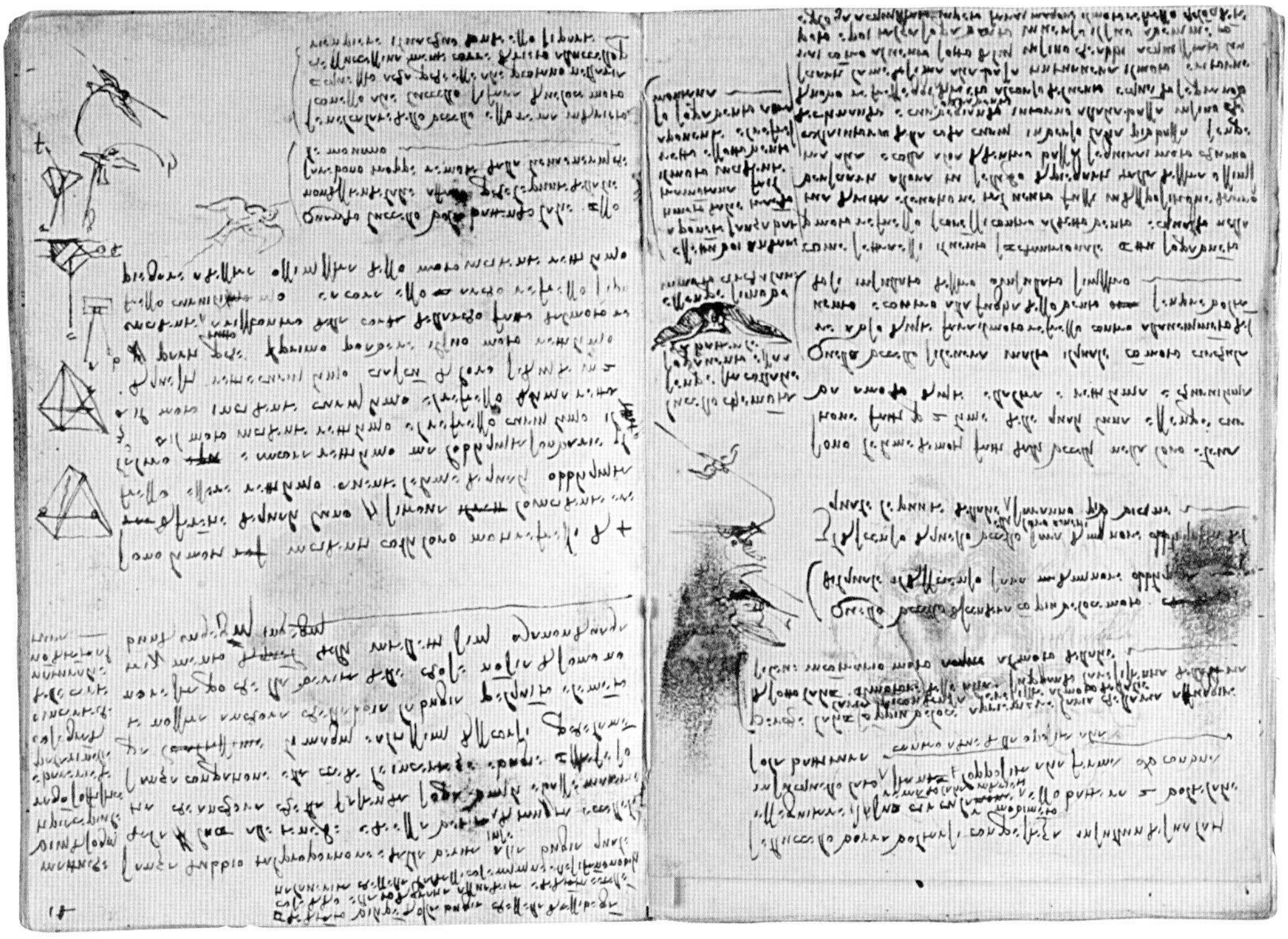

レオナルド・ダ・ヴィンチ「トリノ王立図書館所蔵『鳥の飛翔に関する手稿』（日本版ファクシミリ）」（*Leonardo da Vinci, Il Codice sul Volo degli Uccelli, nella Biblioteca Reale di Torino*）、1505年3-4月頃（岩波書店、1979年）、見開紙面縦21.3　横30.6、総合研究博物館蔵｜**001**

「風鳥」(*Paradisaea apoda*)「鵼」(*Turdus dauma*)「鸙鶴」(*Apus pacificus*)、毛利元寿『梅園禽譜』、1829-1845年、見開紙面縦54.6　横38.8、和紙に彩色、折帖、総合研究博物館蔵(理学部動物学教室旧蔵)｜**059**

上段右：「鴟雛」（*Asio otus*）「掛鳥」（*Garrulus glandarius*）、毛利元寿『梅園禽譜』、1829-1845年、見開紙面縦54.6　横38.8、和紙に彩色、折帖、総合研究博物館蔵（理学部動物学教室旧蔵）｜**059**

上段左：「鷺」（Ardeidae）「信天翁」（*Phoebastria nigripes*）、毛利元寿『梅園禽譜』、1829-1845年、見開紙面縦54.6　横38.8、和紙に彩色、折帖、総合研究博物館蔵（理学部動物学教室旧蔵）｜**059**

下段：「雀鶏」（*Turdus palliadus*）「燕」（*Hirundo rustica*）「火雀」（*Parus ater*）「黄ヒタキ」（*Ficedula narcissina*）「鶫」（*Turdus chrysolaus*）、毛利元寿『梅園禽譜』、1829-1845年、見開紙面縦54.6　横38.8、和紙に彩色、折帖、総合研究博物館蔵（理学部動物学教室旧蔵）｜**059**

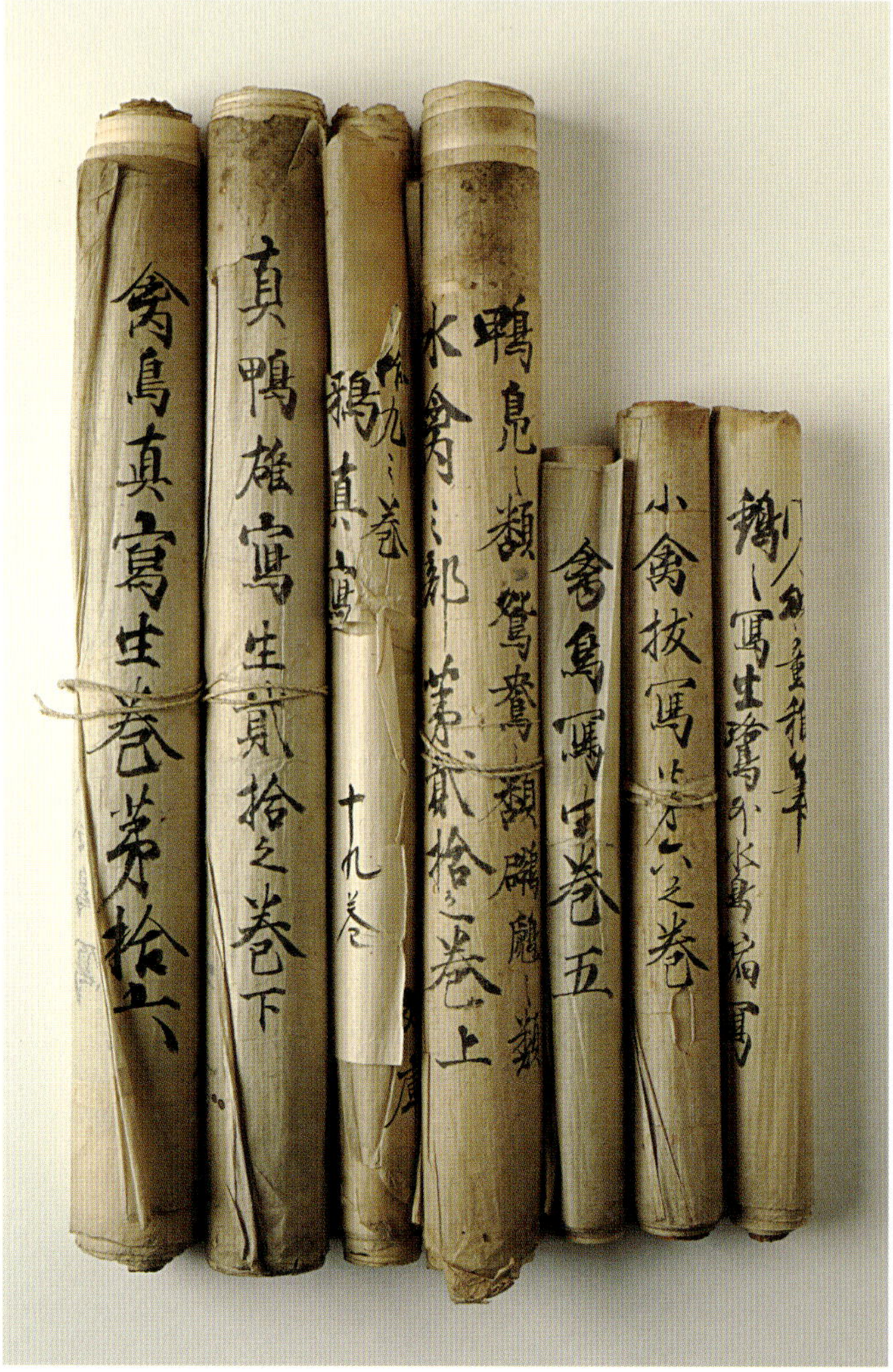

上：「雉」（*Phasianus versicolor*）、河邊華挙ほか『鳥類写生図』「禽鳥寫生第壱之巻」、江戸時代末から大正時代、紙幅28.0　紙長1634.9、紙本墨画淡彩、総合研究博物館蔵

下：河邊華挙ほか『鳥類写生図』、江戸時代末から大正時代、最大幅39.4、最大長1938.1、紙本墨画淡彩、巻子19巻のうち一部、総合研究博物館蔵

上段：「赤鷽図」（*Pyrrhula pyrrhula*）、河邊華挙ほか『鳥類写生図』「寫生第拾七之巻禽鳥之部」、江戸時代末から大正時代、紙幅27.2　紙長1938.1、紙本墨画淡彩、総合研究博物館蔵

中段：「水礼図のうち翼図」、河邊華挙ほか『鳥類写生図』「第拾八之巻禽鳥寫生之部」、江戸時代末から大正時代、紙幅27.9　紙長762.0、紙本墨画淡彩、総合研究博物館蔵

下段：「雉子鴨図」、河邊華挙ほか『鳥類写生図』「水禽之部第廿壱巻」、江戸時代末から大正時代、紙幅27.8　紙長960.2、紙本墨画淡彩、総合研究博物館蔵

右：実業図画第一号「各種家禽写生図――農科大学教授農学博士本田幸介先生図案並説明」、1903年、本紙縦134.3　横48.0、軸装、紙に石版多色刷、総合研究博物館研究部蔵｜**190**

左上：黒田長禮『世界の鴨』(*Ducks of the World*)、日本鳥学会、東京、1912年10月、縦25.6　横18.0、総合研究博物館研究部蔵｜**126**

左中：『鳥』、第1巻1号、日本鳥学会、東京、1915年、縦22.5　横15.3、総合研究博物館研究部蔵｜**127**

左下：『鳥』、第1巻3号、日本鳥学会、東京、1916年、縦22.5　横15.3、総合研究博物館研究部蔵｜**129**

170
東天紅(とうてんこう)(Toutenkou)

剥製標本(雄)
体重約二二五〇グラム
東京農業大学「食と農」の博物館蔵

国内にいる長鳴鶏三種(東天紅、蜀鶏、声良)のうちの一種である。高知県原産で羽色は赤笹型である。尾羽は豊かで、蓑羽とともに長く伸びて、地に垂れる。長鳴鶏三種のなかで、最も早く天然記念物に指定されている。鳴声が二十五秒続いたという記録もある。山間地で作出、育成され固定されてきた。昭和一一(一九三六)年九月三日天然記念物に指定される。

171
蜀鶏(とうまる)(Toumaru)

剥製標本(雄)
体重約三七五〇グラム
東京農業大学「食と農」の博物館蔵

唐丸とも表記する。新潟原産の長鳴鶏。謡いは東天紅と声良の中間型といわれるが、もっと張りが強くて、遠くまでよく通る。謡いの長さは、東天紅よりやや短く、標準では十八秒である。羽色は黒色であるが、白色のものもある。東天紅がテノール、声良をバスとすると、唐丸はバリトンに相当する。昭和一四(一九三九)年九月七日天然記念物に指定される。

172
土佐小地鶏(とさこじどり)(Tosakojidori, Tosa Native Fowl)

剥製標本(雄)
体重約六七五グラム
東京農業大学「食と農」の博物館蔵

名前の通り、小型の高知原産の赤笹の地鶏である。近年、体を小さくし翼尖をさげた矮鶏型に近いものも見られるようになったが、本来の型ではない。本種は唯一の小型地鶏であるため、小型の日本鶏の作出に利用された。本種は岐阜地鶏、三重地鶏、芝鶏(しばっとり)などとともに、小地鶏として天然記念物鶏に指定された。昭和一六(一九四一)年一月二七日天然記念物に指定された。

173
名古屋(なごや)(Nagoya)

剥製標本(雄)
体重約三六〇〇グラム
東京農業大学「食と農」の博物館蔵

明治初期、中国原産バフコーチンに各地の地鶏と外国種を交配して、卵肉兼用の実用鶏として作出された。レグホーンやブロイラーの進出によってほとんど顧みられなくなったが、近時食生活の向上とともに肉質が優れていることが見直され、復活してきた。以前は名古屋コーチンと称されたが、脚毛を除去し、改良されて名古屋種となった。

174
ハンブルグ(Hamburgh)

剥製標本(雄)
体重約二五〇〇グラム
東京農業大学「食と農」の博物館蔵

起源は定かではなく、諸説がある。一説によると、イタリアを経て古くからオランダにいたという。体型はレグホーンに近い。羽色によって種類が分けられる。美しいので愛玩用であるが、産卵性もある程度あるため、実用鶏としても飼育される。五つの内種があり、十年ほどは産卵する。普通のニワトリは四年から五年で産卵を停止することから、本種は長期産卵性をもつ鶏として注目されている。産卵数は二百個から二百三十個ほどであるが、レグホーンより卵は小さい。

175
比内鶏（ひないどり）(Hinaidori)

剥製標本（雄）
体重約三〇〇〇グラム
東京農業大学「食と農」の博物館蔵

秋田県の原産。地鶏と軍鶏の交雑によって作出されたとされる。冠は三枚冠で、耳朶と肉髯《にくぜん》は赤色、全体的にずんぐりしている。頸部は細く、脚は豊富な羽毛で覆われているため、袴を穿いているように見える。赤身の肉が美味で、秋田の郷土料理キリタンポに欠かせぬものであるが、現在は天然記念物のため使用されていない。その代わりに、比内地鶏の雄とロード・アイランド・レッドの雌を交雑させた比内地鶏が用いられている。昭和一七（一九四二）年七月二一日天然記念物に指定される。

176
プリマスロック「横斑」(Plymouth Rock)

剥製標本（雄）
体重約三〇〇〇グラム
東京農業大学「食と農」の博物館蔵

原産・飼養地はアメリカ合衆国ニューハンプシャー州プリマス地方。名称は地名に由来する。卵肉兼用を目的として作られ、世界中に普及している。増体性に優れているため、交雑に用いられ、世界で飼育されている肉用鶏の半分以上に、雌を供給している。内種は横斑、ホワイト、ブラック、バフ、コロンビアンの五内種がある。日本においては、横斑種がよく知られている。

177
ペキン・バンタム(Pekin Bantam)

剥製標本（雄）
体重約七五〇グラム
東京農業大学「食と農」の博物館蔵

十九世紀に英国人が北京より英国に導入したために、この名前がある。コーチンを小型にしたような体型をしているが、コーチンの矮性ではない。比較的多産で、卵殻は赤く、就巣性があるため、母鶏孵化に使われる。日本には愛玩用として輸入されている。バンタムのなかでは、最も古い品種の一つである。小さく愛らしく高く飛ばず、狭い小屋でも飼えるなど、各国で広く普及している。羽色は多様で、十種類以上の内種がある。

178
ポーリッシュ(Polish)

剥製標本（雄）
体重約二九〇〇グラム
東京農業大学「食と農」の博物館蔵

ポーランドから英国に導入されたことから、ポーリッシュあるいはポーランドと称される。頭は大きく、頭蓋骨の頂部は球状に突起している。耳朶は白く、小さい。毛冠が大きく美しいため、愛玩用として親しまれている。有髯と無髯の二種があり、毛色は黒色、白色、銀色などさまざまである。米英では愛玩鶏として飼われていたが、実用鶏とした国もあった。年間二百個近く産卵する。

179
三重地鶏(みえじどり)(Miejidori, Mie Native Fowl)

剥製標本(雄)
体重約一八〇〇グラム
東京農業大学「食と農」の博物館蔵

猩々地鶏、伊勢地鶏と呼ばれることもある。単冠、赤耳朶である。脚は黄色で、中足部の側面は縦に赤みを帯びる。体型は土佐九斤の小型、あるいは軍鶏のように立ったものもある。現在はレグホーンに似た地鶏型が一般的である。昭和一六(一九四一)年一月二七日天然記念物に岐阜地鶏などとともに「地鶏」として指定された。

180
蓑曳(みのひき)(Minohiki)

剥製標本(雄)
体重約二五〇〇グラム
東京農業大学「食と農」の博物館蔵

名前の通り、雄の蓑羽が地面を引きずるほど長く、尾羽も一メートル以上ある美しい容姿の鶏である。小国と軍鶏との交配によって作られたといわれている。江戸時代の三河国大島の領主のなかに無類の愛好家がおり、お国自慢の一つとして各国大名に推奨したことから、各地に広がったとされる。羽色は赤笹をはじめ、六種類がある。昭和一五(一九四〇)年八月三〇日天然記念物に指定される。

181
ミノルカ(Minorca)

剥製標本(雄)
体重約四〇〇〇グラム
東京農業大学「食と農」の博物館蔵

スペインのメノルカ島とマリョルカ島から英国にもたらされたことに由来する名前といわれている。四内種があるが、黒色内種が広く飼育されている。日本国内では東北・北陸地方を中心に、愛玩鶏として小羽数飼育されている。近親交配の結果、体型は小型化しつつある。元来の体型は大きく、性質は温順で、放し飼いに適している。純白の大卵を毎年百五十個ほど産卵する。

182
宮地鶏(みやじどり)(Miyajidori)

剥製標本(雄)
体重約一四〇〇グラム
東京農業大学「食と農」の博物館蔵

本種は高知県幡多郡平田村周辺の産で、昭和一六(一九四一)年頃から広く知られるようになった。宮地は地名でなく、作出者の宮地氏の名前を冠したもの。短脚種のため農産物を荒さない。そのため、農家の放飼に適し、産卵数も多い。羽色は雌雄とも緑黒色。冠は一枚冠五歯である。性質は温順である。

183 ロード・アイランド・レッド(Rhode Island Red)

剥製標本(雄)
体重約三八〇〇グラム
東京農業大学「食と農」の博物館蔵

米国ロードアイランド州の農場で成立した。起源には諸説あるが、初期の形態はかなずしも現在のものとは同じではなかったようである。最近では改良が進み、年間産卵数が二百五十個近くに上る。白色レグホーン雄とロード・アイランド・レッド雌の一代雑種は、日本国内ではロードホーンと呼ぶ。年間産卵数は二百八十個に達し、肉質も良いことから実用鶏としても多く飼育されるとともに、他品種との交配にも用いられる。

184 セイロン野鶏(*Gallus lafayettei*)

剥製標本(雄)
体重約九三〇グラム、体長六八・〇センチメートル
東京農業大学「食と農」の博物館蔵

セイロン(現在のスリランカ)島のみに生息する野鶏属の一種。森林地帯、とくに疎林に好んで棲む。羽装は赤笹型に類似している。胸羽は頸岬羽、背羽とともに赤褐色で、第一、第二風切羽、尾羽、腹羽はすべて黒色。このため全身的には、名古屋のコロンビアン型より、むしろ赤笹型に近い。単冠で肉歯はその後半部で明瞭になり、中心部の大きい黄色斑が、周縁部の赤色と美しいコントラストを見せる。皮膚は赤色。脚は赤味を帯びた淡黄色、距、鉤爪は黒ずんでいる。耳朶は赤く、肉垂は下顎の一対のほか、喉部に小さい一枚の喉垂をもつ。実験的にニワトリとの交雑種を作出したとの報告もある。

185 赤色野鶏(*Gallus gallus*)

剥製標本(雄)
体重約九〇〇グラム、体長六八・〇センチメートル
東京農業大学「食と農」の博物館蔵

野鶏属の一種。分布域の最も広い種であり、五亜種があるとされる。しかし、これらは耳朶の色等の形質によって分類されたものであり、系統的に亜種といえるものではない可能性が高い。インド、ヒマラヤ山地、ビルマ、タイ、マレー、インドシナ半島、中国の四川・雲南省広西壮族自治区、海南島、スマトラ、ジャワ、バリ、ロンボク、スラウェシ(セレベス)、フィリピンなど広く分布する。家鶏の原種としては、昔から本種だけと考える単元説と、他の野鶏属も家禽化に関わったとする多元説とが相対立してきた。その後の研究によると、家鶏は本種を家禽化してできたものと考える説が有力視されている。羽装は赤笹型。脚は黒色から鉛色、皮膚は白色。単冠で、耳朶は赤色と白色がある。おもに乾期に五個から八個の卵を産む。飼育下での産卵数は、二十数個である。

186
灰色野鶏(*Gallus sonneratii*)

剥製標本(雄)
体重約九五〇グラム、体長七五・〇センチメートル
東京農業大学「食と農」の博物館蔵

野鶏属の一種。名前は羽色の灰色に由来する。生息地はインド中部から南西部とされる。羽色は尾羽、腹羽、風切羽が真黒色、他は羽軸がクリーム色、羽が黒と灰色からなる正羽で覆われ、頸の岬羽は黄褐色と灰色に黒色帯が加わった三段構成の鮮やかな色彩を発現する。雌の羽装は、他の野鶏と同じ赤笹型であるが、梨地斑が粗く、大きな斑となり、風切羽ではそれがはっきりとした横斑になっている。冠は単冠で赤一色、赤耳朶で、皮膚は白色、脚はセイロンヤケイのように赤色を帯びた淡黄色である。

187
尾長鳥(おながどり)(Onagadori, Japanese Long-tailed Fowl)

剥製標本(雄)
高三八〇・〇センチメートル、幅一五〇・〇センチメートル、奥四三〇・〇センチメートル
総合研究博物館研究部蔵(パルタカヤナギ・内藤廣氏より寄贈)

雄七歳の羽装白藤種。尾の長さは四・七〇メートルに及ぶ。一九八三年万国家禽学会において生体展示された後、剥製化され一九九九年名古屋市科学館、二〇〇五年愛知万国博覧会において展示された。

188
間性鶏(*Gallus gallus* var. *domesticus*, Intersex)

剥製標本(両性)
高三二・〇センチメートル、幅二一・〇センチメートル、奥一六・五センチメートル
総合研究博物館小石川分館蔵(東京帝国大学理科大学動物学教室旧蔵)

「間性鶏、『チャボ』十番、東京本郷、一九一五年三月一二日」(Intersex (Hen-feathered cock), 'Tyabo' × ?, Hongo, Tokyo, March 12, 1915)と台座ラベルに印字あり。ただし、油焼けのためラベルが読み取り難い。ラベルの読み取りが正しければチャボと不明品種の雑種。雄ニワトリだが短い尾羽は雌の特徴を示しており、発生異常の一種である。

189
ニワトリ(*Gallus gallus* var. *domesticus*)

剥製標本
採集地・採集年未詳
財団法人山階鳥類研究所蔵(一九八七年(?)柿沢亮三氏より寄贈)(YIO-15064)

日付欄の「一九八七」は死亡年ではなく、寄贈年と考えられる。

190
実業図画第一号「各種家禽写生図――農科大学教授農学博士本田幸介先生図案並ニ説明」

軸装、紙に石版多色刷
縦一三四・三センチメートル、横四八・〇センチメートル(紙サイズ縦一八一・二センチメートル、横六一・〇センチメートル)
大館□迫貫為
一九〇三(明治三六)年一一月二三日発行
総合研究博物館研究部蔵

本図は「実業図画」として印刷・出版された教育用の掛図である。欧米の影響を受け、明治初期に登場した掛図は教場内に掲げられ、視聴覚教材として授業に用いられた。大判の絵図や表が多く、文系理系の幅広い分野で製作されていた。とくに高等教育においては、殖産興業政策の下にさまざまな分野の掛図が製作され、産業や技術に関する当時の最先端の情報が学生たちに伝えられた。家禽を描いた本図は、上から「採卵種」(一)黒色スパニッシュ、(二)黒色ミノルカ、(三)アンダルシヤン、(四)単冠白色レッグホーン、(五)バフレッグホーン、(六)単冠褐色レッグホーン、(七)金色ハンバーグ、(八)黒色ハンバーグ、(九)銀色ハンバーグ、「卵肉兼用種」(十)連フリマウスロック、(十一)バフプリマウスロック、(十二)ウーダン、(十三)ラフレーシュ、(十四)黒色ラングシヤン、(十五)銀色ワイアンドット、「肉用種」(十六)暗色ブラマ、(十七)淡色ブラマ、(十八)マレー種、(十九)銀灰色ドーキング、(二十)パートリッチコーチン、(二一)バフコーチン、(二二)珠鶏、(二三)鶩(ペキンダック)、(二四)鵞(ツーロース)、(二五)吐綬鶏、「愛玩種」(二六)長尾鶏、(二七)カツラチャボ、(二八)烏骨鶏、(二九)白毛冠黒色ポーランド、(三十)銀色ポーランド、(三一)金色ゼブライトバンダム、(三二)黒色バンダム、(三三)ペキンバンダムの計三十三種が種別に雌雄で図案されている。図案下には「家禽飼養心得」として、禽舎の管理、雌雄の配数、食餌、病気への対処など、二十三項目にわたり飼育および養鶏業を営む際の注意事項が説明されている。二十三項目目で種類ごとに産卵数、卵重、体重、飼育の難易、備考に関する表が記載されるなど、その内容は詳細にわたる。図案および説明を担当した本田幸介(一八六四—一九三〇)は明治から昭和初期にかけて活躍した農学者であり、イタリアおよびドイツの畜産学の導入に努めたことで知られる。一八八六(明治一九)年駒場農学校を卒業、一九〇〇(明治三三)年帝国大学農科大学助教授となり、農学を教えたのち、一九〇二(明治三五)年二月、文部省派遣留学生としてドイツで三年間学ぶ。帰国後の一九〇六(明治三九)年に教授となり、畜産学の講座を担当した。本図の発行後の一九〇七(明治四〇)年には「農学博士、本田幸介先生講述」として大学での講義を基にした『養鶏学講義』が出版されている。

(寺田鮎美)

鳥類博物史 Nature collected

西洋の博物学は、十八世紀に目覚ましい展開を見て、以後十九世紀前半期にかけ多くのコレクションが形成されると同時に、印刷技術の発展にともない、瞠目すべき大型の図譜も各種出版されている。明治維新後の学制の整備とともに、国内にも欧米流の近代博物学の技術知がもたらされ、大学や研究機関で学術標本の蓄積が始められた。明治四五年五月理科大学動物学教授飯島魁を会頭として結成された日本鳥学会には、飯島の許に学ぶ内田清之助、黒田長禮、鷹司信輔、松平頼孝らが集まり、学会誌『鳥』を発行し、鳥類学の発展に努めた。山階芳麿博士の個人コレクションを母胎とする財団法人山階鳥類研究所には、国内の主立った鳥類学者のコレクションの他、蜂須賀正氏、小川三紀、さらには昭和天皇ゆかりの生物学御研究所のコレクションなど、総数にして六万九千点の標本が収蔵されており、これは国内随一である。

交連骨格標本コレクション

191
サンカノゴイ(*Botaurus stellaris*)
交連骨格(雄)
北海道網走郡女満別、一九三八年一〇月三日田中千松氏採集
財団法人山階鳥類研究所蔵(田中千松氏より寄贈)

ユーラシア中緯度地域およびアフリカの一部に分布。河川や湖沼のヨシ原に棲む。日本全国に生息するが個体数は少ない。普段は首をS字型に曲げて縮めており、さらに羽毛が被さっているためにサギとしては首が短く見える。しかし、骨格にすると首が非常に長いことがよくわかる。

192
ホロホロチョウ(*Numida meleagris*)
交連骨格(雄)
一九四〇年三月一〇日標本作製
財団法人山階鳥類研究所蔵

ラベルに「中曽根ヨリ購入」の記載あり。「中曽根」とは鳥学者松平頼孝の育てた剥製職人中曽根三四郎のこと。アフリカ原産であるが、十五世紀頃からヨーロッパで食用に飼育されている。

193
インドクジャク(*Pavo cristatus*)
交連骨格(雄)
採集地・採集年未詳。一九三九年一〇月四日死亡
財団法人山階鳥類研究所蔵

クジャクは地上性であり、脚がよく発達している。

194
シチメンチョウ(*Meleagris gallopavo*)
交連骨格(雄)
一九四〇年三月一〇日標本作製
財団法人山階鳥類研究所蔵

ラベルに「中曽根ヨリ購入」の記載あり。北アメリカ原産。十五世紀にはすでにメキシコのアステカ族が飼育しており、ヨーロッパ人が持ち帰って品種改良したものが家禽として広く飼育されている。野生のものも北アメリカ南部、東部の一部に残されている。

195
ウミガラス(*Uria aalge*)
交連骨格（雄）
樺太海豹嶋、昭和二（一九二七）年一月四日採集
財団法人山階鳥類研究所蔵（生物学御研究所より寄贈）

鳴声からオロロン鳥とも呼ばれる。北半球の寒帯、亜寒帯に生息し、潜水して魚やイカを捕らえる。かつては北海道のいくつかの島でも繁殖していたが、現在は天売島に十羽ほどが生息するものの、近年は繁殖が見られない。後退した後肢は遊泳に適している。飛ぶこともできるが、翼は短い。

196
アオサギ(*Ardea cinerea*)
交連骨格（雄）
福井縣今立郡鯖江町、一九三五年一〇月一五日（?）竹内安吉氏採集
財団法人山階鳥類研究所蔵（竹内安吉氏より寄贈）

ユーラシアからアフリカの水辺に広く分布する。翼開長は一・七五から一・九五メートルになり、日本で身近に見られる鳥のなかでは最大級である。ただし、体重は最大でも二キログラム程度と軽い。

197
ウミガラス(*Uria aalge*)
交連骨格（雄）
樺太海豹嶋
財団法人山階鳥類研究所蔵（一九九五年四月生物学御研究所より寄贈）

198
クロアシアホウドリ(*Phoebastria nigripes*)
交連骨格
一九三四年採集
財団法人山階鳥類研究所蔵（YIO-60002）

新ラベルに「原ラベルの油やけがひどいため転記（IV 1996）」と注記されている。ラベル採集地欄に「Lat.42 22'N., Long.157 57'E.（蒼鷹丸）」とあり、緯度・経度の数値に下線が引かれ、疑問符が附されてある。また、採集者欄には「Dr. 丸川氏」とあり、こちらも下線の下に判読不明の記載がある。蒼鷹丸は中央水産試験場の調査船。本種は赤道以北の太平洋に分布する。アホウドリ科は長距離飛行に適した長い翼をもつ。骨格からも翼が際立って長いことがわかる。

199
コアホウドリ(*Phoebastria immutabilis*)
交連骨格
一九三四年八月一一日採集
財団法人山階鳥類研究所蔵（YIO-60003）

ラベル採集地欄に「N.42 92', E.157 39'（蒼鷹丸）」、「Lat42 92'N., Long.157 39'E.（蒼鷹丸）」、採集者欄に「丸川」の記載あり。コアホウドリは赤道以北の太平洋に生息する。日本では伊豆諸島の鳥島で五十羽ほどが繁殖していたが、火山の噴火によって絶滅。現在は小笠原諸島聟島の属島である鳥島で二十つがいほどが繁殖するのみ。日本近海で見られる個体の多くはハワイ諸島で生まれた若鳥である。翼開長は約二メートル。

200
オナシニワトリ(*Gallus gallus* var. *domesticus*, Tailless chicken)
交連骨格
南洋パラウ群島バベルダオブ島マルキョク、一九三五年四月一五日死亡
財団法人山階鳥類研究所蔵

標本名「ニワトリ」の記載あり。

201
ジェンツーペンギン(*Pygoscelis papua*)
交連骨格
採集地・採集年未詳
財団法人山階鳥類研究所蔵

直立姿勢と脚の曲がり方に特徴がある。ペンギンの翼はフラッパーといい、これを動かして遊泳する。フラッパーは頑丈な骨格をもっており、筋肉が付着する肩の骨格も非常に太い。本種は南極および周辺の島に生息する。

剥製標本コレクション

202
シノリガモ(*Histrionicus histrionicus*)
剥製標本
北海道幌泉郡えりも町、一九八七年一月飯嶋良朗氏採集
財団法人山階鳥類研究所蔵(YIO-15228)

ラベルに「黄金道路上で保護、後死亡」の記載あり。冬鳥として主として北日本の海岸に渡来する。少数は日本の渓流で繁殖する。

203
ヨシガモ(*Anas falcata*)
剥製標本(雄)
千葉県市川市宮内庁新浜御猟場、一九八二年二月一四日採集
財団法人山階鳥類研究所蔵(YIO-15201)

明治時代、関東各地に宮内省御猟場が設けられた。新浜御猟場はその一つである。御猟場では今も宮内庁鷹匠が伝統的な猟法を用いて鴨猟を行っている。

204
キンギンケイ(*Chrysolophus pictus* x *Chrysolophus amherstiae*)
剥製標本(雄)
採集地・採集年未詳
一九二七年八月六日斃死
財団法人山階鳥類研究所蔵(一九九五年四月生物学御研究所より寄贈)(YIO-15301)

キンケイとギンケイの雑種。キンケイとギンケイは近縁種であり、飼育下で交雑することがある。両種とも中国西部の森林に生息し、雄は美しい色彩をもつ。とくにキンケイの首には特有の飾り羽が発達する。キンケイは中国の絵画によってヨーロッパに紹介されたが、あまりの美しさに当初は想像上の鳥だと考えられていたという。本個体は首の飾り羽の形はキンケイに似るが、色はギンケイと同じである。

205
サンコウチョウ(*Terpsiphone atrocaudata*)
剥製標本(雄)
東京都秩父
財団法人山階鳥類研究所蔵(東京帝室博物館より寄贈)(YIO-40165)

ラベル採集地欄に「Chichibu, Musashi」の記載あり。日本で繁殖し東南アジアで越冬する。沖縄、台湾では留鳥。雄は非常に尾が長い。鳴声が「月、日、星」と聞こえることから三光鳥と名づけられている。

206
エリマキシギ(*Philomachus pugnax*)

剥製標本
採集地・採集年未詳
財団法人山階鳥類研究所蔵(一九九五年四月生物学御研究所より寄贈)(YIO-15387)

エリマキ状の飾り羽は雄の夏羽だけにあり、冬羽は雌雄とも同じである。「エリマキ」は個体により、形態、色彩の変異が大きい。

207
エリマキシギ(*Philomachus pugnax*)

剥製標本
採集地・採集年未詳
財団法人山階鳥類研究所蔵(一九九五年四月生物学御研究所より寄贈)(YIO-15388)

208
カワセミ(*Alcedo atthis*)

剥製標本
昭和一二(一九三七)年一〇月九日採集
財団法人山階鳥類研究所蔵(一九九五年四月生物学御研究所より寄贈)(YIO-15108)

ラベル採集地欄に「キユウジヨウ」の記載あり。皇居にて採集されたもの。崖の斜面に横穴を掘って営巣するが、営巣可能な地形があり、餌となる魚のいる環境ならば、市街地でも見られる。

209
キジバト(*Streptopelia orientalis*)

剥製標本(雄)
東京都千代田区富士見町山階宮邸内、菊麿王殿下採集
財団法人山階鳥類研究所蔵(YIO-15445)

ラベル採集地欄に「内地」および「東京市麹町区富士見町山階宮邸内」の旧地名が併記。日本でごく一般的に見られるハトである。市街地に多いドバト(堂鳩)に対して山鳩と呼ばれることもあるが、現在ではキジバトも都市環境に進出している。

210
ホウロクシギ(*Numenius madagascariensis*)

剥製標本(雌)
東京都大田区羽田空港、一九八五年九月一一日採集
財団法人山階鳥類研究所蔵(YIO-15353)

211
コガモ(*Anas crecca*)

剥製標本(雄)
埼玉縣越谷御□場(サイタマ-ケン　コシガヤゴリヨウバ)、昭和三〇(一九五五)年二月二二日採集
財団法人山階鳥類研究所蔵(一九九五年四月生物学御研究所より寄贈)(YIO-15101)

カモ類の雌は一般に地味な色合いをしている。雄も美しい色彩をもつが、それはつがい形成期だけであり、交尾が終わると

換羽する。

212
ヤイロチョウ (*Pitta brachyura*)

剥製標本
採集地・採集年未詳
財団法人山階鳥類研究所蔵（YIO-40010）

西日本で夏鳥。雌雄同色。よく茂った林内の林床近くにいて発見しにくいが、派手な色彩の鳥である。

213
ライチョウ (*Lagopus mutus*)

剥製標本（雌雄番）
白馬連峰
財団法人山階鳥類研究所蔵（一九九五年四月生物学御研究所より寄贈）（YIO-15259/YIO-15260）

ラベル採集年欄に「一月捕獲」と記載あり。冬羽は雌雄とも白色で、雪上では発見しにくい。雄は目の上の赤い肉冠が発達する。ユーラシアの高緯度地域では平地にも生息するが、日本では本州中部の高山だけに分布する。氷河期が終わった後、寒冷な高山で生き残ったものと考えられる。なお、日本はライチョウの分布の南限である。北海道に分布するエゾライチョウは別種とされる。

214
ライチョウ（*Lagopus mutus*）

剥製標本（雌雄番）
白馬連峰
財団法人山階鳥類研究所蔵（一九九五年四月生物学御研究所より寄贈）（YIO-15253/YIO-15254）

ラベル採集年欄に「五月採集」と記載あり。夏羽。雄は背中が黒褐色、腹が白色。雌は褐色、黒褐色、白が混じる。

215
トラフサギ（*Tigrisoma lineatum*）

剥製標本（幼鳥）
アルゼンチン
財団法人山階鳥類研究所蔵（一九九五年四月生物学御研究所より寄贈）（YIO-15664）

幼鳥は黄色と黒の模様があり、ここからトラフサギの名がある。成長するとこの模様はなくなる。

216
ナンベイアオサギ (*Ardea cocoi*)

剥製標本
アルゼンチン
財団法人山階鳥類研究所蔵（一九九五年四月生物学御研究所より寄贈）（YIO-15013）

南米に分布。アオサギの仲間はよく似た形態の種が世界中に分布している。本種は頭部の上半分が黒いのが特徴である。

217
アカフサカザリドリ (*Pyroderus scutatus*)

剥製標本
アルゼンチン
高四一・〇センチメートル、幅三一・〇センチメートル
財団法人山階鳥類研究所蔵（一九九五年四月生物学御研究所より寄贈）（YIO-40006）

南米の熱帯、亜熱帯森林に分布。カザリドリ類は多くの種を含むが、本種は類似した種がなく、一種だけで独立した属とされる。

218
チマンゴカラカラ（*Milvago chimango*）

剥製標本
アルゼンチン
財団法人山階鳥類研究所蔵（一九九五年四月生物学御研究所より寄贈）（YIO-15672）

カラカラ類は中南米に分布するハヤブサ科の鳥類であるが、地上性が強く、発達した脚をもっている。死肉食性が強い。

219
アマゾンカッコウ（*Guira guira*）

剥製標本
アルゼンチン
高二七・〇センチメートル、幅三一・〇センチメートル
財団法人山階鳥類研究所蔵（一九九五年四月生物学御研究所より寄贈）（YIO-15520）

標本名「アマゾンカッコウ」の記載あり。南米に分布し、アマゾンバンケンとも呼ばれる。

220
アオサンジャク（*Cyanocorax caeruleus*）

剥製標本
アルゼンチン
財団法人山階鳥類研究所蔵（一九九五年四月生物学御研究所より寄贈）（YIO-40305）

サンジャク類は中南米に分布するカラス科の鳥類で、カササギやカケスに近縁である。カラス科のうち、カラス属の羽色は基本的に黒色だが、他のカラス科鳥類には青色を主体とした美しい色彩をもつものもある。本種はブラジル南部からアルゼンチン北部の森林に生息する。小群で行動し、他のサンジャク類と混群を作ることがある。

221
ルリサンジャク（*Cyanocorax chrysops*）

剥製標本
アルゼンチン
高三〇・〇センチメートル、幅二三・五センチメートル
財団法人山階鳥類研究所蔵（一九九五年四月生物学御研究所より寄贈）（YIO-40306）

南米中央部の熱帯雨林に分布する。サンジャク類には冠羽をもつものがあるが、本種も頭頂部にベレー帽のような独特の冠羽が発達する。小群で行動し、他のサンジャク類と混群を作ることがある。雑食性であるが、他の鳥の卵を食べることも知られている。

222
シロハラヨタカ（*Podager nacunda*）

剥製標本
アルゼンチン
財団法人山階鳥類研究所蔵（一九九五年四月生物学御研究所より寄贈）（YIO-15545）

南米南部の草原に生息する。ヨタカの仲間は樹皮や落ち葉に似た保護色をもち、枝や地面に止まって動かない。夜間に飛びながら昆虫を捕食する。

223
マミジロマネシツグミ(*Mimus saturninus*)

剥製標本
アルゼンチン
財団法人山階鳥類研究所蔵(一九九五年四月生物学御研究所より寄贈)(YIO-40075)

マネシツグミ科は北米から南米に分布する。他の鳥の鳴きまねが巧みなことで知られる。また、ガラパゴス諸島に住むマネシツグミは、チャールズ・ダーウィンが進化論を考えるにあたって、ガラパゴスフィンチとともに、重要な影響を与えたと言われる。

224
キバラオオタイランチョウ(*Pitangus sulphuratus*)

剥製標本
アルゼンチン
財団法人山階鳥類研究所蔵(一九九五年四月生物学御研究所より寄贈)(YIO-40005)

タイランチョウ科は三百種以上を含む大きなグループであり、南北アメリカにのみ分布する。繁殖期にはナワバリに侵入する外敵を激しく攻撃し、ときに猛禽類にも向かっていくことから、英語ではタイラントバードすなわち暴君鳥と呼ばれる。日本語のタイランチョウは、タイラントの音をとって名づけられた。

225
メガネタイランチョウ(*Hymenops perspicillatus*)

剥製標本(雄)
アルゼンチン
財団法人山階鳥類研究所蔵(一九九五年四月生物学御研究所より寄贈)(YIO-40004)

南米南部の湿地の草原に生息する。昆虫食性。

226
テリバネコウウチョウ(*Molothrus bonariensis*)

剥製標本(雄)
アルゼンチン
財団法人山階鳥類研究所蔵(一九九五年四月生物学御研究所より寄贈)(YIO-40226)

コウウチョウ類の英名はカウバードである。これは牧場で牛の後をついて歩き、草むらから飛び出す昆虫を捕らえることによる。托卵性のものが多いが、自分で子育てを行う種から完全な托卵性の種までさまざまである。本種は百種以上の宿主に托卵する。コウウチョウ類は托卵の進化を考えるうえで重要な種類である。

227
ヒズキンクロムクドリモドキ(*Amblyramphus holosericeus*)

剥製標本
アルゼンチン
高二三・〇センチメートル、幅一八・五センチメートル
財団法人山階鳥類研究所蔵(一九九五年四月生物学御研究所より寄贈)(YIO-40225)

ムクドリモドキ科は南北アメリカに分布する。前出のテリバネコウウチョウもムクドリモドキの仲間である。雌雄とも地味な種もあるが、本種は非常に美しい色彩をもつ。南米南部の湿地に生息する。

228
ミナミズアオフウキンチョウ(*Thraupis bonariensis*)

剥製標本(雄)
アルゼンチン
財団法人山階鳥類研究所蔵(一九九五年四月生物学御研究所より寄贈)(YIO-40222)

フウキンチョウ類は南北アメリカに生息し、美しい色彩をもつ。従来はフウキンチョウ科としてまとめられていたが、近年、分類が見直されつつある。

229
コウカンチョウ(*Paroaria coronata*)

剥製標本
アルゼンチン
財団法人山階鳥類研究所蔵(一九九五年四月生物学御研究所より寄贈)(YIO-40219)

南米に生息する。発達した赤い冠羽が特徴。北米で親しまれているショウジョウコウカンチョウ(カーディナル)は、本種と同じホオジロ科であるが、別属とされる。

230
アカフタオハチドリ(*Sappho sparganura*)

剥製標本
アルゼンチン
高一八・〇センチメートル、幅一五・五センチメートル
財団法人山階鳥類研究所蔵(一九九五年四月生物学御研究所より寄贈)(YIO-15715)

南アメリカ西部の温帯地域に分布。森林から山地の森林限界付近に生息するが、しばしば市街地にも見られる。属名の「Sappho」は古代ギリシアの詩人サッフォーに由来する。

231
カンムリウズラ(*Callipepla californica*)

剥製標本(雄)
アルゼンチン
財団法人山階鳥類研究所蔵(黒田長禮氏より寄贈)(YIO-15281)

雌は冠羽が短く、全体に褐色を帯びる。本種は「ラフォルティクス属」に分類されることもある。

232
ナンベイレンカク(*Jacana jacana*)

剥製標本
アルゼンチン
財団法人山階鳥類研究所蔵(一九九五年四月生物学御研究所より寄贈)(YIO-15396)

長い足指が体重を分散させるため、スイレンのような浮水植物の葉の上を歩くことができる。本種は一妻多夫型の繁殖を行う場合がある。この場合、雌は卵を産むと次の産卵のために巣を去る。卵と雛の世話は雄が行う。

223
アオハシヒムネオオハシ(*Ramphastos dicolorus*)

剥製標本
アルゼンチン
高三九・五センチメートル、幅三一・〇センチメートル
財団法人山階鳥類研究所蔵(一九九五年四月生物学御研究所より寄贈)(YIO-15628)

ブラジル中央部からアルゼンチン北部に分布し、現地では一般的な鳥である。大型オオハシ類のなかでは小さな種で、体重三五〇グラムほどしかない。嘴も短く、一〇センチメートル程

度である。

234

ショウジョウトキ(*Eudocimus albus*)

剥製標本
ブラジル
財団法人山階鳥類研究所蔵（一九九五年四月生物学御研究所より寄贈）（YIO-15096）

中南米に分布する。形態も生活史も同所的に分布するシロトキとほとんど同じだが、色彩だけが違う。

235

オニオオハシ(*Ramphastos toco*)

剥製標本
採集地・採集年未詳
一九七四年四月一八日死亡
財団法人山階鳥類研究所蔵（上野動物園より寄贈）（YIO-15632）

オオハシ類は中南米の樹林に広く分布し、果実や小動物を食べている。本種の全長は六六センチメートルだが、そのうち二〇センチメートルが嘴である。ただし、内部は中空で軽い。なぜこのように巨大な嘴をもっているのかは解明されていないが、長い嘴は小枝の先にある果実をつまみ取るには役立つだろう。また、大形オオハシ類は嘴の色彩が種ごとに異なっており、求愛のさいに同種を識別するのに役立つのかもしれない。いずれにせよ、同じく大きな嘴をもち、食性も似通ったサイチョウ類が東南アジアの樹林に分布しているのは興味深い。オオハシ類もサイチョウ類と同じく樹洞で営巣するが、入口を塞ぐことはない。

236

ヒムネオオハシ(*Ramphastos vitellinus*)

剥製標本
ブラジル
財団法人山階鳥類研究所蔵（一九九五年四月生物学御研究所より寄贈）（YIO-15630）

ベネズエラからブラジル南部まで広く分布する中形のオオハシ類。嘴の色彩だけでなく、腰の赤色も本種の特徴である。

237

オオキリハシ(*Jacamerops aurea*)

剥製標本（雄）
ブラジル国アマゾン地方
財団法人山階鳥類研究所蔵（一九九五年四月生物学御研究所より寄贈）（YIO-40002）

止まり木に付いたラベルに「学名 *Jacamerops aurea*（Müller）♂ad. 英名 Great Jacamar 科名 ゴシキドリモドキ科 Galbulidae」、台裏面に「BE□ AFLOR GRANDE 4,500 Jacamerops」の記載が見られる。コスタリカからブラジルの森林に分布。枝に止まり、昆虫が近づくと飛び立って捕食する。シロアリの蟻塚に営巣する。現在、このグループはキリハシ科とされている。

238

ハチクイモドキ(*Momotus momota*)

剥製標本

ブラジル
財団法人山階鳥類研究所蔵（一九九五年四月生物学御研究所より寄贈）（YIO-15617）

尾羽の中央の二枚がとくに長く、先端はラケット状になる。これは先端部を残して羽弁が脱落するためである。

239
シロフクロウ(*Nyctea scandiaca*)

剥製標本
樺太
財団法人山階鳥類研究所蔵（一九九五年四月生物学御研究所より寄贈）（YIO-15097）

北極海周辺に分布。冬季は南下し、稀に日本にも現れることがある。模様は個体変異が大きい。北極圏の夏は夜が短いため、日中も活動する。主にレミングを捕食する。

240
エトピリカ(*Lunda cirrhata*)

剥製標本
北千島河頼度島、昭和六年（一九三一）七月一七日採集
高三七・五センチメートル、幅二七・五センチメートル
財団法人山階鳥類研究所蔵（一九九五年四月生物学御研究所より寄贈）（YIO-15437）

北太平洋に分布し、海に面した断崖に営巣する。日本では北海道で十数つがいが繁殖するのみ。嘴と顔の色彩が奇抜であるが、同種であることの認知や、自分が繁殖可能であることを示すのに役立っていると考えられる。色彩や形態に大きな雌雄差はない。

241
（チシマ）ライチョウ(*Lagopus mutus kuriliensis*)

剥製標本
北千島占守島、昭和六（一九三一）年八月一三日採集
高二五・〇センチメートル、幅二三・五センチメートル
財団法人山階鳥類研究所蔵（一九九五年四月生物学御研究所より寄贈）（YIO-15686）

標本名「ライチョウ」の記載あり。日本のライチョウとは別亜種である。

242
シロエリオオハム(*Gavia pacifica*)

剥製標本
相模一色海岸、昭和三六（一九六一）年二月一〇日採集
財団法人山階鳥類研究所蔵（一九九五年四月生物学御研究所より寄贈）（YIO-15661）

太平洋沿岸からベーリング海、カナダ北部に分布。本種を含むアビ類は一般に海で魚を捕食する。瀬戸内海にはアビ漁と呼ばれる漁法があり、アビの群れを魚群の目印として漁を行った。このアビは本種であることが多い。

243
ホウロクシギ(*Numenius madagascariensis*)

剥製標本（雄）
東京都大田区羽田空港、一九八五年九月二二日採集
財団法人山階鳥類研究所蔵（YIO-15354）

ウスリー地方およびカムチャツカ半島で繁殖し、渡りの時期に日本を通過する。オーストラリアで越冬するが、詳細な分布は研究途上である。干潟で採餌し、嘴を泥に差し込んでゴカイ

類や甲殻類を捕食する。シギ類は種によって嘴の長さや形がそれぞれ異なり、それに応じて採餌方法も異なるが、本種は深く潜った小動物を採餌することに特化している。シギ類の嘴は先端部にある程度の柔軟性があり、口先だけを開閉できるものが多い。

244
アカツクシガモ(*Tadorna ferruginea*)

剥製標本(雌)
朝鮮咸鏡北道吉州、昭和三(一九二八)年一月採集
財団法人山階鳥類研究所蔵(一九九五年四月生物学御研究所より寄贈)(YIO-15680)

中央アジアから東欧で繁殖し、冬は南下して越冬する。少数ではあるが、日本に飛来することもある。

245
クロツラヘラサギ(*Platalea minor*)

剥製標本
朝鮮咸興(鏡)、明治四三年(一九一〇)一月採集
財団法人山階鳥類研究所蔵(YIO-15169)

アジア東部の特産種で、個体数は多くても四百五十羽程度と考えられる。日本では九州の干潟で十五羽から二十羽が越冬する。繁殖が確認されているのは朝鮮半島の一部に限られる。

246
コウノトリ(*Ciconia ciconia*)

剥製標本
中国
一九八五年死亡
財団法人山階鳥類研究所蔵(多摩動物公園より寄贈)(YIO-15011)

ラベルに「中國より輸入後多摩自然動物公園にて飼育」、「中華民國より輸入後多摩自然動物公園にて飼育中に死亡したもの」との記載がある。ヨーロッパ、アフリカに分布するものをシュバシコウ(*Ciconia ciconia*)、日本を含むアジア東部に分布するものをコウノトリ(*Ciconia boyciana*)として分ける場合がある。シュバシコウは嘴が赤い。本標本は中国産とあるが、台湾ではシュバシコウも越冬する。本標本はどちらかわからないが、嘴に赤味が残っていることから、シュバシコウかもしれない。

247
カラヤマドリ(*Syrmaticus ellioti*)

剥製標本(雄)
採集地・採集年未詳
一九七八年一一月三〇日死亡
財団法人山階鳥類研究所蔵(上野動物園より寄贈)(YIO-15010)

中国南東部に分布。山地の良く茂った樹林や竹林に生息するが、森林の減少と狩猟により個体数が減少している。

248
ハッカン(*Lophura nycthemera*)

剥製標本(雄)
中国
財団法人山階鳥類研究所蔵(YIO-15065)

中国南部からインドシナ半島に分布。古くから観賞用として飼育されている。

249
ヤツガシラ(*Upupa epops*)

剥製標本
採集地・採集年未詳
財団法人山階鳥類研究所蔵（一九九五年四月生物学御研究所より寄贈）（YIO-15624）

ユーラシアからアフリカの草地や農耕地に生息する。発達した冠羽が特徴である。日本では稀な迷鳥。外敵に対する防衛として排泄物をひっかけたり、尾腺から悪臭のする分泌物を出したりすることがある。

250
ヤツガシラ(*Upupa epops*)

剥製標本
北支那河北省
財団法人山階鳥類研究所蔵（一九九五年四月生物学御研究所より寄贈）（YIO-15623）

251
パラワンコクジャク(*Polyplectron emphanum*)

剥製標本
フィリピン、山村八重子氏採集
財団法人山階鳥類研究所蔵（一九九五年四月生物学御研究所より寄贈）（YIO-15707）

フィリピンのパラワン島にのみ分布。フィリピンに分布する唯一のクジャク。詳しい生態はわかっていないが、森林の伐採や捕獲により個体数が減少していると考えられる。

252
アカサイチョウ(*Buceros hydrocorax*)

剥製標本
比島、昭和九（一九三四）年採集
財団法人山階鳥類研究所蔵（一九九五年四月生物学御研究所より寄贈）（YIO-15625）

フィリピン固有種。絶滅危惧種。巨大な嘴や嘴上の突起の機能は解明されていない。餌はおもに果実類。サイチョウ類は特異な営巣を行う。雌が樹洞に入ると、雄は小さな穴を残して入口を泥で塗り固めて塞ぐ。抱卵中の雌の餌は雄が運び、この小穴を通して受け渡しを行う。サイチョウ類は翼にも特徴があり、雨覆羽がない。

253
ソデグロバト(*Ducula bicolor*)

剥製標本
交趾支那プーロコンドル島
財団法人山階鳥類研究所蔵（一九九五年四月生物学御研究所より寄贈）（YIO-15465）

フィリピン、ボルネオ、ニューギニアに分布。森林性で果実を食べる。しばしば餌を求めて他の島へ移動することがある。現在プーロコンドル島は分布域ではないが、当時は分布していたのか、もしくは移動してきた個体がいたのであろう。

254
ヒメイソヒヨ(*Monticola gularis*)

剥製標本
採集地・採集年未詳
財団法人山階鳥類研究所蔵（一九九五年四月生物学御研究所より寄贈）（YIO-

40087/YIO-40088）

東アジアに分布するが、日本では迷鳥。羽毛の美しいほうが雄。

255
ヤマムスメ(*Urocissa caerulea*)

剥製標本
台湾
財団法人山階鳥類研究所蔵（一九九五年四月生物学御研究所より寄贈）（YIO-40319）

台湾特産種で国鳥。大変美しい色彩のカササギの仲間である。山地の森林に生息し、小動物や果実を食べる。小群で生活しており、集団で飛ぶさまを台湾では「長尾陣」と呼ぶ。

256
ミカドキジ(*Syrmaticus mikado*)

剥製標本
採集地・採集年未詳
財団法人山階鳥類研究所蔵（一九九五年四月生物学御研究所より寄贈）（YIO-15293）

台湾特産種。台湾中央部の標高千五百メートルから三千メートルの森林に生息する。薮を好み、開けた場所に出ることは少ない。

257
オナガガモ雄(*Anas acuta*)

剥製標本（雄）
千葉県市川市日之出町ソフトタウン行徳附近、一九七七年一二月二九日採集
財団法人山階鳥類研究所蔵（YIO-15218）

ユーラシア、アフリカ、アメリカに広く分布する。日本でもごく普通に見られる。雄は尾羽の中央二枚が突出する。雌の尾も他のカモ類に比べて長い。

258
オジロコシアカキジ(*Lophura ignita*)

剥製標本（雄）
採集地・採集年未詳
財団法人山階鳥類研究所蔵（上野動物園より寄贈）（YIO-15072）

標本名「コシアカキジ」の記載あり。タイ、マレーシア、スマトラ島、ボルネオ島に分布している。

259
カンムリシャコ(*Rollulus rouloul*)

剥製標本（雄）
採集地・採集年未詳
財団法人山階鳥類研究所蔵（一九六一年九月三〇日バッカリ氏より寄贈）（YIO-15282）

タイ南部、マレーシア、スマトラ島、ボルネオ島に分布する。学名は「ルールル」と聞こえる鳴声に由来する。雄は冠羽が発達する。

260
カンムリシャコ(*Rollulus rouloul*)

剥製標本（雌）
採集地・採集年未詳
財団法人山階鳥類研究所蔵（一九六一年九月三〇日バッカリ氏より寄贈）（YIO-15283）

261
ミノバト(*Caloenas nicobarica*)

剥製標本
交趾支那プーロコンドル島、大正一五(一九二六)年八月一四日採集
財団法人山階鳥類研究所蔵(一九九五年四月生物学御研究所より寄贈)(YIO-15107)

標本名「ミノバト」の記載あり。フィリピン、ボルネオ、スマトラ、ニューギニアの島々に分布する。頸部の羽毛が長く伸び、蓑状に見える。頭部の羽毛は短い。交趾支那はコーチシナで、旧仏領インドシナ、現在のベトナムである。

262
ヒメフクロウ(*Glaucidium brodiei*)

剥製標本
採集地・採集年未詳
財団法人山階鳥類研究所蔵(一九九五年四月生物学御研究所より寄贈)(YIO-15533)

ヒマラヤから東南アジアに分布。首の後ろに目玉のような模様があるのが特徴である。

263
ヒオドシジュケイ(*Tragopan satyra*)

剥製標本(雄)
採集地・採集年未詳
一九七八年二月一五日死亡
財団法人山階鳥類研究所蔵(上野動物園より寄贈)(YIO-15071)

ヒマラヤ山脈中西部に分布。プリニウス(二三—七九)の『博物誌』に本種の記述が見られる。学名の「*satyra*」はギリシア神話に登場するサテュロスの意味である。サテュロスは額に角のある姿で描かれるが、本種も額に角状の突起をもつ。

264
セイロンヤケイ(*Gallus lafayettei*)

剥製標本(雄)
採集地・採集年未詳
財団法人山階鳥類研究所蔵(多摩動物公園より寄贈)(YIO-15062)

スリランカ特産種で、同国の国鳥にもなっている。ニワトリの原種であるセキショクヤケイにごく近縁な鳥である。トサカ中央の淡色部が特徴であるが、標本では褪色している。

265
タテジマキーウィ(*Apteryx australis*)

剥製標本(雄)
オークランド
高三八・〇センチメートル、幅三三・〇センチメートル
財団法人山階鳥類研究所蔵(一九九五年四月生物学御研究所より寄贈)(YIO-00309)

足に付いたラベルには「*Apteryx Mantelli*」、台表面のラベルには「*Apteryx mantelli Bartl.*」の学名記載が見られる。足に付いたラベルの採集地欄に「Waitakere□, Auckland」との記載あり。台裏面には「標鳥類、第百十三号、二羽ノ内」の記載および「内廷掛印」の朱印がある。本亜種はニュージーランド北島に分布する。一八五〇年にバートレットにより独立種(*Apteryx mantelli*)として記載されたが、現在は一亜種に分類されている。キーウィは翼が退化し、飛ぶことができない。また視力も弱く、嗅覚と触覚を使って地上の餌を探す。鳥類では唯一、鼻孔が嘴の先

端に開口する。嘴の根元から生えるヒゲ状の羽毛も餌を探知するのに役立つ。

266
セイタカシギ(*Himantopus himantopus*)

剥製標本
関東州
高三六・〇センチメートル、幅三〇・〇センチメートル
財団法人山階鳥類研究所蔵（一九九五年四月生物学御研究所より寄贈）（YIO-15098）

ヨーロッパ、アフリカ、アジア南部、オーストラリア、南北アメリカに広く分布する。日本では旅鳥として渡り途中に通過するだけであったが、近年、渥美半島や東京湾岸で少数が繁殖している。

267
バン(*Gallinula chloropus*)

剥製標本
採集地・採集年未詳
財団法人山階鳥類研究所蔵（一九九五年四月生物学御研究所より寄贈）（YIO-15393）

ユーラシア、アフリカ、南北アメリカの水辺に棲む。レンカクほどではないが指が長く、浮水植物の葉の上を歩くことができる。水かきはないが、泳ぎも巧みである。若鳥が親のナワバリに残り、ヘルパーとして子育てを手伝うことが知られている。同種他個体の巣に卵を産んで世話をさせる種内托卵を行うこともある。

268
セイキムクドリ(*Lamprotornis chalybaeus*)

剥製標本
採集地・採集年未詳
財団法人山階鳥類研究所蔵（黒田長禮氏より寄贈）（YIO-40282）

アフリカ東部から南東部の森林および林縁に生息する。和名のセイキは青輝で、羽色に由来する。

269
ワタリアホウドリ(*Phoebastria exulans*)

剥製標本（雄）
一九七三年八月一五日採集
財団法人山階鳥類研究所蔵（YIO-00331）

南半球の中・高緯度地域に分布する。翼開長は三メートルに達し、鳥類で最大のものの一つ。天敵のいない孤島で繁殖する。大型アホウドリ類は繁殖に時間がかかるため、隔年でしか繁殖できない。なかでも本種の繁殖期間は長く、育雛期間だけで二百八十日もあり、抱卵を含めると、一回の繁殖に丸一年かかる。

270
コトドリ(*Menura novaehollandiae*)

剥製標本（雌）
採集地・採集年未詳
財団法人山階鳥類研究所蔵（一九九五年四月生物学御研究所より寄贈）（YIO-40013）

オーストラリア南東部およびタスマニア島の森林に分布（タスマニアは人為分布、一九三四年に移入）。雄は竪琴状の長い尾羽をもち、ディスプレイに用いる。まず、ナワバリの中に直

径一メートルほどの土盛りをいくつも作り、大声でさえずる。雌が近づくと尾羽を広げて前に倒す求愛行動を繰り返す。物まねが巧みなことでも知られ、他の鳥や動物の鳴声をさえずりに混ぜる。飼育下では人工的な物音も驚くほど巧みに模倣する。子育ては雌のみが行う。

271
ハゴロモヅル(*Anthropoides paradisea*)

剥製標本
採集地・採集年未詳
一九七六年一〇月二五日死亡
財団法人山階鳥類研究所蔵(多摩動物公園より寄贈)(YIO-15009)

南アフリカの高原に分布する。同国の国鳥。ツルとしては水辺への依存度が比較的低く、嘴も短い。

272
アカエリホウオウ(*Euplectes ardens*)

剥製標本
採集地・採集年未詳
財団法人山階鳥類研究所蔵(一九九五年四月生物学御研究所より寄贈)(YIO-40337)

サハラ砂漠以南のアフリカの潅木地帯に生息する。派手な羽毛は繁殖期の雄の特徴である。雄でも非繁殖羽の尾は短く、色も地味で、まったく別の鳥のように見える。本種は一夫多妻性の社会をもち、より多くの雌を惹きつけることが雄の繁殖にとって非常に重要である。すなわち、性選択によって派手な羽毛が進化した典型的な例といえる。

273
ルビーオナガタイヨウチョウ(*Nectarinia tacazze*)

剥製標本(雄)
エチオピア
財団法人山階鳥類研究所蔵(黒田長禮氏より寄贈)(YIO-40193)

標本名「ルビーオナガタイヨウ」の記載あり。タイヨウチョウはアジア、アフリカ、オセアニアに分布し、花蜜を主食としている。アメリカのハチドリに相当する鳥類であるが、ハチドリのように空中停止を巧みに行うことはできない。

274
ヒシクイ(*Anser fabalis*)

剥製標本
体長八二・〇センチメートル、翼幅一三二・〇センチメートル
北海道豊頃町長節沼西海岸、一九六七年一〇月一日亀谷栄氏採集
財団法人山階鳥類研究所蔵(二〇〇二年七月四日亀谷栄氏より寄贈)(2002-0222)

大型のガンの一種で、冬鳥として日本に飛来する。二亜種があり、亜種ヒシクイはユーラシア大陸のツンドラ地帯で繁殖し、亜種オオヒシクイはタイガの湿地帯で繁殖する。日本で越冬する個体群は二亜種ともカムチャツカ半島で繁殖しており、北海道を経由した後、ヒシクイは宮城県北部で越冬するが、オオヒシクイは主に日本海側を南下して琵琶湖で越冬する。越冬地では湿地、水田、牧草地で植物質の餌を食べるが、オオヒシクイはとくに湿地を好む。

補遺

鳥学略年表
初期鳥学者評伝
日本鳥学会略史
参考文献

鳥学略年表

高橋あゆみ＋丹野美佳[編]

本年表を編むにあたって、一九〇〇年以前の項に関しては、上野益三先生の『日本動物学史』(八坂書房、一九八七年)、『日本博物学史』(講談社、一九八九年)、『年表日本博物学史』(八坂書房、一九八九年)を参照させて頂いた。著者に対し、この場を借りて、改めて御礼申し上げたい。

600

三〇〇年代　仁徳天皇紀四三年九月、倶知(鷹)を捕えて訓養する。天皇、百舌鳥野(もずの)に遊猟、鷹を放って数十の雉を獲ると伝えられる。また、この月初めて鷹甘部(たかかいべ)を定める。仁徳天皇紀五〇年三月、河内国茨田堤(まむたのつつみ)にて、雁が卵を産むという。

五九八(推古六)年　四月、前年新羅に遣わされた難波吉士磐金が帰還し、鵲二隻を献じたので、難波の杜に養わせたところ、巣をかけ、子を産んだ。八月、新羅、孔雀一羽を献ずる。

五九九(推古七)年　九月、百済、駱駝一頭、驢一頭、羊二頭、白雉一隻を貢進。

六四七(大化三)年　一二月、新羅、孔雀一隻、鸚鵡一隻を献ずる。

六五〇(白雉元)年　二月、穴戸国(現在の山口県)から白雉が献上された。朝廷では瑞兆だとして盛大な祝宴を設け、二月一五日をもって改元し、白雉元年とする。

六七一(天智一〇)年　六月、新羅、水牛一頭、山鶏一隻を献ずる。

七一二(和銅五)年　三月一九日、美濃国、木連理ならびに白雁を献ずる。

七一三(和銅六)年　五月、諸国に命じて風土記を編纂させる。

七三一(天平三)年　七月一七日、田辺史、『新修本草』を写し終わる。

七三二(天平四)年　五月、新羅、鸚鵡一口、鴝鵒一口、蜀狗一口、猟狗一口、驢二頭、騾二頭を献ずる。

七四一(天平一三)年　三月六日—一八日、鸛百八羽、宮内殿上に集まる。

七六八(神護景雲五)年　武蔵国橘樹郡、白雉を捕えて献ずる。よって、同郡の田租を免じ、国司郡司の位一級を叙する。

七九五(延暦一五)年　三月、詔勅により、ひそかに鷹を養うことを禁ずる。

八一二(弘仁三)年　六月、小鳥が大鳥を産む。これはカッコウ科の鳥が鶯などの巣に卵を預ける託卵のことを見たのであろう。

八二〇(弘仁一一)年　新羅、羖攊羊(これきよう)二頭、白羊四頭、山羊一頭、鵞二羽を献ずる。

八三四(承和元)年　三月二一日、禁中の上で飛び鳴く鳥が百羽あり、その声は海鳥に似ている。

八四七（承和一四）年　閏三月、億万羽の群鳥が、日中から黄昏に到るまで飛び回る。何の鳥かはわからない。九月、入唐求法僧慧雲が帰国し、孔雀一、鸚鵡三、狗三を献ずる。

八九八（昌泰元）年　昌泰年間（八九八―九〇〇）に、僧昌住撰集の『新撰字鏡』の成稿。日本最古の字書で、木、草、鳥の各部には、『新修本草』から採録した動植物名を多数載せ、中国本草の影響が見られる。

九一八（延喜一八）年　醍醐天皇の勅を奉じて撰述した、『本草和名』の成稿。日本でできた最古の本草辞典。

九二五（延長三）年　風土記を献上させる。それぞれの地方の動植物名も記載する。

九三一（承平元）年　源順が醍醐天皇の第四皇女の命を奉じて撰述した『和名類聚抄』の成稿。日本最古の国語辞書。動植物名も多く収録される。

一〇一五（長和四）年　二月、太宰大監藤原蔵規、孔雀一翼を献ずる。四月、卵を生む。閏六月、宋商が孔雀を献ずる。

一一九三（建久四）年　三月二五日、武蔵国入間野にて追鳥狩が行われる。追鳥狩の名が出たのはこれが最初。追鳥は山野で雉、鶉などを勢子に追い立てさせ、馬上から弓で狩るもので、江戸時代にもしばしば行われ、後には銃にもよる。

一二八四（弘安七）年　正月、惟宗具俊撰『本草色葉抄』の成稿。

一四〇八（応永一五）年　六月二二日、南蛮船が若狭に漂着。鸚鵡二対、孔雀二対ほかを持渡するという（若狭国守護職次第より）。

一四五六（康正三）年　竹田昌慶、『延寿類要』の成稿。

一四五七（長禄元）年　水鳥、山野に満ち北より南へ飛ぶ。その響きは雷のようである（大日本野史より）。

一五七五（天正三）年　明船、豊後国臼杵に来舶、鸚鵡を持渡するという（長崎略史より）。

一六〇二（慶長七）年　六月、交趾より象一頭、生きた虎一頭、孔雀二羽を家康に贈る。

一六〇八（慶長一三）年　曲直瀬道三の『能毒』を、新渡の『本草綱目』によって増訂した『薬性能毒』の刊行。

一六〇九（慶長一四）年　梅寿、木活字版『本草序列』の刊行。

一六一〇（慶長一五）年　九月、安南船が薩摩に来着、入貢する。沈香、象牙、鸚鵡、孔雀錦鶏（鶏か）などを捧げて通商を願う。

一六一二（慶長一七）年　正月、徳川家康、三河国吉良近郊にて放鷹、捕えた鶴を禁裏に献ずる。林道春、『本草綱目』を抜写し、国訓を付して『多識論』をつくる。

一六一四（慶長一九）年　九月一日、ヤン・ヨーステン、駿府の家康に虎の子二匹を献ずる。インコも持ち来る。四月二八日、安藤対馬守が駿府の徳川家康に伺候したとき、かつて林道春が長崎で得た『本草綱目』を江戸へ持ち帰らせ、秀忠の手元に達する。

一六一六（元和二）年　関吉右衛門、『本草序列』の刊行。

一六三〇（寛永七）年　一二月、京、下京の而慍斎、『和歌食物本草』の刊行。

一六三一（寛永八）年　正月、林道春諺解、『新刊多識編』の刊行。

一六三二（寛永九）年　九月、曲直瀬玄朔、『日用食性』の刊行。

一六三六（寛永一三）年　二月八日、将軍家光、葛西辺に鷹狩し、鶴、雁、鴨の獲物が少なくない。また、自ら鉄砲にて鶴一隻を獲る。八月二二日、将軍家光、葛西に赴き、銃にて真鶴を獲り、鷹にて、鴻、白雁、鴨、鷺を獲る。九月一二日、将軍家光、船にて海辺に行き、銃にて白雁ほか多くの鳥を獲る。九月二二日、将軍家光、高田に赴き、銃にて鶴、雁、鷺を獲る。九月二五日、将軍家光、葛西に鷹狩し、鶴、鴻、雁を獲る。一〇月五日、将軍家光、葛西に鷹狩し、真鶴、白鶴、玄鶴を、鉄砲にて真鶴と白鳥を獲る。一〇月一一日、将軍家光、海辺より角田河(現在の隅田川)の辺に狩猟し、白鶴、真鶴、雁、鴨、白鳥を獲る。一一月四日、将軍家光、海辺に出て雁と鴨を獲る。一一月八日、将軍家光、岩淵に狩猟し、鶴、白鳥、雁、鴨、鷺を獲る。一一月一三日、および二六日、家光、高田に放鷹し、雁と鴨を獲る。一二月三日、将軍家光、葛西に鷹狩し、鶴、雁、鴨を獲り、また、銃にて白鳥を獲り、新宿にて昼食、角田川より舟で帰る。

一六三七(寛永一四)年　正月八日、将軍家光、葛西に放鷹。一〇月七日、松浦肥前守鎮信が外国の犬、雉、鸚哥、鳩を将軍に献ずる。一一月二日、将軍家光、麻布辺に遊猟し、雁四羽、鴨十羽を獲る。同六日、麻布で雁、鴨、鴻を獲る。一一月一八日、将軍家光、小石川辺にて雁、鴨、鴻を獲る。一二月一一日、将軍家光、品川にて鷹狩し、真鶴、白鶴、雁、鴨を獲る。この年、京都の南輪書堂、『新増鷹鶻方』の刊行。

一六五一(慶安四)年　元の李杲著『食物本草』、呉瑞著『日曜本草』の合刻の刊行。

一六五七(明暦三)年　二月、『本草綱目序例』の新刻の成稿。三月、李正宇(中立)輯、画の『図像本草原始』の和刻本の刊行。

一六五九(万治二)年　野村観斎訓点『新刊本草綱目』の刊行。

一六六〇(万治三)年　明の薛己著『本草約言』四冊、翻刻版の成稿。

一六六一(寛文元)年　一〇月、伊予国松山城主、松平定行、鶉五百六十羽を和気郡に放つ。

一六六三(寛文三)年　三月朔日、オランダ商館長インダイク参府の節、ヨンストンの『動物図説』を献ずる。この年、蘭船、火喰鳥を持渡。

一六六六(寛文六)年　七月、京都の儒者、中村惕斎著『訓蒙図彙』の刊行。

一六六九(寛文九)年　正月、名古屋玄医著『閲甫食物本草』の成稿。松下見林が訓点を施した『重訂本草綱目』板刻の成稿。立野斉菴、明の『守農業本草經疏』を板刻する。

一六七二(寛文一二)年　一二月、貝原篤信(益軒)校訂『校正本草綱目』の和刻本の成稿。

一六七五(延宝三)年　四月、幕府、奉公伊奈兵右衛門、同竹内三郎兵衛以下一行八人を小笠原諸島に派遣して、各島嶼を巡視させる。五月二四日品川に帰着。異木水禽など多くの産物を持ち帰る。その中に大蝙蝠、四足の鳥があった。

一六八一(天和元)年　一一月、遠藤元理著『本草辨疑』の刊行。

一六八四(貞享元)年　四月、黒川道祐著『雍州府志』の刊行。

一六八五(貞享二)年　三月、下津元知編集『図解本草』の刊行。一一月七日、生類憐みの令、特別の場合を除き鳥類、貝類、海老などの料理を禁ずる。

一六八七(貞享四)年　二月二六日、生類憐みの令、生鳥飼育および養鶏絞殺の禁止。

一六八八(元禄元)年　新井玄圭著『食物本草大成』の刊行。

一六九〇(元禄三)年　僧契沖著『万葉代匠記』精選本の成稿。万葉集中の鳥獣虫魚草木を載せる。

一六九二（元禄五）年　三月、稲生若水著『物産目録』の成稿。五月、稲生若水篇『炮炙全書』の刊行。

一六九四（元禄七）年　通菴竹中敬、明の李中梓著『本草通玄』の刊行。

一六九五（元禄八）年　九月、野必大の遺稿『本朝食鑑』を、その子が編纂して梓に上す。一〇月一六日、大坂の与力同心ら、鳥銃で鳥獣を打ち、また鳥を売買したことが露見し、十一人切腹。この年、中村之欽著『増補頭書訓蒙図彙』の刊行。

一六九六（元禄九）年　一〇月五日、再び鳥見職を廃止。

一六九七（元禄一〇）年　正月、『本草摘要』の刊行。

一六九八（元禄一一）年　正月、松下見林訓点、唐の陸璣著『毛詩艸木鳥獣蟲魚疏』の刊行。三月、岡本為竹著『広益本草大成』の刊行。

一七〇〇（元禄一三）年　一二月六日、徳川光圀没する。集めた動植物を『桃源遺事』に載せる。鳥は珍しいものを数多く飼育したらしい。

一七〇四（宝永元）年　夏、駿州府中の北浅畑という地に小判鳥という水鳥が集まる。形はケリに似て首細く足長く、頂に赤黄色の小判型の毛色がある。舶載ではなく、また本土に住むものでもない。

一七〇五（宝永二）年　九月二〇日、生類憐れみの令。ガチョウ、アヒル以外の飼い鳥の届出制。

一七〇八（宝永五）年　三月、長崎の西川求林書斎（如見）著『華夷通商考』の刊行。産の項は諸国産出の動植物などを列挙し、我が国の博物学的知識に寄与することが少なくない。六月、貝原篤信（益軒）、多年の苦労を積んで著した『大和本草』の成稿。載せる品物千三百六十六種、その内容は独創性に富む。一〇月五日、稲生宣義（若水）著『詩経小識』の成稿。新井君美の嘱によって作ったもので、詩経に出る動植物を解釈する。

一七一〇（宝永七）年　八月一五日、蘇生堂主人著『喚子鳥』の刊行。諸鳥飼養の総論ならびに各論。

一七一二（正徳二）年　正月、大江頤軒校『本草和解』の刊行。

一七一五（正徳五）年　正月、『大和本草』が完成。七月六日、稲生若水没する。『庶物類纂』は予定の千巻に達せず、三百六十二巻にとどまった。

一七一七（享保二）年　五月一一日、将軍吉宗、墨田川、亀戸、向島辺に鷹狩し、多くの鶴を得る。放鷹が行われたのは生類憐れみの令解除後初めてである。五月一八日、将軍吉宗、小菅辺に放鷹し、梅首鶏十一、鷺二を獲る。七月二六日、将軍吉宗、砂村辺に放鷹し、多くの雲雀を獲る。一二月、伊豆の代官川原清兵衛、コウライキジ二羽、キンケイ三羽を伊豆大島に放つ。この年、左馬之介著『鳥飼万益集』の成稿。諸鳥の飼育法を述べたもの。未刊。

一七一八（享保三）年　三月二日、将軍吉宗、角田川辺に鷹狩し、自ら鶴一羽を獲る。三月一三日、将軍吉宗、戸田、志村辺に追鳥狩を催す。この日の獲物は百五十七羽、農夫の勢子は三千人という。吉宗も自ら雉子を獲る。七月二三日、狩場殺生禁制を令ずる。先年来猟鳥が少なくなったからだという。この年より向こう三年間、鶴、白鳥、雁、鳧に限り、たとえ塩蔵したものでも献上してはならない。一二月一九日、将軍吉宗、品川辺に放鷹し、自ら真鶴一、雁一を獲る。

一七一九（享保四）年　九月一一日、前田綱紀、『諸物類纂』既成分を、戸田山城守をもって幕府文庫に献納する。一二月一九日、将軍吉宗、葛西辺に鷹狩し、鴻、雁を獲る。

一七二〇（享保五）年　四月二一日、前年三月七日の禁令を鶴以外のものについてゆるめる。一〇月二五日、将軍吉宗、品川辺に放鷹し、真鶴一、鷺一を獲る。一一月六日、将軍吉宗、隅田川辺に放鷹し、黒鶴一、鴨二羽を獲る。一一月一八日、将軍吉宗、葛西に放鷹し、真鶴一、小鷺一を獲る。一二月二三日、将軍吉宗、品川辺に放鷹し、黒鶴一、鷺一を獲る。この年、蘭船、長崎に火喰鳥を持渡。

一七二一(享保六)年　正月一八日、関東八州の地にて銃にて獲った鳥の売買を禁ずる。四月七日、将軍吉宗、亀戸辺に放鷹し、梅首鶏を獲る。閏七月九日、江戸に下った松岡玄達は帰洛の途につく。旅行中に道中で見た名物などを書き留めて博物学的考証を加える。これから江戸で本草学が一段と盛んになった。九月一五日、将軍吉宗、駒場野で狩猟し、鶉を獲る。九月二三日、再び駒場野にて鶉を獲る。一二月三日、将軍吉宗、亀戸辺に放鷹し、黒鶴と雁を獲る。

一七二二(享保七)年　二月一六日、将軍吉宗、葛西辺に狩猟し、鴨、鴻を獲る。九月一八日、将軍吉宗、駒場野に放鷹し、鶉を獲る。一〇月九日、将軍吉宗、一ツ橋に放鷹し、鴨を獲る。一〇月一八日、将軍吉宗、西葛西の瀬崎に放鷹し、鶴と鴨を獲る。一一月二日、将軍吉宗、神田橋外の空地に放鷹し、狐一疋が走り出て捕らえられる。一一月一九日、将軍吉宗、六号辺に放鷹し、鶴を獲る。一二月三日、将軍吉宗、西葛西瀬崎辺に放鷹し、鶴を獲る。この年、蘭船、火喰鳥を持渡。幕府、これを江戸に運ばせ、橘隆庵法眼に命じて飼養させる。高芙蓉がこれを写生し、『駝鳥の図』を作る。

一七二三(享保八)年　正月五日、将軍吉宗、小菅辺に狩猟し、自ら鶴、鴨、鷺を各二羽ずつ獲る。三月五日、将軍吉宗、葛西辺に放鷹し、雁と鴨を獲る。四月一一日、将軍吉宗、隅田川に放鷹し、鷭を獲る。

一七二五(享保一〇)年　七月二三日、将軍吉宗、品川辺に放鷹し、多くの雲雀を獲る。八月四日、阿蘭陀馬三疋、孔雀二羽、鷲二羽、青音呼鳥(青インコ)一羽、紅音呼鳥(紅インコ)一羽、紅雀四羽、文鳥七羽、狆一匹、中犬三匹、狩犬の子一匹、長崎に渡来。一一月一二日、将軍吉宗、東葛西に放鷹し、鴨、雁、鷺を獲る。

一七二六(享保一一)年　四月二七日、将軍吉宗、川崎矢口の辺に放鷹し、鷭六羽を獲る。初夏、神田玄泉集選『食物知新』の成稿。五月、松岡玄達著『用薬須知』前編の刊行。

一七二七(享保一二)年　一〇月一一日、将軍吉宗、駒場野に鶉狩。

一七二八(享保一三)年　一二月二日、将軍吉宗、中野辺に放鷹し、鴻を獲る。

一七二九(享保一四)年　三月一一日、将軍吉宗、目黒辺に狩猟し、雉子一、菱喰一、兎一、猪十を獲る。この年、幕府、将軍の希望で取り寄せた、孔雀二羽、唐犬一疋、阿蘭陀犬一疋、阿蘭陀牡馬二疋が長崎に渡来。

一七三〇(享保一五)年　二月二八日、江戸参府のオランダ商館長ミンネドンクの貢物中に、砂糖鳥二羽がある。

一七三一(享保一六)年　一月一二日、将軍吉宗、品川辺に鷹狩し、鶴二を獲る。同月一五日、葛西に鷹狩し、鶴、白鳥、鴻を獲る。四月六日、将軍吉宗、猿江より隅田村に鷹狩したところ、梅首鳥が多かった。四月、京都の人、江村如圭纂述『詩経名物辨解』の刊刻。一〇月二二日、将軍吉宗、葛西に狩猟し、弓にて鴻、白雁、真雁を獲る。一二月二日、将軍吉宗、東葛西に狩猟し、弓にて黒鶴、雁、白雁、鴨を獲る。一二月七日、将軍吉宗、王子辺に狩猟し、弓にて真雁、白雁を獲る。この年、香川修徳著『一本堂薬選』の刊行。また、天台烏薬が渡来。

一七三二(享保一七)年　二月三日、将軍吉宗、葛西に放鷹し、白雁一を獲る。三月一九日、将軍吉宗、目黒辺に狩猟し、弓にて鴻と鴨を獲る。

一七三五(享保二〇)年　閏三月朔日、江戸参府のオランダ人の貢物中に、求歓鳥一羽がある。四月、中国船、青鸞を持渡。

一七三七(元文二)年　五月、『加賀国産物志』『佐渡物産簿』の成稿。六月一六日、『両国本草』の成稿。六月、『勢州三領産物之内御尋之品々絵図并註書』の成稿。のちに『紀伊殿領分紀州勢州産物之内相残候絵図』ができる。一〇月、服部範忠編、『本草和談』の成稿。未刊。この年、『陸奥国津軽領産物絵図帳』『陸奥国中村領産物絵図帳』『陸奥会津領産物絵形帳』『奥州二本松領産物帳之内図絵註書』ほかの産物帖の成稿。

一七三八(元文三)年　正月、神田玄泉著、『本草或問』の成稿。未刊。二月一八日、将軍吉宗、中野に追鳥狩し、多くの雉子を獲る。三月七日、将軍吉宗、戸田村に追鳥狩。五月三十日、丹羽正伯、かねて命じられていた『庶物類纂』続集の大部分が完成したので、褒章として銀百枚下賜される。六月、加賀三国の動植物名(和漢名および産地)を集めた帳簿ができ、『三国名物志』と題する。九月、長州萩藩の『先大津産物名寄帳』『隠岐国産物絵図』の成稿。

一七三九(元文四)年　二月、長州萩藩で『船木産物名寄帳』の成稿。一二月、長州萩藩で『浜崎産物名寄帳』ができる。

一七四〇(元文五)年　五月朔日、烏田智庵、『両国本草』が完成したため、防長産物改役解職。駒場薬園園監植村左平次政勝、命により『諸州採薬記』を将軍吉宗に提出する。

一七四一(寛保元)年　正月四日、将軍吉宗、東葛西に放鷹し、鴻、鶴、鴨を獲る。三月一八日、植村政勝、相州箱根山中に唐船が持渡した尾長雉子を放った結果を見届けるため出張。山中くまなく探したが見つからなかった。三月、野呂元丈、大通詞吉雄藤三郎の助力で、江戸に来たオランダ使節の宿舎を訪問し、持参のヨンストンの動物図説について質疑する。このとき同書に記載された動物名を和訳し、それにオランダ人の短い答えを付加して、一本にまとめ、『阿蘭陀禽獣蟲魚図和解』と題し、将軍に提出する。

一七四二(寛保二)年　正月一九日、将軍吉宗、西葛西に放鷹し、鶴、白鳥を獲る。二月一二日、将軍吉宗、目黒辺に放鷹し、鴨と雉を獲る。三月一九日、将軍吉宗、千住辺に狩猟し、鶉と雉を獲る。四月五日、将軍吉宗、戸田原で追鳥狩。一〇月一五日、将軍吉宗、雑司ヶ谷に狩猟し、多くの鶉を獲る。一一月一八日、将軍吉宗、品川辺に狩猟し、鶴と雁を獲る。一二月二一日、将軍吉宗、滝野川辺に狩猟し、鶉と鴨を獲る。

一七四三(寛保三)年　二月一三日、将軍吉宗、目黒に狩猟し、鶴を獲る。二月二二日、将軍吉宗、西葛西に放鷹し、雁と鴨を獲る。三月七日、将軍吉宗、広尾野に狩猟し、鶉を獲る。三月一五日、将軍吉宗、落合辺に狩猟し、雉と猪を獲る。三月二二日、将軍吉宗、中野に狩猟し、雉を獲る。四月二一日、将軍吉宗、千住辺に放鷹し、雉と鴨を獲る。四月二七日、将軍吉宗、小松川に放鷹し、鶴と水鶏を獲る。九月一八日、将軍吉宗、滝野川辺に狩猟し、多くの鶉を獲る。同月二三日、諏訪谷村で同じく鶉を獲る。一〇月六日、将軍吉宗、雑司ヶ谷に狩猟し、鴨と鴻を獲る。同月二三日、滝野川で雁、鴨、鶉を獲る。一一月二日、将軍吉宗、南本所に狩猟し、鶴、鴻、雁、鷲を獲る。同月一三日、南葛西で雁を獲る。一二月二五日、将軍吉宗、東葛西に狩猟し、獲物に白雁、鴨、鶴のほか朱鷺があることが注目される。

一七四四(延享元)年　正月四日、将軍吉宗、瀬崎に放鷹し、鶴と雁を獲る。二月六日、将軍吉宗、西葛西に狩猟し、鶴と鴨を獲る。同月二五日、目黒辺で鴨、雉、鶉を獲る。三月四日、将軍吉宗、王子辺に狩猟し、雉と鶉を獲る。三月一五日、将軍吉宗、落合辺に狩猟し、雉を獲る。同月二五日、目黒辺で雉と猪を獲る。七月、田中長興纂輯『太平鶴譜』の刊行。鶴の種類ならびに鶴に関する和漢の説を集録、終りに鸛の説を載せる。鶴だけを取り上げた唯一の単行書。八月九日、松岡恕庵、『本草綱目』をテキストとする講義を始める。この講義は満二年を費やし、ようやく禽部の半に達する。その筆記は『本草会識』と題して世に伝えられる。九月二三日、将軍吉宗、諏訪谷に狩猟し、鶉を獲る。一〇月二日、将軍吉宗、滝野川に狩猟し、鴨と鶉を獲る。同月五日、落合辺で雁、鴨、雉を獲る。同月一六日、雑司ヶ谷で鶉を獲る。二五日、さらに広尾に狩猟。一一月二日、将軍吉宗、南本所に狩猟し、鶴を獲る。同月二五日、品川に狩猟し、鶴を獲る。一二月四日、将軍吉宗、西葛西に放鷹し、白鳥を獲る。白鳥を得た褒賞を鷹匠頭能勢河内守頼忠に与える。

一七四五(延享二)年　正月六日、将軍吉宗、東葛西に狩猟し、鶴と鸛を獲る。二月二日、将軍吉宗、千住に放鷹し、雁二を獲る。同月一一日、東葛西に狩猟し、雁を獲る。三月二七日、将軍吉宗、落合辺に狩猟し、雉を獲る。四月四日、将軍吉宗、目黒に放鷹し、雉を獲る。一二月一五日、京都の人、今枝済纂康輯『園塵』の成稿。

一七四七(延享四)年　丹波正伯に命じられた『庶物類纂』続修分の成稿。合計百五十四巻。『禽経』、長崎に持渡。

一七四九(寛延二)年　『佐州産物志』の成稿。

一七五〇(寛延三)年　二月、松岡恕庵著『詹々言』の刊行。

一七五二(宝暦二)年　三月一五日、後藤光生編輯『本草綱目補物品目録』の刊行。

一七五四(宝暦四)年　初夏、大坂で、平瀬徹斎撰、松翠軒長谷川光信画の『日本山海名物図会』の刊行。

一七五五(宝暦五)年　二月、『鶉ころも』の成稿。鶉の啼様の事および飼育法について述べる。三月、『本草為己』の成稿。『本草綱目』の要点を抄出謄写したもの。自己のために作った私記であるので為己と名づけたのであろう。

一七五六(宝暦六)年　一二月、越後寺泊の丸山元純輯『越後名寄』の成稿。未刊。

一七五七(宝暦七)年　七月、田村元雄、薬品会を江戸湯島に開く。江戸の薬品会はこれが最初。一二月、松平秀雲撰『木曾志略』の成稿。

一七五八(宝暦八)年　七月、菅清璣述、『奇観名話』の刊行。鳥十種に漢文と和文との解説を付した図譜。関岡逸訓作の図はよく、特に鸚鵡の図は優れる。

一七五九(宝暦九)年　正月、松岡玄達の遺著『用薬須知後編』の刊行。分類は『本草綱目』に準拠。正月、越中の人、直海元周著『廣大和本草』の刊行。分類は貝原益軒の『大和本草』に従い、その増訂と称して広の字を冠するが、その内容は真偽を取り混ぜ、引用する書も実在しない贋造のものが多く、後世を惑わすことが甚だしい。

一七六〇(宝暦一〇)年　四月一五日、戸田斎、物産会を浄安寺に開く。五月、戸田斎編『(旭山先生)文会録』の刊行。前記物産会の記録。出品物には駝鳥卵殻などが見える。この年、清舶、画眉鳥、黄鸝を持渡。

一七六二(宝暦一二)年　九月、平賀源内、『紀州産物志』を編む。この年、清舶、画眉鳥、黄鸝、十姉妹を持渡。

一七六三(宝暦一三)年　七月、平賀国倫編輯『物類品隲』の刊行。我が国の科学的博物学上画期的な著述。

一七六七(明和四)年　清舶、シャコ、白頭、竹鶏を長崎に持渡。

一七六八(明和五)年　平賀源内、『紅毛魚譜』、『紅毛禽獣魚介蟲譜』を入手する。

一七六九(明和六)年　春、田村元雄著『中山伝信録物産考』の成稿。未刊。琉球諸島の動植物を取り上げた博物学誌として出色のものである。清舶、白鷴を持渡。

一七七〇(明和七)年　一〇月、大和松山の森野武貞、仏法僧鳥を江戸植村氏に贈る。

一七七一(明和八)年　大坂の人、橘保国著、絵の『絵本詠物撰』の刊行。草木鳥虫魚などで詠物に出てくるものを彩色画本版とし、注記を加えたもの。

一七七三(安永二)年　三月三〇日、深尾左京の奥書がある『大和本草校正』の成稿。七月、江戸の城西山人著『百千鳥』の刊行。舶来鳥類六十余種の飼養法。平賀源内、陣扶揺彙輯『秘伝花鏡』を校正し訓点を加え、『重刻秘伝花鏡』として刊行。花木花草の種類、培養法より、禽鳥、獣、鱗魚、蛙、昆虫の飼育法にわたる。

一七七五(安永四)年　六月、藤村如皐著『鳥韵鼓吹抄』の刊行。鶯の飼育法を述べる。

一七七六(安永五)年　尾張の松平秀雲著『本草正譌』の刊行。

一七七七(安永六)年　田村宗武の遺著『采雅』の成稿。

一七七九(安永八)年　正月、淵在寛述『陸氏草木鳥獣蟲魚疏図解』の刊行。この年、蘭舶、鸚鵡類八羽、文鳥四籠、キュウカンチョウ類を持渡。

一七八〇(安永九)年　九月一三日、小野羅山、『大和本草』をテキストとする講演を開く。その筆記録は『大和本草紀聞』または『大和本草会識』と題して伝えられる。

一七八一(天明元)年　正月、池田素外、『徘徊名知折』の刊行。

一七八二(天明二)年　三月一三日、小野羅山、『秘伝花鏡』をテキストとする講演を開く。講義筆録は『秘伝花鏡紀聞』あるいは『秘伝花鏡会識』として伝えられる。

一七八五(天明五)年　春、浪華の岡元鳳纂輯『毛詩品物図考』の刊行。九月、宋、鄭夾漈著、小野羅山改訂『昆蟲艸木略』の刊行。この年、『伊豆国海島風土記』の成稿。

一七八七(天明七)年　蘭舶、カムリドリを持渡。

一七八八(天明八)年　正月二八日、増島固、『雷鳥考』を編む。五月二七日、薬品会。エミューの剥製を出品する。

一七八九(寛政一)年　三月、『訓蒙図彙大成』の刊行。七月、蘭舶、火喰鶏を長崎に持渡。

一七九〇(寛政二)年　五月、昨年長崎に渡った火喰鳥を大坂につれてきて見せ物とする。

一七九一(寛政三)年　江戸で火喰鳥を見せ物とする。

一七九二(寛政四)年　三月一一日、島津重豪、武蔵国荏原郡蓬山の別荘(蓬山隠館)に移り、庭に禽鳥を集めて研究を楽しむ。著書『鳥名便覧』はここにて成稿。

一七九三（寛政五）年　九月、関盈文撰『海舶来禽図彙説』の刊行。長崎に持渡された外国産諸鳥を花木とともに図説する。その来泊の年をそれぞれに記す。

一七九四（寛政六）年　一〇月、堅田侯堀田正敦著『観文禽譜』の成稿。

一七九六（寛政八）年　一二月、大医博士深江輔仁撰『本草和名』の刊行。

一七九八（寛政九）年　春、伊勢の人、藤元良校補『和蘭産物考』の刊行。五月、曾槃著『本草綱目纂疏』の成稿。一二月、里見藤左兵衛著『封内土産考』の成稿。

一七九九（寛政一一）年　法橋蔀関月画『日本山海名産図会』の刊行。三月、大槻玄沢著『盤水夜話』の刊行。巻上には駝鳥と火喰鳥の図がある。

一八〇〇（寛政一二）年　九月、広川獬著『長崎見聞録』の刊行。動植物に関する記事に富む。

一八〇二（享和元）年　一〇月、薩摩藩鳥方役比野勘六、諸鳥の捕獲法、飼い方、病鳥の薬、巣の作り方、巣立ちの仕方などを書きとめ、『鳥賞案子』を編む。

一八〇三（享和二）年　春、小野蘭山、台命により江戸にて群鳥を鑑定し、総計千九十の鳥名を明らかにする。その結果を集録して『蘭山鑑定本朝群禽分類』と題する。一月、京都衆芳軒にて、小野蘭山口授の『本草綱目啓蒙』の刊行を開始する。文化三年刊行。小野職孝が祖父蘭山口授の講義の筆記を整理したものである。水火金石草木鳥獣虫魚など、およそ天然に産するものは余すところなく、その名称、異名、産地、産出の状況、形態、利用などを詳しく平易に、和文で述べてある。

一八〇四（文化元）年　一一月、『成形図説』の刊行。かねて薩州侯島津重豪が農事奨励のため、藩医曾槃、藩の国学者白尾国柱を編集責任者として編輯させたもの。

一八〇八（文化五）年　夏、佐藤成裕撰『飼籠鳥』の成稿。総計四百十四種の鳥が載る。七月、茅原定著『詩経名物集成』の刊行。

一八〇九（文化六）年　一〇月、水谷豊文著『物品識名』の刊行。

一八一四（文化一一）年　六月、曾槃（占春）纂輯『占春斎禽識』の成稿。巻の一、鶴以下五十四種、巻の二、鶏以下原禽六十六種、巻の三、鳩以下林禽四十八種、巻の四、山禽、鳳凰以下孔雀、駝鳥、鴆など併せて二十五種。他に、病療方、占春斎続禽志、雑著、蛮禽類。

一八一五（文化一二）年　正月、北野秋芳（鞠塢）撰『都鳥考』の刊行。墨田川の都鳥なるものは、鴎（かもめ）の一種なることを述べる。この年、貝原篤信著、『日本釈名』の刊行。動植物の釈名をのせる。

一八一七（文化一四）年　三月、大槻玄沢（盤水）訳定『蘭畹摘芳』の刊行。ダチョウの図がはじめてこの版本に現われた。

一八一八（文政元）年　九月一五日、飛彈国益田郡阿多野、乗鞍岳で捕獲した雷鳥一羽を西城に献ずる（『改訂増補日本博物学年表』より）。

一八二二（文政五）年　六月下旬、和歌山の畔田伴存、加賀の白山に登る。帰藩後この年に『白山記』を編む。また、『白山草木志』を編み、禽部に雷鳥を載せる。七月、伊藤多羅没する（享年五十七歳）。『万葉動植考』の著がある。

一八二三（文政六）年　九月、釈春登著『万葉集名物考』の成稿。一〇月九日、（欧歴一一月一一日）、シーボルト、日本博物学の現状を記述した小文を脱稿する。題して『日本国博物誌』（*De Historiae naturalis in Japonia statu*）という。

一八二四（文政七）年　正月、岩崎常正著『武江産物志』、同付図『武江略図』を編む。

一八二五(文政八)年 福岡藩主黒田斉清(楽善)、『鵞経』を著わし、アヒルの名称、渡来、飼養法などを述べ、交配による雑種育成の成果を記す。「寛政年中マデ白鵞多クシテ蒼斑二色少シ。今江戸ニ蒼多ク白マレ也。九州ニハ斑蒼白トモニアリ(世ニハ九州ニ斑鵞多シト云トモ然ラズ)。蒼ハ至テ強クシテ子ヲ生、雛多ク育ス。斑コレニ次、白又是ニ次グ。」

一八二六(文政九)年 正月九日(陽暦二月一五日)、シーボルト、長崎出島を出発して江戸参府の途に上る。正月一二日、柄崎(つかさき、現在の武雄温泉)から佐賀に向かう筑紫平野西端部でカササギを見て驚く。正月一四日、太宰府から飯塚に越える宝満山で野雉を見る。その胃はヒサカキ(ツバキ科)の果実で充ちていた。小倉の市場でカモ、フクロウ、ウソ、シジウカラ、ツルなどを買い入れた。正月二三日(陽暦三月一日)、シーボルト一行、下関を出航。一八日草津を発って梅ノ木村に至る。この日、大野で水禽および若干の鳥の剥製を買った。その中に薔薇紅色の美しい毳毛がある朱鷺(トキ)があった。正月三〇日、栗本丹洲、『巧婦鳥巣説』を編む。巧婦鳥はミソサザイ。

一八二七(文政一〇)年 一二月、伊藤圭介、オランダのテルミンキの鳥獣剥製法を訳し、『プレパラチー略説』と題する。テルミンキはコンラート・ヤコブ・テミンク(一七七八―一八五八)のこと。鳥獣の研究で名があり、後年、シーボルトの『日本動物誌』の陸棲哺乳動物を執筆する。

一八三〇(天保元)年 春、阿部喜任(櫟斎)著『聯珠詩格名物考』の刊行。四月、南山老人(島津重豪)纂輯『鳥名便覧』の刊行。鳥の名称四百十五を五十音順に配列し、和漢名、方言、蕃名をあげ、それに属する類品をあげる。たとえば、幾行のキジでは、「キジ一名キギス、万葉集ニキギ、漢名雉、一名野鶏、蕃名ヒサント。属名○高麗キジ○尾長キジ。」この年、伴信友輯『動植名彙』の成稿。

一八三一(天保二)年 五月二七日、紀州「在田郡(有田郡)宮崎の荘、箕島村の栗山長二郎が家に、四足の鶏雛を生す。其日に死せり。同月二九日、同邸の医、山田正元より、塩蔵となして、本藩医学館の産物会に出す。按するにこれ牝鶏抱卵のとき、孿卵(ふたごたま)を抱きしより変化せるものなり。」(小原良直『桃洞遺筆附録二』より)。

一八三二(天保三)年 五月六日、江戸小石川馬場、斎藤若狭守組北村善兵衛の屋敷に、アホウドリ(ダイナンカモメ)落ちる(畔田伴存、『水禽』より)。

一八三三(天保四)年 正月一五日、島津重豪没する(享年八十九歳)。博物学に関する著書に『鳥名便覧』がある。三月二〇日、水谷豊文没する(享年五十五歳)。著書に『水谷禽譜』がある。『禽譜』八冊は鳥類五百余種の彩色図譜。八月、茅原定著『茅窓漫録』の刊行。図は科学的でないものを含むが、蒹葭同筆の仏法僧鳥、サフラム花はやや真を写し得ている。八月、佐々城朴安著『救荒略』の刊行。饑饉の際食べることができる草木二百三種について略記。禽、虫、魚の類も飯あるいは粥に交え、また雑炊あるいはかけ汁として使えるものがあるだろうとする。秋、尾張の深田正韶(香実)編『文人必用以呂波本草初編』一枚刷の刊行。

一八三四(天保五)年 二月二〇日、曽槃(占春)江戸に没する(享年七十七歳)。博物学に関する著書に、『占春斎禽識』、『続禽志』、『成形図説鳥の部』。春、荒木田嗣興著『万葉品類鈔』の刊行。夏、増島固(蘭畹)著『燕窩考』の成稿。燕窩とはどのようなものかを、漢土の諸書を引用考証したもの。一〇月、滝沢解（とく）（馬琴）編『禽鏡』の成稿。渥見赫洲（馬琴の女婿）つくるところの鳥図に、自ら解説を付し、禽類三百六種を図説したもの。（東洋文庫蔵）。

一八三五（天保六）年　一一月、宇田川榕菴、諸書を参考として『動学啓原』を編む。

一八三六（天保七）年　七月二六日、大窪舒三郎（昌章）、名古屋を発し、木曾三浦山（王滝川の上流）、御嶽山に採集。去る四月の恵那山採薬記と合せて、『天保七丙申恵那山三浦山御嶽山採薬記』を編む。三浦山案内人柳吉に聞いた鳥獣の記事を付載。

一八三七（天保八）年　正月、植田十兵衛（孟縉）著『日光山志』の刊行。巻の四に動植物を載せることが多く、華厳滝のイワツバメ、慈悲心鳥などの色刷木版画を載せる。九月八日、江戸で赭便会を開く。当日研究の品物に風鳥があった。一一月七日、江戸で赭便会を開く。当日研究の品物に、コローンホーゲルの羽、紅雀卵、雁の足があった。

一八三八（天保九）年　蘭舶持渡るヒクイドリ、京都にて観せ場へ出す。山本亡羊その記をつくる（『百品考二編下』「額摩鳥」より）。

一八三九（天保一〇）年　九月四日、増島固没する（享年七十一歳）。『鴆志』を著し、鴆なる毒鳥のことを記す。鴆の羽を浸した酒を飲めば人を殺すという、その鴆毒について考証したもの。他に、『燕窩考』などがある。

一八四一（天保一二）年　正月、千葉直胤著『宇久比須考』の刊行。鶯を宇久比須に当てることの非なるを論じたもの。閏正月一八日、屋代弘賢没する（享年八十四歳）。著書に『古今要覧稿』。

一八四二（天保一三）年　正月二九日、岩崎常正没する（享年五十七歳）。著書に『本草穿要』（本草綱目穿要）。

一八四三（天保一四）年　五月二一日、山本世孺、京都の読書室に例年のように物産会を開く。この日の出品物は動物に富み、中にホトトギスの落し文など。雲州藩士館良臣、品物を録して『天保一四年癸卯五月二十一日読書室物産会品物』を編む。

一八四五（弘化二）年　七月、畔田伴存著『紫藤園攷證』の刊行。収載品目の中に、川雀、衣鶴。冬、隅田舎主人、鶯屋半蔵著『（隅田採草）春鳥談』の刊行。柏原宗阿なる者の培花養鳥の見聞録「隅田採草」中の一篇をなすものだという。半蔵が歴年の経験に基づき、ウグイスの鳴声、飼育法、ウグイスの師弟関係などを述べる。その三音発声の弁、結句声の弁などは、従来筆にした人がなかったものである。

一八四八（嘉永元）年　六月六日、水戸藩士佐藤成裕（中陵）、水戸に没する（享年八十七歳）。著書に『飼籠鳥』。一一月六日、滝沢解（馬琴）没する（享年八十二歳）。文学著作多く、『禽鏡』の著を博物学上に残す。馬琴は自宅で鳥を飼っており、多い時で百羽前後の飼い鳥を収集したという。（おそらくこの年）、畔田伴存録『熊野物産初志』の成稿。

一八四九（嘉永二）年　四月、薩摩藩の穂積実、内野儀、故曾槃の『成形図説』、巻百一—百二十の草稿を見出し、序を付し、『成形図説』鳥の部として世に伝える。巻百一—百六、水禽、百十一—百十二、原禽、百十三—百二十、林禽、鳥類すべて三百余り種。別に図のみ二巻、彩色にて生態的に描き、野鳥家禽ばかりでなく、エミュー、フウチョウ、インコのような舶来鳥をも含む。巻百一に羽族提要を載せる。鳥類総論ともいうべき重要な内容のものである。山本世孺（亡羊）、四十五年余りの歳月を費し『格地類編』を完成する。

一八五〇（嘉永三）年　越前福井藩医細井洵著『詩経名物図解』十冊（帖）の刊行。未刊。

一八五一（嘉永四）年　二月二四日、筑前福岡藩主黒田斉清、江戸藩邸で没する（享年五十七歳）。楽善堂と称して博物を好み、とくに鳥類を愛した。

一八五二（嘉永五）年　この年跋、梅香舎柳列著『鶯育草』の刊行。

一八五三（嘉永六）年　六月三日（一八五三年七月八日）、アメリカ合衆国艦隊司令長官マシュー・ペリー（一七九四―一八五八）艦隊を率いて江戸湾浦賀に入港。乗組のドイツ人画家ヴィルヘルム・ハイネ（一八一七―八五）は鳥類そのほか各種の動物を採集し、それらの写生画をつくる。

一八五五（安政二）年　城西山人臣川撰『唐鳥秘伝百千鳥』二巻の重刊。

一八五七（安政四）年　一〇月中旬（日を失す）、アトリ、東都の空に群飛する。「午の半刻、晴天にして遠雷の如き響して〔中略〕獦鳥（あとり）一に猟子鳥、又鴽胡雀、巨細群をなして飛渡りたるよしなり、其翌日よりして麻布青山の辺、樹木にこの鳥夥しく止り棲たるを、捕得たるもの多かりし由なり。」（『増訂武江年表』より）。

一八五八（安政五）年　八月一四日、吉田平儿郎『雀巣菌譜』の成稿。この年、順水庵天由編『花鳥暦』の刊行。

一八五九（安政六）年　八月二四日、名古屋の博物学者、吉田平九郎、コレラに罹って臥床一日で没する。『禽譜』など多くの著述がある屈指の博物学者。

一八六一（文久元）年　三月二五日、伊藤圭介、旭園に博物会を開く。出品物中に鳥類の剥製特に多い。六月一七日、飯島魁浜松に生まれる。六月、神波挺菴（愨）、吉田雀巣庵の遺著『物殊品名』上・下巻を輯録し、跋を草する。この年、森立之『華鳥譜』の成稿。食用鳥六十一種の図説。八十六翁斎藤彦麿の随筆集『傍廂』の刊行。動植物など博物に関する記事が多い。巻三、郭公、夜鷹など。

一八六二（文久二）年　ブラキストン、鳥学雑誌『アイビス』（*Ibis*）誌上に「北日本の鳥」（On the ornithology of northern Japan）を発表。

一八六六（慶応二）年　一一月、田中芳男、パリに向かう。翌三年帰国に際し、ホロホロ鳥を持ち帰り繁殖させたという。阿部櫟斎著『絵入英語箋階梯』鳥之部一冊、江戸にて刊行。

一八七一（明治四）年　イギリス人ヘンリ・ジェイムズ・ストーヴァン・プライヤー来日。函館在住のブラキストンとともに日本鳥類をしらべる。

一八七二（明治五）年　六月、博物局が二月より刊行した一枚刷動物図はこの月までに、服部雪斎写生ヲシドリ、雪斎写生ヤマドリを含む十三枚を出した。

一八七三（明治六）年　一〇月、文部省、小学掛図『博物図第一―第四（植物の部）、同獣類一覧および鳥類一覧』の刊行。

一八七四（明治七）年　五月、石川県学校蔵梓『斯魯斯氏講義動物学初篇』一―二巻二冊の刊行。七月、『教草』続刊。計三十枚刊了。この三十枚の他に、便宜上刊行した一枚刷りに、鷹狩一覧などの四枚がある。

一八七五（明治八）年　九月、内務省蔵版『独逸農事図解一枚刷』の刊行。この年、函館在住の英人ブラキストン、宗谷地方に赴き、鳥類採集。

一八七六（明治九）年　六月七日、松平頼孝生まれる。八月二〇日、『鼇頭博物新編』の刊行。第三集が鳥獣略論。八月、『博物図教授法』の刊行。

一一月、この月までに刊行した『動物図』(博物局動物図)一枚刷は六枚あり、そのうち一枚は「ウ　鸊鷉(俗字鷿)　田中芳男記、中島仰山画　九年一〇月」。明治二年五月刊行開始以来二十三枚を数えることとなる。

一八七七(明治一〇)年　四月七日、画家関根雲停病没する(享年七十四歳)。性、絵画を好み、大岡雲峯に就いて画法を学び、花鳥画に長ずる。この年、伊藤圭介著『日本産物志前編』の刊行。雷鳥、十一鳥を載せる。

一八七八(明治一一)年　三月、ブラキストン、プライヤーとともに小笠原島へ航し、鳥類を採集。この年、東京大学の初代動物学教授であったモースが、同植物学教授矢田部良吉とともに東京大学生物学会を創立する。

一八七九(明治一二)年　ブラキストン、プライヤー共著の『日本鳥類目録』を、日本亜細亜学会報に発表。

一八八〇(明治一三)年　一月一三日、ブラキストン、プライヤー共著の『日本鳥類目録』を、東京昌平館で開催の日本アジア協会例会で発表。この発表では、日本における鳥類の分布上、津軽海峡は疑いもなく「動物学的境界線」(a zoological line of demarcation)をなす、という重要な発言がある。この年、ブラキストン、積年蒐集した鳥類標本(鳥皮、すなわち仮剥製)千三百三十八個を開拓使に寄付し、日本に残すことを図る。種および亜種二百五十五。一九〇八(明治四一)年、札幌の農科大学に移管、現在、北海道大学農学部付属博物館所蔵。

一八八一(明治一四)年　八月、博物局蔵版『博物館列品目録、天産部動物類』の刊行。九月二日、ブラキストン、函館を出帆し、鳥類採集のため、南千島エトロフ島へ渡る。九月二四日、松本駒次郎纂訳『動物小学』の刊行。

一八八二(明治一五)年　六月一八日より、栗本鋤雲、大淵棟庵、森立之ら鑒別、浅田宗伯ら補助、温知社薬物会なるものを、神田五軒町和漢医学講究所に開き、衆人に観覧させる。陳列品は『温知社薬物会』によって知られる。中に、アオサギ、ヘラサギ、アホウドリの骨格の図がある。この年、ブラキストン、日本亜細亜学会報に「日本鳥類」を発表。

一八八三(明治一六)年　八月、練木喜三、滝田鐘四郎纂述『応用動物学上編』、五月に巻の一を出しこの月巻の二刊了。

一八八四(明治一七)年　八月、岩川友太郎纂述『動植物採集標本製作法』の刊行。動植物の採集法、標本製作保存法を記述。動物は哺乳類、鳥類、爬虫両棲類、および魚類の剥製法、骨格装成、保存法を述べ、ついで無脊椎動物に及ぶ。この年、内田清之助、東京銀座の煙草製造業者の長男として生まれる。

一八八五(明治一八)年　二月、昨年八月より刊行を始めた、小宮山弘道編『啓蒙博物学』四冊の刊行完結する。この年、東京大学生物学会、東京動物学会へと名称を変更。

一八八六(明治一九)年　ブラキストン、合衆国国立博物館報に「日本の水禽」発表。

一八八八(明治二一)年　一月一日、磯村貞吉著『小笠原島要覧』の刊行。動物部は、信天翁(ばかどり)の図を挿む。二月一七日、プライヤー横浜にて没する(享年三十九歳)。昆虫および鳥類に多大の趣味があった。

一八八九(明治二二)年　飯島魁著『中等教育動物学教科書』第一巻の刊行。四月二九日、鷹司信輔、公爵で陸軍少将の鷹司熙通の長子として生まれる。この年、黒田長禮生まれる。

一八九〇(明治二三)年　飯島魁著『中等教育動物学教科書』第二巻の刊行。

一八九三（明治二六）年　飯島魁、伊豆の三宅島や八丈島にのみ生息するシジュウカラ科の小鳥に「パルス・ヴァリウス・オウストニ・イイジマ」（*Parus varius owstoni* Ijima）の学名を与え、新種として記載。和名をオーストンヤマガラとする。

一八九四（明治二七）年　七月四日、北海道庁属、多羅尾忠郎、明治二四、二五両年にわたって調査した千島列島の地理、風俗、人情、海陸物産などの調書を集め、『千島探検実紀』と題して刊行する。採集鳥類は、札幌農学校助教授小寺甲子二が調べ、チシマウミガラス・ウミガラス・エトピリカ、ほか二十二種を得た。

一八九八（明治三一）年　飯島魁著『保護鳥図譜』の刊行。狩猟法施行細則の施行にともない、「保護鳥」の形状、性質、産地などを飯島が講説し、農務局員三田清三郎筆記し、長原孝太郎鳥類写生図を調製してこの書をなすという。近代的鳥類図譜のはじめ。そののち、狩猟法の改正に伴い、保護鳥の種類増加し、一九〇五（明治三八）年、『増訂保護鳥図譜』の刊行。

一八九九（明治三二）年　一〇月二三日、東京帝国大学『臺湾鳥類』一冊を一斑刊行。著者は多田綱輔。東京帝国大学が動物学教室の多田綱輔を台湾に派遣して、採集させた動物中、鳥類の報告。明治二九年一月から三一年一月に到る期間、台北から台東の南端に及ぶ東海岸地域の鳥類百九十六種を記載。

一九〇〇（明治三三）年　七月五日、山階芳麿、大勲位菊麿王の第二王子として東京市麹町区に生まれる。

一九〇三（明治三六）年　二月一五日、蜂須賀正氏、元阿波藩主蜂須賀家の第十八代当主として東京に生まれる。

一九〇六（明治三九）年　飯島魁、樺太へ動物採集旅行に赴き、各種動物標本、とりわけ、九十九種数百個に及ぶ多数の鳥類標本を得る。内田清之助、東京帝国大学農科大学獣医学科に進学し寄生動物学を専攻、鳥類に寄生するシラミによる鳥の系統の親疎関係解明を研究する。

一九一二（明治四五）年　五月三日、飯島魁、黒田長禮、内田清之助、鷹司信輔ら、日本鳥学会を設立。初代会頭に飯島教授を戴く。

一九一三（大正二）年　内田清之助、『日本鳥類図説』で日本鳥学を体系的に整備。黒田長禮著『世界ノ雁ト鴨』の成稿。

一九一四（大正三）年　内田清之助著『日本鳥類図説』の刊行。

一九一五（大正四）年　五月、日本鳥学会、学会誌『鳥』を発行。飯島魁が「本邦鳥類の研究に就きて」を寄せる。

一九一六（大正五）年　松平頼孝、二千七百坪の広さを誇る松平家邸宅に標本館が落成し、本格的な鳥類標本収集が始まる。黒田長禮、台湾に渡航して鳥類採集、ミカドキジ捕獲。

一九一七（大正六）年　黒田長禮、朝鮮および南満へ採集旅行。カンムリツクシガモの標本を古物屋で発見して入手。鷹司信輔、初の著書『飼ひ鳥』を上梓。鳥類飼育愛好家の会である「鳥の会」を設立し、のち会長となる。

一九一八（大正七）年　飯島魁、『動物学提要』を編む。内田清之助著『鳥類講話』の刊行、『日本鳥類図説』と合わせ、日本鳥学の方向性を決定した。また、古くから所蔵する「鳥づくし歌留多」に登場する朝鮮鴛鴦がカンムリツクシガモの姿によく似ていることを知り、『鳥』二巻六号に報告。

一九一九（大正八）年　蜂須賀正氏、十六歳で日本鳥学会に入会。

一九二〇（大正九）年　黒田長禮、対馬に赴き、キタタキ採集。

一九二一（大正一〇）年　三月、飯島魁、脳卒中により没する（享年六十一歳）。

一九二二（大正一一）年　日本鳥学会創立十周年を記念し鳥の展覧会が三月に東京市赤坂溜池三会堂において開かれる。また、黒田、松平、鷹司、内田共著『日本鳥類目録』（*Hand-List of the Japanese Birds*）第一版の刊行。以後創立二十周年、三十周年の節目ごとに改定される。

一九二三（大正一二）年　東京動物学会、日本動物学会と再度改称。

一九二四（大正一三）年　黒田長禮、東京帝国大学より鳥学ではじめて理学博士の学位を受ける。また国際鳥類保護委員会日本代表となる。

一九二六（大正一五）年　黒田長禮著『富士山鳥界一斑』の成稿。この年、蜂須賀正氏、英国滞在中にエジプト、アルジェリア、リビア、モロッコ、アイスランド等を探検して鳥類の調査と採集を行った成果を『埃及産鳥類』（日本鳥学会）に記録。鷹司信輔、飼鳥馴化が評価され仏国馴化協会から特別名誉賞牌を受ける。

一九二八（昭和三）年　五月、黒田長禮がスイスのジュネーヴで開催の万国鳥類保護委員会に日本代表として出席。

一九二九（昭和四）年　黒田長禮、ジャワ、バリ、ロンボク各島で、鳥を採集。

一九三〇（昭和五）年　鷹司信輔著『飼鳥集成』の刊行。

一九三二（昭和七）年　蜂須賀、黒田、鷹司、内田の共著で、承前の『日本鳥類目録』第二版の刊行。山階芳麿、山階鳥類研究所の前身である山階家鳥類標本館を東京府豊多摩郡渋谷町上渋谷（現在の東京都渋谷区南平台）の自邸に設立し、アジア・太平洋地域の鳥類標本収集を本格的に開始する。鷹司信輔著『日本鳥類誌』（*The Birds of Nippon*）の刊行（一九四三年まで）。

一九三三（昭和八）年　黒田長禮の大著『鳥類原色大図説』第一巻の刊行（第二巻および第三巻は翌年出版して全巻完了）。『ジャワ島鳥類』（*Birds of the Island of Java*）および『琉球諸島禽獣誌』（*Avifauna of the Island the Riu-kiu Island*）の二部作の刊行。

一九三四（昭和九）年　内田清之助が発起人となり、日本野鳥の会設立。野鳥誌創刊。国内初の探鳥会を富士山麓で開催する。山階芳麿著『日本の鳥類と其生態　第一巻』の成稿。

一九三九（昭和一四）年　黒田長禮著『雁と鴨』（総図版入り）の成稿。山階芳麿、北海道帝国大学（のちの北海道大学）教授小熊捍の指導を受け、鳥類の雑種における不妊性の研究に取り組む。

一九四二（昭和一七）年　黒田長禮著『雁鴨科鳥類文献集』の成稿。山階芳麿、「鳥類雑種の不妊性に関する論文」によって北海道大学から理学博士号を授与される。旧皇族山階宮家の山階芳麿が一九三二（昭和七）年に自邸に設けた山階鳥類標本館を母体に、山階鳥類研究所設立。

一九四三（昭和一八）年　鷹司信輔、「日本の鶉鶏類に関する研究」で理学博士号を取得。鳥の論文での学位取得は、黒田長禮、山階芳麿に次いで三人目。この年から内田、黒田、鷹司、山階の共著で『大東亜鳥類図譜』（一九四三—四四年）の刊行。

一九四四（昭和一九）年　戦争の影響により野鳥誌終刊。一九四七年に復刊。

一九四五（昭和二〇）年　八月一一日、松平頼孝、胃潰瘍のため没する（享年六十九歳）。

一九四六（昭和二一）年　内田清之助、戦後再出発した日本鳥学会の会頭に就任。

一九四七(昭和二二)年　第四代会頭黒田長禮のもとで、戦争の混乱の中で一時休刊を余儀なくされていた『鳥』が復刊。また元来は東京帝国大学理学部動物学教室に間借りしていた学会事務所も、戦後一時的に農林省内に実質の活動の場を移し、その後は焼失を免れた山階鳥類研究所へと移った。山階芳麿、鳥類の分類に染色体による分類法(雁鴨類の新分類法)を導入。三月、鷹司信輔、野生鳥獣の保護を目的とする日本鳥類保護連盟を設立、初代会長になる。

一九四九(昭和二四)年　山階芳麿、関連論文の集大成『細胞学に基づく動物の分類』を上梓。鷹司信輔、日本鳥学会の名誉会員となる。

一九五〇(昭和二五)年　蜂須賀正氏、ドードーの研究により北海道大学理学部から理学博士の学位を受ける。

一九五三(昭和二八)年　蜂須賀正氏、論文「ドードーとその一族、またはマスカリン群島の絶滅鳥について」を北海道大学に提出。日本生物地理学会第二代会頭に就任し、多年にわたる鳥学会への貢献に対し日本鳥学会総会で感謝状が送られる。五月、蜂須賀正氏、狭心症のために急死(享年五十歳)。

一九五七(昭和三二)年　内田清之助著『鳥の歳時記』の成稿。

一九五九(昭和三四)年　二月一日、鷹司信輔、肝臓癌で没する(享年六十九歳)。

一九六三(昭和三八)年　日本野鳥の会、鳥獣保護法の立法化に努力、狩猟法から鳥獣保護法へ改正。

一九六七(昭和四二)年　黒田長禮著『世界のオウムとインコ』の成稿。

一九七〇(昭和四五)年　日本野鳥の会が財団法人化。黒田長禮著『世界のシャコとウズラ』の成稿。

一九七二(昭和四七)年　日本野鳥の会、初めてのオリジナル出版物である野鳥図鑑『山野の鳥』の刊行。

一九七三(昭和四八)年　日本野鳥の会、干潟に生息する鳥類の全国一斉調査を開始。

一九七五(昭和五〇)年　内田清之助没する。

一九七七(昭和五二)年　山階芳麿、鳥学の世界最高の賞と言われるジャン・デラクール賞を受賞。翌年には世界の生物保護に功績があったとしてオランダ王室から第一級ゴールデンアーク勲章を受章。

一九七八(昭和五三)年　黒田長禮没する(享年八十八歳)。

一九八一(昭和五六)年　山階鳥類研究所によりヤンバルクイナが新種として記載、発表される。日本野鳥の会、北海道ウトナイ湖に日本初のサンクチュアリオープン(直営)。

一九八二(昭和五七)年　日本野鳥の会『フィールドガイド日本の野鳥』の刊行。アマチュア研究者のための研究論文誌『ストリクス』(*Strix*)の刊行。

一九八三(昭和五八)年　日本野鳥の会福島市小鳥の森オープン。

一九八六(昭和六一)年　日本鳥学会の学会誌である『鳥』の名称が『日本鳥学会誌』へと変更。山階芳麿著、世界の全鳥類に和名を付けた『世界鳥類和名辞典』を刊行。

一九八九(平成元)年　一月二八日、山階芳麿没する(享年八十八歳)。

一九九一(平成三)年　日本野鳥の会、人工衛星を利用した大型鳥類の渡りルート調査開始。三十九万人の署名でカスミ網の所持、販売、頒布禁止の法則。

一九九二（平成四）年　山階芳麿賞が設けられる。我が国の鳥学研究の発展と鳥類の保護活動に寄与された個人あるいは団体を顕彰する目的。

一九九三（平成五）年　日本動物学会が社団法人化する。

二〇〇〇（平成一二）年　環境省猛禽類保護センター開館。

二〇〇二（平成一四）年　日本鳥学会の学会誌が、和文誌『日本鳥学会誌』と英文誌『*Ornithological Science*』との発行体制へ変化。

二〇〇三（平成一五）年　日本野鳥の会、野鳥保護区拡大のための事業所を根室市に開設。バードウォッチング情報の発信拠点として、バードプラザを開設。

二〇〇五（平成一七）年　日本野鳥の会、滋賀支部が設立され、全都道府県に支部が揃う。

初期鳥学者評伝

蜂須賀正氏（はちすか・まさうじ）［一九〇三—五三］

鳥類学者、探検家、侯爵、貴族院議員。一九〇三（明治三六）年、元阿波藩主蜂須賀家の第十八代当主として東京に生まれる。蜂須賀家は、『太閤記』にも登場する始祖小六正勝が羽柴秀吉に仕えて以来、阿波徳島を治める大名として三百年続いた名家である。最後の藩主であり侯爵位を賜った祖父茂韶は、貴族院議長、東京府知事、文相等の要職を歴任する一方、北海道に創立した蜂須賀農場の経営に成功し、莫大な富を築き上げた。父正韶も式部官、貴族院副議長等を務め上げ、母筆子は幕府十五代将軍徳川慶喜の三女である。

蜂須賀家の御曹司正氏は、幼少時から生物に並々ならぬ関心をもっていた。学習院中等科在学中、のちに世界的な鳥類学者となる先輩黒田長禮の影響を受け、一九一九年には十六歳で日本鳥学会に入会している。翌年、父正韶の意向で政治学研究を目的に英国へ留学し、一九二一年、父の母校であるケンブリッジ大学のモードリアン・カレッジに入学する。在学中は大英博物館や剥製店、古書店に通いつめるなど鳥類学の研究に没頭し、英国鳥類学者連盟（BOU）に入会する。絶滅鳥の数少ない研究者となり、『絶滅鳥大図説』を著した世界的大富豪ウォルター・ロスチャイルド男爵とも親交を結ぶ。卒業論文は古伝承に登場する幻鳥「鳳凰」の正体を突き止めようとした『鳳凰の研究』。また、英国滞在中にエジプト、アルジェリア、リビア、モロッコ、アイスランド等を探検して鳥類の調査と採集を行い、その成果を『埃及産鳥類』（日本鳥学会、一九二六年）に記載する。翌年、『アイスランド鳥類目録』（*A Handbook of the Birds of Iceland*）を出版し、帰国する。

一九二八年、渡瀬庄三郎とともに、当時フランスにしかなかった生物地理学会を日本に創設する。同年から翌年にかけ、東京帝国大学の松村瞭博士の依頼でフィリピン諸島へ有尾人の探索に出かけ、ミンダナオ南部の未登頂山であるアポ山の登頂に成功する。この頃までに飛行機の操縦免許を取得。一九三〇年の暮れから翌年にかけ、採集した標本をベルギー博物館に寄贈することを条件に、ベルギー政府のアフリカ探検隊に加わり、ケニア、ウガンダ、ベルギー領コンゴ等を探検する。日本人として初めて野生のゴリラに遭遇した。一九三三年、ロンドンで父正韶の訃報に接し、帰国を余儀なくされる。蜂須賀家第十八代当主となり、侯爵位と貴族院議員の地位を継承した。この頃から熱海にスペイン風の広大な別荘を建てる計画に着手し、一九三八年頃に完成させている。

同年、かつての恋人が自殺未遂を起こし、世間から非難を浴びる。華族でも有数の財力と天才的な語学力に物を言わせて自ら世界中を探検してまわるという日本人離れした行動力と、派手な女性関係を中心とする醜聞とで以前から注目を集めていたが、この時期、赤いセスナ機で日本上空を飛び回り、南米飛行探検計画を公表するなど飛行機操縦に関する話題が新聞紙面をにぎわす。蜂須賀家伝来の名宝を競売にかけ、理事、顧問らを次々と解雇する一方、一九三四年には財産を秘密裏に米国に移そうとしたことが発覚し、内相木戸幸一から厳重な注意を受ける。大名華族の伝統と格式を踏みにじるような当主の行動を重くみた親族は正氏に外遊を迫り、同年五月、半強制的に横浜港を出港させられる。セスナ機を陸軍に献上し、米国経由で渡英した。この頃から、ライフワークとなる絶滅鳥ドードーに関する論文を書き始める。

一九三六年頃、鳥類標本の保管を、のちに山階鳥類研究所の創立者となる山階芳麿に依頼。翌年、インドのアンドラ大学から哲学博士、カリフォルニア大学ロサンゼルス校から理学博士の学位を受ける。同年帰国。一九三九年永峰智恵子と結婚し、翌々年長女正子が誕生。この時期、中国南部および海南島に赴き鳥類を研究。自然科学諸学会連盟（会長鷹司信輔）の設立に際し、発起人に名を連ねる。一九四三年、品行不良が問題となって宮内省から華族礼遇停止処分を受け、貴族院議員を辞職して侯爵位を返上。さらに翌々年、白金の密輸に関わったことにより国家総動員法違反の容疑で検挙される。

終戦後は、占領軍天然資源局生物科長オリヴァー・L・オースチン博士の通訳を引き受け、日米鳥学会の交流に貢献。その一方で、妻智恵子に対する離婚訴訟が深刻化。一九五〇年、ドードーの研究により北海道大学理学部から理学博士の学位を受ける。一九五三年、日本生物地理学会第二代会頭に就任し、多年にわたる鳥学会への貢献に対し日本鳥学会総会で感謝状が送られたが、同年五月、狭心症により急死。享年五十歳。イギリスでドードーの論文が出版される直前であった。

元々存在しないものであれ、未だその存在が知られていないものであれ、フィールドワークと文献精査を駆使して、つねに未知なるものに挑戦していくのが蜂須賀正氏のやり方であった。彼の新しく発見した鳥類は百二十種類以上に及ぶ。また、正氏は一九二六年頃から沖縄諸島と先島諸島の生物層に顕著な相違があることを指摘していたが、一九五三年、没後に韓国のクモ研究家白甲鏞がここに動物分布区界線を引くことを提唱し、蜂須賀線と名づけた。二〇〇三年、日本生物地理学会の主催で「蜂須賀正氏生誕百年記念シンポジウム」が開かれ、毀誉褒貶が激しく国内では正しく評価されなかったその生涯の再評価がなされた。

なお、蜂須賀正氏の主要著書・論文としては、上述のほかに、『*A Comparative Hand List of the Birds of Japan and the British Isles*』（ケンブリッジ大学出版局、一九二五年）、『世界風俗地理体系』第一七巻、アフリカ篇、動物部、新光社、一九二八年）、『鳥類に見らるる変異』（日本鳥学会、一九二八年）、『比律賓産鳥類』（全二巻）、（日本鳥学会、前編一九二九年、後編一九三〇年）、『*The Birds of Philippine Islands with Notes on Mammal Fauna*』（ウェザビー社、一九三一―三五年）、『琉球列島の生物層』（岡田弥一郎との共著、日本生物地理学会、一九三八年）、『海南島鳥類目録』（日本鳥学会、一九三九年）、『南の探検』（千歳書房、一九四三年）、『世界の涯』（柑燈社、一九五〇年）、『*The Dodo and Kindred Birds or the Extinct Birds of the Mascarene Island*』（ウェザビー社、一九五三年）、『密林の神秘――熱帯に奇鳥珍獣を求めて』（遺著、法政大学出版局、一九五四年）などがある。（鈴木政光）

黒田長禮（くろだ・ながみち）［一八八九―一九七八］

東京都赤坂区福吉町（現在の東京都港区赤坂）生まれ。黒田長政から数えて福岡黒田家十四代目の当主にあたる。祖父は筑前福岡藩の第十二代藩主黒田長知、父は貴族院副議長を務めた黒田長成侯爵である。祖父長知は伊勢の津の藤堂家から黒田家へ養子となった人で、鷹狩や鴨猟の名手であった。晩年は私邸の鴨場を廃し、羽田にあった鴨場を一九〇〇(明治三三)年に購入。以来この鴨場は内外人に知られたものであったという。次の長成の時代は、この鴨場が華やかだったときで、内外の人々が集い、鴨猟が盛んに行われていた。長禮はこのような家系に生まれたため、幼児から鴨に親しんでいた。高等学校学生時代には、鴨場における研究をまとめた『羽田鴨場之記』を出版している。弱冠十九歳での出版物が最初の著書となった。大学での師は飯島魁博士だった。博士は長禮に日本産鳥類の分類をテーマとして与え、以後、長禮はこれをライフワークとする。

日本の鳥類に関しては、すでに江戸時代の中頃までには、本草学者や博物学に関心の高かった大名たちによって、同時代の西洋にも劣らないほど質の高い知識が蓄えられていた。しかし、日本の鳥類相は、江戸時代の豊富な情報とはまったく別の次元で、外国人によって正式な学名が付されて明らかにされてしまった。そうしたなか、長禮は日本人による日本産鳥類分類を確立するため、鳥類学の世界へ飛び込んでいった。そして大学院二年生だった一九一七(大正六)年の四月から五月にかけて、鳥類採集のために出かけた朝鮮半島で、分類学者としてこのうえない幸運にめぐまれる。

旅行の初日に、釜山のとある小さな剥製店で、見慣れぬ鴨の剥製を見つける。東京に帰ると、直ちに調査にかかり、この鴨は新種であることを確信した。英国に住む著名なドイツ人鳥類学者ハータート博士に論文を送ったが、ハータート博士からは、この鴨と同じものを調査したシュレーターの論文を挙げて、「雑種ではないか」という返事が送られてきた。一八七七年にウラジオストク付近で発見された標本を英国のシュレーターが同定し、アカツクシガモとヨシガモの雑種と結論づけていたからである。しかし、この鴨が独立の新種であることは、やがて江戸時代の絵図や鳥学書から明らかになる。一九一八(大正七)年、内田清之助博士は、古くから所蔵する「鳥づくし歌留多」に登場する朝鮮鴛鴦がカンムリツクシガモの姿によく似ていることを知り、日本鳥学会誌『鳥』二巻六号にそのことを報告している。長禮自身も、自家に伝わる鳥類写生図の中に、カンムリツクシガモの雌雄と思われるものを発見し、その雌が標本と一致することを確認する。さらに、松平直亮家所蔵の鳥類写生図に、「鴛鴦、真のおしどりに非ず、漢渡りなるべし」の詞書きとともに登場する鴨、農商務省所蔵の『鳥類写生図』に「てうせんをしどり」と記されている雌雄が、カンムリツクシガモにほかならないことを究明し、内田に続いて上記学会誌に発表する。そして、一九二三(大正一二)年に入手した第三標本が新種説を決定的なものとしたのである。この鳥はかつて朝鮮半島とシベリア東端のウスリー川流域に生息し、現在では絶滅したと考えられている。現存する標本三点のうち二点は山階鳥類研究所に保管されている。

長禮は鴨に限らず、日本産鳥類全般を研究していた。一九二四(大正一三)年、琉球列島の鳥相に関する研究で、東京帝国大学から理学博士の学位を受け、日本で初めて鳥類学で博士の学位を取得した理学者となった。鳥類のみならず、哺乳類、魚類、爬虫類、両生類、甲殻類、昆虫類、軟体動物に関する論文、著述も多く、幅の広い典型的な動物学者であった。また、ブックメーカーと呼ばれており、『鷸千鳥類図説』、『六郷川口における鷸・千鳥類の渡り』、『琉球諸島に於ける鳥類の知見』(英文)、『日本産キジ・ヤマドリ図説』(同上)、『富士山鳥界一斑』、『原色鳥類大図鑑』(全三巻)、『雁と鳥』、『原色日本哺乳類図説』など三十冊以上の著作を残している。

今日、世界の優れた鳥学者に贈られる賞として「デラクール賞」というのが知られているが、その賞の名の由来するジャン・デラクールは、長禮に会う以前から、その業績をよく知っていた。「アジアにおける最初の偉大な近代的学者」と高く評価し、彼の仕事は西洋のどの学者とも肩を並べることができ、東洋の博物学を発達させるために最も重大な役割を果たし、アジア大陸の動物相研究のために最大にして驚嘆すべき、人の羨むお手本を残した人と激賞している。

一九三四(昭和九)年には日本野鳥の会の設立発起人の一人となり、翌一九三五(昭和一〇)年にはフィラデルフィア自然科学院会員となる。一九三九(昭和一四)年には英国名勝天然記念物保護協会名誉会員に、また同年には父長知の死にともなって家督を相続、貴族院議員にも就任している。一九四七(昭和二二)年には日本生物地理学会会長および日本鳥学会会頭、一九四九(同二四)年には日本哺乳動物学会会頭と三つの会の長を兼ねた。一九七八(昭和五三)年に死去。享年八十八歳。

(田中哲郎)

山階芳麿 (やましな・よしまろ)［一九〇〇―八九］

一九〇〇(明治三三)年七月五日、大勲位菊麿王の第二王子として東京市麹町区に誕生した。昭和天皇とは実母を通じての従兄にあたる。生活は当時としては珍しく、すべて洋式であり、生後すぐベビーベッドで育てられ、物心ついてからもテーブルに椅子の生活をしていたという。サイエンスに関心が強く、邸内で捕えた小鳥を標本にして保存していた父菊麿の影響もあり、幼い頃から鳥に興味をもち、六歳の誕生日に後の山階コレクション第一号となるひとつがいのオシドリの剥製を贈られる。八歳で学習院初等科入学。学習院中等科のとき、父の死に際しての明治天皇からの御沙汰により陸軍中央幼年学校予科に入る。この頃から、毎週日曜日に鳥の採集に出かけるようになり、加えて日本鳥学会の機関紙『鳥』を『動物学雑誌』と併せて講読しつつ、鳥の分布や習性について本格的な勉強を始めた。陸軍幼年学校、陸軍士官学校を経て、陸軍砲兵少尉に任官された。

二十一歳のとき当時の皇室典範に従って臣籍降下し、大正天皇から山階侯爵の家名を賜って叙勲。勲一等旭日桐花大綬章受章。陸軍砲兵中尉となるが、動物学研究の望み断ち難く、軍を退役し、三十歳で東京帝国大学理学部動物学科選科に動物学の基礎を学び、二年後に修了。翌年には山階鳥類研究所の前身である山階家鳥類標本館を東京府豊多摩郡渋谷町上渋谷(現在の東京都渋谷区南平台)の自邸に設立し、アジア太平洋地域の鳥類標本収集を開始する。四十歳のとき、北海道帝国大学教授小熊捍《おぐままもる》の指導を受け、鳥類の雑種における不妊性の研究に取り組み、三年後「鳥類雑種の不妊性に関する論文」によって、北海道大学から理学博士号を授与された。同年芳麿の尽力もあって財団法人山階鳥類研究所が渋谷区南平台に設立される。

華族制度の廃止に伴い、収入の道が途絶えたため、土地を売り、糊口をしのぐことになった。終戦直後から染色体の研究に取り組み、染色体による鳥類分類法(雁鴨類の新分類法)を導入し、国内外から高く評価される。五十歳のときには、関連論文を集大成した『細胞学に基づく動物の分類』を上梓し、翌年同書により日本遺伝学賞を受賞した。

また戦後のタンパク質不足のため、文部省から「ニワトリの増殖」について研究委託を受け、多産で肉質がよいニワトリの品種改良にも取り組んでいる。その他、バリケンとアヒルの雑種ドバンの増殖研究にも力を入れる。鳥類の保護にも大きな熱意を注ぎ、日本鳥学会会頭、日本鳥類保護連盟会長、国際鳥類保護会議副会長、同アジア部会長等を歴任した。

七十八歳のとき、鳥学の世界で最高位の賞と言われる「デラクール賞」を受賞している。翌年には「世界の生物保護に功績があった」として、オランダ王室から「勲一等ゴールデンアーク勲章」を授与される。一九八九（平成元）年一月二八日に八十八歳で逝去する。生来病弱であったが、そのハンディにめげず、鳥学の分野に多大な功績を残した。

なお、主な著書としては『日本の鳥類と其生態』第一巻（昭和八―九年刊）、『日本の鳥類と其生態』第二巻（昭和一六年刊）、世界の全鳥類に和名を付けた労作『世界鳥類和名辞典』（昭和六一年刊）などがある。

（後藤健夫）

鷹司信輔（たかつかさ・のぶすけ）［一八八九―一九五九］

一八八九（明治二二）年四月二九日、東京麹町上二番町に生まれる。公爵で陸軍少将であった鷹司熙通の長男。母は徳大寺実則の長女順子。幼時は、鳥の標本は好きであったが、動物園で熊を見た経験から生きている動物は苦手としていた。しかし、小学校の遠足で上野の動物園に行った際、長時間ゾウを正面から見ているうちに、ゾウは恐ろしいものではないと感じるようになり、それからだんだんと動物嫌いを克服し、昆虫採集を始めるようになった。そのうち鳥にも興味を抱くようになった。

一八九五（明治二八）年東京高等師範附属小学校（筑波大学附属小学校の前身）に入学、一九〇八（明治四一）年に学習院高等科に進む。海軍軍人志望であったがやせているために無理とわかり、進学することになる。父親から「法律以外のものは何でもやって宜い」と言われたので、鳥を専門に勉強するため、一九一一（明治四四）年に東京帝国大学理科大学動物学科に入学し、飯島魁教授に師事。もともと鳥の飼育に興味があったため、飯島教授の指示のもと「飼い鳥学」の完成を目指すことになる。信輔にとって「飼い鳥学」は終生のテーマであった。翌年に飯島および兄弟弟子の黒田長禮や内田清之助とともに日本鳥学会を設立。飯島を初代会頭に戴き、信輔は評議員を務める。一九一四（大正三）年に大学を卒業した後、勉強を続けるため一度は大学院に入るも、一五年に秩父宮および高松宮の皇子傅育官に任ぜられて中退を余儀なくされる（皇子傅育官は一九二二年まで）。また、一九一八（大正七）年、父の死去に伴って公爵になり、貴族院議員となるなど、純粋な研究者でいられるわけではなかった。そのなかでも公務の傍ら研究を続け、一九一七年に初の著書『飼ひ鳥』を上梓。同年、鳥類飼育愛好家の会である「鳥の会」を設立（信輔がのちに会長となる）。一九二二（大正一一）年には飯島の死去後の会頭不在の時期を経て日本鳥学会第二代会頭に就任（四六年一一月まで）。この頃、「鳥の公爵」というニックネームをつけられる。

一九二四（大正一三）年、ベルギーで開かれた万国議員商事会議参列のため渡欧、その後一年半をヨーロッパで過ごす。滞欧中は大英博物館などに通い、また、欧州の鳥学者と交流をもち、鳥三昧の日々を過ごした。このときに、鳥学者にとって最高の賞とされるジャン・デラクール賞に名前の残るフランス人、ジャン・デラクールとも親交を結んだ。帰国翌年の二六年には飼鳥馴化が評価され仏国馴化協会から特別名誉賞牌を受けた。

一九三二（昭和七）年、日本で絶滅した品種のサクラをイギリスから逆輸入し、太白と命名。三五年から華族会館館長、四〇年から日本出版文化協会会長を務める。そのほかにも、家柄が高く、頼まれればいやとは言えない性格であったため、国際観光委員会委員、風景協会会長、大日本連合猟友会会長、桜の会会頭、資源科学研究所参与、歌会始読師などの役職を多数もった。役職が多くなるにつれ、研究できる時間は減少していった。そのような多忙のなかでなされた仕事が『日本鳥類誌』（*The Birds of Nippon*）（一九三二―四三年）である。外国人にも役立ててもらえるように、本文はすべて英文で記されていた。ただ、周囲の戦局悪化の影響もあり、実際に完成したのは全八巻計画中の第一巻「鶉鶏類」のみであった。未完に終わったことは信輔にとって相当心残りであったようで、戦後も口癖のように改めてやり直したいと言っていた。一九四三(昭和一八)年に、「日本の鶉鶏類に関する研究」で理学博士号を取得した。鳥の論文での学位取得は、黒田長禮、山階芳麿に次いで三人目であった。また、この年から内田、黒田、山階との共著で『大東亜鳥類図譜』(一九四三―四四年)を刊行。物資窮乏の甚だしかった時代にB４判で原色版六枚入りという豪華な書物が出版できたのは、信輔が日本出版文化協会会長という立場にいたからこそであった。

一九四四(昭和一九)年、明治神宮初代宮司となり、四六年からは神社本庁統理を兼任。焼失した神殿の再建のため寄付集めに東奔西走した。四七年に華族制度の廃絶により爵位を失う。同年三月、鳥類保護・鳥類研究を目的として文部省科学局が中心となり創立した日本鳥類保護連盟の初代会長に就任(四八年まで)。四九年には日本鳥学会の名誉会員となる。一九五九(昭和三四)年二月一日、肝臓癌で死去。享年六十九歳。未刊行の原稿約一万枚が遺された。『飼鳥集成』(一九三〇年)、『鳥と暮らして』(一九四三年)、『小鳥の飼い方』(一九五七年)など、鳥類に関する著書多数。一九六七年には『日本鳥類誌』(*The Birds of Nippon*)が遺稿論文集として新稿を含めて出版された。妻綏子は、公爵徳川家達の次女。息子に鉄道研究家の鷹司平通がいる。

鳥類学における信輔の最大の業績は、鳥の飼育という分野を科学のレベルにまで引き上げたことにあった。また、滞欧中に日本の鳥の原記載論文をことごとく写し取って持ち帰ったことも、日本の鳥に対して用いられる学名を確定させた点で高く評価されている。鷹司の名を負う鳥は一属七種おり、ほかに信輔が命名した鳥も一属十六種いる。

(藤田壮介)

飯島魁 (いいじま・いさお) [一八六一―一九二一]

一八六一(文久元)年生。初名幡之助。父は遠州浜松城下の藩士であった。一八七五(明治八)年九月、東京大学の前身である東京開成学校に入学。一八七八(明治一一)年九月、東京大学理学部生物学科進学。お雇い外国人教師モース(一八三八―一九二五)およびホイットマン(一八四二―一九一〇)のもとで学ぶ。学生時代から鳥の銃猟を好み、休日ごとに友人らと遊猟へ出かける。また鳥の剥皮保存法を洋書により会得し、剥製に習熟する。一八七九(明治一二)年、東京大学総長の命により、理学博士佐々木忠次郎とともに大森貝塚発掘に従事する。翌年、同じく佐々木とともに茨城県霞ヶ浦沿岸陸平《おかだいら》の貝塚調査に従事する。

一八八一(明治一四)年七月、東京大学理学部生物学科卒業。卒業研究はヒルの卵発生。理学士の学位を得る。同年八月、東京大学理学部準助教授に任ぜられる。一八八二(明治一五)年二月、海外留学の命を受け、ドイツ・ライプチヒ大学へ留学。動物学研究のためにドイツへ留学した最初の日本人となる。同大学教授で動物学者のルドルフ・ロイカルト(一八二二―九八)に就いて学ぶ。一八八四(明治一七)年三月、渦虫類(*Dendrocoelum lacteum*)の構造と発生について学位論文を執筆し、ライプチヒ大学より学位を得る。また、同年一〇月より約半年間、下宿で隣室となった森林太郎(のちの鷗外)と交遊を深める。翌年四月帰国。

一八八六(明治一九)年三月、東京大学理科大学(旧理学部)教授に

任ぜられ、主に発生学の講義を担当する。翌年、『人体寄生動物編』を著す。一八八九(明治二二)年、『中等教育動物学教科書』第一巻を著す。翌年、同書第二巻を著す。この頃より、鳥類標本の購入および整備に尽力する。一八九一(明治二四)年、伊豆の三宅島や八丈島にのみ生息するシジュウカラ科の小鳥に「パリュス・ヴァリウス・オウストニ・イイジマ」(*Parus varius owstoni Ijima*)の学名を与え、新種として記載。和名をオーストンガラ(今日のオーストンヤマガラ)とする。一八九八(明治三一)年、神戸での第二回水産博覧会に際して、水産室(水族館)の設計・監督等を農商務省より依頼され、これに従事する。同年、『保護鳥図譜』を著す。翌年、調査のため台湾に出張する。

一九〇四(明治三七)年、神奈川県三崎臨海実験所所長に就任。一九〇六(明治三九)年、樺太へ動物採集旅行に赴く。各種動物標本、とりわけ、九十九種数百個に及ぶ多数の鳥類標本を得る。一九〇八(明治四一)年、フィリピン諸島およびインドに出張する。一九一二(明治四五)年五月、日本鳥学会創立を先導し、同会初代会頭に選出される。一九一五(大正四)年、日本鳥学会発行の『鳥』に「本邦鳥類ノ研究ニ就イテ」を寄せる。一九一八(大正七)年、『動物学提要』の編著を行う。一九二一(大正一〇)年三月、脳卒中により死去。享年六十一歳。

(藤田千紘)

松平頼孝 (まつだいら・よりなり) [一八七六—一九四五]

一八七六(明治九)年六月七日生。父は最後の石岡藩主松平頼策《まつだいらよりふみ》(一八四八—八七)。石岡藩(二万石)は、水戸徳川家の祖である徳川頼房の五男・頼隆をその始祖とする支藩で、元来は常陸府中藩と称された。府中藩は手塚治虫の漫画『陽だまりの樹』に登場することでも知られる名門であったが、一八六九(明治二)年の版籍奉還に際して石岡藩と改称し、現在の茨城県石岡市に至る。頼孝の妻は徳大寺實則《とくだいじさねつね》(一八四〇—一九一九)の四女治子。徳大寺實則は西園寺公望の兄で、尊王攘夷派の公家として知られた人物であり、明治維新後は三条実美の後を承けて内大臣兼侍従長に就き、長く宮中を統括した。また鳥類学者として知られる鷹司信輔の母は、實則の長女・順子であり、信輔にとって頼孝は叔父にあたるほか、實則の次男である高千穂宣麿《たかちほのぶまろ》(一八六五—一九五〇)は昆虫研究の分野で活躍するなど、その血筋は当時の華族学者たちに連なる縁故の一端を窺わせる。頼孝の長男・松平頼則《まつだいらよりつね》(一九〇七—二〇〇一)は作曲家、その長男・松平頼暁《まつだいらよりあき》(一九三二—)は生物物理学者および作曲家として著名である。

頼孝は一八八六(明治一九)年一一月に父より子爵位を襲爵する。幼い頃から動物を好む性格であったが、一八九九(明治三二)年二月に宮内省主猟官に任じられたことをきっかけに鳥類への関心を深め、東京帝国大学で聴講生として学び始めた。彼を鳥類学の道に導いた主猟官という職は、「皇室に賓客が訪れた時に御猟場に出かけ、客のためにシカ、イノシシ、カモなどの獲物を撃つ役目を司」るものであったとされる(国松一九九六、七三頁)。『明治職官沿革表』(合本三)によれば、主猟官は一八八八(明治二一)年四月二一日に宮内省内に設置された「主猟局」に置かれた勅任、または奏任の官であり、俸金を給しなかった(一一頁)。また『同上』(別冊付録)によれば、一八九一(明治二四)年以降は「名誉職」であると明記され、その定員は一八九一年には、主猟局長官が定員一名に対して主猟官は十名、九二年以降は十五人であった。時代は下るが「明治四〇年皇室令第三号」(一九〇七年)にも、「第五十九条　主猟寮ニ主猟官ヲ置—主猟官ハ十五人内二人ヲ勅任十三人ヲ奏任トシ共ニ名誉官トス狩猟ノ事ヲ掌ル」とあり、後に黒田長禮もこの職を務めているように、若い華族子弟の多く任ぜられる名誉職として、明治期後半にかけてその職制が整備されていったものと考えられる。

東京帝国大学では動物学教室の飯島魁の下で内田清之助らとともに学び、一九一二(明治四五)年の日本鳥学会設立にあたっては、評議員の一人としてその名を連ねた。主猟官を辞した後の一九一六(大正五)年には、二千七百坪の広さを誇る松平家邸宅に標本館が落成し、本格的な鳥類標本収集が始まった。邸宅のあった小石川区久堅町七四番地は現在の文京区小石川五丁目付近にあたり、石川啄木が一九一二(明治四五)年に病没した地としても知られる。また桜の名所として著名な「播磨坂」は、歴代の府中藩主松平家が「播磨守」を名乗っていたことに由来し、松平家邸宅跡地が戦後区画整理されたことで誕生したものである。標本館の設計は妻治子の弟で、建築家の徳大寺彬麿の手になるものであった。この標本館では、日本産鳥類全種類の標本コレクションの完成、地域、季節、年齢などによる変異の網羅的収集、そしてそれらを基礎とする日本産鳥類の最初の総合的図鑑の製作が目標に置かれたほか、アメリカ、ニューギニアをはじめとする海外の標本収集、さらにはシカゴ在住の鳥研究者であるH・コーエルとの標本交換へとその活動は発展し、当時としては国内随一の一万七千点を超える鳥類コレクションが短期間に築き上げられた。邸宅の庭では常駐職員による水禽類・ワシタカ類の飼育、標本作成、研究が行われ、そのスタッフからは、後に日本を代表する鳥類画家として多くの図鑑の編纂に携わった小林重三《こばやししげかず》(一八八七—一九七五)、剥製職人の中曾根三四郎らを輩出したほか、内田清之助の初期の研究に対しても寄与を為した。頼孝自身の関心は海鳥が中心であり、オオトウゾクカモメ(一九一八年に鷹司信輔によって「*Catharacta skua matsudairae* Taka-Tsukasa」と命名されるものの、海外で一八九三年記載の「*Catharacta skua maccormicki* SAUNDERS」が再発見され、現在ではシノニムとされている)、クロウミツバメ(一九二二年に黒田長禮によって「*Oceanodroma melania matsudairae* KURODA」と命名される)の発見は、その最も代表的な例である。とくに相模湾で自ら採集した個体をもとに命名されたオオトウゾクカモメには、自邸での飼育や標本の作製などを通じて、長く愛着を抱き続けた。

しかしながら、標本収集や遊興費への過剰な支出、南太平洋の燐鉱石会社への投資失敗、会計を委任していた家令の裏切りなどによって、松平家は一九二六(大正一五)年に破産し、同時期に頼孝も右目を失明する。膨大な鳥類コレクションの大部分は、いずれも華族出身の鳥類学者として名高い山階芳麿、鷹司信輔、蜂須賀正氏の三者に分割して売却され、鳥類図鑑の製作計画も水泡に帰したことで、鳥類学との関わりは、終生務めた日本鳥学会の評議員の職を除いて終わりを告げた。売却された標本群のうち山階家の分が山階鳥類研究所に現在まで所蔵される(同研究所では現在、標本の調査とデータベース化が進められている)ほかは、鷹司家の分は戦災で焼失し、蜂須賀家の分はストックホルムの博物館に再売却されたと伝えられる。スウェーデン自然史博物館の標本責任者であるゴラン・フリスク、エリック・アーランダー両氏によれば、現在同博物館には日本関係の鳥類剥製標本が千四十一個体収蔵されており、このうちの約七十パーセントにあたる七百十五個体が蜂須賀家からもたらされたものである。蜂須賀正氏は一九二六年と一九三〇(昭和五)年の二度にわたって、主にサハリン産鳥類の研究のためにスウェーデン自然史博物館のコレクションを訪問し、当地の博物館員と親交を深めた。そのなかにはスウェーデン王家に連なるニルス・ギルデンストープが含まれており、彼を通じて正氏はスウェーデン皇太子(後のグスタフ六世アドルフ国王。考古学者としても知られる)をはじめとする王族との関わりをもったと考えられる。一九三〇年にはスウェーデン皇太子に宛てて「日本・韓国・台湾」の鳥類標本約千二百体が、一九三七(昭和一二)年にもスウェーデン国王グスタフ五世アドルフを通じて北米産鳥類標本百五十体が蜂須賀家から寄贈され、いずれも自然史博物館に収められた。正氏の研究は海外の鳥類がその中心であり、当時の日本産鳥類を中核としたこの標本群のなかに、旧松平家所蔵の標本の一部が含まれている可能性を指摘することができるだろう。

頼孝は、その晩年には蝶類の観察に没頭し、戦時下においても月数回の採集行を行った。彼は『蝶ト其幼虫』と題されたスケッチブックに、卵から成虫までの生態図と食草を描き、日本初の蝶類の生態図鑑の出版を試みるが、これも実現には至らなかった。一九四五(昭和二〇)年八月一一日、松平頼孝は胃潰瘍のため六十九歳で死去し、その没後、襲爵手続きはなされず、松平家の爵位は返上された。

彼は本格的論文を執筆することはなく、収集した標本についても他の鳥類学者に研究材料として提供し、あるいは新種の発表を依頼するなど、そのアマチュアリズムを貫き通した。鳥類研究の表舞台に自ら登場することが少なかったために、現在彼の名を知る人は多くないが、その標本コレクターとしての多大な博物学的貢献、そして勃興しつつある日本鳥類学を支えた業績に対して、近年再評価が始まっている。遺された彼の数少ない鳥に関する文章のなかで、前述のように自らが発起人の一人となって設立した日本鳥学会の機関誌『鳥』へなされた寄稿としては、「エゾムシクイ(*Phylloscops tenellipes*)の新産地について」(第一巻第一号、一九一五年、二八—二九頁)、「信濃において捕獲せる稀なる三種の鳥類について」(第一巻第二号、一九一五年、六五—六八頁)、「神奈川県下の鳥類採集」(第一巻第二号、一九一五年、六八頁)、「カモメの換羽について」(第三巻第一二/一三号、一九二二年、三八—四〇頁)、「ハチクマ及びサシバについて」(第三巻第一二/一三号、一九二二年、一四四—一四六頁)、「ハジロコチドリ」(第三巻第一四号、一九二三年、二三一頁)、「相模湾における各種のミズナギドリ去来および習性について」(第四巻第一八号、一九二四年、一九〇—一九四頁)、「ヒレアシシギ類の習性」(第四巻第一八号、一九二四年、二三〇—二三二頁)、「相模湾におけるウミツバメの採集」(第四巻第一九号、一九二五年、二六二—二六五頁)などがある。これらの多くは標本館にもたらされた新しい鳥類標本について、あるいは主猟官任官時に磨かれた鉄砲の腕を生かした、頼孝自らの採集記録に類するものであり、彼が鳥類収集に熱中し、多くの鳥類学者たちと連携しながら黎明期の日本鳥類学をリードしたさまを窺わせる、貴重な資料といえよう。(矢崎英盛)

内田清之助 (うちだ・せいのすけ)[一八八四—一九七五]

一八八四(明治一七)年、東京銀座の煙草製造業者の長男として生まれる。この生粋の江戸っ子が生物への興味を抱いたのは、春夏の休みには毎年母方の実家のある神奈川県平塚で、チョウを捕まえては標本作りに熱中していた幼少期の経験によるものと考えられる。東京府立第一中学校(日比谷高校の前身)では博物学の帰山信順の感化を受け『博物之友』という同人雑誌の編纂に加わり、第一高等学校では、後年東京帝大の教授として重きをなした動物学の五島清太郎、植物学の柴田桂太らの薫陶を受ける。また、当時一高の教師であった夏目漱石に英語を教わっており、大きな影響を受けた。

一九〇六(明治三九)年、東京帝国大学農科大学獣医学科に進学し

寄生動物学を専攻、鳥類に寄生するシラミによる鳥の系統の親疎関係解明を研究、卒業後は理科の大学院の動物学科に転じるが、ここでの飯島魁との出会いが鳥学への転機となった。日本寄生虫学の草分けであるとともに鳥学の開祖でもあった飯島から「鳥の研究を始めてはどうか」と促され、この時期に鳥学を志した者の例に漏れず、内田も狩猟をよくしたことなどから、鳥の研究へ進むことを決意した。その後は飯島のもとで鳥学研究の指導を受けるとともに、飯島の跡を継いで一九〇九（明治四二）年に農商務省から「野生鳥獣ノ調査」を嘱託され、それを皮切りに以後多くの調査に関わる。また一九一〇（明治四三）年には警察官練習所講師、農科大学講師も嘱託され、理科大学副手としての研究活動と並行して、行政・調査・教育活動にも従事した。

一九一八（大正七）年の改正狩猟法施行後は、農商務省技師として調査事業の組織運営にもあたり、少ない予算のなかで、地方在住の鳥獣類の研究者に調査を委託するなどして多岐にわたる事業を実施した。とくに近年脚光を浴びる標識調査にも先鞭をつけ、渡り鳥の研究に多くの新知見を得た。また法改正のもう一つの目標であった「鳥獣愛護思想の普及宣伝」にも以後半生を通して取り組み、一九三四（昭和九）年設立の日本野鳥の会の活動にも多大な援助を惜しまなかった。

そうした卓越した行政官としての活動と並行して、合著や共著も合わせると六十冊を超える旺盛な研究・著述活動もなされ、一九一三（大正二）年の『日本鳥類図説上巻』および翌年の『同下巻』、翌々年の『同続巻』で日本鳥学を体系的に整備し、ついで一九一八（大正七）年には『鳥類講話』（後に『鳥学講話』と改題）を出版、この二著で日本鳥学の方向性を決定した。一九二五（大正一四）年には農学博士の学位を得ている。日本鳥学会についても、一九一二（明治四五）年に飯島魁を会頭に戴き発足した頃からの主要メンバーだったが、一九四六（昭和二一）年、戦後再出発した日本鳥学会の会頭に就任、後進の育成に励んだ。国民の鳥類愛好の心を育てるため、雑誌新聞などにも闊達な名文を寄稿し、一九七五（昭和五〇）年に九十歳で天寿を全うする一年前にも『浮世絵版画の鳥』、『最新日本鳥類図説』という二冊の著書を出版している。

（小池淳太郎）

日本鳥学会略史

明治四五年五月三日、東京帝国大学理科大学動物学科教授飯島魁を会頭に戴き発足。飯島のほかに、その当時飯島のもとで鳥学を学んでいた二十代の若者、内田清之助、黒田長禮、鷹司信輔らが中心となり、また発起人には黒田、鷹司のほかに、当時飯島の聴講生だった松平頼孝らが名前を連ねた。

いみじくも明治最後の年となった会発足の三年後の大正四年五月、学会誌『鳥』を発行。創刊号の冒頭を飾った飯島の「本邦鳥類ノ研究ニ就イテ」という文章に表れているように、当初から在野・地方の研究者に対して開かれた組織であった。『鳥』はおよそ年二号のペースで発行され、昭和六年の第三一号からは形式がそれまでの縦書きから横書きになるなど変化を重ね、内容についても、鳥学の発展と歩調を合わせながら、分類学を中心に徐々に飼育・生態観察と間口を広め、昭和に入ると野鳥保護についても述べられるようになり、台湾や朝鮮半島などの鳥類に関する報告・論文も多かった。また、ツバメの帰巣性を世界で初めて実証した内田清之助の論文や、黒田長禮、蜂須賀正氏らの英語論文も掲載された。

会員も発足後十年で優に百人を超え、大正一一年には創立十周年を記念した鳥の展覧会が三月に東京市赤坂溜池三会堂において開かれるとともに、鳥類目録第一版が発行され、以後創立二十周年、三十周年の節目ごとに改定された。

発足時は会食や鳥談を交えての知識の交換程度だった活動も充実していき、国際的な鳥学会への会員の派遣も積極的に行われた。大正一四年にはアムステルダムで行われたオランダ鳥学会に、次いで大正一五年にはコペンハーゲンで行われた万国鳥学会議（現在の国際鳥学会議）に、当時、英国に留学中だった蜂須賀正氏が出席しており、また昭和三年には、幹事担当の黒田長禮がスイスのジュネーヴで行われた万国鳥類保護委員会に出席している。このような国際的な会議への参加や、先述した英語論文の発表からも、西洋の鳥学の摂取から始まった日本鳥学が、この時期、西洋と肩を並べるレベルまでの発展を達成したことがうかがえる。

戦争の混乱の中で『鳥』は一時休刊を余儀なくされるも、飯島、鷹司、内田に続く第四代会頭黒田長禮のもとで、蜂須賀正氏の編集により昭和二二年復刊。また、元来は東京帝国大学理学部動物学教室に間借りしていた学会事務所も、戦後一時的に農林省内に実質の活動の場を移し、その後は昭和二二年に、山階芳麿の申し出もあり、焼失を免れた山階鳥類研究所へと移った。

平成一八年に中村司が「日本鳥学会創設五十年の歩み」として『鳥学通信』に綴った文章によると、「戦前使用されていた爵位は無くなり民主化されたが、鳥学会の例会では始めは何となく敷居が高い気がした。しかし当時は例会が毎月または隔月くらい行われたのでだんだん慣れていった」と書かれており、日本鳥学の発展に果たした華族の役割の大きさを考えるうえでも興味深い記述となっている。

このような会の所在・体制の変化を経ながら、データ・書籍の焼失や用紙等の物資不足など幾多の困難を乗り越えて会は発展を遂げ、会頭職も第五代山階芳麿、第六代黒田長久へと移っていくが、会の方向性や会誌のあり方については模索が続けられた。昭和五〇年には『鳥』の発行の遅滞を受け、会員への連絡用に数頁の『日本鳥学会ニュース』が創刊され森岡弘之と竹下信雄が編集を担当した。その後『鳥』の発行ペースが年三回の軌道に乗ると、昭和五八年、『日本鳥学会ニュース』の第一一号から『鳥学ニュース』として再出発、最盛期には年四回発行され、会員の迅速で活発な意見交流の場、架け橋となった。

一方、『鳥』についても、学術誌として認識されにくいなどの意見が出されるなか、名称の変更が議論され、同時に査読制度の整備が進められるとともに、昭和六一年に『日本鳥学会誌』へと名称が変更された。以後も、学会の「アマチュア性」に関する活発な議論は続き、平成九年六月には樋口広芳を委員長とする将来計画ワーキンググループが発足し学会の方向性が検討された。

さらに平成一〇年には日野輝明らによる学会誌改革検討グループが立ち上がり、それまでの「和洋混交」のスタイルを脱し、英文誌と和文誌を分けて編集・発行されることとなり、平成一四年より、和文誌『日本鳥学会誌』と英文誌『*Ornithological Science*』（当初予定された『*Avian Science*』は、EU学会が使用することを受け変更）が、それぞれ年二号のペースで発行されている。また、『鳥学ニュース』は平成一三年の八一号を最後に和文誌のフォーラム欄にその役割を譲り、加えて現在では鳥学会公式ホームページと平成一七年からホームページ上で創刊された『鳥学通信』が速報性のある交流の場となっている。

現在も日本で唯一の鳥学の学会であり、会員数も千名以上を数え、学会誌の発行以外にも年一回の大会や、各種シンポジウムの開催、専門書の編纂など鳥学の発展と鳥類保護への学術的貢献を目的とした活動が行われている。

（小池淳太郎）

参考文献

■エピオルニス関連

Attenborough, D., 1961. *Zoo Quest to Madagascar*. Lutterworth Press, London. 160 pp.

Brodcorb, B., 1963. Catalogue of Fossil Birds Part 1 (Archaeopterygiformes through Ardeiformes). Bulletin of the Florida State Museum, *Biological Sciences* 7(4): 179-293.

Burney, D. A., 1993. Late Holocene environmental changes in arid southwestern Madagascar. *Quaternary Research* 40: 98-106.

Burney, D. A., 1999. Rates, patterns, and process of landscape transformation and extinction in Madagascar. In: MacPhee, R. D. E. (ed.), *Extinction in near time*. Kluwer and Academic/Plenum, New York: 145-164.

Clarke, S. J., G. H. Miller, M. L. Fogel, A. R. Chivas & C. V. Murray-Wallace, 2006. The amino acid and stable isotope biogeochemistry of elephant bird (*Aepyornis*) eggshells from southern Madagascar. *Quaternary Science Reviews* 25: 2343-2356.

Cooper, A., C. Lalueza-Fox, S. Anderson, A. Rambout & J. Austin. 2001. Complete mitochondrial genome sequences of two extinct moas clarify ratite evolution. *Nature*, 409: 704-707.

Dewar, R. E., 1984. Extinctions in Madagascar: the loss of the subfossil fauna. In: Martin P. S. & R. G. Klein (eds.), *Quaternary Extinctions: A Prehistoric Revolution*. The University of Arizona Press, Tucson: 574-593.

Dewar, R. E., 2003. Relationship between Human Ecological Pressure and the Vertebrate Extinctions. In: Goodman S. M. & J. P. Benstead (eds.), *The Natural History of Madagascar*. The University of Chicago Press: 119-122.

Feduccia, A., 1980. *The Age of Birds*. Harverd University Press, Cambridge.

Flacourt E., 1658 [1995]. *Histoire de la grande île de Madagascar*. Edition présentée et annotée par Claude Allibert. Paris: INALCO-Karthala.

Geoffroy Saint Hilaire, I., 1851. Notes sur des ossements et des œufs à Madagascar dans les alluvions modernes et provenant d'un oiseau gigantesque. *Comptes Rendus de l'Académie des Sciences*, Paris 32: 101-107.

Hawkins, A. F. A. & S. M. Goodman, 2003. Introduction to the Birds. In: Goodman, S. M. and Benstead (eds.), *The Natural History of Madagascar*. University of Chicago Press: 1019-1044.

Lamberton, C., 1931. Contribution à la connaissance de la Faune subfossile de Madagascar. *Lémurien et Ratités. Mémoires de l'Académie Malgache* 17: 1-168.

Mahe, J., 1972. The Malagasy Subfossils. In: Battistini, R. and G. Richard-Vindard (eds.), *Biogeography and Ecology in Madagascar*. Dr. W. Junk B. V., The Hague: 339-365.

Marden, L., 1967. Madagascar, island at the end of the earth. *National Geographic* 132(4): 443-487.

Monier, L., 1913. Paleontologie de Madagascar: VII. *Les Aepyornis. Annals de Paléontologie* 8: 125-172.

Sauer, E. G. F., 1976. Aepyornithid eggshell fragments from the Miocene and Pliocene of Anatoria, *Turkey. Palaeontographica* 153: 62-115.

Wetmore, A., 1963. Re-creating Madagascar's giant extinct bird. *National Geographic* 132(4): 488-493.

中野武＋賓来聡＋吉田彰＋秋篠宮文仁「象鳥（エピオルニス）卵殻の切断作業」『山階鳥学誌』、第三六号、二〇〇五年、一五四―一六二頁。

吉田彰＋秋篠宮文仁＋山岸哲＋浅田栄一「医用X線CT装置（Computed Tomography）による象鳥（エピオルニス）卵内部の撮影」『山階鳥研報』、第三四号、二〇〇三年、三三一―三三四頁。

吉田彰＋秋篠宮文仁＋山岸哲＋谷田一三「象鳥（エピオルニス）の卵殻片半化石を産するマダガスカル南部フォーカップの海岸砂丘における地温の年間変動の調査」『山階鳥学誌』、二〇〇五年、一三六―一四〇頁。

吉田彰＋近藤典生「マダガスカル産化石走鳥類Aepyornis maximus Is. Geoffr. 全身骨格標本のレプリカ作製」『（財）進化生物学研究所研究報告』、第七号、一九九二年、三五―四六頁。

安藤達彦＋向山明孝＋吉田彰＋秋篠宮文仁＋山岸哲「象鳥（*Aepyornis*）卵殻に付着する褐色物質についての化学的検証」『山階鳥学誌』、第三五号、二〇〇四年、二〇三―二〇六頁。

■鳥学全般

日本鳥学会『鳥』、第一巻一号、一九一五年。

日本鳥学会『鳥』、第一巻二号、一九一五年。

石川千代松「飯島君と私」『動物学雑誌』、第三四巻四〇一号、一九二二年。

岩川友太郎「飯島博士を追想して」『動物学雑誌』、第三四巻四〇一号、一九二二年。

黒田長禮「飯島先生追懐の一二三」『動物学雑誌』、第三四巻四〇一号、一九二二年。

五島清太郎「飯島先生の著作」『動物学雑誌』、第三四巻四〇一号、一九二二年。

五島清太郎＋門下生一同「故飯島先生に捧げたる弔辞の一二三」『動物学雑誌』、第三四巻四〇一号、一九二二年。

佐々木忠次郎「故飯島先生逸話」『動物学雑誌』、第三四巻四〇一号、一九二二年。

土方寧「飯島君と私」『動物学雑誌』、第三四巻四〇一号、一九二二年。

藤田經信「飯島先生と水族館」『動物学雑誌』、第三四巻四〇一号、一九二二年。

「故飯島先生年譜」『動物学雑誌』、第三四巻四〇一号、一九二二年。

日本鳥学会『鳥』、第四巻一八号、一九二四年。

日本鳥学会『鳥』、第四巻一九号、一九二五年。

日本鳥学会『鳥』、第一五巻七三号、一九五九年。

日本野鳥の会『野鳥』、一九五号、一九五九年。

清棲幸保『増補改訂版　日本鳥類大図鑑』（増補改訂版、IIとIII）、講談社、一九七八年。

筑波常治＋渋谷章「蜂須賀正氏の生涯と業績――特異な鳥類学者の人物像」（一）、日本科学史学会生物学史分科会編集『生物史研究』、第三四号、一九七八年。

内閣記録局編『明治職官沿革表』（全七冊）、原書房、一九七八年。

内閣記録局編『明治職官沿革表』（全七冊）、合本三／別冊付録、原書房、一九七八年。

筑波常治＋渋谷章「蜂須賀正氏の生涯と業績――特異な鳥類学者の人物像」（二）、日本科学史学会生物学史分科会編集『生物史研究』、第三五号、一九七九年。

山階芳麿「私の履歴書」（第一九回）、『日本経済新聞』、一九七九年五月一五日。

筑波常治＋渋谷章「蜂須賀正氏の生涯と業績――特異な鳥類学者の人物像」（三）、日本科学史学会生物学史分科会編集『生物史研究』、第三七号、一九八〇年。

筑波常治＋渋谷章「蜂須賀正氏の生涯と業績――特異な鳥類学者の人物像」（四）、日本科学史学会生物学史分科会編集『生物史研究』、第三九号、一九八一年。

青木宮治『山階芳麿の生涯』出版科学総合研究所、一九八二年。

鷹司信輔「鳥と暮らして」『全集日本野鳥記』（七）、講談社、一九八六年。

五十嵐栄吉著・編纂『大正人名辞典(下)』日本図書センター、一九八七年(五十嵐栄吉編『大正人名辞典』(第四版)、東洋新報社、一九一八年)。

上野益三『日本動物学史』八坂書房、一九八七年。

上野益三『忘れられた博物学』八坂書房、一九八七年。

古林亀治郎編『明治人名辞典』(下巻)、日本図書センター、一九八七年(古林亀治郎編『現代人名辞典』第二版、中央通信社、一九一二年)。

木原均+篠遠喜人+磯野直秀監修『近代日本生物学者小伝』平河出版社、一九八八年。

上野益三『日本博物学史』講談社、一九八九年。

上野益三『年表日本博物学史』八坂書房、一九八九年。

手塚治虫『陽だまりの樹』(一―七)、小学館叢書、小学館、一九八九年。

柏原精一「殿様生物学の系譜(四)蜂須賀正氏――絶滅鳥とモダン侯爵」『科学朝日』、第五〇号、一九九〇年。

上野益三『博物学者評伝』八坂書房、一九九一年。

科学朝日編『殿様生物学の系譜』朝日新聞社、一九九一年。

小泉欽司編『朝日日本歴史人物辞典』朝日新聞社、一九九四年。

荒俣宏『大東亜科学綺譚』筑摩書房、一九九六年。

国松俊英『鳥を描き続けた男――鳥類画家小林重三』晶文社、一九九六年。

青木澄夫『日本人のアフリカ「発見」』山川出版社、二〇〇〇年。

荒俣宏「荒俣宏の不思議歩記　蜂須賀正氏　有尾人調査を超えて」『日本生物地理学会会報』、第五八号、二〇〇三年。

筑波常治「国際的業績と非常識の間」『日本生物地理学会会報』、第五八号、二〇〇三年。

中村司「日本鳥学会創設五十年の歩み」、日本鳥学会『鳥学通信』、二〇〇六年。

蜂須賀正氏『南の探検』平凡社、二〇〇六年。

http://wwwsoc.nii.ac.jp/osj/japanese/katsudo/Letter/no10/OL10.html
http://ja.wikipedia.org/wiki/

協力者一覧（五十音順）

赤木　攻（独立行政法人日本学生支援機構参与／大阪外国語大学名誉教授）
秋道智彌（総合地球環境学研究所）
荒俣　宏（博物学者）
池田　啓（兵庫県立大学自然・環境科学研究所／兵庫県立コウノトリの郷自然公園）
今木　明（財団法人進化生物学研究所主任研究員）
上田恵介（立教大学理学部生命理学科動物生態学研究室）
上田義彦（写真家）
上村淳之（松伯美術館館長）
梅室英夫（東京農業大学「食と農」の博物館副館長）
遠藤秀紀（京都大学霊長類研究所形態進化分野教授）
大迫義人（兵庫県立コウノトリの郷自然公園）
大島新人（Office J-Thai代表）
大友一雄（大学共同利用機関法人人間文化研究機構国文学研究資料館アーカイブズ研究系教授）
小倉和歌子（日本農産工業株式会社研究開発センター課長）
尾崎清明（財団法人山階鳥類研究所標識研究室長）
小田原保男（日本農産工業株式会社研究開発センター所長）
賀来孝代（下野薬師寺歴史館）
加藤弘子（東京藝術大学大学院美術研究科芸術学専攻博士後期課程日本東洋美術史）
金沢百枝（美術史家）
河内啓二（東京大学工学部航空宇宙工学）
セルジオ・カラトローニ（東京大学総合研究博物館客員教授）
菊池敏正（東京藝術大学大学院美術研究科文化財保存学専攻）
黒田清子（元財団法人山階鳥類研究所）
小池淳太郎（東京大学教養学部文化人類学・総合研究博物館博物館工学ゼミ）
洪　恒夫（東京大学総合研究博物館客員教授）
後藤健夫（東京大学文学部思想文化学科美学藝術学専攻・総合研究博物館博物館工学ゼミ）
小西正一（カリフォルニア工科大学生物学教授）
小林さやか（財団法人山階鳥類研究所資料室）
佐藤康宏（東京大学大学院人文社会系研究科教授）
猿渡紀代子（横浜美術館主席学芸員／大佛次郎記念館長補佐）
菅　豊（東京大学東洋文化研究所研究部汎アジア研究部門教授）
椙山林継（國學院大學神道文化学部教授）
鈴木政光（東京大学文学部言語文化学科・総合研究博物館博物館工学ゼミ）
関岡裕之（東京大学総合研究博物館リサーチ・フェロー）
高田　勝（財団法人進化生物学研究所客員研究員）
高橋あゆみ（東京大学文学部歴史文化学科美術史学専攻・総合研究博物館博物館工学ゼミ）
田中哲郎（東京大学文学部行動文化学科社会学専攻・総合研究博物館博物館工学ゼミ）
谷川　愛（東京大学総合研究博物館リサーチ・フェロー）
丹野美佳（東京大学文学部歴史文化学科美術史学専攻・総合研究博物館博物館工学ゼミ）
淡輪　俊（財団法人進化生物学研究所理事長）
近辻宏帰（日本鳥類保護連盟参与／元佐渡トキ保護センター長）
鶴見みや古（財団法人山階鳥類研究所研究員）
寺田鮎美（東京大学総合研究博物館リサーチ・フェロー）
土岐田昌和（京都大学大学院理学研究科生物物理学教室分子発生学講座）
中野　武（工芸家）
中原佑介（美術評論家）
中坪啓人（東京大学総合研究博物館）
中村尚明（横浜美術館主任学芸員）
夏秋啓子（東京農業大学教授／「食と農」の博物館館長）
西野嘉齋（画家）
長谷川寿一（東京大学総合文化研究科生命環境科学系教授）
長谷川　博（東邦大学理学部生物学教室動物生態学研究室）
波多野幾也（作家／鷹匠）
原　研哉（デザイナー）
針山孝彦（浜松医科大学医学部総合人間科学講座生物学）
平勢隆郎（東京大学東洋文化研究所研究部東アジア研究部門教授）
藤田祐樹（沖縄県立博物館・美術館）
藤田壮介（東京大学文学部歴史文化学科・総合研究博物館博物館工学ゼミ）
藤田千紘（東京大学文学部歴史文化学科・総合研究博物館博物館工学ゼミ）
北条政利（財団法人山階鳥類研究所事務局長）

松原　始（東京大学総合研究博物館リサーチ・フェロー）
松本文夫（東京大学総合研究博物館客員准教授）
真鍋　真（独立行政法人国立科学博物館地学研究部生命進化史研究グループ研究主幹）
望月千鳥（生き物文化誌学会事務局）
本川雅治（京都大学総合博物館助教）
矢崎英盛（東京大学文学部歴史文化学科東洋史学専攻専修課程・総合研究博物館博物館工学ゼミ）
山崎剛史（財団法人山階鳥類研究所資料室）
山本義雄（広島大学名誉教授）
吉田　彰（財団法人進化生物学研究所古生物研究室主任研究員）
吉田邦夫（東京大学総合研究博物館助教）
和田　勝（東京医科歯科大学教養部）

Collaborators to the exhibition:

Osamu Akagi (Councilor, Independent Administrative Institution Japan Student Services Organization; Professor emeritius, Osaka University of Foreign Studies)
Tomoya Akimichi (Research Institute for Humanity and Nature)
Hiroshi Aramata (Natural History)
Hiroshi Ikeda (Institute of Natural and Environmental Sciences, University of Hyogo / Hyogo Prefectural Homeland for the Oriental White Stork)
Akira Imaki (Senior Researcher, The Research Institute of Evolutionary Biology)
Keisuke Ueda (Laboratory of Animal Ecology, Department of Life Sciences, Faculty of Science, Rikkyo University)
Yoshihiko Ueda (Photographer)
Atsushi Uemura (Director General, Shouhaku Art Museum)
Hideo Umemuro (Assistant Director, Food and Agriculture Museum, Tokyo University of Agriculture)
Hideki Endo (Professor, Morphology Section, Primate Research Institute, Kyoto University)
Yoshito Oosako (Hyogo Prefectural Homeland for the Oriental White Stork)
Arato Ooshima (President, Office J-Thai)
Kazuo Ootomo (Professor, Department of Archival Studies, National Institute of Japanese Literature, National Institutes for the Humanities, Inter-University Research Institute Corporation)

Wakako Ogura (Manager of Research & Development Center, Nosan Corporation)
Kiyoaki Ozaki (Chief of Bird Migration Research Centre, Yamashina Institute for Ornithology)
Yasuo Odawara (Director General, Research & Development Center, Nosan Corporation)
Takayo Kaku (Historical Museum of Shimotsuke-Yakushi-ji Temple)
Hiroko Kato (Ph. D. candidate, Japanese and Oriental Art History, Faculty of Fine Arts, Tokyo National University of Fine Arts & Music)
Momoe Kanazawa (Art Historian)
Keiji Kawachi (Department of Aeronautics and Astronautics, Faculty of Engineering, The University of Tokyo)
Sergio Calatroni (Visiting Professor, The University Museum, The University of Tokyo)
Toshimasa Kikuchi (Conservation Division, Graduate School of Fine Arts, Tokyo National University of Fine Arts & Music)
Sayako Kuroda (Former Researcher, Yamashina Institute for Ornithology)
Jyuntaro Koike (Department of Cultural Anthropology, College of Arts and Science, The University of Tokyo; Seminar of Museum Technology, The University Museum, The University of Tokyo)
Tsuneo Ko (Visiting Professor, The University Museum, The University of Tokyo)
Takeo Goto (Department of Aesthetics, Faculty of Letters, The University of Tokyo; Seminar of Museum Technology, The University Museum, The University of Tokyo)
Masakazu Konishi (Professor, California Institute of Technology)
Sayaka Kobayashi (Library & Collection Centre, Yamashina Institute for Ornithology)
Yasuhiro Sato (Professor, Graduate School of Humanities and Sociology, The University of Tokyo)
Kiyoko Sawatari (Chief Curator, Yokohama Museum of Art; Assistant Director, Osaragi Jiro Memorial Hall)
Yutaka Suga (Professor, Pan Asian Studies, Research departments, The Institute of Oriental Culture, The University of Tokyo)
Shigetsugu Sugiyama (Professor, Faculty of Shinto Studies, Kokugakuin University)
Masamitsu Suzuki (Department of Chinese Language and Literature, Faculty of Letters, The University of Tokyo; Seminar of Museum Technology, The University Museum, The University of Tokyo)
Hiroyuki Sekioka (Research Fellow, The University Museum, The University of Tokyo)
Masaru Takada (Visiting Researcher, The Research Institute of Evolutionary Biology)
Ayumi Takahashi (Department of Art History, Field of Study: History, Faculty of Letters, The University of Tokyo; Seminar of Museum Technology, The University Museum, The University of Tokyo)
Tetsuro Tanaka (Department of Sociology, Field of Study: Psychology and Sociology, Faculty of Letters, The University of Tokyo; Seminar of Museum Technology, The University Museum, The University of Tokyo)
Ai Tanikawa (Research Fellow, The University Museum, The University of Tokyo)
Mika Tanno (Department of Art History, Field of Study: History, Faculty of Letters, The University of Tokyo; Seminar of Museum Technology, The University Museum, The University of Tokyo)
Takashi Tannowa (Governor, The Research Institute of Evolutionary Biology)
Kouki Chikatsuji (Consultant, Japanese Society for Preservation of Birds; Former Director General, Sado Japanese Crested Ibis Conservation Center)
Miyako Tsurumi (Researcher, Yamashina Institute for Ornithology)
Ayumi Terada (Research Fellow, The University Museum, The University of Tokyo)
Masayoshi Tokita (Graduate School of Science, Kyoto University)
Takeshi Nakano (Applied Artist)

Yusuke Nakahara (Art Critic)
Hiroto Nakatsubo (The University Museum, The University of Tokyo)
Naoaki Nakamura (Senior Curator, Yokohama Museum of Art)
Keiko Natsuaki (Professor, Tokyo University of Agriculture; Director General, Food and Agriculture Museum)
Kasai Nishino (Painter)
Toshikazu Hasegawa (Professor, Department of Life Sciences, Graduate School of Arts and Sciences, The University of Tokyo)
Hiroshi Hasegawa (Animal Ecology, Department of Biology, Faculty of Science, Toho University)
Ikuya Hatano (Author; Astringer)
Kenya Hara (Designer)
Takahiko Hariyama (Hamamatsu University School of Medicine)
Takao Hirase (Professor, East Asian Studies, The Institute of Oriental Culture, The University of Tokyo)
Masaki Fujita (Okinawa Prefectural Museum & Okinawa Prefectural Museum of Contemporary Art)
Sosuke Fujita (Field of Study: History, Faculty of Letters, The University of Tokyo; Seminar of Museum Technology, The University Museum, The University of Tokyo)
Chihiro Fujita (Field of Study: History, Faculty of Letters, The University of Tokyo; Seminar of Museum Technology, The University Museum, The University of Tokyo)
Masatoshi Hojo (Secretary General, Yamashina Institute for Ornithology)
Hajime Matsubara (Research Fellow, The University Museum, The University of Tokyo)
Fumio Matsumoto (Affiliate Associate Professor, The University Museum, The University of Tokyo)
Makoto Manabe (Senior Curator, Department of Geology & Paleontology, National Museum of Nature and Science)
Chidori Mochizuki (Office of The Society of Biosophia Studies)
Masaharu Motokawa (The Kyoto University Museum)
Hidemori Yazaki (Department of Oriental History, Field of Study: History, Faculty of Letters, The University of Tokyo; Seminar of Museum Technology, The University Museum, The University of Tokyo)
Takeshi Yamasaki (Library & Collection Centre, Yamashina Institute for Ornithology)
Yoshio Yamamoto (Professor emeritus at Hiroshima University)
Akira Yoshida (Senior Researcher, The Research Institute of Evolutionary Biology)
Kunio Yoshida (Assistant Professor, The University Museum, The University of Tokyo)
Masaru Wada (College of Liberal Arts and Science, Tokyo Medical and Dental University)

展示＋グラフィック・デザイン
西野嘉章
関岡裕之
セルジオ・カラトローニ

編集補助
谷川愛
寺田鮎美
松原始
鶴見みや古
山崎剛史

写真撮影
上野則宏

写真提供
横浜美術館
Constantin BRANCUSI, Bird in Space, 1926 (1982 cast), polished bronze, Yokohama Museum of Art

展覧会題字
西野嘉齋

東京大学創立百三十周年記念特別展示
「鳥のビオソフィア―山階コレクションへの誘い」展

鳥学大全

発行日　二〇〇八年四月五日
編　者　秋篠宮文仁＋西野嘉章
発　行　東京大学総合研究博物館
発　売　財団法人東京大学出版会
一一三-八六五四　東京都文京区本郷七-三-一　電話〇三-三八一一-八八一四
デザイン　馬面俊之
制　作　株式会社アイメックス・ファインアート
印　刷　猪瀬印刷株式会社
製　本　有限会社下島大完堂

ISBN978-4-13-060350-8
B５判（25.7cm）　総頁701（モノクロ頁637　カラー頁64）

Printed in Japan

エピオルニス（*Aepyornis* sp.）卵殻（実物大）、吉田彰復元、財団法人進化生物学研究所蔵